分布式数据库技术

顾君忠　贺　樑　应振宇　编著

华中科技大学出版社
中国·武汉

内容简介

本书主要介绍分布式数据库系统和数据库系统的基本理论与实现技术。全书共分24章。主要内容包括引言、分布式数据库系统体系结构、分布式数据库设计、分布式数据语义控制、分布数据集成、分布式数据库系统查询优化概述、查询本地化和查询优化、分布式事务管理概述、并发控制、分布式数据库系统的可靠性、分布式数据复制、多数据库系统、分布式数据库系统的安全性、并行数据库系统、分布式面向对象数据库系统、P2P系统、Web数据库与云数据库系统、分布计算与大数据分析、分布式簿记与区块链技术、物联网的分布式数据库系统支持、电子政务中的分布式数据库系统、智慧健康中的分布式数据库技术支持、教育信息化中的分布式数据库技术支持、工业互联网中的分布式数据库支持。

本书主要适合对数据管理、数据库系统和分布式信息系统感兴趣的读者，尤其是计算机科学技术专业与数据科学专业的学生和研究人员。其他有兴趣的读者也许会发现其中有自己渴望了解的内容。

图书在版编目(CIP)数据

分布式数据库技术/顾君忠，贺樑，应振宇编著.—武汉：华中科技大学出版社，2021.10
ISBN 978-7-5680-6888-8

Ⅰ.①分… Ⅱ.①顾… ②贺… ③应… Ⅲ.①分布式数据库 Ⅳ.①TP311.133.1

中国版本图书馆CIP数据核字(2021)第207351号

分布式数据库技术
Fenbushi Shujuku Jishu

顾君忠 贺 樑 应振宇 编著

策划编辑：徐晓琦
责任编辑：陈元玉
封面设计：原色设计
责任监印：周治超
出版发行：华中科技大学出版社(中国·武汉) 电话：(027)81321913
武汉市东湖新技术开发区华工科技园 邮编：430223
录　排：武汉市洪山区佳年华文印部
印　刷：武汉科源印刷设计有限公司
开　本：787mm×1092mm 1/16
印　张：35.5
字　数：932千字
版　次：2021年10月第1版第1次印刷
定　价：98.00元

序

分布式数据库系统及其技术的研究始于20世纪70年代。回顾历史,1978年笔者考上华东师范大学计算机应用专业的研究生,随后也通过了国家出国留学考试。1980年我负笈西行,赴(前)联邦德国斯图加特大学学习分布式数据库技术,参加国际上最早设计的分布式数据库系统之一——POREL系统的研制。40多年过去了,虽然经历了各种风云变化,但分布式数据库技术依然魅力不减。尤其是在目前的云计算与大数据时代,对分布式数据库系统和相关技术的关注和应用越来越多。有意思的是,区块链技术的基础也是分布式数据库技术。

1986年,国际数据库界的先驱者Prof. Dr. Erich Neuhold应邀来华东师范大学讲授分布式数据库技术,并赠送我一本由Stefano Ceri等撰写的著作《Distributed Databases: Principles and Systems》(McGraw-Hill Book Company,1984),该书成了笔者给研究生授课的基础。在我们(中国科学院数学研究所、华东师范大学和原上海科学技术大学)联合承担的国家"七五"攻关项目"分布式关系型数据库管理系统C-POREL"研制的基础上,周龙骧教授撰写了《分布式数据库管理系统实现技术》(科学出版社,1998)一书,其中笔者也撰写了相关章节。随即笔者见到了由M. Tamer Özsu、Patrick Valduriez撰写的《Principles of Distributed Database Systems》(Springer)一书。可以说这三本书,尤其是《Distributed Databases: Principles and Systems》和《Principles of Distributed Database Systems》这两本经典书是本书的核心参考资料,本书的一些思想、样例和记法引自这三本书。笔者在此衷心感谢这三本书的作者。

本书讨论了分布式数据库技术及其应用,其中结合了笔者参加德国的POREL、中国的C-POREL和德国的VODAK等分布式数据库管理系统研制的经验。自20世纪80年代起,笔者在大学里讲授分布式数据库技术,历时30余年,直接体会着分布式数据库技术的发展和变化,也试图将自己的点滴体会融合在本书中。

本书主要适合对数据管理、数据库系统和分布式信息系统有兴趣的读者,尤其是计算机科学技术专业与数据科学专业的学生和研究人员。其他有兴趣的读者也许会发现其中有自己渴望了解的内容。

本书可以分成三部分。具体结构如下,第一部分介绍了经典分布式数据库系统与技术的关键技术,第二部分讨论了新一代的分布式数据库系统及其相关技术,第三部分介绍了分布式数据库技术的典型应用。其中第一部分从《Distributed Databases: Principles and Systems》和《Principles of Distributed Database Systems》两本经典书籍中汲取了很多思想和营养。

第一部分主要关注分布式数据库技术的一些经典问题,包括引言、分布式数据库系统体系结构、分布式数据库设计、分布式数据语义控制、分布数据集成、分布式数据库系统查询优化概述、查询本地化和查询优化、分布事务管理概述、并发控制和分布式数据库系统的可靠性等内容。

第1章回顾了数据库技术的发展历史,分析了分布式数据库系统的基础——数据库系统、计算机网络与分布式技术。第2章则讨论了分布式数据库系统的体系结构,着重分析和阐述了分布透明性及其对数据库应用的影响。第3章讨论了分布式数据库的设计问题,主要聚焦于分布式数据库的分片设计和分配设计。第4章讨论了分布式目录管理、视图及其管理,以及分布式数据库系统的安全性与访问控制。第5章讨论了分布数据集成、数据库集成、互操作,以及本体在数据集成中的作用。第 6 章和第 7 章讨论了分布式数据库系统查询优化。查询优化是数据库系统的关键技术，分布查询优化有其独有的特点和挑战。在这两章里，将对查询处理的基础技术和方法、分层化查询处理、查询本地化和优化，以及分布查询优化进行深入讨论。第 8 章、第 9 章和第 10 章讨论了事务管理。第 8 章是分布事务管理技术的概述。第 9 章阐述了并发控制技术，讨论了可串行化理论、分布并发控制和多版本并发控制等核心问题。第 10 章讨论了分布式数据库系统的健壮性和故障恢复问题，尤其对两阶段提交(2PC)协议进行了深入讨论。

第二部分讨论分布数据复制、多数据库系统、分布式数据库系统的安全性、并行数据库系统、分布式面向对象数据库系统、P2P 系统、Web 数据库与云数据库系统、分布计算与大数据分析、分布式簿记与区块链技术等分布式数据库系统及其技术的新发展和新挑战。

第 11 章讨论了数据复制问题，对可线性化概念和多版本数据的一致性问题进行了深入讨论。第 12 章讨论松耦合的多数据库系统及其相关技术。第 13 章讨论分布式数据库系统的安全性问题。第 14 章关注一种特殊的分布式数据库系统——并行数据库系统。第 15 章讨论分布式面向对象数据库系统，对这类系统的特点与特殊问题进行了深入讨论。第 16 章则讲述了 P2P 系统及 P2P 数据库系统。第 17 章讨论了互联网情况下的数据库技术、Web 数据库与云数据库系统。第 18 章关注分布计算与大数据分析，讨论分布式文件系统、NoSQL 数据库和 SQL 与大数据等问题。第 19 章讨论分布式簿记与区块链技术，包括区块链结构、默克尔树结构和区块链分层结构等。

第三部分讨论典型应用，如物联网的分布式数据库系统支持、电子政务中的分布式数据库系统、智慧健康中的分布式数据库技术支持、教育信息化中的分布式数据库技术支持和工业互联网中的分布式数据库支持等。

第 20 章讨论物联网的分布式数据库系统支持，以及物联网、泛在计算、情景感知计算和相应的分布式数据库技术支持。第 21 章关注电子政务以及其中的分布式数据库系统。第 22 章探讨了健康信息系统和智慧健康中的分布式数据库技术支持。第 23 章讨论了教育信息化中的分布式数据库技术支持和应用。第 24 章则讨论了工业互联网中的分布式数据库和数据仓库支持问题。

我们期望本书能给读者展示关于分布式数据库系统、技术及其应用的一个较为完整的图像，让读者对相关技术有所了解，以便读者继续研究和应用。

本书的跨度和难度很大。尽管笔者有过一定的分布式数据库管理系统的开发经验，曾参加过德国的分布式关系型数据库管理系统 POREL、中国的分布式数据库管理系统 C-POREL 和德国的分布式面向对象数据库管理系统 VODAK 的研制，20 世纪 90 年代中期也曾带领由国内著名高校计算机科学技术的毕业生组成的精英团队开发过 Teradata 大型并行数据库管理系统的分布式版本，但是在撰写本书时，笔者三人始终兢兢业业、如履薄冰。我们尽力而为，力求做到更好。随时欢迎读者指出书中的不足，望不吝指教。

笔者的电子邮箱如下。

顾君忠：jzgu@cs. ecnu. edu. cn

贺樑：lhe@cs. ecnu. edu. cn

应振宇：zyying@cs. ecnu. edu. cn

顾君忠

2020 年 8 月于华东师范大学丽娃河畔

目　录

第一部分　基础篇

第二部分　发展篇

第三部分 应用篇

第一部分　基础篇

第1章 引言

数据库技术和计算机网络自诞生以来，至今已有半个多世纪。50多年里，两者从独立并行逐步发展到融合在一起，最后产生一种新的技术——分布式数据库技术。可以说，分布计算技术是数据库技术和计算机网络能够融合的黏合剂。

1.1 数据库系统与技术

数据库(database)这个词汇的诞生和发展在很大程度上反映了这种技术(数据库技术)的发展。与计算机科学技术中的许多词汇一样，database是一个由人工创造出来的词汇。

如大家所知，自计算机诞生以来，计算机应用领域基本上可以分为科学计算、自动控制和数据处理三个方面。随着数据处理在应用中扮演的角色越来越重要，数据管理成了一个重要问题。最初，作为计算机系统基础支撑的操作系统，其对数据管理的支持很简单。由于数据处理的需求扩大，操作系统也开始提供必要的数据管理功能。典型的如IBM公司在20世纪中叶开始在其操作系统中提供基础文件结构和相关操作支持，如顺序存取方法(sequential access method，SAM)、索引顺序存取方法(indexed sequential access method，ISAM)和虚拟存储存取方法(virtual storage access method，VSAM)等。

形势发展之快难以想象。很快发现，这些还不能满足需求，因此，具有独立文件管理功能的文件系统诞生了。

文件系统是一个进步，但是数据的冗余性和不一致性等问题还是困扰着聚焦数据处理的用户。能否研制开发一个满足需求的数据管理系统，具有较少的数据冗余性，保证数据的一致性和完整性，能够为不同的用户共享和使用呢？这样，数据库的概念就诞生了。那时取什么名字尚未确定，因此产生了data bank和data base等不同的名称。后来，data base为大家所接受，最后，data和base紧密连到一起，database成了专用名词。

随之，以下几个概念得到了确定。

1. 数据

数据(data)是指用于描述事物的符号记录。例如，文字、数值、图形、图像、声音、学生的档案记录、货物的运输情况等，都是数据。

2. 数据库

数据库(database，DB)是指长期存储在计算机内的有组织的、可共享的数据集合。数据库中的数据按一定的数据模型组织、描述和存储，具有较小的冗余度、较高的数据独立性和易扩展性，并可为各种用户共享。

3. 数据库管理系统

数据库管理系统(database management system，DBMS)是指位于用户与操作系统之间的一层数据管理软件。数据库在建立、运行和维护时，由数据库管理系统统一管理和统一控制。

数据库管理系统可以使用户方便地定义数据和操纵数据，并能够保证数据的安全性和完整性、多用户对数据的并发使用及发生故障后的系统恢复。

4. 数据库系统

数据库系统(database system，DBS)是指在计算机系统中引入数据库后构成的系统，一般由数据库、数据库管理系统(及其开发工具)、应用系统、数据库管理员和用户构成。

5. 数据模型

数据模型用来描述数据库的用户或应用程序关于数据的观点，以确立相应的数据结构，规定允许施加给这类数据的运算和约束条件。数据模型由三个要素组成：数据结构、数据操作和数据的约束条件。

(1) 数据结构：用来描述系统的静态特性，是指相互之间存在一种或多种特定关系的数据元素的集合。常用的数据模型按其数据结构可分为层次模型、网状模型和关系模型三类。

(2) 数据操作：用来描述系统的动态特性，是指允许对数据库中各种对象的实例执行操作的集合。

(3) 数据的约束条件：数据的约束条件是一个完整性规则的集合。完整性规则是给定的数据及其联系所具有的制约和存储规则，用以限定符合数据库状态及状态的变化，以保证数据的正确性、有效性和相容性。

已经提出的、普遍适用的常用数据模型主要有关系模型、层次模型、网状模型三类。

当表示信息时，关系模型只使用数据记录的内容，而层次模型和网状模型要用到数据记录间的“联系”以及它们在存取结构中的布局。因此，对于层次模型和网状模型来说，数据处理只能是过程型的，程序员的形象类似导航员，他/她要在自己的程序中充分利用现有存取结构的知识逐个记录(一次一个记录)存取数据。在层次和网状这两种数据模型中，数据的应用形态与存取形态混合在一起。由于存取形态不得不面向应用，这样就肯定会忽视某些应用，从而破坏数据的中立性。同时，程序与现有存取结构的联系过于密切，也大大降低了数据的独立性。关系模型则不问存取形态，即不要求用户了解数据记录的联系及顺序，它向所有应用提供一个简单、中性的应用形态。而且，由于全部信息都由数据内容表示，因此，原则上运算是非导航式的。从而，关系模型成了当前的主流。

1.1.1 关系模型

关系模型十分简单，其基本概念包含以下三个。

第一个是属性的域(domain)，它用于说明属性所有合理的取值。

第二个是规范化的关系(relation)，它用来定义所有合理的数据记录。

第三个是键(key)，它用来维持关系的集合特征。

关系模型建立的数据库是规范化关系的集合，这里的规范化关系可以理解为由同质单一结构的数据记录组成的专门表格。

在有些文献中，数据结构的描述通常被称为模式(schema)。

关系模式由关系名(记作 RN)、属性名的有穷集合($A_1, A_2, \cdots, A_n$)(在一个关系模式内，属性名是一义性的)和属性名集合在域集合上的函数映射 F_{RN} 构成。若属性名 A 对应域 D=F(A)，则 A 的所有属性值都属于 D。一个域可以与多个属性名对应。

集合 $D_1, D_2, \cdots, D_n$ 的 n 元数学关系是笛卡儿积 $D_1 \times D_2 \times \cdots \times D_n$ 的一个子集。如果 t 是

该关系的一个元素，则称 t 为 n 元组，简称为元组，表示成：

$$t=\langle d_1,d_2,\cdots,d_n\rangle,\quad d_i\in D_i,1\leqslant i\leqslant n$$

关系模式 $R(A_1,A_2,\cdots,A_n)$，简称为关系 R，其中，R 是 $F(A_1)\times F(A_2)\times\cdots\times F(A_n)$ 的一个有穷子集，函数 F 为给属性名分配模式的域。

保持关系 R 中元组一义性的属性或属性组称为候选键。从 R 的所有候选键中可以挑选一个作为主键(primary key)。如果某个关系的一个属性(或属性组)与另外一个关系的某个候选键同域，则称为外键。这些相同的域实际上是依据数据的值来表征关系之间联系的重要信息，也是不同关系间运算的前提。在一个关系模式内或不同的关系模式之间，如果属性有相同的域，则这些属性具有可比性或并相容性(union-compatible)。

关系的性质可以定义如下。

(1) 列是同质的，即每一列中的分量是同一类型的数据，来自同一个域。

(2) 不同的列可出自同一个域，其中每一列称为一个属性，不同的属性要赋予不同的属性名。

(3) 列是无序的，即列的次序可以任意交换。

(4) 任意两个元组不能完全相同。

(5) 行是无序的，即行的次序可以任意交换。

(6) 分量必须取原子值，即每个分量都必须是不可分的数据项。

直观来说，在用户看来，一个关系模型的逻辑结构是一张二维表，它由行和列组成，所以也俗称为“表”(table)。后面会将关系和表两个词混用。键(key)是表中的某个属性(组)，如果它可以唯一地确定一个元组，则称该属性(组)为候选键。若一个关系有多个候选键，则选定其中一个为主键。

1. 关系代数

关系代数首先涉及集合运算。传统的集合运算是二目(元)运算，包括并、交、差和广义笛卡儿积四种运算。

设关系 R 和关系 S 具有相同的目 n(即两个关系都具有 n 个属性)，且相应的属性取自同一个域，即 R 和 S 是相容的[①]，则四种运算定义如下。①并。关系 R 与关系 S 的并由属于 R 或属于 S 的元组组成，其结果关系仍为 n 目关系，记作 $R\cup S$ 或 R UN S。②交。关系 R 与关系 S 的交由既属于 R 又属于 S 的元组组成，其结果关系仍为 n 目关系，记作 $R\cap S$ 或 R IN S。③差。关系 R 与关系 S 的差由属于 R 而不属于 S 的所有元组组成，其结果关系仍为 n 目关系，记作 $R-S$ 或 R DF S。④广义笛卡儿积。n 目和 m 目的关系 R 与关系 S 的广义笛卡儿积是一个$(n+m)$列的元组的集合。元组的前 n 列是关系 R 的一个元组，元组的后 m 列是关系 S 的一个元组。若 R 有 A_1 个元组，S 有 A_2 个元组，则关系 R 和关系 S 的广义笛卡儿积有 $A_1\times A_2$ 个元组，记作 $R\times S$ 或 R CP S。

还有一些专门的关系运算包括选择、投影、连接、除等。其中，选择和投影是单目(一元)运算。

(1) 选择。选择是在关系 R 中选择满足给定条件的所有元组，记作：

$$\sigma_F(R)=\{t\mid t\in R\wedge F(t)=\text{true}\}，简单记作\ \sigma_F(R)\ 或\ SL_F(R)$$

其中：F 表示选择条件，它是一个逻辑表达式，取逻辑值“真”(true)或“假”(false)。

---

① 除了并、交和差外，其他二目运算不用强求操作关系(R 和 S)相容。

逻辑表达式F的基本形式为

$$x_1 \theta y_1 [\Phi x_2 \theta y_2] \cdots$$

其中:θ表示比较运算符,它可以是"大于"(>)、"大于等于"(≥)、"小于"(<)、"小于等于"(≤)、"等于"(=)或"不等于"(≠);x_1、y_1 等是属性名或常量或简单函数;Φ 表示逻辑运算符,它可以是∧(逻辑与)、∨(逻辑或)或¬(逻辑非)[①];[ ]表示任选项。

因此,选择运算实际上是从关系R中选取使逻辑表达式F为真的元组。其实,这是从表的行的角度进行的运算。

(2) 投影。关系R上的投影是从R中选择出若干属性列组成新的关系。记作:

$$\pi_A(R)=\{t[A] \mid t \in R\}, \quad \text{简单记作 } \pi_A(R) \text{或} PJ_A(R)$$

其中:A为R中的属性集。

投影操作是从表的列的角度进行的运算。投影之后不仅取消了原关系中的某些列,而且可能取消某些元组,因为取消了某些属性列后,就可能出现重复行,因此应取消这些完全相同的冗余行。

(3) 连接。连接也记作∞。它是从两个关系的笛卡儿积中选取属性间满足一定条件的元组。记作:

$$R \infty_F S=\{t_r t_s \mid t_r \in R \wedge t_s \in S \wedge t_r[A] \theta t_s[B]\}, \text{简单记作 } R \infty_F S \text{ 或 } R\ JN_F\ S$$

其中:A和B分别为关系R和关系S上度数相等且可比的属性组;F是一个关系表达式;θ是比较运算符。连接运算是从关系R和关系S的笛卡儿积R×S中选取(R关系)在A属性组上的值与(S关系)在B属性组上的值来满足比较关系θ的元组。

θ为"="的连接运算称为等值连接(等连接)。它是从关系R与关系S的笛卡儿积中选取A、B属性值相等的那些元组。即等值连接为

$$R \infty_F S=\{t_r t_s \mid t_r \in R \wedge t_s \in S \wedge t_r[A]=t_s[B]\}$$

(4) 除。除法可以用前面几种运算的组合来表达。

除了关系代数还有关系演算。关系演算是以数理逻辑中的谓词演算为基础的。按谓词变元的不同,关系演算可分为元组关系演算和域关系演算。限于篇幅,关系演算后面会讨论,在此不再赘述。

下面讨论关系模型的一个重要性质,即函数依赖性问题。

定义1.1 令R(U)为一个关系模式,U是R的属性集合,X⊆U和Y⊆U是U的子集。对于R(U)的任意一个可能的关系r,如果r中不存在两个元组,且它们在X上的属性值相同,而在Y上的属性值不同,则称"X函数确定Y"或"Y函数依赖于X",记作 $X \rightarrow_f Y$(有时可以简记为X→Y)。

需要说明以下几点。

- 函数依赖不是指关系模式R(U)的某个或某些关系实例满足的约束条件,而是指关系R的所有关系实例均要满足的约束条件。
- 函数依赖是语义范畴的概念,我们只能根据数据的语义来确定函数依赖。例如,"姓名$\rightarrow_f$所在系"这个函数依赖只有在没有同名同姓人的条件下才能成立。如果有相同姓名的人,则"所在系"就不再函数依赖于"姓名"了。
- 若 $X \rightarrow_f Y$,但 $Y \not\subset X$,则称 $X \rightarrow_f Y$ 是非平凡函数依赖。若不特别声明,则我们讨论的都

---

① 这里逻辑非前需有"逻辑与"或"逻辑或"运算符共存。

是非平凡函数依赖。

- 若 $X \rightarrow_f Y$，则称 X 为这个函数依赖的决定属性集。
- 若 $X \rightarrow_f Y$，并且 $Y \rightarrow_f X$，则它们是自反的，记为 $X \leftrightarrow Y$。
- 若 Y 不函数依赖于 X，则记为 $X \neg\rightarrow_f Y$。

定义 1.2 在关系模式 R(U)中，如果 $X \rightarrow_f Y$，并且对于 X 的任何一个真子集 X'，都有 $X' \rightarrow_f Y$，则称 Y 完全函数依赖于 X，记作 $X \rightarrow_c Y$。若 $X \rightarrow_f Y$，但 Y 不完全函数依赖于 X，称 Y 部分函数依赖于 X，记作 $X \rightarrow_p Y$。

2. 关系规范化

关系规范化也是关系模型的一个重要性质。

定义 1.3 设 K 为关系模式 R(U)中的属性或属性组合。若 $K \rightarrow U$，则称 K 为 R 的一个候选键。若关系模式有多个候选键，则选定其中一个作为主键，或者称为基键。

主键的属性称为主属性，不包含在任何候选键中的属性称为非主属性。在最简单的情况下，候选键只包含一个属性。在最极端的情况下，关系模式的所有属性的组合是这个关系模式的候选键，称为全键。

范式(normal form)是符合某种级别的关系模式的集合。关系数据库中的关系必须满足一定的要求。

满足不同程度要求的为不同范式。满足最低要求的叫第一范式，简称为 1NF。在第一范式的基础上进一步满足一些要求的为第二范式，简称为 2NF。其余依此类推。显然，各种范式之间存在联系：

$$1NF \subseteq 2NF \subseteq 3NF \cdots$$

通常把某一关系模式 R 为第 n 范式简记为 $R \in nNF$。

一个关系只要其分量都是不可分的数据项，它就是规范化的关系，但规范化程度过低的关系不一定能够很好地描述现实世界，可能会存在插入异常、删除异常、修改复杂、数据冗余等问题，解决方法就是对其进行规范化，转换成高级范式。一个低一级范式的关系模式，通过模式分解可以转换为若干个高一级范式的关系模式集合，这种过程就称为**关系模式的规范化**。

规范化的方法有以下两种。

(1) 对 1NF 关系进行分解，消除原关系中非主属性对键的部分函数依赖，将 1NF 关系转换为若干个 2NF 关系。

(2) 对 2NF 关系进行分解，消除原关系中非主属性对键的传递函数依赖，从而产生一组 3NF 关系。

关系模式的规范化是通过对关系模式的分解来实现的，但是把低一级的关系模式分解为若干个高一级的关系模式的方法并不是唯一的。在这些分解方法中，只有保证分解后的关系模式与原关系模式等价的方法才有意义。

下面判断关系模式的一个分解是否与原关系模式等价的两种标准。

(1) 分解具有无损连接性。

设关系模式 R(U)被分解为若干个关系模式 $R_1(U_1)$，$R_2(U_2)$，…，$R_n(U_n)$(其中 $U=U_1 \cup U_2 \cup \cdots \cup U_n$，且不存在 $U_i \subseteq U_j$，R_i 为 R 在 U_i 上的投影)，若 R 与 R_1，R_2，…，R_n 自然连接的结果相等，则称关系模式 R(U)的这个分解具有无损连接性。

(2) 分解要保持函数依赖。

设关系模式 R(U)被分解为若干个关系模式 $R_1(U_1)$，$R_2(U_2)$，…，$R_n(U_n)$(其中 $U=U_1$

$\cup U_2 \cup \cdots \cup U_n$，且不存在 $U_i \subseteq U_j$，R_i 为 R 在 U_j 上的投影)，若 R 中的函数依赖(F)所逻辑蕴含的函数依赖也由分解得到的某个关系模式 R_i 中的(F_j)所逻辑蕴含，则称关系模式 R(U)的这个分解是保持函数依赖的。

如果一个分解具有无损连接性，则它能够保证不丢失信息。如果一个分解保持了函数依赖，则它可以减轻或解决各种异常情况。

1.1.2 SQL 语言

SQL 语言起源于 SEQUEL 语言[①]，是一种描述性语言，一种非过程性语言，能达到一阶谓词演算的功能。SQL 语言是关系数据库的国际标准语言。1992 年通过的 SQL 标准称为 SQL2(或 SQL92)，于 1999 年再次更新为 SQL99 或 SQL3 标准。下面进行较为详细的描述。

1. 数据定义

(1) 定义表。

定义表的一般格式如下：

```
CREATE TABLE 表名 (列名数据类型 [列级完整性约束条件] [,列名数据类型 [列级完整性约束条件]…]
[,表级完整性约束条件]);
```

其中：表名为所要定义的表的名字，它可以由一个或多个属性(列)组成。

构建表的同时，通常还可以定义与该表有关的完整性约束条件，这些完整性约束条件被存入系统的数据字典中。当用户操作表中的数据时，由 DBMS 自动检查该操作是否违背这些完整性约束条件。

(2) 修改表。

SQL 语言使用 ALTER TABLE 语句修改基本表，其一般格式如下：

```
ALTER TABLE 表名 [ADD 新列名数据类型 [完整性约束条件]] [DROP 完整性约束名] [MODIFY 列名数
据类型];
```

其中：表名用于指定需要修改的表；ADD 子句用于增加新列和新的完整性约束条件；DROP 子句用于删除指定的完整性约束条件；MODIFY 子句用于修改原有列的数据类型。

(3) 删除表。

当某个基本表不再被需要时，可以使用 SQL 语句 DROP TABLE 进行删除。其一般格式如下：

```
DROP TABLE 表名;
```

一旦删除基本表定义，表中的数据和在此表上建立的索引都将被自动删除，而建立在此表上的视图虽仍然保留，但已无法引用。因此，执行删除表操作一定要格外小心。

(4)建立索引。

在 SQL 语言中，建立索引使用 CREATE INDEX 语句，其一般格式如下：

```
CREATE UNIQUE CLUSTER INDEX 索引名 ON 表名 (列名 [次序] [,列名[次序]]…);
```

---

① 1974 年，IBM 公司的研究员 Don Chamberlin 和 Ray Boyce 通过 System R 项目的实践，发表了论文《SEQUEL: A Structured English Query Language》。

其中：表名用于指定要建立索引的表的名字。索引可以构建在该表的一列或多列上，各列名之间要用逗号分隔。每个列名后面还可以使用次序指定索引值的排列次序，包括 ASC(升序)和 DESC(降序)两种，默认为 ASC。UNIQUE 表示此索引的每一个索引值对应唯一的数据记录。

2. 数据查询

SQL 语言使用 SELECT 语句对数据库进行查询，该语句具有灵活的使用方式和丰富的功能。其一般格式如下：

```
SELECT [ALL|DISTINCT]目标列表达式 [,目标列表达式] …
FROM 表名或视图名 [,表名或视图名]…
[WHERE 条件表达式] [GROUP BY 列名 1] [HAVING 条件表达式] [ORDER BY 列名 2[ASC|DESC]]
```

整条 SELECT 语句的含义是，根据 WHERE 子句的条件表达式，从 FROM 子句指定的表或视图中找出满足条件的元组，再按 SELECT 子句的目标列表达式选出元组中的属性值形成结果表。如果有 GROUP 子句，则将结果按列名 1 的值进行分组，该属性列值相等的元组为一个组，每个组产生结果表中的一条记录。通常会在每组中作用聚集函数。

如果 GROUP 子句带 HAVING 短语，则只有满足指定条件的组才给予输出。如果有 ORDER 子句，则结果表还要按列名 2 的值的升序(ASC)或降序(DESC)进行排序。

SELECT 语句既可以完成简单的单表查询，也可以完成复杂的连接查询和嵌套查询。

3. 数据更新

SQL 中的数据更新包括插入数据、修改数据和删除数据。

1) 插入数据

(1) 插入单个元组，其格式如下：

```
INSERET INTO 表名 [(列名 1[,列名 2]…)]
VALUES(常量 1[,常量 2] …);
```

其功能是将新元组插入指定表中。其中新元组属性列 1 的值为常量 1，属性列 2 的值为常量 2……如果某些属性列在 INTO 子句中没有出现，则新元组在这些列上将取空值。如果 INTO 子句中没有指明任何列名，则新插入的记录必须在每个属性列上均有值。

(2) 插入查询结果，其格式如下：

```
INSERET INTO 表名 [(列名 1[,列名 2]…)]
查询子句;
```

其功能是以批量插入的方式一次将查询子句的查询结果全部插入指定表中。

2) 修改数据

修改数据的格式如下：

```
UPDATE 表名
SET 列名=表达式 [,列名=表达式] …
[WHERE 条件];
```

其功能是修改指定表中满足 WHERE 条件的元组。其中，SET 子句用于指定修改值，即用表达式的值取代相应的属性列值。如果省略 WHERE 子句，则表示要修改表中的所有元组。

3) 删除数据

删除数据的格式如下：

```
DELETE
FROM 表名
[WHERE 条件];
```

其功能是从指定表中删除满足 WHERE 条件的所有元组。如果省略 WHERE 子句，则表示删除表中的全部元组。

4. 数据控制

SQL 语言的数据控制功能是指控制用户对数据的存取权利，包括授权和权限收回。

1）授权

SQL 语言使用 GRANT 语句向用户授予操作权限，GRANT 语句的一般格式如下：

```
GRANT 权限[,权限] …
[ON 对象类型对象名]
TO 用户[,用户]…
[WITH GRANT OPTION];
```

其语义为将指定操作对象的指定操作权限授予指定的用户。不同类型的操作对象有不同的操作权限，我们将在后面章节深入讨论。

接受权限的用户可以是一个或多个具体用户，也可以是 PUBLIC，即全体用户。

如果指定了 WITH GRANT OPTION 子句，则获得某种权限的用户还可以把这种权限再授予别的用户；否则，获得某种权限的用户只能使用该权限，但不能传播该权限。

2）权限收回

授予的权限可以使用 REVOKE 语句收回，REVOKE 语句的一般格式如下：

```
REVOKE 权限[,权限]…
[ON 对象类型对象名]
FROM 用户[,用户] …;
```

通用的数据库语言一方面可作为一种独立语言为终端交互式用户使用，另一方面也可作为 PL/I、COBOL、PASCAL、C、C++等语言的扩充而将数据库语句插入应用程序。非独立的数据库语言常被称为数据库子语言，PL/I、COBOL、PASCAL、C、C++等语言则被称为宿主语言(host languages)，宿主语言扩展了数据库语言的使用范围。

面向集合的询问功能偏重于交互用户，而过程型程序设计语言只适宜以记录为单位的处理。将 SQL 嵌入宿主语言，还需要提供对选出的数据进行面向逐个记录处理的语言成分。也就是说，我们既要保持描述型语言的特点，又不排除现有存取路径与记录式导航的切换，这个问题通过游标(cursor)方法可以解决。用户可以使用适当的 SELECT 语句来说明要存取元组的集合，规定元组的选择及顺序，这些元组由命名的游标控制。移动游标，可将元组逐个送给应用程序处理。

1.1.3 数据库系统结构

设计数据库系统结构时主要考虑的是数据独立性。追溯到 20 世纪 70 年代，Senko 等人就提出了数据独立存取模型(data independent access model，DIAM)，将数据库系统分为以下四个层级。

- 逻辑数据结构(实体集合模型(entity set model))。
- 逻辑存取路径(串模型(string model))。

● 存储结构(编码模型(encoding model))。

● 存储器分配结构(物理设备模型(physical device model))。

后来演变成目前使用最多的ANSI/SPARC模型[①],它将数据库系统分为三种模式,即内模式、概念模式和外模式(详情请参见第3章)。

从计算机硬件开始,数据库系统结构一般是一个分层抽象结构,是一个从数据比特序列(物理存储形态)到关系(用户视野)的抽象。

1.2 计算机网络与分布计算

1.2.1 计算机网络

计算机网络是指将地理位置不同的具有独立功能的多台计算机及其外部设备通过通信线路连接起来,在网络操作系统、网络管理软件及网络通信协议的管理和协调下,实现资源共享和信息传递的计算机系统。按区域大小,计算机网络主要分为局域网、城域网和广域网等。

究其历史,计算机网络于20世纪60年代起源于美国,原本用于军事通信,如ARPANet[②],后来逐渐进入民用领域。

对于计算机网络的含义,往往有着不尽一致的理解,但是都有一个共同的基本点:**互联**和**共享**。互联不言而喻。所谓共享,典型的则是资源共享,具体表现在以下三个方面。

硬件资源共享:在计算机网络范围内的各种输入/输出设备、大容量存储设备,以及大型或巨型计算机等都是可以共享网上资源的,用户不用独自购买这些价格昂贵而又不经常使用的设备,只需要通过网络就可享用这些设备,这样大大提高了这些设备的利用率,也避免了用户的重复投资。

软件资源共享:任何计算机用户都不可能将所需要的各种软件(例如系统软件、工具软件、数据文件)收集齐全,且完全没有这个必要。在计算机网络中,用户可以根据自己的需要从网上调用或下载各类现有的软件,实现全网乃至全世界范围内的软件资源共享。

信息交流:在人类社会中,任何人都需要与他人进行信息交流,在高科技迅速发展的信息社会中更是如此。计算机网络为人们进行信息交流提供了方便、快捷的途径。

两台主机间通信时,对传送信息内容的理解、信息表示形式以及各种情况下的应答信号都必须遵守共同的约定,这种约定称为**协议**。

在ARPANet中,协议按功能可分为若干层次。网络如何分层,以及各层中具体采用协议的总和,称为**网络体系结构**。体系结构是一个抽象的概念,其具体实现是通过特定的硬件和软件来完成的。

这一时期的网络一般称为第二代计算机网络,以远程大规模互联为其主要特点。应该说,20世纪70年代至80年代间,第二代计算机网络得到了迅猛发展。

---

① The ANSI-SPARC Architecture(American National Standards Institute, Standards Planning And Requirements Committee)。

② 美国国防部高级研究计划署开发的世界上第一个运营的包交换网络,被看成是全球互联网的始祖。

作为第二代计算机网络的代表，ARPANet的主要特点是：① 资源共享；② 分散控制；③ 分组交换；④ 采用专门的通信控制处理机；⑤ 分层的网络协议。

这些特点往往被认为是现代计算机网络的一般特征。

第二代计算机网络以通信子网为中心。这个时期，网络概念为"以能够相互共享资源为目的的互联起来的具有独立功能的计算机之集合体"，此时形成了计算机网络的基本概念。

第三代计算机网络具有统一的网络体系结构，并遵循国际标准的开放式和标准化的网络。典型的如国际标准化组织(ISO)于1984年颁布了OSI/RM，该模型分为七个层次，也称OSI七层模型，被公认为新一代计算机网络体系结构的基础，从而为普及局域网奠定了基础。

20世纪70年代后期，由于大规模集成电路的出现，出现了计算机局域网(LAN)。由于投资少，方便灵活，LAN得到了广泛的应用和迅猛的发展。LAN与广域网既有共性，如分层的体系结构，又有不同的特性，如局域网为节省费用不是采用存储转发的方式，而是由单个的广播信道来连接网上的计算机。

第四代计算机网络从20世纪80年代末开始，这一阶段，局域网技术发展成熟，出现光纤及高速网络技术、多媒体技术、智能网络等，整个网络就像一个对用户透明的大的计算机系统，发展成为以Internet为代表的互联网。

总结起来，(一个)计算机网络至少包含以下组成部分。

(1) 至少有两台计算机互联。

(2) 有通信设备与线路介质。

(3) 有网络软件、通信协议和NOS(网络操作系统)。

1.2.2 分布计算

根据维基百科：分布计算(distributed computing)是计算机科学中研究分布式系统的一个分支。分布式系统是一个模型，其成分和部件置于一组联网的计算机上，这些计算机借助消息传递进行通信和协调。这些组成成分互相交互，以实现共同目标。分布式系统的三个重要特点：成分的并发、缺少全局时钟和成分的孤立故障。

用于分布式计算的硬件结构和软件结构的种类繁多。在底层，多个CPU必须通过某种网络互联。在高层，CPU上运行的进程通过某种通信系统互联和交流。按照不同的分类，可将分布式系统分成Client-Server结构、three-tier结构、n-tier结构、Peer-to-Peer结构，或者松耦合型(loose coupling)、紧耦合型(tight coupling)等。

- Client-Server结构：在这个体系结构里，服务器承担主要的计算处理任务。智能客户端与服务器交互，(从服务器)获得数据后，格式化和显示给用户等的功能由客户端实现。客户端的输入则返回给服务器。

- three-tier结构：在这个体系结构里设置了一个中间层，客户端的一些功能迁移到了中间层，这样可以使用更简单的无状态(stateless)客户端，简化了应用的部署，适用于Web应用。

- n-tier结构：这是三层结构的扩展，很多企业应用光靠扩展一个中间层不能满足需求，因此中间层又分为两个以上的层次。

- Peer-to-Peer结构：在这个结构里，不再静态地将计算设施限制为客户端和服务器，相反,它们可以动态扮演,一个计算节点有时扮演服务器角色,有时扮演客户端角色。计算节点(称为 peer)都是对等的。

分布计算将在后面章节详细讨论。

1.3 分布式数据库技术

分布式数据库系统(distributed database system,DDBS)技术可以看成是数据管理(即数据库系统)和计算机网络技术的结合。

数据库系统强调了数据的独立性,数据的描述信息和数据本身与程序相分离,应用程序不再和数据紧密捆绑在一起。这里,数据集中管理,可以大大降低系统冗余的数据,解决了数据的不一致性问题。

使用数据库系统的一个主要动机是把一个企业(单位)的操作数据集中起来,从而提供一种集中的数据访问。这是一个**集中**(centralization)的概念。数据库系统的诞生是从数据集中管理开始的。

有意思的是,计算机网络技术是针对集中的想法在做相反的努力,它的目的则是分散,把一台计算机上的数据与操作分散到多台通过计算机网络互联的计算机上。

而现实应用的需求则要求把两者统一起来,因此,分布式数据库力图把两者协调起来,使用集成来协调。因此,这里分布式数据库面临的一个关键问题是集成(integration),而不是集中。

我们强调的是数据库技术和计算机网络技术两者的协调。因此重要的是,这两者之间我们无需强调一个必须蕴含另一个。我们完全可以做到集成而不集中。集成,就是分布式数据库系统力求达到的目标。因此在本书中,我们将有专门的章节讨论数据集成问题。

分布式数据库系统涉及分布计算和分布式处理问题。

分布式处理,如果不分程度,则到处都有,即便是单处理器的计算机系统中也有分布式处理。其实,计算机发展的过程就是一个不断将处理分布化的过程,例如,将 CPU 和 I/O 功能分开就是一个分布式处理的样例,类似的样例还有最近迅速发展的 CPU 和 GPU 的功能分离。不过,现在我们讲的分布式处理则要复杂得多,单处理器系统不包括在内。

这里,我们把分布计算系统(distributed computing system,DCS)定义为一组通过计算机网络互联的、自主的处理单元(它们不一定同构),协同工作完成指派的任务。所谓计算单元,指的是可以在其上面执行程序的计算设施。

有的学者认为分布式系统可以用硬件、控制、数据这三个维度来表示,即

分布式系统=分布式硬件+分布式控制+分布式数据

分布的内容可以包含以下几个方面。

- 硬件的分布。
- 处理逻辑(processing logic)的分布。
- 按功能来分布。
- 按数据来分布。
- 按控制来分布。

因此，分布可以有硬件分布、处理分布、功能分布、数据分布和控制分布等，种类繁多。

从分布式数据库系统的角度看，这些部分都是必要的，也是重要的。

分布式系统多种多样，我们可以将它们按不同的依据来分类，如按照耦合度、互联结构、组成成分的独立性、组成成分间的同步等来分类。

耦合度(degree of coupling)指的是一种量度，它用来确定处理单元相互连接的紧密程度。其量度可以用执行一个任务时的数据交换量和本地处理数据量之比来表示。如果通信是在计算机网络上实现的，那么处理单元之间存在一种弱耦合。反之，如果处理单元有共享成分，那么可以称为强耦合。这种共享成分可以是内存或外存，也就是说，可以是主存也可以是辅存设备。

互联结构(interconnection structure)，现实中，存在着点对点互联和公共通道互联(common channel interconnection)的不同情况。

处理成分在执行一个任务时可能是紧密依赖的，也可能是弱连接的(只在两者间传递消息)。处理成分之间可以以同步方式配合，也可以以异步方式配合。

分布式处理的一个很重要的原因是能够解决大型的、复杂的问题。只要有很好的算法和软件，大的问题、复杂的问题都可以用分布式处理来解决。所以，大数据问题就依赖分布计算来解决。

从经济学观点看，这么做有两个基本好处。首先，分布计算采用了如何利用廉价的多处理单元获得强大计算能力的手段。其次，软件的开发成本大大降低。近年来，MapReduce 和 Hadoop① 的流行反映了这一点。

分布式数据库系统是一种分布式处理系统，因此有上述好处。

分布式数据库和分布式处理这两个词虽然是密切相关的，但也有差别。下面先看它们的简单定义。

分布式数据库(distributed database)。分布式数据库使用分布式处理体系结构，是分布式系统中的一个数据库集，对应用来说就像一个单一的数据资源。

分布式处理(distributed processing)。分布式处理指的是当应用将其任务分布到网络的不同计算机上时发生的操作。

究竟什么是分布式数据库系统？根据维基百科：分布式数据库是一个数据库，其存储设备并非都连接在一个共有的处理器上。它可以存储到置放在同一地点的多台计算机上，也可以存储到互联在网络上的多台计算机上。在并行系统中，处理器是紧耦合的，它们构成一个单一的数据库系统；而分布式数据库系统由松耦合的节点构成，它们不共享物理成分。

显然，分布式数据库系统是一种面向数据管理的分布式系统。

下面先从分类谈起。

- 按管理系统的性质分类。按照分布式数据库管理系统(distributed database management systems，DDBMS)的构成分类。从构成的方式来看，DDBMS 可分为**同构型**分布式数据管理库系统和**异构型**分布式数据库管理系统两类。

所谓**同构型分布式数据库管理**系统，是指所有网络上节点的局部数据库管理系统运行在相同的平台上，而且每个局部数据库管理系统都相同。反之，则称为异构型分布式数据库管理系统。例如，都运行在 WinTel 平台②上，可以说是运行在相同平台上。当然，我们还可以要求

① http://hadoop.apache.org/。

② WinTel 平台指的是由微软公司和英特尔公司合作的，基于英特尔硬件平台和微软软件平台构成的系统结构。

局部数据库管理系统(如都是 Oracle 系统)是一致的。

所谓**异构型分布式数据库管理**系统,是指分布环境中各节点上的数据模型和数据语言都可能不同。一般的异构型分布式数据库管理系统是自底向上设计的,即把已有的不同模型的数据库联合在一起,在不同节点上使用的数据模型和数据语言是不同的。这样,异构型分布式数据库管理系统比同构型分布式数据库管理系统实现起来要困难一些,为了在两个节点的局部数据库管理系统之间进行信息交换,就要对数据模式和数据语言进行转换和映射工作。各节点之间通过通信网络互联形成统一的整体。

同构型分布式数据库管理系统对于并发控制、冗余数据的一致性等问题容易处理,但建库的代价比较高。同构型分布式数据库管理系统的例子有美国 IBM 公司的 R* 系统,美国 CCA 公司的 SDD-l 系统和德国斯图加特大学的 POREL 系统等。

● 按控制方式分类。按控制方式,分布式数据库管理系统可以分为集中控制与分布控制两类。所谓集中控制的分布式数据库管理系统是指所有事务都由一个叫中心计算机的节点进行管理。

● 按数据重复情况分类。按数据重复情况,分布式数据库管理系统可以分为部分重复式和完全重复式。**部分重复式**是指每个节点都存储分布式数据库中数据实体的任意子集。部分重复式又称混合式,例如美国的 SDD-l 系统等。**完全重复式**是指每个节点都存储整个分布式数据库中数据实体的全集副本。也有文献把完全重复式称为复制式。

● 从用户的角度分类。从用户的角度,分布式数据库管理系统可分为总体型和多重型两类。

所谓**总体型**的分布式数据库,在逻辑上是统一的整体,数据库的分布对用户是透明的。关于多数据库,我们在后续章节里讨论。

还有一些分类,这里不再赘述。必须指出,这里分类的目的只是在给定分布式环境和用户需求的情况下选择一种设计分布式数据库管理系统的最佳方案。

这里我们把分布式数据库定义为一个由分布在计算机网络上的与多个逻辑相关的数据库构成的有机组合。分布式数据库管理系统则是一个软件系统,负责管理分布式数据库,并让这种分布对用户透明。

分布式数据库系统,由于分布而产生了一系列集中式数据库系统不具有的新问题。数据库分布式的管理,在技术上也引起了一系列新问题。

这些问题包含以下几个。

● 一个分布式数据库由分布在各个节点的分数据库(即局部数据库)集成而成。那么是由一个节点来统一管理各分数据库呢,还是在必要时各节点挺身而出代行管理呢?其实,这是一个集中与分散的问题。

● 每个节点的数据是只在本节点保留一份呢,还是存储备份于其他各节点以防数据被破坏丢失呢?这是可靠性与节约之间的矛盾。

● 当数据库操作涉及多个分数据库上的数据时,应该把这些数据传送到哪个节点上进行操作最佳呢?这是一个规划问题,一个运筹帷幄的优化问题。

由此可见,较之于传统数据库,分布式数据库技术要复杂得多,困难得多。

分布式数据库发展的必然性及其技术上的复杂性,引发了许多著名的计算机科学家从事分布式数据库理论的研究工作和实际开发工作,并已经做出了重要贡献。历史上,世界上先后推出了多个在不同级别的实验室进行研制的试验原型机。例如,美国计算机公司的 SDD-1 系统,IBM 公司的 System R* 系统,德国斯图加特大学的 POREL 系统和中国研制的 C-POREL

系统等。现在，分布式数据库系统面向 Web 发展，进入了新的阶段。

分布式数据库系统并不是一个存放在不同网络节点上的文件的简单集合。为了构成一个分布式数据库系统，文件不仅是逻辑相关的，而且是结构化的，同时是通过公共接口访问的。

从这个角度看，多处理器系统上的数据库系统也可以看成是一个分布式数据库系统。一个多处理器系统至少有两个处理器，它们可以共享内存(称为紧耦合)、共享辅存(如硬盘)(称为松耦合)等。共享内存多处理器系统如图 1.1 所示。

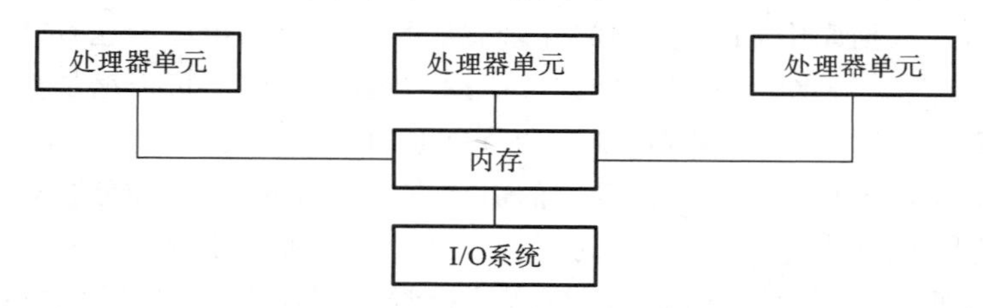

图 1.1　共享内存多处理器系统

还有无共享(shared nothing)的多处理器系统，这些后面会详细讨论，在此不再赘述。

分布式数据库不是集中式数据库的简单分布，而是消除了集中式数据库的许多缺点，更适应发展中的应用环境，是具有自己特点的系统。但是，我们不会忘记分布式数据库是在传统数据库的基础上发展而来的。因此，为了更好地理解分布式数据库，有必要回顾一下集中式数据库的典型特点，并把这些特点与分布式数据库的相应特点进行比较。

传统数据库具有集中控制、数据独立性、减少冗余、完整性、恢复、并发控制、保密性和安全性等特点。下面分别讨论这些特点在集中式数据库和分布式数据库中的表现与要求。

集中控制。对信息提供集中式控制的能力，被认为是采用数据库技术的最大动力，因为集中式数据库是根据信息系统的演变和集中处理信息的需求开发出来的，每个应用在这种信息系统中都有自己的专用文件，而数据是共享的。数据库管理员(DBA)的基本职责是保证数据的安全；对要求集中负责和管理的企业或单位来说，数据本身又是十分重要的信息资源。

在分布式数据库里，可以说几乎不用强调集中式控制的要求，从而达到全局数据库管理员完全监听不到局部内部的目的，其内部协调由局部数据库管理员自己负责实现。这种特性通常被称为**节点自主性**。分布式数据库里，在节点自主性程度上各节点间可能有极大的区别，从没有任何集中式数据库管理员的整个节点自主权到几乎完全可集中控制的程度都是有可能的。

数据独立性。数据独立性也曾被认为是采用数据库方法的主要动力。实际上，数据独立性意味着数据的实际结构对应用程序来讲是透明的，应用程序员只需要利用数据概念图，即所谓概念模式来编写程序，不需要考虑数据的存储结构。数据独立性的主要优点是应用程序不受数据存储的物理结构变化的影响。

在分布式数据库中，数据的独立性具有同等的重要性。然而，一种崭新的概念加入了数据独立性的一般概念中，这就是**分布式透明性**。所谓分布式透明性，指的是在编写程序时就好像数据没有被分布一样。这样，无论是把数据存储到甲地或乙地，或者是把数据从一个节点移到另一个节点，都不会影响程序执行的正确性和有效性。但是必须指出，执行速度或者效率却会受到影响。

众所周知，通过具有不同形式的数据描述和它们之间的映射的多层体系结构，曾为传统的数据库提供了独立性。为了达到此目的，开发出了概念模式、存储模式和外部模式等概念。

利用类似的方法，可以通过采用新层次和新模式，在分布式数据库中获得分布式透明性。分布式透明性是分布式数据库系统的主要目标之一。

数据冗余度。在传统数据库系统中，尽可能地降低冗余度是它的主要目标之一。这有两个原因：首先，通过只用一个副本，可以自动地避免同一逻辑数据中几个副本之间的不一致性；其次，通过降低冗余度可以节约存储空间。通过共享数据的方式，可以让几个应用访问同一文件和记录来达到降低冗余度的目的。

但是，在分布式数据库中，不把数据的冗余看成是性能差的特性。这有几个原因：首先，如果在需要冗余的节点复制数据，则可以增加应用的本地性。其次，可以增加分布式数据库系统的有效性和可靠性。因为若复制数据，则一个节点上的故障不会阻止其他节点上应用的执行。一般情况下，为适应传统集中式环境而确定的需要克服冗余的原因，在分布式环境中仍是有效的。因此，在分布式数据库中，对冗余度的评价要选择一种折中的方案，不能一概而论。一般来说，复制数据项的便利程度随着应用所执行的检索访问与更新访问的比率的提高而提升。数据复制便利程度的提高，是因为我们具有一个项目的多个副本，检索可以在任何一个副本上实现，而更新却必须在所有副本的基础上一致地进行。后者可以看成是一个额外开销，因为原本只需在一个节点上进行更新，现在却不得不在所有有副本的节点上实施更新操作，这样，开销就增加了。后面章节将详细讨论数据复制问题。

有效访问。复杂的访问结构，如辅助索引、文件间的链接等，都是传统数据库所采用的重要技术，支持这些结构的软件是数据库管理系统极为重要的组成部分。提供复杂的访问结构，是为了获得对数据的有效访问。

在分布式数据库中，复杂的访问结构对有效访问来讲不是合适的工具。因此，当有效访问是分布式数据库的一个主要问题时，访问结构就不是一个相关的技术问题了。通过采用改变分布式环境内部节点的物理结构，并不能保障有效地访问分布式数据库，因为建立和保持选择结构是极为困难的。同时，也因为复杂的访问结构不便于在分布式数据库的记录层上实现“引导”。

如今，分布式数据库管理系统迅速演变，而且开始面向非结构化数据，并使用 NoSQL DBMS 引擎。典型的如 XML 数据库和 NewSQL 数据库等。这些数据库形态的发展速度很快，同时提供了对分布式数据库体系结构的支持，通过复制技术和可伸缩能力的保证还可提供高可用性和容错能力。

习　题　1

1. 什么是数据库？
2. 什么是数据库管理系统？
3. 什么是数据模型？
4. 什么是事务？如何维护数据库的可靠性？
5. 什么是分布式数据库？
6. 分布式数据库和集中式数据库的区别主要有哪些？
7. 分布式数据库研究的关键问题主要有哪些？
8. 关系数据模型的三个组成部分中，不包括(　　)。

A. 完整性规则　　B. 数据结构　　C. 恢复　　D. 数据操作

第2章 分布式数据库系统体系结构

2.1 体系结构

体系结构(architecture)是计算机科学中常用的概念。什么是体系结构呢？维基百科中的定义为：在计算机工程里，计算机体系结构是一组规则和方案，用于描述计算机系统的功能、组织和实现(https://en.wikipedia.org/wiki/Computer_architecture)。

数据库系统(DBS)的基本结构如图2.1所示。

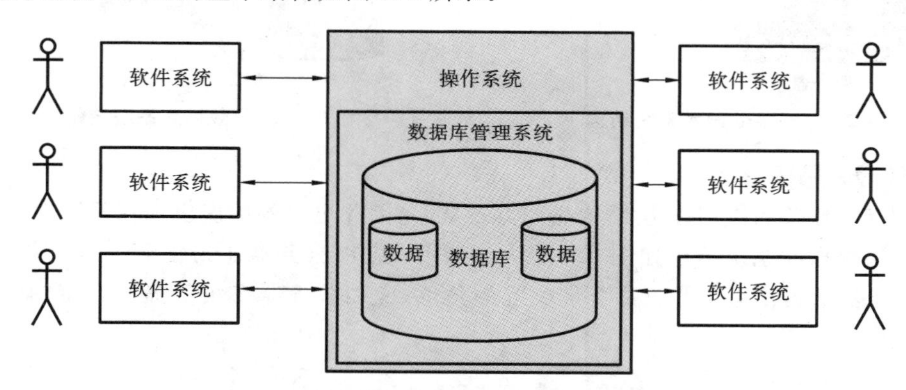

图2.1 数据库系统的基本结构

由图2.1可知，数据库管理系统(DBMS)构建在操作系统上，用于管理数据库，给用户提供所需的服务。那么，数据库管理系统的体系结构是怎样的呢？最初的数据库管理系统运行在一台主机上，用户借助终端访问数据库，是一个主机型系统。这类系统目前使用得越来越少。基本上，目前流行的结构可以分为2层结构(two-tier architecture)、3层结构(three-tier architecture)和多(n)层结构(n-tier architecture)等。

1. 2层结构

2层结构即大家熟知的Client-Server(客户端-服务器)结构。整个数据库系统分成两部分，一部分运行在客户端(Client)，一部分运行在服务器(Server)。2层数据库系统结构如图2.2所示。

图2.2中，客户端接收用户提供的SQL语句命令，经过翻译后提交给服务器，服务器返回的结果经客户端的**展示服务**加工后交付给用户。服务器处理用户提交的请求，存取数据，返回给客户端。2层结构是一个很好的结构，支持多个客户端，易于实现，适合大多数商业开发环境。

2. 3层结构

3层结构或更多层结构的好处是把业务逻辑分离出来，从而适应多种应用需求，可以更灵活地允许应用逻辑变化。3层数据库系统结构如图2.3所示。

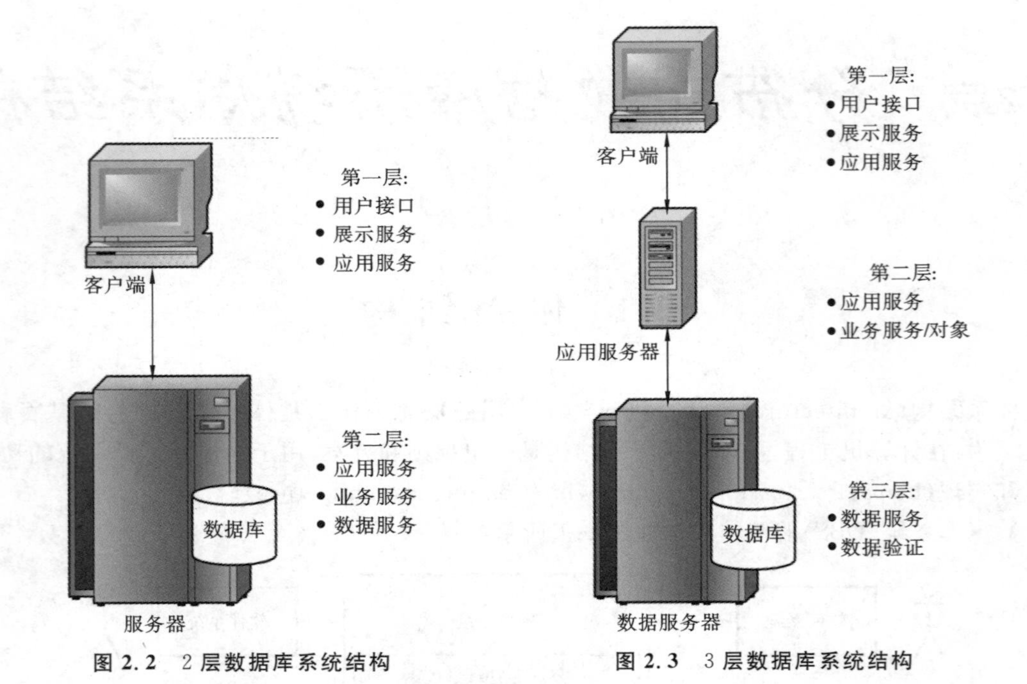

图 2.2　2 层数据库系统结构　　　　图 2.3　3 层数据库系统结构

3. 多(n)层结构

对于大型、复杂的应用,3 层结构显得力不从心,因此更多的层次出现在系统中。

多(n)层数据库系统结构如图 2.4 所示。图中,应用服务器 1 扮演着与客户端交互的角色,应用服务器 3 扮演着与数据服务器交互的角色,应用服务器 2 负责提供丰富的业务服务/对象的角色。

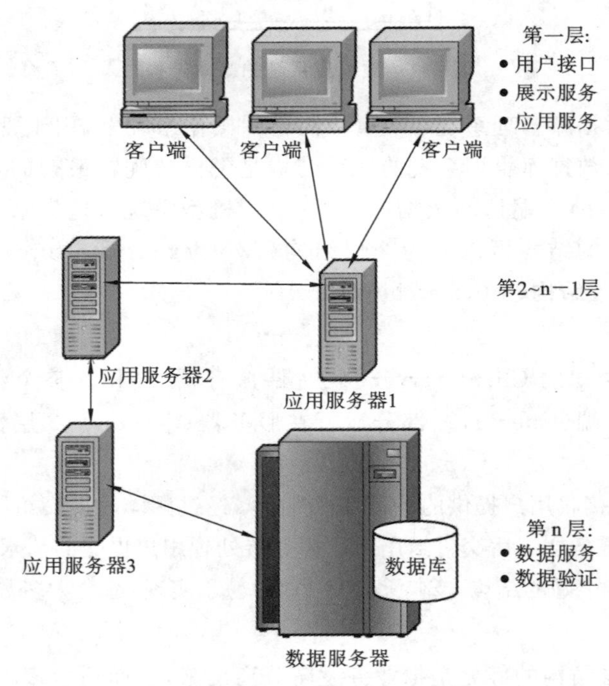

图 2.4　多(n)层数据库系统结构

2.2　数据库系统的逻辑分级结构

从分级来看，数据库系统的逻辑分级结构如图 2.5 所示。从图 2.5 中可以看出，数据库系统主要分为外部级、概念级和内部级三层，相应的数据形态分别称为外模式、概念模式和内模式。

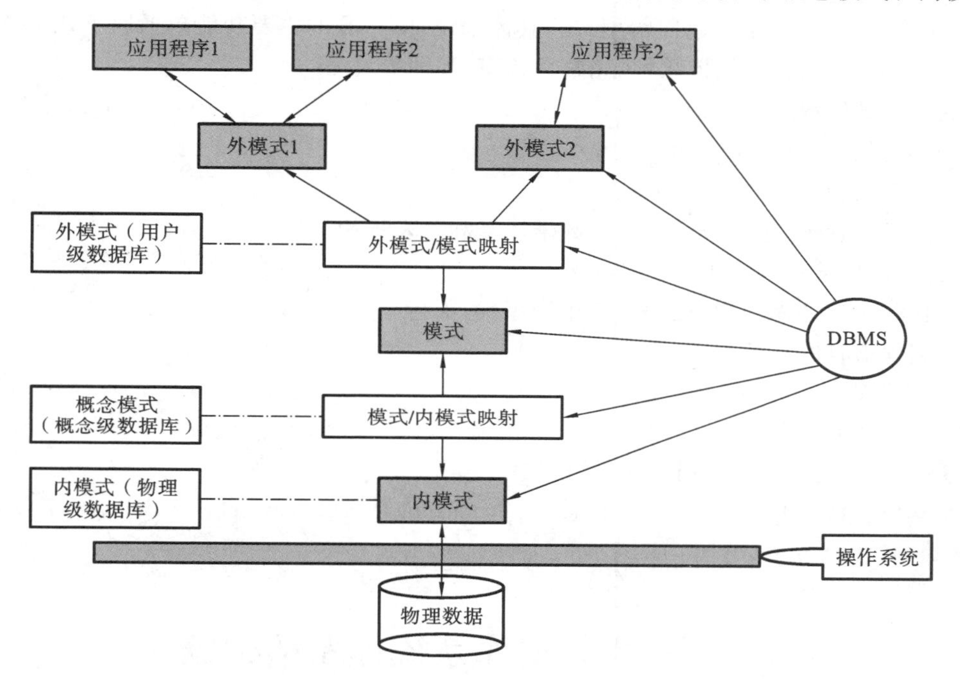

图 2.5　数据库系统的逻辑分级结构(ANSI/SPARC 模型)

1. 外部级

外部级关注的是各独立用户的视图，根据用户的特点而变化，这个层面呈现的是外模式。

2. 概念级

概念级表示的是整个数据库信息的抽象内容，也称逻辑视图或概念模式。

3. 内部级

内部级是数据库的低层表示，也称存储视图、内模式。这个层面关注的是记录类型、索引、字段表示、记录的物理存储序列，等等。

为了便于以后的叙述，这里介绍一种特殊的数据库系统用户，即数据库管理员(database administrator，DBA)。

数据库管理员是数据库系统的特殊用户，其主要功能主要包含以下几个方面。

- 定义概念模式，即逻辑数据库设计。
- 定义内模式，即物理数据库设计。
- 定义用户、标识和视图。
- 定义安全和完整性校验。
- 定义备份和恢复程序。
- 监控性能，应对需求变化。

2.3 数据库管理系统

数据库系统的核心是数据库管理系统。数据库管理系统(DBMS)是一种软件,负责管理数据库。当用户发布一个对数据库的请求,例如 SQL 命令请求时,DBMS 负责解释用户的请求,执行相应的指令,把结果返回给用户。具体来说,DBMS 的主要功能包括以下几个方面。

- 数据定义(定义关系、依赖性、完整性约束、视图等)。
- 数据操纵((数据)增(adding)、改(updating)、删(deleting)、查(retrieving)、重组(reorganizing)和聚集(aggregating))。
- 数据安全和完整性检验。
- 数据存取管理(包括查询优化)、数据恢复和并发控制。
- 数据目录/数据字典维护。
- 对各种非数据库功能(如一些实用程序)的支持。
- 对编程语言的支持。
- 事务管理。
- 备份和恢复服务。
- 通信支持(允许 DBMS 和基础通信软件集成)。
- 互操作支持,如开放式数据库连接(open database connectivity,ODBC)、Java 数据库连接(Java database connectivity,JDBC)等。

2.4 分布式数据库系统体系结构概述

2.4.1 分布式数据库系统基本体系结构

分布式系统的体系结构用于描述分布式系统的功能、组织,以及实现的规则与方案。从物理层起,分布式系统的体系结构可以用图 2.6 描述。

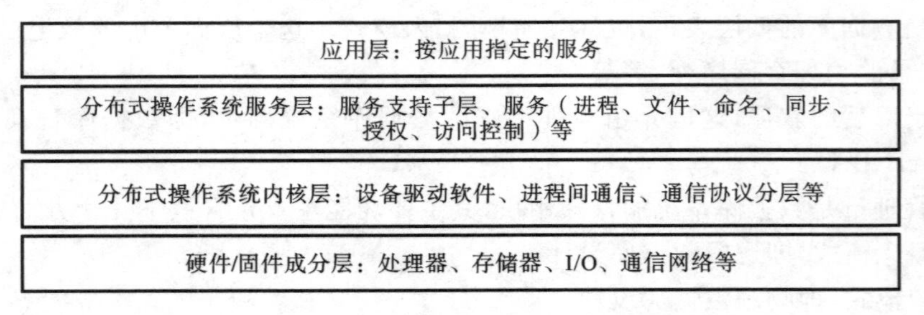

图 2.6 分布式系统的体系结构

如图 2.6 所示,自下而上,最底层是硬件/固件成分层,包括处理器、存储器、I/O、通信网络等;其上面一层称为分布式操作系统内核层,包括设备驱动(软件)、进程间通信、通信协议分层等;更上面一层称为分布式操作系统服务层,包括服务支持子层、服务(进程、文件、命名、同步、授权、访问控制)等;最上面一层是应用层。分布式数据库系统的基本功能处于应用层。

分布式数据库系统既是一个分布式系统,也是一个数据库系统,因此其体系结构兼顾两者。

下面分别从自主性、分布性和异质性三个方面讨论分布式数据库系统。这三个方面从某种程度上反映了分布式数据库系统的特点。

1. 自主性

自主性(autonomy)是一个相当宽泛的概念,文献上对自主性的定义如下。

- 设计自主性(design autonomy):单个数据库管理系统可以按其喜欢的方式使用数据模块和事务管理技术。
- 通信自主性(communication autonomy):每个独立的数据库管理系统可以自由决策为其他数据库管理系统提供何种类型的数据或者控制全局执行的软件。
- 执行自主性(execution autonomy):每个数据库管理系统可以按它们自己希望的方式执行事务和提交事务。

自主性是分布式数据库系统重点强调的一个特性。这里,自主性是指控制的分布,而不是数据的分布。自主性涉及的问题包含以下几个方面。

- 单个数据库管理系统的本地运算不受多数据库系统中加入其他数据库管理系统的影响。
- 单个数据库管理系统的处理查询和优化查询的方式不受访问多数据库的全局查询执行的影响。
- 系统已执行或正在执行的操作在单个数据库管理系统加入或离开多数据库联盟时不受影响。

2. 分布性

分布性(distribution)首先是指数据的分布。物理上,数据分布在多个站点或节点(sites)上。数据分布的方式有很多种。这里先说明两种典型的数据分布:客户端/服务器(Client/Server,C/S)分布和对等(Peer-to-Peer,P2P)分布,对等分布也称全分布。

需要注意的是C/S结构的分布特性问题。如前所述,在C/S结构里,数据管理交给服务器负责,而客户端关注的是提供的应用环境,包括用户接口。通信任务由客户端和服务器共同承担。其实,Client/Server DBMS代表对分布功能的一种初步尝试。

另一个极端是Peer-to-Peer系统,在Peer-to-Peer系统里,没有客户端和服务器的区别。每台机器具有完全的DBMS功能,可以与其他机器通信以执行查询和事务。

3. 异质性

异质性(heterogeneity)是分布式系统中常见的情况,出现的形式也多种多样,有硬件的异质性、网络协议的差异性和数据管理器的多样性,等等。此外,还会涉及数据模型、查询语言、事务管理协议、故障恢复机制等的异质性。由于各数据模型固有的表达能力有差异和局限,所以使用不同的建模工具表示数据也会产生异质性。查询语言的异质性与不同数据模型的数据存取方式有关,如数据存取是一次一个集合(set-at-a-time)的存取还是一次一个记录(record-at-a-time)的存取。前者是关系型系统的方式,后者是网络型和层次型系统的方式。即使基于相同的数据模型(如DB2使用SQL,INGRES则使用QUEL[①]),也有所用语言的异质性问题。

分布式多数据库系统在组织和管理上与分布式数据库管理系统也有很大差别,基本差别在自主性上。

分布式多数据库系统可以是同构的,也可以是异构的。

---

① https://en.wikipedia.org/wiki/QUEL_query_languages。

关于体系结构问题，我们分两个层面进行讨论，即全局层面和本地层面。

鉴于分布式环境中每台机器的物理数据组织的各不相同，因此需要了解每台机器的内部结构定义，我们把它称为本地内模式(local internal schema，LIS)。对数据的企业级视图则称为全局概念模式(global conceptual schema，GCS)。

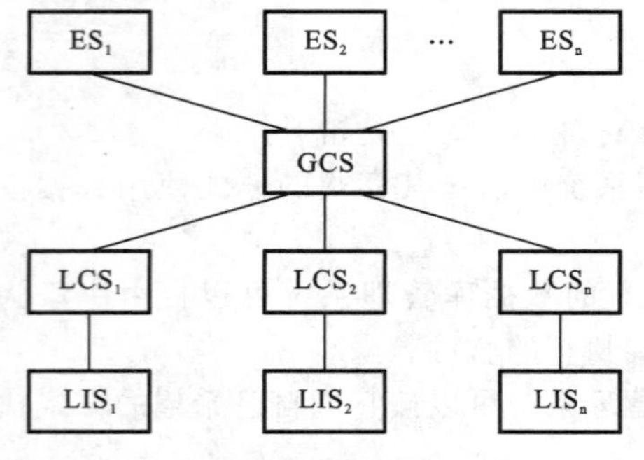

图 2.7　分布式数据库的参考体系结构

分布式数据库中的数据往往是分片的[①]，且是复制的。所以还需要第三个层次来描述，我们把它称为本地概念模式(local conceptual schema，LCS)。一方面，位置和复制透明性(location and replication transparencies)是由本地概念模式、全局概念模式及其之间的映射来支持的。另一方面，网络透明性则是由全局概念模式来支持的。分布式数据库的参考体系结构如图 2.7 所示。

在现实中，可以通过增加一个全局目录(global directory，GD)来实现对 ANSI/SPARC 模型的扩展。其本地影射则通过一个本地目录(local directory，LD)的帮助来实现。目录的细节将在后面章节讨论。

本地概念模式是全局模式到每一个节点(site)的映射。这类数据库一般都是自顶向下设计的，所以，所有的外模式(external schema，ES)定义都是从全局视图出发定义的。其实，这里可以假设每一个节点都有一个本地数据库管理员(local database administrator)。当然，是否需要这类角色也是有争论的。然而，一般很多用户往往希望对数据管理有一个本地控制。

为了进一步说明分布式数据库管理系统(DDBMS)的构成，下面仔细分析 DDBMS 的基本成分。

DDBMS 的示意图如图 2.8 所示。

由图 2.8 可知，DDBMS 可以分为两个主要成分，一个负责处理用户交互，一个负责处理存储。

第一个主要成分称为用户处理器，主要包含以下四个元素。

(1) 用户接口处理器(user interface handler)：负责解释用户的命令，最后将结果数据格式化后返回给用户。

(2) 语义数据控制器(semantic data controller)：使用完整性约束和授权(这两者定义为全局模式的成分)检查是否可以处理用户查询。

(3) 全局查询优化器和分解器(global query optimizer & decomposer)：负责确定开销最小的执行策略，使用全局概念模式、本地概念模式及全局字典翻译全局查询。全局查询优化器(global query optimizer)负责生成最佳策略并执行分布连接运算。

(4) 分布执行监视器(distributed execution monitor)：负责协调用户查询的分布执行情况。这个分布执行管理器也称分布事务管理器(distributed transaction manager)。在分布查询执行期间，各个节点的执行监视器可以和其他节点的执行监视器通信。

第二个主要成分是数据处理器(data processor)，它主要包含三个元素。

(1) 本地查询优化器(local query optimizer)：本地查询优化器像一个存取路径选择器(access path selector)，功能是在存取数据时负责选择最佳的存取路径。

---

① 关系不再是数据的基本逻辑单位，一个关系会分成若干个数据片。分片的细节将在后面章节讨论。

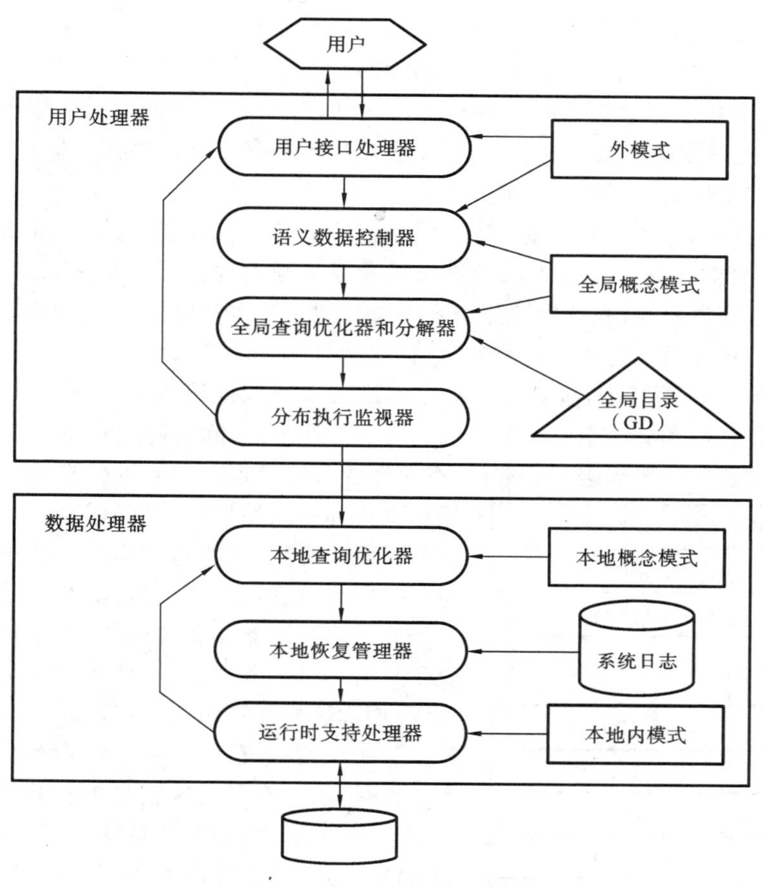

图 2.8　DDBMS 的示意图

(2) 本地恢复管理器(local recovery manager):负责保证本地数据库的一致性,即便发生故障。

(3) 运行时支持处理器(run-time support processor):负责按照查询优化器产生的调度给出的物理存取命令对数据库进行物理访问。运行时支持处理器是 DDBMS 与操作系统的接口,包含数据库缓冲管理器(database buffer(或 cache) manager),负责维护主存缓冲器和管理数据存取。

在 Peer-to-Peer 系统中,允许将用户处理器模块和数据处理器模块放在一台机器上。

2.4.2　Client/Server 系统与 Peer-to-Peer 系统

本节将讨论两种典型的分布式系统,即 Client/Server(C/S)系统与 Peer-to-Peer(P2P)系统。

1. Client/Server 系统

什么是 Client/Server(C/S)系统?

按照 http://www.whatis.com 的定义[①]:Client/Server 描述了两个计算机程序之间的关系,其中一个程序(即 Client)对另外一个程序(即 Server)提出服务请求,后者则满足前者的请求。理论上,可以在一台计算机上实现 Client/Server 结构,但真正有意义的是,基于计算机网

① http://searchnetworking.techtarget.com/sDefinition/0,290660,sid7_gci211796,00.html。

络在不同的计算机上实现 Client/Server。在计算机网络里，Client/Server 模型提供了一种便捷的方法来互联有效地分布在不同地点上的程序。

通常，在 C/S 模型里会激活一个服务器，一般称为守护神(daemon)。服务器等待客户端的请求，为请求提供服务。典型情况下，多个客户程序共享一个公共服务器程序的服务。客户程序和服务器程序是更大程序的一部分。

基于 Client/Server 结构的数据库管理系统进入计算环境，应该始于 20 世纪 80 年代末/90 年代初，从而对数据库管理技术和计算技术造成了很大冲击。其基本思路也很简单，把需要提供的功能区分为两类：服务器功能与客户端功能。这样就提供了一个两级架构，让它容易适应现代数据库管理系统的复杂性和分布的复杂性。

在 Client/Server 系统中，服务器负责完成绝大多数数据管理的任务。所有的查询处理、事务管理和存储管理都交给服务器来完成。对客户端来说，除了应用和用户接口，它还有一个客户端模块负责管理客户端缓存的数据，有时还要负责管理在本地缓存的事务封锁。其实，把用户查询的一致性检查放在客户端也是可以的，但是这种手段不常用，因为这样会要求系统的目录复制在每一个客户端上，让大家都有副本，这是不合算的。

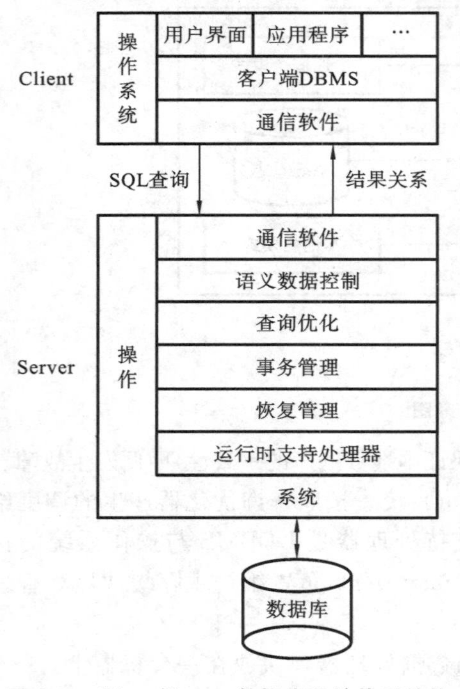

图 2.9 Client/Server **数据库系统体系结构**

有许多种类繁多的 C/S 体系结构。最简单的系统是只有一个服务器，这个服务器可为多个客户端服务，我们称这样的系统为多客户端-单服务器系统。从数据管理的角度看，这与集中式数据库系统差别不大。但是，有一个很大区别是事务管理和缓冲存储的管理。复杂的是多服务器系统，也称多客户端-多服务器系统。这里可以有两种不同的管理策略，每个客户端管理与适当服务器的连接，或者每个客户端只认识自己的“home Server”。

图 2.9 是一个 Client/Server 数据库系统体系结构。这个系统主要由两部分构成：客户端(Client)和服务器(Server)。我们把在这两端运行的数据库管理系统软件分别称为客户端 DBMS 和服务器 DBMS。客户端将用户请求(SQL 语言形态)递交给服务器，服务器获得结果后将结果返回给客户端。值得注意的是，尽管我们把这两端的数据管理软件都称为 DBMS，但是它们在功能上还是有很大区别的，主要工作由服务器承担，所以它上面的数据管理软件要复杂得多。由于要在客户端和服务器通信，所以必须为它们配备通信软件。

Client/Server 结构的主要特点是客户程序和服务器程序互相关联，是一个完整应用的组成部分。

2. Peer-to-Peer **系统**

Peer-to-Peer 称为对等，Peer-to-Peer 计算则称为对等计算。随着 Internet 的发展，对等计算环境越来越普及，越来越受重视。Peer-to-Peer 的分布式系统大量出现。[①]

---

① http://www.webopedia.com/TERM/p/peer_to_peer_architecture.html。

Peer-to-Peer首先是一个通信模型,每一方都具有相同的能力,且各自都能启动通信会话。[①] Peer-to-Peer网络是一种网络结构,其中,每个工作站有等价的能力和责任。

在Internet里,Peer-to-Peer指的是一种瞬时的Internet网络,允许一组计算机用户使用相同的计算机程序互联,并直接访问对方硬盘上的文件。这类程序的例子如Napster[②]和Gnutella[③]。

基于网络和应用,P2P系统可分为如下几种类别。

1) 协同计算

协同计算(collaborative computing)也称分布计算,目的是利用网络上计算机的空闲或不用的处理功能和/或磁盘空间。协同计算在生物医学中有广泛的应用,因为那里需要海量计算。

2) 即时消息

即时消息(instant messaging,IM)是最常用的P2P网络软件应用,如MSN Messenger或AOL Instant Messenger。

3) 亲缘社会

亲缘社会(affinity communities)是指P2P网络的一个群组,能满足文件共享。

下面讨论与P2P相关的一些问题。

- P2P文件共享系统中,共享客户端是如何工作的。

如果计算机连接在Internet上,一旦用户下载和安装了P2P客户端,就可以启动这个程序,并在中心索引服务器上进行登录。这个中心索引服务器可为所有目前连接到该服务器的在线用户建立索引,但这个中心索引服务器上不存放被下载的任何文件。P2P客户端包含搜索特定文件的范围。这个程序用于查询索引服务器,寻找其他与查找文件连接的用户。若找到,就告诉用户是在哪里找到所请求的文件。然后,用户可以与存放该文件的主机建立联系,如果连接成功,就可以下载这个文件。下载完成后就把连接断开。

第二种P2P模型里没有中心索引服务器。P2P软件直接在Internet上通过使用统一软件来查找其他用户,通报自己的出现来构造出一个大型的网络。

- P2P安全因素。

使用P2P体系结构,大家最关心的是网络安全问题。安全源自其体系结构本身。解决办法是在有效范围内确定一种严格的使用策略。另外提供一种严格的监管策略。

上面讨论了C/S和P2P两种极端形态分布式数据库系统的情况,但这不是我们主要讨论的形态。我们讨论的是一般情况,某种程度上,一个普适的分布式数据库系统是C/S和P2P的混合形态,下面主要聚焦在普适形态上。

2.5 分布透明性和数据分片

1978年,Enslow在其文章"What is a 'Distributed' Data Processing System"中讨论了透明性(transparency)问题。文中提到分布式数据处理涉及系统透明性的问题,即将系统透明性定义为"permitting services to be requested by name only. The server does not have to

---

① http://searchnetworking.techtarget.com/sDefinition/0,,sid7_gci212769,00.html。

② http://en.wikipedia.org/wiki/Napster。

③ http://www.gnutellaforums.com/。

be identified"。

透明性其实早就涉及,例如:常用的分层结构就是为了满足透明性;网络的 OSI 七层结构就是为了将每层的实现细节隐藏起来,上层只清楚下一层的服务,并为下一层提供接口。这样保证了实现的多样性和充分的灵活性。

分布透明性,即数据分布对用户是透明的,而用户在分布式数据系统面前如同处于非分布式系统一样,感觉不到分布。其实,计算机网络和分布式系统的最大差别就是,后者满足分布透明性,而前者恰恰相反。

所以下面先讨论分布式数据库的分层模型(体系结构),即遵循分布透明性的模型,再讨论 DDBMS 的一般形态。

分布式数据库系统的参考模型如图 2.10 所示。

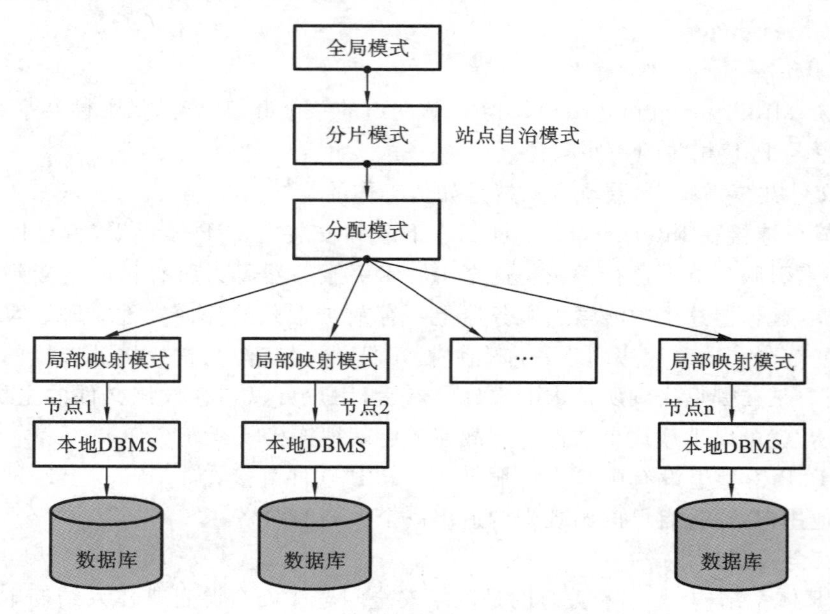

图 2.10 分布式数据库系统的参考模型

1. 全局模式

全局模式(global schema)也称(模型)顶层(top level),因为这是最贴近用户的层面。这也是用户看到的数据库的一个全局模式。在这里定义所有的数据,如同完全没有分布一样。在这个层面上所定义的是全局关系(global relations)。

2. 分片模式

每个全局关系可以分解成几个不相交的部分——(数据)片(fragments)。有多种方法可以用来实施这种分解。将从全局关系到分片的映射称为分片模式(fragmentation schema)。数据分片是分布式数据库特有的现象,后面章节会详细讨论。

3. 分配模式

数据片是全局关系的逻辑分割,物理上,数据片可以放在网络的一个节点上,也可以放在几个节点上。

分配模式(allocation schema)可以定义数据片放在哪个(些)节点上。分配模式可以决定分布式数据库是冗余的还是非冗余的。

所谓冗余，是指为 1∶n 的情况，即一个数据片有多个副本。所谓非冗余，是指为 1∶1 的情况，即一个数据片只有一个副本。

数据分片是分布式数据库遇到的一个特殊问题。从关系数据模式定义来看，一个关系是全局性的，如跨国公司的雇员信息，但是这些数据又分别存储在该公司遍布全球的分布式数据库里，每个局部数据库里都有本地雇员的信息。这些信息具有相同的数据结构、语义结构，等等。数据分片的主要功能就是解决这类问题。

数据分片可以分成多个类别。典型的数据分片有数据水平分片、数据垂直分片和数据混合分片。数据分片必须遵循一些规则，这些规则可以归纳为以下三条。

- 完整性：全局关系的所有数据都必须映射到数据片上。
- 可重构性：数据片始终可以重构成全局关系。
- 不相交性：数据片应当是不相交的，从而使得在分配层中可以显式控制数据的复制。

完整性是指分片不应丢失数据，即一个关系的所有数据都应有自己的归属，总会落在一个数据片里。可重构性是指数据分片后能重组成原形。不相交性是希望数据片的归属是唯一的。

图 2.11 是数据分片的示意图。这里，一个关系（如图 2.11 所示的左部）可以逻辑上分成若干数据片，如图 2.11 中的中间部分，称为虚关系。物理上，它们会分派到不同的网络节点（如图 2.11 所示的右部），允许冗余存在，目的是使用方便、高效和保证可靠性。右部我们称之为物理关系。

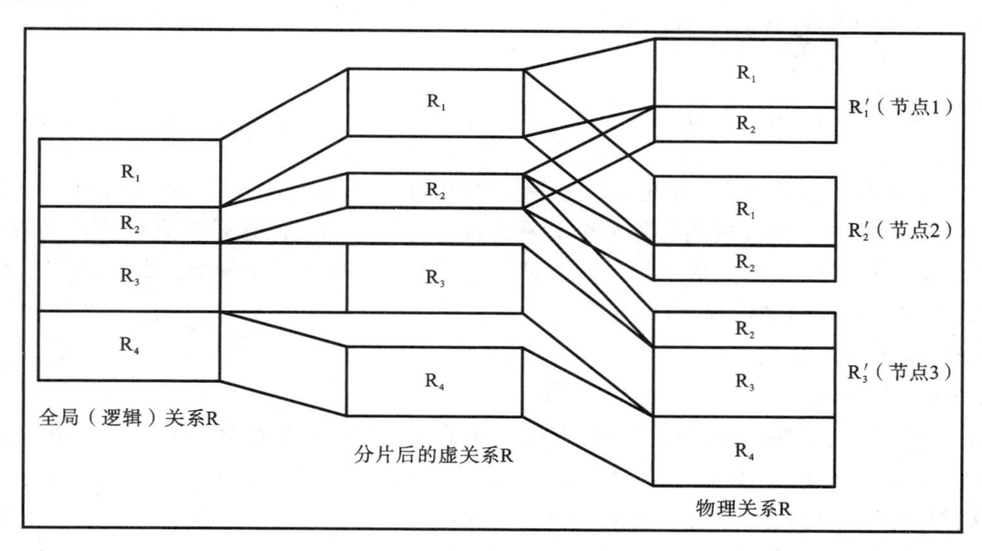

图 2.11　数据分片示意图

下面讨论主要的数据分片形态。

2.5.1　基本数据水平分片

假设有一个全局关系 Student(学生)，其关系模式如下：

Student(# snum, name, dept)[①]

① 我们用 # snum 标示 snum 是主键。

这里,Student 关系包含三个属性:snum(学号)、name(姓名)和 dept(系别)。

不失一般性,我们假设这个学校就分为两个系,一个是计算机科学系(用 CS 表示),另一个是电子工程系(用 EE 表示)。这样我们可以按其分布来将全局关系进行水平分片,如下:

$Student_1 = \sigma_{dept="CS"} Student$

$Student_2 = \sigma_{dept="EE"} Student$

从上可以看出,这种分片是采用了一个选择运算(σ),这两个数据片可分别由限定量词 q_1 和 q_2 描述,如下:

q_1:dept="CS"

q_2:dept="EE"

下面检查它们是否满足上面要求的三条规则。

● 检查完整性。由于这个学校就分为两个系,所以:

$q_1 \vee q_2 = true$

这种分片满足完整性。

● 检查可重构性:

$Student = Student_1 \cup Student_2$,所以是可重构的。

● 检查不相交性:

$q_1 = \neg q_2$

因此,这两个数据片是不相交的。

2.5.2 导出水平分片

除了基本水平分片,还有导出水平分片。导出水平分片(derived horizontal fragmentation)是指数据的水平分片按照另外一个关系的水平分片导出来。这是与完整性相关的。

我们假设有另外一个关系 SC(学生选课信息),它用于描述哪个学生选什么课的信息。这个关系包含学号(sno)和课程号(cno)。

这样,这个全局关系可以表示为:

SC(#sno,#cno)

由于选课信息与学生密切相关,Student 关系和 SC 关系间存在参考完整性约束(SC 中的属性#sno 是 Student 的主键)。因此,SC 的水平分片是导出水平分片。

这种导出水平分片可以用半连接(∝)来实现,即:

$SC_1 = SC \propto_{sno=sno} Student_1$

$SC_2 = SC \propto_{sno=sno} Student_2$

这两个数据片 SC_1 和 SC_2 的限定条件为:

q_1:SC.snum=Student.snum ∧ Student.dept="CS"

q_2:SC.snum=Student.snum ∧ Student.dept="EE"

2.5.3 垂直分片

有数据水平分片,自然就有数据垂直分片。

如果把一个关系看成一张二维表格,那么可以把数据的水平分片看成是将这张表格垂直分割。实际上，投影操作就是一种数据垂直分割操作。

下面来看一个全局关系，即“学生”关系 Student：

Student(#sno,name,birthday,birthplace,sex,dno,class,credit,entry_date)

这些属性的含义分别是：sno(学号)、name(姓名)、birthday(出生日期)、birthplace(出生地)、sex(性别)、dno(系别)、class(班级)、credit(累计学分)和 entry_date(入学时间)。

所以，垂直分片就如下所示：

$Student_1 = \pi_{sno, name, birthday, birthplace, sex} Student$ 和 $Student_2 = \pi_{sno, dno, class, credit, entry\_date} Student$

这里使用投影操作，一个雇员 Student 分成以下两个数据片。

第一个垂直数据片由原关系的如下属性构成：

sno,name,birthday,birthplace,sex

第二个垂直数据片由原关系的如下属性构成：

sno,dno,class,credit,entry_date

下面分析这种分片是否满足我们要求的规则。

1. 可重构性

垂直数据片重构成全局关系，可以借助连接运算：

$Student = Student_1 JN_{sno=sno} Student_2$

2. 不相交性

值得注意的是，以上两个垂直数据片中有属性(sno)是重复的，这是为了重构时连接运算的需要，所以垂直水平分片时对不相交性的要求可稍弱些。

3. 完整性

$A_1 \cup A_2 = A$，这里：

A 是 Student 的属性集；A_1 是 $Student_1$ 的属性集；A_2 是 $Student_2$ 的属性集。

下面再来看一个例子，如果把学生关系按如下方式分片：

$Student_1 = \pi_{sno, name, birthday, birthplace, sex} Student$

$Student_2 = \pi_{sno, name, dno, class, credit, entry\_date} Student$

可以看出，除 sno 外，name 也在这两个垂直数据片中重复，重复的原因是便于应用，因为应用中要求告诉我们学生的姓名，这样，若每个数据片中都有 name 属性的话，那么很多应用问题可以在一个数据片中解决。

其实，如果将垂直分片做到极致，一个列(属性)就是一个数据片，就变成 NoSQL 数据库中的列存储数据库。

2.5.4 混合分片

当然，也有把数据水平分片和数据垂直分片结合在一起的情况。

下面来看一个例子，假设把学生关系按如下方式来分片：

$Student_1 = \sigma_{dno \leqslant 10} \pi_{sno, name, dno, class, credit, entry\_date} Student$

$Student_2 = \sigma_{10 < dno \leqslant 20} \pi_{sno, name, dno, class, credit, entry\_date} Student$

$Student_3 = \sigma_{sno > 20} \pi_{sno, name, dno, class, credit, entry\_date} Student$

$Student_4 = \sigma_{sno, name, birthday, birthplace, sex} Student$

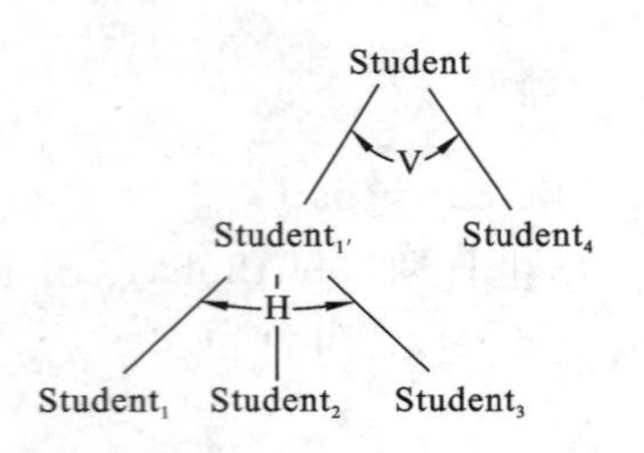

图 2.12　数据混合分片示意图

数据混合分片的示意图如图 2.12 所示。

图 2.12 中，弧上的 H 和 V 分别表示水平与垂直(分片)。

这个全局关系的重构则可以用如下式子表示：

$Student = \bigcup(Student_1, Student_2, Student_3)$

$\infty_{sno=sno} Student_4$

简单来说，将 Student 的三个水平分布数据片($Student_1$，$Student_2$，$Student_3$)通过并运算重组后再与 $Student_4$ 连接，就重构了全局关系。

2.6　分布透明性对数据库应用的影响

与非分布的数据库应用相比，分布透明性的要求对数据库的应用产生了巨大影响。下面分别就只读应用和更新应用进行深入分析。

2.6.1　只读应用分布透明性分析

所谓只读(read only)应用，是数据库中使用最广泛的应用。这类应用的特点是，用户的目的是查询信息而不是修改信息(以下部分样例和表述选自参考文献[3])。

为了方便，我们先扩充 SQL 语言，并以伪代码的形式来展示。

下面是一些我们会用到的记号。

以“#”开头的字串是一个变量，表示查询处理返回的状态值，例如，#FOUND 表示查询结果为“真”。

以“$”开头的字串是一个变量，表示这是一个参数变量，主要用于值的交换，说明数据库与应用程序之间的数据交换。

下面是一个简单的例子，其含义是从一个关系 Student 中按照指定的学号查询出相应的学生姓名：

```
Select name into $NAME
from Student
where sno=$SNO
```

这个查询很简单。其中：$SNO 是一个参数变量，用于从应用程序中将“学生”的姓名值传递给数据库；$NAME 也是一个参数变量，用于从数据库中将学生的姓名值传递给应用程序。这类查询可以称为参数查询。

1. 分片透明性(level 1)

我们把第一个层面的透明性称为分片透明性，意思是此时并不需要知道数据是否分片。样例如下：

```
Input(terminal,$SNO);
Select name into $NAME
from Student where sno=$SNO;
Output(terminal,$NAME).
```

以上样例中，我们用 Input()函数表示输入，Output()函数表示输出，这两个函数中出现的变量 terminal 表示为终端。这里的输入终端代表键盘，输出终端代表显示器。

这个伪程序的含义为：按照终端输入的学号（记录于变量 $SNO 上）查询该学生的姓名，把结果显示在终端上。

2. 地点透明性(level 2)

第二个层面的透明性我们称为地点透明性，表示不需要知道数据存放的地点，样例如下：

```
Input(terminal,$SNO);
Select name into $NAME
from Student1
where sno=$SNO;

if not #FOUND then
    Select name into $NAME
    from Student2
    where sno=$SNO;
Output(terminal,$NAME).
```

以上样例的含义是：按终端输入的学号在数据片 $Student_1$ 上查询该学生的姓名，查询到后将结果记录于变量 $NAME 上，如果没有查询到（#FOUND 为假），则查询 $Student_2$，查询到后将结果记录于变量 $NAME 上。最后将结果输出到终端上。

3. 本地映射透明性(level 3)

第三个层面的透明性我们称为本地映射透明性，表示不需要知道数据本地的映射机制，但是需指明运算实施的地点，如节点 1(SITE 1)，记作@SITE 1。假设这两个数据片分别驻留在节点 1(SITE 1)和节点 3(SITE 3)，结果如下：

```
Input(terminal,$SNO)
    Select name into $NAME
    from Student1@SITE 1
    where sno=$SNO;
    if not #FOUND then
    Select name into $NAME
    from Student2@SITE 3
    where sno=$SNO,
Output(terminal,$NAME).
```

这个程序中，首先在节点 1 上查询 $Student_1$，没查询到的话，就在节点 3 上查询 $Student_2$。

2.6.2 更新操作分布透明性分析

显然，更新操作比只读应用要复杂得多。

下面来看一个数据分片模式：

$Student_1 = \pi_{sno,\ dno,\ class,credit,\ entry\_date}\ \sigma_{dno \leqslant 10}\ Student$

$Student_2 = \pi_{sno,\ name,\ birthday,\ birthplace,\ sex}\ \sigma_{dno > 10}\ Student$

$Student_3 = \pi_{sno,\ name,credit,\ entry\_date}\ \sigma_{dno \leqslant 10}\ Student$

$Student_4 = \pi_{sno,\ name,\ birthday,\ birthplace,\ sex,dno,\ class}\ \sigma_{dno > 10}\ Student$

由上可见，首先将学生关系(Student)水平分片，按系别编号分成两部分（dno≤10 和 dno

>10)；然后分别将这两部分垂直分片。这样就构成了四个子关系：$Student_1$、$Student_2$、$Student_3$ 和 $Student_4$。

所以，$Student_1$ 和 $Student_2$ 的学生都属于系别编号在 10(包括 10)以内的。$Student_3$ 和 $Student_4$ 的学生都属于系别编号在 10 以上。

考虑一个操作：把学号为 20080833 的学生转学到系别编号为 14(如数学)的系。

假设这个学生原来在系别编号为 9 的系里(如物理系)。这样，这个学生的信息记录在 $Student_1$ 和 $Student_2$ 内，因为其系别编号 9 小于 10。详情如下所示。

$Student_1$

sno	dno	class	credit	entry_date
20080833	9	2	22	2008/9/1

$Student_2$

sno	name	birthday	birthplace	sex
20080833	刘华	1990/5/2	山东济南	男

一旦实施这个操作，这个学生归属系的系别编号就会修改为 14，关于学号 20080833 的记录会迁移到另外两个数据片 $Student_3$ 和 $Student_4$ 中。

$Student_3$

sno	name	credit	entry_date
20080833	刘华	22	2008/9/1

$Student_4$

sno	name	birthday	birthplace	sex	dno	class
20080833	刘华	1990/5/2	山东济南	男	9	2

值得注意的是，虽然水平分片将一个学生关系分成对称的两部分，但这两部分的垂直分片方式有差异，因此，一次更新引起的数据迁移相当复杂。

这个应用的各层次形态如下。

1. 分片透明性(level 1)

第一层面，这个更新应用的形态如下所示：

```
Update Student
set dno=14
where sno=20080833
```

2. 分配透明性(level 2)

第二层面，可以将更新应用看成是将老的数据对象删除，再添加新的数据对象。这个更新要施加到不同的数据片上，也就是要删除的对象和要插入的对象不在同一数据片上。因此，形态如下所示：

- Select class, credit, entry_date into $class, $credit, $entry_date from $Student_1$ where sno=20080833;
- Select name, birthday, birthplace, sex into $name, $birthday, $birthplace, $sex from $Student_2$

where sno＝20080833;

- Insert into $Student_3$(20080833, $credit, $entry_date);
- Insert into $Student_4$(20080833, $name, $birthday, $birthplace, $sex,14, $class);
- Delete $Student_1$ where sno＝20080833;
- Delete $Student_2$ where sno＝20080833。

3. 本地映射透明性(level 3)

这里假定数据的分配如下。

- $Student_1$ 在节点 1 和节点 5;
- $Student_2$ 在节点 2 和节点 6;
- $Student_3$ 在节点 3 和节点 7;
- $Student_4$ 在节点 4 和节点 8。

当映射到本地时,这个查询的形态就演变成如下形态:

- Select class,credit,entry_date into $class, $credit, $entry_date from $Student_1$@SITE1
  where sno＝20080833;
- Select name,birthday,birthplace,sex into $name, $birthday, $birthplace, $sex
  from $Student_2$@SITE2
  where sno＝20080833;
- Insert into $Student_3$@SITE3:(20080833, $credit, $entry_date);
- Insert into $Student_3$@SITE7:(20080833, $credit, $entry_date);
- Insert into $Student_4$@SITE4:(20080833, $name, $birthday, $birthplace, $sex,14, $class);
- Insert into $Student_4$@SITE8:(20080833, $name, $birthday, $birthplace, $sex,14, $class);
- Delete $Student_1$@SITE1 where sno＝20080833;
- Delete $Student_1$@SITE5 where sno＝20080833;
- Delete $Student_2$@SITE2 where sno＝20080833;
- Delete $Student_2$@SITE6 where sno＝20080833。

由上可以发现,由于分布透明性的要求,使得普通的用户查询在实施时变得很复杂,而且会有多种实施方式,因此,对查询优化提出了新的需求。

2.7　样例:分布式数据库管理系统 C-POREL 的体系结构

本节介绍分布式数据库管理系统 C-POREL 的体系结构。

C-POREL 是由中国科学院、华东师范大学和(原)上海科学技术大学于 20 世纪 80 年代联合开发的一个分布式关系型数据库管理系统。

在秉承其先驱 POREL 的基础上,C-POREL 根据系统体系结构的特点进行了适应性改进。POREL 是德国斯图加特大学 20 世纪 70 年代末至 80 年代初研制的、以 Erich J. Neuhold 教授为首的研究团队设计和研制的一个关系型分布式数据库管理系统,也是国际上首次研究、设计和开发的分布式数据库系统之一。笔者于 1980 年开始参加了该系统的研制,负责查询优化。当年参加该系统研制的人员很多,有的已成为欧美大学的著名教授,有的已成为分布式数据库技术的著名人物,如 Prof. Dr. Erich J. Neuhold、Prof. Dr. Rudi Studer 和 Prof. Dr. B. Walter 等。

POREL 系统的设计目标可以简述如下。

- 分布性:数据是分布的,且是水平分布的。
- 非均质网:承载于计算机网络上的节点机可以是异质的,使用的操作系统可以各不相同。
- 统一性:存放于计算机网络各节点上的数据由统一概念模式描述。
- 不可见性:数据分布对用户来说是不可见的。
- 用户接口灵活性:系统提供不同的用户接口,如交互式的数据库语言接口 RDBL、宿主语言调用 RDBL 和决策支持会话向导系统。
- 机器接口可移植性。
- 故障局部化。

当时,POREL 的基础环境如下。

- 节点计算机的硬件需有 128 KB 的内存、两台磁盘机、一台磁带机、一个终端、一台输入/输出设备和一台数据通信设备。
- 节点计算机的软件需具有多用户和交互式会话功能、进程通信功能、文件上分块直接存取功能,并配有 PASCAL 编译程序。

POREL 实验系统的硬件环境如图 2.13 所示,其中的节点计算机是 DEC 公司的 PDP/11 和 Kienzle 设备有限公司的机器,内存都为 128 KB。在实验系统中,主要的操作系统是 UNIX。

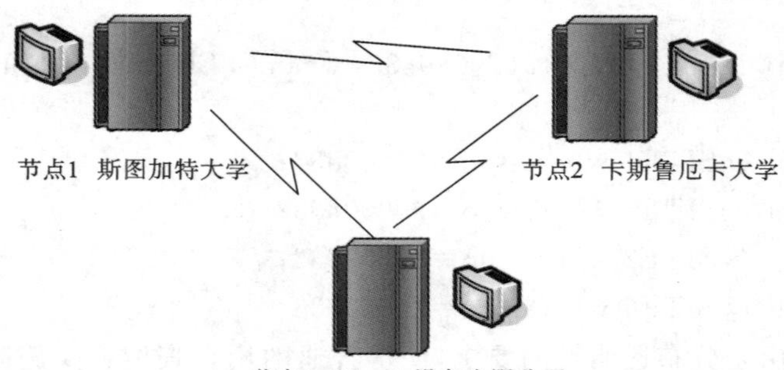

图 2.13 POREL 实验系统的硬件环境

由图 2.13 可知,实验系统主要由三个节点构成,这三个节点分布于德国的斯图加特大学、德国的卡斯鲁厄卡大学和 Kienzle 设备有限公司。

虽然实验系统只有三个节点,但已经能够说明问题。

下面讨论 POREL 系统及其软件结构。

首先对 POREL 的用户接口和逻辑结构进行介绍。我们可以用图 2.14 来说明 POREL 的用户接口与逻辑结构。

由图 2.14 可知,用户有三个接口与数据库打交道,三个接口为基于关系演算的数据库语言 RDBL(与后来面世的 SQL 语言类似)、作为宿主语言的 FORTRAN(后来主要为 PASCAL)+作为嵌套对象的数据库语言 RDBL、决策支持会话向导系统。

POREL 和 C-POREL 的逻辑结构可以用图 2.15 来表示。

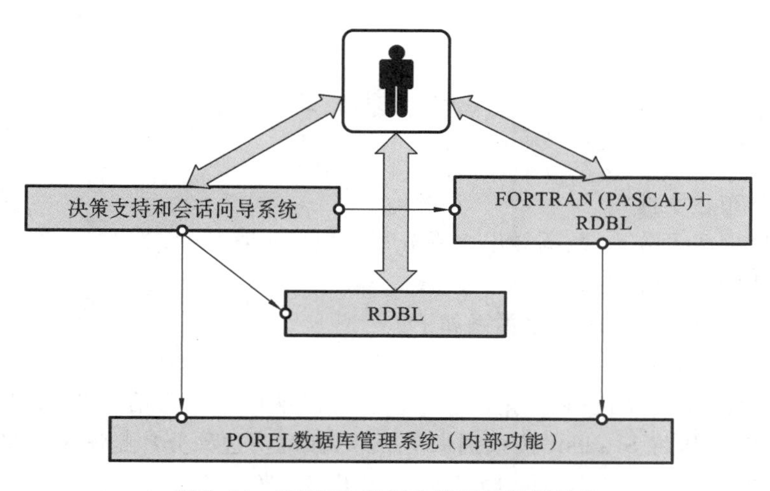

图 2.14　POREL 的用户接口与逻辑结构

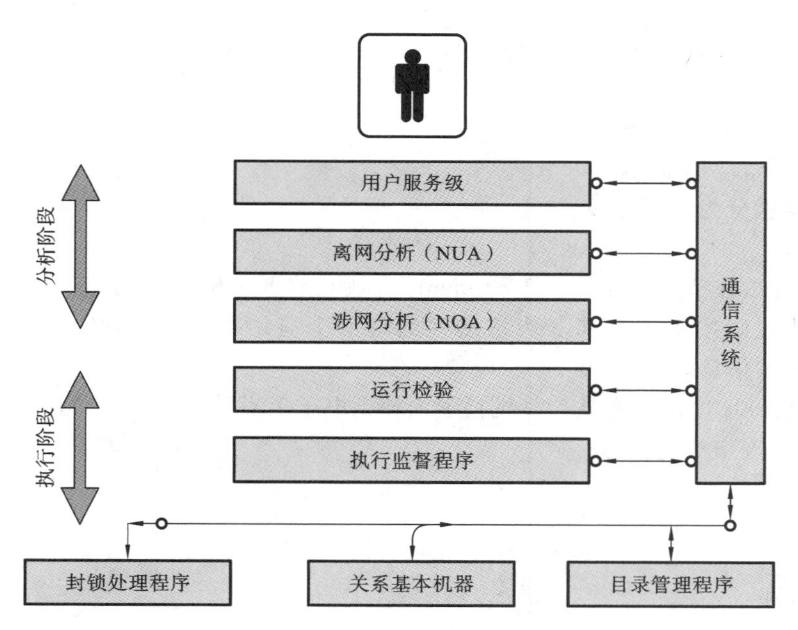

图 2.15　POREL 和 C-POREL 的逻辑结构

C-POREL 是在 POREL 的基础上，在我国由学术界演绎得更为先进的版本，其基本架构和 POREL 的类似。所以下面提及的软件模块往往会采用与 POREL 相似的名称。C-POREL 实现的是关系水平分布。

与所有的分布式数据库管理系统类似，整个系统的工作可以分为两个阶段：分析阶段和执行阶段。在分析阶段，系统依赖于面向数据库的元数据（数据目录）开展工作；而在执行阶段，系统就会真正访问数据库中的数据。

在 C-POREL 中，分析阶段包含的软件模块有用户服务级子系统、离网分析（NUA）、涉网分析（NOA）等。在 C-POREL 里，执行阶段包含的主要软件模块有运行检验、执行监督程序、关系基本机器、封锁处理程序与目录管理程序等。

通信系统则负责这些模块之间的通信和与其他节点间的通信。其中的目录管理程序几乎在为所有的软件模块提供服务。细节可参见参考文献[5]。

习　题　2

1. 什么是分布透明性?

2. 什么是数据水平分片、数据导出水平分片和数据垂直分片?

3. 数据分片的正确性判据是什么?

4. 考虑一个大学数据库的学生关系如下:

Student(#sno,sname,age,dno,class)

假设有3个系,即计算机科学系(CS)、电子工程系(EE)、通信工程系(CE),其标识号(dno)分别为1、2、3,请将Student按系别水平分片,并说明这种分片是满足正确性判据的。

5. 假设有如下模式,分别代表全局模式、分片模式和分配模式。

全局模式:

Student(#sno, sname, age, dno, type)

分片模式:

$Student_1 = \sigma_{type="bachelor"}$ Student

$Student_2 = \sigma_{type="graduated"}$ Student

(假设学生就分为这两类。)

分配模式:

$Student_1$ 存放在节点1和节点2,$Student_2$ 存放在节点3和节点4。

a. 使用伪代码按第1、2和3级透明性编写一个应用程序,表示按终端交互输入学号(sno)查询学生的信息。

b. 学号为060138的学生从计算机科学系转到电子工程系,编写一个相应的程序,分别写出透明性第1、2、3级时的情况。

第3章 分布式数据库设计

前面介绍的是计算机三大核心应用中的数据处理应用需求。信息系统是数据处理应用中的核心和典型。信息系统的开发和建设涉及其对应的客观环境动态活动的管理和静态状态的描述,前者反映了应用程序的设计开发,后者反映了数据库设计与数据加载等问题。

具体来说,数据库设计与数据加载是信息系统投入应用时的两个重要步骤。

数据库设计既是一个方法学问题,也是一个软件工程问题。

软件开发过程是提出问题和解决问题的过程,我们可以用图 3.1 进行说明。软件开发需要的四个典型步骤是:问题定义→建模→软件设计→应用。这里的箭头表示步骤的相继关系。

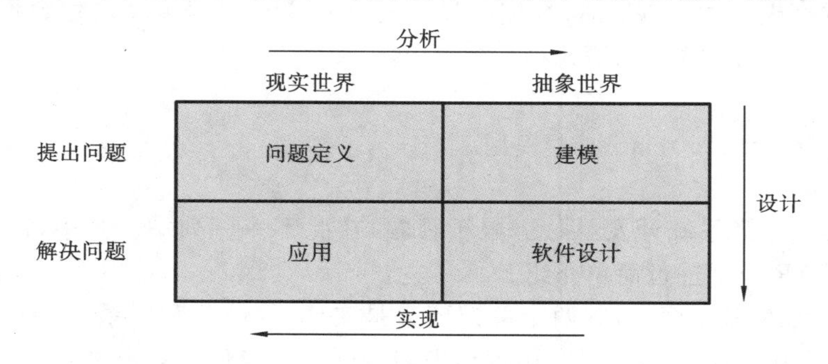

图 3.1 软件开发过程

数据库设计的过程与软件开发的过程类似。

下面先来看一下集中式数据库设计的情况。集中式数据库设计的过程可以分为以下两步。

(1) 设计概念模式。其主要工作是对数据库应用涉及的所有数据进行描述,对应于图 3.1 中的建模。

(2) 设计物理数据库(physical database)。也就是把概念模式映射到存储空间,确定恰当的存取方法,对应于图 3.1 中的软件设计。

在分布式数据库系统中,集中式数据库设计的问题依然存在,且有以下两个新的问题需要考虑。

(1) 数据分片设计。这个过程就是确定如何将全局关系划分成水平、垂直或者混合的数据片。

(2) 数据片的分配,即决定数据片如何映射到物理镜像上,决定如何复制数据片。

这两步纯粹是基于分布式特征的,是新增加的过程。

数据分片设计不只是现在才开始研究的,在集中式数据库中,物理存储的效率、利用率等也会研究分片问题。数据片的分配问题则研究已久,当然,过去研究的则是“文件分配”问题。

这两个问题从概念上看是相关的:一个是处理逻辑准则,一个是处理物理位移。因此,独立处理是无法得到最佳分片和最佳分配的,因为两者是相互关联的。

3.1 数据库设计

3.1.1 概念模式设计

数据库的概念模式设计首先涉及的是数据库模型设计。数据库模型设计常用的建模方法有以下几种。

- E-R(entity-relationship)建模[①]。
- O-R(object-relationship)建模。
- 扩展关系(extended relational)建模。

选择了数据库模型建模方法后,数据库设计的下一步是根据模型构建数据库模式(database schema)。常用的方法有以下几种。

- E-R 模型。
- 扩展关系(extended relational)模型。
- UML 模型。

本书不聚焦于信息系统开发,因此,限于篇幅,在此不一一列举。其中,E-R 模型使用较多,因此这里对 E-R 模型进行简单介绍。

E-R 模型即实体-联系模型,其两个关键要素是实体(entity)和联系(relationship)。若用图来表示,则可以用矩形来表示实体,用菱形来表示联系。矩形和菱形之间由有向弧连接,在弧上往往标注两个实体间的联系是 1∶1、1∶n 或 m∶n,分别表示实体间的一对一关系、一对多关系和多对多关系。每个实体会有自己的属性(用椭圆表示),如"学生"有学号、姓名、专业、班级等属性,"课程"则会有课程号、课程名、学分、选/必修等属性。它们之间的模型可简化为如图 3.2 所示。

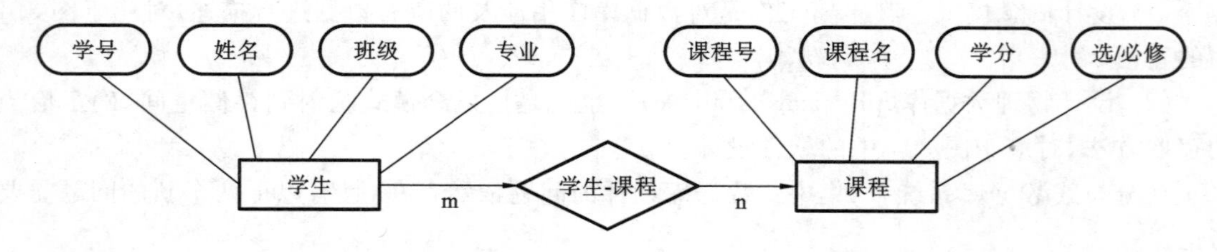

图 3.2　E-R 模型示例

如图 3.2 所示,实体"学生"和实体"课程"形成了一个多对多(m∶n)的关系。实体"学生"拥有的属性是"学号"、"姓名"、"班级"和"专业";实体"课程"拥有的属性是"课程号"、"课程名"、"学分"和"选/必修"。其实,这里的实体是一个实体类,用于描述一个具有项目属性和联系的实体集合,因此,有些文献称为类(class)。后面我们有时也会将之称为类。

E-R 图是一个抽象模型,这样的一个抽象模型描述了一个现实世界。一旦有了这样一个抽象模型,下一步就是将之转化为数据库的逻辑结构。

---

① https://baike.baidu.com/item/E-R模型/9547105。

如何将数据模型演变成关系表？这个过程也涉及多步。

- 如何表示类和属性？
- 如何创建表(关系)？
- 如何选择数据类型(data type)？
- 如何给数据值添加完整性约束和限制？

限于篇幅，这里不做赘述，有兴趣的读者可参阅参考文献[4]。下面用一张表做一个简单的小结。

模型中的要素	关系数据库中使用的技术
类(class)	添加一个带有主键的关系(表)
属性(attribute)	在关系(表)里添加一个字段，并选取合适的数据类型
对象(object)	在关系(表)里添加一个记录(行)
1-N(关系)	在1代表的那个关系里选择特定行(对象)，使用外键关联其他关系
M-N(关系)	添加一个新关系(表)和两个1：N关系
父类和子类(继承性)	为每个类添加一个关系(表)，在每个子类和父类间建立一个一对一关系

3.1.2　设计物理数据库

物理数据库涉及的是数据库的内模式，设计物理数据库与具体的物理环境密切相关。这里，外存储设备的特征、I/O速度等是必须考虑的因素。相应的设计还会考虑关系的存储形式，如顺序文件、索引顺序文件(典型的如B-Tree)、Hash文件，等等。为了便于存取，还会考虑是否在关系的属性或属性组上定义和建立索引(index)或副索引。另外，存放磁盘(组)的选择、磁盘上(数据)卷的分配等也应在这里考虑。细节可参见第3章的参考文献[4]、[5]、[6]、[7]、[8]。

物理数据库设计用于描述系统使用的存储结构和存取方法。物理数据库设计的目标是详细说明信息系统要记录的数据的辨识和操作特征。物理数据库设计要详细说明：如何存储、存取数据库记录，以及如何保证好的性能。物理数据库设计会详细说明基关系、文件组织、有效存取数据定义的索引，以及完整性约束和安全措施等。数据的物理组织对数据库性能的优劣起着关键作用。

好的物理数据库设计应当能够实现高的、紧凑的数据存放密度，以便有效利用存储空间；好的物理数据库设计应当能够实现优良的响应时间；好的物理数据库设计也应当具有支持处理大量事务的能力。

常用的物理数据库设计步骤如下。

- 存储记录格式设计。
- 存储记录的簇聚化(stored record clustering)。
- 存取方法设计(access method design)。
- 相应的程序设计。

设计时，可以将存储记录设计成各种形态，如定长记录、变长记录等；记录放在一起可以设计成顺序文件、索引文件、索引顺序文件等；为了快速、方便地在文件里找到所需的记录，可以建立索引，如主索引、副索引等；还可以设计一些接口程序和管理程序；等等。

3.2 分布式数据库设计问题

如前所述,在分布式数据库设计中,新增的任务是数据分片设计和数据片的分配。

这两个问题从概念上看是相关的:一个是处理逻辑准则,一个是处理物理位移。因此,独立处理都无法得到最佳的分片和分配,因为两者是相互关联的。

为了方便讨论,我们假设如下因素已经确定。

- 发出应用请求的站点(称为应用出发站点)已确定。
- 应用激活的频率(即单位时间内请求激活的数目)已确定。
- 每一个应用对需要的每一个数据对象的存取数目、类别和相关统计分布已确定。

3.2.1 分布式数据库的设计目标

首先考虑分布式数据库设计的目标。

在进行数据分布设计时,必须考虑如下目标。

(1) **处理的本地化**:数据分布应力求靠近应用,使绝大多数处理无需数据传输和远程访问即可就地实现,我们称之为本地化。远程访问越少越好是这一要求的结果。当网络传输速率和 CPU 处理速度相差很大时,本地化更重要。

(2) **分布数据的可用性和可靠性**:数据可用性越高,则要求数据的重复度越高(对“只读”运算来说)。其实,可靠性也是与其相关的,数据副本越多,则可靠性越高。但有利也有弊,有收益也要付出代价,那就是对更新运算来说,副本越多,需更新的对象(副本)会越多,处理开销就越大。

(3) **负载均衡**:将系统设计为负载均衡分配很重要。只有这样,才能让系统应用的并行执行程度提高。但是,由于负载均衡又与尽可能实施本地处理的要求相矛盾,所以现实处理中会尽量找到它们之间的一个折中点,然后采用之。

(4) **存储开销和可用性**:数据分布应当反映不同站点存储空间的开销和可用性。可能网络中有的节点比较适宜数据存储,反之,有的节点不支持大容量数据存储。所以设计时要考虑各个节点的优势与劣势。一般来说,数据存储的开销和 CPU、I/O 及传输开销不相干,但是必须考虑每个节点可用存储空间的限制。

根据上面的判断,同时满足它们很困难,原因是要求设计很复杂的优化模型。所以,比较合理的方式是将上述要求看成是限制而非目标,选用折中策略。同时,还可以先给出一个优化策略,然后进行后优化(postoptimization)。

3.2.2 自顶向下与自底而上的设计方法

有两种不同的数据分布设计方法:自顶向下(top-down)和自底而上(bottom-up)方法。

使用自顶向下的设计方法的过程为:先设计全局关系,再处理数据分片,接着将数据分片分配到网络节点上,创建物理映像。在每一个节点上完成物理设计后,设计过程才算完成。这个方法的诱人之处在于,系统的开发可以从描绘一个草图开始,然后层层递进。但如果将分布式数据库作为现存的多个数据库的聚合来开发,那么遵循自顶向下的设计方法就不容易了。实践中,往往会在现存数据描述间采取折中的方法来处理。这时往往会采用自底而上的设计方法。

自顶向下的设计方法采用得较多,下面用图3.3来说明这种方法。

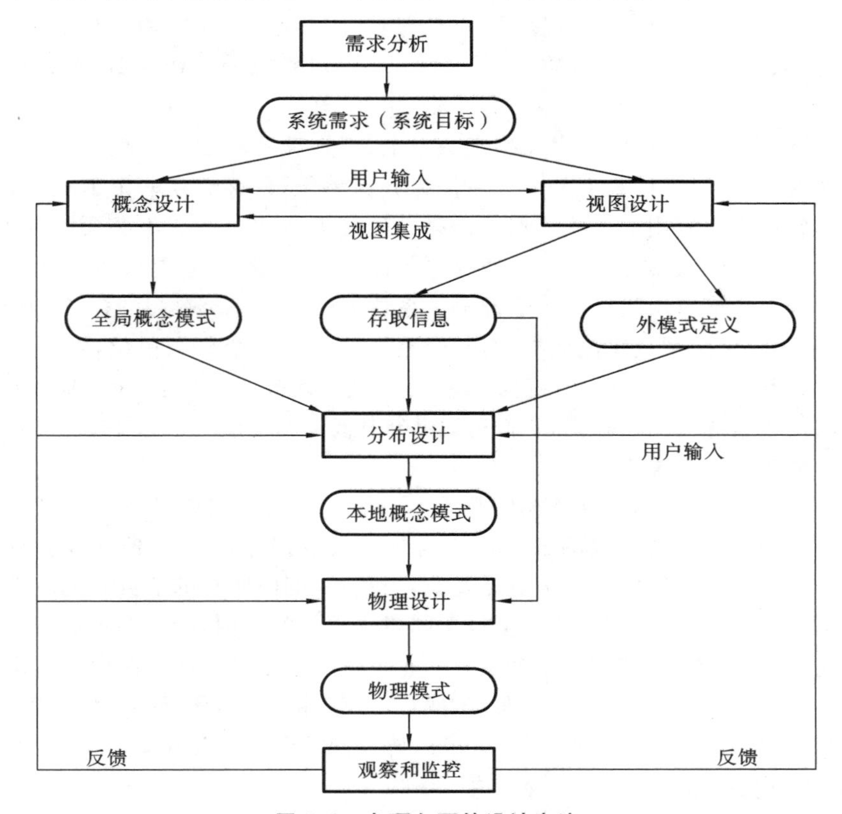

图3.3 自顶向下的设计方法

由图3.3可知,自顶向下设计是一个逐步求精的过程,一个由粗到细的过程。简言之,从需求分析开始,先做分布设计,再做物理设计。其中还存在一个反馈过程,一旦观察到的结果并不满足需求,就将情况反馈到前面,修改前面的设计方案或重新设计。

另一种方法是自底而上的设计方法,该设计方法需要满足以下要求。

- 选择公共数据库模型来表述数据库的全局模式。
- 将每个本地模式翻译成公共数据库模型。
- 将本地模式集成为一个公共全局模式。

这样,自底而上的设计方法需要满足以上三个要求。它们不是分布式数据库特有的,在集中式数据库集成中也存在。这个方法我们将在后面的数据集成和多数据库章节里详细讨论。

下面主要讨论自顶向下的设计方法。相比传统的集中式数据库设计,分布式数据库设计增加了数据分片设计与数据分配设计两部分,下面集中讨论这两个方面。

3.2.3 数据分片设计

数据分片设计是在自顶向下数据分布设计中必须解决的一个重要问题,所以我们先讨论数据分片设计(本节的细节内容选自参考文献[1],有兴趣的读者可查阅参考文献[1])。

1. 为何要分片

从分片的角度看，分片的意义在于可以选择合适的数据分布单位。其实，无论是从实现上看还是从应用上看，关系都不是一个合适的数据分布单位。

首先，应用所见到的往往只是关系的一个子集。因此，定位在应用的存取上，无须将整个关系纳入视野，只需考虑其一个子集即可。所以，把关系的子集作为数据分布单位是自然的事。

其次，如果应用有一个视图定义在指定关系上，但该关系驻留在其他节点上，这时可选用两种不同的处理方式：第一种是把整个关系作为分布单位，只存放在一个节点上；第二种是将它制作成副本放在提出应用的那些节点上。第一种处理方式会造成不必要的异地数据访问；第二种处理方式会由于数据冗余而造成数据更新的麻烦，尽管该应用只涉及这个关系的一部分。假如这里只选择该应用所涉及的那部分关系数据（作为一个数据片）存放，则会有效得多。

最后，如果把一个关系分解成数据片，每个数据片作为一个分布单位，则可允许更多个事务并发执行。除此之外，关系的分片还会典型地导致一个查询的并行执行，即一个查询会分解成若干个作用在数据片上的子查询，它们可以并行执行，提高了并发度和系统的吞吐量。

下面用一个例子加以说明。

【例 3.1】 设有一个全局关系 EMP（雇员），一个重要应用需要了解这个全局关系中哪些雇员参加哪些项目。令雇员所属的部门恰好与分布式数据库存放该部门信息的节点处于同地。应用则可以从网络中的任何一个节点发布，当然，从部门所在的节点查询本部门雇员的概率要大得多。因为雇员按部门分布，而项目又同属于不同的部门，所以要求了解哪些雇员参与哪些项目。这样，最简单的情况是，这个关系的元组可以按雇员工作的部门来组织。

我们进一步考虑垂直分片的情况，假定 SAL（工资）和 TAX（税费）只为管理类应用所用，而且总是一起使用。这样，SAL 和 TAX 就可以放在同一个垂直分片里。

2. 数据水平分片

下面我们讨论数据水平分片的问题。

何谓数据水平分片？如果我们把一个关系看成一张二维表，每行记录每个客观实体，每列描述客观实体的属性。水平分片指的是按水平方向分割这张表，每个分割是这张表的行集的子集。

对于数据水平分片，主要考虑数据的逻辑性质，所以我们会考虑分片的谓词、数据的统计性质，例如应用访问数据片的频度。当然，要协调好数据的逻辑性质和统计性质不是很容易。

3. 基本数据水平分片

关系的基本数据水平分片是指按照限定谓词对一个全局关系实施选择运算后所得的结果，这种选择运算必须满足数据的完备性、不相交性和可重构性。

- 完备性是指分割后的数据片应当覆盖所有的（关系）数据记录。
- 不相交性，即数据片和数据片之间是两两不相交的。
- 可重构性是指分割后的数据片可以方便重构成一个全局关系。

令 R 为一个全局关系，在设计它的数据水平分片时，必须考虑水平分片的性质是按照选择条件对数据库表格进行水平分割的。而选择运算依赖的是以谓词形式出现的选择条件。所以，下面对这样的谓词进行必要的定义。

定义 3.1 简单谓词。

一个简单谓词 p 的谓词形式如下：

p:属性=value。

例如,“年龄=60”就是一个简单谓词。

定义 3.2 小项谓词。

简单谓词集合 S 中的一个小项谓词(minterm predicate)是 S 中出现的所有谓词的交,这些谓词可以其自然形式出现,也可以其逆出现,其结果表达式均不应是矛盾的。所以:$y=\wedge p_i^*$,满足 $y\neq false$,这里 $p_i^*=p_i$ 或 $p_i^*=\neg p_i$。例如,$y=\neg p_1 \wedge p_2$。

假设 p 是前面提及的关系 EMP,令

p_1:SEX="male",

p_2:DEPT=1

那么,

$y_1=p_1 \wedge p_2$,

$y_2=p_1 \wedge \neg p_2$,

$y_3=\neg p_1 \wedge p_2$,

$y_4=\neg p_1 \wedge \neg p_2$

都是小项谓词。

结论:一个水平分布数据片满足小项谓词的所有元组的集合。

定义 3.3 相关性。

我们称一个简单谓词 p_i 和一个简单谓词集合 S 是相关的,如果 S 中至少存在两个小项谓词,则它们之间的差别仅仅是 p_i 本身(即一个小项中,p_i 是一般值,另一个是 p_i 的逆),而且至少有一个应用会以不同的方式访问与这两个小项谓词对应的数据片。

令 $S=\{p_1,p_2,\cdots,p_n\}$ 为一个简单谓词的集合,下面定义 S 的完备性与最小性。

定义 3.4

(1) 一个简单谓词集合 S 是完备的,当且仅当属于同一数据片的两个元组被任何一个应用访问的概率是相同的。

(2) 如果一个简单谓词集合 S 中的所有谓词都是相关的,则 S 是最小的。

如果一个简单谓词按其一般值和其逆查询时导致发布的分布概率差异很大,则我们称其为与 S 不相关。

【例 3.2】 考虑一个关系 EMP(雇员)的水平分布。首先,假设涉及这个关系的有些重要应用是:了解哪些雇员参加哪些项目。其次,假设涉及这个关系的有些应用在查询哪些雇员是程序员。最后,假设查询哪些雇员是程序员的请求在各节点上发布的分布概率是均衡的。为了简化问题,假设只有两个部门存在,即部门 1 和部门 2。所以 DEPT=1 等价于 DEPT≠2,反之亦然。

根据这些应用,我们可以归纳出两个简单谓词:DEPT=1 和 JOB="P"(programmer,程序员)。如果列出这两个谓词的小项谓词,则它们为

DEPT=1∧JOB="P"

DEPT=1∧JOB≠"P"

DEPT≠1∧JOB="P"

DEPT≠1∧JOB≠"P"

上述所有简单谓词都是相关的。但是,若有一个谓词 AGE=20,那它就不是与 S 相关的简单谓词,因为年龄为 20 在年龄分布上是一个特殊的专门值。

这样，一个基本水平分片算法（记作 H_Frag）可以描述如下。

Begin

初始化：

先选一个谓词 p_1，它能够把 R 中的元组分成两部分（注意，要考虑至少有一个应用会分别访问这两部分）。

令 $S=\{p_1\}$，迭代过程如下。

(1) 考虑一个新的谓词 p_i，它至少把 R 中的一个数据片分成两部分，并且至少有一个应用会使用不同的方式分别访问这两部分。

令 $S \leftarrow S \cup \{p_i\}$，从中删除不相关的谓词。

(2) 重复第(1)步，直到集合 S 的小项分片是完备的。

End

【例 3.3】 以雇员(EMP)关系为例，令 $S=\varnothing$。首先选择第一个谓词 p_1：用户有时会查询工资在 5000 元以上的雇员情况，这时可以令 p_1 为 SAL＞5000，即假设程序员的平均工资大于 5000 元。这个谓词区分了两个雇员集合：工资大于 5000 元和小于等于 5000 元的雇员。结果 $S=\{p_1\}=\{SAL>5000\}$。

然后考虑 DEPT＝1，这个谓词是与 S 相关的（假设企业一共有两个部门，DEPT＝2 即 DEPT≠1)，加入谓词集合 S，结果 $S=\{p_1, p_2\}=\{SAL>5000, DEPT=1\}$。

最后考虑 JOB＝"P"。这个谓词也是相关的，加入谓词集合 S，结果 $S=\{p_1, p_2, p_3\}=\{SAL>5000, DEPT=1, JOB=\text{"P"}\}$。但是在分析小项谓词性质时发现，SAL＞5000 使得 S 不完备（假设企业工资分布从 2000 元到 10 万元。工资大于 5000 元不是一个严格区分两类不同应用的合理谓词，它使得 S 是不完备的），因此最后获得的集合是 $S=\{DEPT=1, JOB=\text{"P"}\}$。当企业有很多部门时，DEPT＝1 也会使得 S 不完备，但这里假设企业只有两个部门，因此 S 是完备的。

注意，要确定谓词集合是否完备，有时候开销很大，选择所有可能的谓词会耗费我们大量的时间和系统的计算时间，所以建议不要考虑所有的应用，主要考虑重要应用即可。因此我们可以聚焦于以下两点。

(1) 关注一些重要应用。

(2) 不区分具有相似特征的数据片。

这样，既可以合适地分片，又能满足效率的要求。

4. 导出水平分片

一个全局关系 R 的导出水平分片（derived horizontal fragmentation）与其自己的属性关联，同时又是通过另外一个关系的水平分片推导出来的。导出水平分片的目的是便于数据片之间的连接运算。

首先定义分布连接（distributed join）。分布连接是指水平数据片之间的连接。两个全局关系 R 和 S 之间的连接是应用所需求的。在 R 和 S 之间连接时，需要比较它们之间的所有元组。这样一个全局关系 R 的数据片 R_i 必须与 S 的所有数据片 $S_j(j=1,2,\cdots,n)$进行比较，而部分连接（partial join）$R_i \infty S_j$ 很可能是空集。换言之，它们的连接属性是不相交的。

我们可以使用图 3.4 所示的连接图来表示。连接图（join graph）G 可以记作：

G(N,E)

其中：节点 N 代表关系 R 和 S 的数据片；边 E 代表连接运算。

根据数据分片和查询连接的特点，可以将连接图分成几个有特征的连接图。

定义 3.5　全连接图(total join graph)：是指如果关系 R 和 S 的所有数据片间的可能连接都存在，即属于 R 的所有节点和属于 S 的所有节点间全连接。

定义 3.6　分隔连接图(partitioned join graph)：是指一个连接图由两个或两个以上不互联的子图构成。

定义 3.7　简单连接图(simple join graph)：是指一个连接图是分隔的且每个子图只有一条边。

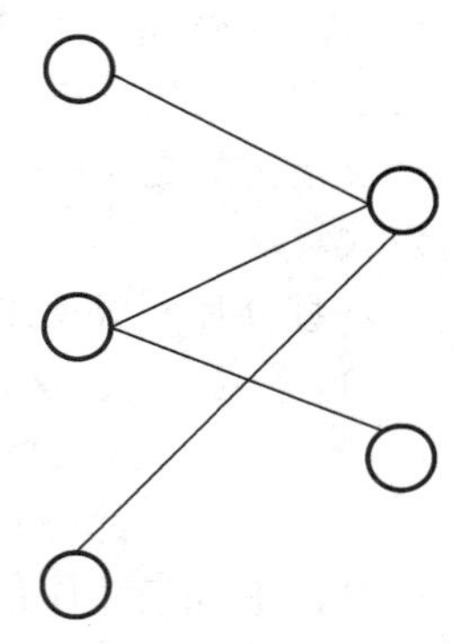

图 3.4　连接图

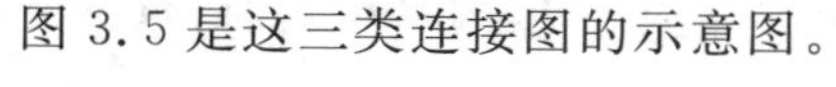

图 3.5 是这三类连接图的示意图。

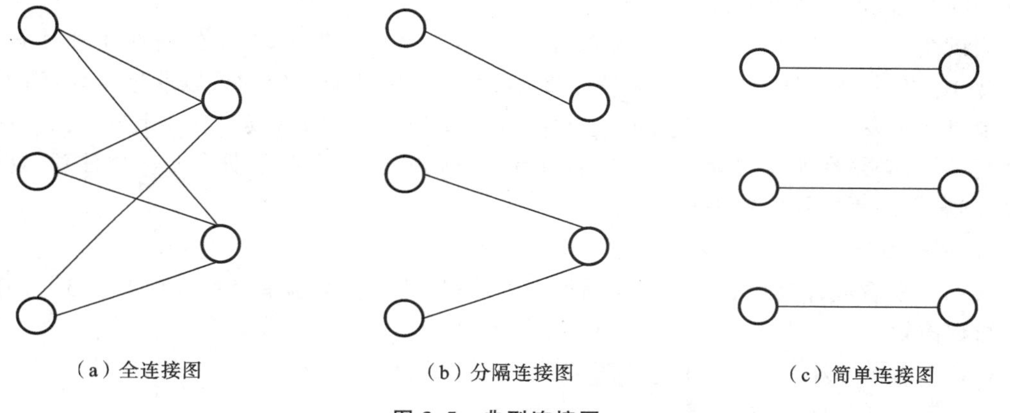

(a) 全连接图　(b) 分隔连接图　(c) 简单连接图

图 3.5　典型连接图

从数据库设计的角度看，让连接变成简单连接图十分重要。这样可使连接运算有的放矢，减少网络上不必要的数据传输，减少不必要的连接运算。

现在考虑一个关系 SUPPLY(snum，pno，deptno，quan)，用于描述企业中的供应关系，即哪些供应商供应哪些产品。分析应用，发现这个关系经常与其他关系一起使用。确切来说，有些应用需要指定供应商的供应信息，这样需要将 SUPPLY 和 SUPPLIER 在属性 snum 上作连接。还有一些应用要求指定部门的供应情况，所以需要将 SUPPLY 和 DEPT 在属性deptno 上作连接。

令 DEPT 按照属性 deptno 的值作水平分布，SUPPLIER 按照属性 snum 的值作水平分布。这样 SUPPLY 有两种导出分布的选择，即是与 SUPPLIER 对应按 snum 半连接导出分布，还是与 DEPT 对应按 deptno 半连接导出分布。最后的决定则取决于应用的频率分布，即是前者的应用频率高还是后者的应用频率高，通常选择应用频率高的来进行设计分布。

5. 垂直分片

在垂直分片时要注意，完全的不相交性是无法保证的。至少关系的一个键或者元组标识(tuple identifier，TID)要在不同的数据片里重复，否则无法识别不同数据片之间元组的关联，从而无法重构关系。

垂直分片的目的是能够方便识别一个关系 R 的数据片 R_i，让有些应用只施加在该数据片上。

让我们考虑将一个关系 R 垂直地分为两个数据片 R_1 和 R_2。这么做的条件是至少有一个应用会由这种分片而得益，即执行时只涉及其中一个数据片 R_1 或 R_2，此时我们要避免存取整个关系 R。假如有应用要同时访问 R_1 和 R_2，则需要重新构造 R，这是效率最低的。

要指出的是，一个全局关系 R 的分片算法的复杂性呈指数上升。因此，分片算法常使用启发式算法。

垂直分片一般使用以下两种方式来实施。

(1) 分裂方式：这种方式是将一个关系不停地分裂，直到分裂成合理的数据片。

(2) 组合方式：这种方式是先把每个属性看作一个垂直数据片，然后逐步归并组合。

这两种方式都可归入贪心启发式方法。它们都试图每次选"最佳"的步骤。但是每个单一步骤最佳不等于总体最佳，所以往往在最后要回溯，回头看看如何来修正和补偿。

垂直分片还会引起数据冗余问题，因为为了数据能重构，数据片中必须有属性重复。重复的结果便利了只读应用，但对更新操作来说，带来了新的复杂度。原因是更新时，每个数据副本都必须更新，否则数据一致性不能保证。

假设两个数据片 R_1 和 R_2 有叠加部分，即存在一个属性集 A，其中的属性同时属于 R_1 和 R_2。令 R_1 和 R_2 分别位于节点 1 和节点 2，则对 A 中属性的读应用可以就近实现，即如果应用在节点 1 上发布，则就近读节点 1 上的数据，在节点 2 上发布就读节点 2 上的数据。更新操作就复杂了，必须在所有放置相关属性的节点上完成更新。可见，数据分片时要注意，叠加(即重复)的属性的更新频度要小些。

6. 混合分片

我们再来看混合分片的情况。所谓混合分片，指的是既有水平分片又有垂直分片的情况。这里可以有以下两种典型的情况。

(1) 先水平分片，然后垂直分片。

(2) 先垂直分片，然后水平分片。

需要指出的是，水平分片操作和垂直分片操作是不满足交换律的，即先水平分片再垂直分片与先垂直分片再水平分片(即便水平分片策略与垂直分片策略都不变)的结果是不一样的。

以 2.5.4 节中的例子 Student 为例，其分片情况如图 3.6 所示。

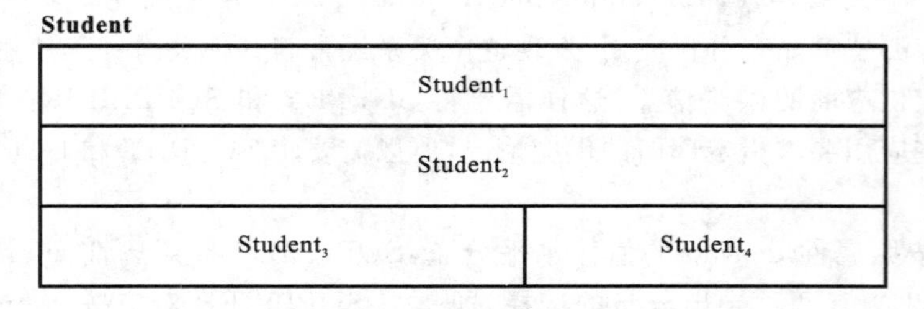

图 3.6 Student **关系的混合分片形态**

3.3 数据片分配设计

数据分片以后就要考虑如何将它们分配到相应的网络节点上去，这就是下面要讨论的数据片分配问题。严格来说，数据片分配问题不是一个新问题。文件分配问题就类似于一个数据片分配问题。所以，最简单的方法是把每个数据片看成是一个单独文件，然后使用文件分配技术。但是,这种方式存在以下几点不足。

(1) 数据片并不等价于单独文件,因为如果把它们看成单独文件,则它们具有相同结构的特性会丢失。

(2) 相对于一个全局关系来说,其分片的数量要大得多,所以用解析模型来求解的话,比较复杂。

(3) 文件系统的应用行为简单(典型的就是远程文件访问),而分布式数据库应用要复杂得多。当然,有些问题是不容易解决的,这种复杂性导致很难获得“最佳”答案。

(关于数据片分配,参考文献[1]有详细讨论,下面讨论的思想即选自其中,因此,若想了解细节,请读者参见参考文献[1]。)

3.3.1 数据片分配的一般原则

在确定数据片分配时,有两种截然不同的方式,非冗余分配方式与冗余分配方式。

相对而言,确定非冗余分配方式要简单些。即采用择优(best-fit)方法,这时列出所有可能的分配方案,选择其中最佳的一种方案。需要指出的是,这里忽略了放置数据片后它们之间的相互影响。

注意,副本的存在增加了复杂性,原因如下。

(1) 每个分片的副本数成了问题的变数。

(2) 选择合适的读应用模式,由于有各种选择余地,因此更复杂了。

为了确定数据片的冗余分配,可以选择如下方式。

(1) 确定一个节点集合,并在这些节点上为每个数据片分配一个最佳版本。这个集合(或方法)称为全部最佳节点(all beneficial sites)。

(2) 一旦解决了非冗余分配问题,就可以着手解决冗余副本分配问题。可以逐步增加副本数,并给它们分配节点,选择所有可能在节点中受益-开销差最大(必须大于0)的节点分配一个副本,直到不再存在有益的附加副本节点为止。

注意,这只是一种贪心的算法,从而忽略了“相互”效应,即增加一个副本,但对原来分配的影响我们没有考虑,因此最后的结果不见得是最佳的。所以,期待大家继续研究。

下面进行定量分析。为了进行定量分析,需要定义一些参数,这些参数有数据片分布,以及分布式数据库的节点标识、应用情况等。

上面讨论的是一个全局关系R,下面是一些涉及设计的参数。

- i是数据片的编号。
- j是节点的编号。
- k是应用的编号。
- f_{kj}表示节点j应用k的发生频度。
- r_{ki}表示应用k访问数据片i的次数。
- u_{ki}表示应用k更新数据片i的次数。
- $n_{ki}=r_{ki}+u_{ki}$,表示应用k使用数据片i的次数。

3.3.2 水平分片

下面介绍分配算法。

(1) 使用"最佳适配"方法为每个数据片进行非冗余分配。我们把 R_i 放入对 R_i 的访问最多的节点上。在节点 j 上对 R_i 的访问数是本地访问数，是收益，可以记为

$$B_{ij} = \sum_k f_{kj} n_{ki}$$

我们把 R_i 放入 B_{ij^*} 最大的节点 j^* 上。

(2) 使用"所有有益节点"方法实施副本分配，可以考虑在一个节点增放一个 R_i 副本，这对于检索应用来说方便了，这是收益。而对于更新应用来说，增加了开销，两者之差就是纯收益。所以使用 B_{ij} 来估算纯收益，公式如下：

$$B_{ij} = \sum_k f_{kj} r_{ki} - C \times \sum_k \sum_{j' \neq j} f_{kj'} u_{ki}$$

这里，C 是一个常数，表征更新开销和存取开销之间的差异。典型情况是，更新开销大于存取开销，原因是更新开销需要更多的控制消息和本地操作，所以一般 $C>1$。

在所有 B_{ij} 为正的节点中，选择 B_{ij} 中最大的节点作为下一个副本的放置点，如此递归，直至 B_{ij} 都为负为止。

(3) 在副本分配中使用增量复制，放置一个 R_i 新副本后的好处是，可以从提高系统的可靠性和可用性上考虑。但要注意的是，增放副本的收益并非随着冗余度的增加而呈线性增长。令 d_i 为 R_i 的冗余度，F_i 为 R_i 在每个节点上全复制时的收益。可以用一个 $\beta(d_i)$ 函数来量度这种收益，令：

$$\beta(d_i) = (1 - 2^{1-d_i}) F_i$$

这里，$\beta(1)=0$，$\beta(2)=F_i/2$，$\beta(3)=3F_i/4$，依此类推。然后可以使用修改（即补偿）过的公式计算在节点 j 上存放一个新副本 R_i 时的收益：

$$B_{ij} = \sum_k f_{kj} r_{ki} - C \times \sum_k \sum_{j' \neq j} f_{kj'} u_{ki} + \beta(d_i)$$

这个公式可以用来估算数据重复度的合适程度。

3.3.3 垂直分片

本节考虑数据片 R_i 的垂直分片问题。

假设 R_i 原来分配在节点 r 上，现在考虑将之分成两个数据片 R_s 和 R_t，并各自分配到节点 s 和 t 上。下面考察这种垂直分片导致的影响。

首先定义以下必要的参数。

(1) 令 A_s 和 A_t 为两个应用集合，这类应用在节点 s 或 t 上发布，只使用本地 R_s 中的属性或本地 R_t 中的属性，这类应用由于分配合理而省去了远程访问。

(2) 令 A_1 为一个应用集合，这类应用在 r 节点上发布，但只涉及 R_s 或 R_t 上的属性，这类应用由于分配而需要一个额外的远程访问。

(3) 令 A_2 为一个应用集合，这类应用在 r 节点上发布，但同时涉及 R_s 和 R_t 上的属性，这类应用需要两个额外的远程访问。

(4) 令 A_3 是另外一个应用集合，它在 r、s 或 t 以外的节点上发布，但同时访问 R_s 或 R_t 的属性，这类应用需要一个额外的远程访问。

这样可以使用下面的式子来估算收益。

$$B_{ist} = \sum_{k \in As} f_{ks} n_{ki} + \sum_{k \in At} f_{kt} n_{ki} - \sum_{k \in A1} f_{kt} n_{ki} - \sum_{k \in A2} 2 \times f_{kr} n_{ki} - \sum_{k \in A3} \sum_{j \notin r,s,t} f_{kj} n_{ki}$$

为了简化，这里忽略了存取和更新成本的比例。

现在考虑一个数据片 R_i，如果把它分成两个数据片 R_s 和 R_t，并分别分配到节点 s 和 t 上。它们之间的重复属性为 I。集聚要求重新考虑垂直分片的应用分组。

(1) A_s 包含分配在节点 s 的应用，它们可能是：读 R_s 的任何属性，或者修改 R_s 的属性，这些属性与 A_t 中包含的属性不重复。

(2) A_2 包含以前在 r 上的更新应用，它们希望更新 R 的属性，而此时需要同时存取 R_s 和 R_t。

(3) A_3 包含在与 r、s 或 t 不同站点上的应用，它们需要更新 R 的属性，而此时需要同时存取 R_s 和 R_t。

可以通过估算前述的表达式 B_{it} 来计算收益。

习　题　3

1. 数据水平分片应遵循什么原则。

2. 假设一家移动通信公司的业务分布在东、南、西、北、中五个大区，它的客户数据集中在一个节点上或分布在这几个地方，请分析其优劣。若要分布移动通信数据，那么如何设计分布谓词？请举例说明，为了漫游，如何设计垂直分片策略。假设客户数据为 Customer(#cno, cname, pid, address, p_type)。

3. 假设一家汽车企业的职工关系为 EMP(#eno, ename, dno, title, age)，p1 和 p2 为两个简单谓词，即 p1：title="manager"，p2：title="programmer"，将这个关系按{p1, p2}水平分片，请说明这种分片是否符合分片原则，为什么？修改 p1 和 p2，使之符合要求，并说明原因。

4. 除习题 3 中的关系 EMP 外，还有一个关系 PAY(eno, salary, tax)，假设这两个关系的水平分片情况如下：

$EMP1=\sigma_{title="manager"}(EMP)$

$EMP2=\sigma_{title="engineer"}(EMP)$

$EMP3=\sigma_{title=Tech.\ worker"}(EMP)$

$EMP4=\sigma_{title="\ trainee"}(EMP)$

$PAY1=\sigma_{salary\geqslant 3000}(PAY)$

$PAY2=\sigma_{salary<3000}(PAY)$

要对这两个关系实施连接运算，请划出它们的连接图，且说明这是哪种连接图，并分析说明这种分片的优劣。

第4章 分布式数据语义控制

本章讨论分布式数据库系统中的语义控制问题。

语法(syntax)、语义(semantics)和语用(pragmatics)是计算机科学中常出现的词汇。那么,究竟什么是语法?什么是语义?什么是语用?很多人都会有困惑。下面用一个对话的例子进行说明。

【例 4.1】 甲、乙两人在某场景下有如下对话。

(对话 1)语法层面:

甲:我脚崴了!

乙(自言自语):我脚崴了! 主语、谓语完整,而且次序正确,符合汉语语法。

(对话 2)语义层面:

甲:我脚崴了!

乙(脸转向甲,注视甲的脚):哪只脚?

显然,乙已完全理解了甲所说的这句话的含义,直接关注甲的脚。

(对话 3)语用层面:

甲:我脚崴了!

乙:别怕,我马上送你去医院。

在这个层面,乙已经提出了解决方案。

显然,语法、语义和语用自底向上反映了信息的三个不同层面。这里我们关注语义层面。数据库系统的数据字典记录了数据库的不少语义信息。

4.1 数据字典/目录

每个数据库管理系统(DBMS)都具备某种形式的数据目录或数据字典。可以说,数据目录是数据库系统里最重要的数据库成分,管理着关于数据库的元数据,而且方便支持数据库系统的其他大多数成分。

数据字典本身也可以看成是关系表,可以使用 SQL 命令操纵。

数据库管理系统使用系统目录(数据字典)有如下好处。

- 便于其他系统成分有效地工作。
- 通过系统目录,DBMS 可以记录物理数据和逻辑数据的独立性需求。
- 通过系统目录,DBMS 可以记录完整性需求。
- 系统和数据对象的特权存放在专用的目录表里,便于数据库安全机制的管理。
- 系统目录有助于数据库系统的成功实现。

下面以 Oracle 数据库管理系统为例,说明数据目录是如何设计与实现的。

在 Oracle 数据库管理系统中,系统目录里最常用的目录表有 Tables、Tab_Columns 和

Indexes等，分别记录关系(表)、属性(列)和索引的基本信息，即元数据。目录表虽然有十多个，但还是不够，因此还使用了视图加以补充。例如，鉴于仅依靠 Tables、Tab_Columns 和 Indexes这三个目录表还不能满足系统的基本需求，因此基于这三个基表，还有三个视图User_Tables、User_Tab_Columns 和 User_Indexes。这三个视图用于补充记录这三个基表未能容纳的基本信息。这三个视图可以简述如下。

● User_Tables 视图。这个目录视图建立在系统表 Tables(在 DB2 中，等价的表是 Systables)上，User_Tables 视图中的列如表 4.1 所示。

表 4.1　User_Tables 视图中的列

Owner	创建对象的用户
Table Name	数据库表名
Tablespace_Name	存放该表的表空间名
Num_Rows	表的行数

显然，User_Tables 视图把关系的创建者(所有者，Owner)和存储空间信息记录了下来。

● User_Tab_Columns 视图。这个目录视图建立在基关系 Tab_Columns(在 DB2 中，等价的表是 Syscolumns)上。User_Tab_Columns 视图中的列如表 4.2 所示。

表 4.2　User_Tab_Columns 视图中的列

Table Name	数据库表名
Column Name	表中的列名
Data_Type	列的数据类型
Data_Length	列的长度
Data_Precision	列的数据精度
Data_Default	列的默认值

User_Tab_Columns 视图把属性(列)的一些基本信息的扩展记录了下来，包括列的长度、列的数据类型、列的数据精度和列的默认值等。

● User_Indexes 视图。这个目录视图建立在基关系 Indexes(在 DB2 中，对应的是 Sysindexes)上，扩展记录了索引的信息。User_Indexes 视图中的列如表 4.3 所示。

表 4.3　User_Indexes 视图中的列

Index Name	索引名
Table Owner	创建此表的用户
Index_Type	索引类别
Table Name	被索引的表名
Num_Rows	被索引的行数

简言之，目录信息勾勒了数据库、表(关系)和列(属性)的概貌，对查询优化和事务调度起着重要作用，使得它们无需访问具体的详细数据，仅依赖访问目录数据就可实现目标。

可以使用 SQL 的 Select 语句查询系统目录。

【例 4.2】　哪些关系所包含的属性数据类别是 CHAR(7)？

可以使用如下命令获得结果。

```
Select Table_Name from User_Tab_Columns where Data Type='CHAR' AND Data_Length=7;
```

【例 4.3】 列出所有的有效用户。

```
Select * from Dba_Users;
```

对系统目录进行更新(Insert、Update、Delect)也是可以的,但是直接更新系统目录一般是不允许的。系统目录由 DBMS 自动更新,通过使用 SQL 命令实现,如 Create TABLE、ALTER TABLE、Drop TABLE、Create VIEW、Drop VIEW、Create INDEX、Drop INDEX、Create SYNONYM、Drop SYNONYM 等。简言之,一旦数据库对象创建或修改,系统目录就自动由 DBMS 修改。

分布式数据库系统的数据目录如何分布呢?我们将在下面讨论。

4.1.1 目录数据结构

选择合适的数据结构存放目录数据很重要。数据结构的选择往往与应用方式相关。更新不频繁的目录数据和更新频繁的目录数据就应该选用不同的数据结构。读取频繁的目录数据,例如关系定义信息,以及访问不频繁的目录数据,最好在数据结构上也有所不同。

当然,为了实现的简单化,数据目录在逻辑上也可以看成是一般的关系。因此,有些数据库系统称为系统表。这么做的好处是实现简单,便于使用、管理和维护,其管理完全可以与用户表(关系)使用的技术相同。其缺点是很难适应数据目录的特点,影响效率。

对目录数据的访问十分频繁,有些目录数据(如描述关系模式的目录数据)是每个查询实施时都要存取的,有些要由系统自己的管理系统不停地访问,因此具有与用户关系完全不同的特性。是否可以设计相应的数据结构来适配这类应用呢?问题一再被提出。因此,有一类解决方案是为数据目录特定设计的存储结构,以便更好地满足数据库目录的使用要求。

4.1.2 目录管理

如何管理目录也是一个挑战。如果把数据目录设计为与用户数据一样的关系形态,则使用管理用户数据的软件系统管理数据目录是一种最简单的管理模式。但是,如果数据目录不是按关系形态存放的,或者按照数据目录的使用特性进行管理,则需要专门的目录管理机制。

与 Oracle 这样的数据库系统类似,分布式数据库系统中当然也有数据字典。其中有一本称为全局字典,用来记录系统中所有节点上数据库中的数据的核心元数据。全局字典中往往会存放数据片的存放地点和组成结构等信息,其管理机制在后面章节中讨论。

4.1.3 目录分布

分布式数据库系统的数据目录的分布可以有以下多种选择。

- 可以设置一个全局数据目录存放在节点上。
- 可以在每个节点上设置一个全局目录。
- 有选择性地在几个节点上设置全局目录。

下面分别深入讨论。

1. 集中式数据目录

一种方式是在整个系统中设置一个全局数据目录。所有节点都可以存取这个唯一的数据目录。这种方式的一个突出特点是简单，数据目录中的数据永远保证是完整的、新鲜的。其缺点之一是，一旦存放数据目录的节点损坏或断接(disconnected)，目录服务就会停止，整个系统就会瘫痪。

2. 全复制数据目录

这种方式中，每个分布节点都存放一个数据目录。这种方式的优点是，系统的可用性大大增强。只要有一个节点存在，就能提供目录服务。其缺点是，目录更新如何保证及时性成了大问题，即一旦目录数据被更新，这个更新就必须传到所有节点，而是否都能传到是一个问题，传到所有节点的延迟也是一个问题。如果更新同步太慢，那么用户使用时查找到的目录数据是过时的，因此做出的决策是不合适的。

3. 分布型数据目录

每个节点用于存放自己所拥有的数据目录，每个节点的目录的汇集是全局目录。这种方式的缺点是可用性不足(节点损坏或断接，该节点上存放的目录就不能用)，同时，当访问的数据要涉及多个节点的数据时，就要跨节点存取目录，效率有问题。

4. 混合型数据目录存储

混合型也可分为以下两个子类。

- 典型混合型：每个节点维持自己的目录，设一个中央节点维持一个全局目录。
- 非典型混合型：每个节点维持自己的目录，若干个节点维持全局目录。

混合型结构还有其他变异，如 POREL 系统使用的长短目录结构。

因此，分布式数据库系统中的数据目录如何建设，这是一个难题。也就是说，首要的问题是，分布式数据库系统中，数据库目录是集中存放还是分散存放。

对此，不同的系统采用了不同的应对策略。其实，数据字典本身也是一个数据库，只是数据字典里存放的是元数据而非用户数据。因此，数据库设计也包含数据字典的设计。如上所述，分布式数据库系统中，整个数据字典可以存放到一个挑选出来的网络节点上，也可以在每个节点上都放一本字典。换句话说，可以有一本包含数据库的所有(元数据)信息的字典，也可以有多本字典放在每个节点上。

前者(集中存放)简单，但是存放该字典的网络节点会很繁忙。每个查询都会涉及查询数据字典，从而造成该节点太忙而无法及时响应；此外，一旦该节点出现故障，系统就无法运行，从而使这个节点形成瓶颈。后者(分散存放)可以避免这些不足，但是，一旦修改数据，就要涉及所有节点上的数据修改，从而牵一发而动全局。要使数据同步，保持一致，也不是一件容易的事。因此，常常会使用一种折中方法，也就是关键的常用信息在每个节点都存放，而有些不常用的、不是每个节点都涉及的信息则集中存放到与这些信息最相关的节点上。

最后一个要指出的问题是复制(replication)问题。数据字典可以只有一个版本，也可以有多个副本。多个副本的好处是增加了可靠性，因为可以使用一个副本的概率提高了。进一步说，一方面存取字典的延迟缩短了，但是另一方面，维护更新的成本也增加了。原因是，一旦字典更新，所有的副本都需要更新。因此，选择哪种策略，需要权衡得失，根据具体情况来平衡这些因素：响应时间、字典大小、每个节点的节点容量、可靠性要求和字典的易变性(volatility)，等等。

数据库的目录相当于数据库的数据库，本质上它具有与数据库系统同样的复杂性。例如需要考虑目录数据的数据结构、存储结构和存取结构，以及目录数据的分割与分布存取控制、并发控制和故障恢复机制等。

对目录的设计和管理通常有两种完全不同的策略。一种是将目录数据视为一种关系数据，其存储结构和存取结构，以及并发控制、分割与分布存取控制、故障恢复机制等都借助于数据库管理系统的相应功能子系统来统一管理。这种策略的优点是使整个系统统一和规整。由于目录的管理均借助于整个系统的相关成分的管理，所以系统的设计和开发开销大大下降。当然，其缺点也是明显的，原因是，将目录数据和用户数据一样对待，都表示为简单的关系，简单却需付出系统效率低下的代价。另一种策略是着重考虑系统的效率，充分研究和分析目录数据的特点，以及目录信息在整个数据库系统运行过程中的作用，然后再进行设计，建立专门的目录子系统，以最大限度地提高效率。这样做必定会增大系统的复杂性和开发代价，但这是应该且必须付出的代价。

4.1.4 典型的分布目录管理

下面对一些著名的 DDBMS 的目录体系结构和管理策略作一个简单回顾并进行比较分析，这样才能对 DDBMS 的典型目录结构有一个具体的和深入的了解。

1. SDD-1

SDD-1 是 20 世纪七八十年代美国国防部委托美国 CCA(computer corporation of America)公司设计与开发的一个分布式数据库管理系统。应该说，很多分布式数据库技术的先驱思想来自 SDD-1。限于当时的条件，SDD-1 系统是在原数字设备公司(DEC 公司)的 PDP 机器和 ARPAnet 上实现的。

SDD-1 采用一种全局式的目录体系结构，它的系统目录是作为逻辑上一致的、单一的表或关系来处理的。像一般的用户数据一样，这张表可以分片和建立副本，目录数据可以在数据模块节点之间分布和重复。如前所述，这样的系统显得统一、规整。为了提高性能，SDD-1 允许局部节点暂存远程数据的目录登记项的拷贝，并要求保持它们的最新版本。这就会引起关于高速缓冲存储器(Cache)的同步更新问题。因此，SDD-1 的目录数据像用户数据那样存储。

2. Distributed Ingres

Distributed Ingres 是第一个关系型数据库管理系统 Ingres① 的分布式版本。Distributed Ingres 的目录体系结构是全局的。它把数据对象分为两类：局部关系，它从本地节点上存取；全局关系，它可以从网上的任何节点存取。在网络的每个节点上均需存放每个全局关系的名字和该关系的存储节点等信息。添加或删除一个全局关系，意味着要向全网广播有关该全局关系的名字和存放地点等信息。

3. POREL

POREL 系统是联邦德国斯图加特大学设计的一个分布式关系型数据库系统，项目从 20

---

① Ingres 是比较早的关系型数据库系统，开始于加利福尼亚大学柏克莱分校的一个研究项目，该项目开始于 20 世纪 70 年代早期，结束于 80 年代早期。像柏克莱大学的其他研究项目一样，它的代码使用 BSD 许可证。从 80 年代中期开始，在 Ingres 的基础上产生了很多商业数据库软件，包括 Sybase、Microsoft SQL Server、NonStop SQL、Informix 和许多其他的系统。在 80 年代中期启动的后继项目 Postgres，产生了 PostgreSQL、Illustra，无论从何种意义上说，Ingres 都是历史上最有影响的计算机研究项目之一。(http://wiki.ccw.com.cn/Ingres)

世纪70年代末启动，于20世纪80年代初完成。POREL系统的数据对象都是全局性的。该系统将目录划分为长目录和短目录。短目录用于存放一些变化不太频繁的信息，如关系模式的定义、关系数据的分布等。短目录存放于网络的每个节点上，以保证全网的一致性。长目录用于存放一些变化较为频繁的信息，如子关系的基(cardinality)、属性值的分布、存取的路径信息等。长目录存放在相应数据存放的节点上。POREL系统的目录体系结构也是全局的，短目录的变化涉及网上的每一个节点。为了保证短目录的全网一致性，当定义或添加、删除、修改短目录时(相当于“写”目录时)都必须进行全网封锁，这一开销是非常大的，显然会极大地影响系统的使用效率。

4. System R*

System R* 是IBM公司San Jose实验室继集中式数据库管理系统System R(其产品化版本演化为DB2)之后研制的一个分布式实验系统，它特别强调节点的自治性。

System R* 的分布式目录体系结构要点包含以下几个方面。

- 每个节点上的目录只存放在该节点上生成的数据对象中，或者存储在该节点的数据对象的目录登记项中。
- 若某数据对象未存放在它出生的节点上，则在出生节点的目录中需有该数据对象的一个登记项，用于指示该数据对象的当前存放地点。
- 引入数据对象的系统范围名(system wide name，SWN)，它是该数据对象在全系统范围内的唯一标识。SWN由以下四个字符串分量组成：

```
USER@USER-SITE.OBJECT.NAME@OBJECT-SITE
```

这四个字符串分量分别为用户名(若默认，则指正在进行处理的当前用户)、用户所在节点名(若默认，则指当前节点)、数据对象名(不允许默认)和数据对象的生成节点名(若默认，则指当前节点)。系统范围名(SWN)的格式和语义规定了它允许不同的用户使用同一对象名去访问不同的数据对象，也允许不同的用户使用不同的对象名访问同一数据对象。这样一来，就使得一个现成的数据库节点加入R*中时无须改动它已经使用的数据对象的名字，也无须在全网范围内命名时再进行调整，从而使系统的增长比较简单、顺利。可以看出这种表示方式和后来的Internet命名形态十分相似。

R* 的分布式目录体系结构既支持了用户应用的单一系统映像，又能对分布在网上的数据对象进行透明的存取，同时也维护了节点的自治性，使每个节点都能管理并控制它自己的局部数据对象及其目录登记项。

R* 提出的分布式目录体系结构有两个目标：其一是向用户提供单一的系统映像，使数据对象在网络的各节点上的分布对用户透明。用户不必顾及所用数据对象的存放地点，也不用考虑它的查询在何处运行。其二是提供节点自治性，对个别节点的加入和退出，对系统的增长提供相当的灵活性、健壮性和稳定性。

值得注意的是，20世纪80年代中期是我国分布式数据库系统研制的高潮，除了C-POREL外，一些著名大学也在研制各自的分布式数据库管理系统，例如东南大学研制的SUNDDB、武汉大学研制的WDDBS-32等。

SUNDDB采用了类似R* 的分布式目录体系结构，并进行了改进和修改。

WDDBS-32是武汉大学设计和实现的分布式数据库管理系统。其全局目录/辞典(GD/D)采用全复制式对GD/D进行管理。所谓全复制式，即在每个节点上都保存所有的GD/D信息。这种目录体系结构增加了节点的自治性,但要付出一些存储代价,以及需要维护各节点目录副本的一致性。

4.1.5 样例:C-POREL 的目录体系及其管理策略

下面讨论一种分布式数据库系统的目录管理策略。我们选用 C-POREL 作为样例,原因是其设计有特色。

与 POREL 一样,C-POREL 将数据目录设计成长目录、短目录两大类。

C-POREL 的主要目录表如下。

- NAMECAT:用于描述全局信息(如关系、进程)的外部名、内部名和类别等。这个目录存放在所有节点上,这类目录称为短目录。
- RELSCHEMA:为关系的结构说明,其中包含关系名、关系标识、指向关系属性表的指针、子关系的位置等,属于短目录。
- RELSIZE:为关系的定量说明(关系的大小,如记录长度、记录个数等),属于长目录,存放于关系所在的节点上。
- DISTRICAT:表示关系在网络中的分布及其副本的信息。
- LOCKTAB:表示当前封锁数据的信息、封锁方式、封锁的提出者、封锁的开始时间等,以及关于完整性信息表、访问资格描述表等。

为了便于理解,下面列举几个目录表的例子进行深入讨论。

- NAMECAT:即名字表,用于记录内部名和外部名的对照信息,其结构如下表。

EXTNAM	TYP	INTNAM
……	……	……

其中:EXTNAM 表示系统在全网范围内出现的名字;TYP 为名称代表的含义,如永久关系、临时关系、文件名、进程名、事务名和簇名等;INTNAM 表示系统的内部名。这张表用于反映系统中出现名字的外部形态和内部形态之间的映射。

- DISTRICAT:用于描述关系的分布信息,其结构如下表。

RID	ATR	↑SRDESC	LLST
……	……	……	……

其中:RID 代表关系标识;ATR 代表子关系数(即数据库水平分片数);↑SRDESC 表示是一个表的指针,指向表 SRDESC。目录表 SRDESC 用于描述子关系的详细信息,其结构如下表。

SRID	PRED	ATUP	COPY	ABYTE	↑LOCLLST
……	……	……	……	……	……

其中:SRID 代表子关系标识;PRED 代表关系的分布谓词(实施中它指向一个谓词描述表);ATUP 表示该子关系的元组数;COPY 是一个布尔量,说明是否允许有副本;ABYTE 表示关系所占的字节数。↑LOCLLST 是指向数据定位清单的指针。

C-POREL 的目录体系是链接的表格结构。如 DISTRICAT 中的一个属性↑SRDESC,这里借用↑表示指针,说明该属性链接到另一个表 SRDESC,该表用于描述子关系信息。

1. C-POREL 的长、短目录结构

如前所述，C-POREL 的目录结构是一种全局目录，目录划分为两部分，一部分叫短目录，一部分叫长目录。短目录在全网的每个节点都保存一份备份，系统要维护短目录在全网的一致性。短目录存放的是一些变化较不频繁、较为稳定的目录信息，如关系模式定义、关系的分布、完整性断言定义等。长目录则存放于数据所在的节点上，包含的是一些变化较为频繁、不太稳定的目录信息，如元组的个数、元组属性值的不同个数及其分布、通用存取路径信息等。

与 POREL 一样，C-POREL 将面向用户的查询语言先编译成一种中间语言形式，即四元组形式。其相应的语言称为 RML(relational machine language)，其语法如下：

< RML 语句> ::= < 算符> < 运算量 1> < 运算量 2> < 运算量 3>

RML 语句以四元组形态出现，因此呈表格形式。根据性质的不同，可分为 SQTAB、AVLTAB、RETAB 等。POREL 的主要数据目录表关联如图 4.1 所示。

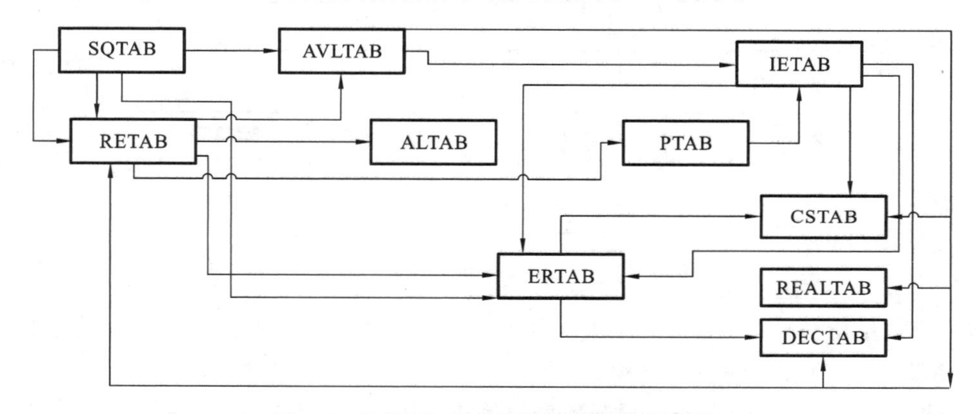

图 4.1 POREL 的主要数据目录表关联图

图 4.1 中主要表格的含义如下。

ALTAB：属性表表格，用于描述属性表长度、表元素(属性标识符)等。

AVLTAB：属性值表表格，登记项包括标识符、长度和属性标识符。

PTAB：谓词表格，用于描述谓词。

IETAB：项表达式，用于描述数据元。

ERTAB：显示关系表格，用于描述关系标识、关系的基、关系的度等。

CSTAB：常量表格，用于描述常量。

由于这里涉及的运算除了一元运算外，还有二元运算，这样最多两个运算量即可。那为什么还要运算量 3？其实，运算量 3 主要是用来指示语句前后关联的指针。例如，永久关系定义语句在编译成 RML 后就成为四元组，如下面这个四元组形态的表称为 SQTAB。

算符	运算量 1	运算量 2	运算量 3
定义固定关系	RID	↑AVL	↑CSTAB

其中：RID 代表关系标识，即关系的内部名；↑AVL 和↑CSTAB 表示指向表的指针(↑表示指针)。AVL 和 CSTAB 为四元组形式的表，分别用于存放属性值描述(AVL)和属性名描述(CSTAB)。

例如，下面一条 RDBL 语句：

```
DEFREL EMP PERM
ENO INTNONUL
NAME CHAR(20)
ADDRESS CHAR(40)
```

其意义是定义一个永久关系，名为 EMP，关系模式如下：

```
EMP(ENO,NAME,ADDRESS)
```

其中：ENO 属性不能为空。

这条语句的 RML 中间语言形式如下：

SQTAB：

算符	运算量 1	运算量 2	运算量 3
def relperm	RID 101	↑AVL 1	↑CSTAB 1
……	……	……	……

AVTAB：

语句号	长度	登记项 1	登记项 2	运算量 3
1	3	AID 1	DID(INT)	
……	……	AID 2	↑CSTAB 2	
……	……	AID 3	↑CSTAB 3	

由于该系统里数据库目录中的表格与 RML 表格重叠共用，所以我们以 RML 语句为例来说明 POREL/C-POREL 的目录结构。

在数据库的定义和查找、添加、删除、修改等操作中，这些操作对数据库的目录和对数据库本身的影响是各不相同的。这里需要注意的是，简单地划分“读”和“写”两类操作，是一种较粗糙的划分。为了提高系统的性能，有必要进行更精细的划分。有的操作既会改变目录，也会改变数据库，如删除关系、定义分布等。有的操作只会改变目录，但不会影响数据库，如定义关系。有的操作只会改变数据库，但不会改变目录，如修改元组的非索引属性的值等。一般都把它们当作“写”操作来对待，这过于粗糙。在 C-POREL 中会区别对待它们，采用不同的并发控制策略，从而有利于提高并发度和系统的整体性能。

根据对长目录、短目录和数据库的不同影响，C-POREL 将 24 种目录事务进行了精细分类，共分为五类目录事务。

第一类目录事务涉及修改短目录，但对数据库本身不会造成致命影响，因此不会导致其他事务的脏读。这类事务如定义关系模式、定义用户权限矩阵、用户注册、建立或更新用户口令、申请关系内部名、申请完整性断言内部名等。这类事务不会妨碍其他事务去“读”数据库，但这类事务相互之间不应干扰，以免造成修改丢失，故也要进行互斥。我们称这一类为读相容写排斥的写目录事务或自排斥写目录事务。

第二类目录事务涉及更改目录和数据库，包括短目录和长目录，是一种典型意义下的排他性目录事务，称为全局排斥性写目录事务。如删除关系或子关系、定义分布、定义完整性断言等。

第三类目录事务一般只影响本地的长目录，只需在本地实施并发控制，是一种局部的排他性写目录事务。

第四类目录事务是一种相容性的读目录事务。

第五类目录事务是无需任何并发控制的不相容读目录事务，如：DBA 要了解数据库状态，NOA 子系统为了进行优化，而对系统目录中的一些信息和数据进行不必十分精确的统计等。

2. 目录管理与目录事务

下面以 C-POREL 为例说明涉及目录管理的事务处理问题。

在有些系统里，直接使用管理用户数据的软件管理数据目录和处理目录事务。其优点是简化了系统的实现，其缺点是效率低。

事务要不断地与目录打交道。无论是在用户登录时、用户提交事务时、事务进行编译时（以 POREL 为例，都会涉及编译子系统的 NUA 和 NOA），事务管理（transaction management，TM）和关系基本机器（RBM）都要不断地与系统目录打交道。从 POREL 看，每访问一次目录就要伴随四次进程切换：从当前进程切换到 POREL 的通信系统（communication system，CS）进程，再从通信系统（CS）进程切换到目录管理（catalog manager，CM）进程，然后经过两次进程切换返回。如果涉及并发控制和恢复等，则还要增加到 TM 进程和到 RBM 进程的切换。一次进程切换的开销达 5000 条到 10000 条指令，访问一次目录的开销就达 20000 条到 40000 条指令甚至更多。这种高开销所导致的低效率是不能为实际系统所容忍的。

为此，C-POREL 设计和实现了一个专门的目录管理子系统，它不借用 C-POREL 的其他系统成分，自己完成本身所需的目录存储、存取、并发控制、故障恢复等功能，以及定义和查、添、删、改等操作。这种对目录本身的操作也是一种事务，将之定义为目录事务。由于目录登记项或目录数据项比较简单和整齐划一，易于组织和管理，故 CM 的目录数据不按关系来组织和存储，不建立目录的关系数据库，而是利用操作系统提供的文件系统来组织。这里考虑到对目录数据无需实施关于关系的并、交、差、连接和投影等操作，因此可以大为简化，制作得比较小巧和精致。

在数据库的整个运行（编译、执行、对远程节点的访问和信息交换等）过程中要不断地与目录交互，相关动作称为目录事务的操作。概括来说，大致有以下一些涉及各个功能层的动作。

（1）与 UI（用户接口）有关的目录事务，主要包含以下几个方面。

- DBA 为用户注册、建立或更新口令。
- DBA 为了解数据库的状态而对系统目录中的各种信息包括统计信息的查询。
- 用户进入 DDBS 时核查用户注册名及口令。
- 数据录入前对关系模式的查询。

（2）与离网分析（NUA）有关的目录事务，主要包含以下几个方面。

- 申请关系内部名、子关系内部名、通用存取路径名和断言内部名。
- 定义关系模式或扩充关系。
- 定义或删除用户权利矩阵。
- 删除完整性断言。
- 为用户事务查取关系模式、完整性断言、关系分布信息、通用存取路径、权利矩阵信息、建立程序状态表等。

（3）与涉网分析（NOA）有关的目录事务，主要包含以下几个方面。

- 查取本地节点或远程节点的关系或子关系的基、属性值的分布信息、非重复属性值的数目信息等。

（4）与关系基本机器（RBM）有关的目录事务，主要包含以下几个方面。

- 删除关系或子关系。
- 定义或删除通用存取路径。
- 定义关系的分布。
- 查询长目录中的某个存取路径。
- 查询长目录中已登记的关系或子关系的描述信息。
- 写入或修改长目录的某个存取路径。
- 写入或修改长目录的关系或子关系的描述信息。
- 查询系统目录的版本号(版本号记载了关系模式、子关系分布、完整性断言等全局描述信息的短目录的某个一致性状态)。

(5) 与事务管理程序有关的目录事务,主要包含以下几个方面。

- 对远程节点传送来的有关注册用户名,或者建立及更新用户口令的请求的响应。
- 对远程节点传送来的有关定义关系模式、定义或删除用户权利矩阵、扩充关系、删除完整性断言的请求的响应。
- 对远程节点传送来的有关查询长目录的请求的响应。
- 对远程节点传送来的有关删除关系或子关系、定义完整性断言、定义分布的请求的响应。
- 事务管理程序为建立子关系封锁表而对本节点长目录的查询。

3. C-POREL 目录管理的进程结构和事务恢复

POREL 目录管理(CM)程序负责统一处理各子系统和目录的交互作用。由于在数据库系统的活动过程中对目录的访问十分频繁,所以这种方式所导致的进程切换的开销非常大,从而降低系统的效率。C-POREL 采用适当的以空间换时间的策略来提高系统的效率。

结合 C-POREL 的进程结构(见图 4.2),C-POREL 目录管理采用逻辑上统一、物理上分散的方法。将逻辑上统一的目录管理(CM)程序划分为四块,物理上分散到系统模块 UI、NN、TM 和 RBM 中去。分别将它们记为 CM-UI、CM-NN、CM-TM 和 CM-RBM,它们在各自的子系统中都是可以直接调用的功能模块。在这样的安排下,在一个节点上有一个 CM-UI 副本和一个 CM-TM 副本。CM-NN 和 CM-RBM 则有多个副本,它们是与 NN 子进程和 RBM 子进程一起动态生成的。这样安排的好处是节省了大量进程通信和进程切换的开销,加快了目录的访问速度,提高了并发度,从而大大提高了系统的整体效率。在付出的代价上则是增加了空间开销和目录事务并发控制及故障恢复的复杂性,其实现难度也有所增加。

与用户事务一样,目录事务也会面临故障恢复的问题。这类故障可以分为事务故障(仅限于本事务范围)、系统故障(涉及若干个事务,如内存破坏)和介质故障(数据库遭到破坏,如磁盘破损)三类。对付故障的方法,其原理很简单,就是备份或冗余。在系统发生了故障并进行了物理恢复之后,恢复子系统可根据备份对有关数据进行恢复,使系统目录恢复到故障前的某一个一致性状态。

C-POREL 的短目录在每个节点上都有一个副本且彼此保持一致,长目录则只存放在对应数据驻留的节点上。由于短目录在每个节点上有保持一致性的彼此相容的副本,因此对短目录的恢复提供了一种自然设施。如果某节点的短目录由于故障而遭到破坏,则可以从网上的其他节点进行拷贝,故很容易恢复。在一个节点上,对短目录建立一个主本和一个或多个副本。主本和各副本存放在彼此故障无关的存储设备上,例如不同的磁盘机或磁带机上。当对短目录进行更新修改时(第一类、第二类目录事务),首先在主本上进行修改,更新完毕后再对

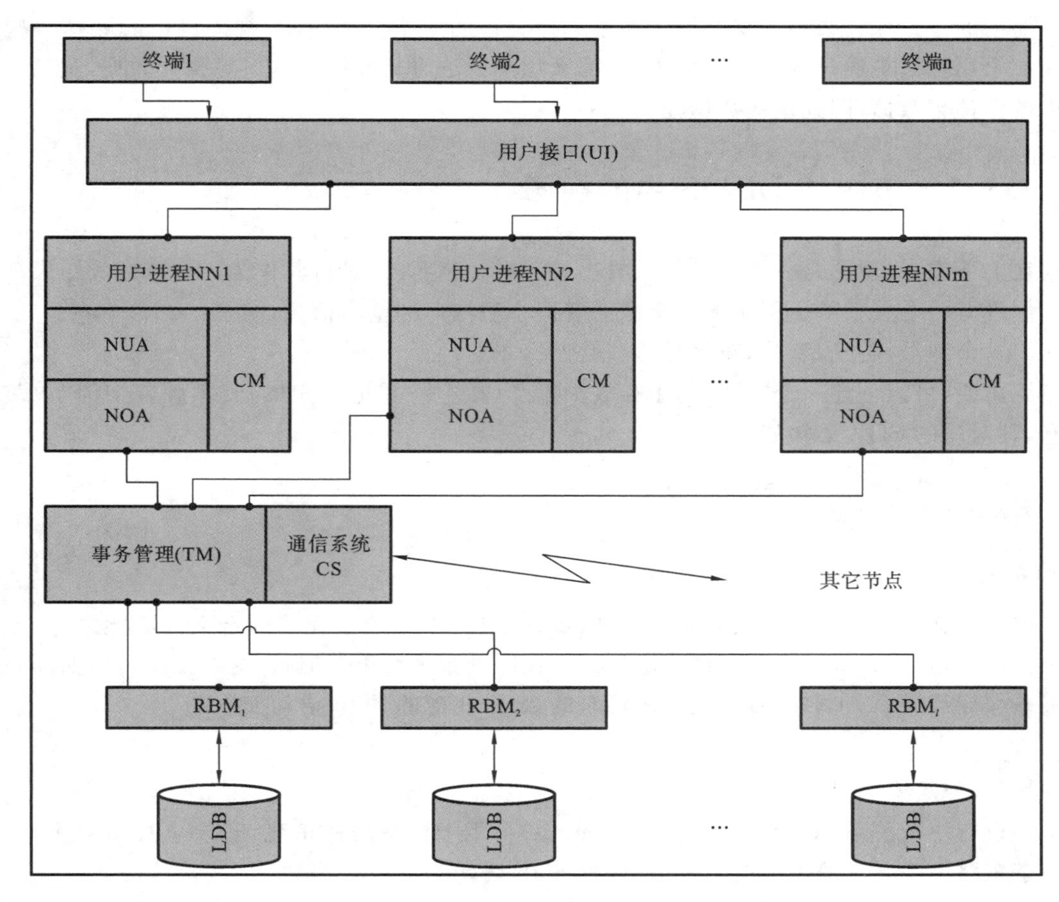

图 4.2　C-POREL 的进程结构

各副本进行同步修改。如果主本遭到破坏，则可按副本对主本进行恢复。如果副本遭到破坏，则可按主本对其进行恢复。如果主副本同时遭到破坏(这种概率很小)，还可用网上其他节点上的短目录来进行恢复。

在 C-POREL 目录管理子系统中设立了目录日志(catalog log)，用以记录对目录的更新过程。日志记录的内容通常包含如相应的事务标识、所修改数据的前象(对于定义及添加无前象)和后象(对于删除无后象)，等等。由于目录事务比较简单，故相应的日志记录也较单纯。

考虑到目录事务一般都是短事务，因此 C-POREL 中采用目录事务先提交(COMMIT)后写盘的策略，即校验点(checkpoint)选在目录事务的 COMMIT 点。这样在故障之后进行恢复时，只需执行 REDO 的操作而无需执行 UNDO 的操作。

4.2　视　　图

关系模型的一个主要特点是能够提供全逻辑的数据独立性。在关系型系统中，视图(view)是一个虚关系，定义在基关系(base relations，或称 real relations)上，但不像基关系那样有实在的数据存储在数据库里。视图可以看成一个动态窗口，能反映数据库中的所有更新信息。一个外模式可以用一组视图或基关系来描述。除了用在外模式中外，视图还可以采用一种简洁的方式保证数据的安全性。通过选择关系的一个子集，一个视图可以隐藏掉一些数据。如果用户只是通过视图访问数据库，那么用户无法看见和操纵这些隐藏的数据，犹如存在防火墙保护着数据，因此这些数据是安全的。

4.2.1 集中式 DBMS 中的视图

在上下文中，视图是一个从基关系导出的关系，实施方式是将其作为一个查询的结果。

假设有一个关系 Car 用于描述全国已登记小型汽车的基本信息，如下：

Car(车牌号，类别，型号，车架号，发动机号，车主)

按应用需要，可以创建一个视图，用于存放沪籍车(在上海登记的车辆，其车牌首字为“沪”)的信息，其对应的 SQL 语句如下：

```
Create View Shanghai_Car As
Select 车牌号,类别,型号,车架号,发动机号,车主
from Car
where 车牌号 like '沪%'
```

这个定义实施后的唯一结果是在目录(数据字典)中放入了视图的定义。除此之外，无需记录任何其他信息。因此，并不产生定义这个视图的查询结果。但是，这个视图可以如同一个基关系那样被操纵。例如，可以查询沪籍车的数目，相应的 SQL 语句如下：

```
Select sum(车牌号)
from Shanghai_Car
```

假设有一个关系 personal(pid，name，address)用于记录居民信息，若要求找出家住“上海市南京东路 1000 号”的车主的车辆信息，则 SQL 语句如下：

```
Select 车牌号,类别,型号,车架号,发动机号
from Shanghai_Car,personal
where Shanghai_Car.车主=personal.name AND address="上海市南京东路 1000 号"
```

可以使用任意复杂的关系查询(如选择、投影、连接、聚集函数等)来定义视图。所有视图可以像基关系一样被询问，但是不一定能完全像基关系那样被操纵。

如果视图的更新操作可以正确地传递到基关系，则该操作可以自动执行。所以，可以把视图区分为可更新与不可更新两种。若视图是可更新的，则仅当该视图的更新可以确切地(无异议地)传递到基关系。

目前，实际系统在通过视图执行更新操作方面的限制都很大。在仅当视图从基关系借助选择和投影定义的情况下，该视图才允许实施更新。这样，排除了在通过连接、聚集等生成的视图上实施更新的可能。然而，理论上可以支持更新的视图集合应大得多。

注意，通过连接生成的视图可更新的条件是，视图中必须包含基关系的键。

4.2.2 分布式 DBMS 中的视图

分布式 DBMS 中的视图定义类似于集中式 DBMS 中的视图定义。但是，分布式 DBMS 中的视图可以从存放在不同站点的分片关系中导出。定义视图时，它的名字和相关的检索查询定义存放在数据字典里。

对应用程序来说，可以像使用基关系一样使用视图，它们的定义可以像基关系的描述一样存放在数据字典里。根据站点自主程度的不同，视图的定义可以集中放在一个站点，也可以部分重复或者全复制。无论怎样，视图名字要和存放它定义信息的站点的相关信息一起复制，否则，使用效率会大大降低。如果视图定义没有存放在发布查询的站点，则使用该视图时必须实施对视图定义站点的远程访问。

分布式数据库中，视图上所表达的从查询到基关系(常常是分片的)的映射可以像在集中式 DBMS 中的一样(即通过修改查询)来处理。使用这种技术，定义在视图上的限定条件可以通过查阅数据库目录来获得，然后将此限定条件和用户的查询条件合并起来，再转换成一个新的基关系上的查询。这样，修改后的查询是一个分布查询，因为一般会涉及网上的多个节点，所以可以使用分布查询处理器来处理它。查询处理器再将这个分布查询映射到物理数据片上。

数据片的定义和特殊视图的定义很像。在分布式 DBMS 中，可以把视图定义成分片规则一样来定义。这样就可以采用一种一致的方式来管理。

可以把数据库管理员管理的数据对象看成一个层次结构，其中叶子是数据片，从数据片中可以导出关系和视图。如果将视图和数据片一一对应，那么数据库管理员可以发挥其主观能动性，多做一些工作，增加访问的本地性。例如，可以将视图 Shanghai_Car 实现为指定站点(如上海节点)的一个数据片，其依据是该站点为绝大多数涉及 Shanghai_Car 的应用的发布点，从而使得相关应用的大部分用户可以在同一个站点存取该视图，减少远程访问的开销。

4.3　数据安全性和访问控制

数据安全是数据库系统的一个重要功能，它可以对数据的非授权存取，以及数据的损毁、破坏和篡改等进行保护。下面集中讨论数据安全性与数据目录的关系。

首先，我们来看看不安全会引发哪些问题。

● 不可应用性：系统可能会拒绝合法用户的使用，这可能是因为某些人的破坏或系统过载造成的。如果是通过因特网使用的应用程序，那么这种可能性会更大。

● 不可统计性：由于无法确定数据项的来源，因此，系统不能保证应用程序或数据库中数据的准确性或合法性。例如，当应用程序通过 Web 页获得数据，如电子商务应用时，则世界上的任何人都可以向其输入数据，其准确性或合法性就成了问题，这就必须有一种方法知道数据的来源。

● 不可控制性：那些使系统不能控制应用程序的操作，不能保证产生结果的合法性。

● 窃取：有的人会通过伪造或欺骗的方法非法窃取数据货币和商品，甚至窃取智力情报。可怕的是，因特网的普及让所有这一切变得非常容易。

数据安全性包括两个方面，数据保护和授权控制。数据保护负责防止非授权用户获悉数据的物理内容，其中数据加密是一种常用的方法。在集中式和分布式操作系统中，一般的数据是由文件系统来提供的，其主要的数据保护方法就是数据加密。只有授权用户才知道密码，才能解密。

加密问题这里不做深入讨论，本节主要讨论访问控制问题。

下面讨论 ANSI(美国国家标准学会)的规定，也就是 SQL 访问控制问题。

4.3.1 SQL 访问控制

ANSI SQL 标准提供了安全系统最基本的访问控制级别，主要有以下几种。

1. 模式及授权标识

ANSI 安全性方案始于模式及其对应的授权标识。在 ANSI SQL 标准中，模式(schema)是一个拥有特殊表集、视图集、权限集的对象。任何特殊的表、视图、权限只能属于一个模式。每个模式有一个名字，称为授权标识(authorization identifier)。

授权标识也可标识一个表，因为不同的模式可以包含具有相同名字的表，也就是说，模式可为它的所有对象的名字提供一个范围。在 Oracle 系统中，这些术语等同于用户(user)及用户名(user name)。Oracle 也允许为这些模式提供口令。

授权标识是一种区别访问数据库不同部分的基本方法，应用 SQL 的这种特征，根据不同的访问控制可以将数据库分给各个模式。在模式及模式之间创建关系，可以通过构造复杂的访问控制来保证。

例如，可以在一个中心的模式中创建基本应用程序，然后为使用该应用程序的不同人员创建不同的用户，为他们授予合适的访问数据级别。

通过将数据库分成各个部分而不是将数据库看成一个整体，模式及授权标识可以实现限制访问数据库中的针对某一部分对象的安全性目标。

2. 权限

ANSI 权限(privilege)使用一个特殊的授权标识来表示对表或视图的操作的分类，共有以下五种操作。

- INSERT：允许被授权者在表或可修改的视图中插入新行。
- DELETE：允许被授权者在表或可修改的视图中删除行。
- SELECT：允许被授权者从表或视图中读数据行。
- UPDATE：有一个可选择的列表，允许被授权者改变表或修改视图中所指定列的值。
- REFERENCES：有可选择的列表，允许被授权者在完整性约束中参考这些列。

可使用 GRANT 语句来定义一个权限，格式如下：

```
GRANT<privilege>ON<object>TO<grantee>[{,<privilege>,...}[WITH GRANT OPTION]
```

简单来说，GRANT 语句的含义是指：描述给谁(〈grantee〉)，授予什么(〈object〉)上的哪种/些权限(〈privilege〉)。

ANSI 安全系统通过将授权标识与一种称为模块的抽象对象相联系的方法来实施授权，这个模块包含针对数据库执行的 SQL 命令。要执行模块中的 SQL 语句，必须对授权标识授予必要的权限。这种方法对数据库中的表及视图提供了一个基本的访问控制级别。

WITH GRANT OPTION 子句允许被授权者再授权给另一个被授权者，否则只有授权标识的所有者可以为另一个对象授权。

1992 SQL 标准增加了一条取消权限的 REVOKE 语句，使用该语句可选择性地逐级取消被授权者的权限。1992 SQL 标准还将这条语句扩展加入模式的所有对象的权限(范围、字符集等)中，对 INSERT 权限增加了列表，对各列还可以带说明默认值。1992 SQL 标准为新的对象增加了一种新权限 USAGE，提供关于指定使用范围(domain)、字符集、转换(translation)、校勘(collation)的功能。

使用模式,可以达到如下安全目标。

- 利用对其他授权标识的授权,可以限制对特定表、列、视图的访问。
- 利用几种类型的权限,可以限制对某些表及视图的访问种类。

3. 视图

直观来说,视图虽然是一个看起来像表一样的对象,但事实上它是一条定义于该表的 SELECT 语句。视图可以从一个或更多基本表或视图中导出数据。某些视图是不可修改的,如带有连接、分组或表达式的 SELECT 语句。

出于安全性考虑,可以使用视图,因为视图可以受限地引用基本表,使用视图时不需要有关基本表的任何权限。也就是说,可以在模式中创建基本表,创建该表上的视图,并把该视图的权限仅授予其他的授权标识。

使用视图,可以达到下面的安全目标。

- 通过视图定义中的 SELECT 列表,可以限制访问一个或几个基本表的某些列。
- 通过视图定义中的 WHERE 子句,可以限制访问一个或几个基本表的特定行。

授权控制必须保证只有授权用户才允许在数据库上实施操作。在一个集中式或分布式系统的控制下,各种不同的用户可以存取大量的数据。集中式或分布式数据库系统必须限定数据库的子集供用户子集访问。

授权控制原来一直是由操作系统提供的,现在开始由分布式操作系统来提供。这种授权控制一般使用集中控制方式。由授权集中控制的人员负责创建对象、允许其他特定用户在该对象上实施特定操作(如 read、write、execute)。这些对象用外部名标识。

与文件系统有所不同,在数据库系统中,授权控制更精细,可以让不同的用户在同样的数据对象上有不同的权利。

4.3.2 集中授权控制

授权控制主要涉及三个方面:**用户**,负责触发应用程序的执行;**操作**,嵌套在应用程序里;**数据库对象**,是操作实施的对象。授权控制包含检查一个指定的触发(用户、操作、对象)是否允许继续(即用户可以在该对象中执行操作)。

授权控制可以看成一个三元组〈用户,操作,对象定义〉,它可以指定用户有权利在一个对象上实施操作。因此,为了完善地进行控制授权,DBMS 需要定义用户、对象和权利。

系统中,一个用户(一个人或一组人)的引入需要指定一个参数偶对(用户名、口令)。用户名用于在系统中唯一地标识该用户,而口令则只有该用户知道,是授权给该用户的。这两样东西必须同时提供,以便在系统日志中记录。

保护的对象是数据库的子集。在关系型系统中,对象可以通过它们的类型(视图、关系、元组、属性)以及通过选择谓词指定的内容来定义。

数据库上的权利可以通过用户、对象和在对象上实施的操作集来表示。在基于 SQL 的关系型 DBMS 中,操作可以是高级语句,如查询(SELECT)、添加(INSERT)、修改(UPDATE)或删除(DELETE)。权利(授权与撤销)可以用如下语句来定义:

```
GRANT<privilege>ON<object>TO<grantee>[{,< privilege>,...} [WITH GRANT OPTION]
REVOKE<privilege>from<object>TO<grantee>
```

关键词 public 可以用于表示普适用户。授权控制可以用“谁(授权者)可以授权”来描述。最简单的情况为控制是集中方式的:只有一个用户或用户组(数据库管理员)拥有数据库对象的所有权利,唯一可以使用 GRANT 和 REVOKE 语句。

一种更灵活、更复杂的控制形式是分散形态:对象的创建者变成所有者,被授予全权。接着他/她可以给别人授权,甚至可以给别人以特权。接受特权的人就可以拥有被授予的权利。这种方式的问题是,权利回收时必须递归进行。例如,在对象 O 上,如果 A 给 B 授权,B 再给 C 授权。接着希望回收 B 在 C 上的所有权利,则 C 在 O 上的权利也自动被回收。为此,系统必须在每个对象上保持一个授权层次架构。创建者(或 DBA)处于其根部。

权限可以用一个矩阵来表示,如表 4.4 所示。

表 4.4 授权矩阵的例子

对象	Student	SNAME	SC
张伟	UPDATE	UPDATE	UPDATE
陈小莲	SELECT	SELECT	SELECT WHERE CNO≠22
李明	NONE	SELECT	NONE

对象上的权利可以像授权规则一样记录在数据目录(字典)里。

如表 4.4 所示,最常用的方法是将所有的权限用一个授权矩阵表示。其中,每一行表示一个授权事项,每一列代表一个对象。这样的一个二元组(〈subject,object〉)表示为一个授权。授权操作可以用它们的操作类型(如 SELECT、UPDATE)来表述。进一步说,也可以使用存取该对象操作的谓词来限定。此时有一个条件是,该对象必须是一个基关系而不是视图。例如,〈陈小莲,Student〉的授权可以如下:

```
Select * where dept="CS"
```

这里,授权“陈小莲”能且只能访问关系 Student 里属于计算机系(dept="CS")的学生。

表 4.4 是一个授权矩阵的样例,其中对象可以是关系(Student 和 SC),也可以是属性(SNAME)。

授权矩阵可以用三种方式存储:按行存储、按列存储,以及按一个权利事项加上按此权限存取的对象表来存储。不同的存储方式有不同的优点和缺点。

实施时,不同的系统会采取不同的方式,下面以 Oracle 为例来对此进行说明。

为了给数据库服务器提供一个完整的自主性访问控制系统,Oracle 采取了几种不同的方法扩展 ANSI SQL 标准。

1. 认证

认证(authentication)是验证用户是否与其声明内容相符的过程,以便保证合法使用授予该用户的权限。正像前面所提到的,Oracle 也为授权标识提供了一套口令系统,在 Oracle 中称为用户名。Oracle 为授权标识提供了更进一步的应用,并在 SQL 中增加了 CREATE user 命令。该命令可以创建一个带有口令的用户(也定义了一种不包含任何对象的模式),同时指定默认及临时表空间、空间限额及配置文件。

Oracle 提供两种独立的口令机制。

第一种方案假定操作系统提供了一种口令,并且对 Oracle 会话不使用口令检查,可以使用下面的命令来定义。

```
Create user<user name>IDENTIFIED EXTERNALLY
```

第二种方案将口令以加密的形式保存在服务器的数据词典中，无论何时启动一个会话，都会检查它。使用 CREATE user 语句，在任何数据库中可以使用上述任何一种方案或同时使用两种方案。

```
Create user<user name>IDENTIFIED by<password>
```

如果使用 EXTERNALLY 选项，则 Oracle 会使用一个标准的前缀，通常是“OPS＄”，加在操作系统用户标识符前。当使用 CREATE user 命令时，必须在〈user name〉中加相同的前缀。

当有人启动会话时，Oracle 的验证方案会完成验证该用户身份的安全目标。

2. 角色

角色(role)是一组权限的集合。可以把多个权限授予一个用户，或者把一组权限的集合授予一个角色，然后把该角色授予该用户(或多个用户)。这种方法提供了管理多个不同用户非常复杂的权限组合的功能。

要构建一个角色，必须先确定安全目标。每个角色应当是表示某一功能的连贯的权限组。例如，每个应用程序中都会有一个建立好的唯一角色，它包含运行该应用程序所必需的所有权限。对于复杂的应用程序，可能需要划分几个使用该程序的不同用户组，每个用户组可能会得到不同的并且是相互交错的权限集，对每个用户组可以授予不同的角色，也可以把角色授予其他角色，这样可以在层次状的角色中将角色与附加的权限或其他角色进行组合。

可以通过在 CREATE ROLE 语句中带 IDENTIFIED by 分句的方法，对角色实施口令保护。这种方法使得在获得角色的权限之前，用户需要先输入角色的口令激活该角色。这样对角色增加了更进一层的保护，但显然加大了用户注册的难度，只有那些高风险需要验证的事情，才需进行角色口令保护。

Oracle 提供一个特殊的关键字 PUBLIC，用于表示数据库当前定义的所有用户。通过给 PUBLIC 授权，可以把权限授予所有用户，有时这是非常有用的。

3. 系统及对象权限

Oracle 在服务器安全系统中还有如下几种不同的权限。

- 同义词(synonym)：任何对象名字的别名。
- 簇(cluster)：是一种把共享公共信息的多个表组织在一起存储的存储结构，例如与外部关键字完整性约束相关的表。
- 索引(index)：对表中的数据提供可选择的访问路径的辅助的存储结构。
- 序列(sequence)：可用于产生唯一的整数值作为主关键字的对象。
- 过程(procedure)：一个 PL/SQL 存储过程或函数。
- 触发器(trigger)：与作用在表上的服务器事件相联系的存储 PL/SQL 过程，如在 UPDATE 或 INSERT 之前或之后的事件。
- 快照(snapshot)：保存从主表(通常是在远程数据库上)查询结果的一个表。
- 系统权限(system privileges)：系统级的权限，允许管理自己的模式及其操作，这通过执行特殊对象类型上的特殊操作完成。获得这种权限后，可以使用 CREATE、ALTER 及 DROP 命令从模式中增加、改变及删除任何不同类型的对象。如果在权限上增加关键字 ANY，则意味着不仅可以在自己的任何模式上实施权限，而且可以在不属于自己的模式上实施权限。只有当另一个用户给自己授予带有 ADMIN OPTION 的权限或具有 GRANT ANY PRIVILEGE 权限时,才可以把系统权限授予别的对象。

- 对象权限(object privilege):是对一个特殊的、现存对象采取某种动作的权限。

4.3.3 分布授权控制

在分布式环境中,附加产生的授权控制问题源于对象的分布和其他分布问题。这些问题为远程用户授权、分布授权规则管理以及视图与用户组处理等。

分布式 DBMS 中,给远程用户授权是十分必要的,因为在任意一个站点都可能接受程序启动,而用户可能在一个远端站点。举例来说,对于一个移动电话用户来说,无论他/她在哪里,只要使用其移动电话,移动公司都会从各地运行程序检查其用户信息。为了防止非授权用户远程存取(例如从一个不属于本分布式 DBMS 的站点),必须存取站点标识用户和授权,这有两种解决方案。

第一种方案是授权用户的信息(用户名和口令)记录在所有节点的目录里。在远端节点启动的本地程序必须声明用户名和口令。

第二种方案是分布式 DBMS 中的各个节点自己来识别和授权。各个节点自己来认证与授权,节点间有一种互信机制,即一个节点识别用户后,其他节点采信该节点的认证。节点间的通信就使用节点口令来解决。一旦启动节点被授权,就无须再对其远端用户授权。

第一种方案的开销较大,主要是目录管理的开销大,每增加一个新用户,就要实施一个分布操作,在目录中有所记载。但是,用户可以从任意节点存取数据库。

第二种方案在信息无副本时是必然的。当然,也可用在用户信息有副本时的情况。好处是可以让远程访问更有效。如果用户名和口令没有复制,即将其存放在用户访问系统的节点(即 Home Site)中。后一种方案的一个假设是,用户是比较固定的、静态的,至少存取分布式数据库的大多数请求发生在同一个节点上。

分布授权规则的表示方法与集中制系统的类似,如视图定义一样,它们必须存放在目录里。存放时可以全复制,也可以部分复制,甚至不复制。后面两种情况中,规则只存放在访问对象分布的节点。全复制的优点是在编译时查询处理的过程中就可以处理授权。但由于是全复制,所以目录管理的开销增加。其他两种情况虽有利于本地访问,但是无法在编译时处理分布授权。

视图也看作授权机制中考虑的数据对象。视图是组合对象,由其他基础对象组合而成,因此可以将视图存取的授权翻译成对基础对象存取的授权。如果视图定义和授权规则对所有对象都是全复制的,则翻译相当简单,而且可以在本地处理。如果视图定义(如 4.2 节里的视图 Shanghai_Car)和基础对象定义(如 4.2 节里的关系 Car)存放在不同的节点(如 Shanghai_Car 在上海,Car 在北京),则翻译就困难些。这是显然的,一方面,使用时要访问一个以上的节点;另一方面,节点有自主性,万一存放视图定义或基础对象定义的节点不能用,结果翻译就不能进行。这种情况下,翻译就变成一个完全的分布式操作。某个节点断接,就可能造成翻译失败。视图上的授权依赖于视图创建者对基础对象的访问权限。一种解决方案是在每个基础对象存放的节点记录相关信息。

采用用户组方式处理授权可以简化分布式数据库管理。在集中式 DBMS 中,"全部用户"称为 public。在分布式 DBMS 中,其用法相同。为了方便,可以指定节点,记作 public@sites,

表示能访问该节点的全体用户。实际上,public是一个特殊的用户组,其他用户组的定义可以用如下命令来定义:

```
Define GROUP<group_id>AS<list of subject ids>
```

显然,这里定义的用户组是public的子集。在分布式环境里,组的管理会碰到一些新问题,即组的成员分布在各个节点;而对数据对象的访问权限可以授权给多个组,它们是分布式的。如果组的信息以及授权规则全复制在所有的节点,则存取权利的推广与集中式数据库系统的类似。当然,维持这种复制的开销是很大的。如果还要维持节点的自主性和分散控制,则更困难。一种解决方案是,要求强加一个存取权利时,要到有组定义的节点上实施远程查询。另一种解决方案是,在每个包含可能被该组用户访问的数据对象的节点上复制组定义。要说明的是,这样做会降低节点的自主性。

总的来说,全复制授权有两大优点:授权控制简单,可以在编译时完成。但是,管理分布式目录的开销较大。

4.4　完整性约束

一般来说,语义完整性约束以规则形式呈现出来,用来表达应用性质方面的知识。它们定义了数据模型无法在对象和操作层面表述的静态和动态性质。所以,完整性规则的概念紧紧地与数据模型关联,以表达更多的语义信息。

我们应当区分两类不同的完整性约束:结构性约束(structural constraints)和行为性约束(behavioral constraints)。结构性约束用于表达数据模型固有的基本语义性质。例如,关系数据模型有唯一键的约束,网络数据模型有一对多的约束,等等。行为性约束则与应用行为相关。所以,它们都应属于数据库设计阶段应考虑的问题,它们可以表达对象间的相关性,如关系模型中的对象依赖性。随着数据库应用和数据库设计辅助工具的发展,要求更强大的完整性约束来丰富数据模型。

完整性控制是伴随数据处理一起出现的,是从过程性方法(其中,控制嵌套在应用程序里)延伸出来的,使之变成一种说明性方法(declarative methods)。说明性方法和关系模型结合起来,缓解了程序依赖和数据依赖的问题、代码冗余的问题和过程性方法性能较差的问题。

支持自动语义完整性控制遇到的主要问题是,检查断语的开销非常高。强制推广完整性断语的开销大,原因是它要求大量的数据存取。在分布式数据库系统中,这个问题更严重。

实际上,学术界已经作了大量的研究,探索如何结合各种优化算法设计完整性子系统。其目的为:① 限制所需的完整性断语的数目;② 减少当一个更新程序出现时所需强加指定断语的数据访问;③ 定义预防策略防止undo更新时出现不一致性;④ 尽可能地在编译时完成更多的完整性控制。现在,有些解决方案已经实现,但是否具有普遍性值得考虑。有的只能支持较小的断语集,有的只能支持有限的程序(如单元组更新)。

4.4.1　集中式语义完整性控制

语义完整性子系统有两种主要成分:一种表达与操纵完整性断语的语言,一种在数据库更新时强制数据库实施特定动作的强制机制。前者称为完整性约束(integrity constraints),后者称为触发器(trigger)。

1. 完整性约束

完整性约束涵盖的内容甚多,主要包括零值完整性(null integrity)、实体完整性(entity integrity)、域完整性(domain integrity)、参考完整性(referential integrity)。

1) 零值完整性

零值是指该数据值暂时未知,例如,在一个人事关系中,某人的年龄可能未知,因此在获得确切值前可让其取零值。

2) 实体完整性

实体完整性意指关系的主键不能取零(空)值。

3) 域完整性

在关系中,每个属性有指定的域,并且该域的值会有限制。例如,人的年龄不能为负值,即年龄不能小于零。

4) 参考完整性

参考完整性是指关系的外键的值必须与其参考关系中的主键相匹配。值得一提的是,外键的值也可以是零值。

完整性约束可以由数据库管理员使用高级语言来操纵。下面使用的是一种说明性语言,也就是伪语言,风格与 SQL 语言兼容。

在关系型数据库系统中,可以使用断语来定义完整性约束。断语是关系演算的一种特定表达式,可以使用全称量词,也可以使用存在量词。

我们可以指定预定义的、预编译的和通用的三种不同的完整性约束。

为了便于说明,下面给出一种数据库关系模式:

```
Student(#sno,sname,age,dno,type)
COURSE(#cno,cname,level,duration,credit_rate)
SC(#sno,#cno,score)
```

这里涉及三个关系:Student 是一个学生关系,其属性为学号(sno)、姓名(sname)、年龄(age)、系别(dno)和类别(type);COURSE 描述的是课程,属性为课程编号(cno)、课程名(cname)、等级(level)、课时(duration)和学分(credit_rate);而 SC 则把这两个关系关联起来,说明谁(sno)修哪门课(cno),分数是多少(score)。

一种约束称为预定义约束。预定义约束是基于简单关键词的,通过它们,可以准确地表达更通用的约束,如非 NULL 属性、唯一键、外键或函数依赖性等。例如,关系 Student 中的学号不能为空(NULL),则它可以表示为:

```
sno NOT NULL IN Student
```

【例 4.4】 唯一键(unique key)问题。令偶对(sno,cno)是关系 SC 的唯一键,则可以表示为:

```
(sno,cno) UNIQUE IN SC
```

【例 4.5】 外键(foreign key)问题。令关系 SC 中的课程号 cno 是一个外键,因为它与关系 COURSE 中的主键 cno 对应,即如果 SC 中出现一个 cno,则它必须在关系 COURSE 中存在,可以表示为:

```
cno IN SC REFERENCES cno IN COURSE
```

【例 4.6】 函数依赖性(functional dependency)。学生关系中,学生的学号函数性地决定了学生姓名,可以表示为:

```
sno IN Student DETERMINES sname
```

完整性约束可以在编译阶段就检查,预编译以后的约束表示关系的所有元组在给定更新类时必须满足前置条件。这里讲的更新类别是 INSERT、DELETE 或 MODIFY,可以对它们实施限制完整性控制。为了在约束定义中便于辨识,可使用两个变量 NEW 和 OLD 来说明更新的元组状态。预编译约束可以用 CHECK 语句来表示,其语法如下:

```
CHECK ON<关系名>WHEN<更新类别>(<限定说明>)
```

下面列举预编译约束的例子。

【例 4.7】 域约束(domain constraint)问题,例如,人的年龄只能是 1 到 150 岁,可以表示为:

```
CHECK ON PERSON(age>0 AND age<=150)
```

【例 4.8】 删除时的域约束在应用中常常出现,例如,银行可以把一直睡眠的账号(ACCOUNT)将其年费扣除到账面为 0 后再将该账号自动撤销,并在项目预算为 0 时删除该元组。后者可以记作:

```
CHECK ON ACCOUNT WHEN DELETE (balance=0)
```

【例 4.9】 转换限制,如人的年龄只能增加不能减少,可以表示为:

```
CHECK ON PERSON (NEW.age>OLD.age AND NEW.pno=OLD.pno)
```

也可以使用元组关系演算公式来表达一般约束,其中所有变量都是有限定的。数据库系统必须保证这些公式始终为"真"。

值得一提的是,通用约束(general constraints)比预编译约束更简洁,因为前者涉及多个关系。

通用约束可以用如下形式表示:

```
CHECK ON list of<变量名>:<关系名>,(<限定>)
```

【例 4.10】 描述函数依赖性,则例 4.6 的约束可以表达为:

```
CHECK ON s1:Student,s2:Student
(s1.sname=s2.sname IF s1.sno=s2.sno)
```

【例 4.11】 聚集函数的限制,例如,外国留学生学习签证的累计逗留年限不超过 8 年,可以表达为:

```
CHECK ON s:Student:v:Visa(SUM(v.dur WHERE s.sname=v.pname))≤8 if s.Nationality≠"CHINA"
```

2. 触发器

触发器扮演着强制数据完整性的角色。一般来说,它对数据实施一个例程(routine),以保证数据的完整性。值得一提的是,这类例程是在 SQL 运算时隐式自动触发的。

使用触发器也需要授权,相应的权限如下。

- 创建触发器。
- 为了创建触发器,用户必须拥有修改该表格的权限或 ALTER ANY TABLE 权限。

● 为了修改触发器，用户必须拥有该触发器及 ALTER ANY TRIGGER 权限。因为触发器作用在某个关系上，所以用户必须拥有该表格的修改权限或 ALTER ANY TABLE 权限。

● 如果要在数据库级别创建触发器，用户必须拥有 ADMINISTER DATABASE TRIGGER 系统级权限。

创建触发器的语法如下：

```
Create [ORREPLACE] TRIGGER<trigger name>[BEFORE/AFTER/INSTEAD OF][INSERT/UPDATE/DELETE [of column,...]]ON<table name>[REFERENCING [OLD [AS]<old name> |NEW [AS]<new name>] [FOR EACH STATEMENT/FOR EACH ROW][when<condition>][BEGIN- PL/SQL block END];
```

基本上，触发器包括触发事件或语句、触发器限制、触发器动作三个部分。

1）触发事件或语句

触发事件或语句可以是一条 SQL 语句、一个数据库事件或用户事件（update、delete、insert 等），它们会导致触发器触发。触发器语句或事件可以为：对特定表或视图的 INSERT、UPDATE 或 DELETE，任意模式对象的 CREATE、ALTER 或 DROP，数据库的启动或关闭，用户的登录与退出，某些出错消息。

2）触发器限制

触发器限制是一个逻辑表达式，其结果可以是 TRUE/FALSE/UNKNOWN，即真/假/未知。要触发一个触发器，则逻辑表达式必须为真（TRUE）。

3）触发器动作

触发器动作是一个 SQL 语句块，包含 SQL 语句和限制为真时要执行的代码。

下面选用参考文献[8]中的一个例子加以说明：

```
Create TRIGGER NewWorthTrigger
AFTER Update NewWorth ON MovieExec
REFERENCING
    OLD AS OldTuple
    NEW AS NewTuple
    when (OldTuple.NewWorth>NewTuple.NewWorth)
        Update MovieExec
        SET NewWorth=OldTuple.NewWorth
        where cert#=NewTuple.cert#
FOR EACH ROW
```

这个例子创建了一个触发器，取名为 NewWorthTrigger，其在关系 MovieExec 更新时生效（使用 **AFTER Update** NewWorth ON MovieExec 表述），而且对每个元组有效（使用 **FOR EACH ROW**）。

下面我们先对完整性约束作一番深入讨论。

3. 强制完整性

可以通过强加的语义完整性约束拒绝那些会损害完整性约束的更新程序。如果由于更新而产生的数据库新状态不合理，我们就说它破坏了约束。设计一个完整性子系统时的主要困难是如何找到有效的强制算法。

有两种基本方法允许拒绝不一致的更新。

方法 1：不一致检测。

执行一个更新 u 时，会产生一个从状态 D 到状态 D′（即 D→D′）的数据库状态改变。强制算法通过测试来验证相关的约束在 D′状态时是否依然满足。如果状态 D′是不一致的，则

DBMS 可以利用补偿动作将之改变到另外一个状态 D″，或者执行 Undo(u)将之恢复到原来的 D 状态。所谓的补偿动作，如某账号上要转入 500 元，转出账号扣款成功，而转入未成功，引起了账面不平衡，数据库就处于不一致状态。可以向转出账号(即这 500 元的源账号)转回 500 元来作为补偿。

因为这种测试是在更新后实施的，故称为后测试。后测试采用的是做了再说的策略。如果更新 D 时要进行大量的 Undo 或补偿的话，这种方法的效率就很低。

方法 2：基于不一致预防。

更新仅当它能把数据库转换成一致状态时才可以被实施。涉及更新的元组可以是直接指定的，也可以是从数据库中检索出来的结果。实施前应进行强制算法验证，以确定更新实施后那些涉及的元组是否依然保持相关的约束。

因为这种测试是在更新实施前进行的测试，故称为前测试。由于避免了 Undo，所以预防方法比检测方法更高效。

【例 4.12】 查询：新年后将每个人的年龄加一岁，可以表述如下：

```
Update Student
SETAGE=AGE+1
```

强加上约束，它会转换成如下查询：

```
Update Student
SET AGE=AGE+1
AND NEW.AGE>0
AND NEW.AGE<=150
```

由上可见，实施修改查询算法很方便：运行时通过将断语谓词和更新谓词实施逻辑“与”运算后进行预测试，以确定其是否依然成立。

可以使用元组演算来描述。

【例 4.13】 例 4.7 中的外键断语可以记作：

```
g∈SC, ∀j∈COURSE:g.cno=j.cno
```

为了处理更一般的断语，可以在定义阶段实施预测试，然后在更新发生的时间内将之强制推广。

下面描述预防性的方法。令 u 为关系 R 上的一个更新，R^+ 和 R^- 是指该更新后的关系变化，R^+ 是 u 插入关系 R 的元组集，R^- 是 u 删除关系 R 中的元组集。如果 u 是一个插入操作，则 R^- 是空集。如果 u 是一个删除操作，则 R^+ 是空集。如果 u 是一个修改操作，则修改后的结果是 $R^+ \cup (R-R^-)$。

编译后的断语是一个三元组(R，U，C)，其中，R 为一个关系，U 是一个更新类，C 是一个断语。

具体来说，如果定义一个完整性约束 I，则可以对 I 涉及的关系产生一个编译后的断语集。I 中涉及的关系被 u(u∈U)更新时，必须检验编译后的断语，以确定是否满足 I 强制的约束。

可以在原始断语上运用变化规则获得编译后的断语，这些规则是以断语量词的语法分析为基础的。它们允许在基关系上实施关系替代，因为编译后的断语比原始断语更简单，所以可以把这个过程称为简化。

【例 4.14】 考虑例 4.13 中的外键约束被修改后的表达式。编译后的断语及约束如下：

(SC，INSERT，C_1)，(COURSE，DELETE，C_2)和(COURSE，MODIFY，C_3)

其中：C_1 为

$\forall NEW \in SC^+, \exists j \in COURSE: NEW.cno = j.cno$

C_2 为

$\forall g \in SC, \forall OLD \in COURSE^-: g.cno \neq OLD.cno$

C_3 为

$\forall g \in SC, \forall OLD \in COURSE^-, \exists NEW \in COURSE^+: g.cno \neq OLD.cno\ OR\ OLD.cno = NEW.cno$

这三个约束都是关于参考完整性的，它们的含义可以简述如下。

C_1：表示若在 SC 中插入一条记录，则记录中的课程号(cno)必须已在 COURSE 中定义。

C_2：表示若删除 COURSE 中的一条记录，则必须保证 SC 中没有与该记录的 cno 一样的课程记录，以避免 SC 中的记录出现“孤子”。

C_3：表示若要修改 COURSE 中的记录，当修改涉及 cno 时，则要求 SC 中不存在涉及改动前与 cno 相关的记录(否则又变成“孤子”)(即 g. cno！＝OLD. cno)，或者修改不涉及 cno 属性(即 OLD. cno＝NEW. cno)。

强制算法是让一个更新程序的更新关系 R 的所有元组满足某种限定条件。该算法分两步操作：第一步从 R 产生差异关系 R^+ 和 R^-。第二步负责检索 R^+ 和 R^- 中的元组，并找出其中不满足编译后约束的元组。如果没有找出不满足编译后约束的元组，则说明约束的元组是满足的。

【例 4.15】 假设关系 COURSE 上有一个删除操作，强制的(COURSE，DELETE，C_2)包括如下语句：

result←retrieve all tuples of $COURSE^-$ where $\neg(C_2)$

这样，如果结果为空，则更新验证满足断语。

为了保证数据库的完整性，除了断语，还有一个功能是触发器(trigger)。触发器可看成是存储过程，当针对表执行特定的动作时，就会激活它。当针对表进行插入、更新、删除或三种操作的结合时，激活触发器，也可以在某行被影响或某条语句出现时被激活。触发器常用于加强数据完整性约束和业务规则中。

4.4.2 分布式语义完整性控制

本节讨论分布式语义完整性控制问题。

假设站点都有自主性，即像集中式 DBMS 中的一样，每个站点都能处理本地查询和实施数据控制。这个假设可以简化方法的描述。

分布式 DBMS 涉及完整性子系统的两个主要问题：分布式完整性断语和断语的推行。

1. 分布式完整性断语

完整性断语可以用元组关系演算来表示。每个断语可以看成一个查询量词，可以判别每个元组为真还是为假。因为断语涉及的数据可能存放在不同的节点，因此必须确定它们的存储情况，以便使完整性检查的开销最小。

可以将完整性断语分成如下三类。

(1) 单独断语：是指单关系、单变量断语，例如，域约束就是单独断语。

(2) 面向集合的断语：包括单关系多变量约束(如函数依赖性)和多关系多变量约束(如外

键约束)等。

(3) 涉及聚合的断语:因为要计算聚合(如求和、计数和求均值等),所以要求对这类断语进行专门的处理。

如果要定义一个新的完整性断语,则可以从断语涉及关系的某个存储节点来启动。当然,事情并非那么简单,原因是在分布式数据库系统中,这个关系可能是分片的,而数据片又分布在不同的节点中。

我们研究的分片谓词,也可以看成是第一类断语(单独断语)的一个特例。同一个关系的不同数据片可以存放在不同的节点上。因此,一个完整性断语的定义也就变成一个分布操作。这样的操作可以分为两步:第一步是把高级断语变成编译后的断语,第二步是按照断语的分类选择适当的节点存放起来。第三类断语的处理方式与第一类和第二类的类似,取决于是单独断语还是面向集合的断语。

2. 断语的推行

下面对断语的推行(即强制实施)进行深入讨论。

单独断语是将断语定义发送到与断语相关关系的所有数据片的存放节点。这个断语必须与每个节点的关系数据兼容。

可以分两级来测试兼容性:首先,测试断语与关系分片谓词是否兼容,假设断语 C 和数据片的分片谓词 p 是不兼容的,即“C is true”蕴含“p is false”,否则就是兼容的。如果发现断语和分片谓词不兼容,则该断语被拒绝。其次,如果发现分片谓词是兼容的,则该断语再测试数据片的实例。如果发现实例不满足该断语,则该断语被拒绝。如果是兼容的,则该断语存放在每个节点中。实际上,这种兼容性测试只与插入(insert)操作有关。

【例 4.16】 考察关系 Student,它按如下谓词水平分布:

p_1:$0<sno<30$

p_2:$30\leqslant sno\leqslant 60$

p_3:$sno>60$

在这个关系上,我们再定义一个域断语 C:$sno<40$。

这里,断语 C 与 p_1 兼容(即 C 为 true,p_1 也为 true)。同样,断语 C 与 p_2 兼容(即 C 为 true,p_2 不一定是 false),但与 p_3 不兼容(即若 C 为 true,则 p_3 为 false)。因此,从全局看,应当拒绝断语 C,因为 p_3 不满足 C。

面向集合的断语是多变量的,涉及连接谓词。断语谓词也可能是多关系的,但是编译后,一个断语只涉及一个关系。这样,断语定义可以发送到所有通过这些变量访问的数据片存放节点中。兼容性测试也与连接谓词用到的关系数据片有关。这时,仅满足谓词兼容是没有用的,因为仅此无法判断是否和分片谓词矛盾。因此,光靠查阅数据字典解决不了问题,断语 C 必须针对数据进行检验。这样,就需要将断语涉及的两个关系的每个数据片进行连接,开销较大,因此需要查询优化。此时,需要考虑下面三种情况。

(1) 所涉及两个关系中的一个关系 R 的分片是从另外一个关系 S 中导出的(其连接呈简单连接形态),这样实施时对应数据片的连接即可。

(2) S 是按连接属性分片的。

(3) S 不是按连接属性分片的。

第一种情况的兼容性测试的成本较低;第二种情况中 R 的每个元组必须与 S 的一个数据片比较。第三种情况中 R 的每个元组必须与 S 的所有数据片比较。

【例 4.17】 考察例 4.14 中定义的面向集合的编译后断语(SC,INSERT,C_1),其中 C_1 为 $\forall$ NEW$\in$SC$^+$,$\exists$ j$\in$COURSE:NEW. cno=j. cno,这里的 NEW 是指新增加(插入)的记录(元组)。

这个断语表述的是参考完整性。现在来考虑下面三种情况。

(1) SC 是按导出水平分片的,分片的谓词是 SC$\propto_{cno}$COURSE$_i$。

其中:COURSE$_i$ 是关系 COURSE 的一个数据片。这种情况下,兼容性测试涉及的是简单连接形态。

(2) COURSE 是按如下两个谓词水平分片的:

P_1:cno<9

P_2:cno$\geqslant$9

SC 的每个元组 NEW 在 NEW. cno<9 时要和 COURSE$_1$ 比较,SC 的每个元组 NEW 在 NEW. cno$\geqslant$9 时要和 COURSE$_2$ 中的所有元组比较。

(3) COURSE 是按如下两个谓词水平分片的:

P_1:CNAME="Computer Networks"

P_2:CNAME$\neq$"Computer Networks"

此时,SC 的每个元组必须同时与 COURSE$_1$ 和 COURSE$_2$ 的所有元组比较。

在分布式数据库系统中,强加分布式完整性断语比在集中式 DBMS 中更复杂。主要问题在于,此时必须决定该到哪里(哪个节点)去强加断语。选取标准取决于断语的种类、更新的种类和发布更新的节点(常称为查询主节点)的特点。这个节点可能是完整性断语涉及的(所有或部分)更新关系存放的节点,也可能不是。这里要考虑的主要因素是数据(包括消息)从一个节点传到另外一个节点花费的开销。

下面按照上述判据考虑不同的策略。

单独断语考虑两种情况:若更新操作是一条插入语句,则要插入的元组是由用户指定的。此时,所有的单独断语可以强加在更新提交的节点中。若更新是一个限定条件的更新(删除或修改语句),则可以将它发送到存放被更新的数据节点中。查询处理器对每个数据片执行更新限定判断。分布更新涉及的每个节点强制验证与自己节点有关的断语。

面向集合的断语则先研究单关系约束。

【例 4.18】 考虑例 4.10 所示的函数依赖性。与 INSERT 更新相关的编译后的断语如下:

(Student,INSERT,C)

其中,C 为:

($\forall$ e$\in$Student)($\forall$ NEW$_1\in$Student)($\forall$ NEW$_2\in$Student)

(NEW$_1$. sno=e. sno$\Rightarrow$NEW$_1$. sname=e. sname) (1)

(NEW$_1$. sno=NEW$_2$. sno$\Rightarrow$NEW$_1$. sname=NEW$_2$. sname) (2)

其语义解释为:必须检查插入的新元组和现有元组间的约束(这里是函数依赖性)是否保持式(1);最后一行检查插入的元组间的约束(函数依赖性)是否保持式(2)。

现在我们来考查一个对 Student 的更新。

首先,更新限定条件由查询处理器来执行,假设这个更新是一个插入操作,则每个存放 Student 数据片的节点必须强制以上所述的断语 C。由于断语 C 中的 e 是全程变量,所以每个节点上的局部数据都要满足 C。

这样，提交更新的节点必须接收来自每个节点的消息，说明断语是否满足条件。如果有一个节点的断语不为真，则它发送出错消息，说明断语不成立，更新就变得无效。完整性子系统的响应则决定是否拒绝整个程序。

下面定义一个约束维持算法 CK(Constraint_Keep)。

算法 4.1　CK

```
输入
    U:更新类别;
    R:关系;
begin
    找出所有编译后的断语并放入集合 A 中,且 A={(R,U,Ci)i=1,…,n};
    $inconsistency←false            /* 变量 inconsistency 是不一致标识,先初始化为"假" */
    for each a∈A do begin            /* 逐个检查断语 a */
    result←(找出 R 中所有满足¬(Ci)的)新元组
    if card(result)≠0 then           /* card(result)即 result 的基 */
        begin
          $inconsistency←true        /* 设置不一致标识 */
          Exit                       /* 发现破坏约束,退出 */
        end-if
    end-for
    if ¬ ($inconsistency) then
          没有发现一致性破坏,执行更新;
          else(发现不一致性)拒绝更新;
    end-if
end. /*CK*/
```

通过例 4.18 所示的断语来描述算法。

令 u 为一个插入更新，目的是往 SC 中插入一个新元组。前面介绍的算法中使用了编译后断语(SC,INSERT,C)，其中 C 为：

$$\forall NEW \in SC^{+}, \exists j \in COURSE: NEW.cno = j.cno$$

针对这个断语，相应的检索语句是在 SC^{+} 中检索所有 C 不为真的元组。其 SQL 形式如下：

```
Select NEW.*
from SC+ NEW,COURSE
where COUNT (Select COURSE.sno from SC+ NEW,COURSE where NEW.cno=COURSE.cno)=0
```

其中，NEW.* 表示 SC^{+} 的全部属性。

这样，可以采用的策略是把新元组发送到存放关系 COURSE 的节点上，以便实施连接操作。然后，在查询主节点上把所有的结果都集中起来。对于存放 COURSE 的数据片的节点来说，那里要实施和 SC^{+}(即 NEW)数据片的连接，把结果发送到主节点，并实施结果的归并。如果归并的结果为空，则表示数据库是一致的；否则，表示数据库是不一致的。依据分布式 DBMS 的程序管理员所采取的策略，拒绝该程序。

涉及聚合的断语：因为要计算聚合函数等断语，所以测试开销较大。这类聚合函数通常是 MIN、MAX、SUM 和 COUNT。每个聚合函数包括两部分：投影部分和选择部分。为了有效地强制断语，可以使用后面讨论的聚集函数优化技术。

分布式完整性控制的主要问题是，强制分布断语的通信和处理开销可能是非常高的。设计分布式完整性子系统的主要目标是分布断语的定义和强制算法的定义，这种算法应使分布式完整性检验的开销最小。基于语义完整性断语的编译这样一种预防方法，可以实现分布式完整性控制。这种方法是通用的，因为各种断语都可以用一阶谓词逻辑来处理。它也能和分片定义及节点间通信最小化兼容。小心地定义数据片可以进一步提高分布式完整性强制的性能。因此，分布式完整性约束的定义是分布式数据库设计的一个重要方面。

习　题　4

1. 数据目录里存放的是什么？是用户数据吗？

2. 分析采用用户数据管理方式管理数据目录的优缺点。

3. 讨论分布式数据库目录设计的问题，分析集中存放、分散存放或其他方式存放的优缺点。

4. 什么是完整性约束？什么是触发器？分布式断语的推行有何特点？

第5章 分布数据集成

5.1 数据集成与数据库集成

数据集成(data integration)是一个目前急需解决的问题,无论是对学者、用户和企业来说,都是如此。企业里,ERP 系统要将自己的生产数据和供应链数据集成,也要与 CRM 中的客户数据集成。为了保证产品的质量,制造业的整机厂商也希望将零配件供应商的 ERP 系统中的相关数据集成到自己的 ERP 系统里。军事上,战场协同,统一的数据链是能打胜仗的关键,因此,各军种、各兵种、前方和后勤等所有的数据都要集成到一起,构建完整、统一、一致的数据链。P2P 系统中,每个节点(peer)之间交换数据的语义转换、消除歧义等的需求也是数据集成问题。

显然,数据集成是普遍遇到的一个问题。下面先讨论数据库集成。

数据库集成(database integration)涉及处理参与数据库中信息的集成问题,将参与的数据库从概念上集成起来,形成一个凝聚定义的多数据库。从数据库设计的角度看,这是一个自底向上的开发过程。从简单意义上看,这是定义和设计一个全局概念模式的过程。

如前所述,数据库集成涉及的是一个自底向上的开发过程。现在的应用形势是,各种应用会陆续先后开发和投入使用,各自都需要数据库的支持。因此,数据库集成时,众多独立的数据库已经存在,新的需求是,要求这些应用能互相交流与协作,从而在它们(独立的数据库)的基础上构建一个全局数据库。这些独立的数据库就成了全局数据库的成分数据库(也称局部数据库)。因此,要设计一种合理的和适当的全局概念模式,将这些成分数据库集成为一个多数据库是一个重要的问题。要解决这个问题,可分两步走:模式翻译(schema translation,或简单称为 translation)和模式集成(schema integration)。数据库集成过程如图 5.1 所示。

图 5.1 中,每个独立的数据库均是成分数据库,分别记作 $database_1$、$database_2$、……、$database_n$。集成的结果记作 GCS,即全局概念模式。它们先通过不同的翻译器(translator)形成相容的内模式(InS_1,InS_2,…,InS_n),然后由集成器(integrator)集成为全局概念模式(GCS)。

具体来说,这些成分数据库之间要进行交流和通信,就需要互相理解。而彼此之间的独立设计、模式与概念理解差异很大。简单来说,数据关系里的某个属性“工资”(salary)在不同的机构(在不同的成分数据库)会有不同的语义,有的是指企业给职工每月的总支出,有的包含奖金与补贴,也有的不包含奖金与补贴,有的市场人员的工资里会包含其每月的业务交际支出,有的区分基本工资、岗位津贴、绩效工资与补贴,等等。要交流、通信,至少要将它们在语义上统一起来。此外,即使在语法上存在大量的异构问题,也需要转换。例如,同样的工资,有的数据库里定义为整数,有的定义为字符串,有的定义为浮点数等。即使都是整数,也有 16 位整数、32 位整数、64 位整数的差异;浮点数也存在精度的差异。总之,转换是不可避免的。如何转换呢?如果上述 n 个独立的数据库一对一转换,则显然需要(n-1)!个转换器,这是不可取

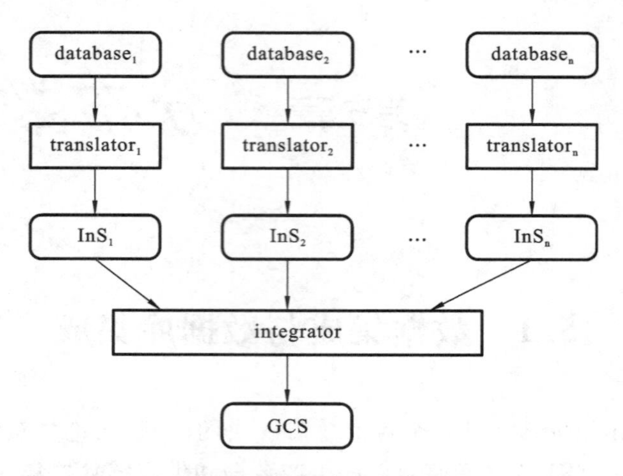

图 5.1 数据库集成过程

的。因此，最好将 n 个独立的数据库转换成一种通用的中间形态。

第一步，需要把成分数据库模式翻译成一个通用中间体（记作 InS_1，InS_2，…，InS_n）的正则表示。使用正则表示方便了翻译过程，减少了翻译器的数目。选择正则模型很重要。应该把所有数据库中可用的概念集成起来，这是原则，也是充分条件。值得一提的是，很多研究使用面向对象模型来实现集成。

显然，这里的翻译步骤也是必需的，如果成分数据库是异构的，则必须使用不同的数据模型来定义每个本地模式。所以在图 5.1 中，每个数据库对应各自的翻译器，分别记作 $translator_1$、$translator_2$、……、$translator_n$。

第二步，把每个中间模式集成为一个全局概念模式，记作 GCS。

【例 5.1】 假设某个大学有一个关系型数据库，由大学的教务处维护，它包含如下关系：

```
Student(sno,sname,age,dept,class)
SC(sno,cno,mark)
Course(cno,cname,credit)
Teacher(tno,tname,title)
TC(tno,cno,classroom,date)
```

同时，这个大学的人事部门也使用和维护着一个数据库，主要是关于老师的信息（自然也包含其授课信息），而这个数据库使用实体-联系（E-R）模型描述，如图 5.2 所示。图 5.2 中的矩形代表实体，菱形表示实体间的联系，联系的类型使用弧上的标注来描述。例如，Student_Course 关系说明从 Student 实体到 Course 实体是多对多的。

类似地，Works_in 关系说明为一个多对多关系。与常用的方式一样，实体和联系的属性用椭圆表示。

如果以上这两个数据库涉及的是彼此相关的应用域（如面对校长的需求，因为校长同时关注这两个应用域），则要把这两个数据库集成到一起。这样，就需要实施这两步：模式翻译和模式集成。

1. 模式翻译

模式翻译指的是将一种模式映射成另一种模式。这要求按照全局概念模式定义对一种目标模式的规格说明，并生成中间模式。

模式翻译的核心是模式映射（schema mapping）。

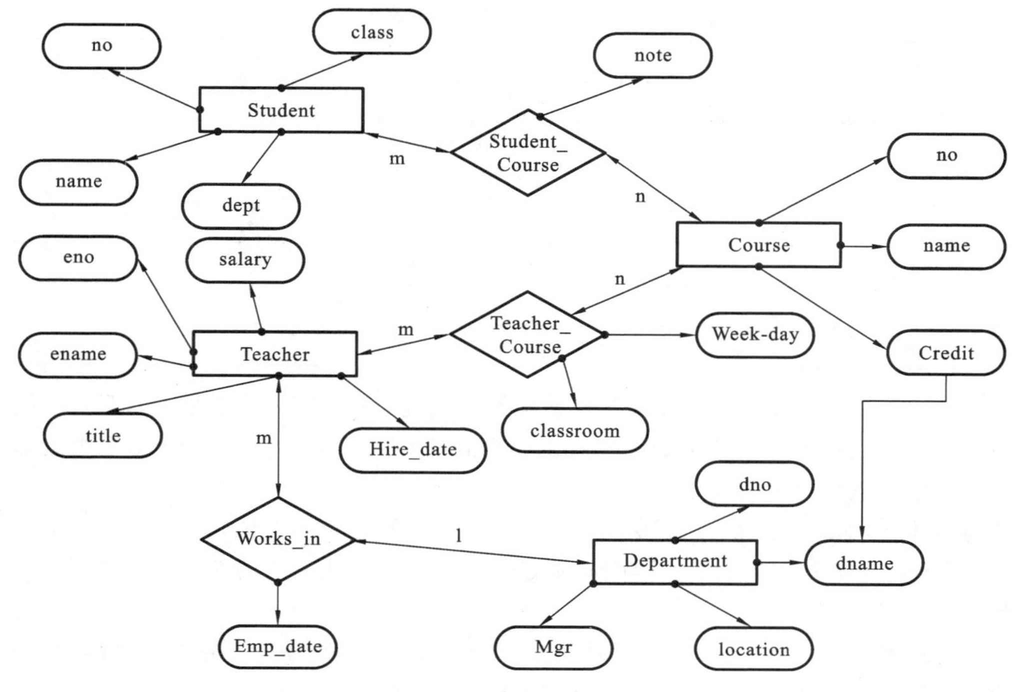

图 5.2 实体-联系(E-R)模型

2. 模式集成

模式集成连接在翻译过程后面,通过集成中间模式生成全局概念模式。

模式集成涉及两个任务:同质化和集成。模式集成的思想是保证成分数据库和其他数据库在结构和语义上以同质方式可比。同质化后是将多个数据库的模式进行合并,再建立一种全局概念模式。

(1) 同质化(homogenization)。在这个阶段要解决语义异构和结构异构的问题。语义异构这个词我们常用,但定义并不明确。同质化是指数据库之间数据的含义、解释和预期的使用差别。解决语义异构性的一个重要方面是找出命名冲突。基本的命名冲突问题是异名同义和同名异义问题。两个相同的实体,如果它们的名字不同,则称为异名同义。两个不同的实体,如果它们的名字相同,则称为同名异义。

有许多种处理名字冲突的方法。一种是通过模式或模型名来解析同名异义词,但无法采用类似的简单方式解析同义性问题。本体技术是一种可取的方法。本体指定了特殊应用域,定义了词语及其语义,它们在该域上是可接受的。如果该域上的每种数据库模式使用一个共同的本体,则名字冲突就自然而然地解决了。当然,在不同的域上使用本体,还有很多问题需要研究和解决。

【例 5.2】 假设中间模式采用 E-R 模型表述,分别记作 InS_1 和 InS_2。

InS_1 和 InS_2 之间的同义词关系如表 5.1 所示。

有四种可能的结构化冲突方式:型冲突(type conflicts)、依赖性冲突(dependency conflicts)、键冲突(key conflicts)、行为冲突(behavioral conflicts)。型冲突发生在使用一种模式里的属性和另一种模式里的实体表示相同对象但分别定义为不同类型(例如一个中定义为整型,另一个中定义为字符串)时。依赖性冲突发生在使用不同联系模式(一对一、多对多)来表示不

表 5.1 InS_1 和 InS_2 之间的同义词关系

InS_1	InS_2
sno	no
sname	name
tno	eno
tname	ename
SC	Student_Course
TC	Teacher_Course
mark	not

同模式里的同一件事时。键冲突发生在有不同的候选键可用、在不同的模式里选择不同的主键(primary key)情况下。行为冲突意味着建模机制的不同。例如,从一个数据库里删除最后一项可能会让所包含的实体被删除。

结构化冲突,如结构间的依赖性冲突,解决办法是采用转换方法。例如,一个非键属性(non-key attribute)可以转换成一个实体,通过在新建实体和代表它的新属性之间建立一个中间联系来实现。

两种模式可以与四种方式相关:可以互相等价;可以一个是另一个的子集;可以是一种模式里的某些成分发生在另一种(模式)里,但要保留某些唯一的特征;也可以是完全不同的、不相干的。

实体之间的联系在 E-R 模型中十分重要。决定联系的类(class)和型(type)在全局模式设计中是基本的工作,例如,模式的等价性在决定两种模式表示相同的信息时是重要的。因为无法通过语法来识别这些联系,所以必须考虑它们的语义。为了确定一个属性是否与另一个属性等价,需要获取属性蕴含的信息。更复杂的是,一种模式里的一个属性可能作为实体出现在另一种模式的另一个属性里,也代表相同的信息。遗憾的是,同质性问题往往要求人工干预,因为这需要中间模式的语义知识。

如前所述,模式映射,首先需要将翻译的两种模式转换成有共识的中间形态,如面向对象的描述或本体形态等。

(2) 集成。集成涉及将中间模式进行合并和重构。将全部模式合并成一种单一的数据库模式,再重构它们,然后创建出"最好的"集成模式。合并要包含参与模式里的信息。

这里,集成步骤是直接的。如果 InS_1 是 InS_2 的一个子集,那么可以将 InS_2 作为集成模式。

合并和重构需满足完整性(completeness)、最小化(minimality)和可理解性(understandability)等条件。如果所有模式的全部信息集成到一种公共模式里,则这个合并是完整的。为了实现完整合并,我们可以使用转包(subletting)和一个实体来描述另一个实体。泛化(generalization)和特化(specialization)可以看成是转包的特例。

如果在模式集成里保留冗余的关系信息,则该归并不是最小的。非最小化模式也会在翻译过程中发生,原因是中间模式不是最小的。

值得注意的是,可理解性是一维因素。实际上,还有许多维度需要在这里解决。

这里讨论的仅仅是传统的数据库集成问题,在 Internet 时代,情况要复杂得多。在新的数据集成需求中,涉及数据库的集成、数据库和文本文件(系统)的集成、地理信息的集成和多媒体数据的集成等。我们把此时的问题称为互操作问题。

5.2 互操作和数据集成

从上面的讨论可以看到,集成数据库需要讨论互操作问题。

互操作问题一直是一个大问题。回顾历史,这个问题经历了一个漫长的演变阶段。最初,文件(file)系统的诞生可以看成是互操作的初步形态,此时人们在文件共享层面实施互操作。远程过程调用(remote procedure call,RPC)、流水线(pipeline)和共享内存(shared memory)是高一层次的互操作。数据库的诞生把数据共享与互操作提升到了又一个层次。应用的需求并不仅仅满足于数据库层面的互操作,于是诞生了中间件形态的互操作与更高层面的CORBA[①]/DCOM[②]/RMI[③] 等共享分布通信总线的互操作。Internet 的发展导致了 SOA(Service oriented architecture)和进一步的面向本体(ontology)/知识库(即语义 Web)的互操作理念。

那么,互操作标准是什么? 换言之,互操作模型是什么?

下面讨论概念级互操作分级模型问题。在这个领域,由于美国军方作了不少工作,所以我们先考虑其设想。

5.2.1 信息系统互操作性分级

对信息系统的互操作提出需求首先出现在军事上。美国国防部(DoD[④])在其 C4I[⑤] 实施中对传统的信息系统互操作性进行了分级[⑥],称为信息系统互操作分级(Levels of Information Systems' Interoperability,LISI)。北约(NATO)也在其 NC3TA(NATO C3 Technical Architecture)中定义了 NMI(NC3TA Reference Model for Interoperability)[⑦]。

LISI 将互操作性分为五级。

- 隔离系统(isolated systems):不存在物理连接的系统。
- 连接系统(connected systems):同构产品间可交换的系统。
- 分布式系统(distributed systems):异构产品间可交换的系统。
- 集成系统(integrated systems):共享应用和共享数据的系统。
- 统一系统(universal systems):企业范围内共享的系统。

相对于美国国防部(DoD)的定义,北约(NATO)也定义了相关的 NMI 分级,如下。

- 无数据交换(no data exchange):不存在物理连接。
- 非结构化数据交换(unstructured data exchange):人可解释(human-interpretable)的非结构化数据的交换。

---

① http://www.omg.org/corba/。

② DCOM(分布式组件对象模型、分布式组件对象模式)是一系列微软的概念和程序接口,利用这个接口,客户端程序对象能够请求来自网络中另一台计算机上的服务器程序对象。

③ RMI 即 remote method invocation 的首字母缩写,基于 Java 程序的远程方法调用技术。

④ DoD 即 department of defense 的首字母缩写(http://www.defenselink.mil/)。

⑤ C4I 系统是指指挥、控制、通信、电脑和情报的集成,以前一直被运用在军事领域,它以计算机为核心,综合运用各种信息技术,对军队和武器进行指挥与控制。

⑥ http://www.c3i.osd.mil/org/cio/i3/。

⑦ http://www.nato.int/docu/standard.htm。

● 结构化数据交换(structured data exchange):人可解释(human-interpretable)的结构化数据,可人工和/或自动处理,但需要人工编辑、接收和/或消息(迅速)发送。

● 数据无缝共享(seamless sharing of data):基于公共交换模型的系统内自动数据共享。

● 信息无缝共享(seamless sharing of information):通过协同数据处理解释通用信息。

值得注意的是,这里都把目光聚焦在系统间的数据交换能力、程序调用能力和使用其他系统的能力。

5.2.2 概念互操作分级模型

从数据库角度来看,概念分级是很重要的,因此,本节我们聚焦于概念层面,讨论概念互操作分级模型。学术界也对互操作进行了分析研究,参考文献[6]提出了一个概念互操作分级模型(levels of conceptual interoperability model,LCIM)。整个 LCIM 共分为以下 5 级。

Level 0(system specific data):在这一级,两个系统间没有互操作,数据在每个系统内独立使用,不存在共享。

Level 1(documented data):这一级中的数据通过使用共同的协议来文档化,这类协议使用 HLA(high level architecture,高层体系结构)定义的对象模型,借助接口来存取,达到互操作各方之间的数据和接口文档化的目的。

Level 2(aligned static data):这一级中的数据使用共同的参考模型来文档化,这种模型以一个共同的本体为基础,即数据以一种明确的形式来描述。使得互操作各方具有使用公共参考模型/公共本体的特点。

Level 3(aligned dynamic data):这一级中的数据在同盟/成分内使用,使用标准的软件工程方法如 UML 来规范定义等。此时,互操作各方能共享公共系统方法/开源代码。

Level 4(harmonized data(融洽数据)):这一级中的数据在同盟/成分内使用,使用标准的软件工程方法如 UML 来规范定义等。数据间的与执行代码无关的语义连接使用基于成分的概念模型文档化展示出来。

这里,互操作各方具有公共概念模型,可达到语义一致性。

LCIM 的结构如图 5.3 所示,可以分为第 0 级、第 1 级、第 2 级、第 3 级和第 4 级互操作。

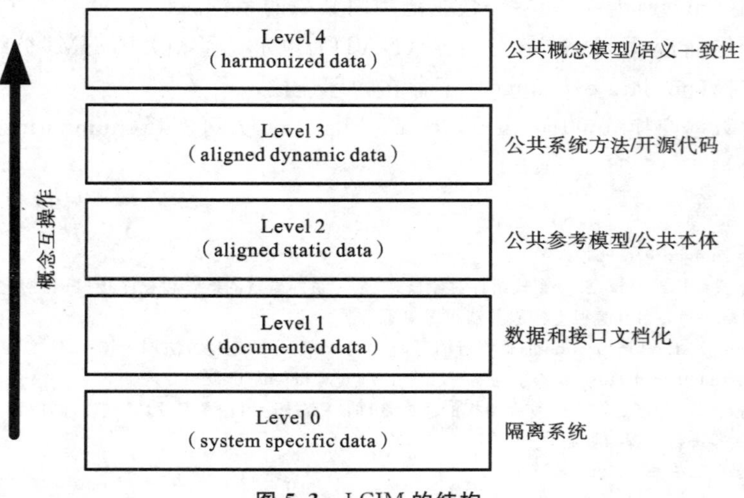

图 5.3 LCIM 的结构

1. LCIM Level 0(第0级)系统特定数据(system specific data)

在这个级别,数据在系统内专用。数据只是系统内的资源,而不为其他用户共享。这里的数据样例很多,如按硬件编码的系统源代码。此时,数据与系统捆绑,很难文档化。

2. LCIM Level 1(第1级)文档化数据(documented data)

一旦把隐藏的数据显示出来,数据就能以一种确定的形态文档化,此时的状态称为LCIM的第1级。这样,具有文档化数据的系统至少可以原则上联邦化,因为数据的文档化是接口定义的必要需求。基于数据文档,系统创建者可以建立数据和外部源互联的映射层。

3. LCIM Level 2(第2级)结盟静态数据(aligned static data)

这个级别的互操作是目前大家最关注的。其主要思想是开发一个公共本体、公共或共享的参考模型和标准化的数据元素。本体将在后面章节里详细讨论。

LCIM Level 2保证,对每个人来说,讨论同一个事物时,含义是一样的。不过,以标准化的基准来讨论要交换的信息元素至少应解决如下四种冲突。

- 语义冲突(semantic conflicts):不同局部模式的概念往往互相不匹配。
- 描述冲突(descriptive conflicts):这类冲突如同一个概念的同形异义、同音同形异义、同义字和异名等。
- 异构冲突(heterogeneous conflicts):用于描述概念的方法论不同,例如有的用UML变数,有的用其他方法。
- 结构冲突(structural conflicts):用于描述相同概念的结构不同。

4. LCIM Level 3(第3级)结盟动态数据(aligned dynamic data)

这一级别也称动态视图级别。从系统科学视角看,观察一个系统可以从不同的视角着手,因此我们常称为视图。视图可以分为以下几种。

- 静态视图:分解为子系统与成分。
- 功能视图:聚焦于成分间的接口与数据流。
- 动态视图:关注整个系统的状态变化,即时态属性。

LCIM Level 2考虑的是静态视图和功能视图,但不涉及动态视图。LCIM Level 3则要考虑动态视图。

5. LCIM Level 4(第4级)融洽数据(harmonized data)

这一级称为融洽数据级。第2级的特点是让数据具有良好定义的(well defined)信息交换定义。第3级考虑了动态视图,但这还不够。原因是在建模和仿真的基础上,仿真系统是模型的可执行形式,模型则可以看成是现实世界的映像。但是建模时,现实世界的某些东西会被忽略,若这些被忽略的东西在互操作时又是必要的,就会产生是否能互操作的问题。

所以希望在第4级达到和谐层次,故称为融洽数据。

从另一个角度看,可以根据应用范围对信息系统互操作进行分级,如表5.2所示。

表5.2 信息系统互操作分级

信息系统互操作分级	特征	在该级的信息交换
企业(enterprise)级	数据和应用共享	全球信息网格(global information grid,GIG)、Web-Services、SOA、先进的协作
领域(domain)级	数据共享和应用分离	存取公共数据库、高级协作

续表

信息系统互操作分级	特征	在该级的信息交换
功能(functional)级	最小公共功能,数据和应用分离	标注图像、叠加地图
连接(connected)级	电路连接	战术数据连接、Email、文件传输
隔离(isolated)级		

这里把互操作区分为企业级、领域级、功能级、连接级和隔离级。其互操作能力是逐步下降,到隔离级就不存在互操作了,所以在其特征和信息交换栏中为空白。

推广到技术层面,可以用表 5.3 来描述互操作。

表 5.3　概念互操作级别

概念互操作级别	特征	关键条件
概念(conceptual)级	在现实意义抽象基础上,假设和约束是匹配的	需要工程化方法建模的概念性文档,并能为其他工程师理解和评估
动态(dynamic)级	参与者能够随时随地领悟系统的状态变化、假设和约束,善于利用这些进行变化	要求系统动态性地共同理解
语用(pragmatic)级	参与者知悉使用的每个方法和程序	要求使用的数据或应用的上下文能被参与系统所理解
语义(semantic)级	共享数据含义	要求有一种公共信息交换参考模型
语法(syntactic)级	引入一个交换信息的公共结构	要求有一种使用的公共数据格式
技术(technical)级	数据可以在参与者之间交换	要求有一种通信协议
独立(stand alone)	无可互操作性(no interoperability)	

在互操作与仿真上,上述面向语言学的分级可以从实施角度来进行分析,可以分成网络层、执行层、建模层、设计与搜索层、决策层、协同层等,如图 5.4 所示。

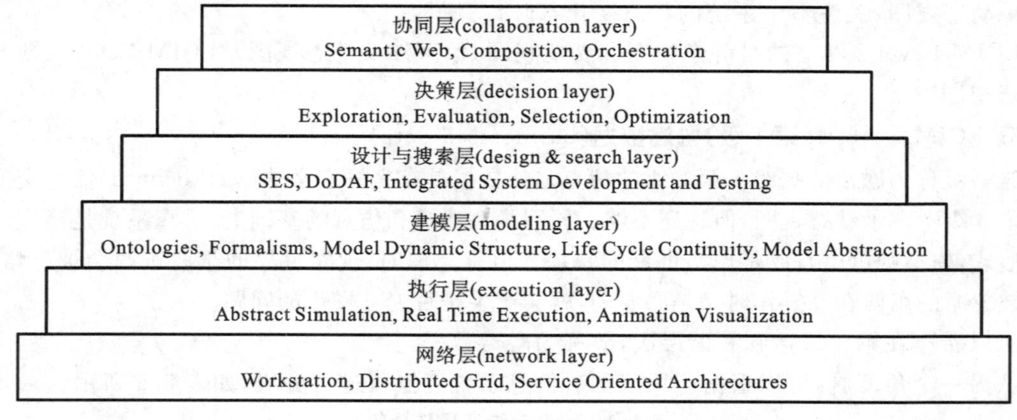

图 5.4　建模与仿真视图

图 5.4 中自下而上的分析如下。

● 网络层(network layer):包含实际的计算机(工作站和高性能系统)和连接的网络(LAN、WAN),支持建模与仿真。

● 执行层(execution layer):这是软件,在仿真期间和/或实施期间执行模型,行使自己的行为能力。这一层包含协议,提供分布式仿真的基础。这一层还包含数据库管理系统,支持仿真、生成行为可视化与控制动漫。

- 建模层(modeling layer):支持形式化的模型开发,独立于任何仿真层面的实现。
- 设计与搜索层(design & search layer):这一层支持系统设计,如 DoDAF[①]。人工智能技术在这里广泛使用。
- 决策层(decision layer):实施对决策层下面的层提供的大型模型的搜索与仿真,以便做出解决实际问题的决策。
- 协同层(collaboration layer):将人或系统的部分知识的智能代理按学科、位置、任务或者响应进行说明,引入个别观点以实现整个目标。

将语言学观念和建模与仿真结合起来看,可以使用图 5.5 来描述。

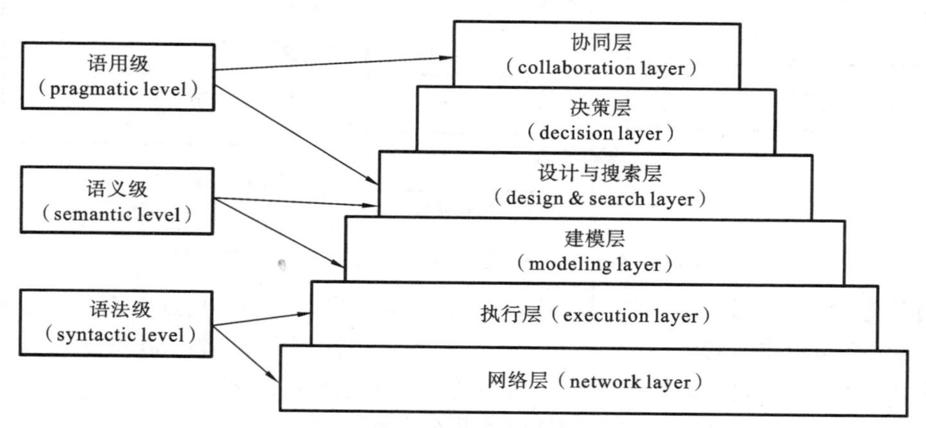

图 5.5　从语言学角度看建模与仿真视图

图 5.5 中自底向上可以分为三个层次:语法级(syntactic level)、语义级(semantic level)和语用级(pragmatic level),对应关系如图中箭头所示。

表 5.4 是从协同或服务角度看待的有效互操作。

表 5.4　从协同或服务角度看待的有效互操作

级别	协同系统或服务互操作满足的条件
语用级(包括 LCIM 动态级)	系统和服务采用交换遵循共享协议一致的方式接收信息。粗略来讲,接收方按发送方的意愿对消息做出反应
语义级(包括 LCIM 概念级)	系统和服务使用公共本体与其他模型来解释及生成收发的消息,或者在本体或模型的基础上重新解释消息。粗略来讲,接收方给消息赋予发送方所给定的相同含义
语法级(包括 LCIM 技术级)	系统和服务对通信消息数据帧使用共同的格式和协议,或者对网关或转换器按照协议进行正确转换

5.2.3　以网络为中心的数据策略

这里我们讨论美国国防部提出的以网络为中心的计算(Net-Centric computing)思想。

以网络为中心的计算思想涉及的网络是一个全局联网的环境,也是一个泛在(ubiquitous)

① 美国国防部系统架构框架(Department of Defense Architecture Framework,DoDAF),http://en.wikipedia.org/wiki/Department_of_Defense_Architecture_Framework。

连接环境。

以网络为中心的计算获得了网络界和通信界的青睐，由三大驱动力推动，这三大驱动力是：非传统计算设备和移动计算设备的涌现、日益增加的网络功能和网络管理需求。实际上，这些关键驱动力不是孤立的，它们与五个增长领域有关：日益增加的桌面技术功能、Internet的发展、基于交换的局域网的普及、服务质量协议的确定和强大的网络安全需求。以网络为中心的计算驱动力量、增长领域与示例如图 5.6 所示。

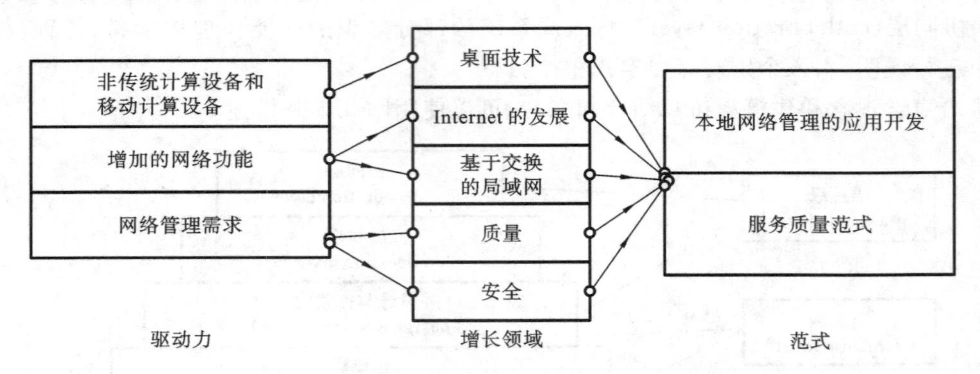

图 5.6 以网络为中心的计算驱动力量、增长领域与示例

值得注意的是，美国国防部的 Net-Centric 的数据策略是从用户出发考虑的。这样可把用户分为两类：终端用户消费者（end-user consumer）和终端用户生产者（end-user producer）。

若考虑数据策略，则首先要了解终端用户消费者关心的是什么。

确切来说，终端用户消费者关心的是以下几个方面。

- 有哪些数据？（What data exists?）
- 我怎样才能访问这些数据？（How do I access the data?）
- 怎么知道我需要的就是这些数据？（How do I know this data is what I need?）
- 如何告诉别人我需要哪些数据？（How can I tell someone what data I need?）

相对地，终端用户生产者关心的则是以下几个方面。

- 怎样才能和别人共享我的数据？（How do I share my data with others?）
- 该如何描述我的数据以便能被人理解这些数据？（How do I describe my data so others can understand it?）

这两类用户之间存在明显的空隙，Net-Centric 的数据策略就是试图填补这两类用户之间的空隙。

Net-Centric 的数据策略的根本问题是达到系统间互操作的目的。系统的互操作对军事十分重要，因此，美国国防部的 DoD Net-Centric Data Strategy 定义了如下 DoD 数据概念：

The core of the net-centric environment is the data that enables effective decisions. In this context, data implies all data assets such as system files, databases, documents, official electronic records, images, audio files, web sites, and data access services…

根据 DoD 的描述：以网络为中心（Net-Centric）是指实现一个联网环境，包括基础设施、系统、过程和个人，使之能够按照完全不同的方式实施战斗和商务活动。以网络为中心的基础是 GIG（global information grid，全球信息网格）。GIG 是一个全局互联、端到端的信息能力系统，关联过程、个人，能按战斗要求收集、处理、存储、发布和管理信息，保护战略决策者，支持个人。以网络为中心，通过安全互联时间或地点独立的人和系统，充分支持军事态势知识的改进和更好地访问商务信息，大大缩短了决策周期。用户能更好地保护资产、能更有效地使用和挖掘信息。使用资源，可聚焦于自己的任务以建立长期的协作团队。

5.2.4 数据与元数据管理

为了集成海量的、异构的、多形态的数据，首先要将它们的描述统一起来，这就引出了对集成数据的元数据描述和管理的要求。

1. 元数据

据 Wikipedia 显示，最初（1967 年）在计算机系统中描述“meta data”（元数据）的是美国 MIT 的专家 David Griffel 和 Stuart McIntosh。[①]

这个概念最初是指一种能够有效描述资料的方式，后来随着信息的存储、发布、传播等技术和手段的不断发展，信息具有了更大的分散性、变动性与多元性。关于 meta data 的讨论，再度引起了更多人的关注。

什么是元数据？目前，最常见的、比较宽泛的定义“关于数据的数据（data about data）”已经得到了普遍认可。这个定义勾勒出了元数据的一个本质特征，即元数据是数据的抽象。但由于这一定义过于抽象化、简单化，所以对它的认可只是表明从元数据的本质上达成了共识。事实上，人们对元数据的理解和认识还存在不少争议，迄今尚未形成真正统一的元数据定义。

英国图书馆与信息网络办公室（The United Kingdom Office for Library and Information Networking，UKOLIN）给出了元数据的另一种更为具体的定义：元数据是关于数字及非数字资源的结构化数据，并支持对这些资源的广泛操作，包括资源描述、发现、管理及长期的存储。[②]

而美国的 Getty Research Institute 从元数据的用途考虑，将元数据定义为：与信息系统或信息对象相关的数据，这种数据可达到描述、管理、法律规范、使用及保存等目的。[③]

此外，Wikipedia 也对元数据做出了如下解释：

Metadata is a means to describe the data files retrieved primarily by electronic form. It provides information about a certain item's content, such as: means of creation, purpose of the data, time and date of creation, creator or author of data, placement on a network (electronic form) where the data was created, what standards used (ISO 9000), etc. [④]

尽管许多研究机构及专家学者们都从不同的角度对元数据进行了阐述，但从本质来看，有两点认知基本是一致的：一是元数据也是数据，是从原始数据中抽象出来的具有一定结构的数据；二是元数据具有对原始数据进行描述、标识、组织等作用。

1）元数据的存在形态

元数据的定义虽然还没有形成统一的认知，但元数据的作用和价值却一直受到人们的广泛关注。在各个领域中，元数据这个概念被广泛应用，各个层次的团体都按照特定的需求来开发适合自己的元数据。因此，现有元数据的存在形态是多种多样的。下面列举几种应用比较

---

① https://en.wikipedia.org/wiki/Metadata。

② http://www.ukoln.ac.uk/metadata/。

③ http://www.getty.edu/research/conducting_research/standards/intrometadata/glossary.html。

④ http://en.wikipedia.org/wiki/Metadata。

广泛的元数据存在形态。

(1) 数据字典。

传统数据库管理系统中的数据字典(data dictionary)被定义为数据库中关于数据的数据，它不是(用户)数据本身。因此，可以说数据字典是一种元数据，它是用于描述数据库系统中各类数据的集合，在其中记录的信息就是元数据。但在传统数据库管理系统中，并没有明确规定数据字典中应该包含哪些描述信息，只要与系统有关的信息都可以保存在数据字典中。因此，不同数据库中的数据字典的内容也不相同。

(2) 数据仓库中的元数据。

另一种使用比较广泛的就是数据仓库(data warehouse)中的元数据。与数据字典不同，数据仓库主要是将元数据进行分析处理。通过记录数据源元数据、数据仓库元数据以及数据处理元数据来支持数据仓库的开发和使用，有效地管理数据仓库，提高数据仓库的性能和利用率等。

(3) 索引元数据。

这类元数据是互联网搜索引擎发展下的产物，专用于信息资源的索引，只描述信息的位置特征。从广义的角度来讲，这类元数据可以算作是一种未经结构化的元数据，特指从信息资源中自动抽取并索引的。例如，Yahoo®、Sohu®等搜索引擎产生的元数据。

(4) 标准化的元数据。

这类元数据是按照特定研究机构发布的相关元数据标准生成的，通常具有较为完整的结构定义、内容定义和语义规范。它们利用严格的定义来精确、完整地描述信息资源。例如，都柏林核心(Dublin Core①)就是其中一种元数据标准。此外，还有结构相对复杂的，如机器可读目录标准(MARC STANDARDS)②、编码档案著录标准(Encoded Archival Description, EAD)③等都属于这一类。

2) 元数据分类

元数据广泛存在的多形态导致到目前还没有形成一个统一的分类标准。从基本功能、描述对象、记录格式、数据来源以及应用目的等角度都可对其进行分类。

(1) 按照组织信息资源的功能分类。

元数据按照组织信息资源的功能可分成三类，即描述性元数据、结构性元数据以及管理性元数据。这一划分标准在数字图书馆领域达成了一定的共识。

- 描述性元数据(intellectual metadata)：也有文献将其称为知识描述性元数据，主要用于描述信息资源本身的特征、内容以及与其他资源的关系等。
- 结构性元数据(structural metadata)：主要用于描述信息资源的内部结构。相比描述性元数据，结构性元数据更侧重信息资源内在的形式特征。
- 管理性元数据(administrative metadata)：也有文献将其称为存取控制性元数据，主要用来描述数字化信息资源能够被利用的基本条件和期限，以及这些资源的知识产权特征和使用权限。

(2) 按照所描述的对象分类。

---

① http://dublincore.org/。

② http://www.loc.gov/marc/marc.html。

③ http://www.loc.gov/ead/。

元数据按照所描述的对象可分为如下10类。

- 通用元数据。
- 描述数字文献的元数据。
- 描述数字图像的元数据。
- 描述博物馆藏品的元数据。
- 描述教育资源的元数据。
- 描述特殊资源的元数据。
- 描述关于数字信息长期保存的元数据。
- 描述信息资源集合的元数据。
- 描述知识组织体系的元数据。

(3) 按照记录格式分类。

元数据按照记录格式可以分为以下几类。

- 格式相对简单,自动从资源中抽取出来用于资源的索引。这类元数据包含很少的显式语义信息,不支持按域检索信息,例如,搜索引擎Lycos、Altavista、Yahoo等。
- 有结构的格式,支持按域检索信息,为信息获取者提供资源的描述信息,供其选择可能感兴趣的检索目标,但不能捕获对象间的多元关系。这类元数据如Dublin Core、RFC 1807[①]和IAFA templates[②]等。
- 有比较丰富的描述格式,可以完整地描述对象间的复杂关系,能满足专业领域的需要,例如,EAD、MARC、TEI[③]等。

无论怎样对元数据进行分类,都无法穷尽目前已有的元数据类别。这是因为元数据以其鲜明的特点和显著的作用被广泛应用于许多不同的领域,而不同的领域对其定位、用途等方面又存在着比较大的差异。因此,元数据的研究工作需要从特定的应用领域出发。

2. 元数据在信息资源共享与交换中的基本功能和作用

作为一种基本的信息组织方法,元数据主要用来解决数据管理和共享的问题。它具有对资源进行描述的功能,在改进数据管理、检索和存储数据等方面发挥巨大的作用。尽管目前元数据在各应用领域的作用不尽相同,但总体来看,大致可以归为以下几种基本功能。

(1) 描述功能。元数据的基本功能就是对信息资源进行描述,供用户读取以便了解自己所获信息是否是所需要的。因此,可以节约用户的时间和精力,也可减少网络中信息交换的浪费。

(2) 检索功能。元数据是检索的基础。元数据将信息对象中的重要信息抽出,加以组织,赋予语义,建立关系,使得检索结果更加准确。因此,利用元数据进行简单、复杂或综合的信息查询,可以提高查询效率。

(3) 定位功能。元数据包含信息资源的位置信息,由此便可确定资源的位置所在,促进网络中信息对象的发现和检索。

(4) 选择功能。根据元数据提供的描述信息,再结合使用环境,用户便可对信息对象做出取舍,选择适合用户使用的资源。

---

① http://www.faqs.org/rfcs/rfc1807.html。

② http://archive.ifla.org/documents/libraries/cataloging/metadata/iafa.txt。

③ http://www.tei-c.org/。

(5) 评估功能。元数据可提供信息对象的各类基本属性,使用户在无需浏览信息本身的情况下就能对信息有基本的了解和认识,再参照有关标准,即可对其进行价值评估,以供用户参考。

对于需要交换和互操作的信息资源来说,如果缺乏足够的各自描述的信息,则很难进行交换和互操作,元数据可以提供发现信息资源的服务机制。元数据的价值就体现在其能够为信息资源的服务提供一种潜力,这种潜力能够引导用户提高快速发现资源的能力。元数据的作用主要包括以下几个方面。

(1) 有利于信息资源的持久保存。信息资源是人类智慧的积累,需要长期保存,以便更多的人继承和使用。网络环境是一种开放的状态,信息会随着外部环境的改变而改变,一旦外部环境发生变化,就会引起信息的无法理解。这方面,元数据恰恰能够提供有关数据内容、使用情况等方面的信息,有助于重现数据的使用环境,使信息资源可以持久保存。

(2) 有利于信息资源的组织和管理。在网络已经逐渐成为信息资源发布、交换、共享主要途径的背景下,如何有效地合理组织、管理这些分布的、异构的数据资源已经成为一个重要的问题。可以发挥元数据的作用,为这些信息资源建立一种有效的元数据服务机制,利用其实现资源的组织和管理。

(3) 提高信息资源的检索效率。元数据能够提供信息资源在生产、存储、分类、交换等方面的信息,可以使用这些信息作为资源检索的辅助手段。利用这些元数据信息进行查询、检索,可以提高检索效率。

(4) 有利于信息资源的共享和使用。元数据对信息资源的描述可以帮助人们更好地理解不同来源的信息,协助用户就信息的内容和质量是否满足需要做出判断。

3. 元数据与本体

本体(ontology)也是一种用于描述、组织与管理信息资源的技术,在面向语义 Web(semantic Web[①])领域扮演着重要角色。元数据与本体相比,两者既有共同之处,又存在着些许差别。

从 W3C[②] 对 metadata 和 ontology 描述功能的解释来看,两者都是用来描述“resource”(资源)的。尽管 W3C 强调这里的“resource”只是互联网上由命名域给出的标志符——URI[③]的信息资源。实际上,宽泛来讲,metadata 和 ontology 的描述对象可以是现实生活中任何具有标识的“事物”。也就是说,只要是能够识别出来的“事物”,给它一个标识(例如名称、序号),它就成了可被利用的“resource”,就成了 metadata 和 ontology 可以描述的对象。从两者对“resource”描述的目的来看,都是为了“resource”的 find(查找)、identify(标识)、select(选择)和 obtain(获取),也就是信息资源的组织。

元数据为信息资源的描述提供了基本的属性集合说明,使信息资源具有基本的结构特征。但是,由于这些属性集合又来自不同的信息资源而存在着很大的差异,因此每个资源对象可以基于不同的目的,从不同的角度进行描述,可以有多套属性元素集合。随着标准化的发展,尽管 Dublin Core 等元数据标准将会越来越占据主导地位,但是永远不可能统一到仅有少数几种格式,这是因为许多领域内各部门、组织甚至个体仍然会有大量独立的元数据方案。要在网

---

① http://en.wikipedia.org/wiki/Semantic_Web。

② World Wide Web Consortium,简称 W3C。网址为:http://www.w3.org/。

③ Uniform Resource Identifier,简称 URI。网址为:http://en.wikipedia.org/wiki/Uniform_Resource_Identifier。

络环境下消除由这些独立的元数据方案引起的"信息孤岛"，就必须有某种程度的元数据间互操作用于解决不同元数据所引起的概念和结构的异构问题，这就需要在元数据之上建立一些机制来灵活地实现元数据间的互操作。最好的解决办法就是建立一种标准，这就用到了本体，可以将本体视为一种标准化、形式化、抽象化的元数据。本体为描述信息资源的属性集合定义了一套标准，首先是共享词汇(shared vocabulary)，使用这些共享词汇来表示属性的概念及其之间的关系。把元数据放置于某个领域，形成对该领域信息资源一致性、形式化的描述，那么元数据就成了本体。

因此，可以说本体是在异构的元数据之间建立起的一种普遍联系，并使这种联系"机(器可)读化"；从另外一个角度来看，也可以把本体视为元数据的一种补充。本体用共享词汇来支持不同元数据之间的映射、转换、参照等功能，达到信息之间共享交互的目的。

概括起来，本体可以在以下几个方面对元数据进行有效的扩展和补充。

● 元数据自身并不具有普适性，无法克服特殊性与一般性的矛盾。而本体作为一种抽象化的元数据，可以在领域层次上提供一种不同元数据之间的映射关系。

● 本体可以为元数据的属性集合限定一套规范的术语，为解决不同元数据属性集合间的"歧义"问题提供了一种途径。

● 本体在一定程度上也解决了元数据的灵活性和扩展性问题，在本体层次上对元数据的扩展，可以使元数据自身保持较为灵活的特点。

可以说，元数据和本体之间有着许多联系，而在各自使用的定位上又有不同。

下面来看看前面提及的以美国网络为中心的策略，其中元数据和本体扮演了重要角色。

以网络为中心的策略提供了一个基础来管理国防数据，其功能包括以下几方面。

● 保证数据可见、可访问和可理解，无论何时、何地需要，以加速决策。

● 使用元数据对所有的数据(无论是智能的、非智能的、原始的或处理过的)加以标记(tagging)，以便企业/组织中已知用户或未预期用户都能发现这些数据。

● 把所有数据放到共享空间，以便用户能存取，那些涉及安全、政策或其他受限的数据除外。

● 围绕COI(communities of interest)组织，支持战斗人员、商务活动和智能领域。

显然，这里面对的是一个异构环境。在异构环境里，首先面临的是如何在异构环境下构建一致的数据模式问题。值得注意的是，这种数据模式是与应用领域有关的。而一个复杂的环境，如军事环境，应用多种多样，因此这里提出了COI的思想，不同的COI有不同的兴趣，面向不同的应用。

建立COI，强调的是相关数据的组织和维护，这些数据对COI来讲是可靠的。对COI来说，不存在标准的中心节点，协调和调整是其核心指导原则。

COI是由对某事有共同兴趣且需要共享信息的人组成的社团。COI的工作主要是，一起工作以解决影响社团/组织的问题。

这么做，就需要让其数据资产可见与可访问。如何做到这一点呢？我们可以：

● 通过服务注册(如使用WSDL[①])、元数据注册和数据目录让数据资产可见。

● 通过Web Services和共享MIME(multipurpose Internet mail extensions)类型让数据资产可访问。

---

① Web Services Description Language (WSDL)，http://www.w3.org/TR/wsdl。

同时，建立反映 COI 共识的词汇表。用户可以定义 COI 指定的词汇表与分类，即

- 用词汇表来改进 COI 内和 COI 间的数据交换。
- 通过分类来改进精确度。

用户还可以往 DoD 注册器里记录语义和结构数据，包括 XML 库，用于 XML 的模式、表单、领域集、样例等。

我们可以用图 5.7 来描述 COI 策略。

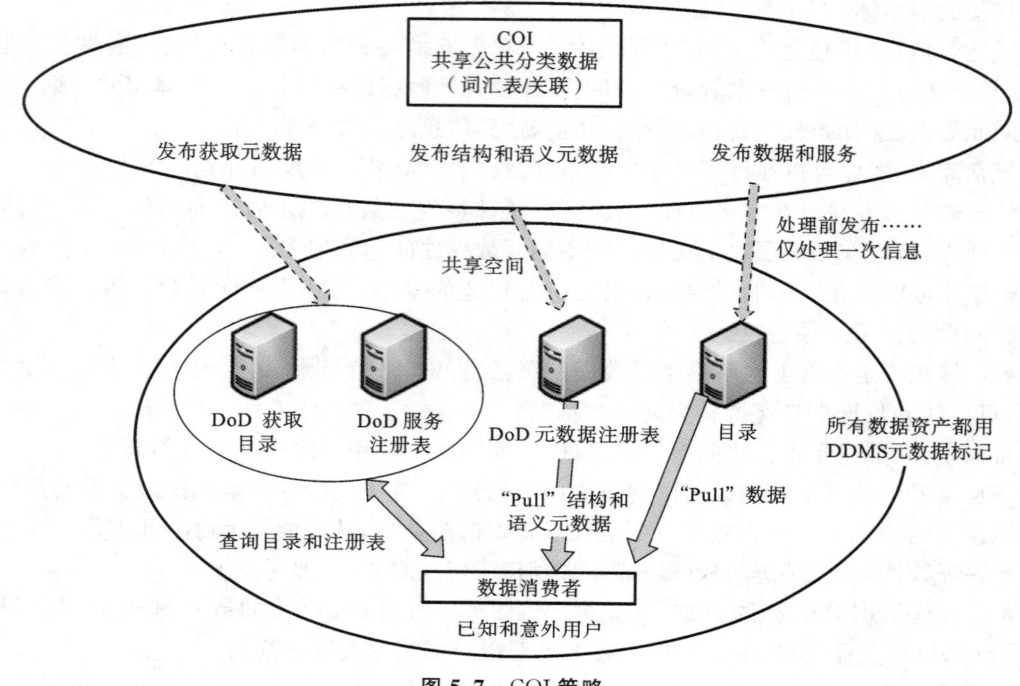

图 5.7　COI 策略

图 5.7 中，虚线箭头表示数据生产者的数据传输，实线箭头表示数据消费者的数据交换。

在 DoD 看来，COI 为必须交换信息的由用户构成的协作团队，他们追求共享目标、兴趣、任务或事务过程，因此必须有共享的关于交换信息的词汇表，有一个建立一致数据模式的基础。

社团(如 COI)提供数据的组织和维护体系，以便实现共同的数据目标。这样就涉及数据资产的元数据管理问题。如前所述，元数据是描述数据的数据，是一致数据模式的核心。元数据提供一种描述数据资产的基础手段。

数据资产的元数据要进行注册，因此需要一种注册机制，就像传统关系库里的系统表一样。

如何注册元数据，需要一个管理体系，我们可以用图 5.8 来表述元数据注册问题。图中的 DDMS 即 DoD Discovery Metadata Standard(DoD 元数据发现标准)的缩写，是一个核心成分。

为了统一管理各种数据资产，将涉及各种元数据，其中包括词汇库、用于组织数据资产的分类结构、接口说明和映射表等。GIG Enterprise Services(GES)提供以各种形式使用元数据的能力、发现数据资产的能力和充分理解所有数据和元数据的语义。从某种程度上讲，DoD 的元数据注册是一个净化室，即把数据净化后按照元数据的要领和格式存储起来。

为了便于发现数据资产，用户要遵循 DoD 元数据发现标准，以把所有数据放入共享空间。DDMS 的逻辑层次图如图 5.9 所示。

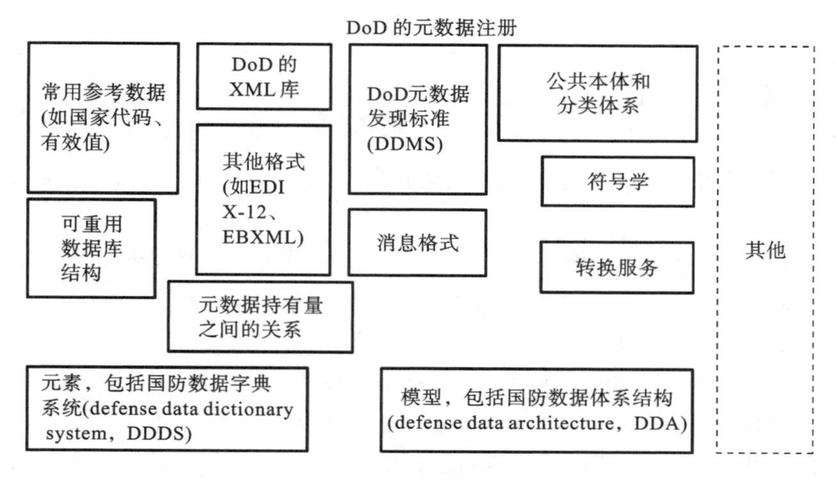

图 5.8 DoD 的元数据注册

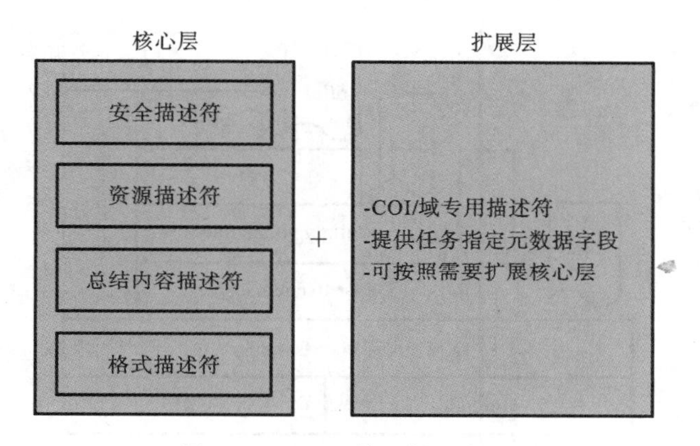

图 5.9 DDMS 的逻辑层次图

5.3 本 体

图 5.8 的右上部提出了公共本体(commonly ontolog)和分类体系(taxonomies)问题，下面详细讨论。

一个从数据源到全局模式的映射是数据集成系统中的核心成分。要描述全局模式，需要强大的描述形态，这里本体扮演了重要角色。

本体最早是哲学方面采用的概念，它是对自然界客观存在的实体与实体结构的系统描述。随着本体的演变及推广，近年来，在知识工程领域引用计算本体作为知识系统中知识描述与信息抽象的工具。1998 年，R. Studer 等总结了前人对本体的定义，认为本体是共享概念模型的明确的形式化规范说明。通俗来说，本体是用来描述某个领域的知识，或者是人们对知识共同理解的抽象概念和概念间的关系。在知识共享过程中，概念和概念间的关系具备大家共同认可的、明确的、规范的、唯一的特点，这样就可以为人机及机器之间的沟通与交流提供共享与重用的基础，为人工智能中问题的自动解决提供快速而有效的知识推理方法且给出相应的方案。本体已广泛应用于机器翻译、电子商务、数字化图书馆、语义 Web、知识管理与搜索等诸多领域。其实，在 Web 发展中，大家就认识了本体的重要性。

5.3.1 语义 Web

“Semantic Web”(语义 Web)这个词出自万维网的发明者 Tim Berners-Lee 爵士 2001 年的文章中：

The Semantic Web is an extension of the current Web in which information is given well-defined meaning, better enabling computers and people to work in cooperation.

W3C 的专门小组将标准化语义 Web 的概念定义为：

The Semantic Web provides a common framework that allows data to be shared and reused across application, enterprise, and community boundaries.

可以说，语义 Web 是一组技术和标准，能让机器理解 Web 上信息的意义(语义)。这样一组技术和标准可以用一个栈(stack)来描述，如图 5.10 所示。

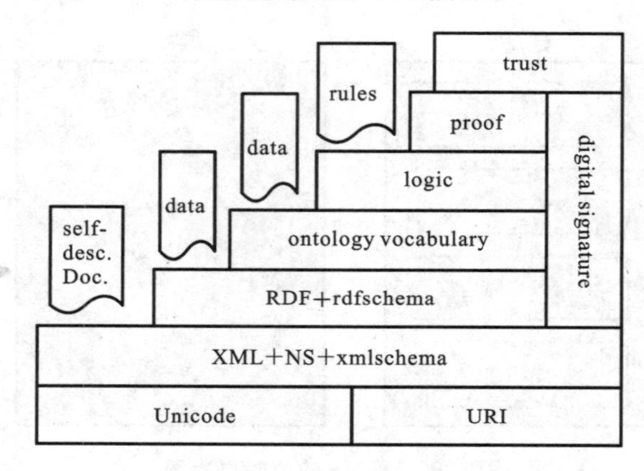

图 5.10 语义 Web 栈

在这个栈的底部定义了标识符 URI 和字符集 Unicode。URI[①] 是识别信息源的唯一性标识，Unicode 是信息源使用的字符集。Unicode[②] 是一个 ISO 标准，定义了国际性的字符集。在它们的上面，XML 定义为数据交换语法标准语言。对于数据的描述，W3C 规定使用 RDF (resource description framework)。RDF 是一种描述 Web 资源的简单而又强大的数据模型和语言。RDF 引入了三个基本概念：资源(resources)、属性(properties)和陈述(statements)。资源是我们希望用陈述表述的实体，可以是 URI 表示的任意东西。属性定义的是主题资源(subject resources)和对象资源(object resources)间的关系。所以，Web 资源的陈述是一个三元组〈subject, predicate, object〉。使用 RDF 模型，三元组可以组合成一个图结构。

RDF 定义了一组复杂的数据结构、容器(containers)和集合(collections)。其中容器分为以下三类。

(1) 封装：〈rdf:Bag〉元素用来包装一群没有顺序的资源。封装通常用在一个属性(property)有多个值中，而这几个值的先后顺序并不重要，例如通信录可能包含许多姓名。封装所

① URI(uniform resource identifier，统一资源标识符)是一个用于标识某一互联网资源名称的字符串。

② http://en.wikipedia.org/wiki/Unicode。

包含的值在0个以上，也就是可以不包含值，也可以包含多个重复的值。

(2) 顺序：〈rdf:Seq〉元素用来包装一群有顺序的资源。顺序通常用在一个属性(property)有多个值中，而这些值的先后顺序很重要，例如一本书的作者在一个以上，那么有必要区分出主要作者、次要作者。顺序所包含的值在0个以上，也就是可以不包含值，也可以包含多个重复的值。

(3) 选择：通常用在一个属性(property)有多个值中，例如某个软件可能提供许多个下载网址。选择所包含的值在1个以上，而第1个值是预设值。

RDF集合是一个封闭资源或文字集。不同于容器，RDF集合里可以包含重复成分。

实体间的分类体系是一个基本关系，而RDF缺乏这方面的支持，因此诞生了RDFS。RDFS(RDF schema)是RDF的扩展，引入了一些手段来描述类(classes)、属性、类分层(hierarchy of classes)和属性。RDFS提供了rdfs:Class、rdfs:subClassOf、rdfs:subPropertyOf、rdfs:domain和rdfs:range语言结构，用于创建实体(类)的分类体系。

SPARQL是一个事实标准，是一种协议，也是一种RDF查询语言，用于查询RDF数据。SPARQL是一种图模式匹配语言，定义了一组图模式(graph patterns)，最简单的是三元组模式。

语义Web的骨干是本体。本体是共享概念的形式化显式描述。OWL表示Web本体语言(Web ontology language)，是在Web上表示知识的标准语言。

5.3.2 本体及其应用

什么是本体？本体的定义甚多，这里我们使用Rudi Studer① 的说法：本体是共享概念模型的明确的形式化的规范说明。该定义包含四层含义，即概念模型、明确化、形式化和共享化。

- 概念模型：表示通过抽象出客观世界中一些现象(phenomenon)的相关概念而得到的模型。概念模型所表现的含义独立于具体的环境状态。
- 明确化：表示所使用的概念及其约束都有明确的定义。
- 形式化：表示本体是计算机可读的(即能被计算机处理)。
- 共享化：表示本体中体现的是共同认可的知识，反映的是相关领域中公认的概念集，即本体针对的是团体而非个体的共识。

显然，数据集成和互操作中需要的就是这些。因此，在数据集成和互操作中，本体扮演着越来越重要的角色。

从本体的角度讲，本体的研究促进了信息技术向智能化与知识化的方向发展，增强了领域间的合作、交流与沟通，实现了知识的共享与重用，有助于知识的分析、管理与应用，为信息技术的智能化发展奠定了基础。

2001年，Tim Berners-Lee正式提出了语义Web的概念，它主要是通过定义严格的语义模型来实现资源的共享和互操作，以及对现有互联网的扩展。通过在信息数据中加入语义内容，使人机之间可以自动协同工作。通俗来说，语义Web上的各种资源不仅相连，而且包含信息数据的真正含义，从而可以提升计算机处理信息的智能化与自动化能力。如果要实现语义层次的互操作，就需要对信息数据的含义有共同的理解，这也是语义模型中包括本体的重要原

① 笔者曾于1980—1982年与Rudi Studer教授一起共事参加分布式数据库系统POREL的研制。

因。本体可使人与机器之间、机器与机器之间在语义层面上进行交流与理解。

形式化地说，本体是一个三元组，记作：

$$O=\langle C, R, A\rangle$$

其中：C 是一个概念集合，即$\{c_i\}$，$i=1,\cdots,n$，c_i 是一个概念；R 是一个关系集合，即$\{r_i\}$，$i=1,\cdots,s$，r_i 是一个概念之间、实例之间、概念与实例之间的关系；A 是一个规则集。

为了数据集成，参与集成的源数据如果都能转换为本体形态，本体形态通过消歧、转换、匹配等，就可以集成到一起。通过本体映射数据集成的过程如图 5.11 所示。

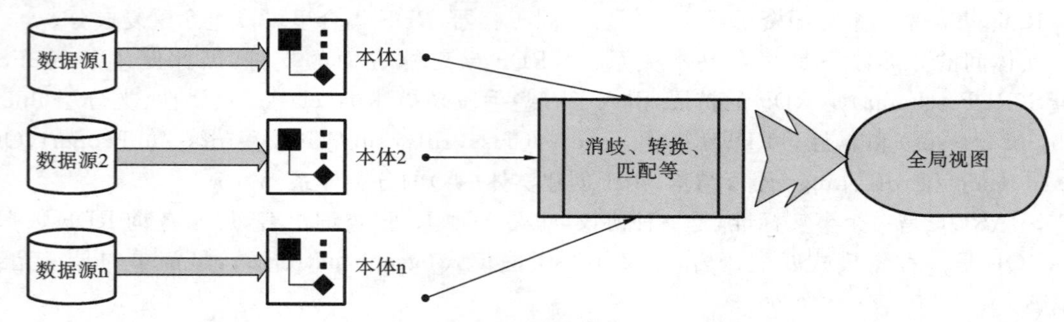

图 5.11　通过本体映射数据集成的过程

通过本体映射数据集成的过程可以描述如下。

σ：数据源数据→本体，是一个将数据源转换为本体的映射。

ρ：{本体 1，本体 2，…，本体 n}→全局本体，即局部本体向全局本体的映射。

现在的问题是如何构建本体呢？这个过程可以简述如下。

首先建立一个本体模型。以教育为例，可以将教育定义为如图 5.12 所示的本体模型。

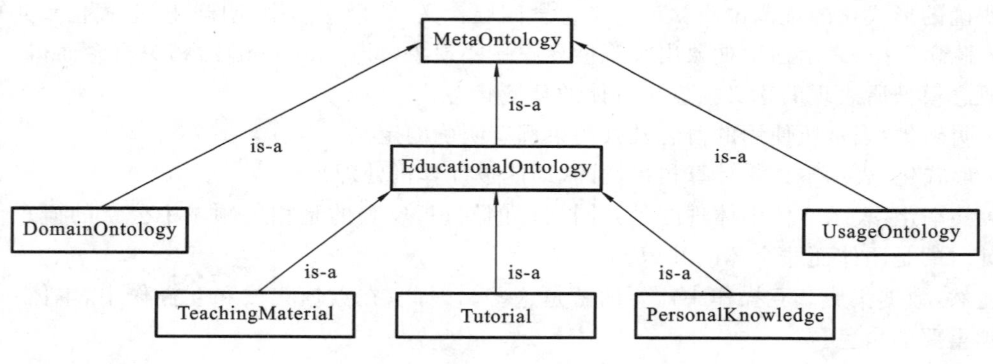

图 5.12　本体模型

在图 5.12 所示的本体模型中，树状的根称为元本体(MetaOntology)，用于描述通用知识(common sense knowledge)，它是一个⟨C，R，A⟩三元组。

元数据里涉及的关系主要有 is-a、part-of、component-of、symmetric、inverse-of、equivalent 等，分别表示子类关系(is-a)、部分-整体关系(part-of)、成分关系(component-of)、对称关系(symmetric)、逆关系(inverse-of)和等价关系(equivalent)等。图 5.12 中，元本体的三个特指是 EducationalOntology、DomainOntology 和 UsageOntology，分别表示教育本体、领域本体和应用本体，它们的 is-a 相关于 MetaOntology。因此这三个特指继承了 MetaOntology 的所有性质、概念、关系和规则。换言之，它们自动拥有从元本体继承来的基本关系，如 is-a 和 part-of 等，也拥有自己特有的关系。

下面继续讨论教育问题。教育中涉及教材、课程和学生笔记，因此可以分别定义为三个本体：TeachingMaterial，对应于教材；Tutorial，对应于课程；PersonalKnowledge，对应于学生笔记。它们各自的 is-a 相关于 EducationalOntology，也就是 EducationalOntology 的特指，继承了 EducationalOntology 的性质。

下面看一个例子。目标是将 PDF 格式的教材转换为本体（该教材由华东师范大学出版社出版，高中物理课本），请参见图 5.13 所示的左部。

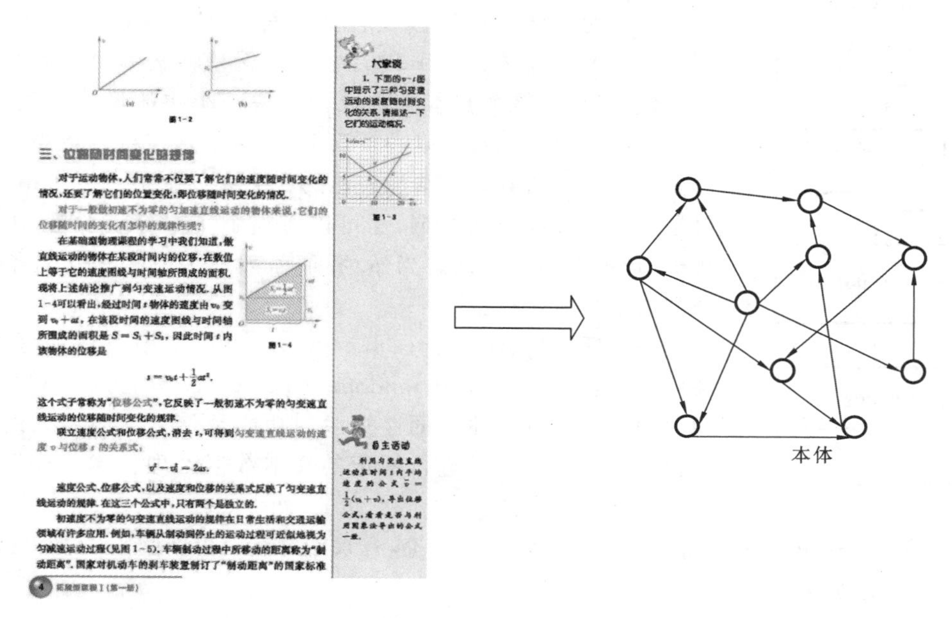

图 5.13 将 PDF 格式的教材转换为本体

为了实现将 PDF 格式的教材自动转换为本体，参考文献[12]提出了一个算法 General。

```
[算法 General]
Input TextBook
(1) Preparation()://Preparation:creation of Glossary, Book transfers to Text Material
(2) Text to KG()://Text material→Knowledge Graph (Algorithm T2KG)
(3) KG to Ontology()://Knowledge Graph→Ontology ()
Output Educational Ontology
```

简单来说，整个过程分为准备(Preparation)阶段、文本转知识图谱(Text to KG)阶段和知识图谱转本体(KG to Ontology)阶段三个阶段。可以用图 5.14 描述算法 General 的整个流程。

准备阶段，教材先由 PDF 格式自动转换为文本格式。与此同时，一个面向领域——物理领域的术语库也创建出来（请参见下面的算法 Preparation）。

```
[算法 Preparation]
Input:textbook
(1) Preprocessing
(2) Tokenization
(3) POS tagging
Output:The text made up of words
```

算法 Preparation 用于处理文本的预备工作：识别 PDF 文件；对文本实施清洗、过滤、转换

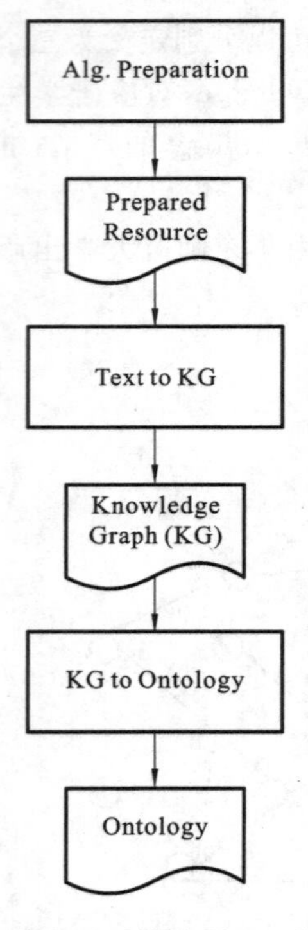

图 5.14 算法 General

等工作;构建术语库;标识化(Tokenization)和词性标注(POS(part-of-speech) tagging)。

值得一提的是,标识化中的一个重要功能是切分词。众所周知,英语、法语、德语等语言里,空格和标点符号可以看成是词的分界符。遗憾的是,中文不具有这种特点,词和词之间无空格来区分,因此需要特定的切分词。算法第(2)步中的 Tokenization 就是相应的标识和切分词。这里涉及自然语言处理(natural language processing,NLP)问题。NLP 的首要任务就是将文本内容进行标识化处理,也就是将整个文本分割成一小块一小块的形式。例如,以一个英文单词为单位或者以一个汉字为单位,这样可以更集中地去分析文本信息的内容和文本想表达的含义。分割是一个大范围,不仅仅是将文本分成不同的词,还可以将整个文本分成段落,进而分成句子,句子再细分到词。当然,我们一般所说的标识化就是将整句分割为单个标识符。

词性标注(part-of-speech tagging)可以使用隐马尔可夫模型、条件随机场(conditional random fields,CRF)等技术对文本中出现的词的性质进行标注。词性标注的功能是将文本内单词的词性按其含义和上下文内容进行标记的文本数据处理技术。这里往往使用机器学习的方法实现。

限于篇幅,这里对这两方面的内容不做深入讨论,有兴趣的读者可查阅人工智能和自然语言处理等相关书籍。

接下来将预处理后的文本转换为一张图,称为知识图谱(请参见下面的算法 Text to KG)。

```
[算法 Text to KG]
Input:Text
(1) Syntactic Analysis
(2) NER (Named Entity Recognition)
(3) Relation Extraction
Output:Knowledge Graph
```

在这个阶段,纯文本自动转换为一张图。其中,节点是词,线是节点间的关系。这个算法中,主要步骤包括文法分析(Syntactic Analysis)、命名实体识别(Named Entity Recognition,NER)和关系抽取(Relation Extraction)等。在这个阶段,人工智能,尤其是机器学习扮演着重要角色。

值得一提的是,节点在概念上并非明确的或一致的,关系也是如此。因此,接着将这张图转换为一个描述本体的图,节点为概念,有向弧为概念间的关系(请参见下面的算法 KG to Ontology)。

```
[算法 KG to Ontology]
Input:Knowledge Graph
(1) Concept Induction
(2) Relation learning
Output:Ontology
```

本体图用于描述三元组,表示概念和概念之间的关系,如〈'直线运动',is-a,'运动'〉,即直线运动是一种运动。

其中术语抽取(term extraction)是本体学习的第一项任务,该任务用来决定与具体领域相关的短语与术语,通常将文本语料资源作为术语抽取的输入。查找同义词(synonym discovery)是第二项任务,是指查找本体概念的同义词,如果两个术语表示同一个含义,则类似于WordNet中的同义词集合,而WordNet通常也被用于同义词的扩充。还要注意概念的形式化(concept formation)定义。在本体学习中,概念由概念的内涵、概念的外延与语料库中的词汇三部分组成。概念的外延是指概念的实例集合,概念的内涵是指对概念深层的抽象描述,语料库中的词汇是指从语料库角度对术语的定义。概念层次化(concept hierarchies)处在本体学习层次的上层,主要是指将所有的概念进行正确的分层,此阶段的工作在本体学习的整个过程中最重要,因为它提供了本体的分类体系结构。关系学习(relations learning)是指找出概念间的相互关系,并且存在多种不同的关系,这些关系通常是指非分类关系。这里还需要规则,规则是指对概念和关系规则的学习,如是否相交、是否存在同义或反义的关系等。

习 题 5

1. 什么是数据库集成?简述数据库集成的主要步骤。
2. 如何解决数据集成时的数据语义异构性问题?
3. 在数据集成中,元数据扮演哪种角色?
4. 什么是本体?本体在数据集成中扮演哪种角色?

第6章 分布式数据库系统查询优化概述

6.1 查询优化

数据库中存储的数据量越来越大，挑战也越来越大，因此对数据库系统性能的要求也越来越高。

数据库的一个最重要特征是，有能力维持性能的一致性和可接受性。数据库系统中维护性能优化机制的一个重要部分是查询优化器(query optimizer)。

6.1.1 查询处理

从数据库里检索数据所涉及的活动称为查询处理(query processing)。查询处理的目的是将使用高级程序语言(如 SQL 语言)编写的程序转换成一种(实现关系代数的)使用低级语言表示的、正确的和有效的执行策略，并执行该策略，以检索所需要的数据。其中一个重要内容是查询优化(query optimization)。

选择处理查询的有效执行策略的活动称为查询优化。同一个高级查询有许多等价转换，优化即选出其中的一个，评判依据是选择使用的资源最少、花费的时间最短的那个。对于一个高级查询(SQL 形态)，DBMS 可以使用不同的技术处理、优化和执行。大致过程为：首先扫描用高级查询语言标识的表达式，并分析和验证它们；然后用扫描器识别查询文本里的语言成分(称为 token)，用分析器检查查询语法的正确性，并(通过存取数据目录)验证属性名和关系名是否有效；最后生成该查询的内部表示(如查询树或查询图)。优化器会生成多个计划，从中选出估计执行开销最小的计划。

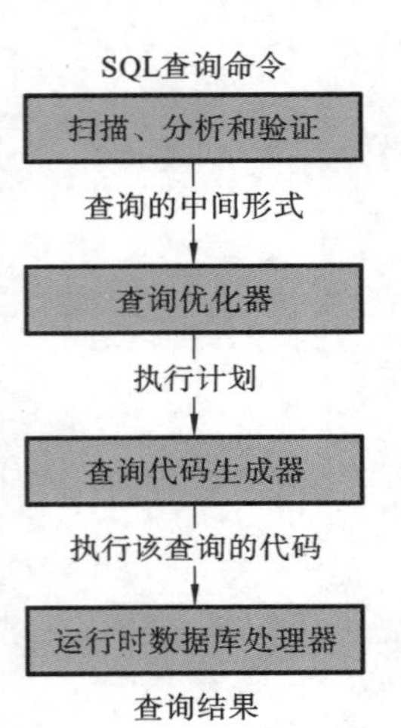

图 6.1 SQL 查询命令的执行步骤

在高级查询语言里，任何一个给定的查询可以有不同的处理方式，每个查询需要的资源也是不同的。DBMS 扮演的角色是选择优化的方式处理查询。由于受时间/空间复杂性的限制，优化器往往无法做到最优化，通俗来讲，优化器只试图找出足够好的策略。

查询优化的基本步骤如下。

- 分析查询表达式，列举可选择的替代方案，一般替代方案数量很大。
- 估算列举的每个替代方案的开销，选择最小估算成本的方案。

这样，SQL 查询命令的执行步骤如图 6.1 所示。

6.1.2 查询优化器体系结构

查询优化器体系结构(query optimizer architecture)如图6.2所示。

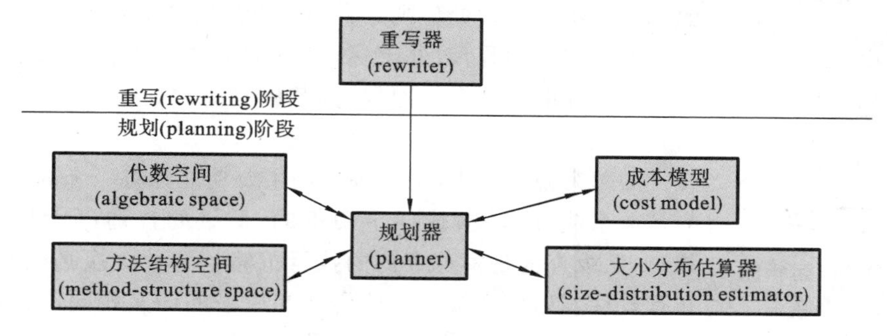

图6.2 查询优化器体系结构

查询优化器的工作过程一般分为两个阶段:重写(rewriting)阶段和规划(planning)阶段。查询优化器的组成模块包括重写器(rewriter)、规划器(planner)、成本模型(cost model)、大小分布估算器(size-distribution estimator)。

1. 重写器

重写器负责将一个给定的查询进行转换,生成更有效的等价查询。例如,将视图用其基关系代替。此时只考虑查询的静态特征,不访问具体的数据,因此,称为是陈述性的(declarative)。

2. 规划器

规划器负责为每个查询检查所有(尽量达到所有)可能的执行计划。从中选出最合适的(一般是性价比最高的)计划,用于为用户提出的查询生成答案。由于查询的可实现计划很多,所以需要一个搜索算法搜索整个计划空间。整个计划空间可以分为两部分:代数空间(algebraic space)和方法结构空间(method-structure space)。

(1) 代数空间指的是用关系代数表示的操作执行序列,一个查询可以用多种基本代数运算序列表示,代数空间包含所有用于实现用户提出的查询的可能的代数运算序列。

(2) 方法结构空间用于描述按代数空间中某个代数运算序列的代数运算执行方法,让规划器选择最佳的实现方法。例如,一个连接(join)运算可以使用两个运算关系实现笛卡儿积运算,再通过选择和投影运算来实现,也可以使用嵌套循环(nested loops)、归并扫描(merge scan)等方法实现(细节请参见后面章节)。

3. 成本模型

成本模型用于估算执行计划成本的算术公式。对每个连接方法、每个不同的索引类别存取等都有对应的成本估算公式,估算内容包含CPU开销、存储开销、缓存开销、I/O开销和通信开销等。

4. 大小分布估算器

大小分布估算器用于描述数据库关系(字段)及索引大小分布。按不同的应用领域,数据的分布是不同的。例如,性别为二值分布(如取“男”、“女”二值),基本上可以看作是均匀分布的,但在描述军人的关系中,并不是均匀分布的(大多数情况下,男性数目大于女性数目)。在全体人口中,年龄在1～120岁之间是均匀分布的,但在学生关系中,年龄分布基本在6～30岁之

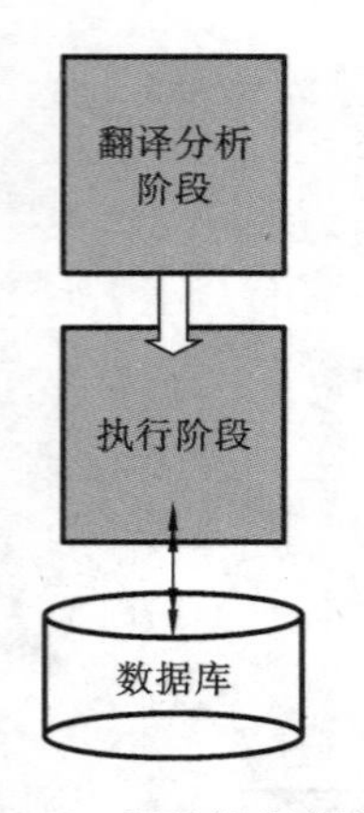

图 6.3 DBMS 运行的两个阶段

间。这对于规划和优化很重要。这里为何是估算而不是实际计算？原因是，在查询优化时尚未真正存取用户数据，优化算法是靠存取数据字典(元数据)来试图获得数据库、关系等的大小及分布信息的。

DBMS 运行可分为两个阶段，即翻译分析阶段和执行阶段，如图 6.3 所示。查询处理则是翻译分析阶段的主要工作。

值得注意的是，对处于翻译分析阶段的查询优化来说，由于此时没有真正存取数据库的数据，其基础只能靠数据字典里的信息和好的算法。

简单来说，关系查询处理器的主要功能是将一个高级查询(典型的是关系演算)转换成一个等价的、低级的查询(典型的是关系代数)。低级查询是实现查询的执行策略。这种变换必须遵循正确性和有效性。如果低级查询的语义和原来的语义相同，并得出相同的结果，我们就说这种变换是正确的。

什么是关系演算？按照网上的说法[①]：

关系演算有两种演算：元组关系演算和域关系演算，它们是数据库关系模型的一部分，能提供指定数据库查询的声明性方式。

关系代数和关系演算是逻辑等价的：对于任何代数表达式，都有一个等价的演算表达式，反之亦然。

关系演算首先是 E. F. Codd 于 1972 年提出的，它包括一个对表进行操作的集合。

- SELECT(σ)：从关系里抽取出满足给定限制条件的元组。
- PROJECT(Π)：从关系里抽取指明的属性(列)。
- PRODUCT(×)：计算两个关系的笛卡儿积。
- UNION(∪)：计算两个表集合理论上的并集。
- INTERSECT(∩)：计算两个表集合理论上的交集。
- DIFFERENCE(－)：计算两个表的差异(区别)的集合。
- JOIN(∞)：通过共同属性连接两个表。

同样的查询，不同的处理方式，结果虽然一样，但是效率却有很大差别。下面看一个例子。如果有两个关系，它们的关系模式如下：

```
EMP(eno,ename,title)
EMP_PROJ(eno,pname,resp,dur)
```

它们用于描述雇员信息与雇员-项目信息。在关系 EMP 中，属性为工号(eno)、雇员姓名(ename)和职称(title)。在关系 EMP_PROJ 中，属性为工号(eno)、项目名(pname)、职责(resp)和工龄(dur)。

如果用户的请求是找出担任项目经理的所有雇员的姓名，则其 SQL 形式表达如下：

```
Select ename
from EMP,EMP_PROJ
where EMP.eno= EMP_PROJ.eno
AND resp= "Manager"
```

① http://zh.wikipedia.org/wiki/%E5%85%B3%E7%B3%BB%E6%BC%94%E7%AE%97。

【例 6.1】 这个查询的两个等价的表达式如下：

$$\Pi_{ename}(\sigma_{resp="Manager" \wedge EMP.eno=EMP\_PROJ.eno}(EMP \times EMP\_PROJ)) \quad (1)$$

$$\Pi_{ename} EMP \infty_{eno=eno} \sigma_{resp="Manager"}(EMP\_PROJ) \quad (2)$$

第一个表达式使用了笛卡儿积。众所周知，笛卡儿积运算消耗的计算资源很多，即复杂性高。第二个表达式避免了 EMP 和 EMP_PROJ 的笛卡儿积，因此可以节省很多计算资源。从以上表达式可以看出，在有多种实现查询方案可供选择的情况下，实现方案的优劣差异很大，这样就可显示出查询优化的重要性。

在集中式系统中，查询执行策略可以很好地使用扩展关系代数来表示。集中式查询处理器的主要角色是为给定查询根据等价原理选择最好的关系代数查询表达形式。

在分布式系统中，仅靠关系代数不足以表达执行策略。为了能够在节点之间交换数据，必须补充一些操作(例如，数据发送与数据接收)。同时，除了要选出关系代数运算的顺序外，分布查询处理器还需确定最佳的运算执行节点。这样，选择分布执行策略的难度增加，分布查询处理更困难。

【例 6.2】 进一步考察例 6.1 的第二式：

$$\Pi_{ename} EMP \infty_{eno=eno} \sigma_{resp="Manager"}(EMP\_PROJ) \quad (2)$$

假设关系 EMP 和 EMP_PROJ 的水平分布如下。

EMP 分为两个数据片：

$EMP_1 = \sigma_{eno \leqslant 3}(EMP)$

$EMP_2 = \sigma_{eno > 3}(EMP)$

EMP_PROJ 也分为两个数据片：

$EMP\_PROJ_1 = \sigma_{eno \leqslant 3}(EMP\_PROJ)$

$EMP\_PROJ_2 = \sigma_{eno > 3}(EMP\_PROJ)$

假设 EMP_PROJ_1、EMP_PROJ_2、EMP_1 和 EMP_2 分别存放在节点 1、节点 2、节点 3 和节点 4 上，而这个查询的结果希望放到节点 5。

为了便于说明，可以忽略投影操作。我们来看两种不同的策略，进而分析优化的必要性。

例 6.2 中，该查询的两种等价分布执行策略如图 6.4 所示。策略 1 利用 EMP 和 EMP_PROJ 分片的特点选择并行实施和连接操作。策略 2 在处理查询前把所有操作数据集中到需要输出结果的节点。可以看出，策略 2 是一种平面化的执行策略。

图 6.4 是使用树的形式来描述查询运算，我们称这类树为算符树或操作树。图 6.4(a)所示的策略 1 中，根表示并运算(∪)，其两个分支节点都是连接运算(∞)。以左面的子树为例，其左面子孙为一个数据片 EMP_1，是叶子；右面是一棵子树，子树根为投影操作 $\sigma_{resp=\text{“Manager”}}$。投影子树的子孙为数据片 EMP_PROJ_1，也是叶子。右面子树的含义类似于左面子树的含义。图 6.4(b)所示的策略 2 中，根为整个查询运算，叶子为操作所需的数据片的所在节点，有向弧上的标示为需传输的数据片，传输的目的地为实施运算的节点。

为了估算这两种策略的资源消耗，我们假设存取 1 个元组需要 1 个单位时间，记作 t_{ac}，令传输 1 个元组需要 10 个单位时间，记作 t_{trans}。假设关系 EMP 和 EMP_PROJ 分别有 400 个元组和 1000 个元组；假设关系 EMP_PROJ 中有 20 位经理，数据在节点是均匀分布的；再假设关系 EMP_PROJ 和 EMP 各自是按照属性 resp 和 eno 聚合的。因此，可以基于 resp 的值直接访问 EMP_PROJ 的元组。

策略 1 的总开销如下。

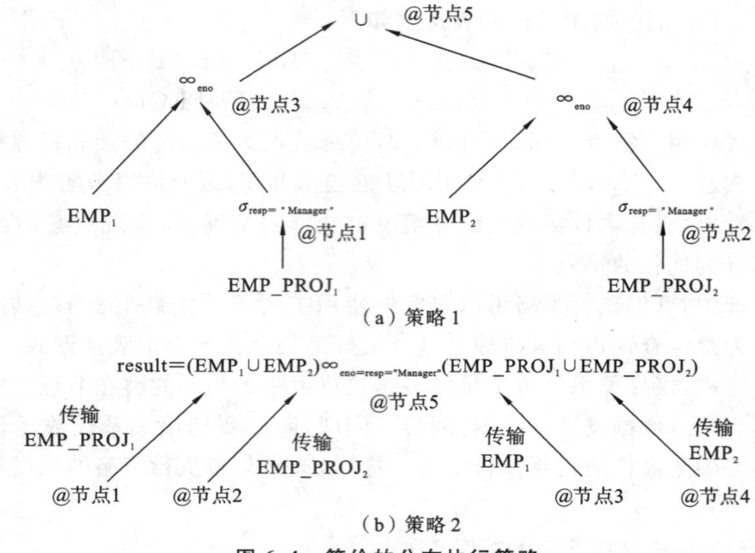

(a) 策略 1

(b) 策略 2

图 6.4 等价的分布执行策略

(1) 对 EMP_PROJ 实施选择操作,生成结果为 EMP_PROJ ',则[①] cost=(10+10) * t_{ac} =20。

(2) 将 EMP_PROJ '发送到 EMP 所在的节点,则 cost=(10+10) * t_{trans} =200。

(3) 将 EMP_PROJ '和 EMP 执行连接运算,结果称为 EMP ',则[②] cost=(10+10) * t_{ac} * 2=40。

(4) 将 EMP '发送到结果节点,则需要(10+10) * t_{trans} =200。

因此总开销为 460。

策略 2 的总开销如下。

(1) 将 EMP 发送到节点 5 需要传输 400 * t_{trans} =4000。

(2) 将 EMP_PROJ 发送到节点 5 需要传输 1000 * t_{trans} =10000。

(3) 对 EMP_PROJ 实施选择操作后产生 EMP_PROJ ',需要 1000 * t_{ac} =1000。

(4) 将 EMP 和 EMP_PROJ '连接[③],需要 400 * 20 * t_{ac} =8000。

因此总开销为 23000。

显然,策略 2 的开销远高于策略 1 的开销,两种策略开销的差别是明显的。结论是,查询优化十分必要。

6.2 分布查询的目标和特征

6.2.1 查询处理的目标

查询处理的目标是按照分布式上下文将基于分布式数据库(从用户角度看,是一个全局数

① 假设共有 20 位经理,他们均匀分布在两个数据片中,所以每个数据片分布 10 位经理。

② 根据假设,这里可以基于 resp 的值直接访问 EMP_PROJ 的元组。按 resp 获取到 20 位经理的元组后,可以直接存取 20 个 EMP_PROJ 的相关元组。因此存取的元组个数为 20 * 2。

③ 按笛卡儿积计,涉及 400 * 20 次元组存取。

据库)的高级查询转换成采用低级语言表达的、更有效的、基于局部数据库的执行策略。这里我们假设高级语言是关系演算,低级语言是带通信原语的扩展关系代数。查询变换中涉及的不同层次将在下面章节中细述。

查询处理的一个重要方面是查询优化,因为众多执行策略同样查询的是正确变换,考虑的一个重要因素是使资源消耗最小化。

资源消耗的一个较好的量度是考虑处理查询的总开销。查询的总开销是各个节点处理查询需要的所有时间与节点间通信需要的时间之和。另外一个量度是响应时间。响应时间是执行查询获得响应所经历的时间。因为操作可以在多个节点并行进行,所以响应时间往往小于总开销时间。集中式数据库系统中,总开销主要由CPU开销和I/O开销构成。

在分布式数据库系统中,我们希望最小化的总开销包括CPU开销、I/O开销和通信开销。CPU开销是指数据在内存时发生的计算开销。I/O开销是访问存储设备(目前主要是硬盘)实施输入/输出操作时所需的时间。通过选择合适的存取方法和有效使用内存(如缓存)可以将I/O的开销降到最小。通信开销则是参与执行查询的节点间交换数据所需的开销。这种开销,无论是在处理消息(打包/拆包)还是在通信网络中传输数据都会发生。

前两个成本要素(I/O开销和CPU开销)是集中式数据库管理系统要考虑的因素。在分布式数据库系统中还要注意,通信开销则是要考虑的一个重要因素。大部分早期的分布式查询处理的建议方案(下面会讨论)都强调通信开销远大于本地开销(I/O开销和CPU开销),因此可以忽略本地开销。这种假设的基础是基于通信网络的带宽大大低于磁盘通信的带宽。所以查询优化的问题就变成如何让通信开销最小的问题。这种好处是本地优化可以独立实施,直接使用集中式数据库系统中的方法。但要注意的是,随着通信网络的发展,目前通信网络的带宽和本地磁盘访问的带宽越来越接近。本地开销已不能轻易忽略了。

6.2.2　关系代数操作的复杂性问题

这里我们考虑关系代数,用它来表达查询处理的输出。因此关系代数操作的复杂性会直接影响它们的执行时间。

定义复杂性最简单的方式是依据关系基(数),它与物理实现细节(如分片情况、存储结构等)无关。

表6.1给出了一元操作和二元操作的复杂性。一元操作的复杂性是O(n),n表示关系的基[①]。二元操作的复杂性大多为O(n * log n),背景是假设一个关系的每个元组都必须与另外一个关系的每个元组进行比较(按照选择属性上的等价性)。这种复杂性基于的假设是每个关系的元组在比较属性上是排好序的。

投影时要删除重复,分组操作需要将关系的每个元组和其他元组进行比较,所以复杂性为O(n * log n)。两个关系的笛卡儿积(Cartesian product)的复杂性则是$O(n^2)$,因为一个关系的每个元组必须与另外一个关系的每个元组进行比较,而关系是未排序的。

讨论关系代数运算的复杂性对优化的判据很重要,因为假设有两种方法可以实现一个计算,优选的往往总是复杂性低的方法。

---

① 简单来说,就是关系里的记录个数。

表 6.1 关系代数运算的复杂性

运　　算	复 杂 性
选择 σ 投影Π(不删除重复记录)	O(n)
投影Π(删除重复记录) 分组(group)	O(n * log n)
连接∞ 半连接∝ 除÷集合运算(set operators)	O(n * log n)
笛卡儿积	$O(n^2)$

6.3 查询处理的基础技术

比较集中式 DBMS 和分布式 DBMS 之间的查询处理器的差别不容易,因为它们的背景不同,出发点也不一样。下面分析查询处理基础技术的几个典型问题。

6.3.1 优化方法

从概念上说,查询优化的目的是从所有可能的执行策略中选出最佳的一个。查询优化的一个直接办法是搜索整个解题空间,用穷尽方式来做,预测每一种方法的开销,选出开销最小的策略。问题是,搜索空间往往很大,即便涉及很少的关系,也可能存在许多等价的策略要考虑。在数据分片的情况下,问题会更严重。开销很大的优化处理和选出最佳的执行策略之间产生了一个悖论。

为了解决这个矛盾,学者们提出了各种折中方法,力图找出一种很好的解决方法,但不一定是最佳的方法,他们的判据主要是存储开销和时间开销。

减少穷尽搜索开销的另外一个常用方法是使用启发式算法,把解题空间限制在有效范围内。在集中式系统和分布式系统中,通用的启发式算法是让中间关系最小。这可以通过先做一元操作,再做二元操作来实现。其原因是一元操作的结果关系的大小一定小于/等于原始关系的大小。同时,把二元操作按其生成的中间关系的大小来排序。还有一种技术是用半连接来代替连接运算,以减少通信开销。

6.3.2 优化时间

相对于查询的实际执行时间来说,查询可以在不同的时间实施优化。优化可以在查询执行之前静态实施,也可以在执行期间动态实施。这样,根据优化的时间,我们可以把查询优化分为**静态查询优化**和**动态查询优化**。

静态查询优化是在查询编译期间实施的,因为一种策略实施后所产生的中间关系的大小在运行前是未知的,必须使用数据库统计信息来估算。估算的误差可能导致影响接下去优化策略的选择。

动态查询优化是在查询执行期间实施的。在执行任意一点时，可以基于前面执行操作结果的准确性来选择下一步操作。因此，此时无须估算中间关系的大小。然而。在选择第一步操作时还是需要估算的。相比静态查询优化，动态查询优化的主要好处是，动态查询优化基于实际的中间关系大小，这对查询处理器来说是有用的，因此可以将选用坏选择的概率降到最小。动态查询优化的主要缺点是，查询优化是一个开销很大的操作，必须为每个查询重复执行优化程序。而且前面一步走错，后面只能将错就错，错到底了。

混合查询优化力图既提供静态查询优化的好处，又要避免不精确估算造成的问题。其方法在本质上还是静态的，但是当检测出估算大小与实际大小之间的差距很大时，可以放在运行期间进行动态查询优化。

6.3.3 统计信息

查询优化的效果依赖于数据库的统计数据。动态查询优化需要统计数据，以便选择哪个操作先执行。对静态查询优化来说，它更需要这些统计数据，因为每个中间关系的大小必须估算出来，其估算依据是统计信息。分布式数据库中，查询优化需要的统计数据是基于数据片的，需要的信息包括每个数据片的数据基(记录的个数)和大小，以及每个属性的不同值的个数等。为了将出错概率降到最小，统计信息越丰富越好，有时甚至会使用统计直方图。为了统计的精确性，还需要周期性地更新统计信息。

6.3.4 确定地点

使用统计优化时，需要确定是让一个节点还是多个节点来参与运算。大多数系统采用集中式决策方法，即选取一个节点来确定所选用的策略。然而，决策过程也可以分步实施，可以让多个节点参与，然后协调总结出一种最好的策略。集中方式简单，但是需要整个分布式系统的知识才能处理，分布处理时，每个节点只需要本地信息。还有混合方法，即一个节点做主要决策，其他节点做局部决策。例如，IBM公司的 System R* 采用的就是混合方法。

6.3.5 利用网络拓扑优化

网络拓扑结构往往会被分布查询处理器用来作为优化的依据。

在广域网上，通过限制数据通信成本，可以将成本函数最小化，这个假设大大简化了分布查询优化。这样可以将优化分为两个问题：基于节点间的通信选择全局执行策略，基于集中查询处理的算法选择本地执行策略。

在局域网上，通信开销和I/O开销可以进行类比，因此多采用并行处理。有些局域网具有广播的功能，因此可以用来优化连接运算。拓扑结构也可以帮助优化，如星形网络的特点可用来参与优化。

6.3.6 利用重复数据片优化

分布关系通常可以划分为数据片。使用全局关系表达的分布查询可以映射到关系的数据片上。这个过程称为处理定位(process localization),因为其主要功能是定位查询中涉及的数据。为了可靠性,数据片常常会复制到多个节点。许多优化算法把这个定位处理作为独立优化的步骤考虑,这样可以简化问题。不过,有些算法没有将之独立处理,而是考虑了运行时副本数据片具备的特点,利用副本增加本地运算,从而减少数据通信开销。不过后者的复杂度高。总之,采用的策略越多,优化算法也越复杂。

6.3.7 使用半连接优化

半连接操作往往可以简化操作关系的大小。如果将通信开销看作优化器要考虑的主要因素,则半连接是特别有用的。它可以用来约简操作关系,所以往往称为约简器。不过,应当指出的是,半连接会增加消息传递的次数,延长本地处理时间。在早期的分布式数据库系统中,网络往往是低速的,因此半连接很有用。随着网络速度的提高,本地处理开销在数量级上和网络通信的差距逐步减小,因此是否使用半连接则要酌情考虑了。

6.4 分层化查询处理

查询处理问题本身可以分解成几个子问题,从而对应于多个层次。图 6.5 为查询优化器分层示例。

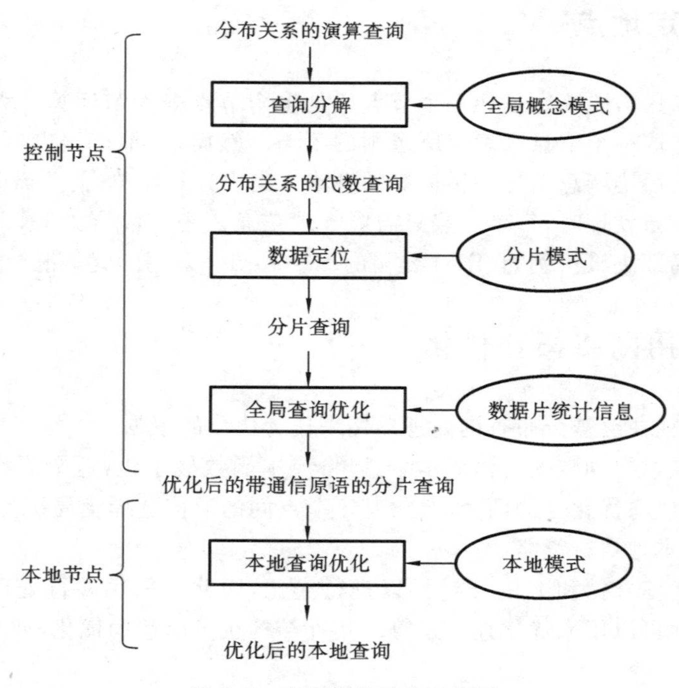

图 6.5 查询优化器分层示例

为了简化讨论,我们假设有一个静态的、半集中的查询处理器,不涉及重复数据片。这里,输入是采用关系演算表达的查询。这个分布查询是基于全局分布关系的。后面涉及的四个主要层次负责将分布查询映射优化为本地操作序列,每个本地操作都作用在本地数据库上。四个层次分别用于实现查询分解功能、数据定位功能、全局查询优化功能和本地查询优化功能。查询分解和数据定位对应于查询重写(query rewriting)。前三个层次由一个控制节点负责实施,使用的是全局信息。第四个层次由本地节点来实施。

6.4.1 查询分解

如图 6.5 所示,查询优化器的第一层是把分布关系上的演算查询分解成全局关系上的代数查询。这种变换需要的信息可以在描述全局关系的全局概念模式中找到。然而,数据分布的信息在这一层用不上。因此,这里使用的仍是集中式数据库系统中的技术。

查询分解可以分为以下四步。

第一步是将演算查询重写成适用于继续处理的规范形式。一个查询的规范化包括对查询量词的处理和按应用逻辑算符优先级进行的对查询量词的进一步处理。

第二步是对规范关系进行语义分析,检查出不正确的查询应尽早将之拒绝。典型的如可以采用某种图来解析查询的语义。

第三步是简化正确的查询(还是用关系演算来表示)。简化的一种途径是约去冗余谓词。

第四步是将演算查询重构成代数查询。重构后的代数查询不是唯一的,有的质量好,有的质量差。所以我们要根据期待的性能来重构代数查询。一般方法是先直接从演算查询生成代数查询,然后逐步变换成“好”的代数查询,采用的技术是关系代数变换。

6.4.2 数据定位

第二层的输入是分布关系的代数查询。第二层主要是定位查询数据,依赖于数据分布信息。关系是分片的并以不相交子集形式存放在不同的节点上。这一层主要是确定查询涉及哪些数据片,并且将之变换成分片查询。数据分片是通过分片规则来定义的,而这些规则是用关系代数来表示的。应用分片规则和导出程序可以重构分布关系。分片查询可以分两步走。首先确定重构关系,这样的重构程序称为物化程序(materialization program)。其次对分片查询进行简化、重构以生成“好”的查询。简化和重构都可以借助分解层上的规则来实现。

6.4.3 全局查询优化

第三层的输入是分片查询,换言之,是基于数据片的代数查询。查询优化的目标是为查询找出接近于最佳的执行策略。其实,要找出最佳解法,从计算角度讲是很难的。分布查询的执行策略可以用关系代数操作和在节点间传输数据的通信原语(如 send/receive)来表示。前面层次已经优化了查询,简化了冗余的表达式。但是,这种优化和分片特征,如与基的大小无关,同时,也没有说明通信操作。所以,还可以优化。

通过交换分片查询中的操作的序,可以得到许多等价查询。

这里,查询优化由找出分片查询的最佳操作序构成,还使得通信开销函数最小(若通信开销是优化的主要矛盾)。开销函数通常按照时间单位来定义,指的是计算资源,如磁盘空间、磁盘 I/O、缓存空间、CPU 开销、通信开销等。一般开销函数指的是一个加权后的 I/O、CPU 和通信开销的组合。特殊情况下,可以将通信开销作为主要参数来考虑。

查询优化的一个重要方面是连接操作的顺序，因为连接运算顺序的改进可以大大改进开销。

半连接是一种重要的优化技术。分布式系统中半连接的主要价值在于，可以减少连接操作数，从而减少通信开销。不过，如果把本地开销考虑在内，半连接的优势就不那么明显了。

6.4.4 本地查询优化

最后一层中，查询涉及的、存放数据片的所有节点都要实施的操作。在一个节点上执行的子查询一般称为本地查询。本地查询是通过本节点上的本地模式来优化的。使用的方法与集中式数据库系统中使用的方法类似，这里不再赘述。

习　题　6

1. 简化如下查询：

```
Select eno from RES
where resp="programmer"
AND   NOT(pno="P1" OR dur=18)
AND   pno≠"P1"
AND   dur=18
```

2. 为如下查询构建一棵算符树：

```
Select ename,pname
from EMP,RES,PROJ
where dur>12
AND   EMP.eno=RES.eno
AND   pname="E-commerce"
```

3. 为如下查询构建一棵算符树，并使用等价变换优化它。

```
Select ename,pname
from EMP,RES,PROJ
where dur>18
AND   EMP.eno=RES.eno
AND   (title="programmer"
OR    RES.pno<"P4")
AND   RES.pno=PROJ.pno
```

4. 为如下查询构建一棵算符树，并使用等价变换优化它。

(1) $\Pi_{name,tax}(EMP \infty_{deptno=deptno} \sigma_{area="North"} DEPT)-(EMP \infty_{deptno=deptno} \sigma_{deptno<10} DEPT))$

(2) $(\sigma_{deptno=10} DEPT \infty (\sigma_{pno="P_1"} SUPPLY-\sigma_{pno="P_2"} SUPPLY))(\sigma_{deptno=10} DEPT \infty \sigma_{pno="P_1"} SUPPLY)$

第7章 查询本地化和查询优化

7.1 查询本地化

首先我们讨论离网优化。由于最初的优化不涉及网络问题，所以称为离网优化。在POREL/C-POREL系统中，它处于NUA（离网分析）层。

下面讨论查询分解和数据定位问题。

查询分解是把分布演算查询映射到一个全局关系的代数查询上。在这个层面上，查询分解使用的还是集中式DBMS上的技术，因为此时还不考虑关系分布问题。

从代数优化看，使用直接分步骤的算法可以获得一个“好的”结果，但是，进一步看未必是最佳的。换句话说，每次选最好的，不见得最终结果是最佳的。就像有一筐苹果，每天选一个质量最好的苹果吃，不见得是最好的吃法。因为随着时间的流逝，苹果的质量在不断地变坏，有些最初符合食用标准的苹果老轮不上吃，最后变得不符合食用标准而被丢弃。

数据定位的工作是分析输入，然后将全局关系上的查询进行分解。数据定位是将全局关系上分解后的查询作为输入，再将数据分布信息应用到查询上，并绑定到确切的数据上。数据定位决定查询涉及哪些数据片，并将分布查询转化成分片查询。

查询分解是查询处理的第一个阶段，它把关系演算查询转换成关系代数查询。这里的输入/输出都是指全局关系，不涉及数据分布。因此，查询分解在集中式系统和分布式系统中是一样的。我们先假设查询的语法都是正确的，当这个阶段成功完成时，输出的查询语义也是正确的。

我们把查询分解分成如下步骤。

第一步：查询规范化（normalization）。

第二步：查询分析（analysis）。

第三步：约简冗余（elimination of redundancy）。

第四步：重写（rewriting）。

第一步、第三步、第四步与等价变换相关，前三步的查询基本上可以用关系演算（如SQL）描述，最后一步变换成关系代数形式。

7.1.1 查询规范化

应用千变万化，当用户输入的查询任意复杂时，这取决于语言提供的能力。规范化的目标是将查询转换成规范形式，以便做进一步处理。假设用户使用的是关系型语言，如SQL，且涉及最重要的变换是查询的限定条件（即查询命令中的where子句），那么这种条件可以是任意复杂的或简单的谓词，使用逻辑“与”（∧）、“或”（∨）连接起来。例如：

```
age>18 AND deptno=9 AND sex="male"
```

表示选择年龄在 18 岁以上、属于系别编号为 9 和男性的(学生)。

这种形式可以简化成:

$(p_{11} \vee p_{12} \vee \cdots \vee p_{1n}) \wedge \cdots \wedge (p_{m1} \vee p_{m2} \vee \cdots \vee p_{mn})$

这里,p_{ij}是一个简单谓词,$1 \leqslant i \leqslant m, 1 \leqslant j \leqslant n$。

下面是另外一种形式:

$(p_{11} \wedge p_{12} \wedge \cdots \wedge p_{1n}) \vee \cdots \vee (p_{m1} \vee p_{m2} \wedge \cdots \wedge p_{mn})$

规范化时,谓词变换起了关键作用,以下是一些无量词谓词的变换公式。

(1) $p_1 \wedge p_2 \Leftrightarrow p_2 \wedge p_1$;

(2) $p_1 \vee p_2 \Leftrightarrow p_2 \vee p_1$;

(3) $p_1 \wedge (p_2 \wedge p_3) \Leftrightarrow (p_1 \wedge p_2) \wedge p_3$;

(4) $p_1 \vee (p_2 \vee p_3) \Leftrightarrow (p_1 \vee p_2) \vee p_3$;

(5) $p_1 \wedge (p_2 \vee p_3) \Leftrightarrow (p_1 \wedge p_2) \vee (p_1 \wedge p_3)$;

(6) $p_1 \vee (p_2 \wedge p_3) \Leftrightarrow (p_1 \vee p_2) \wedge (p_1 \vee p_3)$;

(7) $\neg(p_1 \wedge p_2) \Leftrightarrow \neg p_1 \vee \neg p_2$;

(8) $\neg(p_1 \vee p_2) \Leftrightarrow \neg p_1 \wedge \neg p_2$;

(9) $\neg(\neg p) \Leftrightarrow p$。

这些变换公式在此就不进行详细证明了。

在析取规范式中,可以像处理由并运算连接起来的子查询一样独立处理,但缺点是会产生复杂的连接和选择谓词,形成一个由 AND(∧)连在一起的很长的谓词。

所谓规范化,就是将查询构造成合取式或析取式,典型的是转换成析取式。

7.1.2 查询分析

查询分析可以对确定无法进一步处理的规范化查询予以拒绝,拒绝的主要原因是该查询的变量类型是不正确的,或者语义是不正确的,等等。一旦发现这类情况,可以简单地把查询退回给用户,并伴随一些说明;否则,继续查询处理过程。这样,对不合理或无意义的查询不必存取其实际数据,可以拒绝掉,也减少了不必要的计算开销。

如果查询中的任意一个关系属性或关系名没有在全局模式中定义过,或者操作是应用在错误类别属性上的,则该查询的类别是不正确的。因此不必实在地执行这个查询,这样,就减轻了系统的负担。例 7.1 是一个学校数据库中的 SQL 查询。

【例 7.1】 学校数据库中的 SQL 查询。

```
Select Q#
from Student
where sname>300
```

例 7.1 的查询对象是关系 Student,条件是学生的姓名(sname)大于 300,输出是 Q# 的值。

例 7.1 的查询问题反映在两个方面:首先,属性 Q# 在模式定义中没有定义;其次,">300"操作和 sname 的字符串类型不兼容。因此,这个查询不合法,无需访问这个关系的数据就可以拒绝执行这个查询。这样大大减轻了负担。

一个查询，如果它的组成成分和产生的结果毫无关系，则是语义不正确的。在关系演算中，不可能简单地确定查询语义的一般正确性，但是对于一大类特殊的关系查询来说是可能的。这种处理是基于所谓查询图的表示是否合理来做到的。

在查询图中，结构呈树状。其中一个节点表示结果关系，称为根节点；叶子节点是操作关系，中间节点是算符，边表示操作关系。

【例 7.2】 假设有三个关系，分别是 Student（学生）、COURSE（课程）和 SC（学生选修课程），我们来看下面的 SQL 查询：

```
Select sname, cno
from Student, SC, COURSE
where Student.sno=SC.sno AND cname="CAD/CAM" AND age=23
```

图 7.1 为了对应例 7.2 的查询图，分为两个不相连的子图。显然，右边的子图与希望查询的结果 sname 和 cno 的值毫无关系。这样就告诉我们，这个查询在语义上是不正确的，因为条件和结论不一致。

为此，可以考虑如下解决办法。

（1）拒绝该查询，或者

（2）假设存在一个蕴含 SC 和 COURSE 的连接或笛卡儿积运算。

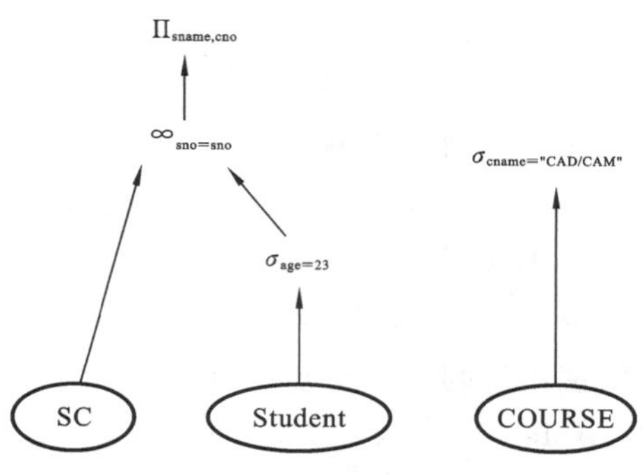

图 7.1 不相连的查询图

7.1.3 约简冗余

值得注意的是，用户查询典型情况下可以用视图来表示，以保证语义的完整性和安全性。同时，由于用户设计查询的能力差异，查询语句中也会有冗余条件出现。这样，充实的查询限定可能包含冗余谓词。为此需要删除冗余，下面一些规则可以用来约简冗余。

谓词约简规则（p 或 p_i 是一个简单谓词）包含以下这些。

$p \wedge p \Rightarrow p$ (1)

$p \vee p \Rightarrow p$ (2)

$p \wedge true \Rightarrow p$ (3)

$p \vee false \Rightarrow p$ (4)

$p \wedge false \Rightarrow false$ (5)

$p \vee true = true$ (6)

$p \wedge \neg p \Rightarrow false$ (7)

$p \vee \neg p \Rightarrow true$ (8)

$p_1 \wedge (p_1 \vee p_2) \Rightarrow p_1$ (9)

$p_1 \vee (p_1 \wedge p_2) \Rightarrow p_1$ (10)

【例 7.3】 假设有如下 SQL 查询：

```
Select title
from EMP
where (NOT(title="Programmer") AND (title="Programmer" OR title="Elect. Eng.")
```

```
AND NOT (title="Elect. Eng.")) OR ename="李林"
```

使用上述约简规则可以简化为：

```
Select title
from EMP
where ename="李林"
```

这个查询的简化过程如下。

令 p_1 为〈title="Programmer"〉，p_2 为〈title="Elect. Eng."〉，p_3 为〈ename="李林"〉，则该查询限定为：

$(\neg p_1 \wedge (p_1 \vee p_2) \wedge \neg p_2) \vee p_3$

则

$\Rightarrow (\neg p_1 \wedge ((p_1 \wedge \neg p_2) \vee (p_2 \wedge \neg p_2))) \vee p_3$

使用规则(7)，得到：

$\Rightarrow ((\text{false} \wedge \neg p_2) \vee \text{false})) \vee p_3$

使用规则(5)，得到：

$\Rightarrow (\neg p_1 \wedge p_1 \vee \neg p_2) \vee (\neg p_1 \wedge p_2 \wedge \neg p_2) \vee p_3$

使用规则(7)，得到：

$\Rightarrow \text{false} \vee \text{false} \vee p_3$

使用规则(4)，得到 p_3。

这个查询得到了初步的优化。

结果，简化后等价的查询是：

```
Select title
from EMP
where ename="李林"
```

7.1.4 重写

查询分解的最后一步是将查询重新写成关系代数的形式。典型情况可以通过如下两步实现。

(1) 将关系演算形式的查询直接转换成关系代数形式的查询。

(2) 重构关系代数查询以改进性能。

为了清楚理解重写的原因，我们可以用算符树来表示关系代数查询。算符树是一棵树，叶子节点是存放在数据库中的一个关系，非叶子节点则是关系代数算符操作的中间关系。操作的顺序是从叶子到根。树根则代表查询结果。

将关系演算查询映射到算符树，可以通过如下方式实现。首先，为每个不同的元组变量(对应一个关系)创建一个叶子。在 SQL 中，from 子句中的叶子(蕴含的是关系)可以直接使用。其次，根节点是关于结果属性的投影操作，显示在 Select 子句中。然后，where 子句限定翻译成关系运算(Select、join、union 等)的适当序列，处于根和叶子之间。

【例 7.4】 查询"那些在 CAD/CAM 项目中工作了 1 年(12 个月)或 2 年(24 个月)的名字

不叫李林的雇员”，其 SQL 语句如下：

```
Select ename
from PROJ, EMP_PROJ, EMP
where EMP_PROJ.eno=EMP.eno
    AND EMP_PROJ.pno=PROJ.pno
    AND ename≠"李林"
    AND PROJ.pname="CAD/CAM"
    AND (dur=12 OR dur=24)
```

这可以映射成图 7.2 所示的算符树。

应用变换规则，从这棵算符树可以派生出许多不同的树。按照变换后的树，可以重写查询。如何重写，请看下面即将介绍的等价变换。

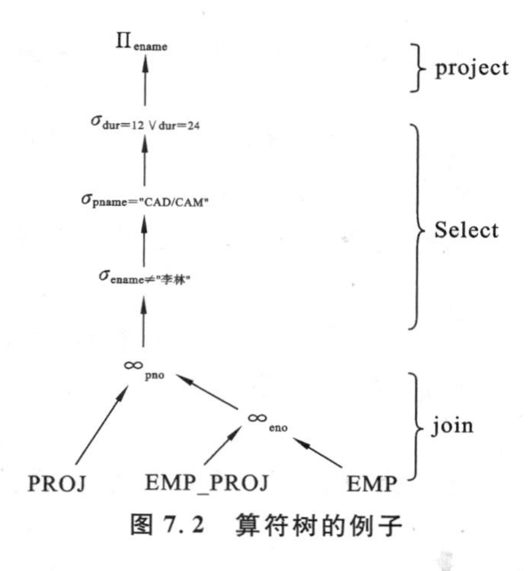

图 7.2　算符树的例子

7.1.5　等价变换

什么是等价变换？我们先来看一个例子。

【例 7.5】　下面这两个查询是等价变换：

$$\Pi_{name, deptno}\sigma_{deptno=15}\ EMP \tag{1}$$

$$\sigma_{deptno=15}\Pi_{name, deptno}\ EMP \tag{2}$$

那么它们为何等价？为何要等价才可变换？下面讨论关系代数的等价变换规律，基础是我们在代数中常用的交换律、结合律、分配律等。

一元运算的交换律，可记为（下面用 U 表示一元运算，如选择和投影）：$U_1\ U_2\ R \leftrightarrow U_2\ U_1\ R$。

二元运算的交换律，可记为（下面用 B 表示二元运算，如连接、并等）：R B S↔S B R。

结合律可记为：R B(S B T) ↔ (R B S) B T。

幂等律可记为：$U\ R \leftrightarrow U_1\ U_2\ R$。

分配律可记为：U(R B S) → U(R) B U(S)。

因式分解可记为：U(R) B U(S) → U(R B S)。

下面假设有两个关系 R 和 S，其中 R 定义在属性 $A=\{A_1, A_2, \cdots, A_n\}$ 上，S 定义在属性 $B=\{B_1, B_2, \cdots, B_n\}$ 上，那么：

● 二元算符的交换律，例如 R 和 S 的笛卡儿积是满足交换律的：R×S↔S×R

两个关系的连接也是满足交换律的：R∞S↔S∞R

● 二元算符的结合律，例如笛卡儿积和连接运算是满足结合律的，即

$$(R\times S)\times T\leftrightarrow R\times(S\times T)$$

$$(R\infty S)\infty T\leftrightarrow R\infty(S\infty T)$$

● 一元运算的幂等律。同一关系上的几个投影操作可以组合起来；反之，几个属性上的一个投影可以分解成几个投影的操作序列，即

令 R 定义在属性集 A 上，且 $A'\subseteq A$，$A''\subseteq A$ 和 $A'\subseteq A''$，则

$$\Pi_{A'}(\Pi_{A''}(R))\leftrightarrow\Pi_{A'}(R)$$

令 $\sigma_{F_i(A_i)}$ 为同一关系上的子序列选择，其中 F_i 是应用于属性 A_i 上的谓词，则

$$\sigma_{F_1(A_1)}(\sigma_{F_2(A_2)}(R))=\sigma_{F_1(A_1)\wedge F_2(A_2)}(R)$$

反之，由合取谓词标识的简单选择可以分成几个子序列查询。

● 交换投影运算和选择操作运算，结果为：

$$\Pi_{A_1,\cdots,A_n}(\sigma_{F(A_p)}(R)) \leftrightarrow \sigma_{F(A_p)}(\Pi_{A_1,\cdots,A_n}(R))$$

注意，这是有条件的，具体条件在表 7.1 中说明。

● 交换选择运算和二元运算。

选择运算和笛卡儿积运算的交换结果为：

$$\sigma_{F(A_i)}(R \times S) \leftrightarrow (\sigma_{F(A_i)}(R)) \times S$$

注意，这里假设 A_i 是关系 R 的属性集 A 的子集。

选择运算和连接运算的交换结果为：

$$\sigma_{F(A_i)}(R \infty_{F(A_j,B_k)} S) \leftrightarrow \sigma_{F(A_i)}(R) \infty_{F(A_j,B_k)} S$$

选择运算和并运算的交换（假设关系 R 和 T 是兼容的，即有相同的关系模式）为：

$$\sigma_{F(A_i)}(R \cup T) \leftrightarrow \sigma_{F(A_i)}(R) \cup \sigma_{F(A_i)}(T)$$

选择运算和差运算也同样可交换。

● 交换投影运算和二元运算。

投影运算和笛卡儿积运算是可以交换的，但要满足条件，$C=A' \cup B'$，其中 $A' \subseteq A$，$B' \subseteq B$，A 和 B 是关系 R 和 S 上的属性集：

$$\Pi_C(R \times S) \leftrightarrow \Pi_{A'}(R) \times \Pi_{B'}(S)$$

投影运算和连接运算也是可交换的，其结果为：

$$\Pi_C(R \infty_F S) \Rightarrow \Pi_{A'}(R) \infty_F \Pi_{B'}(S)$$

但要满足一定的条件，$A_i \in A'$，$B_j \in B'$，详见请见表 7.4 和表 7.5。

投影运算和并运算的交换结果为：

$$\Pi_C(R \cup S) \leftrightarrow \Pi_C(R) \cup \Pi_C(S)$$

投影运算和差运算也是可交换的。

1. 一元运算的交换律

一元运算是只有一个操作对象的操作。本节研究何种情况下交换律是成立的。表 7.1 是一元运算交换律的情况。

表 7.1 一元运算的交换律

交换律	σ_{F_2}	Π_{A_2}
$\sigma_{F_1}(*(R)) \Rightarrow *(\sigma_{F_1}(R))$	✓	✓
$\Pi_{A_1}(*(R)) \Rightarrow *(\Pi_{A_1}(R))$	$PreCon_1$	$PreCon_2$

其中：✓表示这个交换律是成立的，⊗表示这个交换律是不成立的。有时在有条件时成立，我们把前提条件记为 PreCon，用下标来区分不同的前提条件。令 Attr()为一个函数，表示抽取变量里涉及的属性集，这样，表 7.1 中的两个前提条件如下：

$$PreCon_1: Attr(F_2) \subseteq A_1$$

$$PreCon_2: A_1 \equiv A_2$$

其中：$Attr(F_2)$表示 F_2 中涉及的属性集。

这两个前提条件分别表示：$PreCon_1$ 为一个先选择后投影的运算可交换，当且仅当先执行的选择谓词涉及的属性集包含在投影的目标属性集中（否则，交换后变为后选择运算，由于其选择谓词涉及的属性集不存在而无法执行，从而交换前后的结果不等价）；$PreCon_2$ 为两个投影运算可交换，当且仅当这两个投影运算的目标属性集相同。

2. 二元运算的交换律和结合律

二元运算在这里指的是并、差、积、连接和半连接。

表 7.2 中的第二行描述的是二元运算的交换律，显然并运算、笛卡儿积运算和连接运算是可交换的，而差运算和半连接运算不满足交换律。第三行描述的是二元运算的结合律，并运算和笛卡儿积运算满足结合律；差运算和半连接运算不满足结合律；连接运算则在有条件时满足结合律，条件是如果两个连接运算满足结合律，则原来排序在后面执行的连接运算的限定谓词涉及的属性集要处在两个连接运算限定谓词的交集里，否则交换后由于缺少连接属性而使得最后执行的连接无法实施。

表 7.2　二元运算的交换律和结合律

交换率和结合率	$\cup$	$-$	$\times$	∞	$\propto$
$R*S \Rightarrow S*R$	✓	⊗	✓	✓	⊗
$(R*S)*T \Rightarrow R*(S*T)$	✓	⊗	✓	$PreCon_1$	⊗

注：$PreCon_1$：$(R\infty_{F_1}S)\infty_{F_2}T \rightarrow R\infty_{F_1}(S\infty_{F_2}T)$：$Attr(F_2)\subseteq Attr(S)\cup Attr(T)$。

3. 幂等律

幂等律指的是一元运算的性质。投影运算和选择运算都满足幂等律，但一个一元运算拆解成两个一元运算时需满足前提条件，即 PreCon。对投影(Π)而言，满足幂等律的前提条件是 A 和 A_1 相同，A_2 是 A 的一个子集。对选择(σ)而言，满足幂等律的前提条件是谓词表达式 F 是表达式 F_1 和 F_2 的交，如表 7.3 所示。

表 7.3　幂等律

$\Pi_{A(R)} \Rightarrow \Pi_{A_1}\Pi_{A_2}(R)$	✓ PreCon：$A\equiv A_1$，$A\subseteq A_2$
$\sigma_{F(R)} \Rightarrow \sigma_{F_1}\sigma_{F_2}(R)$	✓ PreCon：$F=F_1\wedge F_2$

4. 分配律

分配律如表 7.4 所示。由表可知，并运算满足分配律，差运算满足选择运算的分配律，但不满足投影运算的分配律，有条件的笛卡儿积运算满足分配律（前提条件为 $PreCon_1$），有条件的连接运算满足分配律。对选择运算而言，其分配的前提条件是 $PreCon_1$；对投影运算而言，其分配的前提条件是 $PreCon_2$。半连接对选择运算而言满足分配律，有条件的满足投影的分配律（前提条件为 $PreCon_2$）。

表 7.4　分配律

分配率	$\cup$	$-$	$\times$	∞_{F_3}	$\propto_{F_3}$
$\sigma_F(R*S) \Rightarrow \sigma_{FR}(R) * \sigma_{FS}(S)$	✓(FR=FS=F)	✓(FR=FS=F)	✓$PreCon_1$	✓$PreCon_1$	✓(FR=F, FS=true)
$\Pi_A(R*S) \Rightarrow \Pi_{AR}(R) * \Pi_{AS}(S)$	✓(AR=AS=A)	⊗	✓(AR=A−Attr(S) AS =A−Attr(R))	✓$PreCon_2$	✓$PreCon_2$

注：$PreCon_1$：$\exists$ FR，FS：$(F=FR\wedge FS)\wedge(Attr(FR)\subseteq Attr(R))\wedge(Attr(FS)\subseteq Attr(S))$；

$PreCon_2$：$Attr(F_3)\subseteq A$，$(AR=A-Attr(S)\wedge AS=Attr(S)\cap Attr(F_3))$。

这里，$PreCon_1$ 表示将一个选择运算分解成两个选择运算，则原始选择运算的选择谓词为分解后两个选择运算的选择谓词的交。

$PreCon_2$ 意味着若一个投影运算分解为前后两个投影运算，则分解后的两个投影运算中的后一个投影运算的投影结果属性集与未分解前投影运算的结果属性集相同，以保证变换前后的结果投影集相同。同时，要求在执行投影运算后，保留连接/半连接条件含有的属性，以便仍能实施连接/半连接。

5. 因式分解

因式分解(factorization)如表 7.5 所示。

表 7.5 因式分解

因式分解	$\cup$	$-$	$\times$	∞_{F_3}	$\propto_{F_3}$
$\sigma_{FR}(R) * \sigma_{FS}(S) \rightarrow \sigma_F(R * S)$	√(FR=FS=F)	√$PreCon_1$	√($F=FR \wedge FS$)	√($F=FR \wedge FS$)	√$PreCon_3$
$\prod_{AR}(R) * \prod_{AS}(S) \rightarrow \prod_A(R * S)$	√$PreCon_2$	$\otimes$	√($A=AR \cup AS$)	√($A=AR \cup AS$)	√(A=AR)

注：$PreCon_1$：$FR \Rightarrow FS \wedge FR=F$；

$PreCon_2$：$Attr(R)=Attr(S)$，$AR=AS=A$；

$PreCon_3$：$FS=true \wedge FR=F$。

现在来看一棵等价算符树，如图 7.3 所示。

我们用上述规则进行简化。首先，可以将一元运算进行分解，以简化查询表达式。其次，将同一关系上的一元运算进行组合，使得对一个关系的一元运算可以通过一次存取实现。再次，可以交换某些一元运算与二元运算，让一元运算(如选择运算)先执行。最后，将二元运算进行排序，结果可以用图 7.4 表示。

【例 7.6】 将图 7.3 所示的等价算符树演变成重写后的算符树(见图 7.4)。

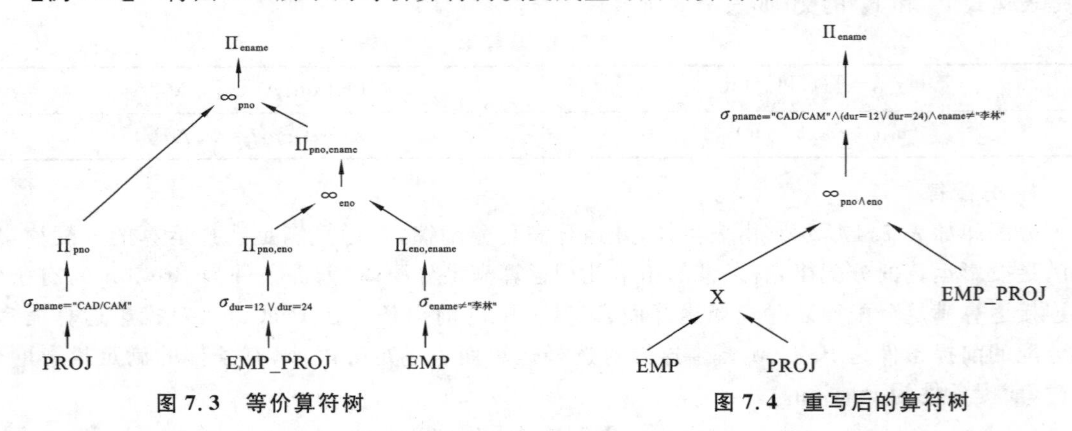

图 7.3 等价算符树　　　　图 7.4 重写后的算符树

重写后的算符树简洁了很多，显然，优化是有效的。

6. 等价变换优化

例 7.6 优化的基础是等价变换。下面对查询的等价变换进行深入讨论。

根据上面的讨论，我们总结目前得到的优化规则如下。

优化规则 1：使用选择运算和投影运算的幂等律将每个操作关系生成合适的选择和投影操作。因为一元运算会缩减关系的大小，所以可以先做，使得运算的中间关系变小，这样就有了优化规则 2。

优化规则 2：在一棵算符树中，尽量将选择运算和投影运算往树叶方向移动。

【例 7.7】 假设有一个查询，可以记为：

查询：$\prod_{snum} \sigma_{area="North"}(SUPPLY \infty_{deptno=deptno} DEPT)$

表示将供应(SUPPLY)和部门(DEPT)两个关系连接后，选出负责北区(area=" North ")的供应数据，最后投影到相关的供应商号(snum)上。

这个查询可用图 7.5 表示。

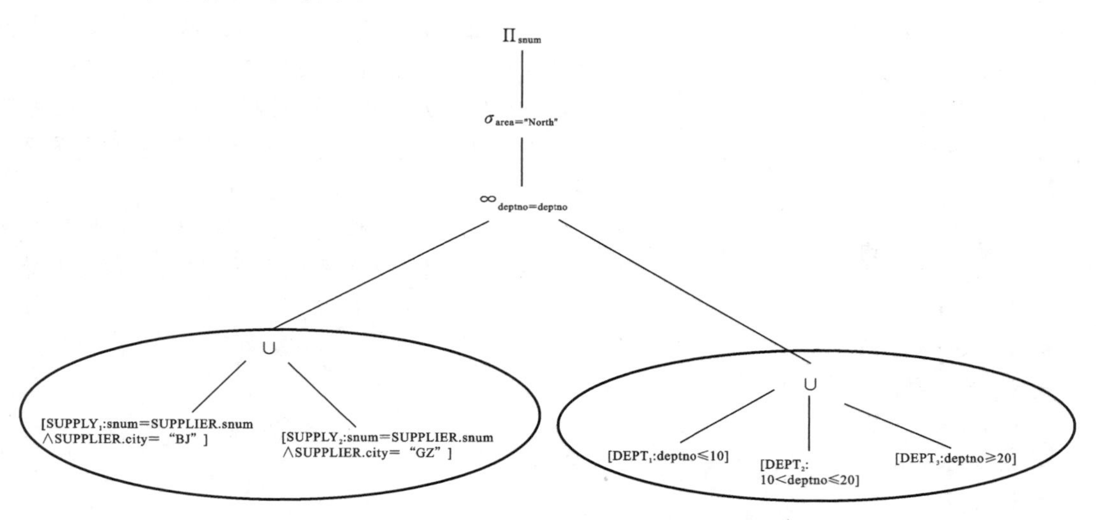

图 7.5　例 7.7 中查询的原始形态

由图 7.5 可知，假设 SUPPLY 关系是水平分布的，分成南北两片，一片以北京为核心，一片以广州为核心，即分片谓词分别为 city＝"BJ"和 city＝"GZ"。在实施操作时，这两个数据片通过并运算重构，因此形成图 7.5 所示的左面子树。同时，关系 DEPT 按部门水平分片为三部分，部门号小于等于 10 的部门为一片、部门号在 11～20 之间的为第二片，其余为第三片，其重构也由并运算实现，故形成右面子树。我们分别用椭圆圈出，表示这是由关系重构而产生的操作。

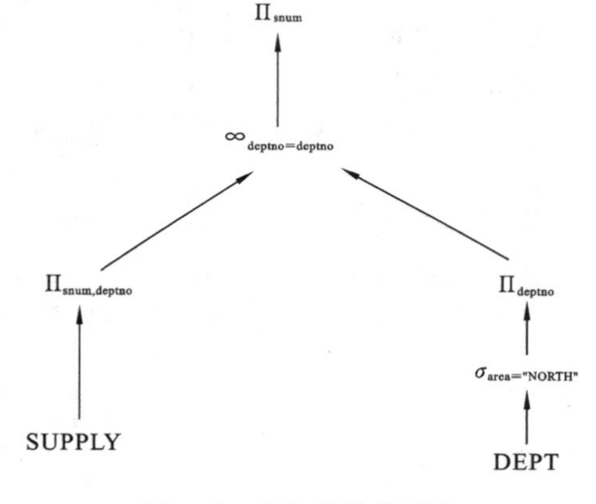

图 7.6　查询的简化形态

采用查询优化规则 1 和优化规则 2，可以将图 7.5 所示的查询简化为图 7.6 所示的形态。

显然，图 7.6 所示的优化结果比原始查询的优化结果好多了(这里为了简洁，我们把重构省略了)。

7. 利用公共子表达式来优化

下面进一步讨论等价变换优化。

【例 7.8】　找出工号为 288 的由负责人领导的部门里工资在 3000 元及以下的雇员的姓名。这个查询可以看成如下形态：

$$\Pi_{EMP.name}((EMP \infty_{deptno=deptno} \sigma_{mgrnum=288} DEPT) - (\sigma_{SAL>3000} EMP \infty_{deptno=deptno} \sigma_{mgrnum=288} DEPT))$$

(这个例子取自参考文献[1]。当然，虽然这个查询符合逻辑，但可能有些读者也会这样批评，用户为何不把这个查询设计得更好。)

这个查询表示，从工号为 288 的由负责人领导的部门里去掉工资高于 3000 元的雇员，然后将结果投影到雇员姓名，就是所求结果。

我们发现，其中有一个公共子表达式，即

$$EMP \infty_{deptno=deptno} \sigma_{mgrnum=288} DEPT$$

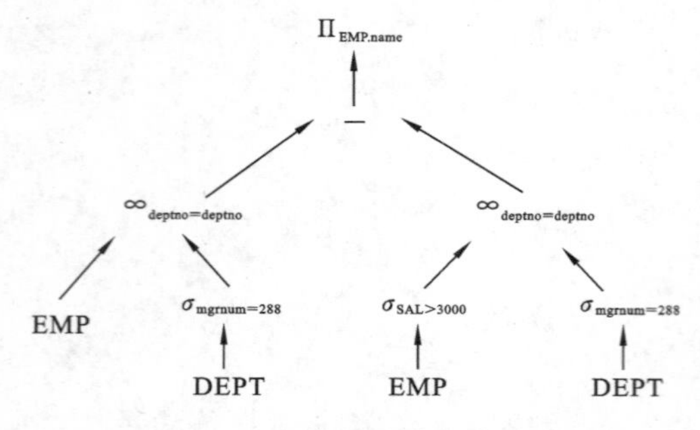

图 7.7　查询及公共子表达式

我们当然不希望把这个子表达式重复计算两次(这样的开销太大),所以希望加以优化。

一旦确定公共子表达式,这个子表达式就只计算一次,然后将结果作为临时数据存放起来,以便下次使用。还可以使用等价公式将查询进一步简化。查询及公共子表达式如图 7.7 所示。

为了进一步优化,往往需要进一步等价变换,下面给出一些关系运算等价公式,其证明略。

- $R \infty R \leftrightarrow R$;
- $R \cup R \leftrightarrow R$;
- $R - R \leftrightarrow \varnothing$;
- $R \infty \sigma_F R \leftrightarrow \sigma_F R$;
- $R \cup \sigma_F R \leftrightarrow R$;
- $R - \sigma_F R \leftrightarrow \sigma_{\neg F} R$;
- $(\sigma_{F_1} R) \infty (\sigma_{F_2} R) \leftrightarrow \sigma_{F_1 \wedge F_2} R$;
- $(\sigma_{F_1} R) \cup (\sigma_{F_2} R) \leftrightarrow \sigma_{F_1 \vee F_2} R$;
- $(\sigma_{F_1} R) - (\sigma_{F_2} R) \leftrightarrow \sigma_{F_1 \wedge \neg F_2} R$。

这样可以运用以上公式将这个查询进行优化。

首先找出公共子表达式,然后依据上面的规则进行优化。若令这个公共子表达式的结果为一个临时关系 S,则这个查询中的差运算可以表述成:

$$S - \sigma_{SAL>3000} S$$

依据等价规则 $R - \sigma_F R \leftrightarrow \sigma_{\neg F} R$,可以将这个差运算替代掉,结果如图 7.8 所示。

按照优化规则,图 7.8 这个形态还可以继续优化,把一元运算尽量往叶子处下推,从而形成图 7.9 所示的形态。显然,查询结果被大大优化了。

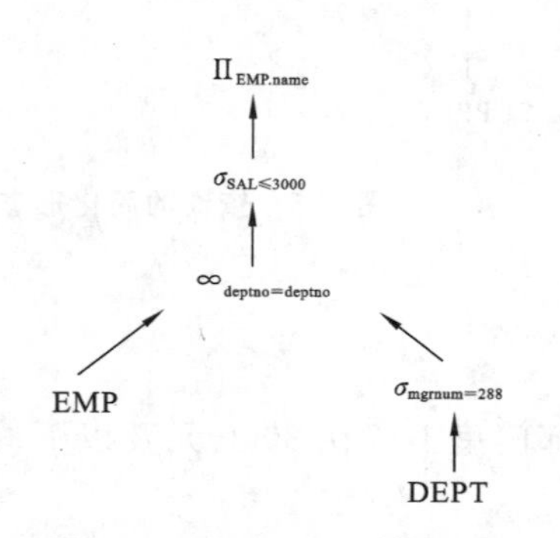

图 7.8　对公共子表达式进行优化

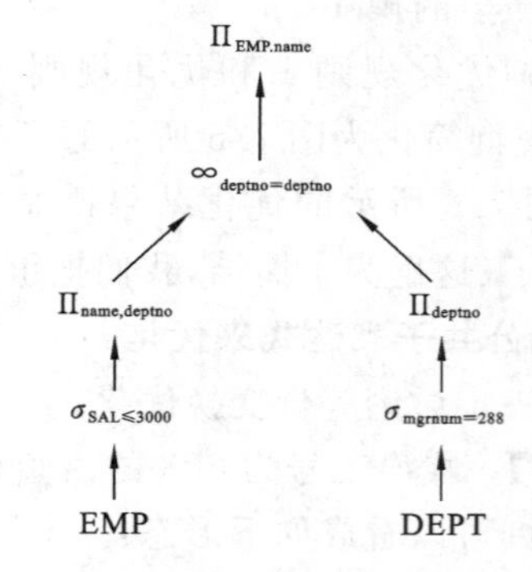

图 7.9　进一步优化后的形态

7.1.6　分布数据的本地化

查询优化的本地化分层聚焦于将查询转换成本地数据。本地化分层负责将代数查询翻译成面向物理数据片的形态,将使用存放在分片模式里的信息。

数据片是按照分片规则定义的,可以表达为关系查询。一个全局关系可以通过应用重构规则来重构，从而导出一个关系代数程序，其操作数是数据片，这个程序称为本地化程序。为了简化，我们假设这里的数据片无副本。

将分布查询分配到节点上的自然办法是生成查询，让每个全局关系使用本地化程序来代替。这可以看成是在一棵分布查询的算符树上将叶子用与本地化程序对应的子树来替代。

这个过程不复杂，但前提是这棵算符树已经很好地被约简。下面先讨论分片查询的正则表示问题。

1. 限定关系代数和正则表达式

什么是限定关系？限定关系是将一个关系通过限定条件加以扩展，记作$[R:q_R]$。其中：R是一个关系，称为限定关系的主体；q_R 是一个谓词，称为限定谓词。

显然，也可以将关系 R 本身看成是一个限定关系，其限定条件为 true，即 R=[R:true]。

考虑限定关系时的关系代数，称为限定关系代数。我们用一些规则来描述。

限定关系代数规则 1：$\sigma_F[R:q_R]\Rightarrow[\sigma_F R:F\wedge q_R]$。

证明略。

这个规则的含义是，如果对一个限定条件为 q_R 的关系数据片实施选择运算，且选择谓词是 F，则可看成是对一个同时满足 F 和 q_R 的关系实施选择。

其意义在于，对那些限定条件 $F\wedge q_R$ 为假(false)的关系片，可以不必实施真正的选择操作，直接用空集(∅)代入即可。

限定关系代数规则 2：$\prod_A:[R:q_R]\Rightarrow[\prod_A R:q_R]$。

证明略。

这个规则反映了一种不变性。

限定关系代数规则 3：$[R:q_R]\times[S:q_S]\Rightarrow[R\times S:q_R\wedge q_S]$。

证明略。

限定关系代数规则 4：$[R:q_R]-[S:q_S]\Rightarrow[R-S:q_R]$。

证明略。

这个规则的意义在于两个限定关系的差可以用这两个关系的差表示，且必须满足被减数的限定条件。

限定关系代数规则 5：$[R:q_R]\cup[S:q_S]\Rightarrow[R\cup S:q_R\vee q_S]$。

证明略。

限定关系代数规则 6：$[R:q_R]\infty_F[S:q_S]\Rightarrow[R\infty_F S:q_R\wedge q_S\wedge F]$。

证明：

$[R:q_R]\infty_F[S:q_S]\Rightarrow$

$\sigma_F([R:q_R]\times[S:q_S])\Rightarrow$

$\sigma_F[R\times S:q_R\wedge q_S]\Rightarrow$

$[\sigma_F(R\times S):q_R\wedge q_S\wedge F]\Rightarrow$

$[R\infty_F S:q_R\wedge q_S\ F]$

限定关系代数规则 7：$[R:q_R]\propto_F[S:q_S]\Rightarrow[R\propto_F S:q_R\wedge q_S\wedge F]$

证明：

$[R:q_R]\propto_F[S:q_S]\Rightarrow$

$\prod_{Attr}(R)([R:q_R]\infty_F[S:q_S])\Rightarrow$

$\prod_{Attr}(R)\ [R\infty_F S:q_R\wedge q_S\wedge F]\Rightarrow$

$[\prod_{Attr}(R)\ (R \infty_F S): q_R \wedge q_S \wedge F] \Rightarrow$

$[R \propto_F S: q_R \wedge q_S \wedge F]$

这个规则的优点是，如果限定条件为矛盾，对应的集合为空，则可以不执行该操作。

下面是可以进一步约简的公式（$\varnothing$表示空集）。

- $\sigma_F(\varnothing) \leftrightarrow \varnothing$；
- $\prod_A(\varnothing) \leftrightarrow \varnothing$；
- $R \times \varnothing \leftrightarrow \varnothing$；
- $R \cup \varnothing \leftrightarrow R$；
- $R - \varnothing \leftrightarrow R$；
- $\varnothing - R \leftrightarrow \varnothing$；
- $R \infty_F \varnothing \leftrightarrow \varnothing$；
- $R \propto_F \varnothing \leftrightarrow \varnothing$；
- $\varnothing \propto_F R \leftrightarrow \varnothing$。

2. 约简

1）基本水平分片的约简

如前所述，基于选择谓词的关系水平分片负责定义关系的分布。

【例 7.9】 假设关系 EMP(eno, ename, title)可以水平分成三个数据片，即 EMP_1、EMP_2 和 EMP_3，其定义如下：

$EMP_1 = \sigma_{eno \leqslant "E3"}(EMP)$

$EMP_2 = \sigma_{"E3" < eno \leqslant "E6"}(EMP)$

$EMP_3 = \sigma_{eno > "E6"}(EMP)$

水平分片关系的本地化重构程序是该关系所有数据片的并，即

$EMP = EMP_1 \cup EMP_2 \cup EMP_3$

这样一种水平分片关系可以简化选择运算和连接运算。

(1) 使用选择运算来约简。

如果数据片的选择运算谓词与其定义分片限定谓词相矛盾，则其结果为一个空关系。假设关系 R 水平分片为 $R_1, R_2, \cdots, R_w$，其中 $R_j = \sigma_{pj}(R)$，则相应的规则可以描述如下：

$(\sigma_{pi}(R_j) = \varnothing \text{ if } \forall x \text{ in } R: \neg(p_i(x) \wedge p_j(x))$

其中：p_i 和 p_j 为选择谓词；x 表示元组；p(x)表示 x 满足谓词 p。

如果选择的限定谓词和数据片的分片谓词相矛盾，则结果为空集。

优化规则 3：尽可能地将选择运算往算符树的叶子方向下推，然后使用限定关系代数，如果发现归并后的限定条件有矛盾，则用空集代入。

【例 7.10】 假设查询为 $\sigma_{deptno=1}$DEPT，则它可以用图 7.10 表示。

利用优化规则 2，使用交换律，将选择运算下推到并运算下面，结果如图 7.11 所示。

对其中参与并运算的三棵子树分别使用优化规则 3，结果如下：

$\sigma_{deptno=1}[DEPT_1: deptno \leqslant 10] \Rightarrow [DEPT: deptno = 1 \wedge deptno \leqslant 10]$

$\sigma_{deptno=1}[DEPT_2: 10 < deptno \leqslant 20] \Rightarrow [DEPT: deptno = 1 \wedge 10 < deptno \leqslant 20] = \varnothing$

$\sigma_{deptno=1}[DEPT_3: deptno > 20] \Rightarrow [DEPT: deptno = 1 \wedge deptno > 20] = \varnothing$

所以例 7.10 可以简化成如图 7.12 所示。

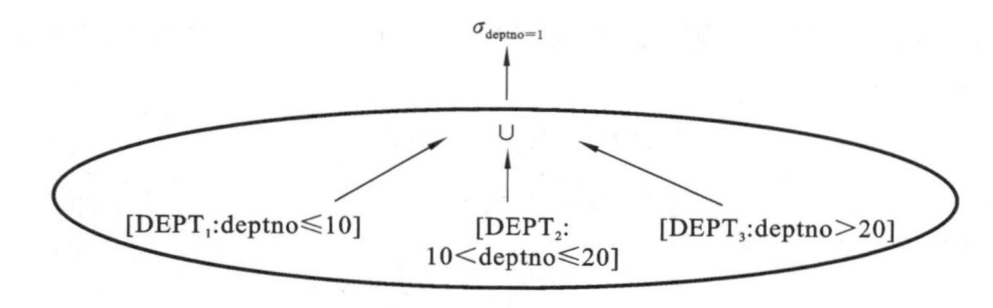

图 7.10　例 7.10 的图示

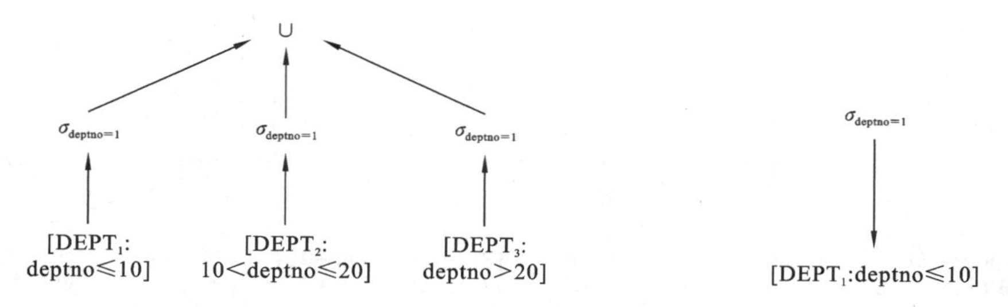

图 7.11　将选择运算下推到并运算下面的算符树

$\sigma_{deptno=1}$

[DEPT$_1$:deptno≤10]

图 7.12　例 7.10 的演变

显然，结果让这个查询大大简化了。

(2) 水平分片关系连接运算的简化。

数据水平分片关系的连接也可以简化。一个分片关系(如 R)可以通过并运算来重构，所以两个关系 R 和 S 的连接可以表述为：

$(R_1 \cup R_2) \infty_F S = (R_1 \infty_F S) \cup (R_2 \infty_F S)$

其中：$R_i(i=1,2)$是 R 的数据片，S 是另外一个关系。

利用限定关系谓词和连接运算谓词的"与"操作，判定结果是否为"假"来简化连接运算。

先来看一个规则：$R_i \infty_F S_j = \varnothing$ if $\forall$ x in R_i，$\forall$ y in S_j：$\neg(p_i(x) \wedge p_j(y) \wedge F)$

这个规则是显然的，证明略。

因此，可以获得两个新的优化规则。

优化规则 4：使用限定关系代数对连接运算进行估算，如果发现限定条件有矛盾，则用空集代入。

优化规则 5：为了处理分布连接，全局关系中出现的并运算(表示数据片的重组)必须往树的根部移动，并移到希望实施分布连接的运算上面。

【例 7.11】　假设有查询 σ_{snum}(SUPPLY ∞ SUPPLIER)，那么该查询可以用图7.13所示的算符树来表示。

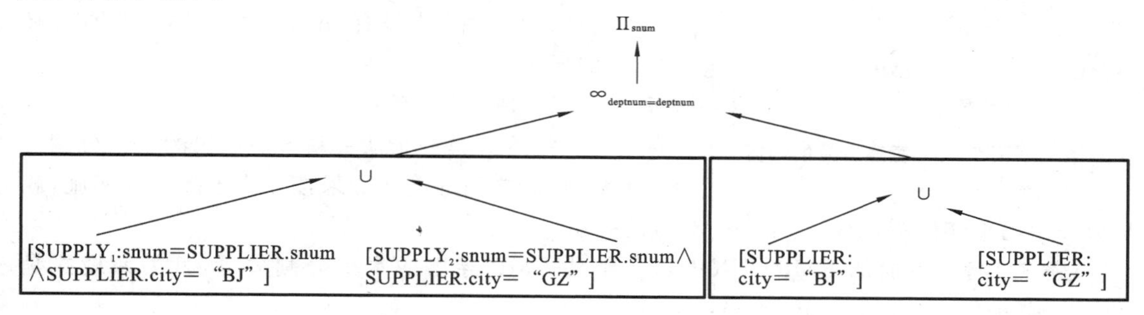

图 7.13　例 7.11 查询的算符树

这个查询可以用一个简单连接图表示，因为 SUPPLY 是 SUPPIER 的导出水平分布。因此，这个连接可以分解为两个连接：

$$SUPPLIER_1 \infty SUPPLY_1$$
$$SUPPLIER_2 \infty SUPPLY_2$$

结果如图 7.14 所示。

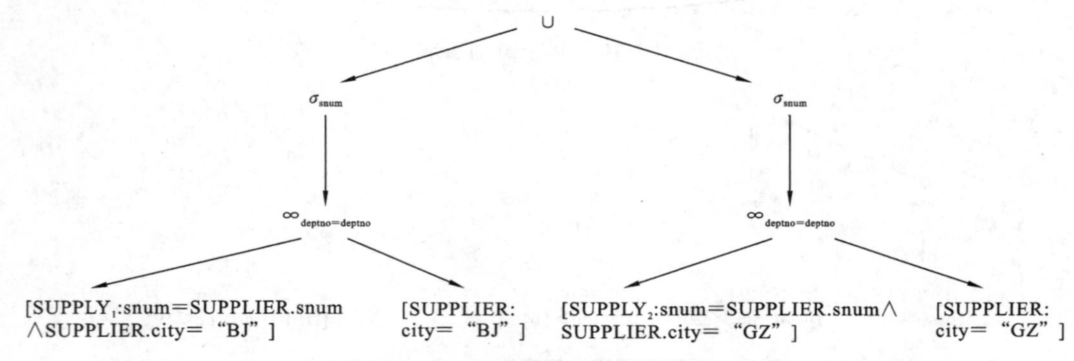

图 7.14 优化后的查询的算符树

2）垂直分片上的约简

垂直分片是基于投影操作实现的。垂直分片关系的重构是通过连接运算实现的。我们来看一个例子。

【例 7.12】 假设关系 EMP 是一个垂直分片关系，分片情况如下：

$$EMP_1 = \Pi_{eno, ename}(EMP)$$
$$EMP_2 = \Pi_{eno, title}(EMP)$$

其重构为：$EMP = EMP_1 \infty_{eno} EMP_2$。

类似于水平分布，垂直分片上的查询可以通过找出无用的中间关系和删除产生的子树来约简。如果在垂直数据分片上的投影属性和分片限定属性间（除键属性外）没有公共交集，则为无效。

【例 7.13】 假设有如下查询：

Select ename
from EMP

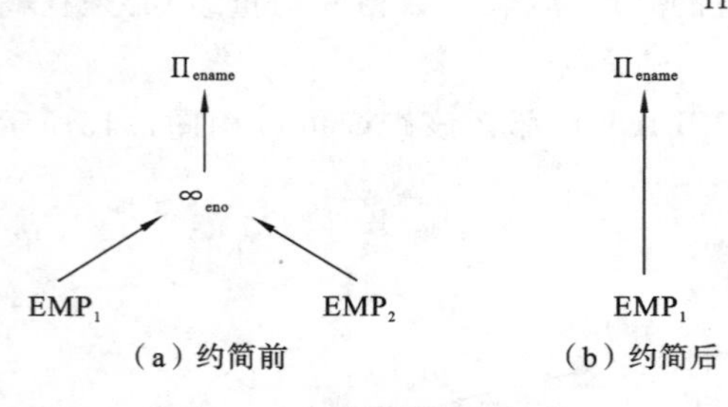

图 7.15 垂直分片的约简

图 7.15(a)表示为在 EMP_1 和 EMP_2 上的等价查询。将投影运算和连接运算交换（即投影在 eno、ename 上），可以发现 EMP_2 上的投影是无用的，因为 EMP_2 中没有 ename 属性，结果如图 7.15(b)所示。

3）导出分片的约简

关系 R 是一个从关系 S 中导出的水平分割关系，它们之间的连接如果按导出连接属性实施，就构成一个简单连接图，形成一个一一对应的关系。

【例 7.14】 下面的 EMP_PROJ 是一个从 EMP 导出的水平分割关系，其关系模式是 EMP_PROJ(eno, pno, resp, dur)：

$$EMP\_PROJ_1 = EMP\_PROJ \infty_{eno} EMP_1$$

$$EMP\_PROJ_2 = EMP\_PROJ \infty_{eno} EMP_2$$

而 EMP 的分片情况如下：

$$EMP_1 = \sigma_{title="Programmerc"}(EMP)$$

$$EMP_2 = \sigma_{title\neq"Programmer"}(EMP)$$

显然：$EMP\_PROJ = EMP\_PROJ_1 \cup EMP\_PROJ_2$。

这样，$EMP\_PROJ_1 \infty EMP_2$ 是矛盾的，故无用。同理，$EMP\_PROJ_2 \infty EMP_1$ 是矛盾的，故无用。因此，两个关系在 eno 上的连接是一个简单连接图。

4）混合分片的约简

【例 7.15】 关系 EMP 的混合分片如下：

$$EMP_1 = \sigma_{eno\leqslant 4}(\prod\nolimits_{eno,ename}(EMP))$$

$$EMP_2 = \sigma_{eno>4}(\prod\nolimits_{eno,ename}(EMP))$$

$$EMP_3 = \prod\nolimits_{eno,title}(EMP)$$

关系的重构就变成：

$$EMP = (EMP_1 \cup EMP_2) \infty_{eno} EMP_3$$

混合分片可以使用水平分片、垂直分片和导出分片约简。使用规则小结如下。

① 除水平分片限定条件和选择条件矛盾的部分，还可用空关系代入。

② 去除垂直分片投影上无用的部分。

③ 将并运算移到连接运算之后，用和空关系运算的规则进行约简。

【例 7.16】 SQL 语句如下：

```
Select ename
from EMP
where eno=5
```

混合分片的约简如图 7.16 所示。

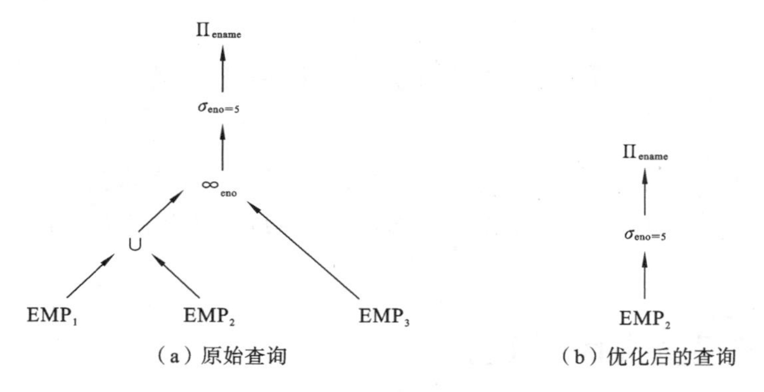

图 7.16　混合分片的约简

图 7.15(a)的下部表示这个混合分片关系的重构：通过并运算将水平分割的 EMP_1 和 EMP_2 重构成一个临时数据片，然后通过连接运算和 EMP_3 一起重构成全局关系。从图中可以看出，目标是投影到雇员姓名上，因此这与 EMP_1 和 EMP_2 有关。

按照限定关系谓词，可以小结规则如下：

① $\sigma_{eno=5}[EMP_1 : eno\leqslant 4] \Rightarrow$

$\sigma_{eno=5}[EMP : eno\leqslant 4 \wedge eno=5] \Rightarrow \varnothing$

② $\sigma_{eno=5}[EMP_1:eno>4]\Rightarrow$

$\sigma_{eno=5}[EMP:eno>4 \wedge eno=5]$

这里，$eno>4 \wedge eno=5$ 为真，故运算可继续进行。

7.1.7 样例：C-POREL 系统的离网优化

下面以 C-POREL 系统为例说明离网分析。在 C-POREL 的 NUA 层有一个优化模块，任务就是完成离网优化。该模块是对编译生成的并经类型检查的 RML[①] 事务作一优化。这里的优化仅指与网络无关的静态优化，它是降低系统对运行空间的要求而且提高系统效率的有效措施。

该模块的主要工作有以下四个方面。

(1) 用选择运算代替集合运算。查询中的集合运算(并、交、差)可用等价的选择运算替换，例如：

$$\sigma_{P_1}(R)\ \text{INTERSECT}\ \sigma_{P_2}(R) \Rightarrow_{\text{优化}} \sigma_{P_1 \wedge P_2}(R)$$

(2) 分解选择运算，尽量将之推向执行树的叶端。例如，若选择 $\sigma_P(R)$，其中 R 是一些关系的笛卡儿积，即 $R_1\times R_2\times\cdots\times R_n$；谓词 P 可写成合取范式 $P_1\wedge P_2\wedge\cdots\wedge P_m$，这样可以在执行笛卡儿积之前，把有关的谓词施加在相应的关系上，先执行选择运算，这样，可以大大减小笛卡儿积的运算规模。

(3) 对显式关系的归并。可将出现的显式关系进行归并，从而得到约简。详见参考文献[5]、[6]。

(4) 识别公共子表达式。

在 SQTAB、RETAB 等表中识别出公共子表达式，并登记在一张 COMMEX 表中，使后继分析能统一处理，避免重复。

7.2 分布访问策略优化

本节讨论查询操作的执行序问题。要考虑数据的分布，那么需找出一个给定查询的“最佳”执行顺序。这时的查询优化与网络相关，故称为涉网查询优化。选择最佳执行序问题是一个 NP 问题。

7.2.1 涉网查询优化概述

因为我们面临的是分布式数据库的分配模式，所以要面对一个全局查询。要确定如何从不同的数据片上重构全局关系的问题，需要先说明一个概念，这个概念为构造执行体(materialization)。所谓构造执行体，是指如何从分布环境中分派到多个节点，并且从有副本存在的分片关系中选出(重构)一个全局关系作为执行体的问题。因为有多种组合选择，构造执行体就是从中选出(重构)一个组合来构建一个全局关系。

---

① 如前所述，RML 是类似于 SQL 语言的用户接口语言，是经变换而成的中间语言，采用四元组形式描述。

确定构造执行体以后，查询处理器的下一个任务是实施分布查询优化。所谓优化，就是在许多可供选择的方法中选取一种访问代价最小的方法。

在分布式数据库中，查询优化的目的是，最快地找出存储在分布式数据库中所需要的数据，并且要求成本最低、时间最少、效率最高。

要选择最佳策略，则涉及对各种候选执行序的执行开销的预测。执行开销可以看成是I/O、CPU和通信开销的加权组合。一般的考虑是忽略本地处理开销，而把通信开销（排除I/O和CPU开销）看成是决定性的。而估算执行开销的重要输入是数据片的统计信息、关系概貌及操作结果的估算值。

涉网查询优化的问题主要包括三部分，其过程简述如下。

- 确定和选取数据片(fragments)的物理副本，执行查询，并给这些数据片指定查询表达式。这就是确定执行体(materialization)问题，即选择分布式数据库数据对象的一份非冗余的完整（关系）副本。
- 选择运算的执行顺序，确定较好的连接、半连接和并运算序列。这里的执行顺序是指查询代数变换后产生的运算符树所定义的一种运算偏序。然而，这并不是一种完整地解决优化问题的方法，因为还要指定在树的同一层上所执行的子表达式的求值顺序。此外，从树叶向树根攀登也不一定能获得最好的解决方法。因此，这里还涉及查询树的扫描策略问题。
- 选择执行每一种运算（如连接运算）的具体实现方法。

本节我们讨论涉网查询优化的任务。查询优化是指生成一个查询执行计划(query execution plan，QEP)的过程，查询执行计划是一种查询执行策略。数据库管理系统的查询优化器是一个软件模块，负责完成查询优化。查询优化器可以由三个成分构成：搜索空间、成本模型和搜索策略。

搜索空间是关于输入查询可能执行计划的集合。这些执行计划是等价的，虽然执行序/方法不同，但产生的结果相同，从而在性能上有差别。成本模型是对这些给定的执行计划进行估算。搜索策略负责探索搜索空间和使用成本模型来选择最佳计划。

查询优化过程可以用图7.17来表示。由图可见，用户输入查询信息后首先经历的是生成搜索空间，然后通过评估来确定搜索策略，这个过程会反复。一旦搜索策略确定，就生成查询执行计划(QEP)。生成搜索空间的基础是一套转换规则，确定搜索策略的依据主要是成本模型。

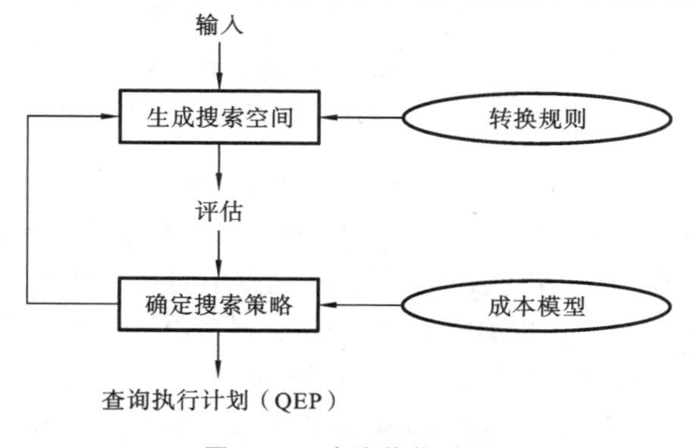

图7.17 查询优化过程

1. 搜索空间

查询执行计划是算符树的一种表现形式，对执行序有更明确的表示，有丰富的附加信息，如为每个操作选择最佳实施方法。对于一个给定查询，查询空间按照转换规则生成的等价算

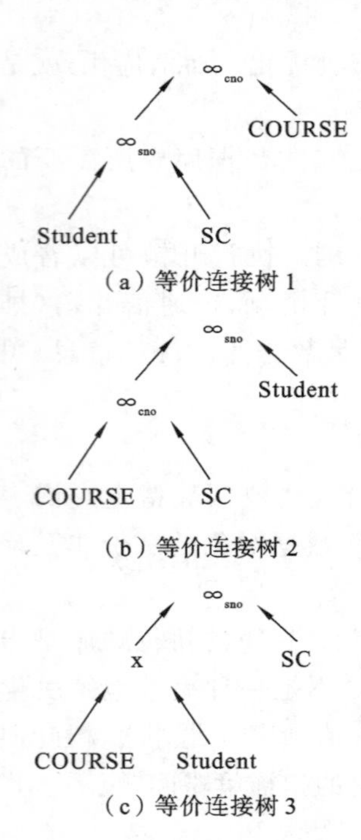

(a) 等价连接树 1

(b) 等价连接树 2

(c) 等价连接树 3

图 7.18 等价连接树

符树的集合来进行定义。为了方便又不失一般性,忽略本地运算,这里只考虑连接运算和笛卡儿积运算。

【例 7.17】 考查如下查询:

```
Select sname, cname
from Student, SC, COURSE
where Student.sno= SC.sno
AND SC.cno= COURSE.cno
```

忽略一元运算(选择、投影),结果只剩下以下两个连接运算。

(1) Student $\infty_{sno=sno}$SC。

(2) SC$\infty_{cno=cno}$COURSE。

图 7.18 是例 7.17 这个查询的 3 棵等价连接树。按照每个算符的成本估算,可以为每棵树计算成本开销。

对一个复杂查询(涉及许多关系和算符)来说,等价算符树的数目会很多。例如,对 N 个关系来说,通过交换律和结合律生成的等价连接树的数目为 O(n!)。如果要对大型搜索空间进行探索,则会有很强的时间限制,有时成本会远高于实际执行的时间成本。因此,要限制搜索空间的大小。首先是使用启发式方法,即执行选择和投影操作。其次是避免执行笛卡儿积操作。再次是观察连接树的形状。一种典型的形状是线性连接树,另一种形状是灌木丛连接树(见图 7.19)。线性连接树的特点是每个算符至少有一个操作数为一个基关系(树叶)。灌木丛连接树很普遍,其中,许多算符的操作数不涉及基关系,而是以中间关系形式出现。线性连接树的搜索空间可以归结为 O(2n)。

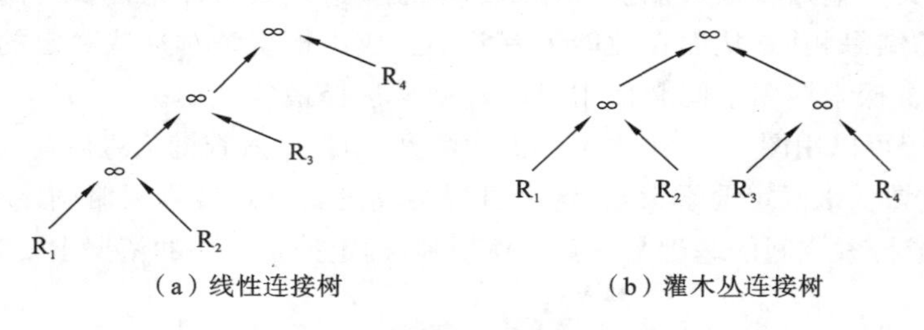

(a) 线性连接树　　(b) 灌木丛连接树

图 7.19 连接树的两种主要形态

2. 搜索策略

查询优化器最常用的搜索策略是动态规划,称为确定策略(deterministic strategy)。搜索策略的确定从基关系开始,每一步连接一个关系,直到获得完整的计划,如图 7.20 所示。动态编程在选择"最佳"计划前,先采用广度优先算法构造所有可能的计划。为了减少优化成本,有些明显不合理的计划马上去掉。相比之下,贪心算法则采用深度优先算法。

动态规划耗费是极大的,但能够保证找出所有"最佳"计划。它要承受可接受的优化成本(依据空间和时间),条件是查询涉及的关系数不是很大。如果涉及的关系数大于 5 或 6,那么开销会显著增加。为此,有人建议采用随机策略(randomized strategies)。这个策略可以降低优化的复杂性,但无法保证找出所有计划中的"最佳"计划。随机策略允许优化器在优化时间和执行时间之间寻找折中。

有些问题是优化器必须考虑的,典型的如分布成本模型和成本函数。

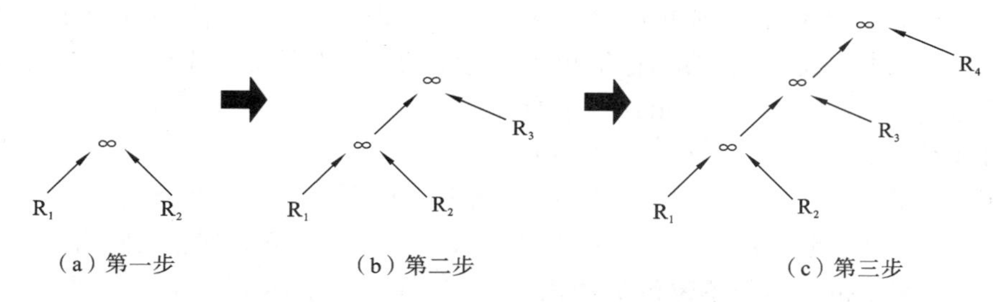

图 7.20 确定搜索策略的优化步骤

(1) 分布成本模型。优化器分布成本模型包括预测算符开销的成本函数、统计数据、基关系和估算中间关系大小的公式等。

(2) 成本函数。分布执行策略的开销可以用总(耗费)时间或响应时间来表示。总时间是全部时间成分的总和,响应时间是从开始到完成查询跨越的时间间隔。确定总时间的一般公式如下:

$$T_{total\text{-}time} = T_{CPU} * \#insts + T_{I/O} * \#I/O + T_{MSG} * \#msgs + T_{TR} * \#bytes$$

这里用两个成分来量度本地处理时间,T_{CPU}是 CPU 指令的时间,$T_{I/O}$是磁盘 I/O 的时间。#为变量表示数目,如#insts 表示执行的机器指令数,#I/O 表示磁盘的 I/O 存取数,#bytes 表示消息传递的字节数。通信时间用两个成分来表述:T_{MSG}为启动和接收一个消息需要的固定时间,T_{TR}为从一个节点到另一个节点传输一个数据单元花费的时间。数据单元以字节计(#bytes 为所有消息大小的总和),但单元的单位可不同。一般假设 T_{TR}是常数。当然,这也不是很精确,因为广域网上不同节点间数据单元传送所需的时间是不一样的。但为了简化,不得不把它看成是常数。传输#bytes 数据的通信开销可以看成是线性函数,例如:

$$TC(\#bytes) = T_{MSG} + T_{TR} * \#bytes$$

成本一般用时间来表示,当然也能转换成其他单位,如货币。

在分布式数据库系统里,成本因素有新的含义,原因是网络的拓扑结构会严重影响它。广域网(如 Internet)里,通信时间一般成为决定因素。局域网里,本地处理开销和通信时间之间的差异不会像广域网里那么大。这样,大多数早期的分布式数据库系统在设计时忽略了本地处理开销,而只关注通信开销的最小化。为局域网设计的分布式数据库系统,同时考虑 3 个成本成分(CPU 开销、传输消息数开销和传输字节数开销)。

概括来说,在集中式数据库中,查询优化主要强调两点:I/O 操作的数量,执行查询所要求的 CPU 时间。

在分布式数据库中,还要增加节点之间传输的数据量及相关开销。有些系统仅考虑传输代价,原因是通信和本地处理的差异很大(本地处理很快,而通信延迟很大),尤其是广域网,差异更大。其思路如下。

● 对分布式数据库系统,考虑传输代价是理所当然的。一般传输代价是两个节点之间发送数据量的函数。

● 可把分布式查询优化分解为两个互相独立的问题:在节点之间访问策略的分配,只需考虑传输便可实现这种分配;在每个节点确定局部访问策略,这可采用传统的集中式数据库方法。

如果只考虑传输代价,则可以分两种情况考虑,即考虑传输费用和传输延迟。

● 当考虑传输费用时,对应用要求的所有传输费用求和,便可得到应用性能的度量。这种方法相当于通信网络中总的传输开销最小化。

● 当考虑传输延迟时，使用应用的启动和完成之间所经过的时间来度量该应用性能。缩短延迟相当于提高执行的并行程度，但缩短延迟与总的传输开销的最小化不一定相当。

这样，可以使用两个公式来表示这两个参数：

传输开销公式： $TC(x)=C_0+C_1x$ (7.1)

传输延迟公式： $TD(x)=D_0+D_1x$ (7.2)

其中：C_0、C_1 和 D_0、D_1 是与系统有关的约束条件，C_0 相当于在两个节点之间启动一个传输的固定费用，C_1 是网络范围内的单位传输费用[①]，D_0 为建立一个连接的固定时间，D_1 是网络范围内的单位传输速率；x 是网络中需要传输的数据量。

因此，考虑地点相关性，C_0 和 D_0 就不再是固定不变的了，式(7.1)和式(7.2)演变成如下两式：

传输开销公式： $TC(x)=C_{0ij}+C_{1ij}x$ (7.1′)

传输延迟公式： $TD(x)=D_{0ij}+D_{1ij}x$ (7.2′)

其中：i 和 j 分别表示传输的源和目的地。

【例 7.18】 使用图 7.21 来说明总成本和响应时间的区别，计算选择在节点 3，该节点获取来自节点 1 和节点 2 的数据。为了简化，这里只考虑通信费用。

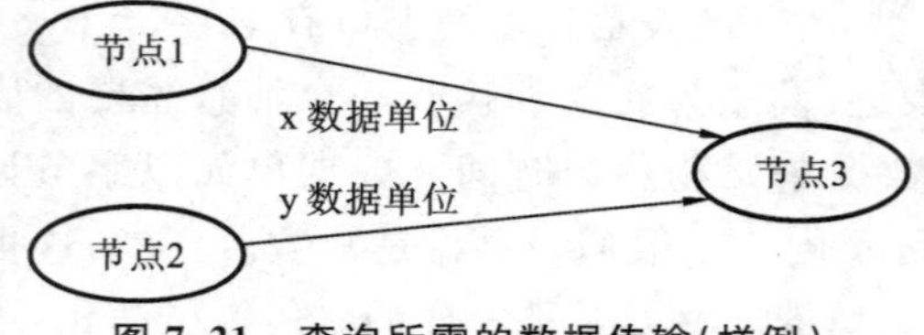

图 7.21 查询所需的数据传输(样例)

假设 T_{MSG} 和 T_{TR} 用时间单位来表示，从节点 1 传到节点 3 和从节点 2 传到节点 3 的数据分别是 x 数据单位和 y 数据单位，查询的总成本(总时间)为(忽略初始费用)：

$$总时间=2*T_{MSG}+T_{TR}*(x+y)$$

查询的响应时间为：

$$响应时间=\max\{T_{MSG}+T_{TR}*x,\ T_{MSG}+T_{TR}*y\}$$

因为传输是并行实施的，所以取这两次传输中最大的量就是响应时间。

增加并行执行度可以将响应时间最小化。但总执行时间不见得为最短，相反，响应时间最短会导致总成本增加。总时间最短意味着资源的使用得到改善，系统吞吐量增加。

7.2.2 数据库信息统计

执行策略性能的主要影响因素是执行中生成的中间关系的大小。执行一个查询，当子操作放在不同的节点上实施时，生成的中间关系必须在网络上传输。中间关系的大小决定了数据传输量，数据传输量大小对系统性能的影响很大。因此，如何估算中间关系的大小就变成基本问题。值得一提的是，这种估算依据的是统计信息，而非真实数据。

为了便于讨论，下面引入一些参数和符号。

● 关系的基(记作 Card)：指的是一个关系的记录个数。

● 关系的长度(记作 Size)：指的是一个关系的属性长度之和(即表格的宽度)。

● 属性的不同值个数(记作 Val)：令 A 为一个属性，则 A 的不同值记作 Val(A)。

令关系 R 的关系模式定义在属性集 A 上，且 $A=\{A_1,A_2,\cdots,A_n\}$，其中，$R_1,R_2,\cdots,R_n$ 是其数据片，定义如下。

---

① 为了简化，我们把传输开销粗略看成一个线性函数。

- 属性 A_i 的长度(以字节计)记作 Size(A_i);A_i 的不同值的个数或数据片 R_j 在 A_i 上的投影的计数记作 Val(A_i[R_j])=Card($\prod_{Ai}(R_j)$)。
- 如果属性 A_i 的域是一个可以排序的值集(如整数或实数),则可以用最大值和最小值表示,记作 min(A_i)和 max(A_i)。
- 每个属性 A_i 的域,其基(cardinality)记作 Card(dom[A_i]),表示其在定义域 dom[A_i]中唯一值(即删除重复值后)的数目。
- 每个数据片 R_j 的元组数记作 Card(R_j)。

假设一个数据库用于描述企业的供销系统,涉及几个关系,如"供应"(Supply)和"部门"(Dept)。

关系 Supply 和关系 Dept 的概貌分别如表 7.6 与表 7.7 所示。

表 7.6 关系 Supply 的概貌

Card(Supply)=50000				
	snum	pno	deptno	quan
Size	6	7	2	10
Val	3000	1000	30	500

表 7.7 关系 Dept 的概貌

Card(Dept)=30				
	deptno	name	area	mgrnum
Size	2	15	1	7
Val	30	30	6	30

表 7.6 和表 7.7 中的第一行表示该关系的记录个数(基)。例如,Card(Supply)=50000 表示关系 Supply 的基是 50000,换言之,这个关系有 50000 个记录。第一列的 Size 表示该行指示每个属性的长度(这里用字节计),Val 表示该行指示每个属性不同值的个数。不同值指的是该属性可取的各不相同的值的个数。例如,属性"sex"的不同值数是 2,因为其可取的值是"male"(男)和"female"(女)。

对每对关系的二元运算结果中间关系可以使用它们的统计数据进行估算,称为选择系数,例如,每对关系的连接可以用连接选择系数表示,记作 ρ,其值是 0 和 1 间的实数,是两个连接关系匹配程度的量度,例如,连接选择系数 0.5 是一个很大的连接关系值,而 0.001 是一个关联很弱的连接关系值。

由于关系的每个记录的长度是固定的,所以,关系 R 的大小可以表示为:

$$Size(R)=Card(R) * Size(R)$$

这里,Size(R)是关系 R 的一个元组的长度,其数据片 R_i 的元组的个数记作 Card(R_i),它的每个属性 A 的长度(即字节数)记作 Size(A)。对每个 R_i 中的每个属性 A,把出现在 R_i 中的不同值的个数记作 Val(A[R_i])。

下面讨论各种运算结果的大小估算公式。

1. 选择运算(selection)

选择运算是对一个原始关系按谓词表达式(例如,性别=male)来进行选择。因此,对于选择运算而言,我们先讨论它的选择系数问题。将选择运算的选择系数(选择率)记作 ρ,若值是均匀分布的,则可把 ρ 估计为 1/Val(A([R])),即选择系数是选择属性的不同值个数的倒数。

例如，人的性别的不同值个数是2(取值为男(male)或女(female))，选择运算的谓词为性别=male，则$\rho=0.5$。

估算参数如下(令原始关系为R，运算后的关系为S)。

(1) 基数：$Card(S)=\rho\times Card(R)$。

(2) 长度：Size(S)=Size(R)。

(3) 不同值。

若选择属性(记作A)：当选择谓词是A=〈值〉，则不同值(个数)为1；当选择谓词是A≠〈值〉，则不同值为Val(A([R]))−1。

其他属性(即非选择属性)的不同值如何估算是一个问题，我们可以选用文献上介绍的一种估算算法。

非选择属性分布的数学估算公式：考虑一个属性B，假定其值是均匀分布的，且B独立于选择准则，那么，Val(B[S])确定等价于如下统计学问题：

给出n=Card(R)个彩球，它们均匀地分布着m=Val(B[R])种不同的颜色，如果从中取r个球(r=Card(R_i) (r≤n))，则其中有多少种不同的颜色？假设结果记作C=Val(B[R_i])。

所以，现在我们遇到的问题就是在r个彩球里不同颜色的种类有多少？

解析：我们把C看作是n、m和r的函数，则

$$C(n,m,r)=\begin{cases} r, & \text{如果 } r<\frac{m}{2} \\ \frac{r+m}{3}, & \text{如果 } \frac{m}{2}\leqslant r<2m \\ m, & \text{如果 } r\geqslant\frac{m}{2} \end{cases}$$

注意：这里有一个假设，即属性值的均匀分布，颜色分布独立于选择准则。当值的均匀分布和独立性假设不成立时，应用上述公式计算C值是错误的。

2. 投影运算(projection)

(1) 基数：投影运算影响操作数的基数，因为有可能从结果中删除重复元组。

- 如果投影只涉及单个属性A，则令Card(S)=Val(A[R])。
- 如果乘积$\Pi_{A\in Attr(S)}$ Val(A[R])小于Card(R)，Attr(S)是投影结果中的属性，则

$$Card(S)=\Pi_{A\in Attr(S)}Val(A_i[R])$$

- 如果投影包含R的一个关键字，则令Card(S)=Card(R)。

(2) 长度：投影结果的长度被缩短成投影范式中属性长度之和。

(3) 不同值：投影属性的不同值和操作数关系中的不同值相同。

3. 分组运算(group-by)

令S为分组后的结果，则：

(1) 基数：$Card(S)\leqslant\prod_{A_i\in G}Val(A_i[R])$。

(2) 长度：对所有出现在G中的属性A，Size(R.A)=Size(S.A)，S的长度由G和AF中的属性的长度求和给出。

(3) 不同值：对出现在G中的所有属性A，Val(A[S])=Val(A[R])。

4. 并运算(union)

(1) 基数：Card(T)≤Card(R)+Card(S)。

按照设计POREL时的经验和体会，估算可选用最大值和最小值的算术平均值。这里，并运

算的最小值是 Card(T)=max(Card(R),Card(S)),最大值是 Card(T)=Card(R)+Card(S)。因此:

$$Card(T) \approx 1/2(max(Card(R),Card(S))+(Card(R)+Card(S)))$$

(2) 长度:Size(T)=Size(R)=Size(S)。

这是因为参与并运算的两个关系 R 与 S 具有相同的属性模式。

(3) 不同值:Val(A[T]) ≤Val(A[R])+Val(A[S])。

5. 差运算(difference)

(1) 基数:max (0,Card(R)-Card(S)) ≤Card(T)≤Card(R)。

一般可以考虑取其算术平均值,即

$$Card(T) \approx 1/2(max\ (0,Card(R)-Card(S))+Card(R))$$

(2) 长度:Size(T)=Size(R)=Size(S)。

(3) 不同值:Val(A[T])≤Val(A[R])。

6. 连接运算(join)

$$T=R\infty_{A=B}S$$

(1) 基数:Card(T)≤Card(R)×Card(S)。

- 若 Val(A[R])=Val(B[S]),则

$$Card(T)=(Card(R)\times Card(S))/Val(A[R])$$

- 若 A 或 B 是键,则

$$Card(T)=Card(S)\quad (若\ A\ 是关系\ R\ 的键)$$

(2) 长度:Size(T)=Size(R) + Size(S)。

(3) 不同值:

- 若 A 是连接属性,则 Val(A[T])≤min(Val(A[R]),Val(B[S]))。
- 若 A 不是连接属性,则 Val(A[T]) ≤Val(A[R]+Val(B[S]))。

7. 半连接(semi-join)

$$T=R\propto_{A=B}S$$

(1) 基数:ρ=Val(A[S])/Val(dom(A)),Card(T)=ρ×Card(R)。

(2) 长度:Size(T)=Size(R)。

(3) 不同值。

我们先来看非连接属性的不同值问题。

这个问题可以归结为,假设 n=Card(R),m=Val(A [R])和 r=Card(T),那么 C 是什么呢? 也就是使用估算公式可以估算运算后非连接属性的不同值。

连接属性的不同值,则考虑如下:令 A 是出现在半连接范式中的唯一属性,则

$$Val(A[T])=\rho\times Val(A[R])$$

8. 笛卡儿积

R 和 S 的笛卡儿积的基比较简单:Card (R×S)=Card(R) * Card(S)。

7.2.3 集中式查询优化和连接定序

本节讨论集中式数据库系统里的查询优化问题,这很有意义。首先,分布式查询要翻译成

本地查询，每个本地查询其实就是一个集中式查询。其次，分布式查询优化技术是集中式查询优化技术的扩展。然后，集中式查询优化相对来说比较简单，我们可以先易后难来讨论问题。

下面以两个真实的系统为例，介绍两种不同的查询优化算法：INGRES 使用的是动态优化算法；System R 使用的是静态优化算法，为一个穷举搜索算法。

1. INGRES 的算法

INGRES 系统[①]使用动态优化算法将一个演算递归地分割成更小片段。INGRES 系统组合了两个阶段：演算代数分解和优化。具体来说，查询首先分解成查询序列，每个查询包含一个关系（涉及唯一的元组变量）。每个单关系查询由单变量查询处理器（one-variable query processor，OVQP）来处理。OVQP 优化处理单一关系时可考虑选择谓词、存取方法（索引、顺序扫描等）等因素。例如：如果谓词形态为〈A＝value〉，其中 A 表示一个属性，就可以使用 A 上的索引。如果谓词的形态为〈A≠value〉，使用 A 上的索引已无济于事，此时就需要使用顺序扫描来处理。

这里采用先执行单关系操作的策略，以减少中间关系。

下面假设查询 Q 分解成两个子序列，分别记作 Q_{i-1} 和 Q_i，用 $Q_{i-1} \rightarrow Q_i$ 表示 Q_{i-1} 在 Q_i 之前执行，前者的结果为后者使用（即前者的结果为后者的输入）。如果给定一个 n 元关系上的 Q，那么 INGRES 查询处理器将 Q 分解为 n 个子序列 $Q_1 \rightarrow Q_2 \rightarrow \cdots \rightarrow Q_n$。这个分解使用了两种基本技术：分离（detachment）和替代（substitution）。

分离是查询处理器使用的第一种技术，它将查询 Q 分解成在一个公共关系上的序列 $Q' \rightarrow Q''$，它们在同一关系上操作，且 Q'' 使用 Q' 的结果。

【例 7.19】 假设有如下查询，请找出那些在 e-Commerce 项目工作的雇员的姓名。

```
Q1:Select EMP.ename
   from EMP, EMP_PROJ, PROJ
   where EMP.eno=EMP_PROJ.eno
   AND EMP_PROJ.pno=PROJ.pno
   AND pname="e-Commerce"
```

选择分离后，查询 Q_1 可用 Q_{11} 来替代，其后继是 Q'，这里的 TEMP 是一个中间关系：

```
Q11:Select PROJ.pno INTO TEMP
    from PROJ
    where pname="e-Commerce"
Q':Select EMP.ename
    from EMP, EMP_PROJ, TEMP
    where EMP.eno=EMP_PROJ.eno
    AND EMP_PROJ.pno=TEMP.pno
```

Q' 的后继分离可以生成：

```
Q12:Select EMP_PROJ.eno INTO TEMP'
    from EMP_PROJ, TEMP
    where EMP_PROJ.pno=TEMP.pno
Q13:Select EMP.ename
    from EMP, TEMP'
    where EMP.eno=TEMP'.eno
```

① 2004 年，冠群国际（CA）公司收购了 INGRES 系统，并开放源代码。

这样，查询 Q_1 演变成子序列查询 $Q_{11} \rightarrow Q_{12} \rightarrow Q_{13}$。查询 Q_{11} 是单关系的，因此可以由 OVQP 来处理。但是，Q_{12} 和 Q_{13} 不是单关系的，因此不能用分离技术来约简。

多关系查询无法进一步分离，无法再约简。

定义 7.1 查询是不可约简的(irreducible)，当且仅当其查询图是由两个节点构成的一个链，或由 k 个($k>2$)节点构成的圈时。

可以通过元组替换将不可约简查询转换成单关系查询。具体方法是：首先从 Q 中选出一个关系进行元组替换。令 R_1 为这个关系，对 R_1 中的每个元组 t_{1i}，Q 中涉及的属性在 t_{1i} 里用实际值替代，Q 变成一个用 n−1 元关系表示的 Q′。因此元组替代产生的查询 Q′的总数是Card(R_1)。元组替代可以小结为：递归地将 $Q(R_1, R_2, \cdots, R_n)$ 替换成$\{Q'(t_{1i}, R_2, R_3, \cdots, R_n), t_{1i} \in R_1\}$。

【例 7.20】 考虑如下查询：

```
Q13:Select EMP.ename
    from EMP, TEMP'
    where EMP.eno=TEMP'.eno
```

这里，变量 TEMP′定义的关系落在属性 eno 上。假设这个关系只有两个元组〈E1〉和〈E2〉，则 TEMP′替换生成的两个单关系查询如下：

```
Q131:Select EMP.ename
     from EMP
     where EMP.eno="E1"
Q132:Select EMP.ename
     from EMP
     where EMP.eno="E2"
```

以上查询可以由 OVQP 进行处理。

以上查询的算法可用下面的算法 7.1 来描述。这个算法递归处理查询，直到没有非单关系查询存在为止。该算法试图应用选择运算和投影运算尽可能快地分离。单关系查询存放在特定的数据结构里，留待随后查询(如连接)的优化和 OVQP 使用。不可约简查询则通过元组替代来分离。

算法 7.1 QP_INGRES。

```
input:MRQ                              /* n元关系的多关系查询*/
output:output                          /* 执行结果*/
begin
  output←∅                             /* 将输出初始化*/
  if n=1 then
    output←execute(MRQ)                /* 分离到最简形态，执行 MRQ */
  else begin
  /* 将 MRQ 分解成 m 个单关系查询和一个多关系查询 */
  {OVQ1,…, OVQm, MRQ'}←MRQ             /* 将 MRQ 分离为 m 个单关系查询与一个不可约简查询 MRQ' */
  for i←1 to m do                      /* 循环执行单关系查询 */
    begin
        output'←execute(OVQi)          /* 执行 OVQi */
        output'←output∪output'         /* 合并所有结果 */
    end
  end-for
R←CHOOSE-FOR-SUBSTITUTE(MRQ')          /* 从 MRQ'里选一个关系 R 进行替代 */
for each tuple t∈R do
  begin
```

```
    MRQ"←将 MRQ'中选定的 R 的元组用值替换后的结果
    output'←QP_INGRES (MRQ")      /* 递归调用 */
    output←output∪ output'        /* 合并结果 */
   end
  end-for
 end-if
end                                /* QP_INGRES */
```

2. System R 的算法

IBM 公司研发的 System R 基于解决空间上的穷举搜索，实施静态查询优化。不像 INGRES的算法，System R 的算法并不先执行选择运算。

System R 优化器的输入是一棵从 SQL 查询分解而得的关系代数树，输出则是执行“最佳”关系代数树的实施。System R 优化器依据时间为每棵候选树赋予一个成本值，保留其中最小的成本值。候选树则通过使用交换律和结合律对 n 元关系的连接序进行交换后获得。

候选策略是 I/O 和 CPU 开销(以时间计)的加权组合。这些开销的估算(在编译期间)基于成本模型，即为低级运算提供的成本公式。对大多数操作来说(除精确匹配选择外)，这些公式是基于操作数的基。存放在数据库里关系的基的信息可以从数据库统计来获取，并由 System R 来管理。

System R 的算法是基于连接的。它将连接涉及的两个关系分为内关系(inner relation)和外关系(outer relation)，分别记作 I 和 O。

下面给出一些符号，便于以后讨论。

Card(I)：内关系的基数。

Card(O)：外关系的基数。

N_{out}：读外关系所涉及的页面数。

N_{in}：读内关系所涉及的页面数。

$C_{I/O}$：读一页的 I/O 开销。

C_{CPU}：处理一个记录的 CPU 开销。

System R 的优化算法主要包含两步：第一步，基于选择谓词预测每个关系的最好存取方法(成本最小)。第二步，对每个关系 R，使用最好的单关系存取方法，再估算最好的连接序。价最廉的序变成最佳执行计划的基础。

考虑连接时，对参与连接的两个关系来说，一个关系称为外关系，另一个关系称为内关系。就像程序设计时的双层嵌套循环一样，外关系是外循环，首先访问；内关系是内循环，外关系的基有多少，内关系的循环次数就有多少。

这样，实现连接运算的方法可以分为嵌套循环和归并连接两种。第一种方法称为嵌套循环(nested loops)，对外关系的每个元组，遍历搜索内关系的元组，将匹配的找出来，构成结果关系(记作 result)。对内关系来说，连接属性上的索引是非常有效的存取路径。如果没有索引，当两个关系分别为 n_1 和 n_2 个页面，当算法的开销近似于 $n_1 * n_2$，当 n_1 和 n_2 很大时，则是难以接受的。

第一种方法的开销可以描述(顺序扫描外关系 O)如下：

$$C(nested-loop)=(N_{out}+Card(O)\times N_{in})\times C_{I/O}+Card(Result)\times C_{CPU}$$

第二种方法称为归并连接(merge join)，或称归并扫描(merge-scan)，把参与连接的两个关系先按连接属性排序。连接属性上的索引可以用作存取路径。如果只有一个关系或没有一个关系被排好序，嵌套循环算法的成本可以和归并连接及排序的成本进行比较。

n个页面排序的成本是n log n。一般在大关系时，使用排序和归并连接算法是合适的。

第二种方法的开销可以描述(先排序再比较)如下：

$$C(\text{merge}-\text{scan})=(N_{out}+N_{in})\times C_{I/O}+C_{sort}(I)+C_{sort}(O)+\text{Card}(\text{Result})\times C_{CPU}$$

System R的算法的简化版可用下面的算法7.2描述。这个算法里有两个循环，第一个是为查询里出现的每个关系选择最佳单关系存取方法，第二个检查所有可能的连接序(n个关系有n!种可能)。

算法7.2 QP_System R。

```
input:QT                          /* 涉及n元关系的查询树 */
output:output                     /* 执行结果 */
begin
  for each relation Ri ∈ QT do
    begin
      for each access path APij to Ri docalculate cost(APij)
                                  /* 为每个关系Ri计算存取路径APij开销 */
    end-for
  best-APi ← min(APij)            /* 为每个关系选出开销最小的存取路径，赋值于best-APi */
  end-for
  for each order (Ri1, Ri2,…, Rin) with i=1,…, n! do
                                  /* 检查所有可能的连接序，计算其开销 */
    begin
      构造各种可能的连接方案；
      计算每个连接方案的开销；
    end-for
    output ← 最小开销的连接方案；
end.                              /* QP_ System R  */
```

3. 分片的连接定序

讨论分布式数据库系统的查询优化会涉及数据分片。在分布式环境下，数据片连接定序问题更重要，因为要涉及数据传输通信开销问题。我们将从两个方面来讨论，一是基于半连接的算法，一是非基于半连接的算法。

有些优化算法直接使用连接来优化定序，有些使用半连接来优化定序。分布式INGRESS和System R＊的算法是典型的非基于半连接的算法。

首先考虑一些主要假设。我们不再明显区分数据片或关系，同时忽略本地处理时间，并假设一元关系运算(选择与投影)已处理完。因此，这里我们只考虑连接运算，假设其操作数关系放在不同的节点，我们再假设关系的传输是一次一个集合而非一次一个元组来实施的。

下面考察单连接的情况。令该查询为R∞S，R和S是存放在不同网络节点上的关系。要传输的关系的选择是依据参与关系的大小，选小的关系进行传输，将大的关系的所在地作为受方，如图7.22所示。为此，先要估算R和S这两个关系的大小。要注意的是，中间关系的大小也是一个重要因素，但要估算准确很不容易。这里，一种解决方案是把所有策略的通信开销作为参考标准。

【例7.21】 令查询的一元运算实施后剩下的连接操作是PROJ ∞_{pno} EMP ∞_{eno} EMP_PROJ，如图7.23所示。这几个关系分别存放在Site1(存放EMP)、Site2(存放EMP_PROJ)和Site3(存放PROJ)中。

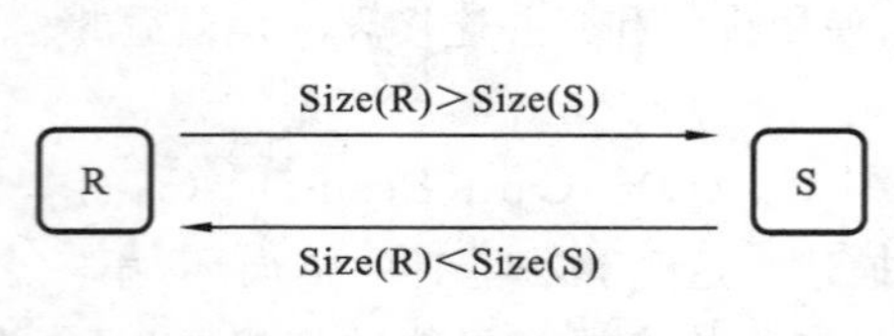

图 7.22 选小的关系传输

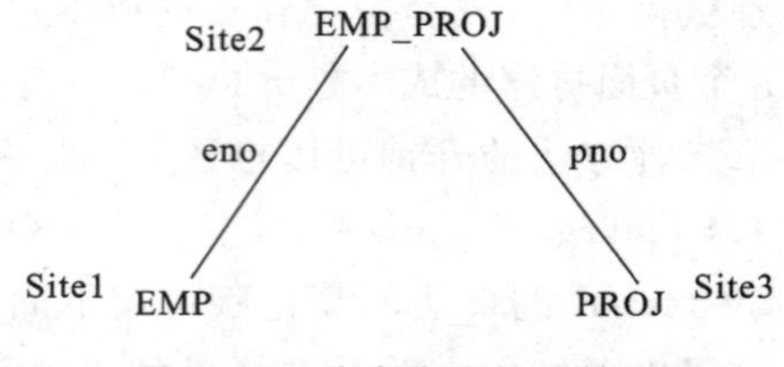

图 7.23 分布查询的连接图

下面来看一些执行策略。

策略 1:EMP→Site2,在 Site2 计算 EMP_PROJ '=EMP∞ EMP_PROJ;EMP_PROJ '→Site3,在 Site3 计算 EMP_PROJ '∞PROJ。

策略 2:EMP_PROJ →Site1,在 Site1 计算 EMP_PROJ '=EMP ∞ EMP_PROJ;EMP_PROJ '→Site3,在 Site3 计算 EMP_PROJ '∞PROJ。

策略 3:EMP_PROJ→Site3,在 Site3 计算 EMP_PROJ '=EMP_PROJ∞PROJ;EMP_PROJ '→Site1,在 Site1 计算 EMP_PROJ '∞EMP。

策略 4:PROJ →Site2,在 Site2 计算 PROJ '=PROJ∞EMP_PROJ;PROJ '→Site1,在 Site1 计算 PROJ '∞EMP。

策略 5:EMP→Site2,PROJ→Site2,在 Site2 计算 EMP∞PROJ∞EMP_PROJ。

为了从中选出一个,必须估算出 Size(EMP)、Size(EMP_PROJ)、Size(PROJ)、Size(EMP ∞ EMP_PROJ)和 Size(EMP_PROJ∞PROJ)等的大小。进一步,如果主要考虑响应时间,则可以考虑并行处理的策略 5。

4. 基于半连接算法

基于连接算法的缺点是必须整关系地在节点间传输。为了克服这个不足,可以考虑用半连接作为约简器,将参与连接的关系缩小。

假设分别存放在 Site1 和 Site2 上的两个关系 R 和 S 在属性 A 上连接,则可有以下三种半连接策略。

$$R\infty_A S \Leftrightarrow (R\propto_A S)\infty_A S \quad (1)$$

$$\Leftrightarrow R\infty_A (S\propto_A R) \quad (2)$$

$$\Leftrightarrow (R\propto_A S)\infty_A (S\propto_A R) \quad (3)$$

选择上述三种半连接策略中的一种需要估算各自的相关开销。

具体来说,使用策略 1 半连接的过程如下。

Step 1:$\prod_A(S)$→Site1

Step 2:在 Site1 计算 $R'=R\propto_A S$

Step 3:R '→Site2

Step 4:在 Site2 计算 $R'\infty_A S$

为了简化,我们忽略通信时间里的常数 T_{MSG},因为 $T_{TR} * Size(R)$要比 T_{MSG}大得多。借助传输数据量,我们可以比较不同的算法。基于连接算法的开销是将关系 R 传到 Site2。基于半连接算法的开销是上面 Step 1、Step 3 的开销。因此,使用半连接算法的优势条件如下:

$$Size(\prod_A(S))+Size(R\propto_A S)<Size(R)$$

我们来看图 7.22,可以用半连接来代替连接 EMP∞EMP_PROJ∞PROJ,结果为EMP '∞EMP_PROJ '∞PROJ,其中,EMP '=EMP∝EMP_PROJ 和 EMP_PROJ '=EMP_PROJ∝

PROJ。

其实,我们可以用两个半连接作为约简器来约简 EMP 的大小:

$$EMP''=EMP\propto(EMP\_PROJ\propto PROJ)$$

因为若 Size(EMP_PROJ∝PROJ)≤Size(EMP_PROJ),则 Size(EMP'')≤Size(EMP')。这样 EMP 可以约简为 EMP∝(EMP_PROJ∝PROJ)。

对于一个给定关系,可用多个半连接来约简。那么,先选哪个半连接成了又一个优化问题。一种常用的方法是比较开销和获益后选择最划算先做。所有约简计划中,如果能找出一个最佳的半连接程序,则称为全约简器(full reducer)。所以,需要估算出约简的大小和需要的开销。注意,这里会有两类特殊情况出现。

(1) 一类查询构成的图为一个环,在环里探索实施半连接,循环探索,不收敛,不存在全约简器。

(2) 另一类查询构成的图是无环的,称为树状查询,其中存在全约简器。但是候选半连接的数目随着连接数的增长呈指数增长,算法的复杂性成了关键,因为这是一个 NP-hard 问题。

7.2.4 分布查询优化算法

本节主要讨论分布 INGRES 算法、System R* 算法和 SDD-1 算法,它们之间的区别如下。

- 分布 INGRES 算法采用动态优化时间方式,其他算法则采用静态优化时间方式。
- 分布 SDD-1 算法和 System R* 算法的目标函数只考虑总开销最小,而分布INGRES 算法则考虑响应时间和通信时间的组合最小。
- 分布 SDD-1 算法的优化因子只考虑消息量大小,分布 System R* 算法考虑的是本地处理时间、消息量大小、I/O 和 CPU 开销。分布 INGRES 算法则考虑消息量大小和本地处理时间(I/O+CPU time)。
- 分布 SDD-1 算法假设的网络拓扑是广域网点对点网。分布 INGRES 算法和 System R* 算法则适合在通用网或广播网环境工作。
- 分布 SDD-1 算法使用半连接优化技术,分布式 INGRES 算法和 System R* 算法则采用类似集中式版本的技术。
- 分布 INGRES 算法可以处理数据分片。

分布 INGRES 算法、SDD-1 算法和 System R* 算法的比较如表 7.8 所示。

表 7.8 分布查询优化算法比较

算法	优化时间	目标函数	优化因子	网络拓扑	半连接	统计信息①	分片
INGRES	动态	响应时间和通信时间	消息量大小、本地处理时间	通用网或广播网	No	1	水平
System R*	静态	总开销	本地处理时间、消息量大小、I/O、CPU	通用网或局域网	No	1、2	No
SDD-1	静态	总开销	消息量大小	通用网	Yes	1、2、3、4	No

① 统计内容分别为:1=关系的基,2=每个属性的不同值个数,3=连接选择系数,4=每个连接属性上投影的大小,5=属性大小和元组大小。

1. 分布 INGRES 算法

分布 INGRES 查询优化算法源自集中式 INGRES。算法的目标函数是将通信时间和响应时间组合最小化。不过,这两个目标可能是矛盾的。例如增加通信时间(并行处理)能减小响应时间。这样可以让一个的权重高一些。要注意的是,这个算法忽略了将数据传输到结果节点的开销。而且这个算法采用了数据分片技术,但只支持水平分片。

该算法也考虑网络拓扑结构,包括广播网。使用广播网可以广泛复制数据片,增加并行度。

该算法的输入是元组关系演算标识的查询(合取范式)和模式信息(网络类型中每个数据片的大小和存储地点)。算法执行的节点称为主节点(master site),是查询启动的节点。详述如下。

算法 7.3 QP_ D-INGRES

```
input:MRQ                                          /* 多关系查询作为输入 */
begin
   for 每个 MRQ 中解析出的 ORQi do                   /* ORQ 是指单关系查询 */
     execute(ORQi);                                /* Step 1:执行所有的单关系查询*/
   end-for
   将 MRQ 约简后的不可约简查询放入一个列表 MVQ'-lis; /* Step 2*/
   while n≠0 do                                    /* Step 3:n 是不可约简查询的数目 */
   begin                                           /* 使用相关算法打破不可约简查询 */
       /* 选择涉及最小数据片的下一个不可归约查询 */
       MRQ'←SELECT-QUERY (MRQ'-list)                                          (3.1)
          /* 选出要传输的数据片和处理地点 */
       Fragment-site-list←SELECT-STRATEGY(MRQ')                               (3.2)
          /* 将选出的数据片送到选出的地点表*/
       for each pair (F, S) in Fragment-site-list do                          (3.3)
          将数据片 F 传输到节点 S;
       end-for
       execute (MRQ')                                                         (3.4)
       n←n-1
   end-while
end. /* QP_D-INGRES*/
```

这个算法的基本过程简述如下。

首先,本地处理所有分离的单关系查询(如选择和投影),即 ORQ_i。然后在原始查询上使用约简算法[Step 2]。这样,约简程序(REDUCE())产生一个不可约简子查询序列 $q_1 \to q_2 \to$ $\to q_n$,其中,两个顺序相继的子查询里最多只有一个公共关系。

在 Step 2 分离出来的不可约简查询和每个数据片大小的基础上,找出下一个处理的子查询 MVQ',并在(3.1)和(3.2)里选出两个变量(要传输的数据片和处理地点),然后应用(3.3)和(3.4)。(3.2)选择最好的策略处理查询 MRQ'。这个策略用一个偶对表(F,S)描述,即将数据片 F 传送到节点 S 去处理。(3.3)则将所有指定的数据片传送到其处理节点。最后,(3.4)执行查询 MRQ'。如果还有子查询存在,则算法返回 Step 3,实施下一个循环,否则就终止。

注意:真正的优化是在(3.1)和(3.2)实施的。

分布 INGRES 算法的特点是有限搜索解决方案空间,在每一步找出最佳决策,而不考虑整个全局优化中的后继步骤。

2. 分布 System R* 算法

分布 System R* 查询优化算法是 System R 查询优化算法的扩展。因此,对所有可选策略穷尽搜索，从而选出开销最小的一个。虽然这些策略的预测与估价耗费颇大，但是，如果这个查询的执行频度较高的话，这种管理开销还是可以容忍的。

分布 System R* 查询优化算法是以关系为单位的。在分布 System R* 中，查询启动的节点称为主节点。主节点上的优化器负责做出所有节点的决策，如选择执行节点和传输数据的方法。查询中的其他节点称为从属节点，负责实施剩下的查询本地存取计划。System R* 算法的目标函数是总开销，包括本地处理和通信开销。

下面是 R* 查询优化算法，其输入是定位后的查询，如关系代数树、关系定位及其统计信息。

算法 7.4　QP-R*

```
input:查询树 QT
output:strategy                              /* 输出开销最小的策略 */
begin
   for each relation Ri ∈ QT do              /* 循环处理查询树 QT 里的每个关系 Ri */
     begin
       for each access path APij to Ri do    /* 为每个关系 Ri 寻找最好的存取路径 */
         计算 cost(APij)
       end-for
         best-APi ←min(APij)
                        /* 为每个关系选出开销最小的存取路径 APij,赋值给变量 best-APi */
     end
     for each order (Ri1, Ri2,…, Rin) with i=1,…,n! do
                                             /* 检查所有可能的连接序,计算其开销 */
       begin
         构建可能的连接运算策略,计算所需开销;
       end-for
     将开销最小的策略赋值给输出变量 strategy;
     For QT 中涉及的每个关系存储的节点 k
       do
           begin
               LSk ←local strategy (strategy, k)
                   /* 根据前面确定的连接策略,在本地节点 k 实施该策略,将处理后的结果赋值
                   给 LSk */
               send (LSk, site k)            /* 发送本地处理后的结果 */
           end-for
end. /* QP-R** /
```

像集中式情况一样，优化器必须选择连接序、连接算法（嵌套循环或归并连接）和每个数据片的存取方法（如聚集索引（clustered index）、顺序扫描（sequential scan）等）。这些决策是基于统计信息、中间关系估算公式和存取路径信息的。此外，优化器必须选择连接结果节点和节点间传输数据的方法。

System R* 里，主要有两种方法支持节点间的数据传输。

● 整体传输（ship-whole）：整个关系送到连接节点，在连接前存放在临时关系里。如果连接算法选取归并连接，则无需存放关系，连接节点以流水线方式在其到达时处理到达的元组。

● 按需取用（fetch-as-needed）：顺序扫描外关系，每个元组将连接值送到内关系所在节点，选出和连接值匹配的内关系元组，回送到外关系所在节点。该方法等价于内关系和外关系元组的半连接。

显然，整体传输会产生较大的数据传输，但所需传输的消息数目（链路建立数目）要少于按需取用。直观来讲，若关系较小，则采用整体传输比较合适。反之，如果关系较大或连接选择性较好（匹配的元组较少），则采用按需取用更合适。

System R* 算法不考虑连接方法的所有可能组合，因为有些方法不值得考虑。例如，在嵌套循环连接算法里使用按需取用传输外关系是不可取的，因为外关系的所有元组都必须处理。

我们来分析一下，令外关系为 R，内关系为 S，连接属性是 A，则有 4 种连接策略可用。为了简化，我们忽略生成结果的开销。我们再假设 s 为 S 和 R 匹配的平均元组数，则

$$s=\mathrm{Card}(S\propto_A R)/\mathrm{Card}(R)$$

策略 1：将整个外关系传送到内关系所在的节点。

策略 2：将整个内关系传送到外关系所在的节点。此时内关系元组不能一送到就和外关系连接，需要先存放在临时关系 T 里。

策略 3：按需为外关系的每个元组从内关系取元组。此时，对于 R 中的每个元组，其连接属性值传送到 S 所在的节点。然后将与这些连接属性值匹配的 S 里的 s 个元组选出来发送到 R 所在的节点，一传到就实施连接。

策略 4：将两个关系都传送到第三方节点并计算连接。此时，内关系先传送到该节点，所以先存放在临时关系 T 里。然后外关系传送到第三方节点，一到就和 T 连接。

结合两种数据传输方法，可以产生多种情况。下面小结几种典型情况。

（1）嵌套循环（nested-loop），外关系整体传输，但不存储，其开销为：

$$C_1=C(\text{nested-loop})+C_{mes}\times\lceil \mathrm{Card}(O)\times \mathrm{Size}(O)/m\rceil$$ [①]

其中：C_{mes} 为发送一条消息的单位成本；M 为发送每条消息的大小（字节计）。

（2）归并扫描（merge-scan），外关系整体传输，但不存储，其开销为：

$$C_2=C(\text{merge-scan})+C_{mes}\times\lceil \mathrm{Card}(O)\times \mathrm{Size}(O)/m\rceil$$

（3）嵌套循环，内关系按需取用：

$$C_3=C(\text{nested-loop})+C_{mes}\times \mathrm{Card}(O)\times(1+\lceil NI\times \mathrm{Size}(I)/m\rceil)$$ [②]

（4）归并扫描，内关系按需取用：

$$C_4=C(\text{merge-scan})+C_{mes}\times \mathrm{val}(A[O])\times(1+\lceil NI\times \mathrm{Size}(I)/m\rceil)$$

（5）归并扫描，内关系整体传输，先存储再使用：

$$C_5=C(\text{merge-scan})+C_{mes}\lceil \mathrm{Card}(I)\times \mathrm{Size}(I)/m\rceil+2\times NI\times C_{I/O}$$

【例 7.22】 考虑查询外关系 PROJ 和内关系 EMP_PROJ 的连接，连接属性是 PNO。假设 PROJ 和 EMP_PROJ 存放在两个不同的节点上，EMP_PROJ 在 PNO 上有一个索引，可能的执行策略如下。

（1）将整个 PROJ 传送到 EMP_PROJ 所在的节点。

（2）将整个 EMP_PROJ 传送到 PROJ 所在的节点。

（3）按需为 PROJ 的每个元组取 EMP_PROJ 的元组。

（4）将 EMP_PROJ 和 PROJ 传送到第三方的节点。

System R* 算法预测每个策略中的时间，选出其中最短的一个。如果 PROJ ∞ EMP_PROJ 连接之后无其他操作了，则显然策略 4 的开销最大。如果 Size(PROJ) 远大于 Size(EMP_

---

① ⌈Card(O)×Size(O)/m⌉表示取 Card(O)×Size(O)/m 的上界，以下同。

② NI(inner relation)：满足条件的内关系记录数。

PROJ),则策略 2 的通信时间最短;如果其本地处理时间与策略 1 和策略 3 的相比不是大很多的话,则策略 2 为最佳。值得一提的是,这里策略 1 和策略 3 的本地处理时间可能比策略 2 的短很多,因为可以使用连接属性的索引。

若策略 2 不是最佳,则可从策略 1 和策略 3 中选择。这两个策略的本地处理时间是不一样的。若 PROJ 较大或 EMP_PROJ 中只有不多元组匹配,策略 3 通信时间最短,则为最佳。否则,如果 PROJ 小或 EMP_PROJ 中匹配元组较多,则策略 1 为最佳。

3. SDD-1 算法

SDD-1 算法起源于爬山算法。爬山(hill-climbing)算法是一种贪心算法(greedy algorithms),特点是先从易取得的解决方案开始,然后不断地改进它。其主要问题是初始开销较大。进一步,不一定能收敛到全局最小结果。

在 SDD-1 算法中使用了半连接,爬山算法得到了进一步改进。目标函数依据总的通信时间(不考虑本地处理时间和响应时间)。最后,该算法使用数据库的统计信息即数据库概貌(database profiles)。此外,该算法使用后优化步骤以改进所选解决方案。该算法的主要步骤是确定有益的半连接,并进行排序。

半连接成本是连接属性 A 的传输,为:

$$Cost(R \propto_A S) = T_{MSG} + T_{TR} * Size(\prod_A(S))$$

忽略 T_{MSG},则可以看作开销和传输数据量成正比。

半连接收益是使用该半连接使得可以减少关系 R 元组传输的开销:

$$Benefit(R \propto_A S) = (1-\rho) * Size(R) * T_{TR}$$

SDD-1 算法处理分为四个阶段:初始化、选择有益半连接、选择数据汇聚节点和后优化。该算法的输出是执行这个查询的全局策略,是查询执行的全局计划(见图 7.24)。

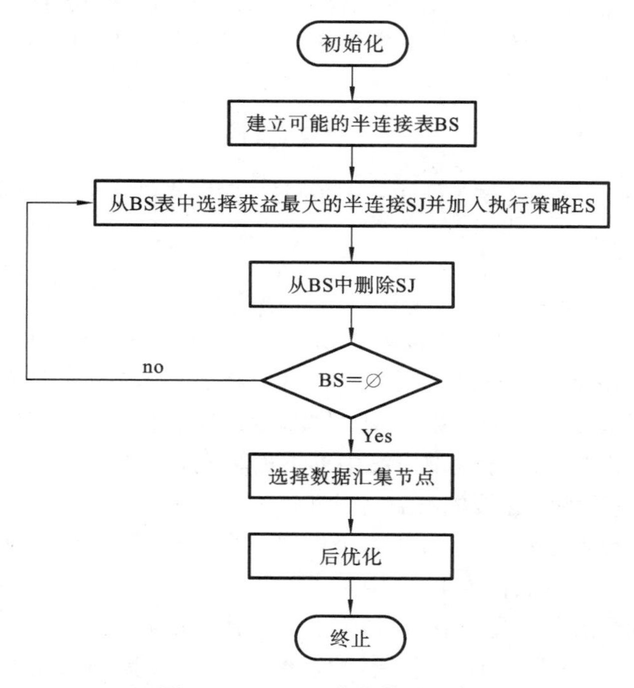

图 7.24 SDD-1 优化算法示意

算法 7.5 QP_SDD-1

```
input:QG;statistics;ES;
    /* QG:由 n 个关系构成的查询图;statistics:每个关系输出的统计信息;ES:执行策略,可以看成是半连接执行序的一个链表 */
begin
    处理 QG 中涉及关系的本地(一元)运算;
    修改统计数据(本地处理后关系的概貌发生了变化,因此应反映在统计数据里);
    BS←∅                                    /* 令 BS 为有益的半连接集合,先初始化为空集 */
    for QG 里的每一个半连接 SJ do
      if cost(SJ)< benefit(SJ)              /* 若开销 cost(SJ)小于收益 benefit(SJ),则为有益半连接,可归入 BS */
        then
            BS←BS∪SJ
      end-if
    end-for
    while BS≠∅do
    begin
      SJ←most-beneficial(BS)                /* 令 SJ 为一个半连接,满足纯收益最大,即 max(benefit-cost) */
      BS←BS-SJ                              /* 从 BS 中删除 SJ */
      ES←ES+SJ                              /* 将 SJ 加入执行策略 */
    按照半连接 SJ 运算后反映出来的关系概貌变化,修改统计数据;
    在 BS 里删除无益半连接;
    将新的有益半连接加入 BS;
    end-while                               /* 选择有益的半连接 */
    /* 下面选择数据集中节点 */
    按照 ES 策略实施所有本地运算后,计算 QG 保存有关系的每个节点作为数据收集节点的开销;
    选出一个将 QG 相关关系收集时需要传输数据最少的节点 i,作为 QG 中涉及关系的数据汇集节点 i;
    /* 下面是后优化(postoptimization) */
    for 对于 ES 中的每个关系 Rdo
    从 ES 删除只影响在选定集中地点 i 上关系的半连接;
      for 每个关于 Ri 对 Rj 的半连接 x
          若有约简 Rj 的半连接 y,ES 中在 x 前执行,则在 x 里用 y 约简后的 R'j 替代 Rj;
      end-for
    end-for
end. {QP_SDD-1}
```

初始化阶段是生成一个有益半连接集合 BS={SJ_1, SJ_2, …, SJ_k}和一个只包含本地处理的执行策略。第二阶段是采用迭代方式从 BS 里选择有益半连接,每次选出最佳的半连接 SJ_i。然后假设该半连接实施后的结果,修改数据库统计信息和 BS。这种修改对该半连接涉及的关系的统计数据进行修改,也修改 BS 中剩下的使用该关系的半连接的统计数据。重复这个过程,直到没有剩下的半连接的收益高于开销为止。

第三阶段是选择数据汇集节点,分析每个候选节点,计算用其收集数据时的传输开销,选出其中最小传输链的一个节点作为汇集节点。

第四阶段是后优化阶段。在最后阶段,若有半连接会影响汇集节点上的关系的半连接,则从前面定下的方案中删除它。此外,若有半连接,可以将其操作数用其他半连接约简结果取代。

【例 7.23】 有如下查询:

```
Select R3.C
from R1, R2, R3
where R1.A=R2.A
AND R2.B=R3.B
```

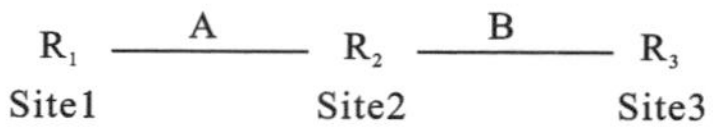

R_1 —A— R_2 —B— R_3

Site1 Site2 Site3

图 7.25 例 7.23 的连接图

其连接图如图 7.25 所示。

这三个的关系概貌和属性概貌分别如表 7.9、表 7.10 所示。

表 7.9 关系概貌

关系	Card	tuple Size	relation Size
R_1	30	50	1500
R_2	100	30	3000
R_3	50	40	2000

表 7.10 属性概貌

属性	ρ[①]	Size ($\prod$attribute)[②]
$R_1.A$	0.3	36
$R_2.A$	0.8	320
$R_3.B$	1.0	400
$R_4.B$	0.4	80

假设 $T_{MSG}=0$，$T_{TR}=1$，则初始半连接集如下。

SJ_1：$R_2 \propto R_1$，其收益是 2100=(1-0.3) * 3000，成本是 36。

SJ_2：$R_2 \propto R_3$，其收益是 1800=(1-0.4) * 3000，成本是 80。

SJ_3：$R_1 \propto R_2$，其收益是 300=(1-0.8) * 1500，成本是 320。

SJ_4：$R_3 \propto R_2$，其收益是 0，成本是 400。

第一次迭代中，选出的最合适半连接是 SJ_1，将之加入执行策略 ES。其对统计数据的影响是将 R_2 的大小变成 900=3000 * 0.3。进一步，$R_2.A$ 的选择性也减小，因为半连接后的关系 R_2(记作 R_2')的基 Card(R_2')减小了。新的选择系数记作 $\rho(R_2'.A)=0.8*0.3=0.24$。最后，$R_2.A$ 的大小变为 96=320 * 0.3。

第二个迭代里，有两个有益半连接：

SJ_2：$R_2' \propto R_3$，其收益是 540=900 * (1-0.4)，成本是 200。

SJ_3：$R_1 \propto R_2'$，其收益是 1140=(1-0.24) * 1500，成本是 96。

最有益的半连接是 SJ_3，将之加入执行策略 ES。对关系 R_1 的影响是，其大小变为 360=(1500 * 0.24)。

第三次迭代里，只剩下一个有益的半连接 SJ_2，将之加入执行策略 ES。其目的是减小关系 R_2 的大小，为 360=900 * 0.4，其统计信息也随着改变。

约简后，存放在 Site1 的数据量是 360，Site2 的数据量是 360，Site3 的数据量是 2000。因此 Site3 选为数据汇集地点。后优化无法减少半连接，因为 ES 里的所有半连接都是有益的。结果选出的策略是发送 Send $(R_2 \propto R_1) \propto R_3$ 和 $R_1 \propto R_2$ 到 Site3，该节点作为结果计算节点。

① 这里 ρ 为选择系数，可表示为 ρ=Val[A]/domain(A)，例如 Val[R1.A]=30，domain(R1.A)=100，则 ρ=0.3。

② 累计属性值字节数。

【例 7.24】 考虑和分析如图 7.26 所示的连接图。

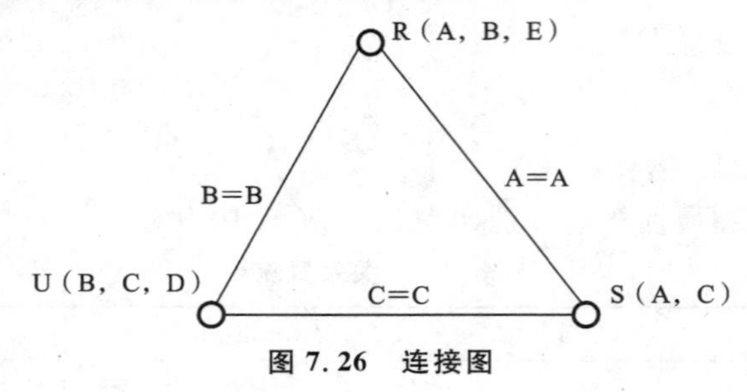

图 7.26 连接图

这里涉及三个关系，它们的概况信息如下。

R：Card＝5000，Site＝1

	A	B	E
Size	3	4	25
Val	100	50	500

S：Card＝20，Site＝2

	A	C
Size	3	2
Val	20	5

U：Card＝100，Site＝3

	B	C	D
Size	4	2	20
Val	20	10	100

如果使用半连接技术进行优化，结果会如何？

下面先列出可能的半连接，如表 7.11 所示。

表 7.11 6 个可能的半连接

半连接	选择系数 ρ	收益	开销
P_1：R∝U	20/50①＝0.4	0.6＊(3＋4＋25)＊5000＝96000	4＊20＝80
P_2：R∝S	20/100②＝0.2	0.8＊(3＋4＋25)＊5000＝128000	3＊20＝60
P_3：U∝R	1	—	4＊50＝200
P_4：U∝S	5/10③＝0.5	0.5＊(4＋2＋20)＊100＝1300	2＊5＝10
P_5：S∝R	1	—	3＊100＝300
P_6：S∝U	1	—	2＊10＝20

从表 7.11 可知，选择获利最大的半连接先实施，即 P_2 最先实施。原因是其收益为 128000，开销为 60，相抵后获益 128000－60＝127940，最多。P_2 先实施后，还剩下 5 个可选半连接。而这个操作会对其他半连接的选择系数、收益及开销发生影响，影响的关系是 R。由于

① 连接属性是 B，Val[R.B]＝50，Val[U.B]＝20，故 ρ＝20/50。

② 连接属性是 A，Val[R.A]＝100，Val[S.A]＝20，故 ρ＝20/100。

③ 连接属性是 C，Val[U.C]＝10，Val[S.C]＝5，故 ρ＝5/10。

S在连接属性(A)上的选择系数很小(0.2),所以半连接后会传递到R的相应属性(A)上,从而使R的基发生变化,细节如下:

Card(R)=0.2 * 5000=1000

另外,非连接属性也会发生变化,我们可以用前面的估算公式来估算,结果如下。

R:Card(R)=0.2 * 5000=1000

	A	B	E
Size	3	4	25
Val	20	50	500

注意:A属性的不同值个数的选择系数从100变成了20。属性B和E不是连接属性,其不同值个数只能依靠估算公式:C(n,m,r), n=5000, r=1000, m(B)=50, m(E)=500。实施后得出剩下的5个半连接如表7.12所示。

表7.12 剩下的5个半连接

半连接	选择系数	收益	开销
P_1:R∝U	20/50=0.4	0.6 * (3+4+25) * 1000=19200	4 * 20=80
P_3:U∝R	1	—	4 * 50=200
P_4:U∝S	5/10=0.5	0.5 * (4+2+20) * 100=1300	2 * 5=10
P_5:S∝R	1	—	3 * 20=60
P_6:S∝U	1	—	2 * 10=20

由表7.12可知,这5个半连接里,获益最大的是P_1,实施后对R的影响如下。

Card(R)=0.4 * 1000=400

对非连接属性的影响用估算公式,得出:

n=1000, r=400, m(B)=20, m(D)=100

结果如下。

R:Card(R)=0.4 * 1000=400

	A	B	E
Size	3	4	25
Val	20	50	200①

实施后得出剩下的4个半连接如表7.13所示。

表7.13 剩下的4个半连接

半连接	选择系数	收益	开销
P_3:U∝R	1	—	4 * 20=80
P_4:U∝S	5/10=0.5	0.5 * (4+2+20) * 100=1300	2 * 5=10
P_5:S∝R	1	—	3 * 20=60
P_6:S∝U	1	—	2 * 10=20

① Card(R)=0.4 * 1000=400,假设E均匀分布,则Val[R.E]=0.4 * 500=200。

剩下的半连接里，获益最大的为 P_4。实施结果对 U 的影响为：

$$Card(U)=0.5*100=50$$

对非连接属性的影响用估算公式，得出：

$$n=100, r=50, m(B)=20, m(D)=100$$

结果如下。

U：Card(U)＝0.5＊100＝50

	B	C	D
Size	4	2	20
Val	20	5	50

实施后得出剩下的 3 个半连接如表 7.14 所示。

表 7.14　剩下的 3 个半连接

半连接	选择系数	收益	开销
P_3：U∝R	1	—	4＊20＝80
P_5：S∝R	1	—	3＊20＝60
P_6：S∝U	1	—	2＊5＝10

以上三个半连接只有开销，没有收益，因此递归终止。

半连接执行情况如下：

$$P_2 \rightarrow P_1 \rightarrow P_4$$

下一步是确定半连接后的数据汇集节点，我们可以将开销计算如下：

Cost(Site1)＝(3＋2)＊20＋(4＋2＋20)＊50＝1400　　（传送约简后的 S 和 U）

Cost(Site2)＝(3＋4＋25)＊400＋(4＋2＋20)＊50＝14100　（传送约简后的 R 和 U）

Cost(Site3)＝(3＋4＋25)＊400＋(3＋2)＊20＝12900　　（传送约简后的 R 和 S）

所以，确定 Site1 作为汇集节点收集数据。

（后优化略）

习　题　7

1. 什么是搜索空间？什么是搜索策略？什么是分布式成本模型？这三者之间有何关系？
2. 为何在分布式数据库系统中查询优化关注连接运算的开销问题？
3. 说明 System R* 的优化算法在哪种情况下不合适，为什么？在哪种情况下合理，为什么？
4. 假设三个关系 SUPPLIER、SUPPLY 和 DEPT 有一个查询，经本地处理后剩下两个运算：

$$SUPPLIER \infty_{snum=snum} SUPPLY \infty_{dno=dno} DEPT$$

这三个关系的概况信息如下。

SUPPLIER：Card(SUPPLIER)＝200，Site(SUPPLIER)＝1

	sno	name
Size	4	20
Val	200	200

SUPPLY

Card(SUPPLY)＝5000

Site(SUPPLY)＝2

	sno	dno
Size	4	2
Val	1000	100

DEPT

Card(DEPT)＝20

Site(DEPT)＝3

	dno	name
Size	2	3
Val	20	5

假设 SUPPLIER 中的所有 sno 值都在 SUPPLY 中出现，DEPT 中的所有 dno 值都在 SUPPLY 中出现，则请使用 QP_SDD-1 算法描述这个查询的优化过程。

第8章 分布事务管理概述

8.1 事务和事务管理

事务和事务管理是数据库系统中的两个重要概念。

为了有效地管理数据，DBMS 需要提供一个良好的环境来存放和检索数据，使之更经济和有效。用户可以发布指令(一般称为查询)存放和检索数据。这个过程在 DBMS 里用一个专用词汇“事务”来表示。

可能会有当两个查询同时读取一个相同数据项时的情况出现。如果出现故障，那么只读(read-only)查询就可以简单地重新启动，但是修改操作不能简单地重新启动。原因是有些数据很可能在故障发生前已经被写进了数据库。重新启动后，如果重复已经写过的数据，那么会出现不正确的数据。

这里产生的基本问题是，查询的一致计算问题和可靠计算问题。数据库系统中广泛使用事务的概念，作为一致计算与可靠计算的单位。下面介绍数据库一致性与事务一致性的区别。

数据库如果服从给它定义的所有一致(完整)性限制，则认为处于一致状态。当实施修改、插入和删除(统称为更新)操作时，数据库状态会发生变化。当然，我们希望数据库不要进入不一致状态。但是，在事务执行期间，数据库总会进入暂时的不一致状态。因此，重要的是，在事务结束的时候数据库必须进入一致状态。图 8.1 给出的是一个事务模型的描述。

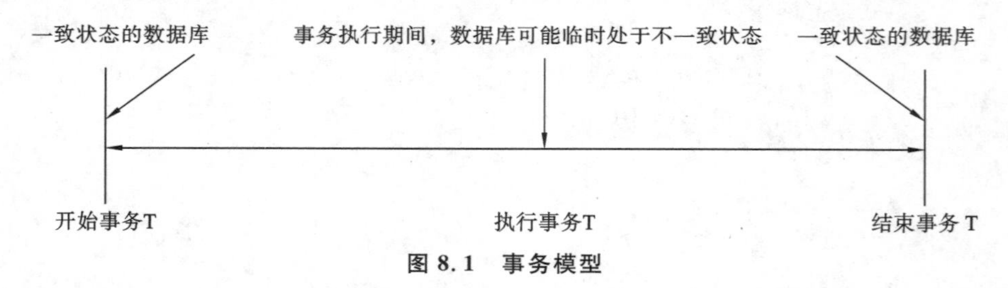

图 8.1　事务模型

图 8.1 中，事务 T 将数据库从一致状态转换成另一个一致状态，事务执行期间，数据库可能临时处于不一致状态。

事务的一致性是指尽管事务并发操作，我们仍希望数据库保持一致状态，即使同时有许多用户请求存取(读/更新)数据库。值得注意的是，当有副本数据库存在时，这个问题会变得更复杂。副本数据库需要满足相互一致状态(mutually consistent state)，即每个数据项的副本都有相同的值。假设在事务执行终结时强制所有副本满足这个条件，我们称之为单副本一致性(one-copy equivalence)。

事务的可靠性是指系统在各种故障时能自愈，有能力从故障状态恢复。一个能自愈的系统是能够容忍系统出现故障并在出现故障时仍能连续提供服务。一个可恢复的 DBMS 在出现各种故障后仍能达到一个一致状态(回到原来的一致状态或进入一个新的一致状态)。

事务是DBMS中用户执行的程序。与数据库系统外的程序不同，这里的程序操作主要就是数据的读操作和写操作。事务在DBMS中扮演着重要角色。不完整的事务(incomplete transaction)会导致数据库不一致，因此应当避免。

数据库的一个重要特征是共享，多个用户同时存取同一个数据是常有的事。要维护数据库的正确性和一致性，需要使用合适的调度算法。

事务管理就是这样一种机制，它负责让数据库始终保持一个一致状态，即便是并发存取或发生故障。

事务的概念源自6000年前，苏美尔人(古代幼发拉底河下游地区的居民)在黏土板上记下一些符号，以保留交易变化的信息。

事务可以说是从一个状态到另一个状态的转换。

Gray① 于1981年提出，事务概念在契约法中有其来源。他指出，在签订合同时，签约双方或多方协商一会儿，然后完成交易。这种交易形式是大家在文件上签字，或使用另外一个动作(如握手、点头等)来确认。如果交易方中有人对对方不放心，就会请第三方(通常称公证员)来协调事务的提交。这个概念现在被用在数据库系统中。

事务是一个一致计算与可靠计算的单位。可以说，事务将数据库从一个一致状态转换成另一个一致状态。事务可以并发执行，在其执行期间可能发生故障，但是在执行结束时数据库应当进入一个一致状态。

事务可以看成是由对数据库的读操作、写操作，加上计算操作的步骤序列构成的。

【例8.1】 假设有一个SQL查询，新年以后为每个学生的年龄加一岁：

```
Update Student
SET age=age+1
```

该事务可以记录为如下形式：

```
Begin_of_Transaction AGE-Update
    begin
      Update Student
      SET age=age+1
    end
End_of_Transaction
```

这里使用Begin_of_Transaction和End_of_Transaction(简称EOT)语句把一个事务范围勾勒出来。

例8.1中有一个假设，即事务总是会按目的终止。显然，这是不现实的。

事务总会终止，既可能是按目的正常终止，也可能是异常终止。

如果事务成功完成，我们称为事务提交(commit)。相反，如果事务没有完成其任务就结束，我们称为夭折(abort)。事务夭折的原因多种多样。一旦事务夭折，如由于死锁(dead lock)或其他不利条件发生，事务的执行就停止，所有已做的工作需抹去(undone，简称undo)，我们也称回退(roll back)。

提交的重要性有两层意思：一层是提交的命令信号发送给DBMS，将该事务产生的效果反映到数据库里，其他想存取该数据的事务可以见到其效果。另一层是此时事务提交的节点就

---

① http://www.informatik.uni-trier.de/～ley/db/indices/a-tree/g/Gray:Jim.html。

成为“非返回点”(point of no return)。提交事务的结果从此永久保存在数据库中，不能再抹去。

【例 8.2】 我们来看一个航空订票系统的例子。令 Fight 和 FC 为两个关系，分别表示航班信息和客户订票信息。这里，属性 Fight. fno 表示航班号、Fight. date 表示起飞日期，Fight. stsold 表示已售出座位、Fight. cap 表示飞机容量(总共有多少个座位)。这个事务可以表示如下：

```
Begin_of_Transaction 飞机订票
    begin
        input ($pno, $date, $customer-name);
        Select stsold,cap
        INTO temp1,temp2
        from Fight
        where pno=$pno AND date=$date;
        If temp1=temp2 then
        begin
            output ("无空位");
            Abort;
        end
        else begin
                Update Flight
                SET st sold=stsold+1
                where fno=$fno AND date=$date;
                EXEC SQL INSERT
                INTO FC (fno, date, cname, special)
                VALUES (fno, date, customer-name, null);
                Commit;
                output ("完成订票") ;
            end
        end-if
    end.
End_of_Transaction
```

例 8.2 中的第一条 SQL 语句用于获得 stsold(已售座位)和 cap(剩余座位)数据，再把它们放到两个变量 $temp_1$ 和 $temp_2$ 里。比较这两个值，判定是否还有空座位。如果没有座位了，事务就夭折，否则就修改 stsold 值，在 FC 关系中插入一个元组，表示该座位已售出。

从前面的例子可见，事务对某些数据进行读或写，这可以看成是事务的基本特征。

事务读的数据项可以用一个数据集合来表示：R(read set)。类似地，写集合记作 W(write set)。这两个集合一般不是互斥的。它们的并集记作基集(base set，B)，即 $B=R\cup W$。

【例 8.3】 考虑例 8.2 的一个订票事务，其插入操作可分为若干写操作。为了方便，将关系 Fight 简记为 F，相应的读、写和基集分别如下。

```
R[航班订票]={F.stsold, F.cap}
W[航班订票]={F.stsold, FC.fno, FC.date, FC.cname, FC.special}
B[航班订票]={F.stsold, F.cap, FC.fno, FC.date, FC.cname, FC.special}
```

这里，我们将事务按“读”和“写”操作来区分，而不管“写”操作是插入、更新还是删除。同时把问题限制在一个静态数据库的事务管理概念上，即假设数据库不扩大也不缩小，这样可以简化问题。如果考虑动态数据库，还必须处理幻象(phantom)问题。幻象指的是，假如有一个事务 T_1，执行期间，搜索 FC 表，查找有一个要求(如适合坐轮椅进出)的旅客。在事务 T_1 执行期间，事务 T_2 在 FC 中插入了一条符合该特殊需求的新记录。如果在执行前后 T_1 两次发出相同的查询请求，得到的 cname 集合就不相同。这样，幻象元组出现在数据库中。

需要指出的是，这里讲到的读、写操作和物理 I/O 操作不是一一对应的。一个读操作可以映射成几个物理读原语：存取索引结构、存取物理页面等。换言之，这种读可以看成是语言级的读和写，而不是操作系统级的原语。

这里我们希望比较形式化地对事务作一描述。为保证事务及管理算法的正确性，下面给出一个事务的形式定义。

令 $a_{ij}(x)$ 记为属于事务 T_i 的对数据库中数据项 x 上实施的一个操作，$a_{ij} \in \{read, write\}$。假设这些操作都是原子性的。

令 A_i 为事务 T_i 的操作集（即 $A_i = \bigcup_j a_{ij}$）。我们用 N_i 表示事务 T_i 的终止条件，$N_i \in \{abort, commit\}$。

采用这种术语，可以定义一个事务 T 为其操作和终止条件上的一个偏序。

一个偏序 $P=\{\Sigma, \not>\}$ 定义了 Σ（称为域，domain）中元素的一个非自反、传递的二元关系 $\not>$。Σ 包含事务的操作和终止条件。

定义 8.1　一个事务 T_i 是一个偏序，记作 $T_i=\{\Sigma_i, \not>_i\}$，其中：

(1) $\Sigma_i = A_i \cup \{N_i\}$。

(2) 对任意两个操作 $a_{ij}, a_{ik} \in A_i$，若 $a_{ij}=r(x), r(x) \in R$ 或 $a_{ij}=w(x), w(x) \in W$ 且 $a_{ik}=w(x), w(x) \in W$，x 为任意数据项，则 $a_{ij} \not>_i a_{ik}$ 或 $a_{ik} \not>_i a_{ij}$。

(3) $\forall a_{ij} \in A_i$，$a_{ij} \not>_i N_i$，$N_i=\{commit, abort\}$。

这里，第(2)个条件说明冲突的读/写操作间必须有序。最后一个条件表示提交或夭折是事务的最后一个操作。

注意，两个操作 $a_{ij}(x)$ 和 $a_{ik}(x)$ 是冲突的，条件是这两个操作实施在同一个对象上，且如果 $a_{ij}=Write$ 和/或 $a_{ik}=Write$（即偶对中至少有一个是写操作）。

【例 8.4】　一个简单事务 T 可以由如下步骤构成：

```
Read(x)
Read(y)
x←x+ y
Write(x)
Commit
```

这个事务的含义很清楚：修改数据项 x，使其值为它和数据项 y 之和。这个事务的形式化描述可以表示如下：

$\Sigma=\{r(x), r(y), w(x), C\}$

$\not>=\{\langle r(x), w(x)\rangle, \langle r(y), w(x)\rangle, \langle w(x), C\rangle, \langle r(x), C\rangle, \langle r(y), C\rangle\}$

其中：$\langle a_i, a_j\rangle$ 表示 $\not>$ 关系，即 $a_i \not> a_j$。

【例 8.5】　还是以飞机订票为例，一次订票可能有两种不同的终止条件，取决于该航班是否有空位。假如那天该航班没有空位，则订票事务只能夭折，我们把它形式化描述如下：

$\Sigma=\{r(stsold), r(cap), A\}$

$\not>=\{\langle a_1, A\rangle, \langle a_2, A\rangle\}$（这里，为了表示简洁，将 r(stsold) 记作 a_1，r(cap) 记作 a_2）

若订位成功，则可记作：

$\Sigma=\{r(stsold), r(cap), w(stsold), w(fno), w(date), w(cname), w(special), C\}$

$\nsucc=\{\langle a_1, a_3\rangle,\langle a_2,a_3\rangle,\langle a_1,a_4\rangle,\langle a_1,a_5\rangle,\langle a_1,a_6\rangle,\langle a_1,a_7\rangle,\langle a_2,a_4\rangle,\langle a_2,a_5\rangle,\langle a_2,a_6\rangle,\langle a_2, a_7\rangle,\langle a_1,C\rangle,\langle a_2,C\rangle,\langle a_3,C\rangle,\langle a_4,C\rangle,\langle a5,C\rangle,\langle a_6,C\rangle,\langle a_7,C\rangle\}$

这里，$a_1=r(stsold)$，$a_2=r(cap)$，$a_3=w(stsold)$，$a_4=w(fno)$，$a_5=w(date)$，$a_6=w(cname)$ 和 $a_7=w(special)$。

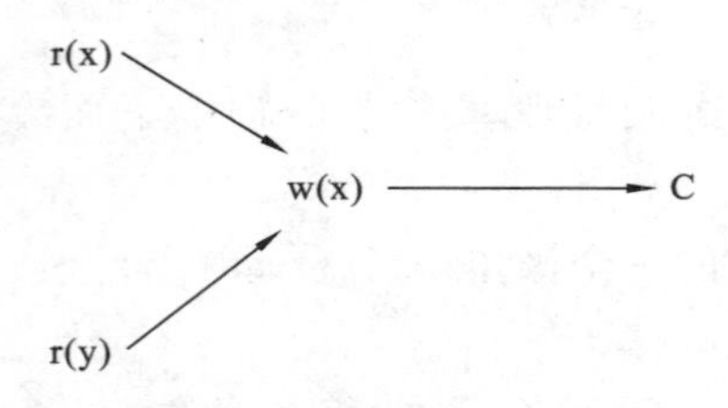

图 8.2　事务的 DAG 表示

上述定义的一个好处是，将一个事务定义为一个偏序，从而可以将之对应于一个有向无环图(directed acyclic graph,DAG)。这样一个事务就可以用一个 DAG 来描述，其顶点表示事务的操作，弧表示操作间的偏序。

例 8.5 所示的事务可以用一张 DAG 来表示，如图 8.2 所示。其中节点表示事务操作步，有向弧表示执行序。

我们可以忽略一些没有执行序要求的关系，这样可以把事务简化如下：

$T=\{r(x),r(y),w(x),C\}$

$\nsucc=\{<r(x),w(x)>,<r(x),C>,<r(y),C>,<w(x),C>\}$

考虑$\nsucc$的传递性和 C 总是一个事务的最后操作的性质，可以简记为：

$\nsucc=\{<r(x),w(x)>\}$

8.2　事务的性质

事务管理器(系统)是 DBMS 中负责调度的相关软件。按照经典数据库理论，有四个重要性质是事务管理器必须关注的。这四个性质用四个字母表示，即 ACID。

ACID 为四个英语单词的缩写：atomicity(原子性，A)、consistency(一致性，C)、isolation(隔离性，I)、durability(持续性，D)。

原子性(A)与持续性(D)密切相关，一致性(C)与隔离性(I)密切相关。A 与 D 相关，使得事务管理器中有专门的软件模块负责保障，这个软件模块是并发控制(子)系统。C 与 I 相关，使得事务管理器中有专门的软件模块负责保障，这个软件模块就是可靠性(子)系统。这个(子)系统是每个数据库管理系统里必须提供的软件模块。

在数据库管理系统中，会有许多事务同时执行。这些事务应当相互隔离。一个事物的执行不应该影响其他事务的执行。为了保证这一点，DBMS 必须使用相应的调度算法。

一种调度算法是串行调度(serial scheduling)。在这种调度算法里，事务一个接着一个执行。

事务的性质可以用 ACID 来表示，即原子性(atomicity)、一致性(consistency)、隔离性(isolation)和持续性(durability)。这些性质并非完全独立的，而是互相有关联的。

1. 原子性

原子性是指把一个事务看成是一个基本的操作单位。因此，要么事务的所有操作都完成，要么什么也没做，这就是称为 all-or-nothing 的性质。原子性要求事务的执行在出故障时被中断，DBMS 负责决定事务如何从故障中恢复。这时，有两个选择可用：让恢复动作继续完成没完成的工作，让系统回退到事务执行前的状态。

故障的种类很多。第一类是事物本身造成的，如输入数据出错、死锁或其他原因。在这类故障中维持事务原子性的机制一般称为事务恢复(transaction recovery)。第二类故障可能起因于系统故障，如介质故障、处理器故障、通信链路故障、电源故障，等等。在这类故障中维持事务原子性的机制称为故障恢复(crash recovery)。两者的区别是后者的结果是易失存储器内信息的丢失。

2. 一致性

事务的一致性，简单地说，就是它的正确性。换言之，事务是能够把数据库从一个一致状态转换成另一个一致状态的正确程序。验证事务是否一致是由语义数据控制实现的。保证事务的一致性是靠事务管理来实现的。

要指出的是，下面说到的脏数据(dirty data)，是指被一个事务更新后但未提交的数据。

我们可以将一致性分成如下等级。

- 0 级一致性：如果满足以下条件，则事务 T 看到的是 0 级一致性：T 不会复写其他事务的脏数据。
- 1 级一致性：如果满足以下条件，则事务 T 看到的是 1 级一致性：T 不会复写其他事务的脏数据；EOT 前，T 不提交任何写操作。
- 2 级一致性：如果满足以下条件，则事务 T 看到的是 2 级一致性：T 不会复写其他事务的脏数据；EOT 前，T 不提交任何写操作；T 不读其他事务产生的脏数据。
- 3 级一致性：如果满足以下条件，则事务 T 看到的是 3 级一致性：T 不会复写其他事务的脏数据；不到所有写操作完成的时候(即不到 EOT)，T 不提交任何写操作；T 不读其他事务产生的脏数据；在 T 完成前，其他事务不弄脏由 T 读过的数据。

显然，高一级一致性蕴含了所有低一级一致性。系统中可能有的事务满足高一级一致性，有些事务满足低一级一致性。

3. 隔离性

隔离性是事务的另一个性质，它要求每个事务始终看到的是一个一致的数据库。换言之，执行中的事务在其提交前不能将自己的操作结果暴露给其他并发事务。

【例 8.6】 假设有两个并发事务(T_1 和 T_2)对用户的银行账户 x 进行处理，它们都要存取数据项 x。假设在它们执行前 x 的账面值是 5000 元。T_1 要从账上划走 200 元，T_2 是要还给这个账户 300 元。这两个事务程序的步骤如下：

```
T1:  Read(x)
     x←x-200
     Write(x)
     Commit
T2:  Read(x)
     x←x+300
     Write(x)
     Commit
```

下面是一种它们可能的执行序列。

```
T1:Read(x)
T1:x←x-200
T1:Write(x)
T1:Commit
T2:Read(x)
```

```
T₂:x←x+300
T₂:Write(x)
T₂:Commit
```

显然,这里事务 T_1 和 T_2 是先后相继执行的,T_2 读到的 x 值是 4800。但是,由于这两个事务是并发的,所以下面执行的序列也是可能的:

```
T₁:Read(x)
T₁:x←x-200
T₂:Read(x)
T₁:Write(x)
T₂:x←x+300
T₂:Write(x)
T₁:Commit
T₂:Commit
```

此时,事务 T_2 读到的 x 值是 5000,这是不正确的,因为 x 已被事务 T_1 修改成 4800 了,而且最后 T_1 修改的值又被 T_2 复写了,这个账户凭空多出了 200 元,这是忌讳的。

通过不让其他事务看到未完成的结果来保证隔离性,所解决的问题称为解决丢失更新问题(lost updates problem)。

从一致性分层结构看,0 级一致性除防止更新丢失外,没有其他功能了,因此提供的是很小的隔离性。2 级一致性增加了避免级联夭折的功能。3 级一致性则提供了全隔离性。

下面使用 ANSI SQL2(即 SQL-92)标准说明对隔离性级别进行定义。根据 ANSI 定义,下面是一些不可取的现象。

脏读(dirty read):脏数据指的是一个事务对数据执行了修改操作,但该事务还没有提交,该被修改数据就称为脏数据。如果事务 T_1 修改了一个数据项,在它提交前,这个数据项被另外一个事务 T_2 读取,一旦 T_1 夭折,T_2 就变成读了一个在数据库中根本不存在的数据,这是不可取的。

不可重复性或模糊读(non-repeatable or fuzzy read):事务 T_1 读一个数据项,另一个事务 T_2 接着修改或删除这个数据项。如果 T_1 试图再次读这个数据项,则它读到的是另外一个值,或者它根本找不到这个数据项。这样一个事务 T_1 两次读同一个数据项返回的却是不同的结果。

幻象(phantom):这种现象出现在下述这种情况,即事务 T_1 按一个谓词 p 搜索一个关系,事务 T_2 插入了一个满足此谓词的元组(如 y),T_1 读了该元组,但 T_2 又夭折了,T_1 读到的 y 就是幻象。

根据这些现象,可以将隔离性级别定义如下。

- 读未提交(read uncommitted)(事务)的数据:这个层面上的事务操作三种现象都可能出现。
- 读已提交(read committed)(事务)的数据:可能出现模糊读与幻象,但不会脏读。
- 可重复地读(repeatable read):只可能出现幻象。
- 异常可串行化(anomaly serializable):不可能出现幻象。

4. 持续性

持续性是指在一个完整事务发生变化前就写入了硬盘,一旦系统崩溃,这个变化就会记住,在系统重启时将之恢复。应当避免不完整事务,以便保证数据库的一致性。为了能够撤销不完整事务所执行的操作,DBMS 会维护一个日志文件。对硬盘上的所有操作在将数据写入前都记录在日志文件上。

持续性保证事务一旦提交，其结果就是永久的，不能从数据库中抹去。持续性性质涉及数据库恢复(database recovery)这个问题，就是说任何情况下都要把数据库恢复到能反映提交动作的状态。

与独立的数据库系统比较，一个复制(有副本)数据库是一个分布式数据库，其中相同的数据项有多个副本存放在多个节点上。复制数据库应当如提供 ACID 保证的无副本环境一样的情况，称为 1-copy equivalence。这样 ACID 可以定义如下。

- copy atomicity：保证一个事务在实施操作的每个副本都有相同的决策，即都提交或都夭折。因此，需要副本间保证强加某种形式的契约协议(agreement protocol)。
- 1-copy consistency：在所有执行事务的副本上强加一个结束后不损坏的完整性约束，保证有一个一致的数据库状态。
- 1-copy isolation：保证多个副本上执行的一组并发事务等价于一个串行执行，也称 1-copy-serializability。
- 1-copy durability：保证一旦一个副本出现故障，随后就能恢复，不仅要求重做本地已经提交的事务，还要求做在宕机期间耽误的系统上所有已全局提交的更新。

值得一提的是，ACID 的要求面临新的挑战。新的理论出现了，如 CAP 理论和 BASE 理论。

1) CAP 理论

在分布式数据库系统，尤其是基于 Web 的系统中，数据在不同的节点有多个副本。为了尽快定位指定数据项的位置，DBA 常考虑设置索引。处理索引对关系型数据库管理系统来说很累赘，特别是在数据变化很快时。同时，在关系型数据库系统里，为了响应用户的请求，常常要实施多个表的连接运算，这也是开销很大的。在分布式数据库系统里，为了强制满足 ACID，在用户可以访问数据前，必须保证所有数据项在所有节点上都是一样的，需要耗费的时间很多。

近年来，是否放宽对 ACID 要求的思想开始吸引大家的注意，例如 CAP 理论(Brewer，2012)，试图在竞争点上寻找平衡点。考虑的竞争点就是 CAP 理论。

- C(consistency)：一致性。ACID 中的一致性要求是严格的。在 CAP 理论里，在分布式系统中同一数据项的所有数据备份，在同一时刻是否为同样的值(等同于所有节点访问同一份最新的数据副本)是可以商榷的。
- A(availability)：可用性。在计算/存储集群中，一部分节点出现故障后，集群整体是否还能响应客户端的读/写请求。
- P(partition tolerance)：分割容忍性。以实际效果而言，网络分割相当于将通信的时限要求破坏了。系统如果不能在时限内达成数据一致性，就意味着发生了分割的情况，必须就当前操作在 C 和 A 之间做出选择。

CAP 是应 NoSQL 数据库所面临的态势提出的。CAP 理论是在分布式存储环境中，最多只能实现上面的其中两点。进一步说，由于当前的网络硬件肯定会出现延迟丢包等问题，所以分割容忍性是必须实现的。因此我们只能在一致性和可用性之间来权衡，没有一个 NoSQL 数据库能同时保证 C、A、P 这三点。

2) BASE 理论

BASE 是 Basically Available(基本可用)、Soft state(软状态)和 Eventually consistent(最终一致性)三个短语的简写，BASE 是对 CAP 中一致性和可用性权衡的结果，是基于 CAP 理论逐步演化而来的，其核心思想是，即使无法做到强一致性(strong consistency)，但每个应用都可以根据自身的业务特点，采用适当的方式来使系统达到最终一致性(eventual consistency)。

本质上，BASE 针对的是大多数 NoSQL 数据库，面对的是分布式存储环境，就像关系型数据库系统强调 ACID 一样。

8.3 事务分类

文献中推荐了大量的事务模型，各自面向一种应用。基本思想是保持事务的"ACID"性质，由于各种算法和技术分别强调某一(些)方面，所以算法变数很多。例如，可以按照各种方式将事务进行分类。一种分类方式是按照事务的持续时间来分，可分为短事务和长事务。也可以将事务分为在线处理事务和批处理事务。在线处理事务的执行和响应时间较短(一般在秒级)，访问数据库的量相对数据库本身而言较小，银行业务和航空订票就是这类事务。批处理事务的执行时间长(响应时间往往以分钟、小时甚至天计)，访问数据库的量相对数据库本身而言较大，CAD/CAM 数据库、统计应用、报表生成、复杂查询和图像处理等就是这类事务。

另外一种分类方式与读/写操作的组织方式有关。如果一个事务的所有读操作在任何写操作前实施，则称为两步(two-step)模型。如果事务限制为一个数据项在更新前必须先对其的读操作，这类事务称为受限(restricted)模型。同时有这两个性质的事务称为受限两步(restricted two-step)模型。还有一种称为动作模型(action model)的事务，它满足受限条件，且要求每个〈read，write〉对必须以原子方式执行，如图 8.3 所示。

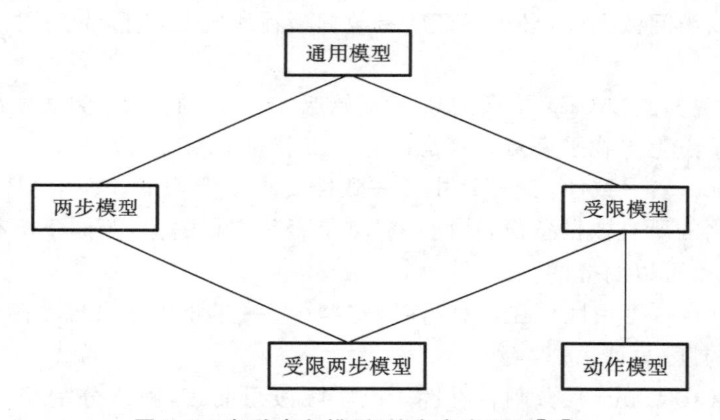

图 8.3 各种事务模型(摘自参考文献[5])

【例 8.7】 下面看一些事务的例子。为了简洁，我们忽略说明。

通用模型：

T_1：{r(x)，r(y)，w(y)，w(x)，w(z)，r(z)，w(w)，C}

两步模型：

T_2：{r(y)，w(y)，r(z)，w(x)，w(z)，w(w)，C}

受限模型：

T_3：{r(x)，r(y)，w(y)，r(z)，w(x)，w(z)，r(w)，w(w)，C}

注意：这里对 T_3 来说，在写 x 前必须读 x。

受限两步模型：

T_4：{r(x),r(y),r(z),r(w),w(x),w(z),w(y),w(w),C}

Action：

T_5：{[r(x),w(x)],[r(y),w(y)],[r(z),w(z)],[r(w),w(w)], C}

这里，括号中的操作以原子方式执行。

按事务结构可分为平面事务(flat transaction)和嵌套事务(nested transaction)。

1. 平面事务

平面事务只有一个启动点事务(begin-transaction)和一个终止点事务(end-transaction)。前面所有的例子都是平面事务。

2. 嵌套事务

允许在一个事务内嵌套其他事务，这类事务称为嵌套事务(nested transaction)。嵌套在事务中的事务称为子事务。

【例 8.8】 下面考虑旅行社为客人安排旅行的例子。给客人安排旅行需要给他(她)预订机票、预订旅馆、租车预约等，如下所示：

```
Begin_transaction Reservation
    begin
        Begin-transaction Airline
        …
        End_of_Transaction. {Airline}
        Begin-transaction Hotel
        …
        End_of_Transaction. {Hotel}
        Begin-transaction Car
        …
        End_of_Transaction. {Car}
        …
    end
End_of_Transaction
```

从例 8.8 可见，整个旅行安排是作为一个事务来定义的。但是，在整个旅行安排中，需要预订来回机票、预订旅馆和租车预约。后面三项活动这里也分别作为一个事务(嵌套事务)进行处理(其实这是航空公司、旅馆和出租车辆公司所强调的，否则它们的其他业务无法继续正常进行)，但从属于整个旅行安排事务。

目前，嵌套事务越来越受关注，嵌套层次一般是开放的，也允许子事务是嵌套事务。

要注意的是，可以区分封闭和开放两类嵌套事务。封闭嵌套事务按自底向上直至根开始提交。因此子事务在它的父事务后启动，在它的父事务结束前结束。子事务的提交是父事务提交的条件。这些事务的语义把原子性强加在最顶上一级。开放嵌套事务允许子事务可以先于父事务提交结果，可以让外面的事务先看到。

8.4　事务管理机制体系结构

引入事务的概念，我们需要重新回顾体系结构模型，主要是对分布式执行管理器(distributed execution monitor)的角色做一些必要的扩充。

分布式执行管理器至少包含两个模块:事务管理器(transaction manager,TM)和调度器(scheduler,SC)。事务管理器负责协调属于同一个应用的数据库操作的执行。调度器则负责实现特定的并发控制算法,同步数据库存取。

分布事务管理中参与者的第三个成分是每个节点都有的本地恢复管理器。它们的功能是让每个本地数据库在出现故障时都能恢复到故障前的一致状态。

每个事务都从一个节点启动,称为启动节点(originating site)。一个事务的数据库操作的执行由该事务启动节点的事务管理器负责协调。

事务管理器用于实现与应用程序的接口,该应用程序的支持至少包括 5 个命令,即 begin-transaction、read、write、commit 和 abort。

- begin-transaction:对 TM 而言,这是一个新事务启动的标志。TM 做的是一些记录工作,如记录事务名称、启动的应用,等等。
- read:如果数据项 x 存放在本地,则读出其值,返回给事务。否则,TM 选择 x 的一个副本,请求其副本予以返回。
- write:TM 负责协调 x 所在的每个节点上的更新。
- commit:TM 负责协调前面写操作实施过程中的与数据项相关的数据库的物理更新。
- abort:TM 保证事务的任何影响都不会反映在数据库里。

TM 可以同时与不同节点上的 SC 和数据处理器通信。图 8.4 所示的是分布式执行管理器的详细模型。

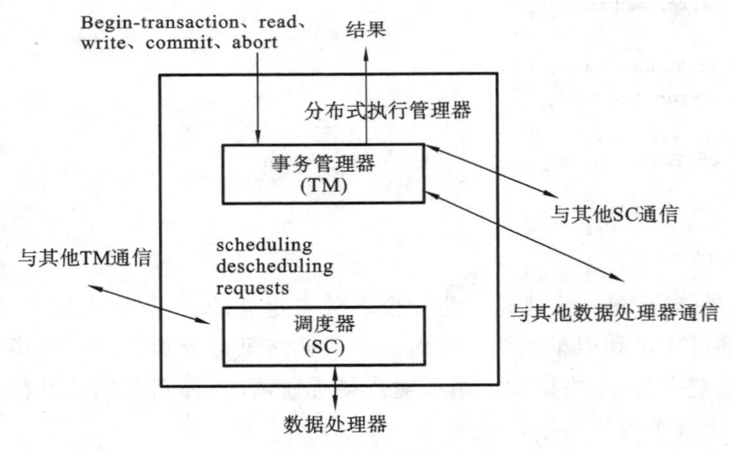

图 8.4　分布式执行管理器的详细模型

下面会按分布式执行管理器的模型进行讨论,尤其是对算法的讨论。

从数据库技术诞生开始,就对事务管理展开了讨论。Ting Wang 等在其《A survey on the history of transaction management:from flat to grid transactions》论文中作了很好的分析。我们在这里借助其分析作一介绍。

在早期的集中式数据库系统里,事务机制开发成"debit-credit"形态的数据库操作。随后的发展十分迅速,分布式数据库、松耦合的数据库甚至更多复杂数据库的出现,带来了新的挑战。

参考文献[7]把最初的数据库事务管理阶段称为石器时代(stone age)。在石器时代,没有明显的事务模型和机制概念。

第二阶段被称为经典时代(classic history)。在经典时代,人们认识到,实现多用户、并发环境的可靠性是其主要目标。基本的事务模型和机制在此阶段成型。

第三阶段称为中世纪时代(middle age)。在中世纪时代，商务应用越来越复杂，对事务管理的需求也迅速增长。经典时代发展的简单模型和机制已不能满足需求。针对不同的应用领域，大量先进的事务模型和机制涌现出来。

第四阶段是文艺复兴时代(renaissance age)。在这一阶段，一些过程控制系统，如工作流管理系统(WfMS)等的事务模型与机制涌现出来。这类事务也称工作流事务。

第五阶段称为现代(modern times)。最新的发展可以列入现代，尤其是因特网时代的需求和移动计算的需求在这个阶段很明显，对协作的要求也越来越迫切。

我们可以用一张图(请参见参考文献[7])来描述事务管理的发展，如图 8.5 所示。图中，TxM 即事务管理的缩写，每个阶段下面的文字说明该阶段提出的新概念与新技术，其中用的都是缩写。WfTx 即工作流事务(workflow transaction)，WS-Tx 即 Web Service transaction。限于篇幅，细节不再赘述，有兴趣的读者请参见相关文献。

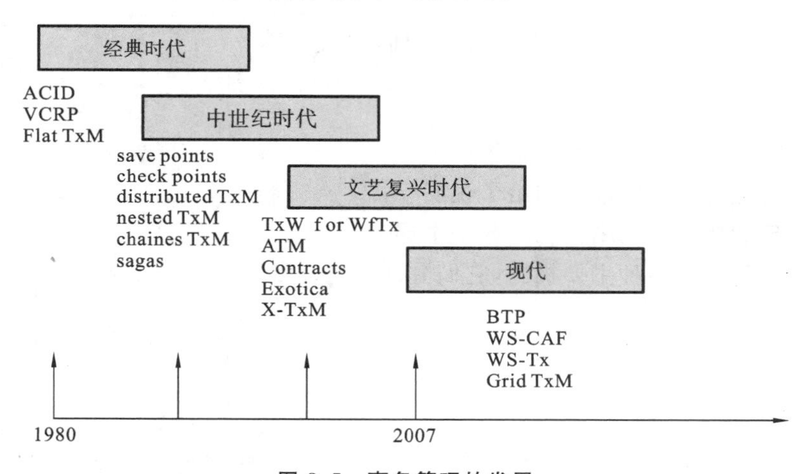

图 8.5　事务管理的发展

为了便于理解，有些概念略作如下介绍。

- save points：表示保存点，即事务信息保存的时间点。
- check points：表示校验点。
- distributed TxM：表示分布式事务管理。

1. 经典时代：经典事务模型

在经典时代，大容量多用户、并发存取的经典思想与模型在此奠定。这也是下面几章要深入讨论的内容。

经典时代对 ACID 性质有了严格定义，鉴于前面已有深入讨论，这里不再赘述。值得一提的是，人们也用 VCRP 性质来讨论事务。所谓 VCRP，即可见性(visibility)、一致性(consistency)、恢复性(recovery)和性能(permanence)，可以看成是 ACID 的另一种通用表示。可见性代表一个执行事务看到其他事务结果的能力。一致性是指事务提交后数据库状态的正确性。恢复性表示发生故障后数据库能恢复到前面正确状态的能力。性能系改变数据库状态的一种成功提交事务遇到故障时不丢失结果的能力。这时面对的是平面事务。

2. 中世纪时代：先进事务模型

在这个时代，事务的持续性变长，也变得更复杂。此时的事务模型可以称为先进事务模型。事务从平面变成嵌套形态,一个事务会由一系列子事务构成。事务出现故障时不一定必须从头开始重启动,有时也可以从中间开始重启动。分布式数据库系统事务模型就属于这一时代。这类事务是嵌套事务,持续时间也较常规事务长,校验点技术在这里很重要。

3. 文艺复兴时代:工作流事务

参考文献[7]把这一阶段称为文艺复兴时代。最典型的是工作流系统的大量出现。有一个国际组织——工作流管理论坛(WfMC)①负责工作流技术的规范与定义。工作流是指业务流程的全部或部分自动化。工作流技术的研究聚焦在业务流程建模、业务流程设计、业务流程重组等,细节这里不讨论,有兴趣的读者可以参阅参考文献[8]。

4. 现代

这个时代的事务模型可以称为 Web 服务事务(Web services transactions)和网格事务(grid transactions)等。这是因特网崛起出现的新形态,这里不再赘述。

习 题 8

1. 什么是事务?简述事务的基本结构。
2. 事务的特点是什么?请分别给予说明。
3. 事务管理的体系结构中包含哪些基本成分?
4. 简述事务管理的两种主要机制,它们分别聚焦在哪里?

---

① www.wfmc.org。

第9章 并发控制

9.1 可串行化理论——并发控制基本原理

并发控制(concurrency control)是为了保证事务的隔离性(I)和一致性(C)。

分布式数据库管理系统的并发控制是为了保证多用户分布环境下的数据库一致性。如果事务内部一致(即不损害任何一致性约束),最简单的方法是让每一个事务单独执行,一个接着一个,互不干扰。当然,这只是理论上合理,实施起来无意义,因为这么做会把系统的吞吐量弄得很小,这不是我们所期待的。并发程度(并发事务的个数)是分布式数据库系统性能好坏的重要参数之一。因此,数据库系统的并发控制机制力图找出一个折中,使得既能保持数据库的一致性,又能维持高度的并发性。

现在我们假设整个分布式系统是完全可靠的,既没有任何软件故障,又没有硬件故障。尽管这是不现实的,但是可以简化我们的讨论。关于可靠性问题我们将在下一章讨论。

可串行化(serializability)是大家广泛认同的能保证并发控制算法正确性的依据。可串行化是涉及并发控制的一个重要理论。为了说明这个理论,我们需要先给出一些定义。

调度(schedule)是指一个调度 S(也称历史(history))定义在一个事务集合 T 上,$T=\{T_1, T_2, \cdots, T_n\}$,它可以指定这些事务的执行序。

对于任意一对操作 $a_{ij}(x)$ 和 $a_{kl}(x)$(i 和 k 是事务标识,不必一样,即这两个操作可以属于不同的事务),它们存取同一个数据库的数据项 x,如果它们中间有一个是写(write)操作,则它们是冲突(conflict)的。这样可以将这两个操作简单标为“读”和“写”,从而归结成两类冲突:读-写(read-write)(或写-读(write-read))冲突和写-写(write-write)冲突。其实,这两个操作可能来自同一个事务,也可能来自不同的事务。如果来自不同的事务,则这两个事务是冲突的。

下面先来定义一个完整调度(complete schedule),该调度定义了该域里所有操作之间的执行序。

定义 9.1 一个完整调度的前缀是指由该域的事务子集构成的偏序,令 POT 为事务子集上的完整调度,则 $T=\{T_1, T_2, \cdots, T_n\}$ 构成一个偏序 $POT=\{\Sigma_T, \not>_T\}$,其中:

条件 1:$\Sigma_T=\bigcup_{i=1}^{n}\Sigma_i$。

条件 2:$\not>_T=\bigcup_{i=1}^{n}\not>\Sigma_i$。

条件 3:对于任意两个冲突操作而言,$a_{ij}, a_{kl}\in\Sigma_T$,$a_{ij}\not>_T a_{kl}$,或者 $a_{kl}\not>_T a_{ij}$。

条件 1 表示调度涉及的域是一个由各个事务构成的集合。条件 2 定义了一个序,它是各个事务序集合的超集。条件 3 强调任意一对冲突操作间必须有一个序。

【例 9.1】 考虑两个事务 T_1 和 T_2 的序:

```
T1:  Read(x)
```

```
      x ←x+1
      write(x)
      Commit
T2：  Read(x)
      x ←x*10
      write(x)
      Commit
```

这样，关于这两个事务的一个完整调度 POT 为 $T=\{T_1, T_2\}$，$POT=\{S_T, \not>_T\}$，存在：

$$\Sigma_1=\{r_1(x), w_1(x), C_1\}$$

$$\Sigma_2=\{r_2(x), w_2(x), C_2\}$$

这样，$\Sigma_T=\Sigma_1\cup\Sigma_2=\{r_1(x), w_1(x), C_1, r_2(x), w_2(x), C_2\}$，且 $POT=\{\langle r_1, r_2\rangle, \langle r_1, w_1\rangle, \langle r_1, C_1\rangle, \langle r_1, w_2\rangle, \langle r_1, C_2\rangle, \langle r_2, w_1\rangle, \langle r_2, C_1\rangle, \langle r_2, w_2\rangle, \langle r_2, C_2\rangle, \langle w_1, C_1\rangle, \langle w_1, w_2\rangle, \langle w_1, C_2\rangle, \langle C_1, w_2\rangle, \langle C_1, C_2\rangle, \langle w_2, C_2\rangle\}$

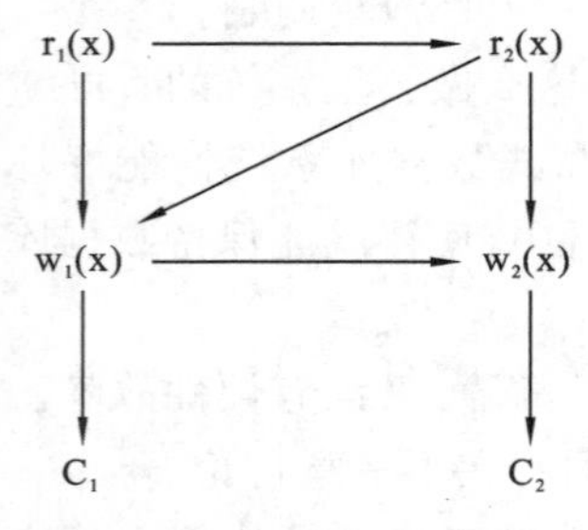

图 9.1　一个完整调度的 DAG 表示

这个调度可以用一个有向无环图（即 DAG 图）来表示，如图 9.1 所示。

我们可以使用简化一点的方式来描述这样一个调度，因为可以忽略那些无需强调的序，如$\langle r_1, r_2\rangle$，$\langle r_1, C_1\rangle$[①]等。可以让执行序与表中操作的顺序对应，这样 POT'可简化为：

$POT'=[r_1(x), r_2(x), w_1(x), C_1, w_2(x), C_2]$

可以将一个调度 P'看成是一个完整调度 P 的前缀。

给定一个偏序 $P=\{\Sigma, \not>\}$，令 $P'=\{\Sigma', \not>'\}$为 P 的一个前缀，如果满足：

(1) $\Sigma'\subseteq\Sigma$；

(2) $\forall a_i\in\Sigma', a_1\not>' a_2$ iff $a_1\not> a_2$；

(3) $a_i\in\Sigma'$, if $\exists a_j\in\Sigma\wedge a_j\not> a_i$, then $a_j\in\Sigma'$。

前两个条件把 P'的域 S'定义在 P 的域 S 上，P 中的序仍然保持在 P'中。第三个条件表示 S'中的所有元素，如果在 S 中有前元(predecessor)，则它们在 S'中也有前元。

【例 9.2】 我们来看如下三个事务：

```
T1：  Read(x)
      Write(x)
      Commit
T2：  Write(x)
      Write(y)
      Read(z)
      Commit
T3：  Read(x)
      Read(y)
      Read(z)
      Commit
```

从以上事务可以看出，如下调度 S 是串行的(serial)：

$S=[w_2(x), w_2(y), r_2(z), C_2, r_1(x), w_1(x), C_1, r_3(x), r_3(y), r_3(z), C_3]$

---

① 因为$\langle r_1, r_2\rangle$非冲突，所以$\langle r_1, w_1\rangle$，$\langle w_1, C_1\rangle\Rightarrow\langle r_1, C_1\rangle$

因为 T_2 的所有操作都在 T_1 的所有操作前执行，T_1 的所有操作都在 T_3 的所有操作前执行，所以可以记作 $T_2 \nsucc_s T_1 \nsucc_s T_3$ 或 $T_2 \rightarrow T_1 \rightarrow T_3$。

例 9.2 所示的是一个串行调度。

串行调度能保证事务的一致性，但是系统的效率低。有更有效的办法吗？下面我们讨论可串行化的问题。

定义 9.2 在一个调度 S 中，若各个事务的操作执行时不叠加（即操作一个接着一个发生），则这个调度是串行的。

两个调度 S_1 和 S_2 定义在相同的事务集上，如果它们对数据库产生相同的效果，则称为是等价的。更形式化地说，如果 S_1 和 S_2 定义在相同的事务集上，对它们中任意一对冲突操作 a_{ij} 和 $a_{kl}(i \neq k)$ 来说，如果 $a_{ij} \nsucc_{S1} a_{kl}$，则 $a_{ij} \nsucc_{S2} a_{kl}$，反之亦然，我们称之为冲突等价（conflict equivalence）。两个满足冲突等价的调度是等价的。

两个调度的等价条件可以定义如下。

条件 1：在两个调度中，每个读操作读到的是相同写操作产生的数据。

条件 2：且两个调度中对每个修改数据项的最后一个写操作相同。

【例 9.3】 再考虑例 9.2 中的三个事务，S'是一个定义在三个事务上面的调度，它的冲突等价于串行 S：

$S' = [w_2(x),\ r_1(x),\ w_1(x),\ C_1,\ r_3(x),\ w_2(y),\ r_3(y),\ r_2(z),\ C_2,\ r_3(z),\ C_3]$

这里：对 x 来说，按照冲突操作对的序，则 $T_2 \rightarrow T_1 \rightarrow T_3$；对 y 来说，按照冲突操作对的序，则 $T_2 \rightarrow T_3$；对 z 来说，$r_2(z)$ 和 $r_3(z)$ 不冲突，不需要强加序。因此，S'等价于 $T_2 \rightarrow T_1 \rightarrow T_3$。

注意，冲突等价满足第三级一致性。

定义 9.3 一个调度 S_c 是可串行的（serializable），当且仅当 S_c 冲突等价于一个串行调度，这种可串行化通常称为冲突等价可串行化（serializability）。

并发控制器的基本功能是产生一个要执行事务的可串行化调度。

可串行化理论可以简单地用于无副本的分布式数据库中。我们把每个节点上事务执行的调度称为本地调度，整个分布式数据库上的调度称为全局调度。此时，如果一个全局调度的每个本地调度是可串行的，且每个本地串行调度序是相同的，则这个全局调度是可串行的。在有副本的分布式数据库系统中，可串行化理论的要求更复杂些。

【例 9.4】 我们来看以下两个事务：

```
T1:  Read(x)
     x←x+5
     Write(x)
     Commit
T2:  Read(x)
     x←x*10
     Write(x)
     Commit
```

它们同时在两个副本所在地，也就是在两个节点上运行。下面是两个节点上的本地调度：

$S_1 = [r_1(x),\ w_1(x),\ C_1,\ r_2(x),\ w_2(x),\ C_2]$

$S_2 = [r_2(x),\ w_2(x),\ C_2,\ r_1(x),\ w_1(x),\ C_1]$

这两个调度都是可串行化的，确切来说是串行的。因此每一个调度代表一个正确的执行序。但要指出的是，在这两个调度中，T_1 和 T_2 的序是互相颠倒的，即 S_1 等价于 $T_1 \rightarrow T_2$，S_2 等

价于 $T_2 \to T_1$。

如果在执行这两个事务前 x 的值是 10,结果在执行这两个事务后,x 在 S_1 为 150,在 S_2 为 105。

例 9.3 在现实中是不允许的,我们要求 S_1 和 S_2 应当满足互一致性。互一致性要求所有的副本数据值都是一样的。

直观地说,一个单副本可串行化全局调度必须满足如下条件。

- 每个本地调度都是可串行化的。
- 两个冲突操作在它们同时出现的所有本地调度中都必须有相同的序。

第二个条件保证在冲突事务一起执行时,所有节点上的串行序是相同的。

显然,在有副本的数据库中,需要附加副本控制协议。

假设一个数据项 x 有副本 $x_1, x_2, \cdots, x_n$。下面我们把 x 称为逻辑数据项,其副本称为物理数据项。如果提供副本透明度,用户事务就对逻辑数据项 x 发布读/写操作要求。副本控制协议负责把逻辑数据项 x 上的每个读操作(Read(x))映射到一个物理数据项副本的读操作(Read(x_j))上。将逻辑数据项 x 上的每个写操作映射到所有 x 的物理数据副本子集的写操作集上。是映射到物理数据项副本的全集还是子集取决于副本控制算法。如果把读操作映射到其中一个副本上,那么写操作就映射到一个物理数据项副本的全集上,这个算法就满足 read-once/write-all (ROWA)协议。

9.2 分布并发控制

数据库系统中的并发控制机制负责给出一个印象,并发事务的执行是"相互隔离的"。可以将并发控制协议分成两类:悲观并发控制协议和乐观并发控制协议。悲观并发控制协议是指其认为冲突常发生,因此要预防;乐观并发控制协议是指冲突发生不频繁,因此可以先做,出了问题再补救。前者如封锁协议,后者如乐观算法。

9.2.1 基于封锁的并发控制算法

基于封锁的并发控制的主要思想是,保证冲突操作共享的数据一次只能由一个操作存取。这是通过将锁和封锁单元(记作 LU)捆绑在一起来实现的。这个锁由事务在其存取数据前设置,用完后释放。封锁单元如果已经被一个操作封锁,那么另一个操作就不能访问。这样,一个事务的封锁请求只能在没有其他事务拥有相关封锁的情况下才允许。封锁单元可以是一个数据库、一个关系、一条记录或一个字段。为了简化,我们统称为封锁单元或数据项。

因为我们讨论冲突事务的冲突操作的同步,所以可以区分两类封锁(或称两类封锁模式):读锁(read lock(rl))和写锁(write lock(wl))。

如果有一个事务 T_i 希望读一个封锁单元(x)中的数据项,从而获得了 x 上的读锁,则记作 $rl_i(x)$。如果同时发生写操作,也想封锁这个数据项,则记作 $wl_i(x)$。这里就涉及一个封锁兼容性问题。如果允许两个事务对要存取的同一个数据项同时获得封锁,则这两个封锁模式是兼容的。否则,它们是不兼容的。表 9.1 所示的是一个封锁模式的兼容矩阵。

分布式 DBMS 不仅要管理封锁,也要处理事务的封锁管理响应。换言之,用户无需指定哪些数据应当封锁,分布式 DBMS 在每次事务发布读/写操作命令时都会自动关心这一点。

表 9.1 封锁模式的兼容矩阵

封锁模式	$rl_i(x)$	$wl_i(x)$
$rl_j(x)$	相容	不相容
$wl_j(x)$	不相容	不相容

在基于封锁的系统中,这是由封锁管理器(lock manager,LM)来实现的。事务管理器把数据操作(read 或 write)和相关信息(如存取的数据项和相关事务标识)传递给封锁管理器。封锁管理器检查该封锁单元是否已上锁。若已上锁,则检查现在申请的封锁和已加上的锁是否兼容,若不兼容,则将目前事务延迟,否则,按所需模式设置封锁。与此同时,数据操作传递给数据处理器实施实际的数据库存取。然后,事务管理器获悉其结果。事务的终止使得其强加的封锁被释放,在队列中等待存取该数据项的其他事务被启动。

下面是调度器(封锁管理器(LM))的一个基本算法。

算法 9.1 基本 LM。

```
Declare                                    /*变量申明*/
    msg:Message                            /*Type Message 指的是消息*/
    dop:Dbop                               /*Type Dbop 指的是数据库操作*/
    Op:Operation                           /*Type Operation 指的是操作*/
    x:DataItem                             /*Type DataItem 指的是数据项*/
    T:TransactionId                        /*Type TransactionId 指的是事务标识*/
    pm:Dpmsg                               /*Type Dpmsg 指的是数据处理消息*/
    res:DataVal                            /*Type DataVal 指的是数据变量*/
    SOP:OpSet                              /*Type OpSet 指的是操作集*/
begin
  repeat
    WAIT(msg)                              /*等待消息*/
    case of msg
      Dbop:                     /*若消息是数据操作,则将其中的元素取出,赋予各个变量*/
      begin
        Op←dop.opn;                        /*取出操作类型*/
        x←dop.data;                        /*取出操作数据,赋予变量 x*/
        T←dop.tid;                         /*取出事务号,赋予变量 T*/
        case of Op                         /*分析操作类别*/
          Begin-transaction:               /*操作类别是 BOT*/
          begin
            发送数据操作 dop 给数据处理器;
          end
        Read or Write:                     /*操作类别是 Read 或 Write,此时有封锁要求*/
          begin
            找出满足 x⊆lu 的封锁单元 lu;
            if lu 未锁或其封锁模式和 Op 相容
              then
              begin
                   在 lu 上按适当模式设置封锁;
                   发送 dop 到数据处理器;
                end
              else 将 dop 放入等待 lu 的队列;
          end-if
        end
```

```
            Abort or Commit:
              begin
                  发送 dop 到数据处理器;
              end
          end-case
      Dpmsg:                                  /*来自数据处理器的答复*/
    Begin                                     /*解锁*/
          Op←pm.opn;
          res←pm.result;
          T←pm.tid;
          找出满足 x ⊆ lu 的封锁单元 lu;
          释放 T 持有的 lu 上的封锁;
          if lu 上没有其他封锁且在 lu 封锁的等待队列里还有操作 then
        begin
            SOP←队列里的第一个操作;
            SOP←SOP∪{o|o 是队列里的一个操作,能以和 SOP 里目前操作相容的方式封锁 lu}
            按 SOP 里操作的方式在 lu 上设置封锁;
            for all the operations in SOP do
              把每个操作发送给数据处理器;
            end-for
          end-if
      end
    end-case
  until forever
end. /* end of 基本 LM*/
```

算法 9.1 还不能同步执行事务。这是因为,为了产生同步调度,必须协调事务的加锁和解锁操作,而这里还没有相应的协调机制。下面用例子来说明。

【例 9.5】 我们来看如下两个事务。为了方便说明,用一张表来表示。

T_1:Read(x)	T_2:Read(x)
x←x+1	x←x*2
Write(x)	Write(x)
Read(y)	Read(y)
y←y−1	y←y*2
Write(y)	Write(y)
Commit	Commit

下面是一个由封锁管理器使用算法 9.1 对这两个事务生成的有效调度:

$S=[wl_1(x), r_1(x), w_1(x), lr_1(x), wl_2(x), r_2(x), w_2(x), lr_2(x), wl_2(y), r_2(y), w_2(y), lr_2(y), C_2, wl_1(y), r_1(y), w_1(y), lr_1(y), C_1]$

其中:wl 表示写封锁操作,$wl_1(x)$表示 T_1 对数据项 x 的写封锁操作;$lr_i(z)$表示释放事务 T_i 拥有的对数据项 z 的封锁。注意,这里的 S 不是一个可串行化调度。S 的等价调度可以表示为 $T_1 \to T_2 \to T_1$,不是可串行化的。对 x 而言,$T_1 \to T_2$;对 y 而言,$T_2 \to T_1$。

这样一个调度会造成数据混乱,例如,如果在执行这些事务前,x 和 y 的值分别是 50 和 20,如果 T_1 在 T_2 前执行,则其结果的值分别是 102 和 38,反之则为 101 和 39。而上述调度执行的结果是 102 和 39。显然 S 不是可串行化的。

例 9.5 的问题是:这个封锁算法里,一个事务(T_i)在其执行完相关数据库命令(读或写)后就释放了封锁,因为它不再需要访问这个封锁单元(x)了。但是,事务在其释放对 x 的封锁后本身还拥有对其他数据项(y)的封锁。为此我们需要一个更严格的封锁协议,以保证隔离性和原子性。这样就引出了两阶段封锁(two-phase locking,2PL)。

这个协议的原则可以简述如下。

- 欲存取的数据应先封锁。
- 对事务已经占有的封锁,不得重复申请。
- 一个事务必须注意到其他事务所做的封锁。

在 2PL 里,每个事务按照时间进程分为两个阶段:发育期和蜕缩期。发育期事务申请封锁,蜕缩期事务解除封锁,在蜕缩期不允许该事务申请新封锁。事务结束时,解除全部封锁。2PL 的形态如图 9.2 所示。

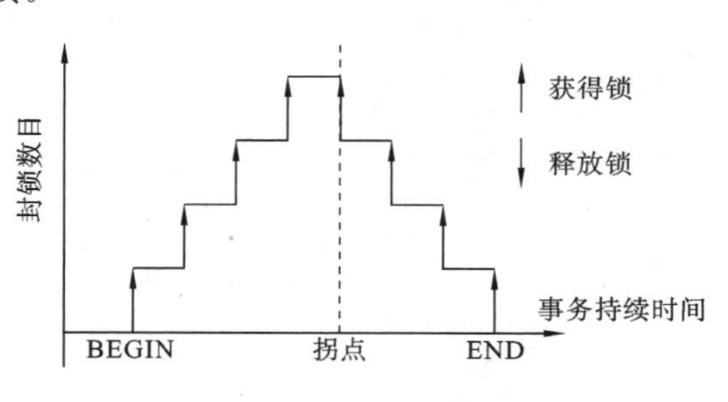

图 9.2 2PL 的形态

图 9.2 表示一旦完成对一个数据项的存取,封锁管理器就释放对数据项的封锁。这样,其他正在等待数据项的事务就可以获得对数据项的封锁,从而增加了并发度。但是,困难的是封锁管理器必须知道事务已经获得它要的所有封锁,不会再申请对新的数据项封锁。封锁管理器也知道该事务不再需要使用目前计划释放封锁的数据项,所以可以释放它。最后如果在它释放封锁以后,该事务夭折,而其他事务已经使用它释放封锁的那个数据项,那些事务也必须夭折,这样就造成级联退出(cascading abort)。由于这些问题,大多数 2PL 调度器实现严格的两阶段封锁(strict two-phase locking),直到事务终止(commit 或 abort)才释放所有封锁,如图 9.3 所示。

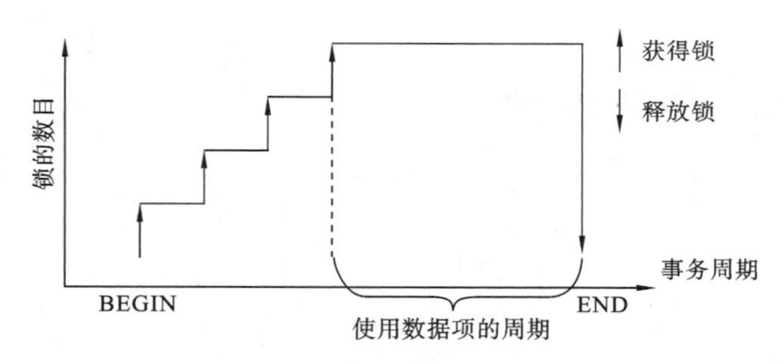

图 9.3 严格的两阶段封锁图

严格的两阶段封锁管理需要对算法 9.1 略作修改。主要修改来自数据处理器的响应。要保证在操作完成后、事务结束时再释放封锁。

下面是严格的两阶段封锁 LM 算法描述。

算法 9.2 严格的两阶段封锁 LM 算法。

```
Declare                           /* 变量说明 */
        msg:Message               /* Type Message 指的是消息 */
        dop:Dbop                  /* Type Dbop 指的是数据操作 */
        Op:Operation              /* Type Operation 指的是操作 */
        x:  DataItem              /* Type DataItem 指的是数据项 */
```

```
    T:TransactionId         /*Type TransactionId 指的是事务标识*/
    pm:Dpmsg                /*Type Dpmsg 指的是数据处理消息*/
    res:DataVal             /*Type DataVal 指的是数据变量*/
    SOP:OpSet               /*Type OpSet 指的是操作集*/
begin
  repeat
    WAIT(msg)
    case of msg
      Dbop:
        begin
        Op←dop.opn;         /*取出操作类型*/
        x←dop.data;         /*取出操作数据,赋予变量 x*/
        T←dop.tid;          /*取出事务号,赋予变量 T*/
        case of Op
        Begin-transaction:
          begin
            发送 dop 到数据处理器;
          end
        Read or Write:
          begin
            找出满足 x⊆lu 的封锁单元 lu;
            if lu 未锁或其封锁模式与 Op 相容 then
              begin
                在 lu 上按适当模式设置封锁;
                发送 dop 到数据处理器;
              end
            else
              将 dop 放入等待 lu 的队列;
            end-if
          end
        Abort or Commit:
          begin
            发送 dop 到数据处理器;
          end
      end-case
  Dpmsg:
    begin
      Op←pm.opn;
      res←pm.result;
      T←pm.tid;
      if Op= Abort or Op= Commit then
        begin
          for each lock unit lu locked by T do
            begin
              释放 T 拥有的 lu 上的封锁;
              if lu 上没有其他封锁且在 lu 封锁的等待队列里还有操作 then
                begin
                  SOP←队列里的首个操作;
                  SOP←SOP∪{o|o 是队列里的一个操作,能以和 SOP 里目前操作相容的方式封锁 lu};
                  按 SOP 里操作的方式在 lu 上设置封锁;
                  for all the operations in SOP do
                    将每个操作发送给数据处理器;
```

```
                end-for
              end-if
          end-for
        end-if
      end
    end-case
  until forever
end.          /* end of S2PL-LM */
```

严格的两阶段封锁相应的事务管理器(TM)的算法如下所示。

算法9.3 严格的两阶段封锁的TM算法。

```
Declare                            /*变量说明*/
          msg:Message              /*Type Message 指的是消息*/
          dop:Dbop                 /*Type Dbop 指的是数据操作*/
          Op:Operation             /*Type Operation 指的是操作*/
          x:  DataItem             /*Type DataItem 指的是数据项*/
          T:TransactionId          /*Type TransactionId 指的是事务标识*/
          pm:Dpmsg                 /*Type Dpmsg 指的是数据处理消息*/
          res:DataVal              /*Type DataVal 指的是数据变量 */
          SOP:OpSet                /*Type OpSet 指的是操作集*/
begin
    repeat
      WAIT(msg)
      case of
        Dbop:
          begin
            发送 Op 给封锁管理器;
          end
        Scmsg:                     /*来自封锁管理器的答复*/
          begin
            Op←pm.opn;             /*取出操作类型*/
            res←pm.result;         /*取出操作数据,赋予变量 res*/
            T←spm.tid;             /*取出事务号,赋予变量 T*/
            case of Op
              Read:
                begin
                  将 res 返回给应用(即事务);
                end
              Write:
                begin
                  通知用户应用写操作完成,将 res 返回给用户应用;
                end
              Commit:
                begin
                  撤销 T 的工作空间;
                  通知用户应用事务圆满完成;
                end
              Abort:
                begin
                  通知用户应用事务 T 已夭折;
                end
            end-case
```

```
        end
      end-case
    until forever
  end.    /* end of 2PL-TM* /
```

这里我们通过 2PL 给操作强加了一个冲突可串行化序。但要指出的是，并非所有的可串行化调度都符合 2PL，例如，$S=[w_1(x),r_2(x),r_3(y),w_1(y)]$是可串行化的（等价于 $T_1 \rightarrow T_2 \rightarrow T_3$），但在 2PL 中是不允许的。所以，2PL 比可串行化更严格。换言之，2PL 是并发事务正确执行的充分条件，而非必要条件。为此，学术界提出了很多变异算法，可以解决上述 2PL 算法的不足，以提高并发度。

1. 集中式 2PL

我们可以选择一个节点来实施封锁管理，即只在一个节点设置封锁管理器，其他节点的事务管理器与它进行通信。

集中式 2PL 的通信结构如图 9.4 所示。这个算法称为集中式 2PL（记作 C2PL）。我们将事务启动节点的事务管理器称为协调方 TM（coordinator TM），选一个节点作为集中节点，并设置一个封锁管理器，以及还有本节点和其他参与节点的数据处理器（DP），通信就在它们之间展开。

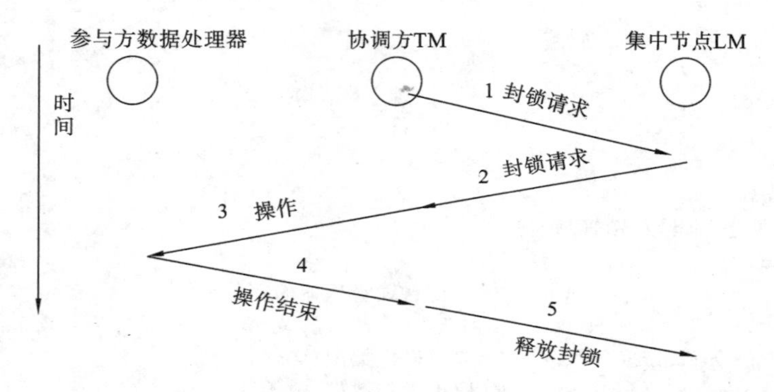

图 9.4 集中式 2PL 的通信结构

下面就是一个集中式 2PL 的事务管理器（TM）（C2PL-TM）的工作算法。

算法 9.4 C2PL-TM。

```
declare-variable
        msg:Message             /* Type Message 指的是消息 * /
        dop:Dbop                /* Type Dbop 指的是数据操作 * /
        Op:Operation            /* Type Operation 指的是操作 * /
        x:  DataItem            /* Type DataItem 指的是数据项 * /
        T:TransactionId         /* Type TransactionId 指的是事务标识 * /
        pm:Dpmsg                /* Type Dpmsg 指的是数据处理消息 * /
        res:DataVal             /* Type DataVal 指的是数据变量 * /
        S:SiteSet               /* Type SiteSet 指的是分布节点集 * /
begin
    repeat
      WAIT(msg)
      case of msg
        Dbop:
          Begin
          Op←pm.opn;            /* 取出操作类型 * /
```

```
    res←pm.result;          /*取出操作数据,赋予变量 res*/
    T←spm.tid;              /*取出事务号,赋予变量 T*/
    case of Op
      Begin-Transaction:
        begin
          S←∅;
        end
      Read:
        begin
          S←S∪{存取开销最小的存放 x 的节点};
          发送 x 给中央封锁处理器;
        end
      Write:
        begin
          S←S∪{Si|Si 是存放 x 的节点};
          发送 x 给中央封锁处理器;
        end
      Abort or Commit:
        begin
          发送 x 给中央封锁处理器;
        end
      end-case
    end
Scmsg:
  begin
    if 封锁请求获授权 then
        发送 Op 到 S 中的数据处理器;
    else
        通知用户事务已终止;
    end-if
  end
Dpmsg:
  begin
    Op←pm.opn;
    res←pm.result;
    T←pm.tid;
    case of Op
      Read:
        begin
          将 res 返回给应用(即事务);
        end
      Write:
        begin
          通知用户应用写操作完成;
        end
      Commit:
        begin
          if 从所有参与方收到 commit 消息 then
            begin
              通知用户应用,事务成功完成;
              发送 pm 给中央封锁管理器;
          else                 /*等待全体的 commit 消息*/
```

```
                记录 commit 消息的到达时间;
              end-if
            end
          Abort:
            begin
              通知用户应用,由于竞争而夭折 T;
              发送 pm 给中央封锁管理器;
            end
          end-case
        end
      end-case
    until forever
end.                                     /* end of C2PL-TM */
```

集中式 2PL 的封锁管理器(LM)算法如下。

算法 9.5 C2PL-LM。

```
Declare
          msg:Message                    /* Type Message 指的是消息 */
          dop:Dbop                       /* Type Dbop 指的是数据操作 */
          Op:Operation                   /* Type Operation 指的是操作 */
          x:  DataItem                   /* Type DataItem 指的是数据项 */
          T:TransactionId                /* Type TransactionId 指的是事务标识 */
          SOP:OpSet                      /* Type OpSet 指的是操作集 */
begin
    repeat
      WAIT(msg)                          /* 来自协调方 TM 的消息 */
      Op←dop.opn;
      x←dop.data;
      T←dop.tid;
      case of Op
        Read or Write:
          begin
          找出满足 x ⊆ lu 的封锁单元 lu;
          if lu is unlocked or lock mode of lu is compatible with Op then
            begin
              在 lu 上按适当模式设置封锁;
              msg←"Lock granted for operation dop";
              发送 msg 给 T 的协调方 TM;
            end
          else
            将 Op 放入 lu 队列;
          end-if
        end
      Commit or Abort:
        begin
        for 由 T 封锁的所有封锁单元 lu do
          begin
            释放 T 拥有的 lu 上的封锁;
            if lu 等待队列里有操作在等待 then
          begin
```

```
            SOP←队列里的首个操作(记作 o);
            SOP←SOP∪{o|o 是队列里的一个操作,能以和 SOP 里目前操作相容的方式封锁 lu};
            为 SOP 里的操作在 lu 上设置封锁;
            for SOP 里的所有操作 o do
              begin
                  msg←"Lock granted for operation o";
                  发送 msg 给所有的协调方 TM;
              end-for
          end-if
        end-for
        msg←"Locks of T released";
        发送 msg 给 T 的协调方 TM;
      end
    end-case
  until forever
end.        /* end of C2PL-LM */
```

C2PL 算法是存在的一个瓶颈,即集中节点处是一个瓶颈口。更进一步,问题发生在可靠性上,如果这个集中节点出现故障,系统就会出现问题。学术界对此有较多的研究。

2. 主本 2PL

主本 2PL(primary copy 2PL,PC2PL)是一种在多副本系统中直接使用集中式 2PL 的方法。本质上,这种方法在多个节点上实现封锁管理器(LM),每个 LM 负责管理指定的封锁单元集。事务管理器则把它们的封锁/解锁请求发送给封锁管理器,后者负责响应对应于特定的封锁单元。整个算法将一个数据项版本看作为主本。

主本 2PL 算法与集中式 2PL 的区别不大。主本 2PL 起源于 INGRES 的分布版本。

3. 分布式 2PL

分布式 2PL(简称 D2PL)试图让每个节点的封锁管理器都分担一些任务。如果数据库无副本,则分布式 2PL 与原本 2PL 相似。如果数据有副本,则使用 ROWA 副本管理控制。

与 C2PL-TM 相比,分布式 2PL 事务管理算法有两个区别:第一个区别是,在 C2PL-TM 中,消息是发送给集中节点的封锁管理器;而在 D2PL-TM 中则是发送给所有参与节点的封锁管理器。第二个区别是,操作不是由协调事务管理器而是由参与者的封锁管理器传递给数据处理器的。这意味着协调事务管理器不必等待“lock request granted”消息。参与方数据处理器发送“操作结束”消息给协调方 TM。一种替代方法是每个 DP 把消息发送给自己的封锁管理器,它可以释放封锁并把消息传递给协调方 TM。分布式 2PL 算法应用在 System R * 和 NonStop SQL 中。分布式 2PL 的通信结构如图 9.5 所示。

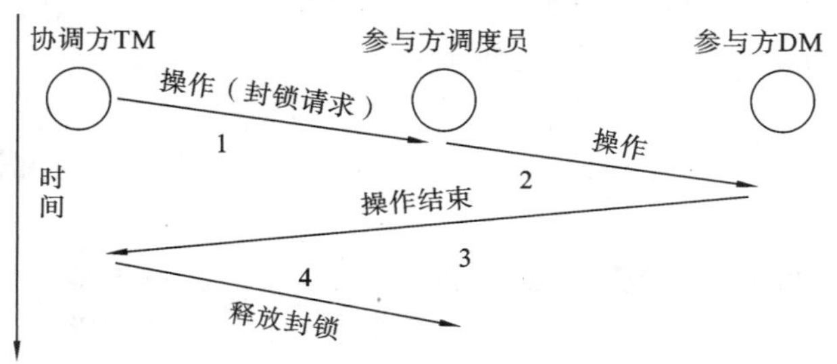

图 9.5 分布式 2PL 的通信结构

9.2.2 基于时标的并发控制算法

不像基于封锁的算法，基于时标(TO)的并发控制算法不通过互相排斥来维持可串行化。取代它们的是选择一种优先串行化序，让事务按照这个序来执行。为了建立这个序，启动每个事务 T_i 时就定义了唯一的时标(timestamp)，记作 $ts(T_i)$。

时标是一个简单的标识，标示每个事务都是唯一的，是有序的。这里，唯一性是时标的第一个性质。第二个性质是其单调性。同一个事务管理器生成的时标是单调递增的。这样，时标是一个全序域生成的值。时标很像邮局给客户寄信时盖的邮戳，每个邮戳定义了邮寄邮件的序。

生成时标的方法有多种：一种方法是使用一个全局的单调递增计数器。该方法存在的问题是，要维持一个全局计数器对分布式系统来说比较难。因此，更好的方法是每个节点自主地在本地计数器基础上赋予时标。为了维持唯一性，每一个节点在计数器值上附加一个自己的标识。这样，时标是一个二元组〈本地计数器值，节点标识〉。如果每个系统使用自己的系统时钟，那么可以用这个时钟代替计数器。当两个不同的节点给出相同的计数器值时，需要给它们设置一个序，以保证时标的唯一性。

我们可以简单地让事务按照它们的时标序来执行。我们将这样一个时标(TO)序规则简述如下。

TO 规则：给定两个冲突操作 a_{ij} 和 a_{kl}，它们分别属于事务 T_i 和 T_k，a_{ij} 在 a_{kl} 前执行，当且仅当 $ts(T_i) < ts(T_k)$。此时，T_i 称为是较老的(older)事务，T_k 称为是较年轻的(younger)事务。

一个强加 TO 规则的调度会检查与找出每个与已调度执行相冲突的操作。如果一个事务的新操作比所有已调度的冲突对象新，则接受该操作。否则，就拒绝它，让整个事务带着新时标重新启动。

这样运作的一个时标序调度能保证生成一个可串行化调度。然而，能做这样的事务时标比较，只有在调度器接收到所有要调度的操作时才可能。然而，操作是一次采用一种方式抵达调度器的(理想情况)，必须能够在操作出队列时就能发现。为了能够检查出结果，科学家建议，给每个数据项授予两个时标：一个是最大读时标(rts(x))，这是读过这个数据项 x 的事务的最大时标；一个是最大写时标[wts(x)]，这是写(更新)过这个数据项 x 的事务的最大时标。这样就有充分条件来将一个操作和对应的数据项读/写时标进行比较，以确定是否有比自己时标更大的事务存取过该数据项。

换言之，除事务被赋予时标外，还需要为数据项赋予时标。

为每个数据项 x 指定如下两个时标。

- 最大读时标(read timestamp)，记作 rts(x)，记录最后读该数据项(x)的那个事务的时标。

- 最大写时标(write timestamp)，记作 wts(x)，记录最后写该数据项(x)的那个事务的时标。

基本算法为：每个事务在其发起节点获得一个时标 ts；该事务请求的每个读/写操作继承该事务的时标 ts；每个数据项 x 拥有一个最大读时标 rts(x)和最大写时标 wts(x)。

若该事务有一个对 x 的读操作，则 If $ts < wts(x)$，拒绝该读操作，该事务带新时标重启动；否则，执行该读操作，为 x 设置新的最大读时标：$rts(x) = max(rts(x), ts)$。若该事务有一

个对 x 的写操作，则 If ts<rts(x) or ts<wts(x)，拒绝该读操作，该事务带新时标重启动；否则，执行该读操作，为 x 设置新的最大写时标：wts(x)=max(wts(x), ts)。

1. 基本 TO 算法

基本 TO 算法是直接实现 TO 规则的方法。协调事务管理器为每个事务指定时标，确定每个数据项存放的节点，并向这些节点发送执行相关操作的命令。

下面的算法称为基本时标序事务管理算法，记作 BTO-TM。

算法 9.6 BTO-TM。

```
declare-variable
        msg:Message             /*Type Message 指的是消息*/
        dop:Dbop                /*Type Dbop 指的是数据库操作*/
        Op:Operation            /*Type Operation 指的是操作*/
        x:DataItem              /*Type DataItem 指的是数据项*/
        T:TransactionId         /*Type TransactionId 指的是事务标识*/
        pm:Dpmsg                /*Type Dpmsg 指的是数据处理消息*/
        res:DataVal             /*Type DataVal 指的是数据变量*/
        S:SiteSet               /*Type SiteSet 指的是分布节点集*/
begin
    repeat
      WAIT(msg)
      case of msg
        Dbop :                  /*来自应用程序的数据库操作消息*/
          begin
            Op←dop.opn;
            x←dop.data;
            T←dop.tid;
            case of Op
                Begin-Transaction:
                  begin
                    S←∅         /*初始化 S 集*/
                    为 T 指定一个时标 ts(T);
                  end
                Read:
                  begin
                    S←S∪{存放 x 的节点,这里存取 x 的开销最小};
                    发送 Op 和 ts(T)给 S 的调度器;
                  end
                Write:
                  begin
                    S←S∪{Si|x 存放在节点 Si 中};
                    发送 Op 和 ts(T)给 S 的调度器;
                  end
                Abort or Commit:
                  begin
                    发送 Op 给 S 的调度器;
                  end
              end-case
            Scmsg:                          /*被调度器拒绝的操作的消息*/
          begin
            msg←"Abort T";
```

```
            发送 msg 给 S 的调度器;
            restart T;
          end
        Dpmsg:                                      /*操作完成消息*/
          begin
            Op←pm.opn;
            res←pm.result;
            T←pm.tid;
            case of Op
              Read:
                begin
                  将 res 返回给用户应用(即事务);
                end
              Write:
                begin
                  通知用户应用写操作完成;
                end
              Commit:
                begin
                  通知用户应用事务完成;
                end
              Abort:
                begin
                  通知用户应用事务 T 夭折;
                end
            end-case
          end
      end-case
    untilforever
  end.    /*end of BTO-TM*/
```

调度算法如下。

算法 9.7 BTO-SC。

```
declare-variable
        msg:Message                             /*Type Message 指的是消息*/
        dop:Dbop                                /*Type Dbop 指的是数据库操作*/
        Op:Operation                            /*Type Operation 指的是操作*/
        x:  DataItem                            /*Type DataItem 指的是数据项*/
        T:TransactionId                         /*Type TransactionId 指的是事务标识*/
        SOP:OpSet                               /*Type OpSet 指的是操作集*/
begin
    repeat
      WAIT(msg)
        case of msg
          Dbop:                                 /*来自事务管理器的数据库操作*/
          begin
            Op←dop.opn;
            x←dop.data;
            T←dop.tid;
            存放初始读/写时标 rts(x)和 wts(x);
            case of Op
              Read:
```

```
            begin
              if ts(T)> wts(x) then       /*事务时标大于最大写时标,允许操作*/
                begin
                  发送 dop 给数据处理器;/*将单个操作发给数据处理器处理*/
                  rts(x)← ts(T);       /*修改最大读时标*/
                end
              else begin               /*否则拒绝操作*/
                msg←"Reject T"
                发送 msg 给协调 TM;
              end
            end-if
          end
        Write:
          begin
            if ts(T)> rts(x) and ts(T)> wts(x) then
              begin
                发送 dop 给数据处理器;     /*将单个操作发给数据处理器处理*/
                rts(x)←ts(T);            /*修改最大读时标*/
                wts(x)←ts(T);            /*修改最大写时标*/
              end
            else begin
                msg←"Reject T";
                发送 msg 给协调 TM;
              end
            end-if
          end
        Commit:
          begin
            发送 dop 给数据处理器;
          end
        Abort:
          begin
            for all x that has been accessed by T do
              将初始读/写时标恢复为 rts(x)和 wts(x);
            end-for
            发送 dop 给数据处理器;
          end
        end-case
      end
    end-case
  until forever
end.    /*end of BTO-SC*/
```

【例 9.6】 假设 TO 调度器首先接收 $W_i(x)$,然后接收 $W_j(x)$,其中 $ts(T_i) < ts(T_j)$。调度器会接收这两个操作并传递给数据处理器。这两个操作的结果是 $wts(x)=ts(T_j)$,然后希望 $W_j(x)$的结果真实地表示在数据库中。如果数据处理器不按序执行,那么数据库中的结果就会出错。

当一个事务可能被拒绝时,它会重新启动,并获得一个新时标。这样就能保证事务下次还有机会来尝试能否被执行。因为事务不会占着数据的访问权限等待,所以 TO 算法不会发生死锁。但是,会有付出代价的事,无死锁的报复是可能产生的事务多次重启动,以让未成功事务获得新时标，试图获得执行机会。有些文献也把它称为“活锁”。

2. 保守 TO 算法

为了解决“活锁”，产生了多种变异 TO 算法，如下面所说的保守 TO 算法。这里要对调度器和数据处理器间的通信进行进一步讨论。

调度器可以为每个数据项维持一个排队队列并施加强加序，让其能按序执行。

这种复杂问题在基本 2PL 的算法中不会出现，因为封锁管理器只在操作执行以后才释放封锁，以保证必要的序。从某种意义上讲，TO 调度器所维持的也可以看成是一个封锁。但不能说两者的结果始终是等价的，所以会产生有时 TO 调度器允许的序在 2PL 中是不允许的。

严格 2PL 算法要求封锁必须推迟到事务的提交或夭折才释放，同样也可以给出一个严格的 TO 算法。例如，如果 $W_i(x)$ 被数据处理器接受和释放，则调度器会推迟所有的 $R_j(x)$ 和 $W_j(x)$ 操作（T_j 代表所有其他并发事务），直到 T_i 终结（提交或夭折）。

如前所述，基本 TO 算法不会让操作等待，但会造成事务的重启动。我们也曾指出这个算法没有死锁问题，但是其缺陷也是明显的，就是事务的不断重启动就像“活锁”。

如果一个遇到冲突的年轻事务 A 先启动，同时，与其冲突的另一个事务 B 由于“年迈”被拒绝，则会被一个 TO 调度器重启动。不幸的是，在其重启动后，又遇上了冲突，自己又晚了一步，结果又被拒绝和重启动。最不堪的情况是，B 始终晚一拍，不停重启动，始终未获得机会。B 就像被锁住了一样，这就是“活锁”。保守的 TO 算法就是设法通过减少重启动来降低系统开销。

保守 TD 算法的“保守”性质与它执行每个事务的方式有关。一方面，基本 TO 算法始终力图做到，一旦它接收到操作就执行一个操作，因此这是一种“积极”的方法。另一方面，保守算法先把操作延迟一下，观察是否带着比这个操作更小的时标操作在调度中出现，如果没有，就执行这个操作。如果保证这个条件，这个调度就不会拒绝一个操作。问题是会带来死锁的可能。

假设系统里每个调度器为每个事务维护一个队列。在节点 i 的队列 Q_{ij} 中存放它从节点 j 的事务管理器收到的所有操作。当从一个事务管理器收到一个操作，这个操作就按递增的时标序放入适当的队列。每个节点的调度器按递增的时标序执行来自队列的操作。

这种方法虽然会减少重启动的次数，但不能保证完全消除重启动。我们来看下面一种情况。

假设节点 i 关于节点 j 的队列（Q_{ij}）是空的。节点 i 的调度器选择一个具有最小时标的操作[R(x)]，并将其传递给数据处理器。然而，节点 j 有可能已经将一个带有最小时标的操作[W(x)]发送给了 i，且它还在网络传输中。当这个操作抵达节点 i 时，由于该操作破坏了 TO 规则，因此被拒绝，即它试图存取一个数据项，该数据项正在为另一个有更高时标的操作所存取（而该操作是与之不兼容的）。

可以设计一种绝对保守的 TO 算法，只有当每个队列里至少有一个操作时，调度器才可以选择一个操作发送给数据处理器。这保证了未来这个调度器接收的每个操作拥有的时标大于或等于目前队列中操作的时标。当然，如果事务管理器没有处理的事务，则需要周期性地向系统中的每个调度器发送虚消息（dummy message），并告诉它们发送操作的时标将大于虚消息的时标。

9.2.3 乐观并发控制算法

前面讨论的并发控制算法都是悲观算法。换言之，它们假设事务间的冲突发生是频繁的，所以不允许事务在存取数据项时有冲突事务对这个数据项执行存取操作。这可以简化为事务按验证(validation，V)、读(read，R)、计算(compute，C)、写(write，W)阶段执行(见图9.6)。

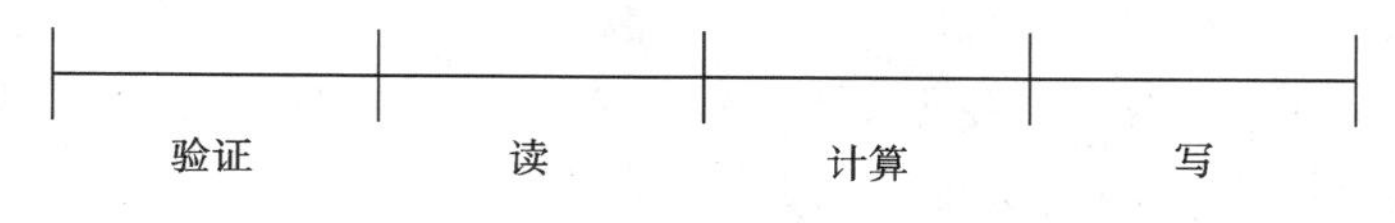

图9.6　悲观事务的执行阶段

反之，乐观算法将验证阶段放到写阶段前来做(见图9.7)。这样提交给乐观调度器的操作不会再延迟。每个事务的读(read)、计算(compute)和写(write)操作不会直接去更新实际的数据库。每个事务对数据项的更新在该数据项的副本上实施。验证阶段包含检验这些更新是否维持数据库的一致性。如果答案是肯定的，则将这些变化全局化(即写入实际数据库)。反之，夭折该事务，并重新启动它。

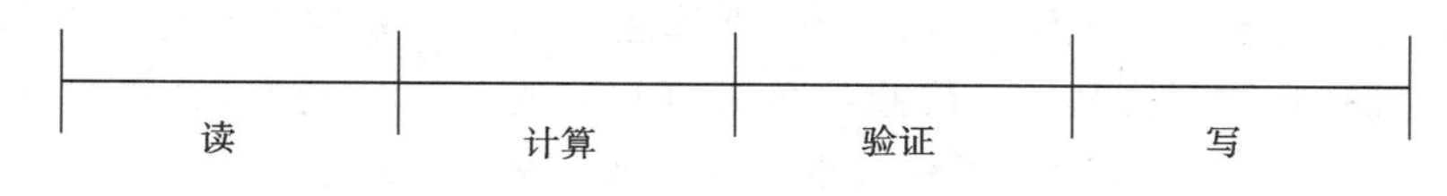

图9.7　乐观事务的执行阶段

可以设计一个基于封锁的乐观并发控制算法。不过原始乐观建议是基于时标序的。因此下面只介绍使用时标序的乐观方法。

这个算法是Kung和Robinson在1981年提出的。与保守的基于时标序的算法不同，这个算法不仅是乐观的，而且是通过指定时标序实现的。这里，时标只与事务有关，而与数据项无关，而且不是在事务启动时指定时标而是在验证阶段开始时赋予时标，原因是只在验证阶段才需要时标，过早指定时标可能会产生不必要的事务拒绝服务。

现在分析并发事务关系的一些可能状态，如图9.8所示。两个并发事务间的时序关系可以如图9.8(a)、(b)和(c)三种情况所示。图9.8(a)表示一个事务启动时，前一个事务已经结束。图9.8(b)表示一个事务在另一个事务的写阶段启动。图9.8(c)表示一个事务在另一个事务启动后启动，而且启动发生在前一个事务的写阶段之前。

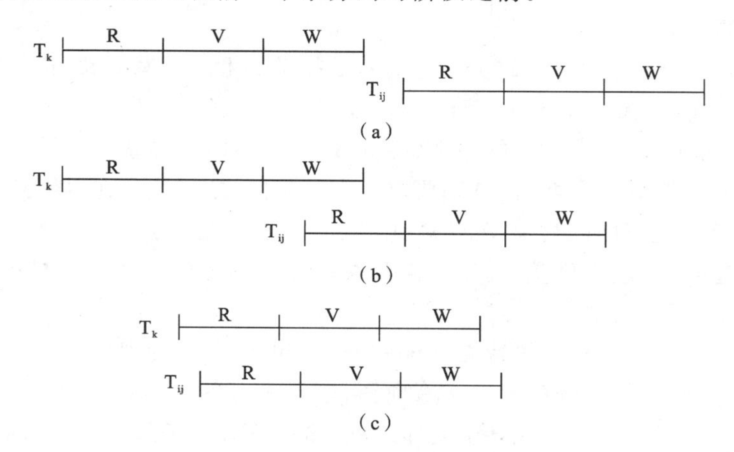

图9.8　可能的执行场景

每个事务T_i被原始节点的事务管理器划分为一系列子事务，每个子事务可以在多个节点执行。令T_{ij}为T_i的一个子事务，在节点j执行。直到验证阶段为止，每个本地执行如图9.8所示。在验证开始时将时标赋给该事务，而它又将之赋给子事务。T_{ij}的本地验证按如下规则实行,这些规则是互斥的。

规则 1 如果对所有的事务 T_k,其中,$ts(T_k)<ts(T_{ij})$,T_k在 T_{ij}启动读阶段前已经完成写阶段,则验证成功,因为这时事务的执行是串行序的。

规则 2 如果有一个事务 T_k,使得 $ts(T_k)<ts(T_{ij})$,表示 T_k在 T_{ij}进入读阶段前已完成写阶段,则 $wst(T_k)\cap rst(T_{ij})=\varnothing$,验证成功。

规则 3 如果有一个事务 T_k,使得 $ts(T_k)<ts(T_{ij})$,表示 T_k在 T_{ij}完成读阶段前已完成其读阶段,则 $wst(T_k)\cap rst(T_{ij})=\varnothing$和 $wst(T_k)\cap wst(T_{ij})=\varnothing$,验证成功。

规则 1 是清楚的,它说明事务是按时标序顺序执行的。规则 2 保证数据项在有些可能发生读/写冲突时检测出潜在冲突,由于它们的读/写集不相交,所以不存在冲突。规则 3 则讨论事务重叠更严重的情况。

乐观并发控制算法的优点在于它能提供更高的并发性。论文提出,事务冲突并不很频繁时,乐观算法的性能优于封锁算法的性能。乐观算法的一个主要缺点是存储开销较大。为了能够验证,乐观机制必须存储其他已终止事务的读集和写集。特别是,那些在事务 T_{ij}到达节点 j 时正在处理的已终止事务的读集和写集必须存放起来,以便验证 T_{ij}。这样就增加了存储开销。

另一个问题称为饥饿(starvation)问题。细节请参阅参考文献[6]。

我们来看一个事务在其验证阶段失败的情况。接下来再试探一次,可能验证时还是失败。

当然,可以通过允许在一系列尝试失败后让该事务排外地存取数据库来解决问题。然而,减少了并发度,因为这仅让一个事务运行。

9.2.4 死锁管理

基于封锁的并发控制算法可能导致死锁,因为封锁会导致几个操作相互排外地存取共享资源(数据),互相又等待对方释放封锁,每个事务在没等到期待的封锁前又不会释放自己手里的资源。严格的 TO 算法也要求事务等待,因此也有死锁问题。从而,死锁是分布式数据库管理系统面临的严肃问题。

【例 9.7】 有两个事务 T_i 和 T_j 分别拥有对数据项 x 和 y 的写封锁(即 $wl_i(x)$和$wl_j(y)$),假设现在 T_i 发布一个 $rl_i(y)$或 $wl_i(y)$请求。因为此时 y 被 T_j 锁着,T_i 必须等待 T_j 释放对 y 的锁。在这期间,如果 T_j 请求对 x 的一个(read 或 write)锁,死锁就发生了。这是因为它们两个事务分别拥有对方需要的东西,而分别要求对方的东西,按照协议在得不到对方手里的东西前又不能释放自己手里东西的封锁,死锁就此产生。

死锁一旦发生,就不会自己消亡,所以需要采取必要的措施。要采取措施,先要分析是否出现死锁,通常称为死锁检测。

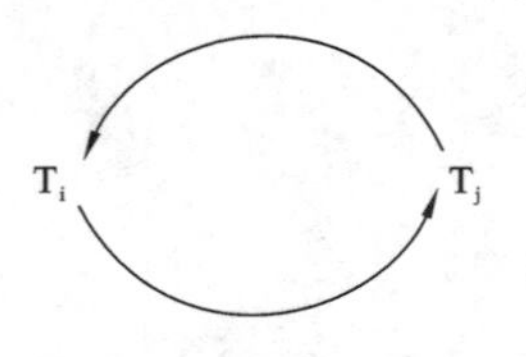

图 9.9 等待图 WFG

等待图(wait-for graph,WFG)是帮助监测的一个有用工具。WFG 是一个有向图,表示事务间的等待关系。如果事务 T_i 等待 T_j释放某个实体封锁,图中就有一条从 T_i到 T_j的有向弧。图 9.9 是例 9.7 的 WFG。

使用 WFG,找出出现死锁的条件就容易了。WFG 中有环出现就意味着有死锁存在。在分布式系统中,WFG 的形式复杂得多,因为两个参与死锁的条件可能出现在不同的节点上,我们把它称为全局死锁。分布式系统中，在每个节点上构造本地分布式 DBMS 的本地等待图(LWFG)是不够的，还必须构造一个全局等待图(GWFG)。GWFG 是所有 LWFG 的组合。

发现死锁后，就要设法打破死锁。打破死锁的办法是，把等待图里死锁环中的某个(些)事务取消，从而释放它们所拥有的封锁。如何选择合适的事务，让它(们)退出，从而打破死锁环，有各种算法，有兴趣的读者可参阅相关文献。

9.3 多版本并发控制和快照隔离

在多版本并发控制(multi-version concurrency control，MCC 或 MVCC)方法中经常采用异地更新技术，即不是直接在旧数据项上修改，而是先创建一个数据项的新版本，然后让新版本取代旧版本。典型情况下，MVCC 使用时标(timestamps)或以递增序标注的事务标识(TID)来实现和标识新的数据版本拷贝。使用 MVCC 的好处是，读请求不会因为存在写操作而被阻塞。

数据库中的只读访问常常检索的是已被提交的数据项版本。系统的开销主要发生在相同数据项的多个版本上。有一种称为快照隔离(snapshot isolation，SI)的技术用于实现支持 MVCC 的数据库。SI 的开销虽然小，但弱化了可串行化。

SI 假设无论何时事务写一个数据项 x，就创建一个 x 的新版本，并在该事务提交时让该版本生效。如果事务 T_i 和 T_j 同时要写数据项 x，T_i 在 T_j 前提交，且在这两个事务之间没有其他事务提交和写 x，则 T_i 写的 x 版本排序在 T_j 写的 x 版本排序前面。

SI 包含以下两个重要性质。

- 读快照(snapshot read)：为每个事务提供其启动时数据项的最新快照，以保证高事务并发度，并不受写操作的干扰。
- 写快照(snapshot write)：在事务不可见时发生写。不允许两个并发事务更新同一个数据项。

9.4 并发控制算法的分类

有多种并发控制算法的分类方式(见图 9.10)。有的按数据库的分布方式(全复制、部分复制等)来分类，也有的按照网络拓扑结构的方式来分类，但最常用的是按照同步原语来分类。按照同步原语可以将并发控制算法分成两类：基于互斥存取共享数据的算法和将事务排序按规则执行的算法。然而，原语又可以分成乐观的和悲观的两种，因此可以分成悲观算法和乐观算法。悲观算法又可以分成封锁算法、时标序(TO)算法和混合(hybrid)算法。乐观算法同样可以分成封锁算法或时标序(TO)算法。其分类如下图所示。

因为简单，所以封锁是最常用的方法。在基于封锁的方法中，事务的同步是利用对数据库的某部分和颗粒实施物理与逻辑封锁实现的。这部分(通常称为封锁颗粒)是一个重要参数，这里把它简化为封锁单元(lock unit)。封锁方法又可以进一步区分如下。

- 在集中式封锁(centralized locking)中，网络中的一个节点可以设计为原本节点，放置整个数据库的封锁表，负责响应对事务的授权封锁。

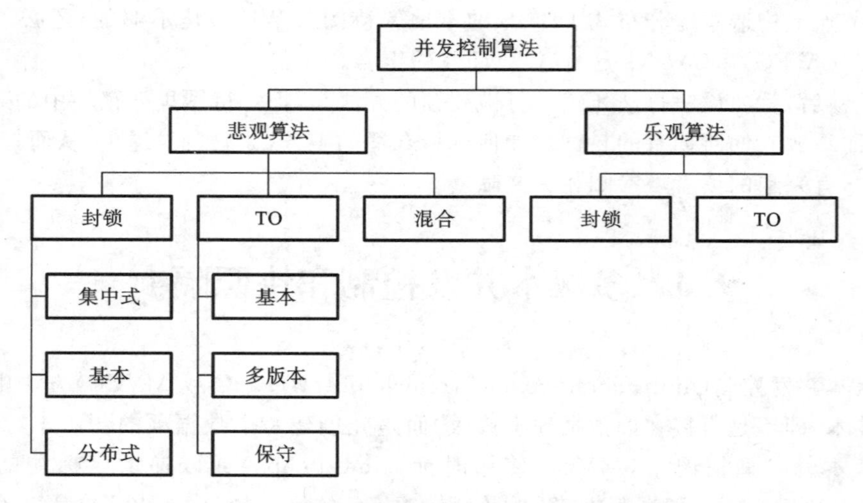

图 9.10 并发控制算法的分类(摘自参考文献[5])

● 在主本封锁(primary copy locking)中,将每个封锁单元的某个副本指定为主本,在访问该单元时主本必须封锁。例如,如果封锁单元 x 在节点 1、2 和 3 有副本,假设节点 1 上存放的是主本。所有希望存取 x 的事务在其存取 x 的一个副本前可以在节点 1 获得封锁。

在集中式封锁中,封锁管理器的责任由网络上的所有节点共享。此时,事务的执行涉及一个以上节点的调度器的参与者与协调者。每个本地调度负责封锁本节点的封锁单元。

时标序(TO)算法涉及事务执行序的组织,所以它们维护事务互一致性和内一致性。这种排序是通过未事务和存放在数据库中的数据项指定时标来实现的。这些算法可以分成基本 TO、多版本 TO 和保守 TO 等。

实际上,在某些基于封锁的算法中也使用时标,因为这样可以改进效率和并发性,我们称为混合算法。

习 题 9

1. 什么是可串行化?

2. 2PL 满足可串行化吗?

3. 2PL 和乐观算法的根本区别是什么?

4. 什么是死锁? 如何检测死锁? 分布式数据库系统的死锁检测和集中式数据库系统有何差异?

5. 下面调度里哪些是冲突等价的(忽略 commit (C) 和 abort (A) 命令)? 哪些是可串行化的(serializable)?

$S_1=[W_2(x), W_1(x), R_3(x), R_1(x), C_1, W_2(y), R_3(y), R_3(z), C_3, R_2(x), C_2]$

$S_2=[R_3(z), R_3(y), W_2(y), R_2(z), W_1(x), R_3(x), W_2(x), R_1(x), C_1, C_2, C_3]$

$S_3=[R_3(z), W_2(x), W_2(y), R_1(x), R_3(x), R_2(z), R_3(y), C_3, W_1(x), C_2, C_1]$

$S_4=[R_2(z), W_2(x), W_2(y), C_2, W_1(x), R_1(x), A_1, R_3(x), R_3(z), R_3(y), C_3]$

6. 假设有两个事务 T_i 和 T_j 分别实施转账,将 A 地点(site A)的账号 x 上的钱转到 B 地点(site B)上的账号 y。这里我们只考虑读、写操作，这两个事务的操作序列为：

T_i：$R_i(x)W_i(x)R_i(y)W_i(y)$

T_j：$R_j(x)W_j(x)R_j(y)W_j(y)$

假设 x 账号总是转出钱，y 账号总是转入钱；初始时 rts(x)＝25，wts(x)＝25，rts(y)＝30，wts(y)＝30。

当为以下情况时，请说明事务调度如何工作：

a. TS(T_i)＝35；TS(T_j)＝40

b. TS(T_i)＝20；TS(T_j)＝40

c. TS(T_i)＝40；TS(T_j)＝35

(注：TS(T_i)是事务 T_i 的时标，TS(T_j)是事务 T_j 的时标。)

第10章 分布式数据库系统的可靠性

10.1 可靠性及其量度

下面先讨论一些基本的可靠性概念。

10.1.1 系统可靠性基本术语

我们讨论的可靠性，一般说的是系统的可靠性。

什么是系统？简单来说，系统是一种由一组成分构成的机制，它与环境交互，接受环境的刺激后会给出相应的反应。按照文献的说法，我们将系统定义为：系统(system)是由一组零件(元件)、部件、子系统或装配件(统称为成分)构成的，能实现期望的功能，并具有可接受的性能和可靠性水平的一种特定设计。

系统的每个成分本身也可以是一个系统，我们称为子系统。一个成分环境是一个系统。把一个系统的成分组合起来的过程称为系统设计。图10.1所示的是系统与环境的说明。需要指出的是，图中我们考虑的软件成分多于硬件成分。

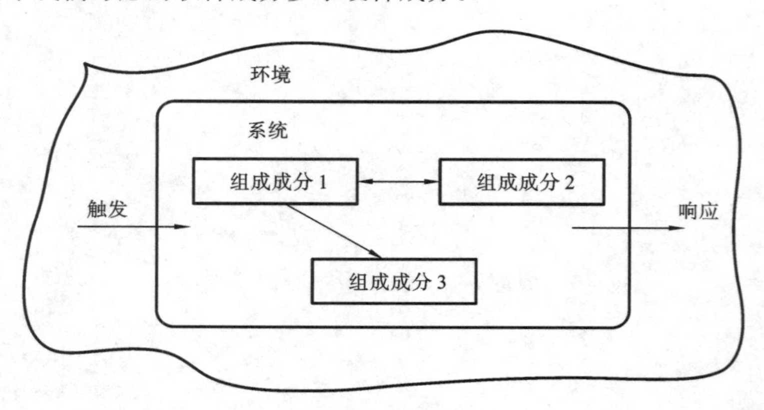

图 10.1 系统与环境

什么是系统结构？系统结构，是指构成系统要素间相互联系、相互作用的方式和秩序，或者说是系统联系的全体集合。[①]

系统以外的部分称为系统环境，系统与系统环境是通过物质、能量和信息的输入、输出关系相互联系的。这里只考虑信息的输入和输出联系。

系统的外部状态可以定义为系统受到外部触发后的响应。因此，可以通过从环境反复触

① 许国志. 系统科学与工程研究[M]. 上海：上海科技教育出版社，2020.

发导致的系统状态变化来研究系统行为。类似地,系统的内部状态可以定义为构成系统所有成分的内部状态的组合。同样,在环境的触发下,系统的内部状态的响应也会导致系统内部状态发生变化。若要提供对来自环境所有可能触发的响应的系统行为,就需要对其行为进行权威性的说明,我们称为规格说明(specification)。规格说明指示每个系统状态的有效行为。这对可靠性来说是很重要的概念。

系统的行为和规格说明的任何偏离都可以看成是故障。例如,在一个分布式事务管理器里,规定只能生成可串行化调度。如果出现非可串行化调度,我们就说是出现了故障。

当然,每发生一个故障就必须追究其原因。追究其不足,系统故障可能是其构成成分的问题,或者是其设计的问题。一个可靠的系统的每种状态如果全部满足其规格说明,就是有效的。然而,在不可靠的系统里,系统可能会有一种内部状态不满足其规格说明,而且在状态转换时器件也会发生故障,我们称这种内部状态不满足规格说明为错误状态(erroneous states)。系统中不正确的状态部分称为错误(error)。成分内部状态的任何错误或系统设计中的任何错误称为系统的缺陷(fault)。由缺陷造成错误,从而导致系统故障(system failure)。

我们把缺陷(错误或故障)区分为永久性的和非永久性的。永久性的缺陷俗称硬缺陷,指的是不可逆转的情况。永久性的缺陷导致永久错误,最后导致永久故障。非永久性的是指可以通过“修理”缺陷而得到恢复的,我们称为软缺陷、软故障。间隙缺陷(intermittent fault)是指一种缺陷的表征是偶发性的,其原因是不稳定的硬件或易变的硬件或软件状态,典型的情况如,一旦系统负载过重,就会发生这类情况。另一方面,瞬时缺陷(transient fault)表征的是由临时环境状态产生的缺陷,例如,当室内温度突然增加时可发生短暂缺陷。显然,瞬时缺陷源于环境,所以无法修复;间隙缺陷则由于可以追溯到产生问题的系统成分,所以可以修复。图10.2所示的为系统故障生成链。

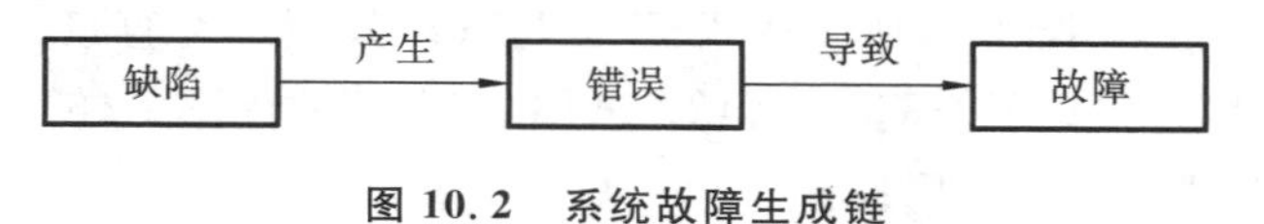

图10.2　系统故障生成链

注意,系统故障的产生也可以追溯到设计问题。设计缺陷和不稳定的硬件会产生间隙错误,最后导致系统故障。系统故障的最后一个源头可能是操作员的误操作。系统故障缘由可以用图10.3来表示。

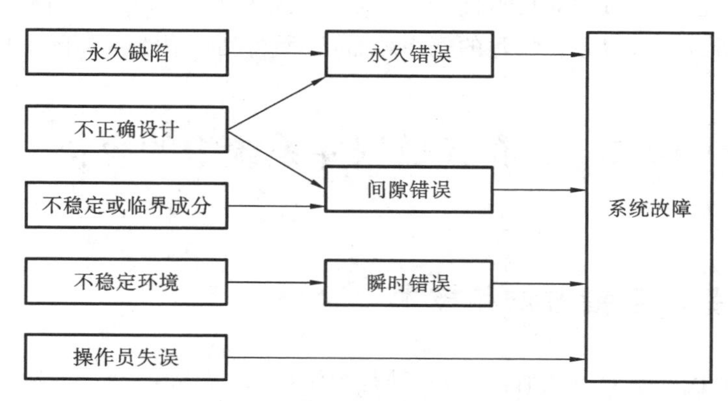

图10.3　系统故障缘由分析

10.1.2 可靠性和可用性

可靠性(reliability)是指在指定的时间段内系统不必顾忌故障的概率。换言之,系统可靠性是指在规定的条件下和规定的时间内,系统完成规定功能的能力,它是对系统可靠程度的定量评价。我们可以用 $R(t)$ 来表示系统的可靠性,表示可靠性是时间的函数,即用如下条件概率来表示:

$$R(t)=Pr\{\text{在时间段}[0,t]\text{内为零故障,当 } t=0 \text{ 时无故障}\}$$

可用性(availability)记作 $A(t)$,是指在时间段 t 里按照其规格说明系统能工作的概率。在时间 t 之前可能会发生很多故障,但是都已修复,所以在时间段 t 里,系统还是可用的。

10.1.3 平均无故障时间/平均修复时间

计算可靠性函数和可用性函数十分麻烦,所以常使用平均无故障间隔时间(mean time between failure,MTBF)和平均修复时间(mean time to repair,MTTR)来说明。平均无故障时间是指系统两次故障之间平均正常运行的时间;平均修复时间是指从故障出现到排除故障恢复正常运行所需要的全部时间。

MTBF 是衡量一个产品(尤其是电器产品)的可靠性指标。

MTBF 可以从经验数据算出,或者从可靠性函数获得:

$$\mathrm{MTBF}=\int \mathrm{R(t)dt}$$

因为 R(t)与系统故障率相关,所以 MTBF 也与系统故障率有直接关系。MTTR 是修复系统故障的期望时间,它相关于修复率,就像 MTBF 相关于故障率一样。利用这两个参数,可以给出一个系统稳态状态下的可用性:

$$\mathrm{A(t)}=\frac{\mathrm{MTBF}}{\mathrm{MTBF}+\mathrm{MTTR}}$$

计算机系统的可靠性指标通常用平均无故障时间(MTBF)和平均修复时间(MTTR)来衡量。

可靠性评价方法是通过建立可靠性模型和收集大量的现场数据,利用概率统计、集合论矩阵代数等数学分析方法获得系统故障的概率分布,进而得到可靠性指标的平均值和标准偏差。

10.2 分布式数据库系统中的容错

10.2.1 基本容错方法和技术

提高系统可靠性的主要方法有两种:一种是容错(fault tolerance),一种是防错(fault prevention)。

容错也是一种系统设计方法,它要预计到故障的发生,并且在系统中构建相应的机制,使得能够检测到出错,在系统出现故障前能够排除差错或者补偿差错造成的影响。

防错技术是试图保证系统不出错。防错需要考虑两个方面：一方面是避免出错，是指有一种技术能让错误不引入系统；另一方面是可以除去差错，也就是说，有一种技术能检测到差错出现，然后除掉这些差错。

提高系统的可靠性还有第三种方法，即检错（fault detection）。当然，检错也可以归入容错技术中。检错与容错技术密切相关。

注意，有时系统故障是潜在的。一个潜在的故障指的是要在其发生后一段时间才能检测到，这段时间称为故障潜伏期。系统平均差错的量化值称为平均检测时间（mean time to detect，MTTD）。图10.4是MTBF、MTTD与MTTR三者之间的一个关系图。

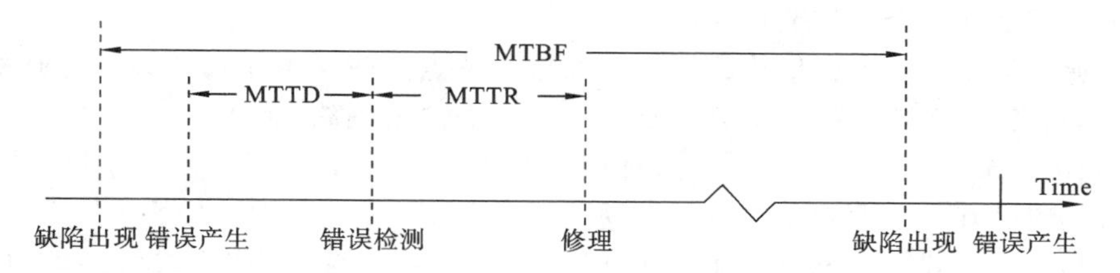

图10.4　MTBF、MTTD与MTTR三者之间的关系

在容错系统设计中，使用的基本概念是提供系统成分的冗余。冗余成分能够让出错成分得到补偿。然而，对于容错来说，冗余并不是充分的条件。增加附加成分和补偿容错原则与设计模块化相关。模块化可让成分与成分间得到的出错加以隔离。

10.2.2　分布式DBMS中的故障

数据库事务处理器主要处理四类故障：事务故障、节点（系统）故障、介质（如硬盘）故障和通信线路故障。

1. 事务故障

事务容易出现故障，有很多原因。输入数据不正确以及出现死锁都是事务出现故障的原因。更进一步，有些并发控制算法不允许事务试图超前去存取被别的事务并发存取的数据，若出现这类情况，也可看成是故障。通常采用夭折事务这类故障，将数据库恢复到原来的一致状态。

事务发生故障的频率很难量度。

2. 节点（系统）故障

关于系统故障，我们不打算追溯到硬件故障（如处理器、内存、电源等的故障）或者软件故障（如操作系统中的缺陷或者DBMS代码的缺陷[①]）。这里的系统故障只考虑内存内容的丢失，以及内存缓冲中数据库的部分丢失。当然，我们认为辅助存储器中存储的数据是安全的、正确的。在分布式数据库术语中，系统故障指的是节点故障，因为故障导致分布式数据库中的消息无法从其他节点到达该节点。

现在区分分布式系统中的部分（局部）故障和全局故障。全局故障是指分布式系统中的所有节点同时发生故障；部分（局部）故障是指只是某些节点而不是全部节点出现故障。

3. 介质故障

介质故障是指存放数据库的辅助存储设备出现故障。这种故障产生的原因可能是操作系

---

①　即基础软件的Bug。

统出错、磁盘磁头损坏或控制器出现问题等。从DBMS的可靠性观点看，这种故障是存放在辅助存储器中数据库的部分或全部损坏或不能存取了。

将磁盘存储器双备份或维护一个后备副本是一种常用的技术，可以用来解决这种灾难性损坏问题。

4. 通信线路故障

上述三类故障在集中式DBMS和分布式DBMS中都会出现。而通信线路故障是分布式DBMS中特有的。最常有的情况发生在消息方面，如消息次序搞乱、丢失消息、无法传递消息和线路故障等。在讨论分布式DBMS的可靠性时，我们希望计算机网络的硬件和软件能保证每个消息无差错地在两个通信节点间传输。

丢失传递的消息一般是通信线路故障或者目的节点故障。由于通信线路出现故障，传输中丢失消息，可能会把网络划分成两个或两个以上隔离的网络，称为网络分割。进行网络分割，每个分割中的节点可以继续运行。这种情况下，执行事务如何存取多个分割中存放的数据呢？维护数据库的互一致性就成了主要问题。

网络分割是分布式计算机系统特有的问题。在集中式系统中，系统状态可以特征化为all-or-nothing:系统在运行或者没有运行。这样，出现一个故障，整个系统就变得不可运行。显然，在分布式系统中不能成立。

如果不能传递消息，就假设这个网络已无能为力。该网络既不能缓存消息以便在通信恢复时发送到目的地，也无法通知发送者，这说明该消息没有成功传递。简言之，消息简单地丢失了。这么规定的原因是，我们对计算机网络最起码的期待是能够把想传递的消息按时准确无误地送到目的地。

这种情况下判别的依据就简单多了，即只需要一个定时器，超时未见答复就可以看作是出现了问题。

10.3 集中式系统中的恢复机制

恢复机制是指系统在出现故障后能够返回到正常状态。

10.3.1 集中式数据库的故障模型

参考文献[2]主要讨论MS SQL Server① 的故障恢复机制。故障恢复过程包含以下几个方面。

- 将停摆实例(instance)或服务器返回到一个功能状态的过程。
- 将损坏的数据库返回到一个功能状态的过程。
- 恢复丢失数据的过程。
- 化解停机和数据丢失的风险。
- 鉴别开销，包括采取化解步骤或停机/数据丢失的开销。
- 对处理和化解步骤的规划和文档进行定级。
- 与数据业务所有者协商。

值得一提的是，与数据业务所有者协商十分重要，因为由他们来决定故障恢复过程。

---

① SQL Server是Microsoft公司推出的关系型数据库管理系统。

故障分类的依据是发生的概率、事件的可预测性和全面影响。这样，故障可以分为环境类故障、硬件类故障、介质类故障、进程类故障、用户类故障等。

1. 环境类故障

环境类故障是指由于服务器所在的环境受到了某种影响，主要包括以下几类。

- 服务器机房设计差，如机房通风不佳。
- 自然灾害。
- 偶发事故，如水管爆裂。

2. 硬件类故障

硬件类故障是指服务器、网络设备等出现问题，主要包括以下几类。

- 主板故障。
- 连接线损坏。
- 网络故障。

3. 介质类故障

硬盘和磁带机的共同特点是使用磁介质，而磁介质比较脆弱，易于损坏。介质类故障主要包括以下几类。

- 磁盘驱动器故障。
- 主动备份磁带毁坏。
- 批量存档磁带毁坏。

4. 进程类故障

进程类故障主要包括以下几类。

- 服务包安装问题：安装服务包时，可能会发送隐含的出错信息，此时，数据库服务器（如SQL Server）不能正常启动。
- 人工任务未实施：我们希望某个办公室的某位业务人员的一项工作是定期（每天）备份数据。假设该人员休假而忘了交代给别人做此事，因此问题就出现了。
- 自动备份故障：DBA会设置每天晚上9点自动运行备份作业，出错信息也会自动发送给DBA。若该DBA生病多日，当出现故障需要恢复时，除了该DBA外，其他人不知道出现了故障，因此问题就出现了。

5. 用户类故障

用户错误很难预测和分类，例如：

- Where is the WHERE：用户忘记在DELETE或UPDATE语句里加入WHERE子句。
- I didn't delete that：数据录入人员偶然将某客户从数据库删除，由于参考完整性会发生级联的删除，因此将该客户的订单也删除了。

可从各类故障的可预测性（predictability）、或然性（probability）和冲击（impact）三个方面来分析这些故障，如表10.1所示。

可预测性、或然性和冲击三者一起可帮助按照重要性来排列故障恢复计划。如果故障出现的概率低，难于预测，那么影响就小。

从本地恢复看，故障的最大损耗是信息丢失。存储信息是否丢失是信息是否丢失的关键。我们可以将故障归纳为以下几类。

- 信息不丢失的故障。这类故障发生时，内存里存放的信息依然可以恢复，如失误夭折（计算时发生内存溢出、除数为零等）。

表 10.1　各类故障的或然性、可预测性和冲击

故障类型	或然性	可预测性	冲击
环境	很低	自然灾害无法预测。但如果是服务器机房建筑的损毁，则结果是不言而喻的	通常结局悲惨
硬件	低	一些服务器监视工具可预报逼近的故障	停机和数据损毁，量级取决于属于哪种故障
介质	低	大多数 RAID 控制软件可提供迫近故障的预警	RAID5 这样的机制可以防止严重宕机和潜在的数据丢失
进程	高	有一定程度的可预测性	范围较广，从感觉窘迫到严重宕机和丢失数据
用户	通常低，取决于受训练的程度和应用设计	几乎无法预测，雇员受训练的程度和应用设计的好坏可进行提示	范围广，从影响不大到大突变灾难

- 易失存储器信息丢失的故障。这类故障发生时，虽然内存内容丢失，但是存放在磁盘上的信息不受影响，如系统崩溃。
- 非易失存储器信息丢失的故障。这类故障一般称为介质类故障，所以磁盘存储器中的内容也丢失了，如磁盘损坏。从概率上来说，第三类故障出现的概率小于第一类故障和第二类故障。
- 更进一步的是稳存的备份信息丢失的故障。

目前针对事务出现故障使用的基本技术是日志(log)。日志中包含事务实施的所有动作的 undoing 或 redoing 信息。undo(回退)一个事务的操作意味着去重构操作执行前的数据库。redo(重做)一个事务的操作意味着去重新执行这个操作。

在事务提交前出现故障，则需要 undo 其操作，目的是保证事务的原子性。在事务提交后出现故障，则需要 redo 其操作，目的是保证提交事务的持续性。

要注意的是，undo 和 redo 都是满足幂等律的，即如果在 undo 时发生故障而需要 undo 恢复操作，甚至在第二次 undo 时再发生故障，依此类推，一旦正常启动，就只需 undo 一次；redo 同理。因此可以记为：

```
undo(undo(undo(… (action) …)))=undo(action)
redo(redo(redo(… (action) …)))=redo(action)
```

10.3.2　日志

网络设备、系统及服务程序等在运行时都会生成叫日志的事件记录；每行日志都记载着日期、时间、使用者及动作等相关操作的描述。大家熟知的航海记录和飞机的黑匣子记录等都是日志。

日志里包含日志记录。日志记录里记载着 undo 和 redo 动作所需要的信息。目前流行的博客(blog)也是一种日志，可以记载个人的喜怒哀乐。

在数据库系统中，无论什么时候，只要事务在数据库上执行操作，就必须在日志文件里写入记录。这里，日志记录应当包含以下几方面。

● 事务的标识。

● 记录的标识。

● 动作的类别(insert、delete、modify)。

● 旧的记录值(前象),用于 undo。

● 新的记录值(后象),用于 redo。

● 恢复程序需要的其他辅助信息(如指向同一事务的前一个日志记录的指针)。

当然,事务在启动、提交或夭折时,需要往日志里写入 begin-transaction、commit 或 abort 记录。

数据库更新的写操作和相应的日志写操作是两个不同的操作,因此,有可能会在这两个操作执行期间发生故障。如果数据库更新的写操作发生在写日志记录之前,那么有可能恢复程序无法 undo 更新。为了避免出现这种现象,我们要求先写日志记录再更新数据库,称为 log write-ahead 协议。该协议有两个基本规则。

● 实施数据库更新操作前,稳存中至少记录了可以用于 undo 的日志记录。

● 在提交事务前,这个事务的所有日志记录必须已经记录在稳存中。

10.3.3　恢复程序

当易失存储器(如计算机内存)丢失信息的故障发生时,恢复程序会读日志文件并执行下列操作。

● 找出那些未提交的事务以便 undo。识别未提交事务的方法是,找出那些日志文件里有 begin_ transaction 记录但没有相应的 commit 或 abort 记录的事务。从而,构造出一张 undo 表。

● 找出那些需要 redo 的事务。原则上,这个集合包含所有已经在日志文件中有 commit 记录的事务。实际上,在故障前,它们可能已经安全地保存在稳存里了,因此无需 redo。为了区别哪些事务需要 redo,哪些不需要 redo,可以使用校验点技术。结果构造出一张 redo 表。该表记录事务的特点是,虽然日志中保存有 commit 记录,但是没有 EOT 记录。

● 对第一步确定的 undo 表里的事务执行 undo 操作;对第二步中确定的 redo 表里的事务执行 redo 操作。

随着数据库的启动、运行,日志的规模也越来越大。从日志头上检查整个日志,效率太低。因此,提出使用校验点技术。

校验点是指周期性执行的操作,以便简化恢复程序里的第一步和第二步。实施校验点需要执行如下操作。

● 将所有的日志记录和所有的易失存储器里的数据库更新写入稳存,这样,校验点后所有事务在稳存中都有其所有的动作记录。

● 将校验点记录写入稳存。日志中的校验点用于记录包含设置校验点时仍在活跃的事务信息(活跃的事务是指日志里有 begin_transaction 记录但没有相应的 commit 或 abort 记录)。

校验点的存在方便了恢复程序。这样上面的第一步和第二步可以修改如下。

● 找到和读出最后一个校验点记录。

● 将校验点记录里记载的所有事务放入 undo 集,并将 redo 集置为空。

● 从校验点记录开始读日志文件,如果找到一个 begin_transaction 记录,则将相应的事务归入 undo 集。如果找到一个 commit 记录,则将相应的事务从 undo 集移到 redo 集。

理论上讲,日志包含数据库的全部历史。但与 undo 与 redo 有关的只是最后那些事务。

因此，只需最后涉及的那些事务在线就可，其他信息可以存放在离线存储器里(如磁带)。这样可以节省宝贵的在线存储开销。

目前我们讨论的故障未涉及稳存信息的丢失。但是稳存存放的信息也不是万无一失的，若稳存里的信息丢失，则要考虑以下两种情况。

- 数据库信息丢失但日志是安全的故障。
- 日志信息丢失的故障。

第一种情况容易处理，可以使用日志对所有已提交事务实施 redo，即将离线存储器中的数据库状态恢复成一个镜像，然后实施 redo。值得注意的是，恢复这个镜像耗时很长，但可以选择数据库休眠期间执行这个操作。

第二种情况则很严重，由于日志信息丢失，一般无法完全恢复到最近的数据库状态，事务的持续性受到损害，要尽量避免发生这种情况。

10.4 分布式数据库系统中的恢复处理

1. 分布式数据库系统故障发生的原因

相比硬件故障，软件故障发生的次数多得多。大多数软件故障是瞬时的，无需修改软件，转储或重启动即可恢复。由于通信和数据库而导致的故障是主要的，其次是操作系统故障，再次是应用代码和事务管理软件引发的故障。可以选择合适的协议解决这些问题，如采用分布式可靠性协议(distributed reliability protocols)。分布式可靠性协议类似局部可靠性协议，负责维护跨多个数据库的分布事务的原子性和持续性。在分布式系统的多个节点中，我们将事务的发起节点称为协调节点，由其中一个进程负责协调，称为协调者(coordinator)。协调者与其他节点上的参与进程通信，帮助事务执行操作。

2. 分布式可靠性协议的组成

分布式数据库系统的可靠性技术包含提交协议和恢复协议。这两个协议分别用于说明提交和恢复如何执行。提交协议的基本需求是维护分布事务的原子性。即便分布事务的执行涉及多个节点，其中有的可能会在执行时发生故障，分布式数据库上事务的效果依然是 all-or-nothing，这称为原子提交(atomic commitment)。恢复协议负责在事务执行期间发生故障时无需与其他节点协商就可决定终止一个事务。

10.5 局部可靠性协议

这里我们把问题先局限到一个小范围里，只考虑一个局部环境。在每个节点中有一个本地恢复管理器(local recovery manager，LRM)。本地恢复管理器的功能是维护本地事务的原子性和持续性。传递给 LRM 的命令包括 begin-transaction、read、write、commit 和 abort。

10.5.1 体系结构问题

要讨论体系结构问题，首先要回顾前面提到的体系结构模型，再讨论本块恢复管理器和数据库缓冲管理器(buffer manager,BM)间的接口。

数据库的所有存取都是通过数据库缓冲管理器实现的。关于数据库缓冲管理器的讨论这里不想深入。本地恢复管理器和数据库缓冲管理器间的接口如图 10.5 所示。

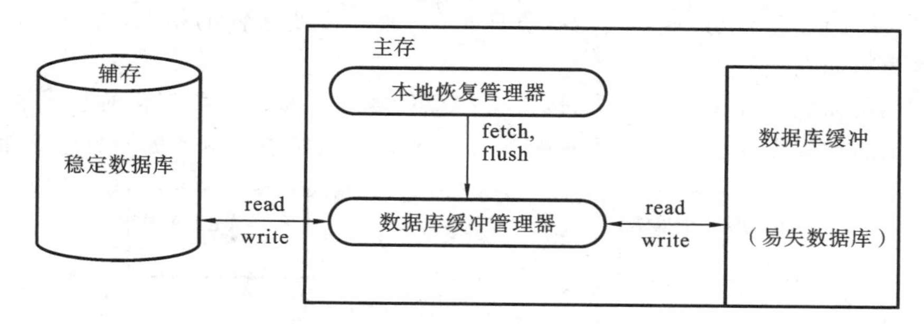

图 10.5　本地恢复管理器和数据库缓冲管理器间的接口

图 10.5 中,我们区分了辅存(图左部的圆柱体部分)和主存(图右部的矩形部分)两部分,两者之间通过读(read)、写(write)命令交互。

假设数据库永久存放在辅助存储器里,称为稳定存储器(stable storage),简称稳存。存放在稳定存储器里的数据库称为稳定数据库,其数据的存取单位是页面(page)。

数据库缓冲管理器把最近访问的数据都放在内存缓冲里,优点是可以提高性能。一般我们可以把缓冲分配成与稳定数据库一样大小的页面。这部分数据库就称为易失数据库(volatile database)。要指出的是,LRM 执行的事务操作仅对易失数据库实施。以后再让易失数据库里的数据写回稳定数据库。

如果按照事务要求,LRM 要读一个数据页面,它就发出一个取(fetch)命令,表示它想读这个页面。数据库缓冲管理器检查这个页面是否已经在缓冲里(即前面的事务可能已经取过这个页面),若是,则让它给该事务使用;否则,就从稳定数据库中读取该页面到数据库缓冲管理器(条件是该缓冲管理器有空闲空间)。如果没有空余的缓冲空间,LRM 就选择一个缓冲页面写入稳定数据库,空出一个页面,再读一个请求的页面到空出来的缓冲空间。

数据库缓冲管理器也提供接口,借助该接口,LRM 可以让它写回缓冲页面。这可以使用刷新(flush)命令来实现。

从上可以看出,数据库缓冲管理器是存取数据库的唯一管道,它主要提供如下三个功能。

- 为给定页面搜索缓冲池。
- 如果该页面没有在缓冲空间里,则为其分配一个空闲的缓冲区,从辅存将该页面放入该空闲的缓冲区。
- 如果没有空闲的缓冲区可用,则选择一个缓冲页面进行替换。典型情况下,缓冲页面在事务间共享,所以搜索是全局性的。缓冲页面的分配是动态进行的。

分配要做的另一个工作是取数据页。最常用的技术是按需分配页面,在需要时将页面放入缓冲。页面替换是第三个功能,当替换缓冲页面时,最有名的技术是最近最少使用(LRU)算法。

10.5.2　恢复信息

本节假设只有系统故障发生,不考虑通信故障问题,这就类似处理集中式数据库的恢复。

发生系统故障时,易失(存储)数据库丢失。因此,DBMS 必须在出现故障时保留一些状态信息,以便在故障出现后能恢复到原来的状态,我们把这类信息称为恢复信息。

系统维护的恢复信息依赖于执行更新采用的方法(见图 10.6)。这里有两种选择:就地更新与异地更新。就地更新是在稳定存储器中按原来的地址物理性地改变数据项的值,结果原来的值丢失。异地更新不是在稳定存储器里直接修改数据项的值,而是在另外一个地方存放一个新值,周期性地将新值集成到稳定数据库里(一般是改变指针的指向,即将指向修改前的值的指针改为指向新值)。

由于就地更新会让原来的值丢失,因此必须保持数据库状态发生变化时有足够信息,以便能在故障发生后让数据库恢复到一个一致状态。这类信息典型地由数据库日志来维护。

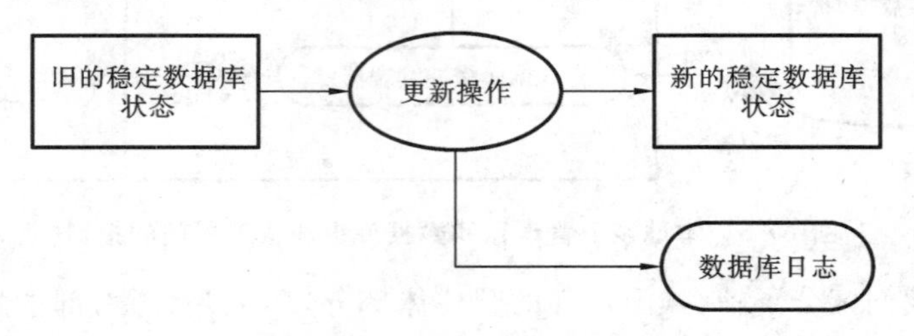

图 10.6 执行更新操作

现在我们来看一个发生系统故障时的事务,如图 10.7 所示。时间为 0 时 DBMS 开始执行,时间为 t 时发生系统故障。在间隔[0,t]内,有两个事务(记作 T_1 和 T_2)递交给 DBMS,其中一个(T_1)在故障发生时已完成(即已提交),而另一个则并非如此。事务的持续性要求 T_1 的效果应当反映在稳定数据库里。同样,原子性性质要求稳定数据库不包含 T_2 的效果。需要采取专门的预防措施来保证这一点。

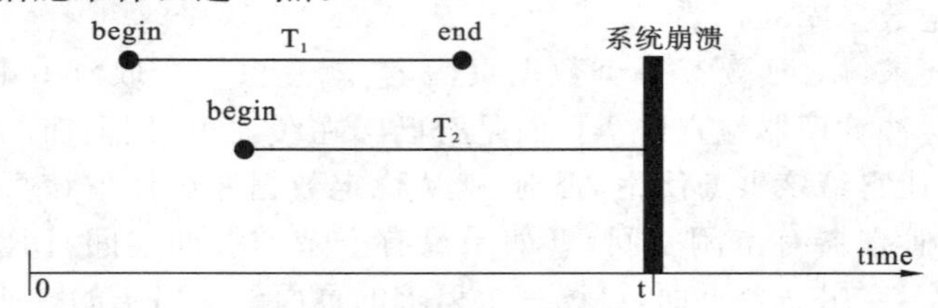

图 10.7 发生系统故障时的事务

假设仅当缓冲管理器需要新的缓冲空间时,LRM 和缓冲管理器算法才会将缓冲页面写回稳定数据库中。这种情况下,有可能由 T_1 更新的易失数据库页面已经在故障出现时写回了稳定数据库。因此,恢复时能够 redo T_1 的操作。这要求 T_1 事先把 T_1 中的有些信息写到日志里。通过这些信息,系统在恢复时可以找回老状态。

类似地,缓冲管理器可能把 T_2 更新的某些易失数据库页面写入了稳存。到系统故障恢复时,必须 undo T_2 的操作。这样,恢复信息必须包含足够的数据以 undo 新的数据库状态,恢复到事务 T_2 开始时的原始状态,如图 10.8 所示。

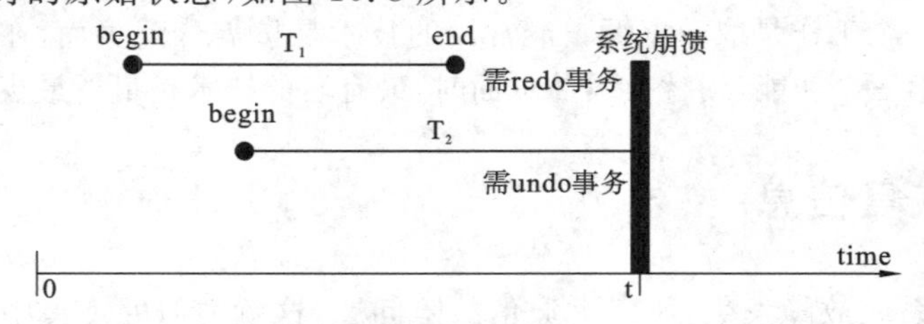

图 10.8 系统故障恢复时需 redo 和 undo 事务

系统故障恢复时,如何处理这两个事务,可用图 10.9 和图 10.10 说明。

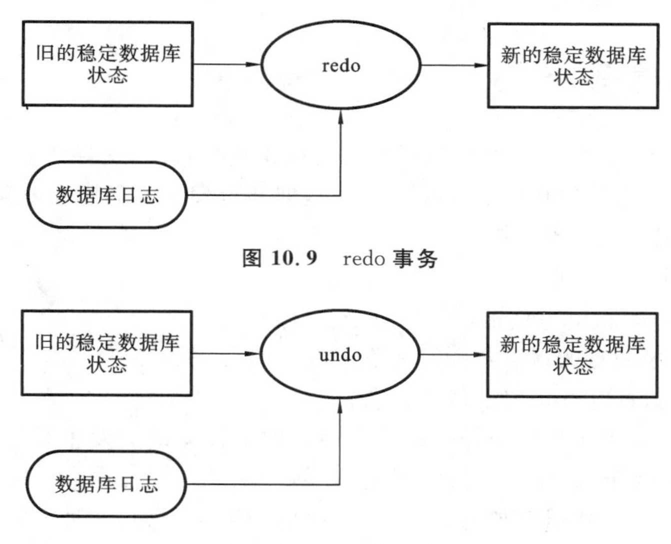

图 10.9　redo 事务

图 10.10　undo 事务

如前所述，redo 和 undo 操作都是幂等的。换言之，即便在 redo（或 undo）实施期间又发生故障，导致 redo（或 undo）操作不成功，形成在 redo（或 undo）中又 redo（或 undo），呈级联状态，成功恢复时，事务的重复恢复动作等价于只做一次。

日志的内容按照实现技术的不同而有所不同。然而，每个数据库日志中至少要包含如下信息：begin-transaction 记录、更新前数据项的值（称为前象，before image）、更新后数据项的值（称为后象，after image）和终止记录说明是提交还是夭折。前象和后象的颗粒可以不同，可以是记录整个页面，也可以是更小的单位。

类似于易失数据库，在内存中也维护一个日志（称为日志缓冲），然后写入稳定存储器。可以用两种方法将日志页面写入稳定存储器：一种是同步方法，指将日志在内存处理完后就移入稳定存储器；一种是异步方法，指周期性地将内存中的日志写入稳定存储器或者在缓冲区满时写入稳定存储器，如图 10.11 所示。

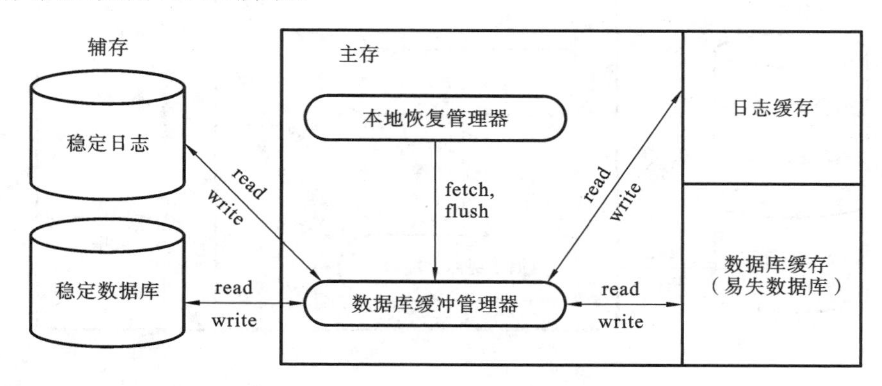

图 10.11　日志接口

无论是采用同步方法还是采用异步方法书写日志，都需要一个维护日志的重要协议。如果更新数据库写入稳定存储器前，日志已经写入稳定存储器，则发生故障时容易通过日志给予恢复，反之不行。如前所述，为此推荐使用一个 WAL（write-ahead logging）协议。

- 在更新稳定数据库前，其前象必须写入稳定日志，以便 undo。
- 事务提交时，其后象必须在更新稳定数据库前存入稳定日志，以便 redo。

10.5.3 校验点

大多数 LRM 实现策略中，执行恢复操作需要搜索整个日志，这导致管理开销很大。为了节省这个开销，可以通过设置校验点(checkpoint)，即通过搜索空间限制从最后一个校验点到当前时间这段日志记录来节省开销。

可以分三步来实现校验点。

第一步：将 begin-checkpoint 记录写入日志。

第二步：将所有校验点的缓存数据写入稳定数据库。

第三步：将 end-checkpoint 记录写入日志。

第一步和第三步强加了校验点操作的原子性。如果校验期间发生系统故障，恢复过程发现不了 end-checkpoint 记录，就认为校验不完整。

第二步有多种变通方式研究如何收集、如何存储数据。例如，一种方式是，在开始往日志写 begin-checkpoint 记录时，LRM 停止接受任何新事务。一旦所有活跃事务都完成，就将所有更新过的易失数据库页面刷新到稳定数据库，再往日志里写入 end-checkpoint 记录。此时，redo 动作只需从日志的 end-checkpoint 记录开始。undo 动作按相反方向，从日志后段开始，到 end-checkpoint 记录结束。

10.5.4 处理介质故障

介质故障非常危险，会造成稳定数据库和稳定日志部分或全部丢失。

防止介质故障发生最常采用的措施是备份，从而产生了如图 10.12 所示的由 LRM 和 BM 管理的存储体系。

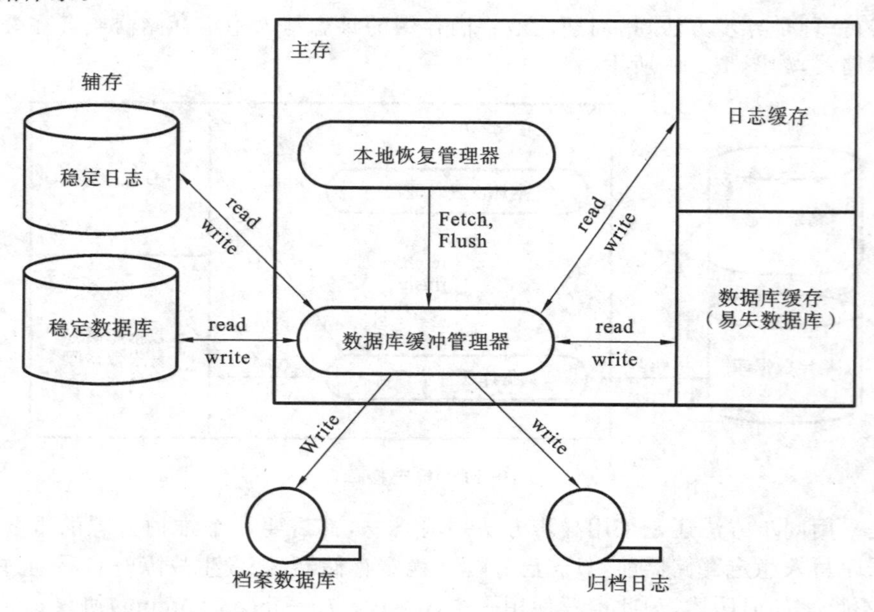

图 10.12 由 LRM 和 BM 管理的存储体系

发生介质故障时，数据库需要按照归档日志(archive log)中的记录信息从备份数据中使用 undo 和 redo 操作来恢复。现在的问题是如何存放备份数据库。如果设计的是一个大型数据库,则把整个数据库写入三级存储器(tertiary storage)来备份数据库的开销不能忽视。处理这个问题有两种方法可选,一种是在正常处理的同时实施备份,第二种是采取增量备份,即仅当发生数据变化时将变化的数据进行备份。

10.6　分布式可靠性协议

使用局部可靠性协议,分布版本有助于维护在多个数据库上执行的分布式事务的原子性和可靠性。这种协议强调了 begin_transaction、read、write、abort、commit 和 recover 命令的分布执行。

需要指出的是,执行 begin_transaction、read 和 write 命令不会产生太大的问题。begin_transaction的执行与集中式数据库中的情况相仿。读(read)、写(write)命令则按 rowa 法则执行。abort 则由 undo 来实施。

10.6.1　分布式可靠性协议的成分

研究分布式可靠性协议,我们先假设事务的启动节点有一个运作进程,起主导作用,称为协调者(coordinator),其余被分配到操作任务的节点上的进程称为参与者(participant)。协调者和在其他节点的参与者的进程之间相互通信,以帮助事务的正确执行。

分布式数据库系统的可靠性技术主要由协议构成,包括提交(commit)、终止(termination)和恢复(recovery)协议。提交协议和恢复协议在分布式数据库系统和集中式数据库系统中都存在,只是在两个系统中有差别。终止协议是分布式数据库系统中独有的。

假设在分布式事务执行期间,一个节点在执行期间出错,因此希望其他节点也终止事务,这个技术就称为终止协议(termination protocols)。终止协议和恢复协议是恢复问题的两个对立面,出现一个节点故障,终止协议分析操作节点如何处理这个故障,恢复协议处理故障节点上那些进程(协调者和参与者)的恢复过程,使得一旦节点重新启动,就能够恢复它的状态。如果故障是网络分割,终止协议则会采取必要的措施去终止其他分割片上执行的仍然在活跃的事务。而恢复协议则在网络分割片重新互联时保证数据库的相互一致性。

提交协议的基本要求是维持分布式事务的原子性,我们称为原子提交(atomic commitment)。我们希望终止协议是非阻塞的(nonblocking)。所谓协议是非阻塞的,指的是它允许事务在其操作节点上终止事务而无需等待其他出现故障的节点恢复,这样可以大大提高事务的响应性能。我们也希望分布式恢复协议是独立的。独立恢复协议可以让节点在出现故障时决定如何去终止一个正在执行的事务,而无须征求其他任何节点的意见。这样协议的存在可以大大减少恢复期间的消息交换。注意,独立恢复协议的存在蕴含了非阻塞终止协议的存在。反之亦然。

10.6.2　两阶段提交协议

下面讨论一个典型的提交协议,即两阶段提交(two-phase commit,2PC)协议。

按照 Wikipedia(http://en.wikipedia.org/wiki/Two-phase_commit_protocol)的说法：

Incomputer networking and databases, the two-phase commit protocol (2PC) is a distributed algorithm that lets all nodes in a distributed system agree to commit a transaction. The protocol results in either all nodes committing the transaction or aborting, even in the case of network failures or node failures. However, the protocol will not handle more than one random site failure at a time. The two phases of the algorithm are the commit-request phase, in which the coordinator attempts to prepare all the cohorts, and the commit phase, in which the coordinator completes the transactions.

为了直观分析 2PC 协议，我们可以借用现实中的例子，即西方影视中在教堂里请神父主持婚礼的场景，在这种场景里，神父起着协调的作用，神父对婚姻的确认是分两个阶段实施的。首先，准备结婚的新人就绪后来到教堂，请神父确认婚姻。神父并非立即宣称婚姻成立，而是先询问女方是否愿意嫁给男方，询问男方是否愿意娶女方为妻。如果其中任何一方对婚姻有异议，神父就宣布婚姻无效，否则就宣布婚姻成立。在神父询问阶段，男女当事人都有自主权，可以自由地按其意愿表态是否结婚。一旦他们表态后，进入第二个阶段，这个自主权就无效了，主动权落到神户手里。由神父来决定和宣布婚姻是否成立。这种模式用到分布式事务管理就是两阶段提交协议。

2PC 协议很简单，也很有用，这样一个协议可以保证分布式事务的原子提交。2PC 协议扩展了本地原子提交动作到分布式事务，其途径是让所有涉及执行的分布式事务遵循一条规则：在使分布式事务永久化前先提交事务。

在分布式事务中，有一个很重要的原则是“单边夭折”，即参与者发现无法（或不打算）把事务执行（或提交）下去就可以自主决定夭折，从而使得整个事务夭折。

2PC 协议可以简述如下：协调者把"begin-commit"记录写入日志，把 prepare 消息发送给所有参与节点，然后进入 WAIT 状态。参与方接收到 prepare 消息后，就会检查自己能否提交。若能，则将"ready"记录写入日志，发送 vote-commit 消息给协调者，进入 READY 状态；否则，参与方把"abort"记录写入日志，发送 vote-abort 消息给协调者。如果节点的决策是 abort，则它可以忘记这个事务，因为无论这个事务的最后结局是否选择夭折（单边夭折）。协调者收到所有参与者的答复后，决定是提交该事务还是夭折该事务。只要有一个参与方否决，协调者就决定全局夭折事务。这样，协调者在日志中写入"abort"记录，发送 global-abort 消息给所有参与方，然后进入 ABORT 状态。否则，协调者写入"commit"记录，发送 global-commit 消息给所有参与方，然后进入 COMMIT 状态。参与方按照协调者的指令提交或夭折，然后把答复发送回去。此时，协调者把"end-of-transaction"记录写入日志，结束事务。

算法如下。

```
    协调者：将 begin-commit 记录写入日志；
    发送 prepare 消息和激活 timeout
    参与者：等待 prepare 消息；
    if 参与方愿意 commit，则
    begin
        将子事务记录写入日志；
        将 ready 记录写入日志；
        发送 ready 答复消息给协调者
    end
else
```

```
        begin
            将 abort 记录写入日志;
            发送 abort 答复消息给协调者
        end
    协调者:等待来自所有参与者的 answer 消息(ready 或 abort)或发现超时;
    if 发现超时或某个参与者的答复消息是 abort,则
        begin
            将"global_abort"记录写入日志;
            发送 abort 命令消息给所有参与者
        end
    else  /*收到的所有消息都是 reday*/
        begin
            将"global_commit"记录写入日志;
            发送 commit 命令消息给所有参与者
        end
    参与者:等待命令消息;
    将"abort"或"commit"记录写入日志;
    发送 ack 消息给协调者;
    执行命令
    协调者:等待来自所有参与者的 ack 消息;
    将"complete"记录写入日志
    协调者最后做出全局终止决策与两个规则(全局提交规则)有关。
```

- 只要有一个参与者选择了 abort 事务,协调者必须决定全局 abort。
- 只有所有参与者选择 commit,协调者才能决定全局 commit。

2PC 协议下,协调者和参与者的状态转换如图 10.13 所示。

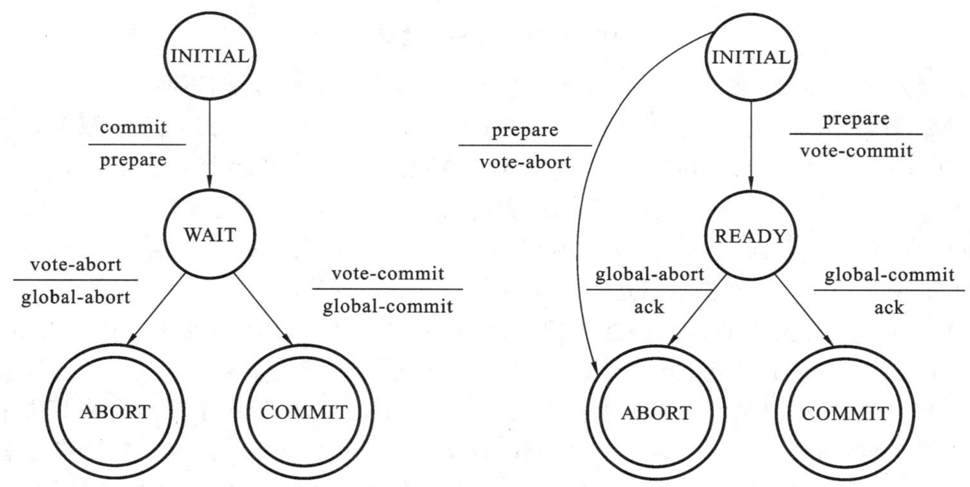

图 10.13　2PC 协议时协调者和参与者的状态转换图

由图 10.13 可知:第一,2PC 协议允许参与者单边夭折一个事务,直到它决定加入肯定选择前,它都是自由的。第二,一旦参与者选择提交或夭折一个事务,它就无法再改变自己的决定。第三,在参与者进入 READY 状态时,取决来自协调者的消息,协调者可以夭折事务,也可以提交事务。第四,协调者按照全局终止规则做出全局终止决策。第五,协调者和参与者进程进入一定状态必须互相等待对方的消息。为了保证能够从进入的状态退出,使用了计时器。每个进程进入一个状态就设置计时器,确定的计时超过就属于超时,就按照超时处理协议。

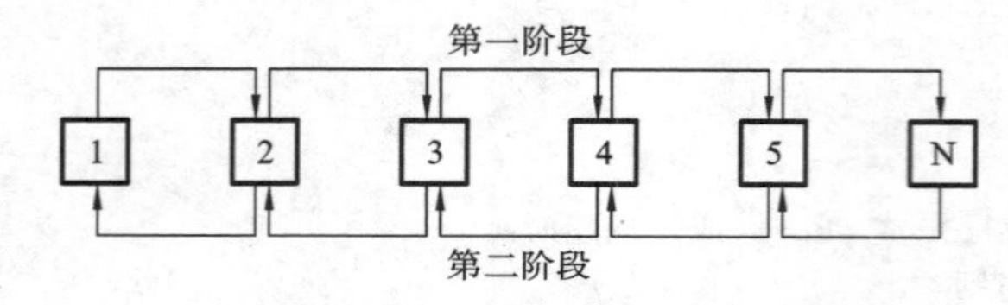

图 10.14 集中式 2PC 协议的通信结构

实现时，2PC 协议可以使用许多种不同的通信方式。前面所述的是一种集中式 2PC 协议，因为通信只发生在协调者和参与者之间，参与者之间互不通信，如图 10.14 所示。

线形（或嵌套）2PC 协议的通信结构图 10.15 所示。为了通信，系统节点之间应有一个序。假设参与者执行事务时的节点间有一个序 1，…，N，协调者排在这个序的第一位。2PC 协议按照从 1 到 N 序进行通信。第一阶段完成后，倒过来从 N 开始与协调者通信，完成第二阶段。其工作过程可以演示如下。

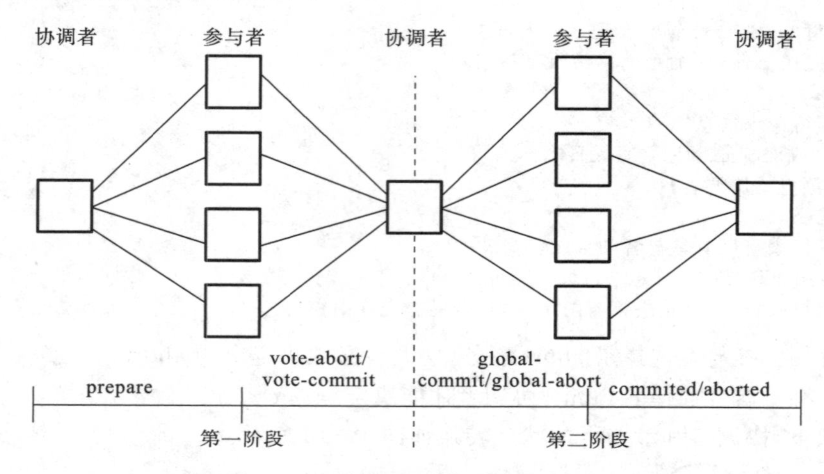

图 10.15 线形 2PC 协议的通信结构

协调者发送"prepare"消息给参与者 2。如果参与者 2 不准备提交该事务，则它发送"vote-abort"(VA)消息给参与者 3，事务在这一点夭折。反之，参与者 2 同意提交该事务，它发送"vote-commit"(VC)消息给参与者 3，进入 READY 状态。这个过程持续下去，直到"vote-commit"消息到达参与者 N。第一阶段结束。在参与者 N 决定提交时，它发送回"global-commit"(GC)消息给 N－1；否则发送"global-abort"(GA)消息。接着，参与者逐个进入相应状态(COMMIT 或 ABORT)，把消息传送回协调者。

还有一种可以实现 2PC 协议的通用的通信结构，在第一阶段就涉及所有参与者的通信，这个方案称为分布式 2PC(distributed 2PC)。由于参与者一次就获得了消息，所以省去了第二阶段。其工作如下：协调者向所有参与者发送"prepare"消息，然后每个参与者将其决策发送给所有其他参与者和协调者，并发送一条"vote-commit"或"vote-abort"消息。每个参与者等待所有其他参与者的消息，按照全局提交规则做出终止决策。显然，无须等待协议的第二阶段，在第一阶段结束时每个参与者已经独立达到了它的决策。分布式 2PC 协议的通信结构如图 10.16 所示。

下面是采用集中式通信结构的 2PC 协议的算法例子。这里，我们分别讨论协调者和参与者的反应。

算法 10.1 2PC(协调者)。

```
Type
    msg:消息
    event:事件
```

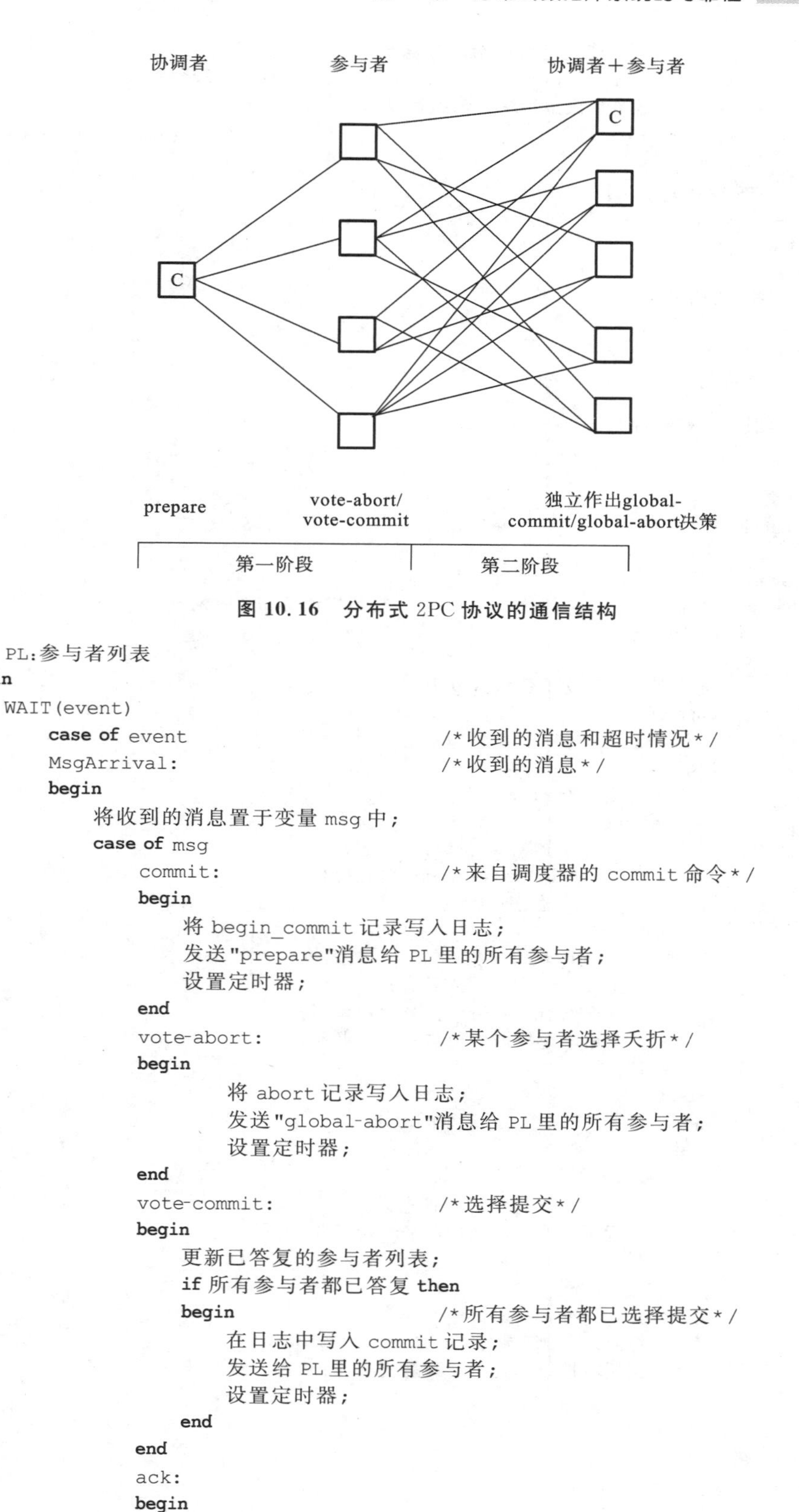

图 10.16　分布式 2PC 协议的通信结构

```
    PL:参与者列表
begin
    WAIT(event)
        case of event                            /*收到的消息和超时情况*/
        MsgArrival:                              /*收到的消息*/
        begin
            将收到的消息置于变量 msg 中;
            case of msg
                commit:                          /*来自调度器的 commit 命令*/
                begin
                    将 begin_commit 记录写入日志;
                    发送"prepare"消息给 PL 里的所有参与者;
                    设置定时器;
                end
                vote-abort:                      /*某个参与者选择夭折*/
                begin
                        将 abort 记录写入日志;
                        发送"global-abort"消息给 PL 里的所有参与者;
                        设置定时器;
                end
                vote-commit:                     /*选择提交*/
                begin
                    更新已答复的参与者列表;
                    if 所有参与者都已答复 then
                    begin                        /*所有参与者都已选择提交*/
                        在日志中写入 commit 记录;
                        发送给 PL 里的所有参与者;
                        设置定时器;
                    end
                end
                ack:
                begin
                    更新已给出答复的参与者的列表;
```

```
                    if 所有参与者都已给出答复 then
                    将 write end-of-transaction 记录写入日志;else
                    发送全局决策给所有未给答复的参与者;
                    end-if
                end
            end-case
        end
        timeout:
        begin
            执行终止协议①;
        end
    end-case
end.    /* 2PC-协调者 */
```

算法 10.2 2PC(参与者)。

```
变量说明
    msg:消息
    event:事件
begin
    WAIT(event)
        case of event                        /*收到的消息和超时情况*/
            MsgArrival:
            begin
                将收到的消息置于变量 msg 中;
                case of msg
                prepare:
                begin
                    if 计划提交 then
                    begin
                            将 ready 记录写入日志;
                            发送"vote-commit"消息给协调者;
                            设置定时器;
                    end
                        else begin           /*单边夭折*/
                        将 abort 记录写入日志;
                        发送"vote-abort"消息给协调者;
                        调用本地数据处理器来夭折事务;
                    end
                end-if
                end
                global-abort:
                    begin
                        将 abort 记录写入日志;
                        调用本地数据处理器来夭折事务;
                    end
                global-commit:
                    begin
                      将 commit 记录写入日志;
                      调用本地数据处理器来提交事务;
                    end
                end-case
            end
```

① 关于终止协议,我们在后面章节讨论。

```
            timeout:
            begin
                执行终止协议;
            end
        end-case
end.    /*2PC-参与者*/
```

10.6.3 变形 2PC

2PC 有效,但是在性能上也常给人以口舌。有两种 2PC 的变形可以改进性能,其实现方式是通过以下一种途径来实施。

- 减少协调者和参与者间传递的消息数。
- 减少写入日志的次数。

这些相关协议称为假设夭折(presumed abort)2PC 协议和假设提交(presumed commit)2PC 协议。假设夭折 2PC 协议是一个优化处理只读事务和更新事务的协议,这类更新在别人对数据库进行更新时不实施更新(所以也称部分更新)。假设提交 2PC 协议优化通用更新事务的处理。

1. 假设夭折 2PC 协议

在假设夭折 2PC 协议里做出如下假设:无论什么时候,只要参与者向协调者进行事务结局的投票,如果虚拟存储器中没有关于它的相关信息,则对询问的响应默认为夭折事务。这么做的原因是,如果是提交,则协调者不会忘记这个事务,且会一直等待所有参与者的答复,直到不再询问该事务为止。

使用这个惯例,协调者在其决定夭折事务以后就可以立即忘记该事务。虚拟存储器可以将 abort 记录写入日志,无须苦苦等待协调者对夭折事务的响应。其实,在 abort 记录后,协调者也无须再写 end-of-transaction 记录。

参与者无须强制写 abort 记录,因为如果节点在收到决策前发生故障,然后恢复,恢复例程会检查日志决定事务的结局。如果找不到记录,则会询问协调者,协调者会告诉它已为夭折事务。所以参与者无须强制写 abort 记录。

因为减少了传输的消息,所以假设夭折 2PC 协议更有效。

2. 假设提交 2PC 协议

假设夭折 2PC 协议一旦决策为夭折事务,就忘记该事务,从而改进了性能。因为大多数事务希望提交,所以类似的事务可以使用假设提交 2PC 协议。

假设提交 2PC 协议是以没有事务信息存在为基础的。但不要简单地把它看成是假设夭折 2PC 协议的对偶,因为一个准确的对偶要求协调者在其决定提交后忘记该事务,不强制 commit 记录(还有参与者的 ready 记录),提交命令也无须答复。我们看如下场景,协调者发送 prepare 消息并开始收集信息,但在收集到全部信息及做出决策前出现故障。此时,参与者等待一会,然后将事务转入恢复程序。一方面,因为没有关于该事务的信息,所以每个参与者的恢复例程将提交该事务。另一方面,协调者在其恢复时间夭折该事务,从而造成不一致。

简单变形这个协议可以解决这个问题,我们把这个变形称为假设提交 2PC。这个协调者在发送 prepare 消息前,强制写一个收集记录,包括涉及正在执行的所有事务的参与者的名字。参与者进入 COLLECTING 状态,然后发送 prepare 消息和进入 WAIT 状态。参与者收到 prepare 消息后决定如何处理事务,按照自己的选举处理。协调者从所有参与者处收到决策,做出提交或夭折记录。如果决定夭折事务,协调者写下 abort 记录,然后进入 ABORT 状态,发送一条 global-abort 消息。如果决定提交事务,则会写下一条 commit 记录,然后发送 global-commit 命令,忘记该事务。在参与者接收到 global-commit 消息后,参与者会写下 commit 记录,并更新数据库。如果参与者接收一条 global-abort 消息,则写下一条 abort 记录并给出答复。协调者接收到夭折答复就写下一条 end 记录,忘记该事务。

10.6.4 节点故障处理

本节考虑网络中的节点故障问题。我们希望开发无阻塞的终止协议和独立的恢复协议。

1. 终止协议

终止协议负责解决协调者(coordinator)和参与者(participant)在超时情况下的问题。如果在特定时间段里无法从一个源节点等到期待的消息,则目标节点发生超时。我们认为这就是源节点故障。

处理超时的方法和故障计时与故障的类别有关。因此我们需要从不同的方面考虑 2PC 执行时的故障。如图 10.13 所示,其中用圆表示状态,用有向弧表示状态转换,用同心圆表示终止状态。

1) 协调者超时

在 WAIT、COMMIT 和 ABORT 等三种状态下协调者会超时,后两种情况下的处理方式相同,所以这里只要考虑两种情况。

WAIT 状态下超时:在 WAIT 状态,协调者等待参与者的本地决策。决策者不能单边提交事务,因为此时还不满足全局提交规则。但是,它可以决定全局夭折事务,此时的处理是:在日志中写入 abort 记录,然后向所有的参与者发送 global-abort 消息。

COMMIT 或 ABORT 状态下超时:此时不知道参与者本地对提交或夭折程序的执行情况,因此只能向还没有响应的参与者不停地发送 global-commit 或 global-abort 命令,并等待答复。

2) 参与者超时

在 INITIAL 和 READY 两种状态下,参与者会超时。

INITIAL 状态下超时:此时参与者在等待"prepare"消息。协调者肯定在 INITIAL 状态出现故障了。超时后参与者可以单边夭折该事务。如果晚些时候"prepare"消息到该参与者,则有两种选择:检查自己的日志,如果找到 abort 记录,则给予 vote-abort 响应,或者忽略这个"prepare"消息。此时,协调者是在 WAIT 状态发现超时,进行相应处理。

READY 状态下超时:此时参与者已经选择提交或夭折,但不知道协调者的全局决策是什么。参与者不能单边作决定。因为处于 READY 状态,参与者必定已经选择了提交,所以不能再单边决定夭折。同样也不能单边提交,因为其他参与者可能选择夭折。结果是只能等待,直到从他方(协调者或其他参与者)获得抉择消息。

现在来看看集中式的通信结构,即参与者不能与其他参与者通信。这时,如果参与者想终结一个事务,必须询问协调者的决策是什么,然后等待,直至接到一个响应为止。如果协调者失败,参与者就会留在阻塞状态,这是我们不期待的。

如果能够让参与者与其他参与者通信,则需要开发一种分布终止协议。参与者在超时时可以简单地询问其他参与者，了解刚才的决策是什么。

假设参与者 P_i 超时，所有其他参与者 P_j 采用如下方式响应。

(1) P_j 处于 INITIAL 状态。意味着 P_j 还未选举，可能还没有收到"prepare"消息，所以它可以单边决定夭折，给 P_i 答复一个"vote-abort"消息。

(2) P_j 处于 READY 状态。此时 P_j 已经选择提交事务但是还没有收到全局决策，因此不能帮助 P_i 终止事务。

(3) P_j 处于 ABORT 或 COMMIT 状态。在这些状态下，P_j 已经单边决定夭折该事务或者已经接收到了协调者按照全局终止做出的决定。因此它可以向 P_i 发送"vote-commit"或"vote-abort"消息。

现在看看超时的参与者(P_i)如何解释这些响应。可能的情况有如下 5 种。

情况 1:P_i 从所有 P_j 处接收"vote-abort"消息。这意味着没有一个其他参与者已经做出肯定选举，它们已经选择单边夭折事务。在这些条件下，P_i 可以继续按夭折处理事务。

情况 2:P_i 从某个 P_j 处接收"vote-abort"消息，但是某些其他参与者表示已经处于 READY 状态。此时，P_i 仍然可以继续往前走，并夭折该事务，因为按照全局提交规则，事务已不能提交而只能夭折。

情况 3:P_i 从所有 P_j 处接收到通知，它们处于 READY 状态。此时，没有一个参与者知道事务的命运，以便正常终止它。

情况 4:P_i 从所有 P_j 处接收到"global-abort"或"global-commit"消息。此时，所有其他参与者已经接收到协调者的决策。因此，P_i 仍然可以继续往前走，按照它从其他参与者接收到的消息终止该事务。

情况 5:P_i 从某个 P_j 处接收到"global-abort"或"global-commit"消息。此时，其他参与者处于 READY 状态。这表示某些节点已经接收到协调者的决策，而其他参与者仍在等待这个消息。此时按情况 4 处理 P_i。

这 5 种情况涵盖了所有需要处理的终止协议。

注意，在情况 3 时，参与者的处理处于阻塞状态，因为它们无法终止事务。有些情况下可以找到克服这种阻塞的方法。如果在终止所有参与者期间认识到只是协调者节点出现故障，那么可以选举一个新的协调者，并重新启动提交过程。选举协调者的方法有很多。可以将节点安排成一个全序，一个一个地选举；或者建立一个参与者的选举程序。但是，如果有一个参与者和协调者同时出现故障，则上述情况就不工作了。此时有可能这个出现故障的参与者已经接收到了协调者做出的决策，已经遵循此决策终止了事务。其他参与者不知道这个决策，因此，如果选举新决策者和继续处理，那么会存在造成做出矛盾决策的危险。显然不能设计出一个既是 2PC 又不能保证无阻塞的终止协议。因此，2PC 是一个有阻塞的协议。

算法 10.3　2PC(协调者)终止。

```
Timeout:
begin
    if 处于 WAIT 状态 then
    begin
        将 abort 记录写入日志;
        发送"global-abort"消息给所有参与者;
    end
    else
        begin
```

```
        检查最后一个日志记录;
        if last log record= abort
        then                                    /*协调者处于 ABORT 状态*/
            发送"global-abort"消息给尚未响应的参与者;
        else                                    /*协调者处于 COMMIT 状态*/
        发送" global-commit "消息给尚未响应的参与者;
        end-if
    end
    end-if
    set timer
end
```

算法 10.4 2PC(参与者)终止。

```
Timeout:
begin
        if 处于 INITIAL 状态 then
        将 abort 记录写入日志;
        else                                    /*参与者处于 READY 状态*/
        发送"vote-commit"消息给协调者;
        复位计时器;
        end-if
end
```

2. 恢复协议

2PC 协议可以处理操作节点出现故障的问题。现在我们要关注协调者或参与者在出现故障时和重启动后如何恢复这些节点状态的问题和相关的协议。

我们以图 10.13 为例,并假设:① 在日志中写一条记录和发送一条消息是一个原子操作;② 状态的转换发生在传输了相应消息之后。例如,如果一个协调者处于 WAIT 状态,则表示它已经成功地在日志里写入了 begin-commit 记录并且成功地发送了 prepare 命令。注意,我们说的是成功地发送,不是说成功地传输。发送以后,如果参与者没收到,则是通信故障的问题。这个原子性的前提在实现时并不合理,但这里可以简化我们的讨论。

1) 协调者节点故障

当协调者节点出现故障时,可能会发生如下情况。

(1) 协调者在 INITIAL 状态出现故障。因为此时协调者在启动提交过程前,所以采取的措施是在恢复时重新启动提交过程。

(2) 协调者在 WAIT 状态出现故障。此时,协调者已经发送了 prepare 命令。常言道,开弓没有回头箭,恢复时,协调者为这个事务重新启动 commit 过程,重新向每个参与者发送"prepare"消息。

(3) 协调者在 COMMIT 或 ABORT 状态出现故障。此时协调者已经通知参与者其决定是提交或夭折,终止事务。所以一旦恢复,若协调者已经收到各个参与者的答复消息,则什么也不需要做。否则,执行终止协议。

2) 参与者节点故障

当参与者节点出现故障时,可能会发生如下情况。

(1) 参与者在 INITIAL 状态时出现故障。恢复时,参与者应当单边终止事务。因为此时对于该事务而言,协调者处于 INITIAL 或 WAIT 状态。如果协调者处于 INITIAL 状态,则它发送"prepare"消息,转成 WAIT 状态。由于有参与者节点故障,协调者收不到参与者决定的消息，超时，因此做出了全局夭折的决定。

(2) 参与者在READY状态时出现故障。此时在故障前协调者已经通知了出现故障的节点，其决定是什么。所以恢复时，故障节点的参与者可以按READY状态下的超时来处理，采用终止协议来处理这个不完整的事务。

(3) 参与者在ABORT或COMMIT状态时出现故障。这些状态代表了终止条件，所以恢复时，参与者无需采取特殊行动。

除此之外，还有一些其他情况需要指出。

(1) 协调者将begin-commit记录写入日志后，但在发送prepare命令前出现故障。协调者就像在WAIT状态那样(与协调者节点故障情况(2)类似)，在恢复时发送prepare命令。

(2) 参与者在往日志里写入ready记录后，但尚未发送"vote-commit"消息前出现故障。此时参与者的反应与参与者节点故障情况(2)类似。

(3) 参与者在往日志里写入abort记录后，但尚未发送"vote-abort"消息前出现故障。此时参与者不需要作什么动作，因为此时协调者处于WAIT状态，会发现超时。协调者会根据终止协议发出全局夭折命令。

(4) 协调者在将最后决定(commit或abort)记录写入日志后，但在向参与者发送global-commit或global-abort命令前出现故障。此时协调者的处理如其前面的情况3，参与者的处理如READY状态下的超时。

(5) 参与者在往日志里写入commit或abort记录后，但尚未发送"acknowledgment"消息前出现故障。参与者的反应如其前面的情况3。协调者则按在状态COMMIT或ABORT时的超时处理。

10.6.5 三阶段提交协议

三阶段提交(3PC)协议是为无阻塞协议而设计的。

设计无阻塞原子提交协议的必要和充分条件是什么？它可以简述为：提交协议在状态转换时是同步的，当且仅当其对应的转换图不包含如下内容。

- 没有一个状态同时与COMMIT和ABORT状态为邻。
- 没有一个不可提交状态与COMMIT状态为邻。

相邻是指一次转化就能到达相邻状态。

我们观察2PC协议中的COMMIT状态(见图10.13)。如果任意一个进程进入这个状态，意味着所有节点都选举了提交，这个状态称为可提交的(committable)。2PC协议中的其他状态称为不可提交状态(noncommittable)。现在我们考察READY状态，这不是一个可提交的状态。

显然，当协调者处于WAIT状态和参与者处于READY状态时，2PC协议会破坏非阻塞条件。因此有必要对2PC协议进行修改。

我们将在WAIT(READY)和COMMIT状态之间增加一个状态作为缓冲状态，即准备提交(PRECOMMIT)状态(如果最后决策是提交)。3PC协议的状态转换图如图10.17所示。因为从INITIAL状态到COMMIT状态间有三个状态转换，所以我们称为三阶段提交(3PC)协议。除PRECOMMIT状态外，其他情况与图10.13所示的情况相同。3PC也是一个所有状态都在一个状态转换中同步的协议。所以2PC的非阻塞先决条件也适用于3PC协议。

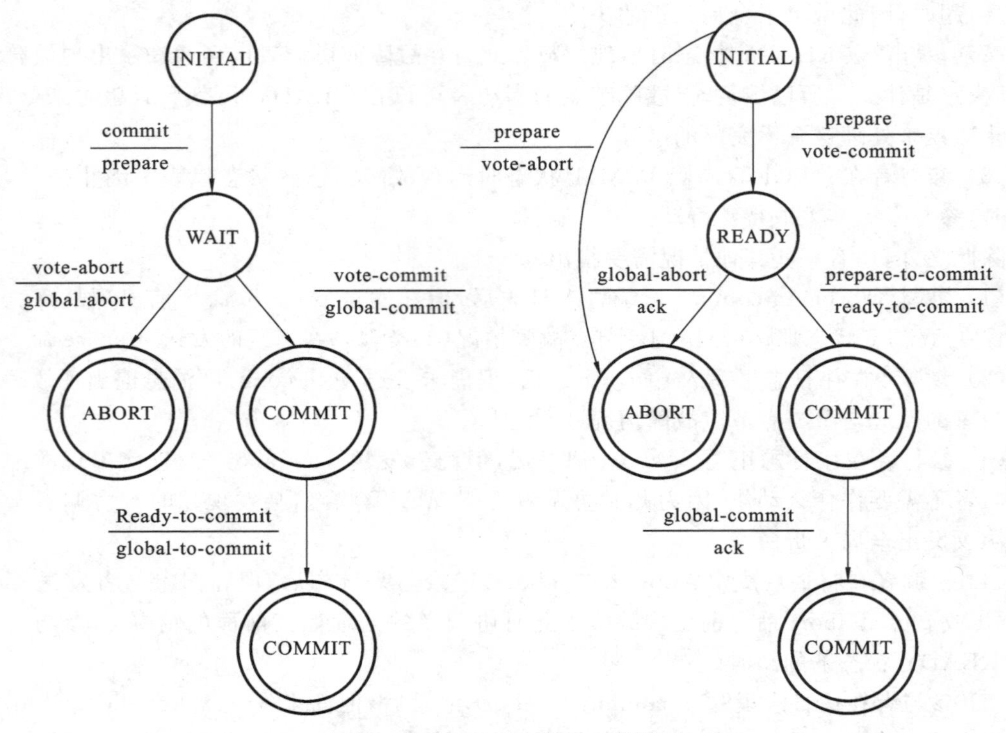

图 10.17　3PC 协议的状态转换图

1. 终止协议

下面分析 3PC 协议每个状态在超时时的情况。

1）协调者超时

3PC 时，协调者在 WAIT、PRECOMMIT、COMMIT 或 ABORT 四种状态下会发生超时。

在 WAIT 状态下超时：此时的情况与 2PC 时协调者超时的情况相同。协调者单边决定夭折该事务。因此它将 abort 记录写入日志，并发送"global-abort"消息给所有已经选择提交事务的参与者。

在 PRECOMMIT 状态时超时：此时协调者不知道相应的参与者是否已经转入 PRECOMMIT 状态。然而，协调者知道参与者至少已经进入 READY 状态，说明参与者必然已经选择了"提交事务"。协调者因此可以把所有参与者移入 PRECOMMIT 状态，通过先发送一个"prepare-to-commit"消息，并通过在日志中写入一个提交记录和发送一个"global-commit"消息给所有工作中的参与者实施全局提交。

在 COMMIT 或 ABORT 状态时超时：协调者不知道参与者是否已经实施提交或夭折命令。然而，参与者至少已经处于 PRECOMMIT(READY)状态(因为该协议在一个状态转换中是同步的)，可以遵循下面参与者超时的第二种情况或第三种情况所述的终止协议。这样协调者不需要采取特别措施。

2）参与者超时

参与者可能在 INITIAL、READY 和 PRECOMMIT 等三种状态下超时。

在 INITIAL 状态下超时：处理方式等同于 2PC 协议的。

在 READY 状态下超时：此时参与者已经选择了提交事务，但是还不知道协调者的全局决策。因为与协调者的通信已经丢失，所以可以通过重新选举一个协调者再执行终止协议。然后新的协调者按照终止协议终止该事务。

在 PRECOMMIT 状态下超时：此时参与者已经接收到"prepare-to-commit"消息，正在等待来自协调者的最后的"global-commit"消息。处理如上面的协调者超时的第二种情况。3PC 协议如图 10.18 所示。

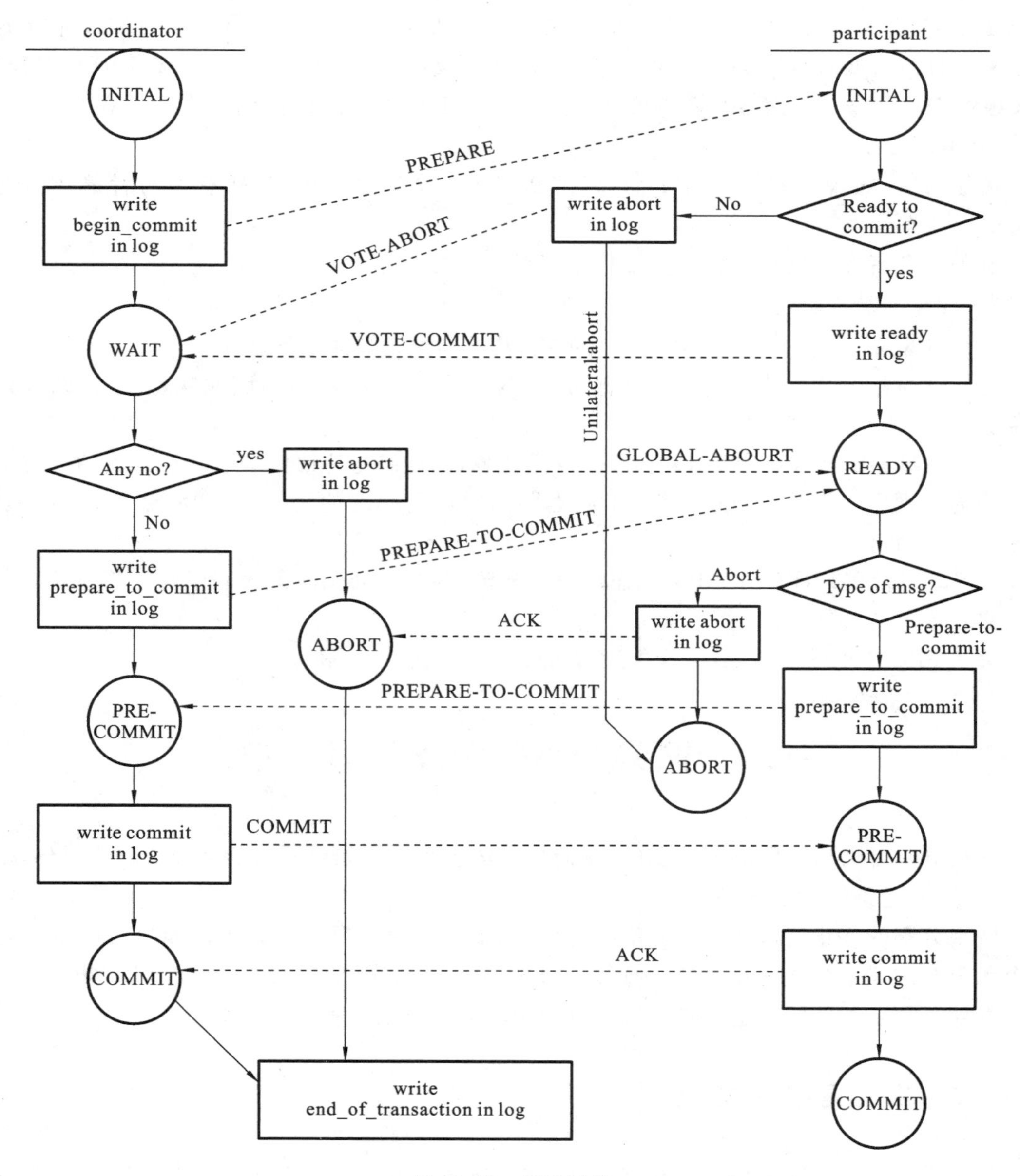

图 10.18　3PC 协议

下面分析最后两种可能选择终止协议的情况。一种是集中式，新协调者可以选择下面四种状态中的一种：WAIT、PRECOMMIT、COMMIT 或 ABORT。它把自己的状态发送给所有工作中的参与者，请求参与者接收这个状态。任何事先在新协调者出现前已经进入状态的参与者可以忘记新协调者的消息(它可能已经接收到老协调者的消息并且已经进入处理程序)。

其他参与者完成其状态转换,并发送适当消息。一旦新协调者从参与者处获得消息,就按照如下方式终止。

● 如果新协调者处于 WAIT 状态,则全局夭折事务。参与者可能处于 INITIAL、READY、ABORT、PRECOMMIT 状态。在前三种状态,没有问题。然而,如果参与者处于 PRECOMMIT 状态,等待的虽是"global-commit"消息,但却获得"global-abort"消息。而状态转换图不允许从 PRECOMMIT 到 ABORT 状态的变换。所以,我们必须改造它,让协议允许这种转换。

● 如果新协调者处于 PRECOMMIT 状态,那么参与者可以处于 READY、PRECOMMIT 或 COMMIT 状态。任何参与者不可能处于 ABORT 状态。因此协调者将全局提交该事务,发送"global-commit"消息。

● 如果新协调者处于 ABORT 状态,那么当第一个消息结束时,所有参与者都必须进入 ABORT 状态。

新的协调者在其处理过程中不维持参与者故障的轨迹。

2. 恢复协议

3PC 的恢复协议与 2PC 的恢复协议不同,其差别可以简述如下。

(1) 协调者在 WAIT 状态时发生故障:参与者已经终止该事务,因此恢复时,协调者必须轮询大家以决定事务的命运。

(2) 协调者在 PRECOMMIT 状态时发生故障:同样终止协议已经引导运行中的参与者终止。因为处理中允许从 PRECOMMIT 状态到 ABORT 状态的转换,协调者必须轮询大家以决定事务的命运。

(3) 参与者在 PRECOMMIT 状态时发生故障:参与者必须轮询大家以确定其他参与者是如何终止事务的。

关于 3PC 协议的细节,有兴趣的读者可参阅参考文献[3]和参考文献[4]。

10.7 网络分割问题及其解决方法

网络分割是通信线路故障造成的,从而导致消息丢失。如果网络只是分割成两部分,则称为简单分割,否则称为多分割。

网络分割的终止协议强调在分割发生后,每个分割活跃事务的终止。如果我们希望开发一个无阻塞协议来终止这些事务,则可以让每个分割中的节点做出终止决策,且这些节点的决策与其他分割是一致的。这意味着每个分割中的节点可以不管分割而继续执行事务。

10.7.1 集中式协议

集中式终止协议基于集中式并发控制算法,有原始节点并发控制算法和原本并发控制算法两种方法。

在原始节点并发控制算法中,允许操作实施在包含原始节点的分割里,因为那里管理着封锁表。在原本并发控制算法里,多个分割可以为不同的查询工作。对任意给定的查询,只有包含写集合数据项原本分片所在的分割才可以执行该事务。

这两种方法可以很好地工作,但依赖于分布式数据库管理器所有的并发控制算法。

10.7.2 基于选举的协议

许多研究人员建议将选举作为一种技术来管理并发数据的存取。基本思想是，如果大多数节点选择执行一个事务，则执行这个事务。这是多数选举的思想。

多数选举的思想现在已经推广到法定人数选举法。换言之，取代多数原则，可以将之改变为法定人数原则。例如，现实生活中，规定达到3人的法定人数就可以提交提案。这里的法定人数是3。基于法定人数选举法可以作为一个副本控制方法，也可作为提交方法在网络分割时保证事务的原子性。在非副本数据库中，这就涉及选举原则和提交协议的集成。

假设给系统中的每个节点指定一个选举(权)V_i，令总的选举权数为V，夭折和提交的法定人数分别为V_a和V_c，且必须服从如下提交规则。

(1) $V_a+V_c\leqslant V$，其中$0\leqslant V_a$、$V_c\leqslant V$。

(2) 事务提交前，必须获得提交法定选举人数V_c的通过。

(3) 事务夭折前，必须获得夭折法定选举人数V_a的通过。

第一条规则保证一个事务不能同时既提交又夭折。后两条规则说明选举的两条规则。

将这三条规则进行修改后集成到3PC协议里。在协调者从PRECOMMIT状态移到COMMIT状态和发送"global-commit"命令时，协调者必须获得提交选举人数参与者的同意，这是为了满足规则。注意，规则无须显式实现，因为在WAIT或READY状态的事务已经准备夭折事务，所以夭折选举人数已经存在。

网络发生分割时，每个分割中的节点选择一个新协调者，这与3PC终止协议的故障处理类似。基本差别是，不能从WAIT或READY状态转换成ABORT状态。首先，一个或一个以上的协调者试图终止这个事务。我们不希望按照不同的方式终止，或者让事务的执行不保持一致性。因此，我们希望协调者能够显式获得夭折选举人的支持。其次，如果新选举的协调者出现故障，协调堵塞不知道达到了提交或夭折选举人数，这样，必须要求参与者做出显式决策是加入还是夭折选举人，而且从此不后悔。遗憾的是，READY(或WAIT)状态不满足这些需求。这样就在READY和ABORT状态间引入了另外一个状态，PREABORT。从PREABORT状态到ABORT状态的转换要求达到夭折的法定选举人数。

修改后，终止协议工作如下。一旦选出新协调者，新协调者请求所有参与者报告自己的本地状态。根据响应，按如下方式终止事务。

(1) 至少有一个参与者处于COMMIT状态，协调者决定提交事务，发送"global-commit"消息给所有参与者。

(2) 至少有一个参与者处于ABORT状态，协调者决定夭折事务，发送"global-abort"消息给所有参与者。

(3) 如果在PRECOMMIT状态，有选举权的参与者达到了提交选举人数，那么协调者决定提交该事务，向所有参与者发送"global-commit"消息。

(4) 如果在PREABORT状态，有选举权的参与者达到了夭折选举人数，那么协调者决定夭折该事务，向所有参与者发送"global- abort"消息。

(5) 如果第(3)种情况不成立，但是在PRECOMMIT和READY状态有选举权的参与者的选举人数达到了提交选举人数，那么协调者将参与者通过发送"prepare-to-commit"消息转入PRECOMMIT状态。协调者等待第(3)种情况成立。

(6) 类似地,如果第(4)种情况不成立,但是在 PREABORT 和 READY 状态有选举权的参与者的选举人数达到了夭折选举人数,那么协调者将参与者通过发送"prepare-to-abort"消息转入 PREABORT 状态。协调者等待第(4)种情况成立。

3PC 协议在选举人方案中的状态转换如图 10.19 所示。

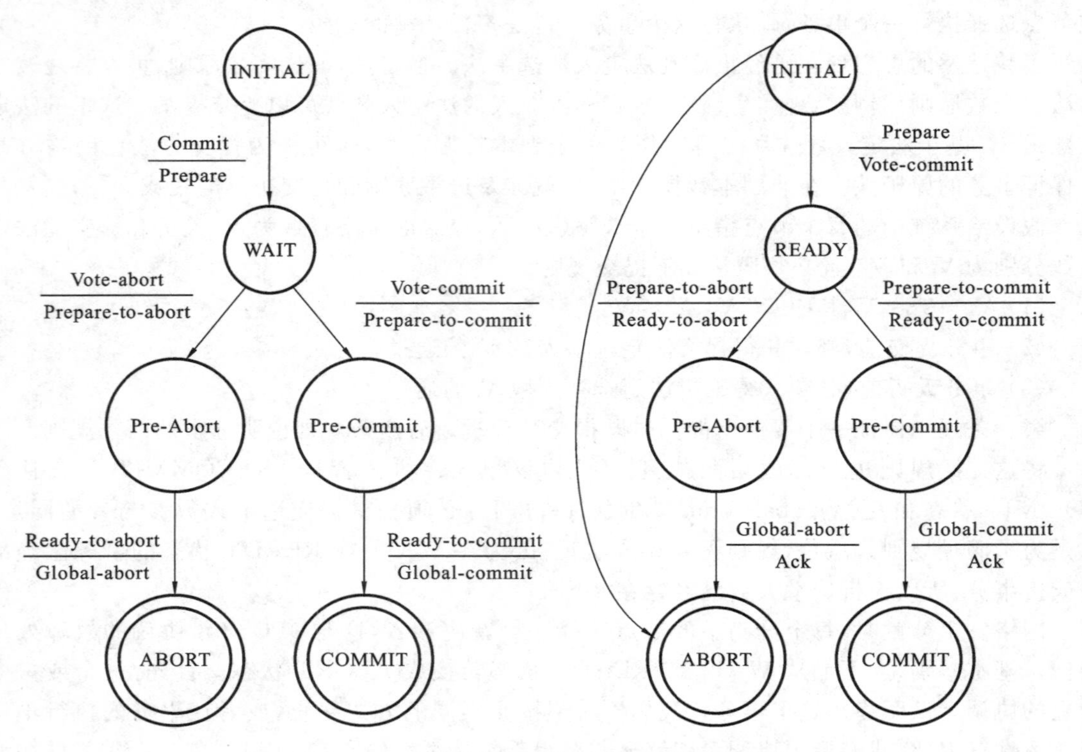

图 10.19 3PC 协议在选举人方案中的状态转换

基于选举人提交算法,有两点是很重要的。首先,它是阻塞的。分割中的协调者如果由于消息丢失或者发生多分割不能形成夭折或提交选举人数。其次是该算法足以处理节点故障以及网络分割。

当两个分割归并时,新的更大分割的节点可以简单地执行终止协议,即协调者把参与者选举结论收集起来,终止该事务。

10.8 副本和副本控制协议

虽然副本能够便利只读应用,但对更新来说不便。因为数据可以在多个节点有副本,而更新可以独立进行,因此导致出现不一致的副本。我们可以使用懒副本协议来解决这个问题。

10.8.1 严格副本控制协议

严格副本控制协议强加单副本等价性(one-copy equivalence)作为正确性依据。它要求所有的数据库副本都是互一致的。ROWA 协议是强加单副本一致性的协议,它把一个逻辑读变成对任意一个副本的读操作,把一个逻辑写变成对所有副本的写操作,从而让所有副本有同一个值。这样,当提交这个更新事务时,所有副本的值都是一样的。

ROWA 协议简单优雅,但有一个致命缺陷:只要有一个副本不能用,更新事务就不能终止。所以在可用性上就出现了问题。

有一种替代的方法称为读-写均可用(read one write all available,ROWA-A)协议。基本思路是,该写命令在所有可用副本上执行,事务终止。那时不能用的副本在变得可用时将新更新的值再传播给它。

实际上已经提出了这个协议的不少变种,有一个协议称为可用副本协议。这里,若要更新数据 x,协调者启动一个事务 T,向所有有 x 副本的节点发送 $W_{T(x)}$ 等待确认(或者拒绝)消息。如果在其获得所有响应前超时,就认为该副本不可用,在可用节点上继续实施更新。这些不可用节点在其恢复时更新其数据库到最后状态。很可能这些节点根本不知道 T 的存在以及 T 对 x 进行的更新。

有两件事需要强调:首先,有可能在协调者认为不可用的节点里已经更新了 x 但是其答复信息没有到达协调者。其次,有些节点在 T 启动时已经不可用,接着恢复,开始执行这个事务。因此,协调者在提交前需进行验证。

(1) 协调者检验是否自己认为不可用的节点依然不可用,方法是发送查询消息给所有节点。那些可用的节点就会给出回答。如果协调者从其中一个原来不可用的节点得到答复,就夭折这个事务,因为它不知道原来不可用的节点原来的状态:有可能这个节点其实一直是可用的,它实施了原始的 $W_{T(x)}$ 操作但是答复消息延迟了,或者它确实在 T 启动时不可用,但可用时却去执行另外一个事务 S 的操作 $W_{s(x)}$ 了。后一种情况会导致非可串行化。

(2) 如果 T 的协调者没从节点得到任何响应,则认为它不可用了,然后检查一下以保证当执行 WT(x) 时可用的节点是否仍然可用。如果答案为是,则 T 执行提交。

ROWA-A 协议比简单 ROWA 协议更能抗故障,包括网络分割。

另一类严格副本控制协议是基于选举的。本质上,每个读/写操作必须获得充分的能够提交的选举人数。这些协议可以是保守的也可以是乐观的。

10.8.2　懒副本协议

懒副本协议(lazy replication protocols)也是一种变异,它并不试图在更新数据项的事务上下文中涉及的数据项的所有副本上实施写操作,而是将更新实施在一个或几个副本上,随后将改变传递给其他副本。懒副本模式可以用四个参数来表述。拥有关系参数用于定义更新副本拷贝的许可。如果副本拷贝是可以更新的,则称为原本(primary copy),其他的称为副本(secondary copy)。存放对象原本的节点称为该对象的主(master)节点,其他节点称为从(slaves)节点。传播参数(propagation parameter)用于定义对副本更新时必须传播到存放同一对象的其他副本的节点。刷新(refreshment)参数用于定义刷新事务的调度。刷新事务时一旦被其他节点接受,就执行,这个策略称为是立即的(immediate)。传播参数和刷新参数的并置可以决定特定的更新传播策略。例如,拖延-立即(deferred-immediate)更新传播策略可以作为延迟传播和立即刷新。建构(configuration)参数用于描述节点和网络。

基于这四个参数,可以将懒副本协议分为两类。

第一类由懒副本协议方法构成,所有副本都是可更新的(称为 update anywhere)。这种情况下，副本上存在群组关系。为这种模式实现的公共传播策略是延迟立即(deferred-immediate)。如果两个或者两个以上的节点更新同一个副本对象，则会发生冲突。冲突的检测和解决方法可以使用时标序法、节点优先法和其他方法。

第二类由单主节点协议构成，更新发生在哪里(称为懒主节点方法)。这个副本模式有多种刷新策略。使用按需刷新，每次提交一个查询，该查询读的副本通过执行所有接收的刷新事务的执行来刷新。因此可以在响应时间上引入一个延迟。一是分组刷新，刷新事务按照应用刷新需求分组执行。也可使用周期方法，刷新以固定间隔触发。刷新期间所有接收到的刷新事务都要执行。最后，通过周期性传播，更新事务实施的传播存放在主节点中并周期性地传播。使用立即传播则可以使用所有的刷新策略。

这一方面的细节可参阅参考文献[8]和参考文献[9]。

习　题　10

1. 数据库系统中的日志主要包含哪些成分？使用类 C＋＋的语言定义一个日志的类结构。

2. 什么是校验点？恢复时校验点起什么作用？

3. 简述 2PC 协议的算法。分析其优点与不足。

4. 什么是终止协议？什么是恢复协议？

5. 简述使用面向对象的类结构定义分布式事务日志的数据结构。

第二部分　发展篇

第11章 分布数据复制

11.1 概　　述

复制(replication)技术的提出和研究由来已久。参考文献[2]是2007年在瑞士的阿斯科纳蒙特维里塔酒店举办的对"A 30-Year Perspective on Replication"的概括与总结。

复制是为一个可能"变异"的对象(文件、文件系统、数据库等)创建重复的副本,目的是提高高可用性、高完整性、高性能等。

如果要将数据库复制到另外一个地方,则必须满足以下重要指标。

● 数据必须实时:如果不是实时,那只是数据库迁移。

● 数据必须准确:复制过去的数据必须经得起验证,以保证数据准确无误。

● 数据必须可在线查询:如何知道数据复制成功了,必须提供查询手段以保证能实时在线查询。

● 数据复制的配置要简单:包含能够不停机初始化、数据库表过滤机制、数据库用户过滤机制等,这些都只需要简单配置即可用。

● 数据复制要便于监控:必须提供数据复制的过程监控机制,以保证数据复制监控的实时性,保证对数据复制过程及更改数据的可审计方式。

复制数据常采用的方法包含触发器法、日志法、时间戳法、API法等。

● 触发器法。在主/副本①的数据表中创建相应的触发器,当数据表进行写操作并成功提交时,就会触发触发器,将当前副本的变化反映到其他从副本中,实现副本数据的同步。这种方案可用于同步复制,但对等(Peer-to-Peer)复制较难实现。这种方法占用的系统资源较多,会影响系统的运行效率,适用于小型数据库应用。

● 日志法。通过分析数据库的操作日志来捕获复制对象的变化信息。当主节点更新数据时,复制代理只需将修改日志信息发送到从节点上,即所谓的日志同步,然后由从节点代理实现数据的同步。该方法实现方便,不会占用太多额外的系统资源,并且对任何类型的复制都适用。

● 时间戳法。主要根据更新时间来判断是否是最新的数据,并以此为依据对数据的副本进行相应的修改。在数据表中定义一个时间戳字段,用于记录每行数据的修改时间,并用监控程序监控时间戳字段的时间。该方法适用于对数据更改较少的系统。

● API法。在应用程序和数据库之间引入第三方程序(中间件),通过API完成。在应用程序对数据库进行修改的同时,记录复制对象的变化。该方法可减轻DBA的负担,但无法捕获没有经过API的数据更改操作,具有一定的局限性。

将数据复制到不同的节点后,可由节点上独立的本地数据库引擎来控制每个副本。接下

---

① 这里将要复制的数据源称为主本,复制结果的数据称为副本,有时统称为副本。

来的问题是如何管理数据副本。概括地说，数据库复制的一个主要挑战是副本控制。数据更新时，要保证副本的一致性，要保证全局的正确执行。为了保证不同节点上的一致性要求，需要有协议来支持。这样，独立的本地数据库引擎可以做本地决策，也能保证全局一致性。因此，这个系统应该是一个统一的整体。

与其他分布计算中使用的复制技术比较，除了相似性外，数据库的复制还有其特别之处。一方面，和分布计算其他领域的复制一样，数据库复制有助于容错和提高可用性；另一方面，还有其他目标，如数据库复制可以提高性能和改善数据库引擎的可伸缩性。对一些应用来说，复制也很有用，例如在移动应用中，在地理分布式数据库系统里，如果能够快速地存取数据，则是用户极其乐见的；再则用户常会处于和某些数据服务器通信断接的境地，复制可以大大改善服务。随着云计算和雾计算的诞生和推广应用，复制技术的应用更为广泛。

11.2　可线性化理论

数据复制，会造成一个数据(项)有多个副本，也产生了新的问题。多副本首先引发了数据一致性问题，而一致性讨论又源于数据修改事务的操作问题。现在，事务理论面临着挑战，首先是并发控制理论面临的挑战。下面先讨论学术界对可串行化理论的修正，即可线性化(linearizability)理论。

参考文献[5]中提出了可线性化的概念：并发计算是可线性化的，是指它在形式上“等价”于一个合法的顺序计算。

维基百科[①]对可线性化的定义为：可线性化首先由 Herlihy 和 Wing 于 1987 年在介绍一致性模型时引入。可线性化对原子性给出了更富限制性的定义，因为在诸如“an atomic operation is one which cannot be (or is not) interrupted by concurrent operations”里，关于操作的开始和结束通常是含糊的。

原子对象及其顺序定义：并行运行的一组操作一个接着一个发生，则不会出现不一致。可线性化保证所有操作观察到的系统具有不变性(invariants)，也保留不变性，如果所有操作保留不变，则整个系统也不变。

因此，我们可以非形式化地给出可线性化的定义，如下。

并发系统由通过共享数据结构或对象的一组进程组成。并发系统的执行会产生一段历史(history)，即一个已完成操作的有序序列。

历史 H 是对象上的一组线程或进程的调用(invocations)和响应(responses)。调用可以看成是操作的开始，响应看成是操作的结束。函数的调用有相应的响应。

顺序历史(sequential history)是指所有调用后直接跟着相应的响应，可把调用和响应看成是瞬时发生的。顺序历史是一个线性序列，但也是平凡的，因为没有实际上的并发。

- 历史 H 是可线性化的，如果存在一个完成操作的线性序列满足 H 中的每个已完成操作，并在线性序列中有相对应的操作，这种一对一操作执行后返回的结果相同。
- 线性序列中，操作 op1 在 op2 开始前(即调用前)完成(即响应)，则在 H 中，操作 op1 也在 op2 开始前(即调用前)完成(即响应)。

---

① https://en.wikipedia.org/wiki/Linearizability。

换言之：

- 线性序列的调用和响应重新排序，会产生一个顺序历史。
- 按照对象的顺序性定义，顺序历史是正确的。
- 在初始历史里，如果一个响应在一个调用之前，在重新排序的顺序历史中依然如此。

前两点和可串行化要求一样，最后一点是可线性化所独有的。

即使在单机形态的计算机环境中，对可线性化有要求的例子也很多，下面列举一些。

1. 计数器

计数器是计算机中常用的一种数据结构，用来记录事件和事件发生的轨迹。计数器对象可以被多个进程存取，相关的两个操作如下。

(1) 加 1(increment)：计数器当前值加 1 后存入计数器，返回 acknowledgement。

(2) 读(read)：返回计数器的当前值，不作修改。

可以使用共享寄存器来实现这种计数器对象，下面来分析两类形态。

情况 1：原生、非原子性实现。

加 1(increment)：

- 读寄存器 R 的当前值。
- 读出的值加 1。
- 新值写回寄存器 R。

读(read)：假设两个进程访问一个初始值为 0 的计数器对象，则

- 进程 1 读寄存器的值，结果为 0。
- 进程 1 将值加 1(当前值变为 1)，但在写回寄存器前被挂起，同时进程 2 启动。
- 进程 2 读寄存器的当前值，结果为 0。
- 进程 2 将值加 1(此时值为 1)。
- 进程 2 将新值写回寄存器，寄存器值变成 1。
- 进程 2 结束，进程 1 继续运行，即进程 1 将 1 写入寄存器，覆盖进程 2 的更新结果。这个过程是非线性化的。

情况 2：原子性实现。

为了实现线性化，要求对每个进程 P_i 使用自己的寄存器 R_i。

加 1(increment)：

- 读寄存器 R_i 中的值。
- 读出的值加 1，获得新值。
- 新值写回 R_i。

读(read)：

- 读寄存器 $R_1, R_2, \cdots, R_n$。
- 返回所有寄存器的值的累加和。

这个系统的加 1 操作是线性化的。当然，这是一个普通的例子，真实情况会复杂得多。例如，读一个 64 位的内存，实际上是通过两次顺序读左右 32 位实现的。如果一个进程只读了前 32 位，而在读后 32 位前，后 32 位发生了变化，则读出的 64 位值变成混合值。因此，要小心处理，要能及时发现这类错误并纠正它。

2. 比较/交换

许多系统提供原子性的比较/交换(compare-and-swap)指令,从内存位置读出值并与用户提供的期待值进行比较,如果匹配,就写入新值。

如果两个进程同时运行,一个执行比较/交换操作,另一个执行内存修改,失控时也不能保证其原子性。

3. 封锁

封锁(locking)的算法如下。

- 请求一个封锁,排除其他线程。
- 读内存地址的值。
- 读出的值加 1。
- 加 1 后的值写回原来的内存地址。
- 释放封锁。

原子性要求在释放封锁前不准其他线程修改内存地址的值。但是,由于封锁之间的竞争,会发生失控,从而破坏原子性。

参考文献[1]中提出了顺序数据类型的概念和数据类型线性的叠加操作。

11.2.1　进一步讨论

简单来说,并发系统由一组进程构成,它们借助共享数据结构(对象)来实现通信。每个对象有其名字和类型。类型上定义了一组可能的值和操纵对象的一组元操作。并发系统的执行过程可以用一段历史(history)表示,历史是操作的启动和响应事件的有限序列。历史 H 的子历史(subhistory)是 H 中事件的子序列。

操作的启动记作〈x op (args *) A〉,其中,x 是对象名,op 是操作名,args * 表示一系列参数值,A 为进程名。操作的响应记作〈x term(res *) A〉,其中,term 表示终止条件,res * 表示一系列结果值。OK 表示正常终止。

我们用 complete(H)表示 H 中启动和响应都匹配的最大序列。

若历史 H 是顺序的(sequential),则

(1) H 的第一个事件是启动;

(2) 除最后一个事件外,每个事件的启动直接跟着对应的响应,每个响应直接跟在对应的启动后面。

非顺序的历史是并发的(concurrent)。

进程子历史(process subhistory)记作 H|P (H at P),是历史 H 中名字为 P 的进程的所有事件的子序列。对象 x 的子历史的定义与其类似。如果对每个进程 P,H|P = H′|P,则两个历史 H 和 H′是等价的。如果 H 的每个进程子历史 H|P 是顺序的,则历史 H 是良型的(well-formed)。

历史中的操作 e 由事件对构成,分别是启动 inv()和对应的响应 res(),我们记作[q inv/res A]。这里,q 是对象,A 是进程。如果 inv(e1)在 inv(e0)之前和 res(e0)在 res(e1)之前,则 H 中的操作 e0 落在另一个操作 e1 里。

例如,(下面省略尖括弧〈〉)q 是一个 FIFO(先进先出)队列,则 H1 是良型的(令 Enq(x)为 x 入列操作,Deq()为出列操作,Ok()为操作响应):

H1

q Enq(x) A

q Enq(y) B

q Ok() B

q Ok() A

q Deq() B

q Ok(x) B

q Deq() A

q Ok(y) A

q Enq(z) A

这里,H1 的第一个事件是启动进程 A 的操作 Eng,参数为 x。第四个事件是满足终止条件 Ok 后返回响应。[q Enq(y)/Ok() B]操作发生在[q Enq(x)/Ok() A]操作之前。除最后一个启动操作外,H1 是完整的。

历史集合 S 是前缀闭合的(prefix-closed),指无论何时,H 都在 S 里,H 的每个前缀也在 S 里。单对象历史(single-objecthistory)是指历史中的所有事件都与同一个对象相关。对象的顺序说明(sequential specification)是指该对象为单对象顺序化历史的一个前缀闭合集。如果每个对象的子历史 H|x 属于 x 的顺序说明,则顺序化历史 H 是合法的(legal)。

定义 11.1 可线性化。

一个历史 H,若操作间存在一个非自反的偏序 $<_H$,且满足:

$e_0 <_H e_1$ if res(e_0) precedes inv(e_1) in H.

则与 $<_H$ 不相干的操作称为是并发的(操作)。如果 H 是顺序的,则 $<_H$ 是一个全序。

如果历史 H 可以扩展(通过添加零个或多个响应事件)为 H′,且满足:

L_1:完整的(H′)等价于某个合法顺序历史 S;

L_2:$<_H \subset <_S$。

11.2.2 可线性化的性质

可线性化具有以下性质。

● 局部性(locality)。当并发系统的性质 P 是局部性的时,无论何时,若其中的每个对象都满足 P,则该系统将作为整体满足 P。参考文献[1]证明了可线性化具有局部(本地)性质。

定理 1 H 是可线性化的,当且仅当对每个对象 x,H|x 是可线性化的(证明见参考文献[1])。

局部性的重要性在于它允许并发系统采用模块化方式进行设计和建构,可以按对象独立实现、验证和执行可线性化。

● 阻塞性与非阻塞性。可线性化的非阻塞(nonblocking)性表示一个挂起的操作的完成无需等待其他挂起的操作。

定理 2 令 inv 为一个全序操作的调用,如果(x inv P)在一个可线性化历史 H 中有一个挂起的调用,则存在一个响应(x res P),满足 H · (x res P)是可线性化的。①(证明见参考文献[1])

① “.”表示顺序连接,H · (x res P)表示历史 H 后紧接着操作 x res P。

非阻塞性并不能如预期的那样排除阻塞。例如，若进程试图从空队列里释放一个元素，则阻塞，因为它要等待另一个进程将元素加入队列。

1. 与传统一致性比较

与传统一致性比较，顺序一致性要求历史等价于合法的顺序历史。顺序一致性弱于顺序线性化，因为前者不要求保留起源历史的先后次序(original history's precedence ordering)。历史 H_2 是非可线性化的。

(历史 H_2)

q Enq(x) A

q Ok() A

q Enq(y) B

q Deq() A

q Ok() B

q Ok(y) A

因为 x 上的 Enq 操作在 y 上的 Enq 操作之前，所以 y 上的退出队列(Deq)发生在 x 之前。

顺序一致性不具有本地性质。我们来看下面的历史 H_3，其中进程 A 和进程 B 操作在队列对象 p 和 q 上。

(历史 H_3)

p Enq(x) A

p Ok() A

q Enq(y) B

q Ok() B

q Enq(x) A

q Ok() A

p Enq(y) B

p Ok() B

p Deq() A

p Ok(y) A

q Deq() B

q Ok(x) B

从上可以看出，$H_3|p$ 和 $H_3|q$ 是顺序一致性的，而 H_3 却不是顺序一致性的。

再来看历史 H_4：

(历史 H_4)

q Enq(x) A

q Enq(y) B

q Ok() A

q Ok() B

q Deq() A

q Deq() C

q Ok(y) A

q Ok(y) C

这里的 H_4 不是可线性化的，因为 y 入队列一次，退出队列却有两次，不满足先进先出

(FIFO)要求。

2. 与可串行化比较

如果事务的前后次序与顺序历史中事务的序相容，则该历史是严格可串行化的(strictly serializable)。严格可串行化可由同步机制(如2PL)来保证，多版本时标方式则不能保证严格可串行化。

可线性化可以看成是严格可串行化的一种特殊情况，即将事务限制在由单对象的单操作构成上。

可线性化与严格可串行化的重要区别是，可串行化和严格可串行化都不具有局部(本地)性特征。另一个重要区别是，可串行化具有阻塞性质。

下面进一步讨论将事务限制在由单对象的单操作构成上的思想。

参考文献[2]中讨论了复制数据的一致性模型问题。

无论是分布式系统，还是数据库和多处理器计算机硬件领域，都有数据复制问题。复制一致性模型是一种抽象，不考虑实现细节，只识别给定系统的功能。

3. 顺序数据类型

参考文献[1]中讨论了顺序数据类型(sequential data type)，这个概念最初由 Liskov 和 Zilles 引入。

如前所述，最简单的顺序数据类型可能是读/写单字位寄存器(single-bit register)。三种可能的操作是 read()、write(0)和 write(1)。读操作的返回值可能是 0 或 1。在多字位的情况下，如读/写 32 位的寄存器，其操作是 read()和 write(v)，v 的取值范围为 0x00000000 到 0xFFFFFFFF。CAS(compare-and-swap)寄存器是一个比较/交换寄存器，提供的是比较操作和交换操作，compare-and-swap(v_1, v_2)。该操作的语义是，如果 v_1 和寄存器的现有值相等，则用 v_2 替换寄存器内的值，返回值是替换出来的运算前寄存器内的值。

分布计算环境里，还可以有多址读/写存储器(multi-location read-write memory)。下面讨论在多址读/写存储器上的操作。

令 A 为地址集合，操作为 read(a)，定义为：

read(a) | for a $\in$A, or write(a,w) for a $\in$A and w in some finite domain of values

我们允许在多个地址实施运算，例如，有一个存储值快照运算 snapshot()，不改变状态，而是把取自多个地址的一组值返回，每个地址返回一个值。

下面讨论多副本情况下的事务执行历史和一致性问题。在无副本的情况下，可串行化可以有效保证事务的一致性。假如多副本存储系统发生的这个历史类似无副本的环境，动作发生在单个节点上，那么与前面讨论的常规情况类似。相关学者用了可线性化(linearizability)这个词，是为了说明这种形态。

图 11.1 是可线性化执行序列的一个示例，这是一个 4 字节编址地址存储器(4-location byte-valued snapshot memory)，共有 4 个节点，分别记作 X、Y、T、U。数据有 2 个副本，分布在 X 和 Y 节点上，客户端在 T 和 U 节点上执行副本管理算法：读和快照(snapshot)操作只在一个副本上实施，写操作则在所有副本上实施，不同的写操作在副本上的序应当一样，所有副本上的修改都完成后才能返回给客户端。假设 4 个字节的初始值是 0。操作 read(1)表示读字节 1，write(2,7)表示在字节 2 写入值 7，snap()表示读取 4 个字节的当前快照值。

如同可串行化定义一样，可线性化的定义也依赖于操作与它们的执行序。令 E 为执行历

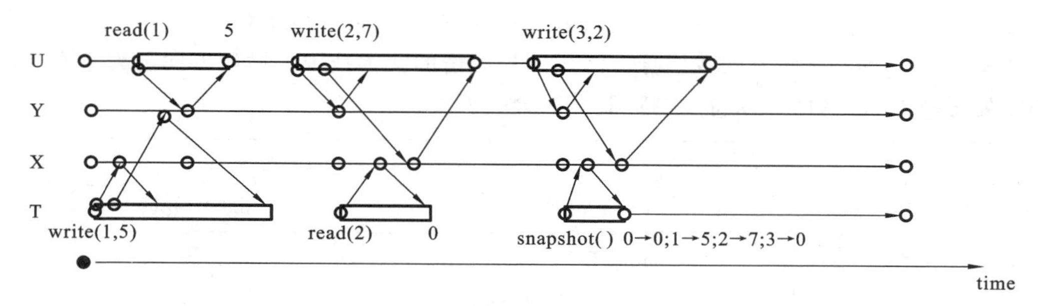

图 11.1 可线性化执行序列

史，$<_{E,rt}$为该执行历史中操作之间的实时偏序，p$<_{E,rtq}$表示操作 p(从启动到返回)完全发生在操作 q 之前。换言之，p 在 q 启动前实施。如果两个操作叠加，则说明这两个操作间不相干。如果 E 是可线性化的，则存在一个序列 H，

- H 中包含的操作和 E 中发生的操作一样，返回值也一样。
- H 中的操作构成的全序与实时偏序$<_{E,rt}$相容。
- H 是有复制的顺序数据类型的合法历史。

在图 11.1 这个执行序列中，read(1)操作完全发生在 write(2)、read(2)、snapshot()和 write(3)之前，但是与 write(1)重叠。同样，read(2)完全发生在 snapshot()和 write(3)之前，但和 write(2)重叠。write(3)和 write(2)与 snapshot()重叠。例如，read(1)操作完全发生在 write(2)、read(2)、snapshot()和 write(3)之前，这是一个合适的 H，因为它满足上述三个条件，H 中操作的序与“完全发生在前面”(occurs entirely before)相容。

对于可线性化，我们考虑一个理想系统，其中只有一个节点用于存放数据，该节点上有一组挂着等待执行的操作请求和一组悬挂请求的响应。无论何时，客户端发出一个请求，该请求就进入悬挂请求的集合。任何时候，只要系统可以，就会在悬挂请求里选出一个挂起的请求，在(唯一)数据上实施操作，在悬挂请求队列里移除该请求。任何时候，系统可以从悬挂响应集合里选择一个响应，移出集合，将之返回给提出操作请求的客户端。

这可以形式化为一种状态转换机制。可线性化执行 E 的定义是，存在一个无副本的理想系统 F，E 和 F 在所有客户端包含完全相同的步骤，它们有相同的实时序。

11.3 复制控制方法基本分类

Gray 等学者使用两个参数对复制控制方法进行了分类。这两个参数是事务位置(transaction location)和同步点(synchronization point)。事务位置指的是事务在哪里执行。对只读事务来说，在有副本的地方都能执行。更新事务就不一样了，这类事务中至少有一个写操作。这种事务在哪儿执行，有两种可能性：在数据的原件(或主本，primary copy)处更新；或者在任意一个副本处更新。采用在数据的主本处更新策略，在该节点检测并发更新事务的冲突。而在任意副本处更新的并发控制策略更复杂。前者的灵活性比后者的灵活性差。

简言之，事务位置说明的是地点：何地(where)；同步点说明的是时间：何时(when)。

同步策略是指确定何时让副本协调达到一致性。在渴望复制(eager replication)中，事务更新的协调发生在事务提交之前。在懒惰复制(lazy replication)中，事务更新是在提交后进行

异步传递的。渴望复制常常会引起较长的客户端响应时间，但提供了强一致性。

如图 11.2 所示，纵向方向我们分为渴望的与懒惰的两类技术。横向方向分为主本更新方式和随处更新方式，从而可以将复制控制算法分成四类。

		事务位置：where	
		primary copy	update anywhere
同步点：when	渴望的 (eager)	＋simple CC (concurrency control) ＋Stronger consistency ＋Potentially long response times － inflexible	＋flexible －complex CC
	懒惰的 (lazy)	＋simple CC ＋often fast －stale data －inflexible	＋flexible ＋always fast －inconsistency －conflict resolution

图 11.2　同步策略分类

1. 积极原本方法

积极原本方法是无副本事务执行的直接扩展。例如，在每个副本处，使用严格的两阶段封锁(2PL)。当客户端对副本 R 提交事务 T_i(T_i 是 R 处的一个本地事务)时，R 返回对 T_i 的响应。更新事务只允许施加在主本(primary)上，读操作则可以在任意副本的本地实施。在访问数据项的本地版本前，需要施加一个共享锁。对写操作而言，则需要施加对主本的排外锁。更新完成后，需要运行 2PC，主本节点扮演着协调者的角色，将更新结果同步到其余副本所在的节点。

2. 积极随处更新方法

积极随处更新方法传统并发控制机制的扩展，提供全局可串行化执行，强调正确处理故障。例如，只读事务和更新事务都可以在副本处的本地协调执行。读操作与积极原来方法的类似。写操作则在所有副本所在处执行。本地副本向所有其他副本广播更新请求，申请一个排外锁，然后实施更新。它等待所有其他副本处发送来的响应。所等待的答复可能会产生冲突，不同副本处的操作会有不同的序。换言之，无法保证所有远程副本按相同的次序执行，这样就有可能发生死锁。本地事务夭折的处理和主本协议一样。当一个副本收到另一个副本本地提交事务的写请求时，需要申请排外锁，执行操作，并发送答复信息给该副本。若检测到死锁，则可能涉及远程事务，系统可以终止远程事务。

3. 懒主本方法

与积极随处更新方法相比，懒主本方法在事务执行期间，副本间不进行通信。事务可以在本地执行和提交，在本地提交后，再将更新事务传递给其他副本。将懒主本方法主本方案结合起来，该方法显得很简单。还是以 2PC 为例：只读事务和积极随处更新方法的只读事务一样执行。更新事务只可在主本处提交。

4. 懒惰随处更新方法

该方法可以对任意副本执行更新事务，提交后再传播给其他副本。这里的写操作可以在所有副本处处理，然后向其他副本发送这个本地事务的写集(writesets)。其他副本收到这个写集，就执行修改操作。

Gray等将协议分成积极和懒惰两大类，随之大量的复制协议被开发出来。在积极算法中使用2PC，本地副本只能在所有副本都执行完后才能提交。因此，所有数据副本是虚拟一致的(virtually consistent)。其不利因素是响应时间取决于系统中最晚给出响应的机器。许多新协议也不运行2PC。一旦本地副本获悉其他远程副本会"最终"提交，就可以提交。典型要求是所有的副本都收到写操作和写集，以保证每个副本都遵循相同的全局可串行化序。但不必要求远程副本在本地副本提交时已经执行写操作。这意味着在副本中虽然执行了某个"契约"协议，但不必包括事务的处理或将日志写入磁盘。

11.4 正确性准则

一般可以将正确性和数据一致性看成是等价的。事实上，相关文献里没有统一的、公认的关于正确性和数据一致性的共识。虽然大家使用着不同的词汇，如强一致性(strong consistency)、弱一致性(weak consistency)、单副本等价性(1-copy-equivalence)、可串行化(serializability)和快照隔离性(snapshot isolation)等，但定义多样，且不清晰。有必要深入讨论。

11.4.1 原子性和一致性

复制环境下的原子性意味着，如果更新事务在副本处提交，那么其他副本处也应提交该更新事务，以保证其更新在所有副本处都被执行。如果事务夭折，则不会有更新事务反映在数据库副本处。如果只考虑无故障环境，则意味着本地副本和并发控制系统必须保护每个副本对每个事务采取相同的提交/夭折措施。例如，在前面提及的主本协议里，通过FIFO组播(先进先出组播)写操作或写集，通过严格的2PL实现。

如果考虑可容错系统，则原子性意味着在副本处提交事务后系统发生故障，其余可用副本处也需要提交事务，让事务不被"丢失"。注意，这里说的"可用副本"可以继续提交事务，而有些副本可能已经下线，无法提交事务。恢复机制必须保证重新启动的下线副本能收到已经错过的更新。概括起来，可用副本提交相同的事务集，故障副本提交了这些事务的一个子集。

存在故障的原子性只能由积极协议实现，所有副本保证能收到写集信息和所有在本地副本提交事务前决定事务命运的其他信息。这样，可用副本将最终提交事务。在懒惰协议里，可用副本可能不知道后来短期故障的副本处的一个事务的存在。懒惰主本协议里，如果当前主本故障时没有选出新的主本，则原子性可以被保证。然后，主本恢复时，丢失的写集可以最终被传播出去。不过，这会严重减少系统的可用性。如果发生故障时切换到一个新主本，或者在懒惰随处更新方法里，恢复后始终可以试着发送写集，补上丢失的更新。然而，事务可能和故障期间其他的提交事务冲突，因此，"丢失"事务非平滑集成(no smooth integration)进入事务历史是可能的。

总的来说，积极协议可以提供原子性，懒惰方法可看成是非原子性的。

文献中，大家可以看到积极协议与强一致性这个词相关，弱一致性与懒协议这个词相关。这些词的使用通常还是含糊的。定义强一致性的一种方式也是虚拟一致性(virtual consistency)，要求所有数据副本在事务提交时有相同的值。只有使用2PC或类似约定的积极协议才提供虚拟一致性。与原子性比较，强一致性有差别，因为它指的一致是数据项的值而非事务的结果，这意味着所有的副本用相同的序实施冲突更新。理论上，可以有一个副本控制协议，提供原子性(保证所有副本提交相同的事务集)，但在不同副本处冲突事务的执行序可能不同。

弱一致性意味着数据拷贝可以是陈旧的或暂时不一致的。陈旧性产生在懒惰主本拷贝方式里。只要主本没有把写集传播给次级副本，次级的数据拷贝就会过时。如果次级按主本相同的串行序实施更新，那么次级的数据拷贝除了数据过时以外，不包含任何不正确的数据。可以将系统设计成对次级上的陈旧数据实施的读操作给定一个限制。例如，对数值型数据，可以规定在次级上读出的值和主本的值间的差异阈值为100，小于该阈值，读出的值都是合法的。当然，也可规定次级上漏掉的写操作限制在4次以内等。

11.4.2 隔离性

在无副本数据库系统中，隔离级别是指事务的执行允许被其他事务看到的并发程度。正确性判据是可串行化：事务执行的交叠等价于这些事务的串行执行。典型情况是，两个执行是等价的，指的是两个执行中冲突操作的序相同。严格的2PL是典型的可串行化并发控制机制。隔离的弱级别是按执行期间允许的一些异常性而定义的。

1. 全局隔离性级别

理想情况下，复制系统可以像非复制系统一样，准确地提供同级别的隔离性。为此，复制系统中的隔离性必须将数据拷贝上的执行归约到单逻辑拷贝上的执行。例如，如果复制系统的执行等价于数据库单逻辑拷贝的串行执行，则复制系统提供可串行化。

抛开可串行化，快照隔离在复制系统中已进行了深入研究。所有事务必须读自快照(这在非复制系统里也存在)，通过并发提交事务的写操作也必须不冲突，即便它们在不同的副本上执行。复制环境里，对读操作而言，快照隔离是十分有吸引力的。

2. 原子性和隔离性

原则上，隔离性和原子性互不相干。积极协议和懒惰协议都可在整个系统提供可串行化或快照隔离性。然而，这只在没有故障时才成立。如果有故障发生，丢失事务的问题则会在懒惰协议里发生。

3. 单拷贝等价性

单拷贝(即单副本)等价性(1-copy-equivalence)要求大部分物理拷贝像逻辑拷贝一样，允许故障出现，即等价性在拷贝暂时不能用时也存在。这样，懒惰协议不提供单拷贝等价性。单拷贝等价性可与隔离级别组合起来，考虑在有故障的不可靠环境里的隔离性。例如，单拷贝可串行化需要在一组物理拷贝上执行，其中有些可能不可用，等价于单逻辑拷贝上的顺序执行。

4. 可线性化和顺序一致性

可线性化和顺序一致性是为复制对象上并发执行而定义的两个正确性判据，包括副本数据的执行等价于单一对象映像上执行的观点。不同于可串行化和快照隔离性，可线性化要求序实时一致。

11.4.3 会晤一致性

会晤一致性(session consistency)是另一种正确性的观点，正交于原子性、数据一致性或隔离性。它从用户的角度来定义正确性。用户常以会晤形式与系统交互。例如，数据库应用打开一个与数据库的连接，然后提交一系列事务。从用户来看，这些事务构成一个逻辑序。因此，如果客户提交一个事务 T_i，然后提交事务 T_j，T_i 将某个数据项 x 写入数据库，T_j 读这个数据项，则 T_j 可以观察到 T_i 写的效果(除非其他事务重写了 T_i 提交的结果)。这意味着非正式的、会晤一致性能保证客户端可观察到自己写的效果。简单来说，一致性的单位不再是一个事务，而是一次会晤。一般来说，观察的颗粒更大了。

可串行化和单副本可串行化不包含会晤一致性，因为它们要求执行等价串行序，所以不能与会晤里的提交序匹配。在常规无副本平台里，使用封锁机制可以观察到会晤一致性。这样一个完全透明的复制系统也应当提供会晤一致性。

复制系统里没有特殊机制，副本控制不保证会晤一致性。例如，懒主本模式里，客户端可以向主本提交更新事务，在更新事务的写集传递到其他副本前向其余副本提交只读事务。此时，它观察不到自己的写操作。为了提供会晤一致性，需要对协议进行扩展。

其他协议如使用 2PL 和 2PC 的积极协议自动提供会晤一致性。假设还是使用主本模式，客户端首先向主本提交一个更新事务 T_i，然后向其他副本提交只读事务 T_j。虽然 T_j 的第一个操作提交时 T_i 可能尚未提交，但必须保证 T_i 处于准备状态，或者后续状态维持所有必要的封锁。这样，在 T_i 提交前，T_j 处于阻塞状态。

习　题　11

1. 什么是数据复制？
2. 什么是可线性化？可线性化和可串行化的区别是什么？
3. 如何对复制控制方法进行分类？可分成哪几类？各自的区别是什么？

第12章 多数据库系统

12.1 概　　述

多数据库系统(multi-database systems,MDBS)是在已经存在的数据库或文件系统(或称为局部数据库,local database,LDB)之上为用户提供一个统一的存取数据的环境。多数据库系统是由一组独立发展起来的 LDB 组成,并在这些 LDB 之上为用户建立一个统一的存取数据的层次架构,让用户像使用一个统一的数据库系统一样使用多数据库系统。

简单来说,多数据库系统对用户查询的处理过程如下:多数据库系统对异构数据库的数据模式进行集成,形成统一的全局数据模式,在此基础上将用户针对全局数据模式的全局查询转换为针对各 LDB 的子查询,并分发到各节点的 LDB 上执行,最后将各节点的返回结果进行合并,产生最终的查询结果并提供给用户。与经典的分布式数据库系统(DDBS)相比,多数据库系统是一个松耦合的分布式系统。

多数据库系统为用户和应用程序屏蔽了底层数据库操作环境的差异,包括计算机、操作系统、网络协议、数据库查询语言、数据模式等差异。此外,多数据库系统还提供全局事务处理能力,并维护各节点上 LDB 的数据一致性。因此,多数据库系统从较深的层次解决了异构数据库互操作问题,用户对异构数据库访问的透明度较高,并且实现了异构数据库的全局事务管理,是目前异构数据库互操作实现的一种主要途径和方式。但是,大多数据库系统中要实现模式集成、查询语言转换、全局事务管理、全局视图维护等的难度较大,因此面临很大挑战。

多数据库系统与传统的分布式数据库系统不同,它允许多个事先已经存在的、异构的数据库加入多数据库系统,对外提供统一的数据访问接口,并且不破坏数据库上原有的应用系统和使用方式,因此多数据库系统的应用范围十分广泛。在电子政务中,多数据库系统尤其实用。

多数据库系统的主要目的是解决异构数据库互操作问题。多数据库系统中的 LDB 具有自治性,加入多数据库系统对 LDB 上原来的应用程序应该没有任何影响,即 LDB 上原来的应用程序及软件在 LDB 加入多数据库系统以后仍能继续运行。并且,LDB 上的局部事务不为多数据库系统所知,更不受多数据库系统的控制。我们可以通过对多数据库系统与相关概念的比较来更进一步了解多数据库系统的特点及想达到的目的。

表 12.1 对多数据库系统与分布式数据库系统、互操作系统之间的关系进行了比较,它们都是在分布式系统中(网络环境下)为用户提供异地数据访问的工具。从表 12.1 中可以看出,多数据库系统的耦合度在分布式数据库系统与互操作系统之间,它的优点是保存了 LDB 的自治性,允许事先已经存在的数据库加入多数据库系统而不改变原来的 DBMS 及应用程序,并可以为用户提供统一的全局视图。

多数据库系统与联邦数据库是两个非常相近的概念,有些研究人员认为它们之间的区别在于:联邦数据库更强调底层数据库的异构性及自治性,但对底层数据库之间的互操作能力要

表 12.1　多数据库系统与分布式数据库系统、互操作系统之间的比较

	分布式数据库系统	多数据库系统	互操作系统
耦合度	最紧密	处于分布式数据库系统与互操作系统之间	最松散
表现形式	同构的 LDB，为用户提供统一的全局视图	异构的、事先已经存在的 LDB，提供统一的全局视图	提供 LDB 之间传送数据的格式和协议，但不提供统一的全局视图
组成方式	加入的站点有统一的全局名字空间、数据间模式及数据访问语言	有全局模式、全局数据访问语言，但各个 LDB 的名字空间不同，LDB 有自己的数据模式和查询语言	无全局模式、数据访问语言、名字空间，LDB 各不相同，但只要 DBMS 在远程数据访问时遵循协议即可
全局与局部的关系	全局数据库管理系统(DBMS)对各站点的数据/处理有绝对的控制权，全局 DBMS 通过内部函数调用访问各站点的数据	全局 DBMS 与 LDB 通过用户界面中的视图进行交互，对 LDB 的 DBMS 无控制权，多数据库系统仅作为 LDB 的一个用户出现，因此比分布式数据库系统要低效	无全局数据库的概念，只有数据交互和本地的数据处理。相当于 DBMS 之上的一层，控制数据交互协议及数据转换
设计方式	自顶向下设计，对各站点已有的 DBMS 要全部替换。代价高昂，无 LDB 用户，各站点原来的应用软件不能继续使用	自底向上设计，对 LDB 的 DBMS 影响很小，各 LDB 上原有的应用软件可以继续使用	只在原有的 DBMS 上增加了一些功能，不改变结构，因此对本地处理的影响最小
从用户的角度比较	用户看到的是一个单一的、集中控制的 DBMS，全局模式建立容易，可以最大限度地提升性能	用户看到的是一个逻辑上的单一的全局数据库，建立全局模式困难，需要进行异构模式消解。全局优化可能与 LDB 的局部优化相冲突，使性能下降	用户要知道很多信息，如远程数据源的位置、数据模式等，无全局数据库的设计，也无全局优化，性能最差

求较弱；而多数据库系统恰恰相反，底层数据库的异构性较小，甚至可以为同构数据库，但对系统的互操作能力要求较强。目前越来越多的资料中已经不区分这两个概念，甚至认为这两个概念实际上指的是同一类数据库。

多数据库系统的设计原则主要有以下几点。

- 不要求从一个数据源到另一个数据源之间的数据转换和迁移。
- 要求不能对 LDB 的软件作任何改动，即所谓的设计自治性。
- 不能妨碍 LDB 原来的工作模式，即 LDB 上还可以运行只使用本地资源的应用程序，而要访问多个 LDB 资源的应用程序，则需在多数据库系统上运行。
- 在多数据库系统中只使用一种统一的数据库语言和统一的数据模式，用户像使用数据库一样使用多数据库系统。
- 必须对用户屏蔽各个 LDB 的异构的操作环境，包括计算机、操作系统、网络协议等。

从多数据库系统的设计原则可以看出，多数据库系统对 LDB 没有作任何改动，LDB 上的用户还可以对 LDB 直接进行访问，LDB 上原来的应用程序还可以直接运行于 LDB 之上。因此在多数据库系统中，用户可以采用两种方式访问多数据库系统的数据库。

- 在多数据库系统层以多数据库系统用户的方式访问数据库，使用多数据库系统查询语

言以及全局数据模式。这种访问方式在用户看来是针对一个数据库的，但实际上是在多个LDB上进行的。

● 在LDB层以LDB用户的方式访问数据库，使用LDB的查询语言和数据模式。这种访问是只针对一个LDB进行的。

由于多数据库系统固有的一些特点，如允许事先已经存在的数据库加入多数据库系统，LDB的异构性、分布性、自治性，多数据库系统对外提供统一的数据模式和查询语言等，所以使得多数据库系统在实现时有很多难点。多数据库系统的研究工作涉及的问题很多，典型的有以下几个。

1. 多数据库系统中的事务管理

由于多数据库系统中底层数据库具有自治性，而底层数据库的局部事务情况不为全局事务管理器所知，使得多数据库系统中的事务管理比较困难，因此，如何在多数据库系统中保证全局事务的ACID特性，一直是多数据库系统领域的一个研究热点。

2. 异构模式消解

多数据库系统构建在一组独立的LDB之上，它为用户提供一种统一的虚拟的全局数据模式。而组成多数据库系统的每个LDB都有自己的数据模式，相同的信息可以用不同的模式表示，相同的模式也可以用不同的信息表示，所以在多数据库系统中就存在着把不同的LDB的数据模式统一成相同的全局数据模式的问题，即多数据库系统中的异构模式消解问题。

异构模式消解的目的是将一组不同的LDB的数据模式转换成一种统一的全局模式。底层数据模式的冲突有很多种，相应的冲突消解方法也各不相同，各种不同的多数据库系统查询语言都提供异构模式消解的功能。

3. 查询处理技术

在多数据库系统中采用统一的全局查询语言，而全局查询语言与LDB的查询语言可能不同，因此需要把全局查询语言分解和转换为相应的LDB查询语言，再交给LDB执行，并合并各LDB的查询结果，以产生最终的用户查询结果，这就是多数据库系统中的查询处理技术。

多数据库系统中的查询处理主要包括查询分解、查询转换和全局优化三部分。在多数据库系统中，用户可以根据全局数据模式使用全局查询语言对多个LDB同时进行查询。全局查询一般要经过以下三步处理。

● 将全局查询分解成多个子查询，每个子查询对应LDB中的一个数据。分解后的子查询仍是用全局查询语言表示的。

● 每个子查询都转换成相应的LDB的本地查询语言，并传送到相应的LDB中执行。

● 返回子查询的结果并生成最终的查询结果。

4. 全局视图维护

在多数据库系统中，要将全局视图的存取操作分解为针对多个LDB的子操作，可能还要对数据模式及查询语言进行相应的转换。如果每次对全局视图的访问都要转换为对底层数据库的访问，代价是很大的，所以多数据库系统中一般都保留一个物理的全局视图。底层关系的修改会导致全局视图的变化，因此，在保存物理视图的多数据库系统中，当底层关系发生变化时，要对全局视图进行维护，使其与底层关系保持一致，这就是多数据库系统中的全局视图维护问题。

多数据库系统中的全局视图维护问题主要是如何高效地将底层LDB的修改反映到全局视图中来，由于底层数据库的修改比较频繁，因此一个高效的全局视图维护算法对多数据库系统来说十分重要。

12.2　多数据库系统的体系结构

从自主性上看，分布式多数据库系统和分布式数据库系统的区别反映在它们的体系结构上。它们的基本区别在于全局模式的定义。在逻辑集成的分布式数据库系统中，全局概念模式定义了整个数据库的概念视图。而在分布式多数据库管理系统中，只表示每个本地 DBMS 希望共享的本地数据库的一个集群。所以说，一个多数据库管理系统(MDBMS)和分布式 DBMS 的全局数据库的定义是不同的。对于后者，全局数据库是本地数据库的一个并集，而对于前者，它只是同一个并集的子集。

图 12.1 所示的为带全局概念模式(global conceptual model，GCS)的 MDBS 的体系结构。

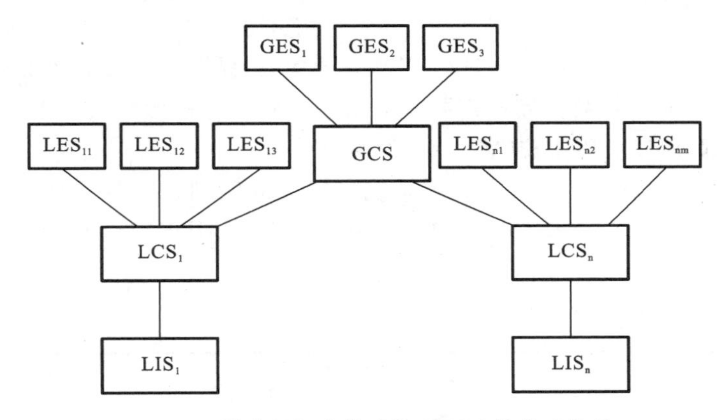

图 12.1　带全局概念模式的 MDBS 的体系结构

图 12.1 中，LIS 表示本地内部模式，LCS 表示本地概念模式，LES 表示本地外部模式，GES 表示全局外部模式，GCS 表示全局概念模式。

在多数据库系统中，GCS 是通过集成本地自主数据库的外部模式或者本地概念模式的成分来定义的。进一步说，本地 DBMS 的用户在本地数据库上定义自己的视图，如果用户不想存取其他数据库的数据，则无需改变自己的应用。这也是一种自主性。

在多数据库系统中，设计一种全局概念模式涉及本地概念模式的集成，或者涉及本地外部模式的集成。MDBMS 中的 GCS 的设计与逻辑集成化的分布式 DBMS 的区别是，前者中的映射是从本地概念模式到全局模式，而后者中的映射是反方向的。

设计了 GCS 以后，全局模式上的视图可以按照需要全局存取用户的要求来定义。这里不必强求 GES 和 GCS 使用相同的数据模型与语言来定义。

如果本地系统存在异构，则存在两种不同的实现：单语言实现和多语言实现。单语言(unilingual)的 MDBMS 要求用户在同时访问本地和全局数据库时，使用可能不同的数据模型和语言。单语言的 MDBMS 的标识性特征是，任何从多个数据库存取数据的应用都必须按全局概念模式定义的外部视图方式来处理。这意味着全局数据库的用户实际上在访问本地数据库，是扮演着另外一个用户的角色，使用另外一个数据模型和另外一种语言。这样一个应用可以有定义在本地概念模式上的本地外部模式(LES)及全局外部模式(GES)。不同的外部视图定义可以使用不同的存取语言。图 12.1 是一个单语言数据库系统的逻辑模型，其中把本地概念模式集成在全局概念模式里了。

相对应的是多语言系统，这种系统允许用户使用本地数据库管理系统的语言存取全局数据库(即访问其他数据库的数据)。在单语言系统和多语言系统中，GCS 的定义是相似的，区别只是在于外部模式的定义。从使用角度看，多语言系统要比单语言系统方便。但是系统要复杂，原因是必须处理运行时的翻译。如果考虑各数据库管理系统(如 Oracle、MS SQL Server、DB2 等)在 SQL 标准语言上所做的不同扩展，尽管参与的数据库管理系统都使用 SQL 语言，实际上各系统使用的是不同的"方言"，因此也可看成是多语言系统。

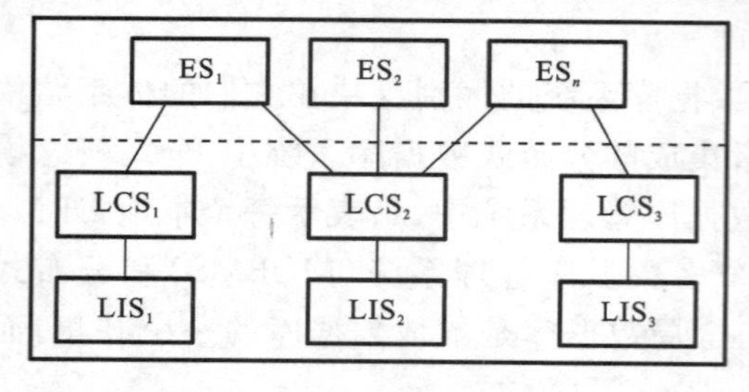

图 12.2 不带全局概念模式的 MDBS 的体系结构

图 12.2 所示的是不带全局概念模式的 MDBS 的体系结构。

注意，图 12.2 中，外部模式是在本地概念模式或多概念模式上集成的。这样对多数据库(可能是异构的)提供的存取需要外部模式到本地概念模式的映射。通常说的联邦数据库不需要全局概念模式。这种形态实际上是在外部层次上集成，由于不涉及内部，所以应用比较广泛。

MDBMS 和一般的分布式数据库管理系统有很大的区别。主要区别在于，MDBMS 由多个全功能的 DBMS 构成，每个 DBMS 管理不同的数据库。MDBMS 通过顶上一层软件把各个 DBMS 集成起来。

MDBS 的基本组成如图 12.3 所示。

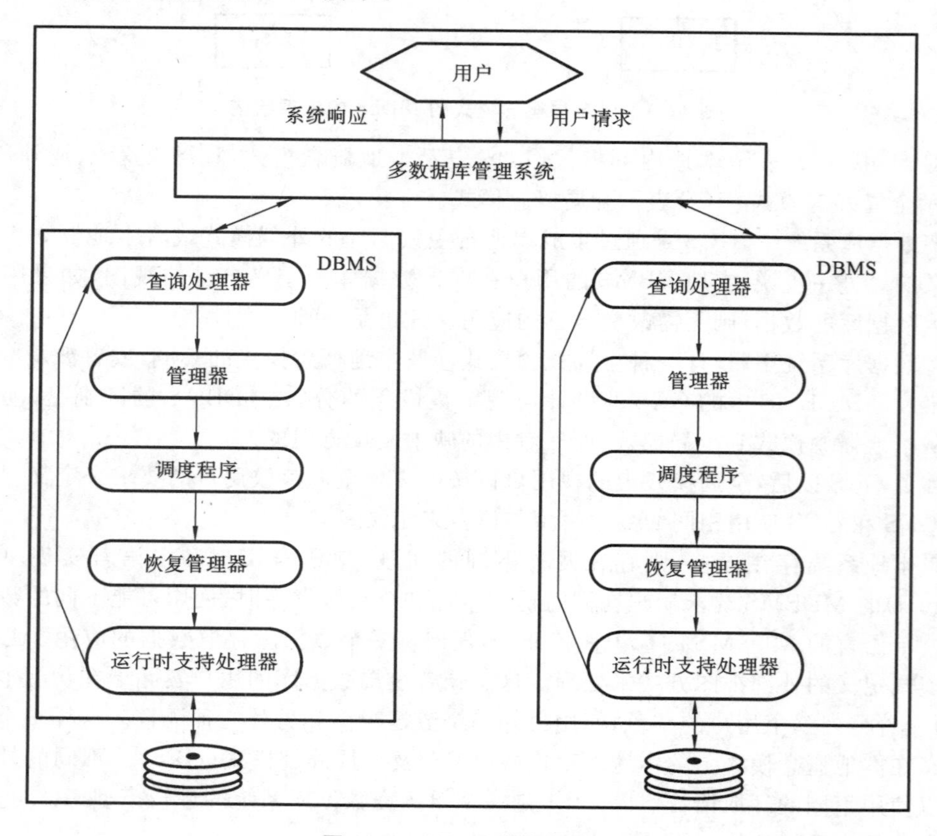

图 12.3 MDBS 的基本组成

12.3 基于中间件集成多数据库

要将多个现有的数据库集成起来，就要构建多数据库系统，这是一种挑战。基于中间件(middleware)集成多数据库是一种途径，下面对中间件技术进行深入讨论。

12.3.1 分布计算环境和中间件技术

分布计算环境(distributed computing environment，DCE)是随着网络的发展而发展起来的。在网格计算中，DCE指的是一种工业技术标准，用于建立和管理分布式计算机系统中的计算和数据交换。

最初，标准DCE使用的是Client/Server模型。使用DCE，用户可以在远端服务器上实施应用。应用程序员不需要知道他们的程序在哪里运行以及使用的数据究竟放在哪里。DCE也提供安全支持，提供对访问诸如IBM CICS、IMS和DB2等公共数据库的支持。

分布计算是几十年来影响计算技术发展的最活跃因素之一，它的发展经历了两种不同的技术路线。

第一种是所谓理想的技术路线，试图在互联的计算机硬件上部署全新的分布式操作系统，全面管理系统中各自独立的计算机，并呈现给用户单一的系统视图。20世纪80年代，学术界普遍追求这一目标，尽管出现过许多技术成果和实验系统，但仍没有被用户和市场广泛接受。

第二种是现实的技术路线，即在网格计算平台上部署分布式计算环境(也称中间件)、提供开发工具和公共服务、支持分布式应用、实现资源共享和协同工作。20世纪90年代，工业界普遍遵循这一技术路线，出现了一系列行之有效的技术和广为用户接受的产品。

20世纪80年代中后期，以支持信息共享的应用需求为核心，形成了面向过程的第一代分布计算技术。在第一代分布计算技术的推动下，90年代初出现了从集中计算模式向分布式客户/服务器计算模式转移的热潮。在分布式客户/服务器计算机系统的建立及其应用系统的开发过程中，人们逐渐体会到分布式系统比想象的要复杂得多。例如，存在着异构环境下的应用互操作问题、系统管理问题、系统安全问题等，这些问题在集中计算模式下是不曾出现的或不突出的。传统的面向过程的技术在开发大型软件系统时已经暴露出很大的局限性，再要求它们应付复杂的分布式应用系统则更加力不从心。

20世纪90年代初，以面向对象技术为主要特征的第二代分布计算技术逐步突显出来，经过几年的蓬勃发展，进入了成熟阶段。人们将这一代技术称为分布式对象技术。

常规的OOA(object-oriented analysis)和OOD(object-oriented design)方法可以直接应用于分布式系统的分析与设计，然而，传统的OOP(object-oriented programming)环境在直接用于分布式应用系统的程序设计时却遇到了问题。传统的对象与访问该对象的程序只能存在于同一进程中，且只有相关程序设计语言的编译器才能创建这些对象并感知这些对象的存在，而外部进程无法了解和访问这些对象。这样，在常规的分布式客户/服务器应用中，客户进程不可能直接访问异地服务进程中的常规对象。为了解决这个问题，人们提出了分布式对象的概念。

分布式对象可以存在于网络的任何地方，远程客户应用可以采用方法调用的形式访问它。至于分布式对象是使用何种程序设计语言/编译器所创建，对客户对象而言是透明的。客户应用不必知道它所访问的分布式对象在网络中的具体位置以及它们运行在何种操作系统上，该分布式对象与客户应用可能在同一台计算机上，也可能分布在由广域网相连的不同计算机上。分布式对象具有动态性，可以在网络上到处移动。

独立于特定的程序设计语言和应用系统的、可重用的以及自包含的软件成分称为软构件(software component)。分布式对象是一种典型的软构件。基于分布式对象技术的分布式应用开发就是分布对象的开发和组装。

分布式对象技术采用面向对象的多层客户/服务器计算模型，该模型把分布在网络上的全部资源(无论是系统层还是应用层)都按照对象的概念来组织，每个对象都有定义明晰的访问接口。创建和维护分布式对象实体的应用称为服务器，按照接口访问该对象的应用称为客户。服务器中的分布式对象不仅能够被访问，而且自身也可能作为其他对象的客户。因此在分布式对象技术中，客户与服务器的角色划分是相对的或多层次的。

与第一代的分布计算技术相比，分布对象技术的实质性进步使面向对象技术能够在异构的网格计算环境中得以全面、彻底和方便实施，从而有效地控制系统的开发、管理和维护的复杂性。当然，分布式应用系统比台式应用系统要复杂得多，这种客观存在的复杂性无法(至少很难)通过技术手段来降低。

目前，分布式对象技术已经成为建立应用框架(application framework)和软构件的核心技术，在开发大型分布式应用系统中表现出了强大的生命力，并形成了具有代表性的主流技术，即 OMG 的 CORBA[①]、Microsoft 公司的 ActiveX DCOM(distributed compound object model，分布式复合对象模型)、Sun 公司的 Java/RMI 和 Web Service(SOA)等。

12.3.2 CORBA

OMG[②](object management group，对象管理组)是一个非营利性国际组织，OMG 所制定的分布式对象计算标准规范包括 CORBA/IIOP、对象服务、公共实施和领域接口规范等。遵照这些规范开发出来的分布计算软件环境几乎可以在所有的主流硬件平台和操作系统上运行。自 1995 年以来，基于 CORBA 软件的企业级应用发展迅猛。

CORBA 是 OMG 随着硬件和软件产品的快速增长，针对互操作性的需要而提出的。简单来说，CORBA 允许自己的应用程序与对方的应用程序交流，不管对方在哪儿或由谁设计。CORBA 1.1 于 1991 年由 OMG 推荐提出，并且定义了它的接口定义语言(IDL)和应用程序编程接口(API)，使客户/服务器对象在一个对象请求代理(object request broker，ORB)的特定实现范围内可以交互。CORBA 2.0 于 1994 年 12 月被提出，它定义了不同供应商的 ORB 怎样才能实现真正的互操作性。

ORB 是在客户/服务器之间建立对象关系的中间件(middleware)。使用 ORB，用户能透明地在服务器对象上调用一种方法，这个对象既能坐落在调用它的同一台机器上，也可以跨越一个网络。ORB 会拦截调用，并且寻找能实现请求的某一个对象，传递参数给它，调用它的方法，最后返回结果。用户不必知道对象究竟被定位在哪儿、使用哪种程序语言、使用哪个操作

---

① CORBA(common object request broker architecture，通用对象请求代理体系结构)是由 OMG 组织制定的一种标准的面向对象应用程序体系规范。

② https://www.omg.org/。

系统,或如非对象接口等其他系统方面的任何东西。这样,ORB 提供在不同的机器上由不同或相同种类组成的分布式环境应用上的互操作性和无缝互联。

在使用典型的客户/服务器应用程序的时候,开发者们使用自己设计的或者公认的标准来定义设备之间互用的协议。这类协议的定义取决于其实现语言、网络传输和其他一系列因素。而使用 ORB 则简化了这个过程。在 ORB 中,协议由一个与实现语言无关的规格说明(IDL)的应用程序接口来定义。ORB 提供灵活性,让程序员选择最适当的操作系统、执行环境,甚至是程序语言可用于构造系统的每个部件。更重要的是,ORB 允许现存部件的集成化。在基于 ORB 的解决方案中,开发者可以使用与原来一样的 IDL 来模型化遗留部件,用于创建新的代码,然后写"约束(wrapper)"代码,实现标准化总线和遗留接口之间的翻译。

使用 CORBA,用户可以透明地进行信息的存取,不必知道它们在什么软件或硬件平台上工作,或在哪一家企业的网络上。

1990 年底,OMG 首次推出对象管理结构(object management architecture,OMA),给出了 OMG 所定义的组件的分类,其体系结构如图 12.4 所示。

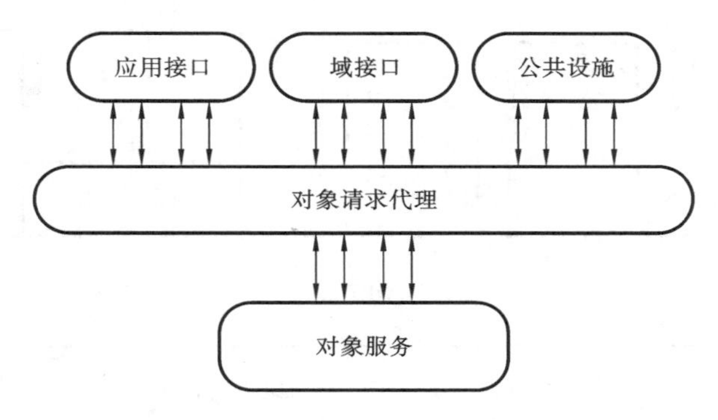

图 12.4　OMA 体系结构

OMA 体系结构主要包括以下几部分。

- 对象请求代理(object request broker,ORB):图 12.4 中的中间部分,某种程度上可以把它看成是一根软件总线,是实现交换和互操作的核心。
- 应用接口(application interfaces)。
- 域接口(domain interfaces)。
- 公共设施(common facilities):定义可直接为业务对象服务的水平与垂直应用框架。
- 对象服务(object service):定义对象框架。

由图 12.4 可知,对象请求代理结构形成了交互和通信的核心,所以把它称为软总线。

下面来看看对象请求代理的结构。图 12.5 表明客户端如何将请求发送给对象。这里,客户端是一个实体,它的目的就是在对象上施行操作。而对象操作则包括实现对象的代码和数据。ORB 用于发现与该请求对应的对象实现,对所要求的所有机制做出响应,准备好对象实现以响应请求,并完成请求所需要的数据通信。对客户而言,对象在哪、对象究竟是用什么程序设计语言实现的,或者还有哪些特征没有在对象接口处反映都无关紧要。

由图 12.5 可知,客户端通过 ORB 向对象实现(object implementation)发送请求。那么,有哪些方式可给客户端发送请求呢?

如图 12.6 所示,要发送出请求,客户可以使用动态调用接口(dynamic invocation interface,独立于目标对象接口的接口)或者 OMG IDL 桩(和目标对象接口有依赖关系的特定接

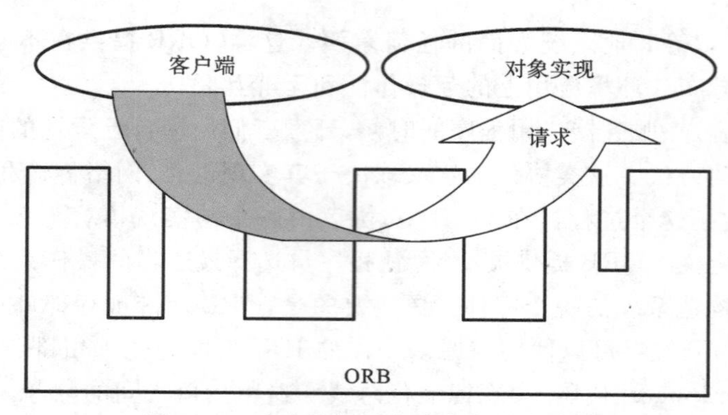

图 12.5　客户端如何将请求发送给对象

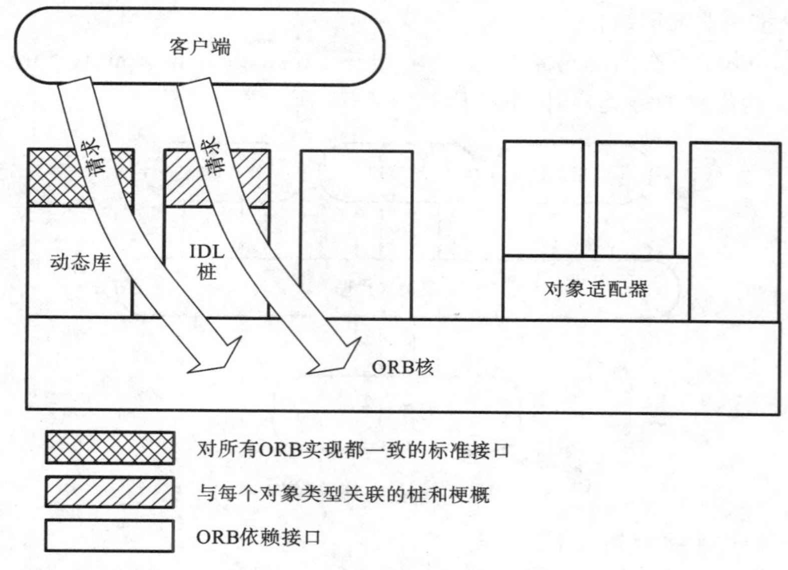

图 12.6　对象请求代理接口的结构

口)。当然,客户端也可以直接与 ORB 交互以获得其他功能。

对象实现作为向上调用(up-call)的接口接收客户的请求,这可以通过 OMG IDL 生成的梗概(OMG IDL generated skeleton)或者通过一个动态梗概(dynamic skeleton)来完成。对象实现可以在处理请求时(或者以后某个时候)调用对象适配器(object adapter)和 ORB。

可从以下两个方面来实现对象接口的定义:一是采用接口定义语言(IDL)进行静态方式的定义。IDL 按照可以施加在对象上的操作和这些操作上的参数来定义对象的类型。此外,接口上也可以添加接口库(interface repository)服务,这种服务像对象一样,表示接口的成分,允许对这些成分动态访问。在任意一个 ORB 实现中,ODL 和接口库都有相同的表达能力。二是客户端通过访问对象引用(object reference)和了解对象类型及所希望施行的操作类型来完成请求。客户端通过调用指定该对象的桩例程(stub routines)或者动态构造请求来启动请求。

动态调用请求和使用桩接口都满足相同的请求语义,而信息的接收方不被告知请求是如何调用的。

ORB 会找出合适的安装启用代码、传输参数,然后通过 IDL 梗概将控制传递给对象实现。对于接口和对象适配器而言,梗概是特定的。当施行请求时,对象实现可以通过对象适配器从

ORB 获得某些服务。请求完成时,控制并将输出值返回给客户端。

对象实现可以采用与对象适配器相同的方式。

12.3.3 DCOM

DCOM 是由 Microsoft 公司推出的对象构件模型,最初用于集成 Microsoft 公司的办公软件,目前已发展成为世界的应用系统集成标准,并集中反映在其产品 ActiveX 中。从策略考虑,Microsoft 公司决定支持 OMG 提出的 OLE/COM 与 CORBA 的互操作标准,从而使 COM 的对象能够与 CORBA 的对象进行通信。OMG 和 Microsoft 公司的分布式对象技术将共存,并在许多方面相互渗透。

CORBA 的一个主要对手是 Microsoft 公司的 DCOM[①](分布式组件对象模型)技术。DCOM 是 Microsoft 公司原组件对象模型(COM)技术的扩展,它能够支持局域网、广域网,甚至支持 Internet 上不同计算机对象之间的通信和互操作。

COM 可以定义组件及其客户之间的相互关系。COM 可以让组件和客户端无需任何中介就能相互联系。客户进程可以直接调用组件中的方法(见图 12.7)。

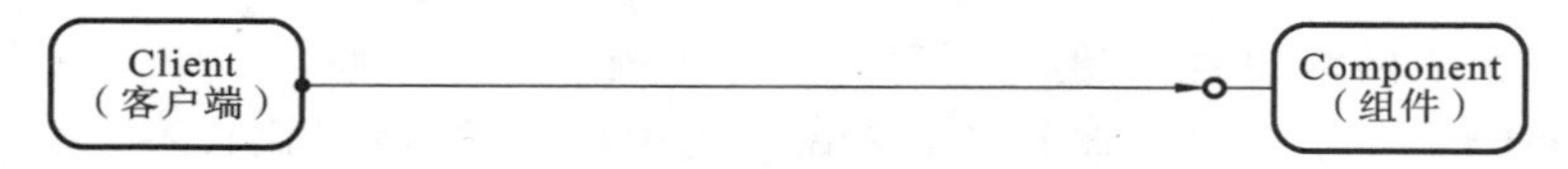

图 12.7　同一进程中的 COM 组件

在目前的常规操作系统中,各进程之间是相互屏蔽的。当一个客户进程需要和另一个客户进程中的组件通信时,COM 不能直接调用该进程,而必须遵循操作系统对进程间通信所做的规定。COM 让这种通信能够以一种完全透明的方式进行:截取来自客户进程的调用,并将其传送到另一个进程中的组件。图 12.8 表明了 COM/DCOM 运行库是怎样提供客户进程和组件之间的联系的。

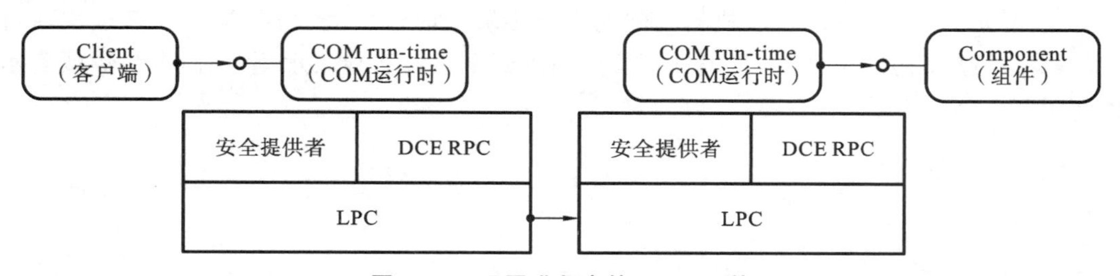

图 12.8　不同进程中的 COM 组件

当客户进程和组件位于不同的机器时,DCOM 只是用网络协议来代替本地进程之间的通信。无论是客户端还是组件,都不会知道连接它们的线路比以前长了许多。

图 12.9 是 DCOM 的整体结构:COM 运行库向客户和组件提供了面向对象的服务,并且使用 RPC 和安全机制产生符合 DCOM 网络协议标准的网络包。

任何分布式应用开发的组件都有可能在将来被复用。使用组件模式来组织开发软件系统能够在原工作基础上不断地提高新系统的功能,并缩短它的开发时间。基于 COM 和 DCOM 的设计能使现有的组件无论在现在或将来都能被很好地使用。

---

① DCOM(distributed component object model)。

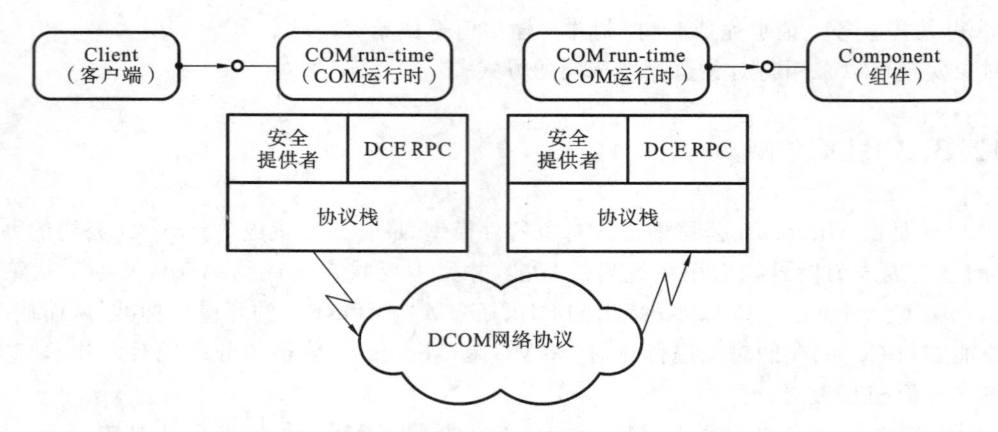

图 12.9 DCOM 不同机器上的 COM 组件

要注意的是，在设计一个分布式应用时，往往需要考虑以下几个相互冲突的问题。

- 相互作用频繁的组件，彼此间应该靠得更近些。
- 某些组件只能在特定的机器或位置上运行。
- 小组件增加了配置的灵活性，但它同时也增加了网络的拥塞。
- 大组件减少了网络的拥塞，但它同时也减少了配置的灵活性。

使用 DCOM 时，由于配置的细节并不是在源码中说明的，所以比较容易解决这些设计上受限的问题。对用户来说，DCOM 让组件的位置完全透明，无论用户是位于客户的同一进程中或是在地球的另一端。在任何情况下，客户连接组件和调用组件的方式都是相同的。DCOM 不仅无需改变源码，而且无需重新编译程序。实际上，一个简单的再配置动作就改变了组件之间相互连接的方式，这一性质称为位置独立性。

位置独立性简化了将应用组件分布化的任务，使其能够达到最合适的执行效果。

图 12.10 显示了在两种不同的情况下，相同的“有效性检查组件”是如何分别配置的。一种情况是当“客户”机和“中间层”机器之间的带宽足够大时；另一种情况是当客户进程通过比较慢的网络连接来访问组件时，是怎样配置到服务器上的。实线表示第一种情况，虚线表示第二种情况。

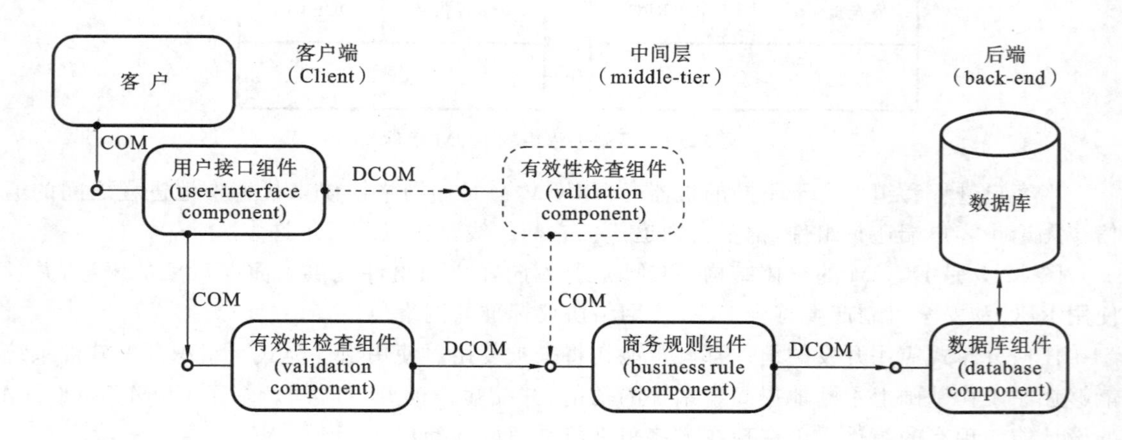

图 12.10 位置独立性

由于位置独立性，所以应用系统可以将互相关联的组件放于靠得较近的机器上，甚至可以将它们放到同一台机器上或同一个进程中。好处是，即使是由大量的小组件来完成具有复杂逻辑结构的功能，它们之间仍然能够有效地相互作用。当组件在客户机上运行时，将用户界面和有效性检查放在客户端或离客户端比较近的机器上会更有意义，考虑集中的数据库事务时应该将服务器靠近数据库。

在设计和实现分布式应用系统时，最普遍的问题是，为开发一个特定的组件所选择的语言及工具。作为COM的扩展，DCOM具有语言独立性。可以用任何语言来创建COM组件，这些组件可以使用多种语言和工具。Java、Microsoft Visual C++、Microsoft Visual Basic、Delphi和PowerBuilder都能够与DCOM很好地相互操作。因为具有语言独立性，所以应用系统开发人员可以选择他们最熟悉的语言和工具来进行开发。语言独立性还可以让一些原型组件在前期先用诸如Visual Basic这样的高级语言来开发，而在后期使用另一种语言，如Visual C++和Java来重新开发。

当客户不再有效时，特别是当出现网络或硬件错误时，需要关注分布式应用中的组件。可以通过给每个DCOM保持一个索引计数来管理对组件的连接问题，这些组件有可能只连到一个客户上，也有可能被多个客户所共享。当一个客户和一个组件建立连接时，DCOM就增加此组件的索引计数。当客户释放连接时，DCOM就减少此组件的索引计数。如果索引计数为零，组件就可以被释放了。

DCOM使用有效的地址合法性检查(ping)协议来检查客户进程是否仍然活跃。ping是大家都熟悉的、互联网中常用的地址合法性检查协议。在DCOM中，客户机周期性地发送消息，当大于等于三次的ping周期组件没有收到ping消息回音时，DCOM就认为这个连接中断了。一旦连接中断，DCOM就减少索引计数，当索引计数为零时，就释放组件。

大多数情况下，组件和它的客户进程之间的信息流是无方向性的。使用DCOM，任何组件既可以是功能的提供者，也可以是功能的使用者。通信的两个方向都用同一种机制来管理，使得完成对等通信和客户机/服务器之间的相互作用同样容易。

由于组件间的通信会中断，一个组件死亡了，与它连接的那个组件如果无其他组件与之相连，此组件就成了“孤子”，可以说成了“垃圾”。DCOM提供了一种对应用完全透明的分布式垃圾收集机制。

12.3.4 Java和RMI

按照Sun Microsystems公司[①]对Java™的界定，Java是一个应用程序开发平台，它提供了可移植性、可解释性、高性能和面向对象的编程语言及运行环境。RMI(remote method invocation，远程方法调用)是分布在网络中的在各类Java对象之间进行方法调用的ORB机制。RMI也是程序员使用Java编程和开发环境的一种编程方法，它可以使程序员面向对象编程，结果的对象可以运行在网络的不同计算机上，它们之间可以互相交互。可以把RMI看成是远程过程调用(RPC)的Java版本，RMI能够按照请求传递对象。对象可以包括各种信息，诸如施加在远程计算机上的服务是如何改变的，改变了哪些等。Sun Microsystems公司将之称为移动行为(moving behavior)。

---

① Sun Microsystems公司现已被Oracle公司收购。

RMI 按以下三个层次实现。

● Client/Server 关系中客户端的一个桩程序(stub program),一个在服务器端的梗概(skeleton)(Sun Microsystems 公司使用 Proxy 这个词作为 stub 的同义词)。

● 远程参考层(remote reference layer)取决于调用它的不同参数。例如,该层可以决定请求时是调用一个单一的远程服务,还是多点广播中的多点远程程序。

● RMI 是作为 Sun Microsystems 公司的 Java Development Kit(JDK)一部分提供的。

CORBA 技术与 Java 技术存在天然的联系,Sun Microsystems 公司是 OMG 的创始成员,CORBA 标准中的许多内容(如 IDL 标准、IIOP 标准)是以 Sun Microsystems 公司提交的方案为核心而制定的。

CORBA 与 Java/RMI 的主要区别在于以下两个方面。

● 程序设计语言无关性是 CORBA 的重要设计原则,而 Java/RMI 依赖于 Java 语言与 Java 虚拟机(JVM)。

● Java/RMI 技术的最大成就是使对象能够在 Internet 上迁移和执行,而 CORBA 2.0 标准中只考虑对象的远程访问,并没有将对象作为"值"传递的承诺。

Java 是为了满足异构化、网络化分布式环境对应用开发的挑战而设计的。它面对的重要挑战是:如何消耗最少的系统资源运行在不同的软/硬件平台上,同时又可以动态扩展。

Java 起因于一个研究计划,目的是开发适合各种网络设备和嵌入式系统的先进软件。其目标是开发一个小型、可靠、便携、分布、实时的操作系统。结果提出了一种成功的分布式、基于网络的、适用于广泛范围(从基于网络的嵌入式设备到 World Wide Web 和桌面)的计算机语言。

Sun Microsystems 公司提出了一个基于 Java 平台的多层应用软件的体系结构。在这种体系结构中,各种应用是一组能够被共享的服务的集合,并且各种服务是跨应用的,不同的服务分别在不同的层次中实现。

Sun Microsystems 公司最初提出的三层结构如图 12.11 所示。

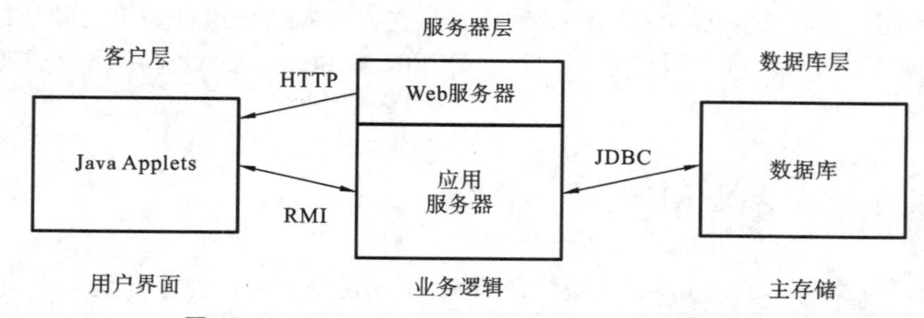

图 12.11 Sun Microsystems **公司提出的三层结构**

在三层结构中,第一层是客户层,提供用户接口的功能;第二层是服务器层,提供完成所有业务逻辑和数据库存取的功能;第三层是数据库层,提供数据持续存储的功能。

客户层的运行环境主要是 Web 浏览器,运行的程序是客户端的 JavaApplet 程序。服务器层主要由两部分组成:一部分是 Web 服务器,它通过 HTTP 协议向客户层提供 JavaApplet 程序;另一部分是应用服务器,它包含完成业务逻辑所需要的各种服务,一方面通过远程方法调用(RMI)与运行在客户层的 JavaApplet 程序通信,另一方面通过 JDBC 来访问存储在数据库中的数据。数据库层往往采用某种大型的关系数据库系统,以满足大量数据的存储要求。

最初提出的三层结构中存在两个问题:JavaApplet 程序的下载时间长和网络资源访问安

全性受到 Java 限制。

常见的企业级网络应用架构通常是这样的：由分布在各地机构中的一组计算机组成一个局域网，各局域网又组成一个广域网，数据分布存储在各地。在最初的三层体系结构中，客户端所需的 JavaApplet 程序是在运行时从服务器层的某台服务器上下载。但在复杂的广域网环境下，由于带宽和流量的不同，常使得下载时间可能从秒级升到分钟级，甚至更长。这就需要一种机制来缓存各局域网中客户端经常使用的 JavaApplet 程序和静态数据，从而减少下载时间和网络流量。

在最初的三层体系结构中，客户端的 JavaApplet 程序如果要访问某台计算机上的文件，就只能通过中间层，即文件只有先从存储它的计算机传送到中间层，然后传送到这个客户端，从而导致在广域网上产生大量的数据传输。同样，客户端的 JavaApplet 程序无法访问打印机资源，即无法在程序中自由地控制打印，只能利用 Web 浏览器的打印功能，这对于复杂的应用是远远不够的。

为了进一步提高系统的效率，建立一个真正的由跨应用和客户可重用的服务组成的多层应用软件体系结构，Sun 公司提出了如图 12.12 所示的多层应用软件结构。

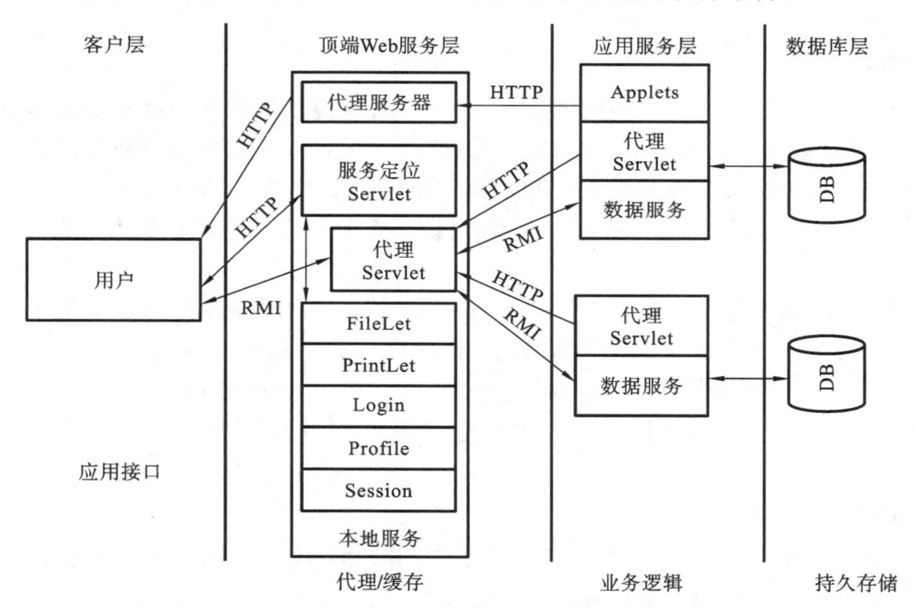

图 12.12　多层应用软件结构

由图 12.12 可见，整个系统由四层组成，分别是客户层(client tier)、顶端 Web 服务层(Web top server tier)、应用服务层(application server tier)和数据库层(database tier)。

1. 客户层

客户层通常向用户提供应用接口，一个图形用户界面。在这一层运行 JavaApplet 程序，这些程序既可以运行在 Web 浏览器环境下，也可以运行在任何 Java 软件的环境下(例如网络计算机)。客户层不需要完成任何重要的业务逻辑，也不需要以任何方式直接与数据库交互，同时也不保存任何本地的状态信息，它只提供与用户交互的功能，提供一个良好的人机界面。这样就保证了系统中的客户机是一个真正的"瘦"客户机。

2. 顶端 Web 服务层

顶端 Web 服务层主要起代理和缓存的作用。

一台顶端 Web 服务器，用缓存来存储应用需要的 JavaApplet 程序和静态数据，提供访问本地资源(如用户文件和打印机)的能力，起到 JavaApplet 主机访问其他服务的代理作用。

顶端 Web 服务层主要包括代理服务器、服务定位 Servlet(service locator Servlet)、本地服务(local service)和代理 Servlet(proxy Servlet)这几部分。

代理服务器的作用是缓存本地各客户机经常使用的 JavaApplet 程序和静态数据，与普通代理服务器的作用相同。服务定位 Servlet 的功能是根据客户机发送来的请求寻找适当的服务，从而完成对客户机需要的数据和网络资源的存取。本地服务主要包括文件存取、打印、登录、配置和会话等，这些服务是根据各客户机的请求来完成对本地资源的访问。例如，一个客户机需要使用本地的打印机，它向服务定位 Servlet 发出请求，并从服务定位 Servlet 得到一个访问打印服务的句柄，然后就可以使用这个“句柄”来访问打印服务，完成其打印任务。代理 Servlet 的功能是访问远端数据。如果客户机需要访问远端数据，那么它向服务定位 Servlet 发出请求，并从服务定位 Servlet 获得一个访问“句柄”，从而通过代理 Servlet 访问远端数据。

在这一层中，代理服务器完全由 Java 语言编写而成。服务定位 Servlet、本地服务和代理 Servlet 都是由 Servlet 技术实现的。

3. 应用服务层

应用服务层是多层应用软件结构中最重要的一层，它提供所有的业务逻辑处理功能。整个系统中，所有对数据库的操作都在这一层中完成。应用服务层包括完成业务逻辑处理所需要的各种服务，这些服务以 API 的方式提供，客户端通过调用这些 API 来完成对数据库的操作。例如，认证服务(authentication service)通过访问企业的认证数据库来验证用户口令是否正确。

对于每一种应用服务，都有一个代理 Servlet 相对应，它自动地从应用服务层下载到顶端 Web 服务层。当某个客户端请求某种服务时，顶端 Web 服务层的服务定位 Servlet 会传给它对应这种服务的一个“句柄”。客户端利用这个“句柄”向一个代理 Servlet 发送请求，这个代理 Servlet 将这个请求发送到应用服务层，再由应用服务层中的某个服务完成对这个请求的响应。

4. 数据库层

最后一层是数据库层，它的功能是存储应用中的数据。它一般采用关系数据库或面向对象数据库。数据库层和应用服务层共同完成业务规则、验证和持续存储的任务。应用服务层与数据库层之间通过 JDBC① 的接口采用 SQL 语言进行交互。

Sun 公司提出的多层应用软件结构中，各层之间的通信方式是比较复杂的。客户层与顶端 Web 服务层之间使用的协议有 HTTP 和 RMI 两种。客户层通过使用 HTTP 协议将存储在顶端 Web 服务层的 JavaApplet 程序下载到本地运行。客户层还可以使用 HTTP 协议调用顶端 Web 服务层的服务定位 Servlet，服务定位 Servlet 返回一个 RMI 对象索引。客户层利用这个索引与代理 Servlet 通信，这时使用的协议是 RMI，从而获得所需的数据或服务。

顶端 Web 服务层与应用服务层之间使用的协议是 HTTP 和 RMI 两种。顶端 Web 服务层使用 HTTP 协议从应用服务层下载 JavaApplet 程序和 Java Servlet 程序。当顶端 Web 服

---

① JDBC(Java data base connectivity)是 Java 语言中用来规范客户端程序如何来访问数据库的应用程序接口，提供了诸如查询和更新数据库中数据的方法。

务层通过 RMI 获得客户层的请求时，同样使用 RMI 与应用服务层中的某种服务通信转发请求，并在获得应用服务层发送的结果后再转发给客户层。

多层应用软件结构具有以下几个优点。

- 可伸缩性好。

由于系统的业务逻辑处理完全在应用服务层完成，因此所有客户端不直接与数据库连接，应用服务层通过数据库连接池与数据库连接，系统可以根据客户端请求的多少来动态调整池中的连接数，使系统消耗较少的资源来完成客户端的请求。

- 网络效率高。

由于使用顶端 Web 服务层，因此，通过广域网大大减少了传输的数据流量，提高了网络效率。

- 可管理性强。

系统的客户层基本实现了“零管理”，局域网内的主要管理工作集中在顶端 Web 服务层，整个系统的主要管理工作集中在应用服务层。业务逻辑的修改对客户层没有影响。

- 安全性高。

应用服务层上的安全服务作为一个公用服务被所有应用调用，不必为每一个应用编写安全服务。整个系统的安全数据的工作只能由安全服务来访问，各个客户机无法直接访问到数据库，这大大提高了系统的安全性。

- 可重用性好。

整个系统由许多服务组成，每个服务可以被不同的应用重用。构建系统时采用了面向对象的组件模式，每个服务又由许多可重用的组件构成，进一步增加了系统的可重用性。

12.3.5 Web Service

Web Service 是一种跨平台、跨语言的规范，用于不同的平台，不同语言开发的应用之间的交互。不能简单地把 Web Service 看成是使用 SOAP(simple object access protocol)协议的远程过程调用(remote procedure calls，RPC)。

面向服务架构(SOA)是一个组件模型，它将应用程序的不同功能单元(称为服务)通过这些服务之间定义良好的接口和契约联系起来。接口是采用中立的方式进行定义的，它应该独立于实现服务的硬件平台、操作系统和编程语言。这使得构建在各种这样的系统中的服务可以以一种统一的和通用的方式进行交互。

Web Service 的技术基础如图 12.13 所示。

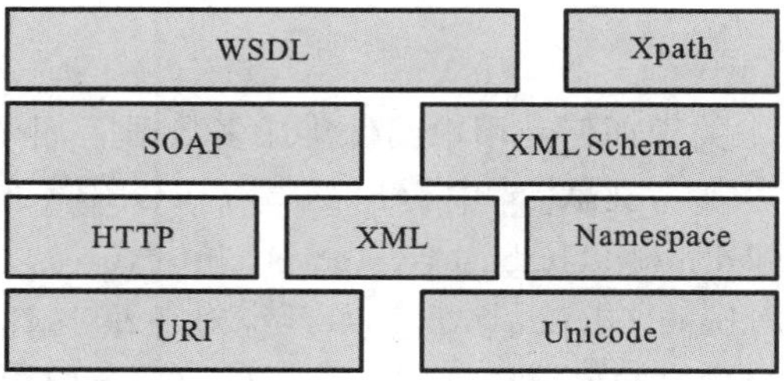

WSDL　Xpath
SOAP　XML Schema
HTTP　XML　Namespace
URI　Unicode

图 12.13 Web Service 的技术基础

对于面向服务架构，SOAP 是其协议栈中的基础协议。但是，Web Service 定义得更抽象，并不关心特定的实现协议。

非形式化地说，Web Service 是：

- 一个可能的远程调用，其调用采用机器可读的标准语法(首选 XML 类)。
- 可通过标准 Internet 协议抵达。
- 通过一种描述，包括允许的输入/输出消息最小化，以及可能的关于服务功能和数据含义的语义标注。

Web Service 显式地描述程序如何工作。程序通过名字发现 Web 服务，理想情况下可涵盖整个万维网,理解如何使用服务,使用尽可能对的语义,使用服务去实现目标。

任何公开注册登记的 Web 服务可以按如下方式被使用。

- 任何人,不要求对服务进行任何修改(称为民主原则,democratic principle)。
- 任何时候,无需前期预备。

结果,软件系统通过如下方式获得健壮性。

- 运行时选择竞争服务。
- 有自动构建新进程来实现目标的能力。

当然,可以通过子例程(subroutines)和 RPC 来做到这些。但是子例程构造应用严重依赖程序员的智力。理想情况下,可以以更高级的程序形式出现,即以服务组合的形式来实现应用。我们用图 12.14 描述两者之间的差别。

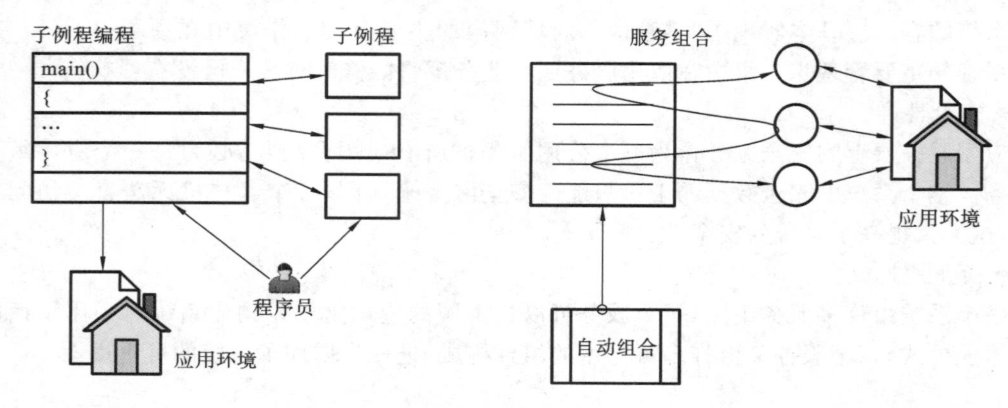

图 12.14 例程调用与 Web Service 的不同

如图 12.14 左面所示,在一个大的代码体里,子例程像宏一样被指向和使用。程序员书写完整应用,其中使用子例程。在面向服务计算的情况下,呈现更高级的程序形式,按语义自动组合 Web 服务。

Web 服务的描述扮演着重要角色,为此,W3C 定义了 WSDL(Web services description language)。

12.4 应用 CORBA 集成多数据库

关于如何利用中间件集成多数据库,下面举一个使用 CORBA 集成的例子。

参考文献[1]中提出的基于 CORBA 的多数据库系统体系结构,称为 CBMA(CORBA based multidatabase system architecture)。多数据库系统体系结构主要由全局数据库(global database,GDB)、多数据库系统对象事务管理器(multidatabase object transaction manager,MOTM)和局部数据库(local database,LDB)三大部分组成,如图 12.15 所示。其中,全局数据库接受全局事务,把它分解为针对每个 LDB 的子事务后交给 MOTM;MOTM 负责把全局事务的所有子事务交给相应的 LDB 站点执行,并维护全局事务的 ACID 特性,同时负责负载平衡、安全管理等问题;LDB 接受 MOTM 提交的子事务并执行相应的操作。

CBMA 采用三层体系结构,第一层为客户层,它实现的是数据库应用系统的表现逻辑;第二层为中间件层,它由实现数据库应用系统的业务逻辑对象和多数据库系统对象事务管理器

(MOTM)中间件组成;第三层由运行在单节点上的数据库服务器组成。这种三层体系结构的主要优点包括以下几方面。

(1) 表现逻辑与应用逻辑分离,支持系统瘦客户端的关键任务要求。

(2) 表现逻辑、应用逻辑与数据库系统可独自升级和改造,具有高可扩展性。

(3) 支持应用逻辑管理,提高服务对象的可重用性。

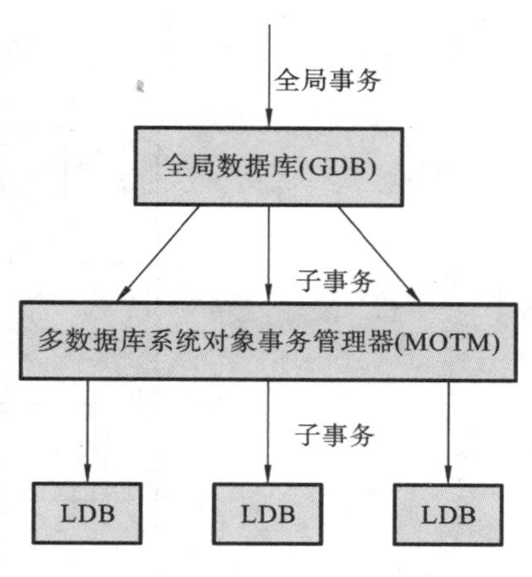

图 12.15　CBMA 的组成

CBMA 在顶层为用户提供了一个统一的多数据库系统全局视图,用户可以像使用数据库一样使用多数据库系统,底层数据库的分布和异构对顶层用户是透明的,全局数据库的结构如图 12.16 所示。用户对多数据库系统的操作是针对多数据库系统用户界面进行的,以全局事务的形式交给 CBMA,全局事务是针对全局数据(实际上全局数据分散存储在各 LDB 中)进行的操作,并且是用全局数据模式及全局查询语言表示的:查询分解模块负责把全局事务分解为针对每个 LDB 的子事务,此时的子事务也是用全局数据模式及全局查询语言表示的。

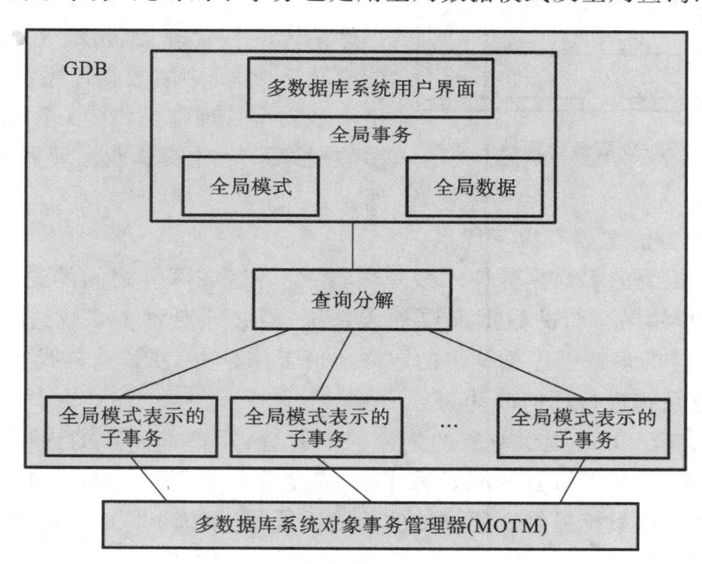

图 12.16　全局数据库的结构

由于全局事务的子事务提交到各 LDB 站点时是以全局数据模式表示的,因此需要转换代码把子事务转换为针对局部数据库的数据模式进行操作,如果全局查询语言和局部数据库的查询语言不同,还需要进行查询语言的转换。经过转换代码转换后的子事务是采用本地数据库的查询语言编写的,针对本地数据模式的事务,可以直接提交给本地数据库的 DBMS 执行。局部数据库的结构如图 12.17 所示。从图中可以看出,除全局事务的子事务外,本地数据库上还有纯本地事务在运行,它的存在不为多数据库系统所知。CBMA 是典型的多数据库系统体系结构,加入 CBMA 的数据库仍具有自治性,其上原来的应用程序仍能继续运行。CBMA 在用户界面层与本地数据库进行交互,也就是说,全局事务的子事务与纯本地事务对本地数据库来说没有任何区别。

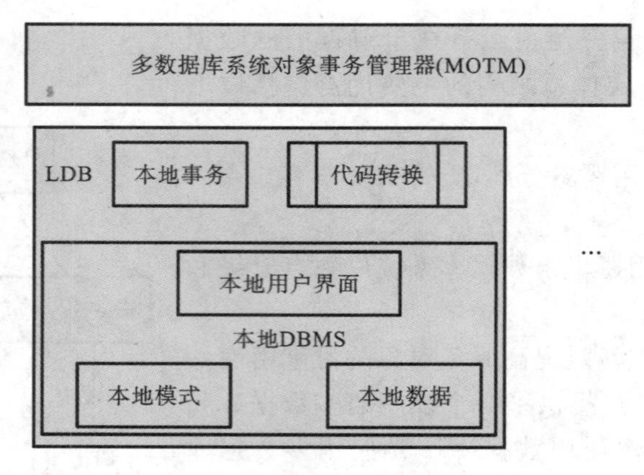

图 12.17　局部数据库的结构

MOTM 模块负责把全局事务的所有子事务交给相应的 LDB 站点执行，并维护全局事务的 ACID 特性，如果 LDB 站点上有多个 Server 可以执行同一个子事务，MOTM 的负载平衡模块可以进行负载平衡，把子事务交给合适的 Server 执行，同时 MOTM 还负责网络传输中的安全管理等问题。MOTM 由 CORBA 的 ORB、多数据库系统事务管理器、负载平衡和安全管理等功能模块组成，其中多数据库系统事务管理器、负载平衡和安全管理都是作为 ORB 的软构件实现的。多数据库系统对象事务管理器的结构如图 12.18 所示。

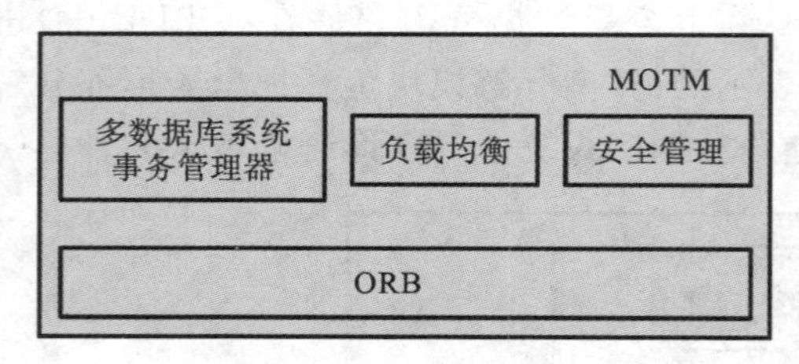

图 12.18　多库系统对象事务管理器的结构

CBMA 的实现方法主要有以下优点。

● 可扩充性。传统的多数据数据库系统中，系统各组成部分之间的通信和连接是在系统实现时固定下来的，如果有新的数据库要加入系统，则必须对整个系统进行很大的改动和调整。而 MOTM 构建的多数据库系统中的网络通信工作是由 ORB 软总线实现的，新数据库的加入不要求对原有系统进行任何改动。

● 系统管理功能。ORB 提供对象的生命周期管理，客户端用户的连接管理，以及远程对象的激活、去活功能。MOTM 还提供负载平衡、安全管理等 TP Monitor 功能。

● 易集成。为遗留系统提供方便快捷的集成手段，且系统上原有的软件还可以继续运行，充分利用已有的程序资源。

● 易使用。利用 MOTM，开发人员能够将精力集中在研究自己的业务解决方案上（如异构模式消解、查询语言转换等），而不用过多地关心编程环境和手段。换言之，MOTM 提供了方便的程序开发、维护、升级和扩充手段。

● 快速构造。如果想对 MOTM 增加新的功能模块，可以以构件的方式插接在已有的系统中，并能够即插即用。

12.5　基于 XML 集成多数据库

为了从 Web 存取和管理数据库，第一个任务是将数据库和 Web 连接起来。可使用的技术很多，典型的有CGI(common gateway interface，公共网关接口)、RMI和CORBA等，还有Servlet和Perl DBI(database interface for perl)等，它们都能同时并发连接多个数据库，这就为多数据库的构建奠定了基础。

从用户观点看，Web上集成多数据库系统是用户能够从异构数据库中有效地检索更有用的数据，也让数据库管理员和相关组织能更有效地管理它们的数据。

与HTML一样，XML也是源于SGML(standard generalized markup language)，是一种定义和使用文档格式的标准系统。XML维护了SGML验证、结构和扩展的特征。

在这个方法里，异构数据库模式都借助于XML显式描述，并给出转换规则。

在参考文献[2]提出的体系架构里，有一个系统服务器，它的工作如下。

● 用户如果使用这个系统服务器，则该服务器的登录检查器(login checker)会检查其用户名/口令是否有效，保证合法用户才能访问异构数据库集。

● 用户提交查询时，先提供一些关键词，再由客户端(浏览器)传递给服务器。查询阅读器模块从HTML中抽取相关关键词传递给子查询生成器。这个模块会按照关键词生成对应于每个数据库的子查询，其形态按照数据库的差异而不同，以适应于本地数据库系统的异构性。

● 每个子查询发送给每个本地数据库系统的查询处理器，并在那里被执行。

● 每个本地数据库由对应查询处理器返回的结果交付给系统服务器。在那里，异构格式的数据经过转换后集成到XML文件。结果文件放在该服务器。

● 如果用户希望检索当前结果的一个子集，则查询阅读器将查询发送给XML处理器。XML处理器从系统服务器存放的XML结果文件里检索数据。用户可以多次使用混存在系统服务器上的查询结果，这样性能和效率会提高。

● 上面检索到的结果在必要时会转换成HTML形式并返回到客户端(浏览器)，浏览器解释后展示给用户。

习 题 12

1. 比较说明多数据库系统和经典分布式数据库系统有何异同。
2. 简述多数据库系统遇到的独有挑战。
3. 简述使用中间件构建多数据库系统有何优点。

第13章 分布式数据库系统的安全性

13.1 数据库的安全性

数据库的安全性和数据库的完整性虽是两个不同的概念，但是，常常被搞混。安全性(secrecy)指的是保护数据，防止非授权用户存取、修改、毁灭数据等。完整性(integrity)指的是数据的准确性和有效性。简单来说，安全性是针对非授权用户保护数据，完整性是针对授权用户保护数据。

用户需要了解一些不能被破坏的限制规则，这些限制规则一般由 DBA 使用某种语言描述，并存放在数据字典里。DBMS 必须监管用户操作以保证用户遵循这些限制规则。

为何要考虑数据库的安全性，简单来说，其需求有如下几点。

- 数据共享性是数据库系统的基本特点，常常会有多个用户试图同时访问数据。为了保证数据的一致性，需要保证数据库的安全性。
- 随着互联网的发展，通过互联网访问数据库成了基本需求，如何防止黑客侵入和非法攻击，对数据库的保护是必需的。
- 随着信用卡交易、数据化货币交易的使用，这类涉及钱事务的安全性更是至关重要。要防止一些特殊软件非法进入系统，获取数据和分析信息。

安全问题涉及很多方面，如下。

- 法律、社会和道德方面。
- 物理控制。
- 政治问题。
- 操作问题。
- 硬件控制。
- 操作系统支持。
- 数据库系统自身关心的问题。

从大的方面讲，数据库的安全性要求系统可控。这种控制可以分成两大类：自由裁量(discretionary)控制和强制性(mandatory)控制。

自由裁量控制方式里，指定用户在数据对象上可以有不同的访问控制权，这里的数据对象可以大到整个数据库，小到某个属性值。自由裁量控制时，给定用户对不同的数据对象会有不同的访问权利。

强制性控制下，每个数据对象会进行分级并赋给相应的标签，每个用户按某个级别(也称通行证)赋权。只有拥有相应通行证的用户才能访问指定的数据对象。

13.2　数据库安全系统

与数据库安全系统打交道的人员可以分为两类：数据库管理员(DBA)和普通用户。DBA要对安全负责，所以他(们)要创建授权规则，定义谁可以使用哪部分数据，以及如何使用。普通用户按权限访问数据库，但数据库安全系统要对其鉴权。只有通过鉴权，他/她才可以访问数据库。

我们可以用图13.1描述数据库安全系统的基本框架。

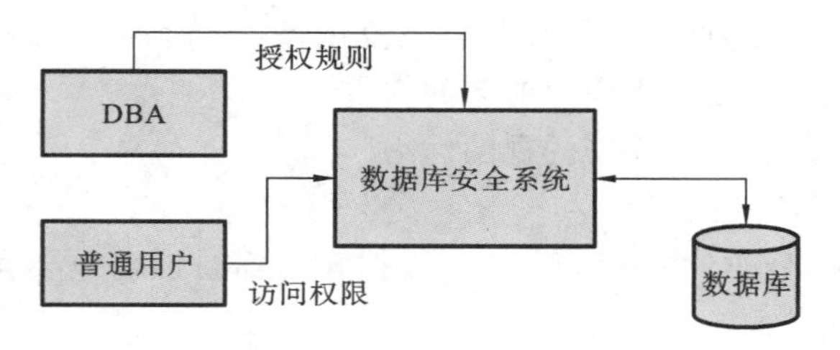

图13.1　数据库安全系统

由图13.1可知，数据库安全系统里存放着授权规则，在每次数据库存取时强制满足其规则。这些规则由DBA负责制定。授权规则定义授权用户，允许操作及访问数据库。访问权限也可授权给一组人，而非单独个人。

数据库安全的目标和威胁可以描述如下。

从机密性方面考虑，数据库安全可以包含以下两方面。

● 目标：机密性(secrecy或privacy)只允许被授权者(用户或进程)存取(读)数据。

● 威胁：不合适的用户故意或意外存取数据，导致信息不恰当地泄露。也包括通过观察数据的授权引出对非授权数据的推测结果。

从完整性方面考虑，数据库安全可以包含以下两方面。

● 目标：为了保证数据完整性，数据只能由被授权者修改。

● 威胁：数据被不恰当地处理或修改。

从可用性方面考虑，数据库安全可以包含以下两方面。

● 目标：可用性，被授权者能够存取数据。

● 威胁：被授权者被阻止存取数据。

1. 安全威胁分类

按照发生的方式，安全威胁可以分为意外安全威胁和故意安全威胁两类。意外安全威胁包括人的错误、软件错误、自然或意外灾害等。人的错误包括不正确的输入、应用的误用；软件错误包括应用的安全策略不正确、拒绝被授权用户访问；自然或意外灾害包括硬件或软件损坏。

故意安全威胁包括被授权用户滥用其授权，用户对数据执行不恰当地读或写操作，应用表面上合法使用，实际上是伪装欺诈等。

2. 数据库安全分类

数据库安全可以分为物理安全和逻辑安全两类。物理安全指的是与系统硬件相关的安全，要保护的是计算机驻留的站点，典型的自然事件如火灾、洪灾和地震等。物理安全的可选方案是建立后援备份。逻辑安全指的是在操作系统或 DBMS 上设计的针对数据威胁采用的安全措施。相比物理安全，逻辑安全的保障要难得多。

安全性问题涉及数据库的整个生命周期。

1）设计阶段的数据库安全

在设计阶段必须关注数据库的安全性。大多数安全系统的设计原则包含以下几方面。

- 数据库设计应当简单。如果数据库简单及易于使用，数据库被授权用户损坏的可能性就小。
- 数据库必须规范化。规范化后的数据库容易摆脱异常更新。数据库开始使用后，再试图规范化就困难多了。因此，必须在设计阶段规范化。
- 数据库设计者应当决定每组用户的访问权限。
- 为每个用户或用户组创建唯一的视图。

2）维护阶段的数据库安全

一旦设计了数据库，数据库管理员在维护数据库方面扮演着重要角色。维护阶段的数据库安全主要包含以下几方面。

- 操作系统问题及可用性。一般由系统管理员负责管理操作系统安全。数据库管理员负责数据库的物理安全。操作系统应当验证用户和应用程序，授权它们访问系统。DBA 负责处理整个数据库系统里的用户账号和口令。
- 授权规则的机密性和可追溯性。可追溯性意味着系统不允许非法登录。应当可追溯性地预防和检测非法动作，保证监管用户进行认证和授权。授权规则在数据管理系统里受到控制，受到用户对数据访问动作的限制。授权可以在操作系统层面里实现，也可在 DBMS 里实现。
- 加密。加密指的是对数据进行编码，让数据无法直接可读和轻易可理解。有些 DBMS 里有加密程序，对敏感数据在存储和通信信道传输时自动编码。当然，系统提供加密程序，也必须提供解密程序。
- 认证模式。认证模式指的是一种机制，用来确认用户是谁、是否合法等。认证可以在操作系统层面，也可在数据库管理系统层面实施。数据库管理员为每个用户创建账号和口令。

13.3 访问控制及其发展

在数据库安全里，访问控制扮演着重要角色。在任何一个组织里，信息扮演着重要角色。防止信息的非授权泄露和非授权修改极其重要。我们把前者称为安全性，后者称为完整性。与此同时，又要保证合法用户的可用性。访问控制（access control）就提供这种保护功能。

访问控制系统需要关注三个方面：访问控制策略（access control policy）、访问控制模型（access control model）和访问控制机制（access control mechanism）。访问控制策略定义高级规则，用于核实访问请求是否被核准或拒绝。访问控制策略通过访问控制模型来实现规范，通过访问控制机制来强制实施。这里把策略和机制分开，有很多优点。首先，可以独立于实现来讨论保护需求。其次，针对同一策略可以有不同的实现机制。再次，可以设计访问控制机制使之适配多个访问控制策略。这样，访问策略改变后，访问控制机制依然有效。同时，模型和机制的分开，可以在模型上验证安全性。

访问控制系统既要简单又要赋予强大的表达能力。简单是为了易于管理和维护安全。赋予强大的表达能力是为了有足够的灵活性满足各种保护需求。访问控制系统主要具有如下特征。

策略组合（policy combination）：单个授权的控制可能无法满足用户对信息的要求，访问控制策略里，可能要考虑数据拥有者的保护需求、数据收集者的保护需求，以及其他方面的需求。多方授权的场景会对管理产生挑战，要求访问策略能够模块化、可伸缩、能组合和交互性。

匿名性（anonymity）：许多服务不需要知道用户的真实身份，用户是匿名的，典型的有基于 Web 的信息查询，诸如航班查询、旅馆价格查询等。

数据外包（data outsourcing）：数据外包是近年来企业采用较多的方案，即数据不是放在本地管理而是委托给外部服务供应商代为管理。这样如何满足有选择性地访问远程数据这种形态？其访问控制该如何设计？

这些特征给访问控制机制的设计与开发迎来了新的挑战。

13.3.1　经典访问控制模型

经典访问控制模型可以分为三大类：自由裁量的访问控制（discretionary access control，DAC），依赖于用户标识来制定访问决策；强制性的访问控制（mandatory access control，MAC），依赖于集中授权的强制规则来制定访问决策；基于角色的访问控制（role-based access control，RBAC）。

自由裁量的访问控制以识别请求访问用户和一组授权规则为基础。一个授权是一个三元组（s，o，a），表示允许用户 s 在对象 o 上执行动作 a。最早的模型称为访问矩阵模型，用 S、O 和 A 表示用户（s）、对象（o）和动作（a）集合。如果用一个二维矩阵来记录这个三元组不是很合理，原因是 A 的值是稀疏的。实现的样例有授权表和访问控制表等。

授权表（authorization table）是将每个非空 A 中的条目存放在表里，包含 user、action 和 object 三个属性。以用户、动作和对象为列的一张表如下。

用户	动作	对象
张勇	read	Student
张勇	write	Student
王芳	write	Student
…	…	…

访问控制表（access control list，ACL）则有多种实现形态。

按对象列表存储，即存储与每个对象相关的包含用户和施加在该对象的列表，如图 13.2 所示。

也可以按用户列表存储，即用户对数据对象拥有的权利，如图 13.3 所示。

访问矩阵模型里，自由裁量的访问控制有了演变，可提供如下特征的支持。

- 条件：为了让授权有效，需要满足一些限制，现在的访问控制系统允许有条件授权。

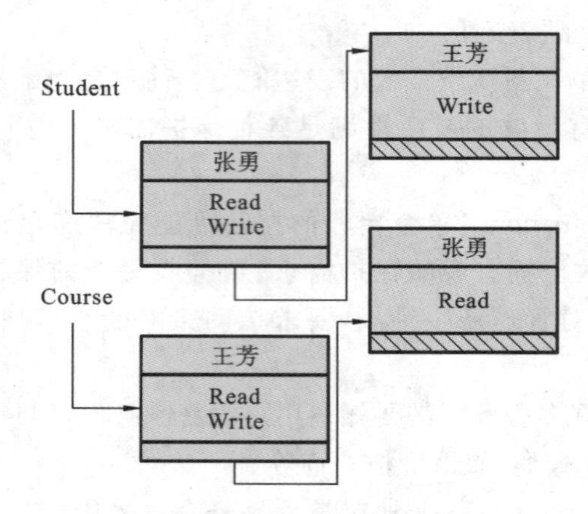

图 13.2　按对象列表存储

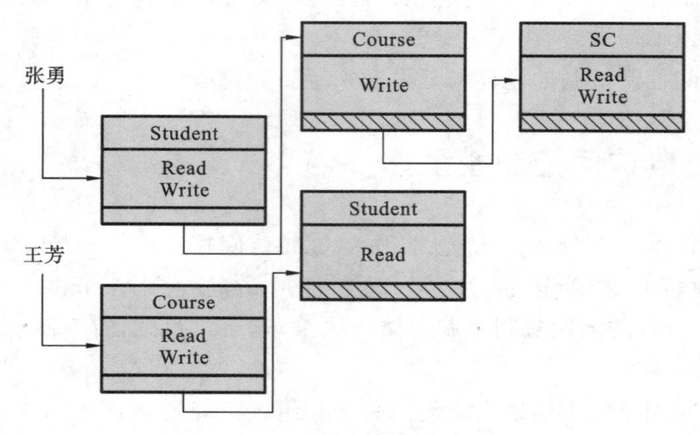

图 13.3　按用户列表存储

● 抽象:为了简化授权定义过程,自由裁量的访问控制支持用户组和对象类,它们可以分层组织。按照不同的传播策略,授权可以以抽象形态传递给其下属所有成员。

● 例外:抽象的定义自然引起授权定义的例外支持。例如,允许某个组里除 A 以外的所有用户访问某类数据,或者除某个/些数据对象以外允许访问某类数据。

值得注意的是,引入正面授权和负面授权会产生两个问题。① 不一致性:分层体系里的某个元素得到彼此冲突的授权,即传递过来的某个授权包含自己,另一个授权又把自己排除在外;② 不完整性:有的元素既未得到授权也未被排除在授权之外,即属于未知状态。

例如,用户 A 既是教师也是在职研究生,在教师分层体系和学生分层体系里都有 A 的出现。如果教师和学生层次都得到对某个数据的授权,而 A 在教师体系被排除在外,则在学生体系里获得授权。这样,A 就获得了彼此矛盾的授权。

不完整性问题常使用默认策略来解决。① 开放型:分层体系中的未知元素就意味着允许访问;② 封闭性:分层体系中的未知元素就意味着拒绝访问。

13.3.2　强制性访问控制

强制安全策略采用通过集中授权施加以规则为基础的访问控制。强制安全策略的最常用形式是多级安全策略，以系统里用户/程序（通称为主体，即 subject）和对象的分类为基础。系统里的每个 subject 和对象相关于访问类（access class）。通常由一个安全级别和一个目录集（a set of categories）构成。系统里的安全级别用一个全序关系描述，整个目录形成一个无序的集合。结果访问类集合用一个偏序关系描述（这个关系称为支配，dominance）。一个访问类 c1 的级别大于等于另一个访问类 c2，则称为 c1 支配 c2。这个支配关系构成一个格（lattice）。

强制策略可以分为基于保密强制策略（secrecy-based mandatory policy）和基于完整性强制策略（integrity-based mandatory policy）两类。

基于保密强制策略：是为了保护数据机密性。因此，访问类的与对象相关的安全级别反映了其内容的敏感度，而主体（subject）相关的安全级别称为许可（clearance），反映信任程度。数据目录里关联主体（subject）和对象、定义用户和数据的权限范围。

强制策略的最大缺陷是它们只能控制通过公开通道的信息流，即合法途径操作的通道。因此，强制策略在面对隐蔽通道时是脆弱的，这些通道并非是正常的通信通道，但仍然可为推导信息所利用。例如，一个低级用户请求一个正为高级用户访问的对象，其请求被拒绝，但该用户可推导出目前正由其他高级用户在使用同一资源的结果，这也是一种安全威胁。

基于完整性强制策略：基于完整性强制策略的主要目标是阻止主体（subject）去修改其无权限的信息。和一个用户关联的完整性级别反映了主体插入和修改敏感信息的信任程度。和一个对象关联的完整性级别则反映存放在对象里信息的信任程度和非授权信息修改会导致的损害程度。同时和主体与对象关联的分类集合则定义了用户和数据权限范围。

主体提交的访问请求按以下两条原则进行评估。

no-Read-Down：一个主体 s 可以读一个对象 o，当且仅当对象的完整性类优于主体的完整性类。

no-Write-Up：一个主体 s 可以写一个对象 o，当且仅当主体的完整性类优于对象的完整性类。

例如，假设有两个完整性级别 Crucial(C)和 Important(I)，且 C>I，同时和主体与对象关联的分类集合是{Admin，Medical}。令接入系统的用户为主体〈C，{Admin}〉，它可以读完整性类为〈C，{Admin}〉和〈C，{Admin，Medical}〉的对象，可以写完整性类为〈C，{Admin}〉、〈C，{}〉、〈I，{Admin}〉和〈I，{}〉的对象。

13.3.3 基于角色的访问控制

基于角色的访问控制（role-based access control，RBAC）是近年来十分受青睐的访问控制技术。对任何用户来说，角色（role）是他的一个特权集合，表示其扮演的某个角色。访问系统时，每个用户必须说明其希望扮演的某个角色，根据这个角色，他/她被授予一组特权。可以通过两个不同的步骤定义访问控制策略：管理员定义角色和角色的相关特权；每个用户被指定扮演的一组角色。角色可以分层次组织，因此特权可以按层级传播。

允许一个用户同时扮演多个角色，角色个数可由管理员限定。

值得说明的是，角色和用户组是两个不同的概念。组是用户的命名群，角色是特权的命名群。RBAC 在企业和政务应用中十分受欢迎，因为企业/政务用户往往与角色关联。

13.3.4 基于信任的访问控制

在一个开放和动态应用场景(如电子商务)里,参与者之间往往互不认识,因此无法应用传统的授权和访问控制。这类参与者可以扮演客户角色,请求资源时,拥有资源的服务器可以允许其使用。新的访问控制解决方案应当允许哪些请求者被授权访问资源,同时了解哪些服务器拥有所请求的资源。从而,有学者提出了信任管理(trust management)方案。这里,往往使用公钥技术将公钥和授权捆绑在一起。这些早期的解决方案存在的最大问题:简单授权,即直接给用户 key。授权的规格说明难以管理,而且用户的公钥像一个用户的假名,减弱了信任管理的优点。

这个问题后来被一个称为"数字签名"的技术所解决。有了签名,就能确定被授权用户的真实性。

基于信任的访问控制模型的发展和有效使用还要求解决与信任管理、公开策略、信任委派及回收、信任链建立等相关的问题,尤其是下述问题。

- 本体:各种安全属性和需求要考虑,以保证使用数据的各方能互相理解,这时需要定义一组共同语言、字典和本体(关于本体我们在其他章节详述)。
- 客户端限制和服务器端限制:使用数据的各方既可作为客户也可作为服务器,因此,需要定义客户端的访问控制策略,也要定义服务器端的访问控制策略。
- 基于信任的访问控制规则:开发能够支持信任的访问控制语言。这些语言应当具有表达功能(定义不同的策略),也要简单(便于策略定义)。
- 访问控制评估结果:资源请求者可能不知道其需要访问资源的属性。结果访问控制机制不能简单地返回许可或否定询问者,应当能够询问的最终用户需要哪种资源的信任。
- 信任协商策略:需要各种信任去响应访问请求,一台服务器无法对所有信任进行简单描述,因为有的客户端还不能释放其拥有的全部信任许可。这就需要一种协商机制,让信任方和信任拥有方能够协商。

13.4 管理和查询加密数据

数据加密可以大大提高安全性,但在数据管理上的开销也会增加。数据加密的管理需要强调一些新的要求:选择恰当的加密算法、决定密钥管理体系和密钥分发协议、能够有效地加密数据存储和检索、查询和搜索加密数据的开发技术、保证数据的完整性,等等。

近年来,在远距离服务供应商处存储和处理数据,实现远程数据管理应用发展得很快,典型的如云数据库。但是,位置问题引出了新的挑战,那就是安全性问题。特别是,如果数据中包含敏感信息,则保证机密性是这类模型的关键要素。因此,往往希望远程存放的数据始终以加密形式存储。例如,在云计算里,数据即服务(data as service,DAS)是一个重要的服务应用,此时对云端存放的数据进行加密变得十分重要。当然,传输加密也很重要。目前传输加密技术有很多选择,用户任选其中一种即可。有两个新的挑战值得关注:① 关系型数据的高效加密算法;② 对加密关系数据的查询支持。密码学术界为此进行了许多研究,加密文本数据的关键词匹配技术就是其中一项研究。例如,这种模式可以用来构建安全邮件服务器,服务器里存放着加密邮件，允许用户无需解密邮件内容就可以基于关键词检索邮件。返回客户端上的邮件则要进行解密。还有最近流行的如“安全个人存储”应用。这类应用允许个人在远程服务器上安全存放自己的数据，如云盘应用。特别注意的是，在广泛使用XML的情况下，不仅数据加密很重要，而且数据结构的加密也很重要。

13.4.1 DAS——存储和查询加密数据

DAS以服务形式为客户端提供各种数据管理功能。但关键的问题是，如何保证存放在服务器端中数据的私密性？必须防止对存储在云端的私人数据的非授权访问。一种解决方案是对敏感端口和数据进行加密。因此，加密算法、对加密数据进行查询等问题是目前面临的新的挑战。

在DAS的应用设置里，应当设定数据拥有者、数据的客户端和服务器。数据拥有者在服务器上存放数据，客户端可以按照访问权利远程查询和修改数据。在典型的设置里，数据的有些部分（如关系表的若干属性）是敏感的，需要进行保护（例如，用户的身份证号码、电话等）。敌对方可能是个人或组织。在DAS应用中，假设客户/拥有者的环境是安全的、可信的，因此，主要威胁来自服务器的敌对方。大多数模型里，假设服务供应商正当地实施数据处理，主要关注的是恶意的内部人，他们可以访问数据（如恶意的DBA），为此伤害数据客户/拥有者。在这样的场景里，数据敏感部分必须始终在服务器端保持加密，可信的密钥留在客户端。为了防止外部黑客访问数据，最小需求是对磁盘上的数据进行加密。

13.4.2 查询加密关系数据

假设用户Alice有一个外包数据库，其中包括EMP(eid,ename,salary,addr,did)和DEPARTMENT(did,dname,mgr)两个关系。这里，关系EMP里的属性是雇员号(eid)、雇员姓名(ename)、工资(salary)、住址(addr)和部门标识号(did)。关系DEPARTMENT里的属性是部门标识号(did)、部门名称(dname)和主管经理(mgr)。它们都存储在服务供应商的服务器端。因为服务供应商并不可信，所以关系以加密形式存储。假设数据在记录级加密，即每个表的每个记录加密成一个数据块。这样，加密关系表示由一个加密记录集合构成。

假设在客户端1，Alice提出查询“展示为Bob工作的雇员的工资总和”，如下：

```
Select SUM(E.salary) from EMP as E, DEPARTMENT as D where E.did=D.did AND D.mgr="Bob"
```

Alice评估这样一个查询的可用方法是，请求服务器端获得关系EMP和DEPARTMENT的加密形式。数据到客户端后，客户端对表进行解密并执行查询。这样，整个加密表（可能规模很大）必须传输到客户端，这违反了外包数据库的本意。反之，使用DAS的本意是直接在服务器端处理查询，而无需解密数据。

那么如何解决呢？如前所述，查询表达式由谓词表达式的合取或析取形式构成。谓词表达式的一般形式如下：

$$\mathbf{age}=18 \tag{1}$$

$$\mathbf{age}=\mathbf{age}+1 \tag{2}$$

其中：式(1)的左边是一个属性，右边是一个值，中间是一个比较运算符（如=、<、>、≠等）。

(2)式的右边是一个算术表达式。它们构成查询里最基本的运算。

在关系型表示的数据进行加密后,要对其实施 SQL 查询,即开发出一种能在加密数据上支持比较运算和算术运算的机制。对此,可以提出如下两类方法。

(1) 基于新加密技术方法:这种方法可以直接加密,表示数据上的算术运算符和/或比较运算符。不解密但支持有限计算的加密技术近来出现较多。一种技术是隐私同态(privacy homomorphism,PH)技术,支持基本算术运算。参考文献[5]中提出了一种转换技术,保留原始数据的序,这样将转换用作序保留加密(order-preserving encryption),因此支持比较运算符。可以在序保留加密技术上构建技术以实现其他关系运算符,如选择、连接、排序和分组,但是加密机制不能支持服务器上的聚集运算。

(2) 信息隐藏方法:与基于新加密技术方法不同,这种方法在存储加密数据的同时存放附加的辅助数据,以便在服务器端估算比较运算和/或算术运算。这类辅助信息以索引形式进行存放(称为安全索引),可以在服务器上透露关于数据的部分信息。安全索引是利用信息隐藏机制小心设计的(源于上下文统计泄露的控制,context of statistical disclosure control)以限制信息泄露的程度。

● 一般化:将数值或无条件值(categorical value)使用更通用的值替换。数值可以使用原始值的范围(range)替换,无条件值可以使用更通用的类(如分类树的祖先节点)替换,等等。

● 交换:获取数据集里两条不同的记录,交换特定的属性值,例如,两条记录对应个体的工资值互换。

13.4.3 DAS 查询处理体系结构

DAS 查询体系结构如图 13.4 所示。

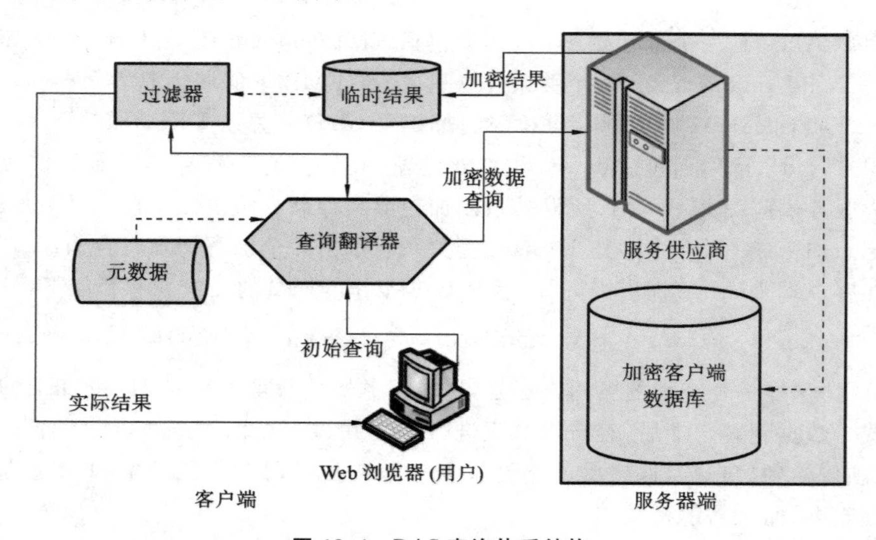

图 13.4 DAS 查询体系结构

图 13.4 展示了 DAS 中服务器端的数据采用信息隐藏技术的控制流程。主要的实体有用户、客户端和服务器端。客户端将数据存放在服务供应商的服务器里。为了安全,数据始终在服务器端以加密形式存放。加密数据库扩展了附加信息(安全索引),允许在不危害数据私密性的情况下进行一定程度的查询处理。客户端也维护元数据,以便将用户查询翻译成服务器

端的适当表示形式，在服务器查询结果上实施后处理。基于存储的辅助信息，未加密关系上的原始查询分裂成：① 运行在服务器端加密数据上的服务器查询；② 运行在客户端上的客户查询，在服务器查询执行结果后处理。

整个流程是，用户在客户端发出查询请求并转交给查询翻译器（query translator），查询翻译器查询元数据（获得附加信息），然后向服务器端发出加密数据查询。服务供应商接收到查询请求后访问保存在服务器端的加密客户端数据库，将加密数据回传回客户端。返回的临时结果（temporary results）经过过滤器筛选后将结果返回给用户。

13.4.4　关系型数据加密和存储模型

下面讨论关系型数据加密和存储模型，对每个关系：

$$R(A_1, A_2, \cdots, A_n)$$

可以在服务器上存储加密关系，记作：

$$R^S(etuple, A_1^S, A_2^S, \cdots, A_n^S)$$

其中：属性 etuple 用于存储一个与关系 R 中元组对应的加密串。为每个属性 A_i 生成对应的索引 A_i^S，并在服务器上实现查询处理。例如，考虑一个关系 emp，存储关于雇员的信息，如表 13.1 所示。

表 13.1　使用关系 emp 存储关于雇员的信息

eid	ename	salary	addr	did
23	Tom	70000	Maple	40
860	Mary	60000	Main	80
320	John	50000	River	50
875	Jerry	55000	Hopewell	110

emp 表在服务器上映射成对应的表，如下：

$emp^S(etuple, eid^S, ename^S, salary^S, addr^S, did^S)$

对应属性的索引会在搜索和连接谓词中使用。不失一般性，可以假设为关系的每个属性创建相应索引。实现时需要以下函数的支持。

分割函数（partition function）：为了说明如何为关系 R 的每个属性存储相应的 R_i^S 的属性 R_i^S，先说明有些记法。属性 R. A_i 的值域 D 首先映射为分割 $\{p_1, p_2, \cdots, p_k\}$，并让这些分割合起来覆盖整个值域，则函数分割定义为：

$$partition(R.A_i) = \{p_1, p_2, \cdots, p_k\}$$

例如，emp 关系中的属性 eid 的值域是[0,1000]，假设整个值域分为 5 个分割：

partition(emp. eid) ＝ {[0,200],(200,400],(400,600],(600,800],(800,1000]}

不同的属性可以使用不同的分割函数，或者可把它们放在一起分割成一个多维模型。属性 A_i 的分割对应将其值域分成一个吊桶集合。分成吊桶可以提高结果查询效率。假设分割是等宽实施的，且让泄密局限到吊桶以内。

标识函数（identification function）：标识函数 $ident_{R.A_i}(p_j)$ 将属性 A_i 的每个分割 p_j 映射成一个唯一的标识。图 13.5 所示的为 emp. eid 的分割和标识函数，其中 $ident_{emp\_eid}([0,200])$ ＝

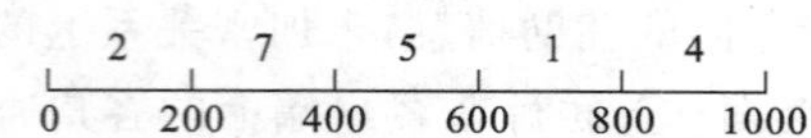

图 13.5 emp. eid 的分割和标识函数

2, and $ident_{emp.eid}((800,1000])=4$。

映射函数(mapping function):给出上述分割函数和标识函数后,还需要一个映射函数,记作 $Map_{R.Ai}$,将属性 A_i 域中的一个值 v 映射成分割标识,即 $Map_{R.Ai}(v) = ident_{R.Ai}(p_j)$,其中 p_j 是包含 v 的分割。

存储加密数据(storing encrypted data):对 R 中的每个元组 $t=\langle a_1, a_2, \cdots, a_n\rangle$,在关系 R^S 中存储一个元组:

$\langle encrypt(\{a_1, a_2, \cdots, a_n\}), Map_{R.A1}(a_1), Map_{R.A2}(a_2), \cdots, Map_{R.An}(a_n)\rangle$

其中:encrypt 是一个用于对关系元组加密的函数。例如,表 13.2 就是存放在服务器的加密关系 emp^S。

表 13.2 存放服务器的加密关系 emp^S

etuple	eid^S	$ename^S$	$salary^S$	$addr^S$	did^S
1100110011110010…	2	19	81	18	2
1000000000011101…	4	31	59	41	4
1111101000010001…	7	7	7	22	2
1010101010111110…	4	71	49	22	4

第一列 etuple 是与 emp 关系对应的加密元组的串。例如,第一个元组加密成“1100110011110…”,等价于 encrypt(23, Tom, 70000, Maple, 40)。第二个加密成“1000000000011101…”等价于 encrypt(860,Mary,60000,Main,80)。加密函数作为一个黑盒子,可以使用任意块加密技术,如 AES、Blowfish、DES 等算法来加密元组。第二列对应于属性雇员标识(即工号)的索引。例如,第一个元组的属性 eid 是 23,对应的分割是[0,200]。因为该分割标识为 2,因此存放 2 作为索引。

解密函数(decryption function):给定的 E 算符将关系映射成用其加密表示,其逆运算 D 将加密映射成用对应的解密表示,也就是 $D(R^S) = R$。上例中,$D(emp^S)=emp$。D 算符也可用于查询表达式。

1. 映射条件

为了将运算(如选择运算和连接运算)中的指定查询条件翻译成服务器端表示的对应条件,会使用翻译函数,记作 Map_{cond}。这些条件可帮助服务器端实现翻译关系算符和翻译查询树。对每个关系,服务器端存放加密元组和属性索引,客户端存放特定索引的元数据,如属性的分映射函数等信息。客户端利用这些信息翻译给定查询 Q 成为服务器端的查询 Q^S,在服务器端执行。

2. 翻译关系算符

这里讨论选择运算和连接运算。策略是通过分割算符的条件,让其跨客户端和服务器端,使得存在服务器端的属性索引有算符生成答案的扩展集(superset)。这个集合在客户端解密后进行过滤,产生真实的结果。目标是尽量让客户端的工作最小化。

下面举一个例子加以说明,令 R 和 T 为两个关系。

● 选择算符(σ):$\sigma_C(R)$是关系 R 上的一个选择运算,C 是与 R 上的属性 $A_1, A_2, \cdots, A_n$ 相关的选择条件。这样一个算符的直接实现是把关系 R^S 从服务器端传输到客户端。然后,客户端使用 D 算符解密结果和实现选择运算。然而，这个策略把整个选择实现工作推给了客户端。此外，整个加密关系需要从服务器端传输到客户端。一种替代机制是使用 C 中涉及属性的索引将部分选择运算工作放在服务器端进行计算，再把结果推送给客户端。客户端解密传输过来的结果，过滤掉不满足 C 的元组，即

$$\sigma_C(R)=\sigma_C(D(\sigma^S_{Map_{cond}}(C)(R^S)))$$

以 $\sigma_{eid<395 \wedge did=140}(emp)$ 为例，使用前面所说的映射函数 $Map_{cond}(C)$，这个查询演变成：

$$\sigma_C(D(\sigma^S_{C'}(emp^S)))$$

其中：服务器端的条件 C′是：

$$C'=Map_{cond}(C)=[eid^S\in[2,\ 7]\wedge did^S=4)$$

● 连接算符(∞)：考虑一个连接运算 $R\infty_C S$，其中 C 可以是连接条件，可以是等连接，也可以是不等连接。这样一个连接可以实现为：

$$R\infty_C T=\sigma_C(D(R^{S}\,{}^{\infty^S}_{Map_{cond}(C)}\,T^S))$$

例如，连接运算：

$$emp\infty_{emp.did=mgr.did}\ mgr$$

可以翻译为：

$$\sigma_C(D(emp^S\,{}^{\infty^S}_{C'}\,mgr^S))$$

其中：C′是 C 的映射结果。值得一提的是，连接运算∞也映射成∞^S，因为条件变了，所以运算形态也得有所变化，以保证获得正确的结果。

3. 查询执行

给定一个查询 Q，先把 Q 分解成两部分，一部分交给服务器端，一部分交给客户端。下面是一个例子(这个例子选自参考文献[2]，需要了解细节的读者请阅读参考文献[2])。

```
SELECT emp.name FROM emp
WHERE emp.salary> (SELECTAVG(salary)
FROM emp WHERE did=1);
```

图 13.6 是原始查询对应的原始查询树。图中的 Q^C 表示客户端实施的查询，Q^S 表示服务器端实施的查询，PH 指的是隐私同态(privacy homomorphisms)①。如果采用第一种策略，则简单地把加密后的 emp 表传输到客户端，在客户端解密域实施查询，如图 13.7 所示。另一种策略是分解查询(称为内查询)，一部分让服务器端实施，选择出对应 Mapcond(did =1)的元组。然后服务器端将 emp 表的加密版本 emp^S 里满足内查询的元组集(加密形式)传输给客户端。客户端解密收到的结果，选出在部门号 1 工作的雇员，再把结果返回给用户(见图 13.8)。图 13.9 则是图 13.8 的一种变形，服务器端和客户端多次交互，如先在服务器端对内查询进行评估，选出 did = 1 的雇员，再把结果发送给客户端，解密后计算平均工资。平均工资加密后再发送给服务器端，计算连接。接着把结果发送给客户端解密。

限于篇幅，这些图的含义及细节这里不再赘述，关于细节和其他运算，请读者参见参考文献[2]。

---

① 这涉及的是一种同态加密方法。同态加密是指一种加密函数，对明文进行环上的加法和乘法运算再加密，与加密后对密文进行相应的运算，结果是等价的。

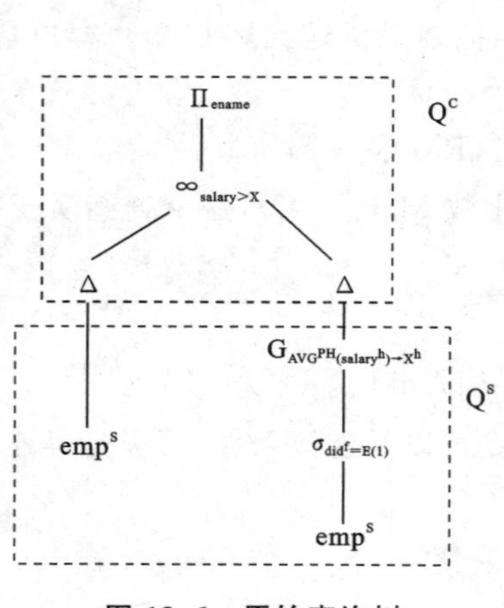

图 13.6 原始查询树

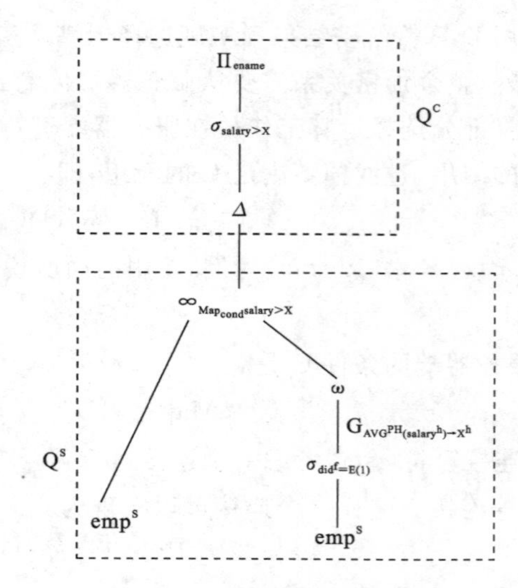

图 13.7 替换加密关系

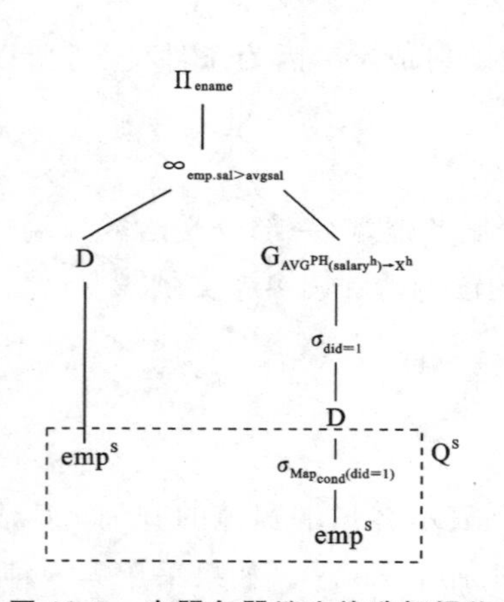

图 13.8 在服务器端实施选择操作

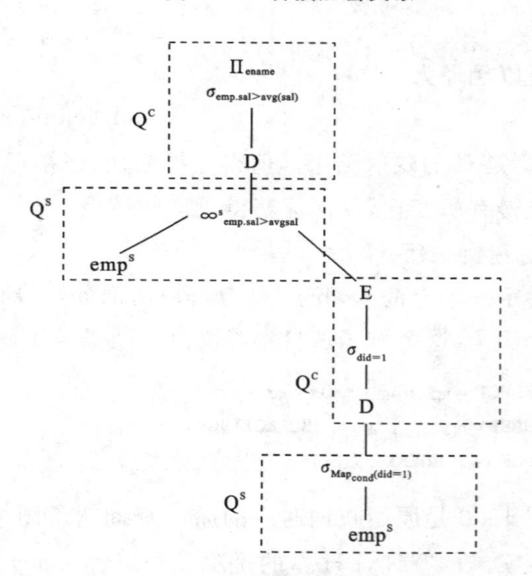

图 13.9 在客户端-服务器端多次交互

习 题 13

1. 什么是数据库的安全性和数据库的完整性？它们的主要区别是什么？
2. 什么是访问控制策略？什么是访问控制机制？为何要将它们分开？

第14章 并行数据库系统

并行数据库系统可以看成是分布式数据库系统的一个特例。本章结合参考文献(如参考文献[7]),介绍作者主持并参与的 Teradata DBC 并行数据库管理系统分布式版本研制和商品化产品(如 Oracle OPS 和 Oracle RAC)信息的内容。

并行计算机或多处理器系统本身就是由在一个机柜里的快速网络互联的许多节点(处理器和存储器)构成的分布式系统。

分布式数据库技术可以扩展到并行数据库系统,即运行在并行计算机上的数据库系统。并行数据库系统在数据管理方面利用并行性,可以用比主机计算机低廉的价格实现高性能和高可用性的数据库服务功能。

14.1 并行处理概述

使用并行处理解决科学和工程中的实际问题是目前常用的手段。并行可以加快那些对时间和存储需求高的计算速度。所谓阿姆达尔定律(Amdahl's law)就说明了并行处理的这个特点[①]。此外,还有 Gustafson-Barsis 定律[②]则进一步将注意力引向可伸缩性(scalability)。

14.1.1 并行体系结构

首先我们讨论并行计算机及其体系结构。简单来讲,并行计算机就是由多个处理单元组成的计算机系统,这些处理单元相互通信和协作,能快速、高效地解决大型复杂问题。

并行计算机的发展已有 50 多年的历史。在此期间,出现了各种不同类型的并行机,如并行向量机(parallel vector processor,PVP)和 SIMD(single instruction multiple data,单指令多数据流)计算机等,而 MIMD(multiple instruction stream multiple data stream,多指令多数据流)类型的并行机后来占了主导地位。

按指令流、数据流等进行分类,并行机可分为以下四类。

- SISD:单指令单数据流,即指令部件只对一条指令处理,只控制一个操作部件的操作。
- SIMD:单指令多数据流,即由单一指令部件同时控制多个重复设置的处理单元,执行同一指令下不同数据的操作,如阵列处理机。
- MISD:多指令单数据流,即多个指令部件对同一数据的各个处理阶段进行操作。
- MIMD:多指令多数据流,即多个独立或相对独立的处理机分别执行各自的程序、作业或进程。

还有其他分类方法,如下面所说的 SMP 和 MPP。

---

① https://en.wikipedia.org/wiki/Amdahl%27s_law。

② https://en.wikipedia.org/wiki/Gustafson%27s_law。

目前，主流并行机是可扩展的并行计算机(scalable-parallel computer，SMP)，包括共享存储的对称多处理机(symmetric multiprocessor)、分布存储的大规模并行机(massively parallel processor，MPP)、分布式共享存储(distributed shared memory，DSM)多处理机、工作站集群(cluster of workstations，COW)和网格计算环境(grid computational environment，GCE)等。但这里我们讨论更宽泛的概念，统称为并行系统。

并行系统与并行计算密切关联。关于并行计算，我们选用 Wikipedia 的说法[①]：

并行计算是一种计算形态，其中许多指令同时执行，将大问题分解成许多小问题，同时(即“并行”)求解这些小问题。

并行系统代表各种设计选择的折中，以提供各自的优点并获得更好的性价比。可以选择合适的硬件成分，如处理器、存储器和磁盘，让它们借助高速通信介质互联。并行系统体系结构的两个极端是共享内存体系结构和无共享体系结构，它们的中间形态是共享磁盘体系结构。还有混合体系结构，如层次体系结构或 NUMA 体系结构，具有综合共享内存和无共享(shared-nothing)等特点。

1. 共享内存体系结构

共享内存体系结构如图 14.1 所示。如其名称，系统中的任何一个处理器可以通过快速互联访问任何存储模块或磁盘。IBM3090 主机[②]使用的就是这种结构。

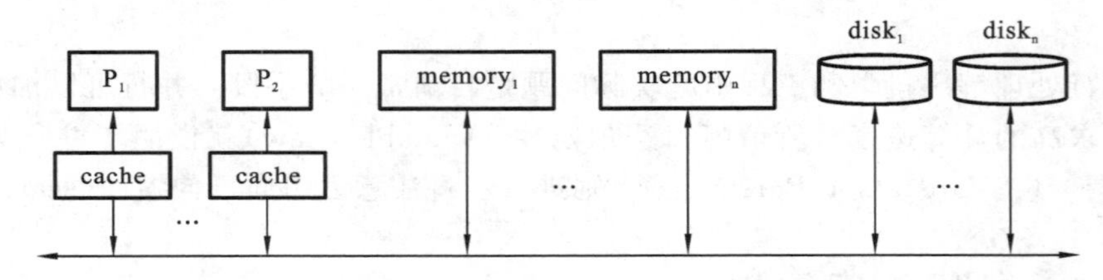

图 14.1　共享内存体系结构

对于数据库系统来说，大部分共享内存的商务产品可以使用查询间并行算法(inter-query parallelism)来提高事务吞吐量和使用查询内并行算法(intra-query parallelism)来节省决策支持查询的响应时间。

共享内存有两大好处：简化和负载均衡。这两大好处是因为元数据(字典)和控制信息(如封锁表)可以为所有处理器所共享。共享内存体系结构的负载均衡会很优良，因为很容易在共享内存运行时实现负载均衡。

共享内存也有缺点，即高成本、有限扩展和低可用性。高成本是互联造成的，因为复杂度增加了。若使用更高速的处理器(甚至带有大量缓冲存储器)，存取共享内存会增加冲突，性能下降。因此，这类并行系统扩展的规模往往局限在两位数的处理器个数(即处理器个数≤100)。最后，因为内存空间为所有处理器共享，所以内存故障会影响所有处理器，伤害数据库的可用性。

值得一提的是，多核架构已经成为处理器设计的主要趋势以及处理各种应用的主流平台。

在目前多核架构的设计中，每个处理器核拥有私有的 L1 cache，并有多个核共享 L2/L3 cache。这种架构也可以看成是共享内存的体系结构。

---

① http://en.wikipedia.org/wiki/Parallel_computing。

② http://www-03.ibm.com/ibm/history/exhibits/mainframe/mainframe_PP3090.html。

2. 共享磁盘体系结构

共享磁盘体系结构如图 14.2 所示。处理器可以通过互联存取任何磁盘单元和排外地(非共享)存取其内存。每个处理器可以存取共享磁盘上的数据库页面,并将它们复制到自己的缓冲区里。为了避免相同页面的冲突存取,维持缓冲的统一,需要有一个全局的封锁协议。

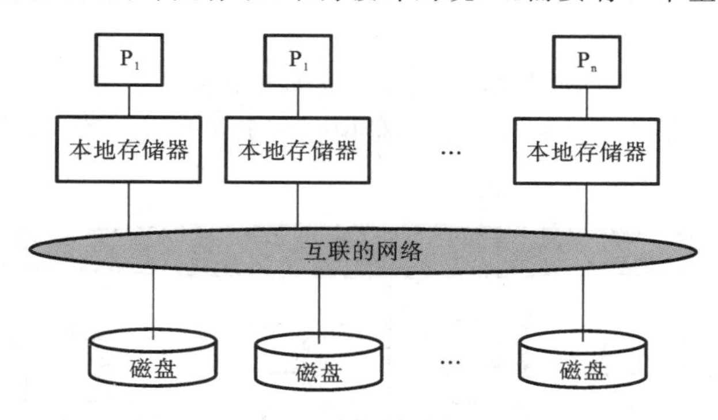

图 14.2　共享磁盘体系结构

共享磁盘的优点:成本低、高可扩展性、负载均衡、高可用性,以及能方便地迁移到单处理器系统。由于使用常用的总线技术,互联的成本和共享内存大大降低。如果为每个处理器都配置足够大的缓冲,则在共享磁盘上的冲突能最小化。这样,在可扩展性(当上百个处理器时)上会更好。由于处理器的内存故障可以和其他处理器的存储节点隔离,所以可用性会更高。由于无需重组磁盘上的数据,所以从集中式系统迁移到共享磁盘系统要直接得多。

共享磁盘也存在高复杂性和潜在的性能问题。它需要分布式数据库系统协议,如分布式封锁和两阶段提交协议。这些问题比较复杂。此外,要保持副本间的统一,需要高的通信开销,共享的磁盘也是瓶颈口。

3. 无共享体系结构

无共享体系结构如图 14.3 所示。每个处理器排外地存取自有的主存和磁盘。这样,每个节点可以看成是分布式数据库系统中的本地节点(有自己的数据库和软件)。因此许多分级分布式数据库使用的解决方案,如数据库分片、分布式事务管理、分布式查询处理等都可以在这里得到重用。

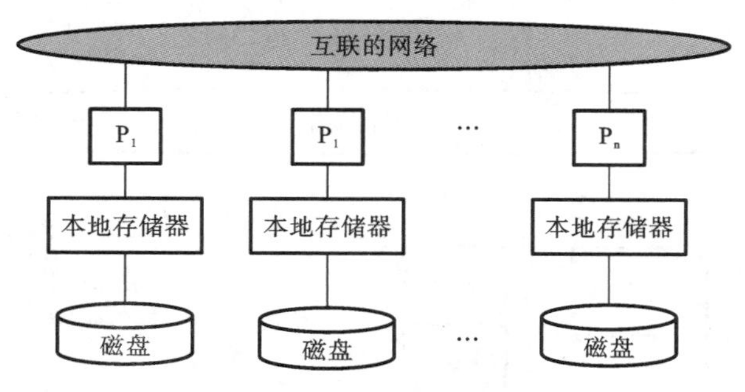

图 14.3　无共享体系结构

无共享的并行数据库系统如 Teradata 的 DBC 和 Tandem 的 NonStop SQL 等。

无共享体系结构有三个优点:成本低、高可扩展性和高可用性。其成本低与共享磁盘时的情况相同。由于增加新节点方便,所以可扩展性也好。通过在多个节点上复制数据,可以获得高可用性。

无共享内存系统比共享内存系统复杂得多。高复杂性是由于必须在有大量节点时实现的分布式数据库功能。此外，负载均衡更难实现，因为它依赖于为每个查询进行数据库分割的有效性。与共享内存和共享磁盘不同，负载均衡取决于数据分布而非系统的实际负载。更进一步，系统加入新节点时要求重组数据库来达到负载均衡。

4. 层次体系结构

并行计算机系统中还有一种层次体系结构(也称集群体系结构)。层次体系结构结合了无共享体系结构和共享体系结构的特点。思路是构造一个无共享机器，其节点则是共享内存的。层次体系结构如图 14.4 所示。

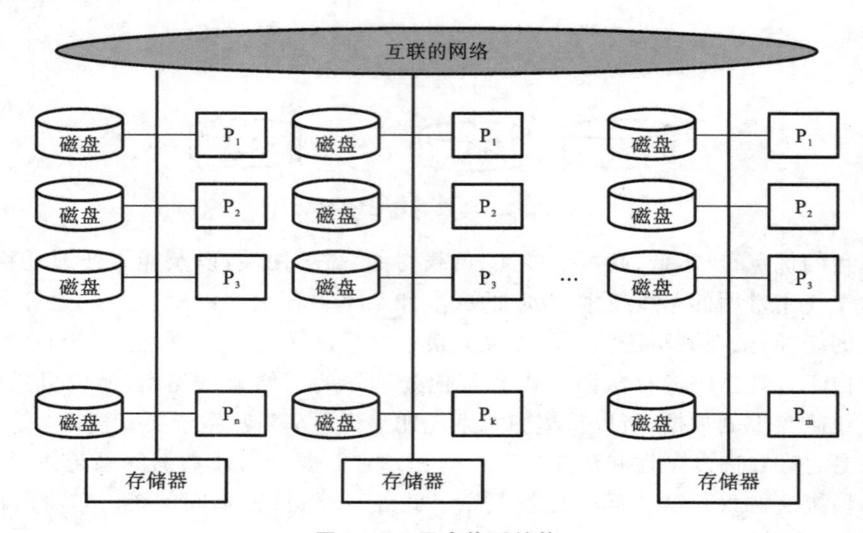

图 14.4　层次体系结构

层次体系结构有共享体系结构的灵活性，也有无共享体系结构的高可扩展性。在每个共享内存节点，通信可以通过使用共享内存有效地实现，从而提升了性能。由于共享内存体系结构，负载均衡也更容易。

5. NUMA 体系结构

NUMA(nonuniform memory access)也是一种体系结构(见图 14.5)。它把处理器和存储模块紧密地集成在一起。

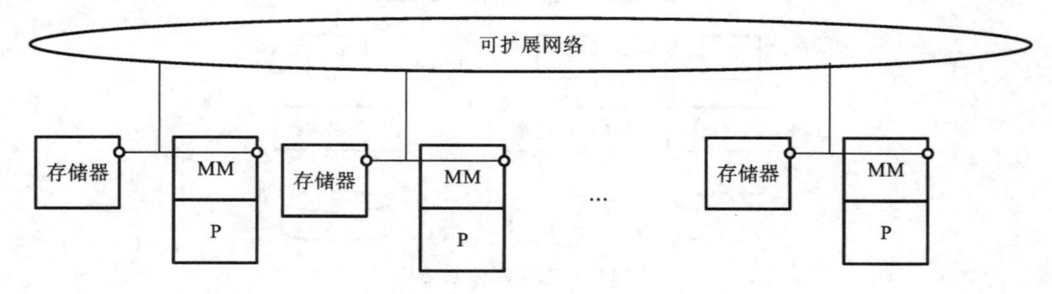

图 14.5　NUMA 体系结构

为了综合可扩展性和灵活性，共享内存的多处理器演变成 NUMA 体系结构。其目标是提供一个共享内存程序模型及保持其优点，形成一个可伸缩的并行体系结构。

NUMA 体系结构还可分为两种：CC-NUMA(cache coherent NUMA machines)，它静态

地把内存按系统节点划分;COMA(cache only memory architectures,仅缓存内存体系结构),它把每个节点的内存转换成共享地址空间的大型缓冲区,如图 14.6 所示。这样,数据项分配完全借助其物理地址,数据项自动在内存迁移或复制。

因为共享内存和缓冲一致是由硬件支持的,远程内存访问非常有效,时延只是本地存取的数倍。

NUMA 现在是用基于国际标准和买来就可用的部件(如通用的 PC 服务器)来构建的。

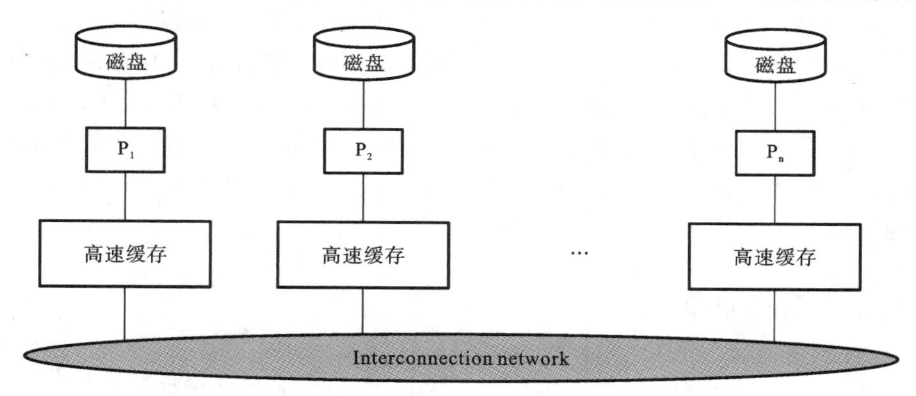

图 14.6 COMA

我们选用早期的 Teradata DBC① 作为示例进行介绍,原因是笔者熟悉该系统。20 世纪 90 年代中期,笔者曾主持并参与了其分布式版本的研制。

将 Teradata DBC 设计成一个无共享的 MPP 结构。

MPP 是 massively parallel processing 首字母的缩写,与 SMP(symmetric processing)对应。两者之间的主要差别是 SMP 系统里的所有 CPU 共享内存,而在 MPP 系统里,每个 CPU 有自己的内存。所以从某种角度看,MPP 系统编程更难,但存储访问的瓶颈的改善则要好得多。

Teradata 公司的 DBC 的一个特色是处理器互联的 Ynet(BYnet)结构。Ynet 是一种节点互联结构(见图 14.7),通过分叉形(类似于字母 Y)的连接器灵活地把处理器成对连接起来。

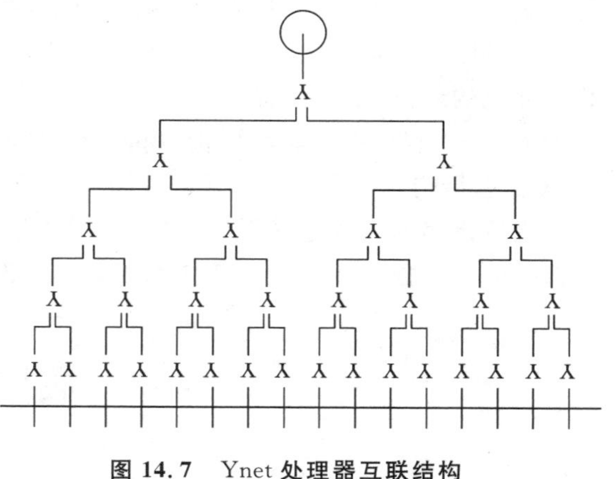

图 14.7 Ynet 处理器互联结构

由图 14.7 可见,使用一个 Y 连接器可以接入两个节点,每个节点上接入一个处理器就成为两处理器的系统,若每个分叉上接入 Y 连接器,则可接入 4 个处理器,若再扩展一层(第三层),就可接入 2^3 个处理器。依此类推,第 n 层就可接入 2^n 个处理器。显然,扩展灵活性是这类结构的典型特点。

目前,新的趋势是多核体系。多核处理器是指在一个处理器中集成两个或多个完整的计算引擎(内核),此时处理器能支持系统总线上的多个处理器,由总线控制器提供所有总线控制

① 目前,Teradata 公司是全球最大的数据仓库及企业分析方案的供应商之一。参见 http://www.teradata.com。

信号和命令信号。双核、四核、八核，甚至几十核的处理器(CPU)已在市场上流行。多核体系开启了并行计算、并行编程的新时代。

与此同时，超级计算机的研制也如火如荼。2008年，超级计算机进入了浮点运算速度达每秒千万亿次时代，IBM公司的Roadrunner达到峰值1.026 petaflop/s。2014年，中国天河二号获全球超级计算机排行榜四连冠，浮点运算速度为33.86 petaflop/s。2016年6月20日，第47届国际高性能计算机系统TOP 500排行榜中：第一名是由我国国家并行计算机工程技术研究中心研发的“神威·太湖之光”超级电子计算机，其Linpack测试值为93.0146 petaflop/s，峰值浮点运算速度为125.4359 petaflop/s。2018年的第51届国际高性能计算机系统TOP 500排行榜上，第一名为美国的Summit高性能电子计算机系统，其Linpack测试值为122.3000 petaflop/s，峰值浮点运算速度为187.6593 petaflop/s，功耗为8806 kW；中国的“神威·太湖之光”超级电子计算机名列第二，其Linpack测试值为93.0146 petaflop/s，峰值浮点运算速度为125.4359 petaflop/s，功耗为15371 kW。

14.1.2 网格计算

网格计算(grid computing)概念目前已比较流行。归根结底，网格计算也是一种并行计算结构。它试图建立一个计算体系，任何时候、任何地点，只需将终端接入网络用户就可以灵活地获得计算能力。这样一种计算环境可以使用地理上分散的计算设施来满足科学和企业的需求。主要问题是网格中包含的系统是异构的。假设一个网格由不同的硬件平台、操作系统、软件库和应用构成一个大型的协作系统，它就有能力实施高吞吐量的计算。其中，有些差别是容易克服的，如不同的处理器或操作系统，但有些则难于捉摸。

值得注意的是，已有众多的网格计算商业和科学工具包，如OGF(Open Grid Forum)[①]拥有标准化的地位，结果是诞生了一个参考实现(Globus Toolkit[②])。OGF的公共网格体系结构称为开放网格服务体系结构(open grid services architecture)。这个体系结构的基础是SOA体系结构。

当然更多的问题是并行计算技术。例如，信息检索是网格计算的一个重要应用，因为检索大量的分布数据需要并行计算技术的支持。为此研究出了许多新的技术。

14.2 数据库并行结构

本节讨论适合有效管理数据库的并行系统。

14.2.1 并行数据库系统的目标

并行处理是计算机系统中能同时执行两个或多个处理的一种计算方法，目的是改进性能。因此，并行处理可以有效地应用于科学计算上，改进了科学计算的应用响应时间。随着微处理

① https://www.ogf.org/ogf/doku.php。

② http://toolkit.globus.org/toolkit/。

器、并行计算机、并行程序设计技术的发展，使得并行处理广泛进入了数据处理领域。

并行数据库系统结合了数据库管理和并行处理技术。常规数据库管理系统一直面临的一个大问题是"I/O 瓶颈"，即内存访问和磁盘存取之间花费的时间差别达几个数量级。找到解决这个瓶颈问题的方法一直是 DBMS 研究十分关注的。

通过并行化可以增加 I/O 带宽。例如，我们将一个大小为 D 的数据库存放在吞吐量为 T 的硬盘上，系统的吞吐量局限在 T。反之，如果我们有 n 个磁盘，每个磁盘存放 D/n 容量的数据，每个磁盘存放的数据的吞吐量为 T′(希望也等于 T)，则总的吞吐量为 n×T′，因为它由 n 个处理器分担了。所以，我们说并行化可以很好地解决这种瓶颈问题。

因此，并行数据库系统设计人员在努力开发面向软件的解决方案，其基础是强大的多处理器硬件的支持。并行数据库系统的目标可以借助于扩展分布式数据库技术来实现，例如，把数据库分解后，其存储跨越在多个磁盘上，使用内、外查询并行处理来达到优秀的性能。这样可以大大改进性能，包括响应时间和吞吐量(每秒事务数)。考虑面向集合处理和应用迁移的便利，绝大多数的工作放在支持 SQL 上。典型的产品有 Teradata 公司的 DBC、Tandem 公司的 NonStop SQL，等等。事实上，无论是 ORACLE、DB2 还是 INFORMIX 都有其并行数据库版本。

并行数据库系统可以粗略定义为在一个紧耦合多处理器上构造的 DBMS。

并行数据库系统扮演着一个数据库服务器的角色，为计算机网络上的以通用的 Client/Server(C/S)方式组织的多个应用服务器服务。并行数据库系统支持数据库功能，提供 C/S 接口和一些通用功能。为了限制客户机和服务器间的通信开销，需要一个强大的高级接口，让服务器完成更多的数据处理。

理想情况下，并行数据库系统应当提供比主机(mainframe)更高的性价比，这也是并行数据库系统要达到的目标。

- 高性能(high-performance)：可以借助面向数据库的操作系统的支持，依靠并行性、优化和负载均衡等获得高性能。让操作系统了解数据库的特殊需要(如缓冲管理)，简化数据库低级功能的实现，从而减少成本。例如，使用专门的通信协议可以使消息的开销减小。并行化可以增加系统的吞吐量(使用查询间并行技术)、节省事务响应时间(使用查询内并行技术)。但通过大规模并行处理减少复杂查询的响应时间可能会增加总的时间(增加通信时间)，影响吞吐量。因此，通过优化和并行化查询以使并行化开销最小化是绝对重要的。

- 高可用性(high-availability)：因为一个并行数据库系统由许多相似成分构成，所以可以使用数据副本来增加数据库可用性。一个高度并行的系统有许多存储磁盘，因此，本质上，磁盘故障不会导致负载不均衡。

- 可扩展性(extensibility)：在一个并行环境里，数据库大小的增加和对性能需求(如吞吐量)的增加是很容易出现的。可扩展性指的是系统容易通过处理和存储来实现扩展的功能。理想情况，数据库系统应当表现出两个优点：线性扩展和线性加速。线性扩展指的是随着数据库大小的增长，处理和存储能力上线性增长的支持性能。线性加速指的是数据库大小不变时，处理和存储能力上线性增长的支持性能。进一步，扩展系统应当要求现有数据库的重组最小化。相对来说，线性扩展和线性加速对分布式 DBMS 来说是不合适的目标，因为不容易实现。

下面讨论并行数据库系统的体系结构(见图 14.8)。假设有一个 C/S 体系结构的并行数据库系统，并行数据库系统支持的功能可以分为三个子系统，即会话管理器、请求管理器和数据管理器，与典型的 RDBMS 一样。它们会涉及并行性、数据分片、复制问题和分布事务等问题。

● 会话管理器(session manager)。它扮演事务监控器的角色(如 TUXEDO[①])，为客户机和服务器交互提供支持。特别是它实现了客户进程和两个其他子系统间的连接和断接。因此，它可以启动和关闭用户的会话(可能包含几个事务)。在 OLTP 会话里，会话管理器能够触发事务管理器模块里预载的事务代码。

● 请求管理器(request manager)。它接收与查询、编译和执行有关的客户请求。它可以查询数据库字典，其中存放着关于数据和程序的全部元信息(meta-information)。字典本身也像数据库一样由服务器管理。它可以将各个编译阶段、查询执行和返回结果或误差码给客户应用。因为它管理事务执行和提交，出现事务故障时它可以触发恢复程序。为了加速查询执行，它可以在编译时优化和并行化查询。

● 数据管理器(data manager)。它提供并行运行编译后查询的所有低级功能，即数据库算符执行、并行事务支持、缓冲管理，等等。如果请求管理器能够编译数据流控制，则数据管理器模块间的同步和通信也是可行的。否则必须由请求管理器来做事务控制和同步的事。

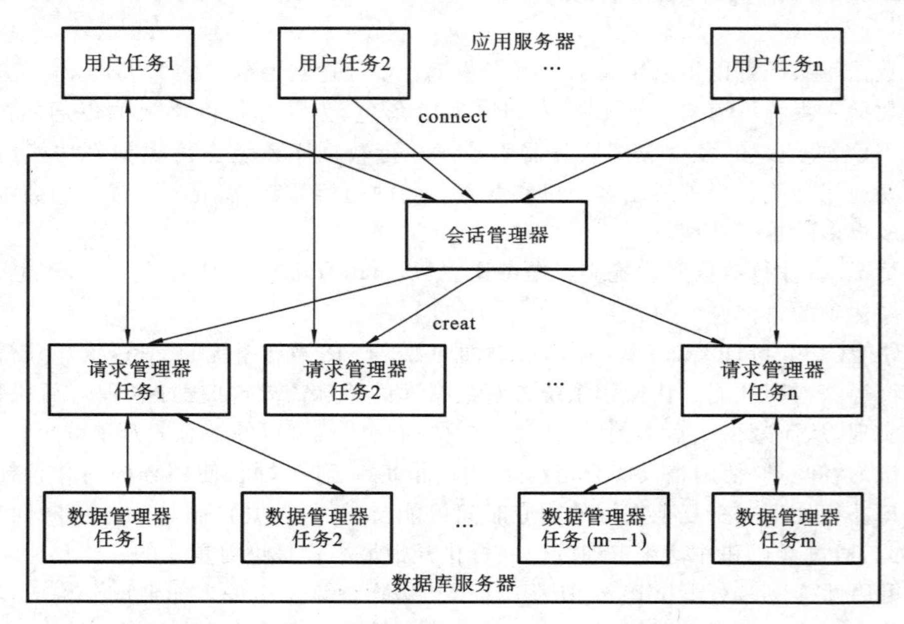

图 14.8 并行数据库系统的体系结构

并行计算机有多个 CPU，CPU 之间会分工，一部分 CPU 负责处理会话和用户请求，另一部分 CPU 负责数据存取和管理。

14.2.2 并行 DBMS 技术

实现并行数据库系统依赖于分布式数据库技术。本质上，事务管理解决方案可以在这里

① BEA 公司的 TUXEDO 是一个中间件产品，确切来说是一个事务管理中间件(有人称其为“交易中间件”)产品。1984 年，TUXEDO 由贝尔实验室开发成功，1992 年易主 Novell 公司，1996 年由 BEA 公司收购。

重用。新的问题是数据定位、查询并行化、并行数据处理和并行查询处理等。它们的新特点是现在的节点数更多了。

与前面所说的分布式数据库系统不同的是，并行数据库系统中的众多处理器扮演着不同角色。因此存在着处理器分工的问题。

一个并行计算机有多个处理器，对于数据库系统来说，如何分配这些处理器也是面临的问题。在处理器无特殊优先分类时，它们的分配就取决于用户的应用和系统存储的特点。

我们先讨论 Teradata DBC。在 Teradata 系统里，可以按照应用的特点，一部分处理器负责响应和处理用户请求，另一部分负责数据管理和存取。

在 Teradata DBC 中，可以把处理器的任务分为接口处理器（interface processor，IFP）、通信处理器（communication processor，COP）、存取模块处理器（access module processor，AMP）等三类。其中 IFP 负责处理用户的请求，COP 负责处理网络通信，AMP 则专门负责数据管理和存取。

图 14.9 是 Teradata DBC 并行数据库系统的硬件体系结构。

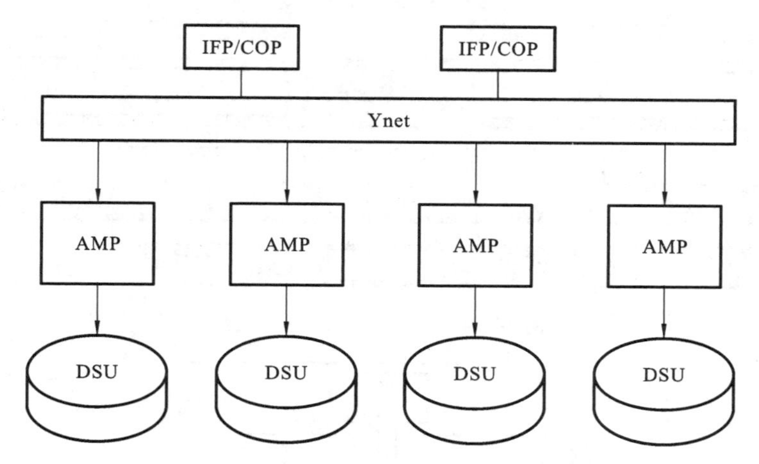

图 14.9　Teradata DBC **并行数据库系统的硬件体系结构**

图 14.9 中的 DSU 是 disk storage unit 的首字母缩写，负责存储数据。

由图 14.9 可知，系统的前端是 IFP/COP，负责处理用户的请求。其中，IFP 处理来自本地连接终端的请求，COP 处理来自网络的请求，因此称为通信处理器。这样，并行计算机的处理器的一部分就扮演了 IFP 和 COP 的角色。这里的处理器分为两大类，细分为三类，即 IFP/COP 和 AMP。Ynet 是将这些处理器互连的基本部件。每个 AMP 处理器管理独自的磁盘存储单元（DSU）。数据表的存放是跨越所有 AMP 的，换言之，每个数据表将自己的记录分布到每个 AMP 上。

下面还是以 Teradata DBC 为例进行讨论，如图 14.10 所示。但要注意的是，我们讨论的 Teradata DBC 是 30 多年前的一个型号机器与系统的基本情况。

Teradata IFP 的示意图如图 14.11 所示。由图可知，通过引导程序进入 IFP。IFP 负责处理用户请求、语法分析、查询分解，等等。IFP 的主要组成模块包括主机接口（host interface）、会话控制（session control）、输入数据转换器（input data conversion）、SQL 解析器（SQL parser）、调度器（dispatcher）、Ynet 接口（Ynet interface）等。

Teradata COP 的示意图如图 14.12 所示。其中 COP 是通过网络连入的用户。

由图 14.12 可知，通信处理器 COP 的主要组成模块是网络接口（network interface）、负载

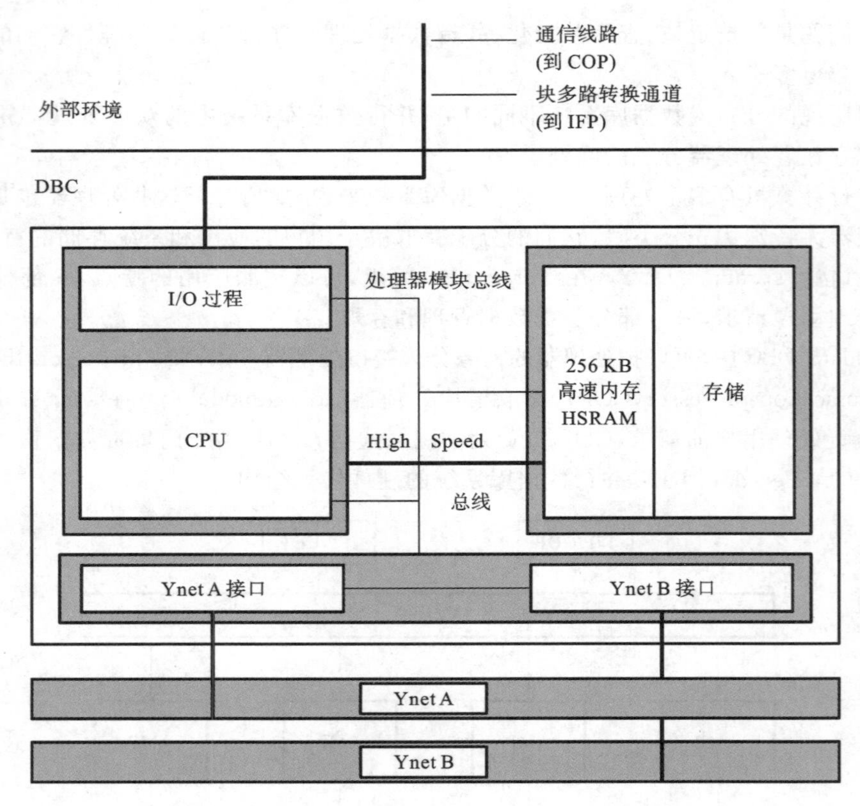

图 14.10　Teradata DBC 示意图

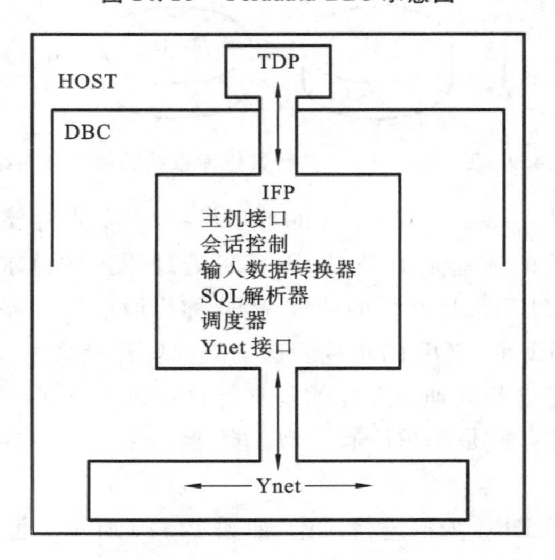

图 14.11　Teradata IFP 示意图

均衡(load balancing)、会话控制(session control)、输入数据转换(input data conversion)、SQL 解析器(SQL parser)、调度器(dispatcher)和 Ynet 接口(Ynet interface)等。

IFP 和 COP 负责与数据库用户打交道,具体的数据存取则交给 AMP。Teradata AMP 的示意图如图 14.13 所示。由图可知,通过 Ynet 互联的 AMP 处理器拥有自己的内存,有独立的 I/O 处理器,有独立的管理数据的存储单元(这里记为 DSU1、DSU2、DSU3 和 DSU4)。由专用的高速总线将处理器和存储器连接在一起。

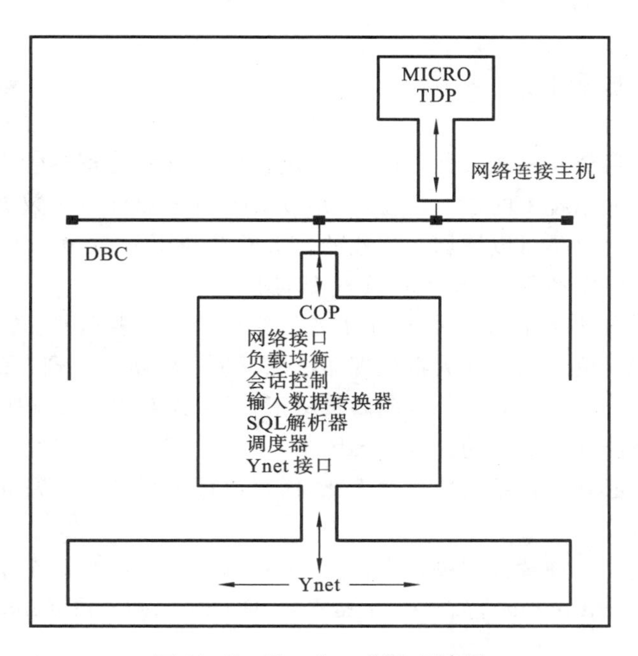

图 14.12 Teradata COP 示意图

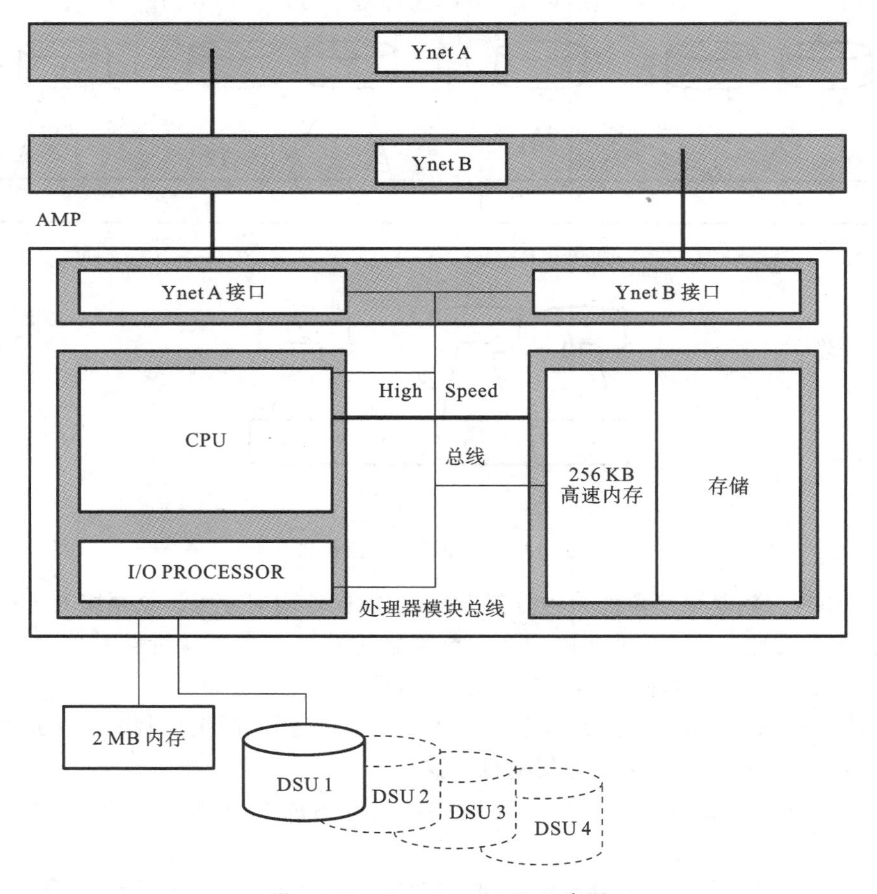

图 14.13 Teradata AMP 示意图

14.2.3 数据定位

要在并行数据库系统中查找数据，首先要确定数据由哪些处理器管理，放在哪里，这就是数据定位。并行数据库系统中的数据定位(data placement)和分布式数据库系统中的数据分片相似。显然数据分片也是可以增加并行性的。下面会使用分割(partition)这个词来代替分片，以示区别(有些文献中使用 declustering 这个词汇)。

与分布式数据库方法相比，并行数据库中需要指出两个重要区别：首先，不存在将本地运算最大化的问题；其次，负载均衡在大量处理器情况下也很难实现。现在的问题是如何避免竞争资源(即有的节点忙不过来，有的节点闲着没事干)。因为希望在数据所在处执行程序，所以数据定位就是判断系统性能好坏的一个重要因素。

恰当的数据定位必须能让系统性能最大化，这可以用要做的工作总量和各个查询的响应时间的综合因素来量度。

数据的全分割也是一种替代解决方案，即把关系分片后分配到各个节点中去。大多数系统使用全分割(full partitioning)，如 Teradata 公司的 DBC/1012 和 Tandem 公司的 NonStop SQL 等。

有 round-robin 分割、哈希分割和归类分割三种基本分割方法，如图 14.14 所示。

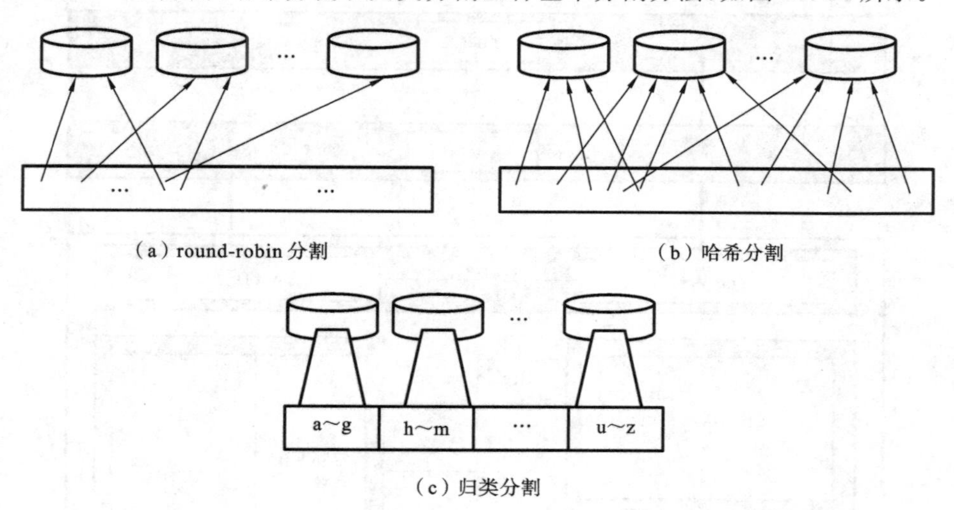

(a) round-robin 分割

(b) 哈希分割

(c) 归类分割

图 14.14 不同的分割模式

round-robin 分割是最简单的一种分割方法，它能保证均匀分配。令系统有 n 个分割，第 i 个元组的分配是按照 i mod n 来实施的。这个策略使得对一个关系的顺序存取可并行处理。但是在要求按照一个谓词随机存取一个元组时，就要访问整个关系。

哈希分割(hash partitioning)是对某个属性应用哈希函数，产生分割号。按这个分割号将数据分配到相应的节点上，这可以方便随机查找。

归类分割(range partitioning)是将元组按其值的区间来分配。例如，按字母序区间来分配。

不管怎么分割，为了提高负载均衡，需要定期进行数据重组。这种重组对编译好的程序来说应当是透明的。这些程序无需再由于数据重组而重新编译。为了解决这个问题，提出了在每个节点上建立一个全局索引机制的方法。全局索引指示出关系在节点上的定位情况。这个全局索引可以构造成两级机制，一级记录关系的主聚合(major clustering)，另一级是关于属性的子聚合(minor clustering)。索引结构既可以使用哈希函数也可以使用 B 树。

数据定位中涉及的一个严重问题是如何处理数据分布不均匀的问题，这是由于数据初次分配(此时是均匀的)后数据的多次删(除)、(添)加导致的。它会导致分割不一致，伤害负载均衡。归类分割时问题更严重。解决方法是将大的分割继续分割以达到基本均衡。分离逻辑节点和物理节点也是一个解决办法，这样一个逻辑节点可以对应于几个物理节点。

为了达到高可用性，采取数据复制也是一个办法。解决问题的一个简单办法是为同一数据提供两个副本，一个为原本，另一个为副本，分别放在不同的节点上。这其实是一种镜像磁盘结构。不过，当一个节点发生故障时，有副本的那个节点的负载就要加倍，负载均衡就受到损害。为了解决这个问题，学术界为并行数据库系统提出了一些高可用的数据复制策略。一个很有趣的解决方案是 Teradata 公司采用的叠加分割技术，即分割副本放到几个节点上。一个节点有故障时，它的负载就分摊给几个有副本的节点。

我们再讨论 Teradata DBC 的数据分布示例。Teradata DBC 的数据分布如图 14.15 所示。由图可知，假设有一批数据(块)分别表示为 6，2，5，12，8，11，3，1，9，10，4，7，…，有四个 AMP 分别各由一个 DSU 存放数据，则这些数据会均匀分配给这四个 DSU。例如，从左往右，第一个 DSU 存放 12，1，7；第二个 DSU 存放 5，3，4；第三个 DSU 存放 2，11，10；第四个 DSU 存放 6，8，9；等等。

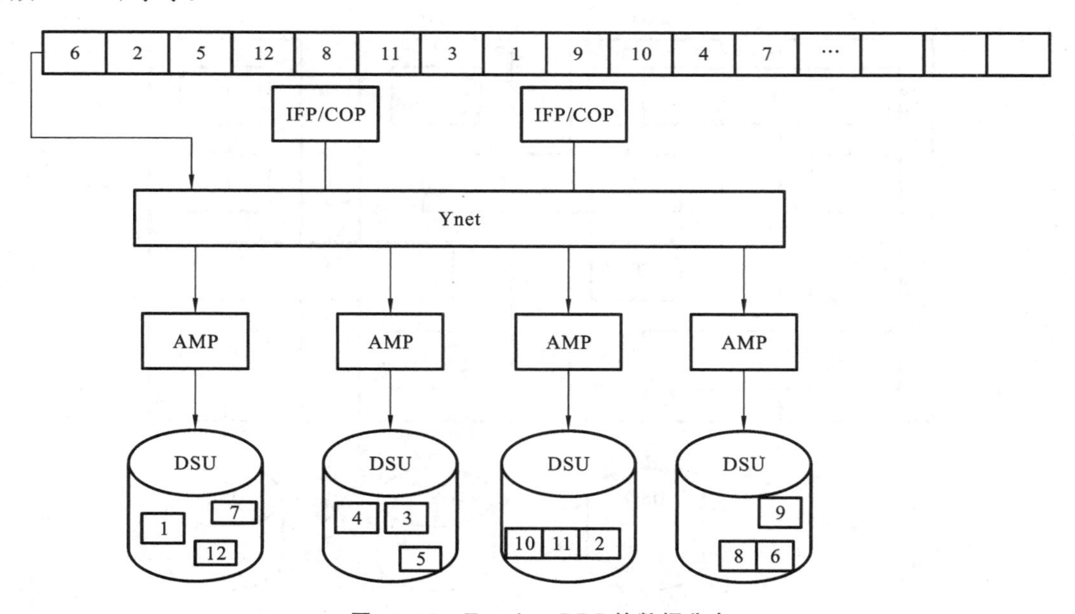

图 14.15　Teradata DBC 的数据分布

由图 14.15 可知，Teradata DBC 采用的策略是将数据均匀地分布到其存储设备中。round-robin 是一种典型的算法。

14.2.4　查询并行化

尽量要求事务执行能够并行化。例如，Teradata DBC 中的事务处理是并行的，如图 14.16

所示。

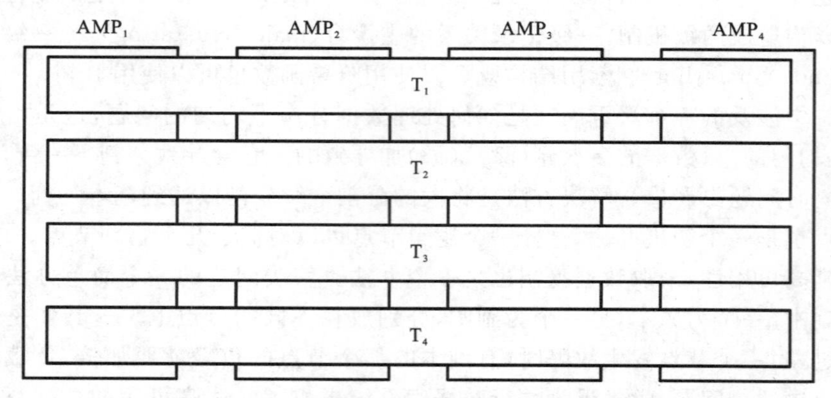

图 14.16 Teradata DBC **的事务处理是并行的**

图 14.16 中，每个竖放的矩形表示处理器(AMP)，分别记为 AMP_1、AMP_2、AMP_3 和 AMP_4，横放的矩形表示事务。由图可见，在 Teradata DBC 中，假如有四个事务 T_1、T_2、T_3 和 T_4，每个事务的运行都由处理器(这里是 AMP)承担了。由此可以看出，AMP 均衡地承担事务处理功能。

在 Teradata DBC 中，事务运行是一回事，数据存取又是一回事，数据存取是按照数据如何存放来实施的，如图 14.17 所示。

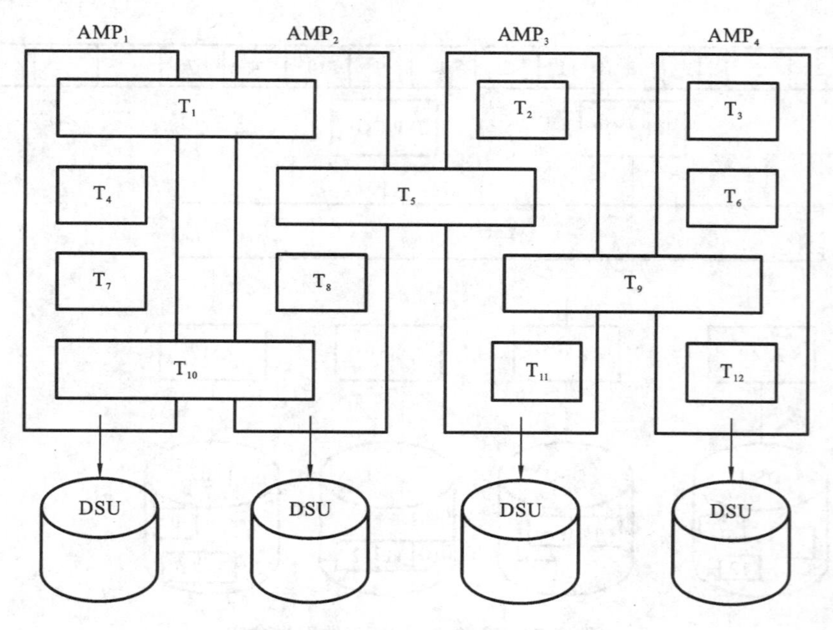

图 14.17 Teradata DBC **中的数据存取**

由图 14.17 可知，数据存取时，并不是所有的 AMP 都均衡参与，而是只与存放相关数据的 AMP 有关。例如，由于事务 T_1 涉及的数据由 AMP_1 和 AMP_2 管理，所以其执行只涉及 AMP_1 和 AMP_2。

事务的并行包括查询处理并行，我们在这里讨论查询处理并行问题，讨论算符内并行和算符间并行两种情况。

查询处理并行可以并行执行并发事务生成的多个查询，以增加吞吐量。算符间并行和算符内并行用于节省响应时间。算符间并行是通过在几个处理器上并行执行查询树的几个算符获得。而算符内并行指的是几个处理器为一个算符服务。

1. 算符内并行

算符内并行指的是把一个算符分解成若干个子算符(称为算符实例),然后分别实现(见图 14.18)。这种分解是通过将关系静态或动态分割来实现的。这样,每个算符实例处理一个关系分割(也称吊桶)。算符分解常常获益于数据的初始分割(如数据按连接属性分割)。为了说明问题,我们来看一个简单的“选择-连接”查询。选择算符(σ)均可直接分解成几个选择算符,每个算符操作在不同的分割上。如果关系是按照选择属性分割的,分割性质可以用来消除某些选择实例。例如,在一个精确匹配的选择里,只需有一个选择实例被执行(如关系是按照选择属性、采用哈希(或分类)方法来分割的)。对于连接算符(∞)来说,分解过程要复杂些。很可能关系 R 的每一个分割 R_i 必须和整个 S 关系作连接,这种连接效率很低(除非 S 很小)。原因是要将 S 广播到分割所在的所有处理器。好点的解决方法是将 S 按连接属性分割,使得连接与两个关系的分割一一对应,形成简单连接图。但是这种方法比较难实现,因为这两个关系的原始分割依据可能是不一致的。

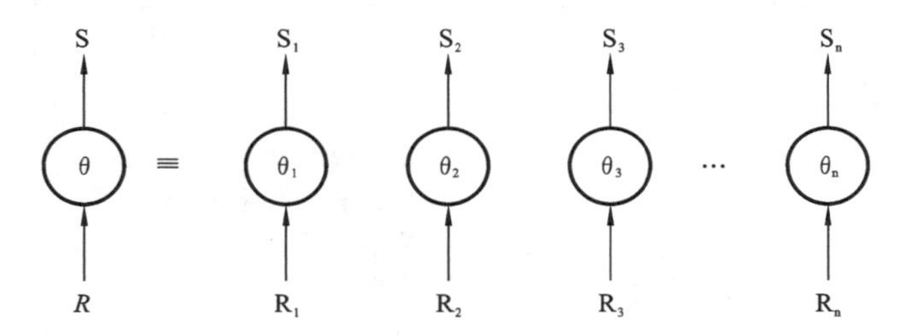

图 14.18 算符内并行

注:θ为算符,θi为算符实例 i,n=并行度

2. 算符间并行

算符间并行指的是不同的算符并行计算。其实,还有两种算符间并行模式:流水线并行和按生产者-消费者(producer-consumer)连接方式并行执行。例如,图 14.19 所示的选择算符(σ)独立并行执行,接着是连接算符(∞)。这种执行方式的好处是,中间结果无需再实体化(materialized),从而节省了内存和磁盘存取空间。图 14.18 里,只有 S 放在内存里。注意,这里的独立并行(independent parallelism)指的是并行执行的算符之间没有依赖性。图 14.19 中的两个选择算符是独立并行的。

3. 并行数据处理

分割后数据的定位是数据库查询并行执行的基础。如果要指定分割后数据的定位,主要是设计有效的数据库算符(如关系代数算符)和由多个算符组合的数据库查询的并行算法。这个问题实现起来不容易,因为需要在并行度和通信开销之间达到一个合理的折中。关系代数算符的并行算法是并行查询处理必需的构成模块。我们再用图 14.19 来说明。

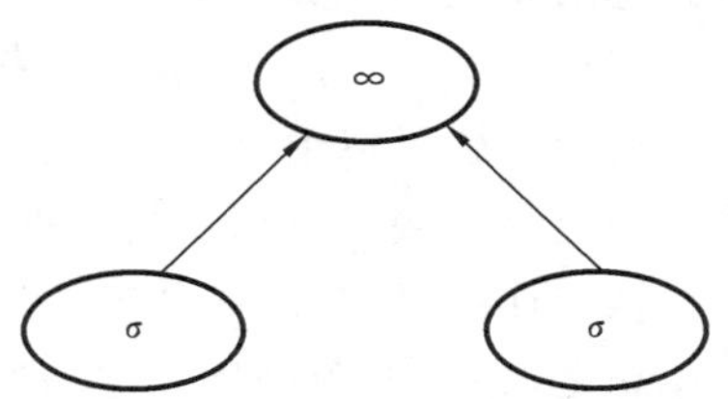

图 14.19 算符间并行

如图 14.19 所示,假设有三个算符:两个选择算符和一个连接算符。可以先实施选择算符,然后将两个选择算符(σ)的结果再进行连接算符(∞)算符,这两个选择算符可以并行处理,它们完成后就可以实施

连接算符。

并行数据处理还应当考虑算符内并行。定位分割数据时选择算符的处理方式和前面讲的分布式数据库系统总分片数据库时的情况相同。按照选择谓词，一个算符可以在一个节点执行（准确匹配谓词时），也可以在面临任意复杂谓词时涉及与分割关系相关的全部节点。

连接算符的并行处理要复杂得多。为高速网络设计的分布连接算法可以成功地应用到并行数据库的分割数据环境。下面我们讨论分割数据库的三个基本并行算法：并行嵌套循环（parallel nested loop，PNL）算法、并行关联连接（parallel associative join，PAJ）算法和并行哈希连接（parallel hash join，PHJ）算法。为了说明问题，我们在下面的伪程序中使用了 do in parallel 结构。

do in parallel 可以说明下面的程序块是并行执行的。

```
for i from 1 to n do in parallel action A
/* 说明：action A 由 n 个节点并行执行* /
```

我们把 R 或 S 的一个数据片驻留的节点，称为 R-node（或 S-node）。

并行嵌套循环算法是最简单也是最常用的算法。本质上，它是并行运行 R 和 S 的笛卡儿积。因此可以支持任意复杂的连接谓词。下面描述这个算法，令连接结果生成在 S 节点。算法分为两个阶段。

算法 14.1

```
     PNL                                        /*并行嵌套循环*/
input:   R1,R2,...,Rm;                          /*关系 R 的分割*/
         S1,S2,...,Sn;                          /*关系 S 的分割*/
         F;                                     /*连接谓词*/
output:  T1,T2,...,Tn;                          /*结果分割*/
begin
    for i from 1 to m do in parallel            /*将 R 整体发送到每个 S 节点*/
        将 Ri 发送到每个存放 S 关系数据片的节点上
    end-for
    for j from 1 to n do in parallel            /*在每个 S 节点并行实施连接*/
    begin                                       /*从所有 R 节点汇集 Ri*/
        R←∪(i=1..m) Ri
          Tj←R∞F Sj
    end-for
end.     /*PNL*/
```

现在分析这个算法。在这个算法的第一阶段，将 R 的每个数据片发送和复制到放有 S_n 数据片的每个节点（假设有 n 个节点）中。这一阶段可以在 m 个节点（若 R 有 m 个数据片）并行操作，如果通信网络有广播功能，则会非常有效。此时一次广播就能将数据传输到 n 个节点。总的发送消息数为 m。否则需要发送消息数为（m * n）。

在第二阶段，每个存放 S 数据片的节点 j 接受整个 R 关系，执行 R 和数据片 S_j 的本地连接。这个阶段可以由 n 个节点并行操作。本地连接的实施和集中式 DBMS 的相同。连接处理不一定是一接到发送来的数据就启动，如嵌套循环这种连接算法可以在一接到发送来的数据就执行连接，而排序归并算法则必须等所有数据都收到后再执行连接。

总之，并行嵌套循环算法是将 R∞S 替换为：

$$\sum_{i=1,2,\cdots,n}(R\infty S_i)$$

【例 14.1】 图 14.20 是关于并行嵌套循环算法应用的例子，这里 m＝n＝2。

算法14.2是并行关联连接算法。现在来考虑等连接(equijoin)①,令操作数关系是按连接属性分割的。为了简化算法描述,假设等连接谓词涉及的是R的A属性,S的B属性。更进一步,关系S是对连接属性B按哈希函数h分割的,意味着将满足h(B)的元组放在同一个节点。目前R究竟如何分割尚无确切定论。我们令并行关联连接算法产生的结果放在S_i所在的节点上。

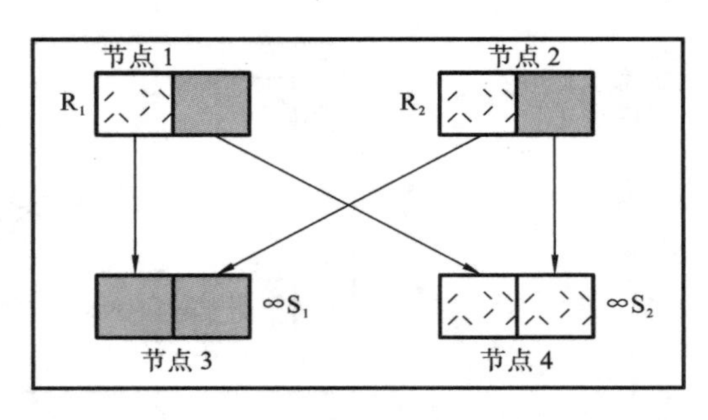

图14.20 并行嵌套循环算法应用的例子

算法14.2

```
    PAJ                                     /*并行关联连接 */
input: R1,R2,...,Rm;                        /*关系R的分割*/
       S1,S2,...,Sn;                        /*关系S的分割*/
F;                                          /*连接谓词*/
output: T1,T2,...,Tn;                       /*结果分割*/
begin                                       /*假设F为R.A= S.B,关系S按h(B)分割*/
    for i from 1 to m do in parallel        /*将R发送到相关的S节点*/
      begin
        Rij←对Ri(j= 1,...,n)实施哈希h(A)
        for j from 1 to n do
            将Rij发送到存放S关系数据片Sj的节点上
        end-for
      end-for
    for j from 1 to n do in parallel        /*在每个S节点并行实施连接*/
      begin
        Tj←Rj∞F Sj                          /*Rj为哈希后与Sj对应的R数据片*/
    end-for
end.  /*PAJ */
```

算法14.2里,第一阶段,将关系R发送到相关的存放S关系数据片的节点(简称S节点),它是对属性A采用哈希函数h运算而使两者相关的。这保证了R的哈希值为x的元组能发送到含有哈希值也为x的元组的S节点。第一阶段由R_i驻留的m的节点并行执行。与并行嵌套循环算法不同的是,R的元组是分布到而不是复制到S节点。在第二阶段,每个S节点j并行接受R的子集(如R_j),在本地与S的分片实施连接。本地连接处理可以使用并行嵌套循环连接算法。

总之,并行相关连接算法是将算符$R\infty S$替换为:

$$\sum_{i=1,2,\cdots,n}(R_i\infty S_i)$$

【例14.2】 图14.21是一个并行相关连接算法的应用样例,其中$m=n=2$。矩形形态的相仿与否表示连接双方的关联性。

并行哈希连接如算法14.3所示。这可以看成是并行关联连接算法的泛化。基本思路是将关系R和S分割成相同个数p的互斥集合(数据片)$R_1,R_2,\cdots,R_p$和$S_1,S_2,\cdots,S_p$,从而

$$\sum_{i=1,2,\cdots,p}(R_i\infty S_i)$$

---

① 等连接是指连接表达式F的连接符是等号,如R.A=S.B。

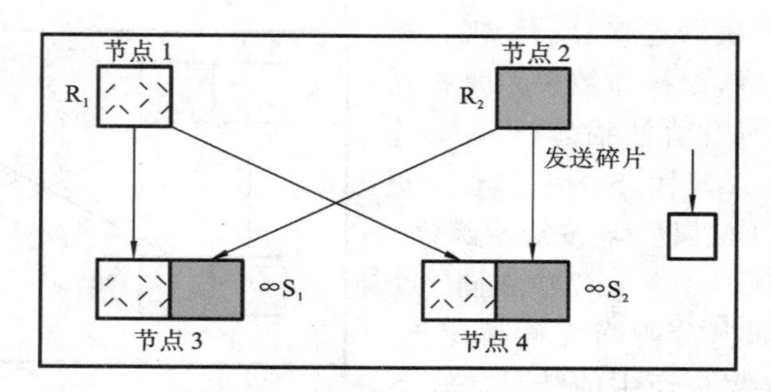

图 14.21　并行相关连接

算法 14.3

```
    PHJ                                     /*并行哈希连接*/
input:  R1,R2,...,Rm;                       /*关系 R 的分割*/
        S1,S2,...,Sn;                       /*关系 S 的分割*/
        F;                                  /*连接谓词*/
output: T1,T2,...,Tn;                       /*结果分割*/
begin                         /*假设 F 为 R.A= S.B,h 是哈希函数,返回值为[1,p]间的一个元素*/
   for i from 1 to m do in parallel         /*在连接属性上对 Ri 实施哈希算法*/
     begin
        Rij←对 Ri (j= 1,…,p)实施哈希 h(A)
        for j from 1 to p do
           send Rij to node j
        end-for
     end-for
   for i from 1 to n do in parallel         /*在连接属性上对 Sn 实施哈希算法*/
     begin
        Sij←对 Si (j= 1,…,p)实施哈希算法 h(B)
        for j from 1 to p do
           send Sij to node j
      end-for
   end-for
   for j from 1 to p do in parallel         /*在每个 S 节点上实施连接*/
     begin
        Rj←∪(i=1..p) Rij                    /*收集 R 节点上的数据*/
        Sj←∪(i=1..p) Sij                    /*收集 S 节点上的数据*/
        Tj←Rj ∞F Sj
   end-for
end.  /*PHJ*/
```

就像并行相关连接算法一样，R 和 S 的分割可以通过在连接属性上按相同哈希函数映射来实施。每个单独的连接($R_i \infty S_i$)是并行执行的，连接结果则在 p 节点产生。这些 p 节点的选择可在运行时根据系统负载来决定。和并行相关连接算法的差别是，这里必须分割 S_n($n=1,2,\cdots,n$)，结果生成为 p 个(对应 p 个节点)而非 n 个(对应 S 节点数 n)分割。

图 14.22 是并行哈希连接算法的应用例子，其中 $m=n=2$。我们假设结果产生在节点 1 和节点 2。因此，从节点 1 到节点 1、从节点 2 到节点 2 有优先箭头表示本地(本节点)传输。

这些并行连接算法的应用和控制与不同的条件有关。连接处理的并行度可以是 n 或 p (哈希吊桶数)。每个算法都要求至少移动一个操作数关系。为了比较这些算法，将总开销分为总通信开销(记为 C_{TR})和处理器开销(记作 C_{CPU})。因此总开销为：

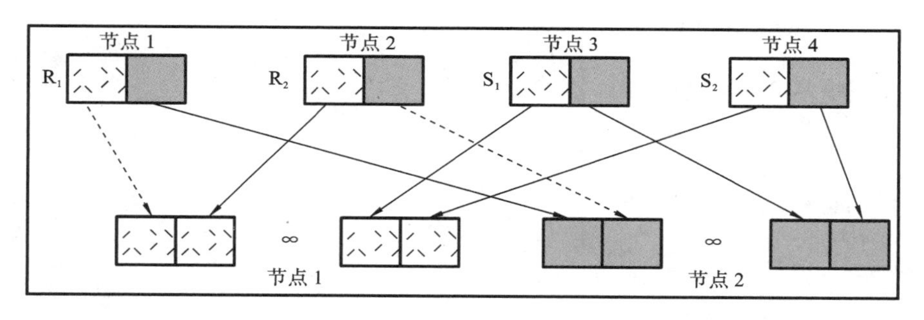

图 14.22 并行哈希连接

$$\text{Cost(Alg.)} = C_{TR}\text{(Alg.)} + C_{CPU}\text{(Alg.)}$$

为了简化，C_{TR}不包括控制消息。这里，用 msg(#tup)表示从一个节点传输一个消息到另一个节点的开销。处理器开销(总的I/O开销和CPU开销)可以用一个函数 $C_{LOC}(m,n)$来表示，它表示的是分别为m和n的两个关系连接时的本地计算开销。我们假设在这三个并行连接算法里，本地连接算法是相同的。最后我们假设并行完成的工作是均匀分布在算符的所有节点上的。

4. 并行嵌套循环算法

若没有广播功能，那么使用并行嵌套循环算法需要发送 m*n 个消息的开销，每个消息包含的R关系数据片的大小为 card(R)/m。从而，$C_{TR}(PNL) = m * n * msg(card(R)/m)$。

每个S节点必须和全部R与其对应的S数据片连接。这样，得到 $C_{CPU}(PNL) = n * C_{LOC}(card(R), card(S)/n)$。

5. 并行关联连接算法

并行关联连接算法要求每个R节点将R的数据片分成n个子集，大小为 card(R)/(m*n)并将之发送到n个S节点。这样得到 $C_{TR}(PAJ) = m * n * msg(card(R)/(m * n))$和 $C_{CPU}(PAJ) = n * C_{LOC}(card(R)/n, card(S)/n)$。

6. 并行哈希连接算法

并行哈希连接算法要求关系R和S都按p个节点分割，类似于并行关联连接算法。这样我们得到 $C_{TR}(PHJ) = m * n * msg(card(R)/(m * p)) + n * p * (card(R)/(m * p))$和 $C_{CPU}(PHJ) = n * C_{LOC}(card(R)/n, card(S)/n)$。

我们假设 p=n，此时PAJ和PHJ算法的连接处理成本相同。但是，PNL算法的成本要高些，原因是每个S节点必须实施与整个R的连接。从上面等式看，PAJ算法发生的通信开销最少。然而，PNL和PHJ算法间通信开销取决于关系基的值和分割的度。如果选择恰当，使p小于n，则PHJ算法可以产生最少的通信开销，但增加了连接处理开销。例如，如果 p=1，则连接按纯集中方式处理。

总之，PAJ算法最受欢迎。相反，在PNL和PHJ算法间做选择，需要估算开销。但实施时，可以酌情选择合适的算法，算法14.4是一个选择算法。

算法 14.4

```
input:  prof(R)                       /*关系 R 的概貌*/
        prof(S)                       /*关系 S 的概貌*/
        F                             /*连接谓词*/
output:A                              /*连接算法*/
begin
    if F is equi join then
```

```
          if 关系是按连接属性分割的 then
            A←PAJ
          else if Cost(PNL)< Cost(PHJ) then
              A←PNL
          else
              A←PHJ
          end-if
        end-if
      else
        A←PNL
      end-if
end.      /*End of CHOOSE */
```

14.2.5 并行查询优化

并行查询优化与分布查询处理类似。并行查询优化可以同时利用算符内并行和算符间并行的优点，还可以使用分布式数据库管理系统的技术。

并行查询优化是指生成一个给定查询的执行计划，达到目标成本函数最小的目的。选出的计划应该是优化器给出的候选方案中最佳的，但不一定是所有可能方案中最佳的。一个查询优化器通常从搜索空间、成本模型和搜索策略来考查。

1. 搜索空间

搜索空间代表输入查询的是一个替代执行计划集合。这些计划是等价的，即产生相同结果，但算符的执行序不同，实现方法也可能不同。执行计划是抽象的东西，通常是用算符树表示的，其实算符树定义的就是算符的执行序。算符树可以通过加上注解来细化，从而指出附加的执行因素，如每个算符的算法。反映两个顺序算符的一个重要注释是流水线(pipeline)执行。这种情况下，第二个算符在第一个算符完成前启动。换言之，第二个算符可以在第一个算符产生一些元组后使用。流水线执行无需将临时关系重构(materialized)，即与流水线中执行的算符对应的树节点是无需存储的。搜索方式可以是深度优先，也可以是广度优先。即便是深度优先，也有左深度优先和右深度优先之分。这类问题在搜索算法中有详细讨论，这里不再赘述。

2. 成本模型

成本模型用于预测给定计划的成本。为了精确预测，成本模型必须包含并行环境的知识。优化器成本模型负责估算给定执行计划的成本。可以从两方面看：体系结构相关和体系结构无关。体系结构相关部分由算符算法的成本函数构成，例如，用于连接运算的嵌套循环和选择运算的顺序存取。如果忽略并发因素，则只有数据重新分割的成本函数和内存消耗有差别，这构成了体系结构相关部分。在无共享系统里，将一个关系重新分割，意味着通过互联通道传输数据。无共享系统里，每个处理器有自己的内存，无共享情况的内存消耗会由于算符间并行变得复杂。共享内存系统里，所有算符都通过一个全局内存读/写数据。测试是否有足够空间，并行执行它们就很方便，即只需让每个算符消耗的内存之和小于可用内存的大小即可。

3. 搜索策略

搜索策略是探索整个搜索空间，以选择最好的计划。它可以确定哪个是最好的计划，以及执行哪种序。搜索策略不区分是集中式查询优化还是分布式查询优化。然而，搜索空间趋向越来越大，因为能存放更多各种并行执行计划。为了估算执行计划的成本，成本模型使用数据库统计和组织信息，如关系基和分割等，就像分布式查询优化器一样。

14.3 样　　例

1977年，Redwood、Larry Ellison和Robert Minor一起在美国加利福尼亚建立了Oracle公司。在IBM公司构建的System/R的基础上，他们推出了一个关系型数据管理系统，这也是第一个使用IBM公司的结构化查询语言(SQL)的商品化RDBMS。

今天，Oracle公司的RDBMS可用于几乎所有的操作环境，包括IBM大型机、DEC VAX小型机、基于UNIX系统的小型机、Windows NT(及其后续系统)以及一些专用硬件操作系统平台。目前Oracle公司是世界上最大的RDBMS供应商。

首先讨论Oracle并行服务器(Oracle parallel server，OPS)，它不能全部反映上述的技术，但读者可以借此了解部分技术的应用，尤其是在商品化系统中的应用。然后讨论其后继产品，即Oracle公司的RAC。

14.3.1 Oracle OPS

Oracle公司的OPS环境比一般的(单实例)Oracle环境复杂得多。简单来说，OPS是一种数据库配置，在这种配置下可以同时运行多个实例[①]，每一个实例引用相同的物理数据文件集合(见图14.23)。OPS是在特殊环境下的一种配置，它要求有多个系统(节点)，所有节点共享磁盘(数据文件存放于磁盘上)，即集群系统，或基于MPP的系统。不同结构下的OPS的实施略有不同。例如，在MPP结构下，可以同时利用不同的节点进行队列处理，并且因为节点间是高速互联结构，所以数据移动十分迅速，从而增加了系统吞吐量。但是在某些集群平台下未必是这样的情况。每一个支持实例的节点称为“参与”节点，它们都可以访问共享磁盘。每个实例与其他实例之间是一种兄弟关系，而不是父子关系。因此，一个或多个节点发生故障，并不会让整个数据库不可访问。理论上讲，只要有一个幸存的实例，数据库可用性就不会受到冲击。从单方面的视图来看，每个参与节点的实例可以看成是一个常规的(非OPS)实例。因此，两个或多个实例构成OPS配置。每个实例对共享磁盘的访问是通过称为DLM(distributed lock manager，分布式封锁管理器)特殊的软件进行同步和控制的。

在OPS下，如果一个节点发生了故障，通过其他节点仍然可以访问数据库，这样就避免了整个系统成为单一的故障点。如果一个节点发生了故障，并且该节点上的实例失效，那么某个幸存的节点(检测到发生实例故障的节点)可执行必要的实例修复。

如果不能自动检测到故障，实例的修复就发生在该实例手动重启之时。

OPS具备的特点：在节点出现故障时仍能提供可用性。在节点间歇性故障发生后，它能自动启动实例修复进程，因此提高了MTTR。它通过负载均衡提升了性能(访问分布式的实例，允许同时利用来自不同节点的内存和CPU)。通过允许利用大量节点(新的节点可以根据需要“插入”)，可提供高容量和可扩展性，这在MPP配置中特别有用。

---

① Oracle数据库实例(instance)，包括数据库后台进程(PMON、SMON、DBWR、LGWR、CKPT等)和SGA(包括shared pool、db buffer cache、redo log buffer等)。实例是一系列复杂的内存结构和操作系统进程。

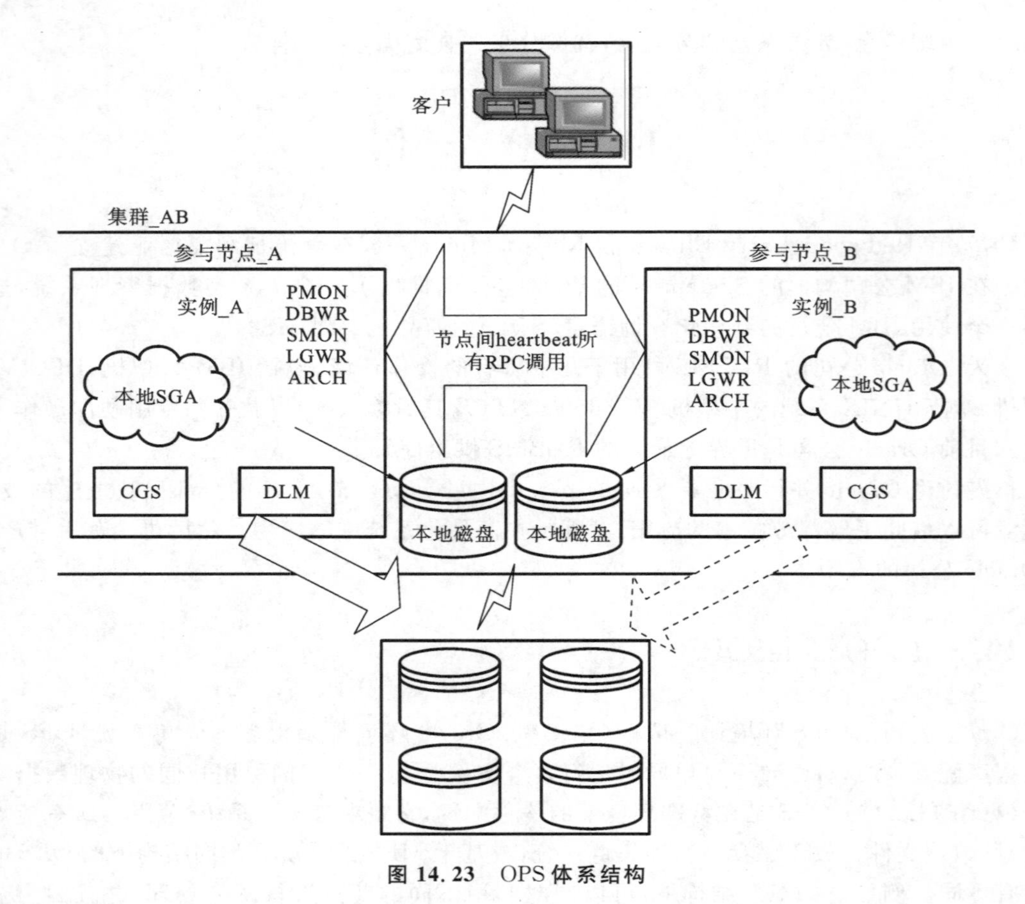

图 14.23 OPS 体系结构

为了利用这些特性，需要专业人员合适的设计以及恰当的手工配置。

下面对有些关键问题进行简单讨论，讨论中会涉及一些 Oracle 系统专用的术语，读者可参阅 Oracle 公司的相关文档。

OPS 结构构件和操作：在 OPS 配置中，每个实例以共享/并行模式（不同于一般的非 OPS 配置中的互斥模式）打开数据库。每个实例使用它自己的 init. ora 文件①，该文件列出了许多与实例相关的参数。

另外，每个实例使用某些对不同实例具有相同值的参数（这些参数一般放置在 config. ora 文件中）。正如前面所讲的，这些参数被 DLM 使用，以同步所有的实例。

与一般（非 OPS）环境相比，下面讨论比较特殊的内核级 OPS 构件，其中最重要的就是分布式封锁管理器（DLM）。

1. DLM

分布式封锁管理器（DLM）是一个十分重要的系统。DLM 与 Oracle 进程一起工作并相互通信。DLM 相关的初始化参数在每个实例的 SGA② 中分配必要的结构以处理消息机制、封

---

① init. ora 和后面的 config. ora 都是 Oracle 系统中的专用文件，细节请参见相关的 Oracle 手册。

② Oracle 中，每一个进程都有各自的一个内存块，该内存块用于保存私有变量、地址堆栈和其他运行时的信息。进程间使用公共共享区并在公共共享区内完成它们的工作。公共共享区是能够在同一时间内被不同程序和不同进程读/写的一块内存区。该内存块称为系统全局区（SGA）。因为 SGA 驻留在一个共享内存段中，所以它经常被称为共享全局区。

锁与实例相关的Cache管理，这样就为各种Oracle进程操纵提供了基础。这些结构是逻辑性的，被称为DLM资源结构。DLM资源有可能是多个节点请求的对象，因此，对其访问时需要在节点之间进行协调。DLM资源的例子，如数据文件内的块、控制文件结构和共享池中的对象等。每个需要访问由DLM保护的资源的进程必须先获得该资源上的封锁，因为这些资源在不同的参与节点内存中，所以节点之间需要不断地进行协调。在特定状态下，被某节点使用的资源不能并行地被其他节点使用。

DLM提供的服务包括以下几方面。

- 维护系统资源的可用信息，实施封锁机制，以控制对这些资源的共享访问(内部实例之间)。
- 后台进程与前台进程之间实现的远程和局部进程间的通信。
- 内在的故障检测机制，例如死锁检测和在合适情况下进行应用修复。当进程突然意外终止时，它所占有的资源会被释放到可用的资源池。

DLM通过封锁来协调资源的使用。访问某一资源的不同进程会请求以特定的模式(类似于行(元组)/表(关系)加锁)锁住资源。例如，实例A上的进程A以EX(互斥)模式请求锁住某一资源并且获得该资源。稍后，实例B上的进程B也请求以EX模式锁住该资源。显然，进程B此时需要等待，直到进程A已经完成并且通知了DLM。一旦DLM知道进程A已经完成，DLM就允许进程B(假设没有同等优先级或更高优先级的进程在等待)获得锁。DLM也允许通知进程A，进程B正等待它所占用的锁。这里，不一定按照先来先服务的原则分配封锁，实际上，这是按照一种基于进程优先级(对特定进程来说，是获取一个锁的紧迫程度)的优化算法。资源也可以以兼容模式(例如S(共享)模式)封锁，只要进程间不互相干扰，它们就可以同时访问资源(通过锁转换)。这里有两个主要的与锁相关的队列：GRANTED和CONVERT。那些已经获得锁资源的进程放入GRANTED队列，正等待获取锁资源的进程则放入CONVERT队列。一旦获得了锁资源，该进程就会从CONVERT队列移至GRANTED队列。在系统中，不同类型的封锁有不同的目的，例如协调访问不同的文件、回滚段等。

封锁信息和其他DLM维护的结构被称为DLM数据库。DLM在所有参与的实例间按照冗余方式分布它的数据库，因此就避免了在节点发生故障时出现重要元数据丢失的情况。这也允许故障加速时进行锁重建，因为可以对不同节点的DLM结构的请求进行平衡，所以一般可以提高性能。

DLM主要由以下三个子构件构成。

- 锁守护进程(lock daemon，LD)：LD是DLM数据库的拥有者，它用于控制各种锁的请求(GRANTED和CONVERT请求)，通知等待的进程封锁已经可用、管理超时和执行死锁检测。当一个进程以特定的模式请求封锁时，LD检查是否可将相应的锁授予该进程，如果可以，则可通过"获取异步系统捕获"(acquisition asynchronous system trap，AAST)通知客户进程。如果因为另一个进程(阻塞者)拥有不兼容的锁，则该锁无法授予进程，就通过"阻塞获取异步系统捕获"(blocking asynchronous system trap，BAST)对阻塞者发送一个信号。阻塞可能位于相同的节点(本地)或者位于不同的节点(远程)。当阻塞者收到暗示后，它就会尽可能快地释放锁。如果无法释放，就尽量降低锁模式的级别，这样新到的进程就不得不等待直到需要的锁可用为止(即处于CONVERT队列)。当两个进程都试图获取不兼容的锁，并且二者都不愿意回退/等待时，就会发生死锁。死锁是一种相对较少发生的情况，只发生在非PCM锁上。PCM锁不会发生死锁。LD以时间片轮转为基础，定期在每个节点上检查死锁。初始化死锁检测时，要将阻塞者（也是等待者）放入“搜索列表”。如果判定某进程处于死锁状态，就通知该进程。如果死锁仲裁超时，那么那个进程就会被移至搜索列表的尾部，这样就有机会处理其他的进程，其他潜在的死锁可以被检测到（这样就避免了只进行一个死锁仲裁）。

● 锁监控器(lock monitor,LM)：LM负责创建DLM数据库，并且恢复正在使用DLM的死锁进程（释放死锁进程申请的资源）。它为DLM数据库中的结构分配内存，为进程间的通信准备通道，允许参与节点交换锁和其他资源信息。LM也与连接管理器(connection manager,CM)协同工作，必要时恢复进程。当LM为DLM数据库分配完空间后，它在大多数情况下处于睡眠状态（除非被唤醒执行修复），然后定期被唤醒以搜索DLM进程表中的死锁进程。在特定的情况下，LM在所有节点间重新分布DLM资源。这些特定的情况包括新节点插入集群配置、存在的节点被去掉、LCK后台进程发生故障等。

● 连接管理器(CM)：当一个新节点被插入集群配置，或者去掉一个存在的节点时，都需要在DLM的CM中进行注册。CM与集群组服务(cluster group services,CGS)交互以跟踪节点状态，使数据库拥有所有参与节点的信息（CGS是由供应商提供的构件，与硬件/操作系统结合紧密）。CM通过虚电路完成节点之间的通信，这样就能确保节点之间可以相互通信。通信是基于虚电路上交换的“心跳”消息。这种消息可以保证节点处于运行状态。如果节点在指定的超时间隔内不响应，则系统将进行重新配置以忽略不响应的节点。同时还需要系统管理员的手工操作，确保节点平滑地退出集群配置。

这些子构件的功能作用域可能会根据所利用的DLM实施情况发生变化（与特定的Oracle或者特定的硬件供应商相关）。

除此之外，DLM还有一些要素值得考虑，如下。

1) DLM数据库

正如前面所讲的，DLM需要监控资源上的（封）锁、当前被授予的模式、哪些进程当前正等待这些锁被释放、等待进程当前正寻求什么锁模式，等等。所有这些信息被DLM维护在一个数据库中，该数据库由特定的资源结构构成，例如维护锁的分配/释放/转换信息的结构和由所有参与节点维护的目录树信息。这种信息存储处被称为DLM锁数据库(DLM lock database)。存放锁数据库的确切位置是变化的，这依赖于最常请求指定锁的节点位置。DLM通过将锁数据库复制到最常请求锁的节点上，建立节点之间的联系。刚开始时，当一个节点第一次请求时，要在该节点上创建必要的DLM结构。如果另一个节点请求不同的锁，那么要在这个节点上复制必要的结构，这样就避免了节点之间频繁交换与锁相关的信息，这些与锁相关的消息包括锁确认、锁模式改变、锁释放等。最初的结构（在第一个节点上）被定时刷新。随着越来越多的节点开始请求锁，资源会移植到最常请求锁的节点。实际上，节点数是有限的，所以锁数据库的移植不会太频繁。

2) 目录树

目录树是DLM进程内存的一部分。DLM进程内存维护DLM资源信息，以及拥有这些资源节点的信息。当节点请求某特定资源上的锁时，目录树要确定资源是否已被该节点拥有；否则，会被其他节点拥有。因为目录树是DLM数据库的一部分，它的一部分可以在所有节点间传播。资源名字使用哈希算法来决定哪个节点拥有目录树的相关部分（利用它们跟踪被请求的资源）。一旦节点被识别出来，封锁请求就被分配给该节点。

3) 后台进程

除一般的后台进程如PMON、DBWR、SMON、LGWR和ARCH外，OPS至少应配置一个(封)锁进程,即LCKn进程。LCKn进程主要负责在当前节点/实例上管理锁(包括转换、分配和释放)。属于当前实例的锁请求被LCKn进程处理。某些锁请求被前台服务器进程(如事务锁和某些会话级锁)和后台进程(如由DBWR请求的介质恢复锁和由LGWR请求的SCN实例锁)自己处理。默认情况下,单一锁进程LCK0就会不够使用,可以根据需要启动其他锁进程(如从LCK1到LCK9)。在LCK0成为瓶颈的环境下,LCKn进程增加了恢复和启动时间。所有实例必须设置成使用相同个数的锁进程。

在Oracle 8中开始引入集成DLM的概念。DLM引入了LMON和LMD0两个新的后台进程来协调全局锁管理。当新的实例被启动(在以前的非参与节点上)或者存在的节点被关掉时,LMON会重新配置和重新分配全局锁。如果利用这些全局锁的服务器进程(或实例)突然意外终止,则LMON会清除并使这些全局锁无效。LMD0主要负责失败时恢复远程全局锁请求。

在DLM检查目录且将锁请求重新路由到远程节点后,初始化锁请求的节点就与远程节点上的LMD0进行协调,以获取锁。

一旦某个节点上的实例启动,它就可以获取各种DLM锁,这些锁主要划分为PCM(parallel cache management)锁和非PCM锁。PCM允许多个实例同时访问共享资源,允许一个节点访问位于另一个节点的缓冲区中的数据。PCM锁用于锁住数据库块,非PCM锁则用于锁住所有其他共享的DLM资源(如共享池中的数据文件和对象)。

PCM锁:启动时,所有PCM锁以NULL模式被请求。因为NULL模式不会与其他任何模式发生冲突,所以这些请求可以被满足。DLM就在局部内存中记录锁结构。DLM构建在最先启动实例的节点上,称为该节点"控制了"DLM资源。重新控制发生在锁数据库被移植到其他启动它们相应实例节点上的时候。每一个节点上的实例在初始化时可以获取的锁个数是由各种GC_*初始化参数决定。

非PCM锁:是指将原来非OPS的形态封锁在并行状态使用形态,在并行状态,多个实例的封锁呈现全局状态,这样就呈现为非PCM锁。

与非PCM锁相关的Oracle中的两种典型的锁是门闩锁和排队锁。门闩(latch)锁是复杂的细粒度串行化构件,用来控制对SGA(系统全局区)内部结构的访问。换句话说,门闩锁用来串行化对临界代码和内存组成部分的访问,防止多个进程执行相同的代码或对相同的内存结构同时写。门闩锁运行时的优先级很低,并且在很大程度上依赖于操作系统(OS)。

与门闩锁相似,排队(enqueue)锁也保护特定的结构。排队锁允许并管理多个进程对特定内存资源的并发访问。换句话说,除了依赖互斥策略,排队锁允许资源在多个级别共享。每个进程需要一个处于特定状态的排队锁,访问资源的级别由这个排队锁仲裁决定。

非PCM锁主要由全局排队锁构成。

下面简单讨论节点发生故障后是如何自动修复的。

发生故障的原因可能有多种,例如是由节点(构件)故障、网络故障或者实例故障造成的。在节点发生故障后,恢复需要发生在硬件/操作系统级,也需要发生在Oracle内部实例级。如果只有实例发生故障,就不需要硬件/操作系统级修复。

(1) 节点(构件)故障和集群重组CM(连接管理器)。

可以通过定期在节点之间交换"心跳"消息来确保集群中的每个节点仍处于工作状态。如果发生心跳消息连续超时,那么就可检测到节点故障。连续超时意味着节点实际上已停止工作,而不是因为忙碌而无法响应心跳消息。一旦检测到节点故障,其连接就被标记为断开,需要重组集群以排除发生故障的节点。完成重组后，只有正常的节点处于当前的集群配置中。当故障节点被修复/替换后，CM 会检测到新的节点。这时，需要再一次重组集群以插入新的节点。

(2) 重建 DLM 数据库。

在集群重组时，必须重建 DLM 锁数据库。LM 负责初始化重建过程。DLM 数据库主要存放于每个实例的 Cache 中。一个或多个实例故障会引起一部分数据库丢失。幸存的实例可以帮助重新构造丢失的信息。

初始时，所有锁活动会被冻结，任何实例都不能获得新的锁。所有持久的 PCM 会变成无效并被释放，其中包括属于故障实例申请到的锁。

接下来，每个幸存的实例重新获取它的所有局部锁。属于远程进程的非局部锁被丢弃。DLM 目录树被清空，并且基于新锁结构重建。

(3) 实例修复。

实例修复类似于在非 OPS 配置启动故障修复的情况。唯一不同点在于，一个实例修复是由另一个(幸存)实例执行的。实例修复包含两个主要操作：恢复 Cache 一致性(即 Cache 修复)和恢复事务状态(即事务修复)。基本上，这包含将“脏”缓冲区写到磁盘上，即将所有提交的事务刷新到数据文件中，将没提交的事务除去。所有连接到故障实例的用户/应用进程需要切换到幸存实例(自动进行或重新建立连接)。终端用户/应用程序会看到与实例故障相关的错误消息。当一个幸存的实例试图锁住由故障实例中的(死)事务锁住的记录/关系时，或者当它试图在缓冲资源上获取已由(死)事务锁住的 PCM 锁时，就会通知它：已经发生节点故障。在重建 DLM 数据库期间，这些 PCM 锁就被声明为是不可靠的。检测到故障节点之上的 SMON 进程负责在故障节点上执行实例修复。检测到实例故障所需的时间主要依赖于不同节点间数据共享的程度。在任何情况下，SMON 定期(每 5 分钟)唤醒并且进行多种一致性检查，其中之一就是检查实例故障(例如死亡的重做线程)。一旦 SMON 被激活，就初始化 Cache 和事务修复以清除属于故障实例的资源，并且使数据库处于一致的状态。

在 Cache 修复的过程中，要检查所有 PCM 锁的状态。(在 DLM 数据库重建过程中)所有被标记为不可靠的 PCM 锁都对应某些数据块。有一些锁模式的优先级低于并行读模式，这样可能是被故障实例进行过写操作。现在，写操作可能不会完全成功。相应地，修复从故障实例的重做线程的最后一个检查点对应的数据块开始。在实例向前滚动时，所有不可靠的锁被标记为无效并且被清除。通过警告日志的实例修复消息，可以找到 Cache 修复的证据。

当 Cache 修复完成后，所有属于故障实例的“脏”缓冲区被应用到相应的数据文件中。这包括完全提交的写操作和未提交的写操作。在事务修复过程中，所有未提交的写操作都会被回滚(undo)，返回到一致状态。

2. 检错和纠错

Oracle 的并行 Cache 管理(PCM)算法重点强调数据访问过程中维护节点之间的联系。当一个节点需要更新某些数据块时，属于该节点的服务器进程就会将数据块读入自己的本地缓冲之中(假定这些数据块当前不在这个节点和其他节点的缓冲之中)。服务器进程会给后台 LCKn 进程发送消息，以获取数据块缓冲区对应的锁。封锁会持续下去，即使更新操作和随后的提交操作已经完成，节点仍然拥有锁并且数据块仍在该节点的本地缓冲之中。直到另外的节点通过 DLM 对这些数据块发出了请求，这些锁才会被释放。策略是，即使会增加内部节点间的流量，也要将数据块保留在本地缓冲区中，这主要是基于如下假设：节点重新使用最近访问过的数据块的概率大于另外节点使用这些数据块的概率，特别是当应用程序被很好地划分并且分布在不同的节点之上时更是如此。不过，有些节点访问这些相同数据块的概率也很大，尽管没有节点重用这些数据块的概率大。当另外一个节点需要对这些相同的数据块进行写操作时，该节点会向 DLM 提交一个请求，由 DLM 协调访问远程缓冲中的这些数据块。拥有这些数据块的节点被告知，远程节点希望访问这些数据块，DLM 锁被释放，这些数据块被 DBWR[①]刷新，写回磁盘。然后，DLM 通告远程节点，远程节点之上的服务器进程将这些数据块读入自己的本地缓冲之中。

14.3.2　Oracle RAC

Oracle RAC(real application clusters)是 2001 年作为 Oracle 9.0.1 的一个版本推出的。前面提及的 OPS 是 Oracle 6.0 中引入的，RAC 源自 OPS，但作为新的产品推出。它继承了 OPS 的大部分特点。

那什么是 RAC 呢？从字面看，可以译作“实时应用集群”。

一个集群由多个互联的服务器组成，对终端用户和应用来说，它们就像单台服务器一样。RAC 数据库允许有多个实例驻留在集群的不同服务器上，访问驻留在共享存储里的公共数据库。相比单服务器情况，群里多服务器的处理能力可以提供更高的吞吐能力和可伸缩性。一个 4 节点的集群结构如图 14.24 所示。

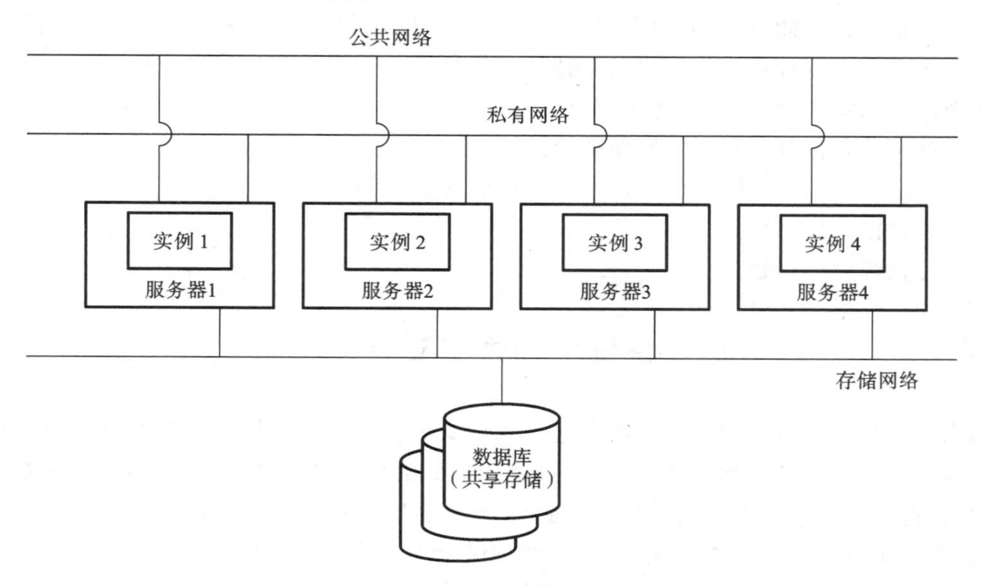

图 14.24　一个 4 节点的集群结构

RAC 起源于 OPS，在 Oracle 6.0.35 版本中引入。最初只适用于 Digital VAX/VMS 集群使用 Oracle 开发的分布式封锁管理器(DLM)。从 Oracle 9.0.1 开始，OPS 重新改为 RAC 可选项。在商业上，RAC 已是一个完整的新产品。

然而在技术上，OPS 和 RAC 的一个重要区别是超高速缓存相关性(cache coherency)。

---

① DBWR(database writer，数据库写进程)，是将数据缓冲区中所有修改过的数据块写入数据文件中，常使用 LRU 算法来保持缓冲区中的数据块，以减少 I/O 次数。DBWR 是 Oracle 系统的一个主要后台进程。

为了更新一个数据库块，一个实例必须先获取块的当前版本。在群里只能为该块的一个当前版本。因此，如果几个实例需要更新该块，必须将之从一个实例传递给另一个实例。在该块的版本从缓存写入磁盘之前，该块是脏块(dirty block)。

OPS 里，实例间的块协调由 PCM(parallel cache management)处理。如果实例 A 需要实例 B 拥有的当前版本块，实例 B 应当将脏块写回存储器，并通知实例 A 从存储器读块的当前版本。这个操作称为磁盘 ping(disk ping)。

Oracle 8i 引入了 Cache Fusion Phase Ⅰ，部分淘汰了磁盘 ping。Oracle 9i 则引入了 Cache Fusion Phase Ⅱ，完全淘汰了磁盘 ping。

有兴趣的读者可参见相关书籍。

14.4 若干关键技术问题

并行数据库系统使用多处理器体系结构，通过设计合适的软件来管理数据。与主机体系相比，并行数据库系统具有高性能、高可用性、高可扩展性和高性价比等特点。值得一提的是，虽然有基于 SQL 的并行数据库管理系统的例子，但实际上还有许多问题要解决。这些问题涵盖分布式数据库管理的许多并行处理。首先是确定各种体系结构问题，诸如共享内存体系结构、共享磁盘、无共享体系结构及混合结构。在小型系统里(两位数处理器)，共享内存体系结构可以提供最好的性能，因为其负载均衡较好。共享磁盘和无共享体系结构在可用性和可扩展性上优于共享内存体系结构。无共享体系结构则可扩展到很大的处理器数。

除考虑体系结构外，还必须考虑以下问题。

- 支持有效并行数据管理的操作系统问题。
- 能在混合负载下强调线形加速和线形扩展的基准问题。
- 分片数据定位问题。
- 并行查询处理问题。

14.4.1 并行数据库系统中的索引支持

索引在数据库系统里扮演了重要角色。索引文件是一种在数据库系统里影响性能的重要数据结构。为了得到并行数据库的高性能(如较短的响应时间和高的吞吐量)，索引文件需要有效地进行分割，并将一个个的文件分配到各个节点上。为了分割索引，考虑负载、兼顾不同的性能，有多种技术可用。参考文献[4]中详细讨论了并行数据库系统中的索引问题。

为了提高 I/O 的性能，数据的分割与分配很重要。如前所述，数据片的分配可以通过一些策略(如 round-robin、hash、range)来实现。从性能方面考虑，数据分割与分配(称为 declustering)的主要目标有如下两个。

- 响应时间最短：查询执行期间并行实施的独立 I/O 数目越多，查询响应时间越短。
- 吞吐量最高：如果每个查询的 I/O 操作可以并行实施，则吞吐量会增加。

讨论并行数据库系统数据的安置问题，下面几个方面是不可忽视的。

- 分割和分配单元的数据类型：取决于使用了 declustering 的应用环境，而其中的数据类型和使用方式多种多样。分割和分配单元可以是关系(即记录集合)、文件或其他特定数据结构(如 B 树索引、多媒体文件)。按照特定数据类型的不同,分割和分配单元也可以是不同的。如果是关系,则可以基于键属性分片。文件则可以按连续数据块分割。B 树索引文件的索引节点也可用作索引的分割和分配单元。

● 数据分割和分配的程度:如何确定关系或文件分割和分配的磁盘数目是一个与性能相关的重要问题。小文件(例如小于一个磁道的文件)最好将整个文件分配到一个磁盘上。对于大文件来说,declustering 程度越高,I/O 并行性越高,当然也增加了服务于读/写请求时磁盘上的最长寻道时间和最大旋转延迟。随着 declustering 程度的提高,负载均衡会得到改善。不过,对于涉及复杂连接的事务来说,继续 declustering 会降低吞吐量,因为通信和启动/终止开销会增加。

● 分割和分配策略:最简单的分割策略是采用 round-robin 方法分发元组。如果数据库应用为每个查询访问关系都顺序扫描其所有元组,则采用 round-robin 方法分割显得十分优秀。此时,会获得很好的负载均衡。哈希分割按照对每个元组的属性施加哈希函数来分配元组。哈希分割适合用于数据顺序存取和关联存取(associative access)的那些应用,将元组按特定属性的关联存取,可以直接定位到单个磁盘。范围(range)分割按照分割属性的范围分配元组。这对于按属性范围存取元组十分有利。

● 负载均衡:负载均衡是并行数据库系统中的一个重要因素。并行数据库系统有物理资源级和操作级两个负载均衡问题。物理资源级负载均衡处理系统运行时物理资源的均衡使用问题(如 CPU、I/O 设备和通信网络)。操作级负载均衡按照分割数据将操作划分为子操作。扭曲的数据分布会引起严重问题,导致分割不平衡和破坏负载均衡。

● 高可用性:在处理被分割的并行数据库系统中的数据时,高可用性是影响数据定位策略的一个重要因素。获得高可用性的常用途径是在各个处理器的磁盘上复制数据。一个副本出故障,其他副本仍可用。

倒排文件(inverted file)是数据库系统中常用的一种索引数据结构。倒排文件类似书后的索引表,针对每个关键词会给出其出现的页码,一个关键词对应一个或多个页码。在数据库系统里,倒排文件常用来描述一个属性对应于哪些主键。这在查询非主键属性时会提高效率。例如,在关系 Student 里,利用倒排文件为年龄属性建立索引,当查询 age=20 的学生时无需逐个扫描关系里的记录,无需比较每个学生记录里的 age 是否为 20,而是先查询索引表,找到 20 就可找到相应记录的主键,借助这些主键就可找到相应的记录。

问题是,并行处理系统中如何存放倒排文件才合适呢?

我们来看两类并行系统:在无共享(shared-nothing)模型里,每个处理器都有自己的内存和外存。处理器间借助消息交换进行通信。在全共享(shared-everything)模型里,每个处理器可以同时访问公共存储和任意硬盘。处理器也可以有私有内存。

在单台机器上使用倒排文件实现信息检索是常用的方法。当然,在多处理器上使用倒排文件实现信息检索也是很有用的。

倒排文件系统一般由索引文件(index file)、定位文件(posting file)和文档文件(document file)三个文件构成,如图 14.25 所示。

索引文件一般是关键词的有序列表,索引指向一个文档集合,即文档文件记录。索引文件里的条目由一个存取词项和两个字段构成。这两个字段,一个是该存取词项在定位文件里条目的定位和距定位点的位移。定位文件由一组记录构成,每个记录关联索引文件的一个存取词项和文档文件里含有该存取词项的记录。除此之外,还有权重(weight),权重用于描述该存

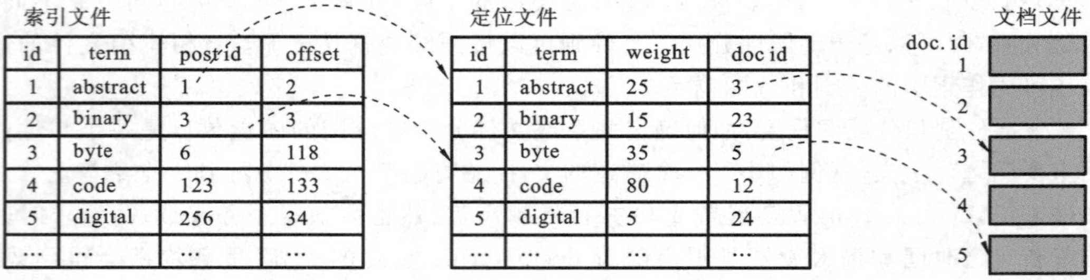

索引文件

id	term	post id	offset
1	abstract	1	2
2	binary	3	3
3	byte	6	118
4	code	123	133
5	digital	256	34
…	…	…	…

定位文件

id	term	weight	doc id
1	abstract	25	3
2	binary	15	23
3	byte	35	5
4	code	80	12
5	digital	5	24
…	…	…	…

文档文件

doc. id
1
2
3
4
5

图 14.25　倒排文件的结构

取词项在文档中的地位。文档文件包含用户真正需要的文档记录。

在并行系统里,分割一个倒排文件可以提高负载均衡和检索效率。

参考文献[4]中提出了一种并行倒排文件的设计方案。

下面先讨论倒排文件的分割问题。

在一个全共享多处理器系统里,常使用磁盘阵列。构造多磁盘 I/O 系统的方法很多,有同步磁盘阵列,也有异步磁盘阵列。在同步磁盘阵列里,所有磁盘的转速和机械臂运动是同步的,因此可以采用同步方式为 I/O 请求提供服务。异步磁盘阵列与同步磁盘阵列类似,除了硬件上不支持同步旋转以外。无论如何,磁盘阵列可以作为一个整体为单个 I/O 请求提供服务。当然,所有的磁盘也可以独立响应于多个请求。这样,在应用级软件,独立的磁盘阵列可以提供 I/O 并行性。

参考文献[4]提出了索引文件和文档文件各自按其记录 id 分割的方案。而对其中间文件,即定位文件,文献中讨论和分析了分别按词项(term)和按文档标识(doc id)分割定位文件的情况。

参考文献[4]得出的结论:全共享体系结构适合中等规模的信息检索系统,或者使用无共享体系结构的若干节点。如果词项分布均匀,则按词项 id 分割,如果词项分布不均匀,则选文档 id 分割。

14.4.2　负载均衡问题

负载均衡在分布式和并行环境中都很受关注,在并行计算中尤为重要。

超级计算机和集群机都需要进行适当调节,使性能达到所期待的程度。并行分割成固定数目的进程并运行在并行节点上,每个进程完成一部分工作。如果负载不均衡,则有的节点很快完成了任务,有的则要很长时间才能完成。因此负载均衡很重要。

让负载均衡最小化是有效实现并行结构的关键任务。负载均衡策略有以下四个问题需要考虑。

- 可以使用哪些负载信息?
- 平衡的条件,即何时平衡?
- 选哪个节点做平衡决策?
- 如何管理负载迁移?

按照这四个要点,参考文献[3]深入讨论了负载均衡策略问题。

可以在任何进程执行之前静态制定负载均衡决策,也可以在进程执行期间动态制定决策。

静态方法检查计算负载的全局分布过程，在进程执行前指定将哪个负载交由哪个资源。动态方法检查资源计算过程，并与资源使用期望相比实时进行调整。

1. 确定性方法

确定性方法(deterministic methods)是按照预先定义的策略迭代方式实施。确定性方法又可以分为扩散方法(diffusion methods)、维度交换方法(dimension change methods)、梯度模型方法(gradient model methods)和最小方向方法(minimum-direction methods)等。扩散方法中的处理器每一步都和所有邻居交换负载。维度交换方法中的处理器按照一张表一次性地和邻居交换负载，再使用新的负载和下一个邻居交换。梯度模型方法中的处理器沿着系统里负载最小的方向传输过剩的负载。最小方向方法在基础范围内选择负载最小的处理器作为目的处理器。

1) 扩散方法

扩散方法中，每个过载的处理器将其一部分负载传给低载的邻居处理器，实现局部负载均衡。整个过程是一个迭代过程，直至达到一个稳定的平衡。处理器被组织成一个网格，就像一个空间坐标一样，最相邻的节点间进行交换。坐标系统和并行体系结构对应，相对来说，处理器的相邻程度与通信容易相关。

2) 维度交换方法

维度交换方法是在涉及超立方体结构并行系统时开始研究，每个处理器的邻居按照超立方体的每一维来审视。每次处理器检查自己的负载和与一个邻居进行交换，一旦遍历所有的邻居(即超级立方体的一维)，负载均衡策略的迭代过程则记为休眠(sweep)。后来，该方法扩展到其他体系结构。

3) 梯度模型方法

梯度模型方法中，由网络中处理器的负载区别构成一个梯度。梯度模型方法和维度交换方法的主要区别是，前者是负载迁移到整个网络负载最小的处理器中，后者是迭代地与相邻处理器进行交换。梯度模型方法也有缺陷。如果将处理器中最重的负载传给负载最小的处理器，则会产生一个巨大的扰动，可能一个处理器中的负载突然变得很轻(例如，当前一个作业完成)。如果只有几个轻载处理器，那么多个过载处理器会将部分负载传给欠载的处理器，产生溢出效应(overflow effect)。溢出效应是将一个原本欠载的处理器马上变得过载。

4) 最小方向方法

最小方向方法里，选择域中使用最少的处理器作为负载传输的目标处理器。可以将一个域设置成只含两个处理器的最小组，也可以设置为整个系统。

2. 随机方法

负载采用随机方法(stochastic methods)分布，以使系统进入一种高概率的均衡状态。随机方法负载均衡可以分成三类：随机分配方法(randomized allocation methods)、基于物理优化的方法(physical optimization based methods)和基于排队理论的方法(queuing theory based methods)。

1) 随机分配方法

随机分配方法是随机选择一个处理器，以迁移某些负载。不像确定性方法，这类方法很少依靠系统状态信息。处理器可以在直接邻居里随机选择，也可在包括远程邻居的所有处理器里随机选择。

2) 基于物理优化的方法

基于物理优化的方法将一个负载均衡问题映射成一个组合优化问题，如模拟退火法（simulated annealing）、基因算法（genetic algorithm）等。基于物理优化的方法的缺点是计算开销大，且要求在有限时间里实现负载均衡。

3）基于排队理论的方法

基于排队理论的方法试图用排队论和概率论来解决负载均衡问题。

习 题 14

1. 简述并行数据库系统中的数据分割包含哪些典型方法。
2. 在并行数据库系统中，什么是算符内并行？什么是算符间并行？

第15章 分布式面向对象数据库系统

15.1 分布式面向对象数据库系统概述

15.1.1 基本概念

数据库技术的发展速度很快。目前,关系数据库基本上可以很好地支持商务数据处理应用。但是有些高级应用,需要新的数据库管理技术。这类例子如计算机辅助设计(CAD)、办公信息系统(OIS)、多媒体信息系统和人工智能(AI)等。为此,面向对象数据库管理系统应运而生,原因如下。

- 这些先进的应用能够明显地存储和操纵更抽象的数据类型(如图像、BIM① 数据、CAD 文档等)与提供用户自己应用特定类型的能力。关系型数据库系统处理单一的对象类型-关系,其属性来自简单的和固定的数据类型域(如数字、字符、字符串、日期等)。它无法支持应用特定类型(如文本、图像、CAD 图、视频等)的显式定义和操纵。
- 关系模型结构相对比较简单,呈平面型(二维)。平面关系模型中代表的结构在面对这些高级应用时会导致自然结构的丢失,而丢失的东西对于应用来说是十分重要的。例如,在工程设计应用里,被设计对象的结构不是平面型的,而是多维的。在多媒体应用里,需要描述超文本/超媒体结构,这也不是平面型的。
- 关系系统提供的语言,SQL 语言也存在不足。它所提供的一次一个集合(set-at-a-time)的结构也不满足新应用要求的一次一条记录(record-at-a-time)的需求。

1. 对象概念

对象是面向对象数据库管理系统中的一个最基本的概念。

人们认识世界是以一些事和物为基础的,这里的物是指物体,事是指物体间的联系。面向对象中的对象是指物体,消息是指物体间的联系,通过发送消息使对象之间产生相互作用,从而求得所需的结果。总之,对象是由一组数据和与该组数据相关的操作构成的实体。

面向对象技术作为一种大有前途和现今被广泛采用的技术,其基本原则有以下三条。

- 一切事物都是对象。
- 任何系统都是由对象构成的,系统本身也是对象。
- 系统的发展和进化过程都是由系统的内部对象和外部对象之间(也包括内部对象与内部对象之间)的相互作用完成的。

---

① BIM(bilding information modeling,建筑信息建模)。

从面向对象技术的实际应用情况来看，Smalltalk 语言[①]是坚持这三条基本原则的典型代表。

面向对象方法之所以会如此流行，主要是它非常适合人们认识和解决问题的习惯。首先，它是一种从一般到特殊的演绎方法，这与人们认识客观世界时常用的分类思想非常吻合；其次，它也是一种从特殊到一般的归纳方法，由一大批相同的或相似的对象抽象出新的类的过程，就是一个归纳过程。面向对象既提供了从一般到特殊的演绎手段，如继承；也提供了从特殊到一般的归纳方法，如类。因此，它是一种很好的认知方法。

从狭义上看，面向对象的软件开发包括三个主要阶段：面向对象分析（object-oriented analysis，OOA）、面向对象设计（object-oriented design，OOD）和面向对象程序设计（object-oriented programming，OOP）。其中，OOA 是指系统分析员对将要开发的系统进行定义和分析，进而得到各个对象类以及它们之间关系的抽象描述。OOD 是指系统设计人员将面向对象分析的结果转化为适用于程序设计语言中的具体描述，它是进行面向对象程序设计的蓝图。OOP 则是程序设计人员利用程序设计语言，根据 OOD 得到的对象类的描述，生成对象实例，建立对象间的各种联系，最终建立实际可运行的系统。

面向对象技术的主要影响表现在编程上，从面向过程编程演变到面向对象编程。这里讨论面向对象对数据库技术的影响，我们称为面向对象数据库系统。

我们用图 15.1 来说明程序设计思想从面向过程到面向对象的演变。左边代表传统的面向过程的程序设计思想，右边代表面向对象的程序设计思想。

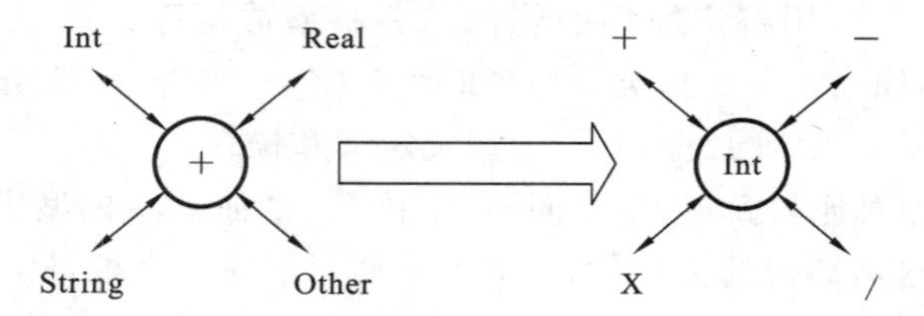

图 15.1　程序设计思想从面向过程到面向对象的演变

由图 15.1 可知，传统的面向过程程序设计是以操作为核心的，以一个加法程序为例（见图 15.1 左边），围绕这个操作会涉及整型数（Int）的加法、实数（Real）的加法、字符串（String）的加法，甚至整型数和实数的加法、实数和字符串的加法等。因此，程序员会按照操作数的不同分别编写众多函数或程序。而面向对象的程序设计是以另一种形态出现的，例如以整型数（Int）为例（见图 15.1），有加法、减法、乘法和除法等各种操作。

所有的面向对象数据库管理系统都是构建在对象的概念上的。

对象在建模系统中代表一个真实的客体。简单来说，它可以用一个〈标识，状态〉（即〈OID，state〉）偶对来表示，其中，OID 是对象标识，对应的状态则表示对象的当前状态。对象的标识自其诞生起就始终不变，是区别于所有其他对象的永久性标识。如果它们有相同的 OID，则两个对象是等价的；如果它们有相同的状态，则称它们是相等的。

令 D 为系统定义的域（如整数域）和用户定义的抽象数据类型（ADT）的域的并，I 为用于命名对象的标识符的域，A 为属性名字的域，则可以有如下定义。

（1）D 的一个元素是一个值，称为原子值。

---

① http://www.smalltalk.org.cn/。

(2) $[a_1:v_1,\cdots,a_n:v_n]$，其中：a_i 是 A 的一个元素，v_i 是一个值或 I 的一个元素，称为一个元组值；[]称为元组构成符。

(3) $\{v_1,\cdots,v_n\}$，其中：v_i 是一个值或 I 的一个元素，称为一个集合值；{}称为集合构成符。

这些模型将对象标识看作为值(类似于程序设计语言的指针)。集合和元组是数据构成符，这对于数据库应用来说是本质的。其他构成符如列表或阵列也可加入其中，以增加建模能力。

【例 15.1】 考虑如下对象：

$\langle i_1, 939\rangle$；

$\langle i_2, \{i_6, i_{11}\}\rangle$；

$\langle i_3, \{6,7\}\rangle$；

$\langle i_4, [LF:i_7, RF:i_8, LR:i_9, RR:i_{10}]\rangle$。

其中：i_1 是原子对象，i_2 和 i_3 是结构对象。i_2 是对象的 OID，它的状态由一个集合构成。i_4 有一个元组值状态，包括 4 个属性(或称为实例变量)，每个属性是其他对象的值。与值相比，对象支持良型(well-defined)的更新操作，它改变对象的状态而不改变对象标识。

【例 15.2】 考虑如下对象：

$\langle i_1$, TCL$\rangle$；

$\langle i_2$, [name:Jz, myTV:i_1]$\rangle$；

$\langle i_3$, [name:Ying, myTV:i_1]$\rangle$。

这些对象描述的语义是：Jz 和 Ying 共享对象记作 myTV(即它们共同拥有一台 TCL 电视机)。如果把对象 i_1 的值从"TCL"改为"Haier"，则在对象 i_2 和 i_3 里也自动修改。

模型的行为是用方法来描述的，方法是对象上的操作。方法代表模型的行为特性。

有些对象模型干脆不区分值和对象，一切都称为对象，包括系统定义的实体和用户定义的实体。在这些系统里不再存在集合或元组构成符，对象是其他对象的特指(specializing)或泛化(generalizing)。

与关系模型相比，关系数据库模型以一种一致的方式处理数据值。属性值是原子的，它们可以构成结构值。在一个基于值的数据模型里(如关系模型)，数据是用值来标识的。关系用其名字来标识，元组用其键来标识，或者是值的组合。对象模型里的数据用 OID 标识。

2. 抽象数据类型

抽象数据类型(ADT)最初出现于程序设计语言里，后来引入数据库领域，如对象-关系 DBMS。抽象数据类型是指拥有这个类型的所有对象的一个模板(template)。这时无需区分基本系统对象(即值)、结构对象(元组或集合)或用户定义对象。ADT 通过提供有相同结构的数据域，以及应用于这个域上的操作(方法)来描述数据的类型。ADT 的抽象能力通常是指其封装性(encapsulation)，它隐蔽了操作的实现细节。这样，每个 ADT 通过其支持的性质展示给"外部世界"。传统的对象模型里，这种性质包括实例变量(反映对象的状态)和方法(在这类对象上可实施的操作)。有些模型里，方法被抽象为行为。

【例 15.3】 下面是 Car(汽车)的类型定义样例：

```
type Car
attributes
    engine:Engine
    bumpers:{Bumper}
    tires:[LF:Tire,RF:Tire,LR:Tire,RR:Tire]
    make:Manufacturer
```

```
model:String
year:Date
serial-no:String
capacity:Integer
```

例 15.3 中的 model、year、serial-no、capacity 四个属性是基于值的，其他属性则是基于对象的，如 engine、bumpers、tires 和 make。属性 bumpers（保险杠）是集合值，tires（轮胎）是枚举元组值，包括左前轮（LF）、右前轮（RF）、左后轮（LR）和右后轮（RR）。我们用首字母为大写的变量来标识类型，所以 engine（引擎）是一个属性，Engine 是一个类型。

注意，这里为了简便，我们没有把方法列出来。

ADT 提供了两个主要好处。首先，系统提供的基本类型可以方便扩展为用户定义的类型，可以方便与关系模型联系起来。其次，ADT 操作可以把数据与应用程序很好地联系起来。因此有 ADT 的对象模型允许同时描述数据和操作。

1）综合

综合是对象模型最常用也是最强大的一个特征，它允许共享一个对象，通过指针（referential）的方式共享对象，这里的指针是指向对象的 OID。例如，(i_2，[name：Jz，mycar：c_1]）或（i_3，[name：Ying，mycar：c_1]）就是通过指针指向 Jz 和 Ying 拥有的是同一辆车。

还有一个概念是复杂对象。综合对象和复杂对象的区别是前者可以参考共享对象，而后者却不能①。例如，汽车类型中可以有一个属性，其类型是一个类 Tire（轮胎）。如果 Car 有两个实例 c_1 和 c_2，则它们参考的不一定是 Tire 的相同属性集，因为车商不希望自己的轮胎与其他车用的一样。

2）类

很多对象数据库管理系统不区分型（type）和类（class）。其根源更易追溯到面向对象的程序设计语言，如 Smalltalk 和 C++，其中只有类的概念。那里，类扮演两种角色：共性对象的模板和共性对象的集合。

确切来说，型和类是有区别的，型是共性对象的模板，而类是有相同型的对象实例的集合。

3）子型和继承性

对象系统允许使用用户定义型（user-defined types），由系统来定义和管理，提供可扩展性。这可以从两方面实现：使用型构造器或基于现有基本型通过子型化处理来定义。子型化是型的一种特指（specialization）。如果 A 接口是 B 接口的超集，则型 A 是型 B 的特指。因此可以说，特指的型比原型定义的内容更多。一个型可以是多个型的特指，可以是型子集的子型。常用 is-a 来描述子型和型之间的关系，如这里的 A is-a B。

除能够扩展型外，子型化也对数据库模式形成的型系统造成了冲击。大多数情况下，可以将型看成是树状的型系统，即根是一个唯一的最小特指型。Smalltalk 就是这么一个系统，而且还有限制，即一个型只能是一个型的子型。C++则允许一个型存在多个根。这样，型的产生形成一个图。因此，确切来说，一个型形成的是一个格（lattice），称为型格（type lattice）。

在对象数据库中，型格描述了数据库模式。

【例 15.4】 现在分析一个型，命名为 Car，用于描述小汽车，它是交通工具（Vehicle）的一个特定型。所以，Car 是 Vehicle 的一个子型。摩托车（Motorcycle）、卡车（Truck）、巴士（Bus）

---

① 有时人们不去区分得那么细，会用综合对象表示二者。也有人用复杂对象来表示二者。

可以是Vehicle的其他子型。这样，Vehicle应当定义其公有性质：

```
type Vehicle as Object
attributes
    engine:Engine
    make:Manufacturer
    model:String
    year:Date
    serial no:String
```

这里，Vehicle被定义为Object的一个子型，就像Smalltalk中常用的那样。Object被看成是型的根。显然，Vehicle是Car的泛化。

Car可以定义为：

```
type Car as Vehicle
attributes
    bumpers:{Bumper}
    tires:[LF:Tire,RF:Tire,LR:Tire,RR:Tire]
    capacity:Integer
```

这里，Car is-a Vehicle，因此继承Vehicle的属性和方法。说明一个型是另一个型的子型，这就产生了继承问题。

15.1.2 对象的分布设计

对象的分布设计比前面介绍的关系分布要复杂。从概念上讲，对象将方法及其状态封装在一起。实际上，方法是在型(type)上实现的，且为该型的所有对象所共享。因此，把对象和型定位好就成为关键。对此，分割类是不容易的，原因是对象模型本身的难度。例如，由于封装性，方法和对象密切捆绑，将它们分开存放会造成新的问题[①]；对象模型以型格形态出现，而不像关系模型那样是平面型的，分片时会牵一发而动全局。例如，对象A的性质指向另一个对象B，如果将B随A分片到一起，则可能将B与其所属类中的其他对象隔离开，处理B所属类的对象集合时会有所不利。

考虑到类和型的问题，对象世界里的分布设计由于对象状态和方法封装在一起而产生了新的问题。产生新问题的原因是，方法是在型上实现的，而这个型的所有实例都能共享。因此，人们必须界定是否在属性上实施数据分片，从而将该属性上的相应方法复制给数据片，或者干脆将方法也分片。因为有些属性的域可能是其他的类，所以关于这些属性的类的分片可能会影响到其他类。最后，如果能够很好地将分片实施到方法上，则必须区分好简单方法和复杂方法。简单方法不涉及其他方法，复杂方法要调用其他方法。

与关系型系统类似，对象模型也可以按照水平、垂直和混合分片。除此之外，还有人定义了导出水平分片、关联水平分片(associated horizontal partitioning)和索引路径分片(index path partitioning)等。导出水平分片和关系型系统的相似，关联水平分片与关系型系统的区别是，后者无谓词子句(predicate clause)来限制对象实例。

1. 类的水平分片

对象数据库的水平分布与关系模型中的水平分布类似，但是导出水平分片有区别，如下。

---

① 若程序(方法)和其操作数据(对象)分开存放，运行时就会迁移，要么方法迁往对象，要么对象迁往方法。

类的分片可以产生子类的分片。注意,类可以有多个子类,因此该类在分片时会产生冲突。该类分片时考虑的分片谓词的合理性在面向子类时可能会变得不合理。为此可考虑按最细特指的类(即类格里最细分后的类)开始分片,逐步在类格中上移,将各层的特点反映到超类(superclasses)。这是一种自底向上的方法。

复杂属性的分片可以反映其包含类的分片。基于方法的类分片无需在设计里反映出从一个类到另一个类援引的顺序。

现在讨论一种简单情况,即由简单属性和方法构成的类的基本水平分片。此时类的基本水平分片可以按类属性上定义的谓词来实现。分片很简单:对于要分片的类 C,我们创建一系列类 $C_1,\cdots,C_n$,每个类由满足特定分片谓词的 $C_i(1\leqslant i\leqslant n)$实例构成。如果这些谓词是互斥的,则类 $C_1,\cdots,C_n$ 是不相交的(disjoint)。此时,可以将 $C_1,\cdots,C_n$ 定义为 C 的子类[①],这样可将 C 的定义改为抽象类。

如果分片谓词不是互斥的,问题就会变得很复杂。要解决这个问题,还需深入研究。

【例 15.5】 考察一个类 Engine:

```
Class Engine as Object
attributes
    no-of-cylinder:Integer
    capacity:Real
    horsepower:Integer
```

这是一个简单类,描述的是汽车引擎,其所有属性都是简单的。这些属性是 no-of-cylinder(气缸数)、capacity(容量)和 horsepower(马力)。

也可简单记作:

```
Engine(no-of-cylinder:Integer,capacity:Real,horsepower:Integer)
```

甚至记作:

```
Engine(no-of-cylinder,capacity,horsepower)
```

下面是两个分片谓词:

p_1:horsepower<150

p_2:horsepower$\geqslant$150

这里,Engine 类的对象按照其马力(horsepower)分割成两个类 Engine1 和 Engine2,它们继承 Engine 类的所有性质。

这种类的基本水平分片可以应用到所有的类上。当这一处理结束时,我们可以获得每个类的分片模式。但是,这些模式没有反映导出分片。这样,如何使用一个谓词集从前面步骤生成的结构中产生导出分片是下一个步骤需要考虑的。本质上,我们要研究从超类到子类的分片传播问题,并能把这两个分片集合成一种一致的形态。

现在讨论基于对象的实例变量的水平分片问题(即对象的有些实例变量的域是另一个类 C′)。但从对象行为看,假设所有的方法是简单的方法,即对象的方法不涉及对关联类 C′的方法的调用。这种情况下,必须考虑类之间的组成关系。这里可用一个主-从(owner-member)关系来描述:如果类 C_1 有一个属性 A_1 的域是类 C_2,则 C_1 是主(owner)、C_2 是从(member)。

---

① 子类关系可以是自反的,即 C_n 是 C_n 的子类。

这样，C_2 的分解遵循与导出水平分片一样的原则。

接下来看看方法变得复杂时的情况。例如，考虑一个类，其属性是简单的、方法是复杂的情况。这种情况下，基于简单属性的分片可以用前述方法处理。然而，对于复杂方法，必须确定在编译期间那些通过方法调用存取的对象，这可以通过静态分析来实现。显然，如果被调用的方法在调用时包含在相同的分片里，则可以获得最佳性能。优化要将一起存取的对象定位在同一数据片里，因为这样可将本地存取最大化。

最复杂的情况是，类有复杂属性也有复杂方法。这时必须考虑子型关系、聚集关系和方法调用关系，这里不再赘述。

2. 类的垂直分片

类的垂直分片更复杂。给定一个类 C，将它垂直分片成 $C_1,\cdots,C_n$，就产生一系列片类[①]，每个片类由一些属性和方法构成。这样每个分片比最初的类要小。必须注意，原始类-超类和子类之间的关系，和分片类之间的子型关系，分片类自己之间的关系，以及方法定位之间的关系。如果方法都是简单的，则方法可以简单分割，否则方法的定位就比较困难。

3. 路径分片

可以用组合图来代表组合对象(composite objects)。组合对象如汽车由发动机、车轮、方向盘、控制箱等组合而成，而发动机由气缸、活塞、连杆等组成，从而形成一个组合图。许多应用里，必须访问完全组合的对象。

路径分片是将组合对象分组形成一个分片的概念。路径分片由所有域类的对象分组而成，这些域类对应于以复杂对象为根的子树里的所有实例变量。

路径分片是形成索引的一个节点分层结构。索引的每个节点指向成分对象(component object)域类里的对象。这样，索引包含一个指向组合对象的所有成分的指针，避免浏览类组合分层结构里的成分。结构化索引实例是一个 OID 集合，它们指向组合类的所有成分对象。相对于对象数据库模式而言，结构化索引是一个正交结构(orthogonal structure)，其中，它将组合对象的成分对象的所有 OID 组成一个结构化索引类(structured index class)。

4. 类分片算法

类分片算法的主要目标是，通过减少不相关数据的存取来改进用户查询和应用的性能。这样，类分片是一种物理数据库设计技术，按照应用语义将对象数据库模式重新结构化。类分片要比关系分片更复杂，也是一个 NP-complete 问题。类分片算法主要基于类似/血缘(affinity-based)方法和成本驱动方法(cost-driven approach)。

在关系模型中，我们使用属性类似/血缘性进行垂直关系分片。同样，也可以使用实例变量、类似/血缘方法、多个方法间的类似/血缘性来实现水平分片和垂直分片。

虽然使用类似/血缘方法可以直观地分片，但是未必能最大限度地减少磁盘存取开销。成本驱动方法则可以优先处理查询的磁盘存取问题。

1) 分配

对象数据库涉及方法和类的分配问题。方法分配问题与类分配问题密切相关，这是由封装特性决定的。因此，类的分配蕴含相应母类(home class)中方法的分配。但是，面向对象数据库上的应用涉及方法，方法的分配影响应用的性能。存取分布在不同节点的多个类的方法

---

① 为了避免与 is-a 关系混淆，这里不称为子类，而称为片类。

分配是一个有待解决的问题。学术界曾提出以下四个问题。

(1) 本地对象:这是一种最直接的情况。这里,行为和对象放在一个地方,是一种最简单的情况。

(2) 本地行为:远程对象此时发生的行为在本地,而涉及的对象在远地。有两种处理方法:把对象从远程移到本地;或者在对象所在的节点实现行为,前提是远程节点支持实现行为所使用的代码。

(3) 远程行为:本地对象与第(2)种情况相反。

(4) 远程函数:远程对象与第(1)种情况类似。

2) 复制

复制增加了新的设计问题。对象、对象的类或对象的汇集可以作为复制单位。毫无疑问,这与对象模型是相关的。型的说明是否复制到每个节点是需要考虑的一个问题。

15.2 SQL的面向对象特征

关系型数据库系统的语言接口是SQL语言。因此这里讨论SQL语言的面向对象扩展问题,特别是SQL3(SQL:1999)的特征。

SQL:1999[①](原称SQL3,为了简洁,下面也称SQL3)是ISO制定的一个国际标准。可以说SQL3是为面向对象SQL(object-oriented SQL)而定义的,计划作为对象-关系数据库管理系统的基础。这类系统如Oracle公司的Oracle 8及以后的系统,原Informix公司的Universal Server,IBM公司的DB2 Universal Database等。原计划3～4年完成,结果花了将近7年的时间。与SQL-92相比,新的语言增加了面向对象的特征。

国际上,ISO/IEC JTC 1(Joint Technical Committee 1)和联合国际电工委员会(International Electrotechnical Commission)负责信息技术的标准问题。JTC 1中的分委员会SC32(数据管理与交换分技术委员会)负责数据库的标准问题,其中,WG3负责SQL标准,而WG4关注SQL/MM(SQL MultiMedia,使用SQL的面向对象工具指定类型库的一套标准)。

同时,在美国,美国国家标准学会(ANSI)也在从事类似的工作,如ANSI的国家信息技术标准化委员会(National Committee for Information Technology Standardization,NCITS,前称为"X3")。NCITS的技术委员会H2(前称为"X3H2")负责一些和数据管理相关的标准,包括SQL和SQL/MM。

1. 类型

第一代SQL语言及其继承者是SQL-86和SQL-89,随后诞生SQL-92。作为后继,SQL:1999首先引入了以下几个新的数据类型。

第一个数据类型是大对象(LARGE OBJECT),即LOB类型。引入的原因是传统的数据类型无法满足大对象的描述。这类大对象如大型文本文件、图像数据、视频数据等。LOB类型又可以分为两种:CLOB(CHARACTER LARGE OBJECT)和BLOB(BINARY LARGE OBJECT)。

CLOB面向文本数据,BLOB面向图像、视频和二进制程序代码等。CLOB具有大部分字

---

① http://www.ncb.ernet.in/education/modules/dbms/sql99index.html。

符串的特性，但对其有一些限制，例如不能作为主键(PRIMARY KEY)，也不能限定它为唯一性(UNIQUE)。与 BLOB 的限制类似，LOB 类型也不能用在 GROUP BY 或 ORDER BY 子句里。应用程序不能将整个 LOB 值存放后在数据库里传来传去，但可以使用类似指针的东西来操纵，即使用 LOB 指示符(LOB locator)。在 SQL:1999 中，指示符是一个唯一性的二进制值，可以把它看成是 LOB 的一个别名。可以将指示符用在操作里。

第二个数据类型是布尔值，允许 SQL 直接使用记录的真值 true、false 和 unknown，例如：

WHERE COL1>COL2 AND COL3=COL4 OR UNIQUE(COL6) IS NOT FALSE

SQL:1999 还有两个新的组合类型：ARRAY 和 ROW。ARRAY 允许用户在数据库表的一列里存放成组数据，例如：

WEEKDAYS VARCHAR(10) ARRAY[7]

这个例子说明，可以在数据库的一列里存放一周 7 天的名字。ROW 可以看成是 SQL 中(匿名)行的扩展，它可以让数据库的表格嵌套构造。显然，按照传统的关系数据库理论，这样嵌套的结果破坏了数据库的规范性。

2. 谓词

谓词也是 SQL:1999 的新增特色。按照标准定义，谓词定义如下：

```
<predicate> ::=
<comparison predicate>
| <between predicate>
| <in predicate>
| <like predicate>
| <null predicate>
| <quantified comparison predicate>
| <exists predicate>
| <unique predicate>
| <match predicate>
| <overlaps predicate>
| <similar predicate>
| <distinct predicate>
| <type predicate>
```

SQL:1999 包含几个新的谓词，其中类型测试谓词与面向对象概念密切相关。类型测试谓词的定义如下：

```
<type predicate> ::=
<user-defined type value expression> IS [ NOT ] OF
<left paren> <type list> <right paren>
<type list> ::=
<user-defined type specification>
[ {<comma> <user-defined type specification> }... ]
<user-defined type specification> ::=
<inclusive user-defined type specification>
| <exclusive user-defined type specification>
<inclusive user-defined type specification> ::=
<user-defined type>
<exclusive user-defined type specification> ::=
ONLY <user-defined type>
```

注意 SIMILAR 和 DISTINCT 两个谓词。

第一版 SQL 标准中有 LIKE 谓词，可以用来满足子串匹配，例如：

```
where NAME LIKE '% hong'
```

表示匹配 NAME 值中有准确匹配的子串 hong 才为真。

SQL:1999 的 SIMILAR 谓词对此进行了扩展，使得更适用于模式匹配，例如：

```
where NAME SIMILAR TO '(SQL-(86|89|92|99))|(SQL(1|2|3))'
```

DISTINCT 谓词与常规的 UNIQUE 谓词类似，主要区别在于 NULL 值。DISTINCT 谓词把两个 NULL 值看成非 distinct。

3. 新的语义、安全性和其他

SQL:1999 对视图的范围进行了扩展，使之可以直接更新。此外，SQL:1999 提供了一种称为递归查询(recursive query)的功能，例如：

```
WITH RECURSIVE
Q1 AS Select...from...where...,
Q2 AS Select...from...where...Select...from Q1,Q2 where...
```

这样，对于 ARRAY 和 LOB 值来说，处理起来更方便。

SQL:1999 还增加了 savepoints 的功能。SQL:1999 的安全性提升也要注意，尤其是角色(role)支持功能。有了角色支持，安全性有了更好的保证。

SQL:1999 具备一定的主动数据库功能，这里起作用的是触发器，例如：

```
Create TRIGGER log_salupdate
BEFORE Update OF salary
ON employees
REFERENCING OLD ROW as oldrow NEW ROW as newrow FOR EACH ROW
Insert INTO log_table
VALUES (CURRENT_USER,oldrow.salary,newrow.salary)
```

这个触发器表示在修改雇员的薪水时，要注意保存日志，将原来的数据记录为 NEW ROW，将新的数据记录为 EACH ROW。

触发器在使数据库获得主动功能上是十分有用的工具。触发器的用途很广，例如，可以使用触发器保证人的年龄只能增加不能减少、年龄不能为负数，等等。

对关系模型的重要扩展可以表达在用户自定义类型上：SQL:1999 支持面向对象特性，允许结构化用户定义的类型，也允许属性深度嵌套。还有方法和过程的支持，允许构造类型层次，从而让子型具有继承的性质，例如：

```
Create TYPE emp_type UNDER person_type
    AS (EMP_IDINTEGER,
    SALARY REAL) INSTANTIABLE
NOT FINAL
REF (EMP-ID) INSTANCE METHOD
GIVE_RAISE
(ABS_OR_PCT BOOLEAN,
AMOUNT REAL)
RETURN REAL
```

从以上语句可以看出，用户定义的新类型 emp_type 是 person_type 的一个子型，所以具有继承性。换言之，雇员(employee)继承人(person)具有的所有属性(如姓名、地址等)也有自已定义的新属性：工号(EMP_ID)和工资(SALARY)等。

注意，有些面向对象程序设计语言允许对封装(encapsulation)分级，例如可分为 PUBLIC、PRIVATE 或 PROTECTED，但 SQL:1999 尚未提供此功能。

4. 函数和方法

与 SQL 调用函数不同，SQL:1999 包含 SQL 调用的方法。简言之，可将方法看成一个函数，但有一定的限制和提升。它们之间的具体区别：方法与用户定义的类型密切关联。

存取一个用户定义类型可以采用两种不同的表示方法，即函数表示法与 Dot 表示法。

Dot 表示法为：

```
where emp.salary>10000
```

函数表示法为：

```
where salary(emp)>10000
```

SQL:1999 同时支持这两种表示法。这可以看成是同一个事物的不同描述。

5. SQL3 的数据类型

与 SQL3 数据类型对应的是方法，getXXX 方法用于获得结果集，setXXX 方法负责存储，updateXXX 用于更新，如表 15.1 所示。

表 15.1　SQL3 类型所对应的方法

SQL3 类型	getXXX 方法	setXXX 方法	updateXXX 方法
BLOB	getBlob	setBlob	updateBlob
CLOB	getClob	setClob	updateClob
ARRAY	getArray	setArray	updateArray
Structured type	getObject	setObject	updateObject
REF (structured type)	getRef	setRef	updateRef

下面是查阅一个学生成绩的例子，输出方式是一次读出它们。

```
ResultSet rs=stmt.executeQuery (
"Select SCORES from STUDENTS where SID=20060821");
    rs.next();
Array scores=rs.getArray("SCORES");
```

这里，变量“成绩”(scores)是一个指向 SQLARRAY 的指针，这个学生的学号是 20060821。

下面是一个用于登记成绩的例子。

```
Clob notes=rs.getClob("NOTES");
PreparedStatement pstmt=con.prepareStatement(
"Update MARKETS SET COMMENTS=?
where SALES <3000",
    ResultSet.TYPE_SCROLL_INSENSITIVE,
    ResultSet.CONCUR_UPDATABLE);
pstmt.setClob(1,notes);
```

6. Blob、Clob、Array 对象和类型

Blob、Clob 和 Array 对象是新的 SQL 的一个重要特征。SQL BLOB、CLOB 或 ARRAY 对象可以非常大，从而大大改善数据库系统的性能，尤其是对多媒体数据、流媒体数据管理来说。

SQL 的结构化用户定义类型(user-defined types,UDTs)可以采用 CREATE TYPE 语句实现,例如:

```
Create TYPE PLANE_POINT
  (X FLOAT,
  Y FLOAT
)
```

这个例子定义了平面上的点,两个属性分别是 X 值和 Y 值。Collection 类型定义在集合(set)、列表(list)等上,例如:

Create TABLE employees(id INTEGER PRIMARY KEY,name VARCHAR(30),address ROW(street VARCHAR(40),city CHAR(20),start CHAR(2),zip INTEGER),projects SET(INTEGER),children LIST(person), hobbies SET(VARCHAR(20)));

15.3 面向对象数据库模式——VODAK 系统

本节借助 VODAK 系统来说明面向对象数据库模式。VODAK 是德国 GMD-IPSI[①] 研发的一个分布式面向对象数据库管理系统。与许多其他先驱一样,有效集成分布式数据是 VODAK 的一个主要目的。笔者在 20 世纪 80 年代后期加入了这个项目的研制。

VODAK 系统总结了将异构数据库集成为一个面向对象数据库系统的架构,如图 15.2 所示[②]。

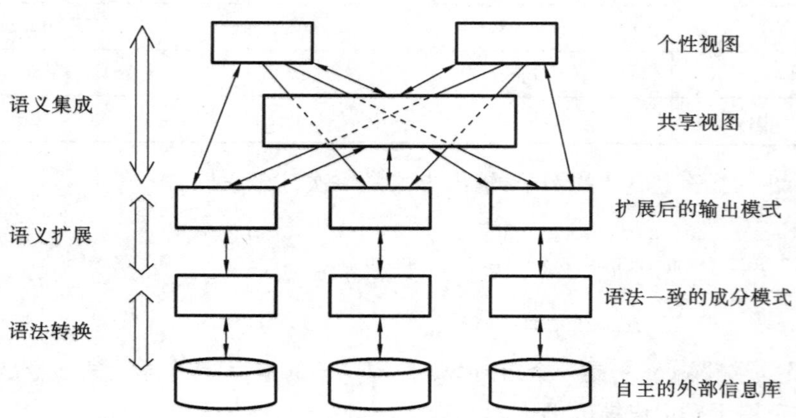

图 15.2 VODAK 系统的异构信息库集成思路

图 15.2 分析了各种异构信息集成的架构,从而确立 VODAK 系统的设计思路。

VODAK 系统面对各种自主的外部信息库,首先需要进行语法转换(syntactic transformation)。原因是不同的数据库,尽管大家都号称使用关系模型,即使用 SQL 语言作为主要接口,但还是存在语法差异。如果使用不同的数据模型,则语法差异会更大。

语法转换提供一个一致的接口,即 VODAK 接口,用于连接各种外部异构信息库,描述数

① 德国国家信息技术研究中心 GMD,后并入德国 Fraunhofer 学会,是欧洲最大的应用科学研究机构。

② 下面的例子和图示都选自 GMD-IPSI 的技术报告,对图略有修改,以便于理解。

据库模式(包括完整性限制)、检索和操纵功能、文件格式等。VODAK 还为此定义了一种面向对象 VODAK 建模语言(VODAK modelling language,VML),VML 可以对输入的数据(模式及实例)对象类型和类进行描述。通过语法转换后的外部信息可以按照一致的数据模型来存取。

语义扩展(semantic enrichment)映射:语义扩展映射将蕴含的结构和语义显式化,将隐藏在应用程序里的附加行为和非正规的本地习惯关联起来。

语义集成(semantic integration)映射:将几种模式合成起来,解决在结构、标识、命名和范围方面的差异和冲突。

要指出的是,VODAK 系统中提出了元类(meta class)的概念,元类在集成异构数据时起重要作用,细节在下面讨论。

考虑到目前是在关系型数据库基础上构建面向对象数据库,因此有必要讨论它们之间的映射问题。

15.3.1 数据模型间的对应形式与相容性

关系模型的基本概念是关系、元组和属性。可以将一个关系看成是一张二维表,表的每一列称为属性,每一行即实际内容,称为元组。标准关系模型中,属性类型是有限制的,如限制 String、Integer 等。元组的结构由数据定义语言(DDL)定义,存取则由数据操纵语言(DML)负责。

面向对象概念里,所有实体称为对象,且它们是类的实例。对象的结构和行为是通过其所属类上定义的一组性质和方法来确定的。性质的类型可以是任意一种基本型(如 String、Integer),也可以是复杂的型(如 Array、List、Set 等)。方法是存取性质的唯一接口。

可以给出以下对应形式。

- 关系(relations)和类(classes)对应。
- 属性(attributes)和性质(properties)对应。
- 元组(tuples)和实例(instances)对应。

那么,我们碰到的第一个问题是如何将关系模式中的关系定义翻译成面向对象模式中的类定义。第二个问题是如何把关系模型中的数据映射成面向对象数据模型中的数据。后者比前者更复杂。

如果将面向对象数据模型作为一个全局数据模型,且存放在外部数据库系统里的信息可以映射为全局对象数据库里的对象,就有必要为它们赋予全局唯一的标识,要构造全局标识到外部数据库的本地标识的映射。

1. 从关系模式映射到面向对象模式

如何将关系模式映射到对象模式,称为正向映射。

关系可以映射到类。类中的实例对应相应关系中的元组。关系的每个属性映射到相应类的性质。这种映射只考虑语法变换,而不考虑语义扩展问题。

假设有一个关系数据库模式 $S=\{R_1,\cdots,R_N\}$,其中,S 为一个数据库,且是关系 $R_i(1\leqslant i\leqslant N)$的集合。$R_i(a_{i,1},a_{i,2},\cdots,a_{i,k})$,$1\leqslant i\leqslant N$ 是其中一个关系的模式。

可以按如下规则将整个关系数据模式映射到面向对象模式:

$\forall R_i\in S, \exists C_i, c_{i,j}$ property_of $C_i, 1\leqslant j\leqslant k_i: c_{i,j}$ corresponds_to $a_{i,j}, a_{i,j}$ attribute_of R_i

这里用了几个联系(relationship),其语义可以从字面理解,例如 property_of 表示 c 是类 C

的性质，corresponds_to 表示类的性质和关系的属性对应，attribute_of 表示 a 是关系 R 的属性。

这个规则说明，对 S 里的每个关系，都会找到一个类，使得该关系的属性和类的性质对应。

面向对象数据库中的性质 $c_{i,j}$ 的值是从对应关系数据库的对应属性 $a_{i,j}$ 导出的，所以必须提供存取 $a_{i,j}$ 中存放值的方法。为了便于说明问题，可以只考虑读(数据)方法，记作 get(a)：v，其中 a 是对应于该对象代表的元组的属性名。

2. 两种数据模型的比较

为了说明关系数据模型和面向对象数据模型间的区别，我们先来看看关系数据模型。在关系数据模型里，数据存放在表里，表的属性用基本数据类型来定义。我们常将此称为第一范式(1NF)。对这种表再作一些限制，形成关系的 2NF 或 3NF。规范化的过程是一个原始关系的分解过程。分解是为了获得查询结果而必须实施关系间的连接运算。

面向对象数据模型和关系数据模型的比较如表 15.2 所示。

表 15.2 面向对象数据模型和关系数据模型的比较

面向对象数据模型	关系数据模型
复杂值(complex values)	1NF
参考(references)指针	3NF、BCNF①

3. 如何重构复杂值

下面用例子来说明如何重构复杂值。

【例 15.6】 令 R_1(a,b)为一个关系，a 为其主键；R_2(a,c,d)为另一个关系，其中 a 为其外键。假设关系 R_2 在其他上下文中不出现，即 R_2 中不存在其他外键，也不存在将 R_2 的键作为外键的情况。把这两个关系组合起来到一个类，结构可以表示如下：

C(a,b,t:{[c,d]})

这里 C 的第三个性质 t 是一个集合([c,d])，原因是 R_2 中的几个元组对应于 R_1 中的一个元组。这个集合里的元素是元组，以维持 R_2 中 c 和 d 间的依赖关系。

在映射中，可以将关系 R_1 称为基关系(base relation)，因为其中包含主键，将 R_2 称为依赖关系。当有几种依赖关系时，会发生两种情况：存在其他关系包含基关系的主键作为(唯一的)外键，或者存在关系拥有外键其中包含依赖关系的主键。前者可以用集合值表示性质，后者可以用嵌套的复杂值表示性质。我们用例子来说明。

【例 15.7】 R_1(a,b)和 R_2(a,c,d)的定义如前，R_3(a,c,e)为另一个关系，其主键为 a，R_2 的主键 c 为其外键。假设关系 R_2 和 R_3 在其他上下文中不出现。下面是这三个关系组合成类的形式：

C(a,b,s:{[c,d,t:{e}]})

这样就可以从关系中重构一个类，这个类可以理解如下。

类 C 有三个性质：a、b 和 s，赋予 a 和 b 原子值；s 为一个集合，这个集合里的每个元素是一个三元组，分别为 c、d 和 t，t 是一个集合。

例 15.6 中类的读对象方法可以记作：

get(R,{keyattr},[attr]):{[attrval]}

其中：R 是一个依赖关系；{keyattr}是基关系的主键集；[attr]是希望检索的属性值的元组。

---

① BCNF(Boyce-Codd Normal Form，Boyce-Codd 范式)

例如，get(R_2，{a}，[c，d])：{[c，d]}发送给类 C 的一个实例，它对应于 R_1 中的一个元组，返回的是 R_2 中适当的元组集。

可以采用一个通用的记法：

get(〈[R，{keyattr}]〉，[attr])：{[attrval]}

使用基于参考(即指针)的联系替代基于值的联系。

【例 15.8】 令 R_1(a，b)为一个关系，其主键为 a；R_2(a，c，d)为另一个关系，a 为其外键。假设 R_2 为其他上下文所需要的关系(例如 R_2 里还有其他外键)，而我们无法将这两个关系映射到一个类。这样，面临多种选择，如下。

选择 1 C_1(a，b，r：{ref C_2})，C_2(a，c，d)；

选择 2 C_1(a，b)，C_2(a，c，d，r：ref C_1)；

选择 3 C_1(b，r：{ref C_2})，C_2(a，c，d，s：ref C_1)；

选择 4 C_1(b，r：{ref C_2})，C_2(c，d，s：ref C_1)。

这里，ref C 表示指向(参考)类 C 的一个实例，即指向对象标识。同理，我们把关系 R_1 称为基关系，因为主键在其中；R_2 称为依赖关系。

以选择 1 为例，它表示将这些关系映射成两个类 C_1 和 C_2，C_1 是一个复杂类，其性质有三个：a、b 和 r，r 是一个指针集，每个元素指向类 C_2 里的对象实例。C_2 则是由关系 R_2 的三个属性(都是原子值)构成的类。

类似地，我们可以提供新的存取方法：

get(R_d，{keyattr})：{ref C_d} (get(R_b，{keyattr})：ref C_b respectively)

这里，R_d 是依赖关系，{keyattr}是基关系 R_b 的主键集，ref C_d(ref C_b)是指向对应于依赖关系(基关系)的类 C_d(C_b)的实例的指针。

这个方法可以理解如下，如果要读一个对象，则包含两个参量：基关系的键和依赖关系(这里记作 R_d)，据此分别读取基关系和依赖关系里的值。

【例 15.9】 R_1(a，b)、R_2(a，c)和 R_3(c，d)的定义如前。其中，R_2 的作用仅在 R_1 和 R_3 之间建立联系，因此可用如下形式来表示：

C_1(a，b，r：{ref C_3})，C_3(c，d，s：{ref C_1})

这里，类 C_1 和 C_3 对应关系 R_1 和 R_3。为了有效实施前面例子的映射，我们必须提供更普适的存取方法，其形式如下：

get(〈[R，{keyattr}]〉)：{ref C}

关系的键属性在这里作为变元表出现。

4. 模式重构

前面讨论了关系数据模型向面向对象数据模型的转换，但没有讨论具体元组向具体对象的映射，下面对此进行讨论。

可以从一个关系模式集 S={R_1，R_2，…，R_d}中选出一个子集 S′。对 S′中的每个关系 R，可以定义一个相应的类 C。显然，类 C 的外延和 R 的外延一一对应，即对 R 中的每个元组，生成 C 中的对象。存放在关系 R∈S\S′[①]里的数据可以用复合存取方法来存取。

面向对象数据模型里，OID 是对象的唯一标识。关系数据库里的标识机制是基于键值的。将键值映射到 OID 是一件复杂的事。要注意的是，面向对象数据模型里的 OID 是不变

---

① “\”算符表示排除，如 S\S′表示 S 排除 S′后的集合。

的，而关系数据模型里的键值是可变的。

当为一个关系生成类时，必须为关系中的每个元组创建一个 OID。下面讨论相关策略。

数据库初始化时就生成类的实例，在添加或删除关系中的元组时，要在相应的视图中反映出来。

按要求生成类的实例时，也要生成相关的方法，以便能将关系数据库的查询触发对类中实例的存取。

注意，如果 OID 是从键值导出的话，那么关系数据库中的键值变化要传递给面向对象数据库里的对象标识。

还要注意如何将关系数据库里的属性在对象实例里表示出来，有以下几种可能。

- 当数据库初始化时将所有属性存储为类的性质，从而使得关系数据库里属性的所有变化都要传递给类实例的性质。
- 属性值存储在类的性质值里。
- 关于属性值的访问都通过方法实现。

5. 面向对象数据建模语言

当将关系型数据转换成面向对象数据时，面向对象数据建模语言很重要。下面以 VML 为例来介绍面向对象数据建模语言，VML 是 VODAK 系统定义的建模语言。

1）对象类型、数据类型和继承

(1) 对象类型。

如前所述，类型（型）用于描述对象的结构和程序行为，这是一种抽象数据类型，称为对象类型（object types）。每个对象类型的定义有一个唯一的型标识来定义。对象类型的定义包括性质定义集和方法定义集。每个性质定义包括性质的名和类型。每个方法定义用方法名（signature）及其实现来描述。

性质可以定义为公共的，也可以定义为私有的。私有性质只在对象类型定义的范围内有效。公共性质可以在对象类型外被访问。方法也可定义为公有与私有。

(2) 数据类型。

数据类型（data types）用于定义性质、形式参数，方法的结果可以是基本类型（primitive type），也可以是复杂类型（complex type），后者是在前者的基础上构造的。

(3) 继承

在 VML 中，对象类型可以通过特指的方式从其他对象类型导出。导出的对象类型称为子型（subtypes），反之，其原型则称为超型（supertypes）。VML 用 subtypeOf 表示特指。

2）对象、类和实例

(1) 对象。

对象代表现实世界物质或非物质的实体。对象由对象标识符 OID 来标识。

(2) 类和实例。

系统里的每个对象定义为某个类的实例。这些对象的结构性质和方法通过与类关联的实例类型（instance-type）来定义。

在 VML 中，并不把类看作为一个型，而是看作为一个对象，它具有如下特点。

(a) 汇集其所有的实例；

(b) 与对象类型关联，其关系可记作 instance-type-of 于该类。

6. 元类

若把类也看作为对象，那么它们也是其他类的实例，这种类称为元类(metaclass)。元类是类的抽象，用于描述这些类的共有性质。这样，我们可以形成一个 3 级体系：实例级，由类的实例构成；类级，由类对象构成；元类级，由类的元类构成。

一个元类(也是类)的实例的共同性质由其实例类型(instance-type)来定义。此外，几个类的实例的共同性质可以在元类级来定义，即这些类的元类通过 instance-instance-type 来定义。换言之，可以在“祖辈”里描述共同性质。其他单独的性质和方法则可以在(元)类级通过对象类型来添加，这个对象类型称为 own-type。

粗略来说，任意对象的结构和行为可以确定如下。

- 和对象(如果它同时也是一个类)相关的 own-type。
- 和对象的类相关的 instance-type。
- 和对象的元类相关的 instance-instance-type。

注意，这三个类型可以是其他类型的子型，所以不仅拥有这些型直接定义的性质和行为，还有从其超型继承来的性质与行为。

如图 15.3 所示，元类 M 用于定义类及其实例的共同性质。类 C_1 和类 C_2 按其定义可保证具有与元类 M 相关的实例类型指定的行为。C_1 和 C_2 的实例有不同的接口，因为与 C_1 和 C_2 相关的实例类型指定的定义有所不同。但是，这些接口有一个公共部分，对应于元类 M 的 instance-instance-type 指定的定义。初始对象和类结构由一些预定义的元类及其对象类型构成(包括元类)。

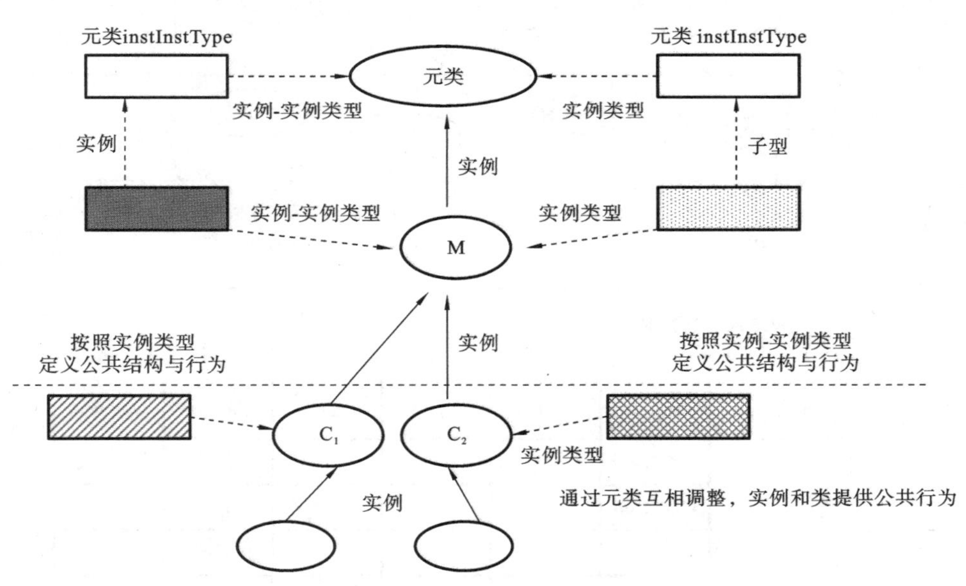

图 15.3　元类决定类及其实例的结构与行为

由图 15.3 可以看到两个层面，类层与元类层。类层的概念类似于面向对象的概念，元类描述的是类的抽象。

7. 消息传递和方法的执行

按照经典的面向对象概念，对象的性质只能通过执行定义在该对象上的方法来实现。而方法的执行是通过向对象发送消息来调用的，可以记作 obj→m(args)。其语义可以表述如下。

● 若方法 m 定义在对象 obj 上，则使用消息和实际参数 args 进行调用。

● 若方法 m 并非定义在对象 obj 上，则执行消息 obj→NoMethod(m,args)，将方法 m 及其参数传递给用户指定的方法 NoMethod。方法 NoMethod 的实现决定了方法 m 的未来执行。

15.3.2 模型实施及样例

VML 是一个灵活开放的数据模型，在元层提供了一些建模原语，如 aggregation、specialization、generalization、grouping 和 part-of 等，可以从默认的元类来定义。

VODAK 是在关系型数据库系统 POSTGRES[①] 上构建的，因此下面会多次涉及 POSTGRES。

下面以定义一个会议管理系统为例。在图 15.4 中，元类 PG_METACLASS 是将 POSTGRES 关系和属性映射到 VML 类、性质与方法。类似地，元类 SYBASE_METACLASS 是将 Sybase 关系型数据库的关系映射成类[②]。由于 PG_METACLASS 是一种从关系向对象的直接映射，所以对象的公共行为和结构代表关系里的元组。元类 PG_METACLASS 提供的公共行为和结构的例子可以简述为：直接映射中定义的存取方法 get 发送给代表关系 R 的类的实例。这些实例必须知道它们其原来的关系 R，即关系标识必须存放在这些实例里。

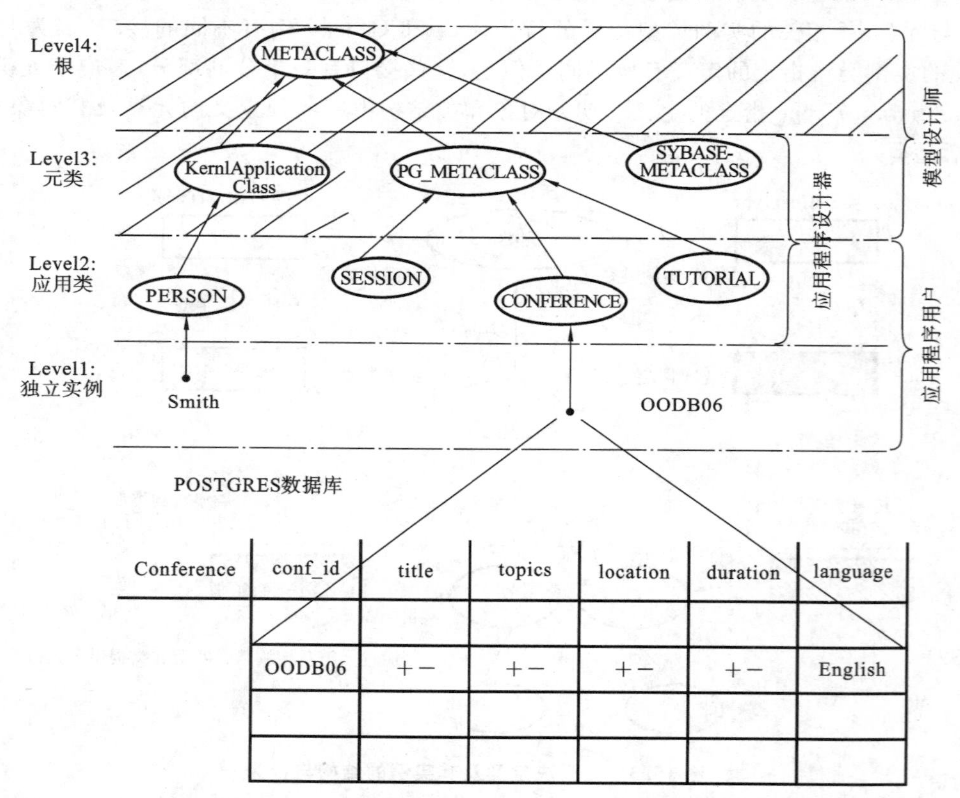

图 15.4 POSTGRES 数据库到元类模型的正向映射

类里的每个实例对应于关系里的某个元组。因此，每个实例要有某种性质，必须对应于某种

① http://db.cs.berkeley.edu/postgres.html。

② 因当时还选用 Sybase 作为基础关系数据库系统，所以这里提及 Sybase。

存取方法，指定、检索关系元组里的键值。除此之外，还必须定义能检索特定元组的值的方法。

数据库设计者可以使用元类的功能定义和关系对应的类，如 Conference、Tutorial 和 Session 等。

为了保证这些类和相应的关系真实对应，将 PG_METACLASS 定义为它们的元类，并进行一定的初始化。

如果需要另一类映射，则必须引入另一个元类，如元类 PG_RECOMPOSE_METACLASS。

图 15.4 的下部是一个 POSTGRES 数据库，描述的是会议管理系统的信息。关系 Conference 的实例记录的是一个会议信息，会议标识记为 OODB06，假设是 2006 年的面向对象数据库系统会议。这里讨论的是如何将 POSTGRES 的关系模式映射成面向对象模式。图的上部是由 VODAK 定义的面向对象模型。

由图 15.4 可知，POSTGRES 数据库中的关系 Conference 映射到类 CONFERENCE，同样，可以生成类 SESSION 和 TUTORIAL。这三个类的共性可以抽象为一个元类 PG_METACLASS。类似地，Sybase 系统存放的数据映射到元类 SYBASE_METACLASS。除数据外，还有应用，在关系型系统中，这是和数据分开的，面向对象系统中，一切归结到对象，所以也要映射到类。图的左部就反映了这一内容。元类 KernlApplication Class 就用于描述它。例如，某个个人 Smith 映射到类 PERSON，PERSON 和其他相关类就映射成 KernlApplication Class。METACLASS 就作为这些元类的元类。

1. VML 中映射的实现

下面对元类与类进行定义，先定义元类 PG_METACLASS。

1）元类 PG_METACLASS

PG_METACLASS 用于实现关系和类间的直接映射，这里表示 POSTGRES 里的关系如何映射为类。图 15.5 描述了元类 PG_METACLASS 与其他应用类之间的关系。

2）元类 PG_METACLASS 的定义

POSTGRES 数据库的存取可以通过其自身类型（own type）、实例类型（instance type）和实例-实例类型（instance-instance type）中的方法来实现。在 VODAK 系统中，PG_METACLASS 则是借助 POSTGRES C 库函数实现的。

元类 PG_METACLASS 及其相关的对象类型可以定义如下：

```
CLASS PG_METACLASS METACLASS Metaclass
OWNTYPE PG_Metaclass_OwnType
INSTTYPE PG_Metaclass_InstType
INSTINSTTYPE PG_Metaclass_InstInstType
END;
```

如图 15.5 所示，假设 POSTGRES 数据库中有大会（conference）、会议（session）和时间（tutorial）三个基本关系，它们在面向对象模式中就映射到类 CONFERENCE。OODB06 就成了这个类的一个实例。

3）对象类型 PG_Metaclass_OwnType 的定义

下面是元类 PG_METACLASS 的对象类型的定义，其中方法 linkdb 和 unlinkdb 负责启动和终止与 POSTGRES 数据库的通信。

```
OBJECTTYPE PG_Metaclass_OwnType;
INTERFACE
METHODS linkdb(db:STRING);
```

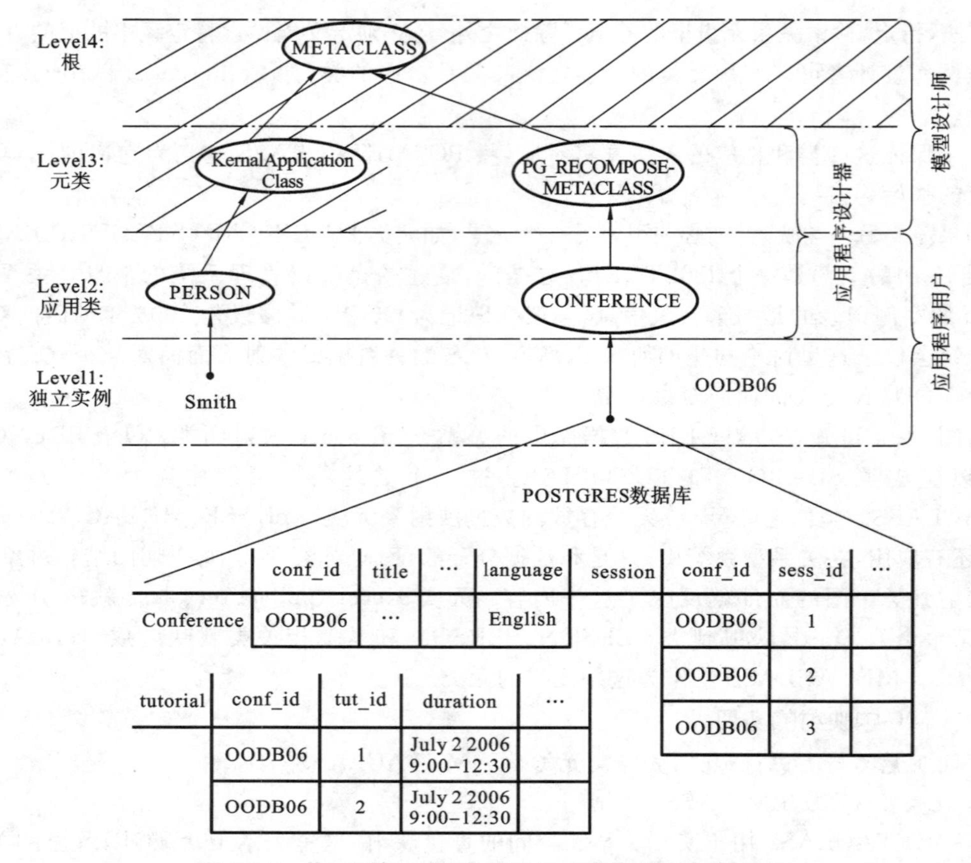

图 15.5　从 POSTGRES 数据库到元类模型的映射(详)

```
    unlinkdb();
IMPLEMENTATION
METHODS
linkdb(db: STRING);
{/*启动和 POSTGRES 数据库的通信*/};
unlinkdb();
{/*终止和目前正在存取的 POSTGRES 数据库的通信*/};
END;
```

显然这个类型的定义是普适的,描述了如何与基础数据库(POSTGRES 数据库)的连接。

4) 对象类型 PG_Metaclass_InstType 的定义

与类对应的关系标识存放在该类的性质 relation 里。方法 getRel 正好用于返回这个性质的值。方法 init 为性质 relation 的参数赋值,从对应关系里找出属性 oid 的所有实际值,为每个值创建类的一个实例,同时把这个值存放在新实例的性质 PG_Oid 里,以便能进一步存取非键属性。

```
OBJECTTYPE PG_Metaclass_InstType SUBTYPEOF Metaclass_InstType;
INTERFACE
PROPERTIES relation:STRING;
METHODS
    init(rel:STRING);
    getRel():STRING;
IMPLEMENTATION
```

```
METHODS
init(rel:STRING);
{relation := rel;
/*从关系 rel 检索元组的 oid;为每个检索到的值执行方法 init,创建类的一个实例,把这个新值存放到新实例的性质 PG_Oid 里*/
};
getRel():STRING;
{RETURN relation;};
END;
```

5）对象类型 PG_Metaclass_InstInstType 的定义

元类 PG_METACLASS 的实例-实例类型定义了性质 PG_Oid，方法 setPG_Oid、getPG_Oid 和 getValue 对存取定义为 PG_METACLASS 的应用类实例是有用的。与该实例对应的元组的属性 oid 的值存放在性质 PG_Oid 里。方法 setPG_Oid 和 getPG_Oid 存储和返回性质 PG_Oid 的值。方法 getValue(att:STRING):STRING 用于检索和消息接收对象的类对应关系的属性的每个值。getValue 使用存放在信息受体对应元组的标识，以确定数据库中的元组是否正确。

```
OBJECTTYPE PG_Metaclass_InstInstType SUBTYPEOF Metaclass_InstInstType;
INTERFACE
METHODS
    getValue(att: STRING): STRING;
    setPG_Oid(oid: STRING);
IMPLEMENTATION
PROPERTIES PG_Oid: STRING;
METHODS
    setPG_Oid(oid: STRING);
    {PG_Oid :=oid; /*used in init() */};
    getPG_Oid(): STRING;
    {RETURN PG_Oid; /*used in getValue */};
    getValue(att: STRING): STRING;
{/*从与接收的方法相关的实例对应的元组里检索属性;使用存放在实例的关系标识和 PG_Oid 的值,以构造相应的 POSTGRES 检索命令*/};
END;
```

2. 直接映射的例子

假设有一个 POSTGRES 关系（这里的例子选择为 conference，其键值为 conf_id）：

```
conference(conf_id,title,topics,location,duration,language)
```

因为是一个关于会议信息的关系，因此其属性包括会议标识（conf_id）、名称（title）、主题（topics）、会议地点（location）、会议时间（duration）、会议语言（language）。

现在定义一个类 CONFERENCE，PG_METACLASS 作为其元类。类 CONFERENCE 的实例的结构和行为用一个对象类型 conference_InstType 来描述。PG_METACLASS 提供的方法 init 用于表示从关系 conference 到类 CONFERENCE 的映射。

如果需要应用域，则可以对关系 conference 中指定的每个属性定义一个性质。这里选用性质 title、location 和 language，它们对应关系里相应的属性。采用同样的方式通过 conference_InstType 的超类可以定义性质 conf_id、topics 和 duration。这些属性可能定义在数据库其他关系里，通过这种继承，可以避免重复定义。

检索性质值(就是检索 POSTGRES 数据库的属性值)的方法的全部实现按相同模式实现:首先测试要检索的性质是否已经从 POSTGRES 数据库里检索出来,若没有,则使用超类 PG_METACLASS 提供的方法 getValue 从下位 POSTGRES 数据库里将值检索出来。这个方法实际上生成一条 POSTGRES 检索语句,从数据库中获得数据再返回值。[①]

```
CLASS CONFERENCE METACLASS PG_METACLASS INSTTYPE conference_InstType
INIT CONFERENCE init('conference')
END;
OBJECTTYPE conference_InstType;
INTERFACE
PROPERTIES conf_id: STRING;
    title: STRING;
    topics: STRING;
    location: STRING;
    duration: STRING;
    language: STRING;
METHODS
    getconf_id():STRING;
    gettitle():STRING;
    gettopics):STRING;
    getlocation():STRING;
    getduration(): STRING;
    getlanguage(): STRING;

IMPLEMENTATION
METHODS
getconf_id(): STRING;
{IF (conf_id='UNKNOWN VALUE') title:=SELF getValue('conf_id'); RETURN conf_id;};
gettitle(): STRING;
{IF ( title='UNKNOWN VALUE') title:=  SELF getValue('title'); RETURN title; };
gettopics(): STRING;
{IF (topics='UNKNOWN VALUE') topics:= SELF getValue('topics'); RETURN topics; };
/*方法 getlocation、getduration 和 getttitle 的实现类似*/END;
```

元类 PG_RECOMPOSE_METACLASS

PG_RECOMPOSE_METACLASS 实现了从关系到类的更复杂的映射。

下面是元类 PG_RECOMPOSE_METACLASS 及其相关对象类型的定义:

```
PG_RECOMPOSE_METACLASS 的定义
CLASS PG_RECOMPOSE_METACLASS METACLASS Metaclass OWNTYPE PG_Metaclass_OwnType
INSTTYPE PG_Metaclass_InstType
INSTINSTTYPE PG_RECOMPOSE_Metaclass_InstInstType END;
对象类型 object type PG_RECOMPOSE_InstInstType 的定义
```

元类 PG_RECOMPOSE_METACLASS 的实例-实例类型(instance-instance type)是 PG_Metaclass_InstInstType 的一个子型,所以方法 getValue(att:STRING):STRING 及其机制是继承而来的。类型 PG_RECOMPOSE_InstInstType 提供三个方法,它们是两个通用方法

① 由于 VODAK 系统受到 Smalltalk 的影响,所以出现不少来自 Smalltalk 的概念,如这里的 self,其确切的语义读者可参阅 Smalltalk 的相关资料。

getValue 和 getOID 的特指。方法 getValue(rel: STRING, joinatt: {STRING}, att: {STRING}): {||STRING © STRING||}通过接收对象里的关系指针 rel 将相关属性集成在属性 joinatt 里并重新合成复杂值。这里定义一个称为 dictionary 的概念，这些值以 dictionary 集合的方式返回。dictionary 代表任意的元组结构。

```
OBJECTTYPE PG_RECOMPOSE_Metaclass_InstInstType
SUBTYPEOF PG_Metaclass_InstInstType;
INTERFACE
METHODS
    getOID(rel: STRING, joinatt: {STRING}): {OID};
    getValue(rel: STRING, joinatt: {STRING}, att: {STRING}): {||STRING © STRING||};
    getOID(rel1:STRING,joinatt1:{STRING},rel2:STRING, joinatt2: {STRING}): {OID};
IMPLEMENTATION
METHODS
    getOID(rel: STRING, joinatt : {STRING}): {OID};
     {/*为了将连接关系和对象关联起来,使用了变量 joinatt,使之满足连接条件*/};
    getValue(rel:STRING,joinatt:{STRING},att:{STRING}):
    {||STRING © STRING||};
    {/*变量 joinatt 关联的是连接运算的连接属性*/};
    getOID(rel1:STRING,joinatt1:{STRING},rel2:STRING,joinatt2:{STRING}):{OID};
    {/*参与连接两个关系(这里为 rel1 和 rel2),两个关系中的连接属性分别用 joinatt1 和 join-
  att2 来关联*/};END:
```

3. 重组映射的例子

我们来看一个如何将关系型数据重组成对象模式的例子，设有一个 POSTGRES 数据库模式：

```
Conference (#conf_id,title,topics,location,duration,language)  /*会议描述*/
conf_info_address (conf_id,name,mail_addr,city,state,country,phone_no,fax_no) /*地址信息*/
session (conf_id,sess_id,duration,subject,chair_name,chair_affil)  /*会议分会信息*/
lectures (conf_id,sess_id,lecturer_name,lecturer_affil,topic)  /*会议报告信息*/
hotel(name, mail_addr,city,state,country,phone_no,fax_no)  /*会议旅馆信息*/
reservation (conf_id,hotel_name)  /*会议旅馆预定信息*/
```

若我们想把这些关系转换成面向对象形式，则必须重组成类。

属性 conf_id 是关系 conference 的主键，也是其他关系的外键。因此 conference 是基关系，而 conf_info_address、session 和 lectures 非基关系。从映射得来的类 CONF_EVENT 的实例与 conference 的元组对应。conference 和 conf_info_address 的属性建模为单值属性，因为它们在关系里是键。相比之下，conf_id 只是关系 session 和 lectures 里键属性集里的一部分，所以不具有唯一性。更进一步，关系 session 的键属性 sess_id 是关系 lectures 的外键，所以 session 里的元组可以与 lectures 里的几个元组对应，session 和 lectures 的元组会组合成一种嵌套元组的复杂集合性质。

关系 hotel 是一个基关系，其中不包含外键，它可以简单地映射成一个类 HOTEL。关系 reservation 代表 conference 和 hotel 间的一种联系。

类 CONF_EVENT 和 HOTEL 及它们的实例类型 CONF_EVENT_InstType 和 HOTEL_InstType 的定义如下①：

```
CLASS CONF_EVENT METACLASS PG_RECOMPOSE_METACLASS INSTTYPE CONF_EVENT_InstType
INIT CONF_EVENT→init ('conference')
```

① 类似于 Smalltalk 的概念，方法 init()是一个基本方法。

```
END;
CLASS HOTEL METACLASS PG_RECOMPOSE_METACLASS INSTTYPE HOTEL_InstType
INIT HOTEL→init ('hotel')
END;
OBJECTTYPE HOTEL_InstType;
INTERFACE
PROPERTIES
    hotel_name: STRING;
    mail_addr: STRING;
    city: STRING;
    state: STRING;
    country: STRING;
    phone_no: ARRAY [SUBRANGE 0..15] OF INT;
    fax_no: ARRAY [SUBRANGE 0..15] OF INT;
    conferences: {CONF_EVENT};
METHODS
    getHotel_name(): STRING;
    getMail_addr(): STRING;
    getCity(): STRING;
    getState(): STRING;
    getCountry(): STRING;
    getPhone_no(): ARRAY [SUBRANGE 0..15] OF INT;
    getFax_no(): ARRAY [SUBRANGE 0..15] OF INT;
    getConferences(): {OID};
IMPLEMENTATION
EXTERN StringToArray (s: STRING): ARRAY [SUBRANGE 0..15] OF INT;
/*定义为一个外部函数'将字符串转换成数组*/
getHotel_name():STRING;
    {IF (hotel_name='UNKNOWN VALUE')
    hotel_name:=SELF→getValue('hotel_name');
RETURN hotel_name;};
/*类似的方法还有 getMail_Addr,...,gettCountry 等,下略*/
getPhone_no():ARRAY [SUBRANGE 0..15] OF INT;
    {IF ( phone_no[0]=0)
    phone_no:=StringToArray (SELF→getValue('phone_no'));
RETURN phone_no;}
    /*与 getFax_no 方法的实现类似*/
getConferences():{OID};
{IF(conferences={})
    conferences:=SELF getOID('reservation',{'hotel_name'},'conference',{'conf_id'};
RETURN conferences;
END;
DATATYPE conf_type =[conf_id:STRING,title:STRING,topics:STRING,location:STRING,dura-
tion:STRING,language:STRING];
DATATYPE conf_info_address_type=[name:STRING,mail_addr:STRING,city:STRING,state:
STRING,country:STRING,phone_no:ARRAY[SUBRANGE 0..15] OF INT,fax_no:ARRAY[SUBRANGE 0..
15] OF INT];
DATATYPE lectures_type=[lecturer_name:STRING,lecturer_affil:STRING,topic:STRING];
DATATYPE session_type=[sess_idINT,duration:STRING,subject:STRING,chair_name:STRING,
chair_affil:STRING,lectures:{lectures_type}];
OBJECTTYPE CONF_EVENT_InstType;
INTERFACE
```

```
PROPERTIES
  conference:conf_type;
  conf_info_address:conf_info_address_type;
  sessions : {session_type};  /*会话与讲座的嵌套结构*/
  hotels:{HOTEL}
METHODS
  getConfernce_conf_id():STRING;
  getConference_title():STRING;
  getConf_info_address_name():STRING;
  getSessions():{session_type};
IMPLEMENTATION
EXTERN StringToInt(s:STRING):INT;
METHODS
  getConference_conf_id():STRING;          /*读取会议标识*/
  {IF (conefernce.conf_id='UNKNOWN VALUE')
  conference.conf_id:=SELF→getValue('conf_id');RETURN conference.conf_id;};
  getConference_title():STRING;             /*读取会议名称*/
  {IF (conference.title ='UNKNOWN VALUE')
  conference.title:=SELF→getValue('title');RETURN conference.title;};
/*Other methods operating on property conference are implemented analogously*/
  {IF(conf_info_address.name ='UNKNOWN VALUE')
  conf_info_address.name:=SELF→getValue('conf_info_address',{'conf_id'},..,
  {'name}');RETURN conf_info_address.name;};
/*Other methods operating on property conf_info_address are implemented analogously*/
getSessions():{session_type};           /*读取分会信息*/
  {VAR actSess : {||STRING→STRING||};
VAR actLect:{||STRING→STRING||};
VAR actSessTuple:session_type;
VAR actLectTuple:lectures_type;
VAR s:||STRING→STRING||;
VAR l:||STRING→STRING||;
IF (sessions ={})
  {actSess :=SELF getValue('session', {'conf_id'},
  {'sess_id','duration','subject', chair_name', chair_affil'});
  /*retrieve all sessions*/
  actLect :=SELF getValue('lectures', {'conf_id'},
  {'sess_id', 'lecturer_name','lecturer_affil','topic'});
  /*retrieve all lectures // combine sessions and lectures to one nested structure*/
FORALL (s IN actSess)
  {actSessTuple.sess_id:=StringToInt (GETVALUE s from 'sess_id');
actSessTuple.duration:=GETVALUE s from 'duration';
actSessTuple.subject:=GETVALUE s from 'subject';
actSessTuple.chair_name:=GETVALUE s from 'chair_name';
  actSessTuple.chair_affil:=GETVALUE s from 'chair_affil';
FORALL (l IN actLect)
{IF (actSessTuple.sess_id ==StringToInt(GETVALUE l from 'sess_id'))
{actLectTuple.lecturer_name :=GETVALUE l from 'lecturer_name';
actLectTuple.lecturer_affil :=GETVALUE l from 'lecturer_affil';
actLectTuple.topic :=GETVALUE l from 'topic';
INSERT actLectTuple INTO actSessTuple.lectures; } }
INSERT actSessTuple INTO sessions;}}
RETURN sessions;};
```

```
getHotels(): {OID};
{IF (hotels = {})
hotel:=SELF→getOID('reservation', {'conf_id'}, 'hotel', {'hotel_name'});
RETURN conferences;}
END;
```

关于 VML 的详细内容请读者查阅相关文献，如参考文献[6]和参考文献[7]。

15.4 面向对象数据库系统的体系结构

关于面向对象数据库系统的体系结构问题，最简单的形态是 Client/Server。下面讨论 Client/Server 体系结构，但要指出，并不是大多数面向对象数据库管理系统都是 Client/Server 系统。

由于对象模型所具备的特点，因此这里系统的设计目标更复杂，主要考虑如下问题。

- 因为数据和程序封装在同一个对象里，所以客户端和服务器间的通信就变成主要矛盾。这里的通信单位可以是页面、对象或对象组。
- 与上述问题密切相关的是，按照客户端和服务器所提供的功能设计决策。这是特别重要的，因为对象不是简单的被动数据，它必须考虑对象方法执行的节点。
- 在关系型 Client/Server 系统里，客户端将查询结果传递给服务器，并执行它们，再将结果表返回给客户端，这是功能转移。在对象 Client/Server DBMS 里，这不是最好的方法，因为应用程序的组合/复杂对象结构的导航指派将数据移到客户端（称为数据转移系统）。由于数据被许多客户端共享，所以用于数据一致性的客户缓冲存储器的管理就需要特别关注。客户缓冲存储器的管理与并发控制密切相关，因为数据对客户端来说是存放在缓存里的，所以可以为多个客户共享，也必须受控。大多数商品化的对象 DBMS 使用封锁技术来执行并发控制，这时的封锁机制需要认真设计，是否将封锁信息存放在缓存并返回给客户端，也是值得考虑的问题。
- 因为对象可以是组合的，也可以是复杂的，所以请求对象时，预取成分对象是可能的。关系型 Client/Server 系统通常并不从服务器预取数据，但在对象 DBMS 里不失为一种解决方法。

以上问题应当先研究 DBMS 中的共性问题，再研究由于面向对象而引起的新问题。限于篇幅，下面只讨论对象 Client/Server 体系结构和页面 Client/Server 体系结构两种典型的体系结构。

15.4.1 对象 Client/Server 体系结构

下面推荐两种主要的 Client/Server 体系结构：对象服务器体系结构和页面服务器（page Servers）体系结构。它们之间的区别是在客户端和服务器间转移数据颗粒的不同，既是对象又是页面。

1. 对象服务器体系结构

对象服务器体系结构是，客户端从服务器请求“对象”，服务器从数据库中检索到这些对象形态的数据，再将它们返还给提出请求的客户端，如图 15.6 所示。

由图 15.6 可知，在客户端和服务器都有一个对象管理器（object manager），它们的名称虽

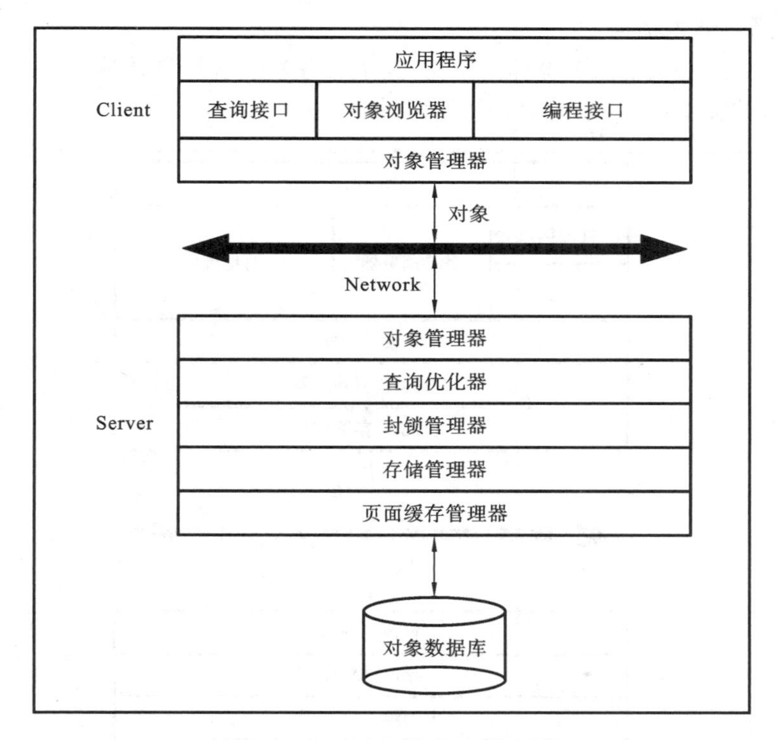

图 15.6　对象服务器体系结构

然相同，但功能不同，它们代表客户端与服务器之间的相互交互。

在对象服务器里，服务器承担部分 DBMS 的服务，客户端基本上负责应用程序执行环境和对象管理功能某个层面的任务。因此，客户端拥有查询接口（query interface）、对象浏览器（object browser）和编程接口（programmatic interface）。服务器上有对象管理器查询优化器（query optimizer）、封锁管理器（lock manager）、存储管理器（storage manager）和页面缓存管理器（page cache manager）等。

对象管理器在客户端和服务器都具有复制功能。首先，它为方法执行提供上下文。在服务器和客户端间，对象管理器的复制功能使得方法能够在两者间执行。在客户端执行的方法可以调用其他方法的执行，这些方法可以随对象迁移到服务器上。其次，对象管理器也处理对象标识（无论是逻辑的、物理的还是虚拟的）的实现和对象的删除问题。在服务器上，对象管理器还提供对对象聚集和存取方法的支持。最后，客户端和服务器的对象管理器可以实现一个对象缓存（此外，在服务器里有一个页面缓存）。对象缓存在客户端借助本地存取改进系统性能。客户端仅当对象不在缓存时才需要访问服务器。用户请求的优化和用户事务的同步都在服务器上实现，结果对象在客户端上接收。

对象服务器体系结构里不要求服务器逐个将对象发送给客户端，可以成组发送。如果客户端不发送任何预取提示，则这样的一组对象与磁盘页面的邻接空间相对应。否则，该分组可能会包含来自多个不同页面的对象。依据分组的击中率，客户端可以动态增加或减小分组大小。在一些系统里，处理复杂对象需要考虑客户端返回更新对象给客户端的情况。这些对象必须安装到相应的数据页（称为主页）。如果服务器里不存在对应的数据页面（例如，服务器已经将之刷新出去了），服务器必须重新将这些对象读入这个主页。

2. 页面服务器体系结构

另一种组织方式是页面服务器体系结构，其中服务器和客户端传输的单位就是数据的物理单位页面服务器体系结构，如图 15.7 所示。

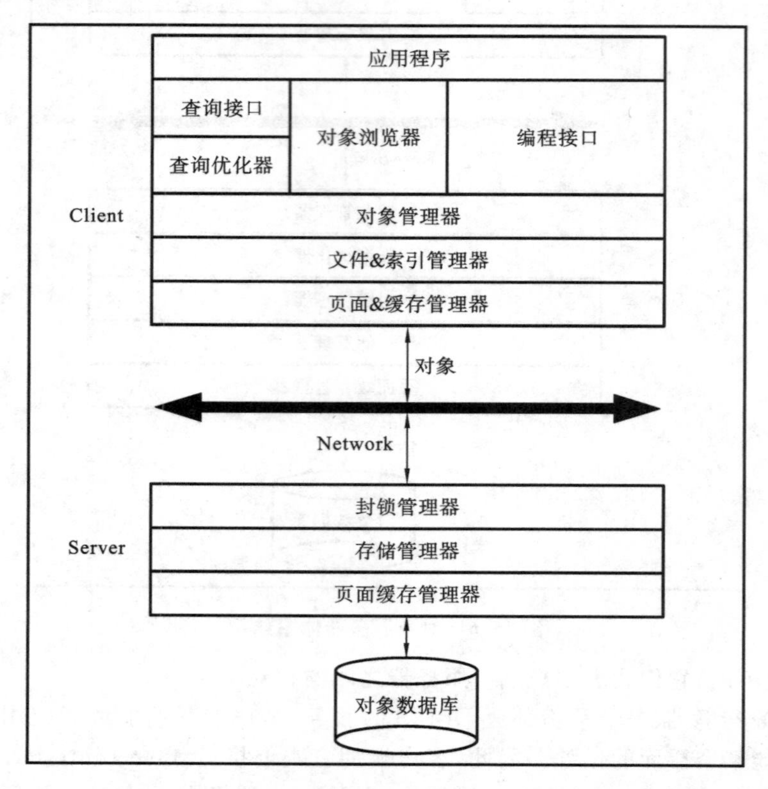

图 15.7　页面服务器体系结构

此时，服务器和客户端传递的数据单位是页面或段(segment)，而不是对象。页面服务器体系结构将对象处理分为客户端和服务器两部分。事实上，服务器不再对对象进一步加工，而是起增值存储管理器的作用。

图 15.7 所示的是页面服务器体系结构，早期在页面服务器体系上的性能研究要多于对象服务器体系结构的。直观来讲，让服务器而不是客户端理解“对象”概念，对提升性能有很多好处。一方面，服务器可以直接将封锁和日志功能用到对象上，让更多的客户端存取同一页面。当然，前提是对象要比页面小。另外一方面，通过服务器的过滤减少了给客户端的数据传输量。领航问题也是一个大问题。这里，处理领航问题可能是将应用代码转移到服务器，并在那里执行。

页面服务器简化了 DBMS 的代码，因为服务器和客户端都维护页面缓存，从磁盘到用户接口，对象的表示是一样的。这样，对象的更新只发生在客户端缓存里，当页面从客户端刷新到服务器时再反映到磁盘上。另外，还可以充分发挥客户端工作站的作用。这样服务器变成瓶颈的机会就比较小。服务器实现少量的功能，而为大量客户端服务。可以设计一些系统让服务器和客户端的工作分布由查询优化器来决定。页面服务器也可使用操作系统甚至硬件的功能来处理某些问题，如指针混乱(pointer swizzling)，因为操作单位都是一个页面。

15.4.2 若干关键技术

1. 客户端缓存管理

客户端可以管理一个页面缓存器、一个对象缓存器或者两者都有。如果客户端有一个页面缓存器，当每个页面发生故障或刷新时，那么可以从服务器读/写整个页面。对象缓存器可以读/写对象，允许使用一次一个对象方式来存取。

对象缓存管理器可以存取更精细的颗粒，因此可以提供更高级的并发。也可以将缓存分片，由于缓存管理器无法调节多个对象的布局，因此会留下一些无用空间。页面缓存器不会发生这种情况，但是，如果磁盘上的数据和应用数据的存取方式不匹配，则页面中会有大量未访问过的对象，会浪费宝贵的客户端缓存空间。这时，页面缓存的使用率就低于对象缓存的使用率。

为了同时拥有两者的优点，有些文献建议使用页面/对象缓存技术。在这种双模式缓存系统里，客户端将页面下载到页面缓存器里。然而，当客户端将页面刷新除去时，会将有用对象复制到对象缓存器中去。

2. 服务器缓存管理

服务器通常管理一个页面缓存器。页面从页面缓存器一次发送到客户端，以满足它们的数据请求。一个分组的对象服务器通过复制必要的对象在相关服务器缓存器里对页面进行分组，并把对象组发送给客户端。除了页面级缓存器以外，服务器还维护修改对象缓存器(modified object buffer，MOB)。MOB 存放更新的对象，并返回给客户端。这些更新的对象必须放到相应的页面上去，修改过的页面必须写回磁盘上。一个 MOB 允许服务器通过批处理读/写操作来减少磁盘 I/O 的开销。

在一个客户端/服务器系统里，因为客户端典型地吸纳了大多数数据请求，服务器缓存器通常更像扮演缓存上面的一级缓存器的角色。

3. 缓存一致性

在任何数据迁移系统里，要把数据迁移到客户端，缓存一致性是一个问题。有类似情况的问题也发生在关系型客户端/服务器系统里，但对象 DBMS 中有特殊问题。

DBMS 缓存一致性的研究与并发控制的研究是密切相关的，因为缓存的数据可以被多个客户端并发存取，封锁也和数据一起缓存在客户端。DBMS 缓存算法可以分为基于避免算法与基于检测算法两种。基于避免(avoidance-based)算法通过保证客户端不能更新正在被其他客户端读的对象，以防止存取陈旧的缓存数据，这样可以保证客户端缓存里不存在陈旧过时的数据。基于检测(detection-based)算法允许存取陈旧缓存数据，因为客户端可以更新其他客户端正在读的对象。但后者在提交时要验证步骤，以满足数据一致性需求。

基于避免算法与基于检测算法依次可以分为同步、异步或延迟几种，取决于它们如何通知服务器实施写操作。在同步算法里，客户端希望实施写操作时发送一条封锁逐步升级消息，并且处于阻塞状态，直到服务器给出响应为正。异步算法里，客户端希望实施写操作时发送一条封锁逐步升级消息，而不处于阻塞状态，以等待服务器给出响应。在延迟算法里，客户端乐观地延迟通知服务器，它实施了写操作，以致延迟到提交时刻。在延迟模式，客户端将所有封锁逐步升级并请求分组，在提交时发送给服务器。这样，与同步算法和异步算法比，在延迟的缓存器一致性模式中通信开销较低。

这样，就产生以下6个变种。

● 基于避免的同步：CBL(callback-read locking)是最常用的基于避免同步缓存一致算法。这个算法里，客户端保留跨事务的读封锁，但在事务结束时释放写封锁。客户端发送锁请求给服务器，然后处于阻塞状态，等待服务器响应。如果客户端请求页面上的写封锁，而该页面缓存在其他客户端上，服务器发布一个回呼(callback)消息请求远程客户端在这个页面上撤销读封锁。回呼-读可以保证低的夭折率，一般比基于避免的延迟算法、基于检测的同步算法和基于检测的异步算法性能要高。

● 基于避免的异步：基于避免异步缓存一致算法(asynchronous avoidance-based cache consistency algorithms，AACC)没有像基于避免的同步算法中出现的消息阻塞开销。客户端将封锁逐步升级并将消息发送给服务器，继续应用处理。正常来说，乐观方法涉及高夭折率，在基于避免的算法中，一旦系统知道更新，就通过即时的服务器动作在远程客户端减少腐败的缓存对象。这样，基于避免的异步算法的死锁夭折要比基于避免的延迟算法的低。

● 基于避免的延迟：乐观的缓存一致性两阶段封锁(O2PL)是一系列基于避免的延迟算法。这个算法里，客户端将封锁逐步升级并请求批处理，提交时将它们发送到服务器。如果其他客户端正在读这个更新对象，则服务器阻塞对客户端的更新。因为数据竞争增加，O2PL算法比CBL算法对死锁夭折更敏感。

● 基于检测的同步：保守的缓存两阶段封锁(C2PL)是一种基于检测的缓存一致性的同步算法。在这个算法里，无论什么时候只要在缓存里存取一个页面客户端，就连接服务器，以保证该页面不腐败或被其他客户端写入。C2PL算法的性能比CBL算法和O2PL算法的低，因为后者不跨事务缓存读封锁。

● 基于检测的异步：带通知的不等待封锁(no-wait locking(NWL) with notification)是一个基于检测的异步算法。在这个算法里，客户端将封锁逐步升级并请求发送给服务器，且乐观地假设它们的请求是成功的。当客户端事务提交时，服务器将更新页面传播到其他缓存已受影响页面的客户端。这也说明CBL算法的性能比NWL算法的高。

● 基于检测的延迟：适应性乐观并发控制(adaptive optimistic concurrency control，AOCC)是一种基于检测的延迟算法。专家证明AOCC算法的性能高于CBL的。因为AOCC算法使用延迟消息，消息的开销少于CBL的。

15.5 关系-对象模式系统

在关系数据模型上构建对象数据库称为关系-对象模式。前面的VML样例就是基于关系-对象模式的，只是那里的讨论聚焦于模式映射。本节以Oracle为例说明关系-对象模式的实现。

就像Oracle公司自己宣称的那样，面向对象的DBMS(OODBMS)直接继承自面向对象程序设计语言(如Actor和Smalltalk)。

喜欢面向对象数据库系统的人认为，相比关系数据模型的派生物(如实体联系图的变体)，面向对象系统提供更有力的语义模型，具有更高的层次。然而，反对面向对象数据库系统的人认为，由于关注的是3GL/基于文件的信息系统，所以其实现和语言要素偶尔会下降到非常低的层次(如按C/C++指针方式访问)。从本质上讲，它们采取导航的或过程化的查询，这也与非关系型系统(如基于 COBOL 的层次型和网状型 DBMS)十分相似,而在基于 SQL 的 RDBMS 中的查询大多是描述性的和声明性的。

关系数据库系统已有 40 多年的历史,在这期间,技术已发展到比较复杂的程度。最终,具有了足够的参照完整性、存储程序和触发器等功能。面向对象编程技术几乎和关系数据库同时起步,也有了 30 多年的历史。对象结构要求用一种完全不同的方法考虑编程。面向对象技术将另外一种复杂性增加到环境中。结果很有意思,一部分编程厂家在向面向对象的转换过程中遇到了很大困难,一部分编程厂家则报告说他们的编程效率有了极大提高。

面向对象数据库将对象的存在作为一种不易变的结构来考虑。它是通过参照指针,而不是通过参照完整性来连接对象。面向对象数据库完全支持继承性,访问对象严格受限于通过使用相关的方法和操作来进行。

如前所述,对象-关系模式系统试图结合两者的优点,即将对象标识符和主键归一。对象将通过对象引用和参照完整性关联起来。此时,表(关系)既可独立构造,又可从父结构(称为类)继承属性和方法。

上节介绍的 VODAK 是一个很好的探索。下面以 Oracle 8i(下面简称 Oracle)为例进行讨论。Oracle 8i 里虽有了对象标识符和方法,但只有有限的继承性。

由于 Oracle 是典型的关系型数据库管理系统,因此继承自己的优势是其首要考虑的因素。这样,它采用在关系系统上构建面向对象系统的策略。

为了扩展面向对象的能力,必须考虑以下几件事情。

- 信任面向对象的概念和结构。
- 从面向对象到关系映射的概念和结构。
- 仿真、完全或混合实现。
- 性能的下降或提升。
- 使用现有关系数据库管理子系统的能力。

希望 RDBMS 有面向对象接口的主要原因是,面向对象应用程序就可以与 RDBMS 中的面向对象部分直接进行通信,这与借助复杂的编程,在程序代码中动态地处理对象-关系型映射(分解和重组)相反。作为例子,可以考虑嵌入式 SQL。这里,SQL 是基于集合的语言,必须与基于记录主机上的程序设计语言 3GL(如 C)交互。但这是不希望出现的情况,因为对程序员的要求太高。为此,可以借助游标的结构和诸如预编译的软件(例如 Pro * C)来进行补救。

为了支持面向对象功能,Oracle 的方法提供了内建的面向对象功能,其特点为:关系作为数据类型;继承性;集合作为数据类型,包括嵌套(即容器);用户定义(可扩展的)数据类型;改进大对象(LOB)。

面向对象模型是比关系模型更高层次的抽象。将抽象出的模型作为一个整体来反映“真实的”世界。例如,在 OODBMS 中,可以有一个称为 CAR 的复杂对象,在关系型系统里它很可能用 RDBMS 中的几个表来描述,如 MAKE(制造)、MODEL(型号)、EGINE(发动机)、PARTS(零部件),等等。

面向对象技术,特别是与关系型技术有关的优点主要包含以下几个方面。

- 建模:面向业务级抽象。
- 可重用性:生命周期里的代码重用可以在很大程度上节约成本。
- 复杂性:没有数据类型限制,面向多媒体数据,有嵌套功能。
- 可扩展性:反映建模的用户定义数据类型。

● 性能优势。

Oracle 8 通过提供特定的功能，如继承、集合、容器和用户定义数据模型等来满足这些需求中的大部分。

1. Oracle 的面向对象技术

面向对象技术的一个主要问题是缺少标准定义。Oracle 8 将对象定义为对象类型的实例，对象类型作为基本面向对象模型的组成块，通常直接指向真实世界的业务项目。因此，类似于表(关系)中的行(元组)，对象是数据，而对象类型是结构，与其他数据结构(例如记录)类似。在许多其他面向对象语言和系统中，Oracle 对象类型等于对象类。

Oracle 8 对象类型包含以下两部分。

● 属性：可以是基本的数据类型或其他对象类型，有时称为对象类型的结构化部分。

● 方法：组成在对象类型上允许的集合操作的 PL/SQL(或 C)子程序，有时称为对象类型的行为部分。

在面向对象技术中，其他重要概念有继承和多态性。继承是指一个对象包含来自另一个对象类型的属性或方法的能力。方向是从一般到特殊，正如关系模型中的子类型。有另一种类型的继承称为多继承。单继承是指包含一个子类最多包含一个父类的形式；多继承允许的模型为网络(或格)模型，也就是子类能够有多个父类，像在真实世界中的情况一样。与从职工到经理的单继承相比，也包含官员的多继承方案：职工→经理←官员。箭头特指继承方向，从一般(父)到特殊(子)。与继承一样，多态性可以是结构的或行为的。

另外一个重要概念是对象标识(OID)，它表示在对象创建以后唯一代表该对象的统一标识符。这意味着它在所有的，甚至在 Oracle 之外的面向对象系统和语言中是唯一的。OID 在其自身系统之外也是唯一的概念，与关系模型中的主键不同。然而，在某种程度上，它又像一个分布式数据库中的主键，必须在多个系统中是唯一的。

2. Oracle 8 对象选项

通过面向对象技术，Oracle 可在以下几方面扩展其已有的 DBMS。

● 对象类型：本质上是记录或类。

● 对象视图：把许多规范化的表放在一起形成一个项目。

● 对象语言：对 Oracle SQL 和 PL/SQL 语言的扩展。

● 对象 API：通过 Oracle 预编译器(例如 Pro * C)支持的对象。

● 对象可移植性：通过对象类型翻译器(OTT)，可以建立从 Oracle 8 对象类型到 C++类的接口。

但是，Oracle 8 不支持多继承、多态性或对象属性(如引用一致性)上的约束。

Oracle 8 的开放式类型系统(OTS)是一个所有 Oracle 8 对象类型的知识库，也是其他语言或系统中外部对象类型的知识库。在开放式类型系统中有一个数据类型层次，它的底层是内建的 Oracle 8 数据类型。Oracle 8 还增加了大对象，形式如 BLOB、CLOB、NCLOB① 和 BFILE②，还增加了 VARRAY(变量数组)和嵌套表形式的集合类型与 REF(引用)形式的对象 ID。在 Oracle 8 中创建用户定义的对象类型后，可以将它用于以下多种用途。

● 作为关系型表中的一列。

---

① NCLOB 是 CLOB 的特殊形态，可以是定长、变长，使用多字节字符集(如汉字)。

② BFILE 是把文件放在数据库外，数据库只是记录文件的位置。

- 作为另一个对象类型的一个属性。
- 作为关系型表的对象视图的一部分。
- 作为对象表的基础。
- 作为 PL/SQL 变量的基础。

还可用于管理对象类型并扩展 Oracle SQL,包括 CREATE TYPE、ALTER TYPE、DROP TYPE、GRANT/REVOKE TYPE。

任何给定的对象类型可以是简单的、复合的或者自我引用的。简单对象类型只是它自身,复合对象类型至少包含一个其他对象类型,自我引用对象类型至少包含一个引用对象类型自身的属性。

1) REF 属性

Oracle 8 仅支持一对一的单向关系,对象引用 REF 代表一个对象的关系。REF 本质上是一个指针,或一个对象的"句柄"。

Oracle 8 中的对象引用(REF)是由系统产生的值,且在所有对象中(任何地方)是唯一的,指向一些永久不变的对象。REF 实际上是引用对象-对象表中的一行(实例),而不是真正的对象类型。

2) 方法

对象类型可以有零个或多个成员方法。成员方法是一个能够操作任何对象类型(不仅仅是定义它的那个类型)的数据(也就是属性)的子程序。当然,简单来说,方法就是 PL/SQL 过程或函数。

正像使用任何 PL/SQL 封装的子程序一样,应为每个方法创建一个接口(声明)和一个实现(体)。当访问一个方法时,使用点表示法(即对象. 方法)。

3) 集合

集合(变量数组和嵌套表)是排序的或未排序的一组事物,其中变量数组是排序的,而嵌套表是未排序的。若某种顺序列出的主表项目能够使用变量数组(VARRAY),则每个主表行的每行的项目细节可以在变量数组中使用嵌套表。

与大多数数组一样,Oracle 8 的变量数组包含隐式的顺序。每个元素在数组中有一个从数组起始位置开始的偏移量,能够通过偏移量直接进行访问(也就是所谓的下标或索引)。变量数组是按行存储的(在表的行中),直到存储单元超过 4 KB 为止。与大多数数组一样,每个变量数组包含数量和限制。数量是指当前有多少元素存储在变量数组中,而限制是指能够存储在变量数组中的最大元素数。可以通过在 PL/SQL 和 3GL 中使用下标访问单个元素,但是不能在简单的 SQL 中访问它们。

嵌套表能很好地适合主从(一对多)关系。嵌套表在 Oracle 8 中实际上是用户定义类型或表类型,能够在表中作为一列使用,在对象类型中作为属性或作为 PL/SQL 变量。嵌套表使用 STORE AS 语句存储在主表之外的存储表中。嵌套表的优点:能够对其进行索引(与对象表相反)和不需要连接(与簇类似)。其缺点是,尽管有级联删除形式(主行删除时,所有从属行也将删除),但是引用完整性约束是不可能的。

3. 对象视图

关系型表的对象视图给用户和开发者提供了许多好处。对于用户,整个系统表面上似乎是基于面向对象的,但实际上数据是关系型的。因为对象视图是视图的特例,所以具有与一般视图相同的优点:为不同用户提供相同数据的不同视图。正确创建对象视图的一般顺序为:创建表、创建对象类型、创建对象视图、创建 INSTEAD OF 触发器①。

INSTEAD OF 触发器可让用户插入、更新或删除对象视图所基于的关系型表,而不是直接试图修改对象视图。

15.6 分布对象管理

在分布式关系型数据库系统中,关系的分布式管理是一个问题,而在面向对象环境里,对象的分布式管理也成了首选问题。

15.6.1 对象标识管理

谈到对象管理,就要想到对象标识管理。

对象标识(OID)是由系统生成的,用于唯一地标识系统中的每个对象(无论是瞬时的或是永久的,系统创建的还是用户创建的)。永久对象的实现与瞬时对象的实现有所区别,因为前者必须提供全局唯一性。

永久对象标识的实现有两种通用解决方法,即基于物理的标识或基于逻辑的标识,它们各有优缺点。物理标识(POID)方法等同于对应对象物理地址的 OID,这个地址可以是磁盘页面地址及其从基地址起始的位移。寻找这个对象的好处是可以直接从 OID 分析获得。其不利之处是,无论什么时候,当对象移动到不同页面时,所有的父对象和索引的指向都必须更新。

逻辑标识(LOID)方法为每个对象分配一个系统范围内的唯一 OID。因为 OID 是不变的,所以对象的迁移无需额外开销。该方法是建立一个 OID 表,为每个 OID 捆绑一个物理对象地址。当然也要付出代价,增加的开销是每次存取对象时都需要查 OID 表。面向对象数据库系统倾向于使用逻辑标识方法,因为它适合于动态环境。

瞬时对象标识的实现与所使用的程序设计语言有关。

对于永久对象标识,可以是物理标识也可以是逻辑标识。物理标识可以是真实的对象地址,也可以是虚拟的对象地址,这取决于是否提供虚拟存储器。一般来说,物理标识方法更有效,但要求对象不迁移。逻辑标识方法则与面向对象程序设计语言有关,将对象均匀地分配给程序执行的间接表里。这个表存放的是逻辑标识,在 Smalltalk 里称为 OOP(object oriented pointer)。这样,需要有相应机制管理对象的物理标识。对象迁移导致增加的开销是,每存取一次对象需要查一次表。

对象管理器面临的窘境是如何在普遍性和有效性之间恰当地选择折中方案。注意,选定对象的大小也很重要,使用小对象,导致对象标识数量大,可能会使得 OID 表十分大。所以,对象标识管理与对象存储技术密切相关。

在分布式对象 DBMS 中,使用 LOID 更合适,因为那些操作如重组(reclustering)、迁移(migration)、复制(replication)和分片(fragmentation)会频繁发生。但要注意,使用 LOID 会引起与分布相关的问题,如下。

---

① 定义这样的触发器后,如果对表执行插入、更新或删除操作时触发了所定义的触发器,就会直接转到触发器去执行触发器里定义的事件,而不会在触发器执行之前执行插入、更新或删除操作。

● LOID的生成：LOID在整个分布域里是唯一的。如果LOID在中心节点生成，则容易保证其唯一性。然而，在中心节点生成LOID模式又是我们不希望的，因为这存在潜在的网络开销和负载问题。在多服务器环境里，可以让每个服务器为其节点上的对象生成LOID。LOID的唯一性是通过将服务器标识作为LOID的一部分来得到保证的。因此，LOID由一个服务器标识和一个序列号组成。序列号是对象在磁盘上位置的逻辑表示。在一个特定的服务器中，序列号是唯一的，为了防止误删对象，序列号也不能重用。在对象存取期间，如果LOID里的服务器标识部分不直接用在对象定位标示上，则对象标识符起的是纯LOID的作用。如果使用该LOID的服务器标识符部分，则LOID起的是伪LOID的作用。

● LOID的映射定位和数据结构：LOID-to-POID映射信息的定位很重要。使用纯LOID，如果客户端可以同时直接连接多个服务器，则必须在客户机上呈现LOID-to-POID映射信息。如果使用伪LOID，则在服务器上只需呈现映射信息。映射信息在客户端上的呈现是我们不期望的，因为这种解决方式不是可伸缩的，即映射信息必须在可能存取该对象的所有客户端上更新。

LOID-to-POID映射信息通常以哈希表或B+树的形式存放起来。哈希表能提供快速存取功能，但不能随着数据库的大小而可伸缩。B+树是可伸缩的，但是需要消耗一定数量(取决于LOID数量的多少)的存取时间，需要复杂的并发控制和恢复策略。

在面向对象DBMS中，可以通过属性基于对象值从一个对象导航到另外一个对象，常用的对象是指针。在磁盘上通常采用对象标识符作为指针。然而在内存里，希望使用内存内指针来将一个对象导航到另外一个对象。这样，将磁盘上的指针转换成内存内指针的过程称为指针转换(pointer-swizzling)。通常有两种指针转换机制，分别是基于硬件模式的机制和基于软件模式的机制。

基于硬件模式里，使用操作系统的页面容错机制，即当页面放入内存时，所有指针都被"转换"(swizzled)，并指向保留的虚拟存储器帧(virtual memory frames)。与这些保留的虚拟存储器帧对应的数据页面，只有真正存取这些页面时才载入内存。

基于软件模式里，将对象表用于指针转换。也就是说，指针被转换到指向对象表里的一个位置。

基于硬件模式的优点：当跨越一个特殊的对象层次时，由于对每个对象的存取不需要间接关联，因此性能更好。但也有其明显的缺陷：如果分组做得不好，即每页只存取很少几个对象，则页面故障机制的高开销使得基于硬件模式缺乏吸引力。基于硬件模式也不能防止客户去存取页面上已经删除的对象。而且在最坏的分组情况下，基于硬件模式可以耗尽虚拟内存空间。最后，因为基于硬件模式是面向页面的而不是面向对象的，所以很难提供对象级的并发控制、缓冲管理、数据传输和恢复特征。大多数情况下，在对象级操纵数据要好于在页面级操纵数据。

15.6.2　对象迁移

对象从一个节点移动到另外一个节点，这是分布式系统的一个显著特点。这样就产生了新的问题，即对象迁移问题。

下面讨论迁移的单位问题。大家知道，在面向对象概念里，对象由其状态及其上面的方法(行为)来描述。在状态和方法分离的系统中，可以移动系统状态而不移动方法。在一个纯行为系统里，可以将对象按照其行为来分片。若将单个对象置为迁移单位，则其重新分配可能会将它搬离与其捆绑的类型说明(信息)，因此必须确定是否将该类型说明复制到每个有实例驻留的节点，或者将行为或方法应用到对象时需存取类型(的定义)。

这样可以将类(型)的迁移问题分成以下三类。

- 源码移动，然后在目的地重新编译。
- 类编译后的版本可以像其他对象一样迁移。
- 类定义的源码移动，但编译后的操作不移动，因为可以使用懒惰迁移策略(lazy migration strategy)。

另外一个问题是必须跟踪对象移动，以便能在其新地点找到该对象。结果是对象可以处于以下四种状态中的一种。

- Ready：Ready 对象指目前未被调用，或者还没有收到消息，但等待被调用，对于接收消息状态。
- Active：Active 对象指目前已被调用，响应于调用或消息，处于激活状态。
- Waiting：Waiting 对象已被调用(或已经发送消息给另一个对象)，处于等待响应状态。
- Suspended：Suspended 对象暂时不能被调用。

处于激活或等待的对象不允许迁移，否则，会被阻塞。

迁移则涉及两步：将对象从源节点发送到目的地；在源节点生成一个代理(proxy)，取代原始对象。

这里要注意两个问题。第一个问题是系统目录的维护。因为对象移动时，必须更新系统目录，以反映新的位置。可以采用懒散方法来实现这一点，即无论什么时候，在移动期间，将代理(surrogate/proxy)对象重指向援引(invocation)。第二个问题是在对象移动频繁的高度动态环境里，代理链可能会变得很长。为了系统的透明度，要把这些代理链压结实。而压结实的结果必须反映在目录里，这在懒散方法里不太容易做到。

还要注意组合对象(composite object)的移动问题。组合对象的移动会涉及其参考的其他对象的移动，如对象组装方法。

对象存储包含两个重要问题，即对象分组(object clustering)和分布垃圾收集。大部分对象是组合对象和复杂对象，它们的特性可带来好处：如果在磁盘上将数据有效分组，则可以减少检索时的 I/O 开销。

当对象数据库中出现分布垃圾收集时，是因为存在基于参考的共享。所以，需要小心对付对象删除和随机的存储空间回收。

15.6.3 对象分组

本质上，对象模型是概念性的，应当具有高度的物理数据独立性，以便提高程序员的效率。从概念模型映射到物理存储是经典的数据库问题。如前所述，在对象数据库管理系统中，型之间至少存在两种关系：子型(subtyping)和合成(composition)。为了提供恰当的对象存取，这些关系本质上可以将持久对象引导到物理分组(clustering)。对象分组(object clustering)按照公共性质指向物理容器(如磁盘区)中的对象组，例如，按照属性上的相同值或同一个对象的子对象(sub-objects)分组。这样可以快速存取分组好的对象。

对象分组不太容易实现有两个原因。首先，它和对象标识符实现不是正交的(即存在 LOID 和 POID 问题)。LOID 虽然需要更多的开销(一个间接表)，但能将类垂直分割。POID 虽能导致更有效的直接对象存取，但需要每个对象包含所有继承的属性。其次，复杂对象的分组及组合关系会涉及更多关联，主要由于对象共享（一个对象可有多个父母）。

简单来说，如果给定一个类图，则可有三个基本的对象分组存储模型。

● 分解存储模型（decomposition storage model，DSM）：将每个对象类分割成二元关系（OID，attribute），因此它依赖于 LOID。DSM 的优点是简单。

● 规范存储模型（normalized storage model，NSM）：将每个类存储成为单独的关系。可以用于 LOID 或 POID。然而，只有 LOID 允许对象的垂直分割和继承关系。

● 直接存储模型：能够基于组合关系将复杂对象按多重类分组（multi-class clustering）。这个模型泛化了层次和网状数据库，适合 POID。这样可以本地存取对象，按良型存储模式来管理。主要困难是对象的父母被删除时，这个对象要重新分组（recluster）。

分布式系统中，DSM 和 NSM 适合直接使用水平分割。DSM 能提供灵活性，其性能的不利可以通过大的内存和缓存来补偿。

15.6.4　分布垃圾收集

对象的优点是，对象可以通过对象标识指向其他对象。当程序修改对象和除去参考时，当没有参考指向它时，持久对象可以变得无法从系统根部抵达，这样的对象就是垃圾，应当由垃圾收集器来重新分配。关系型 DBMS 里，无需自动进行垃圾收集，因为对象参考是靠连接值（join value）来支持的。然而，由参考完整性约束指定的级联更新则是一种“人工”垃圾收集的简单形式。在大部分通用操作系统或程序设计语言里，人工垃圾收集不是很成功。因此，分布式基于对象系统的通用性要求能自动收集垃圾。

基本垃圾收集算法可以分为参考计数（reference counting）或基于追踪（tracing-based）两种。

在参考计数系统里，每个对象有一个参考它的相关计数。每次由程序创建一个附加的指向对象的引证后，就把该对象的计数器加一。当现有的指向对象的引证取消时，计数器就减一。对象占用的内存在该对象计数归零时收回（此时该对象已为垃圾）。

基于追踪收集器可以分为标记和清扫（mark and sweep）收集器算法与基于拷贝（copy-based）收集器算法。标记和清扫收集器是两阶段算法。第一阶段是标记（mark）阶段，从根开始对每个可到达的对象作标记（例如，为每个对象设置一个比特）。这个标记也称颜色（color），收集器将能到达的对象作标记，检查内存，将无标记的对象清除，这就是清扫（sweep）阶段。

基于拷贝（copy-based）收集器将存储器分为两个不相交的区域：源空间（from-space）和目的空间（to-space）。程序在目的空间有空余空间时操控源空间里的对象。与标记和清扫收集器算法不同，这里采用复制收集器里源空间里对象拷贝（一般来用深度优先方法）的手段，考虑从根到达目的空间的对象。一旦所有对象都复制好，收集过程结束，源空间里的内容都清掉，源空间和目的空间的角色就交换了。复制对象过程是线性进行的，可以将存储器紧凑化。

标记和清扫收集器算法和基于拷贝收集器算法的基本实现采用的是一种休克方法（stop-the-world），即用户应用程序在整个周期都挂起。对大多数应用程序来说，不能使用休克方法，因为它们有破坏性。为了保持用户应用程序的响应时间，要求使用额外的增量技术，并只关注变化部分。增量垃圾收集的主要困难是，收集器跟踪对象图，程序活跃度会更改对象图的其他部分。在有些情况下，收集器可能失去某些可到达对象的踪迹，产生差错，影响回收。

分布垃圾收集比集中式垃圾收集要难得多。为了可伸缩性和有效性，分布式系统的垃圾收集器将每个节点上的收集器和全局的节点间收集器（inter-site collector）组合到一起。注意，要协调本地收集和全局收集很困难，因为要求小心跟踪节点间交换的引证的轨迹。为此，保留每次交换的轨迹是必要的，但要注意对象可能从几个节点来引证。此外，放在节点上的对象也可以被远程节点上的活跃的对象所引用。这样，对象不能为本地收集器所回收，因为它是从一个远程节点的根到达的。在分布式环境里，消息可能丢失、重复或延迟，也可能某个节点被损坏，因此要跟踪节点间的引证很困难。

分布垃圾收集依赖于分布引证计数或分布跟踪。分布引证计数会有两方面的问题。首先，引证计数不能收集不可到达的垃圾对象环，即互相引证的垃圾对象。其次，引证计数会被公共信息故障破坏，即如果消息没有按其因果序可靠传递，那么维持引证计数不变会成为一个问题。目前有些算法使用相应的基于引证计数方法的分布垃圾收集算法。每种解决方案关于故障模型有特定的假设，因此是不完整的。这些方面还值得学术界继续深入探索和研究。

15.7 对象查询处理器

关系型 DBMS 获益于早期的一个精确的、形式化的查询模型定义和一个普遍接受别的代数原语集。

几乎所有的对象查询处理器都使用关系型系统定制开发的优化技术。但是，大部分问题说明，在对象系统中问题要复杂得多。

● 关系查询语言在简单类型系统上工作时，只有一个简单型，即关系。关系语言的闭包性意味着每个关系运算施加在一个或两个操作数关系上，产生的结果仍然是一个关系。对象上的运算并不保证计算结果是封闭的。即使只考虑对象关系算符，也要注意一些问题。对象代数算符的结果通常是对象集(或组合)，它们可能来自不同的型。如果对象语言在对象代数算符下是封闭的，那么这些不同的对象集可以是其他算符的操作数。这要求开发详细阐述型的推理模式，以决定哪些方法可以应用到这些对象集的所有对象上。更进一步，对象代数算符常操作在语义不同的组合型(如 set、bag、list)上，蕴含对型演绎模式附加的需求，以决定不同组合上结果的型。

● 关系查询优化依赖于数据物理存储(存取路径)，这对查询优化是可用的。在对象系统中，方法和数据封装在一起至少会产生两个问题。首先，决定执行方法的成本比计算一条路径存取一个属性的成本更高。事实上，查询优化器必须考虑执行问题，这并不容易，因为是用通用的程序设计语言编写的。其次，封装产生的问题与查询优化器的存储信息可用性相关。有些系统通过将查询优化器处理成可以打破封装性和直接存取信息的形式。还有些系统使用一种机制，将其成本“暴露”为其接口的一部分。

● 对象可以有(也是)非常复杂的结构，从一个对象的状态指向另一个对象的状态。存取复杂对象涉及路径表达式。路径表达式的优化是对象查询语言中的一个困难的、核心的问题。对象属于型，也继承层次相关的型。通过继承层次存取对象的优化也是面向对象和关系查询处理相区别的问题。

● 对象 DBMS 里缺乏普遍接受的对象模型定义。

对象查询处理和优化是一个重要的研究课题，其中分布环境的问题还需深入研究。

Munta Srinivas 等在其论文中给出了图 15.8 来说明对象查询处理方法。

对象的复杂结构及其上面提及的那些与关系查询的四点主要差异导致对象查询的优化和

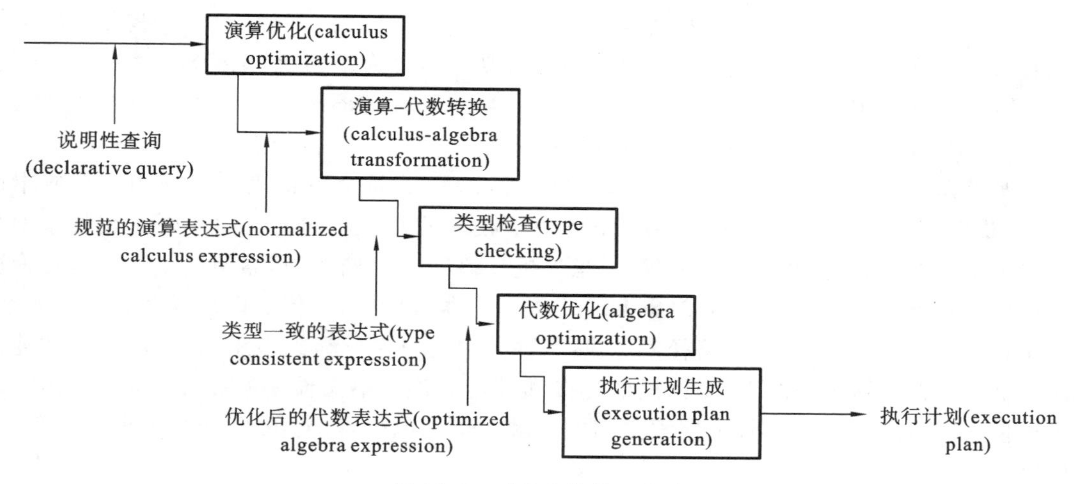

图 15.8　对象查询处理方法

关系查询比较有很大不同。首先，型的问题会导致新的问题，封装特性、复杂结构与继承性等也是问题产生的根源。

关于面向对象数据库系统的查询语言，一般是使用说明性语言（declarative language）。为了简化，下面的讨论将运算局限在对象演算/代数算符，尽管现实要复杂得多。

查询语言的形态是演算优化，因此，首先是处理演算表达式。

- 对象查询处理方法使用重复谓词消除方法，运用标识和重写技术，将查询约简成规范型。
- 规范表达式后转换成一个等价的对象代数表达式。此时呈现的是一种嵌套形态，可以用算符树来表示，只是叶子变成了类。
- 检查代数表达式的型的一致性。
- 利用等价保留重写规则将表达式写成与型一致的代数表达式。
- 通过优化代数表达式产生执行计划。

1. 查询处理问题

查询处理方法在对象 DBMS 中与关系系统相仿，下面讨论其中的一些主要问题。

- 代数优化：查询处理方法会涉及代数优化，相关内容前面章节已介绍，在此不再赘述。
- 搜索空间和变换规则：代数优化的好处是代数优化表达式可以通过良型代数性质来变换，这类性质如传递性、交换性和分布性。

变换规则与特定对象代数密切相关。因为这种代数是为各个对象代数及其组合定义的。缺乏标准是涉及对象的代数优化最麻烦的问题。一般来说，这种变换规则与关系系统相似。但也有区别，关系系统涉及的是平面关系，而面向对象系统涉及的是类，后者是多维的。换言之，后者涉及的语义更丰富。

这里讨论一般状态。在对象 DBMS 里，变换规则的考虑类同于关系系统里的情况，但也有些区别。关系查询表达式是定义在平面关系上的，而对象查询则是定义在类（汇集或集合）上的，它们之间存在子型和组合关系。这些关系就要求一些新的规则。

采用参考文献[11]中的例子，我们考察三个对象算符：并（记作 $\cup$）、交（记作 $\cap$）和参数选择（记作 $P_{\sigma F}\langle Q_1,\cdots,Q_k\rangle$）[①]。这里，并和交的语义与传统的集合论语义相同，而选择则是使用

① 这个运算的含义是将一个对象集合（$\{Q_1,\cdots,Q_k\}$）作为参数，从另一个集合 P 中选出对象，类似于半连接。

对象($Q_1,\cdots,Q_k$)的集合为参数选择对象(某种意义上是半连接的一般式)。这些算符的结果也是对象集。Özsu 等在其研究中也定义了一些规则,例如(为了简化,用 QSet 表示 $Q_1\cdots Q_k$;RSet 同):交换规则:$(P\sigma_{F1}\langle QSet\rangle)\sigma_{F2}\langle RSet\rangle \Leftrightarrow (P\sigma_{F2}\langle RSet\rangle)\sigma_{F1}\langle QSet\rangle$;分配规则:$(P\cup Q)\sigma_F\langle RSet\rangle \Leftrightarrow (P\sigma_F\langle RSet\rangle)\cup(Q\sigma_F\langle RSet\rangle)$。

- 搜索算法:穷尽搜索算法枚举计算整个搜索空间,为每个等价表达式使用一个成本函数,然后找出其中开销最少的一个。在 DBMS 里,枚举搜索算法的组合性质要比在关系型系统中更重要。有论点是,在一个查询里,如果连接数超过 10,则枚举搜索策略不可行。在像决策支持系统这类应用系统里,虽然对象 DBMS 是一个很好的支持,但可以发现其查询更复杂。进一步,对象系统中会涉及执行路径表达式,一种方法是将它们显式表示为连接,用好的连接算法来优化它们。这种情况下,查询里的连接和其他有连接语义操作的数目都可以大于 10。也可以使用随机搜索算法来限定搜索空间的区域。遗憾的是,对对象 DBMS 来说,这一方面的研究不多。
- 成本函数:成本函数与存储数据的各种信息相关。一般要考虑数据项的个数、每个数据项的大小、组织结构(如是否有索引)等。这些信息在关系型系统中是可用的,但是在对象 DBMS 中就不同。

成本函数可以递归定义为代数处理树。如果对象的内部结构对查询优化器而言是不可见的,则必须定义每个节点(代表一个代数操作)的成本函数。一种方法是把这种成本置为对象接口的一部分。因为代数操作是定义在型-汇集上的行为(方法),代数处理树的节点是行为的应用。实现每个行为的函数多种多样(代表不同的算法),其中行为将其成本暴露为执行算法与它们实施操作汇集上的一个函数。查询优化器可以计算整棵处理树的成本。

- 路径表达式:大部分对象查询语言允许查询谓词涉及沿着参考链对象存取的条件。这些参考链称为路径表达式(有时也指复杂谓词或蕴含连接)。如路径表达式 c. engine. manufacturer. name 指的是检索对象 c 的引擎值里制造商的名字,c 定义在型 Car 上。这样,优化路径表达式的计算也是一个需要关注的问题。

路径表达式允许用一种简洁的高级表示法通过对象组合(聚集)图表示导航,用公式表示其值深度嵌套在对象结构里的谓词。路径表达式可以是单值也可以是集合值。可以出现在查询里,作为谓词的一部分,查询的目标,或者投影表的一部分。路径表达式是单值的,如果路径表达式里的每个成分都是单值的。若其中至少有一个是集合值,则称路径表达式是集合值(set-valued)。

路径表达式的优化横跨整个查询处理过程。在用户查询的解析期间或之后,但在代数优化之前,查询编译器必须认识到哪些路径表达式是可以优化的。这可以通过将路径表达式变换为等价的逻辑代数表达式这种重写技术实现。一旦路径表达式用代数形式表示以后,查询优化器探索等价代数空间和执行计划,找出成本最小的路径表达式。最后,优化执行计划可能涉及有效计算路径表达式的算法问题,包括哈希连接、复杂对象聚合,或者通过路径索引的索引扫描。

- 重写和代数优化:再来看路径表达式 c. engine. manufacturer. name,假设每个汽车实例有一个指向 Engine 对象的指针,每个引擎有一个指向 Manufacturer 对象的指针,每个制造商实例有一个名字字段。假设 Engine 和 Manufacturer 型有一个相应的型外延(type extent)。上述路径的前两个链接(links)涉及从磁盘检索引擎和制造商。第三条路只涉及查看制造商对象里的一个字段。因此,只有前两个链接才有优化机会。对象查询优化器需要一种机制区分路径里的这些链接，表示尽可能地优化。典型的这是通过重写阶段实现的。

一个可能性是使用基于型的重写技术。这种方法将代数和基于型的重写技术统一起来，允许提取公共子表达式，支持启发式方法来限制重写。型信息是通过将一个查询的初始复杂自变量分解成更简单算符的集合，将路径表达式重写成蕴含连接算符。规则定义为将连接算符变换成使用路径索引(若可用)的索引化扫描。

● 路径索引：对象查询优化的真实扫描依赖于设计索引结构，以加速路径表达式的计算。索引路径表达式的计算仅代表对象查询优化中的一种查询执行算法。换言之，通过路径索引有效计算路径表达式只代表代数算符实现选择的一个汇集。

2. 查询执行的进一步讨论

关系型 DBMS 获益于关系代数运算和存储系统存取原语的对应性。因此，查询表达式执行计划的生成本质上关心执行各个代数算符及其组合的最有效算法的选择和实现。在对象 DBMS 里，问题更复杂，因为行为上定义的对象抽象级别及其存储各不相同。对象的封装特性隐藏了实现细节，将方法的存储和对象封装到一起，也对设计提出了挑战。

实施时，从查询表达式中生成查询执行计划，当查询重写步骤结束时，通过将查询表达式映射成一个很好定义的对象管理器接口调用集合。对象管理器接口包括执行算法集合。

现在考虑对象汇集(object collection)。对象汇集指的是一个对象组，某种程度上可以看成是与关系对应。

查询执行引擎需要对象汇集的三类基本算法：汇集扫描算法、索引扫描算法和集合匹配算法。

1) 汇集扫描算法

汇集扫描(collection scan)算法是一个直接算法，用于顺序存取汇集里的所有对象。

2) 索引扫描

索引扫描算法通过索引存取汇集里选择的对象。当然，也可以将深度嵌套在对象结构上的值进行定义索引(即路径索引)。

3) 集合匹配算法

集合匹配算法是将对象的多个汇集作为输入，按照某种判据产生对象聚合。这种算法包含连接算法、交算法和装配算法等。

路径表达式会跨越组合对象的组合关系。执行路径表达式的可能方法是将之转换成源和目标对象集间的连接。已经有很多连接算法，如混合哈希连接或基于指针的哈希连接等。混合哈希连接采用除法留余原则连接属性上的哈希函数将两个操作数递归分解成吊桶。每个吊桶可以完全存放到内存。在内存里连接每对吊桶，以产生结果。基于指针的哈希连接用于操作数汇集(记作 R)里的每个对象由一个指针指向另一个操作数汇集(记作 S)里的一个对象。

交算法分为三步：第一步将 R 按照与混合哈希连接算法类似的方式分割，区别只是交算法按 OID(而不是连接属性)分割，对象集 S 则不分割。第二步，R 的每个分割 R_i 和 S 连接，通过将 $r \in R$ 里的每个对象按照其指向 S 中相应对象的指针构造哈希表。所得结果是将所有指向 S 中同一页面的 R 对象落在一起，并在同一个哈希表记录项里。第三步是构造 R_i 的哈希表以后，扫描其中的每个记录项，读出 S 中相应的页面，将指向该页面 R 中的所有对象和 S 中的相应对象连接。连接算法和交算法本质上都是集中式算法。

装配算法是另外一个连接执行算法，这是基于指针的哈希连接算法的推广，用于计算多向连接(multi-way join)。学术界已经建议将装配算法作为新的对象代数算符。这个操作有效地将不要求特定处理的对象状态的分片合成起来,作为复杂对象返回到内存中。它将复杂对象的磁盘表示转换成就绪的可遍历的内存表示。

总之,对象查询优化是一个开放的课题,值得继续探索和研究。

15.8 事务管理

大部分对象 DBMS 为并发控制维持页面级封锁,支持传统的平面事务模型。但是,现有的平面事务模型无法满足对象数据管理技术支持的新应用的要求,因为很多应用要求事务的持续时间较长。对象系统里,事务不仅包含简单的读/写操作,还包含同步算法,用于抽象对象上的复杂操作。有些应用领域里,基于资源竞争的事务同步变成对共同任务的协作,即协作代替了竞争。

下面罗列对象 DBMS 里事务管理的重要需求。

- 常规事务管理器同步简单的读和写操作。然而,对象 DBMS 必须能够处理抽象操作,因此操作类别很多。可以通过使用对象及其抽象操作的语义知识来改进并发性。
- 常规事务存取"平面"对象(如页面、元组),而在对象 DBMS 中,常规事务要求同步对组合和复杂对象的存取。同步对象的存取需要同步对成员对象的存取。
- 对象 DBMS 支持的某些应用数据库存取模式不同于常规数据库存取模式。常规数据库的存取是竞争性的,对象 DBMS 更多的是协作性的共享,如多个作者协同写作。
- 要求应用的事务管理持续很长时间,以小时、日或周计。因此事务管理机制必须支持部分结果的共享。进一步,为了避免持续期间故障的发生,应允许部分子操作提前提交。
- 要求许多应用具有主动功能。

15.8.1 面向对象数据库系统中的事务

可串行化是经典数据库事务并发控制的正确性判据。关于可串行化有很多讨论,其中涉及一些重要概念,如交换性、可恢复性等。

1. 交换性

交换性(commutativity)强调的是两个操作如果按不同的顺序串行执行,结果会不同,则它们是冲突的(conflict)。反之,它们是可交换的。

我们来考察两个简单操作 R(x)和 W(x),它们分别表示读操作和写操作。如果不知作用在对象 x 上的读/写操作的语义,则先执行 R(x)再执行 W(x)与先执行 W(x)再执行 R(x)是不一样的,两种情况下 R(x)读出的值是不一样的。前面章节里已使用兼容表说明过操作间的冲突与否关系。但是,前面只从语法角度来看读/写操作,故文献上称为语法交换性(syntactic commutativity)。

如果考虑操作的语义,则可获得更有效的冲突意义。特别是在面向对象环境下,有些写-写和读-写的并发执行可以看成是非冲突的。

【例 15.10】 考虑一个抽象数据型,即集合型,在其上定义三个操作:插入(Insert)和删除(Delete),与关系数据库里的 Write 对应;成员(Member),测试成员关系,与关系数据库里的 Read 对应。按照操作的语义,集合型上的两个插入操作与集合型上的两个插入实例操作有时是可交换的。令集合 S={1,2,3},有两个操作是 a=Insert(3),b=Insert(3),则 a、b 是可交换的。

Weikum 在其攻读博士学位论文期间讨论了基于交换性的并发控制问题,他和其后来的研究者提出了前向可交换性与后向可交换性的概念。他(们)将冲突关系定义为考虑操作间的二元关系,考查的是操作及其结果。将操作定义为调用和响应的偶对,例如 x:[Insert(3),ok]是一个有效的调用,在集合 x 上实施一个插入操作,返回正确值(这里用 ok 表示)。

有两种不同的交换性关系,它们可以定义为前向交换性(forward commutativity)和后向交换性(backward commutativity)。

假设有两个操作 P 和 Q,以及一个对象的状态 s。前向交换性定义如下:每个状态 s 上定义的 P 和 Q,P(Q(s))= Q(P(s)),这里 P(Q(s))是已定义的(即不是空状态),表示若先在 s 上施加 Q 操作,再在其结果上实施 P 操作,等价于先在 s 上实施 P 操作,随后在其结果上实施 Q 操作。

集合的前向交换关系兼容如表 15.3 所示。

表 15.3 集合的前向交换关系兼容表

	[Insert(i),ok]	[Delete(i),ok]	[Member(i),true]	[Member(i),false]
[Insert(i),ok]	+	−	+	−
[Delete(i),ok]	−	+	+	+
[Member(i),true]	+	−	+	+
[Member(i),false]	−	+	+	+

后向交换性定义如下:每个状态 s 上的 P 和 Q,P(Q(s))是有定义的,即 Q(s)已定义,而 P(s)不知是否已定义,则 P(Q(s)) = Q(P(s))。当然,这里的 P 和 Q 也可以扩展为操作序列,而非仅是单个操作。

【例 15.11】 抽象数据类型(ADT)集合的前向交换关系兼容和后向交换关系兼容分别如表 15.3 和表 15.4 所示。表中,Member 操作定义为成功执行后返回代码(true)和非成功执行后返回代码(false)。

表 15.4 集合的后向交换关系兼容表

	[Insert(i),ok]	[Delete(i),ok]	[Member(i),true]	[Member(i),false]
[Insert(i),ok]	+	−	−	−
[Delete(i),ok]	−	+	−	+
[Member(i),true]	−	−	+	+
[Member(i),false]	−	+	+	+

【例 15.12】 如果集合对象的初始状态是{1,2,3},集合对象上的第一个操作是一个调用-响应对[Insert(3),ok],第二个操作是[Member(3),true],这两个操作定义在{1,2,3}上,则用哪种序给出的结果都是一样的。然而,如果应用操作[Insert(3),ok]后,状态是{1,2,3},则无法说出初始状态究竟是{1,2}还是{1,2,3}。因此,对于一个集合对象而言,[Insert(x),ok]和[Member(x),true]是前向可交换的,但不是后向可交换的。

2. 可恢复性

可恢复性(recoverability)是另一种冲突关系。直观地说,一个操作 P 是对另一个操作 Q

可恢复的，如果 P 返回的值独立于 Q，无论 Q 是在 P 前执行还是在 P 后执行。

下面从可交换性上来讨论面向对象数据库的事务管理问题。

对象系统中，如果使用封锁技术，则封锁颗粒会有变化。下面考虑一个事务模型。从对象结构考虑，先区分几类不同的对象：简单对象（如 files、pages、records）、作为 ADT 实例的对象、完整对象（full-fledged objects）和增加了复杂性的主动对象。

前面的讨论基本上是简单对象。有些系统虽提供记录级的并发控制，但管理开销很大，记录上的操作不是原子性的，需要进行页面级同步。这是因为没有把对象的语义考虑在内。例如，更新页面被看成是写页面，而不去考虑逻辑记录是否在这个页面。

从事务处理角度看，ADT 引入了处理抽象操作的需求。抽象操作产生了对语义的需求。ADT 上的事务执行需要多级机制。在这样的系统中，自底向上，一级是另一级的抽象。将事务看成是由操作集合构成的偏序，操作可能不是简单操作，而是一个事务。抽象操作由更低一级的抽象构成，这么分解下去直到最底层的简单读/写操作。正确性判据就变成面向应用了。

值得一提的是，必须考虑下面这些问题。

- 运行组合对象上的事务可能会涉及作用在成分对象上的附加事务，从而形成嵌套事务。这种事务需要按多级处理。
- 子型/继承性涉及行为和对象状态的共享。因此，必须考虑在某个级别存取一个对象的语义。
- 必须区分被动对象和主动对象。主动对象的事务管理需要触发子型或相应的事件-条件-动作（ECA）响应规则的支持。

如上所述，对象 DBMS 中的事务管理必须处理组合（聚集）图，能显示组合对象结构、型（类）格、表示对象之间的 is-a 关系。

组合（聚集）图需要处理存取对象的同步，这种对象有其他对象作为成分，形成复杂结构。形成的型（类）格通过事务管理器来考虑其模式演化。

对象 DBMS 还将方法和数据封装在一起。对对象共享存取的同步必须考虑方法的执行，特别是事务调用方法，该方法会依次调用其他方法。这样，即使事务模型是平面的，这些事务的执行也可以动态嵌套。

典型情况是将冲突定义为存取相同对象上的两个操作是不可交换的。值得注意的是，对象 DBMS 中，存取两个不同对象的操作也可能产生冲突。原因是存在组合（聚集）图和型（类）格问题。

考虑存取对象 x 上的一个操作 O_1，它有一个成分是另一个对象 y（即 x 是一个组合或复杂对象）。还有另外一个操作 O_2（假设 O_1 和 O_2 属于不同的事务）用于存取 y。按照经典的冲突定义，我们不会认为 O_1 和 O_2 是冲突的，因为它们存取的对象不同。然而，O_1 把 y 看作 x 的一部分，在存取 x 时也要存取 y，这样就与 O_2 产生冲突。

方法的嵌套调用导致嵌套 2PL 算法（nested 2PL）和嵌套时标序（nested timestamp ordering）算法等的开发。处理时，可以采用对象间并行来改进并发度。换句话说，对象的属性可以建模为数据库里的一个数据元素，方法可以建模为事务，可以同时调用一个对象方法，可以同时激活。可以使用特别的对象外同步提供更多的并发性，并在每个对象上维持同步决策的兼容。

对象上的方法（建模为事务）执行由本地步（local steps）和方法步（method steps）组成，前者对应于本地操作（如读取简单属性值）的执行，一起返回结果值，后者是方法调用和返回值。

本地操作是一个原子操作(如Read、Write、Increment),它们会对对象变量产生影响。

唯一的要求是它们能"正确"执行,即基于交换性可串行。作为各对象间同步委派的结果,并发控制算法集中在对象内同步。

文献中还提出了多颗粒封锁(multigranularity locking)。多颗粒封锁定义了封锁表数据库颗粒的分层体系。对象DBMS里,各自有类和实例对象的对应关系。

这种分层的好处是强调粗糙颗粒封锁和精细颗粒封锁的折中。粗糙颗粒封锁(在文件中或更高层次)有较少的封锁开销,因为设置的封锁数目少,所以大大减少了并发性。精细颗粒封锁情况则相反。

多颗粒封锁背后的主要思想是,对粗糙颗粒封锁的事务蕴含对所有相应对象的精细颗粒封锁的事务。例如,对文件的封锁蕴含对文件上所有记录的封锁。除传统的共享(S)锁和排外(X)锁外,还可以增加两个新的封锁类型,即意向(intention)(或称隐含(implicit))共享(IS)锁和意向排外(IX)锁。如果事务试图在对象上施加S锁或IS锁,则必须先在其祖先(即粗糙颗粒的相关对象)上施加IS锁或IX锁。同样,事务如果想在对象上设置X锁或IX锁,则必须在其所有祖先上设置IX锁。意向共享锁在其后代封锁期间不能释放。

当事务试图读相同颗粒的对象和在精细颗粒上修改这个对象某些部分时,会产生另外一个复杂问题。此时,在这个对象上必须同时设置S锁和IX锁。例如,事务可能读一个文件,并更新这个文件里的某些记录(这在面向对象数据库系统中是经常发生的,事务可能读类的定义,并更新该类的某些实例对象)。为了处理这种情况,必须引入共享意向排外(SIX)锁,它等价于该对象上拥有的S锁和IX锁。学术界对此有很多研究,有兴趣的读者可以参阅相关文档,这里不再赘述。

15.8.2 面向对象可串行化

前面讨论了面向对象数据库系统的事务管理,本节讨论并发控制的核心问题,即可串行化问题。

面向对象数据库涉及复杂的数据对象。将事务封锁很长时间是不可取的,因为它会大大降低并发度。本节将讨论笔者20世纪80年代末研究的内容。

良好的并发控制方法必须在更好的并发度与增加的并发控制附加成本间寻求一个平衡。现在考虑一个协同编著系统,其中多个作者可以同时写作/编辑一篇文章。每个作者都希望立即把自己的想法写下来,若作者要同时修改这个文档,则必须等待直至这个文档被释放。如果系统能保证所有的作者看到的是一个一致的视图,则他们可以并发工作。这时呈现的事务形态和传统的事务形态有了很大的变化。常规系统和面向对象系统的比较如表15.5所示。

表15.5 常规系统和面向对象系统的比较

常规事务	面向对象操作
存取小对象(一个账户)	存取大的复杂结构的对象(一个文档)
短延时(微秒,…,秒)	长延时(秒,…,月)
简单动作(写一个账户)	复杂结构动作(处理文档的编排结构,如内容、章节等)

我们遇到的第一个问题面向对象操作是事务吗?答案是事务,但不是常规事务。首先,这是开放的嵌套事务(open nested transactions),是一个分层事务体系。我们可以分析操作的语

义,确定两个操作是否冲突。尽管冲突的概念已讨论过,但是涉及语义时冲突的意义会有所变化。值得指出的是,面向对象模型是基于语义的,因此语义信息在这里起着重要作用。其次,操作调用的嵌套性也应该深入分析。基于这种因素,笔者和一些同事提出了面向对象可串行化(object-oriented serializable)的概念。

由面向对象数据库系统的事务可知,这是学术界所说的开放嵌套事务。开放嵌套事务应用在分层事务系统里。在面向对象系统中,事务是按对象为基点分层的。

现在我们来看一个单一对象,这个对象的性质(类似于关系模型的属性)可能指向另一个对象。选用第 14 章中关于 Vehicle 的例子:

```
Class Vehicle as Object
attributes
    engine: Engine
    make: Manufacturer
    model: String
    year: Date
    serial no: String
methods
getVehicle()
{
getEngine();
...
};
initVehicle();

Class Engine as Object
attributes
    no-of-cylinder: Integer
    capacity: Real
    horsepower: Integer
methods
getEngine();
initEngine();
```

若 v 为类 Vehicle 中的一个对象,则在执行方法 getVehicle()时会调用类 Engine 中相关对象上的方法 getEngine()。

我们把方法(如 getVehicle())的运行看作是一个事务,这个方法会调用另一个对象上的方法(如 getEngine()),后者的运行可看作为其子事务。一个事务就会依赖于另一个事务,如果它们都会存取相同的对象,而且这两个操作是冲突的。如果两个操作是冲突的,那么它们交换执行次序的结果会不一样。注意,我们考虑操作的语义,就可以发现对象上记载着事务的依赖关系。为此,我们提出了面向对象可串行化的思想。

对象调度的面向对象可串行化给出了一个动作(actions)序列。对象 O 上的动作可能是另一个对象 P 上的事务。因此,我们不能允许在同样的背景下从 O 和 P 上看到的是不同的视图。对象 P 的事务依赖性信息必须流向对象 O。因此,对象 P 的事务依赖性导致了对象 O 的动作依赖性。

注意,两个事务间可能是依赖的,但它们之间可能没有同时动作的公共对象。这种情况下,我们必须把信息记录在一个称为中心实例(central instance)的地方,由一个对象来选择,或者让两个对象都选择。这样,我们在动作依赖关系里加入一个附加动作依赖关系(added action dependency relation)。

我们把一个事务的系统调度称为是面向对象可串行化的,如果所有的对象调度都是面向对象可串行化的,那么所有的附加动作依赖关系不含冲突。

两个动作是冲突的,它们执行的序不同,结果也不同,其反面就是它们是可交换的(commute)。仅当一个事务的所有依赖性动作以相同的序执行,则称该调度是可串行化的,也称冲突序保留可串行化。

假设一本数字版百科全书的记录项使用B+树来构建索引,这棵B+树命名为BpTree。下面用Enc表示这本百科全书,记录项的链接记作LinkedList,记录项的键用BpTree构建索引。这些数据存放在存储页面上。

常规DBMS在类似于B+树的索引结构上的操作是按专门的并发控制协议来执行的。DBMS的索引管理器了解整个索引结构的语义。因此,DBMS可以有效管理并发控制,我们只需要考虑语义知识如何传递给DBMS。

对象具有封装性,对方法的调用是通过消息传递实施的。消息如何实现,对象不必知道。这里,我们只考虑开放嵌套事务。开放嵌套事务的根称为顶级事务(top-level-transaction),其下面的树称为子事务。按常规的事务概念,只有根才是和其他事务隔离的。但是,开放嵌套事务的子事务往往也需要和其他子事务隔离。

下面的有些概念我们采用相关学者使用的含义。Weikum等在其论文中讨论了多层事务结构问题。在多层事务系统中,事务是由其下层的动作实现的。系统的并发控制成分将两个相邻层组合为一个调度,上层称为事务,下层称为动作。冲突动作的序为其上层事务所继承。为此,称这类事务序为拟序(quasi-ordered)。如果这些事务也发生冲突,则它们的序也为其上层事务所继承,否则终止这种继承过程。所以,我们可以定义事务由一个动作的偏序构成,如果动作不是原子单位,即动作由一个动作的偏序构成,则这个动作相对于这个偏序里的动作也是事务。依此类推,直至动作不可分为止。

现在我们再看参考文献[10]中的一个例子。假设有一个对象Enc描述的是百科全书,那么这个对象有两个必不可少的性质:index(索引)和item(记录项)。index用B+树来构建,item用链表来构建,索引由指针指向记录项,从而形成如图15.9所示的形态。

对象Enc有两个分支,分别为索引树(BpTree)和记录项链(LinkedList),参见图15.9的左端。Enc的儿子BpTree也有一个根,在有向线上标示了root,其下面是中间节点(见图15.9中的Node6)。中间节点下是叶子(如Leaf11、Leaf12等)。由于数据存储在外存页面上,所以这个对象图的终结节点(也可称为叶子)为存储页面,记作Page。索引项存放在不同的页面上,所以Leaf会指向不同的页面。

注意,由于索引记录项间有关联,所以它们之间由有向线互联,方向是指针指向。同时,记录项也存放在页面上,所以也指向页面,如图15.9中的Item8指向Page5599。

如图15.10所示,将三个事务发送给对象Enc,操作在B+树BpTree上。其中,T_1发送消息给Enc,调用BpTree上的方法insert(DBS)11,记作BpTree. insert(DBS)11。这个调用导致了节点上的调用(图中未标出)及叶子上的调用Leaf11. insert(DBS)119。这个插入操作又调用Page4712上的一个读操作和一个写操作,T_1的其他操作类似。事务/操作下标的第一个数字用类表示事务或所属事务的标识。图中的有向弧表示对象间的联系。

假设有三个事务T_1、T_2和T_3,分别向对象里插入数据、查询数据与插入数据。T_1由一个动作(insert(DBS)11)向索引树(BpTree)中插入数据,由于向树中插入数据最终要施加在叶子

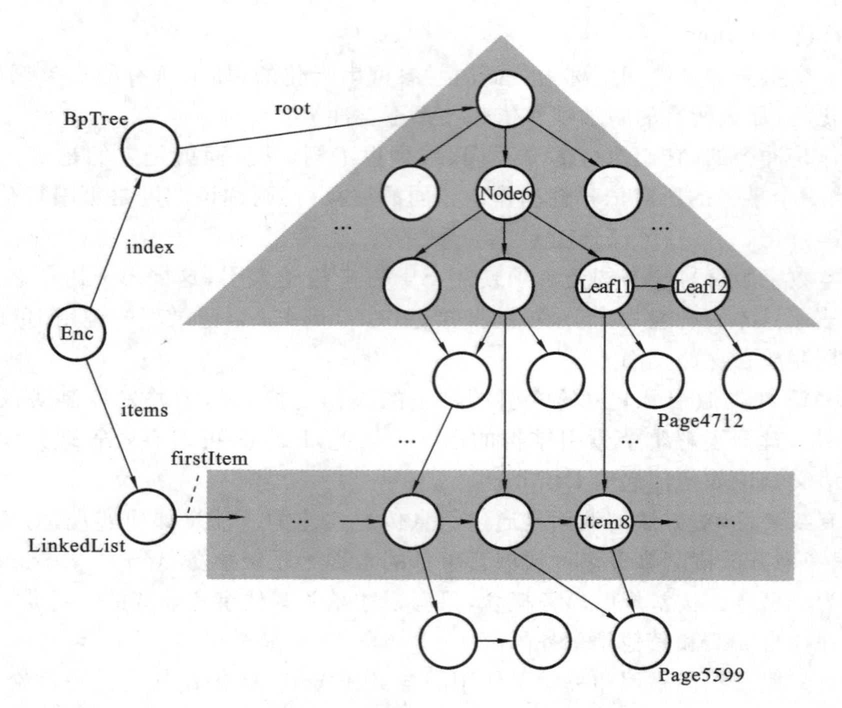

图 15.9 百科全书对象描述

上，所以这个动作要调用一个动作往叶子上添加记录项，这个动作记作 insert(DBS)119，其操作对象是叶子 Leaf11。由于索引页存放在操作系统页面上，所以要调用相应的动作读、写相应的页面。这两个读/写动作记作 read1191 和 write1192，相应的页面记作 Page4712。事务 T_3 是一个查询事务，它的动作是查询索引树，记作 search(DBS)31。由于查询到叶子 Leaf11，所以调用下一个动作 search(DBS)319，它作用在 Leaf11。相应地，调用相应页面 Page4712，所以就由 search(DBS)319 调用动作 read3191。我们用对象.方法的形态记录动作与对象的关系，如 Page4712. write1192。

假设 Page4712. write1192 执行于 Page4712. read2191 之前，图 15.10 中两个动作的依赖性用有向虚线弧表示，冲突标识为×。依据常规的可串行化概念，两个事务的所有冲突动作必须保持相同的序，但这个限制比较严格。从语义上看，Leaf11. insert(DBS)119 和 Leaf11. insert(DBMS)219 并不冲突，因为它们插入的是不同的记录项。但是，两个记录项存放在同一存储页面上。假设一个节点及其对应页面能容纳 500 多个记录项。

调用子事务时，必须记住依赖性，以防止丢失 Page4712 上的更新。我们用 Leaf11 上的有向虚线弧来表示依赖性，其指向与 Page4712 上的有向虚线弧相同。Leaf11 上的动作行为相当于 Page4712 上的动作事务。在 Leaf11. insert(DBS)119 结束后，为防止丢失更新，依赖性不再相关。因为调用的动作可以交换，两个插入动作都是 Page4712 上的写操作，所以它们的序无关紧要。但事情并非那么简单，由于所有的其他动作都是由 Leaf11. insert(DBS)119 和 Leaf11. insert(DBMS)219 调用的，所以冲突都必须保持相同的序。否则，这棵 B+树就会不一致。然而，在 BpTree 和 Enc 层面，这种依赖性可以被忽略，insert(DBMS)21 和 T_2 不必保持所有前面的依赖性。这样可以获得更高的并发性。

我们观察 T_1 和 T_3，它们原本相容，所以图 15.10 中我们标以相容标记＋。

假设 Page4712. write1192 在 Page4712. read3191 前面执行，因此，Page4712. read3191 依

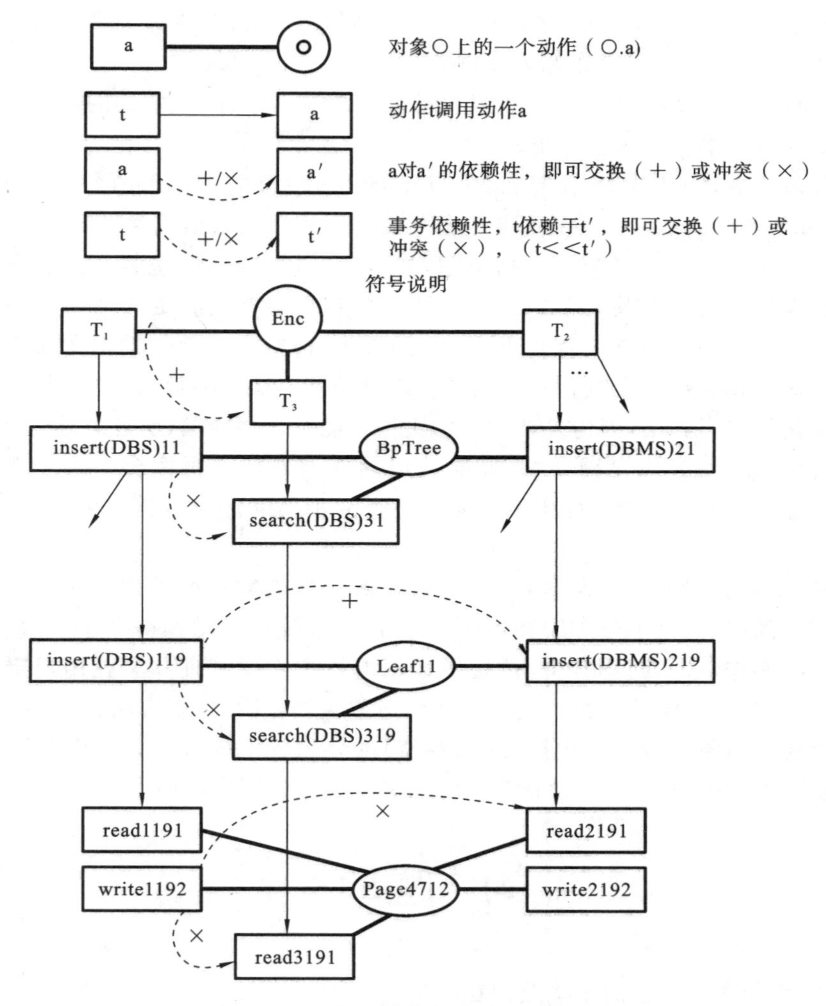

图 15.10　将三个事务发送给一个对象

赖于 Page4712. write1192，其依赖性如前所述。与前面情况比较，在 Leaf11 上的调用动作就变成了冲突。动作 Leaf11. insert（DBS）119 和 Leaf11. search（DBMS）319 访问相同的键 DBS。因此，Leaf11 上的两个动作的序必须继承到 BpTree 上的调用动作。在 BpTree 上存在着冲突，因此，依赖性继承自 T_1 和 T_3。结果，T_1 和 T_3 必须遵循某种执行序。这样就形成一种面向对象可串行化的序（有兴趣的读者可参阅参考文献[10]）。

从上可以看出，与传统的开放分层系统相比，面向对象事务系统具有自己的特点。

● 调用层次不同：无法分级，它和对象的结构相关，可以把页面看作最后层面。

● 每个对象上的事务可以直接调用每个对象上的动作，例如，通过对象 LinkedList 和对象 BpTree 都可到达项（item），但是经历的路径长短是不一样的。

● 事务可以直接或间接地调用动作，都可以存取相同的对象。

面向对象的可串行化总结如下：可将事务看成是在对象上运行的方法，这个方法可以分解成一个动作序列；一些动作作用在对象的原子值属性上，一些动作可能是对其他对象上方法的调用，我们把后者看成为子事务。这样，事务就成为一棵不平衡树。

● 从叶子分析，如果两个动作的父亲指定了执行序，则它们遵循这个执行序。

● 如果两个动作来自不同的父亲，而且这两个动作是冲突的，则这两个父亲的所有冲突动作必须保持相同的序，这个序就称为父亲的拟序。

● 调用上面这两个父亲的对象，并把这两个父亲看成为动作，把它们的调用者看成为其父亲，重复第二点，直至事务的树根为止。

从并行处理考虑，OODBMS 和传统 RDBMS 的区别主要包含以下两个方面。

● OODBMS 处理的是复杂对象而非规范化的关系元组。数据成为复杂对象，由类的大量实例构成。每个实例又包含复杂的数据类型，如集合、链表、阵列、包等。这有两层含义。首先，OODBMS 里的查询会涉及大量的类。跨越多个对象类查找满足或不满足某些数据条件的对象实例是十分常用的操作。为了进行有效的查询处理，需要有效的对象实例双向跨越访问(bi-directional traversals)及其检索。为了在跨越访问时减少 I/O、通信和处理时间，需要新的并行查询优化策略。其次，因为复杂对象的实例可能有很多数据，所以关系数据库系统中使用的、传统的面向元组的、取自辅存的、面向元组的查询处理不再适合。为了避免过度消耗 I/O时间，不再是存取整个实例，而是存取其中与查询相关的部分数据。因此，需要不同的数据结构。

● RDBMS 只处理数据库中数据的查、添、删、改。检索数据的处理或操作数据的处理是由应用程序实施的，它们已不受 DBMS 的控制。这类系统体系结构会产生一些临时关系，以备进一步查询或操作。OODBMS 中，传统的数据库操作需要管理和实施用户定义的操作及其实现(即方法)，方法的激活依赖于消息传递给对象实例。因此，将方法存放到尽可能靠近应用的实例很重要。对象实例描述数据(或属性值)的装配(assembling)很像产生的临时关系，要从辅存大量存取数据，I/O 的开销很大，因此，尽量不要让用户使用。

习 题 15

1. 面向对象和面向过程的主要差异在哪里？

2. 简述分布式面向对象数据库系统的对象 Client/Server 体系结构和页面 Client/Server 体系结构的区别及其特点。

3. 面向对象分布式数据库系统的事务管理有何特点？并发控制的新问题是什么？如何解决？

第16章 P2P系统

近年来，出现了一些新型的分布式数据库系统，如 P2P 数据库系统、基于云计算的分布式数据库系统，等等。本章讨论 P2P 系统和 P2P 分布式数据库系统。

16.1 什么是 P2P 系统

Peer-to-Peer(简称 P2P)近年来大受追捧，特别是在文件分享领域。P2P 体系结构的显著特点是分散的自组织(decentralized self-organizing)，因此在其他领域也越来越受欢迎。随着技术的发展，P2P 系统被赋予了更多的特征，例如，构筑可伸缩性和弹性的分布式系统、快速部署新服务等。

Ralf Steinmetz 等在参考文献[1]中提及：

[a Peer-to-Peer system is] a self-organizing system of equal, autonomous entities (peers) [which] aims for the shared usage of distributed resources in a networked environment avoiding central services.

即 P2P 系统是一个由平等、自主实体(peers)构成的自组织系统，可以在联网环境里无需集中服务就能帮助分布式资源的共享。简言之，这是一个完全去中心化的自组织和资源应用系统。

P2P 系统具备如下特征。

- 去中心化的资源共享(decentralized resource sharing)。

◇ 感兴趣的资源(带宽、存储、处理能力)以一种尽可能平等的方式被使用，它们分布在网络的边际，靠近实体。

◇ 在一组实体里，每个实体会使用其他实体提供的资源。

◇ 实体通过网络互联，大多数情况下全局分布。

◇ 实体的 IP 地址是可变的，换言之，该实体不是始终按固定的 IP 地址访问的，这称为瞬时链接(transient connectivity)。这类实体很可能长时间断接(disconnected)或关机。数据不再是按其所处位置编址(即服务器地址)，而是按其本身的内容编址。

- 分散的自组织：

◇ 为了使用共享资源，实体直接与其他实体交互。一般来说，这种交互无需借助任何集中控制或协调。不同于客户端/服务器(C/S)系统结构，P2P 系统以平等伙伴形式建立协作。

◇ 实体直接访问和交换共享资源，无需使用中心服务，是一个去中心的基础控制结构。出于性能考虑，也会引入某些中心成分，例如有效的定位资源。这样的系统称为混合式 P2P 系统。

◇ 在 P2P 系统里，端点既扮演客户端也扮演服务器端。

◇ 端点间是平等的伙伴关系，功能对称。每个端点就其自己的资源而言是独立的。

◇ 理想情况下，资源处于自己的位置，没有中心实体或服务。整个系统控制在自组织或 ad hoc(临时)形态下。然而，基于一些原因，很难达到这个目标，所以常呈现介于 C/S 结构和纯 P2P 结构之间的混合结构。

P2P 系统和其他系统的简单分类如图 16.1 所示。图中的左边是常见的 C/S 系统,右边是典型的 P2P 系统,中间则是兼顾两者的混合系统。

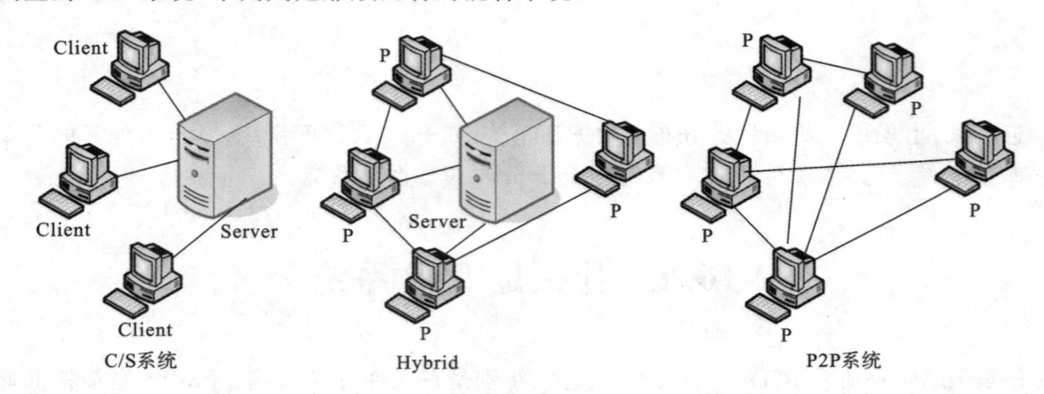

图 16.1 P2P 系统和其他系统的简单分类

大多数 P2P 系统具备如下公共特征。

● 端点既可以是服务器,也可以是客户端的计算机。

● P2P 系统至少有两个及两个以上的端点。

● 端点间可以直接交换资源,如文件、存储、信息、CPU 计算能力和知识等。

● 在 P2P 系统中虽然可以出现专用服务器,但其角色局限于让端点互相发现。不存在专用服务器的 P2P 系统称为纯 P2P 系统。

● 端点可以自由地加入和/或退出系统。

● 端点可以属于不同的所有者,一般一个 P2P 系统中会有几百万个所有者。

更进一步,可以把 P2P 系统分成非结构化的 P2P 系统(unstructured peer-to-peer system)和结构化的 P2P 系统(structured peer-to-peer system)两类。

1. 非结构化的 P2P 系统

第一代 P2P 系统是基于文件共享应用的,称为非结构化的 P2P 系统。典型样例如音乐分享系统,各终端借助访问中央服务器来定位终端需要的数据项的位置,然后将该位置上的终端文件分享给请求终端。这就是图 16.1 中的混合形态。也有纯 P2P 的文件共享系统,如 Gnutella,使用泛洪技术(flooding technique),即查找请求并发送给系统中的所有参与端,直到有人响应为止。

2. 结构化的 P2P 系统

近年来,分散的自组织系统(decentralized self-organizing system)受到了广泛关注,研究人员开始研究分布式的、内容可编址的数据存储结构(即分布式索引结构)。分布式索引结构、分布式哈希表(distributed Hash table,DHT)被开发出来,它们提供了可扩展性、可靠性和容错性。这里,DHT 显示了比非结构化的 P2P 系统更优的性能。

16.2 DHT

DHT 在分布计算及其应用中扮演着重要角色,特别是在大规模分布式环境里。如前所述,在客户端/服务器(C/S)模式中,服务器负责大多数资源的开发,它们也往往成为瓶颈或系统的弱点。而在分布式系统，尤其是P2P模式中，资源分布在系统的所有节点上，因此，健壮性和性能更优。那么，如何有效管理分布式环境中的资源呢？这样，DHT应运而生。

DHT是一种分布式存储方法。在不需要服务器的情况下，每个客户端负责小范围的路由，并负责存储一小部分数据，从而实现整个DHT网络的寻址和存储功能。例如，比特彗星(BitComet)[①]允许同时连接DHT网络和Tracker，也就是说，在完全没连上Tracker服务器(也称种子服务器)的情况下，也可以很好地下载，因为它可以在DHT网络中寻找下载同一文件的其他用户。

DHT虽简单，但性能优越。它提供类似哈希表的功能来处理分布式数据。DHT无需中心服务器，分布式系统中所有的DHT节点是平等的。同时，DHT继承了哈希表的主要特性，如高效定位和搜索元素。DHT提供一个全局的、抽象的键空间(一般称为DHT空间)，其中所有资源(如数据和DHT节点)都有其唯一的标识(ID)。与哈希表一样，DHT里的任何数据都可表示为一个二元组(K，V)，其中，K是数据经哈希函数映射后的键值，V是原始数据。DHT空间里的每个节点也有一个键，称为节点ID。这样，分布式系统里的所有数据和节点都可以一直地映射到DHT空间。可以将DHT空间分割成若干个槽(slot)，将DHT中的每个节点维护映射到自己节点槽里。DHT有两个基本操作：put()函数将数据放入DHT空间，键值为K；get()函数通过给定的键值K获取原始数据。

DHT网络由一个逻辑标识符哈希键空间组成，负责从端点到资源的映射。每个端点会维护邻居状态，通过基于标识空间的覆盖网络记录每个可用应用级的消息路由。这里，插入网络和从网络检索的算法是确定的，即给定一个键，这个键的资源就驻留在确定的端点上。

本质上，DHT提供类似哈希表的查表服务，即在DHT里存储“名字”(name)和对应的“值”(value)偶对，如果用户给定名字(name)的键，就可以检索到先前存储的值。通常，DHT里的键通过使用哈希算法生成，这类哈希算法如安全散列算法(SHA)。

DHT方法的优点是：节点可以通过树状结构来组织，其搜索算法的复杂性是O(log N)。这允许DHT灵活扩展到拥有很多节点。DHT方法的缺点是：用户需要确切知道名字的键(name key)，以便检索所需的值，直接靠关键词查询是不行的，但可以通过在DHT技术上构建应用来满足语义搜索的需求；另外，实现覆盖(网络)[②]一般比非结构化要付出更多的努力，以保证断接或离开时能维护节点间的一致性。

DHT由以下两部分组成。

● 一种键空间分割模式，负责在参与节点间划分键空间。

● 连接节点的覆盖网络，以此允许节点在键空间对任意给定键定位其“所有者”(owner)，让花费的跳数目(hops)尽可能小。这个覆盖网络也负责在网络里注入冗余，使得在定位给定键时有多条路径可用。这样，当节点出现故障时仍可定位。

DHT在键分割模式里会使用某个一致哈希的变形(variant of consistent hashing)技术。这种技术使用一个距离函数，能测量从一个键到另一个键的抽象距离，与任何物理参数(如地理距离或网络延时)无关。典型情况是，为每个节点指定一个标识符哈希键(基于某些端点性

---

① 比特彗星(BitComet，BC)是一款采用C++语言为Microsoft Windows平台编写的BitTorrent客户端软件，也可用于HTTP/FTP下载，并可选装eMule插件(eMule plug-in)，通过ed2k网络同时下载BT/eMule。它具备同时下载、下载队列、从多文件种子(torrent)中选择下载单个文件、快速恢复下载、聊天、磁盘缓存、速度限制、端口映射、代理服务器和IP地址过滤等特性。——摘自“百度百科”

② 某节点的覆盖网络是P2P网络中由目标相同的节点构成的网络，是该P2P网络的一个子网。

质的哈希值,如网络地址、时刻等)。在一致哈希算法中,节点的移出和加入会改变相邻节点(由邻居 ID)"拥有"的键集(合)。这个基本性质使得 DHT 在节点加入或离开网络时的重组需求变得最小。

覆盖网络使用这些性质,在邻居节点路由表里维护通达邻居节点的链接的集合。节点按照 DHT 的连接策略选择邻居。但对任何键来说,一个节点或者拥有这个键,或者指针指向离这个键近的节点。因此,可以使用贪心算法检索键,通过将请求传递给 ID 最接近于所请求的键的邻居来实现。如果不能再进一步找到这类邻居,那么目前节点就是最接近的节点。

为了维护覆盖网络,需对算法进行调节,于是 DHT 定义了两个键参数。一个参数是可以定义任意路由的跳转数目(路由路径最小或跳数最少);另一个参数是任何节点的最大邻居数,即最大的节点度,用于减少覆盖网络的维护开销。通常二者会产生矛盾,即路由最短需要节点度大,因此往往选择折中。通常节点度选为 O(log N),路由长度也为 O(log N)。

DHT 可以有效组织分布式资源,让节点可以有效地获得资源,定位资源的时间复杂度为 O(1)。与传统的哈希表相比,DHT 处理系统的分布性和动态性强得多,因为 DHT 可以灵活定制槽的数目和槽的域范围。

DHT 必须具有以下三个特性。

- 高效:DHT 继承哈希表的优秀特性,如高效定位数据在 DHT 空间的存储位置,无需知悉全局信息。
- 分散(decentralization):DHT 是分散部署的,可以避免热点问题和实现好的负载均衡。
- 可伸缩性(scalability):DHT 可以应用于分布式系统,规模大小可变,从成百上千到几百万的节点。

因为 DHT 具备这三个特性,所以它在一些领域(如区块链)大受青睐。

16.3 DHT 网络

DHT 网络属于结构化 P2P 网络。P2P 系统是一个无中心体系结构的分布式系统,其中的参与者称为节点或端点。P2P 系统由节点形成网络,其拓扑结构是节点互联的布局模式。早期的 P2P 包括非结构化系统,不遵循特定结构。在这类系统里,一次只给出一个搜索查询,无法得到是哪个邻居解决查询问题的信息。搜索查询以泛洪方式扩展,开销很大。

与搜索查询对应,结构化的 P2P 覆盖网络里的搜索定位有效得多。其定位的有效性与网络拓扑有关。令

(1) U、v:表示用 ID 标注的 P2P 节点。

(2) p(u,v):表示 S 中的距离矩阵。满足:(i) $p(u,v)>0, \forall u,v \in S, u \neq v$;(ii) $p(u,u)=0, \forall u \in S$。其对称性和三角不等性作为可选要求。

假设 P2P 覆盖网络中有 N 个节点。如果 $p(u,d)>p(v,d)$,则 v 比 u 更接近 d。换言之,v 处于 u 和 d 中间。

下面讨论三种典型的 DHT 网络拓扑结构(见图 16.2)。它们分别是环体(如 CAN(content addressable network))、树状(如 Pastry 和 Tapestry)和环(如 Chord)。

16.3.1 环体

环体是 DHT 的一种网络拓扑结构(见图 16.2(a)),CAN 就是一种环体结构。

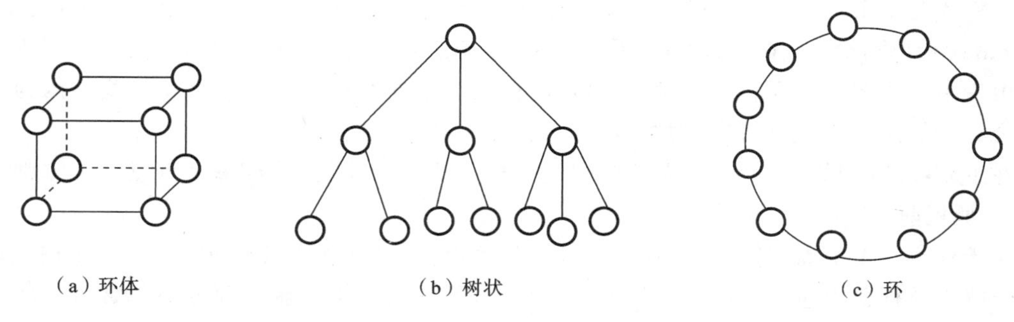

(a)环体　　(b)树状　　(c)环

图16.2 三种典型的DHT网络拓扑结构

CAN是2001年引入的DHT结构,其中每个节点对应一个由键标识的空间范围,称为区(zone)。此外,它还维护对应于邻近区的节点信息。像插入、查找或删除操作这样的请求在区间一跳一跳地进行路由,直至达到目标。CAN主要具有可伸缩性、容错和P2P(无单点故障的分布式体系结构)等特性。CAN按笛卡儿坐标组织为一个d维的环体。

16.3.2 环

环(ring)也是DHT的一种常用网络拓扑结构,如Chord。Chord是一种沿逆时针方向构建的DHT环。这是由MIT的Ian Stoica于2001年提出和开发的。Chord在一致性哈希算法的基础上提供了优化的路由算法,每个节点维护少量的路由信息,通过这些路由信息,可以提高查询的效率。使用SHA-1(secure Hash algorithm 1)[①]获得键的ID,这个算法可以让ID均匀地分布在标识空间。节点的ID是其IP地址的哈希,其键的ID是其属性(如文件名)的哈希值。Chord的设计目的是:负载均衡、可伸缩性,即查找开销的增长慢于节点数目的增长,从而可以构建大型的系统。

16.3.3 树状

Kademlia是由Petar Maymounkov与David Mazières所设计的P2P覆盖网络传输协议,用以构建分布式的P2P计算机网络。它是一个基于"异或"运算的P2P信息系统,制定了网络的结构及规范了节点间通信和交换资讯的方式。

Kademlia节点间的通信使用UDP协议。Kademlia节点利用DHT储存资料索引。

想要加入网络的节点,需要先经过启动过程。在这个阶段,该节点需要知道另一个已经在Kademlia网络中注册的节点的IP地址(通过另一个使用者或储存的清单获取)。如果启动中的节点还不是网络的一部分,则会计算一个尚未指定给其他节点的随机ID(160比特)编号。这个ID是由节点的对外IP地址跟端口号通过SHA-1之后得到的。这个ID会一直用到离开网络为止。

简单来说,拥有要分享的文件网络节点,会先处理文件的内容,并从内容中计算出一组数字(哈希值),这组数字将会在文件分享网络中辨识这个文件。哈希值与节点ID的长度相同。

---

① 一种安全哈希算法,由美国国家安全局设计,并由美国国家标准技术研究所(NIST)发布为联邦信息处理标准(FIPS)。SHA-1可以生成一个被称为消息摘要的160位(20字节)哈希值,散列值通常的呈现形式为40个十六进制数。

接着会查找几个 ID 与哈希值相近且节点内储存着自己 IP 地址的节点。搜索的用户会使用 Kademlia 来搜索网络上节点的 ID 离自己最近的节点来获取文件的哈希值，再获取该节点上的路由清单。当节点联入和联出时，这份存储在网络上的路由清单也将保持不变。因为内嵌的冗余存储算法、路由清单将复制在多个节点上。

在 Kademlia 网络中，所有节点都被当成一棵二叉树的叶子，并且每个节点的位置都由其 ID 值的最短前缀唯一确定。

对于任意一个节点，都可以把这棵二叉树分解为一系列连续的、不包含自己的子树。最高层的子树由整棵树不包含自己的树的另一半组成；下一层子树由剩下部分不包含自己的一半组成；依此类推，直到分割完整棵树。

Kademlia 协议确保每个节点知道其各子树的至少一个节点，只要这些子树非空。在这个前提下，每个节点都可以通过 ID 值来找到任意一个节点。这个路由的过程是通过所谓的 XOR(异或)距离得到的。

Kademlia 为节点和键使用 160 比特的 ID。节点上存放键/值对。Kademlia 网络中，每个节点都有一个 160 比特的 ID 值作为标识符，key 也是一个 160 比特的标识符，每个加入 Kademlia 网络的计算机都会在 160 比特的 key 空间分配一个节点 ID(node ID)值(可以认为 ID 是随机产生的)，〈key，value〉对的数据就存放在 ID 值“最”接近 key 值的节点上。

判断两个节点 x、y 的距离远近是基于数学上的异或的二进制运算，$d(x,y) = x \text{ XOR } y$，即对应位相同时结果为 0，不同时结果为 1。例如，令 x＝010101，y＝110001，则

$$\begin{array}{r} 010101 \\ \underline{\text{XOR } 110001} \\ 100100 \end{array}$$

这两个节点的距离为 100100(二进制)，即十进制为 32＋4＝36。

显然，(二进制)高位上数值的差异对结果的影响更大。

16.4 DHT 中数据的分布管理与检索

查找问题(lookup problem)是 P2P 系统的一个重要问题。例如：某个节点 A 想在分布式系统中存放一个数据项 D，D 可能是一个小数据项，是某个大数据内容的位置或坐标数据，如 A 的当前状态或当前 IP 地址。那么，当节点 B 希望检索数据项 D 会怎样呢？这时，会出现以下问题。

- A 向哪里存放数据项 D？
- 其他节点如何发现数据项 D 的位置？
- 分布式系统如何实现可伸缩性和高效性？

对此，有三种基本策略可用，它们是中心服务器(central server)、泛洪搜索(flooding search)和分布式哈希表(distributed Hash table)。

1. 中心服务器

中心服务器就是第一代 P2P 系统，如 Napster 使用的策略。其思想是，在一个中心服务器里存放数据项的当前位置。所以，查找问题就变成询问中心服务器。其优点是，搜索复杂性为 O(1)，即只要知道中心服务器就可。此外，模糊查询和复杂查询也是可能的。其缺点是，中心

服务器变成整个系统风险最大的短板，一旦出现问题，整个系统就瘫痪。

2. 泛洪搜索

泛洪搜索不设中心服务器，节点上存放数据项内容，而关于数据项位置的显式信息不存放在其他节点上。要检索一个数据项 D，唯一的办法是问大家：谁拥有这个数据项。这种泛洪蔓延式的搜索就称为泛洪搜索。一旦节点接收到查询，就会将消息泛洪般传递给其他节点，直至超过指定的跳数。一个基本假设是数据内容在网络里有多个副本，因此可以在少量跳数里被找到。

3. 分布式哈希表

分布式哈希表是一种分布索引技术。中心服务器和泛洪搜索的缺点很明显，因此提出了分布索引技术，即分布式哈希表方法。P2P 系统里，这样的系统称为结构化 P2P 系统。数据的定位取决于当前的 DHT 状态。分布式哈希表提供数据在节点上分布的全局视图。

三种策略中，分布式哈希表优势明显，最吸引人。

表 16.1 是中心服务器、泛洪搜索和分布式哈希表三者的比较。

表 16.1　中心服务器、泛洪搜索和分布式哈希表三者的比较

系统	每节点状态数	通信费用	模糊查询	健壮性
中心服务器	O(N)	O(1)	√	×
泛洪搜索	O(1)	$\geqslant O(N^2)$	√	√
分布式哈希表	O(log N)	O(log N)	×	√

16.4.1　分布哈希表的编址

分布式哈希表引入一个映射数据的新地址空间。地址空间一般取一个大的数值范围，如 $0 \sim 2^{160}-1$。分布式哈希表可将相邻地址映射到一个哈希值标识的参与节点。

在 DHT 系统里给每个数据项赋予一个标识 ID，这是地址空间里唯一的一个值。这个值常取自哈希函数，如 SHA-1。

基于查找函数，大多数 DHT 也可以实现类似于哈希表的存储接口。这样，put 函数用于接收一个标识和各种数据（如文件的哈希值和文件内容），以将数据存放在 ID 对应的节点上。标识和数据常称为(key，value)-tuple。相对地，get 函数则用于检索和给定与标识相关的值。

16.4.2　路由

路由是分布式哈希表的基本功能。基于路由例程，目标 ID 的消息可以传递到管理目标 ID 的 DHT 节点。这样，DHT 的路由算法解决了查找问题。

现在的 DHT 系统使用各种路由技术，但它们的基本原理相似，在每个节点上存放系统上有限的连接其他节点的信息。当节点接收到和自己不对应的目标 ID 的消息时，就将该消息向前传递给与自己相关的节点中的一个。重复这个过程，直到发现目标节点。下一跳节点的选取由路由算法和路由矩阵决定。

典型的路由矩阵是一个数值矩阵，其选择方式是：选择标识与目标 ID 最接近的节点去路由。理想情况下，少量跳数就可以抵达目标。显然，设计好的路由算法和路由矩阵很重要。

16.5 Gnutella

与 Napster 一样，Gnutella 也是一个音乐共享系统，但其实现方式有所不同。Gnutella 是一个纯无中心 P2P 系统，主要功能是文件共享。没有中心授权来负责网络的组织，也没有客户机和服务器的区分。该系统里的节点直接通过特定软件互联。简单来说，这是一种基于软件的网络体系结构。

下面讨论 Gnutella 中的节点是如何加入和离开网络的，是如何下载文件的。

● 加入和离开网络：当节点加入 Gnutella 系统中的网络时，该系统会发送一个"PING"消息，显示自己的存在。"PING"消息通过广播的方式传递给其他节点。其他节点收到这个消息就返回一个"PONG"消息作为答复，表示它们已经获知新来者的存在。从"PONG"消息里，新来者获悉其他节点的信息，可以和它们建立邻居关系。节点离开网络时，该节点无需通知其他邻居。这样，每个节点必须按一定间隔使用"PING"消息测试邻居是否在线。不返回消息，则看作该节点离开网络，并修改自己的邻居表。

● 搜索和下载文件：如果节点希望发现某个文件，Gnutella 系统则会发送一个"lookup"消息询问邻居，所有邻居会逐个答复消息。被查找文件的节点会答复"hit"消息，按照原来询问消息路由返回。这样，询问者会得到查询结果。广播过程一直进行到遍历整个网络或查找消息的 TTL(time-to-live)值归零。发起查找的节点获得拥有文件的节点信息后就可以从中选择某个或某些节点，下载文件。

Gnutella 系统具有如下特点。

● 可伸缩性：Gnutella 系统的广播机制是一把双刃剑。一方面，每个查询会广播到尽可能多的节点，Gnutella 有能力得到所有潜在结果。另一方面，越来越多的节点加入 Gnutella 系统中的网络，当节点同时发布查询时，网络中消息泛滥。可伸缩性成了问题。

● 自组织性：当节点首次连接入(包括因离开或故障重新加入)Gnutella 系统中的网络时，就像一个人进入一个全新的环境。开始时，Gnutella 会随机选择一个节点加入进去，随着时间的推移，认识越来越多的节点，与它们建立连接，但这个连接不是永久的。为了最快和最好地满足查询要求，Gnutella 会选择合适的邻居，重构自己的"联络图"。这样，高速连接的节点会受到青睐，置于拓扑结构的中心部分，低速连接的节点会边缘化。

● 匿名性：Gnutella 是有很好匿名性的系统。它使用广播传递查询消息，基于广播的路由是通过路由表实施的，路由表是动态的且随时可变的。因此几乎不可能知道节点发出的查询和消息走向哪里。但是，一旦初始节点选择一个或几个节点直接建立连接和下载文件，请求者和提供者的 IP 地址就暴露给双方了。

● 可用性：节点可以随时加入和离开网络，可用性就成了问题。因此，无法保证所有的请求都得到很好的响应。

16.6 P2P 数据库系统

P2P 数据库系统的典型特征：① 从节点和分布来看具有可伸缩性；② 可直接存取数据资

源；③ 健壮性和恢复性；④ 部署简单。

可以将 P2P 数据库系统(P2P database system,PDBS)看成是以 P2P 方式交互(如建立对应关系或交换查询和更新请求)的一组自主本地存储库。换言之，本地存储库是自主的端点，有同等权利，并只与少量邻居连接。

这里的存储库(repository)表示单个端点可能是一组文件，而不是建立了数据管理功能的羽翼丰满的 DBS。这样的存储库不一定有公用接口，但可以提供类似于 DBS 的访问功能，就像 Web 数据库一样。

简单来说，数据库管理系统是一款管理一个或多个数据库的软件。分布式数据库管理系统是一款管理由横跨网络的与逻辑相关的本地数据库构成的数据库软件。联邦数据库系统(FDBS)和多数据库系统(MDBS)是已存在的 DBS 的组合，其上的操作通过协调方式应用在不同的成分 DBS 上。FDBS 和 MDBS 的关键区别在于集成成分 DBS 的方式不同，共同点是假设成分都是自主性的。它们的成分 DBS 是异构的。

那么联邦数据库系统(FDBS)/多数据库系统(MDBS)与 P2P 数据库系统(PDBS)有何异同?

我们用图 16.3 来描述 FDBS/MDBS 与 PDBS 的基本形态。

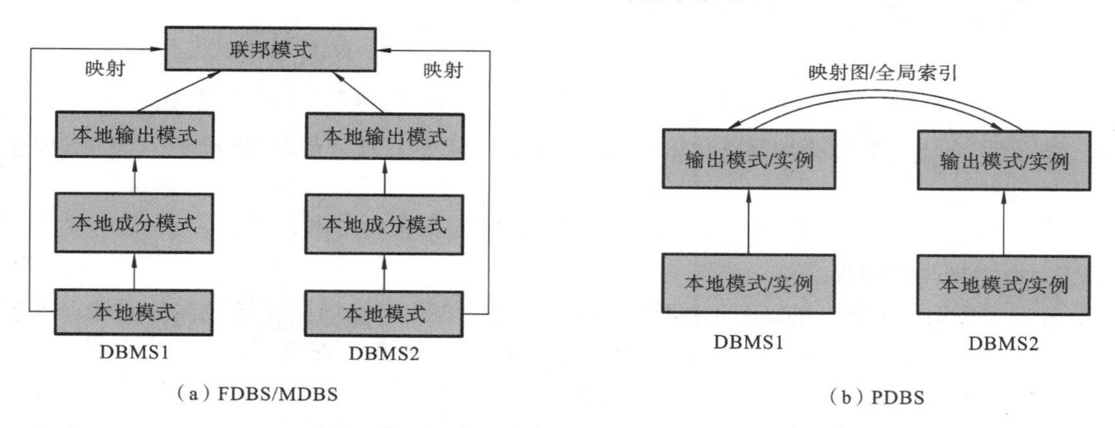

图 16.3　FDBS/MDBS 与 PDBS 的基本形态

FDBS/MDBS 如图 16.3(a)所示，包括：① 本地模式(local schema)，用本地数据模型来表示；② 本地成分模式(local component schema)，可以将本地 DBS 的数据模型翻译成正则规范模型；③ 本地输出模式(local export schema)，包含本地 DBS 希望和别人共享的成分模式里的那些元素，如访问控制策略定义；④ 联邦模式(federated schema)，FDBS 是全局联邦模式，MDBS 是面向应用的联邦模式(application-oriented federated schema)。联邦模式是一种真正的全局模式，包含内部输出模式的分布和分配信息。MDBS 可以由多种不同的联邦模式共存，支持不同应用间的数据共享。

大家熟知的 P2P 应用基本上是文件共享系统，不关心全局模式，但数据库界将其扩展到完全的基于端点的数据管理系统(peer-based data management systems)。在基于端点的数据管理系统中，主要的数据集成和互操作思想是在成对信息源之间提供映射，无需全局模式。所有偶对间的映射并非是必需的。有映射的端点间存在映射，从而构成一张图。图 16.3(b)描述了 P2P 数据库系统。注意，图 16.3(b)中不存在全局模式。基本上，输出模式(export schema)只包含端点愿意让外部世界分享的本地模式元素。我们也可假设根本不存在本地模式，只是实例的部分暴露给外部世界。在 PDBS 中，实例(instance)和模式(schema)可以交换使用。

重要的是，端点自主决定在数据集成场景里与其他端点互换，使用映射规则来进行说明。注意，映射不一定是对称的。这样，在图 16.3(b)的顶部有一个映射图/全局索引(mapping graph/global index)。因此，全局索引可以是集中式的，也可以是分布式的。

16.4 所示的是简化后的多数据库系统(MDBS)和 P2P 数据库系统(PDBS)的差异，其中图 16.4(a)是多数据库系统的形态，图 16.4(b)是 P2P 数据库系统的形态。

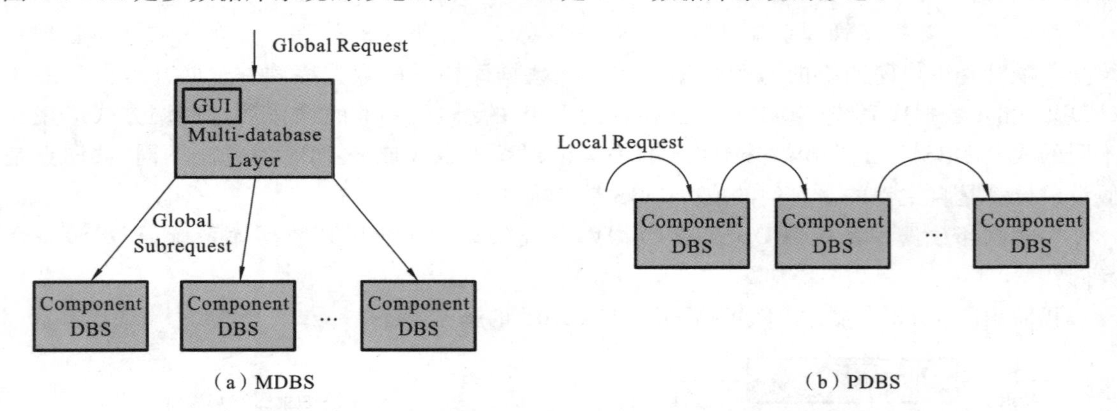

图 16.4 简化后的多数据库系统(MDBS)和 P2P 数据库系统(PDBS)的差异

分布性、自主性和异构性是非集中式数据库结构共有的特征。但是，PDBS 和 MDBS 的差异还是很明显的。

下面我们深入讨论以数据库为中心和以 P2P 为中心的两种形态。

1. 以数据库为中心

分布式数据库系统(DDBS)的主要目标是在利用分布式环境的同时还提供透明性。这包含分片和分配设计、数据独立性、事务支持、世界观点，以及召回和查询服务。

(1) 分片和分配设计(fragmentation and allocation design)：DDBS 允许以 top-down 方式在不同的节点灵活设计关系分片和分配。相比之下，FDBS 和 MDBS 这样的数据集成系统是通过 bottom-up 实现的，集成数据保持原始节点不变。在基于 DHT 的系统里，数据的定位由系统的哈希函数决定，即负责给定数据项的节点是通过系统“计算”的。虽然 DHT 维护动态分配，以处理节点的离开和加入，但是分配还是由系统定义的。相比较而言，在 DDBS 中，分配作为数据库设计步骤的一部分，由用户决定。非结构化的 PDBS 以其纯粹的形式(没有利用结构化索引)处理数据集成，每个节点保留自己数据的权限，自主决定分配。

(2) 数据独立性：DDBS 实现了数据独立性的观念，即逻辑模型和物理实现是分离的。在 PDBS 里，数据独立性观念是期待的，因为数据需要独立于网络里物理分配的独立性。

(3) 事务支持：许多数据库应用要求强一致性，基础需求是支持 ACID 事务的功能。然而，DDBS 是靠特定协议来强化的。在 FDBS 和 PDBS 里有人建议支持延迟一致性要求，但基本上还在争论中。节点自主的弱耦合系统是否需要 ACID，或者如何实现 ACID，是开放性课题。

(4) 世界观点：经典数据库系统的典型假设是封闭世界假设，即所有相关的东西都存放在数据库里，按查询请求返回给用户。这在 PDBS 中是难以认可的，因为任何时刻的节点可以加入也可离开。于是就有了开放世界的假设需求。换言之，假设数据和返回结果是不完整的。

(5) 召回和查询服务(recall and query services):在DDBS里,查询功能多姿多彩,分片和分配透明性蕴含在查询语言里。在PDBS里,查询功能有限,高度依赖承载网络。特别是非结构化网络支持基于关键词的查询,而结构化网络使用查找(lookups)和范围查询(range queries)。在两类网络里,查询语言表达功能均可扩展。这两类网络的差别在于依赖完美和非完美召回(perfect/non-perfect recall)。从这方面看,结构化网络类似于传统的分布式体系结构,可以实现完美召回(即100%召回),而非结构化网络的召回率小于等于1。

2. 以P2P为中心

以P2P为中心的数据库系统主要包含以下几个方面的特点。

(1) 耦合度(degree of coupling):耦合度指的是获知其他端点存在的感知程度。在DDBS里,任何时候,所有节点都知道其他节点的存在(至少通过协调节点获知),实现了紧耦合。在PDBS里,端点可以动态加入或退出网络。这里,耦合度是松散的,端点只知道少数邻居的存在,而且随时会变化。耦合度也决定了自组织的程度。结构化的PDBS里,系统控制数据分配。而非结构化的PDBS里,端点可以时时刻刻自组织到一个集群或一个分层结构里。

(2) 覆盖网络拓扑(overlay network topology):P2P覆盖网络不同类别的主要区别在于拓扑结构。非结构化的PDBS类似于传统的DDBS:不存在固定拓扑结构,覆盖网络是实现节点连接的结果。结构化的PDBS是基于固定拓扑结构的,如hy-percube、环(ring)、树、二叉树或B树。

(3) 路由策略:路由策略与网络拓扑结构密切相关。在没有固定拓扑结构的系统里,信息存储在相邻节点里,回答请求的唯一方式是泛洪(flooding)。也有一些建议是要维护路由信息,以便直接借助于语义路由。相比之下,结构化的PDBS依赖于邻居的信息,以实现某种贪心路由(greedy routing)。例如,建议在每个端点维护一个指纹表,用于前向搜索路由,找到标识接近于搜索键的邻居。

(4) 可伸缩性:非结构化网络基于泛洪,因此,可伸缩性较差,消息要快速流通网络。假设一个超级端点维护一些必要信息可以部分解决这个问题。从超级端点查到某些信息可以有选择地泛洪。随机溜达(random walks)也会有效,因为查询一次只会前行到一个端点,减少了网络拥挤。结构化网络的可伸缩性优于非结构化网络的,因为查询只会路由到扇出的端点,保证了完美召回。

(5) 匿名性和安全性:匿名性是PDBS的重要特征。路由请求通过许多端点,会复制内容,参与者的标识是隐藏的。PDBS的另一个抽象级别是安全性量度,只有授权用户才能存取有权访问的数据。

参考文献[9]中给出了PDBS的样例和分类,限于篇幅,这里不再赘述。

习 题 16

1. 简述P2P数据库系统的特征。
2. 简述什么是DHT。
3. P2P数据库系统和联邦式/多数据库系统有何异同?

第17章 Web数据库与云数据库系统

17.1 Web 数据库

学术界有人把数据库技术的发展分为三个阶段。

第一阶段(1950—1972 年)是指关系型数据库系统诞生前。层次数据库系统和网状数据库系统是这一阶段的顶峰。

第二阶段是指关系型数据库系统称雄的阶段,时间从 1970 年 E. F. Codd① 关于关系模型的著名文章的发表到 2005 年。

第三阶段始于 2003 年,非关系型数据库大量问世,Google 公司的介入及 Hadoop 的推广使用。云计算逐步占据市场。

从第二阶段后期开始,即 20 世纪 90 年代以来,Web 可访问的数据库(Web-accessible database,WAD)广受青睐。简单来说,Web 可访问的数据库是可以通过 WWW 访问的数据库。使用的方式是(B/S)Browser/Server 结构,即用户通过浏览器与服务器交互。WAD 在电子商务里极其重要。

分布式数据库系统也开始走上云端,基于云计算的分布式数据库系统出现了。由于云计算的虚拟化特性,在云平台上,虚拟特性掩盖了分布性,因此,可以简单地称为云数据库系统。例如,大家熟知的 Google BigTable 就是一个云上的分布式存储系统,其设计成横跨在成千上万的常规服务器上的数据库系统,支持 P 级(petabytes)数据量的存储和管理。

下面讨论 WAD 结构。

两层和三层甚至多层结构均是常用的 WAD 体系结构。与第 2 章中讨论的体系结构类似,但 WAD 的前端是 Web 服务器。如图 17.1 所示,WAD 是一个三层体系结构。

B/S 结构是随着互联网的发展而出现的一种新的信息系统架构。与 C/S 结构不同,B/S 结构的交互端是一个浏览器(B 端)。用户借助浏览器,通过访问 Web 服务器获得所需服务,以及访问数据库。

Web 服务器:Web 服务器是一个很有意思的软件系统,其功能是让计算机为客户通过 WWW 提交的请求返回各种服务。该服务器运行在某台计算机即操作系统上。习惯上把承载的计算机和软件打包在一起称为 Web 服务器。常用的 Web 服务器软件很多,有 Apache、Microsoft 公司的 Internet Information Service(IIS)、Tomcat server,等等。

服务器端扩展(server-side extensions):服务器端扩展也是一款软件,其功能是负责与 Web 服务器的通信,并处理相关的客户请求。服务器端扩展程序扮演的是一个连接 Web 服务器和数据库的中间角色,向 DBMS 传递所有的 SQL 请求。一般来说,DBMS 和服务器端扩

---

① 埃德加·弗兰克·科德(1923—2003 年)是英国的一位计算机科学家。他为关系型数据库理论做出了奠基性的贡献。他在 IBM 公司工作期间,首创了关系模型理论。他一生为计算机科学做出了很多有价值的贡献,而关系模型理论,作为一种在数据库管理方面非常具有影响力的基础理论,仍然是他认为最引人瞩目的成就。1981 年,科德因在关系型数据库方面的贡献获得图灵奖。

展程序是 ODBC[①] 兼容的(ODBC-compliant)，这类产品如 ColdFusion、Delphi、Java Studio Enterprise 等。此外，还可使用 JDBC[②] 与数据库连接。

Web 服务器接口：Web 服务器接口是为了方便通过浏览器在动态网页上显示信息，如显示实时机票票价。Web 服务器接口可以分为以下两类。

- CGI(common gateway interface)：CGI 是一组规则，说明如何在客户程序与 Web 服务器端传递参数。可以在 Web 服务器端运行的客户程序称为脚本(script)程序，因此称为 CGI 脚本(CGI script)程序。其他脚本语言还有 JavaScript、Active Server Pages (ASP)和 PHP 等。
- API(application programming interface)：API 是一组例程(routines)、协议和工具，便于构建软件。API 一般常驻在 Web 服务器内存。因此，在效率上优于 CGI 脚本。

还有以下概念值得一提。

- 插件(plug-in)：插件指的是一种外部应用程序，可以让 Web 浏览器在需要时自动调用。
- Java：Java 是一种与平台无关的编程语言。大多数操作系统都提供 Java 虚拟机(JVM)，能够在本地运行 Java 代码。HTML 网页中常常嵌套Java 例程调用，Web 浏览器遇到这类代码时会调用本地 JVM，以执行这类代码。
- JavaScript：JavaScript 是一种 Java 类的脚本语言。网页里常常嵌套有 JavaScript 代码，网页下载时就激活，以响应某个特定事件(如从服务器下载某个特定页面、点击鼠标等)。浏览器遇到这类代码，就会调用 JavaScript 插件，以执行这些代码。

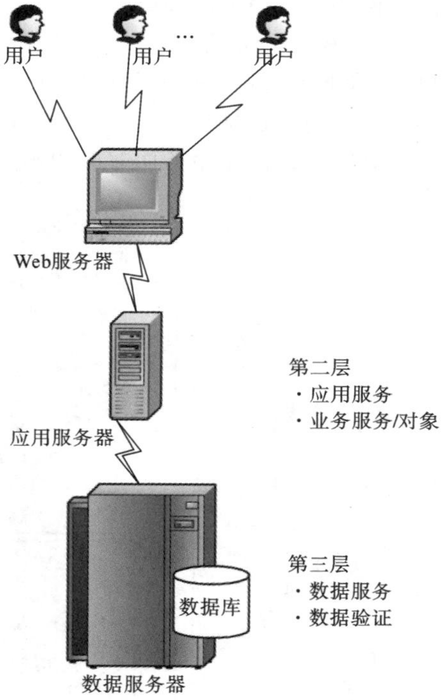

图 17.1　Web 可访问的数据库系统体系结构

可以使用前端和后端工具来实现 Web 服务器与数据库的连接。这些工具必须支持 ODBC 和/或 JDBC，允许使用可接受脚本语言(如 JavaScript、ASP 等)的代码。一般还要求它们必须支持 XML。

17.2　云数据库系统

17.2.1　云计算

1. 云计算定义

云计算(cloud computing)的定义复杂且多种多样，而我们又常遇到类似的名称，如分布

---

① ODBC(open database connectivity，开放数据库连接)。

② JDBC(Java database connectivity，Java 数据库连接)是 Java 语言中用来规范客户端程序如何来访问数据库的应用程序接口，提供诸如查询和更新数据库中数据的方法。

计算、网格计算、集群计算，等等。为了理清这些概念，我们用一张图来说明分布计算、集群计算与云计算等的关系，如图 17.2 所示。图中可以从两个维度来看待这些概念，其中，一个维度是应用和服务，意味着是提供以应用为主还是以提供服务为主；另一个维度是规模。显然，无论是超级计算机、集群（计算）、网格（计算），还是云（计算）或 Web 2.0，它们都是分布计算。注意，云计算提供的是服务而非应用本身。

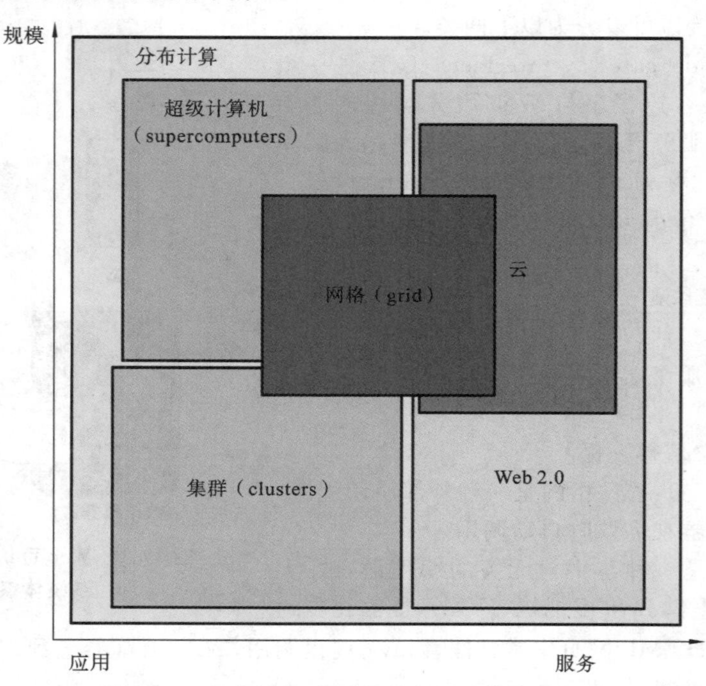

图 17.2 分布计算、集群计算与云计算等的关系

简言之，云计算是一种提供服务的分布计算。对比 DIY（do-it-yourself）模式，云计算是一种按使用付费（pay-as-you-go）的模式。

云计算是一种基于 Web 的面向计算资源的服务，这类计算资源包括服务器、存储、应用、数据等。服务是按需提供的。按照服务种类，云计算可分为以下几种。

- 基础设施即服务（infrastructure as a service，IaaS）。
- 平台即服务（platform as a service，PaaS）。
- 软件即服务（software as a service，SaaS）。

1）IaaS

IaaS 供应商向用户提供物理/虚拟机、存储、防火墙、负载均衡、VLAN 等服务。在 IaaS 模型中，消费者负责操作系统和应用软件的修补与运维。在 Oracle 数据库概念里，IaaS 表示云服务供应商要提供服务器、网络、存储、OS 和运行 Oracle 必需的其他软件。

2）PaaS

PaaS 供应商提供开发环境，如开发工具包（像 Microsoft 公司的 Azure、GoogleApp engine 等）。在 PaaS 模型中，消费者不负责基础设施的管理，不是操作系统那样的基础云成分的管理员。在 Oracle 数据库概念里，PaaS 意味着 Oracle database as a service（Oracle 数据库即服务）。因此，用户无需担心 Oracle 的安装或数据库服务器的管理。

3）SaaS

SaaS 模型里，SaaS 供应商把应用放在云里，把应用作为服务提供给消费者。

2. 云部署模型

如何部署云？按照部署模型，云计算部署形态可以分为公有云、私有云和混合云。

1）公有云

公有云是部署得最多的云模型。在公有云里，计算资源存放在云服务供应商的数据中心里，以多租户结构让各种消费者共享。这种部署模型的最大优点是用户无需关注硬件和软件，以及它们在云里的配置。其缺点是用户自己不拥有对计算资源的完全控制，如果法律或其他约束不允许自己的数据离开自己的建筑物，这种模式就不可取。

2）私有云

在这种部署模型里，计算资源放置在用户自己那里，或者用户将计算资源放置在云服务供应商那里，但明确它们都是该用户专用。这种模型的好处是，用户对自己的计算资源拥有完全控制。其缺点是，消费者需要自己建立私有云。

3）混合云

公有云和私有云之间的折中是混合云，消费者既使用公有云，也使用私有云。

17.2.2　数据管理服务的虚拟化

虚拟化是云计算的一个基本概念，虚拟化提供可伸缩性和灵活的计算环境。

虚拟化是指使用虚拟化技术将一台计算机虚拟为多台逻辑计算机。这样，在一台计算机上可以同时运行多台逻辑计算机，每台逻辑计算机上可运行不同的操作系统，应用程序都可以在相互独立的空间内运行而互不影响，从而显著提高计算机的工作效率。

虚拟化技术使用软件的方法重新定义和划分 IT 资源，可以实现 IT 资源的动态分配、灵活调度、跨域共享，从而提高 IT 资源的利用率，使 IT 资源能够真正成为社会基础设施，服务于各行各业中灵活多变的应用需求。

总之，虚拟化是在计算资源上构建一个间接层，隔离特定的实现细节，提供抽象的视图。

在资源和访问之间提供这么一个间接层可以获得甚多好处，可以增加灵活性和敏捷性，减少成本和开销。那么数据管理服务的虚拟化是怎样的呢？

我们可以区分两种虚拟化：物理虚拟化和逻辑虚拟化。物理虚拟化是指在物理设备（如一个端点上的计算节点和另一个端点上的存储系统）上构建抽象层，使得计算节点和存储系统如同在同一个端点一样，尽管它们其实远隔两地。这样所有的基础设施设备，如交换机、路由器都纳入了计算资源的虚拟视图。具体来说，物理虚拟化的抽象对象包括处理器、内存、网络、存储等。

逻辑虚拟化是从非物理角度看虚拟化，这里我们从数据管理角度来分析。

● 数据库服务器（database server）：数据库服务器负责实时提供数据库服务，在一个多数据库环境中，扮演不要求用户拥有基础软件和硬件设置的角色。

● 数据库模式和数据库：这级抽象考虑的是，相同数据库模式（拥有公共数据集和私有数据集）的多个租借者/租户（multiple tenants）或者不同用户组维护各自的数据库。

虚拟化有很多好处，但有得必有失，也有其局限性。首先，物理虚拟化隐蔽了物理资源的细节，但如果应用试图让自己的行为和物理层密切适配，就会显示出不足。在数据库应用中，这也很常见。例如，缓存的大小对数据的物理规划算符（哈希或嵌套循环连接）实现十分重要，优化索引扫描和表格扫描与存储系统密切相关等。虚拟化后就无法借助调整缓存来优化算符实现了。

1. 虚拟化软件栈

从数据库应用的角度，可以分层说明虚拟化软件栈。一般将虚拟化软件栈分为四层。

- 层 1：私有操作系统(private operating system)。
- 层 2：私有进程/私有数据库(private process/private database)。
- 层 3：私有模式(private schema)。
- 层 4：共享表(shared tables)。

1）层 1：私有操作系统

在这一层(私有 OS)，物理虚拟化发生在硬件资源级别(CPU、内存、网络等)，可以使用虚拟机管理器(virtual machine monitor)，如 VMware、Xen① 或 KVM② 来实现虚拟化。在这一层，数据管理体系结构拥有自己的操作系统、数据库服务器和数据库。结果，不同的应用是隔离的，拥有不同的安全性、性能和可用性。同时，每个应用消耗的资源很多，因为基础硬件的复用率和使用率低。

2）层 2：私有进程/私有数据库

这一层开始在数据库服务器中实现逻辑虚拟化。有两种实现方式：每个虚拟数据库服务器以一个或几个专有进程来执行；所有虚拟数据库服务器以服务器实例的形式执行，每个应用在这个服务器上创建一个专有数据库。

这个体系结构中的应用需要的专享资源少于第一层时的情况。从好的方面讲，可伸缩性好多了。

3）层 3：私有模式

第三层用于实现数据库级的虚拟化。每个应用访问专有的表和索引，它们随即映射到一个物理数据库上。不同的应用可以以共享方式使用同一个物理数据库。与上面所述层级相比，应用之间的隔离要弱一些，数据库的设施，如缓存管理、日志等都是共享的。第三层的资源使用率和可伸缩性要好于第一、二层，每台机器可支持几千个应用。在这层，需要对现有的数据库管理系统进行修改，以便隐藏其他用户数据库对象和每个应用发生的活动。

4）层 4：共享表

第四层是共享表格层，应用共享软件栈的所有成分。在这里，数据库模式(database schema)虚拟化了，让每个应用看到的是一个私有的模式。然而，所有的私有模式都映射到同一个系统模式上。这种形态适用于 SaaS 应用，每个租户(即应用)使用相同的或相似的数据库模式。通常，这种数据库称为多租户数据库(multi-tenant-databases)。这种虚拟化提供最小的应用间隔。安全性可以强加在应用上，或者在数据库系统上使用行级授权(row-level-authorization)。

由于失去了应用间的自然隔离，所以数据库管理系统的复杂性很高，如查询优化器必须知道交织数据(intermingled data)、数据库运维(备份、恢复或某个租户的迁移)复杂化了。可伸缩性在这里十分显著。

这四层的比较如表 17.1 所示。

---

① Xen 是一个开放源代码虚拟机监视器，由剑桥大学开发。

② KVM(Kernel-based Virtual Machine)，是一个开源的系统虚拟化模块，自 Linux 2.6.20 之后集成在 Linux 的各个主要发行版本中。它使用 Linux 自身的调度器进行管理，所以相对于 Xen，其核心源码很少。KVM 目前已成为学术界的主流 VMM 之一。

表 17.1　四层的比较

	层 1	层 2	层 3	层 4
resources per application(costs)	－－	0	＋＋	＋＋
resource utilization/scalability	－－	－	＋	＋＋
provisioning time and costs	－－	－	＋＋	＋＋
maintainability(updates/patches)	－－	－	＋	＋
isolation(performance)	＋	＋	0	－
application independence	＋＋	＋	＋	－
isolation(security)	＋＋	＋＋	＋	0
maintainability(Backup/Restore)	＋	＋	0	－－

注:"－"表示弱,"＋"表示强,"＋＋"表示很占优势,"－－"表示很弱势。

2. 硬件虚拟化

如前所述,硬件虚拟化(hardware virtualization)是第一层,特征是私有操作系统(private OS)。这里,被模拟的是独立的计算机、存储设备和网络基础设施,硬件资源是共享的,操作系统是私有的。

机器(计算机)虚拟化历史要追溯到 1972 年,IBM 公司就在其 S/370 机上使用了虚拟机管理器的概念,给该机器打上了"Virtual Machine Facility/370"标签。现在,机器虚拟化已十分普遍。在虚拟机环境里,虚拟机管理器会配置在硬件和操作系统之间,与非虚拟化时一样,应用与操作系统打交道。然而,此时操作系统运行在用户模式下,应用的系统调用要由操作系统传递给硬件。熟悉操作系统的读者可知,操作系统存在用户模式和系统模式两个层面,只有系统模式才真正与硬件打交道。因为虚拟化后的操作系统运行在用户模式下,硬件拦截的调用和传递的请求是通过虚拟机管理器运行在(操作系统的)特权模式下实现的。虚拟机管理器处理来自操作系统的请求,将之映射到已存在的硬件上。为了能运行在不同的硬件配置上,虚拟机管理器只提供有限的虚拟硬件成分。因为虚拟硬件成分组是固定的,由运行在不同硬件平台上的虚拟机管理器实现,虚拟机可以方便在不同的硬件间迁移。

3. 虚拟存储

虚拟存储(virtual storage)与其他硬件成分(如 CPU 和内存)的虚拟化类似,但是在数据管理体系结构中,虚拟存储扮演着重要的角色,因为它要负责保存永久的数据,常常是数据敏感应用的瓶颈。在一个灵活、面向服务的体系结构里,更需要关注存储问题。存储的虚拟化允许定义虚拟存储设备,设置了一个间接层。无论何时,应用存取设备时,适当的驱动器或操作系统获取调用,将之重新定向到本地磁盘或者网络上的某个外部存储设备(如磁盘阵列)的某个分区。

引入虚拟存储的好处包含以下几个方面。

● 避免和最小化停工期(minimize/avoid downtime):可以按需与系统运行时实现管理虚拟存储设备。这样,一些破坏性操作,如改变 RAID 的级别或重新对文件系统实现大小分配,都无需停机就可以实施。确切地说,存储的虚拟化允许非破坏性地创建、扩展和删除虚拟存储(逻辑单元),非破坏性地进行数据加固和迁移,非破坏性地重新配置存储器。

● 改善性能(improve performance):引入间接层实现虚拟化以后,自然会受到一定的性能惩罚。但存储虚拟化会带来存储性能的改善。虚拟存储可以帮助在多个物理存储器上实现分布，以提高负载均衡。更进一步，虚拟存储可以按需动态分配，数据的存放可以受到控制，避免竞争。

● 改善可靠性和可用性(improve reliability and availability)：虚拟存储可以大大改善存储目标的可靠性和可用性，例如可以透明地在不同的磁盘和存盘阵列上维护数据副本。

● 简化/加固管理(simplify/consolidate administration)：虚拟存储给操作系统提供了一致的接口，简化了软件开发和管理。异构的存储系统(无论是物理磁盘还是固态盘)可以统一起来。管理和加固任务，如备份、恢复、归档可以进一步得到简化。

4. 模式虚拟化

如前所述，硬件虚拟化提供的是较低级的虚拟化。从数据库应用上看，许多租户也希望获得类似 SaaS 的服务，使用相同或相似的数据结构或数据库模式。除了有相似的元数据外，许多租户指定的应用会部分地在共享数据库上工作，可以一次存储、多应用使用。因此，从数据管理层面看，许多租户实体(在关系型概念上是表格)不仅有相同的结构，内容上也会有重复。

数据库中，租户的数据和元数据的明显复用可以降低数据管理成本，一个多租户数据库的大小显然小于各个租户数据库的总和。为了实现这一点，需要虚拟层为不同的租户提供隔离的视图，让不同的租户在共享数据库上看到的和感觉到的是一个个私有的数据库，这称为模式虚拟化(schema virtualization)。

使用模式虚拟化，多个租户的数据存放在同一个数据库模式里。在数据库模式上，虚拟层为每个租户仿真出一个私有模式。这些私有模式只是虚拟存在。从租户共享内容方式来看，有四种模式虚拟化方式，且共享程度逐次递升。

● 公共元数据(common metadata)：共享元数据时，租户共享一个表的定义，但表内容不共享。每个租户存取共享表的元组。但是，每个元组只能由一个租户存取。

● 本地共享数据(locally shared data)：在这个级别共享本地数据，允许租户共享表的定义和表的部分内容。每个租户可以存取元组，其中有些元组允许其他租户存取，但不是让所有租户共享元组。

● 全局共享数据(globally shared data)：全局共享数据时，租户共享表格的定义和表格部分内容。每个租户可以存取多个元组，有些元组可以让所有租户平等地存取。

● 公共数据(common data)：租户共享表的定义和表的全部内容。所有租户可以存取所有元组。

表 17.2 关系“产品”

product		
product	name	…
1	M. Phone P1	
2	M. Phone P2	
1	TV 65	
…	…	

应用中往往需要定制，例如在客户关系管理(customer relationship management，CRM)中，应用十分复杂且每个租户安装时需要定制。定制化意味着每个租户看到的是基础数据库基础设施内容上的不同视图。应用的定制常常包括数据库级别上的模式调整，如电子商务中商户需要对表格的属性进行扩展。例如，企业中，一般都会有一个关系“产品”(product)，如表 17.2 所示。

表 17.2 中，生产方 1 提供的产品是“M. Phone P1”和“TV 65”等(第一列标示为 1)，生产方 2 提供的产品是“M. Phone P2”等(第一列标示为 2)。

下面对定制化中学者们提出的一些技术和解决方案进行讨论。

1）扩展表格

定制化主要是实现扩充/添加功能。这类扩充/添加服务型功能，往往由服务供应商提供。租户按需登记自己的扩展功能，供应商负责实现。

假设有两个租户分别是两个不同的公司（其业务分别聚焦于手机和电视机，即表 17.2 中的生产方 1 和生产方 2），它们都有一个表来记录自己的产品。租户 1 需要对手机产品进行扩充，如增加显示屏大小的描述，如表 17.3 所示；租户 2 需要对电视机进行扩展，描述分辨率是高清（1920×1080）还是超高清 4 KB（3840×2160），如表 17.4 所示。

表 17.3　租户 1 的产品表

product		
product_no	name	size
1	M. Phone　P1	5（寸）
2	M. Phone　P2	6（寸）
…	…	

表 17.4　租户 2 的产品表

product		
product_no	name	resolution
1	TV 65	3840×2160
…	…	

租户的虚拟表既包含基表上的列，也包含登记扩展的列。如果租户查询自己的虚拟表，虚拟层会从基表里选取租户要的元组，对其实施与登记扩展的其他表格的连接运算，以便获得所需结果。这个过程很像视图处理。插入、更新和删除操作必须实施在基表和所有登记扩展的列上。插入时，需要将虚拟表上的列分解成基表上的列和扩展的列，然后在基表和扩展表上实施。带谓词的更新和删除操作要求虚拟层确定哪些元组受到影响。虚拟层会探测涉及表里的哪些元组和给定谓词匹配。取决于限定谓词，虚拟层会将元组列表组合或关联起来，构成一个列表。最后传递给所有涉及的表（关系）。

尽管有了扩展表，数据库系统的大多数特征，如约束/限制、索引或聚集在系统表层面依然可用，无需进行修改。不足的是，附加的连接运算会在虚拟层上增加开销。

2）通用表

全称系统模式（generic system schema）允许整合任意的虚拟模式。通用表（universal table）就展示了一种可能的全称系统模式。这里，系统模式包含由固定字节串或字符串的列构成的单一表。通用表的每个元组对应于租户虚拟表里的一个元组。系统负责把每个元组和租户与从属于他/她的虚拟表关联起来。更进一步，创建虚拟表时，系统把每个虚拟表里的列和通用表里的通用列关联。从虚拟表到通用表的映射存放在数据目录里。无论何时，租户往虚拟表里插入一个元组，虚拟层映射每个值到对应的通用列。

表 17.3 和表 17.4 的租户 1 和租户 2 的产品表可以构成一个通用表（universal table），如表 17.5 所示。

表 17.5　通用表

通用表				
租户	Table	Col1	Col2	…
1	1	M. Phone　P1	5	
2	1	TV 65	3840×2160	
1	1	M. Phone　P1	6	

由表 17.5 可知，通用表的每一行记录谁（租户）、拥有哪个表（Table）和该虚拟表有哪些列（如表 17.5 中的 Col1 和 Col2）。

如果租户想查询虚拟表，虚拟层会改写这个查询，使之与通用表相符。每个表的参考指针为通用表所替换，指向的所有列为对应的通用列所替换。此外，虚拟层把每个列的指向封装在新的转移操作(cast operation)里，把值映射回原始技术类型里。

因为全称模式不反映任何应用特点的数据模式，所以提供了最大的定制灵活性。租户可以调节和适配自己的虚拟模式而不会影响系统模式。查询重写程序简单，不会在查询上强加附加连接运算。而必需的迁移操作会引入查询处理的额外开销。更进一步，全称类型化的列阻碍直接的约束保护和索引支持，两者必须直接在原始表上实施。

3）透视表

透视表(pivot table)代表另一种全称系统模式。透视表也称垂直模式(vertical schema)，是以三元组形态存储的关系形态。它由五个列组成，包含一个元组和虚拟表的每个值、一个通用化类型列中包含值，其他四个值分别指向租户、虚拟表、虚拟列和该值属于的虚拟元组。表的名称和列名可以直接存放在透视表里，但会产生严重的名字冗余。因此，表名和列名会在规范化后放入附加的系统目录表中，其形态如表 17.6 所示。

表 17.6　透视表

透视表				
租户	Table	Row	Col	Value
1	1	1	Product	1
1	1	1	name	M. Phone P1
1	1	1	storage	5
2	1	1	Product	1

由表 17.6 可知，透视表用于记录租户、表标识(表中的 Table)、行标识(Row)、虚拟表列名(Col)及其值(Value)。

4）块表

块表(chunk table)也是一种解决方案，它将通用表和透视表结合起来。各种虚拟列的数目会很大，但是技术性类型(如整数(Int)、串(String))数目却很少，不高于一个单租户系统。当只有很少技术类型时，可以跨许多虚拟表找到一定的技术类型组合。例如，许多元组可由整数、串对或串三元组组成。块表将租户数据分解成频繁技术类型组合的块(chunk)。系统模式为每个频繁组合构成一个块表，它包含各个块，租户元组伴随块编号以及指向租户的指针、虚拟表和虚拟元组。租户元组可能跨不同的块表，也可能多个块在同一个快表里。系统维护虚拟表的映射。每个列映射到一对一的块表和块号。

块表的形态如表 17.7 所示。

表 17.7　块表

块表					
租户	Table	Row	Chunk	Int	String
1	1	1	1	1	M. Phone P1
1	1	1	2	5	%
2	1	1	1	1	TV 65

由表 17.7 可知，按技术类型由整数(Int)和串(String)组合成块，记作 Chunk 1 和 Chunk 2。块表中记录了租户、表标识、行标识、块号及值组合(如 1(Int)、M. Phone P1(String))，用%表示空值。

租户查询数据时，虚拟层将该查询改写成块表上的查询。这个映射融合通用表和透视表重写过程。像通用表一样，虚拟层租户表虚拟列指向转至块表上的对应列。类似于透视表，如果同意虚拟表涉及多个块，则执行块表上的自连接(self-join)运算。

其他技术这里不再赘述，有兴趣的读者请参阅参考文献[7]。

17.2.3 DBaaS

除了前面介绍的三种云服务模型 IaaS、PaaS 和 SaaS 外，还出现了许多新的"as-a-service"词汇，因此被称为 XaaS。这里，X 是指任何东西。

DBaaS(Database as a Service)，数据库即服务，就像其名称一样，它提供数据库服务，如数据库服务器，数据库和模式作为服务。

数据库即服务(DBaaS)既可在公有云上实现，也可在私有云上实现。

在公有云上，DBaaS 可以作为 IaaS(基础设施即服务)提供，也可以作为 PaaS(平台即服务)提供。Oracle 提供三种数据库相关的云服务。

- 模式即服务(Schema as a Service)。
- 数据库即服务(Database as a Service)。
- Oracle 数据库云 Exadata 服务(Oracle Database Cloud Exadata Service)。

1. 模式即服务

用户可以获得一个模式[①]，大小为 5 GB、20 GB 或 50 GB。该模式是加密的，是在 Oracle 11g 上创建的数据库。该模式完全由 Oracle 管理。DBA 无需再做任何管理工作。用户可以通过 APEX[②]、RESTful Web Services 或 SQL Developer 存取这个模式。

2. 数据库即服务

数据库即服务包括两个级别的服务。

- Oracle 数据库云服务：虚拟映像。用户可以获得预装在 Oracle 云虚拟机里的软件。用户可以很简单地创建数据库。数据库的维护由用户自己负责。
- Oracle 数据库云服务。用户可以获取 Oracle 数据库及相关软件。数据库按用户提供的规格创建，用户也可以获得工具，如备份、恢复、监视等。

那么，究竟什么是数据库即服务？

DBaaS 是一种服务，是一种以有效的方式提供强大数据库的按需平台，满足组织的所有需要。

DBaaS 可以让 DBA 作为服务向客户提供数据库的功能。这类服务省略了在预定硬件和软件栈上部署、管理和维护数据库所要达到的要求。允许业务聚焦在应用上，无需担心数据库管理的复杂性。

DBaaS 简化了用户开发和测试阶段的开发和测试环境的部署。

---

① 在 Oracle 概念里，模式是指由用户创建拥有的数据库对象(表)集合，直观地说，是一个"用户数据库"。

② Oracle Application Express(APEX)。

DBaaS 可以提供弹性和资源池。使用 DBaaS,用户可以在建立和维护基础体系结构时节约成本,减少延迟。DBaaS 的弹性使得用户无需事先在容量和资源上进行投入。DBaaS 可以让用户在升级资源和容量时很方便。DBaaS 对支持的业务类别无限制要求,业务大小也无限制。DBaaS 可以让用户只关注其应用,无需担心数据库管理的复杂性。

机构对这种平台的要求是什么呢?简单来说,主要包括以下几个方面。

- 安全的数据库环境(secured database environment)。
- 快速的高性能数据库(fast-performing database)。
- 数据库的可靠性、冗余度和持续性。
- 地理分布和独立(geographically distributed and independent)。
- 无单点故障(no single point of failures)。
- 与现存系统集成。
- 有助于分布式环境下的工作组更有效地工作与协作。

1)安全的数据库环境

DBaaS 有助于保护数据库,防止数据被盗,保证可信性和完整性,阻止非授权或非故意的活动、黑客攻击,或者滥用非授权用户。

DBaaS 帮助管理员创建用户,给予其某种(些)限制,赋予某种(些)角色。维护安全数据库环境所采取的措施是加密。DBaaS 帮助使用各种解决方案,如 SSL(Secure Socket Layer)通信和加密存储。

2)快速的高性能数据库

性能是客户十分关心的因素。目前绝大多数 DBaaS 都能自动调节参数,以保证提供良好的性能。

3)数据库的可靠性、冗余度和持续性

数据库的可靠性是用户关注的一个重要需求。例如,PostgreSQL 或其他数据库软件解决方案是部署在可靠的硬件上,因为像 RAM 的故障或磁盘的缺陷等硬件问题都十分危险,需要保证硬件的可靠性。在云上部署,提供 DBaaS,可以免除用户对硬件的监管。DBaaS 供应商会提供有效的方法在云上备份数据库、创建副本和备份事务日志。

4)地理分布和独立

应用往往要求将数据切片(slicing)或切块(dicing),将之存放在多个机器上,可以自由扩展。这样,用户可能分布在全球各地,用户可以从不同地方的存取数据。所以基础环境可能分布在不同的地区。DBaaS 可以让用户方便地跨区域部署自己的数据库。

5)无单点故障

DBaaS 的基础体系结构、网络拓扑等可以让数据库应用不存在单点故障。

6)与现存系统集成

是否能让现存系统与云上系统集成是用户十分关心的主题。云服务供应商提供了相应的支持,让 DBaaS 与企业/组织现存系统集成起来。

7)有助于分布式环境下的工作组更有效地工作与协作

开发者、管理员、业务人员和测试人员很可能分布在全球不同的地点。让他们就地实现全球范围内的协同工作是对 DBaaS 的要求。

当然,使用 DBaaS 时还会经常遇到其他问题,需要供应商进行说明,主要包括以下几方面。

- 服务安全吗?

- DBaaS供应商能提供哪个级别的可用性?
- 数据库可扩展吗?

3. Oracle数据库云Exadata服务

在这类服务里,用户的数据库存放在Oracle云的Exadata一体机里。这种服务有以下三种配置。

- Quarter RAC①:2个计算节点和3个存储单元(storage cells)。
- Half rac:4个计算机点和6个存储单元。
- Full rac:8个计算节点和12个存储单元。

4. 启动DBaaS

如何启动DBaaS呢?主要包含以下几步。

1)服务开通

大多数服务供应商提供的DBaaS有简单的部署机制,可以让DBA和开发者这样的用户使用。

服务开通一般会执行以下操作。

- 分配一个服务器,按需求指定CPU、内存和硬盘。
- 安装操作系统。
- 按需添加硬盘。
- 给硬盘分区。
- 安装数据库软件和其他所需的软件。
- 配置数据库实例。
- 基于访问控制管理(managing host based access control)。
- 管理硬盘加密(managing encryption of hard disks)。
- 在多个硬盘上分布数据目录和事务日志(distributing the data directory and the transaction logs to multiple hard disks)。
- 按合适的授权模式创建用户。

第一阶段,DBaaS允许用户选择合适的CPU、内存和硬盘创建数据库服务。此后,可以按需升级或降级。

2)管理

从用户角度看,不需要掌握复杂的知识就能实现DBaaS。云服务供应商不仅提供API用于部署数据库环境,而且让用户能够方便地监视、警戒,仅需要点击鼠标。云服务供应商会提供可视仪表板,向用户展示性能,以便诊断。

DBA的日常活动是复制、优化和刷新数据库,进行功能和性能测试,借助鼠标点击就能实现。有些维护操作可以自动实现。DBaaS能提供很好的管理功能。

3)监视

数据库环境使用的监视工具要求DBA对此付出很大努力。管理中会构建监控服务器,用于对所有的数据库环境配置监控参数,以及管理监控服务器。如果监控服务器宕机,就无法持续监控数据库环境。DBaaS中无需DBA去构建监控服务器,用户会获得DBaaS供应商提供的监控和警戒机制。

---

① RAC是real application clusters的缩写,即"实时应用集群",是Oracle新版数据库中采用的一项技术。

4）高性能(high availability)

DBaaS可以帮助用户获得高性能，可以避免由于灾难而导致的宕机和损失。

5）可伸缩性(scalability)

可伸缩性也是用户极其关注的，因用户无法预先确定数据库的规模。DBaaS可以很好地提供灵活的可伸缩性。

6）安全(security)

在安全性上，DBaaS也采取了很好的措施，云服务供应商允许用于配置防火墙策略、数据的传输加密与存储加密。

那么云计算与本地部署计算哪个好呢？

（1）云计算。可以使用DBaaS和IaaS两种方式在云上部署数据库。使用DBaaS，对云服务供应商而言，用户无需再选择操作系统。相反，使用IaaS时，用户要订购某个操作系统，安装和配置操作系统及相关工具。在云上部署数据库，用户无需花费人力管理硬件，硬件出现故障时进行替换也无需额外开销。绝大多数软件升级，尤其是DBaaS的升级，完全由云服务供应商管理，监控也由云服务供应商提供。

（2）本地部署计算。此时，用户可以自主安装任何软件，软件许可开销由用户自己管理。用户需要自己管理硬件，需要额外的人力。为了实现灾难时的恢复能力，用户必须在异地数据中心构建相同的备份硬件。用户需要自己管理软件更新，完全控制自己的数据，要估算出灾难时解决问题所需的时间，自己管理数据备份和恢复，自己监控攻击，而且会有其他开销。

17.2.4 基于云计算的分布式数据库系统

云计算的广泛使用，让大家开始认同实现虚拟基础设施服务来获得高可用性和高可伸缩性是可能的。为了满足用户容错（高可用性）和改进性能（随着用户数的增加而保持系统的吞吐量和响应时间）的要求，常常在分布式数据库系统中使用数据复制技术。复制技术的使用遇到了三个挑战：① 复制控制机制，即何时和何地更新复制副本；② 复制体系结构，即在哪里实现复制逻辑；③ 如何保证一致性和目标应用的可靠性需求。负载均衡是要考虑的一个重要因素。

由于复制技术的应用，尽管出现了故障，系统仍能同时保证高可用性和高可伸缩性。复制数据可以跨越广域网。第17.2.3节讨论的云数据库往往也会分布化。基于云计算的分布式数据库系统有其特有的特点，下面我们进一步讨论。

参考文献[3]中给出了一个基于三层Web应用的云架构（见图17.3）。

图17.3中，从前端到后台可将环境分成五个层次。

● 第一层是最终用户层，形态是客户端App，如浏览器、桌面/移动App，使用HTTP协议交互。

● 第二层称为表现层（云服务Tier-1），域名服务器(DNS)、Web服务器和内容分发网络(CDN)服务器是该层提供的云服务（这类服务一般是无状态的(stateless)），负责接收和处理客户端的请求。如果是只读请求，可以借助缓存的数据立即获得服务，更新请求则会传递给下面一层的服务。

● 第三层为应用/逻辑层（云服务Tier-2），在这一层，应用服务器基于编码好的逻辑处理上面一层传递过来的请求，使用内存数据对象（可用的话）处理运算，或者从下面的数据库层存取数据。MVC(model view controller)就是一个样例。应用服务器是有状态的(stateful)。

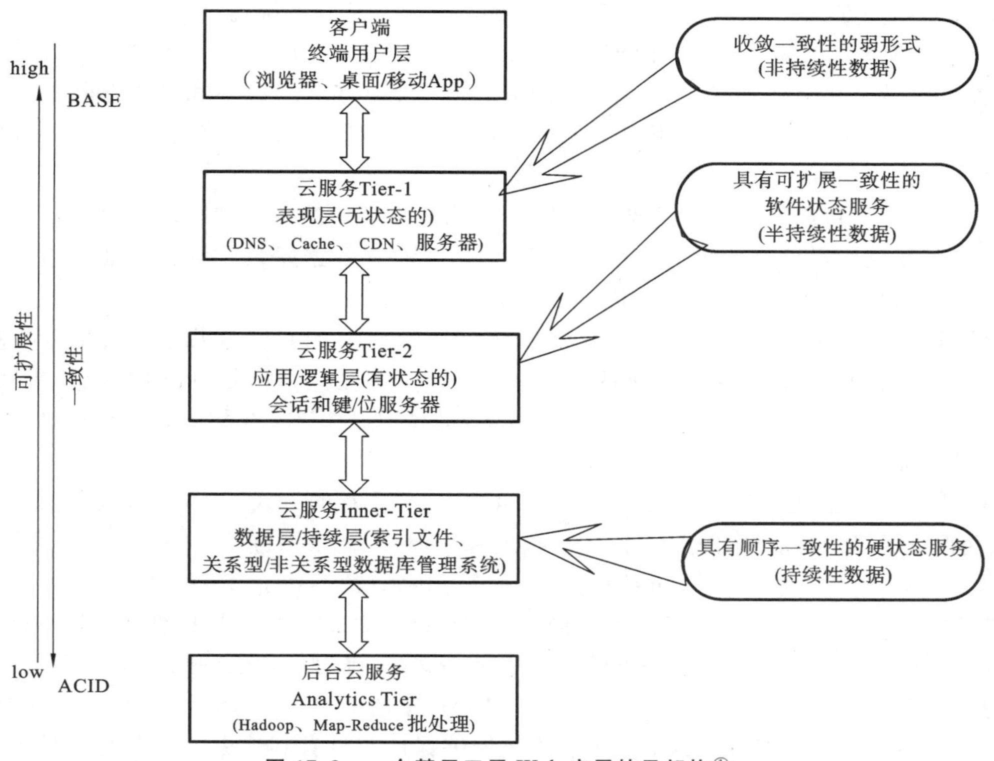

图 17.3 一个基于三层 Web 应用的云架构[①]

● 第四层为数据库/持续层（云服务 Inner-Tier），在这个层次活跃的是索引文件、关系型/非关系型数据库管理系统。

● 第五层为分析层（后台云服务），在这一层工作的是 Hadoop、Map-Reduce 批处理等。

如图 17.3 所示，自下而上，ACID 的要求逐步在降低。可扩展性在逐步增加。从第一层来看，只读用户的请求可能在第一层云服务得到满足（如直接在缓存获得答案）。但是，可能该数据存储到数据库时由于故障而舍弃，所以持续性是无保障的。因为这一层是处于无状态的，这是 Web 服务固有的特点，所以，在这一层无法探知缓存的数据是否被顺利写入稳定存储。而且，这种情况的发生是不可避免的。因此图中的右边表示该层提供的是缺乏持续性的数据。第二层的数据响应来自缓存下一层（数据库服务）返回的结果，因此是半持续性的。在内部层，数据库管理系统扮演核心角色，因此是持续性的。

使用成千上万个普通硬件的系统比使用高端服务器在可伸缩性和可用性上要价廉物美得多。但是，如何分配面向 Web 应用的用户请求？在这样一个无共享环境里要得到事务负载均衡很不容易。为了在支撑数据库系统中提供读/写操作的可伸缩性，数据会被复制和分片，要保证 ACID 不容易。要保证分布式事务并行完成和原子执行也是面临的一个大挑战。

为了保证原子性，分布式提交协议-两阶段提交（2PC）会被广泛使用。完成一次 2PC 需要一段可观的时间，而且，协调节点如果出现故障，也会阻塞完整提交。单位时间内可完成的事务量（称为事务吞吐量），会大大受限。因此，是否一定强求 ACID 始终在讨论中。

① 图 17.3 中的 BASE 即 basically available（基本可用）、soft state（软状态）和 eventually consistent（最终一致性）首字母的组合。

当前云解决方案支持非常有效级别的一致性保证，因为系统需要高度的保障和安全。Eric Brewer 发表的文章“CAP 理论十二年回顾：‘规则’变了”阐述了 CAP 理论。按照 CAP 原则，系统设计员在网络分割(network partition)情况下必须在一致性和可用性间做一抉择。鱼和熊掌不能兼得。这个折中是因为在故障情况下保证“高可用性”，数据必须在多个物理计算机间复制。

近年来，由于负载加重和高可伸缩性要求，对系统吞吐量的要求越来越高，分布式数据库系统越来越受到计算机产业界的关注。然而，构建分布式数据库系统有其困难性和复杂性。采用 CAP 理论弱化了要求，采用折中方案，设计和实现起来也较容易。

BASE(basically available, soft state, eventually consistent)是这几个词首字母的缩写，其思想接收源自 CAP 论断。若考虑系统可能被分割(按功能将数据分组和跨数据库延展功能组，即 shards①)，则可以将操作系列打碎，相应地，最终用户按流水线异步方式更新每个副本，无需等待其完成。

ACID 是一种悲观的方式，相比之下，BASE 是一种乐观的方式。BASE 系统接受部分分割，因而保证了可用性。令数据库的一个表(关系)“用户”被水平分割(sharded)，并跨不同物理机器。例如，将用户的“last_name”作为 shard key，如分割 last_name 首字母为 A-H、I-P 和 Q-Z 三个 shard。假如一个 shard 突然不能用，则只影响 33.33%的“用户”数据，其余仍然可以用。但是，不像 ACID 系统，保证一致性就不容易。这样，延迟一致性的想法就产生了。可以允许在一段时间内的不一致，只求最终一致。BASE 中的 E 代表 eventual consistent(最终一致性)，从字面上理解就是保证最后一致。系统能够保证在没有其他更新操作的情况下，数据最终一定能够达到一致的状态，因此所有客户端对系统的数据访问最终都能够获取最新的值。BASE 里的软状态是指相对于原子性而言，要求多个节点的数据副本都是一致的，这是一种“硬状态”。而软状态是指允许系统中的数据存在中间状态，并认为该状态不影响系统的整体可用性，即允许系统在多个不同节点的数据副本中存在数据延时。

简单来说，一致性可以分为以下几种不同的程度。

- 强一致性。在数据更新完成后，对数据的任何后续访问都将返回更新过的值。
- 弱一致性。系统不保证对数据的后续访问将返回更新过的值，在那之前要先满足若干条件。通常条件就是经过一段时间，也就是有一个不一致窗口。
- 最终一致性。存储系统能保证如果对象没有新的更新，最终(在不一致窗口关闭之后)所有的数据访问都将返回最后更新的值。

亚马逊公司的 Werner Vogels 描述了各种最终一致性，它们可以组合起来，使之更强，以保证客户端的一致性。

- 因果一致性。如果进程 A 通知进程 B 它已更新了一个数据项，那么进程 B 的后续访问将返回更新后的值，且一次写入将保证取代前一次写入。与进程 A 无因果关系的进程 C 的访问遵守一般的最终一致性规则。
- “读己之所写(read-your-writes)”一致性。这是一个重要的模型。当进程 A 自己更新一个数据项之后，它总是访问到自己更新过的值，绝不会看到旧值。这是因果一致性模型的一

① A database shard is a horizontal partition of data in a database or search engine. Each individual partition is referred to as a shard or database shard. Each shard is held on a separate database server instance, to spread load. 参见 https://en.wikipedia.org/wiki/Shard_(database_architecture)。

个特例。

● 会话一致性。这是上一个模型的实用版本，它把访问存储系统的进程放到会话的上下文中。只要会话还存在，系统就能保证“读已之所写”的一致性。如果由于某些失败情形令会话终止，就要建立新的会话，而且系统保证不会延续到新的会话。

● 单调读一致性。如果进程已经看到过数据对象的某个值，那么任何后续访问都不会返回在那个值之前的值。

● 单调写一致性。系统保证来自同一个进程的写操作顺序执行。要是系统不能保证这种程度的一致性，就很难编程了。

关于服务器端一致性，Werner Vogels 也有所讨论。重要考虑是“法定人数规则”（basic quorum protocols）。令 N 为保存数据副本的节点数，W 为响应写请求的副本节点数，R 为接收读请求的副本节点数。如果 W＋R＞N，则读写集交叠，系统提供较强的一致性。如果 W＜(N＋1)/2，则有一定写冲突可能。如果 W＋R≤N，则读写不交叠，系统会提供最终一致性的较弱形式，会读到陈腐数据。

当 R＝1 且 W＝N，对读操作是最优的。当 W＝1 且 R＝N，这样的优化可以得到非常快速的写操作。当然在后一例中，只要存在失败，就不能保证了；而且，如果 W ＜ (N＋1)/2 有可能出现写冲突，因为写集合没有重叠。当 W＋R≤N 时，就会出现弱一致性/最终一致性，即读集合与写集合没有重叠。如果故意要这么安排，又不是出于某种失败情形的考虑，那么只有把 R 设为 1 才是合理的。

如果 W＋R≤N，那么系统就存在缺陷，有可能从未收到更新的节点读取数据。

网络分割时，法定系统仍然可以处理读写请求，只要在独立客户群里，读写集仍能通信。一种调停算法可以用来管理副本间的冲突更新。

“读已之所写”一致性、会话一致性和单调一致性是否可以达成，取决于客户端对其执行分布式协议的服务器的“黏度”。如果每次都是同一台服务器，那么就比较容易保证“读已之所写”一致性和单调一致性。这样做会使管理负载平衡以及容错变得稍困难一些，但这是一种简单的方案。使用会话可使意图更加明确，且为客户端提供了适当的推理基础。

17.3　云上的开源数据库系统和商品化数据库系统

下面以开源数据库管理系统 PostgreSQL 为例进行讨论。PostgreSQL 是前面提及的加州大学伯克利分校计算机系开发的 POSTGRES，现在更名为 PostgreSQL，以版本 4.2 为基础的对象关系型数据库管理系统（ORDBMS）。PostgreSQL 支持大部分 SQL 标准，并且提供了许多其他现代特性，如复杂查询、外键、触发器、视图、事务完整性、MVCC 等。同样，PostgreSQL 可以使用许多方法进行扩展，比如，通过增加新的数据类型、函数、操作符、聚集函数、索引，免费使用、修改和分发 PostgreSQL，不管是私用、商用，还是学术研究用。

可以方便从网上（https://www.postgresql.org/download/）下载 PostgresSQL。

可以运行 PostgreSQL 的云供应商很多，典型的云供应商有亚马逊云服务（Amazon Web Services，AWS）、Rackspace、谷歌云（Google Cloud）、Microsoft Azure 等。

1. 亚马逊云服务

亚马逊云服务是熟知的云平台，提供各种云数据库服务。亚马逊支持以下两个平台部署

PostgreSQL。

- Amazon Relational Database Service(Amazon RDS)。
- Amazon Elastic Compute Cloud(Amazon EC2)。

1) Amazon RDS

称为 Amazon RDS 的平台在亚马逊云上提供 PostgreSQL 服务。AWS RDS 控制台帮助管理员和开发者操作与管理自己的云平台,它们具备以下特征。

- 安装方便:方便安装软件,提供数据库服务。
- 可无缝地进行软件升级和打补丁。
- 使用方便:轻点鼠标即可使用 PostgreSQL。
- 开销小,可按需调整软件的功能。
- AWS 云仪表盘可以存储分析 RDS 实例的诊断数据。

Amazon RDS 对存取操作系统有限制。一旦预备一个实例,用户不能再管理操作系统,只能借助仪表盘的可用选项管理自己的数据库实例。

2) Amazon EC2

如果不想受上面提及的 Amazon RDS 的限制,则可使用 Amazon EC2。此时,用户需要购买更多的存储,以获得更高的 IOPS(input/output operations per second)。使用附加的存储,用户可以存储与应用相关的数据以做备份。

2. Rackspace

Rackspace 是全球三大云计算中心之一,于 1998 年成立,是一家全球重要的托管服务器及云计算提供商,公司总部位于美国,在英国、澳大利亚、瑞士、荷兰及中国香港等设有分部。

用户可以在 Rackspace 上运行 PostgreSQL,通过其管理公有云和私有云。

3. 谷歌云

谷歌是大家熟知的搜索引擎平台,也是一个大型云服务提供商,它也提供 PostgreSQL 数据库服务。

4. Microsoft Azure

Azure 提供广泛的云服务,以及有关计算、分析、存储和网络。Azure 也提供基于 PostgreSQL 开源数据库的 DBaaS,称为 Azure Database for PostgreSQL。用户可以快速地在分钟内创建 PostgreSQL 数据库。Azure 提供如下特征,使用数据安全模型吸引客户。

- 多因子鉴证(multi-factor authentication)。
- 动静态数据加密(encryption of data in motion and data at rest)。
- 支持 SSL/TLS、IPsec 和 AES 等加密机制。
- Azure Key Vault 服务①。
- 识别和访问管理。

17.4 迁移到云上

如何将数据库迁移到云上是面临的一个挑战。下面以开源数据库管理系统 PostgreSQL

① Azure Key Vault,管理存储账户的密钥。

为例说明迁移过程。

1. 迁移前

假设用户已经有一个基于 PostgreSQL 的生产(性)数据库安装在自己的数据中心的集群上。用户已经考虑使用 PostgreSQL 的高可用性,希望可以得到更高的可用性。一般已经安装了工具帮助自己在系统失效时备援。

目前大多数组织机构计划将自己的应用体系复制到云上,以后再调整体系设计。有些组织会在迁移到云上时重新设计体系结构。例如,用户使用的系统缺乏负载均衡,迁移到云上时,可以让云供应商弥补这个不足。

2. 在云上规划自己的体系结构

大多数组织在将自己的 PostgreSQL 数据库迁移到云上时会按下述方式处理。

- 订购与现有 PostgreSQL 数据库系统环境相同的 CPU 数目、RAM 数量和磁盘容量。
- 订购使用环境更好的硬件,因为它便宜,在云上相同的配置,性能会下降。
- 研究自己目前数据库的使用情况,在云上有效规划硬件目标。
- 接第三种方式,通过云上创建的硬件将峰值应用流量加倍后进行性能测试,以决定是否升级硬件。

按上述方式将自己的数据库系统规模调整到合适的规模。

难的是异构数据库的迁移,例如,将 Oracle 数据库迁移到云端的 PostgreSQL 上。因此,要注意以下几个问题。

- 理解数据库每天的峰值事务数,按小时、分钟、每周、每月和每年计的峰值事务数。
- 使用快照工具抓取操作系统运行情况,以便在云上为自己的数据库规划好服务器的目标。
- 比较周期里的负载均值,考虑数据库扩容时负载会如何变化。
- 检查在峰值事务期间,CPU、内存、I/O 使用时是否逐渐增加。
- 在 PostgreSQL 上使用快照工具,观察服务器资源峰值使用期间的数据流量。
- 如果有些表中的历史数据在应用上使用极少,则可考虑将其进行备份,这样既避免了浪费迁移数据空间,又避免了耗费在线扫描资源。

除 PostgreSQL 外,还有不少典型的商品化云数据库系统,例如 Oracle Cloud、Microsoft Azure、Amazon Web Services(AWS)等。

用户也可以要求在私有云上部署 DBaaS。这样,用户可以控制整个体系结构。

注意,不同的供应商在 DBaaS 中使用的术语也不同。

1) Oracle 云术语

- Service levels:Refers to the options that Oracle cloud offers。
- Virtual image:The virtual machine。
- OCPU:Refers to Oracle CPU, which is equivalent to one physical core of an Intel Xeon processor。
- Cloud storage:Storage option present in the cloud。
- Subscription:Registration for Oracle cloud service。
- Region:Refers to the geography where the datacenters are present。
- Compute:Refers to CPU、memory、network 和 storage。
- Console:GUI to access and manage Oracle cloud service。

- Shape：Virtual image sizes。

2）Amazon Web Services 术语

- EC2 instance：Refers to the virtual machine。
- RDS：Relational database services。
- Region：Refers to the geography where the datacenters are present。
- EBS：Block storage in AWS。
- AZ：Availability zone。
- DB instance class：Same as shape in Oracle cloud。
- BYOL：Bring your own license。
- DB engine：Standard edition or enterprise edition。
- VPC (virtual private cloud)：Virtual datacenter in AWS。

3）Microsoft Azure 术语

- Virtual machine：Compute resources provisioned using hypervisor。
- Storage account：Storage provided by Azure，requires you to create one or more storage account。
- Subscription：Registration for Azure cloud services。
- Classic/old portal：https://manage. windowsazure. com/is referred to as the classic portal。
- New portal：https://portal. azure. com/ refers to the new portal。

习 题 17

1. 简述分布计算、网格计算和云计算的关系。
2. 数据库迁移到云上有何优点？主要挑战有哪些？
3. 如何将数据库迁移到云上？

第18章 分布计算与大数据分析

18.1 分布计算

分布计算的内容已经讨论了很多。那么,究竟什么是分布计算呢? 根据维基百科(https://en.wikipedia.org/wiki/Distributed_computing)中所说:分布计算(distributed computing)是计算机科学中的关于分布式系统的一个研究领域。分布式系统是这样一个系统,其组成成分部署和活动在不同的联网计算机上,通过互相交换信息来进行通信和协调动作。这些成分的互相交换,以实现共同的目标。分布式系统有三个重要问题,即成分间的并发、缺乏全局性的时钟、成分的独立故障。

分布计算也指使用分布式系统解决计算问题。此时,一个问题会分割成许多任务,每个任务由一台或几台计算机来完成,这些计算机通过交换消息来互相通信。

众所周知,目前的计算机体系是冯·诺依曼(Von Neumann)体系。在冯·诺依曼体系中,存储程序控制计算模型(stored program control computing model,SPC)是其典型特征。

首先讨论基于 SPC 框架体系的分布式管理。如何管理和协调跨越不同硬件和区域的资源来实现共同的目标,是一个巨大挑战。在分布式系统中,为了实现系统目标,使用的共享资源会跨越地理境界。分布资源的性能和安全管理需要采用不同的通信机制,以确定全局响应时间和端到端事务的成功与失败。对于 SPC 框架体系来说,计算和存储分别由 CPU 和存储器实现。单一的存储结构既要存放计算所需的指令,又要存放计算生成的数据,存储的负担很重。

20 世纪 70 年代开始使用联网的计算资源,出现了分布计算,最初是客户端/服务器(Client/Server) 结构。现在是成千上万的物理服务器和虚拟服务器的云计算平台。资源的共享,提供了巨大的功能,但也出现了新问题,例如,相同资源的争夺、参与节点的故障、信任的缺失、潜在因素与性能的管理等。设计分布式系统时,要关注以下几个问题。

(1) 弹性(resiliency):共享资源的协作只有在受控的情况下才有可能,基于这种控制形态,只有在协作期间才能保证互联和通信。因此,必须保证共享资源的可靠性、可用性、记账能力、性能和安全,让用户在服务层面相互协商,无需顾忌和关注基础与底层的问题。事务的故障(fault)、配置(configuration)、记账(accounting)、性能(performance)和安全(security)(即 FCAPS)是分布式系统的大问题,需要专门的 FCAPS 进行管理和合理分配。因此,这里说的弹性包括如下功能。

- 能在各个资源级层面和系统层面测定 FCAPS 参数。
- 基于测定结果,业务优先级、负载变化和潜在限制,在系统范围内控制资源。

(2) 效率:为了实现整个分布式系统的目标,资源使用的效率与两个成分(协调与管理成本)有关。效率可以通过分布式系统的投资回报率(return on investment,ROI)和总拥有成本(total cost of ownership,TCO)来测度。

(3) 伸缩性:为了满足业务优先级、负载变化或潜在约束的变化,分布式系统必须设计成可伸缩,无论是增大与缩小。

随着虚拟化技术的发展,上述问题都可以很好地解决。

这里,端到端的分布式事务的弹性依靠检测需求的变化并进行校正来实现。注意,这个过程具有串行特性,从而导致不可避免的延迟。

下面再对分布式系统作进一步讨论。

20 世纪 90 年代开始流行两种基本的分布式系统(技术):基于 Web 的分布式系统和面向对象的分布式技术,如 CORBA 和 DCOM。

进入 21 世纪后,P2P 和网格技术开始大行其道。基于文件分享的 P2P 系统,如 Gnutella、Napster 和 BitTorrent 等纷纷涌现。与此同时,网格计算试图构建按需计算的基础设施,也开始流行。基于 Web 服务的开放网格服务体系结构(open grid services architecture,OGSA)也随即问世。

2001 年,dot-com 泡沫破裂,对 Web 提出了新的要求,于是 Web 2.0 技术诞生。MySpace 和 Facebook 等社交软件迅速发展,这时发现集中式的基础设施已无法承担重任。Web 服务和 SOA 体系结构应运而生。分布式系统进入新的时代。

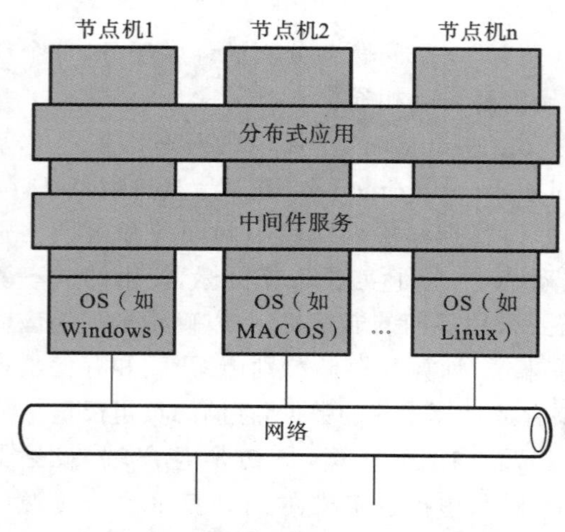

图 18.1 中间件服务在分布式系统中扮演着重要角色

这样,一个目前大家熟知的分布式系统软件架构开始流行,中间件服务开始扮演重要角色,如图 18.1 所示。此时的分布式系统具有如下特征。

- 有能力接入异构设备。
- 易于扩展和收缩。
- 持久可用。

为了支持众多的异构计算机和网络,分布式系统软件架构分为两个层次:底层是中间件,负责与计算机和网络交互,给应用提供异构的透明性;另一个层次是分布式应用,通过中间件的支持,它们看到的是统一的计算机和网络。中间件抽象底层的机制和协议给应用开发者提供了易于编程和部署的高级环境。

18.1.1 集中式系统和非集中式系统

可以将 Client/Server 系统看成是完全的集中式系统,将 Gnutella 这样的 P2P 系统看成是完全的非集中式系统。其他形态介于两者之间。我们可以从以下三个方面来区分集中式系统与非集中式系统。

- 资源发现(resource discovery)。
- 资源可用性(resource availability)。
- 资源通信(resource communication)。

1. 资源发现

分布式系统中的一种重要机制是资源发现服务,使用的技术甚多,如 DNS、Jini Lookup、

UDDI 等。取决于应用的差别和中间件的不同，资源发现的机制众多，有集中式的，如 UDDI；有分散式的，如 Gnutella。

发现过程一般分为两个阶段。首先，发现服务需要定位；然后，需要检索相关信息。信息检索机制可以是高度分散的（如基于 DNS），而存取发现服务则是集中式的。DNS 的主要工作是，给定一个互联网站点域名（如 www. ecnu. edu. cn），DNS 查找后返回一个定位该站点的 IP 地址（如 202.120.80.1）。在机构上，DNS 本身不是集中式的而是分散式的，但是其发现服务是集中式的，由 DNS 服务器提供服务。一旦 DNS 服务器宕机，无法提供域名服务，定位就无法实施。

2. 资源可用性

Napster 和 Gnutella 是两种 P2P 的文件分享形态，后者是完全 P2P 的，前者则不是，如图 18.2 所示。前者的资源可用性弱于后者的资源可用性。

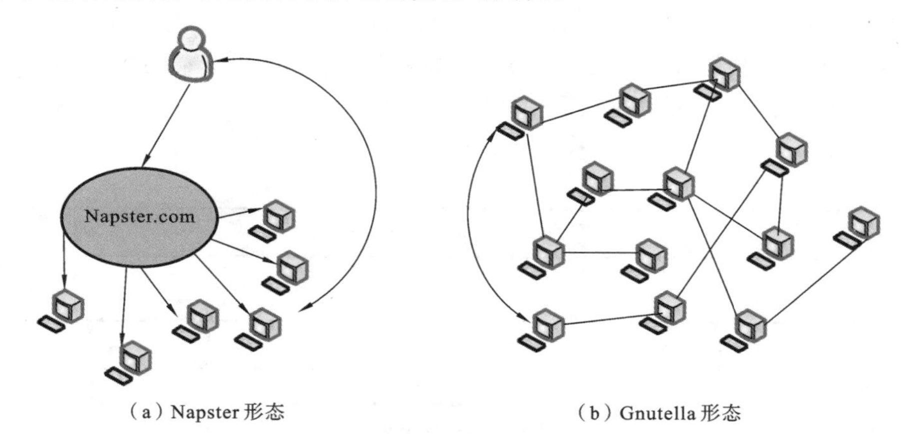

（a）Napster 形态　　（b）Gnutella 形态

图 18.2　两种 P2P 的文件分享形态

3. 资源通信

分布式系统中的资源通信包含以下两种方法。

- 中继通信（brokered communication）：中继通信始终通过中心服务器实现，因此一个资源不必直接指向另一个资源。
- 点对点（Point-to-Point or Peer-to-Peer）通信：是指发送者和接收者间的直接连接（也许要通过多跳）。此时，发送者知道接收者的位置。

18.1.2　分布文件系统

Google 公司创建于 1996 年，依靠搜索引擎迅速发展。在提供搜索服务中，专家提出的 PageRank 算法对搜索质量有很好的提升。

2005 年，Google 公司决定不再考虑将单独的服务器作为基础计算单元。相反，开始构建 Google 模块化数据中心（Google modular data center）。模块化数据中心由集装箱数据中心组成，其中放置上千台用户自己设计的 Intel 服务器，运行在 Linux 操作系统。

模块化数据中心就是将成百上千台服务器和存储系统从结构上进行整合，装入一个拥有制冷系统的大型集装箱内，可以称为集装箱式的数据中心。相比传统数据中心，这种类型的系统在安装和管理方面更加容易，同时可保证效率和节能。

模块化数据中心能够支持即插即用,从设计到正式部署应用只需要十多周的时间即可完成。模块化数据中心包括机架、冷却系统、电源管理系统、灭火系统、远程监测系统等重要组成部分。与传统数据中心相比,模块化数据中心能够节省约30%的成本,空间占地面积也能够节省约50%。

另外,即插即用这一优点还可体现在数据中心的灵活部署上,在全球任何地点,统一的设计方式使得计算设备在多个地点均一运营的一致性和简便性地进行部署。模块化设计还可以增加额外的计算能力,能对当前的数据中心进行快速扩展,并允许在远程办公地点、临时工作地点进行部署。当部署时,只需要提供电力保障、供水及网络连接,就可以建立一个功能完整的数据中心。

在应用方面,IBM、Microsoft、Google等互联网巨头也已经采用了模块化数据中心。Microsoft公司采用Rackable公司提供的集装箱在美国芝加哥城外建造了一座拥有150个集装箱式数据中心的大型数据中心,每个数据中心都配置了1000到2000台服务器。Google公司也不甘落后,其模块化数据中心包括一个联合运输的集装箱和在集装箱内的计算系统。

与此同时,Google公司开发了三个软件体系结构作为Google平台的基础(见图18.3)。

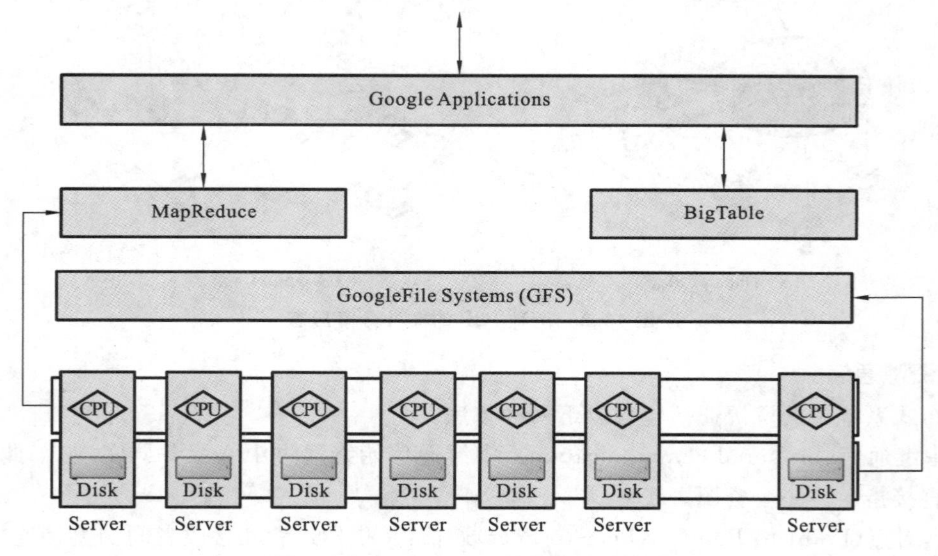

图 18.3　Google公司的软件体系结构

- GoogleFile System(GFS):是一个分布式集群文件系统,是一个海量、分布和冗余的文件系统。
- MapReduce:是一个分布式处理框架,可让并行算法在大量不可靠的服务器上运行,可处理海量数据集。
- BigTable:是一个非关系型数据库系统,使用GFS存储数据。

18.2　大数据与大数据分析

近年来,大数据成为一个热门词汇,在现实生活中随处可见,如微博上的数据量非常大,以及电子商务的交易数据量也很大。

提到数据量，现在很多企业使用 PB 级来存储数据。

从数据量级看：

1 Terabyte＝1024 Gigabytes＝2^{40} Bytes

1 Petabyte＝1024 Terabytes＝2^{50} Bytes

1 Exabyte＝1024 Petabytes＝2^{60} Bytes

1 Zettabyte＝1024 Exabytes＝2^{70} Bytes

1 ZB 数据量究竟有多大？它相当于 2500 亿张 DVD 存储的数据量。

大数据的涌现产生了以下三个问题。

- 存储(store)：如何获取和存储这些数据？
- 处理(process)：如何清洗、充实和分析这些数据？
- 存取(access)：如何检索、搜索、集成和可视化这些数据？

传统来说，大数据特征可用四个 V 来描述(见图 18.4)。第一个是容量(volume)大。第二个是流动性(velocity)快，如微博。第三个是种类(variety)多，即多样性。数据种类是从结构化到半结构化甚至非结构化的东西。传统的批量处理方式向流处理方式转变。第四个是真实性(veracity)，数据必须是真实的，不是臆造的。

图 18.4　大数据的 4 个 V

这里要强调两个因素。

- 数据越来越多：我们已经有能力存储和处理所有的数据，即机器生成的数据、多媒体数据、社交网络、交易数据，等等。
- 取得更大的效果：机器学习、预测分析(predictive analytic)和群体智能(collective intelligence)的发展可以从数据中获得比以往更多的价值。

有趣的是，数据的意义可以通过工业革命来比较。在工业革命前，所有产品基本上都是手工生产的，工业革命后，产品是在工厂的装配线上生产的。类似地，数据工业革命前，所有数据是“家里”产生的，而现在的数据来自客户、用户的行为、社交网络、传感器和所有的传统数据源等。

数据不停地增长是大数据遇到的第一个问题。今日的挑战是找到一个合适的体系结构，让这些数据可被管理。第二个问题是如何获得数据样本，因为数据分析员需要它们。随着数据的不断增长、数据源数目越来越多，能否获得数据样本也成了困难的事。第三个问题是是否来得及处理和分析数据，很可能时间过了，数据已经失效。第四个问题是分析投入与产出的问题。如果数据分析员不能及时获得数据，则分析成本增加，收益减少。

为了解决大数据的问题，需要很好的系统体系结构。体系结构的重要需求是可伸缩性，系统的规模应当能按照数据的大小、流量、类别等进行调整。数据量小时，冗余的硬件和软件白白耗费了预算。

实践证明，技术上必须是分布式的，否则，无论是处理能力、处理速度等都无法适应 4V 的特点。

18.2.1　Lambda 架构

Lambda 架构是 Twitter 的前首席工程师 Nathan Marz 在 Twitter 的分布式数据处理系

统中提出来的，该架构主要满足以下三点需求。

(1) 具有容错能力，且容错能力要同时满足(能容)硬件错误和人为错误两点要求。

(2) 支持的负载范围要宽，即大负载和小负载都要能支持，并且满足低延迟的读/更新操作。

(3) 必须可以线性扩展。

Lambda 架构的核心思想是把大数据系统拆分成三层：批处理层(batch layer)、加速层(speed layer)和服务层(serving layer)。其中，批处理层负责数据集存储以及全量数据集的预查询。加速层主要负责对增量数据进行计算，生成实时视图(realtime views)。服务层用于响应用户的查询请求，它将批视图(batch views)和实时视图的结果进行合并，得到最后的结果，返回给用户。Lambda 架构如图 18.5 所示。

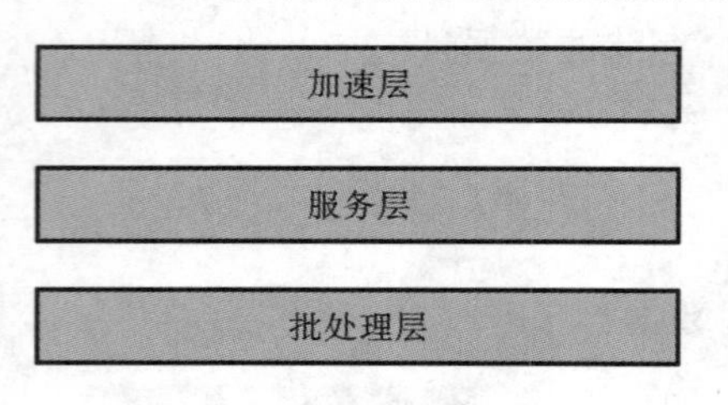

图 18.5 Lambda 架构

18.2.2 ETL

ETC 是 extract、transform、load 三个英文单词首字母的缩写，意思为抽取、转换和加载，表示数据的抽取、转换和加载。广义来讲，这是数据的预处理。

为什么要对数据进行预处理? 数据库极易受噪音数据、遗漏数据和不一致性数据的侵扰，而且因为数据库太大，常达数千兆字节，甚至更大。因此，预处理数据，以提高数据质量，从而提高挖掘结果的质量。

数据清理可以去掉数据中的噪音，纠正不一致性。数据集成可以将多个源的数据合并成一致的数据。数据变换(如规范化)可以改进涉及距离度量的挖掘算法的精度和有效性。数据归约可以通过删除冗余特征或聚类等方法来压缩数据。这些数据处理技术在数据挖掘之前使用，可以大大提高数据挖掘模式的质量，降低实际挖掘所需要的时间。

存在不完整的、含噪音的和不一致的数据是现实问题。数据含噪音(具有不正确的属性值)可能有多种原因：收集数据的设备可能出现故障，人或计算机的错误可能在数据输入时出现，数据传输中的错误也可能出现。这些可能是受技术的限制，如受限于数据传输同步的缓冲区大小。不正确的数据也可能是由命名或所用的数据代码不一致而导致的。其实，重复元组也需要数据清理。

数据清理过程中，往往是通过填写遗漏的值，平滑噪音数据，识别、删除局外(离异)者，并解决不一致来“清理”数据。

18.3 Hadoop

Hadoop[①] 是 Lambda 架构中聚焦于批处理层的软件系统。Hadoop 是一个开源软件框架，使用 Java 语言开发，针对超大数据集的分布存储和处理，运行在常规硬件构建的计算集群上。

---

① https://www.hadoop.org。

Hadoop框架最核心的设计是Hadoop MapReduce和HDFS(Hadoop distributed file system),它们的灵感来自GFS(Google file system,Google文件系统)。

Hadoop是Apache Lucene[①]创始人Doug Cutting创建的,Lucene是一个广泛使用的文本搜索系统库。Hadoop起源于Apache Nutch,是一个开源的网络搜索引擎,它本身也是Lucene项目的一部分。Hadoop这个名字不是一个缩写,它是一个虚构的名字。

Nutch项目始于2002年,自此,一个可以运行的网页爬取工具和搜索引擎系统很快"浮出水面"。但后来,开发者认为这一架构的可扩展度不够,不能解决数十亿网页的搜索问题。2003年发表的一篇论文为此提供了帮助,文中描述的是Google公司的产品架构,该架构称为Google文件系统。GFS或类似的架构可以解决开发者在网页爬取和索引过程中产生的超大文件的存储问题。特别是GFS能够节省系统管理(如管理存储节点)所耗费的大量时间。2004年,开发者开始着手实现一个开源的实现,即Nutch的分布式文件系统(NDFS),后来就诞生了HDFS。

HDFS是一个面向数据存储和处理的分布式文件系统。HDFS设计为存储海量数据(超过100 TB)、可以并行、流式方式存取海量数据。HDFS数据会存储在跨集群的多个节点上,一个大文件存放在集群的多个节点上。这里的文件会分成块(blocks),每个块的默认大小为64(128)MB[②]。

MapReduce是一个分布式数据处理框架,在多计算机构建的集群的节点机上并行处理海量数据。MapReduce把输入数据处理成键/值(key/value)对。MapReduce处理过程分为两个阶段:map阶段和reduce阶段。map阶段使用一个或多个mappers处理输入数据,reduce阶段使用零个或多个reducers处理map阶段的数据输出。

Hadoop中的计算节点分为两类:NameNode(名字节点)和DataNode(数据节点)。

1. NameNode

NameDode是一个核心成分,在系统中负责维护文件的命名系统和Hadoop集群管理的目录。HDFS按数据块存放数据,NameNode维护和管理文件/目录的数据块位置。客户请求数据时,NameNode跟踪数据放在哪里,提供被请求数据块的位置。客户想存储新数据时,NameNode提供数据可以存储的块位置。NameNode不存储数据本身,也不直接存取DataNode去读/写数据。

2. DataNodes

DataNodes负责存放数据,按照NameNode给客户提供的块位置读数据或写入新数据。DataNodes在NameNode指令下创建块、复制块和删除块。

YARN是yet another resource negotiator的缩写,是Hadoop第二版的主要特征。YARN的基本思想是将原来Hadoop中JobTracker[③]的两个主要功能(资源管理和作业调度/监控)分离,创建一个全局的ResourceManager(RM)和若干个针对应用程序的ApplicationMaster(AM)。

3. YARN

YARN分层结构的一个主要成分是ResourceManager。这个实体控制整个集群并管理

① http://lucene.apache.org/。

② 原来是64 MB,后改为128 MB。

③ JobTracker是整个MapReduce计算框架中的主服务,相当于集群的"管理者",负责整个集群的作业控制和资源管理。

应用程序向基础计算资源的分配。ResourceManager 将各个资源部分(计算、内存、带宽等)精心安排给基础 NodeManager(YARN 的每节点代理)。ResourceManager 还与 ApplicationMaster 一起分配资源,与 NodeManager 一起启动和监视它们的基础应用程序。在此上下文中,ApplicationMaster 扮演了以前的 TaskTracker 的一些角色,ResourceManager 扮演了 JobTracker 的角色。

YARN 分层结构的另一个主要成分是 ApplicationMaster,管理在 YARN 内运行的应用程序的每个实例。ApplicationMaster 负责协调来自 ResourceManager 的资源,并通过 NodeManager 监视容器的执行和资源使用(CPU、内存等的资源分配)。值得注意的是,尽管目前的资源很传统(CPU 核心、内存),但未来会带来基于实际任务的新资源类型(比如图形处理单元或其他专用处理设备)。从 YARN 角度讲,ApplicationMaster 是用户代码,因此存在潜在的安全问题。YARN 假设 ApplicationMaster 存在错误或者甚至是恶意的,因此将它们当作无特权的代码对待。

4. Spark

Spark[①] 是另外一个开源项目。具体地说,Spark 是专为大规模数据处理而设计的快速通用的计算引擎。Spark 拥有 Hadoop MapReduce 所具有的优点,但不同于 MapReduce 的是,Job(作业)的中间输出结果可以保存在内存中,而不再需要读/写 HDFS,因此 Spark 能更好地适用于数据挖掘与机器学习等需要迭代的 MapReduce 的算法。

Spark 是一种与 Hadoop 相似的开源集群计算环境,但是两者之间还有一些不同之处,这些不同之处使 Spark 在某些工作负载方面表现得更加优越,换句话说,Spark 启用了内存分布数据集,除了能够提供交互式查询外,它还可以优化迭代工作负载。

18.3.1 为何 Hadoop 会受青睐

为大数据使用 Hadoop 是有其理由的。

目前计算系统的缺陷是计算力不足,可伸缩性差。分布式系统克服了大型计算模型的不足,可伸缩性大大提升。这就是 Hadoop 这种开源分布式系统大受青睐的原因。

大家熟知的 NFS(Network file system)是分布式文件系统中使用最广泛的一种。其优点是,对客户端来说,该文件系统是透明的,使用时就像访问本地文件系统一样。但是 NFS 的设计有其局限性。

大数据场景里,数据量远远超出传统计算模型设计时考虑的规模。数据的量级开始按 TB、PB 或 EB 计。单台机器的内存或磁盘驱动器已无法适应,各独立机器的资源是有限的,无论是 CPU 处理时间、RAM、硬盘空间和网络带宽都是有限的。因此,需要一个大型的计算模型满足这类需求。Google 在其运行实现中,为了满足大数据需求,提出了 GFS 解决方案。在开源系统实现中,Hadoop 的 HDFS 沿用了 GFS 方案。

Hadoop 适合的是重复、递归的作业,如图算法。每次递归需要从磁盘读/写数据。I/O 和递归的延时开销很高。简言之,数据分析应用是其长处。

当然,Hadoop 也有其局限性,主要包括以下几个方面。

- 需要共享状态或协调的应用。MapReduce 任务是独立的、非共享的。共享状态需要可

---

① http://spark.apache.org/。

伸缩的状态存储,而这里不提供该功能。

- 低延时应用。
- 小数据集。
- 查找单个记录。

18.3.2 HDFS

HDFS(Hadoop distributed file system)是 Hadoop 架构的核心,是分布式计算中数据存储管理的基础,是基于流数据模式访问和处理超大文件的需求而开发的,可以运行于廉价的商用服务器上。它所具备的高容错性、高可靠性、高可扩展性、高获得性、高吞吐率等特征,为海量数据提供了不怕故障的存储,为超大数据集(large data set)的应用处理带来了很多便利。

HDFS 源于 Google 公司在 2003 年 10 月份发表的 GFS(Google file system)论文。它其实就是 GFS 的一个克隆版本。

大家之所以热衷于选择用 HDFS 存储数据,因为 HDFS 具有以下优点。

(1) 高容错性。数据自动保存多个副本。它通过增加副本的形式,提高容错性。某一个副本丢失以后,它可以自动恢复,这是由 HDFS 内部机制实现的。

(2) 适合批处理。它迁移计算而不是移动数据。它会把数据位置暴露给计算框架。

(3) 适合大数据处理。处理数据达到 GB、TB 甚至 PB 级别的数据。能够处理百万规模以上的文件数量,能够处理 1000 节点的规模。

(4) 流式文件访问。一次写入,多次读取。文件一旦写入,就不能修改,只能追加。

(5) 可构建在廉价机器上。它通过多副本机制提高可靠性,它提供了容错和恢复机制,比如某个副本丢失,可以通过其他副本来恢复。

当然,HDFS 也有缺点,主要包括以下几方面。

(1) 低延时的数据访问。低延时(如毫秒级)地存储数据、毫秒级以内读取数据是很难做到的。它适合高吞吐率的场景,就是在某一时间内写入大量的数据。

(2) 小文件存储。存储大量小文件(小文件是指小于 HDFS 系统的块大小的文件(默认为 64 MB))的话,会占用 NameNode 大量的内存来存储文件、目录和块信息。这样是不可取的,因为 NameNode 的内存是有限的。小文件存储的(磁盘)寻道时间会超过读取时间,违反了 HDFS 的设计目标。

(3) 并发写入,文件随机修改。一个文件只能有一个写操作,不允许多个线程同时写。仅支持数据追加(append),不支持文件的随机修改。

(4) HDFS 如何存储数据。

HDFS 采用 Master/Slave 的架构来存储数据(见图 18.6),这种架构主要由四部分组成,分别为 Client、NameNode、DataNode 和 Secondary NameNode。

(1) Client:就是客户端,主要功能主要包括以下几方面。

- 文件切分。文件上传 HDFS 的时候,Client 将文件切分成一个一个的块,然后进行存储。
- 与 NameNode 交互,获取文件的位置信息。
- 与 DataNode 交互,读取或者写入数据。
- Client 提供一些命令来管理 HDFS,比如启动或者关闭 HDFS。
- Client 可以通过一些命令来访问 HDFS。

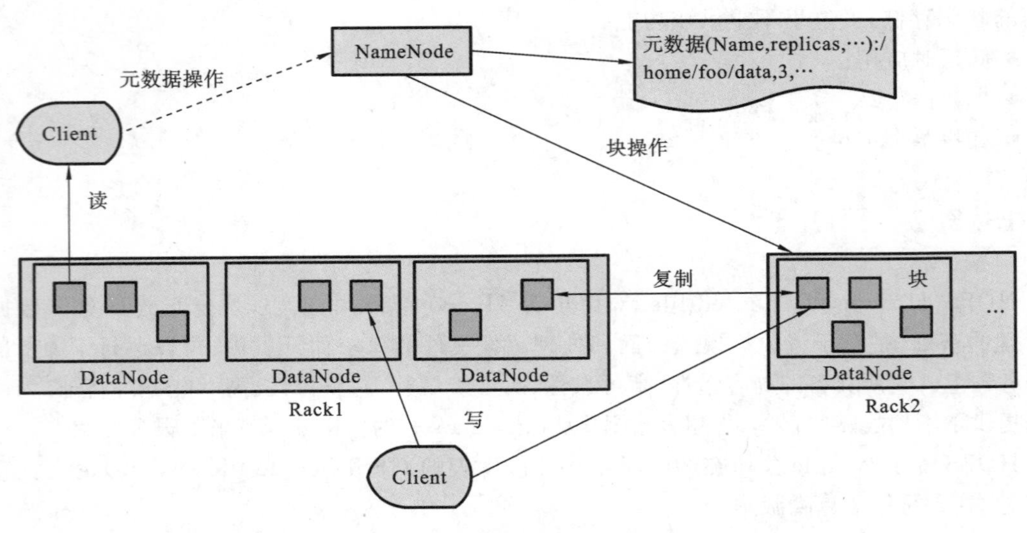

图 18.6 HDFS 的架构图

(2) NameNode:是一个主管、管理者,主要负责以下几方面的工作。

- 管理 HDFS 的名称空间。
- 管理数据块映射信息。
- 配置副本策略。
- 处理客户端读/写请求。

(3) DataNode:就是 slave。NameNode 下达命令,DataNode 执行实际的操作。它主要负责以下几方面的工作。

- 存储实际的数据块。
- 执行数据块的读/写操作。

(4) Secondary NameNode:系统中往往会设置 Secondary NameNode。这并非 NameNode 的热备。当 NameNode 挂掉的时候,它并不能马上替换 NameNode 并提供服务,但能辅助 NameNode,分担其工作任务。

HDFS 如何写入文件,主要包括以下几步。

- 客户端通过调用类 DistributedFileSystem 的 create 方法,创建一个新的文件。
- DistributedFileSystem 通过 RPC(远程过程调用)调用 NameNode,去创建一个没有块关联的新文件。创建前,NameNode 会做各种校验,比如文件是否存在、客户端有无权限去创建等。如果通过校验,NameNode 就会记录下新文件,否则就会给出 I/O 异常消息。
- 前两步结束后会返回 FSDataOutputStream 对象,与读文件相似,FSDataOutputStream 被封装成 DFSOutputStream,DFSOutputStream 可以协调 NameNode 和 DataNode。客户端开始写数据到 DFSOutputStream,DFSOutputStream 会把数据切分成一个个小数据包(packet),然后排成数据队列(data queue)。
- DataStreamer 会去处理数据队列(data queue),先询问 NameNode 这个新的块最适合存储在哪几个 DataNode 里,比如重复数是 3,那么就找到 3 个最适合的 DataNode,把它们排成一个流水线(pipeline)。DataStreamer 把数据包按队列输出到管道的第一个 DataNode 中,第一个 DataNode 又把数据包输出到第二个 DataNode 中,依此类推。
- DFSOutputStream 还有一个队列叫 ack 队列,也是由数据包组成的,等待 DataNode 收到并响应，当流水线中的所有 DataNode 都表示已经收到的时候，这时 ack 队列才会把对应的数据包移除掉。

- 客户端完成写数据后，调用 close 方法关闭写入流。
- DataStreamer 把剩余的包都输入到流水线里，然后等待 ack 信息，收到最后一个 ack 后，通知 DataNode 将文件标示为已完成。

NameNode 如何选择在哪个 DataNode 存储副本（replication）？需要对可靠性、写入带宽和读取带宽进行权衡。

18.3.3　HDFS 的守护神进程

就像操作系统中有守护神进程一样，HDFS 系统中也有守护神进程。

HDFS 系统中的守护神进程（HDFS daemons）有 NameNode、Secondary NameNode 和 DataNode 等。

1. NameNode

NameNode 是 HDFS 里的主守护神（master daemon）。NameNode 的功能是维护 HDFS 名字空间的元数据，包括文件名、目录名、文件许可、目录许可、文件（块映射、块标识和 RAM 中的块定位）等。为了快速访问，元数据放在 RAM 里。NameNode 将元数据信息存储在本地文件系统的一个名为 fsimage 的文件里。NameNode 也保持一个对 HDFS 名字空间修改操作的事务的编辑日志，存放在本地文件系统名为 EditLog 的文件里，记录创建文件、删除文件和创建块副本的信息。

为了避免出现 NameNode 单点故障（single point of failure，SPOF）问题，提高可用性，还会使用辅助 NameNode，即 Secondary NameNode。

2. DataNodes

DataNode 是从守护神（slave daemon），负责存放 HDFS 数据。数据分成以块为单位，默认值往往取 128 MB。

DataNode 会周期性地和 NameNode 通信（默认周期值为 3 秒），提供块报告。在块报告里，DataNode 报告它有哪些块副本、哪些块损坏了。需要时，可以让 NameNode 更新元数据，DataNode 负责存储管理用户数据。

18.4　MapReduce

MapReduce 是一个编程模型，用于对数据敏感的通用目标实现并行处理。MapReduce 将处理过程分成两个阶段：①映射（map）阶段，将数据分解成组块（chunks）让分开的线程处理-运行在分开的机器上；②归约（reduce）阶段，将来自 mappers 的数据组合成最后结果。它方便了编程人员在不会分布式并行编程的情况下，将自己的程序运行在分布式系统上。MapReduce 是一种可用于数据处理的编程模型。Hadoop 上可以运行由各种语言编写的 MapReduce 程序。当前的软件实现是指定一个 map（映射）函数，用来把一组键/值对映射成一组新的键/值对，指定并发的 reduce（归约）函数，以保证所有映射的键/值对中的每个键/值对共享相同的键组。更重要的是，MapReduce 程序本质上是并行运行的，其优势在于能处理大规模数据集。

关系型数据库与 MapReduce 的比较如表 18.1 所示。

表 18.1 关系型数据库和 MapReduce 的比较

	传统关系型数据库	MapReduce
数据大小	GB	PB
访问	交互式和批处理	批处理
更新	多次读/写	一次写入、多次读取
结构	静态模式	动态模式
完整性	高	低
横向扩展	非线性	线性

MapReduce 和关系型数据库的一个区别在于，它们所操作的数据集的结构化程度不同。一方面，结构化数据(structured data)具有既定格式的实体化数据，诸如 XML 文档或满足特定预定义格式的数据库表(关系)。另一方面，半结构化数据(semi-structured data)比较松散，虽然可能有格式，但经常被忽略，所以它只能用作对数据结构的一般指导。例如，一张电子表格，其结构是由单元格组成的网格，但是每个单元格自身可保存任何形式的数据。非结构化数据(unstructured data)没有什么特别的内部结构，例如纯文本或图像数据。MapReduce 对于处理非结构化或半结构化数据非常有效，因为在处理数据时才对数据进行解释。换句话说，MapReduce 输入的键和值并不是数据固有的属性，而是由分析数据的人员来选择的。

关系型数据往往是规范的(normalized)，以保持其数据的完整性且不含冗余数据。规范化给 MapReduce 带来了问题，因为 MapReduce 的核心假设之一就是可以进行(高速的)流式读/写操作。

Web 服务器日志是一个典型的非规范化数据记录(例如，每次都需要记录客户端主机全名，导致同一客户端全名可能会多次出现)，不具有完整性且不含冗余的规范化特征，这也是 MapReduce 非常适合于分析各种日志文件的原因之一。

MapReduce 是一种线性可伸缩的编程模型。程序员编写两个函数，分别为 map 函数和 reduce 函数，每个函数定义一个键/值对并集合到另一个键/值对集合的映射。这些函数无需关注数据集及其所用集群的大小，因此可以原封不动地应用到小规模数据集或大规模数据集上。更重要的是，如果输入的数据量是原来的两倍，那么运行的时间也需要两倍。但是，如果集群是原来的两倍，作业的运行速度仍然与原来的一样快。SQL 查询一般不具备该特性。

但是在不久的将来，关系型数据库系统和 MapReduce 系统之间的差异很可能变得模糊。一方面，关系型数据库都开始吸收 MapReduce 的一些思路(如 Aster DATA 和 GreenPlum 的数据库)，另一方面，基于 MapReduce 的高级查询语言(如 Pig 和 Hive)使 MapReduce 的系统更接近传统的数据库编程方式。

18.5 SQL 与大数据

18.5.1 为何大数据需要 SQL

某种程度上，Hadoop 似乎成了大数据的代名词。但是，SQL 在大数据中也扮演着重要角色。

对企业来说,其数据汇聚涉及多个方面,如操作性系统、社会媒体、万维网、传感器、智能设备及其应用,因此会采用Hadoop和HDFS构建集中的数据存储仓库。然后使用大数据工具和框架进行管理和分析,构建数据驱动的产品和从数据获得可操作的前景。

不管其功能如何,Hadoop为数学家和开发人员提供了工具,具有如下特征。

- Hadoop并不是为了回答分析问题而设计的。
- Hadoop并不为处理大容量并发用户需求而构建的。

简言之,Hadoop不适合商业用户使用。

随着企业开始把数据移向大数据平台,大家开始考虑如何利用SQL的问题。

Hadoop设计可工作于任何数据类型,如结构化、非结构化、半结构化,非常灵活。但是,使用起来往往需要从最底层API开始。所以有人说,Hadoop的体系结构使得数据存储和数据存取间存在阻抗不匹配。

大数据工作负载中,非结构化和流式数据类型更获关注。然而,大多数企业应用仍然聚焦于传统的数据操作。原来在Hadoop上只能借助Hive实施SQL。现在越来越多的商家和开源产品运行用户开始将SQL使用在大数据上。

传统上,大数据工具和技术主要聚焦在分析空间(从简单的BI到高级分析工具)构建解决方案。事务性或操作性系统(transactional and operational systems)则很少使用大数据平台。后来Hadoop开始支持SQL引擎,形势开始有了变化。

基于SQL的大数据查询可以分为如下几类。

- 报表性查询(reporting queries)。
- 特定查询(ad hoc queries)。
- 交互OLTP查询(iterative OLAP queries)。
- 数据挖掘查询(data mining queries)。
- 事务性查询(transactional queries)。

如大家所知,传统事务处理应用是在线事务处理(online transactional processing, OLTP)。RDBMS就是为OLTP设计的。

可扩展性也是大数据对SQL数据库系统的挑战,一些商品化数据库系统如Oracle和IBM DB2采用了共享磁盘和分片(sharding),使得存储量达到或超越TB级别。

SQL大数据解决方案的目标甚多,包括传统的从OLTP到OLAP数据分析查询。需要支持的目标如下。

- 分布式横向体系结构(distributed scale-out architecture):思路是在分布式体系结构上支持SQL,跨越数据存储和跨越机器集群计算。有些数据库系统,如MySQL等需要采用大量编码以便在应用层人工分片(sharding)数据。而像Oracle或IBM DB2这样的共享磁盘的数据库系统要实现跨越,成本很高。
- 避免将数据从HDFS迁移到外部存储:要处理数据时,把数据从HDFS移到外部存储,如迁移到一个SQL数据库系统,则是一种很糟糕的方法。如果一个数据库引擎能直接在数据存放的地方实施计算和分析,那是大家乐于看到的。
- 替代昂贵的分析数据库和装置(如MPP):以低成本支持的延迟、可伸缩的大数据集分析操作。
- 获取数据的即时可用性(immediate availability of ingested data):SQL大数据一旦写入存储集群,就可以被存取,无需先将其从HDFS层取出,再放置到另外的系统里。这称为“查询到位”(query-in-place),例如:提高敏捷性,较低的操作成本得到复杂的结果,无需维护单独的分析数据库,减少数据从一个系统迁往另一个系统。

● 终端用户高并发性:大数据上 SQL 的目标是在大型数据集上为大量并发用户支持 SQL。在处理并发用户上,Hadoop 是不足的,无论是特定分析还是 ETL,都是如此。工作时的资源分配和调度始终是瓶颈。

● 低延迟:在大型数据集上面对特定查询提供的延迟始终是大多数 SQL 大数据引擎的目标。大数据的流动性和多样性使得问题很复杂。

● 非结构化数据处理能力。

● 能集成现有 BI 工具。

18.5.2 开源工具

1. Apache Drill

Apache Drill 是一个开源的、低延迟的用于交互的 SQL 引擎,是一个能对大数据进行实时分布式查询的引擎。它以兼容 ANSI SQL(国际标准 SQL 语言)语法作为接口,支持对本地文件、HDFS、HIVE、HBASE、MongeDB 等作为存储的数据查询,文件格式支持 Parquet、CSV、TSV 以及 JSON 这种无模式(schema-free)的数据。所有这些数据都可以像使用传统数据库的表查询一样进行快速实时的查询。

2. Apache Phoenix

Apache Phoenix 是构建在 HBase 上的 SQL 层,是使用标准的 JDBC API 而不是 HBase 客户端 API 来创建表,插入数据和对 HBase 数据进行查询。Phoenix 采用 SQL 查询,将之编译为一组 HBase 扫描,协调扫描的运行,并返回输出 JDBC 结果集。

3. Apache Presto

Presto 是一个开源分布式 SQL 查询引擎,支持 GB/PB 级数据源交互查询分析。Presto 也是一个在集群上运行的分布式系统。完整安装包括一个协调者(coordinator)和多个工作者(worker)。可以通过连接到协调者的 Presto CLI 客户端提交查询请求。协调者会解析、分析并安排查询执行,然后分发给工作者处理。Presto 查询可以从多个数据源组合数据。

4. BlinkDB

BlinkDB 是用于在海量数据上进行交互式 SQL 的近似查询引擎。它允许用户通过在查询准确性和查询响应时间之间做出权衡,完成近似查询。其数据的精度被控制在允许的误差范围内。

5. Impala

Impala 是基于 MPP 的查询引擎,提供高性能、低延迟的 SQL 查询,能查询存储在 Hadoop 的 HDFS 和 HBase 中的 PB 级大数据。

6. Hadapt

Hadapt 是云优化的系统,提供分析平台,可以低延迟地对结构化和非结构化数据进行复杂分析。

7. Hive

Hive 是 Haddop 上的第一个 SQL 引擎。

8. Kylin

Kylin 是一个开源的分布式 OLAP 引擎，在 Hadoop 上提供 SQL 接口和多维分析功能，支持极大数据集。Kylin 包含 Metadata Engine、Query Engine、Job Engine 和 Storage Engine，也包含 REST Server，为客户端请求提供服务。

9. Tajo

Tajo 是一个用于 Hadoop 的大数据的关系型和分布式数据仓库系统。

10. Spark SQL

Spark SQL 允许在 Spark 上使用 SQL 查询结构化和非结构化数据。Spark SQL 可以在 Java、Scala、Python 和 R 中使用。

11. Splice Machine

Splice Machine 是一个通用目标的 RDBMS，组合了 SQL 和 NoSQL 的混合数据库系统，提供 ACID 性能。

12. Trafodion

Trafodion 是一个面向 Hadoop 的 Webscale SQL-on-Hadoop 解决方案，支持 Hadoop 上的事务或操作负载。Trafodion 基于 Hadoop 的可扩展性、弹性和灵活性，提供有保证的事务完整性，使新的大数据应用程序能够在 Hadoop 上运行。

18.5.3 SQL 与大数据

SQL 是一种声明性语言(declarative language)，可以将之细分为数据定义语言(DDL)、数据操纵语言(DML)和数据查询语言(DQL)三类。这里，将只读操作用 DQL 单独区分出来，便于后面的分析。DQL 是以 select-from-where 形式出现的。

DQL 处理和数据量及响应时间的关系如图 18.7 所示。图中，x 轴方向表示数据量的演变，y 轴方向说明响应延迟。

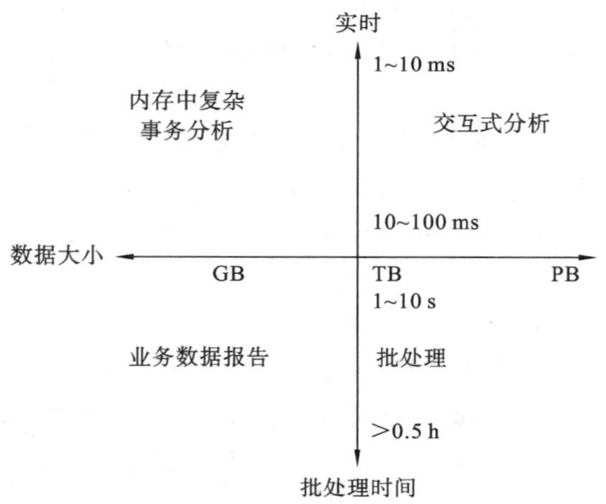

图 18.7　DQL 处理和数据量及响应时间的关系

x 轴左下部实际上是业务数据报告，右下部是批处理情况。x 轴上部是内存中复杂事务分析、交互式分析的状况。

我们可以把数据区分为不同的类别，典型的数据类别如结构化、半结构化和非结构化数据。

注意,传统数据库支持的结构化数据实际上仅占现实数据的很小部分。在很多组织里,非结构化数据和半结构化数据,如电子邮件、文档等占有量已超过80%。

18.5.4 如何在大数据上构建SQL引擎

传统数据库上的SQL引擎如图18.8所示。其中,查询处理器用来分析用户请求(查询),通过查阅数据字典验证语义,进行优化,生成优化后的执行计划。存储引擎按执行计划存取数据。

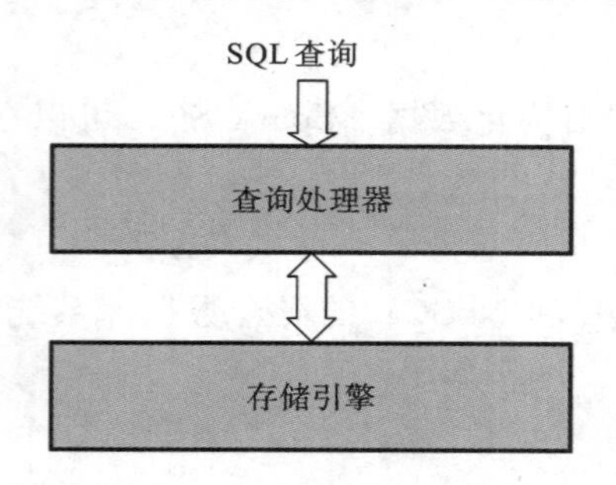

图18.8 传统数据库上的SQL引擎

目前使用最广的RDBMS往往运行在SMP的体系架构上。SMP的体系架构包括多个处理器,每个CPU有自己的存储引擎,内存和I/O则为每个CPU共享。SMP的体系架构很难应对数据仓库应用所需的大量数据迁移和处理大量数据的负载。原因主要是数据需要在计算机背板和I/O通道上移动。

SQL引擎也可工作在分析数据库上。分析数据库用于数据仓库和商务智能(BI)应用方面,支持低延迟的负载分析查询。这时会使用MPP体系架构,如Teradata数据仓库,但是这种架构解决方案价格昂贵、可伸缩性差。

1. 对HDFS而言为什么DML难以实现

HDFS是目前处理大数据常用的工具,但是其体系架构主要支持只读运算,即WORM(write once read many)。HDFS支持数据添加,但不支持数据更新。数据修改成为HDFS的固有局限。因此大多数SQL解决方案不支持Hadoop上的DML操作。有些供应商通过使用日志记录更新请求,然后选择适当时机合并修改请求,将归并后的修改实施到原始数据上。

经验告诉我们,关系型数据库在面对超越一定数据集大小的时候,鉴于性能和可伸缩性的缘故,能力受到了限制。有一些技术,如数据的人工分片与分割(sharding and partitioning),可以用来解决这个问题。尽管如此,问题还没真正解决。分布式系统的主要挑战是如何在集群上让分布连接能延迟实现。要解决这个问题,需让数据在网络上高速迁移,达到很快的速度和高的吞吐能力。

减少在通信链路上迁来迁去的数据量是一个重要挑战。开发出适应各种数据集(特别是半结构化数据)上的可伸缩算法,从而实现和结构化数据上一样的SQL性能是一个挑战。为了适应日益增长的数据集大小,已经使用了各种不同的技术,压缩或格式化数据可使数据存取开销最小。

简单来说,SQL大数据引擎必须应对这些挑战。

Hadoop上的第一个SQL引擎是Hive,由Facebook于2009年开发。Hive在Hadoop上实现低延迟SQL,但有固有的局限性。这主要是由于Hive采用的体系架构将SQL查询转换为MapReduce这种面向批处理的系统。复杂的SQL查询需要多轮MapReduce过程,而每轮结束需要将临时数据写入磁盘,下一轮又要从磁盘读出数据以便进一步处理。数据随着磁盘I/O在网络里传来传去,导致系统速度变慢。

显然,MapReduce并非为适应优化很长的数据流水线而设计的。

2. 大数据上的SQL解决方案

解决大数据上SQL的负载问题,有几种解决方案,例如,面向批处理负载的SQL、面向交互处理负载的 SQL 和面向流负载的 SQL 等。

概括起来，大数据上的 SQL 引擎主要包含四种不同的方案。

(1) 构建一个翻译层，将 SQL 查询翻译成等价的 MapReduce 代码，执行在计算集群。

Hive 就是这种解决方案的样例，它是面向批处理负载的 SQL 解决方案。它使用 MapReduce 和 Apache Tez① 作为中间层。中间层运行针对海量数据集的复杂作业，包括 ETL 和生成数据“流水线”(见图 18.9(c))。

(2) 借助现存关系型引擎，并结合 40 多年的研究和开发成果，包括所有的存储引擎和查询优化技术等，使之更强壮(见图 18.9(d))。

假设将 MySQL/Postgres 嵌入 Hadoop 集群的每个数据节点，构造一个软件层次，在这个层次底下的分布式文件系统中存取数据。这种 RDBMS 引擎与数据节点配合，再与数据节点通信并从 HDFS 读数据，将之翻译成符合自己的数据格式。

(3) 构建新的查询引擎，与数据节点共处在同一个计算节点，在 HDFS 数据上工作并直接执行 SQL 查询。这种查询引擎使用查询分离器(query splitter)将查询分割成一个或几个底层的数据处理器(handlers)(如 HDFS、HBase、关系数据引擎、搜索引擎等)，存取和处理数据(见图 18.9(b))。

Drill② 和 Impala③ 是可以在 HDFS 上实现交互 SQL 查询。这种 Hadoop 引擎上的 SQL 优势在于执行特定 SQL 查询和实施数据调查与发现，可以直接用于数据分析，在 BI 工具上自动生成 SQL 代码。

(4) 使用现有的分析数据库(部署在与 Hadoop 集群不同的集群上)，与 Hadoop 集群上的节点交互，使用专用的连接器(proprietary connector)从 HDFS 获取数据，但在分析引擎上执行 SQL 查询。这类外部分析引擎可以集成起来，使用 Hive 或 HCatalog④ 里的元数据可以在 HDFS 数据上无缝工作。典型产品如 Teradata(见图 18.9(a))。

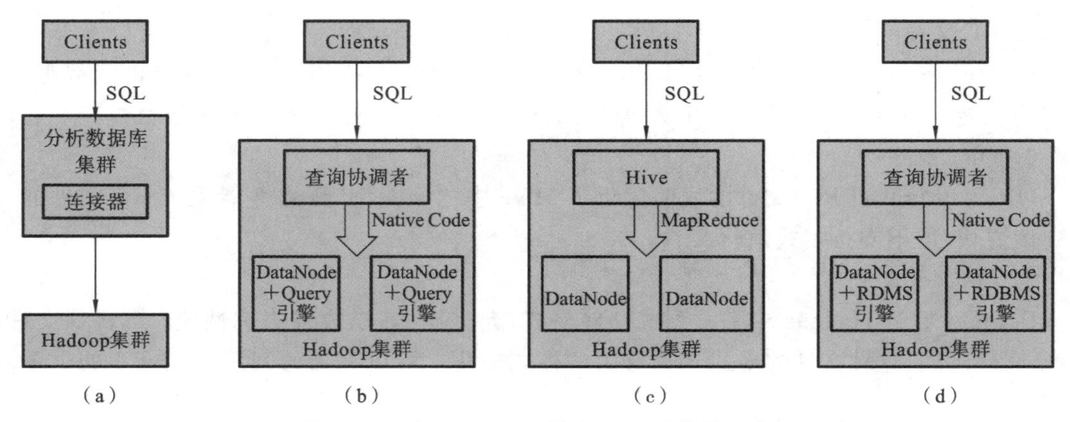

图 18.9 在 Hadoop 上构建 SQL 引擎的方法

3. 减少 SQL 查询延迟的方法

数据规模和 I/O 开销越大，查询所需要花费的时间越长。许多研究和发明聚焦于存储层

---

① http://tez.apache.org/。

② http://drill.apache.org/。

③ http://impala.apache.org/

④ HCatalog 是 Hadoop 中的表和存储管理层，能够支持用户用不同的工具(Pig、MapReduce)更容易地表格化读/写数据

实现优化,减小数据集的规模。

可从以下三个方面来改进性能。

- 写性能:如何使写数据变得很快。
- 部分读性能:如何使读数据集里的某些列变得很快。
- 完整读性能:如何使读数据集里的每个列变得很快。

不同格式的数据差异很大。为大数据选择最佳的数据格式,本质上可以改进查询处理的性能。下面讨论一些数据格式。

1) Text/CSV 文件

逗号分割值(comma-separated values,CSV)文件不支持块压缩,这样,Hadoop 中的 CSV 文件常有重要的读性能开销问题。CSV 文件不存储元数据,使用时必须知道文件是如何写进去的,模式演化的支持有限。

2) JSON[①] 记录

不像 CSV 文件,JSON 在数据里存储元数据,支持模式演化。与 CSV 文件一样,JSON 文件不支持块压缩。

3) Avro[②] 格式

Avro 格式在数据里存储元数据,允许指定独立的模式,以便读该文件。Avro 格式支持的索引,可以定义新的独立模式让用户重新命名、添加、删除和修改字段的数据类型,也可分解 Avro 文件和支持块压缩。

4) 顺序文件

顺序文件(sequence files)使用二进制格式存储数据,其结构和 CSV 文件的结构相似。顺序文件不在数据里存储元数据,因此,唯一的模式演化选项是添加新字段。顺序文件不支持块压缩。

5) RC 文件

RC(record columnar)文件是 Hadoop 里的第一个列式文件格式。RC 文件的优势是压缩和查询性能。写 RC 文件需要的存储和计算开销大于非列式文件,写起来一般也慢。

6) ORC 文件

ORC(optimized RC)文件的发明优化了 Hive 中的性能,其压缩性能优于 RC 文件的,查询速度更快,但不支持模式演化。

7) Parquet 文件

Parquet 也是 Hadoop 中一种列式存储格式,允许压缩,以改进查询性能。与 RC 文件和 ORC 文件不同,这种文件的格式支持有限的模式演化。可以将新的列添加到已有的 Parquet 格式里。

每种格式适合不同的情况。格式的选择要考虑使用方式、环境和负载情况。

- Hadoop 分布。
- 模式演化(schema evolution):数据结构是否随着时间的变化而变化。
- 处理需求(processing requirements):考虑数据的负载和所用的工具。

---

① JSON(JavaScript object notation,JS 对象简谱)是一种轻量级的数据交换格式。它基于 ECMAScript(欧洲计算机协会制定的 js 规范)的一个子集,采用完全独立于编程语言的文本格式来存储和表示数据。

② http://avro.apache.org/。

- 读/写需求(read/write requirements):读/写方式是只读、读/写还是只写。
- 抽取需求(exporting/extraction requirements):是否从 Hadoop 抽取数据输入到外部数据库引擎或其他平台?
- 存储需求(storage requirements):数据量是否是一个重要因素?
- 数据压缩是否对存储十分重要?

对于 MapReduce 作业的中间数据来说,顺序文件是一种好的解决方案。ORC(Hortonworks/Hive)或 Parquet(Cloudera/Impala)不错,但它们创建时间较长,也不能更新。

如果模式随时可能变化,Avro 是一种好的选择,但是查询性能不如 ORC 或 Parquet。当从 Hadoop 抽取数据到数据库时,CSV 文件很不错。

18.6 NoSQL 数据库

关系型数据库的性能非常高,但是它毕竟是一个通用型的数据库,并不能完全适应所有的用途。具体来说,关系型数据库并不擅长处理以下事务。

- 大量数据的写入处理。
- 为有数据更新的表做索引或表结构变更。
- 字段不固定时的应用。
- 对简单查询需要快速返回结果的处理。

为了弥补这些不足,出现了 NoSQL 数据库。关系型数据库应用广泛,能进行事务处理和 JOIN 等复杂处理。相对地,NoSQL 数据库只应用在特定领域,基本上不进行复杂的处理,但它恰恰弥补了之前所列举的关系型数据库的不足之处。

如前所述,关系型数据库并不擅长大量数据的写入处理。关系型数据库的语义依靠表之间的连接(JOIN)来表达,即是以连接为前提的,也就是说,各个数据之间存在关联是关系型数据库得名的主要原因。为了便于进行 JOIN 处理,关系型数据库往往选择把数据存储在同一个服务器内,这不利于数据的分散。相反,NoSQL 数据库原本就不支持 JOIN 处理,各个数据库都是独立设计的,很容易把数据分散到多个服务器上。由于数据被分散到了多个服务器上,所以减少了每个服务器上的数据量,即使要进行大量数据的写入操作,处理起来也更加容易。同理,数据的读入操作也一样容易。

如果想要使服务器能够轻松地处理大量的数据,那么只有两个选择:一是提升性能,二是增大规模。下面分析这两者的不同。一方面,提升性能是指通过提升现行服务器自身的性能来提高处理能力。这是非常简单的方法,程序也不需要进行变更,但需要一些费用。若要购买性能翻倍的服务器,需要花费的资金往往不只是原来的 2 倍,可能需要 5~10 倍。这种方法虽然简单,但是成本较高。另一方面,增大规模指的是使用多台廉价的服务器来提高处理能力。它需要对程序进行变更,但由于使用廉价的服务器,所以可以控制成本。

NoSQL 数据库是为了“使大量数据的写入处理更加容易(让增加服务器数量更容易)”而设计的。

NoSQL 数据库虽在处理大量数据方面很有优势,但实际上 NoSQL 数据库也有各种各样的特点,如果能够恰当地利用这些特点,就会非常有用。例如,希望顺畅地对数据进行缓存(cache)处理、希望对数组类型的数据进行高速处理、希望进行全部保存等。

一般把 NoSQL 数据库分成键值存储数据库、面向文档的数据库、列存储数据库和图数据库等四类。

18.6.1 键值存储数据库

这是最常见的 NoSQL 数据库，它的数据是以键/值偶对的形式存储的。虽然它的处理速度非常快，但是只有通过键的完全一致查询才能获取数据。根据数据的保存方式，可以分为临时性、永久性和两者兼具三种。

1. 临时性

临时性就是"数据有可能丢失"的意思。分布式内存对象缓存系统 memcached① 把所有数据都保存在内存中，这样保存和读取的速度非常快，但是当 memcached 停止运行的时候，数据就不存在了。由于数据保存在内存中，所以无法操作超出内存容量的数据(旧数据会丢失)。简言之，其特点主要包括以下几方面。

- 在内存中保存数据。
- 可以进行非常快速的保存和读取操作。
- 数据有可能丢失。

2. 永久性

与临时性相反，永久性就是"数据不会丢失"的意思。这里的键值存储不像 memcached 那样在内存中保存数据，而是把数据保存在硬盘上。与 memcached 在内存中处理数据相比，由于必然会发生对硬盘的 I/O 操作，所以性能上还是有差距的。但数据不会丢失是它最大的优势。简言之，其特点主要包括以下几方面。

- 在硬盘上保存数据。
- 可以进行非常快速的保存和读取处理(但无法与 memcached 相比)。
- 数据不会丢失。

3. 两者兼具

Redis② 兼具临时性和永久性。Redis 首先把数据保存到内存中，在满足特定条件(默认是 15 分钟内 1 个以上，5 分钟内 10 个以上，1 分钟内 10000 个以上的键发生变更)的时候将数据写入硬盘中。这样既确保了内存中数据的处理速度，又可以通过写入硬盘来保证数据的永久性。这种类型的数据库特别适合于处理数组类型的数据。简言之，其特点主要包括以下几方面。

- 同时在内存和硬盘上保存数据。
- 可以进行非常快速的保存和读取处理。
- 保存在硬盘上的数据不会消失(可以恢复)。
- 适合处理数组类型的数据。

---

① http://www.memcached.org/。

② Redis(remote dictionary server，远程字典服务)是一个开源的使用 ANSI C 语言编写、支持网络、可基于内存亦可持久化的日志型、Key-Value 数据库，并提供多种语言的 API。从 2010 年 3 月 15 日起，Redis 的开发工作由 VMware 主持。从 2013 年 5 月开始，Redis 的开发由 Pivotal 赞助。—摘自"百度百科"

18.6.2　面向文档的数据库

这类数据库如 MongoDB、CouchDB 等。面向文挡的数据库具有以下特征：即使不定义表结构，也可以像定义表结构一样使用。关系型数据库在变更表结构时比较耗时，为了保持一致性，还需修改程序。与键值存储不同的是，面向文档的数据库可以通过复杂的查询条件来获取数据。虽然不具备事务和 JOIN 这些关系型数据库的处理功能，但其他处理基本上都能实现。这是一种非常容易使用的 NoSQL 数据库。因此，其特点可以归结为以下几点。

- 不需要定义表结构。
- 可以利用复杂的查询条件。

18.6.3　列存储数据库

Cassandra、Hbase、HyperTable 属于列存储数据库。

关系型数据库都是以行为单位来存储数据的，因此，关系型数据库也称面向行的数据库。相反，列存储数据库是以列为单位来存储数据的，擅长以列为单位读入数据。

列存储数据库具有高扩展性，即使数据增加，也不会降低相应的处理速度(特别是写入速度)，所以它主要应用于需要处理大量数据的情况。另外，利用列存储数据库的优势，将它作为批处理程序的存储器来对大量数据进行更新也是非常有用的。但由于列存储数据库跟现行数据库的存储方式有很大不同，所以用户发现使用起来不习惯。其特点主要包括以下几点。

- 高扩展性(特别是写入处理)。
- 应用十分困难。

18.6.4　图数据库

图(形)数据库是 NoSQL 数据库的一种类型，是一种非关系型数据库，是应用图形理论存储实体之间的关系信息。常见例子就是社会网络中人与人之间的关系。知识图谱也常用这类数据库形态来存储。例如，Neo4j 是一个流行的开源图形数据库。Neo4j 基于 Java 语言实现，兼容 ACID 特性，也支持其他编程语言，如 Ruby 和 Python 等语言。

18.7　小　　结

NoSQL 数据库和关系型数据库的比较如图 18.10 所示。

注意，SQL 和 NoSQL 并非是对立的而是互补的关系。也就是说，关系型数据库和 NoSQL 数据库与其说是对立的关系(替代关系)，倒不如说是互补的关系。

这里并不是说“只使用 NoSQL 数据库”或者“只使用关系型数据库”，而是“通常情况下使用关系型数据库，在合适的时候使用 NoSQL 数据库”，即让 NoSQL 数据库对关系型数据库的不足进行弥补。

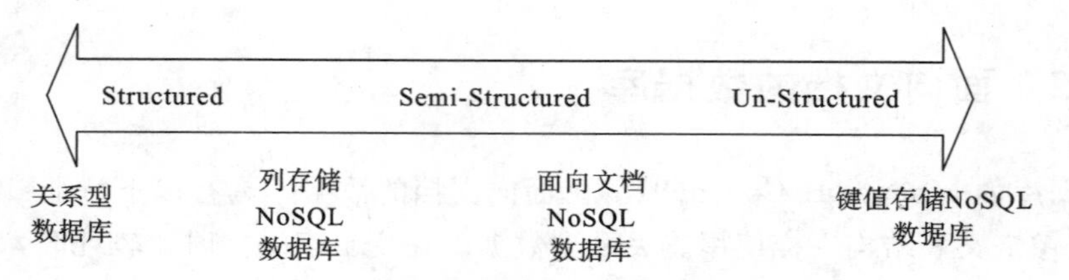

图 18.10　NoSQL 数据库和关系型数据库的比较

1. 量材适用

当然，如果用错了数据库，可能会发生使用 NoSQL 数据库反而比使用关系型数据库效果更差的情况。NoSQL 数据库只是对关系型数据库不擅长的某些特定处理进行了优化，因此量材适用非常重要。例如，若想获得“更快的处理速度”和“更恰当的数据存储”，那么 NoSQL 数据库是最佳选择。但一定不要在关系型数据库擅长的领域使用 NoSQL 数据库。

2. 增加了数据存储的方式

原来一提到数据存储，就是关系型数据库，别无选择。现在 NoSQL 数据库给我们提供了另一种选择（根据二者的优点和不足区别使用）。有些情况下，同样的处理，若用 NoSQL 数据库来实现，可以变得更简单、更高效。而且，NoSQL 数据的种类有很多，它们都拥有各自不同的优势。

习　题　18

1. 大数据有何特点？大数据对数据存储的需求是什么？
2. 面临大数据，Hadoop 和 HDFS 为何会受青睐？
3. NoSQL 数据库有何特点？大致有哪几种？
4. 为何大数据还需要 SQL 支持？该如何支持？
5. 如何实现 SQL 支持的大数据管理？

第19章 分布式簿记与区块链技术

19.1 什么是区块链

近年来，区块链(blockchain)越来越受到关注。目前区块链的说法众多，有的将它看成是重大的互联网发明，也有的对它不屑一顾。其实，它既不神通广大，也不一无是处。应该合理、客观地看待区块链。

区块链的含义有点混乱，不同的人在不同的上下文中有不同的含义。区块链可能是指一种数据结构、一种算法、一组技术、一个有共同应用领域的 P2P 系统。

1. 区块链是一种数据结构

从数据结构看，区块链是指以块为单位组织在一起的数据。数据块一个接着一个连在一起像一根链条，因此称为区块链。

2. 区块链是一种算法

算法是计算机执行的一系列指令，这些指令一般总是与数据结构相关。将区块链看作一个算法，区块链是在纯 P2P 系统中对许多区块链式数据结构的信息内容进行处置的一系列指令。

3. 区块链是一组技术

将区块链看作一组技术，是区块链式数据结构、区块链算法、加密算法和安全技术的组合，在纯 P2P 系统中实现完整性。

4. 区块链是一个有共同应用领域的 P2P 系统

也可以将区块链看作一把大伞，表示纯 P2P 的簿记系统，使用区块链技术组件。

区块链是一种数字技术，组合了密码学、数据管理、网络和奖励机制，支持校验、执行和记录用户间的交易。区块链账本是群组(块)交易的一个列表(链)。打算交易的用户可以将交易记录添加到交易池中，记入账本。区块链系统里的节点获取一部分或完整性交易，并将其记入账本的新块中。区块链账本的内容在节点里复制，这些节点共同运作区块链系统，无需任何可信第三方的中央控制。区块链系统保证所有节点均衡地达到区块链账本的完整性和共享内容的一致。显然，区块链数据构成一个特殊的分布式数据库。这也是我们在本书讨论区块链的原因。

用户间的交易，如支付、公证、选举、登记和过程协作是政府与企业运作的关键，传统上，依赖于可信的第三方，如政府机构、银行、律师事务所、会计师事务所或特定产业的服务供应商来支持这些交易。区块链对此进行了颠覆，无需可信第三方，通过技术、共享平台和参与者自己来实现交易。显然，去中心化，这是 P2P 系统的长处。

区块链系统的成功运作依赖于以下这些关键要素。

- 恰当的完整性策略，以便校验每次交易和块。
- 系统软件和技术协议的正确性。

● 强大的加密机制，以识别交易用户和检验其是否被授权添加新交易。

● 激励机制，刺激处理节点参与社区活动，不损害自己的利益。

定义 1 分布式账本(distributed ledger)是交易的一个增量(append-only)存储，数据分布在许多机器上。

这里的增量是一个非常重要的特征，是指可以添加新交易，但是老交易不能删除和修改。新交易可以是老交易的补偿，但是两者都必须留在账本里，便于查账和保证长久的完整性。基于分布式账本，可以定义区块链。

定义 2 区块链是一个分布式账本，结构为由块构成的链接表。每个块包含交易的有序集。典型解决方案是使用加密哈希算法将(数据)块到其前块(predecessor)的链接加密。

定义 3 公共区块链(public blockchain)是一个具有如下特征的区块链系统。

● 有开放网络，节点可以自由加入或离开网络，无需任何人的许可。

● 网络中的所有节点可以对加入数据结构的新数据进行验证，这类数据如块、交易和交易效果。

● 其协议中包含激励机制，以帮助区块链系统的正确运作，包括有效交易的处理、纳入账本，以及拒绝无效交易。

公共区块链是一个无领袖的 P2P 系统，管理资产值的所有权。这类例子如比特币(BTC)和以太币(ETH)。公共区块链中，来自其他节点的信息并无高可信度。只有让所有的节点进行验证才能降低风险。这又导致网络上的冗余计算。

与此对应，在大型企业里构建区块链系统，可以由组织性的机制或协议性的机制来控制，让区块链上的所有节点都互相认识。

定义 4 区块链平台(blockchain platform)是运行区块链所需要的技术，包括用于处理节点的区块链客户端软件、处理节点的本地数据存储和存取区块链网络的其他客户程序。

综上，区块链可以小结如下。

● 区块链是一个关于交易值(transacting values)的 P2P 系统，交易双方间无需可信第三方参与。

● 区块链是一个共享的、非集中的、开放的交易账本。账本(簿记)数据库会在多个节点上复制。

● 簿记数据库是一个单调增加的、只添加数据的数据库，其他不做任何改变。这意味着每个记录项都是永久数据项。任何新添加的数据项要反映在该数据库寄存在不同节点的副本上。

● 无需可信的第三方作为中介来验证、担保和安排交易。

● 在互联网上，区块链居于网络协议栈顶端的一个层面，和其他互联网技术共存。

● 就像 TCP/IP 为了实现开放系统而设计的那样，区块链技术是为能够真正去中心化而设计的。

区块链数据结构可如图 19.1 所示。

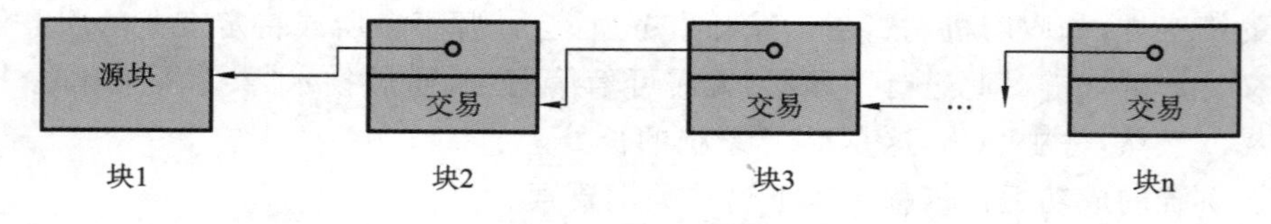

图 19.1 区块链数据结构

图19.1中，每个块是一个交易集，头上的块是源块(genesis block)。链上最新创建的块是块n，逐次指向前一块，最终指向起源块(块1)。这种链的链接方向和传统的列表结构正好相反。

存放在区块链里的交易数据可以大于简单的资产交易记录，目前的区块链系统允许将计算机程序存放在里面，作为账本交易的一部分来执行，这常被称为"智能合约"(smart contracts)。

智能合约是指在区块链的账本里作为数据部署的程序，在区块链交易时执行。智能合约可持有和传输区块链管理的数字资产，可以调用存储在区块链里的其他智能合约。一旦部署，智能合约的代码就是确定的、不可改变的。

19.2　分布式簿记技术

分布式簿记(distributed ledger)或称分布式账本，是一个在网络成员之间共享、复制和同步的分布式数据库。分布式簿记用于记录网络参与者之间的交易。

从经济学角度来分析，记账是指将经济活动的数据记录在账本上。账本具有一定的格式，以原始凭证为依据，对所有经济业务按序分类记录的账册。原始凭证则是在经济业务发生或完成时所获取的，用以记录或证明经济业务的发生或完成情况的凭据，它是进行会计核算工作的原始资料和重要依据，反映了最原始的交易信息，是明确经济责任的核心。账本的材质多种多样，传统上的账本是纸质的，而随着信息技术的发展，账本逐渐向数字化演进。账本的数字化具备节省了人工工时、便于查询、检索能力强、效率高、绿色环保等特点。

分布式账本技术(distributed ledger technology，DLT)的出现可能是账本技术继数字化之后的又一次重大飞跃。在工作量证明机制中，"矿工"(数字矿工)通过"挖矿"[①]完成对交易记录的记账过程，为网络各节点提供了公共可见的去中心化共享总账(decentralized shared ledger，DSL)。每个区块链就是一个账本，在会计意义上与传统账本无本质区别，但从技术上看，DLT不仅传承了传统的记账哲学，而且具有一些传统账本无法比拟的优点。

传统的记账模式是基于账户的。在会计术语中，账户是根据会计科目设置的用于反映会计要素的增减变动情况及其结果的载体；在系统实现上，账户是一系列服务合约的承载体，一个账户中可能集合了多种产品或者服务，账户余额的变化是对产品或者服务产生的原始交易数据进行记录、汇总、分类、整理后反映在账户上的结果。传统的电子支付通过开立在中心机构的账户的余额发生变化而实现，其完全依赖中心机构的行为。与之不同，区块链系统，如比特币系统，在账本处理上采用了另外一种新的模式，即UTXO(unspent transaction output，未花费的交易输出)模式。

本质上，UTXO是经公众一致同意后的未来价值索取权。当一笔交易完成后，各节点对这笔交易行为及其结果形成共识，一致同意卖方在卖出商品后从买方手中获得了在未来某一时刻向其他卖方买入相同价值商品的权利，这一未来价值索取权为社团广泛接受，无人反对，在下次交易中用于支付，无人拒绝。得到这一权利的充要条件是，需要有相应的已获得节点共识的交易发生。换言之，就是需要有交易输入(input)，才能得到交易输出(output)。

例如，比特币的区块链系统通过构造包含解锁脚本和锁定脚本的交易输入和交易输出，描述和完成了因交易而引起的未来价值索取权的转移。一笔交易的交易输入是上一笔交易的哈

---

① 挖矿是将一段时间内比特币系统中发生的交易进行确认，并记录在区块链上形成新区块的过程，挖矿的人叫矿工。

希值以及交易输出序号，表明该交易的输入对应于上一笔交易的输出；这笔交易的交易输出包含锁定脚本，以后将被下一笔交易的解锁脚本打开。未来价值索取权的拥有者构造解锁脚本，通过比特币交易验证引擎，在该笔交易中证明了自己的权利，随后通过锁定脚本将这一权利转移给下一个主体，依此类推，不断循环。解锁脚本与锁定脚本贯穿成一条连续的价值流通链。

区块链不需要账户就可以通过 UTXO 完成了“价值”的转移，这里，UTXO 扮演了“货币”的角色。实质上，货币的本质就是一种获得社会广泛共识的未来价值索取权。而 UTXO 则是一种在区块链网络里获得参与者共识的未来价值索取权，但它仅在有限的共识范围内发挥着交易媒介和支付功能。例如，比特币是一种价值符号或价值单位，代表了一定价值的已得到共识的未来价值索取权。

UTXO 是一种完全不同于账户的价值转移形式。我们可以将区块链理解为交易“流水账”，UTXO 通过编码的方式难以篡改地记录了所有交易信息。UTXO 信息与交易信息是一体的，因此，沿用传统账户处理的思路，UTXO 表达的价值形式也可以转换成账户的形式。

UTXO 模式实际上是以编码的方式难以篡改地记录了所有交易信息。

DLT 对传统账本技术的改进表示在以下两方面。

● 不易伪造，难以篡改，效率高，可追溯，容易审计。

● 通过交易（数字）签名、共识机制和跨链技术保障分布式账本的一致性，自动实时完成账-证相符、账-账相符、账-实相符。

DLT 通过交易（数字）签名保障了账-证相符。这里，账就是证，证就是账，两者一致，难以篡改。进一步，DLT 通过共识机制实现各类主体的账-账相符。交易信息只有获得共识，才会写入共享总账；写入账上的信息，必然已得到各主体的共识，账-账自动相符。同时，DLT 利用跨链技术开展款-款兑付和券-款兑付，从而自动完成账-实一致、账-实相符。在此过程中，跨链技术不仅在交易上保障了款-款兑付、券-款兑付的原子性，而且在记账上保障了跨链不同主体账本之间的一致性。

我们所说的跨链技术主要包括以下三类。

● 公证人机制（notary schemes）：这是中心化或基于多重签名的见证人模式，主要特点是不关注所跨链的结构和共识特性，而是引入一个可信的第三方充当公证人，作为跨链操作的中介。

● 侧链/中继（side chains/relays）：侧链是一种锚定原（始）链的链结构，但并不是原链的分叉，而是从原链的数据流上提取特定的信息，形成一种新的链结构。中继是跨链信息交互和传递的渠道。不论是侧链还是中继，都是从原链采集数据，扮演着 Listener 角色。

● 哈希锁定（hash-locking）技术：该技术在不同链之间设定相互操作的触发器，通常是一个待披露明文的随机数的哈希值。哈希值相当于转账暗语，只有拿到这暗语的人，才能获得款项。同时，该技术还制造了两个退款（redeem）合约，这两个合约需要双重签名才能生效，且有时间期限，其中制造转账哈希暗语的人的退款合约在时间期限上要长于另外一个人的，以此可保护他的权益。

通过特有的单链记账技术和跨链记账技术，DLT 减少了大量既费时间又耗成本还容易出错的对账工作，自动实时达成各类“分布式”账本的一致性。

传统上，许多参与者的个体信息在各类账本上“留痕”，尤其是随着数字经济的发展，个人数据隐私的保护问题越来越突出。DLT 从技术层面着手，采用签名加密等技术手段，将数据权利真正交还给个体。通过采用零知识证明、同态加密、安全多方计算、环签名、群签名、分级证书、混币等密码学原语与方案，实现交易身份及内容的隐私保护。

19.3　集中系统和分布系统——P2P 系统

区块链的基础是分布系统，因此，有必要进一步讨论分布系统。下面先讨论基础问题，即从集中系统到分布系统的演变。

集中系统和分布系统是两种主要的软件体系结构。集中系统里，各种成分都在本地与一个中心成分连接在一起。分布系统里的成分互相连接起来，形成一个网络。其中没有或无需中央成分来协调或控制。我们用图 19.2 表示这两种软件体系结构，左边是集中系统（图的中央就是一个核心），右边是分布系统（不存在核心）。

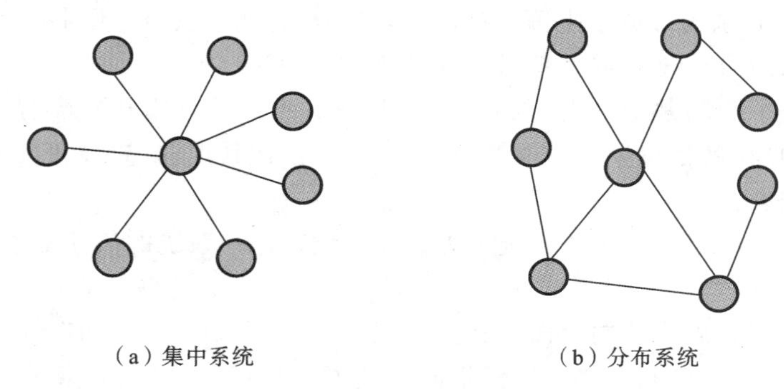

图 19.2　集中系统和分布系统的软件体系结构

与单台计算机相比，分布系统有其独特的优势：计算能力强、成本低、可靠性高、伸缩性强。

1. 计算能力强

分布系统将多台计算机组合起来，可以获得比单台计算机更强的计算能力。

2. 成本低

与昂贵的主机系统相比，分布系统参与的计算机不必像大型主机那么高端，也能获得相同的计算和存储能力，但成本就低多了。

3. 可靠性高

由于分布系统基于网络把多个计算机集成在一起，单台计算机的瘫痪不会影响系统的工作，可靠性提高了。

4. 伸缩性强

不像单台主机那样，一旦购买，其功能已经固定，以后的扩容十分繁复与耗时。分布系统则灵活得多，如果觉得应用不需要当前规模，就可以从系统撤走一些节点；如果应用需要扩容，则可以随时加入新的节点。

与单台计算机比，分布系统也有不足，如下。

- 需要额外协调开销（coordination overhead）。
- 需要额外通信开销（communication overhead）。
- 依赖于网络（dependency on networks）。
- 程序复杂性较高（higher program complexity）。

● 存在安全问题(security issues)。

P2P 系统是近年来分布式系统的白马。例如,由于 P2P 文件共享系统(如 Napster)的冲击,传统的黑胶唱片和 CD 的销售大大萎缩。P2P 系统的应用,使得传统上音乐工作室(music studios)的三个基本功能,即生产、市场推广和分发可以由艺术家和消费者自己完成。Napster 在其中扮演着中间人的角色。

在区块链中,P2P 是基石。而在纯 P2P 系统中,可以使用区块链作为技术,也可以实现和维护系统的完整性。

● P2P 系统由计算机构成,自己的计算资源可让其他计算机直接使用。

● P2P 系统的优点是用户可以直接与他方交互,无需中间人介入。用 P2P 系统代替中间人提高了处理速度,降低了成本开销。

● 纯分布式 P2P 系统形成了平等成员网络,它们可以直接交互,无需中心节点协调。

● 区块链还有能力在纯 P2P 系统里实现和维护完整性。

P2P 遇到的第一个问题是如何"放牧"(herd)一群独立的计算机?学界使用"放牧"这个词,原因是这些计算机就像草原上一群散放的羊,为了不让其走散、离群和自作主张,目前学术界还需要进一步研究。

区块链的主要目标是在分布式系统中维护完整性。P2P 系统的信任问题和完整性问题是一个挑战。

信任和完整性好比硬币的两个面。软件系统里,完整性是一个非功能性的概念,是指系统应当安全、完整、一致、正确和无错。信任指的是使人坚信:某人/某物/某事的可靠性、真实性或能力,无需证据、证明或调查。信任是实现时给定的,随着发展,通过交互会增加或减少信任。

P2P 系统里,意味着"人"如果被信任的话,可以参加进来,为系统做贡献;或者在进来以后,发展中逐步增加信任。为了满足用户的期望和提高他们在系统里的信任感,需要系统的完整性。如果缺乏完整性,则系统无法给用户信任感,用户会流失,会抛弃系统,最终系统会死亡。所以如何实现和维护纯 P2P 系统的完整性极其重要。

要实现和维护纯 P2P 系统的完整性,取决众多因素,主要如下。

● 节点数目方面的知识(knowledge about the number of nodes or peers)。

● 关于节点可信赖行方面的知识(knowledge about the trustworthiness of the peers)。

在分布式系统里实现和维护完整性是区块链迫切需要解决的问题。在一个纯 P2P 分布式系统里,有多少端点接入系统是未知的,其可靠性和可信任性也是未知的。

显然,区块链要解决的问题类似于军事上的拜占庭将军问题[①]。

拜占庭将军问题是一个协议问题。当年,拜占庭帝国军队的将军们必须全体一致决定是否攻击某一支敌军。问题是这些将军在地理上是分隔开来的,并且将军中存在叛徒。叛徒可以任意行动以达到以下目标:欺骗某些将军采取进攻行动;促成一个不是所有将军都同意的决定,如当将军们不希望进攻时促成进攻行动;或者迷惑某些将军,使他们无法做出决定。如果叛徒达到了这些目的之一,则任何攻击行动的结果都是注定要失败的,只有完全达成一致的决定才能获得胜利。

拜占庭假设是对现实世界的模型化,由于硬件错误、网络拥塞或断开以及遭到恶意攻击,

---

① https://baike.baidu.com/item/拜占庭将军问题/265656? fr=aladdin。

计算机和网络可能出现不可预料的行为。拜占庭容错协议必须处理这些失效，并且这些协议还要满足所要解决的问题要求。区块链里遇到的问题与此类似。

对于数据库系统而言，能维护数据的完整性是其一大长处。其实，对于软件系统而言，完整性也是其必须关注的，这里的完整性主要涉及以下几个方面。

- 数据完整性(data integrity)：系统使用和维护的数据是完整、正确和没有矛盾的。
- 行为完整性(behavioral integrity)：系统行为符合预期目标，无任意非预期的、无逻辑的错误。
- 安全性(security)：系统对数据和功能的访问是有限制的，只能让授权用户去访问。

区块链选择了P2P结构，可以说，区块链是一个在分布式软件系统里实现完整性的工具，区块链的目的就是在分布式系统里实现完整性。实现完整性是一个技术要求很高的问题，高度需要技术支持。以比特币为例，为了实现完整性，采用了三个关键技术：哈希货币(hash-cash)、无中心网络中繁复的容错技术和区块链技术。

19.4　所有权问题

有一个基本的区块链应用场景，那就是所有权问题。举例来说，假如您上班前带了一个苹果放在包里准备中午吃，上班路上路过超市买点东西，看到苹果便宜也拿了几个，在结账时收银员看到包里的苹果。这时产生一个问题，如何证明包里的苹果不是超市的?

还有，如果P2P系统里某个节点A上有一个文件(如某首歌的mp3文件)，下载自节点B，与此同时，节点B上也可提供该文件下载，节点C获得这个文件，怎么证明该文件是来自A，不是来自节点B? 这就是所有权问题。

如何证明我的东西(如上面说的苹果)是我的? 看上去简单，做起来不容易。问题就变成，要说清自己的东西的来龙去脉；要证明我何时在哪里买的这个苹果，这个苹果有何特征? 等等。原则性问题是什么? 你的证据可靠吗? 可验证吗? 要解决这些问题，区块链获得了青睐。

要让区块链构造可靠的证据链，包含以下3个关于所有权的要素。

- 所有者的标识(an identification of the owner)。
- 对象被拥有的标识(an identification of the object being owned)。
- 所有者对对象的映射(a mapping of the owner to the object)。

这里，所有者的标识和对象被拥有的标识要求不轻易变化。生活中，对人的标识常使用身份证、护照、出生证明和驾照等。原因是，这些文件一旦为了标识人而创建，就不会改变。不轻易变化这是任何对象标识的基本要求。

所有者和拥有对象间的映射常依赖于底账、登记簿、发票等。所有权的转让都应当能查阅底账，找到证据，形成证据链。

图19.3说明了所有权的结构。图中，自底向上，越到上面概念越通用，越往下面越具体化。最底层分别列出了账本(底账)、财产标识(property ID)、所有者标识(owner ID)、口令(password)和识别标志(signature)，这些都是基础。其中，口令和识别标志用于认证和授权；账本则记录物权映射。

安全保障包含三个要素：标识(identification)、认证(authentication)、授权(authorization)。

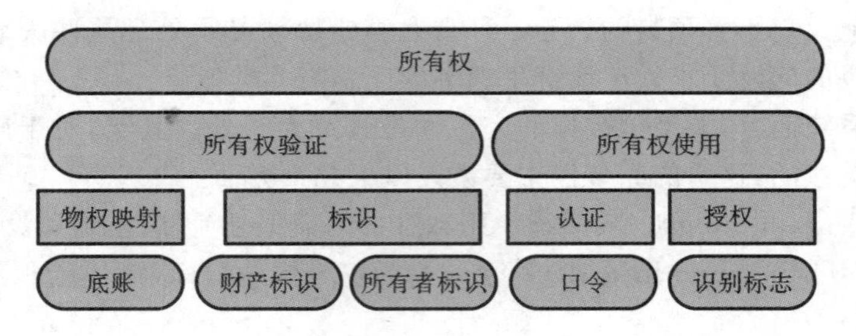

图 19.3 所有权的结构

1）标识

标识意味物件要有标识，拥有者要有标识，权益的转移则由账本记录。

2）认证

认证要说明拥有者的身份和标识是一致的、物件(Object)是和其标识是相符的，交易是真实的。

3）授权

授权保证对特定资源的访问合理、合法、可行。例如，是否允许某人购买香烟和烈酒，需要验证其年龄，如不符合法定年龄，则不允许访问资源，参与购买。

账本的功能及其特性如图 19.4 所示。

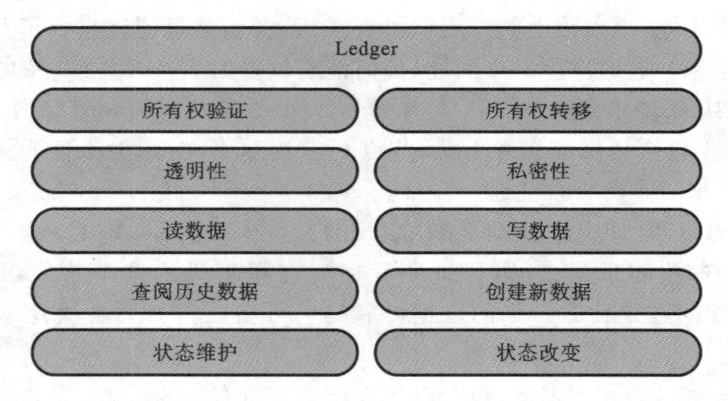

图 19.4 账本的功能及其特性

图 19.4 中，账本要扮演两个相互矛盾的角色：所有权验证和所有权转移。前者用于查阅历史数据、读账本、检查和验证所有权记录；后者先创建新数据、将转移信息写入账本。前者强调透明性(transparency)，后者强调私密性(privacy)。透明性是证明所有权的基础，就像法庭上的证言一样，是真实的。私密性构成所有权转换的基础。写入账本意味着改变所有权，必须由可信的实体对账本实施写访问。

在区块链里可以看到，透明性对私密性，所有权验证对所有权转移，读账本对写账本。一对对冲突的力量，在区块链里广泛存在着。

从法庭审判看，单个证据一般难以判决罪责，因为一旦该证据有错，就很麻烦。因此，法院往往要求有更多的证据能相互印证，形成证据链。在基于区块链的账本中也要求这样。如果我们有很多证据，且这些证据是独立的，不受他人影响，可以互相印证所有权，那么我们的目的就达到了。只有一个账本有风险，因此要有多个账本，纯 P2P 系统就扮演了重要角色。系统中的很多端点用于存放账本，互相关联和印证。

19.5　双重支出问题

现实环境里，假钞肆虐。为此，真钞上加了众多的安全特征，如唯一编码、水印、特殊油墨、嵌入金属条等。为了验证真假，银行、商家配了验钞机，工作人员学会了必要的验钞技巧。对数字化商品(如视频、电子书籍等)或货币应用来说，如果使用分布式 P2P 簿记系统来管理，会怎样呢？

我们来看双重支出问题(double spending problem)。

先考虑一个管理房产所有权的 P2P 系统。假设簿记用于记录所有权变动轨迹信息，存放在系统的节点计算机上，而非集中式数据库里。这样，每个端点维护自己的账本副本。一旦房子的权益由 A 转让给 B，系统里的所有账本就必须更新，使之同步成最新版本。但是端点间信息的传递和各独立账本的更新都需要消耗时间。在最后一个节点收到信息并更新自己的账本之前，系统是不一致的。有些节点收到信息并知晓最新的所有权，但有些节点没有收到信息。此时，如果 A 又把同一房子卖给 C，这个交易很有可能成功。这就是重复售出，是双重支出问题。

在数字化商品和货币应用中，双重支出的危险很大。破坏了 P2P 系统的完整性。

如何解决这个问题？区块链可以扮演重要角色。

19.6　区块链如何工作

下面讨论如何利用区块链记录交易和存放分布式账本。

假设有甲、乙、丙、丁四个用户。

Step-1：令甲有 300 元钱，这是所有交易的起源，每个节点都知道此事，如图 19.5 所示。

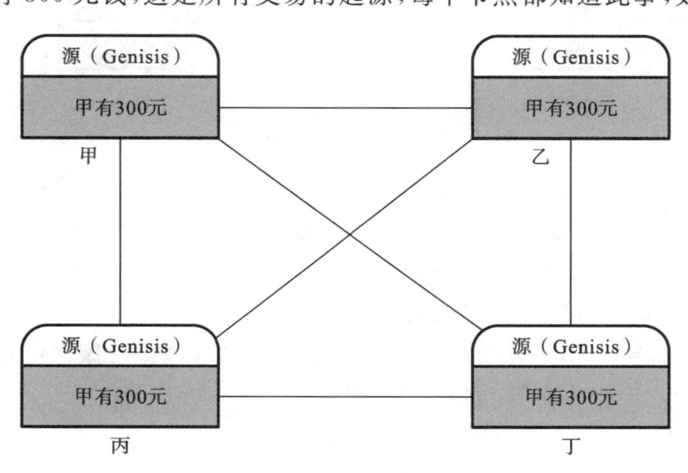

图 19.5　源块

Step-2：甲向乙付款 20 元，这样区块链上的每个节点都会更新信息，如图 19.6 所示。

Step-3：接下来发生第二次交易，乙付给丙 5 元，如图 19.7 所示。

每个节点中的交易数据是不可改变的，所有交易都是不可逆的。所有新交易的结果都在

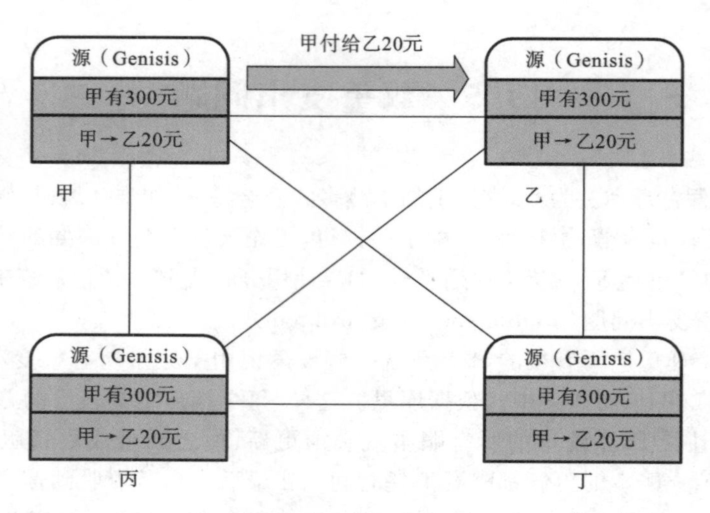

图 19.6　第一次交易

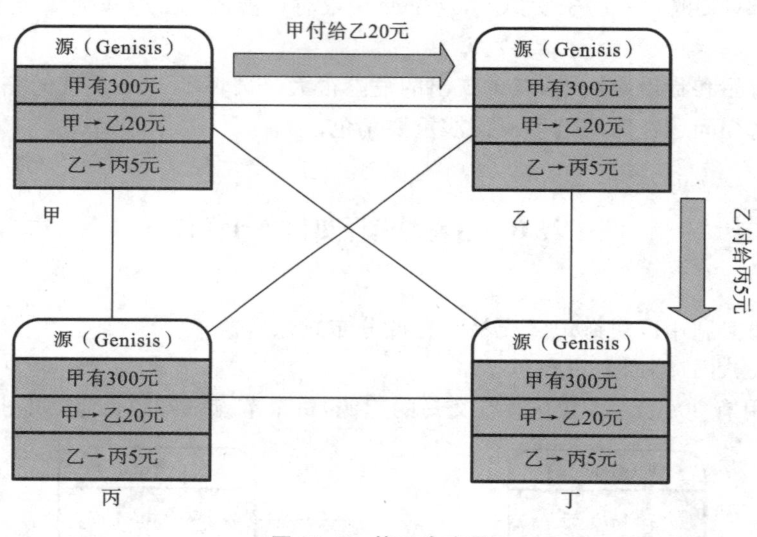

图 19.7　第二次交易

每个节点自己的区块链副本里记录下来。

当然，随之会有疑问，假如乙重复多转了 5 元给丙，该怎么办？安全性如何保证？有人将钱转错了对象，怎么办？

这些也都是区块链系统需要解决的问题。

要建立一个区块链系统，首先要建立一个纯 P2P 分布式系统，该系统的特点主要包括以下几点。

- P2P 系统使用 Internet 作为连接各个节点的网络。
- 节点数目未知、节点的可信度和可靠性未知。
- P2P 系统的目标是管理数字化物品（如销售积分、数字货币）的所有权。

在一个开放的、不可信的环境里使用纯分布式 P2P 簿记系统来管理所有权，设计和开发这样一个软件的主要任务是：描述所有权；保护所有权；存储交易数据；预备账本，以分布到一个非可信环境里；分布账本；往账本中添加新交易；决定哪些账本表示事实。

区块链的工作过程如下。

任务1:描述所有权。

要设计一个软件系统管理所有权,首先要确定如何描述所有权。结果是,记录交易是表述所有权转变的最好途径,完整的交易历史是识别当前所有者的关键。所以,区块链主要记录交易,构成完整的交易历史。

任务2:保护所有权。

使用交易来表述所有权后,如何防止他人存取别人的财产呢?现实世界里,我们会使用门锁来防止别人闯入自己的家里,或者使用车锁来防止别人闯入自己的汽车。类似地,在区块链里使用加密来保护资产。用户的账号、口令和交易要用密码来保护。

保护所有权有三个要素:标识所有者、认证所有者和限制他人访问所有者的资产。这里也使用了哈希技术。

任务3:存储交易数据。

接下来的问题是如何存储交易数据,保证交易历史完整,这里使用了区块链数据结构。

任务4:预备账本,以分布到一个非可信环境里。

隔离的区块链数据结构账本包含的交易数据很大,我们希望在非可信环境里设计账本的分布式P2P系统,所以会广泛使用副本,并将之分布在非可信网络的非可信节点上。我们会把账本交付给没有集中控制点或协调点的网络。如何防止账本出现差错?例如,删除某个交易或者加入非法交易。为了解决这个问题,要保证历史交易不被修改,即一旦写入账本,历史交易就不能再被修改。这样,账本里可以添加新交易,但是写入的数据不能被改变。

任务5:分布账本。

账本只能添加属性,可以创建账本的分布式P2P系统,让账本的副本为请求的每个用户执行查询操作。在分布账本的过程中,节点间会相互通信和交互。

任务6:往账本中添加新交易。

分布式P2P系统包含很多成员,成员在计算机上又各自维护着所添加属性的区块链数据结构。因为数据结构允许添加新的交易数据,所以必须保证只有有效的和被授权的交易才能添加进去。这样既允许P2P系统的每个成员添加新交易,又允许每个成员变成其他端点的监督员。结果所有成员都监督别人,可指出其他端点的错误。

任务7:决定哪些账本表示事实。

新交易添加入P2P系统的各个账本中,由于不同的端点会收到不同的交易数据,所以各自维护的历史交易不同。由于系统存在不同版本的历史交易,因此要由一种方法确定哪个历史表示的是真实现状。

19.7 哈希数据

区块链中使用的关键技术是哈希技术,本节讨论哈希数据。

1. 哈希概述

哈希也称散列,就是将任意长度的输入(又叫前像,pre-image)通过散列算法转换成固定长度的输出,该输出就是哈希(散列)值。这种转换是一种压缩映射,也就是散列值的空间通常远小于输入的空间,不同的输入可能会散列成相同的输出,所以不可能从散列值来确定唯一的输入值。简单来说,哈希就是一个将任意长度的消息压缩到某一固定长度的消息摘要的函数。

可以将加密哈希值看成是一种数字指纹。在分布式 P2P 系统里,需要处理大量交易数据,我们需要迅速识别它们的唯一性并与它们进行比较,这时就需要通过数字指纹实现。

哈希函数是很小的计算机程序,可将任意数据转换为定长的整数。任意给定时刻,哈希函数只接受一部分数据作为输入,经过哈希函数的转换,转换成一个哈希值。哈希函数很多,其中一类称为密码哈希函数(cryptographic hash functions),该函数可为任意数据创建数字指纹。密码哈希函数具有如下性质。

● 快速为任何一种数据创建哈希值。实际上,这个性质是两个性质的组合:首先,哈希函数要能够为各种数据计算出哈希值,这是能力要求;其次,哈希函数要能够快速计算,这是速度要求。

● 确定性(deterministic)。确定性意味着哈希函数为相同的输入数据产生相同的哈希值。

● 伪随机性(pseudorandom)。伪随机性意味着输入数据变化时,哈希函数返回的哈希值是不可预见的。即使基本输入数据的变化只是一个比特,返回的哈希值也无法预测。

● 单向性。单向性是指无法通过输出逆向追溯其输入值。不可能通过逆向转换,基于哈希值恢复输入值。

● 抗冲突性(collision resistant)。哈希函数是抗冲突的,如果很难找到两个或多个数据片段,那么通过哈希后产生相同的哈希值。换言之,不同的数据片生成相同的哈希值的机会很小,这种哈希函数是抗冲突的。

2. 数据哈希模式

数据哈希模式可以分为独立哈希(independent hashing)、重复哈希(repeated hashing)、组合哈希(combined hashing)、顺序哈希(sequential hashing)和层次哈希(hierarchical hashing)等几种。

1) 独立哈希

独立哈希是指对每个数据片分别独立实施哈希运算,如对字符串"Hello World!",可以对"Hello"和"World!"做独立哈希,如图 19.8 所示。

2) 重复哈希

重复哈希是指重复使用哈希函数,如对"Hello World!"先做一次哈希得到哈希值 7F83B65,接着再做一次哈希得到哈希值 45A47BE7,如图 19.9 所示。

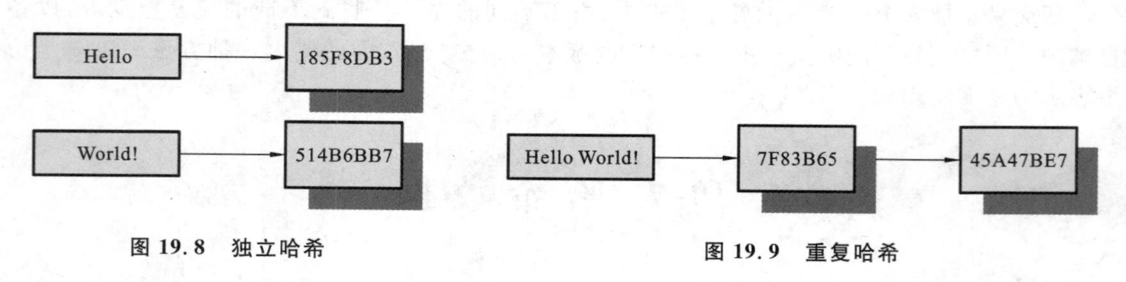

图 19.8 独立哈希

图 19.9 重复哈希

3) 组合哈希

组合哈希是在一次变换中让多个数据片变成一个哈希值。将数据组合起来需要耗费计算能力、时间和内存空间,只有独立数据片不是很多时才适合采用这种模式。组合哈希的缺点是,结果生成的是数据组合的一个哈希值,而无法生成独立数据片的哈希值,如图 19.10 所示。

4）顺序哈希

顺序哈希是一种随着新数据的到达逐步对哈希值更新的一种方式。首先对第一个输入的数据片实施哈希，获得哈希值，然后将该哈希值和新输入的数据片组合后重复实施哈希，获得新的哈希值。逐次递增，直至输入结束，如图19.11所示。

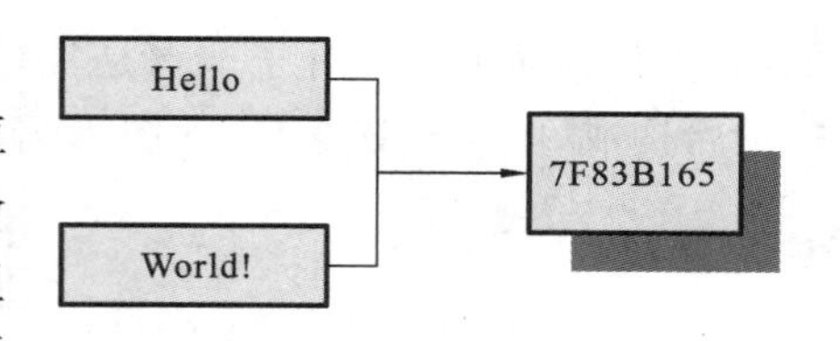

图19.10 组合数据后计算哈希值

5）层次哈希

如图19.12所示，对独立数据片实施哈希，获得多个哈希值，然后再将它们组合后生成一个哈希值。

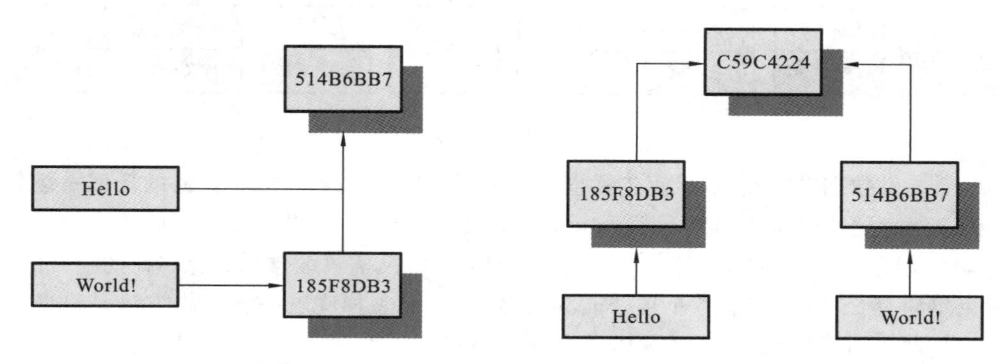

图19.11 顺序计算哈希值

图19.12 分层计算哈希值

3. 哈希指针

哈希指针(hash pointer)是指向数据块的哈希加密指针。就像大家熟悉的链接表，一个指针指向下一个数据块。与通常的链接表不同，哈希指针指向前一个数据块，用于验证数据没有被篡改。

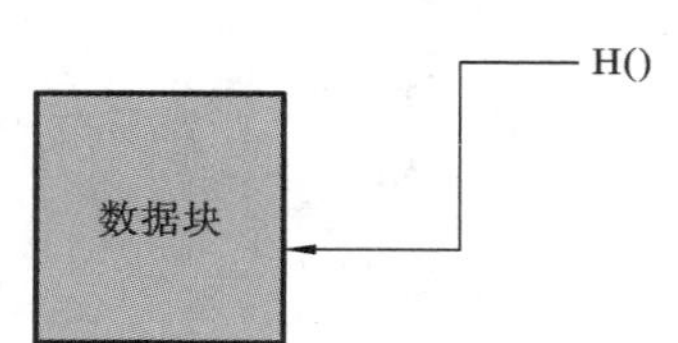

图19.13 交易一个块的哈希指针

使用哈希指针的目的是构建区块链以防篡改机制，其实现过程如图19.13所示。

如图19.14所示，每个数据块指针指向前一个数据块，称为“父块”，依次指向下去，直到指向源块。可以发现，如果数据被篡改，则数据和哈希指针不匹配，问题就被发现。

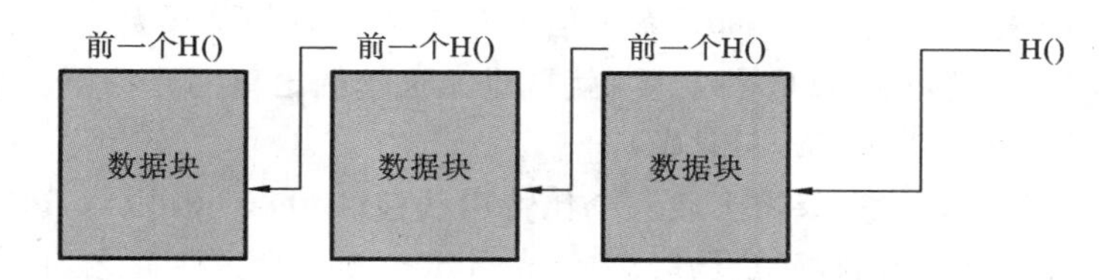

图19.14 哈希指针连接区块链中的数据块

19.8 默克尔树

默克尔树(Merkle trees)是一棵由加密哈希指针构成的二叉树，是一棵用于存储哈希值的二叉树。名字取自其发明者Ralph Merkle。默克尔树的叶子是数据块(例如，文件或者文件的集合)的哈希值。非叶子节点是其对应子节点串联字符串的哈希值。默克尔树由成对数据的哈希构成,叶子描述交易,如图 19.15 所示。

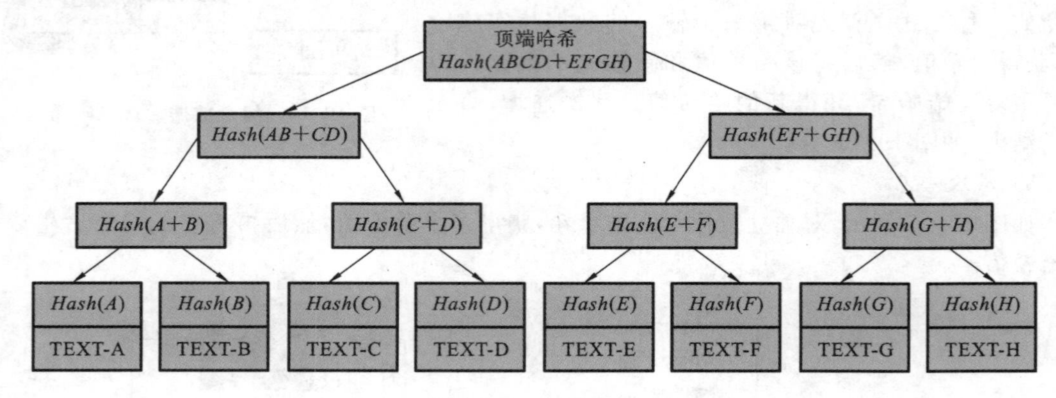

图 19.15 默克尔树

与哈希指针数据结构类似,默克尔树也保护数据篡改(tamper-proof)。树的任何一级数据和树中上面一级存储的哈希值如果不匹配,就发现了数据篡改。要想篡改整棵树的哈希值是很难的。这样也保证了交易序的完整性。要想改变交易的顺序,需修改整棵默克尔树的哈希值。

默克尔树是二叉树,有偶数个项。若为奇数个项,会怎样呢?一种解决方法是将最后一个交易进行复制,让树平衡。最后重复的交易不改变结果。

默克尔树提供了一种很有效的方法去验证某个指定交易属于特定的块。假如有 n 个交易,log n 次比对就能找到结果,因此验证的复杂度是 log n。

默克尔树不仅应用于区块链,在其他应用系统里使用也广泛,如 BitTorrent、Cassandra、Apache Wave 等。

19.9 比 特 币

区块链的风行,比特币起了主要推动作用。迄今不知道谁是发明者,自称中本聪(Satoshi Nakamoto)的推出了基于区块链的加密数字货币,即比特币(Bitcoin)。比特币的设计便于无中心的 Peer-to-Peer 的金钱交易,中间无需可信的第三方。总的货币数设计为 2100 万个(21 million)。一旦所有的比特币(BTC)都产生,就再也无法挖掘出新的比特币。最小的比特币值是 0.00000001 BTC,称为 1 个 Satoshi(聪)。

使用比特币无需技术准备,只需下载一个比特币钱包(Bitcoin wallet),运行它即可。值得一提的是,比特币不是全匿名的,而是伪匿名的(pseudonymous)。换言之,有方法可以追溯交易轨迹,暴露所有者。

与其他区块链一样,比特币区块链使用区块链数据结构。比特币核心客户端(Bitcoin core Client)使用 Google 的 LevelDB 数据库存储区块链数据结构。每个块由其哈希值来识别(比特币使用 SHA256 算法[①])。每个块的头部包含前一块的哈希值,如图 19.16 所示。

在图 19.16 这个区块链里,有一个块头部存放头信息,有一个块体部存放交易数据。每个

① https://en.wikipedia.org/wiki/SHA-2。

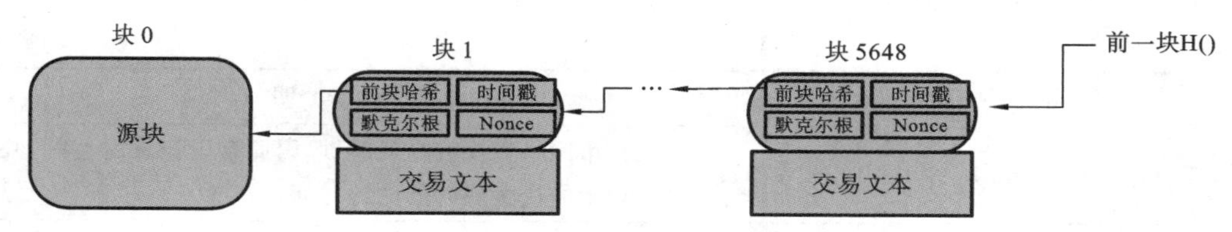

图 19.16　比特币区块链

块头部有指向前一个块的哈希值(即图中的“前块哈希”)。

比特币区块链的块结构如图 19.17 所示。

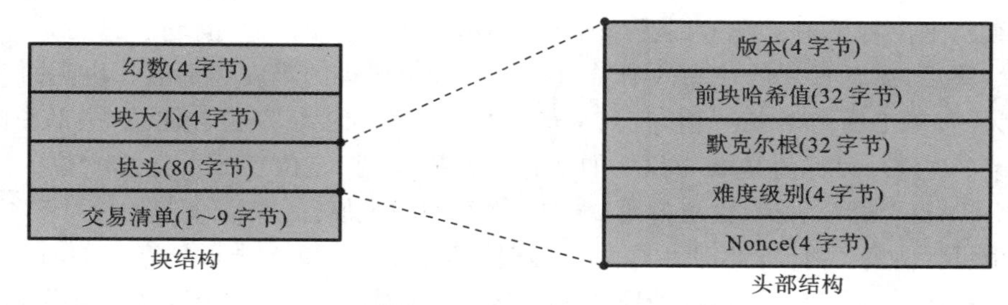

图 19.17　比特币区块链的块结构[①]

简单来说,块结构包含幻数、块大小、块头、交易计数和交易清单等,如表 19.2 所示。块头成分如表 19.3 所示。

表 19.2　块结构

Field	大　　小	说　　明
幻数(magic number)	4 字节	固定值为 0xD9B4BeF9,标志块的开始
块大小(block size)	4 字节	表述块的大小,最初比特币块是 1 MB,新版的“Bitcoin Cash”块大小是 2 MB
块头(block header)	80 字节	包含头信息,如前块哈希值、默克尔树根等
交易计数(transaction counter)	1~9 字节(可变长度)	该块中交易的总数
交易清单(transaction list)	数目可变,大小固定	给定块记录的所有交易清单,使用块的所有剩余空间(总块的大小是 1 MB)

表 19.3　块头成分

Field	大　　小	说　　明
版本(version)	4 字节	指示比特币协议的版本号,理想情况下,每个节点的版本号应当一样
前块哈希值(previous block hash)	32 字节	包含链里前一个块的块头的哈希。将前一个块的块头组合起来,使用 SHA256 算法,生成一个 256 位的结果
默克尔根(Merkle root)	32 字节	哈希块里的交易,生成一棵默克尔树,默克尔根是该树的根

① Nonce 为 number used once 或 number once 的缩写,在密码学中,Nonce 是一个只被使用一次的任意或非重复的随机数值。

续表

Field	大　小	说　明
时标(timestamp)	4 字节	比特币网络里没有全局时钟,因此字段记录的是以 UNIX 格式记录的块生成时的大约时间
难度级别(difficulty target)	4 字节	工作量证明(proof-of-work,POW)的难度级别,在块挖掘时设置
Nonce	4 字节	挖掘时满足工作量证明的随机数

难度级别是比特币中工作量证明(proof-of-work,POW)的一个问题。思路是,一旦由有效交易填好块后,需要计算的块头的哈希值小于同一个块头的难度级别值。块头的 Nonce 开始时设置为零,矿工递增 Nonce 值,直到头部哈希值小于难度级别值。注意,头部中的难度级别是 4 字节(32 位),目标值是 256 位。如何存放?压缩到 32 位存放。选 256 位的原因是比特币使用 SHA256 哈希块头,输出值是 $0\sim2^{256}$ 之间的一个值。

比特币设计为每 2016 个区块生成一个周期。根据以前 2016 个区块产生的时间,每 2016 个区块改变一次。预计每隔 10 分钟产生一个区块,因而产生 2016 个区块要花费两周时间。如果前 2016 个区块的产生时间大于两周,则难度级别会变大,否则难度级别会变小,挖矿难度增加。

比特币网络是一个去中心网络。起步时如何得到现有比特币块的所在地及 IP 地址?比特币核心客户端(Bitcoin core client)或 BitcoinJ 程序可以提供方法帮你去发现它,例如 DNS 种子(DNS seeds)。比特币社群成员负责维护 DNS 种子。

比特币交易是比特币系统的基本构成块,可以分为以下两类。

- coinbase transaction:比特币区块链中的每一块由创币交易(coinbase)构成,由挖矿者自己纳入,以便继续挖新币,这是由网络控制的,原始值为 50BTC。
- regular transactions:正规交易类似于常规的货币交易。

19.10 区块链分层结构

下面对区块链系统的分层结构进行讨论。区块链不仅是一种技术,而且是商务规则、经济学、博弈论、密码学和计算机科学技术的组合。参照 TCP/IP 协议栈(请参见参考文献[4]),可以将区块链系统分层。图 19.18 是区块链的分层结构图。

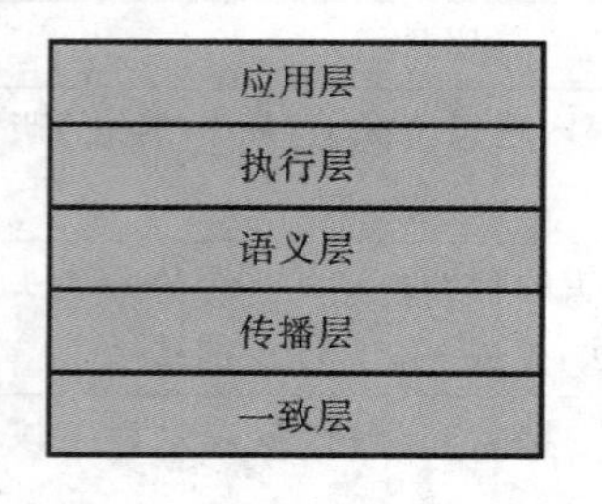

图 19.18　区块链的分层结构图

1. 应用层

如前所述,区块链的重要特征是数据的不变性、对参与者的透明性和抗攻击性等,这体现在应用层(application layer)上,区块链应用也构建在应用层上。用户在这层上为其所需的功能进行编码,可以使用经典的软件开发方法,如客户端程序编制、脚本开发、API、开发框架等。

2. 执行层

执行层(execution layer)负责执行应用层传递过来的指令,可以是一个简单指令,也可以是一个指令集。在执行过程中,需要保证事务的正确执行。区块链网络中的所有节点必须独立执行程序/脚本。按相同输入集和条件确定性地执行会在所有节点上产生相同的输出,有助于避免不一致性。

3. 语义层

语义层(semantic layer)是一个逻辑层,这里的事务和区块是有序的。来自执行层的事务由一组指令构成,在语义层得以验证其有效性。在比特币系统中,合法事务、双重支出问题、是否获得授权等都在语义层进行验证。

在这个层面会定义一些系统规则。

4. 传播层

在这个层面,前面尚未涉及的节点间协调问题需要通过传播层(propagation layer)是Peer-to-Peer通信层来解决,允许节点发现其他节点、相互交谈和同步。众所周知,生成事务后会广播在整个网络;当节点推出有效块时,也会立即传播于整个网络,以便让其他节点书写相关数据。简言之,事务和块的传播在这个层面定义,以确保网络的稳定性。

5. 一致层

一致层(consensus layer)是区块链的基础层。这一层的基本目的是让网络所有节点的记账处于一致状态。区块链系统的安全性也要在这个层面确认。

19.11 区块链应用

大家熟悉的区块链应用可能是比特币,这是源于2009年的一种数字货币。现在私有的区块链也在大型企业或产业联盟里部署。动力是一些IT厂商通过区块链即服务(blockchain-as-a-service)方式提供快速开发部署的功能。

19.11.1 企业和行业应用

区块链是一种基础行业平台技术,可用于不同的行业,如农业、公用事业、矿业、制造业、零售业、交通、旅游、教育、媒体、健康和共享经济。

1. 供应链管理

供应链可以看成是物理资产所有权的变化和处置,需要跟踪其变化,这样,关键事件和契约可以通过区块链记录下来,可以借助区块链中存放的数据进行通信交流。

2. 数字版权和IP管理

数字版权可以为媒体资产或其他的实施产权提供可信任的登记注册,提供管理、指派或转移对这些资产访问和权益信息的功能。注意,媒体本身不必存放在区块链内,但加密哈希、元数据和其他标识应存放在区块链里。

3. 数据管理

区块链可用来为分布式数据创建一个元数据层。虽然海量数据集本身不存放在区块链里,但是可以用来发现和集成这些数据集合,实现数据分析服务。在区块链上实现的访问控制机制可以让公共数据资源和私有数据集及服务方便集成起来。

4. 证据保存

区块链可用于记录数据或文档存在的证据，可以将文档内容加密哈希值记录下来，同时为其赋予时间戳。

19.11.2 财经金融服务

区块链在财经金融服务领域的应用是显而易见的，如数字货币。数字货币作为一种新形态货币，区块链技术构造的数字货币有其独特的特色，已经得到各方面的关注。类似的应用还有国际间支付、安全清算等。

19.11.3 政务服务

区块链可以改善政府服务交付、部门间的协作，主要包括以下几方面。

- 登记注册和辨识。关于人、公司或设施、许可和认证的辨识等都可通过区块链实现。在区块链中，存储登记条目或条目的加密验证可以帮助电子政务的实施。区块链可用于为人或企业共享认证标识。
- 份额管理(quota management)。对于物理资源的限额、分配或权益，政府可以通过区块链进行判归和跟踪，如水资源分配、碳排放分配。
- 税务。借助区块链可以帮助税务部门有效、准确地管理征税。

第三部分　应用篇

第20章 物联网的分布式数据库系统支持

20.1 物 联 网

20.1.1 物联网的提出

物联网(Internet of things,IOT)通过传感器、射频识别(radio frequency identification,RFID)技术、全球定位系统等技术,实时收集需要监控、连接、互动的物体,再收集其声、光、热、电、力学、化学、生物、位置等各种需要的信息,通过各类可能的网络接入,实现物与物、物与人的泛在连接,实现对物品和过程的智能化感知、识别和管理。

物联网这个词,国内外普遍公认的是 MIT Auto-ID 中心的 Ashton 教授于 1999 年在研究射频识别时提出来的。在 2005 年国际电信联盟(ITU)发表的同名报告中,物联网的定义和范围发生了变化,覆盖范围有了较大扩展,不再只是基于 RFID 技术的物联网。

2005 年 11 月 17 日,在突尼斯举行的信息社会世界峰会(WSIS)上,国际电信联盟(ITU)发布了《ITU 互联网报告 2005:物联网》,正式提出了物联网的概念。《ITU 互联网报告 2005:物联网》指出,无所不在的“物联网”通信时代即将到来,世界上所有的物体都可以通过因特网主动进行交换,包括从轮胎到牙刷、从房屋到纸巾、从汽车到衣服,等等。

IBM 公司前首席执行官郭士纳曾提出一个观点,认为计算模式每隔 15 年发生一次变革。1965 年后发生的变革以大型机为标志,1980 年后发生的变革以个人计算机为标志,1995 年后发生的变革以互联网为标志,2010 年后发生的变革以物联网为标志。

2009 年 1 月 28 日,奥巴马就任美国总统后,与美国工商业领袖举办了一次“圆桌会议”。作为仅有的两名代表之一,IBM 公司的首席执行官彭明盛首次提出“智慧地球”这一概念,建议新政府投资新一代的智慧型基础设施。IBM 公司认为,IT 产业下一阶段的任务,是把新一代的 IT 技术充分运用到各行各业中,地球上的各种物体将被普遍连接,形成物联网。

简言之,物联网指的是将无处不在的(ubiquitous)末端设备(devices)和设施(facilities),包括具备“内在智能”的传感器、移动终端、工业系统、楼控系统、家庭智能设施、视频监控系统等与“外在使能”(enabled)的设施,如贴上 RFID 的各种资产(assets)、携带无线终端的个人与车辆等智能化物件或动物或“智能尘埃”(mote)①,通过各种无线和/或有线的长距离和/或短距离通信网络实现互联互通(M2M②)、应用大集成(grand integration),以及基于云计算的 SaaS 营运等模式,在内网(Intranet)、专网(Extranet)和/或互联网(Internet)环境下,采用适当的信息安全保障机制,提供安全可控乃至个性化的实时在线监测、定位追溯、报警联动、调度指

① mote 是指具有计算功能的超微型传感器,一般由微处理器、双向无线电接收装置和无线网络的软件共同组成。

② M2M 是机器对机器(machine-to-machine)的简称。

挥、预案管理、远程控制、安全防范、远程维护、在线升级、统计报表、决策支持、领导桌面等管理和服务功能，实现对“万物”的“高效、节能、安全、环保”的“管、控、营”一体化。物联网的特点包含以下几个方面。

- 将越来越多的、被赋予一定智能的设备和设施相互连接。
- 通过各种无线、有线的长距离或短距离通信网络，内网（Intranet）、专网（Extranet）或互联网（Internet）等在确保信息安全的前提下，实现选定范围内的互联互通。
- 提供在线监测、定位追溯、报警联动、调度指挥、远程控制、安全防范、远程维护、决策支持等管理和服务功能。
- 对“物”进行基于网络、实时高效、绿色环保的控制、运行和管理。

在物联网中，射频识别（RFID）技术是实现物联网的关键技术之一。RFID 技术是一种自动识别技术，它利用射频信号实现无接触信息传递，达到物品识别的目的。RFID 技术与互联网、移动通信等技术相结合，可以帮助实现全球范围内物品的跟踪与信息的共享，从而给物体赋予智能功能，实现人与物体、物体与物体的沟通和对话，最终构成连通万事万物的物联网。

20.1.2　物联网的概念

物联网是一种通过射频识别（RFID）、红外感应器、全球定位系统、激光扫描器等信息传感设备，按照约定的协议，将物品与互联网连接起来，进行信息交换和通信，以实现智能化识别、定位、跟踪、监控和管理的一个信息网络。

从物联网的英文名称（Internet of things）可见，物联网就是物物相连的互联网。这至少有两层意思：第一，物联网的核心和基础仍然是互联网，是在互联网基础之上延伸和扩展的一种网络；第二，其用户端延伸和扩展到了物品与物品之间进行的信息交换及通信。

物联网概念的问世，打破了之前的传统思维。过去的思维一直是将物理基础设施和 IT 基础设施分开，一方面是机场、公路、建筑物等物理基础设施，另一方面是数据中心、个人计算机、宽带等 IT 基础设施。而在物联网时代，钢筋混凝土、商品、电缆等将与芯片、宽带整合为统一的基础设施，在此意义上，基础设施更像是一个新的地球，故也有业内人士认为物联网是智慧地球的有机构成部分。

根据国际电信联盟（ITU）的描述，在物联网时代，通过在各种各样的日常用品上嵌入一个短距离的移动收发器，人类在信息与通信的世界里将获得一个新的沟通维度，从任何时间、任何地点人与人之间的沟通和连接，扩展到任何时间、任何地点人与物、物与物之间的沟通和连接。

2005 年，国际电信联盟的一份报告曾描绘了物联网时代的画面：司机出现操作失误时汽车会自动报警；公文包会提醒主人忘带了什么东西；衣服会告诉洗衣机对颜色和水温的要求；装载货物时汽车会告诉你还有多少剩余空间，并告诉你怎样搭配装载轻的货物（其实这些目前都已实现）。

物联网将把新一代 IT 技术充分运用到各行各业之中。具体来说，就是把感应器嵌入电网、铁路、桥梁、隧道、公路、建筑、供水系统、大坝、油气管道和商品等各种物体中，然后将物联网与现有的互联网整合起来，实现人类社会与物理系统的整合。在这个整合的网络当中，存在能力超级强大的中心计算机群，能够对整合网络内的人员和设备实施实时的管理与控制。在此基础上，人类可以以更加精细和动态的方式管理生产与生活，这将极大提高资源利用率和生产力水平。

世界上的万事万物，小到手表、钥匙，大到汽车、楼房，只要嵌入一个微型感应芯片，把它变得智能化，这个物体就可以“自动开口说话”，再借助无线网络技术，人们就可以和物体“对话”，物体和物体之间也能“交流”，这就是物联网的作用。物联网搭上互联网这座桥梁，在世界的任何一个地方，我们都可以即时获取万事万物的信息。

20.1.3 物联网的原理

物联网是在计算机互联网的基础上，利用射频识别、无线数据通信等技术，通过计算机互联网实现物品的自动识别和信息的互联与共享，让物品能够彼此进行“交流”，无需人的干预。其中，射频识别技术是物联网中非常重要的技术，射频识别技术是能够让物品“开口说话”的一种技术。在物联网的最初构想中，每个物品都有一个电子标签，电子标签中存储着规范且具有互用性的信息，通过无线网络将电子标签的信息自动采集到中央信息系统，实现物品的识别。

以射频识别技术为基础，物联网结合已有的网络技术、数据库技术、中间件技术等，构筑一个由大量联网的读/写器和无数移动的电子标签组成的、比 Internet 更为庞大的网络。

进一步说，物联网需要各行各业的参与，是一项综合性的技术，是一项系统工程。物联网的规划、设计和研发，关键在于射频识别、传感器、嵌入式软件以及传输数据计算等领域技术的发展。

一般来讲，物联网的主要工作包含以下几方面。

(1) 对物体属性进行标识，静态属性可以直接存储在电子标签中，动态属性需要由传感器实时探测。

(2) 需要各种自动识别设备，尤其是射频识别设备来完成对物体属性的读取，并将信息转换为适合网络传输的数据格式。

(3) 将物体的信息通过网络传输到信息处理中心，由信息处理中心完成物体间通信的相关计算，然后进行信息的交换和通信。

一个物联网基础系统，简单的话，是一组设备，设计于对某个/些事件或观测生成、消费或呈现的数据，其中包括生成数据的设施，如传感器、组合数据加以演绎的设施，用于表格化和存储数据的设施，用于呈现数据的设施或系统等，它们都可以接入互联网。有些东西可能集成到一个设施里，如集成到一个网络摄像机里，也可能使用传感组包(sensor package)和监控单元(如气象站)，甚至使用由专用传感器、聚合器(aggregators)、数据存储器和展示部件构成的复杂系统。

虽然场景喜人，但是问题也随之产生，首先是担忧。担忧之一是数据过载，担忧之二是出现海量数据。

互联网将人连接起来，物联网将设备(物)连接起来，物的数量远远大于人。因此，数据过载(data overload)问题一直困扰大家：系统能承受吗？IP 地址够吗？能为每台设备赋予 IP 地址吗？首先触及的是地址空间问题。其次是如此大数量的数据(大数据)系统能承担吗？当然，质量和安全是随之而来的次要问题。

设施的编址有问题，IP 地址确实不够。因此，从目前的 IPv4 升级到 IPv6 成了主要选项。这个问题我们在相关章节讨论。

随着越来越多的设施加入物联网，数据大小呈指数级增长。我们发现，单个数据库无法支持数据的增长。多数据库系统摆上了桌面，处理时，还需要临时存储系统提供分析服务。

20.1.4 IP 地址——IPv6

物联网构建在互联网基础上，而互联网标识依赖于 IP 地址。IP 地址的不足是影响物联网发展的重要因素之一，原因是目前广泛使用的 IPv4 数量有限，无法支持物联网众多设备的接入。IPv6 的引入可以缓解地址不足的问题。

1. TCP/IP 协议及其层次

TCP/IP 是 Internet 所采用的协议组，TCP 和 IP 是其中两个重要的协议，因此 TCP/IP 就成为这个协议组的代名词。这里，TCP 是 transmission control protocol 首字母的缩写，称为传输控制协议，负责从端到端的数据传输，IP 是 Internet protocol 首字母的缩写，称为网络互联协议，负责网络互联。

TCP/IP 是一个分层的网络协议，但它与 OSI 模型所分的层次不同。TCP/IP 自底向顶可以分为网络接口层、网际网层、传输层、应用层等四层。简单来说，TCP/IP 协议的分层与 OSI 模型的对比及层次传递的对象如图 20.1 所示。

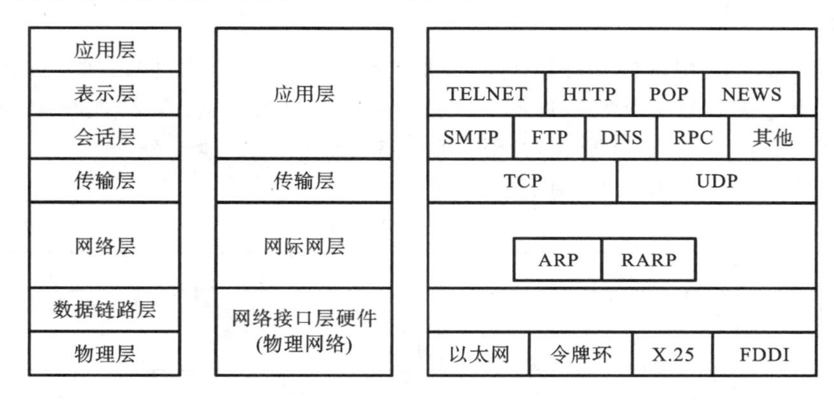

图 20.1 TCP/IP 协议的分层与 OSI 模型的对比及层次传递的对象

图 20.1 展示了 TCP/IP 与 OSI 模型的层次对应关系和各层传递的对象，并列出了 TCP/IP 的主要协议及其依赖关系。下面对各层的功能进行简单说明。

1）网络接口层

这是 TCP/IP 协议的最底层，其中包括多种逻辑链路控制协议和媒体访问协议，例如，广域网、局域网协议等任何可用于 IP 数据报交换的分组传输协议。网络接口层的功能是接收 IP 数据报，并通过特定的网络进行传输，或者从网络上接收物理帧，抽取出 IP 数据报并转交给网际网层。网络接口层的协议标准很多，从而使得 TCP/IP 协议有很好的适应性与广泛性。

2）网际网层(IP 层)

网际网层包括 IP(网络互联协议)、ICMP(Internet control message protocol，互联网控制报文协议)、ARP(address resolution protocol，地址解析协议)、RARP(reverse address resolution protocol，反向地址解析协议)。该层负责相同或不同网络中计算机之间的通信，主要处理数据报文和路由。在 IP 层中，ARP 协议用于将 IP 地址转换成物理地址；RARP 协议用于将物理地址转换成 IP 地址；ICMP 协议用于报告差错和传送控制信息。IP 协议横跨整个协议层，这就意味着上层软件的外出数据报文，以及下层协议收到的进入数据都必须通过 IP 层进行传输或处理。因此，IP 协议在 TCP/IP 协议组中处于核心地位。

3）传输层

传输层提供 TCP(transmission control protocol，传输控制协议)和 UDP(user datagram protocol，用户数据报协议)两个协议，它们都建立在 IP 协议的基础上。其中，TCP 提供可靠的面向连接服务，UDP 提供简单的无连接服务。显然，对质量要求高的数据通信往往使用

TCP 协议,对质量要求低的数据通信往往使用 UDP 协议,后者的使用成本要比前者的低。传输层提供端到端,即应用程序之间的通信,主要功能是数据格式化、数据确认和丢失重传等。

4) 应用层

TCP/IP 协议的应用层相当于 OSI 模型的会话层、表示层和应用层,该层向用户提供一组常用的应用层协议,主要包括以下几方面。

(1) 依赖于 TCP/IP 协议,包括远程终端协议(TELNET)、远程登录和远程 shell 执行、文件传输型的简单邮件传输协议(SMTP)、文件传输协议(FTP)等。

(2) 依赖于 UDP 协议,例如,单纯文件传输协议(TFTP)、远程过程调用(RPC)协议等。

(3) 依赖于 TCP 和 UDP 协议,例如,域名系统(DNS)协议、通用管理信息协议。

此外,在应用层中还包含用户应用程序,它们均是建立在 TCP/IP 协议组之上的专用程序。

2. IP 地址

IP 地址是 TCP/IP 协议的基础。IP 协议要求在每次与 TCP/IP 网络建立连接时,每台主机都必须为这个连接分配一个唯一的 32 位地址(IPv4),因为在这个 32 位的 IP 地址中,不但可以用来识别某一台主机,而且隐含着网际间的路由信息。IP 地址分为 A、B、C、D、E 等,表 20.1 就是 A、B、C、D、E 等五类 IP 地址的概貌。

表 20.1 五类 IPv4 地址

0	1　　7	8　　31
0	网络地址 ID(7 bits)	主机地址 ID(24 bits)
A 类地址		
01	2　　15	16　　31
10	网络地址 ID(14 bits)	主机地址 ID(16 bits)
B 类地址		
012	3　　23	24　　31
110	网络地址 ID(21 bits)	主机地址 ID(8 bits)
C 类地址		
0123	4	31
1110	广播地址 ID(28 bits)	
D 类地址		
01234	5	31
11110	保留用于未来与实验使用	
E 类地址		

还有一些特殊的 IP 地址如下。

● 如果网络 ID 为 127,主机地址任意,则这种地址可以用作循环测试,但不可用作其他用途。

● 在 IP 地址中,如果某类网络的主机地址为全 1,则该 IP 地址表示是一个网络或子网的广播地址。

● 在 IP 地址中,如果某类网络的主机地址为全 0,则该 IP 地址表示为网络地址或子网地址。

一些私有地址的范围如下。

10.0.0.1～10.255.255.254　　(A 类)

172.13.0.1～172.32.255.254　　(B 类)

192.168.0.1～192.168.255.254　　(C 类)

3. 子网及子网掩码

子网是指在一个 IP 地址上生成的逻辑网络，它使用源于单个 IP 地址的 IP 寻址方案。将一个网络分成多个子网，要求每个子网使用不同的网络 ID，通过将主机号（主机 ID）分为两个部分，为每个子网生成唯一的网络 ID。其中，一部分用于标识作为唯一网络的子网，另一部分用于标识子网中的主机。

子网掩码是一个 32 位地址，用于屏蔽 IP 地址的一部分，以区别网络 ID 和主机 ID；用于将网络分割为多个子网；判断目的主机的 IP 地址是在本地网络还是在远程网络。在 TCP/IP 网络上的每一个主机都要求有子网掩码。这样，当 TCP/IP 网络上的主机相互通信时，就可用子网掩码来判断这些主机是否在相同的网段内。

子网掩码的作用是声明 IP 地址的哪些位为网络地址，哪些位为主机地址。TCP/IP 协议利用子网掩码判断目标主机地址是位于本地网络还是位于远程网络。

上面介绍了子网以及利用子网掩码来划分子网，那么不同的网络段之间是怎样进行互联的呢？这就需要通过设置 IP 路由来实现。

路由是数据从一个节点传输到另外一个节点的过程。在 TCP/IP 网络中，同一网络区段中的计算机可以直接通信，不同网络区段中的计算机要相互通信，则必须借助以下 IP 路由。

- IP 地址：标识 TCP/IP 主机的唯一的 32 位地址①。
- 子网掩码：用来测试 IP 地址是在本地网络还是远程网络。
- 默认网关：与远程网络互联的路由器的 IP 地址。如果没有规定默认网关，则通信仅局限于局域网内部。

4. Internet 的域名管理

域名系统（DNS）是一种基于分布式数据库技术的命名系统，目的是给网络上的主机一个全球唯一的命名。域名系统采用客户端/服务器模式进行主机名称与 IP 地址之间的转换。通过建立 DNS 服务器数据库，记录主机名称与 IP 地址的对应关系，并驻留在服务器端为处于客户端的主机提供 IP 地址的解析服务。

任何一个连接在 Internet 上的主机或路由器，都有一个唯一的层次结构名字，即域名。这里的“域”是名字空间中一个可被管理的划分。例如，华东师范大学网络的域为“ecnu. edu. cn”。当然，域名只是一个逻辑上的概念，并不反映计算机所在的物理地点。

用户在设置网络时，可以在“DNS 服务器搜索顺序”中输入要使用的 DNS 服务器的 IP 地址，点击“添加”按钮，则该 DNS 服务器即被设定，并且被显示在 DNS 服务器列表框中。排在最前面的 DNS 服务器将被该工作站首先使用，当该 DNS 服务器进行地址解析失败后，将使用后面的 DNS 服务器进行地址解析。

我们发现，当初 IP 地址的设计有很多不合理的地方。为此，在 1992 年 6 月就提出要制定下一代的 IP，即 IPng（IP next generation）。由于 IPv5 打算用作面向连接的网际层协议，因此 IPng 现正式称为 IPv6。1995 年以后陆续公布了一系列有关 IPv6 的协议、编址方法、路由选择以及安全等问题的 RFC 文档。

IPv6 主要具备以下几个特点。

- IPv6 把原来 IPv4 地址增大到了 128 位，是原来 IPv4 地址空间的 2^{96} 倍。
- IPv6 的 IP 协议并不是完全抛弃了原来的 IPv4，且允许与 IPv4 在若干年内共存。

① 当然，这是就 IPv4 而言。

● 相比 IPv4，IPv6 对 IP 数据报协议单元的头部进行了相应的简化，仅包含 7 个字段（IPv4 有 13 个），这样数据报经过中间的各个路由器时，各个路由器对其处理的速度加快，这样提高了网络吞吐率。

● IPv6 在安全方面有很大改善。

在 IPv6 的数据报中，最前面是基本报头，接着是多个扩展报头，也可以没有，然后是数据区。换言之，一个最小的 IPv6 数据报可以只包含基本报头和数据区。IPv6 数据报的一般格式如图 20.2 所示。

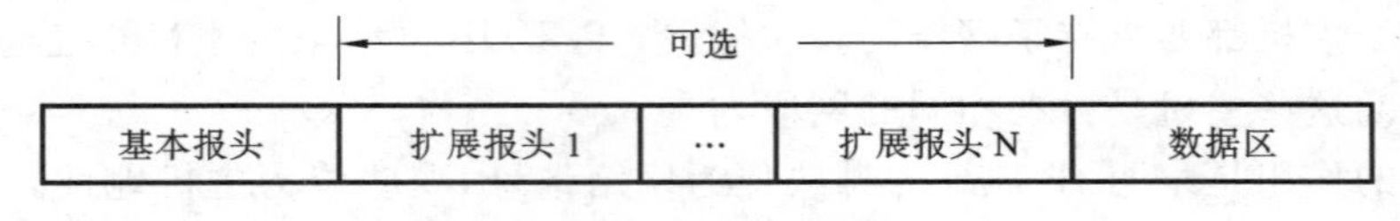

图 20.2 IPv6 数据报的一般格式

由于 IPv4 数据报报头的选项和其他固定字段被移到了 IPv6 的扩展报头里，因此 IPv6 基本报头中所包含的信息要比 IPv4 的少。

图 20.3 给出了 IPv6 数据报的报头格式。每个 IPv6 数据报的基本报头长 40 字节，在基本报头里，"版本"字段用于指明协议是第 6 版；"优先级"字段用于指明路由的优先级别。

0	4	12	16	24 31
版本	优先级	流标记		
负荷长度			下一站头部	站限制
源地址				
目的地地址				

图 20.3 IPv6 数据报的报头格式

与 IPv4 数据报的报头格式相比，IPv6 数据报的报头有以下几点不同。

● 取消了"头标长"字段，用"负荷长度"字段取代，但与前者不同的是，IPv6 的"负荷长度"字段中只给出数据报所携带数据的大小，报头本身的长度不包含在内。

● "源地址"和"目的地地址"字段长度增加为各占 16 字节。

● IPv4 中存放分片信息的"标识"、"标志"、"片偏移"字段由报头中的固定位置移到了 IPv6 中的扩展报头中。

● IPv4 中的"生存时间"字段改为 IPv6 中的"站限制"字段。

● IPv4 中的"服务类型"字段改为 IPv6 中的"流标记"字段，该字段是为了那些需要保证性能的应用（例如实时话音与视频传输）而设的，它能将数据报与特定的底层网络路径联系起来。

● IPv4 中的"协议"字段改为 IPv6 中的"下一站头部"字段，该字段用来指明基本报头后面的信息类型。例如，若数据报包含一个扩展报头，则"下一站头部"字段指明扩展报头的类型；

反之，若无扩展报头，则该字段指明数据报所携带数据的类型。

为了适应 Internet 的迅速发展，IPv6 对 IP 地址空间进行了大幅度的扩展。

在 IPv6 中，每个 IP 地址占 16 个字节，即 128 位(bit)，它是 IPv4 中 IP 地址长度的 4 倍。如此定义的 IP 地址可以适应 Internet 在较长时期内的发展需要，但是人们在实际应用时，无论阅读、输入，还是管理，都十分不方便。例如，我们使用传统的所谓“点分十进制”表示法来描述一个 128 位(bit)长的 IP 地址：

105.220.136.100.255.255.255.255.0.0.18.128.140.10.255.255

为了减少书写 IP 地址所用的字符个数，IPv6 的设计者建议采用一种更加紧凑的方法，称为“冒分十六进制”(Colon Hexadecimal Notation，简写为 Colon Hex)表示法。该方法的要点是：每 16 位(bit)为一组，用十六进制数表示，并用冒号将其分隔。

这样，上述 IP 地址可用“冒分十六进制”表示为：

69DC：8864：FFFF：FFFF：0：1280：8COA：FFFF

另外，还有一种称为零压缩(zero compression)的表示方法，可以进一步减少 IP 地址中的字符个数，其要领是：用两个冒号代替连续的 0。在 IPv6 中，大的地址空间可使很多 IP 地址包含大量的零字符串，这时零压缩表示法特别有用。例如，IP 地址 FDC6：0：0：0：0：0：0：BOC 就可以记为 FDC6：：BOC。

为了与 IPv4 兼容，IPv6 的设计者特意把 IPv4 现有的 IP 地址映射到了 IPv6 的地址空间中。IPv6 中规定：对于任何 IP 地址，若开始 80 位是全 0，接着 16 位是全 1 或全 0，则它的低 32 位就是一个 IPv4 地址。

20.1.5　应用与影响

物联网用途广泛，可用于公共安全、工业生产、仓储物流、环境监控、智能交通、智能家居、公共卫生、健康监测等领域，让人们享受到更加轻松、安全的生活。现在，大家可以看到，智能联网设备不断涌现，白色家电联网、车联网等已经开始发展和大规模普及。

要真正建立一个有效的物联网，需要两个重要因素，一是规模性，二是流动性。首先，只有具备了规模，才能使物品的智能发挥作用。例如，一个城市有 100 万辆汽车，如果只在 1 万辆汽车上安装智能系统，就不可能形成智能交通系统。同时，只有具备了流动性，才能反映实时数据。物品通常都不是静止的，而是处于运动的状态，必须保持物品在运动状态，甚至在高速运动状态都随时“对话”。

在物联网普及以后，用于动物、植物、机器和物品的传感器、电子标签以及配套接口装置的数量，将大大超过手机的数量。物联网的推广将成为推进经济发展的又一个驱动器，为产业开拓又一个潜力无穷的发展机会。美国权威咨询机构 FORRESTER 曾预测，到 2020 年，世界上物与物互联的业务和人与人通信的业务的比例将达到 30：1，因此物联网被称为是下一个万亿级的通信业务。

20.1.6　问题

物联网目前还存在许多问题，包括安全隐私问题，技术标准的统一与协调问题，政策、法规和管理平台的形成问题等，这些问题都是物联网马上要面对的问题。

1. 安全隐私问题

中国大型企业和政府机构如果与国外机构进行项目合作，如何确保企业商业机密、国家机密不被泄漏，这不仅涉及技术问题，而且涉及国家安全问题。因此，物联网的安全问题必须引起高度重视。

在物联网中，RFID技术是一项很重要的技术。在RFID系统中，电子标签有可能预先被嵌入物品中，比如人们的日常生活物品中，但由于该物品的拥有者不一定能够觉察到电子标签，该物品的拥有者可能不受控制地被扫描、定位和追踪，这势必会使个人的隐私问题受到侵犯。

2. 技术标准的统一与协调问题

互联网发展到今天，有一件事解决得非常好，就是标准化问题。全球进行传输的TCP/IP协议、路由器协议、终端的构架与操作系统，这些都解决得非常好，因此在世界任何一个角落，使用每台电脑连接到互联网中，都可以很方便地上网。物联网发展过程中，传感、传输、应用各个层面会有大量的新技术出现，如果各行其是，那结果将是灾难性的，不能形成规模经济，不能形成整合的商业模式，也不能降低研发成本。因此，尽快统一技术标准，形成一种管理机制，这是物联网马上就要面对的问题。开始时这个问题解决得好，以后就很容易，开始时解决得不好，那么以后问题就很难解决。

3. 政策、法规和管理平台的形成问题

物联网不是一个小产品，也不是一个企业可以做出来的。物联网不仅需要技术，更会牵涉各行各业，需要多种力量的整合。这就需要国家的产业政策和立法走在前面，要制定出适合这个行业发展的政策和法规，保证行业的正常发展。

物联网需要建立一个全国性的、庞大的、综合性的业务管理平台，收集各种传感信息，进行分类管理，进行有指向性的传输，这就需要建立起一个全国性高效率的网络。这个平台，电信运营商最有力量与可能来建设。当然，也可能会有新的管理平台建设者出现，这个平台的建设者会在未来的物联网发展中取得较好的市场地位，甚至是最大的受益者。

20.2 物联网关键技术

20.2.1 标识与自动识别技术

随着人类社会步入信息时代，人们所获取和处理的信息量不断加大。传统的信息采集与输入是通过人工手段录入的，不仅劳动强度大，而且数据误码率高。使用以计算机和通信技术为基础的自动识别技术，可以对信息进行自动识别，并可以工作在各种环境之下，可以让人类对大量数据信息进行及时、准确的处理。显然，自动识别技术是物联网体系的重要组成部分，借此可以对每个物品进行标识和识别，并可以实时更新数据，是构造全球物品信息实时共享的重要组成部分，是物联网的基石。

1. 自动识别技术的概念

自动识别技术(auto identification and data capture，AIDC)是一种高度自动化的信息或数据采集技术，借此对字符、影像、条码、声音、信号等记录数据的载体进行机器自动识别，自动地获取被识别物品的相关信息，并提供给后台的计算机系统以完成相关后续处理。

自动识别技术是用机器识别对象的众多技术的总称，具体来讲，就是应用识别装置，通过被识别物品与识别装置之间的接近活动，自动地获取被识别物体的相关信息。以常见的水果为例，就是说，要能很快、明确地自动识别出这个“苹果”不是那个“苹果”。自动识别技术可以应用在制造、物流、防伪和安全等领域中，可以采用光识别、磁识别、电识别或射频识别等多种识别方式，是集计算机、光、电、通信和网络技术为一体的高技术学科。

信息识别和管理过去大多以单据、凭证、传票为载体，使用手工记录、电话沟通、人工计算、邮寄或传真等方法，对物流信息进行采集、记录、处理、传递和反馈，这种方式陈旧，不仅极易出现差错、导致信息滞后，也使得管理者对物品在流动过程中的各个环节难以统筹协调，不能系统地控制，更无法实现系统优化和实时监控，从而造成效率低下和人力、运力、资金、场地的大量浪费。几十年来，自动识别技术在全球范围内得到了迅猛发展，从而极大地提高了数据采集和信息处理的速度，改善了人们的工作和生活环境，提高了工作效率，并为管理的科学化和现代化做出了重要贡献。

完整的自动识别计算机管理系统主要包括自动识别系统、应用程序接口（中间件）和应用系统。自动识别得到的信息，可以在“互联网”的基础上，将其用户端延伸和扩展到任何物品，并在人与物品之间进行信息交换和通信，这就构成了物联网体系。

2. 自动识别技术的分类

自动识别技术的分类方法很多，可以按照国际自动识别技术的分类标准进行分类，也可以按照应用领域和具体特征的分类标准进行分类。

按照国际自动识别技术的分类标准，自动识别技术可以分为数据采集技术和特征提取技术两大类。数据采集技术可以分为光识别技术、磁识别技术、电识别技术和无线识别技术等。特征提取技术分为静态特征识别技术、动态特征识别技术和属性特征识别技术等。

按照应用领域和具体特征的分类标准，自动识别技术可以分为条码识别技术、生物识别技术、图像识别技术、磁卡识别技术、IC卡识别技术、光学字符识别技术和射频识别技术等。

1）条码识别技术[①]

条（形）码是由一组按一定编码规则排列的条（纹）、空（白）和数字符号组成，用以表示一定的字符、数字及符号组成的信息。

条形码技术最早产生于20世纪20年代，诞生于西屋公司（Westing House）的实验室里。那时，约翰·科芒德（John Kermode）想对邮政单据实现自动分拣。他的想法是在信封上做条码标记，条码中的信息是收信人的地址，就像今天的邮政编码。为此，科芒德发明了最早的条码标识，设计方案非常简单，即一个“条”表示数字“1”，两个“条”表示数字“2”，依此类推。然后，他又发明了由基本的元件组成的条码识读设备：一个扫描器，能够发射光并接收反射光；一个测定反射信号条和空的方法，即边缘定位线圈；使用测定结果的方法，即译码器。科芒德的扫描器利用当时新发明的光电池来收集反射光。“空”反射回来的是强信号，“条”反射回来的是弱信号。与当今高速度的电子元器件应用不同的是，科芒德利用磁性线圈来测定“条”和“空”。科芒德用一个带铁芯的线圈在接收到“空”的信号的时候吸引开关，在接收到“条”的信号的时候释放开关并接通电路。因此，最早的条码阅读器噪音很大。开关由一系列的继电器控制，“开”和“关”由打印在信封上“条”的数量决定。通过这种方法，条码符号直接对信件进行

① https://baike.baidu.com/item/条形码/278988?fr=aladdin。

分检。此后不久，科芒德的合作者道格拉斯·杨(Douglas Young)，在科芒德码的基础上做了些改进。科芒德码所包含的信息量相当低，并且很难编出十个以上不同的地区代码。而杨码使用更少的条，但是利用条之间空的尺寸变化，就像今天的UPC条码符号使用四个不同的条空尺寸。新的条码符号可在同样大小的空间对一百个不同的地区进行编码，而科芒德码只能对十个不同的地区进行编码。

随着条码的发展和演变，目前条码的种类很多，大体可以分为一维条码和二维条码两种。一维条码和二维条码有许多码制，条、空图案对数据采用不同的编码方法，构成不同形式的码制。不同的码制有其固有的特点，可以用于一种或若干种应用场合。

(1) 一维条码。

一维条码有许多种码制，包括Code25码、Code39码、Code93码、Code128码、EAN-8码、EAN-13码、库德巴码、UPC-A码和UPC-E码等(各类码制的细节，这里不再详述，有兴趣的读者建议参阅相关文档)。

条形码技术具有以下几个方面的优点。

- 输入速度快：与键盘输入相比，条形码输入的速度是键盘输入的5倍，并且能实现"即时数据输入"。
- 可靠性高：键盘输入数据出错率为三百分之一，利用光学字符识别技术出错率为万分之一，而采用条形码技术误码率低于百万分之一。
- 采集信息量大：利用传统的一维条码一次可采集几十位字符的信息，二维条码更可以携带数千个字符的信息，并有一定的自动纠错能力。
- 灵活实用：条形码标识既可以作为一种识别手段单独使用，也可以和有关识别设备组成系统实现自动化识别，还可以和其他控制设备连接起来实现自动化管理。
- 条形码标签易于制作：对设备和材料没有特殊要求，识别设备操作容易，不需要特殊培训，且设备相对便宜。
- 成本非常低：在零售业领域，因为条码是印刷在商品包装上的，所以其成本几乎为零。

(2) 二维条码。

二维条码技术是在一维条码无法满足实际应用需求的前提下产生的。由于受信息容量的限制，一维条码通常是对物品的标识，而不是对物品的描述。二维条码能够在横向和纵向两个方位同时表达信息，因此能在很小的面积内表达大量的信息。

二维条码是用某种特定的几何图形，按一定规律在平面(二维方向)上分布的黑白相间的图形，在代码编制上巧妙地利用计算机内部逻辑基础的"0"、"1"比特概念，使用若干个与二进制相对应的几何形体来表示文字数值信息，通过图像输入设备或光电扫描设备自动识读以实现信息自动处理。

在大多数二维条码中，常用的码制有Data Matrix、MaxiCode、Aztec、QR Code、Vericode、PDF417、Ultracode、Code 49、Code 16K等，其中，QR Code码是1994年由日本DW公司(日本丰田子公司Denso Wave)发明。QR来自英文"Quick Response"的缩写，即快速反应的意思，源自发明者希望QR码可让其内容快速被解码。QR码常见于日本、韩国，并为当前日本最流行的二维空间条码。

二维条码的流行，使二维条码的安全性也备受挑战，带有恶意的软件和病毒正成为二维条码普及道路上的绊脚石。

2) 磁卡识别技术

磁卡是一种磁记录介质卡片，它由高强度、耐高温的塑料或纸质涂覆塑料制成，能防潮、耐磨且有一定的柔韧性，携带方便，使用稳定可靠。磁条记录信息的方法是变化磁的极性，在磁性氧化的地方具有相反的极性(S-N和N-S)，识读器材能够在磁条内分辨到这种磁性变化，这个过程称为磁变。解码器可以识读到磁性变换，并将它们转换回字母或数字的形式，以便由计算机来处理。磁卡技术能够在小范围内存储较大数量的信息，磁条上的信息可以被重写或更改。

磁条有两种形式，一种是普通信用卡式磁条，一种是强磁式磁条。强磁式磁条由于降低了信息被涂抹或损坏的机会而提高了可靠性，大多数卡片和系统的供应商同时支持这两种类型的磁条。

磁卡的特点是数据可读/写，即具有现场改变数据的能力。这个优点使得磁卡的应用领域十分广泛，如信用卡、银行ATM卡、会员卡、现金卡(如电话磁卡)、机票和公共汽车票，等等。

磁卡的数据存储的时间长短受磁性粒子极性的耐久性限制。另外，磁卡存储数据的安全性一般较低，如磁卡不小心接触磁性物质，就可能造成数据的丢失或混乱。因此，要提高磁卡存储数据的安全性能，就必须采用另外的技术，这又增加了成本。

3) IC卡识别技术

IC卡(integrated circuit card)，也称智慧卡(smart card)、芯片卡(chip card)或智能卡(intelligent card)。IC卡是一种电子式数据自动识别卡，IC卡分为接触式IC卡和非接触式IC卡两种。

接触式IC卡是集成电路卡，通过卡里的集成电路存储信息，它将一个微电子芯片嵌入卡基中，做成卡片形式，通过卡片外延的金属触点与读卡器进行物理连接来完成通信和数据交换。IC卡包含微电子技术和计算机技术，作为一种成熟的高技术产品，是继磁卡之后出现的又一种新型信息工具。

按照是否带有微处理器，IC卡又可分为存储卡和智能卡两种。存储卡仅包含存储芯片而无微处理器，一般的电话IC卡即属于此类。将指甲盖大小带有内存和微处理器芯片的大规模集成电路嵌入塑料基片中，就制成了智能卡。银行的IC卡通常是指智能卡，智能卡也称CPU卡，它具有数据读/写和处理功能，因而具有安全性高、可以离线操作等优点。

IC卡的外形与磁卡相似，它与磁卡的区别在于数据存储的媒体不同。磁卡是通过卡上磁条的磁场变化来存储信息，而IC卡是通过嵌入卡中的电路芯片(EEPROM①)来存储数据信息。

与磁卡相比，IC卡具有以下优点。

● 存储容量大。磁卡的存储容量大约在200个数字字符；IC卡的存储容量根据型号的不同而不同，小的仅为几百个字符，大的可达上百万个字符。

● 安全保密性好。IC卡上的信息能够随意读取、修改、擦除，但都需要密码。

● 具有数据处理能力。与读卡器进行数据交换时，可对数据进行加密、解密，以确保交换数据的准确可靠，而磁卡则无此功能。

● 使用寿命长。在全球IC产业市场竞争更加激烈的情况下，IC卡向更高层次的方向发展，如从接触型IC卡向非接触型IC卡转移，从低存储容量IC卡向高存储容量IC卡发展，从单功能IC卡向多功能IC卡转化，等等。

4) 射频识别技术

射频识别技术是一种通过无线电波进行数据传递的自动识别技术，是一种非接触式的自动识别技术。它通过射频信号自动识别目标对象并获取相关数据，识别工作无需人工干预，可工作于各种恶劣环境。与条码识别技术、磁卡识别技术和IC卡识别技术等相比，它以特有的

---

① EEPROM(electrically erasable programmable read only memory，带电可擦可编程只读存储器)是一种掉电后数据不丢失的存储芯片。EEPROM可以在计算机上或专用设备上擦除已有信息，重新编程。

无接触、抗干扰能力强、可同时识别多个物品等优点，逐渐成为自动识别中最优秀和应用领域最广泛的技术之一，是目前最重要的自动识别技术。

3. RFID 技术

RFID(radio frequency identification，射频识别)技术是自动识别技术的一种，它通过无线射频方式获取物体的相关数据，并对物体加以识别。RFID 技术无需与被识别物体直接接触，即可完成信息的输入和处理，能快速、实时、准确地采集和处理信息。

RFID 技术以电子标签来标志某个物体，电子标签包含电子芯片和天线，电子芯片用来存储物体的数据，天线用来收发无线电波。电子标签的天线通过无线电波将物体的数据发射到附近的 RFID 读写器，RFID 读写器就会对接收到的数据进行收集和处理。

RFID 技术利用无线射频方式进行非接触数据交换，可以识别高速运动的物体，实现远程读取，并可同时识别多个目标。

RFID 系统的基本工作原理是：由读写器通过发射天线发送特定频率的射频信号，当电子标签进入有效工作区域时产生感应电流，从而获得能量被激活，使得电子标签将自身编码信息通过内置天线发射出去；读写器的接收天线接收到从标签发送来的调制信号，经天线的调制器传送到读写器信号处理模块，经解调和解码后将有效信息传送到后台主机系统进行相关处理；主机系统根据逻辑运算识别该标签的身份，针对不同的设定做出相应的处理和控制，最终发出信号，控制读写器完成不同的读/写操作。

从电子标签到读写器之间的通信和能量感应方式来看，RFID 系统一般可以分为电感耦合(磁耦合)系统和电磁反向散射耦合(电磁场耦合)系统。电感耦合系统是通过空间高频交变磁场实现耦合，依据的是电磁感应定律；电磁反向散射耦合，即雷达原理模型，发射出去的电磁波碰到目标后反射，同时携带回目标信息，依据的是电磁波的空间传播规律。电感耦合方式一般适合中、低频率工作的近距离 RFID 系统；电磁反向散射耦合方式一般适合高频、微波工作频率的远距离 RFID 系统。

RFID 技术与传统的条码识别技术相比，具有很大的优势，如下。

(1) RFID 标签抗污损能力强。

传统的条码载体是纸张，它附在塑料袋或外包装箱上，特别容易受到折损。条码采用的是光识别技术，如果条码的载体受到污染或折损，将会影响物体信息的正确识别。RFID 采用电子芯片存储信息，可以免受外部环境污损。

(2) RFID 标签安全性高。

条码是由平行排列的宽窄不同的线条和间隔组成，条码制作容易，操作简单，但同时也产生了仿造容易、信息保密性差等缺点。RFID 标签采用的是电子芯片存储信息，其数据可以通过编码实现密码保护，其内容不易被伪造和更改。

(3) RFID 标签容量大。

一维条码的容量有限，二维条码容量虽然比一维条码容量增大了很多，但是大容量也只可存储 3000 个字符。RFID 标签的容量可以是二维条码容量的几十倍，随着存储芯片的发展，数据的容量会越来越大，可实现真正的“一物一码”，满足信息流量不断增大和信息处理速度不断提高的需要。

(4) RFID 可远距离同时识别多个标签。

现今的条码一次只能有一个条码接受扫描，而且要求条码与读写器的距离比较近。射频识别采用的是无线电波进行数据交换，RFID 读写器能够远距离识别多个 RFID 标签，并可以通过计算机网络处理和传送信息。

(5) RFID 是物联网的基石之一。

条码印刷上去就无法更改。RFID 是采用电子芯片存储信息，可以随时记录物品在供应链上任何时候的信息，可以很方便地新增、更改和删除，并通过计算机网络使制造企业和销售企业实现互联，随时了解物品在生产、运输和销售过程中的实时信息，实时物品透明化管理，实现真正意义上的“物联网”。

RFID 技术诞生于 20 世纪 40 年代，最初单纯用于军事领域。20 世纪 90 年代是 RFID 技术的推广期。后来发展迅速，现在我国的基于 RFID 的不停车收费系统 ETC 已在高速公路上广泛应用。

20 世纪 90 年代，社区和校园大门控制系统也已开始使用射频识别系统。

随着应用的推广，人们开始认识到建立统一 RFID 技术标准的重要性，EPC global(全球电子产品码协会)就应运而生了。EPC global 是由 UCC(美国统一代码委员会)和 EAN(国际物品编码协会)共同发起组建的，专门负责制定 RFID 技术标准的机构。

20 世纪 90 年代末和 21 世纪初是 RFID 技术的普及期。这个时期的 RFID 产品种类更加丰富，标准化问题日趋为人们所重视，电子标签成本不断下降，规模应用行业不断扩大。

目前 RFID 的应用领域包含以下这些。

- 制造领域：主要用于生产数据的实时监控、产品质量追踪和生产的自动化等。
- 零售领域：主要用于商品的销售数据和在库数据的实时统计、补货和防窃等。
- 物流领域：主要用于物流过程中的货物追踪、信息自动采集、仓储应用、港口应用和邮政快通等。
- 医疗领域：主要用于医疗器械管理、病人身份识别和婴儿防盗等。
- 身份识别领域：主要用于门禁、电子护照、身份证和学生证管理等。
- 军事领域：主要用于弹药管理、枪支管理、物资管理、人员管理和车辆识别与追踪等。
- 防伪安全领域：主要用于贵重物品(烟、酒、药品)防伪、票证防伪、汽车防盗和汽车定位等。
- 资产管理领域：主要用于贵重、危险性大、数量大且相似性高的各类资产管理。
- 交通领域：主要用于不停车缴费、出租车管理、公交车枢纽管理、铁路机车识别、航空交通管制、旅客机票识别和行李包裹追踪等。
- 食品领域：主要用于水果、蔬菜生长和生鲜食品保鲜等。
- 图书领域：主要用于书店、图书馆和出版社的书籍资料管理等。
- 动物领域：主要用于畜牧牲口、驯养动物和宠物识别、管理等。

20.2.2 信息感知与采集

信息感知依赖于传感器。这里所说的传感器就像人的感觉器官。

人们为了从外界获取信息，必须借助眼、耳、鼻、舌等各种感觉器官。而单靠人们自身的感觉器官，在研究自然现象和规律以及生产活动中它们的功能就远远不够了。为适应这种情况，就需要传感器。因此可以说，传感器是人类五官的延长。

传感器是一种检测装置，能感受到被测量的信息，并能将感受到的信息，按一定规律变换为电信号或其他所需形式的信息输出，以满足信息的传输、处理、存储、显示、记录和控制等要求。

传感器的特点是微型化、数字化、智能化、多功能化、系统化和网络化。它是实现自动检测和自动控制的首要环节。传感器的存在和发展，让物体有了触觉、味觉和嗅觉等感官，让物体慢慢活了起来。通常，根据其基本感知功能分为热敏元件、光敏元件、气敏元件、力敏元件、磁敏元件、湿敏元件、声敏元件、放射线敏感元件、色敏元件和味敏元件等十大类。

进一步，可以把传感器分为物理传感器和逻辑传感器两大类。上面所列举的都是物理传感器。在互联网迅猛发展的今天，网络爬虫、软件代理等软件形式的传感器在网络信息系统中广泛使用，这些都是逻辑传感器。

传感器的功能就是感知环境，检测环境状态。目前大量使用的是数字化的传感器，感知的信息以数字数据形态呈现出来。

随着数字技术的发展，传感器输出的采集到的数据基本上都呈数字形式。这对于后面的处理和分析给了很大方便。这就是 IOT 源数据。

物联网系统中要根据采集到的感知数据，经过分析，及时做出反应。如果 IOT 系统采集我们的身体数据而不存储起来，那么至多能读到瞬时的数据，而无法根据过去的数据进行诊断。所以数据还要存储起来。

20.2.3 信息传输与传感网

感知到的数据往往要传输到其他设备，以便处理、存储或分析。这里，无线通信技术[①]扮演了重要角色。

无线传感网（wireless sensor network，WSN）是由无线连接的传感器和激励器构成的网络。传感器和激励器网络已存在很久，而 WSN 则新得多，因为无线通信技术是近些年来迅速发展起来的。微机电系统（micro-electro-mechanical system，MEMS）的涌现是一个诱因。MEMS 能够把无线通信、传感器和信号处理集成到一起，形成一个传感节点（sensor node）。这样，传感节点有了信号处理和无线通信的功能。一组这样的传感节点就构成一个无线传感网。现在使用超小型的传感节点收集信息已经十分方便。这类传感节点往往使用电池尤其是锂电池供电，使得其部署十分灵活。无线传感器种类繁多，可以采集各种信息，如温度、湿度、声波、车辆移动、亮度、压力、噪声等。

一些无线通信标准为 WSN 的使用和推广起了重要作用，如 IEEE 802.15.4（ZigBee 和 6LowPAN）。值得一提的是，目前 NB-IOT 十分吸引人。

NB-IOT 是 narrow band internet of things（窄带物联网）的简写，为了与现在的移动网络兼容，主要基于 LTE 技术（3GPP Release 13）。

NB-IOT 构建于蜂窝网络，只消耗约 180 kHz 的带宽，可直接部署于 GSM 网络、UMTS 网络或 LTE 网络，以降低部署成本，实现平滑升级。NB-IOT 的特点如下。

- 覆盖面广，相比传统的 GSM，基站可以提供 10 倍的覆盖面。

NB-IOT 基站可以覆盖 10 km 的范围，小县城一个基站就可以覆盖。同时，相比 LTE 和 GPRS 基站，NB-IOT 提升了 20 dB 的增益，能覆盖到地下车库、地下室、地下管道等信号难以到达的地方，但 NB-IOT 仍然可以通信。

- 海量连接，200 kHz 的频率可以提供 10 万个连接。提供的连接越多，基站建得越少，越省钱。

- 低功耗，使用 AA 电池（5 号电池）便可以工作十年，无需充电。

现在，5G 无线通信的迅速普及和应用，也为物联网的发展提供了良机。5G 即第五代移动通信技术（5th generation mobile networks 或 5th generation wireless systems、5th-generation，

---

① 无线通信（wireless communication）是利用电磁波信号可以在自由空间中传播的特性进行信息交换的一种通信方式。

简称5G或5G技术)，是最新一代蜂窝移动通信技术，也就是4G(LTE-A、WiMax)、3G(UMTS、LTE)和2G(GSM)系统之后的延伸。5G的性能目标是高数据速率、减少延迟、节省能源、降低成本、提高系统容量和大规模设备连接。

应用层(application layer)
传输层(transport layer)
网络层(network layer)
数据链路层(data link layer)
物理层(physical layer)

图20.4 WSN协议栈

从体系结构看，ISO的OSI提出了一个七层协议体系。类似地，WSN可以定义为一个五层体系。图20.4是一个WSN的协议栈。

无线传感网的目标是获取数据。以农业环境为例，假设有一个农业物联网，对植物和环境而言，需要采集温度、湿度、光照度、地下水位、土壤含氮量、植物长势、叶子颜色等。数据采集的周期各不相同，数据量很大。对存储而言，需要适应时间需求和数量需求。

20.2.4 信息存储

在无线传感网中，有时设备本身会有一定存储过程，目前典型的是使用SD/TF卡[①]。这样可以适当缓存采集到的数据，减轻系统的压力。由于本地存储容量有限，而且需要进一步加工，所以数据必须传输到后台数据库去。这时就需要数据库管理系统的支持。

20.3 泛在计算

谈及物联网，就涉及泛在计算(ubiquitous computing)的概念。某种程度上说，泛在计算是物联网的升华，是更高层次上的物联网。

泛在计算，或根据IBM公司的说法，也称普适计算(pervasive computing)，最早是由前Xerox PARC首席科学家Mark Weiser提出。1991年，他在《科学美国人》杂志的文章预言21世纪的计算将是泛在计算，他设想数字设备应当嵌入我们的日常生活环境中，包括墙壁、家具、衣服、日用品等，并相互无线连接，延伸到世界的每一个角落，他认为这也是计算机技术的发展趋势。泛在计算强调计算和环境融为一体，而计算机本身则从人们的视线里消失。

大家认为，普适计算作为一个研究领域，起源于1991年Mark Weiser的一篇文章和1993年的第二篇文章，工作则始于1988年。用Mark Weiser的话说：

The most profound technologies are those that disappear. They weave themselves into the fabric of everyday life until they are indistinguishable from it. …We are therefore trying to conceive a new way of thinking about computers, one that takes into account the human world and allows the computers themselves to vanish into the background.

IBM公司的普适计算简单描述为：由人—物—应用—服务构成的统一体系。换言之，借助物联网，人和物交互，通过应用获得所需服务，如图20.5所示。这里，人无论是居家、开车、上班等，任何地点、任何时间借助物联网，使用各种应用，获得各种服务，如银行服务、证券服务、旅游、购物，等等。

① SD/TF存储卡是一种基于半导体快闪记忆器的新一代记忆设备，它体积小、数据传输速度快、可热插拔。

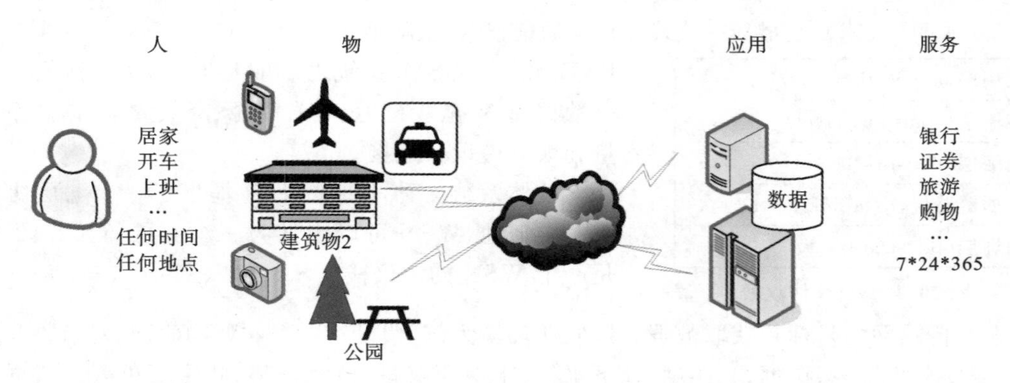

图 20.5 普适计算

"计算机消失了",而又到处都有,就是普适计算的基本思想。计算机消失的典型形态是计算机的物理尺寸大大缩小了。

随着普适计算的出现,无线网络、分布式系统、移动计算、用户接口、家居自动化、机器人和体系结构等的研究和发展十分迅速。类似的词汇还有"消失的计算机"(the disappearing computer)和"环境智能"(ambient computing)。而移动计算与无线传感网的研究领域和普适计算也有很大叠加。

1. 旅游导游

在旅游导游方面,泛在计算的应用大量涌现,尤其是基于位置的导游服务。智能手机的普及更促进了它的发展。

2. 智慧办公

办公环境在智慧化,SOHO(small office,home office)成了常态。在这里,普适计算技术的支持是关键。

3. 自然环境感知

自然环境是我们生存的家园,环境的优劣需要感知和优化。普适计算广泛应用于这个领域。水质、空气的检测与自动感知,灾害的预警,火警感知与预警等,普适计算也在此大展身手。

4. 智慧家居

智慧家居近年来发展很快。人们在家生活,关系舒适、健康、安全、快乐,普适计算提供了技术基础。智能门锁、智能黑色家电(电视机、音响等)、白色家电(冰箱、洗衣机、吸尘器等)、可穿戴设备等已在家庭中使用越来越广泛。这些设备连接到网上,可获得各种各样的服务。

值得一提的是:为了设备间的互联互通,软件扮演着重要角色,典型的是中间件。一些国际组织与企业联盟制定了一些标准与规范,如 DLNA、IGRS 和 OSGi 等。

DLNA(digital living network alliance),原名叫 digital home working group(DHWG),其宗旨是 Enjoy your music,photos and videos,anywhere anytime,由索尼、Intel、Microsoft 等公司发起成立,旨在解决个人计算机、消费电器、移动设备在内的无线网络和有线网络的互联互通,使得数字媒体和内容服务的无限制共享和增长成为可能。

DLNA 并不是创造技术,而是形成一种解决方案,一种大家可以遵守的规范。所以,DLNA选择的各种技术和协议都是当前应用很广泛的技术和协议。

DLNA 将其整个应用规定成五个功能组件。从下到上依次为网络互联、网络协议、媒体传输、设备的发现控制和管理、媒体格式。

IGRS(intelligent grouping and resource sharing,智能分组与资源共享),也称闪联。

IGRS标准是新一代网络信息设备的交换技术和接口规范，在通信及内容安全机制的保证下，支持各种3C(computer，consumer electronics & communication devices)设备智能互联、资源共享和协同服务，实现“3C设备＋网络运营＋内容/服务”的全新网络架构，为未来的终端设备提供商、网络运营商和网络内容/服务提供商创造出健康清晰的赢利模式，为用户提供高质量的信息服务和娱乐方式。

IGRS标准能够有效提高现有设备间的互操作性和易用性，充分利用不同设备的功能特点，为用户创造新的应用模式。

IGRS标准工作组由中国信息产业部(原)批准，联想、TCL、康佳、海信、长城等五家中国电子信息骨干企业于2003年共同发起，其核心任务是实现信息设备、家电和通信设备的智能互联。例如通过手机遥控实现空调提前开机。

2008年3月25日，在ISO/IEC JTC1 SC25(国际标准化组织/国际电工委员会第1联合技术委员会第25分技术委员会)投票中，IGRS四项提案在新项目立项(NWIP)和委员会草案(CD)两个阶段的国际投票中以17票赞成、0票反对的高票通过。

2008年7月28日，在ISO/IEC JTC1 SC25(国际标准化组织/国际电工委员会第1联合技术委员会第25分技术委员会)最终标准草案投票中，中国IGRS标准以96%的高支持率顺利通过，正式成为国际标准。

OSGi(open service gateway initiative)技术是Java动态模块化系统的一系列规范。OSGi一方面是指维护OSGi规范的OSGi官方联盟，另一方面是指该组织维护的基于Java语言的服务(业务)规范。简单来说，OSGi可以认为是Java平台的模块层。

OSGi服务平台向Java提供服务，这些服务使Java成为软件集成和软件开发的首选环境。Java提供在多个平台支持产品的可移植性。OSGi技术提供允许应用程序使用精炼、可重用和可协作的组件构建的标准化原语，这些组件能够组装进应用和部署中。

UPnP即通用即插即用，英文是universal plug and play(UPnP)。UPnP是各种智能设备、无线设备和个人计算机等实现遍布全球的对等网络连接(P2P)的结构。UPnP是一种分布式的、开放的网络架构。UPnP是独立的媒介。在任何操作系统中，利用任何编程语言都可以使用UPnP设备。UPnP规范是基于TCP/IP协议和针对设备彼此间通信而制定的新的Internet协议。提及计算机外设的即插即用(plug and play，PnP)，大家可能很熟悉，但对通用即插即用，多数人会感到一头雾水。

UPnP的应用范围很广，可以实现许多现成的、新的以及令人兴奋的，包括家庭自动化、打印、图片处理、音频/视频娱乐、厨房设备、汽车网络和公共集会场所的类似网络。它可以充分发挥TCP/IP和网络技术的功能，不但能对类似网络进行无缝连接，而且能够控制网络设备及在它们之间传输信息。在UPnP架构中没有设备驱动程序，取而代之的是普通协议。

UPnP并不是周边设备即插即用模型的简单扩展。首先，在设计上，它支持零设置、网络连接过程“不可见”和自动查找众多供应商提供的多如繁星的设备的类型。其次，UPnP设备能自动跟网络连接上，并自动获得IP地址、传送出自己的权能并获悉其他已经连接上的设备及其权能。最后，UPnP设备能自动顺利地切断网络连接，并且不会引起意想不到的问题。

UPnP推动了Internet技术的发展，包括IP、TCP、UDP、HTTP、SSDP和XML等技术。当成本、技术或经费等方面的因素阻止了在某种媒介里或接入其中的设备上运用IP时，UPnP能通过桥接的方式提供非IP协议的媒体通道。UPnP不会为应用程序指定API，因此，供应商们就可以自己创建API来满足客户的需求。

20.4 情景感知计算

物联网深化为泛在计算，更进一步，会演化为情境感知计算(context-aware computing)。

物联网、泛在计算和情景感知计算是万物互联发展的三个不同阶段与层次。情景感知计算是其中的最高层次。

为何现在讨论的不再局限于信号或数据，而是情景呢？

以火警系统为例，宾馆的客房可能装备多个火警传感器，如烟感传感、温度传感和光度传感等。一些物联网解决方案往往仅采集现场数据(如烟感数据、温度数据和亮度数据等)，将之直接传输到后台，等后台分析后做出决策。注意，是否发生火灾，仅靠单个数据的超标(无论是烟感数据超标、温度数据超标还是亮度数据超标)或者只是其中两个数据的超标都无法确定，从而无法直接在现场启动灭火装置，否则误报率太高。只有三者都超过阈值，才能判定为火灾发生。在前端，这些现场数据(烟感数据、温度数据和亮度数据)是语义不关联的，直到后台系统才会关联起来。它们有机关联后的信息才是(火警)情景信息。火警要求处理快，时间紧迫，现场处理和反应是更理想的解决方案。更重要的问题是：客房现场采集到的感知数据必须汇集到一起，融合起来才形成(火警)情景信息；当且仅当烟感数据超过阈值、温度数据超过阈值和/或亮度数据超过阈值时，融合出的情景信息才反映火警出现，房间的自动喷淋系统才能启动。显然，反应器不是根据单个信息而是根据情景(信息)做出反应的。

那究竟什么是情景？

1994 年，Schilit 等在其论文中使用了 context-aware 这个词，将情景归为位置(location)、人和物体周围的标识(identities of nearby people and objects)，以及这些物体的变化。Schilit 在其博士论文中作了更详细的探讨。

Brown 等于 1997 年在其论文中将情景定义为位置、用户周围的人的标识、时间、季节和温度等。

Ryan 等在其论文中定义为用户的位置、环境、标识与时间。

Nina Christiansen 于 2000 年在其论文中说，情景是我们和别人交互时使用(感知或非感知)的所有"东西"，可以是物理性的，也可以是社会性的。

Chen 和 Kotz 在论文中将情景定义为确定应用行为或应用事件按用户要求发生的环境状态和设置的集合。

Rakotonirainy 等在其论文《Context-Awareness for the Mobile Environment》中将定义扩展为：可以对实体的态势特征化的信息，这里的实体指的是人、地方、物理或计算客体。

目前大家常引用的是 Dey 的定义。2000 年，Dey 在其博士论文中将 context 定义如下：

Context is any information that can be used to characterize the situation of an entity. An entity is a person, place, or object that is considered relevant to the interaction between a user and an application, including the user and application themselves.

我们认为，强调情境实际上反映了从以计算机为中心到以人为中心的转变，因此，应当以人为本，围绕着用户(人)来考虑情景，因此这里将情景分为以下几种。

- 计算情景(computing context)：网络连接性、通信开销、通信带宽、附近资源等。
- 用户情景(user context)：用户概要信息(user profile)、位置(location)、社会地位(social

situation)等。

- 物理情景(physical context):亮度、噪声、交通条件、温度等。
- 时间情景(time context):时、分、日、星期、月份、四季等。
- 社会情景(social context):制度、法律、风俗、习惯等。

20.4.1 情景感知

Dey 在其硕士论文及博士论文中总结了前人的结果,作了奠基性的工作,他将情景感知定义为:无论是用桌面计算机还是移动设备、普适计算环境中使用情景的应用,都叫情景感知。他把情景感知系统定义为:

A system is context-aware if it uses context to provide relevant information and/or services to the user, where relevancy depends on the user's task.

因此,情景感知可分为以下两种。

- 主动情景感知:应用通过改变其行为而自动适应发现的情景。
- 被动情景感知:应用先有兴趣的用户呈现新的或更新后的情景,或者让情景保存下来,以便以后检索使用。

实际上,这里把情景感知分为直接的显式感知(输入)和内部的蕴含感知(输入)两类,前者如位置信息、时间信息、设备环境信息等,后者如用户的特点、习惯、知识层次、喜好等。

Giaffreda 等在其论文《Context-aware Communication in Ambient Networks》中提出了情景感知分类,如图 20.6 所示。

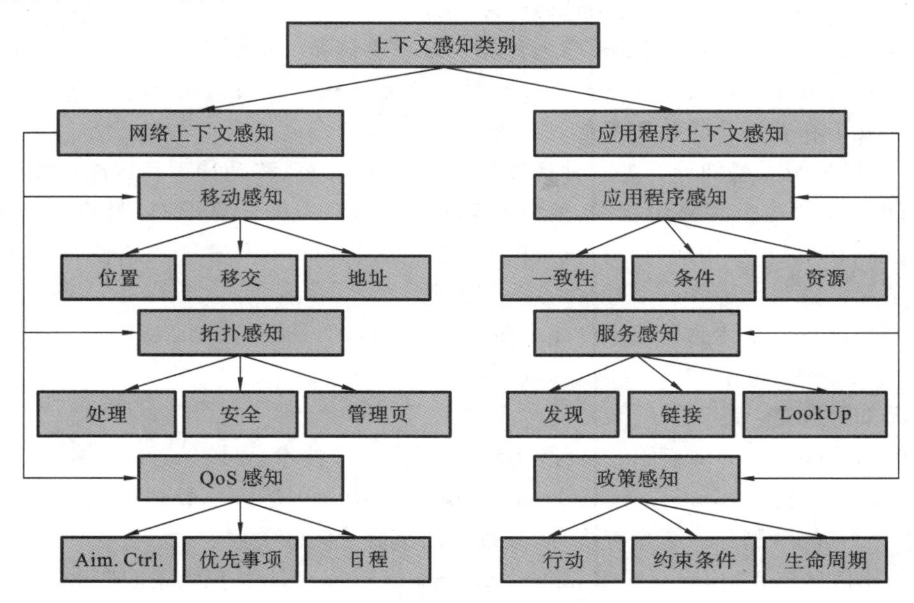

图 20.6 一种情景感知分类方案

Kim 等在《Sensible Appliance: applying context-awareness to appliance design》中说:情景感知最简单的定义是获取和应用场景(acquiring and applying context),应用场景包括适应场景和使用场景。

情景感知的目的是试图利用人机交互或传感器提供给计算设备关于人、设备环境等情景信息,并让计算设备给出相应的反应。这种获取与反应,应当满足情景适应性(adaptive)、计算机反应性(reactive)、情景与反应的相应性(responsive)、就位性(situated)、情景敏感性(context-sensitive)和环境导向性(environment-directed)。

20.4.2 什么是情景感知计算

从某种程度看,XEROX PARC 实验室和 Olivetti 公司(Olivetti Research Ltd.)是情景感知计算最初的探索者。

什么是情景感知计算？情景感知计算是给用户提供任务相关的信息和/或服务,无论他们在哪里。有三个重要的情景感知行为如下。

- 用户信息和服务的表示。
- 服务的自动执行。
- 标记情景以便以后检索。

情景感知计算是一种计算形态,可以让应用发现和使用情景信息的优点,如地理位置、时间、人和设备、用户活动,特别适用于移动和普适计算。情景感知计算使用环境特征,如用户的地理位置、时间、标识和活动(activity),告知计算设备,使之能给用户提供与当前情景相关的信息。

Razzaque、Dobson 和 Nixon 在其论文《Categorization and Modelling of Quality in Context Information》中说:

情景感知一词来自计算机科学,用于描述设备,这类设备有关于环境的信息,并在这类环境里工作,以及根据环境信息做出反应。情景感知计算包括应用开发涉及关于环境知识提供的行为,并满足相关的静态和动态特性的程序。另外一个时髦词汇是普适计算,普适计算和情景相关计算密切相关,但不能说情景感知计算就是普适计算。情景感知计算比后者更宽泛,例如预测用户想要做什么以便给用户更直接的帮助这类系统在常规的桌面系统上也很常见,而这类桌面系统不在普适计算的研究范围之内。

显然,这里的情景感知计算是一种计算形态,与普适计算、移动计算和智能计算密切相关,特别是智能性与之适应性密切相关。情景感知计算作为一种计算形态,具有适应性(adaptive)、反应性(reactive)、相应性(responsive)、就位性(situated)、情景敏感性(context-sensitive)和环境导向性(environment-directed)等特征。

情景感知计算涉及传感器技术(sensor technology)、情景模型(context model)、决策系统(decision systems)、应用支持(application support)。

情景感知计算是:

- 近似选择(proximate selection),表示一种用户接口技术,强调邻近的对象。
- 自动情景重构(automatic contextual reconfiguration),是指一个处理过程,由于情景的变化,添加一个成分,删除一个现存成分,或改变两个成分间的关联。
- 情景化信息与命令(contextual information and commands),按照情景能产生不同的结构。
- 情景触发动作(context-triggered actions),一般使用简单的 IF-THEN 规则说明情景感知系统应当如何适应情景。

20.4.3 情景感知系统

情景感知系统必须:收集环境或用户态势的信息;将这些信息翻译成适当格式;组合情景

信息，生成更高级的情景，将其他情景信息归并后再导出情景信息；基于检索到的信息自动采取动作；使信息能让用户易于存取，无论是现在还是将来，只要用户需要，就能帮助用户更好地完成任务。

情景感知系统的一般要求如下。

- 情景获取(context acquisition)：获取情景信息。
- 情景表示(context representation)：组织与存储情景信息。
- 情景使用(context use)：以适当方式使用情景信息。

情景感知系统是一个能主动监视其工作环境或场景，并按照该场景的变化调整其行为的系统。

计算机系统如何感知情景、处理情景和使用情景，我们可以用图 20.7 来表示。

图 20.7　情景的感知、处理和使用

图 20.7 中的元素说明如下。

- 情景生成(generation)：通过 UI 或传感器获取情景信息。
- 情景处理(processing)：将原始数据变换成有意义的信息。
- 情景使用(usage)：使用场景，做出可能的反应，成为输出。

这三者有机构成了一个情境感知系统的三部曲。

情景生成是指情景被感知，感知情景就是获取情景信息。这类信息可以分为原始情景信息和高级情景信息两类。

原始情景信息如地理位置信息、时间信息、光亮度信息和声音信息等。从目前的研究来看，主要聚焦在通过 GPS/RFID 获得地理位置信息，使用计算机内置时钟获取时间信息，如借助光敏二极管获得光亮度信息，通过话筒获得声音信息等。

高级情景信息如用户当前的活动信息、过去的使用习惯等，可以通过计算机的日志、用户日程和其他人工智能技术来获取。

情景处理是转换情景信息。

情景使用则是利用情景信息调整与规划系统操作，输出恰当的信息。

Baldauf 等在其论文《A survey on context-aware systems》中说：情景感知系统能够让自己的操作适应当前的情景，无须用户显式干预，从而借助环境上下文信息提高可用性与有效性。

1. 情景获取

获取情景，在许多面向物理情景的研究中，往往要先研究如何感知情景，主要包括以下几点。

1) 位置感知

空间位置是一个重要的情景，其随着用户的移动而变化，对应用就能产生影响。位置感知也可分为室外位置感知和市内位置感知两类。

室外位置感知是指在室外的情况下，最常用的情景感知技术如使用全球定位系统(global positioning system，GPS)、中国的北斗系统、俄国的格洛纳斯系统和欧洲的伽利略系统等。美国政府目前将 GPS 民用的精度开放到 10～20 米的范围，对不少应用领域来说，这样的精度已能满足需求。通过算法的提升和补偿，可以将此精度进一步提升。而中国的北斗系统在某些方面已经超越 GPS。此外，移动通信运营商的基站也常用来为移动通信设备定位，即 Cell Id

定位。

室内位置感知是指在室内由于GPS信号不覆盖或不能正常工作，所以不能靠GPS定位。很多科研项目研制自己的位置跟踪系统，如基于红外信号（IR）、基于RFID、基于WiFi、基于Bluetooth、基于室内GPS信号发生器，等等。

2）感知其他的初级情景

除了空间位置外，还有以下几种类别的初级情景。

- 时间（time）。
- 邻近对象（nearby objects）：我们会关心最近的餐馆，最近的地铁站等。
- 网络带宽（network bandwidth）：视频类应用对网络带宽十分敏感，因此很多场合需要这类情景信息。
- 方位（orientation）：方位也很重要，我们会先了解哪个方向发出的声音，地震波来自哪个方位等。

3）感知高级情景

除了上述原始情景信息（raw contextual information）外，还有更高级的情景信息，如用户的"当前活动"。更大的挑战是感知社会情景，包括交通拥挤程度、周围人群的特征、所在地的人文习俗等。

4）感知情景变化

除了我们希望获取的情景快照外，情景从一种状态到另一种状态，即从一个快照到另一个快照之间的变化也是我们要关心的。

值得注意的是，健壮性和可靠性是情景获取的重要要求。

2. 情景说明与表述

Dey在其博士论文中说：说明应需要哪些情景，这就是情景说明（context specification）。

从设计过程看，可以分为两步：说明应需要哪些情景？决定获取情景时需要采取什么措施？需要考虑的是，什么是说明机制和什么是说明语言？它们必须能说明：

- 我们关注的是单个情景还是多个情景。例如，仅是用户的空间位置则是单个情景，用户空间位置、下次约会前的空闲时间是多个情景。
- 若是多个情景，则要区分它们是关联的情景还是非关联的情景。关联情景指的是和某个实体关联的情景。例如用户的所在位置与空闲时间是关联情景；用户的位置与当前股市指的是非关联的情景。
- 过滤过的情景还是未过滤过的情景。例如，未过滤的用户位置请求给出的是用户当前经纬度，而过滤后的则给出位置的变化，如果位置没变，则不必再告知。
- 解释过的情景还是未解释过的情景，如直接拿用户的经纬度告知用户或将用户的所在街区告诉用户，分别属未解释过的情景和解释过的情景。

3. 表示与转换

关于情景处理与识别首先要涉及情景表示和转换问题。根据采取模型的不同，情景的表示也各不相同。值得注意的是，为了表示情景，往往需要将情景数据进行恰当的转换，转换成模型相符的形态，如摄氏温度和华氏温度的转换，高级的如对同一场景实施不同视角的诠释。可以设计一些转换器来实现其功能。

Sun和Sauvola在论文《Towards a Conceptual Model for Context-Aware Adaptive Services》中谈及使用一个四元组来描述和实体对应的数据对象（entity name、feature、value、 time)，每个实体用标识符唯一命名。从而使用特征、值、时间来表述情景。

一个特征可以取一类值，如标量、向量、符号、整数、实数、字符、串、结构或记录等。一个值可以是一个实体，如“小亮在家”描述的是一个用户情景，作为一个人，小亮是一个实体，特征是一个位置，位置值是小亮家。

4. 过滤与筛选

按 http://en.wikipedia.org/wiki/Context_filtering 的定义，情景过滤(context filtering)是一种电子邮件反垃圾信息的方法。通过电子邮件发件人的 IP 地址，邮件地址是否在黑名单上等确定是否是垃圾信息。但这里讲的情景的过滤和筛选含义要深刻和宽泛得多。

我们可能会得到很多情景信息，但是有的是对目前应用有用的，有些是不起作用的，通过情景过滤和筛选可以把不影响目前应用的情景信息过滤掉，把会影响目前应用的情景信息筛选出来。例如，对位置信息来说，如果历史连续采样的位置数据是一样的，或者所起的变化不足以影响应用，则这类情景信息只要记录一个就可以了。

5. 识别与应用

情景的意义识别表示获得的情景信息究竟是什么意思(即其语义是什么)？这就是情景识别问题。原因是我们获取的是情景数据，更重要的是，系统应当理解这些数据的含义是什么？例如，测量出来的温度是 20 ℃，那么这个温度对应来说是高了或低了？还是恰当？通过识别可以获取情景数据的语义，确定这个温度是超过阈值、低于阈值或者在正常范围之内，从而指导系统做出相应反应。

谈到情景的应用，我们先讨论情景感知如何操作，如图 20.8 所示。

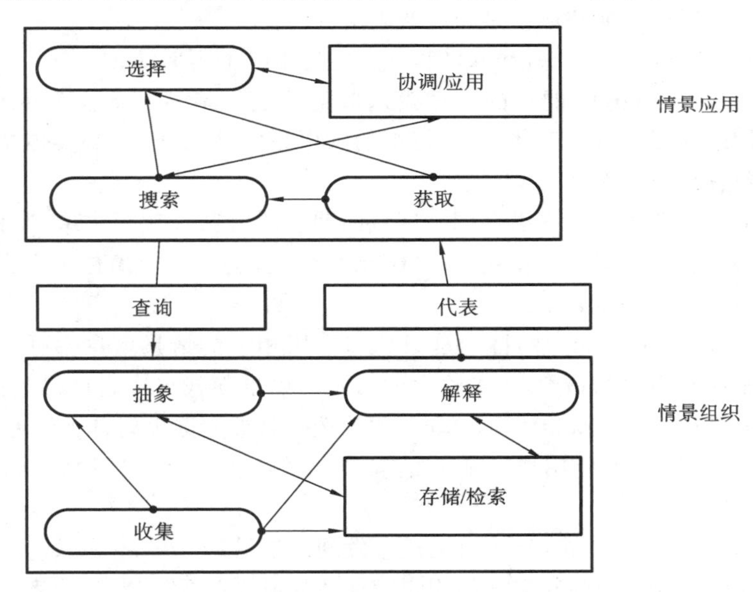

图 20.8　情景感知操作

图 20.8 中的下边称为情景组织(context organization)，上边称为情景应用(context utilization)。

情景组织关心的是如何得到全部的情景信息表示。相关的操作包括情景的收集、抽象、解释和存储/检索等。

情景收集的目的是获取原始数据，作为情景特征的值。有三种主要收集不同情景信息的方法。

● 通过传感器获取环境情景与用户的物理信息。

● 使用软件代理收集计算机的情景特征。

● 使用用户概述信息获取其他相关个人信息。

情景抽象(context abstraction)的目的是获取关于外部交互特征的情景信息。可从两个方面来看情景抽象。

● 清洗收集来的原始数据,或者实施计算,如采样、取均值、统计、校准等。

● 不同情境特征的融合与聚合,以找到它们之间的关联。

情景解释(context interpretation)则对上面处理过的情景进行解释,以获取隐藏在相关情景特征后面的语义。这些情景包括用户计划和未来活动预测。其实,解释也是一种高级抽象,帮助理解活动或揭示目的。本质上,这需要将情景组织表示成知识。为了获取怎样的高级情景,可能需要训练和学习。

情景存储和检索(context storage and retrieval):原始情景数据以及抽象后的/解释过情景信息可以存放到同一个地方,以便以后检索用。可以用不同的结构来存放情景数据,如表、对象、树、图等。可以用集中式的方式,也可以用分布式的结构来存放情景。

情景使用关心的是如何获取相关的情景信息,用于情景感知应用。情景使用的操作包括情景获取、搜索、选择、协调和应用。

情景获取的目标是通过情景组织获取原始情景,有以下三种获取方法。

● 显式查询,即在应用希望启动某些行为时请求情景。

● 轮流检测,即周期性地获取情景和更新应用行为。

● 事件驱动,即预约某些特殊情景时间,然后在发生时给出通知。

情景搜索(context search)的目的是搜索那些无法通过情景获取操作的相关情景信息。这是一个迭代过程:对于每一个实体,所有特征的索引是实体名或标识;实体特征的值可以作为索引,如果该值标识另一个实体。

例如,如果应用需要关于与自己在同一区域的朋友的信息,首先可以借助用户名获取该用户的位置和其朋友的清单。然后,使用特征"friend list"里的每一个值作为索引来实施情景搜索操作,以获取每个朋友的位置信息。

情景选择(context selection)的目的是只选与应用相关的情景信息。可以设置一个过滤器,用匹配条件来选择需要的情景、检测输入的情景。以上面找出离自己最近的朋友为例,可以用一个过滤条件"within a range of 100m",情景选择就按此选出离自己最近的朋友。

情景协调的目的是情景应用协调所有的操作。情景应用就是应用情景,包括以下几个方面。

● 主动情景感知,即应用改变行为自动适应发现的情景。

● 被动情景感知,即应用向感兴趣的用户呈现新的或更新后的情景,或者保存这些情景以便让用户以后检索。

Anind K. Dey 在其博士论文中将框架归纳如下。

● 情景说明(context specification)。

● 关切与情景处理分离(separation of concerns and context handling)。

● 情景解释(context interpretation)。

● 透明分布式通信(transparent distributed communications)。

- 情景获取的持续可用性(constant availability of context acquisition)。
- 情景存储(context storage)。
- 资源发现(resource discovery)。

情景结构如图 20.9 所示。

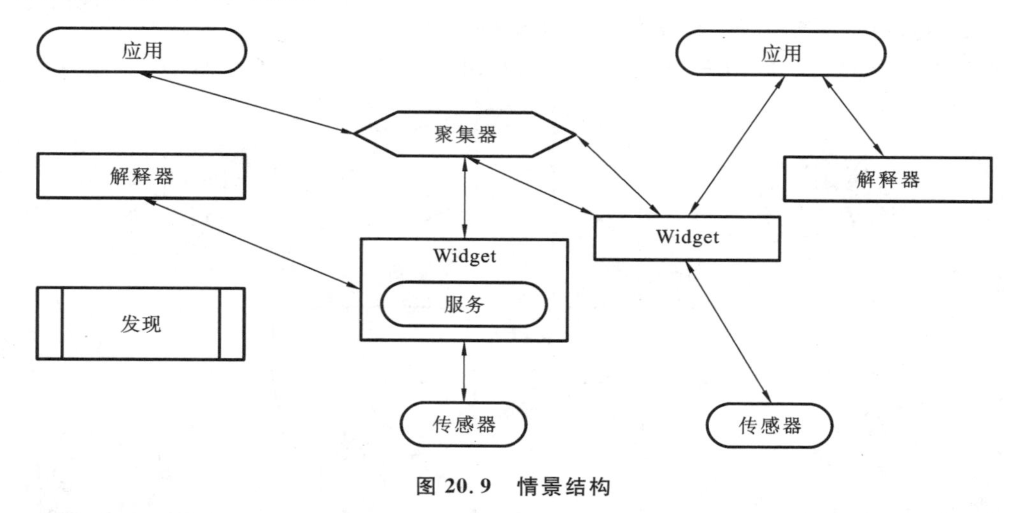

图 20.9　情景结构

这里,Widget 是指小工具,用于如何使用和如何区分情景。它们从传感器获取情景,为需要情景的应用提供统一的接口。

20.4.4　LBS

LBS(location based service,基于位置的服务)是一种典型的应用形态。我们可以把 LBS 定义为一种信息服务,一种能通过移动网络、移动设备,并借助移动设备的定位功能得到访问信息的服务。

LBS 是多种信息技术的汇聚,如图 20.10 所示。

图 20.10 我们把应用看成是 Internet、GIS/空间数据库和新一代信息与通信技术(NICT)的汇集。

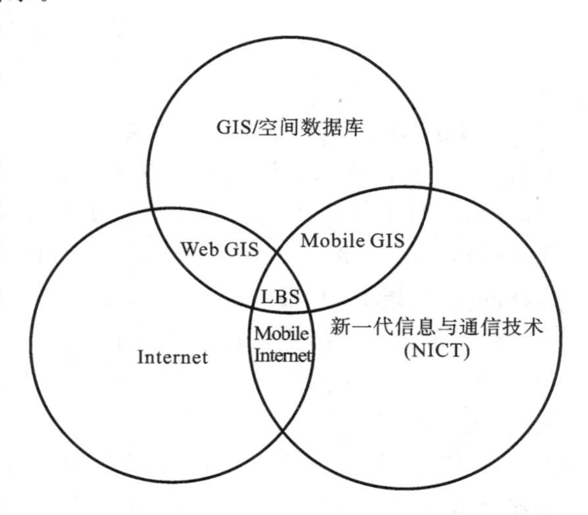

图 20.10　LBS 和 Internet、GIS/空间数据库和 NICT 的汇聚

从历史看,LBI 不是移动电话的专利。贴留言条、旅游地的涂鸦都可以看成是 LBI,甚至道路上的交通指示牌、交通诱导系统都属于 LBI,区别只是后者是单向通信。我们现在讨论的是基于双向通信环境,即按需的 LBS。

那么,LBS 系统包括哪些成分呢? LBS 系统至少包括如下成分。

- 移动设备:指请求所需信息的工具,用户接口可以是文字、语音、图示等。这类工具如 PDA、手机、手提电脑、导航系统等。
- 通信网络:一般指移动网络,负责在移动终端和服务提供商之间传输用户数据和服务请求,并将请求的信息返回给用户。

● 定位成分:定位成分负责确定用户的位置,提供相应的处理服务。用户的位置可以通过移动通信网络、全球定位系统(GPS)、基于 WLAN 的 AP 等获得。

● 服务供应商和内容供应商:服务供应商给用户提供不同的服务。这类服务如位置计算、寻路、查黄页或查询特定信息(如查停车位、就近的车站、餐馆等)。

LBS 的主要组成成分(用户、通信网络、定位、SP/CP)如图 20.11 所示。

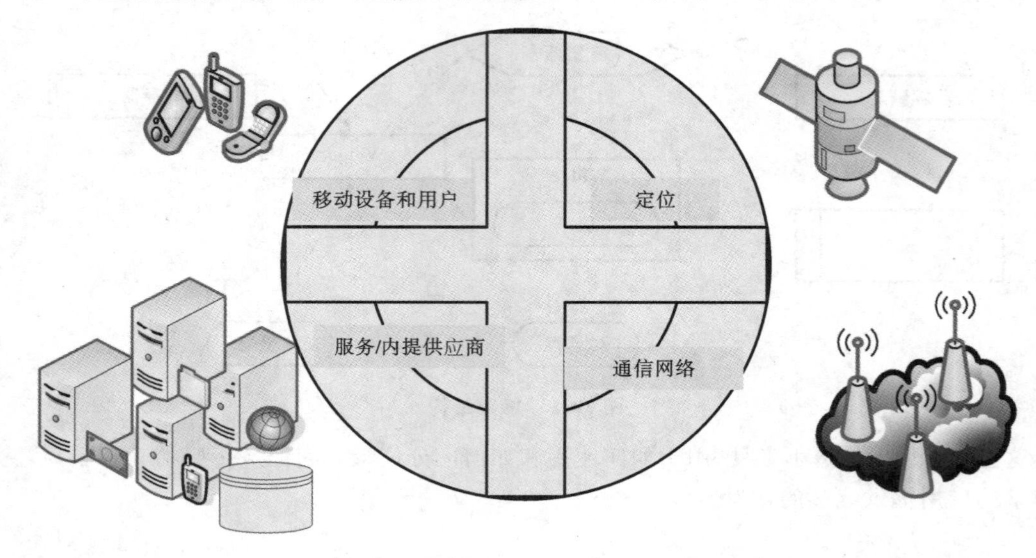

图 20.11　LBS 的主要组成成分(用户、通信网络、定位、SP/CP)

LBS 感知的情景主要是位置信息,经过加工处理后可以提供多方位的服务,如交通管理、贵重资产跟踪、旅游导引、残障人士支持、儿童保护、应急响应等。许多国际组织在制定一系列的国际标准来规范 LBS 的运作。

20.5　存储 IOT 数据

IOT 数据如何存储呢?简单地存放感知数据做起来简单,一旦涉及数据修改、恢复和添加新特征,就不一定适应。例如,如果把数据按文本格式(像日志一样)存放在一个文件里,编程简单,一旦文件很大(例如,如果应用获得每 30 秒采样的气象数据,即温度、湿度、风力、风向、气压等,又有多个采样点),数据集就会很大。要存放这样的文件,数据又要转换成字符串。这样的数据查询起来很困难。

传感设施放在哪里?这也是一个问题。一种解决方案是使用感知成分把所有硬件放在一个盒子里。这是早期 IOT 的解决方案。其实,多点方式是更广泛使用的方式。这类似于传感网的思想,即使用多个分布的成分。

在分布式解决方案里,感知成分间使用网络通信协议相互通信。如图 20.12 所示,数据采集器及传感网中的传感器节点,用于采集感知信息。采集到的数据会被数据聚集器(aggregator)接收,在那里会进行基本处理,也会存储到本节点里的数据库(数据库服务器)。数据采集器也可能带有本地存储,目前常用 SD 卡存储。

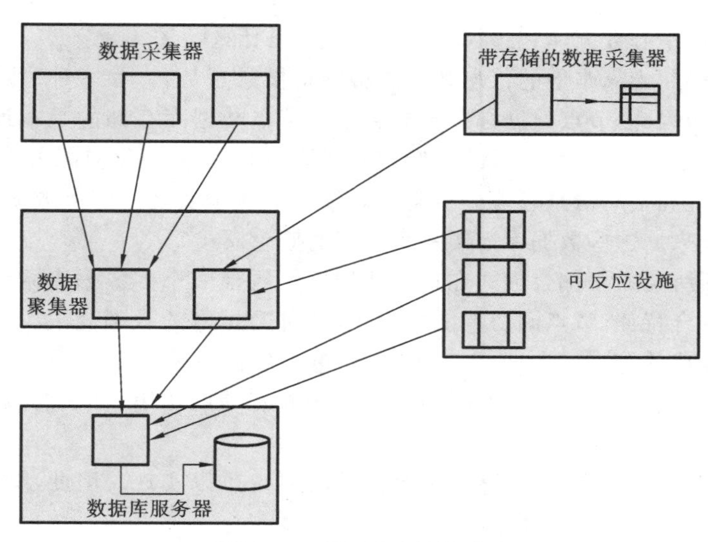

图 20.12　IOT 分布网络节点

这里出现了可反应设施(actionable device)的概念。可反应设施也具有数据采集的功能，不同的是，还具有直接依据情景态势做出反应或接到命令后做出反应的功能。

IOT 数据的边缘存储和核心存储如图 20.13 所示的形态。

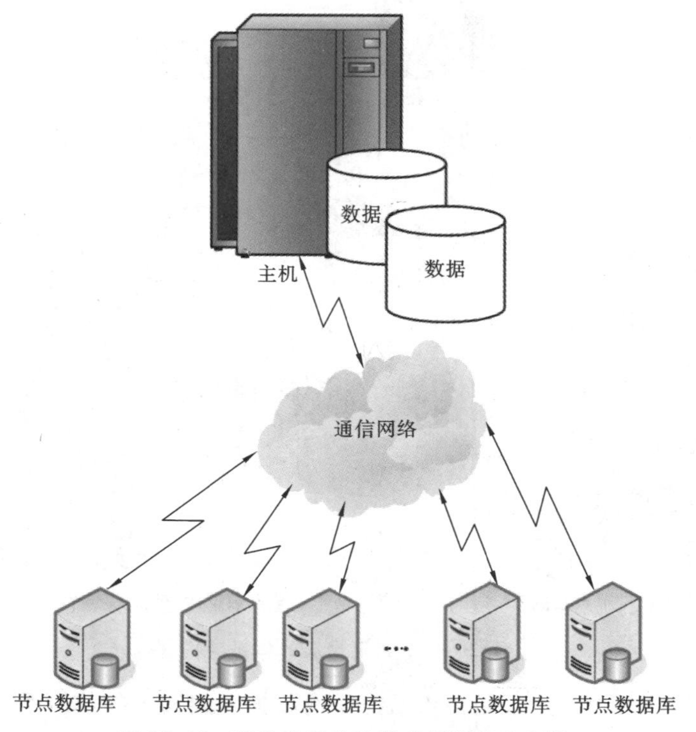

图 20.13　IOT 数据的边缘存储和核心存储

物联网的数据可以分为边缘存储和中心存储两个层次存储，即边缘数据库和中心数据库。

这种数据库的特点是边缘存储和中心存储相结合。简单来说，边缘数据库里存储的是本区域感知的数据和驱动本区域可反应设施针对情景态势的反应数据。根据采样频率和传感器/反应器数量，节点数据库存储的数据量会差异较大。一般受容量的限制，边缘能存储的数据量有限。问题是,中心数据库和边缘数据库的关系是什么?

从应用角度来看,光靠本地的信息并不能够判定情景态势,光靠一种、几种传感信息也无法对情景进行描述,因此,节点数据必须集成起来。节点数据库存储的是本地感知数据,节点数据库间需要相互配合。同时,边缘的存储和处理能力有限,能源供应能力也有限,所以,数据分析、复杂数据处理和全局情景态势分析需要靠中心节点来实现。节点数据库和中心数据库也需要有机集成起来。这些数据库需要一个统一的概念模式。

可以采用前面所述的松耦合形式在这些数据库上构建一个多数据库系统。但是,由于多数据库具有的松耦合特征,节点间协调能力不足,这种数据库的效率受限。因此,更为合理的做法是构建一个经典的分布式数据库。这样,分布式数据库是一个不均衡的分布式数据库。换言之,核心节点承担主要的存储和计算功能,边缘起着辅助作用,2PC 的协调者角色也是由核心节点担任。

但是,由于系统中的节点太多,直接汇聚到中心系统难以实现。因此,会有一个汇聚层的体系架构加入进来,如图 20.14 所示。

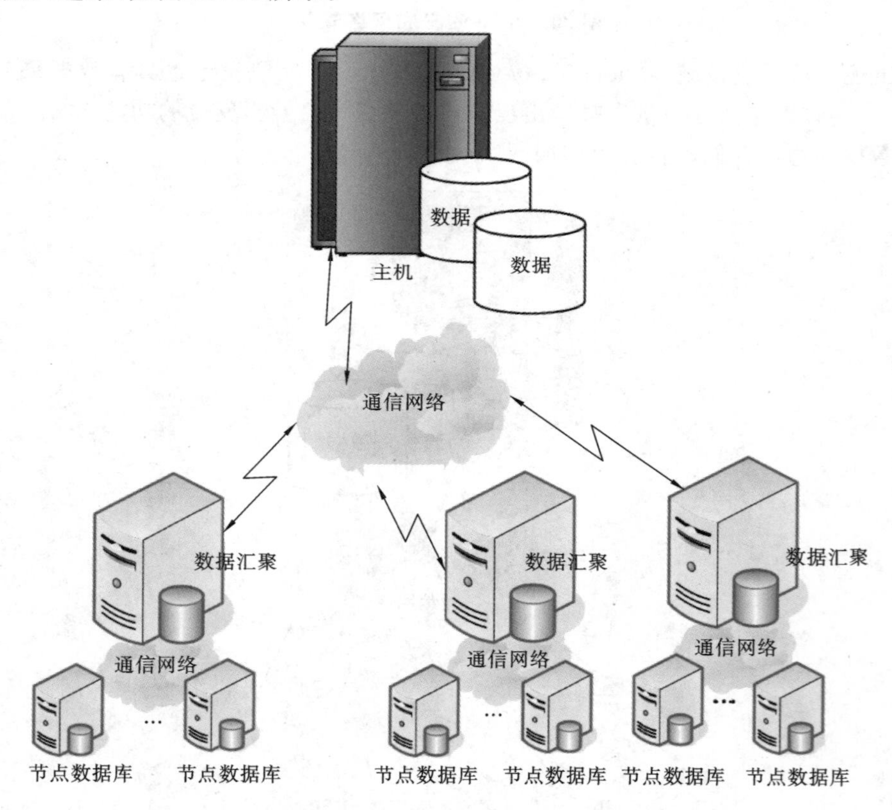

图 20.14 有汇聚层的体系架构

需要注意的是,这里讨论的仅是初步的物联网数据库架构。如前所示,为了适应应用,需要将感知数据升华为情景,保证系统能及时、准确地做出反应。情景数据库的建设是物联网应用的核心之一。

情景是不同信息的多维组合,实时动态情况中可以抽象为各种情景实例信息及其之间的关系、作用。静态结构中,这些实例能够归纳为一些情景概念,情景概念之间存在上下位、属性、各种概念间关系、方法等。

20.6　情景建模与情景数据库

我们使用自己的研究成果来叙述情景建模和情景数据库。GaCam(Generalized Adapt Context Aware Middleware)是华东师范大学计算机应用研究所开发的一个面向情境感知计算的中间件系统。其中,情景感知系统数据库如图 20.15 所示。

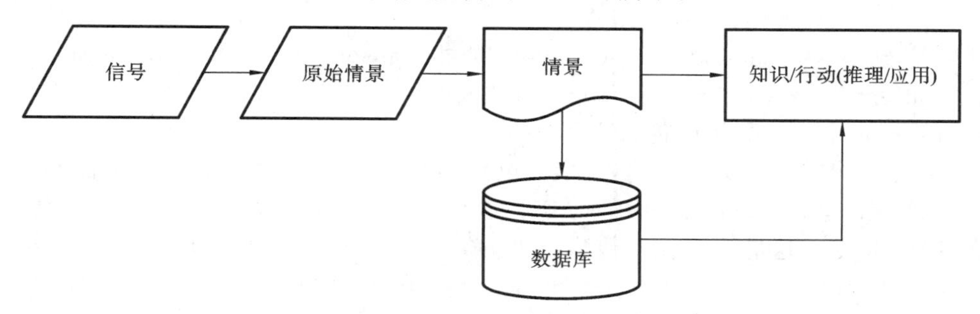

图 20.15　情景感知系统数据库

由图 20.15 可见,传感器获得的信号(signal)通过数字化后转换为数据(这里称为 raw context)。数据经过转换、清洗和融合等过程形成情景(context),存放在数据库,形成情景数据库中。显然,信号、数据和情景是物联网涉及的处理、管理和存储的三个不同层次。

情景是多维的复杂结构,根据抽象,可以采用层次结构来定义情景数据。情景结构和模型如图 20.16 所示。

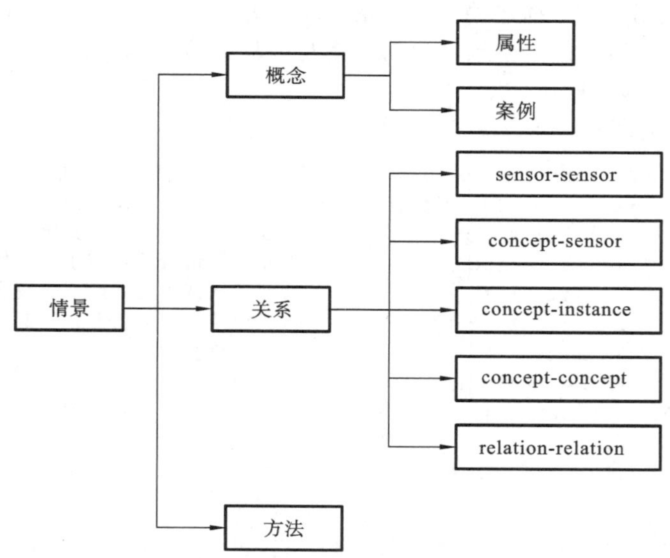

图 20.16　情景结构和模型

由图 20.16 可知,情景可以用概念(concept)、关系(relationship)和方法(method)三个要素来定义。

(1) 情景概念(context concept):相似语义并且独立关注的情景的一般化描述。

这里的相似语义是指情景信息在人类的认知上语义结构相似。例如,所有温度情景,可以使用 temperature 概念来描述,去除了其中有些温度情景包含的单位不同、命名不同、测量精度不同等的差异。在相对独立的应用内，每个概念都有不同于其他概念的一个命名。

独立关注是指在应用中特别重要或涉及多个应用场景，需要单独关注其建模形式的情景。例如，同样的温度情景，在一些系统中，由感知器专门检测，是重点关注的情景，可以作为概念存在。在一些系统中，温度是某一设备的内置属性，不是这些应用主要关注的情景。

概念的基本组成包括情景属性(context attribute)和情景实例(context instance)，如下。

- 情景属性(context attribute)：描述与某情景概念自身相关的信息。
- 情景实例(context instance)：是指情景概念 C 所对应的某个具体情景。例如，温度传感器概念中的某个具体传感器。

(2) 情景关系(context relationship)：是指 sensor-sensor、concept-sensor、concept-concept、concept-instance 和 relation-relation 之间的关系。

- sensor-sensor 关系：说明传感器之间的关系。

传感器之间会有组合关系。例如，集成电路芯片 A 里可以集成温度传感器和 RFID 功能，将之用于冷链运输管理已是常用的形态。这类传感器在肉类、药品和冷饮等需要恒温的运输中使用十分广泛。这里 A 和温度传感器间就存在一种 subsensor of 的 sensor-sensor 关系。

- concept-sensor 关系：这是一种感知(sensing)关系。设 C 是一个情景概念，a 是一种感知，C 的信息来源主要由 a 提供，即 senseing(C,a)，concept 是 sensor 的输出。例如，当前温度 10°是情景概念 T 的一个实例，即 senseing(T,10°)。
- concept-instance 关系：设 I 是情景概念 C 的某个具体实例，可记为 instance of(I,C)。
- concept-concept 关系：用于描述两个情景概念间的关系，例如，概念“气温”和概念“天气”之间的关系。
- attribute of：描述某个情景的情景属性与该情景之间存在的关系。
- relation-relation 关系：描述关系和关系之间的关系，如蕴涵关系、互补关系等。

(3) 方法(method)：方法是情景之间动态交互过程和传递消息信息的描述函数。它对不同的情景概念执行不同的操作。

GaCam 中定义的所有情景(context)的基本方法如下：

```
Return:Void GetCurrentInformation()          //从 sensor 端重新获取情景的值
Return:Context  GetConceptDescription()      //获取该情景的概念信息
Return:Context  GetSuperconcept()            //获取该情景的目前父概念信息
Return:Context  GetSubconcept()              //获取该情景的目前子概念信息
Return:Context  Getparts()                   //获取该情景的目前部分概念信息
Return:Context  GetWhole()                   //获取该情景的目前整体概念信息
Return:Context  GetMembers()                 //获取该情景的目前成员概念信息
Return:Context  GetCollection()              //获取该情景的目前集合概念信息
Return:Void InvokeUpdateMessage()            //触发情景被更新的消息，通知与其他相关情景重
                                               新融合、推理
Return:Void InvokeDisappearMessage()         //触发情景消失的消息，通知与其他相关情景重新
                                               融合、推理
```

显然，这种情景结构和面向对象概念类似，因此，可以采用面向对象数据库系统来实现。限于篇幅，这里不再赘述。

20.7 物联网应用平台

下面以船厂物联网为例来介绍应用系统，如图 20.17 所示。

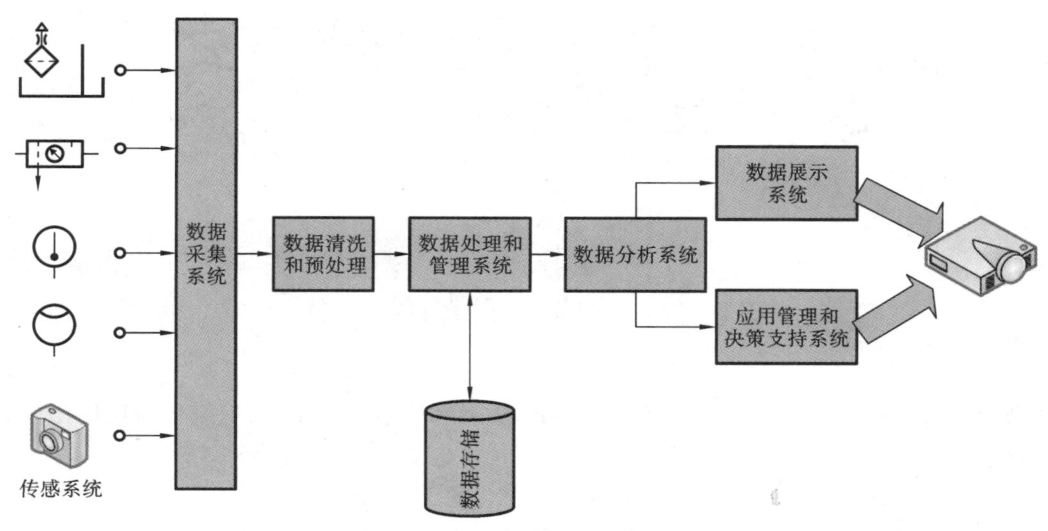

图 20.17　船厂物联网的样例

图 20.17 中，数据采集系统借助大量传感器和无线传感网采集情景数据。接着，采集来的数据要通过清洗和预处理，进入数据处理和管理系统。然后，数据一方面会沉淀下来，存放在数据库里；另一方面通过数据分析系统进行挖掘与分析。分析结果会可视化展示和交付给决策支持系统。

值得注意的是，每天有大量的数据生成，尤其是近几年来，数据产生得更快。传感器传送来的数据，如天气信息、视频监控数据、交易数据、社交媒体数据等，数量大、时间性强，是典型的大数据。

为了保证服务的高质量，对情景感知、自主性和反应性也提出了要求。事物差异很大。事物可能是一本书，可以使用 RFID 作为标签，许多书构成一张 RFID 网，借助信息系统，可以实现自助借书、还书。事物也可能是一个集成传感器、激励器和存储的系统。

IOT 包括硬件、软件和服务基础设施。IOT 基础设施是事件驱动的和实时的，支持情景感知、处理和与其他事物及环境进行交换。基础设施是十分复杂的，因为大量(上百万、上千万)的异构客体可以动态加入或退出 IOT，它们会在横跨全球的环境下产生和消耗几百万并行和瞬时的事件。这样的基础设施要可靠的、安全的、可管理的和容错的，必须能管理通信、存储和计算资源。

综合来说，物联网中有许多问题需要解决，限于篇幅，这里不再赘述。

习　题　20

1. 什么是物联网？它和互联网有何关系与区别？
2. 什么是泛在计算？其基本框架是什么？
3. 什么是情景感知计算？
4. 简述物联网、泛在计算和情景感知计算的关系。

第21章 电子政务中的分布式数据库系统

21.1 政府管理的信息化

政府管理的信息化是指政府行政管理方式、内容和手段的电子化、网络化与现代化。

政府管理的信息化具有如下特征。

- 政府管理的信息化是国民经济和社会信息化的重要基础与核心。
- 政府管理的信息化是办公自动化工作的进一步延伸、扩展和升华。
- 政府管理的信息化是现代科学技术在政府行政管理方面的有效应用。
- 政府管理的信息化是政府工作改革、创新和发展的必然趋势。
- 政府管理的信息化可以通向未来的“电子政府”。

从业务性质看，政府机构信息化的主要工作可以分为办公与决策支持信息化、业务管理与处理信息化、政府信息服务与业务活动便民化(如网上政务公开和为人民服务等)三个方面。

对所有的政府机构来说，第一个方面和第三个方面都是相似的；第二个方面则按照政务业务的不同而有所不同，如税务部门要考虑的是网上自动征税和税务监管，教育部门要考虑的是网上教育管理等。

政务活动是多方的协作活动。政府机构的信息化工作就是将这种协作转换成计算机支持的协同工作。在政府机关内，所有的工作人员都需要协同合作，在不同的政府机关之间，也需要密切的合作关系。

若从人(公民)的角度看问题，则所有的政府部门都是为人民服务，其业务及活动围绕公民的出生到死亡，甚至可以说是围绕公民从出生前到死亡后进行的。

笔者 2000 年 7 月出席德国巴伐利亚州政府召开的“2000 Bavaria Online”会议时，与德国的同行一起探讨了这个问题，大家的观点是，可以以“人”为中心讨论政府的信息化以及电子政府的问题。

在“人”出生前，卫生管理部门从优生优育、提高市民素质的角度出发，对生育、胎儿、孕妇等进行辅导和指导。“人”出生后，公安部门、卫生部门、民政部门逐步进入出生后的管理工作，接着教育部门、劳动部门等会逐步介入，等等。在人死亡和死亡后，卫生、民政等部门继续参与管理。因此可以把政府部门看成是围绕着人的生死进行的业务活动，在政府机关内部相互合作，机关和机关之间也是相互合作的。政府信息化如图 21.1 所示。

图 21.1 的右边表示政府机构信息化的第一个方面(办公与决策支持信息化)和第二个方面(业务管理与处理信息化)。左边表示第三个方面(政府信息服务与业务活动便民化)。

从图 21.1 中可以看出，右边的椭圆表示政府机关和政府机关之间的协作，在政府机关内部则是同部门公务员和公务员之间的密切协作。图中间用两个方框表示的是两个最基本的软件支持环境：办公自动化支持软件和工作流支持系统。办公自动化支持软件用于处理政府部

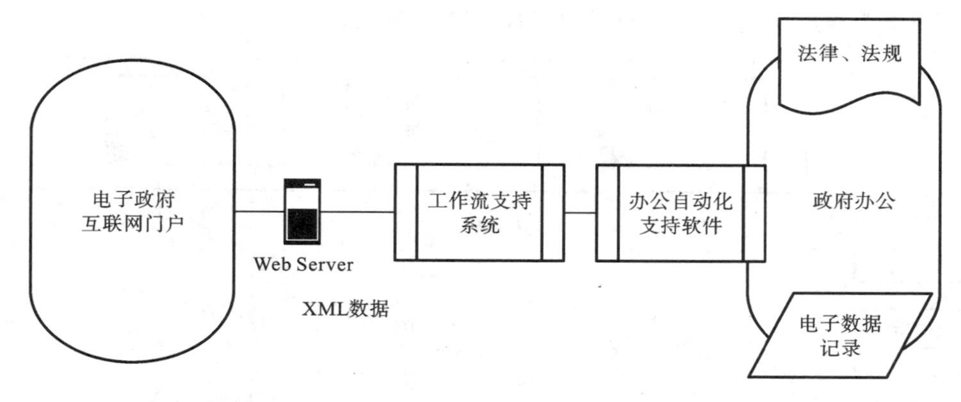

图 21.1 政府信息化

门的基本办公事务，工作流支持系统用于支持公务员之间的协作和政府部门之间的协作。右边的椭圆中标示了法律、法规和电子数据记录，它们是电子政务活动的基础数据。我们把左边的椭圆称为电子政府互联网门户，是“一网通办”的入口，也是政府和公民直接在网上交流的基础平台。Web Server 是与政府内部信息系统（政府办公自动化信息系统与决策支持系统和业务管理与处理信息系统）联系的桥梁。在内部数据交换中，应该说 XML 是一种恰当的数据交换标准和语言。

显然，关于“人”的数据是政府信息化的要素之一。更进一步，社会中的许多人又组织成不同的组织机构，如公司、社团、事业单位、政府机构等，这些组织机构可统称为法人，法人数据也是政府信息化数据的核心。简单来说，人和法人是政府信息化的关键要素。

可以说，政府信息化是一个内涵十分丰富的系统工程。政府是社会活动的中心，而且政府也是信息资源的最大拥有者。与此同时，政府信息化的过程面临一场业务过程重组的改革。从这里可以看出，工作流支持系统在政府信息化中扮演着极其重要的角色。当然，另外一个极其重要的问题是信息和网络安全，这也是政府信息化中不可忽视的问题。

1. 政府办公自动化信息系统与决策支持系统

政府办公自动化信息系统的核心是工作流系统。工作流程包括公文的流转、申请的审核和批复、工作人员日程的安排等。办公自动化业务可以划分为不同信息流的流转和活动的流动，因此，它是一个典型的工作流系统。

可以断定，政府办公自动化信息系统是在 Intranet 上构建的，可以实现机关通（专）用办公事务处理、信息综合查询、电子邮件传递等政府信息化；通过对信息资源的有效整合，建立规范的数据库、数据仓库，进行数据挖掘，建立决策支持系统，提高工作效率和工作质量。

这样的系统建立在内部信息网络上，实际上，这个网络中的用户使用权限是严格分级的，一般由若干个专有私密网络构成，在此基础上，会有一个严格的授权管理系统负责对信息使用权限进行管理和监控。

2. 电子政务事务处理系统

每个政府机构都有自己的、有别于其他行政的业务范围，因此都应有自己的电子政务事务处理系统。换言之，财税部门有自己的电子税务稽征管理信息系统，如我国的金税系统；海关有自己的电子海关管理系统，如我国的金关工程；卫生行政管理部门有自己的健康保障、医疗卫生管理服务系统，如我国的金卫系统等。

以人力资源和社会保障局的信息流程为例,如图 21.2 所示。

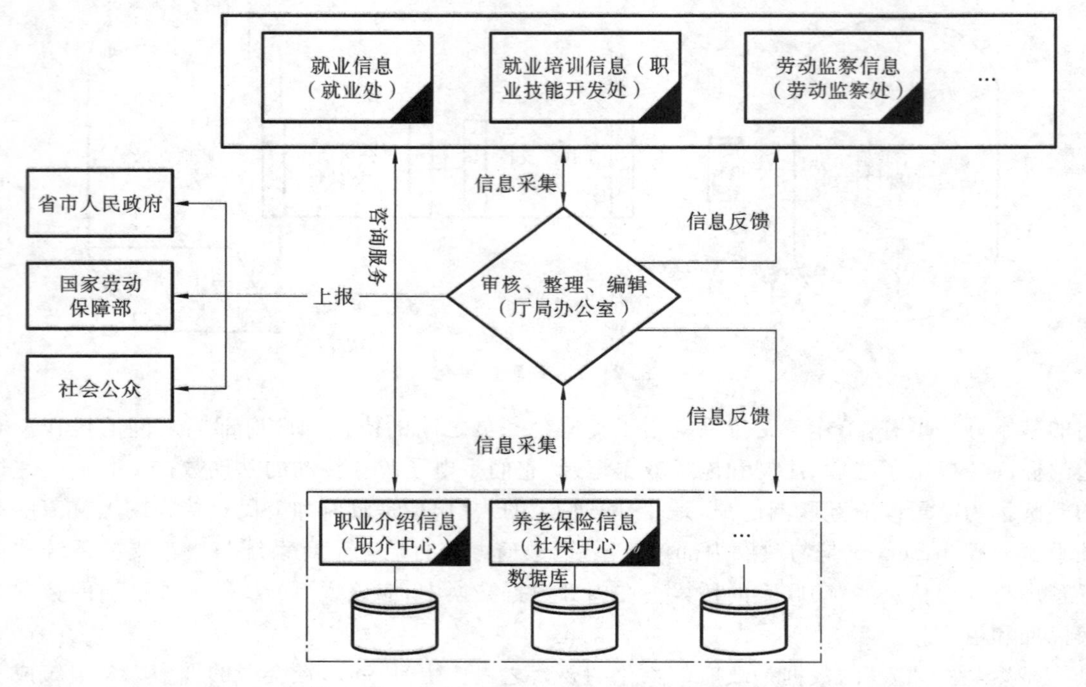

图 21.2 人力资源和社会保障局的信息流程

图 21.2 只是粗略地勾画了一个省(市)的人力资源和社会保障局的基本信息。从图中可知,电子政务事务处理系统虽与各业务部门的业务特点密切相关,但它们之间也有共性。这种共性表现在它们都是一个工作流系统,后台都是数据库系统。可以说,电子政务事务处理系统一般是建立在数据库系统上的。因为业务数据往往是分级管理的,所以广泛使用分布式数据库技术。

这里,权限管理也十分重要,不同的业务管理人员有不同的权限。而且,系统必须有一个可靠的工作流跟踪和审计系统,因为对每项活动提供事后备查十分必要。

3. 政府政务公开信息系统

政府机构掌握着大量的公众信息,它们既是法规、规章的执行者,也是大多数法规、规章的制定者,政府机构可以在互联网上向大众公布政府公报,提供政府信息服务。这样,一方面便利了大众,另一方面提升了信息资源的有用性和有效性,更重要的是,促进了社会的发展和人们行为的规范化。政府政务公开信息系统的建立和服务的提供可以通过互联网将政务信息公开,更好地加强人们和政府机构之间的联系,实现上述任务。

网上政府政务公开信息系统还可以进一步实现网上办事、议事。传统模式下,公众和政府的交流主要集中在办公室、柜台和窗口。政府政务公开信息系统建立后,公众和政府的交流可以在网上借助于计算机和互联网,许多问题就可以解决。而且,可以实现"一网通办"。

政府还可以在网上进行采购和招商,通过网络化的政府采购和招商,增加透明度,减少贪污与腐败行为的发生,从而降低成本,提高效率。

所以,从用户(公民和法人)的角度看,政府信息化包括两类应用:一类是只读(read-only)应用;一类是交互应用。前者如用户获取办事指南信息、政府公报信息、招商信息等,后者如申报、投诉和控告等。

政府政务公开信息系统建立在互联网上，政府可以建立一个专用网站和一个网上门户来提供服务。如图 21.1 左边的椭圆所示，这是公众和政府机构打交道的网上门户。

在系统结构上，政府政务公开信息系统与政府办公自动化信息与决策支持系统及电子政务事务处理系统这两个系统是严格隔离的，否则后两个系统的安全会发生重大问题。设一个安全“过桥”，无论是使用硬件形式还是软件形式，把政府内部能公开的信息放到政府政务公开信息系统中，同时把用户上传的信息转入政府内部业务系统，是一种不错的解决方案。

政府信息化和电子政府是一个系统工程，还在逐渐发展中，目前很难完全讲述清楚。当然，技术的发展会帮助我们解决目前的一些疑惑。下面从电子政务的角度进行更深入的讨论。

21.2 电子政务

什么是电子政务？先选用一般文献上的说法：电子政务是借助电子信息技术而进行的政务活动。

这里采用的是狭义的电子政务概念，专门指政府部门的管理和服务活动。可以说，电子政务的概念试图把上面所说的三个方面合成在一起，尽管这种融合很不容易。

更广泛来说，根据参考文献[5]，在公共领域中使用 ICT(information and communications technology，信息与通信技术)来提升公共部门政府功能的效率和效益，称为电子政务(e-government)。因此，需要创建一个革命性的网络体系，政府各部门借助该网络共享信息，提供政府与公民(government to citizens，G2C)、政府与机构(government to business，G2B)和政府与政府(government to government，G2G)的服务。

随着公共管理、政府-公民交互特殊需求的信息处理和电子通信技术的演变，电子政务的概念也在演变。现在，电子政务已经包含公共领域的所有 ICT 平台和应用，互联网扮演了重要角色。

电子政务含义宽泛，G2G 指的是政府与政府间的事务，涉及不同政府层级、政府部门间的数据交换和电子交换；G2B 是政府与机构间涉及的商务事务，如产业、贸易、服务、税收等；G2C 是政府与公民间的交互活动。

图 21.3 是一个较为完整的电子政务系统的基本结构。

电子政务最重要的是运用信息与通信技术(ICT)打破行政机关的组织界限，构建一个电子化的虚拟机关，让人们可以从不同的渠道获取政府的信息和服务，不再像传统模式那样采用经过层层关卡书面审核的作业方式；而政府机关之间及政府与社会各界之间也是通过各种电子化渠道进行相互沟通，并依据人们的需求、可以使用的形式、要求的时间及地点而提供各种不同的服务。我们可以从应用、服务及网络通道三个层面进行电子政务基本架构的规划。

电子政务的应用主要体现在以下几个方面。

- 电子商务：在以电子签名(CA)等技术构建的信息安全环境下，推动政府机关之间、政府与企业之间以电子数据交换技术(EDI)进行通信及交易处理。
- 电子采购及招标：在电子商务安全环境下，推动政府部门以电子化方式与供应商联系，进行采购、交易及支付处理。
- 电子福利支付：运用电子数据交换、磁卡和智能卡等技术处理政府各种社会福利事务，

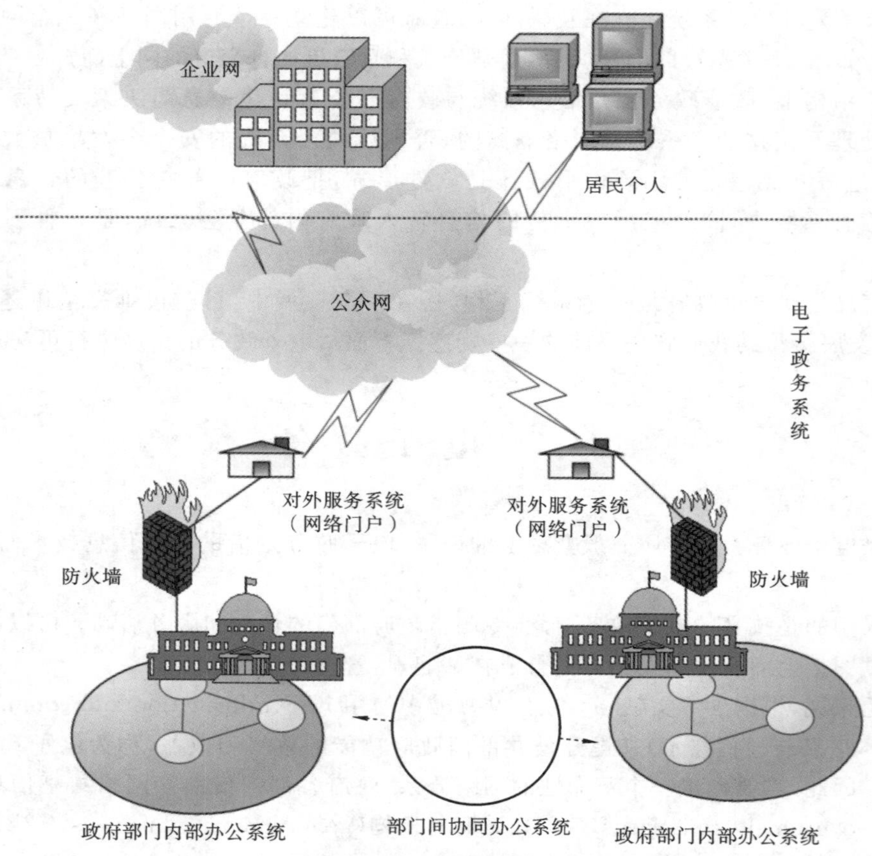

图 21.3 电子政务系统结构

直接将政府补贴的各种社会福利金支付给受益人。

● 电子邮递：建立政府整体性的电子邮递系统，并提供电子目录服务，以提高政府之间及政府与社会各部门之间的沟通效率。

● 电子资料库：建立各种数据库，并为人们提供方便的网络获取方式。

● 电子公文：公文制作及管理实现信息化作业，并通过网络进行公文交换，随时随地获取政府资料。

● 电子税务：在网络或其他渠道上提供电子化表格，为纳税人提供从网络上报税的功能。

● 电子身份认证：通过智能卡（如社会保障卡）集合个人的医疗资料、身份证、工作状况、个人信用、个人经历、收入、缴税情况、公积金、养老保险、房产资料以及指纹等身份识别信息，通过网络实现政府部门的各项便民服务功能。

如前所述，在政府信息化的过程中，要不断进行业务过程重组。因此，工作流定义、过程定义和工作流管理系统的建设是其核心技术。

电子政务是一个长远的目标，要实现它还有很长的路要走。

从发展阶段来看，电子政务在发展过程中大致可分为三个阶段，即面向数据处理的第一代电子政务信息化、面向业务处理的第二代电子政务信息化，以及面向协同整合的第三代电子政务信息化。各个阶段的信息化程度都是由信息技术发展水平和业务发展需求共同决定的。从建设模式上来看，电子政务的应用模式发展阶段主要包括以下几方面。

● 分散在不同地方办公的分散式服务模式。

- 地理集中，多窗口受理，后台审批的一门式服务模式。
- 逻辑集中，超链接转接，后台审批的一站式服务模式。
- 业务分类，集中处置，并行审批的一网通办服务模式。
- 全程跟踪的个性化服务模式。

注意，我国行政管理体系和信息化发展水平不平衡共同作用的结果是，使得我国电子政务建设在很长时间内都是在“条块分割”的管理体制下开展的，缺乏宏观的规划，因此形成了许多“信息孤岛”，各信息系统成为条线“专用系统”，无法实现数据交换和业务协同。

随着信息化建设的不断深入，特别是建设以公众为中心的电子政务的目标的提出，现有的应用模式显然已无法适应新的要求了。从组成政府的各委、办、局层面来看，一事一办的模式已无法推进委、办、局的工作。许多应用系统因为不同单位的系统壁垒不能很好地实现其功能，二次录入、手工填报等方式仍大量存在系统中，严重影响了应用效果。同时政府间尚未完全实现的业务协同、条块分割所导致的办事流程不规范、缺乏历史数据的管理已经成为进一步提升信息系统的瓶颈。

对很多地方政府而言，在电子政务信息化建设中已有很大的投入，并按照业务需求建立起了许多独立的业务处理系统。同时，政府各委、办、局的组成机构也拥有条线内部(即业务系统内部，如民政条线、税务条线等)的信息系统。可以说，经过多年的使用，许多政务业务管理系统都基本处于成熟应用期，所以在建设中不可能一切推翻重来，那样会造成很大的浪费；而且，即使系统很大很全，但随着信息化的不断发展，还需要新的功能、新的服务。因此，在建设中，充分利用现有资源，以整合为主，是一个重要原则。从而，分布式数据库技术扮演着重要角色。

21.3 政务云

传统电子政务系统面临如下挑战。

- 数据资源共享交换和跨部门业务协作难，无法满足多样化服务的需求。
- 分散建设模式导致资源利用率低，IT 服务保障难。
- 政务信息安全容易遭受来自内部和外部的多重威胁。

因此，政务云(government cloud)应运而生。政务云解决方案旨在提供面向服务的政务云，政府行业提供全面的政务信息化服务和安全服务保障。

政务云是指运用云计算技术，统筹利用已有的(计算机)机房、计算、存储、网络、安全、应用支撑、信息资源等，发挥云计算虚拟化、高可靠性、高通用性、高可扩展性及快速、按需、弹性服务等作用，为政府行业提供基础设施、支撑软件、应用系统、信息资源、运行保障和信息安全等综合服务平台。

政务云建设的意义主要包含以下几点。

1. 杜绝重复建设，节约财政支出

政务云平台可以充分利用现有的基础资源，有效促进各种资源整合，由平台统一为政府部门提供资源、安全、运维和管理服务，能够提升基础设施利用率，减少运维人员和运维费用，杜绝重复建设、投资浪费等现象。

2. 促进信息共享，实现业务协同

政府不仅是最大的信息收集者，而且是信息资源的最大拥有者。因此，若能充分利用此资

源,建设电子政务等信息化平台,实现政府信息流通和共享,必将有助于国家的整体发展。通过政务云平台,在政府部门之间、政府部门与社会服务部门之间建立信息桥梁,通过平台内部信息驱动引擎,实现不同应用系统间的信息整合、交换、共享和政务工作协同,将大大提高各级政府机关的整体工作效率。

3. 构筑信息堡垒,保障数据安全

政务云平台通过顶层设计制定了从技术、架构、产品、运维到管理、制度等一系列的保障措施,保证了部署在平台的应用及数据的安全。另外,通过建立统一的灾备体系,确保在发生灾难的情况下,快速、完整地恢复应用。

4. 优化资源配置,提升服务

通过政务云平台,传统的部门朝着网络组织方向发展,打破同级、层级、部门的限制,促使政府组织和职能进行整合,使政府的程序和办事流程更加简明、畅通,使人力资源和信息资源得到充分利用和配置。同时,采用政务云平台集约化模式建设电子政务项目,可以使政府部门从传统的硬件采购、系统集成、运行维护等工作中解脱出来,转而将更多的精力放到业务的梳理和为人民服务上来,能够极大提升为人民服务的水平,促进政府管理创新和建设服务型政府。

政务云的基础服务包括 IaaS、PaaS、SaaS 和 DBaaS 等。

21.3.1 SaaS

SaaS 是 software as a service(软件即服务)的缩写。政务云的基本功能之一是 SaaS。SaaS 可以为政府部门提供服务器硬件和软件,减轻管理 IT 系统的负担。例如,办公软件如 Microsoft Office 和 WPS 是公务人员常用的工具,基于 SaaS,无需在个人计算机上安装办公软件,每个公务人员可以直接使用云上作为服务提供的办公软件。软件的升级、补丁的修补等不会再困扰每个公务人员。

21.3.2 PaaS

PaaS 是 platform as a service(平台即服务)的缩写。作为云服务,PaaS 给用户在平台上有了更多的选择。与 SaaS 用户不同,PaaS 用户是胜任的平台管理计算机专家。PaaS 提供的是一个平台,如允许运行 Windows 操作系统、Linux 操作系统等基础软件,以及可以运行用户需要的应用服务器能力。

例如,Google Apps 是一个 Google 公司提供的 PaaS,用户可以获得存储空间,以及面向文本文件、演示文稿、报表、电子邮件与其他人协同工作的能力。对于政府部门而言,无需自建平台,通过 PaaS 可以获得所需的 IT 平台。

PaaS 的优势是能支持任意应用开发的全生命周期。这样,用户不必是传统的程序员,可以是实际环境的典型用户。

21.3.3 IaaS

IaaS 是 infrastructure as a service(基础设施即服务)的缩写。IaaS 以服务形式为客户提供所租借的基础设施及全部功能。IaaS 可以把这个基础设施看成是自己的。与 PaaS 不同,

IaaS 要求客户有必要的人力资源，即客户有专业的计算机专门知识。有了 IaaS，政府机关不必总是自建计算中心，可以借助云服务租借基础设施。

21.4　政务数据库

目前政府部门除了 OA 系统，还按其业务职能构建了信息系统（如图 21.2 所示的劳动保障信息系统），从而建立部门数据库。中央和地方政府在部门信息系统的基础上，会建设横向集成和纵向的综合管理信息系统，从而建立综合数据库。因此，信息共享和交换成了首要课题。

这里要区分两类实体：一级政府（如省/市政府）和政府部门（如教育行政部门、中华人民共和国民政局等）。从数据库角度看，政务系统包含以下两方面。

- 部门业务数据库。
- 综合基础库。

21.4.1　OLTP 和 OLAP

政府信息系统中的数据库可以分为两类：生产性（也称操作性）数据库和分析性数据库。前者是面向事务处理的，即以 OLTP（on-line transaction processing，联机事务处理）为主；后者则是面向分析的。

1. OLTP

OLTP 的基本特征是前台接收的用户数据可以立即传送到计算中心进行处理，并在很短的时间内给出处理结果，是对用户操作快速响应的方式之一。

OLTP 的主要特征包含以下几方面。

- 支持大量并发用户，定期添加和修改数据。
- 反映随时变化的单位状态，但不保存历史记录。
- 包含大量数据，其中包括用于验证事务的大量数据。
- 结构复杂。
- 可以进行优化以对事务活动做出响应。
- 提供用于支持单位日常运营的技术基础结构。
- 个别事务能够很快地完成，并且只需访问相对较少的数据。OLTP 旨在处理同时输入的成百上千的事务。
- 实时性要求高。
- 数据量不是很大。
- 交易一般是确定的，所以 OLTP 是对确定性的数据进行存取。
- 并发性要求高，并且严格要求事务的完整性、安全性。

银行交易系统、工商登记系统、公安户籍管理系统等涉及的数据库都是面向事务处理的，OLTP 是其应用特征。

2. OLAP

数据分析的目标是探索并挖掘数据价值，作为企业高层决策的参考。OLAP(on-line analytical processing,联机分析处理)是一种软件技术,它可让分析人员迅速、一致、交互地从各个方面观察信息,以达到深入理解数据的目的。它具有 FASMI(fast analysis of shared multidimensional information,共享多维信息的快速分析)特征。其中 F 表示快速性(fast),是指系统能在数秒内对用户的大多数分析要求做出反应;A 表示可分析性(analysis),是指用户无需编程就可以定义新的专门计算,将其作为分析的一部分,并以用户所希望的方式给出报告;M 表示多维性(multi-dimensional),是指提供对数据分析的多维视图和分析;I 表示信息性(information),是指能及时获得信息,并且管理大容量信息。

从功能角度来看,OLTP 负责基本业务的正常运转;而业务数据积累时所产生的价值信息则被 OLAP 不断呈现出来,企业/管理高层通过参考这些信息会不断地调整经营/管理方针,也会促进基础业务的不断优化,这是 OLTP 与 OLAP 最根本的区别。

我们把政府信息系统中面向 OLTP 的数据库称为生产性(操作性)数据库,面向 OLAP 的数据库称为分析性数据库。

21.4.2 数据仓库及其技术

为了说明综合数据库,有必要讨论什么是数据仓库及其特点。

数据仓库(data warehouse,DW)是一个面向主题的、集成的、相对稳定的、随时间不断变化的数据集合,它用于支持企业或组织的管理决策。

数据仓库系统是一个信息提供平台,它从业务处理系统中获得数据,主要通过星型模型和雪花模型进行数据组织,并为用户从数据中获取信息和知识提供各种支持。

从功能结构化分析,数据仓库系统至少应该包含数据获取、数据存储和数据访问三个关键部分。

数据仓库具有如下特点。

- 面向主题:操作型数据库的数据组织面向事务处理任务,各个业务系统之间各自分离,而数据仓库中的数据是按照一定的主题域进行组织的。主题是一个抽象的概念,是指用户使用数据仓库进行决策时所关心的重点方面,一个主题通常与多个操作型信息系统相关。这类主题如国民经济发展状况、人口分布和增长状况等。

- 集成性:面向事务处理的操作型数据库通常与某些特定的应用相关,数据库之间相互独立,并且往往是异构的。而数据仓库中的数据是在对原有分散数据库里的数据进行抽取、清理的基础上通过系统加工、汇总和整理得到的,因此,必须消除源数据中的不一致性,以保证数据仓库内的信息是关于整个企业/组织的一致的全局信息。

- 相对稳定:操作型数据库中的数据通常实时更新,数据根据需要及时发生变化。数据仓库中的数据主要供企业/组织决策分析之用,所涉及的数据操作主要是数据查询,一旦某个数据进入数据仓库以后,一般情况下将被长期保留,也就是数据仓库中一般有大量的查询操作,但修改和删除操作很少,通常只需要定期加载和刷新。

- 反映历史变化:操作型数据库主要关心当前某一个时间段内的数据,而数据仓库中的数据通常包含历史信息,系统记录了企业/组织从过去某一时点(如开始应用数据仓库的时点)到目前各个阶段的信息,通过这些信息,可以对企业的发展历程和未来趋势做出定量分析和预测。

政府数据仓库的建设,以现有政府业务系统和大量业务数据的积累为基础。数据仓库不是静态的概念，只有把信息及时交给需要这些信息的使用者，供他们做出改善其业务经营的决策，信息才能发挥作用，信息才有意义。而把信息加以整理、归纳和重组，并及时提供给相应的管理决策人员，是数据仓库的根本任务。因此，从产业界的角度看，数据仓库建设是一个工程，是一个过程。

多维性是数据库仓库的一个重要特征。“维”(dimension)是人们观察客观世界的角度。“维”一般包含着层次关系，这种层次关系有时会相当复杂。通过把一个实体的多项重要的属性定义为多个维(dimension)，使用户能对不同维上的数据进行比较。因此，OLAP也可以说是多维数据分析工具的集合。

OLAP的基本多维分析操作有钻取(roll up和drill down)、切片(slice)和切块(dice)、旋转(pivot)等。

- 钻取是改变维的层次的操作，用于变换分析的粒度。它包括向上钻取(roll up)和向下钻取(drill down)。向上钻取是在某一维上将低层次的细节数据概括到高层次的汇总数据，或者减少维数；而向下钻取则相反，它从汇总数据深入细节数据进行观察或增加新的维度。
- 切片和切块是在一部分维上选定值后，关心度量数据在剩余维上的分布。如果剩余的维只有两个，则称为切片；如果剩余的维有三个，则是切块。
- 旋转是变换维的方向，即在表格中重新安排维的放置(如行列互换)。

OLAP有多种实现方法，根据存储数据方式的不同，可以分为ROLAP、MOLAP、HOLAP等。

ROLAP表示基于关系数据库的实现OLAP(relational OLAP)。

MOLAP表示基于多维数据组织的实现OLAP(multidimensional OLAP)。

数据仓库系统是一个包含四个层次的体系结构。

(1) 数据源：数据源是数据仓库系统的基础，是整个系统的数据源泉，通常包括企业/组织的内部信息和外部信息。内部信息包括存放于RDBMS中的各种业务处理数据和各类文档数据。外部信息包括各类法律法规、市场信息和竞争对手的信息等；数据的存储与管理是整个数据仓库系统的核心。数据仓库的关键是数据的存储和管理。数据仓库的组织管理方式决定了它有别于传统的数据库，同时也决定了其对外部数据的表现形式。要决定采用什么产品和技术来建立数据仓库的核心，则需要从数据仓库的技术特点进行分析。针对现有各业务系统的数据，进行抽取、清理，并有效集成，按照主题进行组织。数据仓库按照数据的覆盖范围可以分为企业级数据仓库和部门级数据仓库(通常称为数据集市)。

(2) OLAP服务器：对需要的数据进行有效集成，按多维模型予以组织，以便进行多角度、多层次的分析。OLAP服务器可以分为ROLAP、MOLAP和HOLAP等。ROLAP里的基本数据和聚合数据均存放在RDBMS中；MOLAP里的基本数据和聚合数据均存放于多维数据库中；HOLAP里的基本数据存放于RDBMS中，聚合数据存放于多维数据库中。

(3) 前端工具：前端工具主要包括各种报表工具、查询工具、数据分析工具、数据挖掘工具，它们是基于数据仓库或数据集市的应用开发工具。其中数据分析工具主要针对OLAP服务器，报表工具、数据挖掘工具主要针对数据仓库。

(4) 数据仓库数据库：数据仓库数据库是整个数据仓库系统的核心，是存放数据的地方和提供对数据检索的支持。相对于操作型数据库来说，数据仓库数据库的突出特点是对海量数据的支持和快速的检索技术。

数据抽取工具是将数据从各种各样的存储方式中抽取出来，进行必要的转化、整理，再存放到数据仓库内。数据抽取工具的关键是对各种不同数据存储方式的访问能力，例如，应能生成 COBOL 程序、MVS 作业控制语言(JCL)、UNIX 脚本和 SQL 语句等，以访问不同的数据。数据转换包括删除对决策应用没有意义的数据段，转换到统一的数据名称和定义，计算和衍生数据，给默认数据赋予默认值，并统一不同的数据定义方式。

(5) 元数据是描述数据仓库内部数据的结构和方法建立的数据。按其用途的不同可分为技术元数据和商业元数据两类。

● 技术元数据是数据仓库的设计人员和管理人员用于开发与日常管理数据仓库时使用的数据。技术元数据包括：数据源信息、数据转换的描述、数据仓库内对象和数据结构的定义、数据清理和数据更新时使用的规则、源数据到目的数据的映射、用户访问权限、数据备份历史记录、数据导入历史记录和信息发布历史记录等。

● 商业元数据从业务的角度描述了数据仓库中的数据。商业元数据包括业务主题的描述，业务主题又包含数据、查询、报表等。

元数据为访问数据仓库提供了一个信息目录(information directory)，这个目录全面描述了数据仓库中有什么数据、这些数据是怎么得到的和怎么访问这些数据。元数据是数据仓库运行和维护的中心，数据仓库服务器可以利用元数据来存储和更新数据，用户通过它来了解和访问数据。

(6) 访问工具：为用户访问数据仓库提供了手段，一般有数据查询和报表工具、应用开发工具、管理信息系统(EIS)工具、联机分析处理(OLAP)工具、数据挖掘工具等。

(7) 数据集市(data marts)：为了特定的应用目的或应用范围而从数据仓库中独立出来的一部分数据，也可称为部门数据或主题数据(subject area)。这部分数据称为数据集市。在数据仓库的实施过程中，往往可以从一个部门的数据集市着手，以后再由几个数据集市组成一个完整的数据仓库。需要注意的是，在实施不同的数据集市时，同一含义的字段定义一定要相容，这样在以后实施数据仓库时才不会造成大麻烦。

(8)数据仓库管理：其功能包括安全和特权管理，跟踪数据的更新，数据质量检查，管理和更新元数据，审计和报告数据仓库的使用和状态，删除数据，复制、分割和分发数据，备份和恢复，存储管理等。

(9) 信息发布系统：将数据仓库中的数据或其他相关的数据发送给不同的地点或用户。目前，基于 Web 的信息发布系统是适应多用户访问的最有效方法。

21.4.3 部门业务数据库

政府的各个职能部门也管理着与其职能有关的部门业务数据，主要包含以下几种。

1. 工商企业数据库

工商企业数据库是通过信息化对市场主体(企业)的经营实行有效的服务和管理，是市场监管部门的责任。工商企业数据库主要具有以下功能。

● 服务监管：构建市场监管风险预警机制，挖掘业务关联，精准定位监管难点和重点，并自动生成处置建议，采取预防措施，合理调配监管力量，提高监管效率。

● 服务政府：利用工商全景大数据库，进行包括宏观经济趋势分析、经济结构调整分析、资本流动趋势预判、就业需求景气预测等在内的各类辅助决策信息与数据的验证，帮助各级政府与职能部门提高政策决策能力与市场掌控能力。

● 服务社会：一方面，运用多渠道依法向社会公众开放企业全景多位画像信息，及时将企业公示的信息通报给消费者和市场主体，为社会公众降低交易成本、提高交易效率，为保障交易安全提供更具公信力的支持。另一方面，充分运用社会力量和资源，提升安全意识，利用公众的力量来促进企业自治、行业自律，政府依法公示企业信息以维护国家经济安全。

因此，工商企业数据库围绕的是企业法人，以企业法人为核心及其相关实体构建而成。

2. 民政数据库

民政数据库以国家电子政务信息化标准体系和民政部信息化标准体系为参照，实现行政区划代码标准规范、数据标准规范、接口标准规范等管理。

民政数据库的主要核心是自然人，其次是非政府机构组织。非政府机构组织数据库等可参照工商企业数据库。

从自然人的角度看，民政业务数据包括婚姻登记、最低生活保障、优待抚恤、老龄工作、社会组织法人库、救灾应急、项目管理、残疾人补贴、医疗救助等。民政数据库的建设横向可通过资源信息共享体系与法院、公安、司法、统计、人口计生等相关部门共享资源形成跨部门协作，纵向可形成国家、省、州(市)、县(区)、乡镇(街道)、社区的“上下联动，信息畅通”的数据共享格局。

以民政数据库平台为依托，可对各项业务数据进行统一汇总、分析展示，通过建立以国民经济与社会发展为背景的民政业务分析模型，完成统计分析、决策咨询系统的建设，为各级机关和领导直接提供各类相关信息动态、业务报表和统计分析等资料，辅助各级机关/组织更好地对民政事务(例如，养老、扶贫等)做出正确决策。

3. 住建数据库

住建数据库中很典型的例子是个人住房基础数据库，可以应用主题库、共享资源库，为省/市城镇个人住房信息系统应用及服务提供充分的数据支撑。同时，据此可以构成支撑全省/市跨地区、跨单位信息交换与业务协同的基础设施。

许多省/市建设了住建数据中心。住建数据中心的核心一般包括数据交换平台、中心数据库、数据质量管理、数据资源目录、数据交换实施等多个部分，其中数据交换实施是应用数据交换平台、数据资源目录、数据质量管理的功能，形成符合标准的数据中心实施过程。标准化的数据用于构建数据主题，使之适应个人住房信息查询和数据专题分析的需要。

类似的部门业务数据库很多，在此不再赘述。

21.4.4 综合基础库

在电子政务活动中，有些基础数据库是整个政务活动中都需要的，我们称为综合基础库，典型的有(自然)人口库、法人库、空间信息库等。

法人和自然人构成社会活动的全部主体，一切社会行为均是由这两个主体发起和完成的。因此，建立这两个主体的数据库，具有尤为重要的意义。

1. (自然)人口库

(自然)人口库包含关于自然人的基础信息：从人的出生到死亡，一些基础信息在流转。从怀孕到出生，中华人民共和国国家卫生健康委员会记载婴儿的信息，中华人民共和国公安部登记户籍信息，教育行政部门关注和记录其教育信息，就业后中华人民共和国人力资源和社会保障部开始记录和存储其就业信息，退休后中华人民共和国人力资源和社会保障部和中华人民共和国民政部继续记录其颐养天年的数据等。人口数据由多个部门采集和管理，如中华人民共和国公安部、中华人民共和国人力资源和社会保障部、中华人民共和国民政部、教育行政部门、中华人民共和国国家卫生健康委员会和社会组织（工会、中华全国妇女联合会、中国残疾人联合会等）等。显然，建立统一、一致、完整的人口数据信息十分迫切。

应指出的是，各部门的人口数据库往往已在自己的各项信息化工程中建立。因此，融合化是重要方向。

这里，融合化是指打破“数据孤岛”，实现数据按需、按契约、有序、安全式地开放，形成闭合的跨部门数据共享机制。融合化主要方向有两个，一个是政府部门间数据的融合，另一个是政府数据与社会数据的融合。政府部门间数据融合的目的是要形成政府数据多维交换共享机制，搭建信息资源交换、共享、应用、安全管理的运行支撑环境，形成统一的政务块数据，是大数据应用提升的重要条件。政府数据与社会数据（如来自工会、中华全国妇女联合会、中国残疾人联合会、企业等的数据）的融合，可充分整合政务应用及数据资源，建设统一的政府数据开放窗口，提升行政透明度，充分发挥社会监督作用。信用数据是政府数据与社会数据融合的典型样例。

通过数据共享，充分开发政务大数据，会产生新的价值，可以让“沉睡”的政府数据大大增值。

注意，人口库不是一个生产性数据库，而是一个分析性数据库。人口库的一种实现途径是采用数据仓库技术。

2. 法人库

法人单位基础数据库（以下简称法人库）是政府行政职能部门应用标准化手段，以组织机构代码为唯一标识，采集具有民事行为能力、依法独立享有民事权利和承担民事义务的组织及分支机构信息而建立的数据库。法人单位信息的共享与交换可促进政府部门间的协作，为税务、金融、社保、海关等领域的法人监管提供基础，为政府决策提供信息支撑，为社会提供广泛、准确、动态的法人单位信息服务。法人库又可与税务、金融、外贸等行业和部门的专业数据库相结合，构成面向法人的信用信息。企业在交易之前，可以事先查询交易法人对象的信用信息，了解其资信状况，可极大地减少因授信不当而造成损失。现在，建立基础的、可共享的、可交换的、具备动态更新机制的法人库，成为智慧城市建设的基础性和核心性工作，法人库建成后将会给政府管理、企业运营和公众生活带来深远影响。

法人基础信息是标识法人不可缺少的基本元素，是使用最频繁、最基础和最重要的信息。其采集单位应当包括市场管理部门（如工商行政管理局、质监部门等）、税务部门、民政部、中国机构编制网等。一般法人基础信息的主要采集范围也可缩小到几个单位，如工商行政管理局、质监部门、税务部门等。

组织机构代码是对组织机构赋予的统一标识，其赋予的对象是组织机构。组织机构代码是由国家授权的权威管理机构对我国境内依法注册、依法登记的企业、事业单位、机关、社会团体及其他组织颁发的一个在全国范围内唯一的、始终不变的代码标识。组织机构代码作为组织机构的唯一的、始终不变的代码标识，是政府各职能部门间实现信息交换的唯一桥梁，同时也为实现组织机构基本信息的共享奠定了基础。

法人库的数据主要来自质监部门、中国机构编制办、民政部、工商行政管理局、国税部门、地税部门等。从工商行政管理局采集企业法人的基础信息，从中国机构编制办采集行政机关和事业单位法人的基础信息，从民政部采集社团、基金会和民办非企业法人的基础信息，从质监部门采集组织机构代码信息。质监部门、中国机构编制办、民政部、工商行政管理局、国税部门、地税部门等为上级业务主管部门提供详细的专业数据。

法人库是由多部门联合共建、共享的数据库，它是推进政务信息整合，实现信息资源共享、智慧城市建设的重要内容。法人库的应用包括政府部门应用和社会应用两个方面。政府部门应用，应面向全市各横向和纵向的政府部门提供服务接口，供有法人单位信息需求的政府部门调用，旨在加强部门间的信息共享和联合监管；社会应用，应面向公众等个人用户，提供有权限的法人单位查询信息和统计分析服务。

与人口库类似，法人库也是一个分析性数据库。

3. 征信数据库

征信数据库可以全面实现法人和其他组织统一社会信用代码制度、全面实现信用信息内部共享、全面建立守信联合激励和失信联合惩戒的制度，还可以突出政务诚信、商务诚信、社会诚信、司法公信等。通过信用建设措施可以支持简政放权，加强事前、事中、事后监管；运用信用建设措施可以支持融资体制改革，实现经济持续稳定增长；运用信用建设措施可以支撑财政性资金优化配置，提高资金使用率；运用信用建设措施可以防范资本市场风险，防止线上线下信用风险失控；运用信用建设措施可以支持电子商务的健康发展，规范电子商务市场秩序；运用信用建设措施可以支持公共资源交易改革，引导市场良性竞争；运用信用建设措施可以支持网络社会治理，净化网络社会环境；运用信用建设措施可以支持惠民政策落地，改善民生；运用信用建设措施还可以规范司法执法要求，提高公权力运行的公正性和透明度等问题。

征信数据库利用数据交换平台、数据库及数据处理加工技术，对数据进行采集、比对、整合，形成一致、完整、准确的信用征信数据。有利于提高法院、税务、工商、海关等政府部门的行政执法力度；通过企业和个人征信的约束性与影响力，提高企业与个人遵守法律、尊重规则、尊重合同、恪守信用的意识，提高社会诚信水平，建设和谐美好的社会。

征信数据库能为政府部门、金融机构、被征信单位和个人提供信用信息查询、信用报告、报表统计、图表分析等服务；可以根据业务需要，进行以自动评定为主与以人工调整为辅相结合、定量与定性相结合、实时与批量相结合的信用等级评定。能够基于工作流技术，实现信用等级评定审批的全过程管理；可以为异议信用信息，实现基于流程的信用信息处理；可以为其他机构提供接口服务，也能为第三方系统提供信用信息服务。

征信数据库可以帮助政府进行联合监管，即政府部门综合来自各方面的监管对象信息，通过信用信息综合统计与评价等辅助手段，完善原有的监管标准，对监管对象开展监督执法的监管模式。

21.5 政务信息目录与政务元数据

政府信息公开是现代政府成熟的标志。我国各级政府在政府信息公开上已有很大的进步，在每级政府网站上可找到该级政府的公开信息。

为了实现政府信息公开，必须定义政府信息目录。政府信息目录是政府信息的元数据。

政府信息目录要力求做到以下几点。

(1) 系统化：政府信息目录的编制应做到全面、系统，既要覆盖属于公开范围的全部信息，又要保证目录编制的分类清晰、体系完整，为形成政府信息目录的科学完整体系打好基础。

(2) 标准化:按照统一的标准进行分类,建立索引编码,对同类信息采用相同的术语,避免由于标准不同给跨部门、跨地区数据库和信息查询带来困难。

(3) 数字化:利用政府网站建立本地、本部门政府信息公开填报系统。对于主动公开的内容,可以实现网上即时查询;对于申请公开的内容,可以通过网站实现依申请公开。

表 21.1 是一个信息公开分类规范表。

表 21.1 信息公开分类规范表

类别		内容	类别号
机构信息	机构职能	部门的主要职能、联系电话及内设科室的职责、联系电话等	10101
	领导信息	领导姓名、职务、简历、照片、分管工作、联系电话、重要活动、重要讲话等	10102
法规公文	政府规章	地方行政规章、制度	10201
	规范性文件	各级政府及部门的规范性文件	10202
政府工作报告		人大会议通过的政府工作报告	10301
规划与政策等	规划与政策	经济和社会发展计划、规划及相关政策	10401
		专项规划及相关政策	10402
		区域规划及相关政策	10403
	其他	年度工作计划及阶段性工作计划总结等	10404
国民经济和社会发展统计信息		统计公报、年鉴、经济和社会发展指标等	10501
财政预算、决算报告		财政预算、决算与相关审计信息	10601
行政事业性收费的项目、依据、标准		所有收费项目、收费标准、收费依据、管理权限等	10701
政府集中采购项目的目录、标准及实施情况		政府采购目录、采购公告、结果公告、采购动态及相关法律法规、政策文件等信息	10801
行政管理事项		行政执法与非许可类行政审批的事项、依据、条件、数量、程序、期限,以及需要递交的全部材料及办理情况	10901
		其他办事服务的事项、依据、条件、数量、程序、期限,以及需要递交的全部材料及办理情况	10902

21.6 政府信息共享与集成

21.6.1 政府信息

关于政府信息(government information)的基本概念,国内外政府和学者的界定并不相同。美国政府早在 1985 年的 A-130 通报中将政府信息定义为:政府信息是指由或为联邦政府而生产、收集、处理、传播或处置的信息。1996 年 A-130 通报修订版又给出了信息资源的定义:信息资源(information resource)既包括政府信息,又包括信息技术(information technology)。从中不难看出,信息的概念仅指政府信息本身,是一种狭义的信息概念;而信息资源不仅包括政府信息本身,还包含与政府信息相关的人员、设备、资金、技术等方面,是广义的信息概念。

我国在《政府信息资源交换体系》[①]中指出,政府信息资源是指由政府部门或者为政府部门采集、加工、使用、处理的信息资源,包括政府部门依法采集的信息资源、政府部门在履行职能过程中产生和生产的信息资源、政府部门投资建设的信息资源、政府部门依法授权管理的信息资源。

由此可见,我国对政府信息资源的界定也是一种广义的信息概念。

政府机构和政府机构(G2G)间的信息共享要求十分迫切,动力在于内外两方面。

(1) 内在动力:政府体制改革与政府部门间电子政务的信息共享。

20 世纪 70 年代末,西方国家掀起了一场声势浩大的政府改革运动,成为西方国家发展政府信息化的内在推动力,随之出现的“电子政务”也在世界各国范围内迅速兴起,经久不衰。虽然各国改革的具体动机复杂多样,但其直接动力都来自追求优质、高效的政府行为目标。为此,许多国家在整合政府职能、规范政府行为、优化政府机构、改进政府工作效率和服务水平等方面采取了一系列措施。

我国在由“计划经济”向“市场经济”转轨,政府体制改革是实现市场经济的重要部分之一,政府职能从“管制型政府”向“服务型政府”转变,从实现政企分开、整合政府流程、精简政府机构等方面进行改革来提高政府效率。在“管制型政府”体制下,政府是全能的社会管理者,政府根据社会管理的分工与管理专门化划分出不同的职能部门和机构;根据管理跨度和空间跨度,划分出不同的层级政府机构和不同的区域政府机构。这些政府机构各司其职、各负其责,管理国家,服务社会,政府与企业/公众的关系是管理与控制的单向关系。在这种体制下,政府的各个部门都是独立的主导者,行政有效与否只对其上级机关负责,缺乏相互协作、沟通的内在动力,信息共享也不是政府行政的主要信息依赖方式。

然而,社会活动的联系是广泛的和复杂的,政府服务的客体,也就是公众/企业对政府的服务需求是综合性的和多方面的,希望获得完整的服务,而并不是以政府职能划分的中间服务。因此,政府必须通过各职能部门间、各层级间的信息共享及整合,建立起不同政府职能部门间和不同政府层级间密切的、恰当的信息共享和业务协同制度,这也是促进政府职能改革、提高政府工作效率的基本途径之一。

(2) 外在动力:信息技术的发展与政府部门间电子政务的信息共享。

社会信息化是人类发展到一定阶段的产物,早在原始社会和农业社会,人类生产和生活主要依赖于物质资源,对信息的利用极其有限;进入工业社会以后,物资资源虽然仍是支撑现代社会发展的主要力量,但信息利用的广度和深度大大加强,信息逐渐成为推动社会发展和进步的重要力量。

以信息通信技术为基础的现代科技革命从 20 世纪 70 年代跨入了全面发展阶段,计算机技术、通信技术及网络技术的迅猛发展,全面改变了社会信息的组织模式和利用模式。信息技术的应用正在经历三个重要转变:从个人计算机单机系统到计算机工作网络、从孤立系统到整合系统、从组织内部网络到跨企业网络。

信息通信技术的发展也为政府部门间的信息共享提供了成熟的技术条件。

---

① 中华人民共和国国家标准 GB/T 21062.2—2007,《政务信息资源交换体系》。

21.6.2 信息共享

信息共享是目前电子政务系统首先要解决的问题。我们以城市的人口综合管理信息系统为例。在城市人口管理工作中，涉及人口基本信息的政府部门主要有公安、劳动和社保、教育、民政、财政和税务等，这些部门自行开发的业务信息系统之间相互独立，无法提供及时、准确、实时的信息共享，人口基本信息存在多头重复采集和不一致的严重问题。例如，王某于 10 年前出国留学，获得了博士学位，归国后发现户籍册上仍然记录为初中毕业。

归根结底，G2G 电子政务信息共享活动面临着诸多挑战，主要有以下几种。

(1) 电子政务信息系统建设“各自为政”。

随着电子政务建设进程的推进，我国电子政务系统的数量不断增加，各部门积累了大量的业务数据。然而，由于缺乏统一的规划和设计，中央和地方各级政府部门纷纷从各自专用业务网的信息需求出发，采用不同的标准、运用不同的操作软件与不同的开发商合作，并且各自运行维护不同的系统平台，独立进行数据采集。这种电子政务系统“各自为政”的建设状况导致了电子政务信息建设低水平重复，业务数据分布在各自相对孤立的信息系统中，相互之间缺乏对应和转换关系，协同能力差。

(2) 政府信息管理“条块分割”。

我国政府是典型的“区域管理与行业管理并存”的职能制矩阵结构，且在具体实施中多以纵向的(条线)管理模式为主。这种组织结构，多年以来使我国政府部门间的信息传递仅局限在纵向职能部门间进行，而横向部门之间的互联互通建设起步较晚，信息交换困难重重。这种情况下，许多部门都重新采集和研究其他政府部门已经收集和处理过的信息。这种多口径重复采集和输入的运行模式，不仅带来了较高的行政成本，而且严重影响了信息的实时性、一致性和准确性，给做出正确的决策带来困扰。

(3) 信息管理仍然为“技术驱动”模式。

信息开发利用是信息基础设施投资增值的最大引擎，从国外信息化进程的成功经验看，往往是三分技术、七分管理、十二分的数据。而传统上，我国政府部门在电子政务建设中往往“重装备水平，轻信息应用”，信息网络基础设施建设远远领先于信息建设，信息开发利用仍然处于初级阶段，信息共享仍然停留在粗浅的层次上，多数应用于日常业务处理。

这种情况下，对部门间信息的整合、处理和挖掘等信息价值增值活动开展很少，通过统计、建模、数据挖掘等工具对共享信息进行深层次的开发和利用，为政府部门提供预测和决策支持的信息管理方式亟待加强。

(4) 电子政务信息共享安全问题突出。

安全与开放是一对矛盾，效率与安全是电子政务信息共享中首先要衡量的问题。信息共享是信息从一个部门转移到另外一个部门的过程，在获得网络带给政府工作便利的同时，也加大了政府信息所面临的风险。其一，跨部门流动使得信息所经过的环节和工作人员增多，让信息面临着更多的人为威胁，如内部工作人员信息泄密、非法篡改、未授权访问、信息窃取等。其二，政务网络作为一个开放或者部分开放的网络环境，在安全方面存在着先天不足，面临着众多外部威胁，如利用系统漏洞侵入后台窃取信息，散播病毒进入系统，干扰政府网站正常为公众服务等。

政府部门间信息共享的利益和障碍描述如表 21.2 所示。

表 21.2　政府部门间信息共享的利益和障碍

类　别	利　益	障　碍
技术层面	● 有利于数据整合管理； ● 有利于信息系统架构建设	● 技术的不兼容性； ● 数据结构不一致
组织层面	● 有利于解决现有问题； ● 扩大本组织的职能范围	● 部门的自我利益； ● 占统治地位的专业结构
政治层面	● 有利于支持某领域范围的行动； ● 促进社会责任； ● 推进项目和服务的合作性	● 决策过程中的外部影响； ● 部门判断力； ● 项目计划的优先性及排序

从来源来看，可以将政务信息分为产生性数据(producing information)和依托性信息(depended information)两类。前者如办事时生成的信息，后者如办事时需出示的信息(如婚姻证明、出生证明等)。

办理 G2B 业务时，企业常常需要将相同的信息重复提交给不同的政府职能部门，以作为各部门处理业务的依托信息。换言之，依托信息和依托信息间存在交集。此外，产生信息与产生信息间也存在交集。

严格意义上讲，当不同职能部门之间的产生信息出现交集时，说明这两个职能部门的职责重叠，业务重复。这种情况现在比较常见，如企业经常抱怨，不同的政府职能部门频繁地检查企业生产经营状况，检查内容相似，产生信息雷同，极大地影响了企业的正常生产。

例如，工商部门在办理企业注册业务时为每个企业生成一个企业营业执照号，而在质检部门注册时，质检部门为每个企业生成一个组织机构代码。目前，我国以组织机构代码作为企业的统一标码。然而，本质上，企业营业执照号与企业组织机构代码的作用基本相同。

据此，可以考虑以下信息共享，避免重复。

● 基于依托信息与依托信息交集引起的 G2G 信息共享。

多个政府部门在办理业务时需要共同的依托信息。为了缓减不同政府部门对信息的重复采集行为，根据信息采集源头唯一化的原则，指定某个部门为唯一采集机构，并将此信息共享于需要该信息的其他政府职能部门。一般而言，根据政府部门履行行政职能流程上的上下游关系，可以指定上游部门为信息采集部门。根据《政务信息资源交换体系》(国家标准 GBT 21062.1—2007)，信息流动方式有两种可选情况：一种情况是按照业务先后次序，指定业务流程上游的政府职能部门为信息采集源头，并将该信息按照上下游顺序以一定的手段(如硬盘拷贝、邮件、政务网络等)传递给其他相关部门；另一种情况是将这些采集信息统一集中到信息共享数据库，由系统将信息平行传递给相关部门。

● 依托信息与产生信息交集引起的 G2G 信息共享业务。

当一个部门办理业务所需要的依托信息项目恰为其他政府部门办理业务所产生的信息时，为了提高 G2B 业务的办理效率，避免企业往返奔波，根据政府部门业务活动无缝化原则，按照信息产生和信息依托的先后顺序，将上游业务流程中所产生的信息提供给下游业务流程中需要该信息的职能部门。

这种情况下，信息的流动方式一方面可以通过数据共享平台，将部门可以提供的产生信息传递给信息共享平台，同时也从信息共享平台获取本部门所需要的依托信息；另一方面也可以通过在线政务网络或其他手段(如硬盘拷贝、邮件等)在两部门间直接按照上下游顺序传递信息。

● 产生信息与产生信息交集引起的 G2G 信息共享业务。

当两个职能部门业务活动所产生的信息内容相同或者信息作用相同时，根据政府部门业务活动精简化原则，对两个业务活动进行整合或删除其中之一，保证相同的信息仅产生一次。这往往是业务流程变革的关键部分，涉及政府部门职能范围的调整。

当然，数据采集的共享只是政务信息共享的第一步。更多的是各政府部门数据的集成，我们在下面进一步讨论。

21.6.3 集成政务数据库

政府机构的信息化工作包括业务管理与处理信息化，而这一工作的核心是部门业务数据库。因此，根据政府不同职能部门的特点，会存在诸多部门业务数据库。一方面，从全地区视野看，会存在一系列基础数据库，也会存在众多部门业务数据库。业务部门间需要协作，这些部门业务数据库的数据应当尽可能一致。如果能一次将它们集成为一个语义完整、一致的数据库是最理想的，这就引出分布式数据库的需求。另一方面，从行政业务部门看，从国家层面到省市、地县，行政体系自形一个层次结构，业务数据库就构成一个层次结构，这样，也对业务数据的分布管理形成了需求。

因此，有了政务数据库集成的思路。

首先，从数据库集成角度来看，业务数据库可以分为层次型集成和综合集成。而层次型集成可分为两类集成体系：两层集成体系（见图 21.4）、多层集成体系。

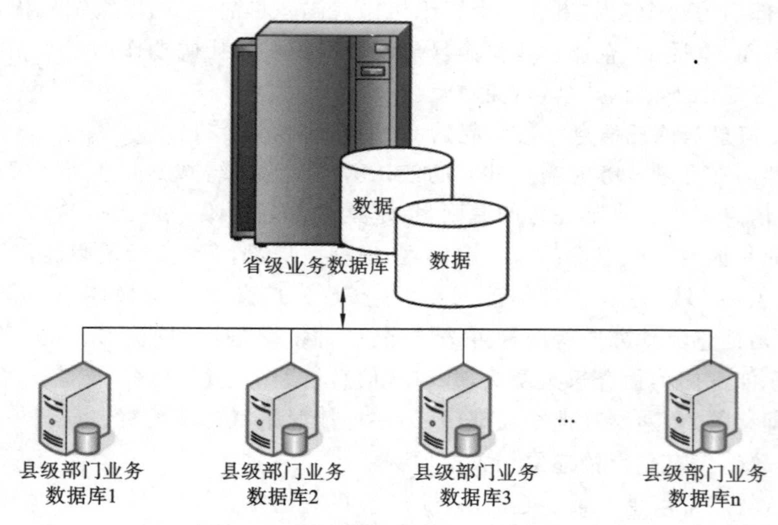

图 21.4 业务数据库的两层集成体系

两层集成体系结构是业务系统的集成架构。一般可以采用联邦制的方式来集成。但是，在一些条线直接管理的政府业务部门，业务数据会集中在省级业务数据库里，生产系统的业务实施在核心数据库里。边缘数据库（这里指的是县级部门业务数据库）里存放的是该部分的本地视图数据副本。

两层集成体系结构有时不敷使用，从而可以使用三层（或三层以上）集成体系结构，如图 21.5 所示。

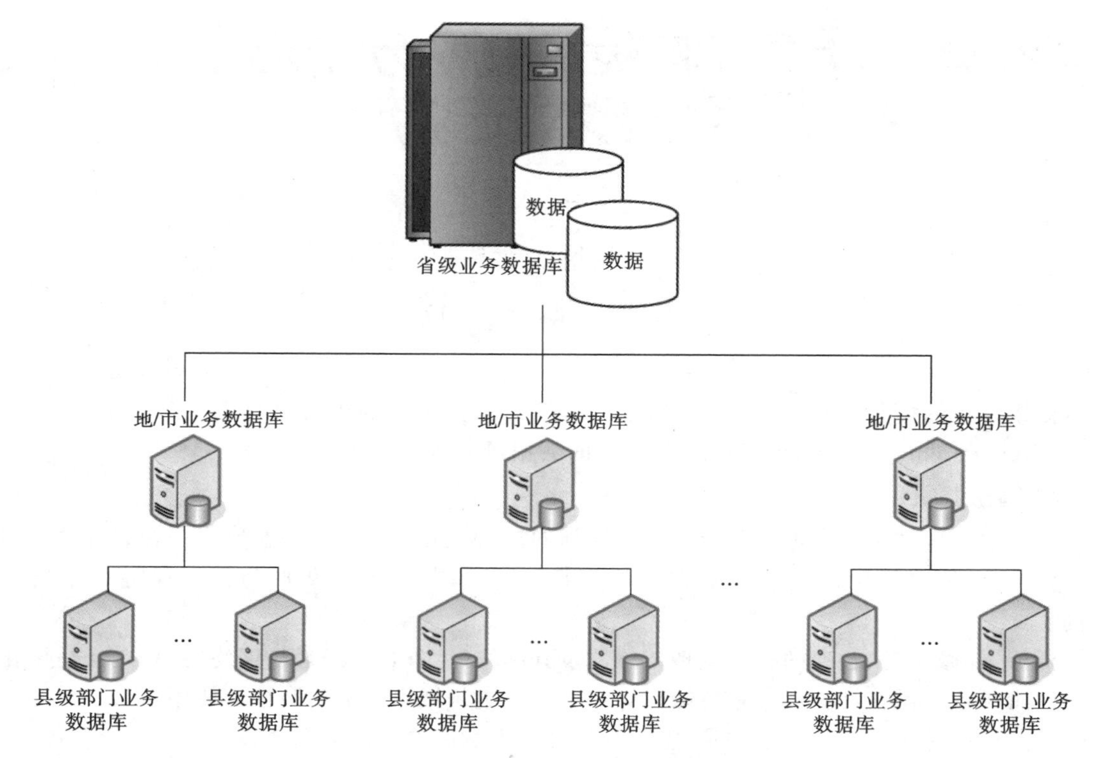

图 21.5　业务数据库的三层集成体系

与两层集成体系相同,三层集成体系也可分为两类集成体系:一类是联邦式集成系统;另一类是省级系统扮演核心数据库的角色,所有生产性事务实施在其中,底下两层是本地数据库视图。

综合集成包括紧耦合集成和松耦合集成两种集成体系,后者是典型的数据仓库集成。

第22章 智慧健康中的分布式数据库技术支持

22.1 概　述

健康领域的信息化发展很快,尤其是在医院信息化中。健康信息化系统(healthcare information system,HIS)的涉及面很广,涉及的数据量大且结构复杂。

1. 智慧健康和智慧医院

随着卫生保健系统在世界范围内日益增加的复杂性和现代医学日益成为一种数据密集型科学的事实,使得医学问题与大数据分析密切关联。同时,智慧化成为卫生保健的主要关键词。

低成本、微小型、轻型的智能生理传感器及其网络(尤其是无线通信网络)开始广泛使用在卫生健康领域。泛在计算和情景感知计算在卫生健康领域里也被逐渐推广使用。

智慧健康成了民众的迫切需求,随之又导致了智慧医院的需求和建设。

2. 医学在变成数据科学

当前,药品的设计和研发与数据科学的关联度超过了其与生物学或医学的关联。生命科学在日益成为数据密集科学。在生物信息学和计算生物学中,我们面对的不仅是数量日益增加的、异构和多样的、高度复杂的、多元和弱结构化的、富含噪声的脏数据,而且建模需求的快速增长。学术界提出了 P4 医学(P4-medicine)概念,即预测性(predictive)、预防性(preventive)、参与式(participatory)和个性化(personalized),试图实现精准医学。因此涉及更大数量的复杂数据集,特别是所谓显微镜下的数据(omics-data),包括来自基因组学(genomics)、表观基因组学(epigenomics)、元基因组学(meta-genomics)、蛋白质组学(proteomics)、代谢物组学(metabolomics)、脂质组学(lipidomics)、转录物组学(transcriptomics)、表观遗传学(epigenetics)、微生物组学(microbiomics)、通量组学(fluxomics)、表型组学(phenomics)等的数据。

3. 人工智能和智慧医学

人工智能在医学上越来越重要。IBM 公司的 Watson 是一个典型的人工智能平台,其在医学领域应用多年,有很多成功样例。知识推理是该平台的重要基础。可以说,推理过程在医学上扮演着重要角色。

推理是按逻辑方式考虑某个事物或事件的过程,以便形成一个结论或判断。医学诊断过程可以看成是一个推理过程。当然,从医学推理看,人和计算机还是有差异的,我们使用参考文献[4]中的一张表来将两者进行比较(见表 22.1)。

计算机系统按照预先描述的算法采用二进制代码处理数据。它们从海量数据中找出相关性,找出关系,结果与各局部成分之和等同,即 1+1=2。

医学实践中,人类的推理,在归纳确认和设证推理的精细化中会受到阻碍,原因是偏差的存在和概率计算理解的不足。这里,偏差主要包含以下几点。

表22.1 人和计算机在医学推理上的对比

推理过程	人	计算机
设证(abductive)推理：生成假设(hypothesis generation)	复杂模式识别的独特能力和创造式思维，结果是“1+1大于2”，即“the whole is greater than the sum of its parts”	基于预设的算法，从大量数据库中进行多个个体的相关性匹配。结果是“1+1等于2”，即“the whole equals the sum of its parts”
归纳(inductive)推理：症状(symptom)→疾病(disease)	有限的数据库，存在以下问题： 定位偏差(anchoring bias)； 确认偏差(confirmation bias)； 提早关闭(premature closure)	大型数据库：基于贝叶斯统计的概率，无重大偏差，局限于可用的数据
演绎(deductive)：疾病(disease)→症状(symptom)，处置(treatment)	有限的数据库：个人的直觉和经验影响决策	大型数据库：应用基于有潜在偏差的医学证据的规则

- 定位偏差(anchoring bias)：在支持的充分数据可用前仅关注单一的概念。
- 确认偏差(confirmation bias)：只收集支持一个假设的信息。
- 提早关闭(premature closure)：过早地结束推理过程，忽略对替代解释的评估。

计算机系统可以借助概率统计，不屈服于这些偏差。因此，在医学上，计算机系统的应用越来越广泛。

为了适应数据在医学中的发展，有必要对医学数据进行深入讨论。下面先讨论一些术语和标准。

22.1.1 术语和标准

术语在各个领域都很重要。但是，在卫生健康领域，术语的定义更具特色。例如，COLD(感冒)是一个常用的医学词汇，其定义的准确与否与交流、理解有无二义性很关键，如它指的是单纯的咳嗽还是慢性阻塞性肺部疾病。

HL7(Health Level Seven)卫生信息交换标准就是一个很好的标准化探索。

HL7(Health Level Seven)组织成立于1987年，由Sam Schultz博士在宾夕法尼亚大学医院主持的一次会议促成了HL7组织和通信标准的诞生。随着用户、厂商、顾问组织的加入，HL7组织队伍在逐渐壮大，于是成立了HL7工作组。

HL7是处于开放式系统互联(OSI)参考模型第七层(应用层)的协议，作为规范各医疗机构之间、医疗机构与病人、医疗事业行政单位、保险单位及其他单位之间各种不同信息系统之间进行医疗数据传递的标准。

除此之外，还有一些专业的标准，如DICOM(Digital Imaging and Communications in Medicine，医学数字成像和通信)。DICOM是医学图像和相关信息的国际标准(ISO 12052)，它定义了质量能满足临床需要的可用于数据交换的医学图像格式。[1]

DICOM被广泛应用于放射医疗、心血管成像以及放射诊疗诊断设备(X射线、CT、核磁共振、超声等)，并且在眼科和牙科等其他医学领域也得到了广泛应用。在数以万计的在用医学成像设备中，DICOM是应用最为广泛的医疗信息标准之一。当前约有百亿级符合DICOM标准的医学图像设备用于临床。

自 1985 年 DICOM 标准第一版发布以来，DICOM 给放射学实践带来了革命性的变化，X 光胶片被全数字化的工作流程所代替。就像 Internet 成为信息传播应用的全新平台一样，DICOM 也使"改变临床医学面貌"的高级医学图像应用成为可能。比如，在急诊科中，心脏负荷测试、乳腺癌的检查，DICOM 为医生和病人提供服务，是医学成像有效工作的标准。

中华人民共和国卫生行业标准如表 22.2 所示，国际标准如表 22.3 所示。国家卫生计生行业标准。

表 22.2　中华人民共和国卫生计生行业标准

序号	标准/规范名称
1	卫生信息数据元标准化规则(WS/T 303—2009)
2	卫生信息数据模式描述指南(WS/T 304—2009)
3	卫生信息数据集元数据规范(WS/T 305—2009)
4	卫生信息数据集分类与编码规则(WS/T 306—2009)
5	卫生信息基本数据集编制规范(WS 370—2012)
6	卫生信息数据元目录(WS 363—2011)
7	卫生信息数据元值域代码(WS 364—2011)
8	卫生统计指标目录(WS xxx—2013)
9	城乡居民健康档案基本数据集(WS 365—2011)
10	电子病历基本数据集(WS xxx—2013)
11	基本信息基本数据集个人信息(WS 371—2012)
12	疾病管理基本数据集(WS 372—2012)
13	医疗服务基本数据集(WS 373—2012)
14	卫生管理基本数据集(WS 374—2012)
15	疾病控制基本数据集(WS 375—2012)
16	儿童保健基本数据集(WS 376—2013)
17	妇女保健基本数据集(WS 377—2013)
18	卫生应急管理基本数据集(WS xxx—2013)
19	医学数字影像通信基本数据集(WS 538—2017)
20	新型农村合作医疗基本数据集(WS541—2017)
21	居民健康卡数据集(WS 537—2017)
22	居民健康卡注册管理基本数据集(WS xxx-2013)
23	疾病分类与代码(GB xxx—2013)
24	居民健康档案医学检验项目常用代码(WS xxx—2013)
25	医疗服务操作项目分类与代码(WS xxx—2013)
26	妇幼保健信息系统基本功能规范(WS/T xxx—2013)
27	慢性病监测信息系统基本功能规范(WS/T 449—2014)
28	医院感染管理信息系统基本功能规范(WS/T xxx—2013)
29	院前医疗急救指挥信息系统基本功能规范(WS/T 451—2014)
30	基层医疗卫生信息系统功能规范(WS/T xxx-2013)
31	新型农村合作医疗信息系统基本功能规范(WS/T 450-2014)

续表

序号	标准/规范名称
32	远程医疗信息系统基本功能规范(WS/T xxx—2013)
33	卫生监督信息系统功能规范(WS/T 452—2014)
34	基于健康档案的区域卫生信息平台技术规范(WS/T xxx—2013)
35	基于电子病历的医院信息平台技术规范(WS/T xxx—2013)
36	居民健康卡技术规范(WS/T 543—2017)
37	妇幼保健服务信息系统技术规范(WS/T xxx—2013)
38	区域疾病控制业务应用子平台技术规范(WS/T xxx—2013)
38	基层医疗卫生信息系统技术规范(WS/T xxx—2013)
40	远程医疗信息系统技术规范(WS/T 545—2017)
41	医学数字影像中文封装与通信规范(WS/T 544—2017)
42	健康档案共享文档规范第 1～20 部分(WS/T 483—2016)
43	电子病历共享文档规范第 1～53 部分(WS/T 500—2016)
44	电子健康档案与区域卫生信息平台标准符合性测试规范(WS/T 502—2016)
45	电子病历与医院信息平台标准符合性测试规范(WS/T 501—2016)
46	基于电子病历的医院信息平台建设技术解决方案
47	基于健康档案的区域卫生信息平台建设指南
48	基于健康档案的区域卫生信息平台建设技术解决方案
49	卫生综合管理信息平台建设指南(试行)

表 22.3　中华人民共和国卫生计生国际标准

序号	标准/规范名称
1	HL7(美国医疗服务信息网络通信协议)3.0/2.4 版
2	SNOMED(国际系统医学术语全集)3.5 版
3	ICPC(国际初级保健信息标准)
4	CPT(美国医院临床操作服务分类编码和术语标准)
5	X12N(美国医疗保险业电子数据交换标准)
6	LOINC、HHCC、ICIDH 等标准

22.1.2　HL7

在过去几十年中，医疗机构和医院已经开始在其信息管理方面借助信息技术进行自动化处理。最初，这种自动化是朝着减少纸张的加工、增加资金的流动以及改变管理决策方面发展。随后，发展的焦点在于合理化改造临床服务和辅助服务，这些服务包括临床(在医院和其他住院病人的环境中)的和病人方面(在非固定的设置中)的系统。热点在于综合所有与就诊者一生相关护理(如电子医学记录)等信息。

现在，一般的医院都安装了计算机系统，凭此就可以实现数字化的入院、出院、转院、临床试验、放射、开票以及记账功能。这些系统往往由不同的厂商或组织所开发，这些厂商或组织的每个产品都有很特别的信息格式。因为医院已经扩展了信息管理操作系统，所以在系统中共享关键数据的想法就应运而生。这样，外部数据交换标准（如 HL7）就诞生了。

卫生信息交换标准（Health Level 7，HL7）是标准化的卫生信息传输协议，是医疗领域不同应用之间电子传输的协议。HL7 汇集了不同厂商用来设计应用软件之间接口的标准格式，它允许各个医疗机构在异构系统之间进行数据交互。

HL7 的主要应用领域是 HIS/RIS[①]，主要是规范 HIS/RIS 与设备之间的通信，HL7 涉及病房和病人的信息管理、化验系统、药房系统、放射系统、收费系统等各个方面。HL7 的宗旨是开发和研制医院数据信息传输协议和标准，规范临床医学和管理信息格式，降低医院信息系统互联的成本，提高医院信息系统之间数据信息共享的程度。

1987 年 3 月，在宾夕法尼亚大学医院 Sam Schultz 博士主持的会议上，确定了由医护工作者、销售商、顾问所组成的委员会的工作机制。参加者有相互竞争的设备厂商，但这些厂商之间有一个共同且唯一的目标：就是在不同的计算机应用程序之间实施公用的接口。这个委员会后来就成为著名的 HL7 工作组，该工作组致力于使那些在医疗应用系统中交换的某些关键数据集合的格式和协议标准化。HL7 工作组是由志愿者组成的，他们是在个人时间或雇主倡导的时间内做工作。这个会议在美国的不同地点约 4 个月举行一次。HL7 审核国际工作组在美国以外的很多国家都存在，包括澳大利亚、德国、日本、荷兰、新西兰和加拿大。HL7 中国委员会[②]作为代表中国的组织会员参与 HL7 International 的各项活动。

Health Level 7 中的"Level 7"是指 OSI 七层模型中的最高一层第七层，但这并不是说它直接使用 OSI 第七层定义的数据元素，它只是用来构成它自己的抽象数据类型和编码规则。它也没有规定如何支持 OSI 第一层到第六层的数据。

第七层是国际标准组织（ISO）的开放式系统互联（OSI）模型的最高层。这不是说 HL7 与 ISO 定义的 OSI 的第七层原理完全一致。HL7 没有指定一套 ISO 批准的规范，以便覆盖 HL7 抽象消息规范作用的第一层至第六层。但是 HL7 符合位于 OSI 模型第七层内的这种从应用端到应用端接口的概念定义。

在 OSI（七层）概念模型中，通信软件和硬件的功能被分在第七层或其他层。HL7 标准主要关注第七层发生的或应用层发生的问题。这些就是在应用程序之间被交换的数据和时间，以及通信的特殊应用程序错误的定义。然而，与 OSI 模型底层有关的协议有时也会被提及，以帮助系统理解标准上下文，这也是必需的。它们有时被提到，目的是用来帮助实现者建立基于 HL7 工作的系统。

这个标准可以在不同的系统中进行接口的编址，这些系统可以发送或接收一些信息，包括就诊者住院（admissions）/登记、查询出院或转院（ADT）数据、就诊者的资源和计划安排表、医嘱、诊断结果临床观察、账单、主文件的更新信息、医学记录、就诊者的治疗安排以及就诊者的护理等。

HL7 的目的是促进医护环境中的通信，主要提供在医疗计算机应用程序之间进行数据交换的标准，借助这些应用程序，可免除不必要的用户接口程序开发和减少程序维护的需求，可以用一个目标集来描述。

（1）这个标准应该支持在多种广泛的技术环境系统之间的数据交换。该标准的实施可以

① 放射科信息系统（radiation information system，RIS）。

② http://www.hl7.org.cn/。

应用在多种不同的程序语言环境和开放式系统上。该标准也支持在广泛的多种环境下的通信,可以支持从完整的遵循 OSI 七层网络协议栈到基本的点到点的 RS232C 的交互连接和由移动媒介(如软盘、磁带和优盘)传送数据。

(2) 直接传送给单个处理的文件应当与传送给多个处理的文件得到同等支持,同时支持单数据流和多数据流两种通信方式。

(3)最大可能的标准化程度,这个标准应该满足特殊地址变异的需要;最大限度的兼容性,预留供不同使用者使用的特殊的表、编码定义和消息段。

(4)当出现新的要求时,这个标准必须支持这种新的发展。这是可扩展性需求,包括支持扩展的程序并发布到已存在的操作环境中去。

(5) 这个标准应该建立在现有产品协议的经验上并接受广泛的工业标准协议,而不应该支持特定公司的某些利益以免损害到其他标准的用户。同时,HL7 寻求保存这样一个唯一的特性,即独立开发商可以把这种特性带向市场。

(6) 当 HL7 被使用并与医院内部的信息系统有关时,长期的目标就应该能定义所有医护环境中应用程序的格式与协议。

(7) HL7 不假设医护信息系统的结构,也不尝试去解决医护信息系统间结构不同的问题。至少因为这些,HL7 不能成为一个真正的即插即用接口标准。

(8) HL7 工作组的主要兴趣已经尽可能地转移到应用标准上。为达到这一点,HL7 已发展了一个支持一致投票过程的基层组织并已由美国国家标准协会(ANSI)认可授权的标准组织(ASO)。

(9) 与其他相关的医护标准(如 ACR/NEMA DICOM、ASC X12、ASTM、IEEE/MEDIX、NCPDP 等)合作已成为 HL7 的优先活动。自 1992 年建立后,HL7 就参与到 ANSI HISPP(健康信息系统计划工作组)的进程中。

22.1.3 DICOM

追溯历史,在 20 世纪 70 年代,随着以 CT 为代表的数字成像诊断设备在临床的广泛应用,美国放射学院(ACR)和国家电气制造协会(National Electrical Manufacturers Association,NEMA)在 1983 年成立了一个联合委员会,并制定了相应规范以达成以下目的。

- 推动不同制造商的设备间数字图像信息通信标准的建立。
- 促进和扩展图像归档与通信系统(picture archiving and communication system, PACS),使 DICOM 可以与其他医院信息系统进行交互。
- 允许广泛分布于不同地理位置的诊断设备连接起来,创建统一的诊断信息数据库。

联合委员会于 1985 年发布了最初的 1.0 版本(ACR-NEMA Standards Publications No. 300-1985),又分别于 1986 年 10 月和 1988 年 1 月发布了校订版 No. 1 和校订版 No. 2。1988 年,该委员会推出 2.0 版本(ACR-NEMA Standards Publications NO. 300-1988),到 1993 年发布的 DICOM 标准 3.0,已发展成为医学影像信息学领域的国际通用标准。

DICOM 标准 3.0 包括以下内容。

- PS 3.1:Introduction and Overview(引言和概述)。
- PS 3.2:Conformance(一致性)。
- PS 3.3:Information Object Definitions(信息对象定义);

● PS 3.4：Service Class Specifications（服务类规范）。

● PS 3.5：Data Structure and Encoding（数据结构和编码规定）。

● PS 3.6：Data Dictionary（数据字典）。

● PS 3.7：Message Exchange（信息交换）。

● PS 3.8：Network Communication Support for Message Exchange（信息交换的网络通信支持）。

● PS 3.9：Point-to-Point Communication Support for Message Exchange（信息交换的点对点通信支持）。

● PS 3.10：Media Storage and File Format for Data Interchange（便于数据交换的介质存储方式和文件格式）。

● PS 3.11：Media Storage Application Pro files（介质存储应用框架）。

● PS 3.12：Storage Functions and Media Formats for Data Interchange（便于数据交换的存储方式和文件格式）。

● PS 3.13：Print Management Point-to-Point Communication Support（打印管理的点对点通信支持）。

这些文档是既相关又相互独立的。其中规定了 Patient、Study、Series、Image 四个层次的医学图像信息结构，以及由它们组成的信息对象（information object）、采用由服务类客户/服务类提供者（service class user/service class provider）组成的服务对象对（service－object pair）、支持点对点（PPP）和 TCP/IP 网络通信协议。

1. DICOM 格式

在所有的用途上，DICOM 都使用相同的格式，包括网络应用和档案存档处理。与其他格式不同的是，它整合了所有的信息，将之放在同一资料内。也就是说，如果有一张胸腔 X 光影像在某个病人的个人资料内，那么这张影像绝不可能意外地从该病人的个人资料中分离。

DICOM 档案由标准化且自由形式的开头加上一连串的影像数据组成，单一的 DICOM 对象只包含一张影像，但是此影像可能会包含多张套图，这是为了能储存动态影像以及其他多图形式的资料，影像资料可以通过压缩用在其他格式上，如 JPEG、JPEG Lossless、JPEG 2000、LZW 和 Run-length encoding（RLE）等。

按照标准描述，DICOM 数据结构中的基本元素可以简述如下。

● 值编码（value encoding）。值编码是在现实世界对象的信息对象定义（information object definition，IOD）中指定的属性值通过编码后形成一个数据集。

● 值表示（value representation，VR）。数据元素的 VR 数据格式和数据元素值的格式。

● 数据集。DICOM 标准的第五部分介绍数据结构，还定义了数据集（data set）来保存前面所介绍的信息对象定义（IOD），数据集又由多个数据元素（data element）组成。每个数据元素描述一条信息（所有的标准数据元素及其对应信息在 DICOM 标准的第六部分列出），并由对应的标记（8 位十六进制数，如（0008，0016），前 4 位是组号（group number），后 4 位是元素号（element number））来确定。DICOM 数据元素分为两种：标准（standard）数据元素，组号为偶数，概念已在标准中定义；私有（private）数据元素，组号为奇数，其描述信息的内容由用户定义。

DICOM 数据集和数据元素结构如图 22.1 所示。

图 22.1 中，数据集由多个数据元素构成，传输时是将一个个有序的数据元素字段（data

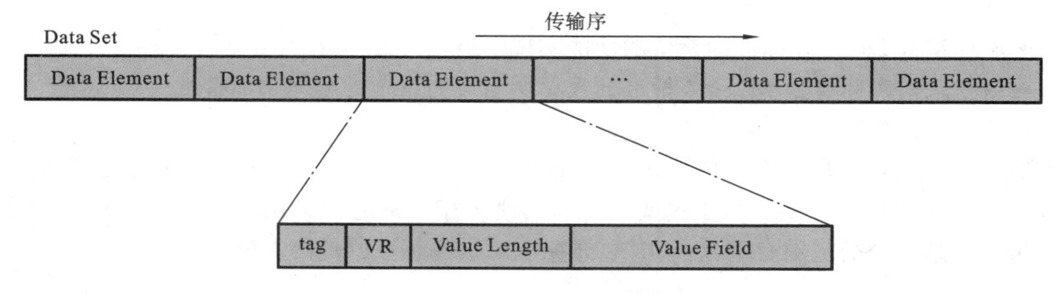

图 22.1　DICOM 数据集和数据元素结构

element fields)进行传输。其中,每个数据元素包含数据元素标签(tag)、值长度(value length)、值字段(value field),以及一个可选项 VR。

2. DICOM 服务

DICOM 由多种支持服务结合而成,大部分与网络上的资料传输有关,下面是这些处理过程与它的关系。

- 储存:DICOM 的储存服务用在传送影像或将其他持续对象(persistent objects)(如整理过的病历报告)传送到 PACS 的工作站。
- 储存确认:DICOM 的储存确认是一种为了确定影像储存在特定地方(可能是硬盘或其他支援媒介,如烧在光碟内)的服务,此等级的用户端(机器设备或工作站等)通过从服务供应器(储存站或原始端)发出的信息进行确认,以确保可以放心删除原始端的影像。
- 影像获得:此功能可让工作站找到影像序列或其他 PACS 对象,这样便可获得影像。
- 工作列表:此功能可让(图像)设备以电子方式接收病人的详细信息和计划对此病人进行检查,以避免重复输入信息以及在重复输入信息中产生错误。
- 原始端执行进程记录:原始端工作系列的附加服务,可以让原始端送出有关此项检查的其他资料,如获得的影像数、剂量的输出数,等等。
- 打印:DICOM 的打印服务是将影像传送至 DICOM 打印机,大部分是输出 X 光影像,有一套标准的校正程序,以确保在不同的显示装置(包括数位复制)中仍保有一致性。

DICOM 标准中涵盖了医学数字图像的采集、归档、通信、显示及查询等几乎所有信息交换的协议;采用开放式互联的架构和面向对象的方法定义了一套包含各种类型的医学诊断图像及其相关的分析、报告等信息的对象集;定义了用于信息传递、交换的服务类与命令集,以及消息的标准响应;详述了标识各类信息对象的技术;提供了应用于网络环境(OSI 或 TCP/IP)的服务支持;结构化地定义了制造厂商的兼容性声明(conformance statement)。

DICOM 标准的推出与实现,大大简化了医学影像信息交换的实现,推动了远程放射学系统、图像存档与通信系统(PACS)的研究与发展,并且由于 DICOM 的开放性与互联性,使得与其他医学应用系统(HIS、RIS 等)的集成成为可能。

DICOM 标准规定以下几方面来促进医学成像设备的互联互通。

- 对于网络通信,遵从由设备标准兼容性声明所指定的一组网络协议。该组协议用于交换命令的句法、语义及其相关信息。
- 对于媒介通信,遵从由设备标准兼容性声明所对应的一组介质存储服务,有助于访问存储在可交换介质上的图像以及相关信息的文件格式和目录结构。
- 其他为实现符合 DICOM 标准的必要信息。

DICOM 标准对以下几方面不做规定。

- 声称符合 DICOM 标准的设备的功能实现细节。
- 由一系列声称符合 DICOM 标准的设备所组成的系统的整体功能特性。
- 评估设备是否符合 DICOM 标准的测试/评估。

简言之,DICOM 属于医疗信息领域。在该领域范围内,DICOM 标准规范了医学成像设备和其他系统的信息交换。由于这些设备和其他医疗设备进行交互,所以 DICOM 标准会与其他医疗信息领域的范围有重叠。DICOM 标准对这些领域的范围不做规定。

22.1.4 电子健康档案及其信息共享

健康档案是指居民身心健康(正常的健康状况、亚健康的疾病预防、健康保护促进、非健康的疾病治疗等)过程的规范、科学记录。

电子健康档案系统数字化地记录个人从出生到死亡的所有生命体征的变化,包括个人的生活习惯、以往病史、诊治情况、家族病史、现病史及历次诊疗经过、历次体检结果等信息。电子健康档案系统通过标准数据接口实现与 HIS、PACS、LIS、电子病历、社区卫生服务中心、新农合(新农村合作医疗)等的数据共享与交换,可实现健康档案动态更新,实现真正意义上的"活档"。

电子健康档案(EHR)是进行健康信息的搜集、存储、查询和传递的最好助手。电子健康档案可以为个人建立从出生到死亡这一生的健康档案,从而为健康保健、疾病治疗和急救提供及时、准确的信息,使人们的医疗保健有了科学、准确、完整的信息基础,为人们的医疗保健提供新工具、新方法和新思路。

电子健康档案可以将人们分散在不同医院电脑系统中的体检报告、门诊、住院治疗方案和检查结果等信息收集在一起。

当发生意外时,可以立即通过电脑查阅电子健康档案中的急救信息,了解危重病人的血型、过敏药品、当前的慢性病以及个人保健医生的联系方式,从而采取及时、正确的急救措施,挽救病人的生命。

为了支持电子健康档案,往往需要建立地区及全国的健康档案信息共享管理平台。

22.1.5 电子病历

电子病历(electronic medical record,EMR)也叫计算机化的病案系统或基于计算机的病人记录(computer-based patient record,CPR)。

电子病历是用电子设备(计算机、健康卡等)保存、管理、传输和重现的数字化的医疗记录,用以取代手写纸张病历。它的内容包括纸张病历的所有信息。

病历是病人在医院诊断、治疗全过程的原始记录,它包含首页、病程记录、检查结果、医嘱、手术记录、护理记录等。电子病历(EMR)不仅包含静态病历信息,还包含提供的相关服务。电子病历以电子化方式管理着有关个人终生健康状态和医疗保健行为的信息,涉及病人信息的采集、存储、传输、处理等所有过程信息。美国国立医学研究所将 EMR 定义为:EMR 是基于特定系统的电子化病人记录,该系统能给用户提供准确的数据、警示和临床决策支持等功能。

电子病历是随着医院计算机管理网络化、信息存储介质(光盘和 IC 卡等)的应用及 Internet的全球化而产生的。电子病历是信息技术和网络技术在医疗领域的必然产物，是医院病历现代化管理的必然趋势，其在临床的初步应用，极大地提高了医院的工作效率和医疗质量。

理想的电子病历应当具有以下两方面的功能。

(1) 医生、患者或其他获得授权的人，当需要了解个体的任何健康资料或相关信息时，任何情况下都可以完整、及时地得到详细、准确、全面的相关知识。

(2) 电子病历可以根据自身掌握的信息和知识进行判断，当个体健康状态需要调整时，会做出及时、准确的提示，并给出最优方案和实施计划。

据原国家卫生部颁发的《电子病历基本架构与数据标准电子病历》的定义：电子病历是医疗机构对门诊、住院患者(或保健对象)进行临床诊疗和指导干预的数字化的医疗服务工作记录，是居民个人在医疗机构历次就诊过程中产生和被记录的完整的、详细的临床信息资源。

值得一提的是，健康档案概念与电子病历概念之间有所交叠和模糊。电子病历在国际上也有不同的称谓，如EMR、CPR、EHR等。不同的称谓所反映的内涵及外延也有所不同。虽然人们对电子病历具备的基本特性有相同的或相近的认识，但由于电子病历本身的功能形态还在发展之中，所发对电子病历尚没有形成一致的定义。代表性的定义有以下几种。

- 美国医学研究所(IOM)对电子病历(CPR)的定义：CPR是指以电子化方式管理的有关个人终生健康状态和医疗保健的信息，它可在医疗中作为主要的信息源而取代纸张病历，满足所有的诊疗、法律和管理需求。

- 美国HIMSS对电子病历(EHR)的定义：EHR是一个安全、实时、在诊疗现场以病人为中心的、服务于医生的信息资源。通过为医生提供所需的对病人健康记录随时随地的访问功能，并结合循证医学决策支持功能来辅助医生做出决策。EHR能自动化和优化医生的工作流程，弥合会导致医疗延误和医疗脱节的沟通和响应阻隔。EHR也支持非直接用于医疗的数据采集，如计费、质量管理、绩效报告、资源计划、公共卫生疾病监控和报告等。

- 国际标准化组织(ISO)卫生信息标准技术委员会(C215)对电子病历(EHR)的定义：EHR是以计算机可处理的方式表示的、有关医疗主体健康的信息仓库。

尽管不同的机构对电子病历的定义有所不同，但基本上都从电子病历应当包括的信息内容和电子病历系统应当具备的功能两个方面进行了描述。

信息内容方面，EHR不仅包括个人的医疗记录，即门诊、住院诊疗的所有医疗信息，还包括个人的健康记录，如免疫接种、健康查体、健康状态等信息。也有人认为，电子病历除专业医疗和健康机构产生的信息外，还应包括个人记录的健康信息。从时间跨度上，电子病历应当覆盖个人从生到死的全过程。

功能方面，电子病历强调发挥信息技术的优势，提供超越纸张病历的服务功能。虽然准确、具体地罗列电子病历系统的功能还比较困难，但电子病历从几个方面展现了其功能可能性。总体上可归纳为三个方面：医疗信息的记录、存储和访问功能，利用医学知识库辅助医生进行临床决策的功能，为公共卫生和科研服务的信息再利用功能。这三个方面只是高度概括，在具体的功能形态方面有广泛的多样性和伸缩性。

现在大多数医院采用的病历组织形式并不纯粹以时间为序，也按照信息源的不同进行分类，同类信息按照时间进行排列。如化验结果、就诊记录、放射检查报告以及其他信息各自按种类分开排列，这样就可以方便获知各种指标的变化趋势。

我国目前普遍接受的“病历”定义为：病历是医务人员对病人检查、诊断、治疗、护理等医疗活动获得的有关资料进行归档、分析、整理的全面记录和总结，应完整地反映出诊疗工作的全过程。

我国现行的病历体系包括门(急)诊病历和住院病历。门诊病历相对简单,包括门诊病史记录、用药记录、处置记录、各种检查检验报告等。住院病历是病历的主要部分,内容也比较复杂,如表 22.4 所示。

表 22.4 住院病历包含的内容

内 容	备 注
住院病案首页	病案的高度概括与浓缩
住院志	患者入院后,经主治医生通过问诊、查体、辅助检查获得有关资料,再将这些资料进行归纳分析并书写而成的记录。住院志的书写形式分为入院记录、再次或多次入院记录、24 小时内入出院记录、24 小时内入院死亡记录。入院记录、再次或多次入院记录应当于患者入院后 24 小时内完成,24 小时内入出院记录应当于患者出院后 24 小时内完成,24 小时内入院死亡记录应当于患者死亡后 24 小时内完成
体温单	表格形式,以护士填写为主,内容包括患者姓名、科室、床号、入院日期、住院病历号(或病案号)、日期、手术后天数、体温、脉搏、呼吸、血压、大便次数、尿液排出量、体重、住院周数等
医嘱单	医嘱是指医生在医疗活动中下达的医学指令。内容及起始、停止时间应当由医生书写。医嘱内容应当准确、清楚,每项医嘱应当只包含一个内容,并注明下达时间,具体到分钟。医嘱不得涂改。医嘱单分为长期医嘱单和临时医嘱单
化验单	实验室检查的报告单
医学影像检查资料	影像本身是二进制文件数据,检查报告描述影像检查的所见及诊断
特殊检查、特殊治疗同意书	特殊检查、特殊治疗同意书是指在实施特殊检查、特殊治疗前,经主治医生向患者告知特殊检查、特殊治疗的相关情况,并由患者签署同意检查、治疗的医学文书。内容包括特殊检查、特殊治疗项目名称、目的、可能出现的并发症及风险、患者签名、医师签名等
手术同意书	手术同意书是指手术前,经主治医生向患者告知进行手术的相关情况,并由患者签署同意手术的医学文书。内容包括术前诊断、手术名称、术中或术后可能出现的并发症、手术风险、患者签名、医师签名等
麻醉记录单	麻醉医师在麻醉实施中书写的麻醉经过及采取的措施的记录。麻醉记录应当另页书写,内容包括患者的一般情况、麻醉前用药、术前诊断、术中诊断、麻醉方式、麻醉期间用药及处理、手术起止时间、麻醉医师签名等
手术及手术护理记录单	手术记录是指手术患者书写的反映手术一般情况、手术经过、术中发现及处理等情况的特殊记录,应当在术后 24 小时内完成,特殊情况下由第一助手书写时,应有手术者签名。手术记录应当另页书写,内容包括一般项目(患者姓名、性别、科别、病房、床位号、住院病历号或病案号)、手术日期、术前诊断、术中诊断、手术名称、手术患者及助手姓名、麻醉方法、手术经过、术中出现的情况及处理等。手术护理记录是指巡回护士对手术患者术中护理情况及所用器械、敷料的记录,应当在手术结束后即时完成。手术护理记录应当另页书写,内容包括患者姓名、住院病历号(或病案号)、手术日期、手术名称、术中护理情况、所用各种器械和敷料数量的清点核对、巡回护士和手术器械护士签名等
病理资料	病理切片为客观的实物,病理报告为病理检查中所见、病理诊断等
护理记录	护理记录分为一般患者护理记录和危重患者护理记录,记录体温、脉搏、呼吸、血压、出入液量、重危病人观察记录、护理措施、药物治疗效果及反应

续表

内　容	备　注
出院记录（死亡记录）	出院记录是指经主治医生对患者此次住院期间诊疗情况的总结，应当在患者出院后 24 小时内完成，内容主要包括入院、出院日期、入院情况、入院诊断、诊疗经过、出院诊断、出院情况、出院医嘱、医师签名等。死亡记录是指经主治医生对死亡患者住院期间诊疗和抢救经过的记录，应当在患者死亡后 24 小时内完成。内容包括入院日期、死亡时间、入院情况、入院诊断、诊疗经过（重点记录病情演变、抢救经过）、死亡原因、死亡诊断等。记录死亡时间应当具体到分钟
病程记录（含抢救记录）	病程记录是指继住院志之后，对患者病情和诊疗过程所进行的连续性记录，内容包括患者的病情变化情况、重要的辅助检查结果及临床意义、上级医生查房意见、会诊意见、医生分析讨论意见、所采取的诊疗措施及效果、医嘱更改及理由、向患者及亲属告知的重要事项等
死亡病例讨论	死亡病例讨论是指在患者死亡一周内，由科主任或具有副主任医生以上专业技术职务任职资格的医生主持，对死亡病例进行讨论、分析的记录。内容包括讨论日期、主持人，以及参加人员的姓名、专业技术职务、讨论意见等

随着医学技术的快速发展，医学的专业分支也越来越多，纸张病历暴露出了许多缺点。一方面，在一个涉及多学科的治疗中，一份物理记录的病历应该要在多个专科医生间共享，而纸质病历在某一时刻只能处于一个地方，有时还难以找到，书写笔迹可能潦草模糊；数据可能丢失或者记录含糊难以解释；比较、分析其中的信息很困难；另一方面，纸张记录需要重复录入许多信息（如病人基本信息、科室基本信息），随着临床对信息要求的逐步增加，纸张病历的记录会花费临床工作太多时间。1995 年，英国审计委员会的报告显示，每家急救医院中 15%的资源被用来收集和处理纸张信息，大约占据 25%的医护工作时间。对记录到纸张中的大量临床数据的管理越来越复杂，据报道，德国海德堡大学医院是一家有 1700 张床位的医院，每年生成 40 万份新的病历，包含 630 万页，需要 1.7 公里的存储架，并且这个数量以每年 1.5 公里的速度增加。这些数据说明在大型的医疗机构中为什么及时地获得病历变得越来越困难。

计算机化的病历可以克服这些缺点：一次录入的数据可以被其他场合所利用，可以避免重复的数据录入；同样的数据可以以不同的形式呈现给不同的用户；在数据采集和通信中使用标准的数据集和模板可以提高临床正常工作效率，给数据处理带来方便；通过网络来共享信息，多个用户可以同时访问同一份病历；与医学知识相结合可以提供预警和决策支持；病人通过访问自己的健康记录，可以更加主动积极地参与管理自身的健康，降低慢性疾病的治疗成本等。

电子病历的概念在 20 世纪六七十年代就已经产生，但电子病历应该具有哪些功能、包含哪些数据，很长时间内并没有形成一个广泛接受的定义。

参考文献[6]中指出：1996 年，Waegemann 提出电子病历（EHR）包含五个发展级别的理论。

- 第一个发展级别：自动化的病历（automated medical record，AMR）。

此时，依然依赖纸张病历，但是约 50%的病人信息是通过计算机生成和保存的，并通过打印来完成纸张病历。

- 第二个发展级别：计算机化的病历（computerized medical record system，CMRS）。

计算机化的病历通过扫描信息的形式实现与纸张病历一样的功能，同时支持访问之前的病历。但是不允许根据用户的意愿来组织数据，比如数据信息不能转成图表。

- 第三个发展级别：电子病历（electronic medical records，EMR）。

与第二个发展级别具有同样的信息范围，但是信息可以被重新整理。EMR 的目标是实现机构内系统的互操作。EMR 具有如下特性:在机构内部实现所有病人信息的识别,为所有医疗服务提供者提供所有病人的信息,为多种应用和服务提供共同的工作站。

- 第四个发展级别:电子病人记录系统(electronic patient record systems,EPRS)。

电子病人记录具有比病历更广的信息,它包含某个人与医疗卫生相关的所有信息,同时超出了某个特定机构的空间范围或停留期间的时间范围。

- 第五个发展级别:电子健康记录(electronic health record,EHR)。

这是更广泛的电子病历术语,可提供不局限于传统医疗机构内信息的健康信息,包括生活习惯、行为信息的自我采集,或者可通过临床工作者、父母、照看者来提供信息。

上面对电子病历的定义只是众多定义中的一种。电子病历在随后的十年里进一步发展,不同的发展阶段和不同的地区都有其自身的理解并产生了许多类似的定义,其中一些定义并没有使用 electronic health record 或缩写 EHR 这个名称。这些定义及其含义如表 22.5 所示。

表 22.5 各种电子病历的概念

概　念	含　义
electronic medical record(EMR)	在北美和日本被广泛使用的术语,可以认为是 EHR 的一种特定情况,它的范围限制在医院领域内,或者至少要非常关注医学
electronic patient record(EPR)	英国国家卫生服务(NHS)定义的 EPR:“an electronic record of periodic health care of a single individual,provided mainly by one institution”[NHS:1998]。NHS 说明 EPR一般是与急救医院或者特殊单元相关联的。但在不同的国家这个定义并不确定
computerized patient record(CPR)	这个术语主要用在美国,广泛的意义包含了 EMR 和 EPR
electronic health care record(EHCR)	一般用在欧洲,与 EHR 是同义词,并逐步被 EHR 所替代
virtual EHR	是一个宽松的概念,被讨论了多年,但是没有一个固定的定义,通常是指一个 EHR 通过整合两个以上的 EHR 节点实现
personal health record(PHR)	Waegemann 定义的第四层次应用
digital medical record(DMR)	Waegemann 描述 DMR 是一个基于 Web 的记录,由医疗卫生服务提供部门进行维护,功能可以与 EMR、EPR 和 EHR 一致
computerised medical record(CMR)	Waegemann 定义的 CMR 是通过扫描和光学字符识别 OCR 从纸张病历创建的计算机化的病历
population health record	这种病历包含堆积和不标识的数据信息,可以从 EHR 或者其他电子信息库获取信息进行创建,用于公共卫生服务以及流行病学研究

22.2 医院信息系统

仅从医院来看,医院信息系统(hospital information system,HIS)的涉及面很广。简单来说,这是医院管理和医疗活动中进行信息管理和联机操作的计算机应用系统。医院信息系统是覆盖医院所有业务和业务全过程的信息管理系统，是利用电子计算机和通信设备，为医院所属各部门提供病人诊疗信息(patient care information)和行政管理信息(administration information)的收集、存储、处理、提取和数据交换的能力并满足授权用户的功能需求的平台。

医院信息系统中，医院管理信息系统(hospital management information system，HMIS)的主要目标是支持医院的行政管理与事务处理业务，减轻事务处理人员的劳动强度，辅助医院进行管理，辅助高层领导做出决策，以提高医院工作效率，从而使医院能够以少的投入获得更好的社会效益与经济效益。像医院财务管理系统、人事管理系统、住院病人管理系统、药品库存管理系统等均属于 HMIS 的范围。

医院信息系统中，临床信息系统(clinical information system，CIS)的主要目标是支持医院医护人员的临床活动，收集和处理病人的临床医疗信息，丰富和积累临床医学知识，并提供临床咨询、辅助诊疗、辅助临床决策，提高医护人员工作效率和诊疗质量，为病人提供更多、更快、更好的服务，像医嘱处理系统、病人床边系统、重症监护系统、移动输液系统、合理用药监测系统、医生工作站系统、实验室检验信息系统、药物咨询系统等均属于 CIS 范围。

一个简单的医院信息系统一般包括以下几方面。

(1) 临床诊疗部分：包含医生工作站、护士工作站、临床检验系统、医学影像系统、输血及血库管理系统、手术麻醉管理系统等。

(2) 药品管理部分：功能包含数据准备及药品字典、药品库房管理功能、门急诊药房管理功能、住院药房管理功能、药品核算功能、药品价格管理、制剂管理子系统、合理用药咨询功能等。

(3) 经济管理部分：包含门急诊挂号系统，门急诊划价收费系统，住院病人入、出、转管理系统，病人住院收费系统，物资管理系统，设备管理子系统，财务管理与经济核算管理系统等。

(4) 综合管理与统计分析部分：包含病案管理系统、医疗统计系统、院长查询与分析系统、病人咨询服务系统等。

(5) 外部接口部分：包含医疗保险接口、社区卫生服务接口、远程医疗咨询系统接口等。

22.3 健康数据库的建设

22.3.1 医院信息系统数据库

医院信息系统主要由医院管理信息系统(HMIS)、临床信息系统(clinical information system，CIS)、病人管理系统(patient administration system，PAS)、PACS 等组成。病人管理系统是医院信息系统的核心，其目标是实现患者在医院整个治疗过程中的成本与费用控制，完成治疗计划、治疗过程和治疗结果的性能控制。其中，一般会包含部门通信模块，负责围绕患者实现医师、护士、化验室和各科室之间的诊疗信息通信。简单来说，医院信息系统往往包含以下几方面。

- 医院管理信息系统：包括挂号子系统、门诊药(房)划价子系统、门诊医技划价子系统、住院登记与收费子系统、住院费用查询子系统、住院医技划价收费子系统、药房管理子系统、院长查询子系统和系统管理子系统等。
- 临床信息系统：包括门诊医嘱子系统、住院医嘱子系统、病房管理子系统、手术室管理子系统和医疗统计子系统。

● 实验室信息系统(laboratory information system,LIS):包括检验仪器维护子系统、药处方与化验结果对应子系统、化验室的自动获取数据子系统。

● 医院后勤供应系统:包括医院物资库存管理子系统、医院大型设备管理子系统和医院固定资产管理子系统。

● RIS(radiology information system,放射信息系统)。

● PACS。

医院信息系统的功能结构图如图 22.2 所示(限于篇幅,图中并未罗列所有的组成子系统)。

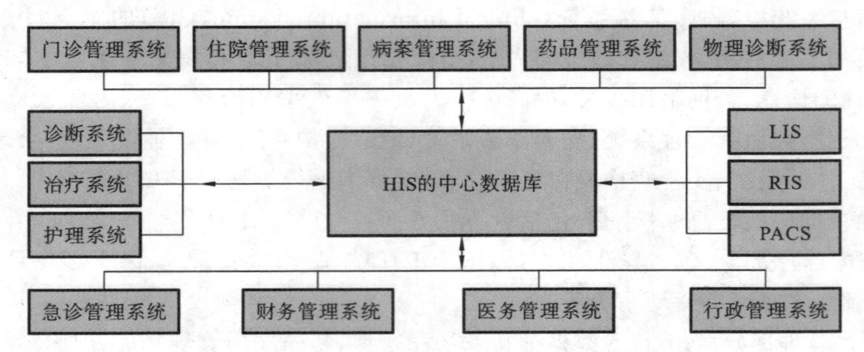

图 22.2 医院信息系统的功能结构图

在数据库设计中,除了特殊的医疗应用系统所需要的数据库外,还可以构建一个核心数据库(医院信息系统的中心数据库)。一般在医院里,由于其特殊性,实验室信息系统(LIS)、放射信息系统(RIS)和 PACS 等会建立独立的数据库。

1. PACS 及 PACS 数据库

图像存档与通信系统(PACS)是近年来随着数字成像技术、计算机和网络技术的进步而迅速发展起来的,旨在全面解决医学图像的获取、显示、存储、传送和管理的综合系统。它主要分为医学图像获取、大容量数据库存储管理、图像显示和处理、数据处理库管理及用于传输影像的局域/广域网等多个单元。保证 PACS 成为全开放式系统的重要网络标准和通信协议是 DICOM。

最先推动 PACS 发展的动力来自传统的照相机厂家。这是因为当数字化浪潮到来的时候,照相机厂家首先意识到这对其产品是一个不可逆转的趋势。照相机厂家的优势在于对各个厂家的设备连接功能有着清楚的了解,但是也有难于跨越的障碍:计算机技术不足,对图像设备及图像处理不够了解。开始的时候,许多设备制造商对开发网络连接有很大的抵触情绪。设备制造商认为意义不大,并且与其利益有冲突,深层的原因在于自己已经落在了信息技术发展的后面。信息技术给医学影像行业带来了巨大变革。但是迫于压力,设备制造商也发现了开放其实意味着更大的市场和机会。1997 年开始,设备制造商纷纷主动向 DICOM 靠拢。这时候,PACS 开始从学院和个别大型医院里走出来了。

PACS 的流行是由于传统的医学图像保存和处理方式存在的问题。

传统医学图像载体是胶片,而保存胶片需要很大的存放空间。为了提高胶片的利用价值,不得不建立片库来储存数量庞大的影像胶片,管理难度与数量同步增长,耗费大量财力、物力和空间。常规 X 射线摄影沿用胶片增感屏系统,成像后有胶片记录,需暗室冲洗,在显影、定影、冲洗、烘干、归档等环节上要耗费大量的人力和财力。胶片库手工管理效率低,资料的查询速度慢，图像传递需要耗费大量时间，效率低，不能满足临床需要，如遇急诊，损失就更严重。而且容易把胶片归错档，使资料的利用率更低。传统 X 射线胶片更不便实现实时或快速异地会诊。胶片的丢失、损坏和变质所引起的信息丢失也是一个难以解决的问题，即使一个管理制度十分完善的医院，因借出、会诊等丢失胶片也不可避免，给资料的再次利用和科研工作带来了不便。把 CT、MRI 等图像拷贝到胶片上，保留的只是操作医生认为有用的信息，图像无法后处理，往往丢失了大部分原始信息。

相反，PACS 的优点十分明显，主要包含以下几方面。

● PACS 可快速、方便地在临床、急诊科室随时调阅数字图像进行读片与诊断，提高了工作效率，避免了胶片在传递中丢失，是医院现代化的管理手段。

● 开展复合影像诊断和多学科会诊，克服时间和地域上的困难，使医护人员能为各类患者提供及时的诊断、治疗和护理。

● 便于图像传递和交流，实现数据共享，供医院教学和科研工作者使用，从而在整体上提高医院的诊断质量、效率，以及教学、科研水平。

● 极大地改变了传统影像科室与其他科室的关系，大范围运用会对放射学实践产生深刻影响，促进更加专业化的发展，促使行业内出现更激烈的竞争。

● 节约了胶片开支及其管理费用，从而进入无胶片时代。

● 在医疗服务的社会需求不断增长的今天，上述优越性最终将有利于提高医疗质量、缩短患者在医院的滞留时间，从而为医院和患者带来显著的经济效益和社会效益。

PACS 主要由硬件和软件两部分组成。硬件主要有接口设备、存储设备、主机、网络设备和显示系统。软件包括通信、数据库管理、存储管理、任务调度、错误处理和网络监控等。

PACS 涉及的主要工作包括以下几方面。

● 医学图像获取。

对于新的数字化成像设备，如 CT、MRI、DR、ECT 等，大多符合 DICOM 3.0 的标准接口，可以直接从数字接口采集图像数据，PACS 的连接较为容易；对较早使用的数字化设备，由于无标准 DICOM 接口，且各个生产厂家的数字格式和压缩方式不同，因此需要解决接口问题才能进行连接。对于模拟图像的采集，后期 DICOM 标准也有相应的规定。

● 大容量数据存储。

图像的存储需要解决在线浏览最近几年内所有住院病人的医学图像，一般以大容量的阵列硬盘作为存储介质；超过一年的图像资料一般以磁带、DVD 或 CD-R 等介质存储，需手工检索。

● 图像显示和处理。

需要相应的专业图像处理软件对医学图像进行各种后处理和统计分析，如视频回放、三维重建、多切面重建等。图像显示根据原始图像的不同，需要不同的分辨率，对 CT 和 MRI 的要求相对较低。

● 数据库管理。

图像数据库对 PACS 非常重要。需要具有安全、可靠、稳定和兼容性好的大型数据库系统，如 Oracle、SQL Server 等。对医学图像数据库应用管理程序的设计，应根据工作流程、数据类型、分类、病人资料等需求做到高效、安全、稳定、易于使用。同时与 HIS、RIS 进行良好的结合，实现真正的资源共享。

2. PACS 的分类

按规模和应用功能，可以将 PACS 分为以下三类。

● 全规模 PACS(full filmless PACS)。涵盖全放射科或医学影像学科范围,包括所有医学成像设备、有独立的影像存储及管理亚系统、足够量的软拷贝显示和硬拷贝输出设备、影像浏览、会诊系统和远程放射学服务。采用模块化结构、开放性构架与医院信息系统/放射信息系统(HMIS/RIS)相结合。

● 数字化 PACS(digital PACS)。数字化 PACS 包括常规 X 射线影像及所有数字影像设备(如 CT、MRI、DSA 等)。常规 X 射线影像可通过胶片数字化仪进入 PACS。

● 小型 PACS(mini-PACS)。局限于单一医学影像部门和影像亚专业单元范围内,在医学影像学科内部分别实现影像的数字化传输、存储和软拷贝显示功能。

PACS 必须解决的技术问题之一是,统一各种数字化影像设备的图像数据格式和数据传输标准。为此,诞生了新的医学数字成像及通信标准,即 DICOM 3.0。PACS 数据库是该系统的核心。

DICOM 文件的主要组成部分是数据集合。这不仅包括医学图像,还包括许多与医学图像有关的信息,如患者姓名、图像大小等。DICOM 数据集合是由 DICOM 数据元素按照指定的顺序依次排列组成的。对于 DICOM 文件,一般采用显式传输,数据元素按标签从小到大的顺序排列,即 DICOM PS 3.5 规定的显示 VR 小端点传输语法(explicit VR little endian transfer syntax)。

22.3.2 区域卫生健康数据库

健康档案适合按照区域整合和存储。区域卫生健康数据库的基础是各个医疗机构和公共卫生保障机构存储的卫生健康数据。

健康档案存储服务用于存储健康档案数据,包括一系列存储库。根据健康档案信息的分类,健康档案存储服务可以划分为多个存储库,如个人基本信息存储库、主要疾病和健康问题摘要存储库、儿童保健存储库、妇女保健存储库、疾病控制存储库、疾病预防管理存储库以及医疗服务存储库等。但是要注意,这些存储库在语义上都是相关的,因此,希望有一个公共的全局模式。所以,构建一个分布式数据库是很好的选择方案。

基于健康档案,可以实现医疗卫生信息共享和协同服务。医疗卫生信息共享和协同服务基于健康档案存储服务,提供医疗卫生机构之间的信息共享服务和业务协同服务。

1. 医疗卫生信息共享和协同服务分域

下面我们使用一个上海区域的实用样例来进行讨论。

根据健康档案信息的分类和服务需要,医疗卫生信息共享和协同服务可以分为多个域,如个人基本信息域、主要疾病和健康问题摘要域、儿童保健域、妇女保健域、疾病预防控制域、疾病管理域以及医疗服务域等。这些域又可以进一步细分为若干个子域,例如医疗服务域可以分为诊断信息域、药品处方域、临床检验域、医学影像域。由此可见,这种分域与数据仓库的主题分类很相似。所以,实现中,如果将健康档案数据设计成一个数据仓库,这些域就可设计成不同的主题。如果设计成一个综合的分布式数据库,这些域也可以设计成不同的视图。

1) 个人基本信息域

个人基本信息域对外提供个人基本信息共享服务。

2) 主要疾病和健康问题摘要域

主要疾病和健康问题摘要域汇集及存储所有与个人健康相关的基础摘要信息,并对外提供服务。主要疾病和健康问题摘要域的内容包含血型、过敏史、慢性病信息等，这些摘要信息从众多基础业务系统中抽取汇集而成。摘要域的主要服务方式是为医疗卫生人员提供通用的、及时的、可信的调阅服务，使医疗卫生人员在进行医疗卫生服务时能够及时、快捷地了解患者或居民的基础健康信息。

3）儿童保健域

儿童保健域用于维护和管理区域妇幼机构、社区卫生服务中心、医院、幼托机构、计生、民政等机构产生的儿童保健数据以及提供的儿童保健服务。数据主要包括出生医学证明、新生儿疾病筛查、出生缺陷监测、体弱儿童管理、儿童健康体检、儿童死亡管理等数据。

儿童保健域的数据体现了数据间的联动性，如根据出生医学证明可以触发新生儿访视和儿童计划免疫服务。

4）妇女保健域

妇女保健域用于维护和管理区域妇幼机构、社区卫生服务中心、助产医院、计生、民政等机构产生的妇女保健数据及提供的妇幼保健服务。数据主要包括妇女婚前保健、计划生育、妇女疾病普查、孕产妇保健服务及高危管理、产前筛查与诊断、孕产妇死亡报告等数据。

妇女保健数据体现了数据间的联动性，如妇女在三级医院发现自己怀孕后，三级医院可将怀孕数据及时传送到妇女所在的社区卫生服务中心及区域妇幼保健所，由社区卫生服务中心的防保医生提供产前保健服务，社区卫生服务中心也需将此产前保健数据传送给妇女生产医院，妇女生产医院将妇女产前检查、分娩等数据传送回社区卫生服务中心，社区卫生服务中心获知妇女分娩并及时上门进行产后访视服务。

5）疾病预防控制域

疾病预防控制域用于维护和管理区域疾病预防控制中心（CDC）、社区卫生服务中心、二/三级医院产生的突发公共卫生事件应急处置和日常业务管理（人群健康的疾病预防控制级监测、干预、评估）数据及各种服务。突发公共卫生事件应急处置数据是针对事件处置的全过程管理数据，日常业务管理数据是针对人群的疾病健康预防和控制的数据。数据主要包括免疫接种、传染病报告、结核病防治、艾滋病综合防治、血吸虫病病人管理、职业病报告、职业性健康监护、伤害监测报告、中毒报告、行为危险因素监测、死亡医学登记等数据。

这些数据重点体现了过程性及联动性，即区域内各个医疗机构（CDC、医院、社区卫生服务中心）形成紧密的卫生业务联动，如某社区的居民在省/市级三级医院发现传染病，省/市级三级医院形成传染病管理报告卡，并将报告卡数据通过省/市健康信息网平台和省/市 CDC 的公共卫生平台传送到居民所在的社区卫生服务中心及区域 CDC，区域 CDC 负责审核报告卡，社区卫生服务中心的防保医生进行上门确认及随访，区域 CDC 审核随访数据。

6）疾病管理域

疾病管理域用于维护和管理区域疾病预防控制中心、社区卫生服务中心、二/三级医院、省/市疾病预防控制中心产生的疾病管理数据及其服务。数据主要包括高血压病例管理、糖尿病病例管理、肿瘤病例管理、精神分裂症病例管理、老年人健康管理、成人健康体检等数据。

这些数据描述事务的过程和联动，保障区域内各个医疗机构（疾病预防控制中心、医院、社区卫生服务中心）形成紧密的卫生业务联动。如某社区居民在省/市级三级医院发现糖尿病，需要省/市级三级医院马上形成糖尿病管理报告卡，并将报告卡数据通过省/市健康信息网平台和省/市 CDC 的公共卫生平台传送到居民所在的社区卫生服务中心及区域疾病预防控制中心，区域疾病预防控制中心负责审核报告卡，社区卫生服务中心的防保医生进行上门确认及随访，区域疾病预防控制中心审核随访数据。

7）医疗服务域

医疗服务域用于临床信息共享和医疗业务协同，包括诊断信息子域、药品处方子域、临床检验信息子域、检查信息子域和医学影像子域等。

● 诊断信息子域：诊断信息子域系统也称临床诊断信息系统，用于记录患者的临床表现和诊断信息，提供完整的诊断记录，并为医生开处方和医技医嘱提供支持服务。EHR 区域平台诊断信息域服务支持通过诊断信息域的存储服务调阅患者的临床表现和诊断信息。

● 药品处方子域：药品处方子域系统也称药物信息系统，用于记录处方和药物治疗信息，提供完整的患者用药记录，并为医师开处方和调配药物提供决策支持服务。区域医疗卫生业务协同应用平台药品处方子域服务支持通过药品处方域的存储服务调阅患者的临床数据。

● 临床检验信息子域：临床检验信息子域系统也称区域实验室信息系统，用于管理患者检验申请单和向临床医师发布患者检验结果。在不同的医疗业务协同应用管理区域，实验室域系统可采取不同的形式和规模，但必须将调阅检验结果的解决方案和为了获得结果而涉及的与医嘱信息相关的一系列支持数据的解决方案区别开来。

化验结果及伴随数据（如之前的医嘱）需要汇聚起来，以向医疗卫生人员提供结果汇总信息视图。检验子域系统自动从源系统中采集检验相关事件，如申请、标本、检验结果，并且允许调阅其中的任何信息；支持流程自动化和申请生成结果状态的管理，同时与源系统交互，生成警告和通知，以加快处理速度。

● 检查信息子域：检查信息子域服务通过基于标准的消息与产生和管理申请的实验室系统进行交互，同时也与系统中用以产生结果的采样和检测机构进行交互，即实验室机构内的医师用户和实验技师用户使用本地信息系统解决方案进行工作。这些应用系统通过与 EHR 区域平台的互联，把相关结果数据发布到患者的电子健康记录卡中。

● 医学影像子域：医学影像检查是健康档案的一个重要组成部分。医学影像子域用于维护和管理医学影像的医嘱和结果信息，大容量图像和其他二进制文件的管理以及高效传输的技术要求让这部分服务独立成域。

医学影像子域服务允许集中获取和共享大型分布式网络中符合 DICOM 的对象，这些网络包括在医院或诊断中心实施的图像存档与通信系统（PACS）以及产生图像的诊断设备。无论是书面报告，还是用来达成结论的关键影像，都可通过医学影像子域服务获得。

影像图像是典型的业务流程的最终结果，这些业务流程始于创建一个由临床医师为了进行某一类型检查开立的医嘱。在数据中心域中，医嘱将被表现为一套支持某一图像诊断结果的数据，因此，可作为客户电子健康记录的一部分。

其他类型的二进制对象也可由数据中心域处理。实际例子包括来自远距离会议的与临床有关的患者健康记录视频流剪辑，或者任何来自不同设备（心电图、呼吸监视器等）的数字流数据等。

区域人口健康信息网平台数据中心域服务支持快捷、方便地调阅数据中心域存储库中患者的临床数据。集中管理的索引服务，作为全程健康档案服务的一部分，具有重要的作用，在调阅影像（或其他对象）以供浏览时，这个索引机制是区域服务工作的核心。

2. 全程健康档案服务

构建健康档案数据库，并按应用分域后，就有了提供服务的基础。因此可以为未来更多的应用提供进一步的服务。下面讨论全程健康档案服务。

全程健康档案服务是EHR区域平台系统架构的核心之一，处理区域人口健康信息网平台内与数据定位和管理相关的复杂任务，包括相关的索引信息。全程健康档案服务负责分析来自外部资源的信息，并恰当地保存这些数据到存储库中，可以反向地响应外部医疗卫生服务的检索、汇聚和返回数据。全程健康档案服务知道其他区域人口健康信息网平台可能在客户端保存的附加数据，也会向那些区域人口健康信息网平台转发数据请求，并合并返回数据和本地信息。反之，全程健康档案服务也能响应来自其他区域人口健康信息网平台的信息请求。

全程健康档案服务是区域人口健康信息网平台中唯一知晓所有事务、业务逻辑以及数据访问规则的部件，可以围绕任何数据主题汇集出真正的全程和综合的健康档案视图。其服务可以分类如下。

1）索引服务

全程健康档案服务是处理健康档案数据访问事务的核心，为此，必须建立健康档案的完整视图，这个功能通过索引服务来完成。

索引服务全面掌握区域人口健康信息网平台所有关于居民的健康信息，包括居民何时、何地、接受过何种医疗卫生服务，并产生了哪些文档。索引服务主要记录两大类的信息，一类是医疗卫生事件信息，另一类为文档目录信息。

健康档案数据的检索、定位、访问等都通过索引服务来实现。区域人口健康信息网平台用户在被授权的情况下，可以通过全程健康档案服务提供的索引服务从基本业务系统查看居民的健康信息、所涉及的文档目录及摘要信息，进而通过健康档案数据存储服务就可以实现文档信息的即时展示，了解居民（患者）既往的健康情况，为医疗服务提供辅助。

2）业务服务

业务服务由处理健康档案数据访问事务的服务组合而成，处理和管理健康档案访问事务的各种场景。这是区域人口健康信息网平台内协调和执行事务的入口，涉及多个服务和系统，可能还要访问其他区域人口健康信息网平台的事件。其中服务管理着区域人口健康信息网平台中事务的全局性表示、编排流（程）、响应组装、业务规则应用以及与各类其他系统或服务的数据访问。业务联动的众多需求需要本业务服务来配合实现。一般来说，业务服务主要包含以下几类。

（1）组装服务。

平台互联互通规范的执行包括调用不同的服务生成多个结果集，组装服务使用组合模板的方式将这些结果集组合成一定的输出格式。

（2）编排服务。

这些服务管理注册、存储和提取，更重要的是，各类处理流程的编排协同。编排服务是驱动事务执行的引擎，它知道服务产生的步骤，知道怎样为了触发和管理每一步并行或串行实现而调用服务。

（3）业务规则服务。

业务规则服务是由细颗粒的验证和逻辑处理规则对象的采集服务构成，在运行期间进行组合以执行适用于正在被处理的特定类型的平台互联互通性事务的业务逻辑。

（4）标准化服务。

这些服务用于转换不同形式的数据，在平台互联互通性执行的语境中被调用。通常情况下，这些服务常用于应用标准，把特定的输入串转换成符合标准化基础的编码串。数据的格式和实质含义都可以转换，特殊的逻辑和编码表常用于完成这种转化。

(5) 数据质量服务。

用于跟踪和监控平台中的数据质量,支持人工数据质量评估处理,乃至自动的数据质量指标评估。

3) 数据服务

数据服务可为健康档案业务服务提供各种功能性的支持,以执行正确的数据访问过程和与不同的注册服务、存储服务、业务管理或辅助决策服务交互所需的转换。通常,全程健康档案服务可以与平台内部服务相互作用。依赖基于标准的通信机制,并使用交换层来执行这种相互作用。数据服务用在两个场景里:记录和获取健康档案数据的在线业务场景,加载和管理健康档案存储库和注册信息的管理功能场景。数据服务主要包含以下几类。

● 复制服务:在区域人口健康信息网平台的内部系统或数据库之间提供数据复制功能。

● 数据仓库服务:数据仓库服务从不同的存储库中抽取和插入数据,经过抽取、转换和装载等加工处理后,生成区域人口健康信息网平台范围内使用的各种数据分析利用资源。

● 键值管理服务:当数据访问来自不同数据源时,可能出现主索引键或次索引键在源系统间不唯一或不存在的情况,键值管理服务在健康档案存储库插入和更新时生成和管理这些键值。

● 数据访问服务:为访问注册库、健康档案或其他相关数据提供支持。

4) 事务处理

全程健康档案服务也是一个事务处理层,必须能够处理复杂的复合事务。根据对事务的调用和处理,全程健康档案服务配置成协调处理所有的"列表"和"获取"事务。全程健康档案服务需建立管理所有事务的语境,从而知晓如何调用一个特定的编排流(程),并指导编排流的执行,允许在实现这些事务时调用适当的服务。事务处理主要包含以下几类典型的调用。

(1) 调用注册服务。

我们可以调用个人、医疗卫生人员和医疗卫生机构注册服务来鉴别实体,并获得实体的平台内部标识符。

(2) 交换层服务。

通过交换层服务去调用许可、加密、数字签名、访问控制、匿名访问或其他任何服务,这些服务用于对事务的实现施加适当的控制。

(3) 调用平台定位服务。

调用平台定位服务,以确定特定居民的特定事务在其他区域人口健康信息网平台中可能存储的数据。

(4) 调用存储服务。

执行特定平台互联互通规范时,调用存储服务访问或获取数据。

5) 信息接口服务

信息接口服务包括通信总线服务和平台公共服务。

(1) 通信总线服务。

通信总线服务支持数据存储服务、业务管理、辅助决策,以及基本业务系统和健康档案浏览器之间的底层通信,主要包括消息服务和协议服务。

● 消息服务。由处理消息内容的服务所组成,消息的应用和网络协议的封装由协议服务分离,包括解析、串行化、加密和解密、编码和解码、转换和路由功能。

● 协议服务。处理网络、传输和应用层协议,支持可热部署模块,以支持各种应用级协议,如 Web Services(WS-I)、ebXML、SOAP,以及远程调用协议,如 RMI、DCOM、.NET 等。

(2) 平台公共服务。

平台公共服务主要包括上下文管理、应用审计、安全管理、隐私保护等服务。

6) 语境管理服务

语境管理服务用于实现医疗卫生服务机构与区域人口健康信息网平台之间交互时上下文环境状态的管理,主要提供缓存和会话服务。缓存服务用于管理缓存,并在可配置的基础上提供与缓存响应相关的功能,这些配置包括生存时间、持久度、缓存循环、基于角色缓存等。会话服务用于管理用户会话。用户会话包含会话 ID、功能和角色信息、授权信息、其他信息。

7) 通用服务

通用服务主要包括审计服务、日志管理服务、错误/异常处理服务。审计服务提供配置信息审计的功能,并为其他服务提供审计支持的接口。日志管理服务用于管理应用、系统、安全等日志。错误/异常处理服务提供接口,找出和管理错误及其他业务外,还包括系统/应用级例外,发现由损坏或脏数据等导致的例外。

8) 集成服务

集成服务主要基于消息代理服务、映射服务、排队服务和服务目录,提供管理集成功能。代理服务读取结构化的业务信息来理解正在处理的事务类型,整个事务作为一个单元被代理传递到适当的服务去执行。映射服务帮助创建将源文件格式翻译成目标格式的映射文件,可用于从 XML 文件映射到平面文件及其他格式,反之亦然。排队服务提供存储转发能力,使用消息队列以及其他持久化机制来储存资料,用于异步类型的操作。服务目录服务管理服务目录及伴随的服务描述,由 EHR 支持的业务消息在注册时需要使用此服务,代理发生器利用服务描述创建代理类。

9) 互联互通服务

互联互通服务主要处理与各种存储库、注册服务交互的搜索/解析,并提供区域人口健康信息网平台之间的互联互通性服务,诸如处理与远程区域人口健康信息网平台相关事务的业务。交换层使用互联互通服务触发和管理信息平台之间的事务。

互联互通服务管理对服务的调用,这些调用从交换层发出,指向区域人口健康信息网平台内的不同系统(注册、业务管理、电子健康档案服务或辅助决策服务),或当事务必须向远程区域人口健康信息网平台发起时。查询/获取服务处理与解析服务的交互,类似在居民、医护工作者和机构注册中提供的同类功能,EHR 的定位服务也涉及此服务。

10) 管理服务

管理服务提供区域人口健康信息网平台与交换层的配置管理功能,主要包括配置服务、管理服务、政策管理服务等。配置服务用来配置信息平台,包括共享健康档案数据存储库、元数据、服务组件、支持模式、安全、对话和缓存机制等,把 EHR 区域平台的各种参数的配置和管理的机制和过程集中化。管理服务提供通用接口来管理和监控 EHR 区域平台的各个方面,如跟踪健康档案服务的运行性能等。

11) 安全与隐私服务

安全与隐私服务提供保护患者隐私和区域卫生管理机构实施安全及隐私政策所需的服务,主要包括匿名化服务、许可指令管理服务、身份保护服务、数字签名服务、加密服务、一般性安全服务、身份管理服务、访问控制服务、安全审计服务、用户认证服务等。

匿名化服务保护患者的隐私和安全,以确保所涉及的患者资料不被非授权用户获悉。

许可指令管理服务转换由立法、政策和个人特定许可指令带来的隐私要求，并将这些需求应用到区域人口健康信息网平台环境中。在提供访问健康档案或经过区域人口健康信息网平台传输健康档案之前，这些服务应用于健康档案以确定患者或个人的许可指令是否允许或限制健康档案的公开。这些服务还允许信息平台用户管理患者/居民的特定许可指示，例如根据法律法规的需要和允许，阻止和屏蔽某一医疗服务提供者访问健康档案，或者在紧急治疗情况下不经许可直接开放健康档案。

身份保护服务将患者或居民的身份解释为健康档案标识符。患者通常由诸如社保卡号码的通用标识码来标识，这样的卡号关联到每个包含健康档案标识域中的健康档案标识符。健康档案标识符是受保护的信息，只有交换层之上的平台系统才能知道。

数字签名服务中的数字签名由医疗卫生应用程序的用户创建，以确保临床数据的不可否认性，这样的临床数据如数据文件、报告、记录中的字段域、安全声明、XML 文档，包括被转换为 XML 文档的 HL7 消息或对象中的元素。

加密服务包括：密钥管理服务，创建和管理数据存储的加密密钥；数据库加密服务，加密和解密数据库表中的数据字段（列）和记录（行）以保护健康档案及其他保密的关键系统数据；数据存储加密服务，加密和解密文件和其他数据块，用于保护联机存储、备份或长期归档中的数据。

一般性安全服务包括：扫描恶意程序、安全备份/恢复、资料归档、数据安全销毁。

身份管理服务是面向更高层次服务的基础服务，例如用户注册、认证、授权，其中包括用户的唯一标识、查找用户的标识，挂起/取消用户访问权，等等。

用户认证服务用于验证用户的身份，在执行医疗卫生应用与 EHR 区域平台之间的事务的场景下被调用，以验证参与事务用户的合法性。

访问控制服务确定对信息平台应用功能的基于角色的访问权限，并提供配置和管理用户及角色访问功能和数据的授权。

安全审计服务提供对事务所涉及的系统、用户、医护工作者、患者/居民、健康数据等的报告功能。这对于某些业务至关重要，如系统管理、事务监控、记录重要的与隐私和安全有关的事件，等等。

12）订阅服务

订阅服务提供预订事件和管理警报及通知的服务。用户指定控制系统或代理的警报参数，当警报条件满足时，警报/通知服务自动通知用户。发布/订阅服务管理订阅人和发布者，在整合层面，按照整合参数所定义的机制为订阅者提供内容；在更高的水平上，用户可以订阅指定内容。警报/通知与发布/订阅服务的关系非常密切，当观察到特定的条件或者用户订阅的内容被发布时，信息通知用户。

3. EHR 区域平台

区域平台以区域内健康档案信息的采集、存储为基础，自动产生、分发、推送共享信息，为区域内各类医疗卫生机构开展医疗卫生活动提供支撑服务。EHR 区域平台是人口健康信息网的枢纽，是区域卫生计生资源整合、纵向业务条块管理、横向机构部门协作的纽带和桥梁。EHR 区域平台基于区域统一的卫生信息标准，实现系统之间的数据交互、共享、汇聚，进而支持医疗机构（包括医院和社区卫生服务机构）之间的医疗业务协同，支持医疗机构与公共卫生专业机构（包括预防保健、疾病控制等专业站/所/中心）之间的卫生业务联动。

EHR 区域平台是人口健康信息网数据中心的主要组成部分，是卫生健康信息系统的管理中心，主要提供一系列服务，包括注册服务、公共卫生数据服务、医疗数据服务、全程健康档案服务、数据仓库服务等，服务于区域居民、各级各类医疗卫生服务机构和相关管理机构。

卫生机构的业务应用系统及其他应用系统分布在医疗卫生机构的服务点上和相关的管理机构内，为广大居民提供各类医疗健康服务或管理职能。这些应用系统生成、收集、管理和使用健康数据，如临床医疗数据、健康档案数据、公共卫生管理数据等。

EHR区域平台与业务应用系统之间，以及业务系统与业务系统之间，通过EHR区域平台的信息交换层进行信息交互，实现健康档案的互联互通性。信息交换层提供通信总线服务，如消息传输服务、消息路由等，以及通用的系统管理功能，如安全管理、隐私管理、应用审计，等等。

EHR区域平台和业务应用系统互为依托，紧密联系。一方面，EHR区域平台的数据来自各个业务系统，其功能主要通过各个业务系统来发挥和展示；另一方面，EHR区域平台又反过来服务于业务系统，是实现业务系统协同和联动的基础，有些业务系统甚至可能没有自己专属的基础设施(如服务器和存储)，而搭载于健康网数据中心(EHR区域平台)的基础设施之上。

EHR区域平台可以设计与业务应用系统分离，以使整个信息系统的层次更清晰，各层、各系统之间的独立性更好。EHR区域平台和业务应用系统可依据预定的标准分别独立建设，降低单个系统的规模和复杂度，信息系统整体的扩展性和兼容性更好。

EHR区域平台是居民健康档案信息的管理和服务平台，可为业务系统提供基础服务，包括健康信息的整合、存储、处理、分析、共享等，支持互联互通操作。例如，接受各业务系统提供的电子健康档案相关数据，对它们进行解析，按标准重构、存储、管理，为业务系统提供电子健康档案的检索、获取和分发服务。

业务应用系统一般部署在业务机构，围绕某一个领域某一类具体的业务需求，通常有自己的数据采集、数据存储、业务处理逻辑、数据检索、分发服务和报告系统，还可能有自己的ODS(operational data store)存储。

EHR区域平台的使用对象主要是医疗卫生人员，最终的服务对象是居民和患者。通过EHR区域平台提供的各种服务，医疗卫生人员将更好地为居民和患者提供可靠、及时、连续的医疗卫生服务。EHR区域平台提供的基本服务主要包括注册服务、公共卫生数据服务、医疗数据服务、全程健康档案服务、数据仓库服务等。

下面以注册服务为例进行介绍。

注册服务包括对个人、卫生计生人员、卫生计生机构、医疗卫生术语的注册管理服务，系统对这些实体提供唯一的标识。针对各类实体形成各类注册库(如个人注册库、医疗卫生机构注册库等)，每个注册库具备管理和解决单个实体存在多个标识符问题的能力。

(1) 个人注册服务。

个人注册服务在区域管辖范围内形成一个个人注册库，安全地保存和维护个人的健康标识号、基本信息，供EHR区域平台使用，并为医疗就诊及与公共卫生相关的业务系统提供人员身份识别功能。

个人注册库主要扮演两个角色。其一，它是唯一的信息来源，并尽可能地成为唯一的个人基本信息来源，用于为医疗卫生信息系统确认一个人是某个居民或患者。其二，在跨越多个系统时，用于解决居民身份唯一识别的问题。个人注册服务是EHR区域平台正常运行所不可或缺的，以确保记录在健康档案中的每个人被唯一地标识，有关数据被一致地管理且永不会丢失。

注册服务主要由医院、社区卫生服务中心和公共卫生机构使用。

(2) 医疗卫生人员注册服务。

医疗卫生人员注册库是一个单一的目录服务，为区所有卫生管理机构的医疗服务提供者分配一个唯一的标识，供 EHR 区域平台以及与平台交互的系统和用户使用，所涉及的医疗服务提供者包括全科医生、专科医生、护士、实验室医师、医学影像专业人员、疾病预防控制专业人员、妇幼保健人员，以及其他从事与居民健康服务相关的从业人员。

一般来说，医疗卫生人员注册服务的基本流程可以为：医院、社区卫生服务中心和公共卫生机构将所辖医疗卫生人员的基本信息提供给医政，医政完成审核并在平台上给予注册。

(3) 医疗卫生机构注册服务。

这里建立医疗卫生机构注册库，提供区域所有医疗机构的综合目录，相关的机构包括二/三级医院、社区卫生服务中心、疾病预防控制中心、卫生监督所、妇幼保健所，等等。系统为每个机构分配一个唯一的标识，实现医疗卫生服务场所的唯一识别功能，从而保证在维护居民健康信息的不同系统中使用统一规范化的标识符，同时也满足 EHR 区域平台与下属医疗卫生机构服务点的互联互通要求。

医疗卫生机构注册服务主要由医政(卫生监督)管理使用，并完成医疗卫生机构的注册。

(4) 医疗卫生术语和字典注册服务

建立医疗卫生术语和字典注册库，以规范医疗卫生事件中信息含义的一致性问题。术语由 EHR 区域平台的管理者进行注册，更新维护；字典由平台管理者或机构进行注册和更新维护。

限于篇幅，其他服务这里不再赘述。

上面对健康档案系统进行了讨论。当然，这只是一个样例。解决方案多种多样，取决于实际需求。

22.4 健康大数据

健康大数据(healthy bigdata)是近几年来比较热门的新名词，是指无法在可承受的时间范围内使用常规软件进行捕捉、管理和处理的健康数据的集合，是需要新处理模式才能具有更强的决策力、洞察力和流程优化能力的海量、高增长率和多样化的健康信息资产。

健康大数据的意义不在于这些庞大的信息，而在于对这些健康数据进行专业化的处理和再利用，健康大数据的整合再利用对身体状况监测、疾病预防和健康趋势分析都具有积极的意义。

健康大数据的主要来源包括电子健康档案和电子病历。当然还有其他来源，如药典、健身数据、体检数据等。

健康大数据具有数据量巨大，如医疗数据、检验数据、影像数据等，种类繁多，如结构化数据、文本、影像等，数据真实，如采集自就诊、检验等实际过程，要求处理速度快，以及数据的长期持续性等特点。

值得注意的是，健康大数据涉及甚多难点。典型的如：

- 行业复杂，标准化挑战甚大。
- 个体差异大、医疗疾病种类繁多；复合疾病常见，关系复杂；很难标准化、自动化；医学检查、治疗、诊断技术不断发展;新的疾病不断产生和变化;医疗发展水平还有很多未知领域;医疗利益分割。

● 医院资源有限,利用有限。

● 目前,患者习惯于大病小病都找三甲医院,其他医院的优质医疗资源有限,医生的经验有限,医生的价值没有得到充分的发挥。

● 个人信息缺乏,信息不对称。

● 医学信息的不对称导致患者缺乏主动参与,大众的医学健康知识、预防知识和康复知识匮乏。

如何管理健康大数据,也是一个值得关注的问题,数据的安全、可靠、个人隐私保护等都是一种挑战。一些地方政府对此做出了努力,如福州市。福州市正式发布了《福州市健康医疗大数据资源管理暂行办法》,管理办法覆盖了健康医疗大数据采集、存储、处理、应用、共享和开放的各个环节。

该管理办法指出,福州市健康医疗大数据资源目录由基础信息、公共卫生、计划生育、医疗服务、医疗保障、药品管理、综合管理、新型业态八大类组成。数据生产应用单位应当按照目录和相关标准规范,组织开展数据采集工作,不得采集目录范围外的数据。

该管理办法还强调,高校或者科研院所获得的数据只限用于科研教育等非营利性活动,任何单位和个人均不得篡改和删除健康医疗大数据。同时,技术服务单位应当对信息资源及副本建立应用日志审计制度,确保所有操作可追溯,日志记录保留时间不少于 3 年。

在实践中,针对健康大数据应用,已经有很多努力。下面以我们自己实践的例子进行简单介绍。

在上海市公共卫生重点学科计划支持下,华东师范大学和上海市疾控中心(CDC)合作探索区域气象环境对传染病的影响,典型的如腹泻。

全球每年约有 30 亿～50 亿人发生感染性腹泻,死亡人数约为 300 万。已有研究表明,感染性腹泻的发生、流行与气象因素密切相关。经分析研究,我们主要采用 BP 人工神经网络应用于感染性腹泻与气象因素的相关性分析和传染性疾病预测。

研究中,我们收集了上海市 2005 年 1 月至 2008 年 12 月感染性腹泻日发病数和同期气象资料,建立了 BP 人工神经网络预测模型,并探讨了其应用于医疗气象预报服务的可行性。

典型情况有以下几种。

(1) 资料:感染性腹泻日发病数据来源于国家疾病监测信息报告管理系统中 2005 年 1 月 1 日至 2008 年 12 月 31 日临床诊断或实验室确诊病例。同期上海地区主要气象资料由上海市气象局城市环境气象中心提供,包括日最高气温(℃)、最低气温(℃)、平均气温(℃)、最低相对湿度(%)、平均相对湿度(%)、平均气压(hPa)、降雨量(mm)、平均日照时数(hr)、平均风速(m/s)。

(2) 气象主成分提取:考虑到气象因素之间存在共线性,根据主成分分析(PCA)原理,应用软件对相关性分析得到的影响感染性腹泻发病的气象因素进行主成分提取,去除多重共线性。

(3) 建立感染性腹泻日发病例数 BP 神经网络预测模型。

① 样本数据处理:2005—2007 年的日气象数据和感染性腹泻日发病数为网络训练样本集,用于网络训练和权值修改。2008 年的独立样本数据作为网络测试数据集,用于检验模型的外推预测能力。为提高神经网络的训练速度和拟合效果,保证建立的模型具有良好的外推

能力，采用相关函数对训练样本和测试样本进行归一化处理，并对预测结果进行反归一化处理。

② 网络结构、参数设置及训练函数选择：采用三层 BP 网络结构，以 PCA 提取的 4 个主成分作为网络输入（预测因子），即输入层神经元数为 4；以同期感染性腹泻日发病数作为输出（预测项），即输出层神经元数为 1。在确定隐含层神经元个数时，通过经验公式以及试错法发现，当隐含层神经元数为 5 时，训练误差和测试误差最小。最后确定的神经网络结构为 4—5—1，即 4 个输入节点，5 个隐含层节点，1 个输出节点。

③ 模型拟合及预测效果检验：为评价 BP 神经网络模型的拟合和外推预测效果，采用平均绝对误差（MAE）、均方根误差（RMSE）、相关系数（r）及决定系数（r2）等指标对所建的 BP 神经网络模型，从训练拟合和外推预测两个方面进行检验。

④ 模型等级预报效果检验：采用百分位数法，以 2005—2008 年感染性腹泻逐日发病例数三个值为预报阈值，将感染性腹泻日发病例数的预测值转换成对应的预报等级，进行腹泻指数等级预报。

结果表明，BP 神经网络预测模型应用于感染性腹泻的预报具有较高的准确度，误差在合理范围之内，并且具有较好的等级预报能力，对于向公众发布腹泻气象指数预报有较好的应用价值。

实践说明，健康大数据的应用领域十分宽广。

第23章 教育信息化中的分布式数据库技术支持

23.1 教育信息化

中华人民共和国教育部2018年4月13日发布了《教育信息化2.0行动计划》(以下简称《计划》),指出:

教育信息化2.0行动计划是推进"互联网+教育"的具体实施计划。人工智能、大数据、区块链等技术迅猛发展,将深刻改变人才需求和教育形态。智能环境不仅改变了教与学的方式,而且已经开始深入影响到教育的理念、文化和生态……教育信息化2.0行动计划是加快实现教育现代化的有效途径。没有信息化就没有现代化,教育信息化是教育现代化的基本内涵和显著特征,是"教育现代化2035"的重点内容和重要标志。

教育信息化具有突破时空限制、快速复制传播、呈现手段丰富的独特优势,必将成为促进教育公平、提高教育质量的有效手段,必将成为构建泛在学习环境、实现全民终身学习的有力支撑,必将带来教育科学决策和综合治理能力的大幅提高。以教育信息化支撑引领教育现代化,是新时代我国教育改革发展的战略选择,对于构建教育强国和人力资源强国具有重要意义。

《计划》把基本目标定为:到2022年基本实现教学应用覆盖全体教师、学习应用覆盖全体适龄学生、数字校园建设覆盖全体学校,信息化应用水平和师生信息素养普遍提高,建成"互联网+教育"大平台,推动从教育专用资源向教育大资源转变、从提升师生信息技术应用能力向全面提升其信息素养转变、从融合应用向创新发展转变,努力构建"互联网+"条件下的人才培养新模式、发展基于互联网的教育服务新模式、探索信息时代教育治理新模式。

《计划》定义的主要任务是:实现信息化教与学应用覆盖全体教师和全体适龄学生,数字校园建设覆盖各级各类学校。持续推动信息技术与教育深度融合,促进两个方面水平提高。促进教育信息化从融合应用向创新发展的高阶演进,信息技术和智能技术深度融入教育全过程,推动改进教学、优化管理、提升绩效。构建一体化的"互联网+教育"大平台。引入"平台+教育"服务模式,整合各级各类教育资源公共服务平台和支持系统,逐步实现资源平台、管理平台的互通、衔接与开放,建成国家数字教育资源公共服务体系。

具体实施行动包含以下8项。

(1) 数字资源服务普及行动。计划建成国家教育资源公共服务体系;完善数字教育资源公共服务体系;实施教育大资源共享计划。拓展完善国家数字教育资源公共服务体系,推进开放资源汇聚共享,打破教育资源开发利用的传统壁垒,利用大数据技术采集、汇聚互联网上丰富的教学、科研、文化资源,为各级各类学校和全体学习者提供海量、适切的学习资源服务,实现从"专用资源服务"向"大资源服务"的转变。

(2) 网络学习空间覆盖行动。规范网络学习空间建设与应用,保障全体教师和适龄学生

"人人有空间",开展校长领导力和教师应用力培训,普及和推广网络学习空间应用,实现"人人用空间"。引领推动网络学习空间建设与应用。

(3) 网络扶智工程攻坚行动。推进网络条件下的精准扶智。引导教育发达地区与薄弱地区通过信息化实现结对帮扶,以专递课堂、名师课堂、名校网络课堂等方式,开展联校网教、数字学校建设与应用,实现"互联网+"条件下的区域教育资源均衡配置机制,缩小区域、城乡、校际差距,缓解教育数字鸿沟问题,实现公平而有质量的教育。

(4) 教育治理能力优化行动。完善教育管理信息化顶层设计,全面提高利用大数据支撑保障教育管理、决策和公共服务的能力,实现教育政务信息系统全面整合和政务信息资源开放共享。充分利用云计算、大数据、人工智能等新技术,构建全方位、全过程、全天候的支撑体系,助力教育教学、管理和服务的改革发展。推进教育政务信息系统整合共享。以"互联互通、信息共享、业务协同"为目标,完成教育政务信息系统整合工作。推进教育"互联网+政务服务"。

(5) 百区千校万课引领行动。建立百个典型区域;培育千所标杆学校;遴选万堂示范课例。

(6) 数字校园规范建设行动。促进数字校园建设全面普及。将网络教学环境纳入学校办学条件建设标准,数字教育资源列入中小学教材配备要求范围。加强职业院校、高等学校虚拟仿真实训教学环境建设,服务信息化教学需要。推动各地以区域为单位统筹建立数字校园专门保障队伍,彻底解决学校运维保障力量薄弱问题。

(7) 智慧教育创新发展行动。以人工智能、大数据、物联网等新兴技术为基础,依托各类智能设备及网络,积极开展智慧教育创新研究和示范,推动新技术支持下教育的模式变革和生态重构。开展智慧教育创新示范;构建智慧学习支持环境;加快面向下一代网络的高校智能学习体系建设;加强教育信息化学术共同体和学科建设。

(8) 信息素养全面提升行动。将学生信息素养纳入学生综合素质评价,全面提升学生信息素养。

显然,教育信息化成了重要的国家战略。

23.2 远程教育和计算机支持的协同学习

23.2.1 远程教育概述

如上面《计划》具体实施行动中第(2)、(3)项所强调,远程教育是教育信息化的一项重要内容。

教育一直是与距离关联的,教育也是一种群体行为。远程教育环境是一个在远距离的情况下进行面对面的教学交流的环境。教育更是一种协作活动。

传统的教育形式主要是面对面的教学。面对面的教学交流方式有两个最主要的特征:**视听特征和交互特征**。视听特征是人类获取信息和进行交流的主要渠道,视和听缺一不可,人们喜欢看电影、电视胜于听收音机或看书也正是这个原因。交互特征伴随着人与人之间的交流,只有在极少数情况下面对面的交流才是单向的。既然上述两个特征是面对面交流的基本特征,那么可以在"视听—交互—距离"三维空间进行各种交流方式的比较。

使用计算机软件的技术培训作为例子，可以将各种培训方法在“视听—交互—距离”三维空间（见图 23.1）进行定位，以考察各种交流方式的特征。

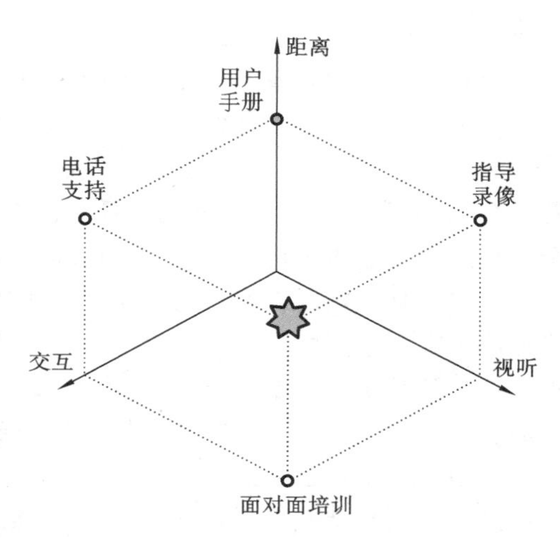

图 23.1　“视听—交互—距离”三维空间

如图 23.1 所示，这种计算机软件的技术培训主要包括面对面培训、用户手册、电话支持、指导录像等。它们分别定位在不同的平面上，如“面对面培训”定位在“交互—视听”平面上，“指导录像”定位在“距离—视听”平面上等。星型标记表示我们更期望的结果，即希望它定位在一个三维（视听—交互—距离）空间。

从上面的特征分析可以看出，人们追求的是一种既有交互特征又有视听特征的远程交流方式。

协同远程教育打破了一般教育与培训活动的束缚：**师生面对面直接接触**。利用通信手段，教师和学生可以分别在不同的地方，在相同的时间或不同的时间进行教学活动，这便是协同远程教学。广义的远程教学的发展经历了几种不同的形式，即函授教育、电台教育、电视教育、多媒体辅助教育软件、课堂教育和网络教育。

网络教育又可以分为以下两个主要层次。

- EOD(education on demand)：学员通过计算机网络，特别是 Internet 访问预先制作的课件来进行学习。网络课件相比于物理介质，如软盘、CD-ROM 等的辅助教育软件，更易于发布和更新，但是也有它的局限性。由于网络带宽，特别是广域网带宽资源的限制，许多多媒体辅助教育手段难以在网络环境中得到很好的应用。值得庆幸的是，网络通信技术的发展，这个鸿沟已逐步被填埋。在多媒体光盘课件中可以轻松地利用视频资料或三维动画技术，现在可以通过 WWW 达到同样的表现效果。
- 实时在线网络教育：使用多媒体技术，在视频会议、音频会议和多媒体数据会议的基础上，在计算机网络上构造一个人虽身处异地，但如同面对面一样的虚拟教育环境。这里还包括多点广播式的在线教育。与会议系统上的实现相比，多点广播式实现起来相对简单，但是缺乏实时交互性。

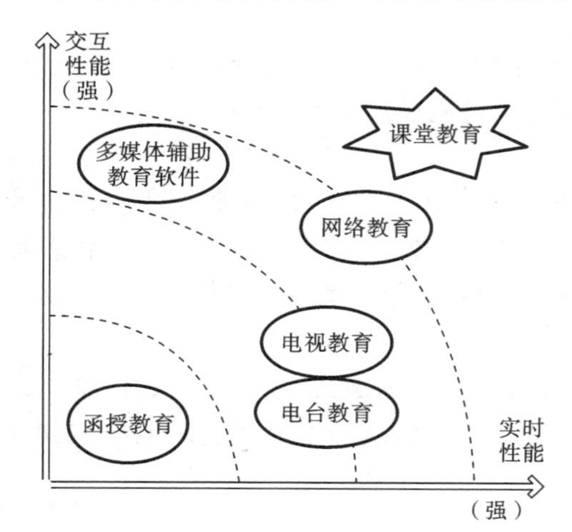

图 23.2　几种不同类型的远程教育方式

图 23.2 所示的为几种不同类型的远程教育方式。

图 23.2 中，使用横坐标说明实时性能，从左到右表示实时性能由弱到强；纵坐标说明交互性能，由下而上表示交互性能由弱到强。函授教育位于左下角，说明它的实时性能和交互性能都最弱。课堂教育位于右上角，说明它的实时性能和交互性能都最强。而网络教育是与课堂教育最接近的。

经验告诉我们，教育必须有一个好的教学环境，尤其对于中小学生而言，同学共处的环境十分重要，也十分有益。同学之间的好胜心和互助性可以促进学习，竞争性环境则有助于学习和获取知识。课堂教学有着无可比拟的吸引力，很大原因在于它提供了一个符合学生认知规律的学习环境和促进学习的合作环境。

到目前为止，计算机辅助教育系统经历了从教师和若干学生面对面的群体教育到个性化的教育，从而产生了各种各样的课件。但要注意的是，教育的群体化环境效应是不能忽视的，个体化教育无法代替群体教育。可以断言，个体化的计算机辅助教育必将在很大程度上被协同方式的计算机辅助教育以及基于计算机广域网的远程辅助教育所取代。总之，“虚拟教室”将扮演愈来愈重要的角色。

传统的教学模式是一种直接的人-人(face-to-face)交互模式。为了适合教学资源和学习者的分布性，分布式的教学模式与传统的课堂教学模式区别很大，怎样合理地利用 CSCW[①](computer supported cooperative work，计算机支持的协同工作)系统进行分布式教学是极其复杂的问题。教师和学生在利用 CSCW 系统进行教学活动时，其实是人与机器打交道。但一个好的 CSCW 系统应该让用户感到是一个人人交互的过程，两者的比较如图 23.3 所示。

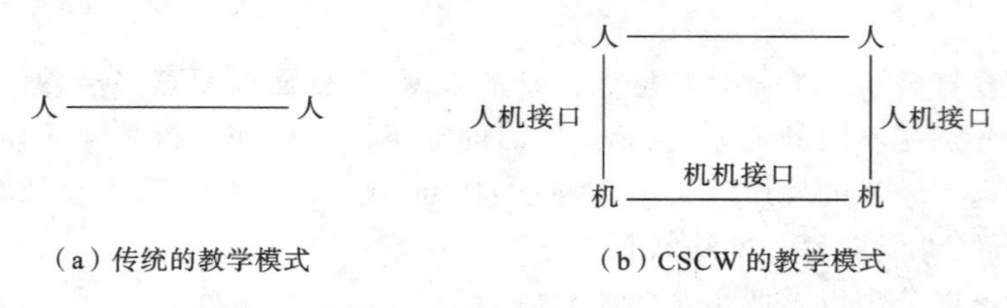

(a) 传统的教学模式　　(b) CSCW 的教学模式

图 23.3　传统的教学模式与 CSCW 的教学模式

一般的 CSCW 系统应具备开放性、边界开放性、信息共享性、自动化支持、工作协同性、分布性、异质性和群体感知等特点。针对教学过程的特点，在教学领域中，CSCW 系统还应强调以下几个要求。

1. 角色控制

进入 CSCW 系统后，每个用户都扮演一定的角色。在 CSCW 系统中，教学者与学习者应对系统中的资源有不同的访问权限，如某些数据库、考试答案等只有教师才能访问。这可以通过等级机制来实现，当然这样做也不可避免地使系统复杂化了。

2. 学习者的权限平等

这个问题一般出现在远程教学系统中，CSCW 系统中的学习者，不管是本地的还是远程的，其对系统资源的访问权限和向教师提问权限的平等对待应在技术上得到解决。

3. 对教师的备课要求

不同于传统的课堂教学模式，教师在使用 CSCW 系统进行协作教学前，除了进行传统的课堂备课外，还要把这些备课内容编辑为网上超媒体形式。另外，在使用 CSCW 系统时，教师是直接的系统操纵者和控制者，因此在进行协作教学前，教师必须熟悉系统组件的使用情况。

4. WYSIWIS 多用户界面的实现

WYSIWIS(What you see is what I see)是 CSCW 系统的普遍要求。因此，在 CSCW 系统中，各成员屏幕上必须有一个多用户界面的共享窗口，让共享信息的更改能及时地通知其他成员。

---

① 计算机支持的协同工作。

5. 无缝性和技术透明

CSCW 系统应注重系统的无缝性和技术透明。无缝性是指系统的层次划分应尽量少，下层向上层提供的服务应尽量完善；技术透明是指用户使用系统时不用了解其内部的软硬件技术构造，而只通过人机交互界面进行协作教学活动。这样，系统的用户可以将主要精力集中于教学过程而不用花时间去研究 CSCW 系统本身的技术问题。

6. 冲突消解和并发控制

冲突消解和并发控制是 CSCW 系统中的难点。冲突消解是指各角色在决策时发生冲突采取的解决方法，这在分布式系统和人类社会中是不可避免的。它涉及人类行为科学、认知科学和哲学等方面的研究。这要求 CSCW 系统的研究者们必须充分借鉴人类行为科学等知识。

并发控制则是指各角色在使用系统内部资源时产生冲突的控制，涉及操作系统和数据库的相关知识。因为 CSCW 系统是分布式系统，所以其并发控制相对比较复杂。处理方法主要有 Locking 方法和时间戳方法等。

7. 情感和暗示的表达

当人们进行面对面交流时，习惯使用一些身体动作（体势语）来表达某些情感、暗示。当人们使用 CSCW 系统进行协作教学时，尤其是系统没有视频特性时，必须使用某种 Agent 机制来代理。

下面先从计算机在教育领域中扮演的角色谈起。

计算机在教育领域中扮演过许多角色，如教育者（instructor）、工具、学员和资源角色等。

教育者角色。首先，计算机是作为教育者出现的，包括教师（teacher）、助教（tutor）等，其思想是让计算机模拟、扮演教师的角色。

教师将所要讲的知识，也就是学生需要学习的东西编制成课件（courseware），学生则通过使用课件达到教学目的。其理论基础是“行为主义学习理论”（Behavioral Learning Theory）。行为学习的三大理论（经典条件作用、操作条件作用和社会学习论）将学习看作为建立刺激与反应之间新关系的过程，同时认为学习者的行为是他们对环境刺激所做出的反应，是被动的；所有行为都是通过学习得到的。他们强调刺激和强化的作用，认为知识的掌握是在外在作用不断刺激下形成的。因此，从行为主义的心理学基础出发，将计算机定位为教师的代言人，利用计算机的交互能力，通过讲解、练习和考试等刺激形式，最大程度上达到强化学生合适行为的目的。

工具、学员和资源角色。此后，开始尝试让计算机扮演工具（tool）、学员（tutee）和资源（resource）等角色。这里的所谓工具，是指让学生利用计算机的模拟、演示和运算等功能，辅助达到学习的目的；所谓学员，就是由计算机模拟一个学习伙伴，与学生一起掌握知识，这样就让学生有了一个互相监督、互相督促和互相鼓励的同伴，能降低学生的挫折感，增强成就感；所谓资源，就是利用计算机的存储功能，支持学生实现数据、资料、工具软件等功能。

教学过程也是学习者通过充分利用环境提供的丰富工具和资源，建立自己的认识和理解的过程，因而将教学理解为学习环境。“学习环境”能够增加和支持学习的空间，能够支持和激励学习者，使他们能够接触到各种思想，并为他们提供各种探索的途径和必要的指导。在学习环境中，学生是学习过程的主体，学生相互之间能够进行合作，互相支持，能够利用各种工具和学习资源来辅助学习者理解事物并解决问题。

计算机网络让教育和学习突破了时间和空间的限制，甚至突破了“人际”的限制。一个真正意义上的“计算机网络学习环境”，它能够实现以下五个功能：情境、建构、合作、交流和评价。建构主义学习环境便于学生实现知识的建构，这一建构过程需要进行合作，学习被安排得十分丰富。真实的情境中，通过与他人的交流，不断地学习知识和技能；通过自己与环境的反馈和评价，学生能够获得自己的学习成果，为进一步发展奠定基础。

现代远程协同教育主要采取以下三种方式实现。

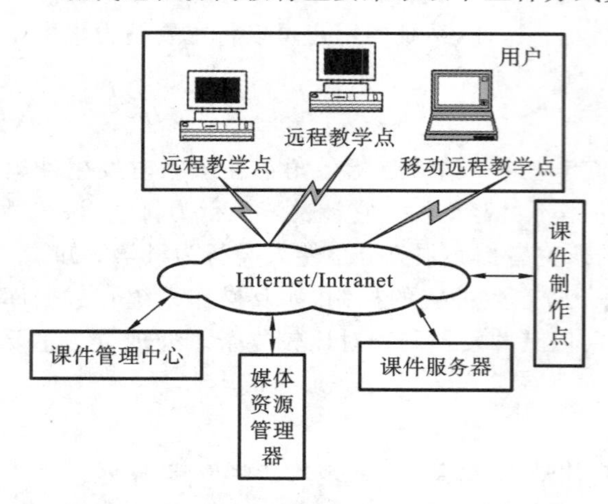

图 23.4　网络化多媒体课件使用环境

(1) 按需教育(EOD)，包括 COD(courseware on demand)、VOD(video on demand)和 AOD(audio on demand)等。

(2) 多点广播式实时教育。

(3) 虚拟教室式协同教育。

从某种程度上说，这三种方式应该并举，但从实现难度上讲，是在逐步递增。

EOD 是一种基于信息共享的教育协作。当然，在点播过程中也需要一个工作流管理系统来管理。网络化课件系统环境涉及的各个层次之间的协调工作可以用图 23.4 来表示。

由图 23.4 可以看出，原始的媒体资源分布于网络环境中，由媒体资源管理器统一管理。媒体资源管理器向课件制作点及课件服务器提供信息服务。课件制作点分布于网络中的不同位置，通过媒体资源管理器获取信息，利用课件标注语言集成课件，并将其存放于课件服务器上，同时向课件管理中心提供课件的有关信息。课件管理中心统一管理分布于整个网络的课件资源，它和课件服务器协同工作，向用户提供课件服务。

EOD 就是根据用户的需要来定制教育内容的一种特殊的教育形式。它可以通过特殊的手段来实现教育的各种特征，以及为普通教育加上“定制”功能，受教育的人就不必在被动的情况下接受教育，而可以主动挑选自己感兴趣的教育内容和教育形式。

计算机支持的按需教育系统在框架结构上可以划分为以下三个部分。

(1) 用户。用户利用一个客户端的人机交互界面与系统进行交互操作，将自己的要求提交给系统，并得到系统的响应，也就是将用户所需要的教育内容传送到客户端，通过这个过程来获取知识。

(2) 信息库。信息库用于存放信息。信息库中可以存放的信息不仅包括提供给用户的信息，例如，文字信息、图像信息、声音信息、视频信息等，还包括其他相关的辅助性信息，例如，个性化信息、规约信息等。信息库的主要作用就是为系统提供存放信息和管理信息的功能。

(3) 处理系统。这是按需点播的关键部件，它从用户处获得信息，将用户的信息进行加工和整理，并匹配信息库中的数据，最后将用户所需的数据送到客户端的界面上。处理器的好坏将直接影响到系统的性能，也就是能不能高质量地满足用户需求。它所进行的操作包括信息的检索、复制和加工等，还需要包含一些人工智能的判断，可以称它为按需教育的“大脑”。

EOD 可以看作由三类信息服务构成，即基于课件的课件点播(COD)、基于视频的视频点播(VOD)以及基于音频的音频点播(AOD)。

网上课件通常包括以下内容：教师在课程中使用的所有资料，在自主学习的 CBT(computer-based training)中使用的所有资料，提供交互式学习指导的 Web 站点等。

在这里，我们讨论的主要是在 Internet 的教学点播系统中使用的课件，所以从功能方面考虑，课件必须完成的功能可以概括为以下几点。

- 根据用户提出的需求进行信息的组织。
- 作为信息载体向用户传递信息。
- 提供良好的人机交互界面。
- 按照教学的要求向用户提供课件导航。

那么，实现一个课件点播系统的必备条件是什么？一个课件点播系统的主要成分应当包括 Web 服务器、信息存储器、课件创作和管理工具。

- Web 服务器。用户的需求是通过 Web 向系统传递信息，同时系统也是通过 Web 向用户传递信息并控制用户对信息的共享。
- 信息存储器。在课件点播系统中，基础信息，也就是与具体教学内容相关的媒体文件等是课件功能的保障，它们是组织课件的基础。信息存储器首先必须包含一个大容量的存储设备，能够存放各种类型的大数据量媒体文件。
- 课件创作和管理工具。实现一个课件点播系统的初期工作主要就是课件的创作，而在系统投入使用之后，必须根据用户的需求不断地对课件进行更新和维护。因此，课件的创作和管理工具是课件点播系统中的主要软件。

图 23.5 是课件点播系统的基本结构示意图。

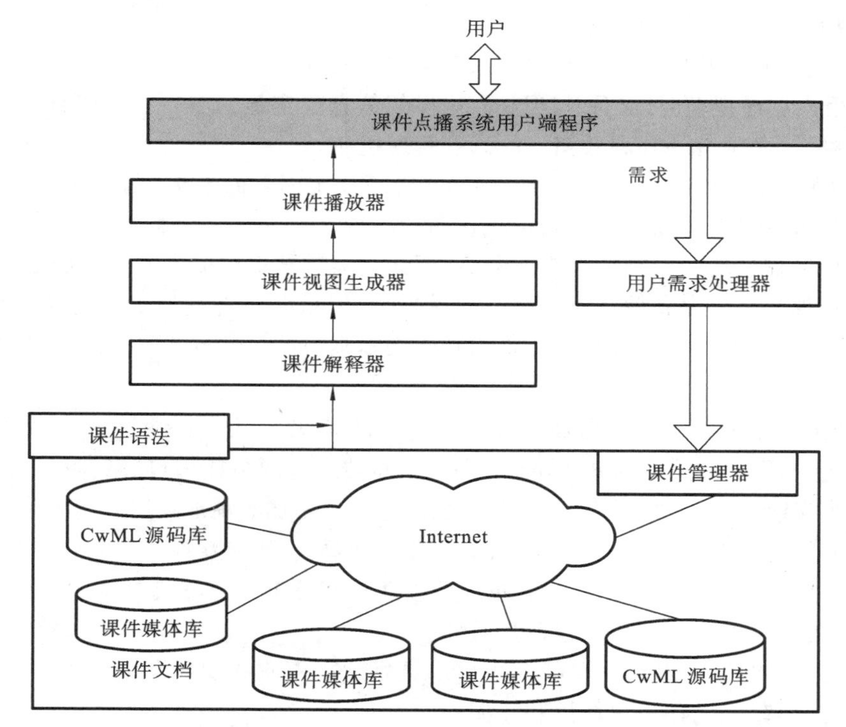

图 23.5　课件点播系统的基本结构示意图（注：CwML 是我们定义的课件标注语言）

由图 23.5 可以看到，（学生在）用户端和服务器端通过 Internet 进行信息交换。

这里，一类是用户的需求（demand），我们把这种传送称为上传，它首先上传给用户需求处理器。经过用户需求处理器处理后转变为对课件的访问需求，并将之交给课件管理器，课件管理器通过处理在网上找到所需要的课件材料。这些素材一般分布在网络的不同数据库里，如课件媒体库、课件标注语言源码库等。

另一类是返回信息，在课件管理器将用户请求转换成必要的课件构成与媒体以后，就转交给课件解释器,伴随着的还有课件语法。课件解释器按照课件语法解释课件,结果交给课件视图生成器。生成的课件视图就由课件播放器交给用户。

课件的播放过程与用户端的具体环境相关,例如,若系统以 Web 作为运行环境,课件视图生成器就把课件标注语言文档转换为网络浏览器可解释的格式 HTML、DHTML 或 XML,同时采用网络浏览器作为课件播放器;若课件运行于专用环境中,也可以将它转换为特定应用程序能够处理的格式(例如专为课件标注语言开发的课件播放器)并进行播放。

课件视图生成器是与课件播放器密切结合的,它可以放在服务器端作为一个外围程序,也可以放在用户端作为播放器的一部分。

23.2.2 视频和音频点播

视频和音频点播系统可以在网络上提供连续的视频/音频流,可以是实验的演示情况、教师讲课的录像等。

视频服务器是视频/音频点播系统中的核心,通过视频服务器将经过技术处理的视频信息进行存放(在实时的视频服务方式中可以不经过"存放"这一步而实时播放),当网络在接收到客户端的点播请求时送出视频信息。

在这个过程中,视频服务器需要解决以下关键的问题。

(1) 当用户点播视频时,必须让大容量的视频信息稳定地通过磁盘子系统并由服务器处理后送到网络上,必须有一套高效完善的调度管理机制。

(2) 当视频送到网络上后,还可能受到网络上不稳定因素的干扰,需要有特殊的保护机制(如缓冲机制)来尽可能地保证客户端接收视频的质量。

视频信息经过处理存放到视频服务器后,要让它能够被更多的人使用,这也是视频信息的发布问题。在视频信息发布后,还可以利用数据库管理系统或者其他工具对视频信息的文本内容进行管理,这样就可以实现视频信息的基于文本索引的检索方式,以提高视频信息发布的质量和效率。

(3) 视频访问客户端。客户端是人机交互的界面,较常用的客户端程序是 Web 浏览器,如 Internet Explorer、Firefox 和 Google Chrome 等。浏览器通过网络让用户看到服务器端所发布的内容。为了使信息以更好的方式和人们进行交互,让信息更加顺利地到达人们手中,需要在这个交互的界面上进行一些新的尝试和设计,如采用新的布局技术、交互规范和虚拟技术等。

(4) 人机界面的布局技术。界面的布局可以通过在特定的位置或以特定的色彩来表示特定的服务,让信息服务能够更快地被用户获取。

(5) 人机交互的语言规范。它可以让用户更好地把需求提交给信息中心,这些需求既能够让服务中心理解,又能让用户使用和掌握。

(6) 虚拟交互技术。虚拟交互技术是人机交互技术的一个新兴领域,三维虚拟技术对真实环境进行模仿,较传统的二维窗口界面更具真实感,能够包含更多的信息。

23.2.3 虚拟教室

实时协同远程教学强调的是教学活动的实时性和交互性,以尽可能获得与现实课堂教学一样的(教师与学生、学生与学生之间的)协作和效果。

这里的实时性主要是指教师的讲课过程和学生的听课过程同时发生，学生的提问和教师的解答同时发生，学生之间的分组讨论同时发生等，一切的教学行为在类似师生之间或学生之间直接面对面的环境中实时地发生。而交互性指的是学生与教师之间、学生与学生之间、学生与课件之间和教师与课件之间的直接交互。

实时协同远程教育的基本环境是一个以计算机网络平台为核心的应用支撑环境。这里的计算机网络可以是各种形式的计算机网络，包括常见的局域网和 Internet。

可以这样说，实时协同远程教育系统是建立在网络环境上的利用多媒体通信标准的一个协同环境，称之为虚拟教室。虚拟教室应该提供视频会议服务、协同课件和电子白板等功能设施。

虚拟教室的总体目标是：在分布式环境下，突破距离限制，实现协同的教育功能，并发挥远距离、数字化等新技术的优势，构造知识经济时代的教学环境。

虚拟教室采用虚拟空间资源（virtual room resources，VRR）的概念：系统向教师或学生提供 VRR 服务，教师和学生可以在 Internet/Intranet 环境上申请或利用已有的 VRR 和协同教学伙伴进行实时的协同远程教学。图 23.6 是我们实现的虚拟教室的体系结构。

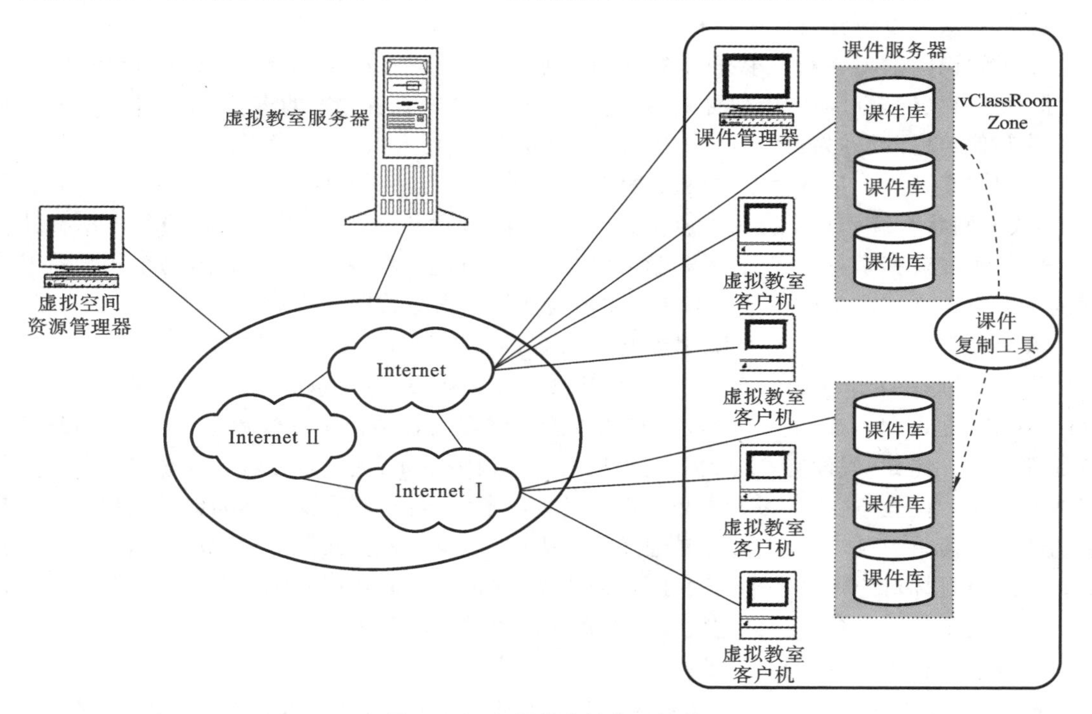

图 23.6　虚拟教室的体系结构

23.3　知识、知识获取与教育环境

学习过程是一个知识的获取过程。E-learning 是一个知识传播和知识获取环境。

互联网的发展和 Web 的应用为远程教育提供了一个空前巨大的平台。E-learning 基础设施是一个知识平台，从而，知识和学习成分的识别、形式化、组织与可持续使用问题变得十分重要。

某种程度上，E-learning 技术问题成了知识管理问题。

从知识管理观点出发，E-learning 的主要问题就涉及知识场景设计、专用知识网络构建和学习资源或可用知识查找检索机制设计等。

涉及的一些基本概念介绍如下。

学习对象(learning object)是常用的概念。学习对象定义为技术支持学习活动(technology-supported learning activities)中可以使用、重用或访问的任意实体，可以是数字化的，也可以是非数字化的。学习对象可以是交互性的，也可以是适配性的。我们可以把学习对象和学习资源混用。学习对象可以分布在不同的服务器上，可以是任意大小和类型，如文本、音视频、教育软件、多媒体展示或仿真。它们承载人为获取知识和能力所显式使用的信息。为了组织、存储和检索学习对象，需要一个相应的成分，称为学习对象库(learning object repository, LOR)。

从知识管理角度看，学习对象需要嵌入抽象资源，以便提供设计者用脚本语言去集成，以及按照各种技术态势启用资源。

学习对象可以包含教育内容和学习活动。

基于知识的学习系统的核心是知识方案成分(knowledge scenario component)，它为用户/求学者提供许多可能的工作计划。学习方案不仅是求学者一家的事，也涉及 E-learning 环境中的其他角色(或称为行为者)，如教师、内容专家、设计人员、管理者，等等。

知识方案基本上是由学习对象、教材和资源等的学习事件(讲座、课程、学习单元、各种活动)构成的网状系统。每个行为者遵循、支持、辅导、管理和/或设计某种学习方案。所有用户从不同的角度观察学习方案/场景和学习对象，按其角色使用或创作。因此，每个用户有其不同的学习对象文档或工具。每个工具和文档为其用户累积数据。

有一种使用比较广泛的方案称为基于流程的学习方案(process-based learning scenarios)。其前提是一个论题的特定知识(specific knowledge of a subject matter)和通用技能(generic skills)是同时构成的。一个没有相关技能的学习内容类似于一个数据集，其上面没有任何处理动作。例如，假设有一个关于电子技术员的训练单元，这些学习者必须获取关于电子元器件的知识。但是，这些学习者也必须识别各种电子元器件，也需要有诊断电子元器件是否损坏的能力。简单来说，第一个目标是通用的分类问题，是一种在任何知识领域都通用的通用技能。第二个目标对应于另一种通用技能，即诊断，这也是任何知识领域都通用的。

为了表示知识，需要工具，这就涉及教育知识图谱和教育本体。

以教育过程为例，我们看一下教师、教材和学生三个概念及其关系。

- 教材：反映编写者的意愿，目前基本上呈纸质书籍形态，数字化后可表示为教材知识图谱/教材本体。
- 讲义：不同的教师有自己的讲义，也可表示为知识图谱/本体，称为教学本体。
- 学习笔记：不同的学生有自己的理解，可表示为知识图谱/本体，称为学习本体。

直观来看，教师、教材和学生是三张图，对比这三张图，比较相同处和不同处，可以了解教师教学和教材的匹配性，同样可以看出学生掌握知识的情况。

这里谈到了教育知识图谱和教育本体，虽然它们相似，但我们还是将知识图谱和本体区分开来。在 Wikipedia 上将知识图谱直接重定向到本体。

Wikipedia 上所述为：Unlike ontologies, knowledge graphs, such as Google's Knowledge

Graph, often contain large volumes of factual information with less formal semantics. In some contexts, the term knowledge graph is used to refer to any knowledge base that is represented as a graph. (https://en.wikipedia.org/wiki/Ontology_(information_science))(与本体不同,知识图谱像谷歌的知识图谱一样,常包含大量的事实信息而缺乏形式化语义。同样是一张图,知识图谱中的节点和关系语义不明确,而本体,无论是概念还是关系,语义很明确。要准确表示知识,需要本体。

23.4　教育数据和教育资源库

教育数据涉及广泛,种类繁多。从大的分类来看,有教育管理数据、教育过程数据和教育资源数据等,如有招生数据、学籍数据、学生数据、教学数据、课程数据、学生成长档案、教师发展数据、教育督察数据、课件、教育元数据,等等。

1. 学籍管理信息

学籍管理信息系统是教育单位不可缺少的部分,其内容对于学校的决策者和管理者来说至关重要,因此,学籍管理信息系统应该能够为用户提供充足的信息和快捷的查询手段。但是,一直以来,人们使用传统人工的方式管理文件档案,这种管理方式存在许多缺点,例如,效率低、保密性差,时间一长,将产生大量的文件和数据,这给查找、更新和维护带来了不少困难。目前,集约化的学籍管理信息系统已经开始在省/市层面和国家层面建立。系统往往可以涵盖小学、初中、高中学籍管理工作中的学生基础信息管理、学生异动管理(转班、转校、休学、复学、留级、退学)、毕业生信息管理(小学毕业、初中毕业、高中毕业)、奖惩管理等多项管理功能等,有助于提高整个学校的教育水平和管理水平。

2. 学生信息

除了学籍管理信息系统外,详细记录学生成长的学生信息档案对于学校的管理者来说也至关重要。作为计算机应用的一部分,使用计算机对学生档案进行管理,有着手工管理所无法比拟的优点,例如,检索迅速、查找方便、可靠性高、存储量大、保密性好、寿命长、成本低等。这些优点能够极大地提高学生信息档案管理的效率,也是学校向科学化、正规化管理发展的必要条件。这部分信息一般由学校负责存储和管理。

3. 教学管理信息

教学管理信息系统需要至少提供以下两方面的服务。

(1) 选课管理:负责新学期的课程选课注册工作。

(2) 成绩管理:负责学生成绩管理。

此外,课程编排、教师落实、教室分配也需要信息化支持。

在选课管理方面,需要具备以下基本功能。

● 录入与生成新学期课表。例如,让教学管理员在新学期开始前录入新学期课程,打印将开设的课程目录表,供师生参考选择。若课程的实际选课学生人数少于额定人数(如 10 人),则停开该课程,将该课程从课程目录表中删除;若课程的选课学生人数多于额定人数(如 30 人),则停止选课。

● 学生选课注册。例如,将新学期开始前一周为选课注册时间,在此期间学生可以选课注册,并且允许改变或取消注册申请。可以给出一定的限制条件,如每个学生选课不超过 4 门课程，每门课程最多允许 30 名学生选课注册等。

● 学生可以在计算机上联网进行选课注册。在选课注册结束后，教学管理员打印学生的选课注册名单和开课通知，送交有关部门和授课老师。

● 查询。可以查询课程信息、学生选课信息、学生信息和教师信息。学生、教师、教学管理员可以查询课表，获得课程信息，查询的关键词可以是课程名、授课老师姓名、学分等。教学管理员可以查询学生的选课情况，查询的关键词可以是学生名、课程名、授课老师姓名、学分等。

● 学生只允许查询自己的选课信息，不允许查询别人的选课信息。学生、教师、教学管理员可以查询学生或教师的信息，查询的关键词可以是学生名、教师名、性别、班级、职称等。

● 选课注册信息的统计与报表生成。教学管理员对学生的选课注册信息进行统计（按课程、学生、班级），打印汇总统计报表。

在成绩管理方面，需要具备以下功能。

● 成绩录入：教学管理员录入学生考试成绩。

● 成绩查询：教师、教学管理员可以查询学生的考试成绩，不允许查询别人的考试成绩。

● 成绩统计与报表生成：教学管理系统进行成绩查询（按课程、学生、班级），打印成绩汇总统计报表。

为了保存数据，需建立教学管理数据库。一般采用关系型数据库，如建立学生表、教师表、课程表、选课表、任课表、成绩表等数据库表。

教学管理信息系统的直接用户有学生、教师和教学管理员等。教学管理员有权操纵数据库中的数据，可以进行添加、更新、删除等操作。学生和教师一般只能查询信息，教师权限虽要大一些，但也只允许对与自己有关的数据进行添加、更新、删除等操作。

下面讨论教育资源库，再讨论教育数据库的基本框架。

《教育大词典》中称：教育资源亦称教育经济条件。教育过程中所占用、使用和消耗的人力、物力和财力资源，即教育人力资源、物力资源和财力资源的总和。人力资源包括教育者人力资源和受教育者人力资源，即在校生数、班级生数、招生数、毕业生数、行政人员数、教学人员数、教学辅助人员数、工勤人员数和生产人员数等。物力资源包括学校中的固定资产、材料和低值易耗品。固定资产分为共用固定资产、教学和科学研究用固定资产、其他一般设备固定资产。

这里我们关心的是数字化教育资源。

我国网络教育技术标准（CELTS）对教育资源的定义是：教育资源是指蕴涵了大量的教育信息，能创造出一定的教育价值、以数字信号在互联网上进行传输的教育信息，它属于学习对象的一个子集。

数字化教育资源是指为教学目的而专门设计的或者能被用于为教育目的服务的各种教育环境与信息资源。

参考文献[8]中将数字化教育资源分为以下三类（注意：这个分类忽略了教育管理和教育过程数据，因此有局限性）。

● 内容类的教育资源，主要包括网络课程、媒体素材、主题学习网站、数字博物馆、教学视频、模拟演示软件等。

● 生成类的教育资源，主要包括课堂实录、远程协同教学/教研、虚拟社区/专题论坛、在线辅导、个体学案、学生作业等。

● 工具类的教育资源，主要包括信息搜索工具、知识建构与可视化工具、协作交流工具、问题解决工具、虚拟体验工具、学习管理与评价工具、教学研究工具、远程学习平台等。

也可将教育资源看成包括基于元数据、整体性资源和微教学单元资源。

- 元数据如都柏林核、LOM 等。
- 整体性(打包)资源可分为课件、论文、教案(教学设计)、素材(教学素质、积件[①])、教育研究(论文等)、其他教材章节的编排。
- 微教学单元资源主要是素材及解决某一教学问题的积件资源。

23.4.1　教育元数据及相关标准

数字化教育资源数量巨大，种类繁多。为了有效使用、管理和存储，需要构建它们的元数据。

如前所述，元数据是描述数据的数据。教育数据量大、复杂，因此迫切需要元数据的支持。对教育元素据的研究已久，已形成国家标准和国际标准。

1. LOM

首先讨论 LOM。

LOM(Learning Object Metadata，学习对象元数据)[②]也称 IEEE 1484.12.1—2002 Learning Object Metadata(LOM)Standard。LOM 由 IEEE LTSC(IEEE Learning Technology Standards Committee，IEEE 的学习标准技术委员会)开发，用于描述学习对象，以保证它们能互操作。其目的是表述任何实体(无论是数字的还是非数字的)，用于学习、教育或培训(any entity, digital or non-digital, that may be used for learning, education or training.)。IEEE 1484.12.1 是系列标准的第一部分，用于描述 LOM 数据模型。整个模型用来说明学习对象的哪些方面要描述，为此需要使用哪些词汇。标准的其他部分定义如何使用 XML 和 RDF 来表示 LOM 记录(分别是 IEEE 1484.12.3 和 IEEE 1484.12.4)。

LOM 以都柏林核为基础。那什么是都柏林核(Dublin Core)?

1995 年 3 月，由 OCLC(Online Computer Library Center，联机计算机图书馆中心)和 NCSA(National Center for Supercomputing Applications，美国国家超级计算应用中心)联合在美国俄亥俄州的都柏林镇召开的第一届元数据研讨会上，产生了一个精简的元数据集，即都柏林核心元素集(Dublin Core Element Set，简称 DC)。其目的是用一个简单的元数据记录来描述种类繁多的电子信息，使非图书馆专业人员也能够了解和使用这种著录格式，达到有效描述和检索网上资源的目的。

DC 只有 15 个元素(最初是 13 个元素)，通俗易懂，如题名项不分正题名、副题名以及并列题名等，统称为题名，即 Title；著者项也没有细分第一责任者、其他责任者等，而统一用著者，即 Creator 加以标识，使用起来非常简单。都柏林核心元素集希望能够同时为非编目人员及资源描述专家所用，且大多数元素的语义都能被普遍理解，这正验证了数字图书馆信息量迅速膨胀，由专业人员进行著录已为不可能的事实。这 15 个元素如表 23.1 所示。

---

① 积件(integrable ware)是由教师和学生根据教学需要，自己组合运用多媒体教学信息资源的教学软件系统。请参见百度百科。

② https://standards.ieee.org/standard/1484_12_1-2002.html。

表 23.1 都柏林核心元素集包含的 15 个元素

标识	解释
Title(题名)	赋予资源的名称
Creator(创建者)	创建资源内容的主要责任者
Subject(主题)	资源内容的主题描述
Description(描述)	资源内容的解释
Publisher(出版者)	使资源成为可获得的责任实体
Contributor(其他贡献者)	资源生存期中做出贡献的其他实体,除制作者/创作者之外的其他撰稿人和贡献者,如插图绘制者、编辑等
Date(日期)	资源生存周期中的一些事件的相关时间
Type(类型)	资源所属的类别,包括种类、体裁、作品级别等描述性术语
Format(格式)	资源的物理或数字表现,可包括媒体类型或资源容量,可用于限定资源显示或操作所需要的软件、硬件或其他设备,容量表示数据所占的空间大小等
Identifier(标识符)	资源的唯一标识,如 URI(统一资源标识符)、URL(统一资源定位符)、DoI(数字对象标识符)、ISBN(国际标准书号)、ISSN(国际标准刊号)等
Language(语种)	描述资源知识内容的语种
Source(来源)	对当前资源来源的参照
Relation(关联)	与其他资源的索引有关,用标识系统来标引参考的相关资源
Coverage(覆盖范围)	资源应用的范围,包括空间位置(地名或地理坐标)、时代(年代、Et 期或日期范围)或权限范围
Rights(权限)	使用资源的权限信息,包括知识产权、著作权和各种拥有权。如果没有此项,则表明放弃上述权力

这 15 个元素也不是一次提出的,而是分期推出的。我们看一下其历史过程。

● DC-1。

第一届元数据研讨会(DC-1)于 1995 年 3 月在美国俄亥俄州的都柏林召开,由 OCLC/NCSA 主持。这次会议的目的在于培养对当前的需求、力量、缺陷以及解决方案的一般性认识,以及就建立一个描述网络资源的元数据元素核心集达成共识,目标是定义一个能为全球所理解和接受的最小的元数据元素集。这次研讨会设定了一个包含 13 个元素的都柏林核心元素集,即都柏林核心(Dublin Core,DC),都柏林核心是在网络环境中帮助发现文件类对象所需要的最小元数据集,而它的结构和句法问题则作为一个执行细节没有进行详细说明,13 个文件类对象的信息检索所需要的元数据元素为主题(Subject)、题名(Title)、作者(Author)、出版者(Publisher)、相关责任者(Other Agent)、出版日期(Date)、对象类型(Object Type)、格式(Form)、标识(Identifier)、关联(Relation)、来源(Source)、语种(Language)、覆盖范围(Coverage)。

● DC-2。

1996 年 4 月 1～3 日,第二届元数据研讨会(DC-2)在英国的渥维克召开,由 OCLC/UKOLN(英国图书馆和信息联网办公室)主持。这届研讨会主要提出了一个建立元数据的容器结构的建议,这种容器结构可以包含都柏林核心以及其他一些不同类型的元数据,都柏林核心的 13 个元素则没有改变。这次会议所产生的元数据结构之概念基础,被称为渥维克框架,这个框架和元内容框架成为第五届元数据研讨会上所提出的资源描述框架发展的核心。

- DC-3。

1996年9月24～25日，第三届元数据研讨会（DC-3）在美国都柏林召开，由CNI（网络信息联盟）/OCLC主持。会议专门围绕在网络环境中描述图像和图像数据库方面的问题展开了讨论，并最终对都柏林核心的几个元素进行了修改，以使它们不至于过分以文本为中心。另外，在原来13个元素的基础上又新增了2个元素，即描述（Description）、权限（Rights）。

- DC-4。

1997年3月3～5日，第四届元数据研讨会（DC-4）在澳大利亚首都堪培拉召开，由NLA（澳大利亚国家图书馆）/DSTC（分布式系统技术中心）/OCLC主持。会议确定了SCHEME（系统，又称模式）、LANG（语种）和TYPE（属性类型）三种堪培拉修饰词，修饰词的增加使句法问题变得更为复杂，但同时又提出了两种嵌入堪培拉修饰词的解决方法，即内容超载法和附加特征法。

- DC-5。

1997年10月6～8日，第五届元数据会议（DC-5）在芬兰的首都赫尔辛基召开，这次会议由OCLC和芬兰国家图书馆共同组织。万维网联盟（W3C）元数据工程的代表提交了万维网元数据新规范草案：资源描述框架（RDF），并证明此框架符合在一系列都柏林核心工作会议上提出的基本架构和编码安排，并就有关都柏林核心的15个未限定元素进行了确定，添加额外的子元素并使其正式化，用子结构来支持模式限定词，确立了都柏林核心正式的数据模型。

- DC-6。

1998年11月2～4日，第六届都柏林核心元数据研讨会（DC-6）在美国的华盛顿特区召开，由LC（美国国会图书馆）/OCLC共同主持。这次会议提出应用RDF数据模型建立都柏林核心数据模型，认为RDF中有足够的完整性来支持都柏林核心建模的目标，并为都柏林核心的应用定义了实施框架。

- DC-7。

1999年10月25～27日，第七届元数据会议（DC-7）在德国的法兰克福召开，由DDB（德国图书馆）/OCLC主持。这次会议的目的是巩固每个DC工作组的发展、分享应用DC的经验，以及提高DC在不同元数据系统中的互操作性，并于1999年12月22日形成了DC修饰词1.0工作草案（DC修饰词是对15个元素的语义进行限定和修饰的词，修饰词的语义包含在未修饰词中，范围上对未修饰词的语义进行限定，在深度上对未修饰词的语义进行延伸）。会议还首次对应用DC进行网络资源揭示的几个项目进行了介绍。

- DC-8。

2000年10月4～6日，第八届元数据会议（DC-8）在加拿大的渥太华召开，由NLC（加拿大国家图书馆）主持。会议上DCMI（Dublin Core Metadata Initiative）的负责人Stuart Weibel总结了DCMI于2000年在DC修饰词、DC标准化、DC作为元数据的语法、教育界的DC、DC登记、应用属性等方面的工作进展情况，并对元数据的结构问题（如何利用子结构更好地容纳元数据）、应用属性、都柏林核心注册（开放式元数据注册系统）、特殊领域的元数据（教育界、政府部门、研究界等都柏林核心）作为重点议题进行了研究。

接下来继续讨论LOM。LOM是一个数据模型，通常使用XML表述学习对象和类似资源。学习对象元数据的目的是支持学习对象（learning object）的可复用性，有助于发现对象和便于互操作，主要用于在线学习管理系统（online learning management systems，LMS）。学习对象是指任何可以被用来学习、教学或培训的数字化或非数字化的对象。

LOM包含一个元素分层系统。第一级分为9个类别，每个类别都包含子元素，子元素可以是拥有数据的简单元素，也可以是继续包含子元素的组合元素。一个元素的语义由其上下文决定：它们受层次里的父母或容器元素和相同容器里其他元素的影响。

数据模型也为每个简单数据元素指定了值空间(value space)和数据类型(data type)。值空间定义了对输入元素数据的限制(如果有的话)。对大多数元素而言，值空间允许输入任何以Unicode字符标识的字串，而其他元素则必须取自申明列表(如授课的词汇表)，或者遵循特定的格式(如日期和语言)。有些元素的数据类型允许简单点输入字串，而有的则需要包含两部分。

● LangString项(LangString items)：包含语言和字串成分，允许使用多种语言记录相同的信息。

● 词汇项(vocabulary items)：包含必须选择取自受控词列表的条目，如源-值对，源包含词列表的名称，值表示从中选择的词项。

● 日期/时间(DateTime)和持续时间(Duration)项：包含一个成分，允许以其可读格式表示日期或持续时间，第二个成分是对日期或持续数间的描述(如“mid summer，1968”)。

2. SCORM

共享内容对象参考模型(sharable content object reference model[①]，SCORM)是由美国国防部“高级分布式学习”(advanced distributed learning，ADL)组织所拟定的标准，对于数字内容教材的制作、内容开发提供一套共通的规范。

教材再用与共享是SCORM的核心概念。

SCORM想要强调的精神是教材可以通过统一的格式跨平台，可以真正达到可重复使用、追踪学习记录的目的，也可以有统一的标准，更能符合学习者的需要。

高级分布式学习(ADL)是美国国防部(DoD)和白宫科技政策局(OSTP)于1997年11月成立的研究项目。ADL组织通过ADL协同实验室(ADL Co-Lab)为一些DoD活动提供场所并组织联合代理发起人和项目经理协同工作。ADL组织的使命是为高质量的教育和培训提供途径，以满足个体的需求，经济有效地传递且不受时间、地点的限制。ADL组织的工作目标主要是促进动态的、有成本效益的学习软件和系统的大规模开发，进而刺激这些产品的市场以满足军事服务和民族劳动力未来的教育与培训需求。ADL组织的具体工作就是ADL规范和指导方针(如SCORM)的发展和贯彻执行。

基于任何可以通过网络传播的内容都能很容易地在其他教学设施中应用，而对访问和网络交互没有太多要求的假设，SCORM标准描述了一个调配模型，这个调配模型提供一些能被广泛接受和贯彻执行的数字化学习标准。这些标准包括关于学习者学习对象之间的信息交流的应用编程接口(application programming interface，API)、一个描述这些信息的定义数据模型、一个实现学习内容互操作的内容包装规范、一些用于描述学习内容标准的元数据元素，以及一些用于组织学习内容标准的排序规则。

由于SCORM采用以上标准方法来定义和存取关于学习对象的信息，符合SCORM标准的学习内容对象具有高水平的可访问性、适应性、可承受性、持久性、互操作、重用性等。SCORM标准的使用将会增强LMS运行不同商家工具开发的内容和这些内容的数据转换能力，增强不同商家开发的LMS运行相同内容，以及这些内容在执行时的数据交换能力，增强多种网络LMS产品/环境访问相同知识库的可执行内容并运行这些内容的能力。这种策略消除了为

---

① http://edutechwiki.unige.ch/en/Sharable_Content_Object_Reference_Model。

适合最新的技术平台需要做的许多开发工作，将会使开发者更多地关注有效的学习策略。

23.4.2　课件库

课件是根据教学大纲的要求，经过教学目标的确定、教学内容和任务的分析、教学活动结构及界面设计等环节，而加以制作的课程软件。（摘自“百度百科”）

目前比较流行的课件形式有音视频课件和结构化课件两种。前者比较典型的是视频课件，著名的慕课就是视频课件。

慕课(massive open online course，MOOC)，也就是大规模开放在线课程，是“互联网＋教育”的产物，是新近涌现出来的一种在线课程开发模式。

(1)视频库。视频库是慕课的基础。视频库的建设基本上可以包括视频元数据库和视频课件库两部分。视频元数据用于描述视频的基础数据，也可以使用 DC 元数据描述。

(2) 结构化课件。结构化课件走了很长的路。目前，主要有微软公司以 Powerpoint ©格式呈现的课件，以及 Adobe © Flash ©和 Adobe © PDF(Portable Document Format)等形式的课件。这些课件的存储和管理就形成课件数据库。

这类数据库的构建由课件元数据库和课件库两部分构成。使用时，用户先搜索元数据库，获得指向课件库的指针后从课件库里存取所需要的课件，如图 23.7 所示。

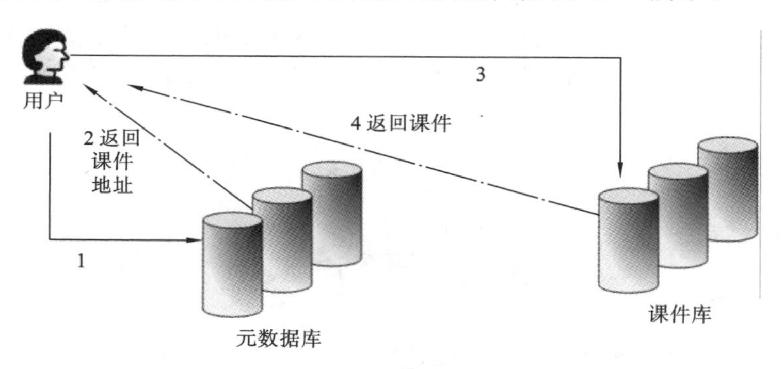

图 23.7　课件库及其访问

这里的元数据库会扮演着重要角色，IEEE LOM 和我国教育部 2017 年颁布的系列教育行业标准《基础教育教学资源元数据》等是其核心。

(3) 元数据库。

首先讨论基础教育教学资源元数据(basic education teaching and learning resource Meta-data，BERM)。

我国定义了基础教育教学资源元数据。按照中华人民共和国教育行业标准，基础教育教学资源元数据模型的树状结构如图 23.8 所示。

如图，按照我们的标准，BERM 分为根节点、分支节点和叶节点三个层次。分支节点如通用、生存期等，可以看作是一些大类。叶节点则是其细化。

(4) 教育素材库。

教育素材指的是从现实生活中搜集到的、未经整理加工的、感性的、分散的、面向教育应用的原始材料。这类素材可分为以下几类。

● 媒体：视频、音频、文字、图片、绘图、字体、背景等。

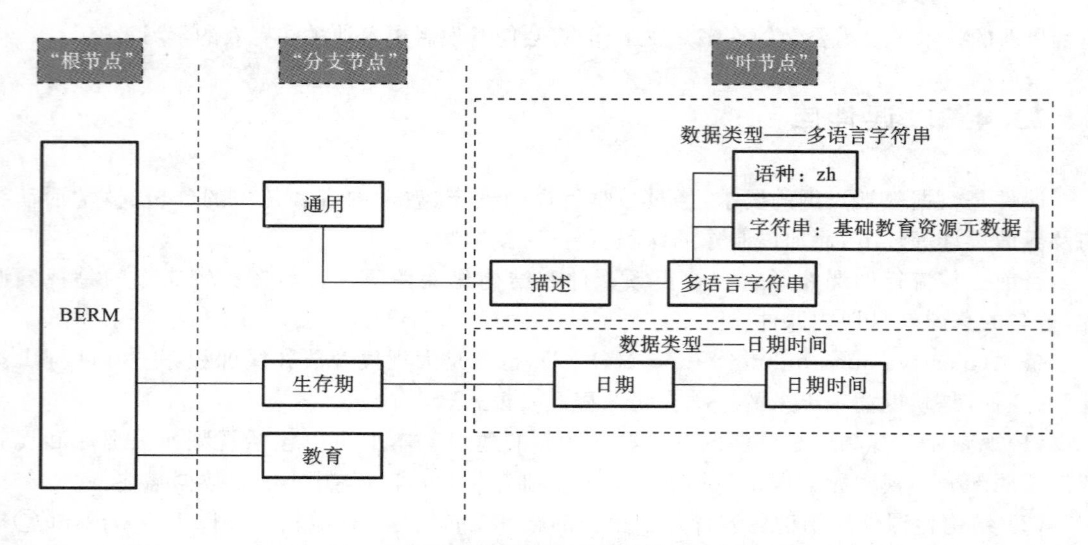

图 23.8　基础教育教学资源元数据模型的树状结构

- 用途：ppt 模板、Excel 模板、Word 模板、视频模板、课件模板等。
- 格式：jpg、ps、pdf、tif、ppt、mp3 等。

当然，还有其他分类方式。

从而，在教育应用中会构建大型的素材数据库。这类数据库的数据格式各异，关系型数据库很难适应如此多态的数据。而素材的元数据格式可以统一起来，用规范的数据库进行管理如图 23.9 所示。

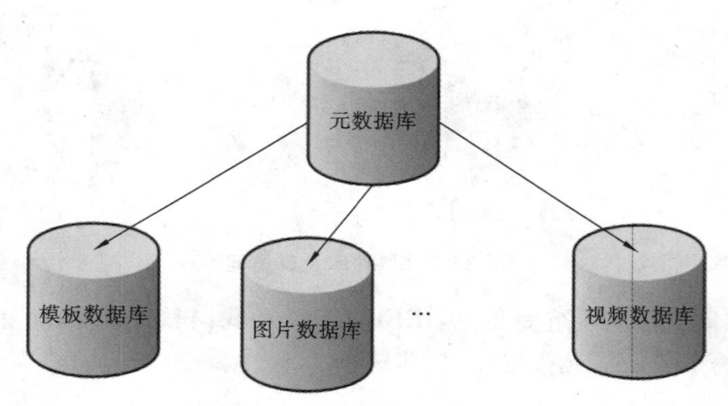

图 23.9　素材库和元数据库

23.5　教育信息数据库

如前所述，教育数据涉及面广、量大、复杂，由多个数据库构成。但这些数据库又应该有一致的视图，如图 23.10 所示。

由图 23.10 可以看出，学校会包含学籍数据库、学生(信息)数据库、教学数据库、教师信息数据库和教育资源数据库等。

值得一提的是，这些数据库可能是异构的，而且分布在不同的部门和地方。举例来说，学

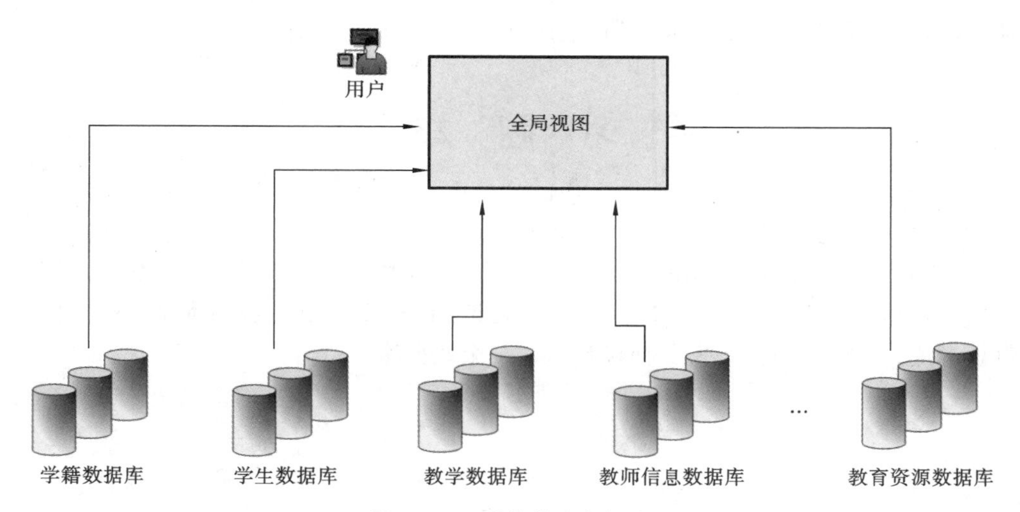

图 23.10　学校教育数据库

籍数据库往往由教育主管部门建立和管理，学生数据库、教学数据库等往往由学校管理。教育资源数据库的部署在 K12 和高校中有所不同：在中小学里，一般会按地区构建共享教育资源库，学校则有自己的教育资源库，因为校本教育资源一般是本地存储的；在高等学校中，会自己建立自有的教育资源库和慕课库。

有些教育机构采用综合数据库的方式构建教育信息数据库，有的教育机构将教育资源库纳入其中，有的不纳入其中。图 23.11 是一个教育综合数据库的示例。

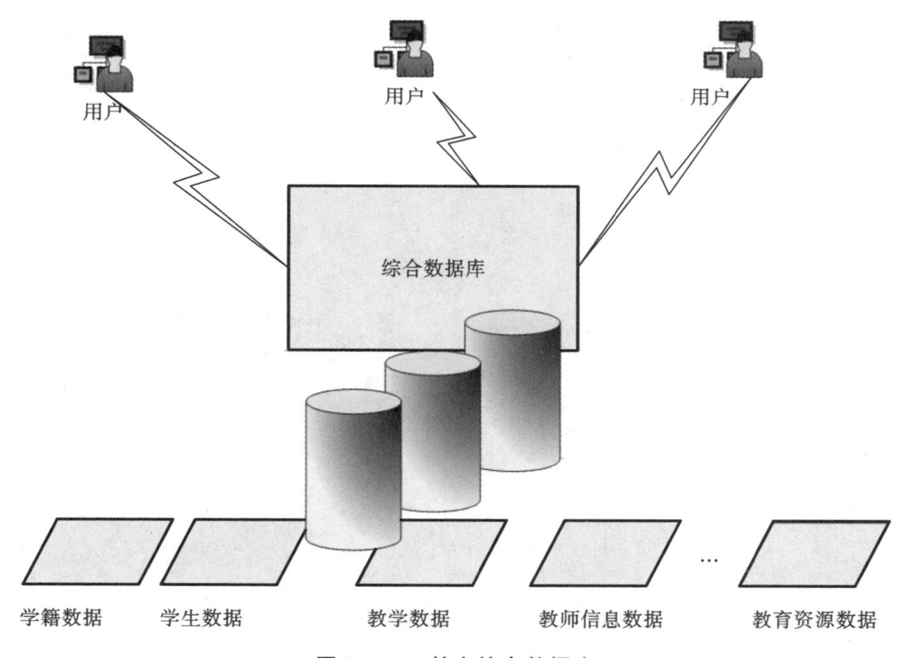

图 23.11　教育综合数据库

教育综合数据库的管理属于常规数据库管理，这里不再赘述。

目前，大部分系统中，如教育资源、教育过程和教育管理等都有自己的数据库或数据库群。这些数据库相互关联，相互渗透，因此需要实现数据库集成。

使用联邦式/多数据库系统架构进行集成是一种不错的方法。

习 题 23

1. 为什么教育元数据十分重要？

2. 一所大学里有文科、理科和工科，有几十个系，如中文系、外语系、历史系、物理系、化学系、数学系、机械系、计算机科学技术系、软件工程系、电子工程系等，各系都希望具有自己特色的教育资源库，并提供慕课服务，如何设计这样一个数据库？

第24章 工业互联网中的分布式数据库支持

工业革命发展到了第四代,新的计划和名词不断出现,如工业互联网、工业 4.0 等。

什么是工业互联网?按互联网上的说法:工业互联网(industrial Internet)的本质是通过开放的、全球化的工业级网络平台,将设备、生产线、工厂、供应商、产品和客户紧密地连接和融合起来,高效共享工业经济中的各种要素资源,从而通过自动化、智能化的生产方式降低成本、提升效率,帮助制造业延长产业链,推动制造业的转型发展(摘自"百度百科")。

工业互联网的概念最早由通用电气公司于 2012 年提出,随后美国五家行业龙头企业联手组建了工业互联网联盟(industrial Internet consortium,IIC),将这一概念大力推广开来。除了通用电气这样的制造业巨头,加入该联盟的还有 IBM、思科、英特尔和 AT&T 等 IT 企业。

工业互联网的本质和核心是通过工业互联网平台把设备、生产线、工厂、供应商、产品和客户紧密地连接和融合起来。可以帮助制造业拉长产业链,形成跨设备、跨系统、跨厂区、跨地区的互联互通,从而提高效率,推动整个制造业服务体系的智能化。还有利于推动制造业的融通发展,实现制造业和服务业之间的跨越发展,使工业经济各种要素资源能够高效共享。

与此对应,欧洲尤其是德国,提出了工业 4.0 的计划。我国也提出了中国制造 2025 计划。可以说,提出这些概念的目标基本上是一致的。

本章先从企业信息化开始讨论。

24.1 企业信息化

企业信息化建设是指通过计算机技术的部署来提高企业的生产运营效率,降低运营风险和成本,保证产品/服务质量,从而提高企业的整体管理水平和持续经营能力。

企业通过专设信息机构、信息主管,配备适应现代企业管理运营要求的自动化、智能化、高技术硬件、软件等设备,建立包括网络、数据库和各类信息管理系统在内的工作平台,提高企业经营管理的效率。

这里我们主要聚焦制造型企业,因为制造业是国家发展的基础。制造业的发展经历了多个阶段,即大家通常说的第一代、第二代和第三代工业革命,目前已进入第四代。

回顾历史,企业的信息化已经历了长久的发展阶段。ERP、MES 和 PLC 等信息系统已在很多企业实施。我们从企业的不同级别讨论企业信息化。

1. 公司级 ERP

ERP(enterprise resource planning,企业资源计划)由美国 Gartner Group 公司于 1990 年提出。企业资源计划来源于 MRP Ⅱ(企业制造资源计划)。MRP Ⅱ是 manufacturing resources planning(第二代制造资源计划)的缩写,它是对制造业企业的生产资源进行有效计划的一整套生产经营管理计划体系,是一种计划主导型的管理模式。MRP Ⅱ是闭环 MRP 的直接延伸和扩充,是在全面继承 MRP 和闭环 MRP 的基础上,纳入企业宏观决策的经营规划、销售/分销、采购、制造、财务、成本、模拟功能和适应国际化业务需要的多语言、多币制、多税务以及计算机辅助设计(CAD)技术接口等功能,从而形成的一个全面的生产管理集成化系统。

MRP Ⅱ除已具有的生产资源计划、制造、财务、销售、采购等功能外,ERP还具有质量管理、实验室管理、业务流程管理、产品数据管理、存货和分销及运输管理、人力资源管理和定期报告系统等功能。目前,我国ERP所代表的含义已经被扩大,用于企业的各类软件,已经统统被纳入ERP的范畴。它跳出了传统企业边界,已经从供应链范围去优化企业的资源,是基于网络经济时代的新一代信息系统。它的主要功能是改善企业业务流程以提高企业的核心竞争力。

可以说,ERP系统是工业信息系统的核心,是其业务的基础骨干。

ERP是一个面向制造行业进行物质资源、资金资源和信息资源集成一体化管理的企业信息管理系统。ERP也是一个以管理会计为核心,可以提供跨地区、跨部门甚至跨公司整合实时信息的企业管理软件,是一个针对物资资源管理(物流)、人力资源管理(人流)、财务资源管理(财流)、信息资源管理(信息流)集成一体化的企业管理软件。

ERP的提出与计算机技术的高度发展是分不开的,用户对系统有更大的主动性,作为计算机辅助管理所涉及的功能已远远超过MRP Ⅱ的范围。ERP的功能除了包括MRP Ⅱ(制造、供销、财务)外,还包括多工厂管理、质量管理、实验室管理、设备维修管理、仓库管理、运输管理、过程控制接口、数据采集接口、电子通信、电子邮件、法规与标准、项目管理、金融投资管理、市场信息管理,等等。它将重新定义各项业务及其相互关系,在管理和组织上采取更加灵活的方式,对供应链上供需关系的变动(包括法规、标准和技术发展造成的变动),同步、敏捷、实时地做出响应;在掌握准确、及时、完整信息的基础上,作出正确的决策,能动地采取措施。

ERP聚焦于企业的管理。从历史上看,信息技术在企业管理学上的应用可分为如下发展阶段。

(1) MIS(management information system)阶段。

这种企业的信息管理系统主要是记录大量原始数据,支持查询、汇总等方面的工作。

(2) MRP(material require planning)阶段。

这时的企业信息管理系统对产品构成进行管理,借助计算机的运算能力及系统对客户的订单,在库物料、产品构成的管理能力,实现依据客户订单,按照产品结构清单展开并计算物料需求计划。实现减少库存,优化库存的管理目标。

(3) MRP Ⅱ(manufacture resource planning)阶段。

在MRP管理系统的基础上,系统增加了对企业生产中心、加工工时、生产能力等方面的管理,以实现计算机进行生产排程的功能,同时也将财务的功能包括进来,在企业中形成以计算机为核心的闭环管理系统,这种管理系统已能动态监察到产、供、销的全部生产过程。

(4) ERP(enterprise resource planning)阶段。

进入ERP阶段后,以计算机为核心的企业级的管理系统更为成熟,系统增加了包括财务预测、生产能力、调整资源调度等方面的功能。配合企业实现JIT管理全面、质量管理和生产资源调度管理及辅助决策的功能。成为企业进行生产管理及决策的平台工具。

(5) Internet时代的ERP。

Internet技术的成熟为企业信息管理系统增加与客户或供应商实现信息共享和直接的数据交换的能力,从而强化了企业间的联系,形成共同发展的生存链,体现企业为达到生存竞争的供应链管理思想。ERP系统相应实现这方面的功能,使决策者及业务部门实现跨企业的联合作战。

概括地说，ERP 系统包括以下主要功能：供应链管理、销售与市场、分销、客户服务、财务管理、制造管理、库存管理、工厂与设备维护、人力资源、报表、工作流服务和企业信息系统等。此外，还包括金融投资管理、质量管理、运输管理、项目管理、法规与标准和过程控制等补充功能。

ERP 将企业所有资源进行整合集成管理，简单来说是将企业的三大流：物流，资金流，信息流进行全面一体化管理的管理信息系统。它的功能模块已不同于以往的 MRP 或 MRP Ⅱ 的模块，它不仅可用于生产企业的管理，而且在许多其他类型的企业如一些非生产，公益事业的企业也可导入 ERP 系统进行资源计划和管理。

在企业中，一般的管理主要包括三方面的内容：生产控制（计划、制造）、物流管理（分销、采购、库存管理）和财务管理（会计核算、财务管理）。这三大系统本身就是集成体，它们互相之间有相应的接口，能够很好地整合在一起来对企业进行管理。另外，要特别一提的是，随着企业对人力资源管理重视的加强，已经有越来越多的 ERP 厂商将人力资源管理纳入了 ERP 系统的一个重要组成部分。

2. 工厂级 MES

MES（manufacturing execution system，制造企业生产过程执行系统）是一套面向制造企业工厂/车间执行层的生产信息化管理系统。MES 可以为企业提供包括制造数据管理、计划排产管理、生产调度管理、库存管理、质量管理、人力资源管理、工作中心/设备管理、工具工装管理、采购管理、成本管理、项目看板管理、生产过程控制、底层数据集成分析、上层数据集成分解等管理模块，为企业打造一个扎实、可靠、全面、可行的制造协同管理平台。从企业角度看，MES 比 ERP 更接近生产过程。

MES 是美国 AMR 公司（Advanced Manufacturing Research，Inc.）于 20 世纪 90 年代初提出的，旨在加强 MRP 的执行功能，将 MRP 同车间作业现场控制通过执行系统联系起来。这里的现场控制包括 PLC 程控器、数据采集器、条形码、各种计量及检测仪器、机械手等。MES 系统设置了必要的接口，与提供生产现场控制设施的厂商建立合作关系。

MRP Ⅱ 的执行层包括车间作业和采购作业，MES 则侧重于车间作业计划的执行，充实了软件在车间控制和车间调度方面的功能，以适应车间现场环境多变情况下的需求。制造执行系统是一个用来跟踪生产进度、库存情况、工作进度和其他进出车间的与操作管理相关的信息流软件系统。

MES 是企业 CIMS（计算机集成制造系统）信息集成的纽带，是实施企业敏捷制造战略和实现车间生产敏捷化的基本技术手段，是迅速发展、面向车间层的生产管理技术与实时信息系统。MES 可以为用户提供一个快速反应、有弹性、精细化的制造业环境，帮助企业减低成本、按期交货、提高产品的质量和提高服务质量。MES 适用于不同行业（如家电、汽车、半导体、通信、IT、医药等），能够对单一的大批量生产和既有多品种小批量生产又有大批量生产的混合型制造企业提供良好的企业信息管理。

作为生产形态变革的产物，MES 起源大多源自工厂的内部需求。MES 是制造企业执行与控制管理系统，由于制造过程及过程控制对象的复杂性和专有性，使得 MES 形态的差异比较大，应用模式也可能完全不同，这些因素客观上造成了 MES 产品与服务市场的多样性。

MES 是位于上层的计划管理系统与底层的工业控制之间的面向车间层的管理信息系统，它为操作人员/管理人员提供计划的执行、跟踪以及所有资源（人、设备、物料、客户需求等）的当前状态。MES 能通过信息传递对从订单下达到产品完成的整个生产过程进行优化管理。当工厂发生实时事件时,MES 能对此及时做出反应,并用当前的准确数据对工厂进行指导和处理。这种对状态变化的迅速响应使 MES 能够减少企业内部没有附加值的活动,有效地指导工厂的生产运作过程,从而使其既能提高工厂及时交货能力,改善物料的流通性能,又能提高生产回报率。MES 还可通过双向的直接通信在企业内部和整个产品供应链中提供有关产品行为的关键任务信息。

传统的 MES(traditional MES,T-MES)大致可分为两大类:①专用的 MES(point MES)。它主要针对某个特定的领域问题而开发的系统,如车间维护、生产监控、有限能力调度或 SCADA[①] 等;②集成的 MES(integrated MES)。这类系统起初是针对一个特定的、规范化的环境而设计的,如今已拓展到许多领域,如航空、装配、半导体、食品和卫生等行业,在功能上它已实现与上层事务处理和下层实时控制系统的集成。

虽然专用的 MES 能够为某一特定环境提供最好的性能,却难以与其他应用集成。集成的 MES 比专用的 MES 迈进了一大步,具备的优点如单一的逻辑数据库、系统内部具有良好的集成性、统一的数据模型等,但其整个系统重构性能弱,很难随业务过程的变化而进行功能配置和动态改变。

MES 的主要功能包括以下几方面。

- 详细工序作业计划。
- 生产调度。
- 车间文档管理。
- 数据采集。
- 人力资源管理。
- 质量管理。
- 工艺过程管理。
- 设备维修管理。
- 产品跟踪。
- 业绩分析等。

MES 可以实现如下功能。

- 现场管理细度化:可以由按天变为按分钟/秒计。
- 现场数据采集:可以由人工录入变为自动采集、快速准确采集。
- 电子看板管理:可以由人工统计发布变为自动采集、自动发布。
- 仓库物料存放:可以将模糊、杂散状态变为透明、规整状态。
- 生产任务分配:可以将人工变为自动分配、产能平衡。
- 仓库管理:可以将人工、数据滞后变为系统指导、及时、准确。
- 责任追溯:将困难、模糊变为清晰、正确。
- 绩效统计评估:可以将靠残缺数据估计变为凭准确数据分析。
- 统计分析:可以按不同的时间/机种/生产线等从多角度进行分析对比。
- 综合分析:可以按不同的需求综合分析不同的数据。

从企业看,应用 MES,可监控从原材料进厂到产品入库的全部生产过程,记录生产过程所

---

① SCADA(supervisory control and data acquisition)系统,即数据采集与监视控制系统。

使用的材料、设备，产品检测的数据和结果，以及产品在每道工序上生产的时间、需要的人员等信息。这些信息经过 MES 加以分析，就能通过系统报表实时呈现出生产现场的生产进度、目标达成状况、产品品质状况，以及人、机、料的利用状况，这样让整个生产现场完全透明化。企业的管理人员，无论处何地，只要通过 Internet 就能将生产现场的状况看得清清楚楚。身在总部的管理者，也能通过 MES 获取信息，也可让远在国外的客户就地关心他们的订单进度、产品品质。

MES 为工厂带来很多好处，主要包括以下几方面。

● 优化企业生产制造管理模式，强化过程管理和控制，达到精细化管理目的。

● 加强各生产部门的协同办公管理，提高工作效率，降低生产成本。

● 做到生产数据统计分析的及时性、准确性，避免人为干扰，促进企业管理标准化。

● 为企业的产品、中间产品、原材料等质量检验提供有效、规范的管理支持。

● 实时掌控计划、调度、质量、工艺、装置运行等信息情况，使各相关部门及时发现问题和解决问题。

● 可利用 MES 建立起规范的生产管理信息平台，使企业内部现场控制层与管理层之间的信息互联互通，以此提高企业核心竞争力。

MES 通过反馈结果来优化生产制造过程的管理业务。生产过程追溯功能可让企业很清楚产品的原材料是由哪家公司提供的与接收人是谁，相关的检验参数，产品在生产过程中各环节的时间、技术参数、操作人员等信息。根据这些反馈信息，能解决企业产能成本过高，或者产品质量不稳定的问题，及时做出调整，有针对性地为客户提供更好的服务，即使发生客户投诉，也能及时准确地为客户澄清问题，确认影响的范围。同时，产品生产过程的数据可为生产管理决策提供有效的支持，在生产过程中及时暴露、及时处理问题，从而有效遏制问题的发生，将产品的质量问题以及生产线的异常状况消灭在萌芽状态。

简单来说，MES 是对整个车间制造过程的优化，而不是单一地解决某个生产瓶颈；MES 必须提供实时收集生产过程中数据的功能，并做出相应的分析和处理；MES 需要与计划层和控制层进行信息交互，通过企业的连续信息流来实现企业信息全集成。

MES 的定位处于计划层和现场自动化系统之间的执行层，主要负责车间生产管理和调度执行。一个设计良好的 MES 可以在统一平台上集成诸如生产调度、产品跟踪、质量控制、设备故障分析、网络报表等管理功能，使用统一的数据库和通过网络连接可以同时为生产部门、质检部门、工艺部门、物流部门等提供车间管理信息服务。EMS 通过强调制造过程的整体优化来帮助企业实施完整的闭环生产，协助企业建立一体化和实时化的 ERP/MES 信息体系。

MES 为企业生产管理人员进行过程监控与管理，保证生产正常运行，为控制产品质量和生产成本提供了灵活有力的工具。EMS 主要提供了以下功能。

● 正确掌握在制品数量及不良品的追踪，降低在制品成本。

● 使用条形码/REID 等标识追踪产品序号，提高产品的售后服务水平。

● 及时反应产品质量问题，追溯品质历史，提高产品治理水平。

● 大幅减少现场手工作业，提高现场管理人员的生产力。

● 充分掌握工具、设备的使用状况，使制造资源高效运作。

● 强大的统计报表为企业管理决策提供实时、准确、可靠的生产数据，提高公司核心竞争力。

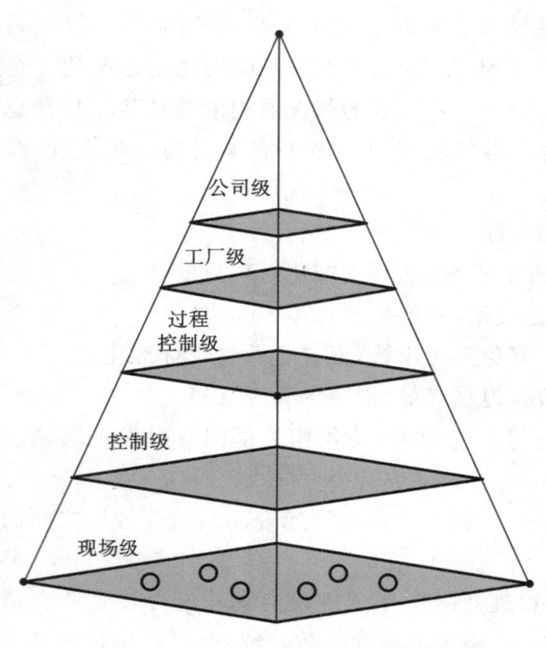

图 24.1 企业信息系统金字塔结构

3. 过程控制级

物料流计算机(material flow computer, MFC)系统是 MES 更进一步的具体化,实现流程控制是物料流计算机系统的最高层次。它可以让工厂中的物料严格、无缝地与信息一起协同流动,其基本任务包括运输执行和运输管理。运输执行意味着实施和协调运输订单,运输管理则包括运输的监管、发布和协调。MFC 是 MES 下面的一个层级,从 MES 接收运输命令和订单。

4. 控制级

这里信息技术直接影响(控制)机械过程。现场设备的处理信号及控制与激励器对应。可编程控制器(PLC)在这里扮演重要角色。

5. 现场级

大量的现场设备(如传感器)扮演主要角色。

企业中的这五级信息系统构成一个金字塔结构(见图 24.1)。

24.2 工业 4.0

2013 年 4 月,为了在新一轮工业革命中占领先机,在德国国家工程院、德国弗劳恩霍夫协会[①]、西门子股份公司等德国学术界和产业界的建议与推动下,在德国汉诺威工业博览会上,德国正式推出了"工业 4.0"理念及研究项目。这一研究项目是 2010 年 7 月德国政府在《高技术战略 2020》中确定的旨在支持工业领域新一代革命性技术的研发与创新的十大未来项目之一。

工业 4.0 工作组认为需要在以下八个关键领域采取行动。

- 标准化和参考架构:贯穿整个价值网络,工业 4.0 将涉及不同公司的网络连接与集成。只有开发出一套单一的共同标准,才可能形成这种合作伙伴关系。需要一个参考架构为这些标准提供技术说明,并促使其执行。
- 管理复杂系统:产品和制造系统日趋复杂。适当进行计划和解释性模型可以为这些日益复杂的系统提供基础。因此,工程师们要为开发这些模型提供方法和工具。
- 为工业建立全面宽频的基础设施:可靠、全面和高质量的通信网络是工业 4.0 的一个关键要求。因此,不论是德国内部,还是德国与其伙伴国家之间,宽带互联网基础设施需要进行大规模扩展。
- 安全和保障:确保生产设施和产品本身不会对人和环境构成威胁。与此同时,生产设施和产品,尤其是它们包含的数据和信息需要加以保护,防止滥用和未经授权的获取。比如,要

① 弗劳恩霍夫协会(德语:Fraunhofer-Gesellschaft),是德国也是欧洲最大的应用科学研究机构,成立于 1949 年 3 月 26 日,以德国科学家、发明家和企业家约瑟夫·弗劳恩霍夫(Joseph von Fraunhofer,1787—1826)的名字命名。

求部署统一的安全保障架构和独特的标识符，加强培训以及增加持续的专业发展内容。

● 工作的组织和设计：在智能工厂，员工的角色将发生显著变化。工作中的实时控制会越来越多，这将改变工作内容、工作流程和工作环境。在工作组织中，应用社会技术方法将使工人有机会承担更大的责任，同时促进其个人的发展。若使其成为可能，则有必要设置针对员工的参与性工作设计和终身学习方案，并启动模型参考项目。

● 培训和持续的专业发展：工业 4.0 将极大改变工人的工作和技能。因此，有必要制订促进学习和以工作场所为基础的持续专业发展的计划，实施适当的培训策略和组织工作。为了实现这一目标，应推动示范项目、最佳实践网络，以及研究数字学习技术。

● 监管框架：在工业 4.0 中，虽然新的制造工艺和横向业务网络遵守法律，但是考虑到新的创新，也要调整现行的法规。这些挑战包括保护企业数据、责任问题、处理个人数据以及贸易限制。这不仅要立法，而且要代表企业的其他类型的行动采取各种手段，包括准则、示范合同和公司协议，如采取审计这样的自我监管措施。

● 资源利用率：即使抛开高成本，制造业也消耗大量的原材料和能源，这给环境和安全供给带来若干威胁。工业 4.0 将提高资源的生产率与利用率。这就有必要计算在智能工厂中投入的额外资源与产生的节约潜力之间的平衡。

众所周知，德国是世界上制造业最具竞争力的国家之一，因为德国具备管理复杂工业流程的能力，可使不同的任务由不同地理位置的不同合作伙伴来执行。几十年来，德国已经成功地应用信息和通信技术（ICT）做到了这一点。当今，ICT 大约支撑了 90%的工业制造过程。

技术的发展有可能将资源、信息、物品和人进行互联，从而造就物联网和服务。这种现象也将反映到工业领域。在制造领域，这种技术的渐进性进步可以被描述为工业化的第四个阶段，即工业 4.0。

工业化始于 18 世纪末机械制造设备的引进，那时像纺织机这样的机器彻底改变了货物的生产方式。继第一次工业革命后的第二次工业革命大约开始于 20 世纪之交，在劳动分工的基础上，采用电力驱动产品的大规模生产。20 世纪 70 年代初，第三次工业革命又取代了第二次工业革命，并一直延续到现在。第三次工业革命引入了电子与信息技术（IT），从而使制造过程不断实现自动化，机器不仅接管了相当比例的“体力劳动”，而且接管了一些“脑力劳动”。

工业 4.0 将资源、信息、物品和人进行互联，从而造就广域的物联网和服务，一个工厂就演变为一个智能工厂，可以用图 24.2 来描述。

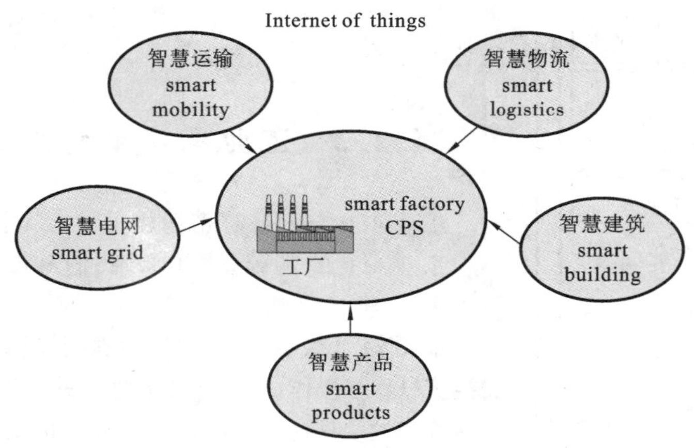

图 24.2 物联网和服务网，即网络中的人、物和系统

24.2.1 工业 4.0 和 CPS

CPS(cyber-physical systems)是指拥有嵌入式软件的系统。嵌入式软件是设备、建筑物、交通设施、生产系统、物流系统、医疗系统等组合系统的组成部分，它们能：

- 使用传感器直接记录物理数据，使用执行器影响物理过程。
- 评估和保存记录的数据，与物理世界主动/被动地交互。
- 借助通信设施互联互通。
- 使用全局可变的数据和服务。
- 具备一系列专用的、多模态的人机接口。

CPS 的特点可以简述如下。

- 移动化和普适化。
- 智能和联网对象(如使用 RFID 技术)及云(计算)化；
- 社会网络和开源系统。

CPS 是嵌入式系统的发展，而物联网(Internet of things, Internet of data, Internet of service,…)是其新的呈现形式。在商业网络中，共享的 CPS 平台一般针对包括服务流程和应用在内的 IT 技术发展的特殊需求，因为在这些共享的 CPS 平台上，CPS 的横向与纵向集成、工业流程中的应用及服务往往会诞生出一些特殊的需求。对于工业 4.0 来说，在整个服务网络中，重要的是需要更加宽泛地解释流程条款。很明显，在互相协作的公司间和商业网络中，应该建立起共享的服务和应用。首先，在 CPS 平台中，诸如安全和保障、可信任、可靠性、使用、操作模式的融合、实时分析和预测等特性都显得尤为重要，在互相协作的生产和服务过程中，确立流程标准以及安全、可靠、高效的操作都离不开这些特性。其次，这些特征对于执行活跃的商业活动也至关重要。最后，需要应对由大范围数据源和终端设备引发的各种问题。以上所提到的这些需求在当前初级云端基础设施状态下只能得到极少量的满足。CPS 平台被公司间的 IT 人员、软件和服务提供商以及公司本身所使用，这需要有一个工业 4.0 的参考框架，该参考框架应该考虑 ICT 和制造企业的不同特征。

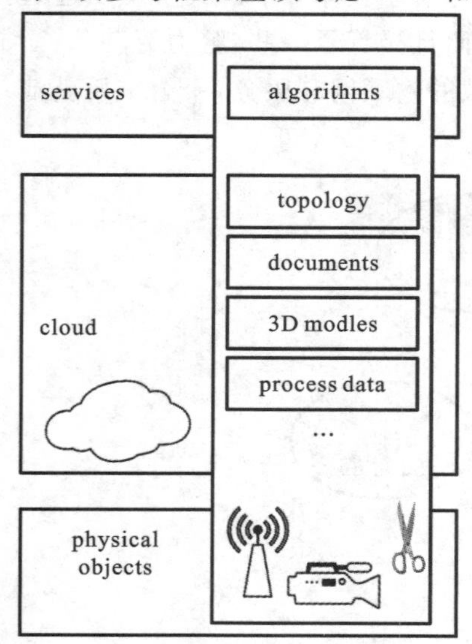

图 24.3 工业 4.0 CPS 中的云服务

模式化的操作流程要求 CPS 平台开发全新的应用和服务，以此来满足那些复杂的变化，而这些变化正是由于不同的领域和组织之间的功能增长、差异化、活跃性和协作性所带来的。最后，拥有一个高带宽、安全高效的网络基础是保障数据交换安全的关键。

24.2.2 工业 4.0 和云计算

工业 4.0 与云计算密切相关。

工业 4.0 的基础是 CPS。我们从 CPS 角度看云计算，其关系如图 24.3 所示。

如图 24.3 所示，工厂中的物理实体借助云平台互联互通、交换信息和互操作，而工厂又借助云平台提供与获得服务。

简言之，工业 4.0 依赖于云计算的支持。工业 4.0 的实施依赖于云计算。

24.2.3　工业 4.0 的设计原则

德国学者参考文献[4]中提出了工业 4.0 的设计原则，并且将工业 4.0 的设计原则归纳为如下几点。

● 互联互通和信息交换(interconnection)。互联互通和信息交换是指 IOT(Internet of things)、IOP(Internet of people)、IOS(Internet of services)等，即物-物互联、人-人互联和服务-服务互联等。

● 信息透明(information transparency)。信息透明是指物-物、人-人、服务-服务间传递的信息是透明的。随着互联互通，物理世界和虚拟世界的融通要保证信息透明，例如，完成同一目标的传感信息需要融合、集成，构建情景信息客观反映物理世界，它们交换、传递的信息要透明，否则无法融通。这里情景感知信息的概念就是必要的。情景感知系统集成来自物理世界和虚拟世界的各种信息完成目标任务。

● 分散决策(decentralized decisions)；分散决策工业 4.0 的目标不是为了构建一个全局决策中心，而是让参与的企业借助 IOE(Internet of enterprises)提高效率与效益，决策权依然在参与的各个企业里。这样，中小企业都蓬勃发展。IoE 的参与者尽可能自主地实施和完成它们的任务。从技术看，CSP 借助于自主监视和控制自己的嵌入式系统、传感器和反应器帮助达到分散决策目标。

● 技术支持(technical assistance)。技术支持工业 4.0 中的智慧工厂里，人所扮演的主要角色也在演变，从机器操作者演变成决策者和灵活的突发问题解决者。此时，生产过程的日益复杂化，CPS 系统构成的复杂网络和分散决策的需求，人员需要一个支持系统的协助。这种支持系统需要聚集各种复杂信息，将之可视化，帮助人员决策和紧急解决突发问题。智能手机、平板电脑会扮演一个将任何物联网连接在一起的中心角色。人员会借助于手机或平板电脑了解生产、运行、流通等状况，给出自己的决策意见。可穿戴设施和机器人也会是支持系统的重要组成。

24.2.4　问题和挑战

分析工业 4.0 的设计原则(见图 24.4)，发现我们面临着以下新的问题和挑战。

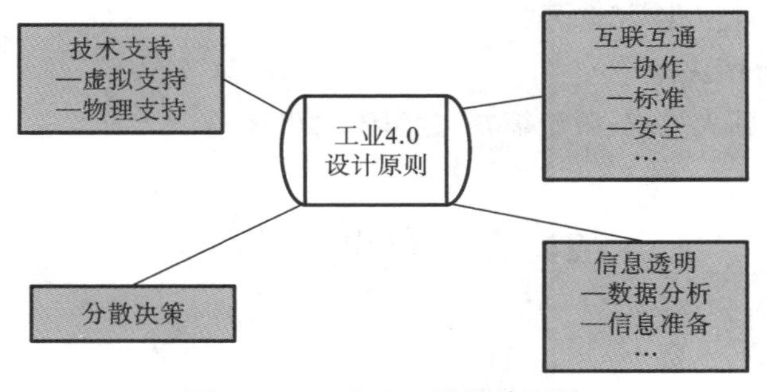

图 24.4　工业 4.0 的设计原则

1. 互联互通和信息交换

IOT、IOP、IOS 等涉及物-物、人-人、服务-服务等之间的互联。thing、people 和 service 各

自的差异很大,如何达到互联互通、互相理解呢?

我们把网络互联的所有个体(无论是物理的还是逻辑的)称为 entity(实体)。实体形态多种多样,即便是同一类实体(如传感器),它们也是多种多样的,差异极大。按物理感知原理可分为热、力、声、光、电等多种传感器,基于力学的传感器的种类很多,差异很大。它们的异构及同构是一个巨大挑战。

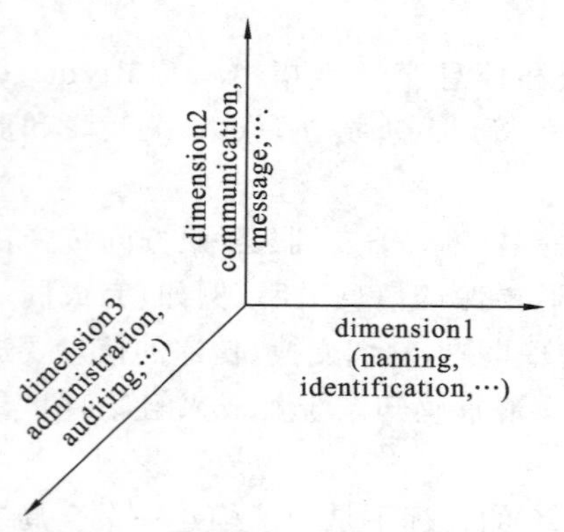

图 24.5　实体的差异三维图

这种差异可以从以下三个维度来分析(见图 24.5)。

1) 维度 1

- 全局化命名,全局化标识。
- 量度标准。
- 属性描述。
- 关系表述。
- 描述形态和格式。

2) 维度 2

- 通信(communication)。
- 消息格式(message format)。
- 协议(protocol)。

3) 维度 3

- 管理(administration)。
- 审计(auditing)。
- 安全(security)。
- 访问控制(access control)。
- 授权(authority)。

…

2. 信息透明

如前所述,情景感知(context awareness)信息是信息透明的解决途径。但是如何实现情景感知和情景感知系统是一个巨大挑战。

要解决信息透明这个问题,就要解决实体语义问题。在展示一个实体时,不仅要展示实体的外延,如名称、标识、格式、属性等,还要给出其语义信息,甚至给出语用信息。例如,一个传感器(sensor),我们要描述:名称、识别号、序列号、生产日期、生产许可证。

交换的信息也要规范化,消除异构。

3. 技术支持和分散决策

这两者也会造成巨大挑战,限于篇幅,这里不再赘述。

24.3　企业数据库

24.3.1　ERP 数据库

ERP 数据库是一个基于企业管理的数据库,很多聚焦数据库设计的数据库系统书籍都会将企业数据库作为样例来介绍。一般ERP数据库是一个集成的统一数据库。数据库应当描述企业的物流、资金流、人员流和信息流等。其中，物料清单(bill of material，BOM)在系统中扮演着重要角色。

BOM是以数据格式来描述产品结构的文件，是计算机可以识别的产品结构数据文件，也是ERP的主导文件。BOM能让系统识别产品结构，它也是联系与沟通企业各项业务的纽带。在数据库中，一般将物料清单设计为1个关系(表)或几个语义关联的关系(表)。

BOM是PDM/MRPⅡ/ERP信息化系统中最重要的基础数据，其组织格式设计合理与否直接影响到系统的处理性能，因此，根据实际的使用环境，灵活地设计合理且有效的BOM是十分重要的。

BOM不仅是MRPⅡ/ERP系统中重要的输入数据，而且是财务部门核算成本、制造部门组织生产等业务的重要依据。正确地使用与维护BOM是管理系统运行期间十分重要的工作。

此外，BOM还是CIMS/MIS/MRPⅡ/ERP与CAD、CAPP等子系统的重要接口，是系统集成的关键，因此，使用计算机实现BOM管理时，应充分考虑它与其他子系统的信息交换问题。

BOM信息在MRPⅡ/ERP系统中被用于MRP计算、成本计算和库存管理等。BOM包含各种形式，这些形式取决于它的用途。BOM的具体用途有以下几方面。

(1) BOM是计算机识别物料的基础依据。

(2) BOM是编制计划的依据。

(3) BOM是配套和领料的依据。

(4) 根据BOM进行加工过程的跟踪。;

(5) BOM是采购和外协的依据。

(6) 根据BOM进行成本的计算。

(7) 可以作为报价参考。

(8) 可以进行物料追溯。

(9) 可以使设计系列化、标准化、通用化。

BOM是详细记录一个项目用到的所有构成、材料及相关属性，即母件与所有子件的从属关系、单位用量及其他属性，在有些系统中称为材料表或配方料表。在ERP系统中，要正确地计算出物料需求数量和时间，必须有一个准确而完整的产品结构表来反映生产产品与其组件的数量和从属关系。在所有数据中，物料清单的影响面最大，对它的准确性要求也相当高。

物料清单是接收客户订单、选择装配、计算累计提前期、编制生产和采购计划、配套领料、跟踪物流、追溯任务、计算成本和改变成本设计所不可缺少的重要文件。上述工作涉及企业的销售、计划、生产、供应、成本、设计、工艺等各个部门。因此，也有一种说法，BOM不仅是一种技术文件，还是一种管理文件，它是联系与沟通各部门的纽带，企业各个部门都要用到BOM表。

物料清单充分体现了数据共享和集成，是构成ERP系统的框架，它必须高度、准确并恰当构成。

所以说，要使ERP系统运行好，必须要求企业有一套健全、成熟的机制来对BOM的建立、更改进行维护，从另一个角度说，对BOM表的更改进行良好的管理，比对BOM建档管理还重要，因为它是一个动态的管理。

ERP 系统的基本特点是：根据需求和预测来安排物料供应和生产计划，提出需要什么、需要的时间和数量。ERP 方法的管理对象主要是与制造业有相关需求的物料，因此产品数据库中应包含的基本内容为物品主档(item)和产品结构清单(BOM)。按照主生产计划和 BOM 可计算出对各级物料的毛需求量，再加上考虑已有库存量和在制量则可计算出动态的物料净需求量，这就生成了按生产进度要求的物料需求计划(material requirement planning，MRP)。为了保证实现，还需要考虑计划的执行与控制问题，因而发展为制造资源计划(manufacturing resource planning)，其中重要的内容是车间作业计划-(production activity control，PAC)与控制。后来发展到 ERP，将企业所有资源，即物流、资金流、信息流等整合起来，实现全面的一体化管理。

因此，BOM 是 ERP 系统运行的依据，ERP 系统实施的广度和深度取决于 BOM 的覆盖面和数据内容。BOM 的建立，尤其是新产品 BOM 的能否及时录入，就成为制约 ERP 系统成功运行的瓶颈。

物料清单同产品零件明细表的区别主要包括以下几方面。

(1) 物料清单上的每一种物料均有其唯一的编码，即物料号，很明确所构成的物料。一般零件明细表没有这样严格的规定。零件明细表附属于个别产品，不一定考虑了整个企业物料编码的唯一性。

(2) 物料清单中的零件、部门的层次关系一定要反映实际的装配过程，有些图纸上的组装件在实际装配过程中并不一定出现，但在物料清单上可能出现。

(3) 物料清单中要包括产品所需的原料、毛坯和某些消耗品，还要考虑成品率。而零件明细表既不包括图纸上不出现的物料，也不反映材料的消耗定额。物料清单主要用于计划与控制，因此，所有的计划对象原则上都可以包括在物料清单上。

(4) 根据管理的需要，在物料清单中把一个零件的几种不同形状，如铸锻毛坯同加工后的零件、加工后的零件同在油漆后形成不同颜色的零件，都要给予不同的编码，以示区别和管理。零件明细表一般不这样处理。

(5) 什么物料应挂在物料清单上是非常灵活的，完全可以由用户自行定义。比如加工某个冲压件，除了原材料钢板外，还需要一个专用模具。在建立物料清单时，就可以在冲压件下层将模具作为一个外购件挂上，它与冲压件的数量关系就是模具消耗定额。

(6) 物料清单中母件的子属子件的顺序要反映各子件装配的顺序，而零件明细表上零件编号的顺序主要是为了看图方便。

ERP 系统本身是一个计划系统，而 BOM 表是这个计划系统的框架，BOM 表设计的质量直接决定 ERP 系统运行的质量。因此，BOM 表的制作是整个数据准备工作重中之重，要求之高近乎苛刻，具体要求有以下三方面。

(1) 覆盖率。对于正在生产的产品都需要制作 BOM，因此覆盖率要达到99%以上。因为没有产品 BOM 表，就不可能计算出采购需求计划和制造计划，也不可能进行套料控制。

(2) 及时率。BOM 的制作更改和工程更改都需要及时，BOM 必须在 MRP 之前完成，工程更改需要在发套料之前完成。这有两方面的含义：①制作及时；②更新及时。这两者要紧密相扣，杜绝互不相干。

(3) 准确率。BOM 表的准确率要高(很多文献提出要达到98%以上)。测评要求为：随意拆卸一件实际组装件与 BOM 表相比，以单层结构为单元进行统计，有一处不符时，该层结构的准确度即为 0。

产品要经过工程设计、工艺制造设计、生产制造三个阶段，相应地，在这三个过程中分别产生了名称非常相似但却内容差异很大的物料清单 E-BOM、P-BOM、D-BOM。这是 BOM 的三个主要概念。

（1）工程 BOM（E-BOM）。产品工程设计管理中使用的数据结构，程 BOM 通常精确地描述了产品的设计指标和零件与零件之间的设计关系。对应的文件形式主要有产品明细表、图样目录、材料定额明细表、产品各种分类明细表，等等。E-BOM 通常仅限于图纸零件明细表出现的物料，用来说明图纸的层次和从属关系，做好技术文档管理，虽然也具有指导采购和估算报价的功能，但主要是为了管理图纸。

（2）计划 BOM（P-BOM）。计划 BOM 是工艺制造工程师根据工厂的加工水平和能力，对 E-BOM 进行再设计后产生出来的。它用于工艺设计和生产制造管理，使用 P-BOM，可以明确地了解零件与零件之间的制造关系，跟踪零件是如何制造出来的，了解在哪里制造、由谁制造、用什么制造等信息。同时，P-BOM 也是 MRPⅡ/ERP 生产管理的关键管理数据结构之一。

实际上，BOM 是一个广泛的概念，根据不同的用途，BOM 有许多种类，如设计图纸上的 BOM、计划 BOM、计算最终产品装配的制造 BOM、计算成本的成本 BOM、保养维修 BOM 等。根据在不同阶段应用侧重点的不同，我们常见到不同的 BOM 提法，常见的有以下两种。

① 设计 BOM（D-BOM）。

设计部门的 D-BOM 是产品的总体信息，对应常见文本格式表现形式，包括产品明细表、图样目录、材料定额明细表等。

设计 BOM 信息来源一般是设计部门提供的成套设计图纸中的标题栏和明细栏信息。有时也涉及工艺部门编制的工艺卡片上的部分信息。

设计 BOM 一般在设计结束时汇总产生，如果存在大量借用关系的设计情况，则可以在设计阶段开始就将设计 BOM 汇总出来，然后根据新产生的零部件安排设计任务。

对应的数字化视图一般是产品结构树的形式，树上的每个节点关联各类属性或图形信息。主要在 PDM 软件中作为产品管理和图档管理的基础数据出现。

② 虚拟 BOM。

虚拟件表示一种并不存在的物品，图纸上与加工过程都不出现，属于“虚构”的物品。其作用只是为了达到一定的管理目的，如组合采购、组合存储、组合发料等。这样，在处理业务的过程中，计算机查询时只需要对虚拟件进行操作，就可以自动生成实际的业务单据，甚至也可以查询到它的库存量与金额，但存货核算只针对实际的物料。虚拟件能简化产品的结构管理。为了简化对物料清单的管理，在产品结构中虚构一个物品。当虚拟件的子件发生工程改变时，只影响到虚拟件这一层，不会影响此虚拟件以上的所有父项。

24.3.2 MES 数据库、CRM 数据库和 SCM 数据库

MES 关注制造过程。MES 能通过信息传递对从订单下达到产品完成的整个生产过程进行优化管理。当车间发生实时事件时，MES 能对此及时做出反应、报告，并用当前的准确数据对它们进行指导和处理。MES 是对 ERP 计划的一种监控和反馈，MES 其实是 ERP 业务管理在生产现场的细化，ERP 是业务管理级的系统，而 MES 是现场作业级的系统。所以，很多 MES 管理软件都会与工业设备交互，通过工业控制技术进行实时数据采集，再上传给 ERP 系统进行业务状态改变和业务指令处理。

MES 与物联网密切相关。MES 数据库会包含大量现场采集的数据，数据量大、实时性要求高，处理和管理这些数据有其特殊要求。

从图 24.1 所示的金字塔可以看出，MES 数据库是 ERP 数据库的向下延伸，而 CRM 数据库和 SCM 数据库是向上延伸。

1. CRM

CRM 即客户关系管理，是指企业使用 CRM 技术来管理与客户之间的关系。在不同的场合下，CRM 可能是一个管理学术语，可能是一个软件系统。通常所指的 CRM，是指使用计算机自动化分析销售、市场营销、客户服务及应用等流程的软件系统。它的目标是通过提高客户的价值、满意度、营利性和忠实度来缩减销售周期、缩减销售成本、增加收入、寻找扩展业务所需的新的市场和渠道。CRM 是选择和管理有价值客户及其关系的一种商业策略，CRM 要求以客户为中心的企业文化来支持有效的市场营销、销售与服务流程。

可以说，CRM 是企业的一项商业策略，它按照客户细分情况有效地组织企业资源，培养以客户为中心的经营行为以及实施以客户为中心的业务流程，并以此为手段来提高企业的获利能力、收入以及客户满意度。

CRM 实现的是基于客户细分的一对一营销，所以对企业资源的有效组织和调配是按照客户细分而来的，而以客户为中心不是口号，而是企业的经营行为和业务流程都要围绕客户，通过这样的 CRM 手段来提高利润和客户满意度。

因此，CRM 是一种以客户为中心的经营策略，它以信息技术为手段，对业务功能进行重新设计，并对工作流程进行重组。

这个定义是从战术角度来阐述的。CRM 是一种基于企业发展战略上的经营策略，这种经营策略是以客户为中心的，不再是产品导向而是客户需求导向；信息技术是 CRM 实现所凭借的一种手段，这也说明了信息技术对于 CRM 不是全部也不是必要条件。CRM 是重新设计业务流程，对企业进行业务流程重组(BPR)，而这一切是基于以客户为中心、以信息技术(CRM 系统)为手段。

也可以说，CRM 是指企业通过富有意义的交流、沟通、理解并影响客户的行为，最终实现达到客户获得、客户保留、客户忠诚和客户创利的目的。

在这个定义中，充分强调了企业与客户的互动沟通，而且这种沟通是富有意义的，能够基于此来了解客户，并在了解客户的基础上影响引导客户的行为，通过这样的努力最终实现的是获取更多的客户、保留原来的老客户、提高客户的忠诚度，从而达到客户创造价值的目的。

简言之，CRM 数据库是 ERP 数据库的延伸。

2. SCM

供应链管理就是协调企业内外资源来共同满足消费者的需求，当我们把供应链上各环节的企业看作为一个虚拟企业同盟，而把任意一个企业看作为这个虚拟企业同盟中的一个部门时，同盟的内部管理就是供应链管理。只不过同盟的组成是动态的，应根据市场需要随时发生变化。

有效的供应链管理可以帮助实现四项目标：缩短现金周转时间、降低企业面临的风险、实现盈利增长、提供可预测收入。

一般来说，供应链管理有七项原则：根据客户所需的服务特性来划分客户群；根据客户需求和企业可获利情况，设计企业的后勤网络；倾听市场的需求信息，设计更贴近客户的产品；时间延迟；策略性地确定货源和采购与供应商建立双赢的合作策略；在整个供应链领域建立信息系统；建立整个供应链的绩效考核准则等。

SCM 数据库也是 ERP 数据库的延伸。

24.3.3　企业分布式数据库

一些文献使用网上开放样例企业数据库 Northwind database 作为示范①。这里我们也使用该样例进行讨论。

样例中的北风公司出口大量货物。为了存储和管理公司的大量数据，设计了一个关系型数据库，存储的主要数据有以下几种。

- 客户数据(customer data)，包括：客户识别号(identifier)、客户名称(customer's name)、合同单签注人姓名和头衔(contact person's name and title)、详细地址(full address)、电话(phone)和传真号(fax)。
- 员工数据(employee data)、企业雇员数据，包括：工号(identifier)、姓名(name)、头衔(title)、荣誉头衔(title of courtesy)、出生日期(birthdate)、雇佣日期(hire date)、住址(address)、家庭电话(home phone)、电话分机号(phone extension)和人像照片(photo)。照片可以存放在文件里，数据库里则存放指向该文件的指针。
- 地理数据(geographic data)，即公司覆盖的地理领域数据。地域可以分成区域(regions)。一个雇员可以指定给几个地域。
- 运输商数据(shipper data)，是指北风公司用于提供运输服务的公司信息。
- 供应商数据(supplier data)，包括：供应商公司名称(company name)、合同名称和标题(contact name and title)、详细地址(fulladdress)、电话(phone)、传真(fax)和网页(home page)。
- 企业产品数据(products)，北风公司的产品数据，如产品号(identifier)、产品名(name)、单位数量(quantity per unit)、单位价格(unit price)、是否停产(if the product has been discontinued)。此外，还有一个库存数据，记录仓库里的现货数据。产品也按目录分类(categories)。
- 销售订单数据(orders)，包括：编号(identifier)、要求交货时间、实际交互时间、销售员工、客户、交运运输商，等等。

我们可以用一个 ER 图简述北风公司数据库，如图 24.6 所示。

北风公司在全球有许多业务，建立了众多子公司/地区分部。总部数据库和东南西北分部数据库构成一个分布式数据库，如图 24.7 所示。

这样一个分布式数据库系统可以按照经典的分布式数据库系统来构建。一般可以采用非均衡的架构，即总部站点扮演的角色相对于其他四个站点更重要。

24.3.4　企业异构数据库集成

要进一步讨论的是，企业中面向不同层面、不同应用已建成多个数据库。这些数据库往往是异构的，如何集成它们，成为一个大挑战。

以制造型企业为例：制造业信息化基于制造企业业务优化和先进制造模式应用，往往需要

---

① 该数据库样例可从以下链接下载：http://northwinddatabase.codeplex.com/。

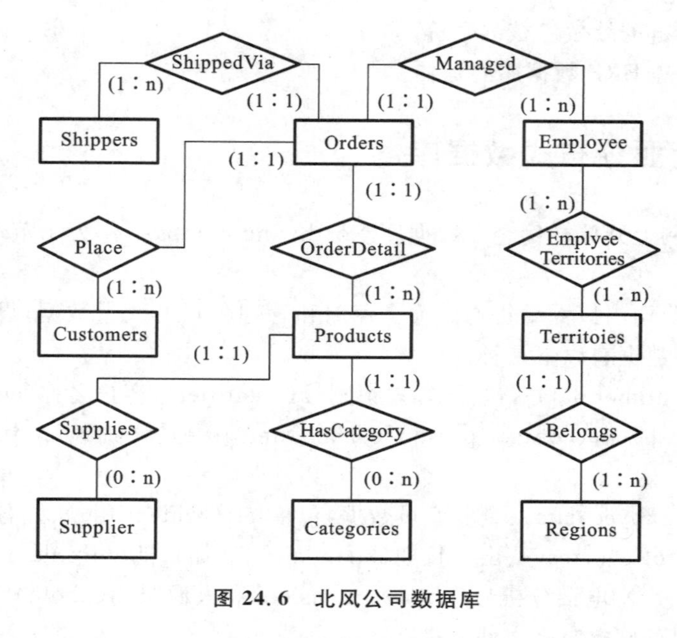

图 24.6　北风公司数据库

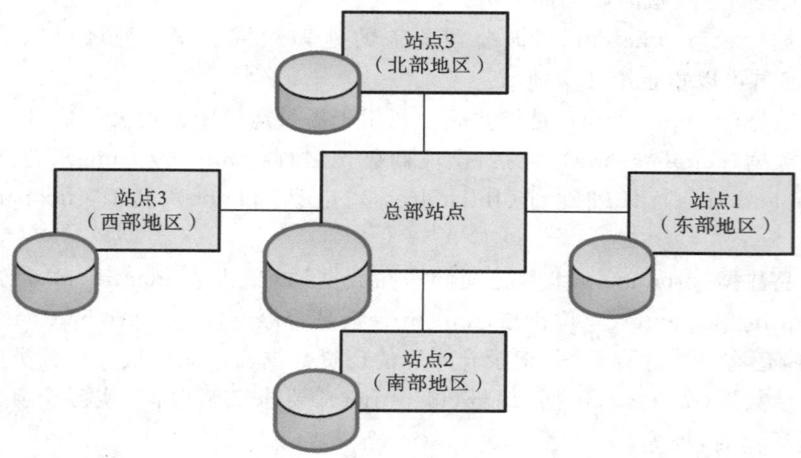

图 24.7　北风公司企业处理/数据库的典型拓扑图

在一定的深度和广度上利用数据库技术和互联网技术，以便对制造企业生产活动中的各种信息进行有效的管理。在实现企业内外部信息的有效利用及共享的同时，它也能将自动化技术、制造技术、信息技术以及现代管理技术有机结合起来，从而达到探索新的企业管理模式、寻找新的产品设计方法以及探索新的企业间协作关系的目的。制造业信息化也是实现制造装备的数字化、生产过程信息化及综合集成的企业数字化的有效工具。信息化和数字化技术在企业(典型的如制造企业)中发挥着非常重要的作用，而信息化技术与数字化技术在企业中最典型的应用涉及各业务环节的各种异构制造系统的应用，包括 PDM(product data management)、CAPP(computer aided process planning)、ERP(enterprise resource planning)、MES(manufacturing execution system)等系统，这些异构的制造信息化系统在解决某些技术问题或某些局部业务问题方面发挥了显著作用，并提高了企业的工作效率。

这些异构信息系统为制造企业业务的数字化转变和有效运行提供了重要帮助。企业生产全生命周期的各个环节也都配备有相应的制造信息系统。例如，产品数据管理系统对研发过程中的各种资源、文档进行全面管理；计算机辅助工艺系统对工艺设计、工艺规划的整个过程进行有效的管理和优化；企业资源计划系统对企业的生产计划、财务、库存等方面进行统筹管理；制造执行系统对零部件在车间的加工制造进行实时的监控和管理，等等。因此，制造信息化系统是企业内部业务流程的顺利进行和数字化转变的有效手段。与此同时，由于各系统往往自成体系并相互孤立，因此也不可避免地存在各种各样的问题。这些问题典型有以下几方面。

1. 信息孤岛问题

在企业发展过程中，各个部门信息化的发展存在不一致的状况，从而缺乏平台式的、统一的整合与集成方式，并且孤立存在的各个异构制造系统也会导致信息重复录入、不全面、实时性差、效率低等问题，从而形成一个个“信息孤岛”。信息孤岛问题造成的不良影响是多方面的，例如部门间会有重复数据，但由于其运用环境的不同，可能会产生语义上的冲突，从而不能更好地被访问和共享。为了解决“信息孤岛”问题，需要在信息的统一数字化表达基础上建立一套完整的异构制造系统集成框架。

2. 生产计划编制不合理问题

应用了众多的异构制造信息系统，形成“信息孤岛”后，ERP 中生产计划的编制就不再仅仅与其自身有关，而是与系统规划层面的多个制造信息系统密切相关，于是系统规划层面出现了一个非常突出的问题，即生产计划的编制不合理问题。其中主要包含两方面的内容：一是生产计划的产量预测问题，二是产品的完工时间预测问题。产量预测和完工时间预测的准确程度会对系统规划层面生产计划编制的合理性产生重要影响，并且会影响企业管理者的各项决策，如接收订单的数量是否合理、在生产过程中是否需要增加设备、是否需要外协、是否需要调整工厂日历等，甚至直接影响到下游各生产车间的作业计划和排产，进而影响到企业的生产效率。因此，为了解决生产计划编制不合理问题，需要在集成框架基础上去构造一个合理产量预测模型和完工时间预测模型。

3. 生产管理中的决策支持信息获取及可视化问题

“信息孤岛”问题会让企业管理者关心的决策信息分散在各个系统中，各个异构制造系统的查询功能所提供的数据不全面、缺乏完整的从领导/主管视角出发的多维数据。企业决策者关心的生产进度、产品配套、项目研制进度、资金资源、市场(订单)预测等信息是综合了多个异构制造信息系统的数据而生成的，但目前的大多数企业只能从单个业务系统获取，并且运用的是看报告、听汇报的方式，因此这些信息的获取与可视化问题急需解决。同时，为了方便企业领导和主管进行决策信息查询，也需要构建一个友好的可视化平台。

在相关的实现中遇到的挑战会甚多，典型的有以下几种。

(1) 异构制造系统集成框架建模及统一信息模型的需求。

“信息孤岛”问题在本质上是各种异构制造系统的集成问题，因此消除“信息孤岛”最根本的办法就是建立柔性的异构制造系统集成框架。一种解决方案是，系统之间的集成采用直接集成的方法，例如直接将制造系统底层的数据库集成起来，或者运用编程的方法直接访问多个系统底层数据库等。直接集成方法在系统集成要求不是很高或者数据量不是很大的情况下具有一定的优势，但也存在缺陷：集成方式是一种刚性的集成，一旦企业的业务和管理经营方式发生变化，系统之间集成的建模方法就必须随之变化，而这种变化发生的频率也是非常高的。另一种解决方法是，引入异构制造系统之间的集成技术，形成一种异构制造信息系统的集成建模方法。利用该方法对已有的信息系统模型进行集成化的改造，形成一套柔性的异构制造系统集成框架模型，解决集成刚性问题，进而构建生产管理统一信息模型，适应制造企业对集成的需求。当然，这也有不足，如实施深度大数据分析要比前者困难。

（2）生产计划编制过程中的产量预测需求。

生产计划编制是ERP系统的主要环节之一，大部分制造企业在主生产计划的编制过程中，只是根据订单要求的数量和产品的库存信息进行生产计划数量的设定，这对于仅使用ERP系统的企业来说，准确性基本可以保证。但是，如果企业运用了其他制造系统，例如PDM、CAPP、MES等，就必须考虑这些系统中的信息对生产计划产量的影响。因此，产量的设定就变成产量预测问题，需要根据各种不确定因素归纳出数学模型对产量进行预测，以免出现一段时间内生产力过剩或者生产力严重不足的情况。

（3）产品总完工时间预测需求。

总完工时间的预测本身是生产任务调度的问题，即MES的重要环节之一。与产量的设定一样，若仅考虑MES自身的影响，只需要根据产品结构中的零部件的加工周期和提前期即可推算出完工日期。但是考虑到各种异构制造系统的影响，仅靠上述推算，会出现很大偏差，因此，若想在系统规划层面设定较为合理的产品总完工时间，就必须在集成框架模型的基础上获取影响产品总完工时间的各种因素，建立合理的数学模型，从而实现产品总完工时间的预测。

（4）生产管理决策信息可视化需求。

通过生产管理业务的有序运行，有关生产管理的关键信息也会记录在集成框架的各个系统中，但往往信息的表现形式较为抽象，不够直观，并且有些信息需要经过海量数据的分析和挖掘后才能获取。虽然有些努力已对信息的获取和挖掘进行了研究，但还存在一些问题。第一，对异构信息挖掘的广度不够，且缺乏可视化的表达方式。信息的获取往往面向企业某个业务部门，没有从企业全局的角度挖掘信息系统中的决策支持信息。传统的方式只是给管理人员提供若干信息描述，无法给出明确关于项目计划完成比例、生产进度情况、资金占用情况等的量化与实时可视化信息。实际上，企业主管还是要通过会议或者报告等方式来了解并做出决策，所以解决基于异构制造系统的决策信息实时可视化和量化也已成为离散制造企业信息化要突破的关键问题。此外，存在的问题还包括对异构信息挖掘的深度不够。对于离散制造业而言，从PDM、ERP、CAPP、MES等孤立的信息系统获取的原始信息，必须经过系统深入的分析和处理，才能提供给企业决策者使用。例如，项目研发进度，需要通过对PDM系统中成百上千的流程、文档信息的深入处理，产生量化和可视化信息，才能得到决策者最终需要的决策支持信息。因此，将集成框架下的企业管理层人员关心的数据可视化非常重要，这样可以避免数据抽象、不易读的弊端，能有效帮助企业领导进行企业生产过程中的各项决策。

这些问题的挑战迎来了对企业数据仓库的需求。

24.4　企业数据仓库和数据集市

如前所述，数据库可以分为操作性（生产性）数据库和分析性数据库，数据仓库是分析性的。

与生产性（操作性）数据库不同，数据仓库具有如下特征。

● 数据仓库是一个面向主题的、集成的、非易失的且随时间变化的数据集合，用来支持管理人员的决策；

● 在数据仓库的所有特性中，数据仓库是集成的这个特性是最重要的。

● 数据仓库中的数据时间期限要远长于操作性系统中的数据时间期限。数据仓库中的数据时间期限通常是 5～10 年。

● 操作性数据库包含“当前值”的数据，这些数据的准确性在访问时是有效的，同样，当前值的数据能被更新。而数据仓库中的数据仅是一系列某一时刻生成的复杂的快照。

● 操作性数据的键码结构可能包含也可能不包含时间元素，如年、月、日等。而数据仓库的键码结构总是包含时间元素。

数据仓库的基本结构如图 24.8 所示。

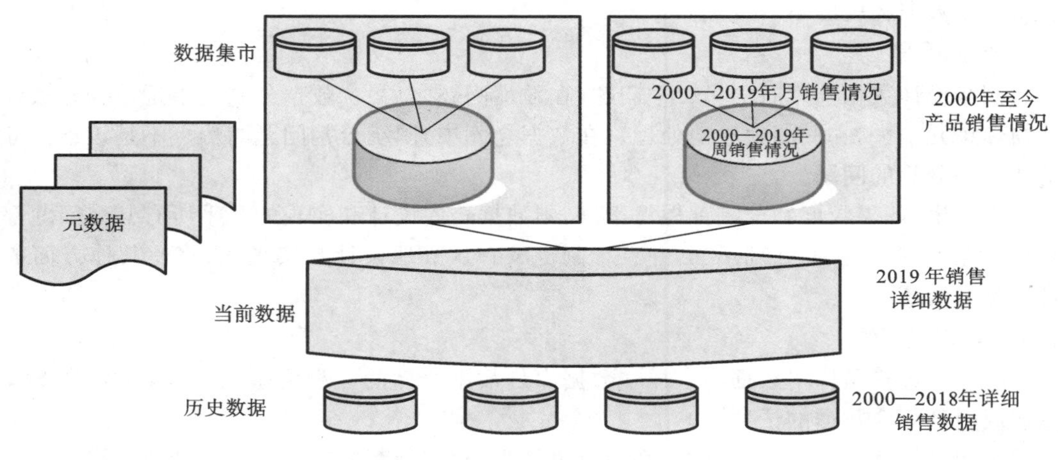

图 24.8 数据仓库的基本结构

由图 24.8 可以看出，数据仓库不仅关注当前数据，也关注历史数据。元数据在这里也扮演重要角色，其负责对数据进行描述和标注。如图的上面所示，针对不同的应用需求和不同的主题，会构建不同的数据集市。

数据仓库是面向数据模型中已定义好的公司的主要主题领域，这类主题包括：客户、产品、事务或活动、索赔、账目等。

与数据库的建立不同，数据仓库的建立是进化性的。数据仓库是一次一步地设计和载入数据。

下面讨论一些关键问题。

1. 粒度问题

粒度问题是设计数据仓库时最重要的一个方面。粒度是指在数据仓库的数据单位中保存数据时的细化或综合程度的级别。细化程度越高，粒度级就越小；相反，细化程度越低，粒度级就越大。

在数据仓库环境中，粒度之所以是主要的问题，是因为它深深地影响了存放在数据仓库中的数据量大小，同时影响了数据仓库所能给出的查询类型。在数据仓库中，要在数据量大小与查询的详细程度之间作出权衡。

很多时候，非常需要提高存储与访问数据的效率，以及详细分析数据的能力。当一个企业或组织的数据仓库中拥有大量数据时，在数据仓库的细节部分考虑双重(或多重)粒度级很有意义。

例如，财务记账在操作层记录大量的细节，其中大部分细节是为了满足结账系统的需求。在分析时，是否需要如此粒度的细节是一个问题。

我们把存放详细数据的数据库称为细节数据库。在数据仓库里，会对细节数据进行综合整理。

轻度综合数据库中的数据量比细节数据库中的数据量少得多。当然，在轻度综合数据库中，对能访问的细节存在一定的限制。

在数据的真实档案层上，存储所有的细节来自操作型环境。

鉴于费用、效率、访问便利和任何可以回答的查询的能力，数据双重粒度级是大多数机构构建数据仓库细节级的最好选择。只有当一个机构的数据仓库环境中的数据相对较少时，才应尝试采用数据粒度的单一级别。

2. 分割问题

分割是设计数据仓库时的第二个问题(在粒度问题之后)。数据分割是指把数据分散到各自的物理单元中去，它们能独立地处理。在数据仓库中，围绕分割问题的焦点不是该不该分割而是如何去分割的问题。

人们常说，如果粒度和分割都做得很好，则数据仓库设计和实现的几乎所有其他问题都容易解决。但是，假如粒度处理不当，并且分割也没有认真地设计与实现，这将使其他方面的设计难以真正实现。

3. 样本数据库

还有一个选择是样本数据库。样本数据库是数据仓库的一种混杂的形式，它只是真实档案数据或轻度综合数据的子集。

样本记录的选取一般是随机的，必要时可采用一个"判断样本"(即记录必须达到一定标准才能被选中)。判断样本所带来的问题是使样本数据具有某种偏差，随机抽取数据带来的问题是可能无法进行统计。无论如何，数据是选择作为样本的，所以在样本数据库中找不到任何给定的记录这一事实是说明不了任何问题的。

样本数据库的最大好处是存取效率非常高。即使只是从一个大数据库中抽取很小一部分，对它进行访问和分析也相对地有效得多。

如上所述，在数据仓库环境中，需要对数据进行分割。下面进一步讨论分割问题。

对当前细节数据进行分割的总体目的是把数据划分成小的物理单元。数据分割为什么如此重要？因为小的物理单元能为操作者和设计者在管理数据时提供比对大的物理单元更大的灵活性。

当数据存放在大的物理单元中时，尤其不能达到容易重构、自由索引、顺序扫描(若需要)、容易重组、容易恢复、容易监控。

简单来说，数据仓库的本质之一就是，灵活地访问数据。如果是大块数据，就达不到这一要求。因此，对所有当前细节的数据仓库都要进行分割。

分割数据的准确含义是什么？当结构相同的数据被分成多个数据物理单元时，数据便被分割了。此外，任何给定的数据单元属于且仅属于一个分割。

有多种数据分割的标准，如按时间、地理位置、组织单位分割。

数据分割的标准是严格按照开发人员来选择的。然而，在数据仓库环境中，日期几乎是分割标准中的一个必然组成部分。以西风公司为例，它们可能关心以下几种情况。

- 2000 年亚洲地区的销售情况。
- 2001 年亚洲地区的销售情况。
- 2002 年亚洲地区的销售情况。
- 2006 年非洲地区的销售情况。
- 2007 年非洲地区的销售情况。
- 2009 年北美地区的销售情况。
- 2016 年欧洲地区的销售情况。
- 2017 年欧洲地区的销售情况。

这样公司可以使用日期作为标准来分割数据。

24.4.1 数据仓库系统的基本结构

我们可以用图 24.9 来描述一个数据仓库。

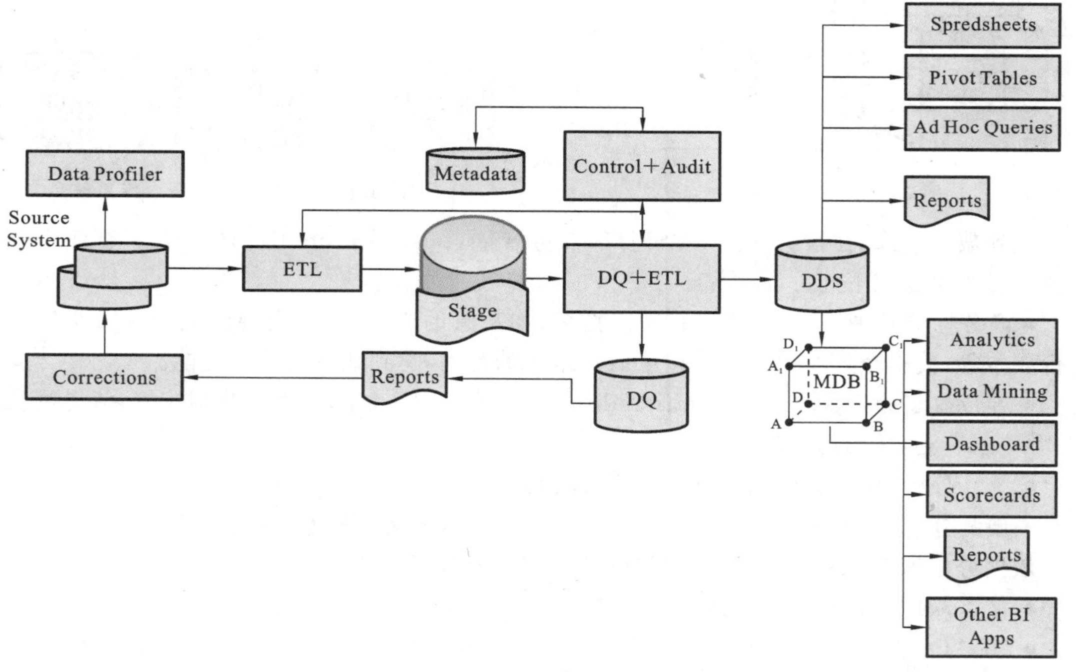

图 24.9 数据仓库系统图

从图 24.9 的左边开始看，数据仓库的数据采自源系统（存放当前数据的 OLTP 生产性数据库、存放历史数据的存档数据库等）。数据分析器（profiler）对这些数据进行检查，以了解数据的特征，例如，每个表格有多少条记录、有多少条记录含有空值，等等。

预处理系统（ETL 系统）负责数据抽取、转换和加载工作。ETL 系统把数据集成、转换和加载到一个维度数据存储（dimensional data store，DDS）里。DDS 是一个数据库，以不同于 OLTP 格式存储数据仓库的数据库。

ETL 系统把数据加载到 DDS 的时候，会使用数据质量规则对数据质量进行检查。检查后的数据放入数据质量数据库（data quality（DQ） database），并通知源系统，让其对发现的问题进行纠正。坏数据可以自动校正，或者如果误差仍在有限程度内，则容忍坏数据。ETL 系统由一个控制系统依据到达顺序和存放在元数据库的规则及逻辑进行管理。元数据库用于存放关于数据结构、数据含义和数据用途的信息，以及其他关于数据的信息。这里提到了Stage，这是数据仓库的一个内部存储层，用于将从源系统获取的数据进行转换、预处理和暂时存放起来。

审计系统(audit system)用于记录系统运行的日志，并存放到元数据库中。

用户使用丰富的前端工具，如电子制表软件(spreadsheets)、数据透视表(pivot tables)、报表工具和 SQL 查询工具等查询和分析 DDS 中的数据。有些应用会在一个多维数据库格式上操作。对此，DDS 数据库中的数据会加载到一个多维数据库(multidimensional databases，MDBs)里，MDB 往往称为方(cube)。一个多维数据库的格式是一个方体，数据存放在方体的单元(cell)里，如图 24.10 所示。

读者会觉得图 24.10 太繁复。没关系，最简单的数据仓库系统可以用图 24.11 表示。

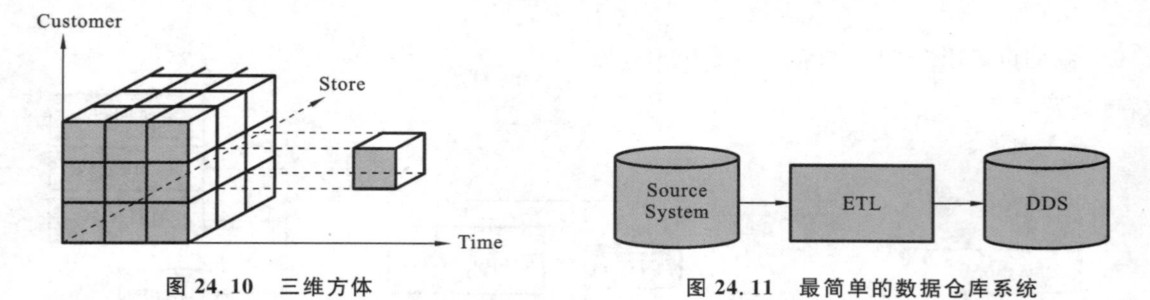

图 24.10　三维方体　　　图 24.11　最简单的数据仓库系统

谈到数据仓库，往往会涉及一个词，即商务智能(business intelligence，BI)。企业中的商务智能应用包含以下几方面。

- 商务性能管理，包括生产关键性能指标，如每天的销售情况、资源使用率和每个区域的运行成本等，使得企业相关人士可以采取战术级的行动，达到期待的运行性能。
- 客户盈利分析(customer profitability analysis)，即了解哪些客户获利较好，值得维持关系；哪些未获利，从而需要改变策略。
- 统计分析，如购买可能性或购物篮(即相关性)分析。
- 预测分析，如销售预测、下一年度成本估算、公司未来方向等。

依据分析深度和复杂程度，可以将商务智能分为以下三类。

- 报表，如性能指标、全球客户分布等。
- OLAP，如聚合(aggregation)、钻取(drill down)、切片(slice)和切块(dice)、交叉钻取(drill across)。
- 数据挖掘，如数据特征化(data characterization)、数据区分(data discrimination)、关联分析(association analysis)、分类(classification)、聚类(clustering)、预测(prediction)、趋势分析(trend analysis)、偏差分析(deviation analysis)和相似性分析(similarity analysis)。

数据仓库有两个主要结构：数据流体系结构(data flow architecture)和系统结构。数据流体系结构关注的是如何在每个数据存储里安排数据，如何通过这些数据存储让数据从源系统流向用户。系统结构讨论的是服务器、网络、软件存储和客户端的物理构成。

从数据流体系结构看，大致有四类：单 DDS、NDS＋DDS、ODS＋DDS 和联邦式数据仓库等。前三者相同点都使用一维模型，后端存储数据；其差别在于中间层数据存储。联邦式数据仓库由多个数据仓库组合而成，依赖于数据检索层。

不同于数据体系结构(data architecture),数据流体系结构讨论的是如何在每个数据存储里安排数据,如何设计数据存储以反映业务流程。构建数据体系结构的过程称为数据建模。

数据流体系结构的一个重要成分是数据存储。这里的数据存储指的是包含数据仓库的一个或几个数据库或文件,按特定格式布局,与数据仓库处理过程相关,涉及的数据分为以下三类。

- 面向用户的数据存储。该数据让终端用户可用,可以让终端用户和终端用户应用查询数据。
- 内部数据存储。由数据仓库的成分内部使用,用于数据的集成、清洗、簿记和准备,对终端用户及其应用不开放。
- 混合数据存储。既用于内部,也用于终端用户及应用。

主存储可以是面向用户的,也可以是混合的,其中存放的是数据仓库的完整数据,包括数据的各种版本和历史数据。

基于数据格式,又可以将数据存储分为以下四类。

- Stage 是一种内部数据存储,用于在将数据加载到数据仓库之前对来自源系统的数据转换与预处理。
- 规范数据存储(normalized data store,NDS)是一种内部主数据存储,采用一种或多种规范化关系型数据库格式,以便将 Stage 里的、来自各种源头的数据集成起来。
- 操作数据存储(operational data store,ODS)是一种混合数据存储,采用一种或多种规范关系型数据库格式,用于存放事务数据和最新的主数据,支持操作性应用。
- 维度数据存储(dimensional data store,DDS)是一种面向用户的数据存储,采用一种或多种规范关系型数据库格式,数据按维度格式布局,用于支持分析查询目的。

图 24.12 是一个关于 Stage、ODS 和 DDS 及数据流体系结构的样例。

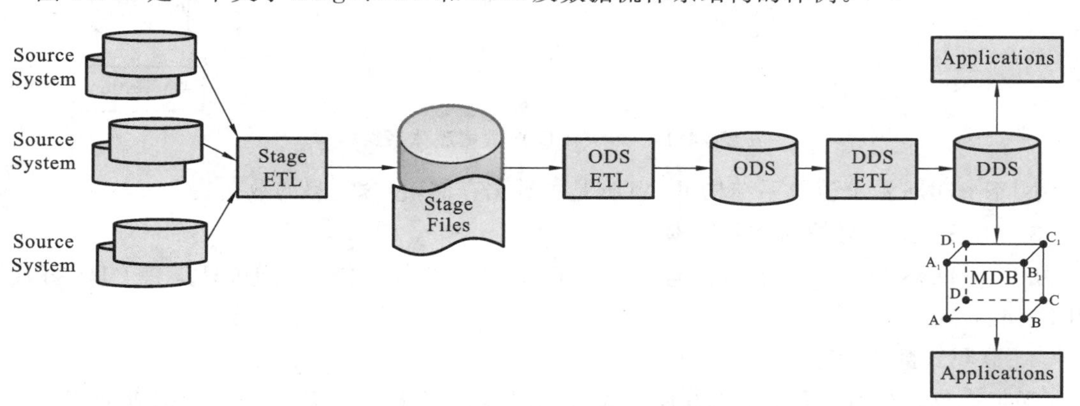

图 24.12　Stage、ODS 和 DDS 及数据流体系结构样例

图 24.12 中的箭头表示的就是数据流,描述了数据流动过程。

下面简单介绍四种数据流体系结构。

1. 单 DDS 数据流体系结构

最简单的数据流体系结构仅使用 Stage 和 DDS 两种存储。单 DDS 数据流体系结构如图 24.13 所示。

2. NDS+DDS 数据流体系结构

NDS+DDS 数据流体系结构里使用 Stage、NDS 和 DDS 三种数据存储。NDS+DDS 数据流体系结构如图 24.14 所示。这种体系结构类似于单 DDS 数据流体系结构,差异在于 DDS

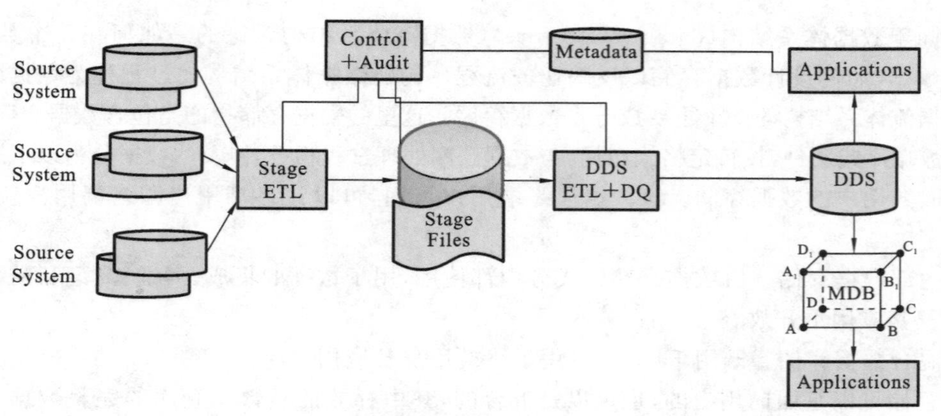

图 24.13 单 DDS 数据流体系结构

前有一个规范数据存储。NDS 采用第三范式或以上关系范式。这有两个好处:便于从不同源系统集成数据;能将数据加载到多个 DDS。

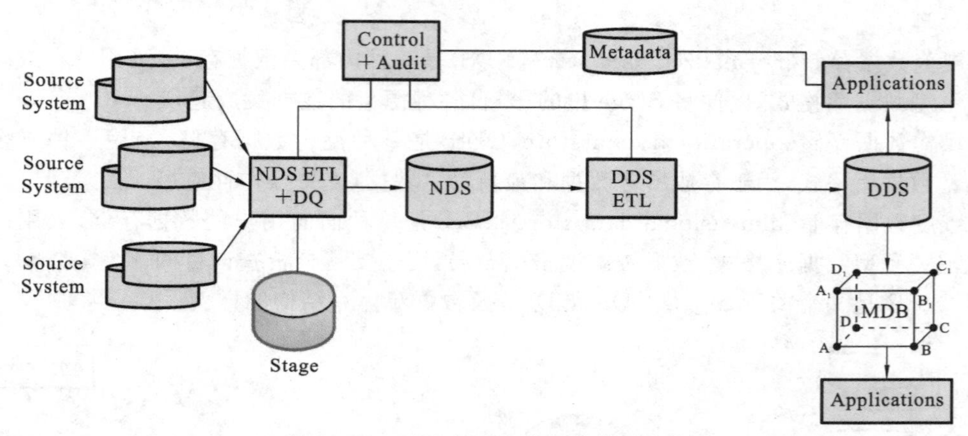

图 24.14 NDS+DDS 数据流体系结构

NDS+DDS 数据流体系结构里,NDS 是主数据存储,包含完整的数据集。

3. ODS+DDS 数据流体系结构

ODS+DDS 数据流体系结构与 NDS+DDS 数据流体系结构类似,只是将 ODS 替代了 NDS,如图 24.15 所示。

4. 联邦式数据仓库

联邦式数据仓库由多个数据仓库构成,在这些数据仓库上构建了一个数据查询层。在若干个现有数据仓库上有一个 ETL 层,负责对这些数据仓库的数据实施 ETL 和加载到新的维度数据仓库,如图 24.16 所示。

FDW ETL 需要基于业务规则从源数据仓库里集成数据。ETL 系统需要识别从源数据来的记录是否和其他从源数据仓库里来的数据重复。重复的记录需要归并。FDW ETL 还需要将来自不同源数据仓库的数据转换成公共结构和公共格式。

24.4.2 分布式数据仓库

大部分企业建立和维护单一中央数据仓库环境。为什么单一中央数据仓库环境比较流行

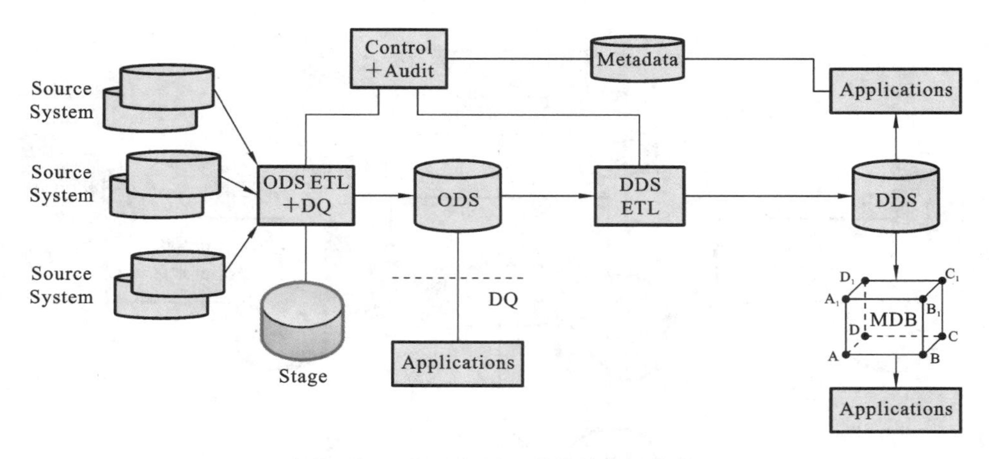

图 24.15　ODS+DDS 数据流体系结构

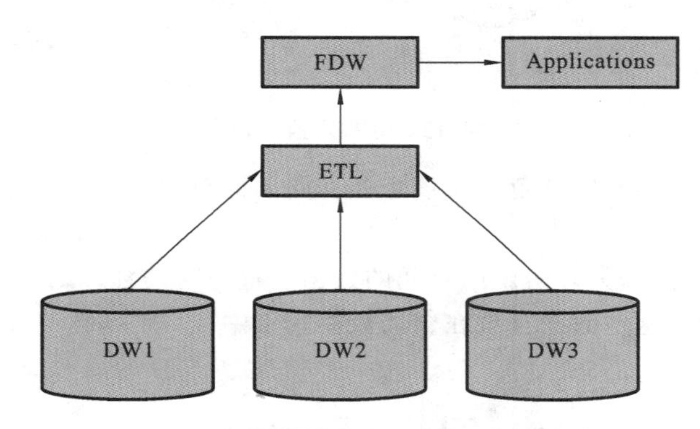

图 24.16　在多个数据仓库上构建的数据仓库

呢？原因有以下几个

- 数据仓库中的数据是全企业集成的数据，仅在总部使用集成视图。
- 数据仓库中的大量数据会让数据的单一集中式存储具有意义。
- 即使数据能被集成，但若将它们分布于多个局部站点，那么存取这些数据也很麻烦。

总之，经济和技术等诸多因素都更倾向于建立和维护单一中央数据仓库环境。但是在某些特定场合，需要建立分布式数据仓库环境。

如前所述，企业数据库往往会设计成一个分布式数据库。

在一些企业运作中，局部站点是自主的，仅偶然或某些特定的处理需要将数据和业务活动发送到总部处理。对于这类企业来说，采用某种形式的分布式数据仓库是必要的，如图 24.17 所示。

1. 局部数据仓库

数据仓库的一种形式是局部数据仓库。局部数据仓库仅包含对局部层有意义的数据。

数据仓库除存储的数据具有局部功能外，还具有其他任何数据仓库的相同功能。换句话说，局部数据仓库包含的是在局部站点上历史的和集成的数据。局部数据仓库间的数据或数据结构不必协调一致。

2. 全局数据仓库

全局数据仓库的范围涉及整个企业或组织。它内部的每个局部数据仓库也都有各自服务

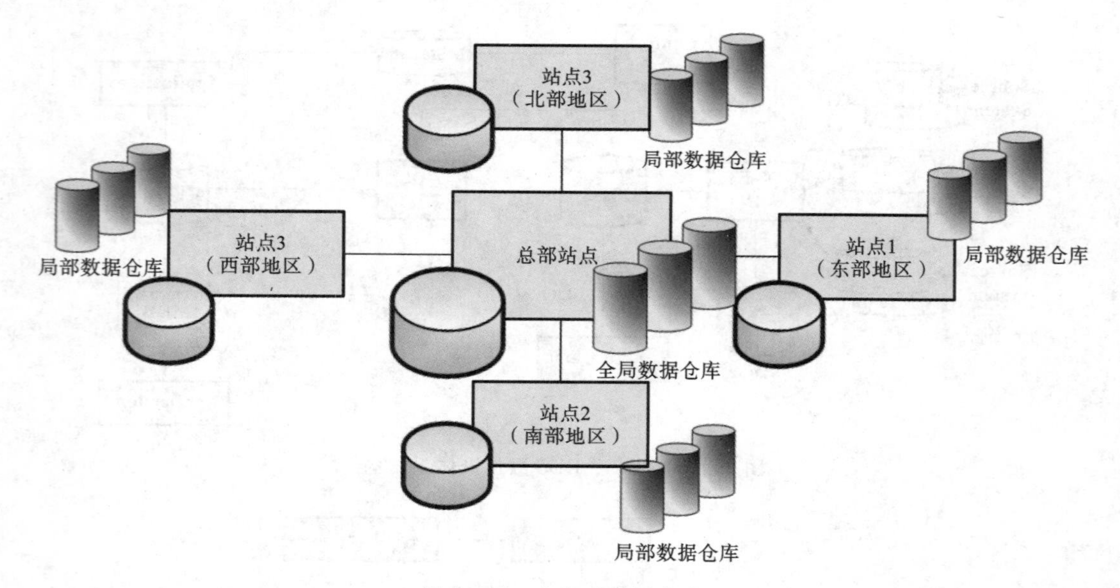

图 24.17 分布式数据仓库

的局部站点范围，全局数据仓库的范围是该企业。同局部数据仓库一样，全局数据仓库也包含历史数据。

当某企业内一个站点和另外一个站点间的数据有重叠时是合理的。如果企业内存在这样重叠的数据，那么最好将这些数据存放在全局数据仓库中。

习　题　24

1. 为什么企业数据库有分布要求？
2. 什么是数据仓库？数据仓库和数据库有哪些相似点和不同点？

参考文献

第 1 章

[1] Theo Harder. 数据库系统实现方法[M]. 漆永新，顾君忠，译. 北京：科学出版社，1986.

[2] Jeffrey D. Ullman. 数据库系统基础教程（英文影印版）[M]. 北京：清华大学出版社，1998.

[3] Jeffrey D. Ullman. Principles of Database and Knowledge-Base Systems (two volumes) [M]. New York: Computer Science Press, 1988, 1989.

[4] Hector Garcia-Molina, Jeffrey D. Ullman, Jennifer Widom. Database System Implementation[M]. London: Pearson Education, 2000.

[5] 王珊，萨师煊. 数据库系统概论[M]. 4 版. 北京：高等教育出版社，2006.

[6] Márk Kaszó, Tihamér Levendovszky. TPC Benchmark[C]. 7th International Symposium of Hungarian Researchers on Computational Intelligence, 2006.

[7] E. F. Codd. The Relational Model for Database Management[M]. Version 2. Boston: Addison-Wesley, 1990.

[8] E. F. Codd. A Relational Model of Data for Large Shared Data Banks[J]. Information Retrieval, 1970, 13(6).

[9] M. Tamer Özsu, Patrick Valduriez. Principles of Distributed Database Systems[M]. Third Edition. Berlin: Springer, 2011.

[10] B. W. Lampson, M. Paul. Distributed Systems - Architecture and Implementation, Advanced Course[M]. Berlin: Springer, 1981.

[11] Michael Stonebraker. Operating System Support for Database Management[J]. Communications of ACM, 1981.

[12] Rao Mikkilineni. Designing a New Class of Distributed Systems [M]. Berlin: Springer, 2011.

[13] 顾君忠，贺樑. 分布数据管理[M]. 上海：华东师范大学出版社，2010.

[14] 周龙骧. 分布式数据库管理系统实现技术[M]. 北京：科学出版社，1998.

[15] Peter Lake, Paul Crowther. Concise Guide to Databases[M]. Berlin: Springer, 2013.

[16] S. Sumathi, S. Esakkirajan. Fundamentals of Relational Database Management Systems [M]. Berlin: Springer, 2007.

[17] Abraham Silberschatz, Henry F. Korth, S. Sudarshan. DATABASE SYSTEM CONCEPTS[M]. 6th Edtion. New York: McGraw-Hill, 2011.

第 2 章

[1] B. W. Lampson, M. Paul. Distributed Systems-Architecture and Implementation[M]. Berlin: Springer, 1981.

[2] M. Tamer Özsu, Patrick Valduriez. Principles of Distributed Database Systems[M].

Third Edition. Berlin:Springer,2011.
[3] Stefano Ceri, et al. Distributed Databases: Principles and Systems [M]. New York: McGraw-Hill,1984.
[4] 顾君忠,贺樑. 分布数据管理[M]. 上海:华东师范大学出版社,2010.
[5] 周龙骧. 分布式数据库管理系统实现技术[M]. 北京:科学出版社,1998.

第 3 章

[1] Stefano Ceri, et al. Distributed Databases: Principles and Systems [M]. New York: McGraw-Hill,1984.
[2] 顾君忠,等. 分布式关系型数据库系统中的关系水平分布及其实现[J]. 计算机工程,1984,2:25-35.
[3] 金弘平,顾君忠. 分布依赖属性和优化分布连接在 C-POREL 系统中的实现[J]. 计算机学报,1987,12:746-757.
[4] Clare Churcher. Beginning Database Design[M]. California:Apress,2007.
[5] 顾君忠,贺樑. 分布数据管理[M]. 上海:华东师范大学出版社,2010.
[6] Elvis C. Foster,Shripad V. Godbole. Database Systems[M]. California:Apress,2014.
[7] S. Sumathi,S. Esakkirajan. Fundamentals of Relational Database Management Systems [M]. Berlin:Springer,2007.
[8] Abraham Silberschatz,Henry F. Korth,S. Sudarshan. DATABASE SYSTEM CONCEPTS[M]. 6th Edtion. New York:McGraw-Hill,2011.
[9] Gio Wiederhold. Database Design[M]. New York:McGraw-Hill,1977.

第 4 章

[1] Elvis C. Foster,Shripad V. Godbole. Database Systems[M]. California:Apress,2014.
[2] S. Sumathi,S. Esakkirajan. Fundamentals of Relational Database Management Systems [M]. Berlin:Springer,2007.
[3] 顾君忠,贺樑. 分布数据管理[M]. 上海:华东师范大学出版社,2010.
[4] 周龙骧. 分布式数据库管理系统实现技术[M]. 北京:科学出版社,1998.
[5] J. B. ROTHNIE,et al. Introduction to a System for Distributed Databases(SDD-1)[J]. ACM Transactions on Database Systems,1980,5(1):1-17.
[6] BRUCE G. LINDSAY,LAURAM. HAAS,C. MOHAN,PAUL F. WILMS,et al. YOST,Computation and Communication in R * :A Distributed Database Manager[J]. ACM Transactions on Computer Systems,1984,2(1):24-38.
[7] Stonebraker M. ,Neuhold E. J. . A distributed database version of ingres[C]. In Proceedings of the 2nd Berkeley Workshop on Distributed Data Management and Computer Networks,1977,19-36.
[8] Jeffrey D. Ullmann,Jennifer Widom. A First Course in Database Systems[M]. 北京:清华大学出版社,1998.
[9] M. Tamer Özsu,Patrick Valduriez. Principles of Distributed Database Systems[M]. Third Edition. Berlin:Springer,2011.

第 5 章

[1] Hanhs Polzer. The Essence of Net-Centricity and Implications for C4I Services Interoper-

ability[R]. 2008.
[2] Kenneth J. Laskey. The MITRE Corporation, Metadata Concepts to Support a Net-Centric Data Environment[M]. Berlin: Springer, 2005.
[3] Joachim Hammer. The Information Integration Wizard(IWiz) Project[R]. Florida: UNIVERSITY OF FLORIDA: TECHNICAL REPORT TR99-019, 1999.
[4] Andreas Tolk, James A. Muguira. The Levels of Conceptual Interoperability Model[C]. Fall Simulation Interoperability Workshop 2003. Curran Associates, Inc., 2009, 1: 53-62.
[5] Andreas Harth, Interoperation between Information Spaces on the Web[M]. Berlin: Heidelberg, 2006.
[6] C4ISR Architectures Working Group(AWG). C4ISR Architecture Framework Version 2.0[R]. 1997, 12-18.
[7] Andreas Tolk. Beyond Technical Interoperability - Introducing a Reference Model for Measures of Merit for Coalition Interoperability[C]. 8th International Command and Control Research and Technology Symposium, 2003.
[8] U. S. Department of Defense, Chief Information Officer (CIO). Department of Defense Net-Centric Data Strategy[N/OL]. U. S. Department of Defense, 2003. https://dodcio.defense.gov/Portals/0/documents/Net-Centric-Data-Strategy-2003-05-092.pdf.
[9] Andreas Harth. Interoperation among Semantic Web Data Sources[J]. Lecture Notes in Computer Science, 2006, 4254.
[10] Steffen Staab. Handbook on Ontologies[M]. Berlin: Springer, 2009.
[11] 顾君忠,贺樑. 分布数据管理[M]. 上海:华东师范大学出版社,2010.
[12] Jizhi Chen, Junzhong Gu. Developing Educational Ontology: A Case Study in Physics [C]. Association for Computing Machinery, 2018. 201-206.
[13] Anne Kao. Natural Language Processing and Text Mining[M]. Berlin: Springer, 2006.

第 6 章

[1] 顾君忠,等. 分布式关系型数据库系统中的关系水平分布及其实现[J]. 计算机工程,1984.
[2] 金弘平,顾君忠. 分布依赖属性和优化分布连接在 C-POREL 系统中的实现[J]. 计算机学报,1987.
[3] Yannis E. Ioannidis. Query optimization[J]. ACM Computing Surveys, 1996, 28(1): 121-123.
[4] Joseph M. Hellerstein, Michael Stonebraker, P. Griffiths Selinger, et al. Readings in Database Systems[M]. 4th Edition. Cambridge: The MIT Press, 2005.
[5] S. Sumathi, S. Esakkirajan. Fundamentals of Relational Database Management Systems [M]. Berlin: Springer, 2007.

第 7 章

[1] Stefano Ceri, et al. Distributed Databases: Principles and Systems[M]. New York: McGraw-Hill, 1984.
[2] M. Tamer Özsu, Patrick Valduriez. Principles of Distributed Database Systems[M]. Third Edition. Berlin: Springer, 2011.
[3] 周龙骧,等. 分布式数据库管理系统实现技术[M]. 北京:科学出版社,1998.

[4] Blakeley,Jose,Fishman,David,Lomet,David,et al. Panel:The Impact of Database Research on Industrial Products(Summary)[C]. In Proceedings of the 10th International Conference on Data Engineering,1994.

[5] 金泓平,顾君忠. 分布依赖属性和优化分布连接在 C-POREL 系统中的实现[J]. 计算机学报,1987,12:746-757.

[6] 顾君忠. DDBMS C-POREL 系统中的涉网分析设计与实现[J]. 计算机学报,1988,08:482-488.

[7] J. B. ROTHNIE,et al. Introduction to a System for Distributed Databases (SDD-1)[J]. ACM Transactions on Database Systems,1980,5:1-17.

[8] Robert Epatein, Michael Stonebraker, Eugene Wong. DISTRIBUTED QUERY PROCESSING IN A RELATIONAL DATA BASE SYSTEM[J]. ACM Sigmod International Conference on Manageme of Data,1978,7:169-18.

第 8 章

[1] S. Sumathi,S. Esakkirajan. Fundamentals of Relational Database Management Systems [M]. Berlin:Springer,2007.

[2] Peter Lake,Paul Crowther. Concise Guide to Databases[M]. Berlin:Springer,2013.

[3] Saeed Shafieian,Mohammad Zulkenine,Anwar Haque,et al. Cloud Computing - Challenges,Limitations and R&D Solutions[M]. Berlin:Springer,2014.

[4] Guy Harrison. Next Generation Databases[M]. California:Apress,2015.

[5] M. Tamer Özsu. Principles of Distributed Database Systems[M]. Third Edition. Berlin:Springer,2011.

[6] Stefano Ceri, et al. Distributed Databases: Principles and Systems [M]. New York: McGraw-Hill,1984.

[7] Ting Wang,et al. A survey on the history of transaction management:from flat to grid transactions[J]. Distrib Parallel Databases,2008,23:235-270.

[8] 顾君忠. 计算机支持的协同工作导论[M]. 北京:清华大学出版社,2002.

[9] 顾君忠,贺樑. 分布数据管理[M]. 上海:华东师范大学出版社,2010.

第 9 章

[1] P. A. Bernstein, V. Hadzilacos, N. Goodman. Concurrency Control and Recovery in Database Systems[M]. New Jersey:Addison Wesley,1987.

[2] Kjetil Nørvag,Olav Sandsta. Kjell Bratbergsengen. Concurrency Control in Distributed Object-Oriented Database Systems[C]. Advances in Databases and Information Systems. Berlin:Springer,1997.

[3] Ting Wang,Jochem Vonk,Benedikt Kratz,et al. A survey on the history of transaction management:From flat to grid transactions[J]. Distrib Parallel Databases,2008,23:235-270.

[4] Stefano Ceri, et al. Distributed Databases: Principles and Systems [M]. New York: Mcgraw-Hill,1984.

[5] M. Tamer Özsu,Patrick Valduriez. Principles of Distributed Database Systems[M]. Third Edition. Berlin:Springer,2011.

[6] Kung H. T. ,Robinson J. T.. Optimistic Concurrency Control[J]. ACM Trans. on Database Systems,1981,6(2).

第 10 章

[1] S. Sumathi,S. Esakkirajan. Fundamentals of Relational Database Management Systems [M]. Berlin:Springer,2007.

[2] James Luetkehoelter. Pro SQL Server Disaster Recovery[M]. Berlin:Springer,2008.

[3] 赵健,顾君忠. 分布式数据库系统结点失败下无阻塞的递交协议[J]. 计算机工程,1988,01:31-39.

[4] 赵健,顾君忠. 分布式数据库系统中处理媒介故障的策略[J]. 计算机工程,1988,02:12-21.

[5] C. S. Zhang,顾君忠. Computer Mediated Software Reliability Modeling[J],上海:华东师大学报(自然科学版),2000,1.

[6] Stefano Ceri, et al. Distributed Databases: Principles and Systems[M]. New York:Mcgraw-Hill,1984.

[7] M. Tamer Özsu. Principles of Distributed Database Systems[M]. 北京:清华大学出版社,2002.

[8] Rivka Lawn,Barbara Liskov,Liuba Shrira,Sanjay Ghemawat. Providing High Availability using Lazy Replication[J]. ACM Transactions on Computer Systems (TOCS),1992,10(4).

[9] Barbara Llskov,Rivka Ladin,Rivka Ladin,et al. Lazy Replication:Exploiting the semantics of distributed services[C]. In Proceedings of the ninth annual ACM symposium on Principles of distributed computing (PODC '90). New York:Association for Computing Machinery,43-57.

第 11 章

[1] Maurice P. Herlihy,Jeannette M. Wing. Linearizability:A Correctness Condition for Concurrent Objects[J]. ACM Transactions on Programming Languages and Systems,1990,12(3):463-492.

[2] Bernadette Charron-Bost,Fernando Pedone. Replication-Theory and Practice[M]. Berlin:Springer,2010.

[3] J. Gray,P. Helland,P. E. O'Neil,D. Shasha. The dangers of replication and a solution [J]. ACM SIGMOD Int. Conf. on Management of Data,1996,173-182.

[4] Sagar Verma,et al. An Efficient Data Replication and Load Balancing Technique for Fog Computing Environment[C]. 2016 3rd International Conference on Computing for Sustainable Global Development(INDIACom),2016,2888-2895.

[5] B. Liskov,S. Zilles. Specification techniques for data abstractions[J]. IEEE Transactions on Software Engineering,1975,6:7-19.

第 12 章

[1] 韩伟红. 多数据库系统中关键技术的研究[D]. 长沙:国防科技大学,2000.

[2] Bin Chen,Integration of Multiple Databases Using XML[D]. Halifax:Dalhousie University,1999.

[3] OSEPH ALBERT, SCHEMA AND DATA INTEGRATION IN HETEROGENEOUS MULTIDATABASE SYSTEMS[D]. Madison: University of Wisconsin, 1996.
[4] 汪芸. CORBA 技术及其应用[M]. 南京：东南大学出版社，1999.
[5] W. Keith Edwards. Jini 核心技术[M]. 王召福，任鸿，刘作伟，等，译. 北京：机械工业出版社，2000.
[6] Charles J. Petrie. Web Service Composition[M]. Berlin: Springer, 2016.
[7] Elisa Bertino, Lorenzo D. Martino, Federica Paci, Anna C. Squicciarini. Security for Web Services and Service-Oriented Architectures[M]. Berlin: Springer, 2010.
[8] Ian J. Taylor Andrew B. Harrison. From P2P and Grids to Services on the Web[M]. Berlin: Springer, 2009.
[9] Athman Bouguettaya, Quan Z. Sheng. Web Services Foundations[M]. Berlin: Springer, 2014.

第 13 章

[1] S. Sumathi, S. Esakkirajan. Fundamentals of Relational Database Management Systems [M]. Berlin: Springer, 2007.
[2] Michael Gertz. Handbook of Database Security[M]. Berlin: Springer, 2008.
[3] R. Rivest, R. L. Adleman, M. Dertouzos. On Data Banks and Privacy Homomorphisms [J]. Foundations of Secure Computations, 1978, 169-179.
[4] J. Domingo-Ferrer. A New Privacy Homomorphism and Applications[J]. Information Processing Letters, 1996, 6(5): 277-282.
[5] R. Agrawal, J. Kiernan, R. Srikant, Y. Xu. Order Preserving Encryption for Numeric Data[C]. SIGMOD'04: In Proceedings of the 2004 ACM SIGMOD international conference on Management of data. New York: ACM Press, 2004, 563-574.
[6] L. Willenborg, T. De Waal. Elements of Statistical Disclosure Control[M]. Berlin: Springer, 2001.
[7] L. Willenborg, T. De Waal. Statistical Disclosure Control in Practice[M]. Berlin: Springer, 1996.

第 14 章

[1] Roman Trobec, Marián Vajter? ic. Parallel Computing-Numerics, Applications, and Trends[M]. Berlin: Springer, 2009.
[2] Julian Dyke, Steve Shaw. Pro Oracle Database 10G RAC on Linux[M]. California: Apress, 2006.
[3] Zhong Tang, LOAD BALANCING IN PARALLEL AND DISTRIBUTED DATABASES[D]. Knoxville: The University of Tennessee, 2005.
[4] Byeong-Soo Jeong. Indexing in Parallel Database Systems[D]. Atlanta: Georgia Institute of Technology, 1995.
[5] 顾君忠，贺樑. 分布数据管理[M]. 上海：华东师范大学出版社，2010.
[6] David E. Culler, Anoop Gupta. Parallel Computer Architecture: A Hardware-Software Approach[M]. San Francisco: Morgan Kaufmann Publishers, 1999.
[7] M. Tamer Özsu. Principles of Distributed Database Systems[M]. 北京：清华大学出版社，2002.

[8] M. Tamer Özsu, Patrick Valduriez. Principles of Distributed Database Systems[M]. Third Edition. Berlin: Springer, 2011.

第 15 章

[1] Peter Lake, Paul Crowther. Concise Guide to Databases[M]. Berlin: Springer, 2013.

[2] 顾君忠, 贺樑. 分布数据管理[M]. 上海: 华东师范大学出版社, 2010.

[3] Clare Churcher. Beginning Database Design[M]. California: Apress, 2007.

[4] Ying Huang, DATA PARTITIONING, QUERY PROCESSING AND OPTIMIZATION TECHNIQUES FOR PARALLEL OBJECT-ORIENTED DATABASES[D]. Gainesville: Univ. Florida, 1996.

[5] The National Committee for Information Technology Standards(NCITS). ISO/IEC 9075-1:1999(E) Database Language SQL-Part 1: SQL/Framework[S]. ANSI/ISO/IEC International Standard (IS), 1999.

[6] W. Klas, E. J. Neuhold, M. Schrefl. Metaclasses in VODAK and their Application in Database Integration[R]. Darmstadt: GMD-IPSI, Intergrated Publication an Information Systems Institute, 1990.

[7] Wolfgang Klas, Karl Aberer, Erich Neuhold. Object-Oriented Modelling for Hypermedia Systems Using the VODAK Model Language[M]. Berlin: Springer, 1994.

[8] Benjamin Atkin, Client-server caching and object stores[OL], http://www. cs. cornell. edu/courses/cs632/2001sp/slides/client-server. ppt.

[9] Rakow, Thomas C. , Gu, Junzhong, Neuhold, Erich J.. Serializability in Object-Oriented Database Systems[C]. In Proceedings of the International Conference on Data Engineering, 1990, 112-120.

[10] M. Tamer Özsu, Patrick Valduriez. Principles of Distributed Database Systems[M]. Third Edition. Berlin: Springer, 2011.

[11] C. Beeri, H. -J. Schek, G. Weikum. Multi-Level Transaction Managemen Theoretical Art or Practical Need? [C]. Berlin: Springer, 1988.

[12] Gerhard Weikum, Hans-Jorg Schek. ARCHITECTURAL ISSUES OF TRANSACTION MANAGEMENTIN MULTI-LAYERED SYSTEMS[C]. San Francisco: Morgan Kaufmann Publishers Inc..

第 16 章

[1] Ralf Steinmetz. Peer-to-Peer Systems and Applications[M]. Berlin: Springer, 2005.

[2] A. Oram, Peer-to-Peer: Harnessing the Power of Disruptive Technologies[M]. Sebastopol: O'Reilly, 2001.

[3] Angela Bonifati, Panos K. Chrysanthis, Aris M. Ouksel, et al. Distributed Databases and Peer-to-Peer Databases: Past and Present[J]. SIGMOD Record, 2008, 37: 5-11.

[4] Ian J. Taylor, Andrew B. Harrison. From P2P and Grids to Services on the Web[M]. Berlin: Springer, 2009.

[5] Dmitry Korzun, Andrei Gurtov. Structured Peer-to-Peer Systems[M]. Berlin: Springer, 2013.

[6] Udo Bartlang, Architecture and Methods for Flexible Content Management in Peer-to-

Peer Systems[M]. Wiesbaden: Vieweg+Teubner, 2010.

[7] Ian J. Taylor, Andrew B. Harrison. From P2P and Grids to Services on the Web[M]. Berlin: Springer, 2009.

[8] Naishan Zhang. Peer-to-Peer Distributed Database System[D]. Canada: THE UNIVERSITY OF NEW BRUNSWICK, 2004.

[9] Quang Hieu Vu, Mihai Lupu Beng, Chin Ooi. Peer-to-Peer Computing-Principles and Applications[M]. Berlin: Springer, 2009.

[10] ALFRED WAI-SING LOO. Peer-to-Peer Computing-Building Supercomputers with Web Technologies[M]. Berlin: Springer, 2007.

第 17 章

[1] Guy Harrison. Next Generation Databases[M]. California: Apress, 2015.

[2] Abhinivesh Jain, Niraj Mahajan. The Cloud DBA-Oracle[M]. California: Apress, 2017.

[3] Saeed Shafieian, Mohammad Zulkenine, Anwar Haque, et al. Cloud Computing-Challenges, Limitations and R&D Solutions[M]. Berlin: Springer, 2014.

[4] Suraj Pandey, Letizaia Sammut, Rodrigo No. Calheiros, et al. Cloud Computing for Data-Intensive Applications[M]. Berlin: Springer, 2014.

[5] Baji Shaik, Avinash Vallarapu. Beginning PostgreSQL on the Cloud-Simplifying Database as a Service on Cloud Platforms[M]. California: Apress, 2018.

[6] Wolfgang Lehner, Kai-Uwe Sattler. Web-Scale Data Management for the Cloud[M]. Berlin: Springer, 2013.

[7] Tom White. Hadoop 权威指南[M]. 2 版. 周敏奇,等,译. 北京:清华大学出版社, 2011.

[8] Liang Zhao, Sherif Sakr, Anna Liu. Athman Bouguettaya. Cloud Data Management[M]. Berlin: Springer, 2014.

第 18 章

[1] Peter Lake, Paul Crowther. Concise Guide to Databases[M]. Berlin: Springer, 2013.

[2] Rao Mikkilineni. Designing a New Class of Distributed Systems [M]. Berlin: Springer, 2011.

[3] Sumit Pal. SQL on Big Data[M]. California: Apress, 2016.

[4] Raul Estrada, Isaac Ruiz. Big Data SMACK[M]. California: Apress, 2016.

[5] Ian J. Taylor, Andrew B. Harrison. From P2P and Grids to Services on the Web[M]. Berlin: Springer, 2009.

[6] Deepak Vohra. Practical Hadoop Ecosystem[M]. California: Apress, 2016.

[7] Sourav Mazumder, Robin Singh Bhadoria. Distributed Computing in Big Data Analytics-Concepts, Technologies and Applications[M]. Berlin: Springer, 2017.

[8] Kerry Koitzsch. Pro Hadoop Data Analytics: Designing and Building Big Data Systems using the Hadoop Ecosystem[M]. California: Apress, 2016.

[9] Sameer Wadkar, Madhu Siddalingaiah. Pro Apache Hadoop[M]. California: Apress, 2014.

[10] Jason Venner. Pro Hadoop[M]. California: Apress, 2009.

[11] L. Page, S. Brin, R. Motwani, T. Winograd. The PageRank citation ranking: Bringing order to the web[R]. Stanford Info Lab, 1999.

第19章

[1] Daniel Drescher. BLOCKCHAIN BASICS[M]. California:Apress,2017.

[2] Bikramaditya Singhal,Gautam Dhameja,Priyansu Sekhar Panda. Beginning Blockchain [M]. California:Apress,2018.

[3] Vikram Dhillon David,Metcalf Max Hooper. Blockchain Enabled Applications[M]. California:Apress,2017.

[4] Bikramaditya Singhal,Gautam Dhameja,Priyansu Sekhar Panda. Beginning Blockchain-A Beginner's Guide to Building Blockchain Solutions[M]. California:Apress,2018.

[5] Xiwei Xu,Ingo Weber,Mark Staples. Architecture for Blockchain Applications[M]. Berlin:Springer,2019.

第20章

[1] Nik Bessis. Big Data and Internet of Things:A Roadmap for Smart Environments[M]. Berlin:Springer,2016.

[2] Junzhong GU. Intelligent Home-Enjoying Computing Anywhere[M]. Berlin:Springer,2005.

[3] 顾君忠. 情景感知计算[J]. 华东师范大学学报(理科版),2005.

[4] Dan Chalmers. Sensing and Systems in Pervasive Computing-Engineering Context Aware Systems[M]. Berlin:Springer,2011.

[5] Charles Bell. MySQL for the Internet of Things[M]. California:Apress,2016.

[6] Christos Anagnostopoulos, Athanasios Tsounis, Stathes Hadjiefthymiades. Context Awareness in Mobile Computing Environments:A Survey[J]. Wireless Personal Communications,2007,42:445-464.

[7] Louise Barkhuus,Paul Dourish. Everyday Encounters with Context-Aware Computing in a Campus Environment[C]. Lecture Notes in Computer Science. Berlin:Springer,2004. 232-249.

[8] Matthias Baldauf. A survey on context-aware systems[J]. Int. J. Ad Hoc and Ubiquitous Computing,2007,2:263-277.

[9] Declan O'Sullivan,et al. M-Zones Deliverable No. 1 State of Art Surveys[R]. Ireland: Cork Institute of Technology. Trinity College Dublin,Waterford Institute of Technology. 2003. 69-87.

[10] Peter J. Brown,John D. Bovey,Xian Chen. Context-aware applications:From the laboratory to the marketplace[J]. IEEE Personal Communications,1997,4(5):58-64.

[11] Jenna Burrell,Geri K Gay,Kiyo Kubo,Nick Farina. Context-Aware Computing:A Test Case[C]. In Proceedings of the 4th international conference on Ubiquitous Computing (UbiComp'02). Berlin:Springer,2002. 1-15.

[12] Barry Brumitt,Steven Shafer. Better Living Through Geometry[J]. Personal and Ubiquitous Computing, 2001,(5)2:42-45.

[13] Guanling Chen,David Kotz. A Survey of Context-Aware Mobile Computing Research [R]. Dartmouth Computer Science Technical,2000.

[14] Patrícia Dockhorn Costa. Towards a Services Platform for Context-Aware Applications, Master Thesis[D]. Netherlands:University of Twente,2003.

[15] David R. Mors,Anind K. Dey. The What,Who,Where,When,Why and How of Context-Awareness? [C]. New York:Association for Computing Machinery. 2000.

[16] Anind K. Dey,Gregory D. Abowd. Towards a Better Understanding of Context and Context-Awareness[C]. Berlin:Springer,1999.

[17] Anind K. Dey. Providing Architectural Support for Building Context-Aware Applications,PhD thesis[D]. Atlanta:Georgia Institute of Technology,2000.

[18] Anind K. Dey. Understanding and Using Context[J]. Personal and Ubiquitous Computing,2001,5:4-7.

[19] Sung Woo Kim,Sang Hyun Park,Jung Bong Lee,et al. Sensible Appliance:applying context-awareness to appliance design[J]. Personal and Ubiquitous Computing. 2004,8:184-191.

[20] Junzhong GU,Liang HE,Jin Yang. LaMOC – A Location Aware Mobile Cooperative System[C]. Berlin:Springer,2010.

[21] Junzhong GU,Liang HE,Jing YANG,Zhao LU. Location Aware Mobile Cooperation-Design and System[J]. International Journal of Signal Processing,Image Processing and Pattern Recognition. 2009,2(4).

[22] Gu,Junzhong,Chen,Gong-Chao. Design of physical and logical context aware middleware[J]. International Journal of Signal Processing,Image Processing and Pattern Recognition. 2012,5(1).

[23] Gu,Junzhong. Middleware for physical and logical context awareness[C]. Signal Processing,Image Processing and Pattern Recognition. Communications in Computer and Information Science. Berlin,Heidelberg:Springer,2011.

[24] B. Schilit,M. Theimer. Disseminating active map information to mobile hosts[J]. IEEE Network,1994,8(5):22-32.

[25] Jun-Zhao Sun,Jaakko Sauvola. Towards a Conceptual Model for Context-Aware Adaptive Services[C]. In Proceedings of the Fourth International Conference on Parallel and Distributed Computing,Applications and Technologies,2003,90-94.

第 21 章

[1] Maria Grazia Fugini,Piercarlo Maggiolini,Ramon Salvador Valles. e-Government and Employment Services-A Case Study in Effectiveness[M]. Berlin:Springer,2014.

[2] Christopher G. Comparative E-Government[M]. Berlin:Springer,2010.

[3] Tomas Vitvar,Vassilios Peristeras. Semantic Technologies for E-Government[M]. Berlin:Springer,2010.

[4] 王书海. 电子政务信息资源整合关键技术研究[D]. 天津:天津大学,2009.

[5] 范静. G2G 电子政务信息共享及信息安全实证研究[D]. 上海:上海交通大学,2008.

[6] 龙健. 政府基础信息资源跨部门共享机制研究[D]. 北京:北京大学,2010.

[7] Saïd Assar,Imed Boughzala. Practical Studies in E-Government[M]. Berlin:Springer,2011.

第 22 章

[1] E-Health,First IMIA/IFIP Joint Symposium[C]. Berlin:Springer,2010.

[2] Zhiming Liu. Foundations of Health Informatics Engineering and Systems,First Interna-

tional Symposium[C]. Berlin:Springer,2011.
[3] Rui Jiang,Xuegong Zhang. Basics of Bioinformatics,Lecture Notes of the Graduate Summer School on Bioinformatics of China[M]. Berlin:Springer,2013.
[4] Andreas Holzinger,Carsten Rocker. Smart Health-Open Problems and Future Challenges [M]. Berlin:Springer,2015.
[5] 李昊要.电子病历的标准化结构化方法研究及实践[D].杭州:浙江大学,2007.
[6] 屠海波.电子病历信息模型及其应用[D].西安:中国人民解放军空军军医大学,2010.
[7] 罗敏.PACS的研究与应用[D].重庆:重庆大学,2005.
[8] 黎健,顾君忠,毛盛华,等.BP人工神经网络模型在上海市感染性腹泻日发病例数预测中的应用[J].中华流行病学杂志,2013,34(12).

第23章

[1] 顾君忠,贺樑,王河.现代远程教育技术导论[M].上海:华东师范大学出版社,2000.
[2] 刘新福,顾君忠.基于Web的协同远程教学模式与教学环境的实现[J].电化教育研究,2000,12.
[3] 张毅斌,顾君忠.VClassRoom:一个基于子空间模型的协同教学系统[J].通信学报,1999,20(9).
[4] 黄晓橹,陈思敏,顾君忠.Microsoft LRN及其e-Learning实现[J].计算机工程,2001,8.
[5] 陈思敏,黄晓橹,顾君忠.MCML及其在网络课件中的应用[J].计算机应用,2001,5.
[6] 刘新福,顾君忠.基于空间的计算机支持的协同远程教学系统模型[J].计算机应用研究,2001,18(3).
[7] 杨志和.教育资源云服务本体与技术规范研究[D].上海:华东师范大学,2012.
[8] 祁涛,杨非,曾杰,等.基础教育教学资源元数据信息模型[S].北京:中华人民共和国教育部,2017.
[9] 杨非,轩兴平,祁涛,等.基础教育教学资源元数据XML绑定[S].北京:中华人民共和国教育部,2017.
[10] 肖君,吴永和,王腊梅,等.基础教育教学资源元数据实施指南[S].北京:中华人民共和国教育部,2017.
[11] Samuel Pierre(Ed.). E-Learning Networked Environments and Architectures-A Knowledge Processing Perspective[M]. Berlin: Springer, 2007.

第24章

[1] A. Held,S. Buchholz,E. Schi. Modeling of Context Information for Pervasive Computing Applications[C]. Lecture Notes in Computer Science. Berlin:Springer,2002. 2414:167-180.
[2] Thomas Strang,Claudia Linnhoff-Popien. A Context Modeling Survey[C]. In Proceedings of the Workshop on Advanced Context Modeling. 2004.
[3] Rainer Drath,Alexander Horch. Industrie 4. 0:Hit or Hype[J]. IEEE industrial electronics magazine,2014,l8(2):56-58.
[4] Mario Hermann, et al. Design Principles for Industrie 4. 0 Scenar[C]. IEEE, 2016, 3928-3937.
[5] Irlán Grangel-González,et al. Towards a Semantic Administrative Shell for Industry 4. 0

Components[C]. IEEE Tenth International Conference on Semantic Computing. 2016, 230-237.

[6] Christoph Jan Bartodziej. The Concept Industry 4.0[M]. Berlin:Springer,2017.

[7] 顾君忠. 情景感知计算[J]. 华东师范大学学报(理科版),2009,5.

[8] 常建涛. 离散制造企业生产管理中的若干关键技术研究[D]. 西安:西安电子科技大学,2014.

[9] 祁凯. ERP的企业建模研究[D]. 哈尔滨:哈尔滨理工大学,2010.

[10] Alejandro Vaisman,Esteban Zimányi. Data Warehouse Systems[M]. Berlin:Springer,2014.

[11] Elzbieta Malinowski, Esteban Zimányi. Advanced Data Warehouse Design[M]. Berlin: Springer, 2009.

[12] Vincent Rainardi. Building a Data Warehouse[M]. California: Apress, 2008.